AutoCAD 2020 中文版电气设计从入门到精通

■ 张哲 孟培 编著

人民邮电出版社

北京

图书在版编目（CIP）数据

AutoCAD 2020中文版电气设计从入门到精通 / 张哲，孟培编著. -- 北京 : 人民邮电出版社，2021.4（2022.10重印）
ISBN 978-7-115-54298-4

Ⅰ. ①A… Ⅱ. ①张… ②孟… Ⅲ. ①电气设备-计算机辅助设计-AutoCAD软件 Ⅳ. ①TM02-39

中国版本图书馆CIP数据核字(2020)第112091号

内容提要

本书重点介绍了AutoCAD 2020中文版在电气设计中的应用方法与技巧。全书分为3篇，共19章。其中，“基础知识篇”介绍了电气工程制图规则，AutoCAD 2020入门，二维图形命令，基本绘图工具，文字、表格和尺寸标注，二维编辑命令，图块，设计中心与工具选项板等知识；“工程设计篇”介绍了机械电气设计、电力电气工程图设计、电路图的设计、控制电气图设计、建筑电气平面图设计、建筑电气系统图设计、起重机电气设计实例、居民楼电气设计实例等工程设计实例；“综合实例篇”则全面介绍了柴油发电机PLC电路设计完整过程。

全书解说翔实，图文并茂，语言简洁，思路清晰。内容由浅入深，从易到难，各章节既相对独立又前后关联。另外，作者还根据自己多年的经验及体会，及时给出总结和相关提示，帮助读者快速掌握所学知识。

本书既可作为高等院校、各类职业院校相关专业的教材，也可作为初学AutoCAD的入门教材，还可以作为电气工程技术人员的参考用书。

◆ 编　　著　张　哲　孟　培
　责任编辑　颜景燕
　责任印制　王　郁　彭志环
◆ 人民邮电出版社出版发行　　北京市丰台区成寿寺路11号
　邮编　100164　　电子邮件　315@ptpress.com.cn
　网址　https://www.ptpress.com.cn
　北京七彩京通数码快印有限公司印刷
◆ 开本：787×1092　1/16
　印张：25.75　　　　2021年4月第1版
　字数：744千字　　　2022年10月北京第5次印刷

定价：109.90元

读者服务热线：(010)81055410　印装质量热线：(010)81055316
反盗版热线：(010)81055315
广告经营许可证：京东市监广登字20170147号

前　言

AutoCAD一直致力于把工业技术与计算机技术融为一体，形成开放的大型CAD平台，特别是在机械、建筑、电子等领域更是先人一步，技术发展势头异常迅猛。

值此AutoCAD 2020面市之际，我们精心组织几所高校的老师根据学生电气工程应用学习需要编写了此书。本书处处凝结着教育者的经验与体会，贯彻着他们的教学思想，希望能够给广大读者的学习起到抛砖引玉的作用。

一、本书特色

市面上的AutoCAD学习书籍浩如烟海，读者要挑选一本自己中意的书反而很困难，真是“乱花渐欲迷人眼”。那么，本书为什么能够在读者“众里寻她千百度”之际，于“灯火阑珊”中让人“蓦然回首”呢，那是因为本书有以下5大特色。

作者权威

本书由Autodesk中国认证考试官方教材指定执笔作者胡仁喜博士领衔的石家庄三维书屋文化传播有限公司组织编写。本书是作者总结多年的设计经验以及教学的心得体会，历时多年精心编著，力求全面细致地展现出AutoCAD在电气设计应用领域的各种功能和使用方法。

实例专业

本书中有很多实例本身就是电气设计项目案例，经过作者精心提炼和改编，不仅保证了读者能够学好知识点，更重要的是能帮助读者掌握实际的操作技能。

提升技能

本书从全面提升AutoCAD电气设计能力的角度出发，结合大量的案例来讲解如何利用AutoCAD进行电气设计，真正让读者懂得计算机辅助电气设计并使其能够独立地完成各种工程设计项目。

内容全面

本书在一本书的篇幅内，包罗了AutoCAD常用的功能讲解，内容涵盖了二维绘图基础和各种电气工程图绘制等知识。“秀才不出屋，能知天下事”，读者只要有本书在手，AutoCAD电气设计知识全精通。本书不仅有透彻的讲解，还有丰富的实例，通过这些实例的演练，能够帮助读者找到一条学习AutoCAD的捷径。

知行合一

本书结合大量的电气设计实例详细讲解AutoCAD知识要点，让读者在学习案例的过程中潜移默化地掌握AutoCAD软件操作技巧，同时培养了电气设计实践能力。

二、本书的组织结构和主要内容

本书是以AutoCAD 2020版本为演示平台，全面介绍AutoCAD软件从基础到实例的相关知识，帮助读者从新手走向精通。全书分为3篇，共19章。其中，“基础知识篇”介绍了电气工程制图规则，AutoCAD 2020入门，二维图形命令，基本绘图工具，文字、表格和尺寸标注，二维编辑命令，图块，设计中心与工具选项板等知识；“工程设计篇”介绍了机械电气设计、电力电气工程图设计、电路图的设计、控制电气图设计、建筑电气平面图设计、建筑电气系统图设计、起重机电气设计实例、居民楼电气设计实例等工程设计实例；“综合实例篇”则全面介绍了柴油发电机PLC电路设计的完整过程。

三、本书的配套资源

本书为读者提供了极为丰富的配套电子资源，以便读者朋友在最短的时间内学会并精通这门技术。

1．实例配套教学视频

编者针对本书实例专门制作了配套教学视频，读者可以先看视频，像看电影一样轻松愉悦地学习本书内容，然后对照课本加以实践和练习，能大大提高学习效率。

2．全书实例的源文件

本书附带讲解实例和练习实例的源文件。

3．其他资源

为了延伸读者的学习范围，电子资料中还收录了AutoCAD官方认证的考试大纲和模拟题、AutoCAD应用技巧大全、AutoCAD常用图块集、AutoCAD疑难问题汇总、AutoCAD典型习题库、AutoCAD设计常用填充图案集、常用快捷键速查手册、常用工具按钮速查手册、常用快捷命令速查手册等超值资源。

四、配套资源使用方式

为了方便读者学习，本书以二维码的形式提供了实例的视频教程。扫描“云课”二维码，即可观看全书视频。

云课

此外，读者可关注“职场研究社”公众号，回复“54298”获取所有配套资源的下载链接；还可以加入福利QQ群【1015838604】，额外获取九大学习资源库。

五、致谢

本书具体由湖北华中输变电有限公司检测分公司的张哲和石家庄三维书屋文化传播有限公司的孟培两位老师编著，其中张哲执笔编写了第1~16章，孟培执笔编写了第17~19章。胡仁喜、刘昌丽、杨雪静、卢园、闫聪聪等也为本书编写提供了大量帮助，在此向他们表示感谢！

由于时间仓促，加上编者水平有限，书中不足之处在所难免，望广大读者联系yanjingyan@ptpress.com.cn或714491436@qq.com指正，编者将不胜感激，也欢迎加入三维书屋图书学习交流群（QQ号575520269）交流探讨。

编者

2020年11月

目　录

第一篇　基础知识篇

第二篇 工程设计篇

第三篇 综合实例篇

第三篇 综合实例篇

第一篇　基础知识篇

本篇首先向读者简要介绍电气设计工作的特点，并归纳电气制图理论、方法和规范要点。然后向读者简要讲述 AutoCAD 2020 的环境设置、绘图命令、绘图辅助命令、文本和表格、编辑命令、尺寸标注、图块、设计中心和工具选项板等基本操作知识，以便为后面的具体电气工程设计打下基础。

第1章

电气工程制图规则

AutoCAD 电气设计是计算机辅助设计与电气设计的交叉学科。本书将全面地对各种 AutoCAD 电气设计方法和技巧进行深入细致的讲解。

本章将介绍电气工程制图的基础知识，包括电气工程图的种类、特点以及电气工程 CAD 制图的相关规范，并对电气图形符号进行初步说明。

知识重点

- 电气工程图的种类
- 电气工程图的一般特点
- 电气工程 CAD 制图规范
- 电气图形符号的构成和分类

1.1 电气工程图的种类

电气工程图可以根据功能和使用场合不同而分为不同的类别，并且各类别的电气工程图又有某些联系和共同点，不同类别的电气工程图适用于不同的场合，其表达工程含义的侧重点也不尽相同。但对于不同专业或在不同场合下，只要是按照同一种用途绘成的电气工程图，不仅在表达方式与方法上必须是统一的，而且在图的分类与属性上也应该是一致的。

电气工程图用来阐述电气工程的构成和功能，描述电气装置的工作原理，提供安装、使用和维护的信息，辅助电气工程研究和指导电气工程施工等。电气工程的规模不同，其电气工程图的种类和数量也不同。电气工程图的种类跟工程的规模有关，较大规模的电气工程通常要包含更多种类的电气工程图，从不同的角度表达不同侧重点的工程含义。一般来讲，一项电气工程的电气图会装订成册，以下是工程图册各部分内容的介绍。

1.1.1 目录和前言

电气工程图的目录如同书的目录，用于资料系统化和检索图样，可方便查阅，由序号、图样名称、编号和页数等构成。

图册前言中一般包括设计说明、图例、设备材料明细表和工程经费概算等。设计说明的主要作用在于阐述电气工程设计的依据、基本指导思想与原则，阐述图样中未能清楚表明的工程特点、安装方法、工艺要求、特殊设备的安装使用方法以及有关注意事项等的补充说明。图例就是图形符号，一般在前言中只列出本图样涉及的一些特殊图例，通常图例都有约定俗成的图形格式，可以通过查询国家标准和电气工程手册获得。设备材料明细表列出该电气工程所需的主要电气设备和材料的名称、型号、规格和数量，可供进行实验准备、经费预算和购置设备材料时参考。工程经费概算用于大致统计出该套电气工程所需的费用，可以作为工程经费预算和决算的重要依据。

1.1.2 电气系统图和框图

系统图是一种简图，由符号或带注释的框绘制而成，用来大体表示系统、分系统、成套装置或设备的基本组成、相互关系及其主要特征，为进一步编制详细的技术文件提供依据，供操作和维修时参考。系统图是绘制较低层次的各种电气图（主要是指电路图）的主要依据。

系统图的布图要求很高，它强调布局清晰，以利于识别过程和信息的流向。基本的流向应该是自左至右或者自上至下，如图1-1所示。只有在某些特殊情况下方可例外。例如，用于表达非电工程中的电气控制系统或者电气控制设备的系统图和框图，可以根据非电过程的流程图绘制，但是图中的控制信号应该与过程的流向相互垂直，以便于识别，如图1-2所示。

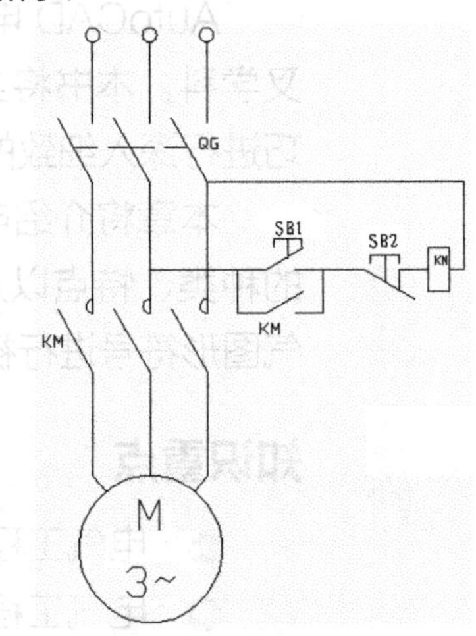

图1-1 电气控制系统图

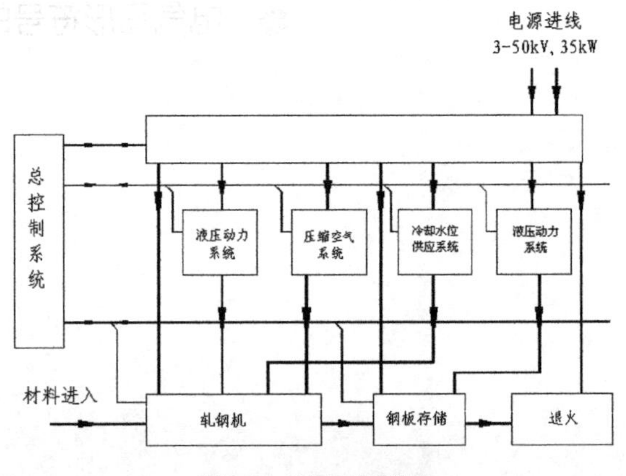

图1-2 轧钢厂的系统图

框图就是用符号或带注释的框，概略表示系统或分系统的基本组成、相互关系及主要特征的一种简图。系统图与框图有一定的共同点，都是用符号或带注释的框来表示。区别在于系统图通常用于表示系统或成套装置，而框图通常用于表示分系统或设备；系统图若标注项目代号，一般为高层代号，框图若标注项目代号，一般为种类代号。

1.1.3 电路图

电路图是用图形符号绘制，并按工作顺序排列，详细表示电路、设备或成套装置基本组成部分的连接关系，侧重表达电气工程的逻辑关系，而不考虑工程器件等的实际位置的一种简图。电路图的用途很广，可以用于详细地介绍电路、设备或成套装置及其组成部分的作用原理，分析和计算电路特性，为测试和寻找故障提供信息，并可作为编制接线图的依据。简单的电路图还可以直接用于接线。

电路图的布图应突出表示各功能的组合和性能。每个功能级都应以适当的方式加以区分，突出信息流及各级之间的功能关系，其中使用的图形符号必须具有完整的形式，元器件画法应简单而且符合国家规范。电路图应根据使用对象的不同需要，相应地增加各种补充信息，特别是应该尽可能地给出维修所需的各种详细资料，如元器件的型号与规格，还应标明测试点，并给出有关的测试数据（各种检测值）和资料（波形图）等。图1-3所示为CA6140车床电气设备电路图。

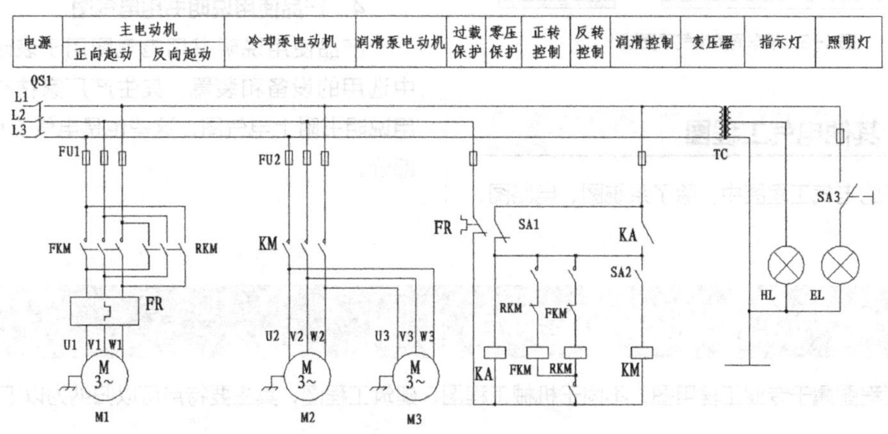

图 1-3 CA6140 车床电气设备电路图

1.1.4 电气接线图

接线图是用符号表示成套装置、设备的内外部各种连接关系的一种简图。接线图的用途是便于安装接线及维护。

接线图中的每个端子都必须标出元器件的端子代号，连接导线的两个端子必须在工程中统一编号。布接线图时，应大体按照各个项目的相对位置进行布置，连接线可以用连续线画，也可以用断线画。不在同一张图的连接线可采用断线画法，如图1-4所示。

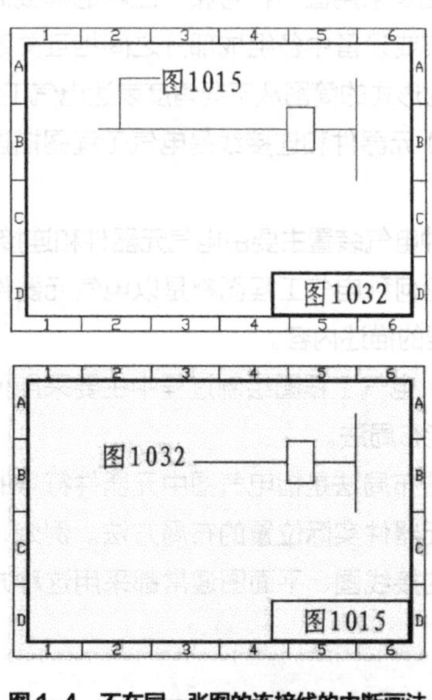

图 1-4 不在同一张图的连接线的中断画法

1.1.5 电气平面图

电气平面图用于表示某一电气工程中电气设备、装置和线路的平面布置。它一般是在建筑平面的基础上绘制出来的。常见的电气平面图有线路平面图、变电所平面图、照明平面图、弱点系统平面图、防雷与接地平面图等。图1-5所示为某车间的电气平面图。

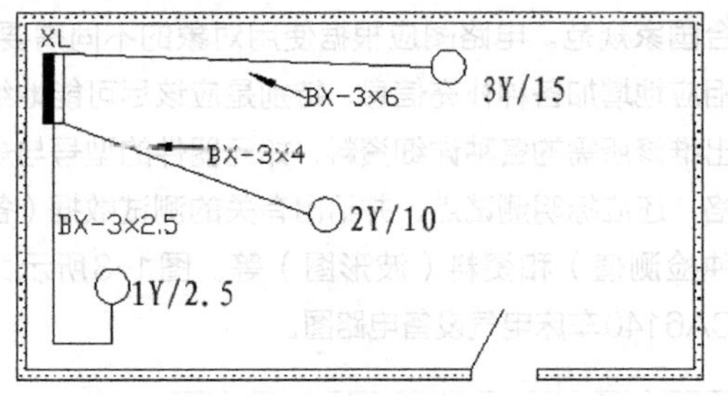

图1-5 某车间的电气平面图

1.1.6 其他电气工程图

在常见的电气工程图中，除了系统图、电路图、接线图和平面图4种主要工程图外，还有以下4种电气工程图。

1. 设备布置图

设备布置图主要表示各种电气设备的布置形式、安装方式及相互间的尺寸关系，通常由平面图、立面图、断面图和剖面图等组成。

2. 设备元器件和材料表

设备元器件和材料表是把某一电气工程所需主要设备、元器件、材料和有关的数据列成表格，以表示其名称、符号、型号、规格和数量等。

3. 大样图

大样图主要表示电气工程某一部件、构件的结构，用于指导加工与安装，其中一部分大样图为国家标准。

4. 产品使用说明书用电气图

产品使用说明书用电气图用于表示电气工程中选用的设备和装置，其生产厂家往往随产品使用说明书附上电气图，这些也是电气工程图的组成部分。

1.2 电气工程图的一般特点

电气工程图属于专业工程用图，不同于机械工程图、建筑工程图，其主要特点可以归纳为以下5点。

（1）简图是电气工程图的主要形式。

简图是采用图形符号和带注释的框或简化外形表示系统或设备中各组成部分之间相互关系的一种图，不同形式的简图从不同角度表达电气工程信息。

（2）元器件和连接线是电气工程图描述的主要内容。

一种电气装置主要由电气元器件和连接线构成，因此无论何种电气工程图都是以电气元器件和连接线为主要的描述内容。

（3）电气工程图绘制过程中主要采用位置布局法和功能布局法。

位置布局法是指电气图中元器件符号的布置对应于该元器件实际位置的布局方法。例如，电气工程图中的接线图、平面图通常都采用这种方法。功能布局法是指电气图中元器件符号的位置只考虑便于表述它们所表示的元器件之间的功能关系，而不考虑其实际位置的一种布局方法。系统图和电路图采用的都是这种方法。

（4）图形符号、文字符号和项目代号是构成电气工程图的基本要素。

一个电气系统通常由许多部件、组件、功能单元等组成，即由很多项目组成。项目一般用简单的图形符号表示，为了便于区分，每个项目必须加上识别编号。

（5）电气工程图具有多样性。

对能量流、信息流、逻辑流和功能流的不同描述方法，使电气工程图具有多样性，不同的电气工程图采用不同的描述方法。

1.3 电气工程 CAD 制图规范

本节主要介绍国家标准GB/T 18135—2008《电气工程CAD制图规则》中常用的有关规定，同时对其引用的有关标准中的规定加以解释。

1.3.1 图纸格式

1. 幅面

电气工程图纸采用的基本幅面有A0、A1、A2、A3和A4五种，各图幅的相应尺寸如表1-1所示。

表1-1 图幅尺寸的规定 （单位：mm）

幅面	A0	A1	A2	A3	A4
长	1189	841	594	420	297
宽	841	594	420	297	210

2. 图框

（1）图框尺寸。

在电气图中，确定图框线的尺寸有两个依据：一是图纸是否需要装订；二是图纸幅面的大小。需要装订时，装订的一侧就要留出装订边。图1-6和图1-7分别为不留装订边的图框、留装订边的图框。右下角矩形区域为标题栏位置。图纸图框尺寸如表1-2所示。

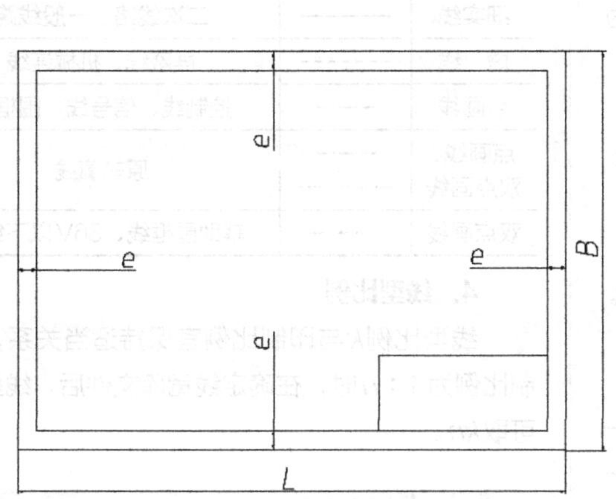

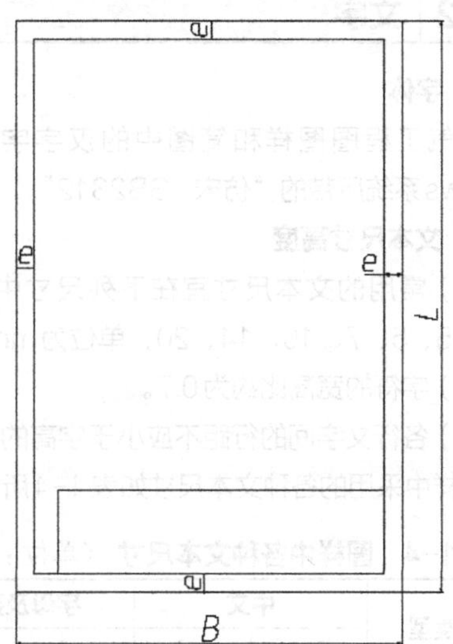

图1-6 不留装订边的图框

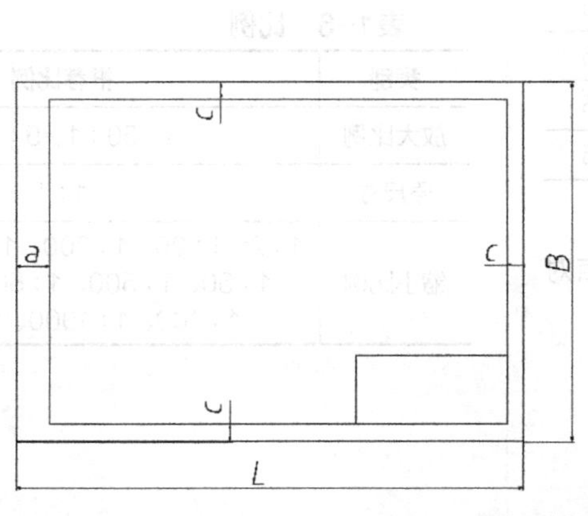

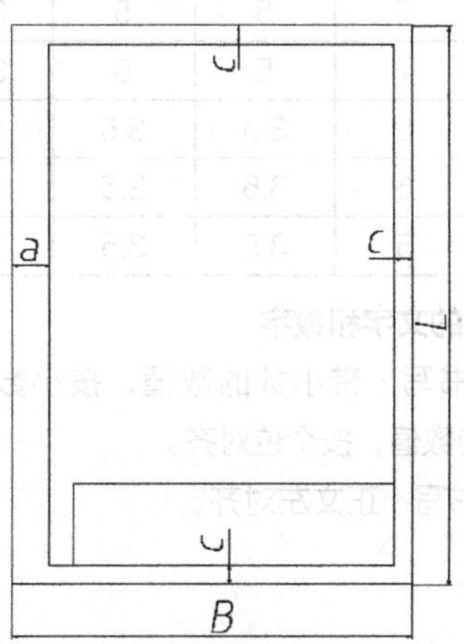

图1-7 留装订边的图框

表1-2　图纸图框尺寸　（单位：mm）

幅面代号	A0	A1	A2	A3	A4
e	20		10		
c	10			5	
a	25				

（2）图框线宽。

根据不同幅面和不同输出设备，图框的内框线宜采用不同的线宽，如表1-3所示。各种图幅的外框线均为0.25mm的实线。

表1-3　图幅内框线宽　（单位：mm）

幅面	喷墨绘图机	笔式绘图机
A0、A1	1.0	0.7
A2、A3、A4	0.7	0.5

1.3.2 文字

1. 字体

电气工程图图样和简图中的汉字字体应为Windows系统所带的"仿宋_GB2312"。

2. 文本尺寸高度

（1）常用的文本尺寸宜在下列尺寸中选择：1.5、3.5、5、7、10、14、20，单位为mm。

（2）字符的宽高比约为0.7。

（3）各行文字间的行距不应小于字高的1.5倍。

图样中采用的各种文本尺寸如表1-4所示。

表1-4　图样中各种文本尺寸　（单位：mm）

文本类型	中文		字母及数字	
	字高	字宽	字高	字宽
标题栏图名	7 ~ 10	5 ~ 7	5 ~ 7	3.5 ~ 5
图形图名	7	5	5	3.5
说明抬头	7	5	5	3.5
说明条文	5	3.5	3.5	1.5
图形文字标注	5	3.5	3.5	1.5
图号和日期	5	3.5	3.5	1.5

3. 表格中的文字和数字

（1）数字书写：带小数的数值，按小数点对齐；不带小数的数值，按个位对齐。

（2）文本书写：正文左对齐。

1.3.3 图线

1. 线宽

根据用途，图线宽度宜从下列线宽中选用：0.18、0.25、0.35、0.5、0.7、1.0、1.4、2.0，单位为mm。

图形对象的线宽尽量不多于2种，每种线宽间的比值应不小于2。

2. 图线间距

平行线（包括画阴影线）之间的最小距离不小于粗线宽度的2倍，建议不小于0.7mm。

3. 图线型式

根据不同的结构含义，采用不同的线型，具体要求请参阅表1-5。

表1-5　图线型式

图线名称	图线型式	图线应用
粗实线	———	电气线路、一次线路
细实线	———	二次线路、一般线路
虚　线	- - - - - - -	屏蔽线、机械连线
点画线	—·—·—	控制线、信号线、围框线
点画线、双点画线	—·—·— —··—··—	原轮廓线
双点画线	—··—··—	辅助围框线、36V以下线路

4. 线型比例

线型比例*k*与印制比例宜保持适当关系，当印制比例为1：*n*时，在确定线宽库文件后，线型比例可取*kn*。

1.3.4 比例

推荐采用的比例规定如表1-6所示。

表1-6　比例

类别	推荐比例
放大比例	50：1、5：1
原尺寸	1：1
缩小比例	1：2、1：20、1：200、1：2000、1：5、1：50、1：500、1：5000、1：10、1：100、1：1000、1：10000

1.4 电气图形符号的构成和分类

按简图形式绘制的电气工程图中，元器件、设备、线路及其安装方法等都是借用图形符号、文字符号和项目代号来表达的。分析电气工程图，首先要知道这些符号的形式、内容、含义以及它们之间的相互关系。

1.4.1 电气图形符号的构成

电气图形符号包括一般符号、符号要素、限定符号和方框符号。

1. 一般符号

一般符号是用来表示一类产品或此类产品特征的简单符号，如电阻、电容、电感等，如图1-8所示。

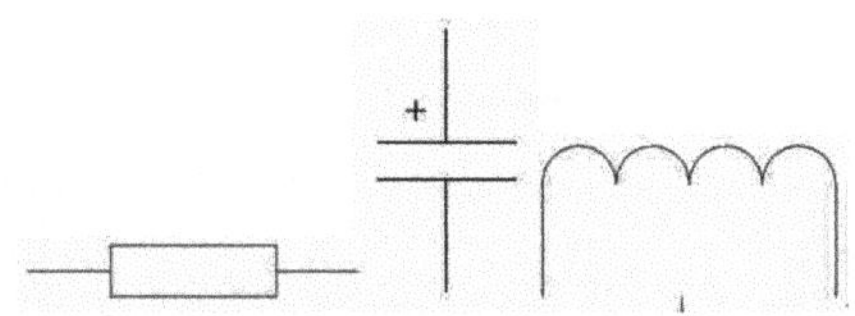

图 1-8　电阻、电容、电感符号

2. 符号要素

符号要素是一种具有确定意义的简单图形，是一种必须同其他图形组合构成一种设备或概念的完整符号。例如，真空二极管是由外壳、阴极、阳极和灯丝4个符号要素组成的。符号要素一般不能单独使用，只有按照一定方式组合起来才能构成完整的符号。符号要素的不同组合可以构成不同的符号。

3. 限定符号

限定符号是一种用以提供附加信息的加在其他符号上的符号。限定符号一般不代表独立的设备、器件和元件，仅用来说明某些特征、功能和作用等。限定符号一般不单独使用，一般符号加上不同的限定符号，则可得到不同的专用符号。例如，在开关的一般符号上加不同的限定符号可分别得到隔离开关、断路器、接触器、按钮开关和转换开关。

4. 方框符号

方框符号用以表示元器件、设备等的组合及其功能，是既不给出元器件、设备的细节，也不考虑所有连接关系的一种简单图形符号。方框符号在系统图和框图中使用得最多。另外，电路图中的外购件、不可修理件也可用方框符号表示。

1.4.2 电气图形符号的分类

《电气简图用图形符号》的国家标准代号为GB/T 4728，采用国际电工委员会（IEC）标准，在国际上具有通用性，有利于对外技术交流。GB/T 4728《电气简图用图形符号》共分13部分。

（1）一般要求：包括本标准的一般说明、名词术语、符号的绘制、编号使用及其他规定。

（2）符号要素、限定符号和其他常用符号：内容包括轮廓和外壳、电流和电压的种类、可变性、力或运动的方向、流动方向、材料的类型、效应或相关性、辐射、信号波形、机械控制、操作件和操作方法、非电量控制、接地、接机壳和等电位、理想电路元器件等。

（3）导体和连接件：内容包括电线、屏蔽或绞合导线、同轴电缆、端子与导线连接、插头和插座、电缆终端头等。

（4）基本无源元件：内容包括电阻器、电容器、铁氧体磁心、压电晶体、驻极体等。

（5）半导体管和电子管：内容包括二极管、三极管、晶闸管、电子管等。

（6）电能的发生与转换：内容包括绕组、发电机、变压器等。

（7）开关、控制和保护器件：内容包括触点、开关、开关装置、控制装置、启动器、继电器、接触器和保护器件等。

（8）测量仪表、灯和信号器件：内容包括指示仪表、记录仪表、热电偶、遥测装置、传感器、灯、电铃、蜂鸣器、喇叭等。

（9）电信交换和外围设备：内容包括交换系统、选择器、电话机、电报和数据处理设备、传真机等。

（10）电信传输：内容包括通信电路、天线、波导管器件、信号发生器、激光器、调制器、解调器、光纤传输线路等。

（11）建筑安装平面布置图:内容包括发电站、

变电所、网络、音响和电视的分配系统、建筑用设备、露天设备等。

（12）二进制逻辑元件：内容包括计算器、存储器等。

（13）模拟元件：内容包括放大器、函数器、电子开关等。

1.5 思考与练习

（1）电气工程图分为哪几类?

（2）电气工程图具有什么特点?

（3）在CAD制图中，电气工程图在图纸格式、文字、图线等方面有什么要求?

第 2 章

AutoCAD 2020 入门

在本章中，我们开始循序渐进地学习 AutoCAD 2020 绘图的基础知识。了解如何设置图形的系统参数、样板图，熟悉建立新的图形文件、打开已有文件的方法等。本章主要内容包括绘图环境设置、工作界面设置、绘图系统配置、文件管理操作等。

知识重点

- 操作界面
- 基本操作命令
- 配置绘图系统
- 文件管理

2.1 操作界面

AutoCAD的操作界面是AutoCAD显示、编辑图形的区域，一个完整的AutoCAD 2020的操作界面如图2-1所示，包括标题栏、绘图区、十字光标、菜单栏、工具栏（功能区）、坐标系图标、命令行窗口、状态栏、布局标签和快速访问工具栏等。

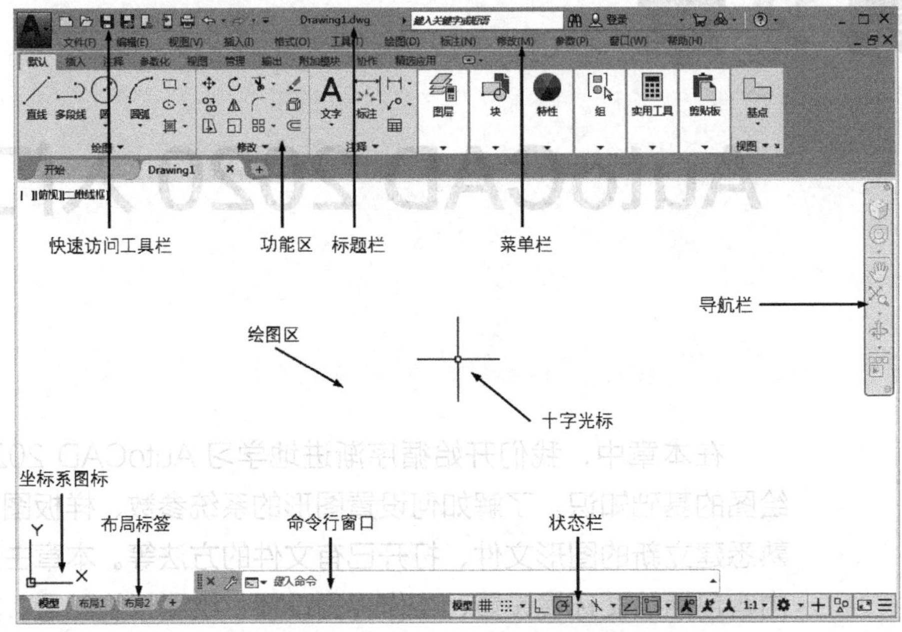

图 2-1　AutoCAD 2020 中文版的操作界面

> 注意：安装AutoCAD 2020后，默认操作界面如图2-2所示。在绘图区中右击鼠标，打开快捷菜单，如图2-3所示，选择“选项”命令，打开“选项”对话框，选择“显示”选项卡，在“窗口元素”选项组中将“颜色主题”设置为“明”，如图2-4所示，单击“确定”按钮，退出对话框，其操作界面如图2-5所示。

图 2-2　默认操作界面

图 2-3　快捷菜单

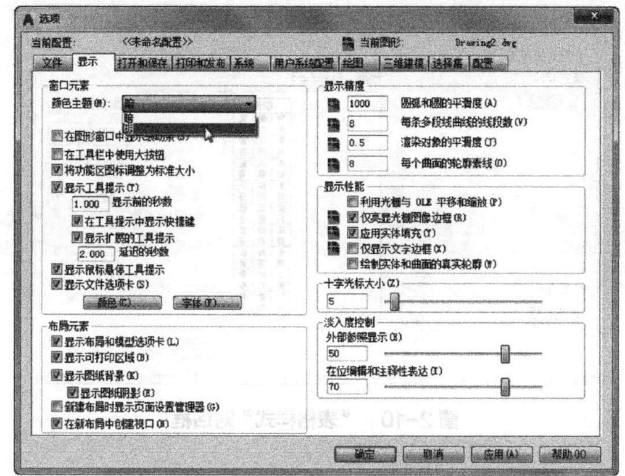

图 2-4 “选项”对话框

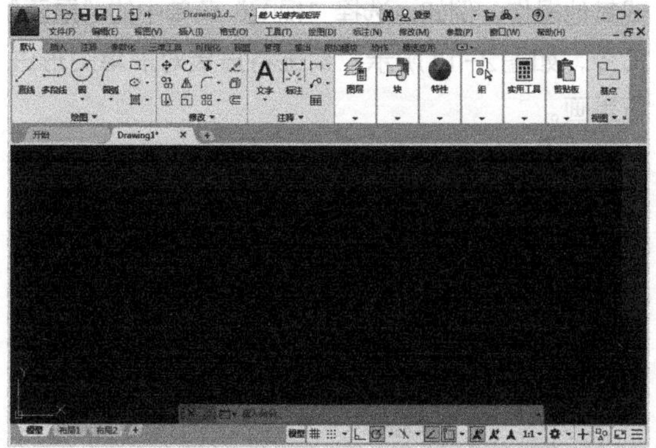

图 2-5 颜色主题调整为“明”后的工作界面

2.1.1 绘图区

绘图区是指在功能区下方的大片空白区域，是用户使用AutoCAD 2020绘制图形的区域，用户设计一幅图形的主要工作都是在绘图区中完成的。

在绘图区中，还有一个作用类似于光标的十字线，其交点反映了光标在当前坐标系中的位置。在AutoCAD 2020中，将该十字线称为光标，AutoCAD通过光标显示当前点的位置。十字线的方向与当前用户坐标系的*X*轴、*Y*轴方向平行，系统预设十字线的长度为屏幕大小的5%，如图2-1所示。

2.1.2 菜单栏

在AutoCAD“快速访问工具栏”处调出菜单栏，如图2-6所示，调出后的菜单栏如图2-7所示。同其他Windows程序一样，AutoCAD 2020的菜单也是下拉式的，并在菜单中包含子菜单。AutoCAD 2020的菜单栏中包含12个菜单：“文件”“编辑”“视图”“插入”“格式”“工具”“绘图”“标注”“修改”“参数”“窗口”和“帮助”。这些菜单几乎包含了AutoCAD 2020的所有绘图命令，后面的章节将围绕这些菜单展开讲述。一般来讲，AutoCAD 2020下拉菜单中的命令有以下3种。

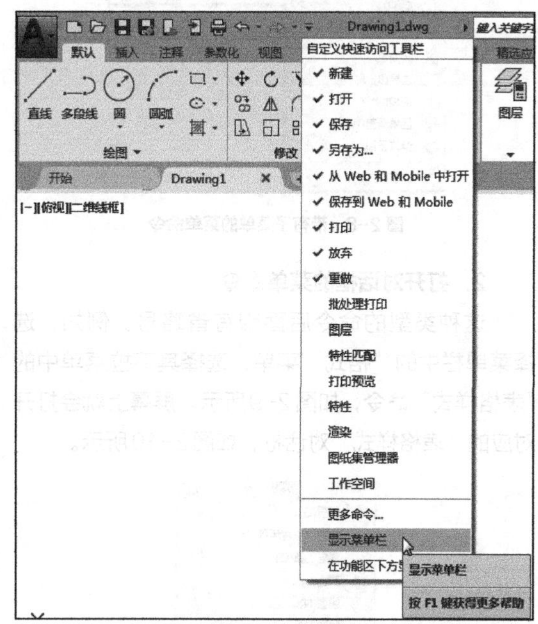

图 2-6 调出菜单栏

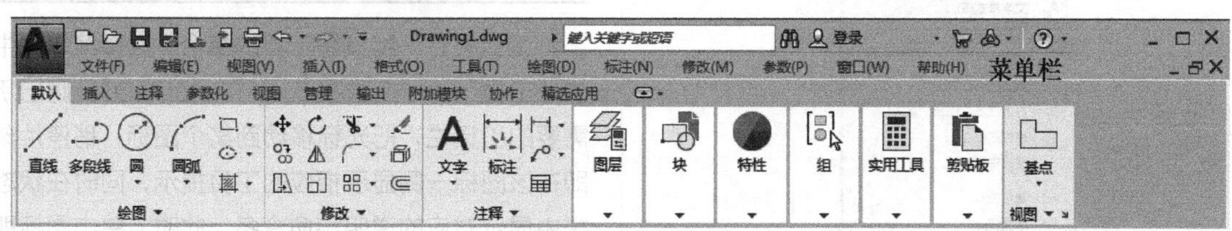

图 2-7 菜单栏显示界面

1. 带有小三角形的菜单命令

这种类型的命令后面带有子菜单。例如，选择菜单栏中的“绘图”菜单，指向其下拉菜单中的“圆”命令，屏幕上就会进一步弹出“圆”子菜单中所包含的命令，如图2-8所示。

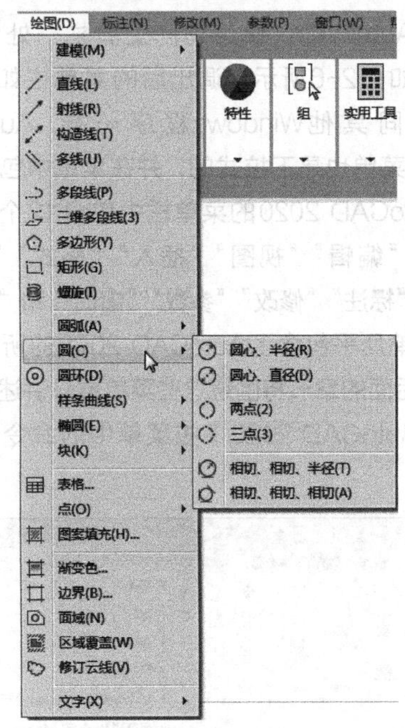

图 2-8 带有子菜单的菜单命令

2. 打开对话框的菜单命令

这种类型的命令后面带有省略号。例如，选择菜单栏中的“格式”菜单，选择其下拉菜单中的“表格样式”命令，如图2-9所示。屏幕上就会打开对应的“表格样式”对话框，如图2-10所示。

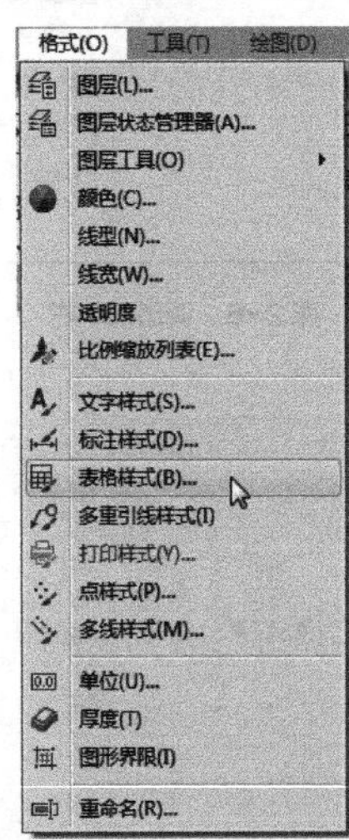

图 2-9 激活相应对话框的菜单命令

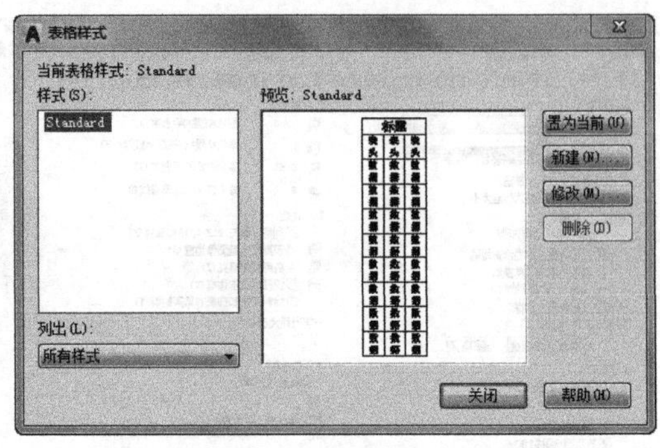

图 2-10 “表格样式”对话框

3. 直接操作的菜单命令

选择这种类型的命令，将直接进行相应的绘图或其他操作。例如，选择“视图”菜单中的“重画”命令，如图2-11所示，系统将直接对屏幕图形进行重画。

图 2-11 直接执行菜单命令

2.1.3 工具栏

工具栏是一组按钮工具的集合。选择菜单栏中的“工具”→“工具栏”→“AutoCAD”，调出所需要的工具栏，把光标移动到某个图标，稍停片刻即在该图标一侧显示相应的工具提示，同时在状态栏中显示对应的说明和命令名。此时，单击图标即可启动相应命令。

1. 设置工具栏

AutoCAD 2020的标准菜单提供了几十种工具栏。选择菜单栏中的“工具”→“工具栏”→“AutoCAD”，调出所需要的工具栏，如图2-12所示。单击某一个未在界面显示的工具栏名，系统自动在界面打开该工具栏，反之，关闭该工具栏。

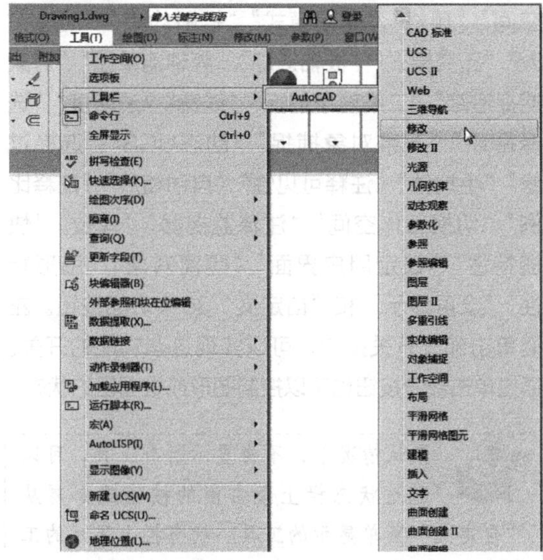

图 2-12　调出工具栏

2. 工具栏的“固定”“浮动”与打开

工具栏可以在绘图区“浮动”显示，如图2-13所示，此时显示该工具栏标题，并可关闭该工具栏。用鼠标可以拖动“浮动”工具栏到图形区边界，使它变为“固定”工具栏，此时该工具栏标题隐藏。也可以把“固定”工具栏拖出，使它成为“浮动”工具栏。

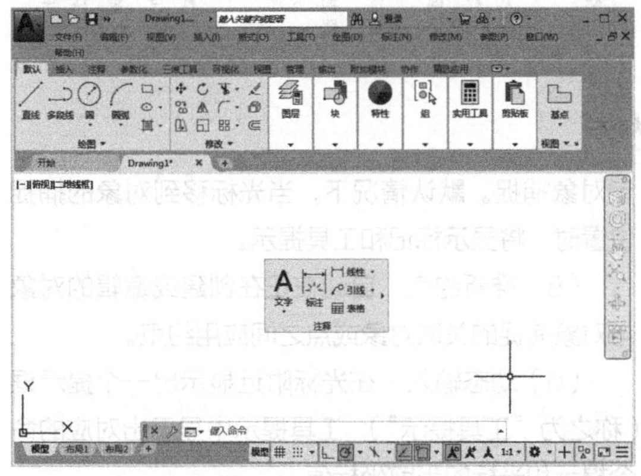

图 2-13　“浮动”工具栏

在有些图标的右下角带有一个小三角，光标放在该图标上，按住鼠标左键会打开相应的工具栏（见图2-14），选择其中适用的工具单击鼠标左键，该图标就成为当前图标。单击当前图标，即可执行相应命令。

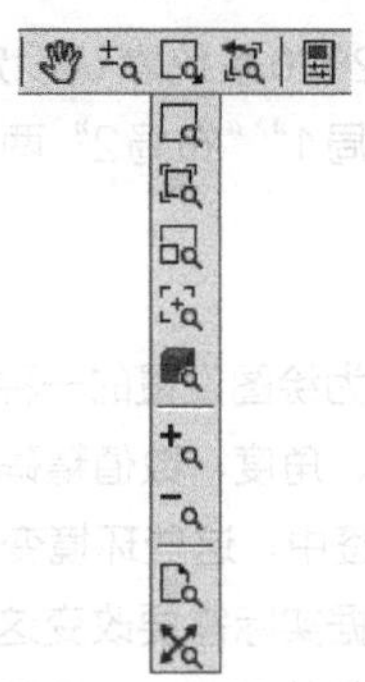

图 2-14　打开工具栏

2.1.4　命令行窗口

命令行窗口是输入命令名和显示命令提示的区域，默认的命令行窗口位于绘图区下方，是若干文本行。对命令行窗口，有以下几点需要说明。

（1）移动拆分条可以扩大或缩小命令行窗口。

（2）可以拖动命令行窗口，布置在屏幕上的其他位置。默认情况下布置在图形窗口的下方。

（3）对当前命令行窗口中输入的内容，可以按F2键，切换到文本窗口，用文字编辑的方法进行编辑，如图2-15所示。AutoCAD文本窗口和命令行窗口相似，它可以显示当前AutoCAD进程中命令的输入和执行过程，在执行某些AutoCAD命令时，它会自动切换到文本窗口，列出相关信息。

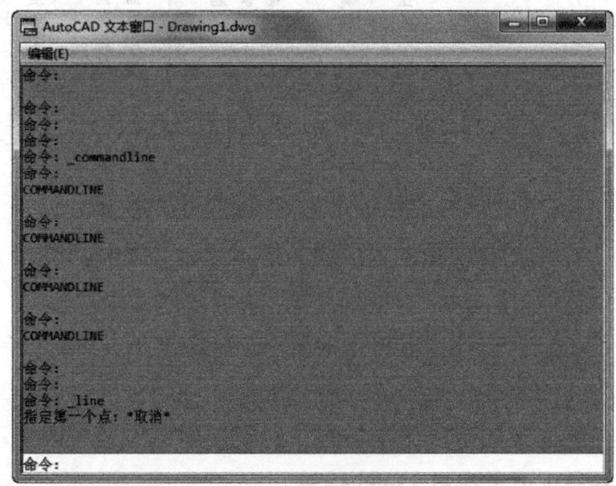

图 2-15　文本窗口

（4）AutoCAD通过命令行窗口反馈各种信息，

包括出错信息等。因此，用户要时刻关注在命令行窗口中出现的信息。

2.1.5 布局标签

AutoCAD 2020系统默认设定一个模型空间布局标签和“布局1”“布局2”两个图纸空间布局标签。

1. 布局

布局是系统为绘图设置的一种环境，包括图纸大小、尺寸单位、角度、数值精确度设定等，在系统预设的3个标签中，这些环境变量都保留默认设置。用户可以根据实际需要改变这些变量的值。例如，默认的尺寸单位是mm，如果绘制的图形的单位是英制的英寸，就可以改变尺寸单位环境变量的设置，具体方法将在后面章节介绍。用户也可以根据需要设置符合自己要求的新标签。

2. 模型

AutoCAD的空间分模型空间和图纸空间。模型空间是用户通常绘图的环境，而在图纸空间中，用户可以创建称为“浮动视口”的区域，以不同视图显示所绘图形。用户可以在图纸空间中调整浮动视口并决定所包含视图的缩放比例。如果选择图纸空间，则可打印多个视图，用户可以打印任意布局的视图。在后面的章节中，将专门详细地讲解有关模型空间与图纸空间的知识，请注意学习体会。

AutoCAD 2020系统默认打开模型空间，用户可以通过鼠标左键单击选择需要的布局。

2.1.6 状态栏

状态栏在屏幕的底部，依次有“坐标”“模型空间”“栅格”“捕捉模式”“推断约束”“动态输入”“正交模式”“极轴追踪”“等轴测草图”“对象捕捉追踪”“二维对象捕捉”“线宽”“透明度”“选择循环”“三维对象捕捉”“动态UCS”“选择过滤”“小控件”“注释可见性”“自动缩放”“注释比例”“切换工作空间”“注释监视器”“单位”“快捷特性”“锁定用户界面”“隔离对象”“图形特性”“全屏显示”和“自定义”30个功能按钮。左键单击部分开关按钮，可以实现这些功能的开关。通过单击部分按钮也可以控制图形或绘图区的状态。

默认情况下，不会显示所有工具，可以通过状态栏上最右侧的按钮选择要从“自定义”菜单显示的工具。状态栏上显示的工具可能会发生变化，具体取决于当前的工作空间以及当前显示的是“模型”选项卡还是“布局”选项卡。下面对部分状态栏上的按钮做简单介绍，如图2-16所示。

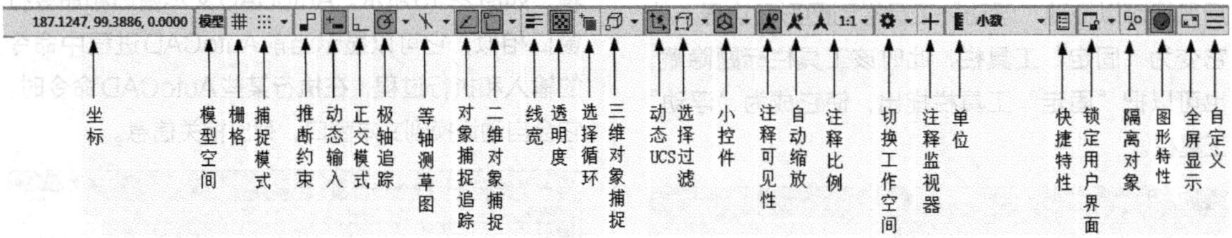

图2-16 状态栏

（1）坐标：显示工作区光标放置点的坐标。

（2）模型空间：在模型空间与布局空间之间进行转换。

（3）栅格：栅格是覆盖整个坐标系（UCS）*XY*平面的直线或点组成的矩形图案。使用栅格类似于在图形下放置一张坐标纸。利用栅格可以对齐对象并直观显示对象之间的距离。

（4）捕捉模式：对象捕捉对于在对象上指定精确位置非常重要。无论何时提示输入点，都可以指定对象捕捉。默认情况下，当光标移到对象的捕捉位置时，将显示标记和工具提示。

（5）推断约束：自动在正在创建或编辑的对象与对象捕捉的关联对象或点之间应用约束。

（6）动态输入：在光标附近显示出一个提示框（称之为“工具提示”），工具提示中显示出对应的命令提示和光标的当前坐标值。

（7）正交模式：将光标限制在水平或竖直方向上移动，以便于精确地创建和修改对象。当创建或移动对象时，可以使用“正交”模式将光标限制在相对于用户坐标系 (UCS) 的水平或竖直方向上。

（8）极轴追踪：使用极轴追踪，光标将按指定角度进行移动。创建或修改对象时，可以使用“极轴追踪”来显示由指定的极轴角度所定义的临时对齐路径。

（9）等轴测草图：通过设定“等轴测捕捉/栅格”，可以很容易地沿三个等轴测平面之一对齐对象。尽管等轴测图形看似三维图形，但它实际上是由二维图形表示，因此不能期望提取三维距离和面积、从不同视点显示对象或自动消除隐藏线。

（10）对象捕捉追踪：使用对象捕捉追踪，可以沿着基于对象捕捉点的对齐路径进行追踪。已获取的点将显示一个小加号 (+)，一次最多可以获取7个追踪点。获取点之后，在绘图路径上移动光标，将显示相对于获取点的水平、垂直或极轴对齐路径。例如，可以基于对象端点、中点或者对象的交点，沿着某个路径选择一点。

（11）二维对象捕捉：使用二维对象捕捉设置（也称为对象捕捉），可以在对象上的精确位置指定捕捉点。选择多个选项后，将应用选定的捕捉模式，以返回距离靶框中心最近的点。按 Tab 键可以在这些选项之间循环。

（12）线宽：分别显示对象所在图层中设置的不同线宽，而不是统一线宽。

（13）透明度：使用该命令，调整绘图对象显示的明暗程度。

（14）选择循环：当一个对象与其他对象彼此接近或重叠时，准确地选择某一个对象是很困难的，使用选择循环的命令，单击鼠标左键，弹出“选择集”列表框，里面列出了鼠标点击周围的图形，然后在列表中选择所需的对象。

（15）三维对象捕捉：三维中的对象捕捉与在二维中工作的方式类似，不同之处在于在三维中可以进行投影对象捕捉。

（16）动态UCS：在创建对象时使 UCS 的 *XY* 平面自动与实体模型上的平面临时对齐。

（17）选择过滤：根据对象特性或对象类型对选择集进行过滤。当单击图标后，只选择满足指定条件的对象，其他对象将被排除在选择集之外。

（18）小控件：帮助用户沿三维轴或平面移动、旋转或缩放一组对象。

（19）注释可见性：当图标亮显时，表示显示所有比例的注释性对象；当图标变暗时，表示仅显示当前比例的注释性对象。

（20）自动缩放：注释比例更改时，自动将比例添加到注释对象。

（21）注释比例：单击注释比例右下角小三角符号，弹出注释比例列表，如图2-17所示，可以根据需要选择适当的注释比例。

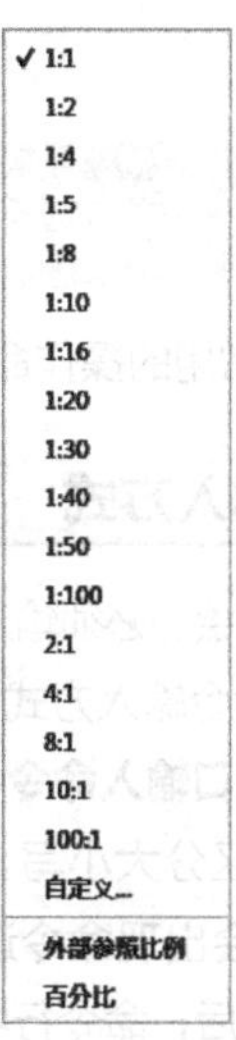

图 2-17 注释比例列表

（22）切换工作空间：进行工作空间转换。

（23）注释监视器：打开仅用于所有事件或模型文档事件的注释监视器。

（24）单位：指定线性和角度单位的格式和小数位数。

（25）快捷特性：控制快捷特性面板的使用与禁用。

（26）锁定用户界面：按下该按钮，锁定工具栏、面板和可固定窗口的位置和大小。

（27）隔离对象：当选择隔离对象时，在当前视图中显示选定对象，所有其他对象都暂时隐藏；当选择隐藏对象时，在当前视图中暂时隐藏选定对象，所有其他对象都可见。

（28）图形特性：设定图形卡的驱动程序以及设置硬件加速的选项。

（29）全屏显示：该选项可以清除Windows窗口中的标题栏、功能区和选项板等界面元素，使AutoCAD的绘图窗口全屏显示，如图2-18所示。

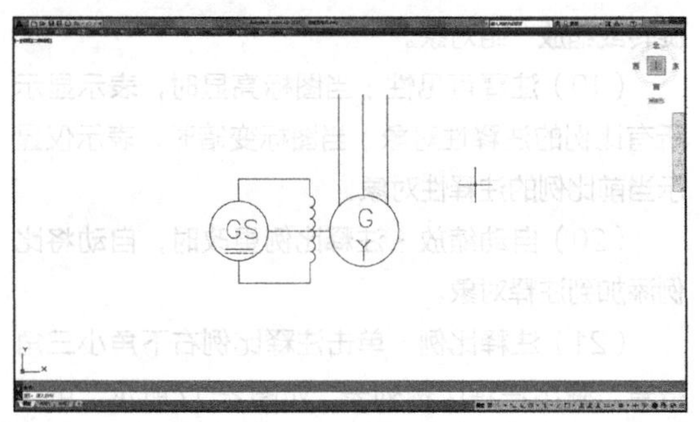

图 2-18 全屏显示

(30)自定义:状态栏可以提供重要信息,而无须中断工作流。使用 MODEMACRO 系统变量可将应用程序所能识别的大多数数据显示在状态栏中。使用该系统变量的计算、判断和编辑功能可以完全按照用户的要求构造状态栏。

2.2 基本操作命令

本节介绍一些常用的操作命令,引导读者掌握一些最基本的操作知识。

2.2.1 命令输入方式

AutoCAD交互绘图必须输入必要的指令和参数。有多种AutoCAD命令输入方式(以画直线为例)。

1. 在命令行窗口输入命令名

命令字符可不区分大小写。在执行命令时,在命令行提示中经常会出现命令选项。例如,输入绘制直线的命令LINE后,命令行中的提示如下。

```
命令: LINE↙
指定第一个点:
```

指定第一点后,命令行会继续提示如下。

```
指定下一点或 [放弃(U)]:
```

选项中不带括号的提示为默认选项,因此可以直接输入直线段的起点坐标或在屏幕上指定一点。如果要选择其他选项,则应该首先输入该选项的标识字符,如"放弃"选项的标识字符"U",然后按系统提示输入数据即可。在命令选项的后面有时候还带有尖括号,尖括号内的数值为默认数值。

2. 在命令行窗口输入命令缩写

常用的一些命令缩写有L(Line)、C(Circle)、A(Arc)、Z(Zoom)、R(Redraw)、M(Move)、CO(Copy)、PL(Pline)、E(Erase)等。

3. 选取绘图菜单直线选项

选取该选项后,在状态栏中可以看到对应的命令说明及命令名。

4. 选取工具栏中的对应图标

选取工具栏中的图标后,在状态栏中也可以看到对应的命令说明及命令名。

5. 在绘图区打开快捷菜单

如果在前面刚使用过要输入的命令,可以在绘图区单击鼠标右键,打开快捷菜单,在"最近的输入"子菜单中选择需要的命令,如图2-19所示。"最近的输入"子菜单中存储最近使用的命令,如果经常重复使用某个命令,这种方法就比较快捷。

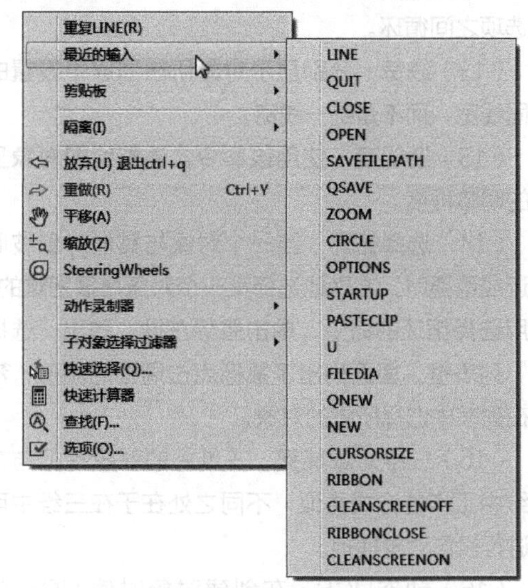

图 2-19 "最近的输入"子菜单

6. 在命令行直接回车

如果用户要重复使用上次使用的命令,可以直接在命令行回车,系统立即重复执行上次使用的命令,这种方法适用于重复执行某个命令。

2.2.2 命令的重复、撤销、重做

1. 命令的重复

在命令行窗口中按Enter键可重复使用上一个命令，不管上一个命令是否已经完成。

2. 命令的撤销

在命令执行的任何时刻，用户都可以取消和终止命令的执行。撤销命令的方式如下。

命令行：UNDO。

菜单："编辑"→"放弃"。

工具栏：标准→放弃或快速访问→放弃。

快捷键：Esc。

3. 命令的重做

已被撤销的命令还可以恢复重做。可以恢复撤销的最后一个命令。重做命令的方式如下。

命令行：REDO。

菜单："编辑"→"重做"。

工具栏：标准→重做或快速访问→重做。

快捷键：Ctrl+Y。

AutoCAD 2020可以一次执行多重放弃和重做操作。单击"快速访问"工具栏中的"放弃"按钮或"重做"按钮后面的小三角形，可以选择要放弃或重做的操作，如图2-20所示。

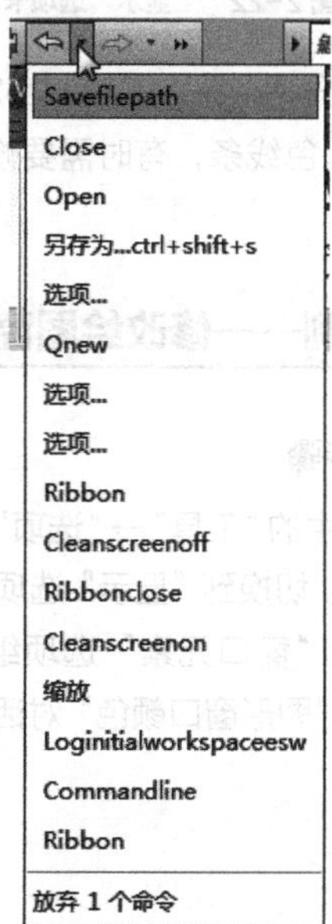

图2-20 多重重做

2.2.3 按键定义

在AutoCAD 2020中，除了可以通过在命令行窗口输入命令、点取工具栏图标或点取菜单项来完成外，还可以使用键盘上的功能键或快捷键，通过这些功能键或快捷键，可以快速实现指定功能。如按下F1键，系统将打开AutoCAD帮助对话框。

系统使用AutoCAD传统标准（Windows 之前）或 Microsoft Windows 标准解释快捷键。有些功能键或快捷键在AutoCAD的菜单中已经指出，如"粘贴"的快捷键为"Ctrl+V"，这些只要用户在使用的过程中多加留意，就会熟练掌握。快捷键的定义见菜单命令后面的说明，如"粘贴(P) Ctrl+V"。

2.2.4 命令执行方式

有的命令有两种执行方式：通过对话框和通过命令行执行。如果指定使用命令行窗口方式，可以在命令名前加短划线来表示，如-LAYER表示用命令行方式执行"图层"命令。而如果在命令行输入LAYER，则系统会自动打开"图层特性管理器"对话框。

另外，有些命令同时存在命令行、菜单、工具栏和功能区4种执行方式，这时如果选择菜单或工具栏方式，命令行会显示该命令，并在前面加一个下划线。例如，通过菜单或工具栏方式执行"直线"命令时，命令行会显示_line，命令的执行过程及结果与命令行方式相同。

2.2.5 坐标系

AutoCAD采用两种坐标系：世界坐标系（WCS）与用户坐标系（UCS）。用户刚进入AutoCAD时的坐标系统就是世界坐标系，是固定的坐标系统。世界坐标系也是坐标系统中的基准，绘制图形时，大多都是在这个坐标系统下进行的。进入用户坐标系的方式如下。

命令行：UCS。

菜单："工具"→"新建UCS"。

AutoCAD有两种视图显示方式：模型空间和布局空间。模型空间是指单一视图显示法，通常使用的都是这种显示方式；布局空间是指在绘图区域

创建图形的多视图，用户可以对其中每一个视图进行单独操作。在默认情况下，当前UCS与WCS重合。图2-21（a）为模型空间下的UCS坐标系图标，通常放在绘图区左下角处；也可以指定它放在当前UCS的实际坐标原点位置，如图2-21（b）所示；图2-21（c）所示为布局空间下的坐标系图标。

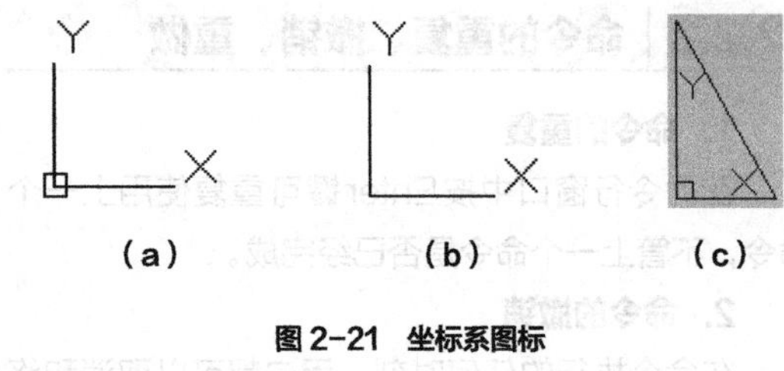

图 2-21　坐标系图标

2.3 配置绘图系统

由于每台计算机所使用的显示器、输入设备和输出设备的类型不同，用户喜好的风格及计算机的目录设置也是不同的。一般情况下，使用AutoCAD 2020的默认配置就可以绘图，但为了使用用户的定点设备或打印机并提高绘图的效率，AutoCAD推荐用户在开始作图前先进行必要的配置。

2.3.1 选项命令

【执行方式】

命令行：PREFERENCES。

菜单："工具"→"选项"。

右键菜单：选项（单击鼠标右键，系统打开右键菜单，其中包括一些最常用的命令）。

【操作格式】

```
命令：preferences ↙
```

执行上述命令后，系统自动打开"选项"对话框。用户可以在该对话框中选择有关选项，对系统进行配置。下面只对其中的"显示"配置选项卡进行说明，其他配置选项在后面用到时再作具体说明。

在"选项"对话框中的第2个选项卡为"显示"，该选项卡控制AutoCAD窗口的外观，如图2-22所示。该选项卡用于设定屏幕颜色、光标大小、滚动条显示与否、AutoCAD的版面布局、各实体的显示精度以及AutoCAD运行时的其他各项性能参数等。有关选项的设置，读者可自己参照"帮助"文档学习。

在设置实体显示精度时，显示精度越高，显示质量就越高，计算机计算的时间就越长，不应将其设置得太高。显示质量设定在一个合理的程度上是很重要的。

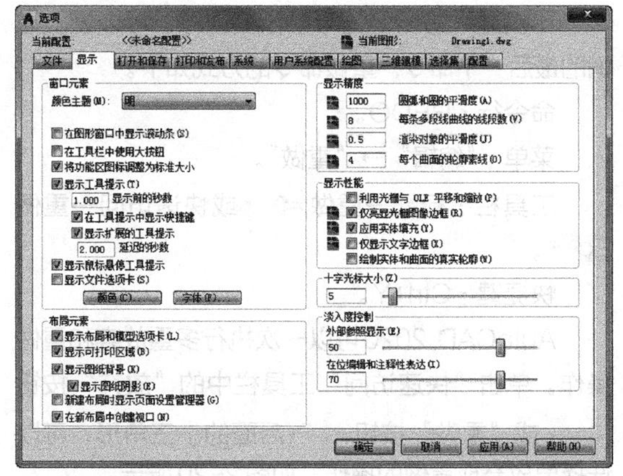

图 2-22　"显示"选项卡

在默认情况下，AutoCAD 2020的绘图窗口是白色背景、黑色线条，有时需要修改绘图窗口的颜色。

2.3.2 实例——修改绘图窗口的颜色

STEP 绘制步骤

❶ 选择菜单栏中的"工具"→"选项"命令，打开"选项"对话框。切换到"显示"选项卡，如图2-22所示。单击"窗口元素"选项组中的"颜色"按钮，打开"图形窗口颜色"对话框，如图2-23所示。

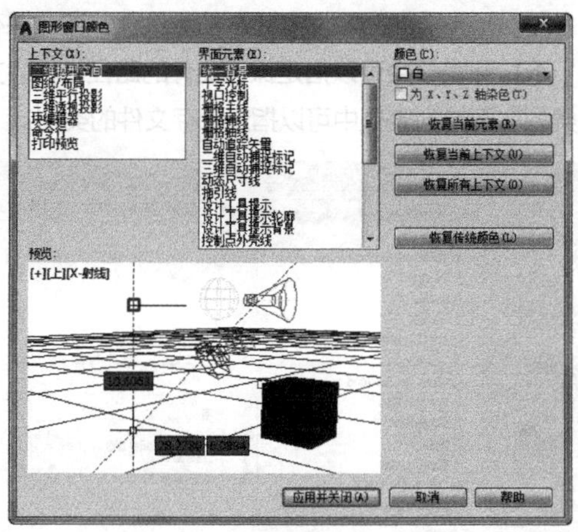

图 2-23 “图形窗口颜色”对话框

❷ 单击“图形窗口颜色”对话框中“颜色”下拉列表框右侧的下拉箭头，在打开的下拉列表中选择需要的窗口颜色，然后单击“应用并关闭”按钮，即可完成 AutoCAD 2020 绘图窗口颜色的修改。

2.4 文件管理

本节将介绍有关文件管理的一些基本操作方法，包括新建文件、打开文件、保存文件等，这些都是进行 AutoCAD 2020操作最基础的知识。

2.4.1 新建文件

【执行方式】

命令行：NEW。

菜单：“文件”→“新建”或“主菜单”→“新建”。

工具栏：标准→新建或快速访问→新建。

【操作格式】

命令：NEW↙

执行上述命令后，系统打开如图2-24所示的“选择样板”对话框。在其中选择一个样板后，单击“打开”按钮，系统将新建一个基于样板的文件。

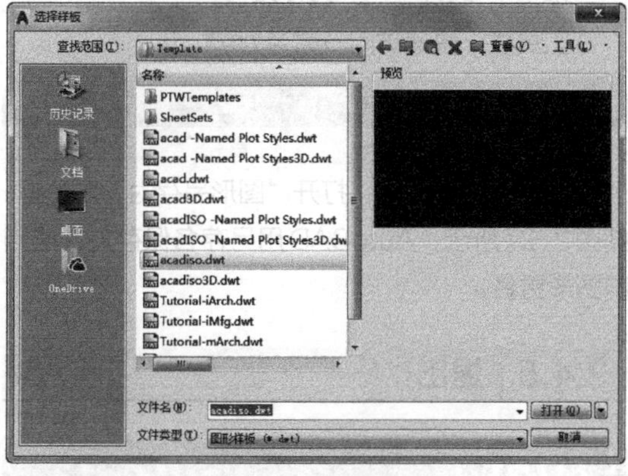

图 2-24 “选择样板”对话框

在运行快速创建图形功能之前，必须进行如下设置。

（1）在命令行中，将FILEDIA系统变量设置为1；将STARTUP系统变量设置为 0。

（2）选择默认图形样板文件。具体方法是：选择菜单栏中的“工具”→“选项”命令，在“选择”对话框的“文件”选项卡下，单击“样板设置”节点下的“快速新建的默认样板文件名”分节点，再单击选中其下的“无”节点，如图2-25所示。单击“浏览”按钮，打开“选择文件”对话框，然后选择需要的样板文件。

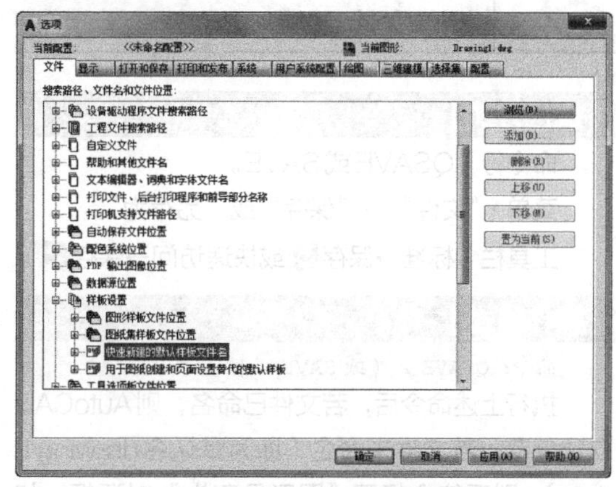

图 2-25 “文件”选项卡

2.4.2 打开文件

【执行方式】

命令行：OPEN。

菜单：“文件”→“打开”或“主菜单”→“打开”。

工具栏：标准→打开或快速访问→打开。

【操作格式】

命令：OPEN↙

执行上述命令后，打开“选择文件”对话框，如图2-26所示。选择一个文件后，单击“打开”按钮，即可将其打开。

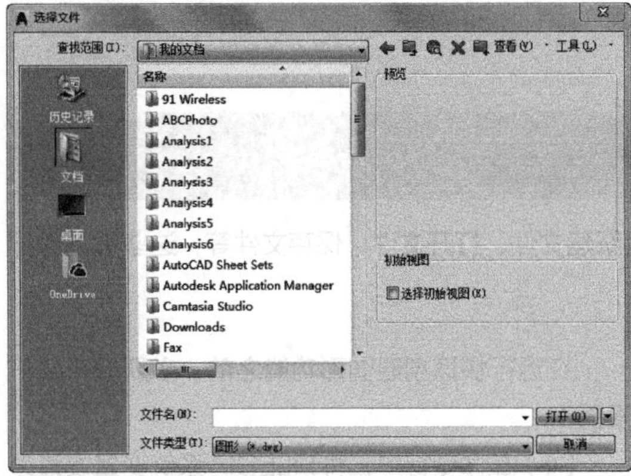

图 2-26 “选择文件”对话框

在“文件类型”列表框中用户可选择.dwg文件、.dwt文件、.dxf文件和.dws文件。.dws文件是包含标准图层、标注样式、线型和文字样式的样板文件；.dxf文件是用文本形式存储的图形文件，能够被其他程序读取，许多第三方应用软件都支持.dxf格式。

2.4.3 保存文件

【执行方式】

命令行：QSAVE或SAVE。

菜单：“文件”→“保存”或“另存为”。

工具栏：标准→保存或快速访问→保存。

【操作格式】

命令：QSAVE↙（或SAVE↙）

执行上述命令后，若文件已命名，则AutoCAD自动保存；若文件未命名（即为默认名drawing1.dwg），则系统会打开“图形另存为”对话框，如图2-27所示，用户可以将其命名后保存。在“保存于”下拉列表框中可以指定保存文件的路径；在“文件类型”下拉列表框中可以指定保存文件的类型。

图 2-27 “图形另存为”对话框

为了防止因意外操作或计算机系统故障导致正在绘制的图形文件丢失，可以对当前图形文件设置自动保存，自动保存相关说明如下所示。

（1）利用系统变量SAVEFILEPATH设置所有“自动保存”文件的位置，如C:\HU\。

（2）利用系统变量SAVEFILE存储“自动保存”文件名。该系统变量存储的是只读文件的文件名，用户可以从中查询自动保存的文件名。

（3）利用系统变量SAVETIME指定在使用“自动保存”时多长时间保存一次图形，单位是分钟。

2.4.4 另存为

【执行方式】

命令行：SAVEAS。

菜单：“文件”→“另存为”。

工具栏：快速访问→另存为。

【操作格式】

命令：SAVEAS↙

执行上述命令后，打开“图形另存为”对话框，如图2-27所示，AutoCAD用另存名保存，并把当前图形更名。

2.4.5 退出

【执行方式】

命令行：QUIT或EXIT。

菜单："文件"→"退出"。

按钮：单击AutoCAD操作界面右上角的"关闭"按钮✕。

【操作格式】

命令：QUIT↙（或EXIT↙）

执行上述命令后，若用户对图形所做的修改尚未保存，则会出现如图2-28所示的系统提示对话框。单击"是"按钮，系统将保存文件，然后退出；单击"否"按钮，系统将不保存文件而直接退出。若用户对图形所做的修改已经保存，则直接退出。

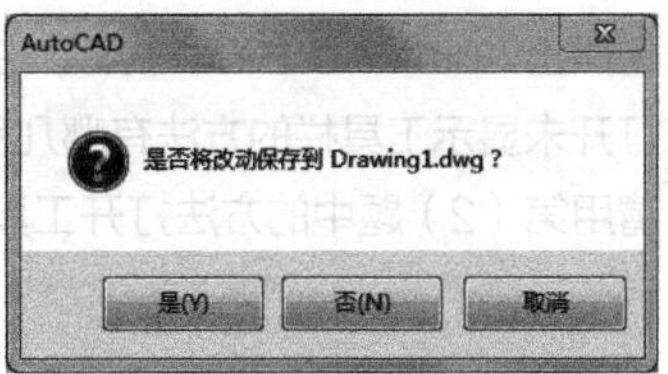

图 2-28 系统提示对话框

2.5 上机实验

实验 1 设置绘图环境

 目标要求

任何一个图形文件都有一个特定的绘图环境，包括图形边界、绘图单位和角度等。设置绘图环境通常有两种方法，即设置向导与单独的命令设置方法。通过学习设置绘图环境，可以促进读者对图形总体环境的认识。

 操作提示

（1）单击"快速访问"工具栏中的"新建"按钮，系统打开"选择样板"对话框。

（2）选择合适的样板后，单击"打开"按钮，新建一个图形文件。

（3）选择菜单栏中的"格式"→"单位"命令，系统打开"图形单位"对话框。

（4）分别逐项选择：类型为"小数"，精度为"0.00"；角度为"度/分/秒"，精度为"0d00'00""；选中"顺时针"复选框；插入时的缩放单位为"毫米"，单击"确定"按钮。

实验 2 熟悉操作界面

 目标要求

操作界面是用户绘制图形的平台，操作界面的各个部分都有其独特的功能，熟悉操作界面有助于用户方便快速地进行绘图。本实验要求读者了解操作界面各部分的功能，掌握改变绘图窗口颜色和光标大小的方法，能够熟练地打开、移动、关闭工具栏。

 操作提示

（1）启动AutoCAD 2020，进入绘图界面。

（2）调整操作界面大小。

（3）设置绘图窗口颜色与光标大小。

（4）打开、移动、关闭工具栏。

（5）尝试分别利用命令行、下拉菜单和工具栏绘制一条线段。

实验 3 管理图形文件

 目标要求

图形文件管理包括文件的新建、打开、保存、加密和退出等。本实验要求读者熟练掌握DWG文件的保存、自动保存、加密以及打开的方法。

 操作提示

（1）启动AutoCAD 2020，进入绘图界面。

（2）打开一幅已经保存过的图形。

（3）进行自动保存设置。

（4）进行加密设置。

（5）将图形以新的名字保存。

（6）尝试在图形上绘制任意图形。

（7）退出该图形文件。

（8）尝试重新打开按新名称保存的原图形文件。

2.6 思考与练习

（1）请指出AutoCAD 2020中菜单栏、命令窗口、状态栏、工具栏、功能区的位置及作用。

（2）打开未显示工具栏的方法有哪几种？

（3）请用第（2）题中的方法打开工具栏，利用“圆”（CIRCLE）命令绘制圆。

第3章

二维图形命令

二维图形是指在二维平面空间绘制的图形，主要由一些基本图形元素组成，如点、直线、圆弧、圆、椭圆、矩形和多边形等几何元素。AutoCAD 提供了大量的绘图工具，可以帮助用户完成二维图形的绘制。

知识重点

- 点、直线、圆类图形命令
- 平面图形命令
- 高级绘图命令

3.1 点与直线命令

“点”与“直线”命令是AutoCAD中最简单的绘图命令。

3.1.1 点

点在AutoCAD中有多种不同的表示方式，用户可以根据需要进行设置。

【执行方式】

命令行：POINT。

菜单：“绘图”→“点”→“单点”或“多点”。

工具栏：“绘图”→“多点” 。

功能区：单击“默认”选项卡“绘图”面板中的“多点”按钮 。

【操作格式】

```
命令：POINT↙
当前点模式：PDMODE=0  PDSIZE=0.0000
指定点：(指定点所在的位置)
```

【选项说明】

（1）通过菜单方法操作时，“单点”选项表示只输入一个点，“多点”选项表示可输入多个点，如图3-1所示。

（2）可以打开状态栏中的“对象捕捉”开关，设置点捕捉模式，帮助用户拾取点。

（3）点在图形中的表示样式共有20种。可以选择菜单栏中的“格式”→“点样式”命令，打开“点样式”对话框来设置，如图3-2所示。

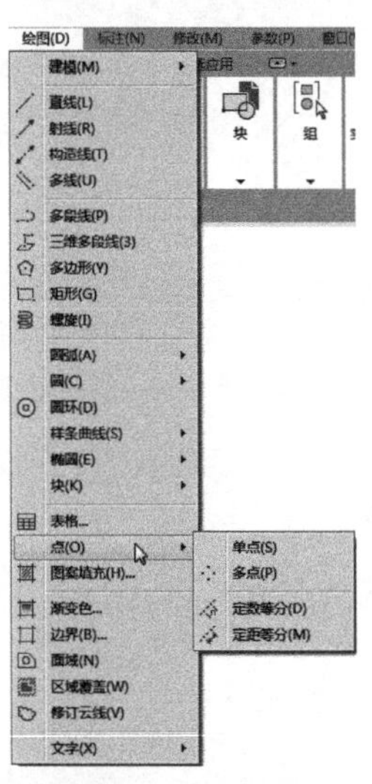

图3-1 “点”子菜单

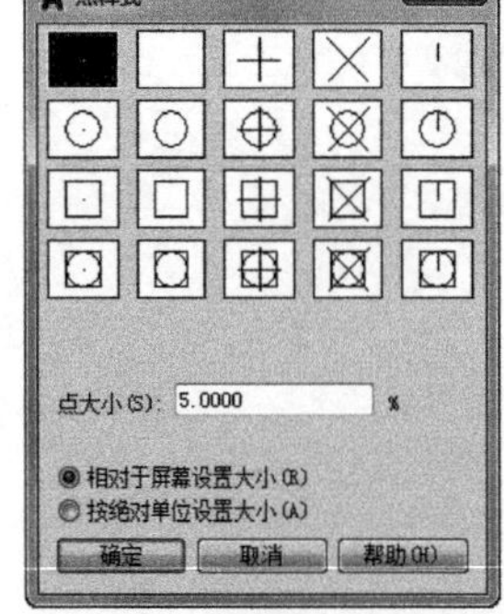

图3-2 “点样式”对话框

3.1.2 直线

【执行方式】

命令行：LINE。

菜单：“绘图”→“直线”。

工具栏：“绘图”→“直线” 。

功能区：单击“默认”选项卡“绘图”面板中的“直线”按钮 。

【操作格式】

```
命令：LINE↙
指定第一个点：(输入直线段的起点，用鼠标指定点或者给定点的坐标)
指定下一点或 [放弃(U)]：(输入直线段的端点)
指定下一点或 [放弃(U)]：(输入下一直线段的端点。输入选项U表示放弃前面的输入；单击鼠标右键或按Enter键，结束命令)
指定下一点或 [闭合(C)/放弃(U)]：(输入下一直线段的端点，或输入选项C使图形闭合，结束命令)
```

【选项说明】

（1）若按Enter键响应“指定第一个点”提示，系统会把上次绘线（或弧）的终点作为本次操作的起始点。若上次操作为绘制圆弧，按Enter键响应后，绘出通过圆弧终点与该圆弧相切的直线段，该线段的长度由鼠标在屏幕上指定的一点与切点之间线段的长度确定。

（2）在“指定下一点”提示下，用户可以指定多个端点，从而绘出多条直线段。但是，每一段直线是一个独立的对象，可以进行单独的编辑操作。

（3）绘制两条以上直线段后，若用选项C响应“指定下一点”提示，系统会自动连接起始点和最后一个端点，从而绘出封闭的图形。

（4）若用选项U响应提示，则擦除最近一次绘制的直线段。

（5）若设置正交方式（单击状态栏上“正交”按钮 ），则只能绘制水平线段或竖直线段。

（6）若设置动态数据输入方式（单击状态栏上“动态输入”按钮 ），则可以动态输入坐标或长度值。下面的命令同样可以设置动态数据输入方式，效果与非动态数据输入方式类似。除了特别需要，以后不再强调，而只按非动态数据输入方式输入相关数据。

3.1.3 实例——绘制阀符号 1

下面绘制如图3-3所示的阀符号。

STEP 绘制步骤

单击状态栏中的“动态输入”按钮，关闭动态输入功能。单击“默认”选项卡“绘图”面板中的“直线”按钮，在屏幕上指定一点（即顶点1的位置）后，根据系统提示，依次指定阀的其他各个顶点，命令行提示与操作如下。

```
命令：_line
指定第一个点：232,600
指定下一点或 [放弃(U)]:@0,-170
指定下一点或 [放弃(U)]:@443<23（指定点 3，如图 3-4 所示）
指定下一点或 [闭合(C)/放弃(U)]:@0,-170
指定下一点或 [闭合(C)/放弃(U)]: C↙（系统自动封闭连续直线并结束命令）
```

结果如图3-3所示。

图 3-3 阀符号

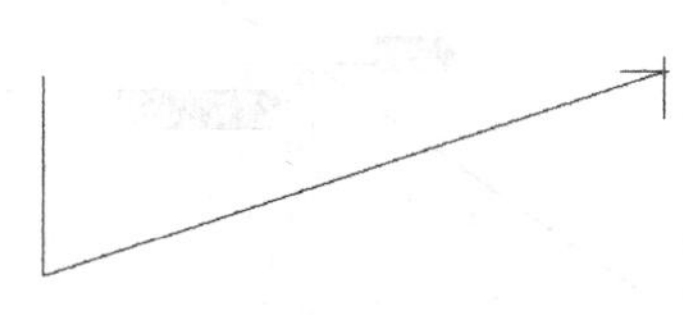

图 3-4 指定点 3

3.1.4 数据的输入方法

在AutoCAD中，点的坐标可以用直角坐标、极坐标、球面坐标和柱面坐标表示，每一种坐标又分别具有两种坐标输入方式：绝对坐标和相对坐标。其中，直角坐标和极坐标最为常用，下面主要介绍它们的输入方法。

1. 直角坐标法

直角坐标是用点的*X*、*Y*坐标值表示的坐标。

例如，在命令行中输入点的坐标提示下，输入“15,18”，则表示输入一个*X*、*Y*的坐标值分别为15、18的点，此为绝对坐标输入方式，表示该点的坐标是相对于当前坐标原点的坐标值，如图3-5（a）所示。如果输入“@10,20”，则为相对坐标输入方式，表示该点的坐标是相对于前一点的坐标值，如图3-5（b）所示。

2. 极坐标法

极坐标是用长度和角度表示的坐标，只能用来表示二维点的坐标。

在绝对坐标输入方式下，极坐标表示为“长度<角度”，如“25<50”，其中长度为该点到坐标原点的距离，角度为该点至原点的连线与*X*轴正向的夹角，如图3-5（c）所示。

在相对坐标输入方式下，极坐标表示为“@长度<角度”，如“@25<45”，其中长度为该点到前一点的距离，角度为该点至前一点的连线与*X*轴正向的夹角，如图3-5（d）所示。

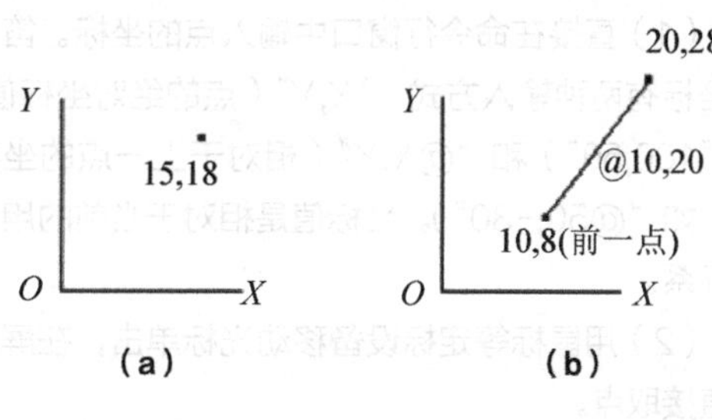

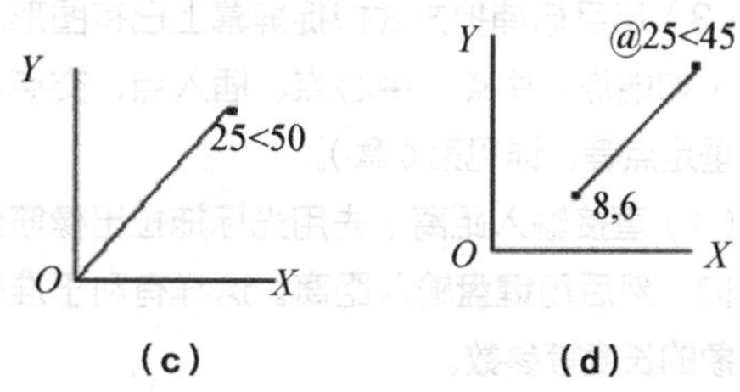

图 3-5 数据输入方法

3. 动态数据输入

按下状态栏上的“动态输入”按钮，系统打开动态输入功能，可以在屏幕上动态地输入某些参数数据。例如，绘制直线时，在光标附近，会动态地显示“指定第一个点”及后面的坐标框，当前坐标框中显示的是光标所在位置，可以输入数据，两个数据之间以逗号隔开，如图3-6所示。指定第一点后，系统动态地显示直线的角度，同时要求输入线段长度值，如图3-7所示，其输入效果与“@长度<角度”方式相同。

图 3-6 动态输入坐标值

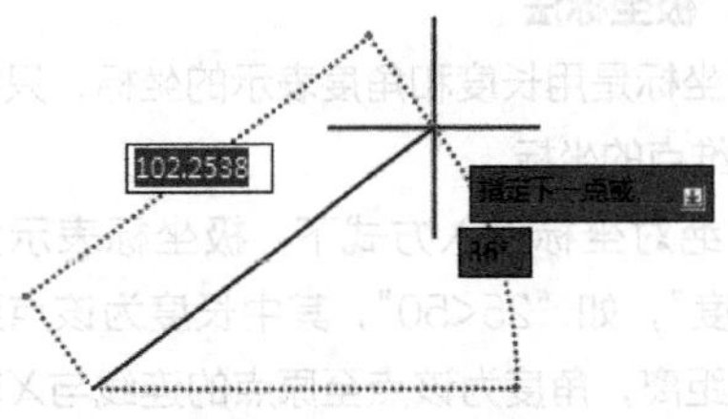

图 3-7 动态输入长度值

下面分别讲述点与距离值的输入方法。

4. 点的输入

在绘图过程中常需要输入点的位置，AutoCAD提供如下几种输入点的方式。

（1）直接在命令行窗口中输入点的坐标。笛卡尔坐标有两种输入方式：“*X,Y*”（点的绝对坐标值，如“100,50”）和“@*X,Y*”（相对于上一点的坐标值，如“@50,-30”）。坐标值是相对于当前的用户坐标系。

（2）用鼠标等定标设备移动光标单击，在屏幕上直接取点。

（3）用目标捕捉方式捕捉屏幕上已有图形的特殊点（如端点、中点、中心点、插入点、交点、切点、垂足点等，详见第4章）。

（4）直接输入距离：先用光标拖拉出橡筋线确定方向，然后用键盘输入距离。这样有利于准确控制对象的长度等参数。

5. 距离值的输入

在AutoCAD命令中，有时需要提供高度、宽度、半径、长度等距离值。AutoCAD提供两种输入距离值的方式：一种是用键盘在命令行窗口中直接输入数值；另一种是在屏幕上拾取两点，以两点的距离值定出所需数值。

3.1.5 实例——绘制阀符号 2

本实例利用“直线”命令，在动态输入功能下绘制阀符号，绘制流程如图3-8所示。

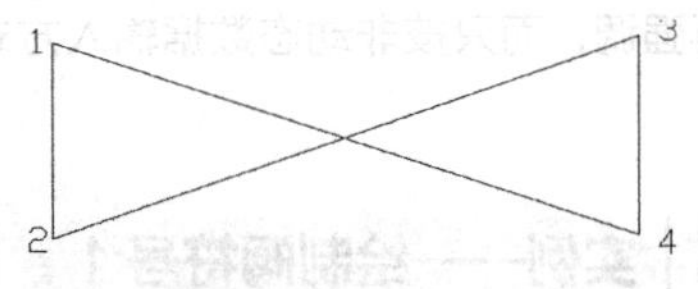

图 3-8 绘制阀符号

STEP 绘制步骤

❶ 系统默认打开动态输入，如果动态输入没有打开，单击状态栏中的“动态输入”按钮，打开动态输入。单击“默认”选项卡“绘图”面板中的“直线”按钮，在动态输入框中输入第一点坐标（232,600），如图3-9所示，按Enter键确认第1点。

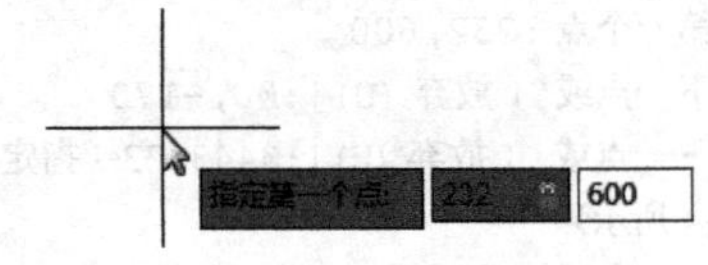

图 3-9 确定第1点

❷ 拖动鼠标，然后在动态输入框中输入坐标（0,-170），按Enter键确认第2点。

❸ 拖动鼠标，然后在动态输入框中输入长度“443”，按Tab键切换到角度输入框，输入角度“23”，如图3-10所示，按Enter键确认第3点。

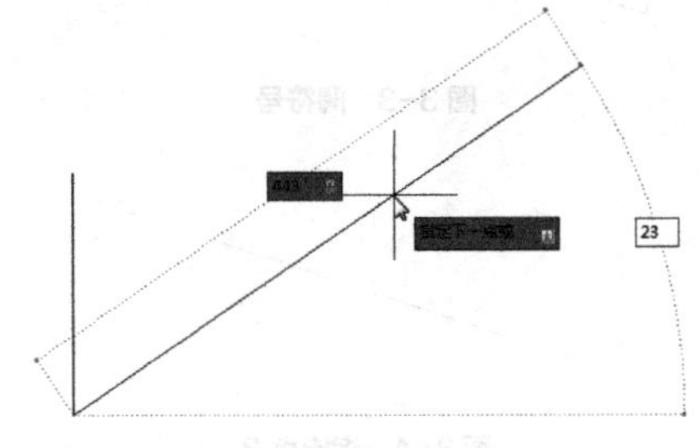

图 3-10 确定第3点

❹ 拖动鼠标，然后在动态输入框中输入坐标（0,-170），按Enter键确认第4点。

❺ 拖动鼠标，直接输入C，系统自动封闭连续直线并结束命令，结果如图3-8所示。

电气制图对图形的尺寸要求不太严格，所以指定尺寸大小可以相对自由，只要求形状大小相对协调即可。

3.2 圆类图形命令

圆类命令主要包括“圆”“圆弧”“椭圆”“椭圆弧”以及“圆环”等命令，这几个命令是AutoCAD中最简单的曲线命令。

3.2.1 圆

【执行方式】

命令行：CIRCLE。

菜单：“绘图”→“圆”。

工具栏：“绘图”→“圆”。

功能区：单击“默认”选项卡“绘图”面板中的“圆”按钮。

【操作格式】

命令：CIRCLE↙

指定圆的圆心或 [三点(3P)/两点(2P)/切点、切点、半径(T)]：(指定圆心)

指定圆的半径或 [直径(D)]：(直接输入半径数值或用鼠标指定半径长度)

指定圆的直径 <默认值>：(如果上一步选择的是直径方式，则输入直径数值或用鼠标指定直径长度)

【选项说明】

(1)三点(3P)：用指定圆周上3点的方法画圆。

(2)两点(2P)：指定直径的两端点画圆。

(3)切点、切点、半径(T)：按先指定两个相切对象，后给出半径的方法画圆。图3-11(a)～(d)所示给出的以“切点、切点、半径”方式绘制圆的各种情形(其中加黑的圆为最后绘制的圆)。

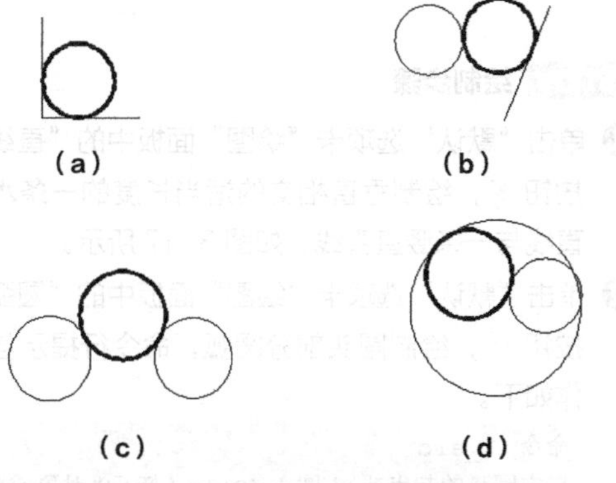

图 3-11 圆与另外两个对象相切的各种情形

在“绘图”的“圆”子菜单中多了一种“相切、相切、相切”的方法，当选择此方式时(如图3-12所示)，命令行提示与操作如下。

指定圆上的第一个点：_tan 到：(指定相切的第1个圆弧)

指定圆上的第二个点：_tan 到：(指定相切的第2个圆弧)

指定圆上的第三个点：_tan 到：(指定相切的第3个圆弧)

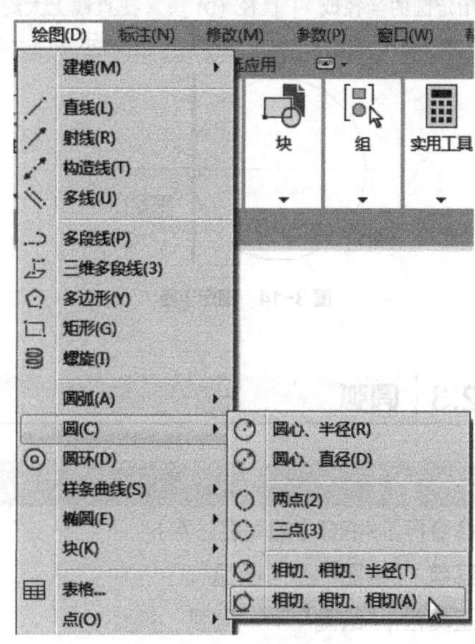

图 3-12 “圆”子菜单

3.2.2 实例——绘制传声器符号

下面绘制如图3-13所示的传声器符号。

STEP 绘制步骤

❶ 单击“默认”选项卡“绘图”面板中的“直线”按钮，竖直向下绘制一条直线，并设置线宽为“0.3”，命令行提示与操作如下。

命令：_line

指定第一个点：(在屏幕适当位置指定一点)

指定下一点或 [放弃(U)]：(竖直向下在适当位置指定一点)

```
指定下一点或 [放弃(U)]：↙（按Enter键，完成直线绘制）
```

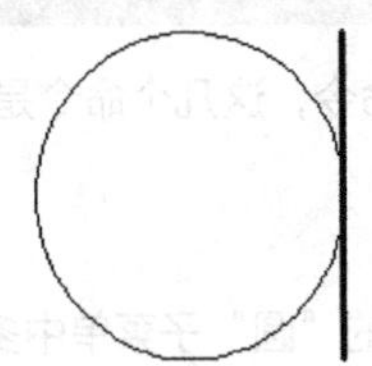

图 3-13 传声器符号

❷ 单击"默认"选项卡"绘图"面板中的"圆"按钮⊘，绘制一个圆，命令行提示与操作如下。

```
命令：_circle
指定圆的圆心或 [三点(3P)/两点(2P)/切点、切点、半径(T)]：(在直线左边中间适当位置指定一点)
指定圆的半径或 [直径(D)]：(在直线上大约与圆心平齐的位置指定一点，如图 3-14 所示)
```

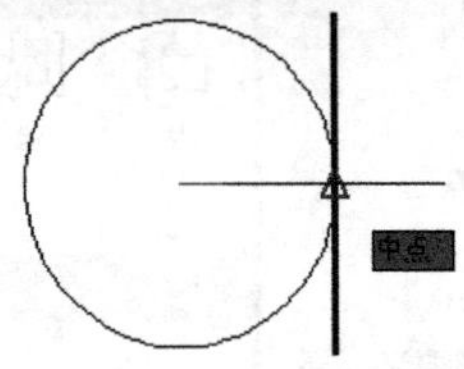

图 3-14 指定半径

3.2.3 圆弧

【执行方式】

命令行：ARC（缩写名：A）。

菜单："绘图"→"圆弧"。

工具栏："绘图"→"圆弧"⌒。

功能区：单击"默认"选项卡"绘图"面板中的"圆弧"按钮。

【操作格式】

```
命令：ARC↙
指定圆弧的起点或 [圆心(C)]：(指定起点)
指定圆弧的第二点或 [圆心(C)/端点(E)]：(指定第 2 点)
指定圆弧的端点：(指定端点)
```

【选项说明】

（1）用命令行方式画圆弧时，可以根据系统提示选择不同的选项，具体功能和用"绘图"菜单的"圆弧"子菜单提供的11种方式相似。这11种方式如图3-15（a）~（k）所示。

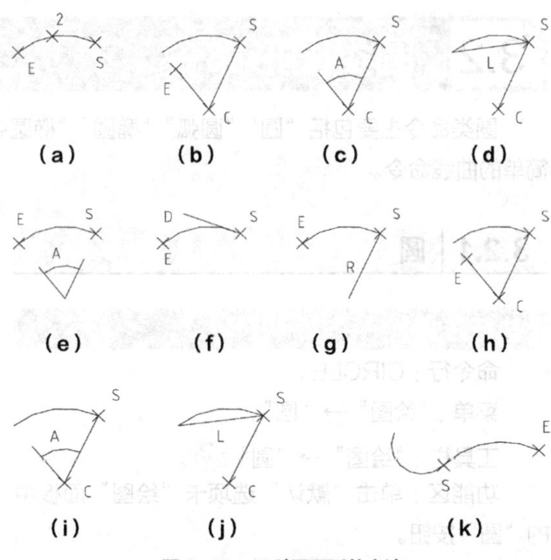

图 3-15 11 种画圆弧的方法

（2）需要强调的是"继续"方式，绘制的圆弧与上一线段或圆弧相切，继续画圆弧段，因此提供端点即可。

3.2.4 实例——绘制电抗器符号

下面绘制如图3-16所示的电抗器符号。

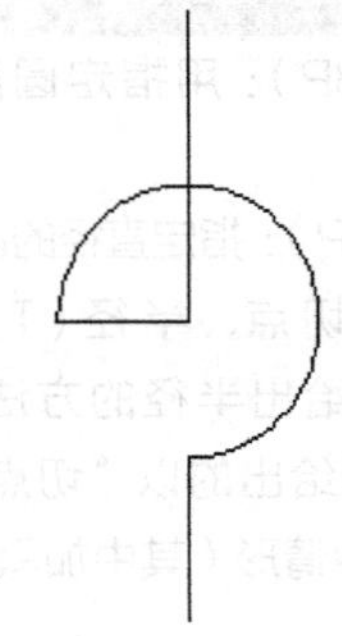

图 3-16 电抗器符号

STEP 绘制步骤

❶ 单击"默认"选项卡"绘图"面板中的"直线"按钮╱，绘制垂直相交的适当长度的一条水平直线与一条竖直直线，如图 3-17 所示。

❷ 单击"默认"选项卡"绘图"面板中的"圆弧"按钮⌒，绘制圆头部分圆弧，命令行提示与操作如下。

```
命令：_arc
指定圆弧的起点或 [圆心(C)]：(打开"对象捕捉"开关，指定起点为水平线左端点)
```

指定圆弧的第二个点或 [圆心(C)/端点(E)]: c↙
指定圆弧的圆心:(指定圆心为水平线右端点)
指定圆弧的端点或 [角度(A)/弦长(L)]: a↙
指定包含角: -270↙

绘制结果如图3-18所示。

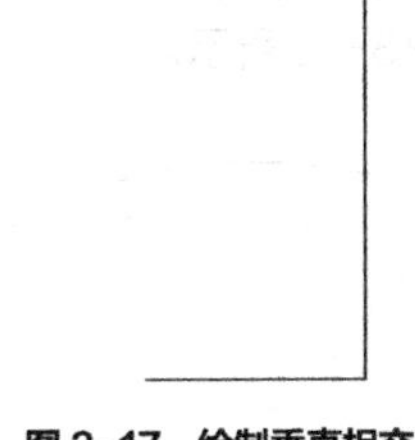

图 3-17 绘制垂直相交直线

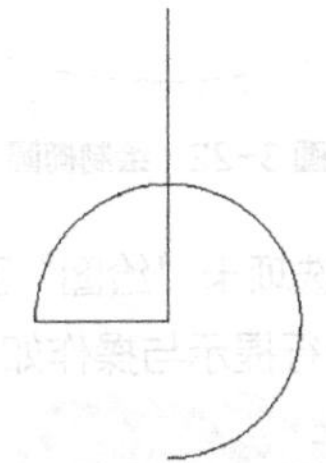

图 3-18 绘制圆弧

❸ 单击"默认"选项卡"绘图"面板中的"直线"按钮，绘制一条适当长度的竖直直线，直线起点为圆弧的下端点。最终结果如图 3-16 所示。

3.2.5 圆环

【执行方式】

命令行：DONUT。

菜单："绘图"→"圆环"。

功能区：单击"默认"选项卡"绘图"面板中的"圆环"按钮。

【操作格式】

命令: DONUT↙
指定圆环的内径 <默认值>:(指定圆环内径)
指定圆环的外径 <默认值>:(指定圆环外径)
指定圆环的中心点或 <退出>:(指定圆环的中心点)
指定圆环的中心点或 <退出>:(继续指定圆环的中心点，则继续绘制相同内外径的圆环。用Enter键、空格键或鼠标右键结束命令，如图3-19(a)所示)

【选项说明】

(1)若指定内径为零，则画出实心填充圆，如图3-19(b)所示。

(2)用命令FILL可以控制圆环是否填充，命令行提示与操作如下。

命令: FILL↙
输入模式 [开(ON)/关(OFF)] <开>:(选择ON表示填充，选择OFF表示不填充，如图3-19(c)所示)

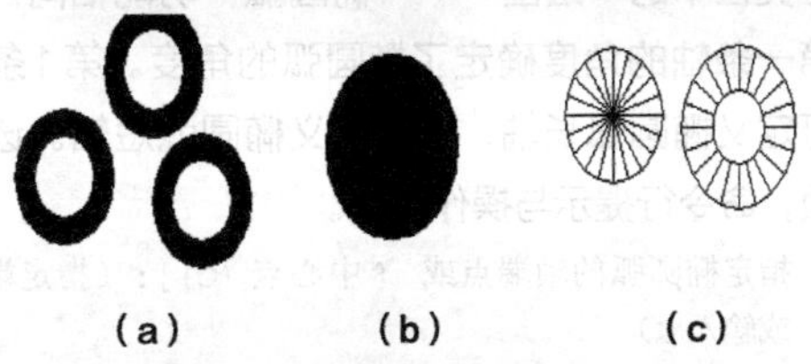

图 3-19 绘制圆环

3.2.6 椭圆与椭圆弧

【执行方式】

命令行：ELLIPSE。

菜单："绘图"→"椭圆"→"圆弧"。

工具栏："绘图"→"椭圆"或"绘图"→"椭圆弧"。

功能区：单击"默认"选项卡"绘图"面板中的"椭圆"按钮。

【操作格式】

命令: ELLIPSE↙
指定椭圆的轴端点或 [圆弧(A)/中心点(C)]:(指定轴端点1，如图3-20(a)所示)
指定轴的另一个端点:(指定轴端点2，如图3-20(b)所示)
指定另一条半轴长度或 [旋转(R)]:

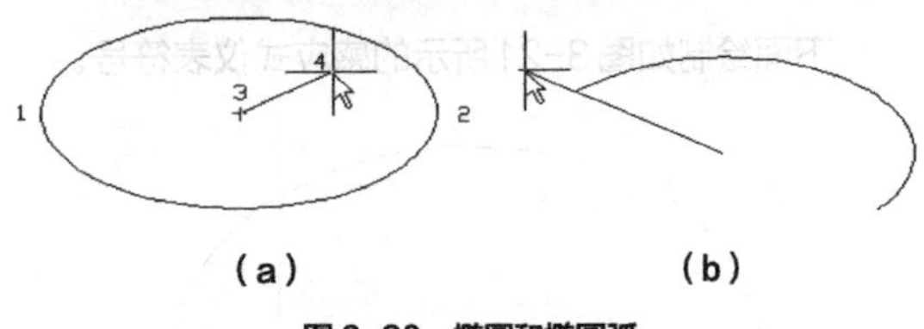

图 3-20 椭圆和椭圆弧

【选项说明】

(1)指定椭圆的轴端点：根据两个端点定义椭圆的第1条轴。第1条轴的方位确定了整个椭圆的方位。第1条轴既可定义椭圆的长轴，也可定义短轴。

(2)旋转(R)：通过绕第1条轴旋转圆来创建

椭圆，相当于将一个圆绕椭圆轴翻转一个角度后的投影视图。

（3）中心点（C）：通过指定的中心点创建椭圆。

（4）圆弧（A）：该选项用于创建一段椭圆弧。与工具栏中的“绘图”→“椭圆弧”功能相同。其中第一条轴的角度确定了椭圆弧的角度。第1条轴既可定义椭圆弧长轴，也可定义椭圆弧短轴。选择该项，命令行提示与操作如下。

```
指定椭圆弧的轴端点或 [中心点(C)]:（指定端点或输入C）
指定轴的另一个端点:（指定另一端点）
指定另一条半轴长度或 [旋转(R)]:（指定另一条半轴长度或输入R）
指定起点角度或 [参数(P)]:（指定起始角度或输入P）
指定端点角度或 [参数(P)/ 夹角(I)]:
```

其中各选项的含义如下。

① 角度：指定椭圆弧端点的两种方式之一，光标与椭圆中心点连线的夹角为椭圆端点位置的角度，如图3-20（b）所示。

② 参数（P）：指定椭圆弧端点的另一种方式，该方式同样是指定椭圆弧端点的角度，但通过以下矢量参数方程式创建椭圆弧。

$$p(u)=c+a\cos(u)+b\sin(u)$$

其中，c是椭圆的中心点；a和b分别是椭圆的长轴和短轴；u为光标与椭圆中心点连线的夹角。

③ 夹角（I）：定义从起始角度开始的包含角度。

3.2.7 实例——绘制感应式仪表符号

下面绘制如图3-21所示的感应式仪表符号。

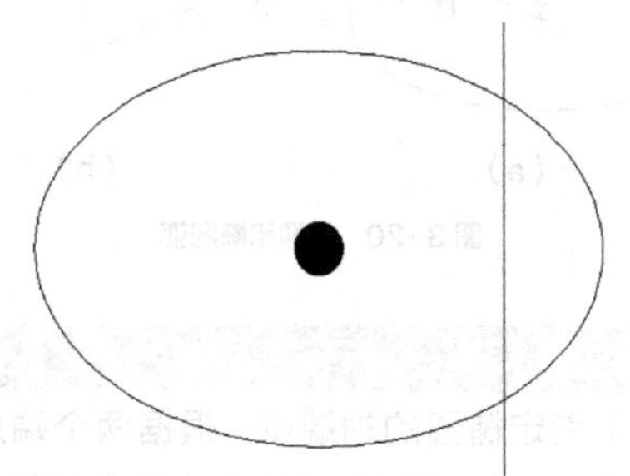

图3-21 感应式仪表符号

STEP 绘制步骤

❶ 单击“默认”选项卡“绘图”面板中的“椭圆”按钮，命令行提示与操作如下。

```
命令：_ellipse
指定椭圆的轴端点或 [圆弧(A)/ 中心点(C)]:（适当指定一点为椭圆的轴端点）
指定轴的另一个端点:（在水平方向指定椭圆的轴的另一个端点）
指定另一条半轴长度或 [旋转(R)]:（适当指定一点，以确定椭圆另一条半轴的长度）
```

绘制结果如图3-22所示。

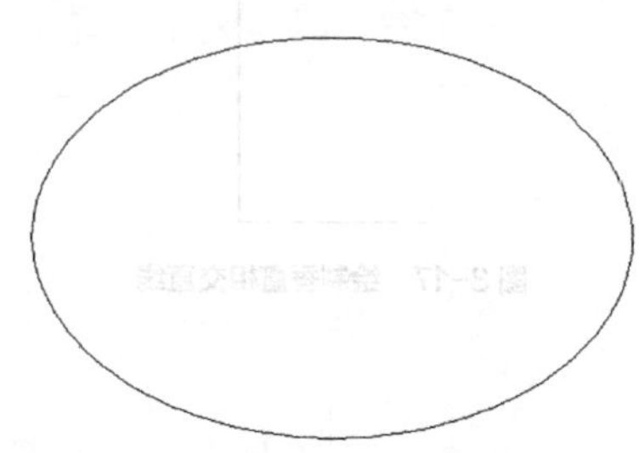

图3-22 绘制椭圆

❷ 单击“默认”选项卡“绘图”面板中的“圆环”按钮◎，命令行提示与操作如下。

```
命令：_donut
指定圆环的内径 <0.5000>: 0↙
指定圆环的外径 <1.0000>:150↙
指定圆环的中心点或 <退出>:（大约指定椭圆的圆心位置）
指定圆环的中心点或 <退出>:↙
```

绘制结果如图3-23所示。

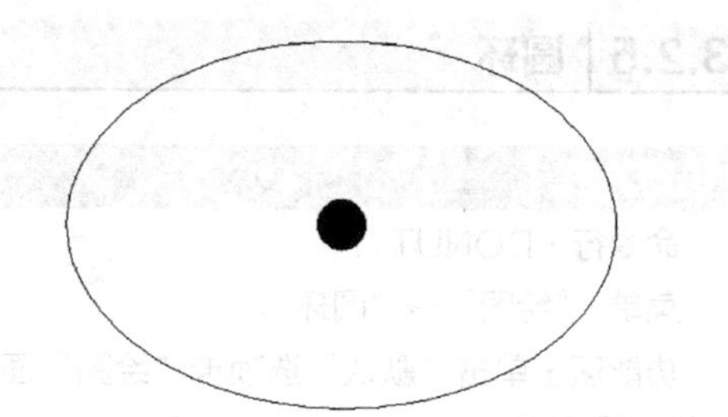

图3-23 绘制圆环

❸ 单击“默认”选项卡“绘图”面板中的“直线”按钮，在椭圆偏右位置绘制一条竖直直线，最终结果如图3-21所示。

> **注意** 在绘制圆环时，可能无法一次准确确定圆环外径大小，为确定圆环与椭圆的相对大小，可以通过多次绘制的方法找到一个相对合适的外径值。

3.3 平面图形命令

矩形和正多边形是两种基本的平面图形，本节学习这两种平面图形的相关命令和绘制方法。

3.3.1 矩形

【执行方式】

命令行：RECTANG（缩写名：REC）。

菜单："绘图"→"矩形"。

工具栏："绘图"→"矩形"▭。

功能区：单击"默认"选项卡"绘图"面板中的"矩形"按钮▭。

【操作格式】

```
命令：RECTANG↙
指定第一个角点或 [倒角(C)/标高(E)/圆角(F)/厚度(T)/宽度(W)]:
指定另一个角点或 [面积(A)/尺寸(D)/旋转(R)]:
```

【选项说明】

（1）第一个角点：通过指定两个角点确定矩形，如图3-24（a）所示。

（2）倒角（C）：指定倒角距离，绘制带倒角的矩形，如图3-24（b）所示。每一个角点的逆时针和顺时针方向的倒角可以相同，也可以不同，其中第1个倒角距离是指角点逆时针方向的倒角距离，第2个倒角距离是指角点顺时针方向的倒角距离。

（3）标高（E）：指定矩形标高（*Z*坐标），即把矩形画在标高为*Z*、和*XOY*坐标面平行的平面上，并作为后续矩形的标高值。

（4）圆角（F）：指定圆角半径，绘制带圆角的矩形，如图3-24（c）所示。

（5）厚度（T）：指定矩形的厚度，如图3-24（d）所示。

（6）宽度（W）：指定线宽，如图3-24（e）所示。

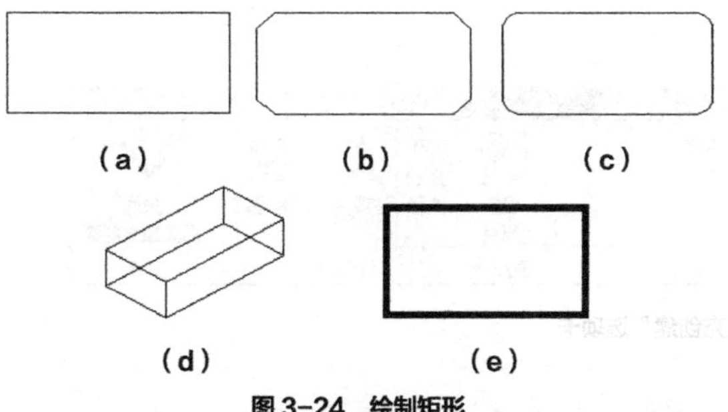

图3-24 绘制矩形

（7）尺寸（D）：使用长和宽创建矩形。第2个指定点将矩形定位在与第1角点相关的四个位置之一内。

（8）面积（A）：指定面积和长或宽创建矩形。选择该项，系统提示如下。

```
输入以当前单位计算的矩形面积 <20.0000>:（输入面积值）
计算矩形标注时依据 [长度(L)/宽度(W)] <长度>:（按Enter键或输入W）
输入矩形长度 <4.0000>:（指定长度或宽度）
```

指定长度或宽度后，系统自动计算另一个维度后绘制出矩形。如果矩形有倒角或圆角，则长度或宽度计算中会考虑此设置，如图3-25所示。

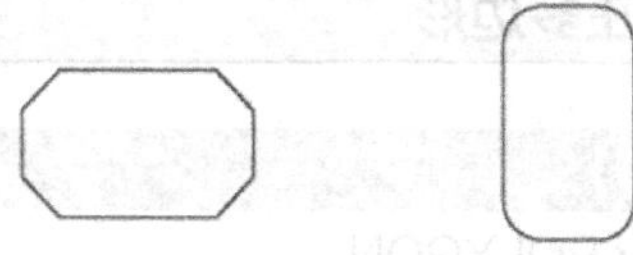

图3-25 按面积绘制矩形

（9）旋转（R）：旋转所绘制的矩形。选择该项，系统提示如下。

```
指定旋转角度或 [拾取点(P)] <135>:（指定角度）
指定另一个角点或 [面积(A)/尺寸(D)/旋转(R)]:（指定另一个角点或选择其他选项）
```

指定旋转角度后，系统按指定角度创建矩形，如图3-26所示。

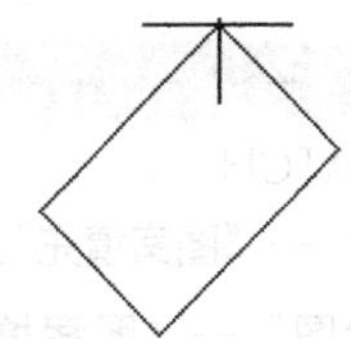

图3-26 按指定旋转角度创建矩形

3.3.2 实例——绘制缓慢吸合继电器线圈

下面绘制如图3-27所示的缓慢吸合继电器线圈。

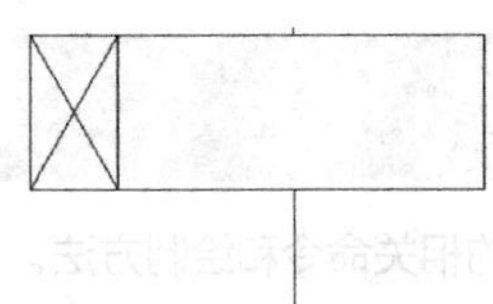

图 3-27　缓慢吸合继电器线圈

STEP 绘制步骤

❶ 单击“默认”选项卡“绘图”面板中的“矩形”按钮 ，绘制外框。命令行提示与操作如下。

```
命令：RECTANG↙
指定第一个角点或 [倒角(C)/标高(E)/圆角(F)/厚度(T)/宽度(W)]：(在屏幕适当处指定一点)
指定另一个角点或 [面积(A)/尺寸(D)/旋转(R)]：(在屏幕适当处指定另一点)
```

❷ 单击“默认”选项卡“绘图”面板中的“直线”按钮 ，绘制另外的图线，结果如图 3-27 所示。

3.3.3 正多边形

【执行方式】

命令行：POLYGON。

菜单：“绘图”→“多边形”。

工具栏：“绘图”→“多边形” 。

功能区：单击“默认”选项卡“绘图”面板中的“多边形”按钮 。

【操作格式】

```
命令：POLYGON↙
输入侧面数 <4>：(指定多边形的边数，默认值为4)
指定正多边形的中心点或 [边(E)]：(指定中心点)
输入选项 [内接于圆(I)/外切于圆(C)] <I>：(指定是内接于圆或外切于圆，I表示内接，如图3-28(a)所示；C表示外切，如图3-28(b)所示)
指定圆的半径：(指定外接圆或内切圆的半径)
```

【选项说明】

如果选择“边”选项，则只要指定多边形的一条边，系统就会按逆时针方向创建该正多边形，如图 3-28（c）所示。

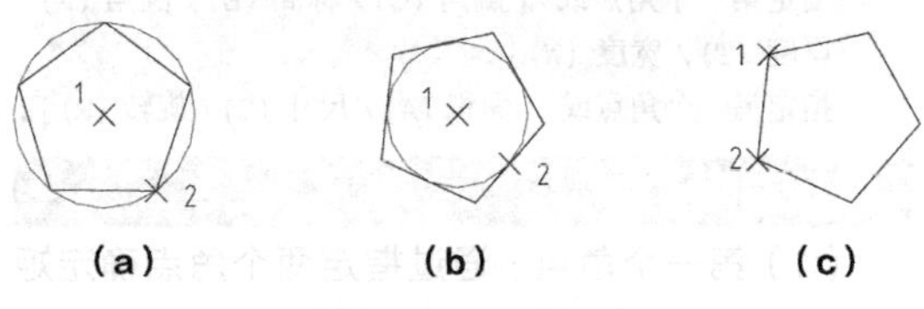

图 3-28　画正多边形

3.4 高级绘图命令

除了前面介绍的一些绘图命令外，还有一些比较复杂的绘图命令，包括“图案填充”命令、“多段线”命令和“样条曲线”命令等。

3.4.1 图案填充

【执行方式】

命令行：BHATCH。

菜单：“绘图”→“图案填充”。

工具栏：“绘图”→“图案填充” 或“绘图”→“渐变色” 。

功能区：单击“默认”选项卡“绘图”面板中的“图案填充”按钮 。

【操作格式】

```
命令：BHATCH↙
```

执行上述命令后，系统打开如图 3-29 所示的“图案填充创建”选项卡，各面板的功能如下。

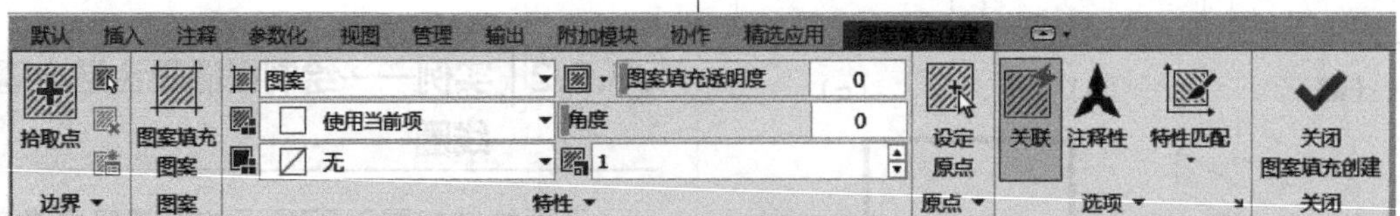

图 3-29　“图案填充创建”选项卡

1.“边界”面板

（1）拾取点：通过选择由一个或多个对象形成的封闭区域内的点，确定图案填充边界，如图3-30所示。指定内部点时，可以随时在绘图区域中单击鼠标右键以显示包含多个选项的快捷菜单。

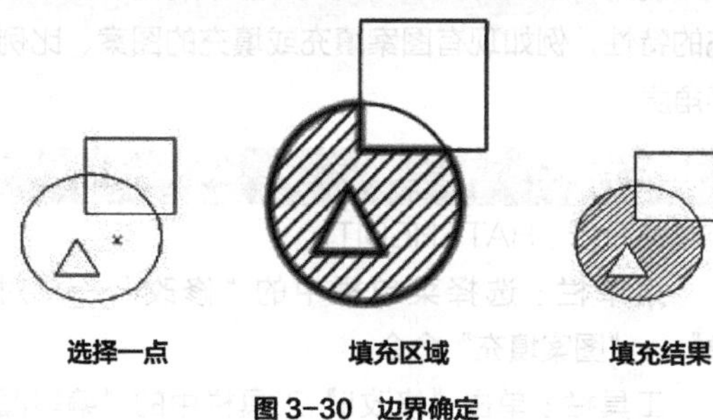

图 3-30 边界确定

（2）选择边界对象：指定基于选定对象的图案填充边界。使用该选项时，不会自动检测内部对象，必须选择选定边界内的对象，以按照当前孤岛检测样式填充这些对象，如图3-31所示。

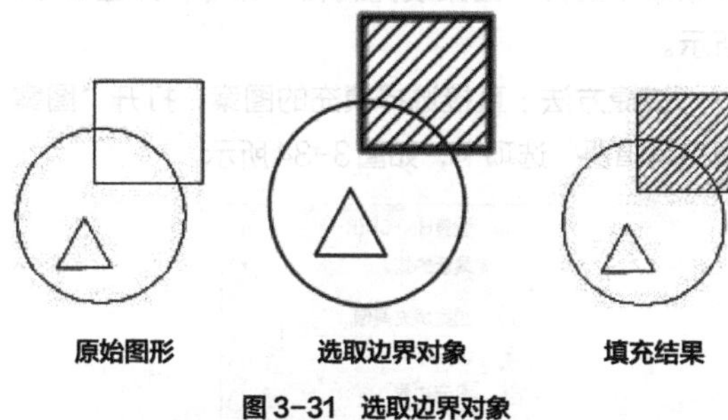

图 3-31 选取边界对象

（3）删除边界对象：从边界定义中删除之前添加的任何对象，如图3-32所示。

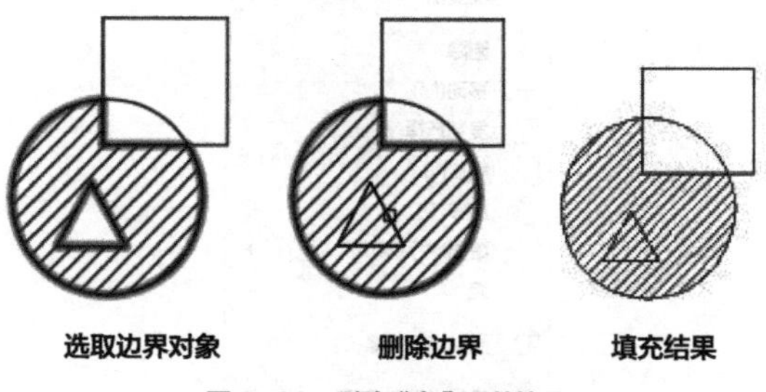

图 3-32 删除“岛”后的边界

（4）重新创建边界：围绕选定的图案填充或填充对象创建多段线或面域，并使其与图案填充对象相关联（可选）。

（5）显示边界对象：选择构成选定关联图案填充对象的边界的对象，使用显示的夹点可修改图案填充边界。

（6）保留边界对象：指定如何处理图案填充边界对象，选项包括以下几个。

① 不保留边界：（仅在图案填充创建期间可用）不创建独立的图案填充边界对象。

② 保留边界 - 多段线：（仅在图案填充创建期间可用）创建封闭图案填充对象的多段线。

③ 保留边界 - 面域：（仅在图案填充创建期间可用）创建封闭图案填充对象的面域对象。

④ 选择新边界集：指定对象的有限集（称为边界集），以便通过创建图案填充时的拾取点进行计算。

2.“图案”面板

显示所有预定义和自定义图案的预览图像。

3.“特性”面板

（1）图案填充类型：指定是使用纯色、渐变色、图案还是用户定义的填充。

（2）图案填充颜色：替代实体填充和填充图案的当前颜色。

（3）背景色：指定填充图案背景的颜色。

（4）图案填充透明度：设定新图案填充或填充的透明度，替代当前对象的透明度。

（5）图案填充角度：指定图案填充或填充的角度。

（6）填充图案比例：放大或缩小预定义或自定义填充图案。

（7）相对图纸空间：（仅在布局中可用）相对于图纸空间单位缩放填充图案。使用此选项，可很容易地做到以适合于布局的比例显示填充图案。

（8）双向：（仅当“图案填充类型”设定为“用户定义”时可用）将绘制第二组直线，与原始直线成 90° 角，从而构成交叉线。

（9）ISO 笔宽：（仅对于预定义的 ISO 图案可用）基于选定的笔宽缩放 ISO 图案。

4.“原点”面板

（1）设定原点：直接指定新的图案填充原点。

（2）左下：将图案填充原点设定在图案填充边界矩形范围的左下角。

（3）右下：将图案填充原点设定在图案填充边界矩形范围的右下角。

（4）左上：将图案填充原点设定在图案填充边

界矩形范围的左上角。

（5）右上：将图案填充原点设定在图案填充边界矩形范围的右上角。

（6）中心：将图案填充原点设定在图案填充边界矩形范围的中心。

（7）使用当前原点：将图案填充原点设定在HPORIGIN系统变量中存储的默认位置。

（8）存储为默认原点：将新图案填充原点的值存储在HPORIGIN系统变量中。

5.“选项”面板

（1）关联：指定图案填充或填充为关联图案填充。关联的图案填充或填充在用户修改其边界对象时将会更新。

（2）注释性：指定图案填充为注释性填充。此特性会自动完成缩放注释过程，从而使注释能够以正确的大小在图纸上打印或显示。

（3）特性匹配：包括以下两个选项。

① 使用当前原点：使用选定图案填充对象（除图案填充原点外）设定图案填充的特性。

② 使用源图案填充的原点：使用选定图案填充对象（包括图案填充原点）设定图案填充的特性。

（4）允许的间隙：设定将对象用作图案填充边界时可以忽略的最大间隙。默认值为“0”，此值指定对象必须封闭区域而没有间隙。

（5）创建独立的图案填充：控制当指定了几个单独的闭合边界时，是创建单个图案填充对象，还是创建多个图案填充对象。

（6）孤岛检测：包括以下3个选项。

① 普通孤岛检测：从外部边界向内填充。如果遇到内部孤岛，填充将关闭，直到遇到孤岛中的另一个孤岛。

② 外部孤岛检测：从外部边界向内填充。此选项仅填充指定的区域，不会影响内部孤岛。

③ 忽略孤岛检测：忽略所有内部的对象，填充图案时将通过这些对象。

（7）绘图次序：为图案填充或填充指定绘图次序，选项包括不更改、后置、前置、置于边界之后和置于边界之前。

6.“关闭”面板

关闭“图案填充创建”：退出HATCH并关闭“图案填充创建”选项卡。也可以按Enter键或Esc键退出HATCH。

3.4.2 编辑填充的图案

利用HATCHEDIT命令可以修改特定于图案填充的特性，例如现有图案填充或填充的图案、比例和角度。

【执行方式】

命令行：HATCHEDIT。

菜单栏：选择菜单栏中的“修改”→“对象”→“图案填充”命令。

工具栏：单击“修改II”工具栏中的“编辑图案填充”按钮。

功能区：单击“默认”选项卡“修改”面板中的“编辑图案填充”按钮。

快捷菜单：选中填充的图案右击，在打开的快捷菜单中选择“图案填充编辑”命令，如图3-33所示。

快捷方法：直接选择填充的图案，打开“图案填充编辑器”选项卡，如图3-34所示。

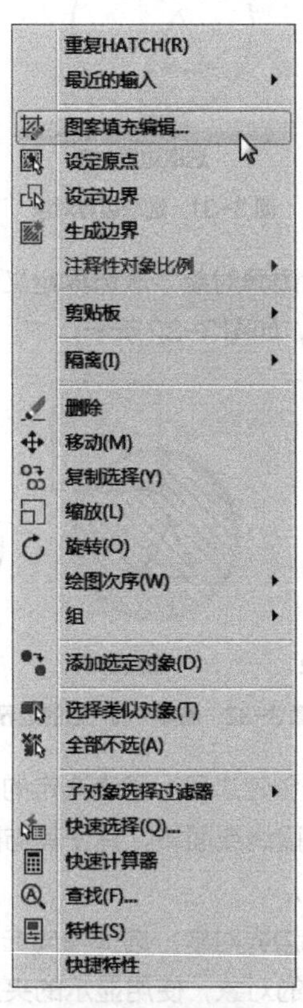

图 3-33 快捷菜单

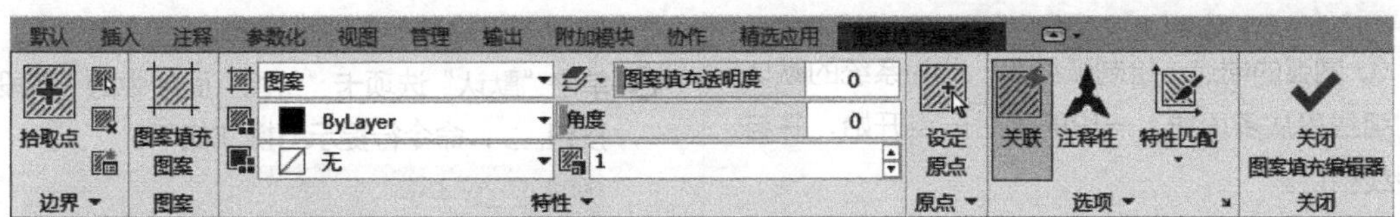

图 3-34 “图案填充编辑器”选项卡

3.4.3 实例——绘制壁龛交接箱符号

下面绘制如图3-35所示的壁龛交接箱符号。

图 3-35 壁龛交接箱符号

STEP 绘制步骤

❶ 分别单击“默认”选项卡“绘图”面板中的“矩形”按钮 和“直线”按钮 ，绘制初步图形，如图 3-36 所示。

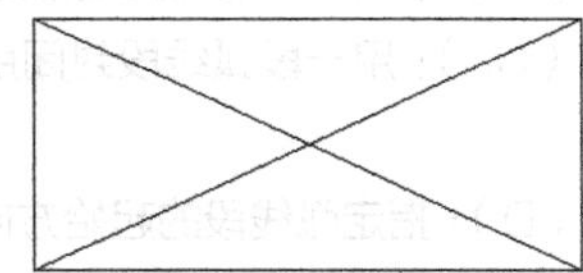

图 3-36 绘制外形

❷ 单击“默认”选项卡“绘图”面板中的“图案填充”按钮 ，打开“图案填充创建”选项卡，如图 3-37 所示，选择 SOLID 图案，单击选取填充区域，如图 3-38 所示。填充结果如图 3-39 所示。

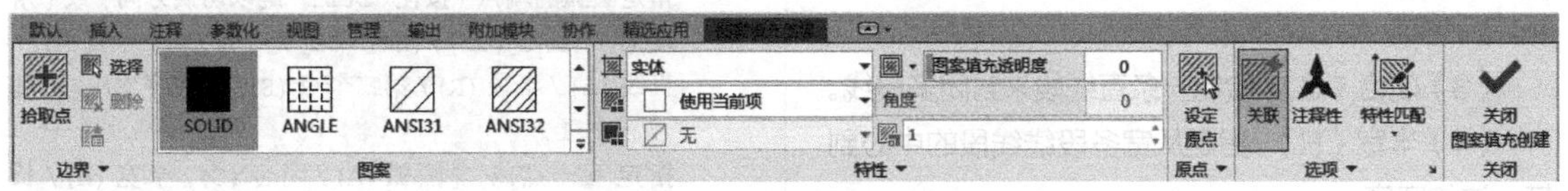

图 3-37 “图案填充创建”选项卡

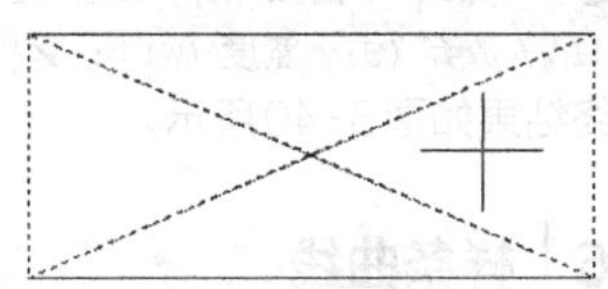

图 3-38 选取填充区域

图 3-39 壁龛交接箱符号

3.4.4 多段线

【执行方式】

命令行：PLINE。

菜单：“绘图”→“多段线”。

工具栏：“绘图”→“多段线” 。

功能区：单击“默认”选项卡“绘图”面板中的“多段线”按钮 。

【操作格式】

```
命令：PLINE ↙
指定起点：（指定多段线的起始点）
当前线宽为 0.0000 （提示当前多段线的宽度）
指定下一个点或 [圆弧(A)/半宽(H)/长度(L)/放弃(U)/宽度(W)]:
指定下一点或 [圆弧(A)/闭合(C)/半宽(H)/长度(L)/放弃(U)/宽度(W)]:
```

【选项说明】

（1）指定下一个点：确定另一端点，绘制一条直线段，是系统的默认项。

（2）圆弧（A）：使系统变为绘制圆弧方式。选择了这一项后，系统提示如下。

```
指定圆弧的端点或 [角度(A)/圆心(CE)/闭合(CL)/方向(D)/半宽(H)/直线(L)/半径(R)/第
```

二个点 (S) / 放弃 (U) / 宽度 (W)]:

① 圆弧的端点：绘制弧线段，此为系统的默认项。弧线段从多段线上一段的最后一点开始，并与多段线相切。

② 角度（A）：指定弧线段从起点开始包含的角度。若输入的角度值为正值，则按逆时针方向绘制弧线段；反之，按顺时针方向绘制弧线段。

③ 圆心（CE）：指定所绘制弧线段的圆心。

④ 闭合（CL）：用一段弧线段封闭所绘制的多段线。

⑤ 方向（D）：指定弧线段的起始方向。

⑥ 半宽（H）：指定从宽多段线线段的中心到其一边的宽度。

⑦ 直线（L）：退出绘制圆弧功能项并返回到PLINE命令的初始提示信息状态。

⑧ 半径（R）：指定所绘制弧线段的半径。

⑨ 第二个点（S）：利用3点绘制圆弧。

⑩ 放弃（U）：撤销上一步操作。

⑪ 宽度（W）：指定下一条直线段的宽度。与“半宽”相似。

（3）闭合（C）：绘制一条直线段来封闭多段线。

（4）半宽（H）：指定从宽多段线线段的中心到其一边的宽度。

（5）长度（L）：在与前一线段相同的角度方向上绘制指定长度的直线段。

（6）放弃（U）：撤销上一步操作。

（7）宽度（W）：指定下一段多段线的宽度。

3.4.5 实例——绘制电流互感器符号

下面绘制如图3-40所示的电流互感器符号。

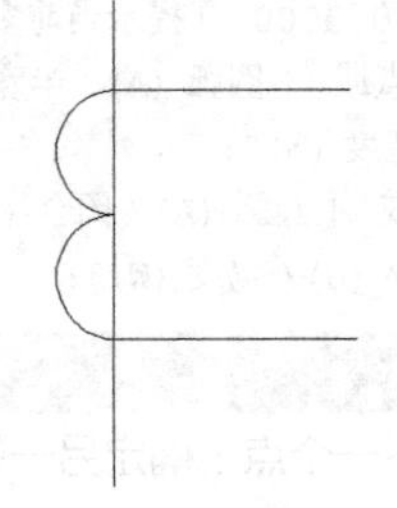

图 3-40 电流互感器符号

【绘制步骤】

❶ 单击“默认”选项卡“绘图”面板中的“直线”按钮，绘制一条竖直直线。

❷ 单击“默认”选项卡“绘图”面板中的“多段线”按钮，命令行提示与操作如下。

```
命令：_pline
指定起点：(在竖直直线右边适当位置指定一点)
当前线宽为 0.0000
指定下一个点或 [圆弧 (A) / 半宽 (H) / 长度 (L) / 放弃 (U) / 宽度 (W)]：(水平向左在竖直直线上指定点)
指定下一点或 [圆弧 (A) / 闭合 (C) / 半宽 (H) / 长度 (L) / 放弃 (U) / 宽度 (W)]: a↙
指定圆弧的端点 (按住 Ctrl 键以切换方向) 或 [角度 (A) / 圆心 (CE) / 闭合 (CL) / 方向 (D) / 半宽 (H) / 直线 (L) / 半径 (R) / 第二个点 (S) / 放弃 (U) / 宽度 (W)]：(向下在竖直直线上指定一点)
指定圆弧的端点 (按住 Ctrl 键以切换方向) 或 [角度 (A) / 圆心 (CE) / 闭合 (CL) / 方向 (D) / 半宽 (H) / 直线 (L) / 半径 (R) / 第二个点 (S) / 放弃 (U) / 宽度 (W)]: a↙
指定夹角：180↙
指定圆弧的端点 (按住 Ctrl 键以切换方向) 或 [圆心 (CE) / 半径 (R)]：(向下在竖直直线上指定一点，使两个圆弧半径近似相等)
指定圆弧的端点 (按住 Ctrl 键以切换方向) 或 [角度 (A) / 圆心 (CE) / 闭合 (CL) / 方向 (D) / 半宽 (H) / 直线 (L) / 半径 (R) / 第二个点 (S) / 放弃 (U) / 宽度 (W)]: l↙
指定下一点或 [圆弧 (A) / 闭合 (C) / 半宽 (H) / 长度 (L) / 放弃 (U) / 宽度 (W)]：(水平向右指定一点，使上下水平线段大约等长)
指定下一点或 [圆弧 (A) / 闭合 (C) / 半宽 (H) / 长度 (L) / 放弃 (U) / 宽度 (W)]: ↙
```

最终结果如图3-40所示。

3.4.6 样条曲线

AutoCAD使用一种称为非一致有理B样条（NURBS）曲线的特殊样条曲线类型。NURBS曲线在控制点之间产生一条光滑的曲线，如图3-41所示。样条曲线可用于创建形状不规则的曲线，如为地理信息系统（GIS）应用或汽车设计绘制轮廓线。

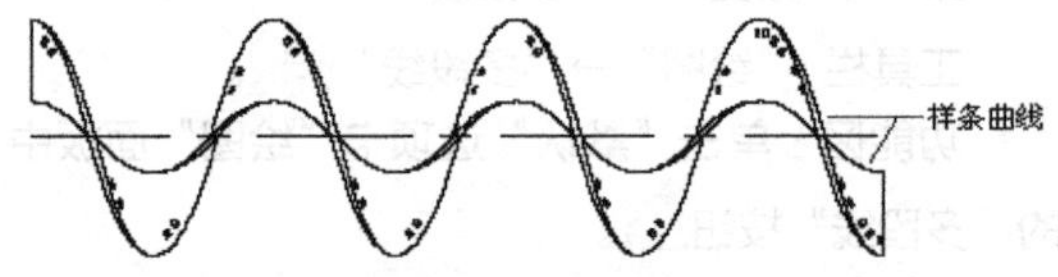

图 3-41 样条曲线

【执行方式】

命令行：SPLINE。

菜单："绘图"→"样条曲线"。

工具栏："绘图"→"样条曲线"。

功能区：单击"默认"选项卡"绘图"面板中的"样条曲线拟合"按钮或"样条曲线控制点"按钮。

【操作格式】

```
命令：SPLINE↙
当前设置： 方式 = 拟合    节点 = 弦
指定第一个点或 [方式 (M) / 节点 (K) / 对象 (O)]：（指定一点）
输入下一个点或 [起点切向 (T) / 公差 (L)]：（指定下一点）
输入下一个点或 [端点相切 (T) / 公差 (L) / 放弃 (U) / 闭合 (C)]：
```

【选项说明】

（1）方式（M）：选择使用拟合点或使用控制点来创建样条曲线。

（2）节点（K）：指定节点参数化，它会影响曲线在通过拟合点时的形状。

（3）对象（O）：将二维或三维的二次或三次样条曲线拟合多段线转换为等价的样条曲线，然后（根据DELOBJ系统变量的设置）删除该多段线。

（4）起点切向（T）：定义样条曲线的第一点和最后一点的切向。如果在样条曲线的两端都指定切向，可以输入一个点或使用"切点"和"垂足"对象捕捉模式使样条曲线与已有的对象相切或垂直。如果按Enter键，系统将计算默认切向。

（5）端点相切（T）：停止基于切向创建曲线。可通过指定拟合点继续创建样条曲线。

（6）公差（L）：指定距样条曲线必须经过的指定拟合点的距离。公差应用于除起点和端点外的所有拟合点。

（7）闭合（C）：将最后一点定义为与第一点一致，并使其在连接处相切，以闭合样条曲线。选择该项，命令行提示如下。

```
指定切向：（指定点或按 Enter 键）
```

如果在样条曲线的两端都指定切向，可以通过输入一个点或者使用"切点"和"垂足"对象捕捉模式使样条曲线与已有的对象相切或垂直。如果按Enter键，AutoCAD 将计算默认切向。

3.4.7 实例——绘制整流器符号

下面绘制如图3-42所示的整流器符号。

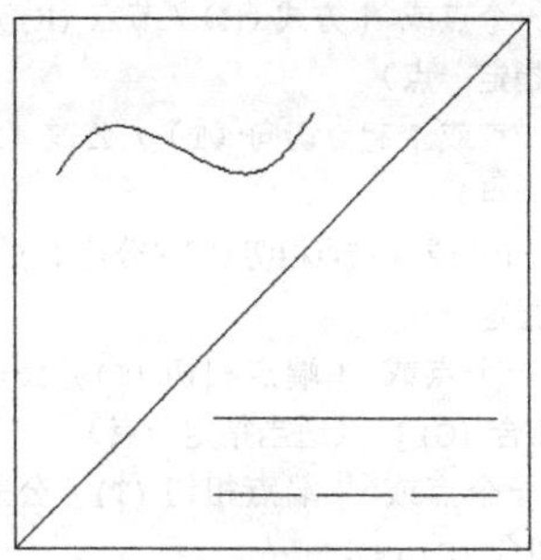

图 3-42 整流器符号

STEP 绘制步骤

❶ 单击"默认"选项卡"绘图"面板中的"多边形"按钮，命令行提示与操作如下。

```
命令： _polygon
输入侧面数 <4>：↙
指定正多边形的中心点或 [边 (E)]：（在绘图屏幕适当位置指定一点）
输入选项 [内接于圆 (I) / 外切于圆 (C)] <I>：↙
指定圆的半径：（适当指定一点作为外接圆半径，使正四边形的边大约处于垂直正交位置，如图3-43所示）
```

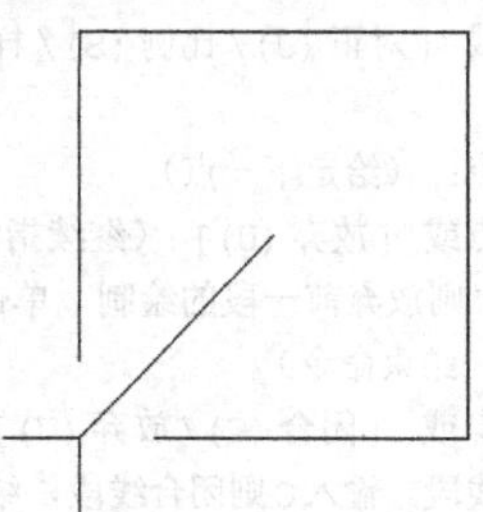

图 3-43 绘制正四边形

❷ 单击"默认"选项卡"绘图"面板中的"直线"按钮，绘制 3 条直线，并将其中一条直线设置为虚线，如图 3-44 所示。

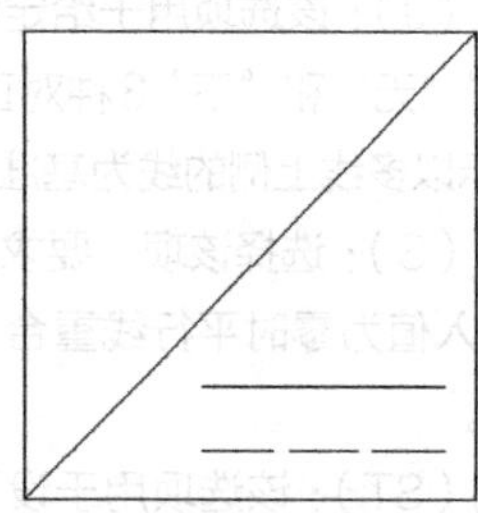

图 3-44 绘制直线

❸ 单击“默认”选项卡“绘图”面板中的“样条曲线拟合”按钮，命令行提示与操作如下。

```
命令：_spline
指定第一个点或［方式（M）/ 节点（K）/ 对象（O）］：（适当指定一点）
输入下一点或［起点切向（T）/ 公差（L）］：（适当指定一点）
输入下一个点或［端点相切（T）/ 公差（L）/ 放弃（U）］：（适当指定一点）
输入下一个点或［端点相切（T）/ 公差（L）/ 放弃（U）/ 闭合（C）］：（适当指定一点）
输入下一个点或［端点相切（T）/ 公差（L）/ 放弃（U）/ 闭合（C）］：↙
```

最终结果如图3-42所示。

3.4.8 多线

多线是一种复合线，由连续的直线段复合组成。这种线的一个突出的优点是能够提高绘图效率，保证图线之间的统一性。

1. 绘制多线

【执行方式】

命令行：MLINE。

菜单：“绘图”→“多线”。

【操作格式】

```
命令：MLINE↙
当前设置：对正 = 上，比例 = 20.00，样式 = STANDARD
指定起点或［对正（J）/ 比例（S）/ 样式（ST）］：（指定起点）
指定下一点：（给定下一点）
指定下一点或［放弃（U）］：（继续指定下一点绘制线段。输入U则放弃前一段的绘制；单击鼠标右键或按Enter键，结束命令）
指定下一点或［闭合（C）/ 放弃（U）］：（继续指定下一点绘制线段。输入C则闭合线段，结束命令）
```

【选项说明】

（1）对正（J）：该选项用于给定绘制多线的基准。共有“上”“无”和“下”3种对正类型。其中，“上（T）”表示以多线上侧的线为基准，依次类推。

（2）比例（S）：选择该项，要求用户设置平行线的间距。输入值为零时平行线重合，值为负时多线的排列倒置。

（3）样式（ST）：该选项用于设置当前使用的多线样式。

2. 定义多线样式

【执行方式】

命令行：MLSTYLE。

菜单：“格式”→“多线样式”。

【操作格式】

```
命令：MLSTYLE↙
```

执行上述命令后，打开如图3-45所示的“多线样式”对话框。在该对话框中，用户可以对多线样式进行定义、保存和加载等操作。

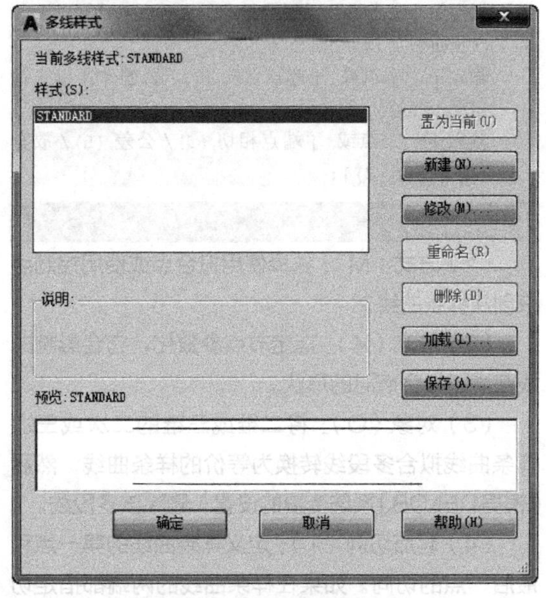

图3-45 “多线样式”对话框

3. 编辑多线

【执行方式】

命令行：MLEDIT。

菜单：“修改”→“对象”→“多线”。

【操作格式】

```
命令：MLEDIT↙
```

执行上述命令后，打开“多线编辑工具”对话框，如图3-46所示。

利用该对话框，可以创建或修改多线的样式。对话框中分4列显示了示例图形。其中，第1列管理十字交叉形式的多线，第2列管理T形多线，第3列管理拐角接合点和节点，第4列管理多线被剪切或连接的形式。

图 3-46 “多线编辑工具”对话框

单击选择某个示例图形，就可以利用该项编辑功能。

3.4.9 实例——绘制多线

下面绘制如图 3-47 所示的多线。

图 3-47 绘制的多线

定义的多线样式由 3 条平行线组成，中心轴线为紫色的中心线，其余两条平行线为黑色实线，相对于中心轴线上、下各偏移 0.5。

STEP 绘制步骤

❶ 选择菜单栏中的“格式”→“多线样式”命令，打开“多线样式”对话框。单击“新建”按钮，系统打开“创建新的多线样式”对话框，在“新样式名”文本框中键入“THREE”，如图 3-48 所示。

❷ 单击“继续”按钮，系统打开“新建多线样式：THREE”对话框，如图 3-49 所示。

图 3-48 “创建新的多线样式”对话框

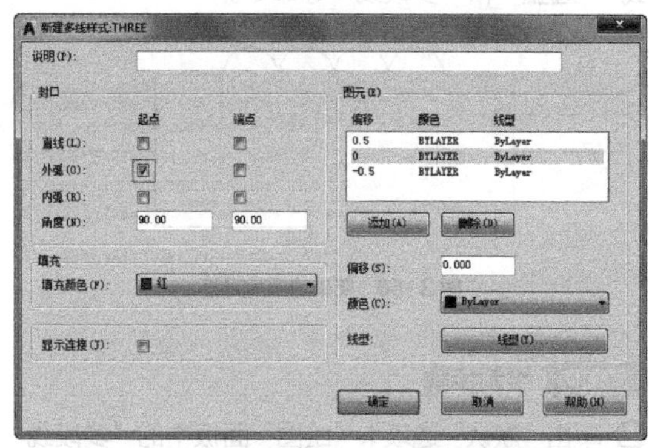

图 3-49 “新建多线样式：THREE”对话框

❸ 在“封口”选项组中可以设置多线起点和端点的特性，包括直线、外弧、内弧封口以及封口线段或圆弧的角度。

❹ 在“填充颜色”下拉列表框中可以选择多线填充的颜色。

❺ 在“图元”选项组中可以设置组成多线的元素的特性。单击“添加”按钮，可以为多线添加元素；反之，单击“删除”按钮，可以为多线删除元素。在“偏移”文本框中可以设置选中的元素的位置偏移值。在“颜色”下拉列表框中可以为所选元素选择颜色。单击“线型”按钮，可以为所选元素设置线型。

❻ 设置完毕后，单击“确定”按钮，系统返回到如图 3-45 所示的“多线样式”对话框，在“样式”列表中会显示刚设置的多线样式名。选择该样式，单击“置为当前”按钮，则将刚设置的多线样式设置为当前样式，下面的预览框中会显示当前多线样式。

❼ 单击“确定”按钮，完成多线样式设置。

❽ 选择菜单栏中“绘图”→“多线”命令，在绘图区连续指定 4 个点，绘制如图 3-47 所示的多线。

3.5 综合实例——绘制简单的振荡回路

本实例绘制简单的振荡回路，如图3-50所示。先绘制电感，从而确定整个回路以及电气符号的大体尺寸和位置。然后绘制一侧导线，再绘制电容符号，最后绘制剩余导线。绘制过程中要用到“直线”“圆弧”和“多段线”等命令。

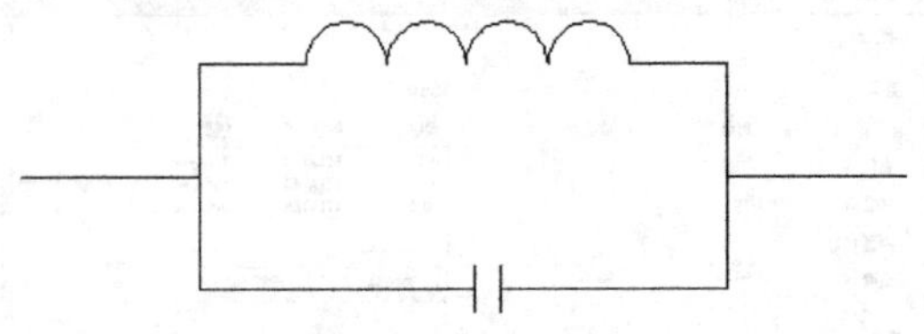

图 3-50　简单的振荡回路

STEP 绘制步骤

❶ 单击“默认”选项卡“绘图”面板中的“多段线”按钮，绘制电感符号及其相连导线，命令行提示与操作如下。

```
命令：_pline
指定起点：(适当指定一点)
当前线宽为 0.0000
指定下一个点或 [圆弧(A)/半宽(H)/长度(L)/放弃(U)/宽度(W)]：(水平向右指定一点)
指定下一点或 [圆弧(A)/闭合(C)/半宽(H)/长度(L)/放弃(U)/宽度(W)]：a↙
指定圆弧的端点(按住 Ctrl 键以切换方向)或[角度(A)/圆心(CE)/闭合(CL)/方向(D)/半宽(H)/直线(L)/半径(R)/第二个点(S)/放弃(U)/宽度(W)]：a↙
指定夹角：-180↙
指定圆弧的端点(按住 Ctrl 键以切换方向)或[圆心(CE)/半径(R)]：(向右与左边直线大约处于水平位置处指定一点)
指定圆弧的端点(按住 Ctrl 键以切换方向)或[角度(A)/圆心(CE)/闭合(CL)/方向(D)/半宽(H)/直线(L)/半径(R)/第二个点(S)/放弃(U)/宽度(W)]：d↙
指定圆弧的起点切向：(竖直向上指定一点)
指定圆弧的端点(按住 Ctrl 键以切换方向)：(向右与左边直线大约处于水平位置处指定一点，使此圆弧与前面圆弧半径大约相等)
指定圆弧的端点(按住 Ctrl 键以切换方向)或[角度(A)/圆心(CE)/闭合(CL)/方向(D)/半宽(H)/直线(L)/半径(R)/第二个点(S)/放弃(U)/宽度(W)]：↙
```

结果如图3-51所示。

图 3-51　绘制电感及其导线

❷ 单击“默认”选项卡“绘图”面板中的“圆弧”按钮，完成电感符号绘制，命令行提示与操作如下。

```
命令：_arc
指定圆弧的起点或 [圆心(C)]：(指定多段线终点为圆弧起点)
指定圆弧的第二个点或 [圆心(C)/端点(E)]：e↙
指定圆弧的端点：(水平向右指定一点，与第一点的距离大致等于多段线圆弧直径)
指定圆弧的中心点(按住 Ctrl 键以切换方向)或[角度(A)/方向(D)/半径(R)]：d↙
指定圆弧起点的相切方向(按住 Ctrl 键以切换方向)：(竖直向上指定一点)
```

用同样的方法再次绘制一个圆弧，结果如图3-52所示。

图 3-52　完成电感符号绘制

❸ 单击“默认”选项卡“绘图”面板中的“直线”按钮，绘制导线。以圆弧终点为起点，绘制正交连续直线，如图 3-53 所示。

图 3-53　绘制导线

❹ 单击“默认”选项卡“绘图”面板中的“直线”按钮，绘制电容符号。电容符号为两条平行等长的竖线，使右边竖线的中点为刚绘制的导线端点，如图 3-54 所示。

❺ 单击“默认”选项卡“绘图”面板中的“直线”按钮，绘制连续正交直线及其他导线，最终结果如图 3-50 所示。

图 3-54 绘制电容

注意 由于所绘制的直线、多段线和圆弧都是首尾相连或水平对齐，所以要求读者在指定相应点时要细心。初学读者操作起来可能比较麻烦，在后面章节学习了精确绘图的相关知识后就很简单了。

3.6 上机实验

实验 1 输入数据

目标要求

AutoCAD 2020人机交互的最基本内容就是数据输入。本实验要求读者灵活熟练地掌握各种数据的输入方法。

操作提示

（1）在命令行输入LINE命令。

（2）输入起点的直角坐标方式下的绝对坐标值。

（3）输入下一点的直角坐标方式下的相对坐标值。

（4）输入下一点的极坐标方式下的绝对坐标值。

（5）输入下一点的极坐标方式下的相对坐标值。

（6）用鼠标直接指定下一点的位置。

（7）单击状态栏上的“正交模式”按钮，用鼠标拉出下一点方向，在命令行输入一个数值。

（8）按Enter键结束绘制线段的操作。

实验 2 绘制如图 3-55 所示的自耦变压器

（1）单击“默认”选项卡“绘图”面板中的“圆”按钮，绘制中间的圆。

（2）单击“默认”选项卡“绘图”面板中的“直线”按钮，绘制两条竖直直线。

（3）单击“默认”选项卡“绘图”面板中的“圆弧”按钮，绘制连接弧。

实验 3 绘制如图 3-56 所示的暗装开关符号

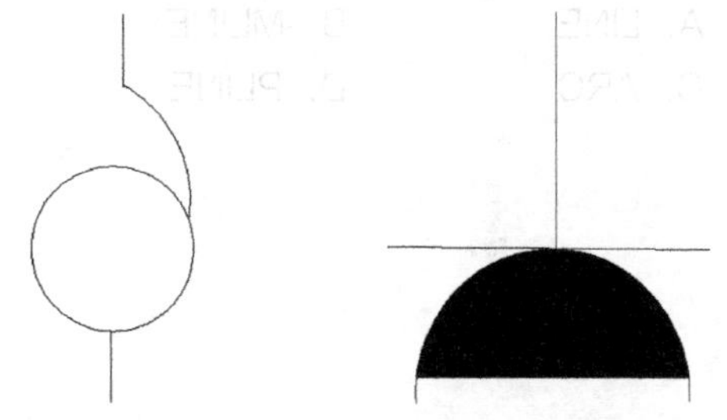

图 3-55 自耦变压器　　图 3-56 暗装开关符号

（1）单击“默认”选项卡“绘图”面板中的“圆弧”按钮，绘制多半个圆弧。

（2）单击“默认”选项卡“绘图”面板中的“直线”按钮，绘制水平和竖直直线，其中一条水平直线的两个端点都在圆弧上。

（3）单击“默认”选项卡“绘图”面板中的“图案填充”按钮，填充圆弧与水平直线之间的区域。

实验 4 绘制如图 3-57 所示的水下线路符号

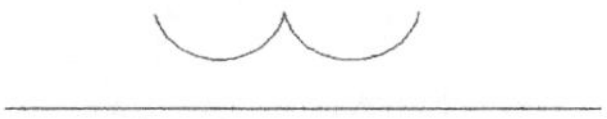

图 3-57 水下线路符号

操作提示

（1）单击“默认”选项卡“绘图”面板中的“直线”按钮，绘制水平导线。

（2）单击“默认”选项卡“绘图”面板中的“多段线”按钮，绘制水下示意符号。

3.7 思考与练习

1. 连线题

将下面的命令与其命令名进行连线。

直线段	XLINE
构造线	RAY
射线	LINE
多线	PLINE
多段线	MLINE

2. 选择题

下面的命令能绘制出线段或类线段图形的有（　）。

A. LINE　　B. MLINE

C. ARC　　D. PLINE

3. 问答题

（1）请写出10种以上绘制圆弧的方法。

（2）可以用圆弧与直线取代多段线吗?

4. 操作题

（1）绘制如图3-58所示的蜂鸣器符号。

（2）绘制如图3-59所示的配电箱符号。

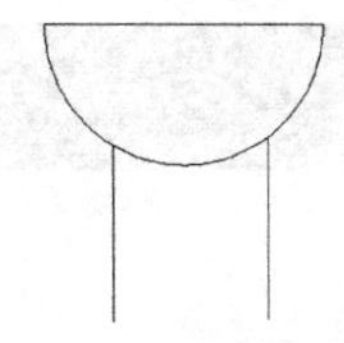

图 3-58　蜂鸣器符号

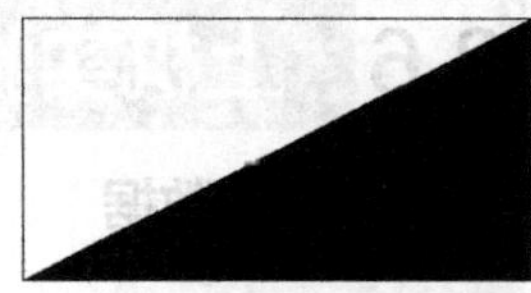

图 3-59　配电箱符号

第 4 章

基本绘图工具

AutoCAD 提供了图层工具，规定了每个图层的颜色和线型，并把具有相同特征的图形对象放在同一层上绘制，这样绘图时不用分别设置对象的线型和颜色，不仅方便绘图，而且存储图形时只需存储其几何数据和所在图层，因而既节省存储空间，又提高工作效率。为了快捷准确地绘制图形，AutoCAD 还提供了多种必要的辅助绘图工具，如工具条、对象选择工具、对象捕捉工具、栅格和正交模式等。利用这些工具，可以方便、迅速、准确地实现图形的绘制和编辑，不仅可提高工作效率，而且能更好地保证图形的质量。

知识重点

- 图层设计
- 精确定位和对象捕捉工具
- 缩放与平移

4.1 图层设计

图层的概念类似投影片，将不同属性的对象分别画在不同的投影片（图层）上，例如，将图形的主要线段、中心线、尺寸标注等分别画在不同的图层上，每个图层可设定不同的线型、线条颜色，然后把不同的图层堆栈在一起，成为一张完整的视图，这样可使视图层次分明有条理，方便对图形对象的编辑与管理。一个完整的图形就是它所包含的所有图层上的对象叠加在一起而构成的，如图4-1所示。

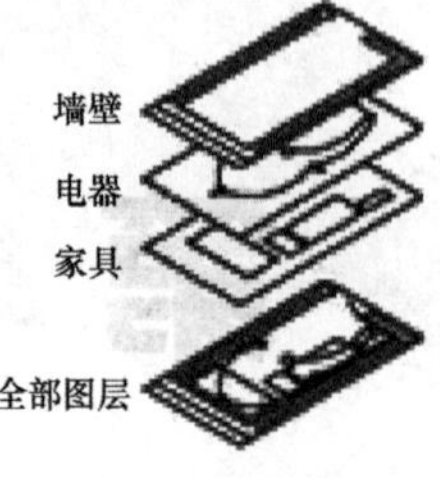

图4-1 图层效果

在用图层功能绘图之前，首先要对图层的各项特性进行设置，包括建立和命名图层，设置当前图层，设置图层的颜色和线型，设置图层是否关闭、是否冻结、是否锁定以及删除图层等。本节主要对图层的这些相关操作进行介绍。

4.1.1 设置图层

AutoCAD 2020提供了详细直观的图层特性管理器，用户可以方便地对其中的各选项进行设置，从而完成建立新图层、设置图层颜色及线型等各种操作。

【执行方式】

命令行：LAYER。

菜单：“格式”→“图层”。

工具栏：“图层”→“图层特性管理器”。

功能区：单击“默认”选项卡“图层”面板中的“图层特性”按钮或单击“视图”选项卡“选项板”面板中的“图层特性”按钮。

【操作格式】

命令：LAYER ↙

执行上述命令后，系统打开如图4-2所示的图层特性管理器。

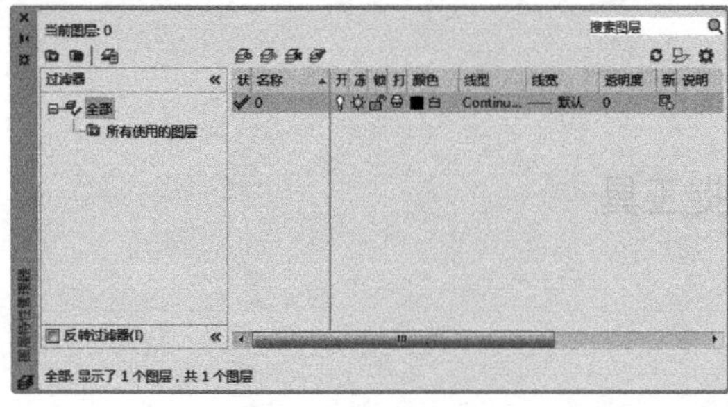

图4-2 图层特性管理器

【选项说明】

（1）“新建特性过滤器”按钮：单击该按钮，显示“图层过滤器特性”对话框，如图4-3所示。从中可以基于一个或多个图层特性创建图层过滤器。

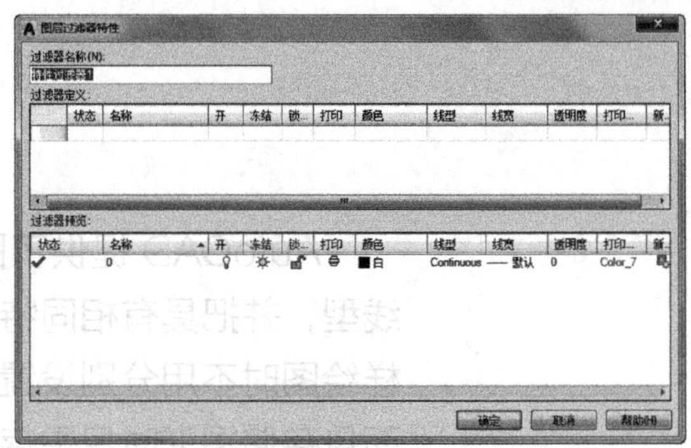

图4-3 “图层过滤器特性”对话框

（2）“新建组过滤器”按钮：单击该按钮，可以创建一个图层过滤器，其中包含用户选定并添加到该过滤器的图层。

（3）“图层状态管理器”按钮：单击该按钮，显示“图层状态管理器”对话框，如图4-4所示。从中可以将图层的当前特性设置保存到命名图层状态中，以后可以再恢复这些设置。

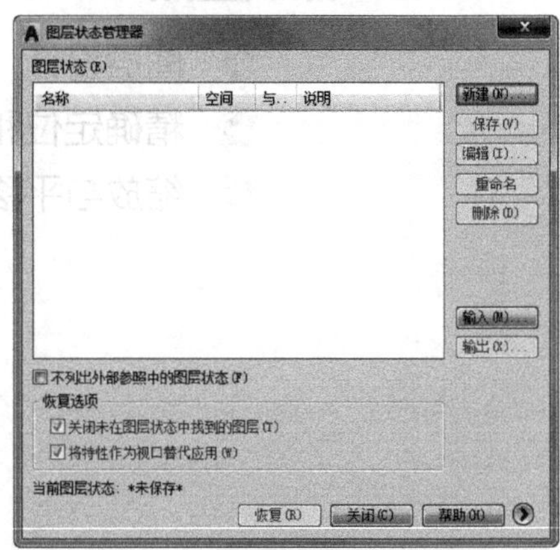

图4-4 “图层状态管理器”对话框

（4）“新建图层”按钮：单击该按钮，可以建立新图层，图层列表中会出现一个新的图层名字“图层1”，用户可使用此名字，也可改名。要想同时产生多个图层，可选中一个图层名后，输入多个名字，各名字之间以逗号分隔。图层的名字可以包含字母、数字、空格和特殊符号，AutoCAD 2020支持长达255个字符的图层名字。新的图层继承了建立新图层时所选中的已有图层的所有特性（颜色、线型和ON/OFF状态等），如果新建图层时没有图层被选中，则新图层具有默认的设置。

（5）“所有视口中已冻结的新图层”按钮：单击该按钮，可以创建新图层，然后在所有现有布局视口中将其冻结。可以在“模型”选项卡或“布局”选项卡上访问此按钮。

（6）“删除图层”按钮：在图层列表中选中某一图层，然后单击此按钮，则把该图层删除。

（7）“置为当前”按钮：在图层列表中选中某一图层，然后单击此按钮，则把该图层设置为当前图层，并在对话框左上角“当前图层”一栏中显示其名字。当前图层的名字存储在系统变量CLAYER中。另外，双击图层名也可把该图层设置为当前图层。

（8）“搜索图层”文本框：输入字符时，按名称快速过滤图层列表。关闭图层特性管理器时并不保存此过滤器。

（9）“反转过滤器”复选框：选中此复选框，显示所有不满足选定图层特性过滤器中条件的图层。

（10）图层列表区：显示已有的图层及其特性。要修改某一图层的某一特性，单击它所对应的图标即可。右击空白区域或利用快捷菜单可快速选中所有图层。列表区中各列的含义如下。

① 名称：显示满足条件的图层的名字。如果要对某层进行修改，首先要选中该层，使其逆反显示。

② 状态转换图标：在图层特性管理器的图层列表区，每个图层分别有一列图标，移动鼠标指针到图标上单击可以打开或关闭该图标所代表的功能，或从详细数据区中勾选或取消勾选“打开/关闭”（ / ）、“解锁/锁定”（ / ）、“解冻/冻结”（ / ）及“打印/不打印”（ / ）等项目，各图标功能如表4-1所示。

表4-1 各图标功能

图示	名称	功能说明
/	打开/关闭	将图层设定为打开或关闭状态，当呈现关闭状态时，该图层上的所有对象将隐藏不显示，只有打开状态的图层会在屏幕上显示或由打印机打印出来。因此，绘制复杂的视图时，先将不编辑的图层暂时关闭，可降低图形的复杂性。图4-5（a）和图4-5（b）分别表示文字标注图层为打开和关闭的情形
/	解冻/冻结	将图层设定为解冻或冻结状态。当图层呈现冻结状态时，该图层上的对象均不会显示在屏幕或由打印机打出，而且不会执行“重生成”（REGEN）、“缩放”（ZOOM）、“平移”（PAN）等命令的操作，因此若将视图中不编辑的图层暂时冻结，可加快执行绘图的速度。而 / （打开/关闭）功能只是单纯将对象隐藏，并不会加快执行速度
/	解锁/锁定	将图层设定为解锁或锁定状态。被锁定的图层仍然显示在画面上，但不能用编辑命令进行修改，此时只能绘制新的对象，如此可防止重要的图形被修改
/	打印/不打印	设定该图层是否可以打印图形

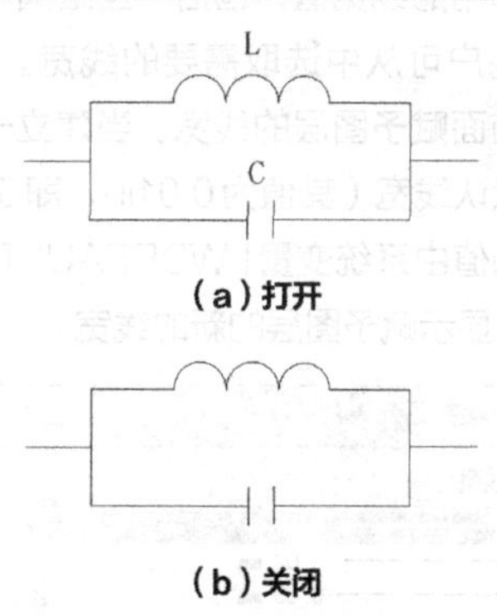

（a）打开

（b）关闭

图4-5 打开或关闭文字标注图层

③ 颜色：显示和改变图层的颜色。如果要改变某一层的颜色，单击其对应的颜色图标，AutoCAD打开如图4-6所示的“选择颜色”对话框，用户可从中选取需要的颜色。

④ 线型：显示和修改图层的线型。如果要修改某一层的线型，单击该层的“线型”项，打开“选择线型”对话框，如图4-7所示，其中列出了当前可用的线型，用户可从中选取。

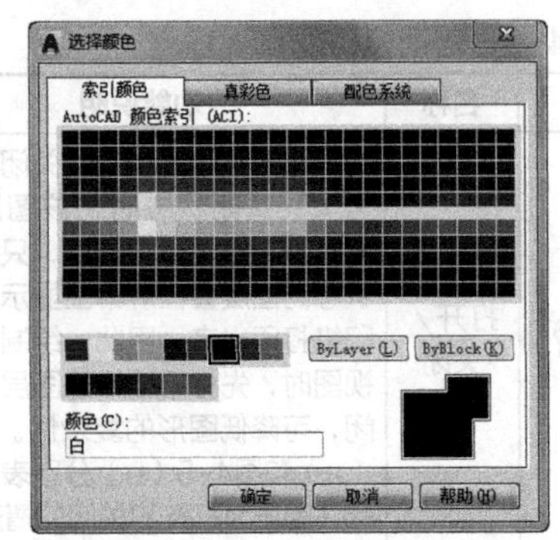

图4-6 “选择颜色”对话框

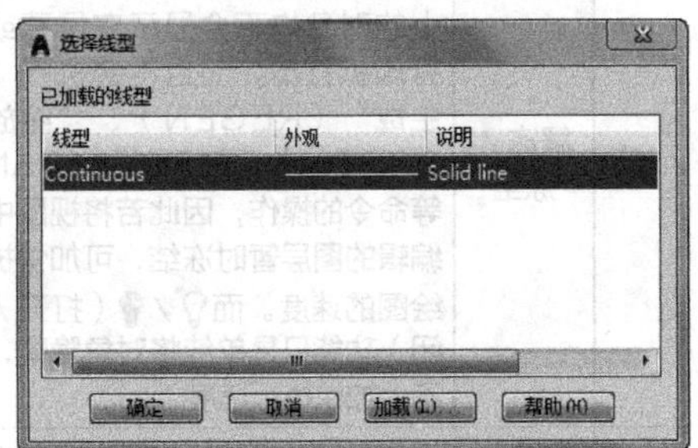

图4-7 “选择线型”对话框

⑤ 线宽：显示和修改图层的线宽。如果要修改某一层的线宽，单击该层的“线宽”项，打开“线宽”对话框，如图4-8所示。其中“线宽”列表框显示可以选用的线宽值，包括一些绘图中经常用到的线宽，用户可从中选取需要的线宽。“旧的”显示行显示前面赋予图层的线宽。当建立一个新图层时，采用默认线宽（其值为0.01in，即0.25 mm），默认线宽的值由系统变量LWDEFAULT设置。“新的”显示行显示赋予图层的新的线宽。

图4-8 “线宽”对话框

⑥ 打印样式：修改图层的打印样式，所谓打印样式是指打印图形时各项属性的设置。

AutoCAD提供了一个“特性”面板，如图4-9所示。用户可以利用面板下拉列表框中的选项，快速地查看和改变所选对象的图层、颜色、线型和线宽特性。“特性”面板上的图层颜色、线型、线宽和打印样式的控制增强了查看和编辑对象属性的命令。在绘图屏幕上选择任何对象都将在工具栏上自动显示它所在图层、颜色、线型等属性。下面对“特性”面板各部分的功能进行介绍。

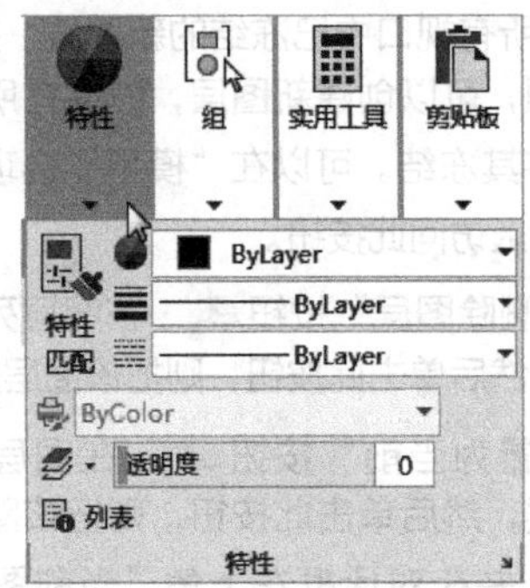

图4-9 “特性”面板

（1）“颜色控制”下拉列表框：单击右侧的下拉箭头，打开下拉列表，用户可从中选择合适的当前颜色，如果选择“选择颜色”选项，AutoCAD会打开“选择颜色”对话框以选择其他颜色。修改当前颜色之后，不论在哪个图层上绘图都采用这种颜色，但对各个图层的颜色设置没有影响。

（2）“线型控制”下拉列表框：单击右侧的下拉箭头，打开下拉列表，用户可从中选择某一线型使之成为当前线型。修改当前线型之后，不论在哪个图层上绘图都采用这种线型，但对各个图层的线型设置没有影响。

（3）“线宽”下拉列表框：单击右侧的下拉箭头，打开下拉列表，用户可从中选择一个线宽使之成为当前线宽。修改当前线宽之后，不论在哪个图层上绘图，都采用这种线宽，但对各个图层的线宽设置没有影响。

（4）“打印样式”下拉列表框：单击右侧的下拉箭头，弹出下拉列表，用户可从中选择一种打印样式使之成为当前打印样式。

4.1.2 图层的线型

在国家标准GB/T 4457.4—2002中，对机械图样中使用的各种图线的名称、线型、线宽以及在图样中的应用都作了规定，如表4-2所示，其中常用的图线有4种，即粗实线、细实线、虚线、细点画线。图线分为粗、细两种，粗线的线宽（b）应按图样的大小和图形的复杂程度，在0.5～2mm之间选择，细线的线宽约为b/2。根据电气图的需要，一般只使用4种图线，如表4-3所示。

表4-2　图线的线型及应用

图线名称	线型	线宽	主要用途
粗实线		b=0.5~2mm	可见轮廓线，可见过渡线
细实线		约b/2	尺寸线、尺寸界线、剖面线、引出线、弯折线、牙底线、齿根线、辅助线等
细点画线		约b/2	轴线、对称中心线、齿轮节线等
虚线		约b/2	不可见轮廓线、不可见过渡线
波浪线		约b/2	断裂处的边界线、剖视与视图的分界线
双折线		约b/2	断裂处的边界线
粗点画线		b	有特殊要求的线或面的表示线
双点画线		约b/2	相邻辅助零件的轮廓线、极限位置的轮廓线、假想投影的轮廓线

表4-3　电气图用图线的线型及应用

图线名称	线型	线宽	主要用途
实线		约b/2	基本线、简图主要内容用线、可见轮廓线、可见导线
点画线		约b/2	分界线、结构图框线、功能图框线、分组图框线
虚线		约b/2	辅助线、屏蔽线、机械连接线、不可见轮廓线、不可见导线、计划扩展内容用线
双点画线		约b/2	辅助图框线

按照4.1.1节讲述的方法，打开图层特性管理器，在图层列表的“线型”项下单击线型名，系统打开“选择线型”对话框，如图4-7所示，其中各选项的含义如下。

（1）“已加载的线型”列表框：显示在当前绘图中加载的线型，可供用户选用，其右侧显示出线型的形式。

（2）“加载”按钮：单击此按钮，打开“加载或重载线型”对话框，如图4-10所示，用户可通过此对话框加载线型并把它添加到线型列表中，不过加载的线型必须在线型库（LIN）文件中定义过。标准线型都保存在acad.lin文件中。

设置图层线型的方法如下。

命令行：LINETYPE↙

在命令行执行上述命令后，系统打开“线型管理器”对话框，如图4-11所示。该对话框与前面讲述的相关知识相同，不再赘述。

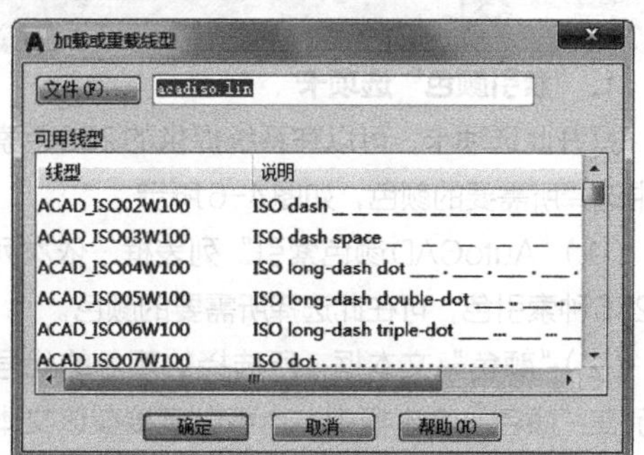

图4-10　“加载或重载线型”对话框

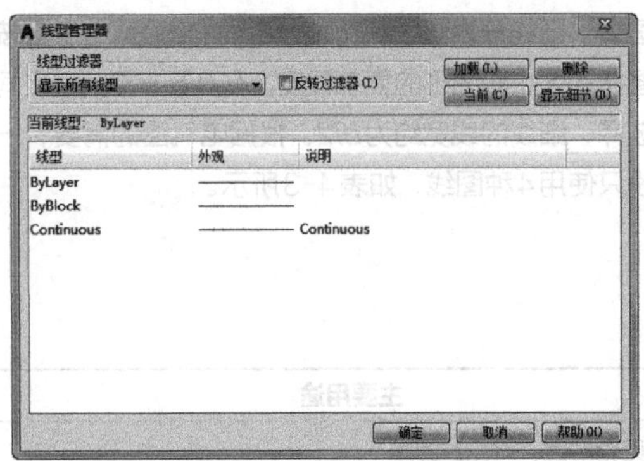

图4-11 “线型管理器”对话框

4.1.3 颜色的设置

AutoCAD绘制的图形对象都具有一定的颜色，为使绘制的图形清晰明了，可把同一类的图形对象用相同的颜色绘制，而使不同类的对象具有不同的颜色以示区分。为此，需要适当地对颜色进行设置。AutoCAD允许用户为图层设置颜色，为新建的图形对象设置当前颜色，还可以改变已有图形对象的颜色。

【执行方式】

命令行：COLOR。

菜单：“格式”→“颜色”。

功能区：单击“默认”选项卡“特性”面板中的“更多颜色”按钮。

【操作格式】

命令：COLOR ↙

执行上述命令后，AutoCAD打开如图4-6所示的“选择颜色”对话框。也可在图层操作中打开此对话框。

【选项说明】

1. “索引颜色”选项卡

打开此选项卡，可以在系统提供的255色索引表中选择所需要的颜色，如图4-6所示。

（1）“AutoCAD颜色索引”列表框：依次列出了255种索引色，可在此选择所需要的颜色。

（2）“颜色”文本框：所选择的颜色的代号值显示在“颜色”文本框中，也可以直接在该文本框中输入自己设定的代号值来选择颜色。

（3）“ByLayer”和“ByBlock”按钮：单击这两个按钮，颜色分别按图层和图块设置。这两个按钮只有在设定了图层颜色和图块颜色后才可以使用。

2. “真彩色”选项卡

打开此选项卡，可以选择需要的任意颜色，如图4-12所示。用户可以拖动调色板中的颜色指示光标和“亮度”滑块选择颜色及其亮度。也可以通过“色调”“饱和度”和“亮度”微调按钮来选择需要的颜色。所选择的颜色的红、绿、蓝值显示在下面的“颜色”文本框中，也可以直接在该文本框中输入自己设定的红、绿、蓝值来选择颜色。

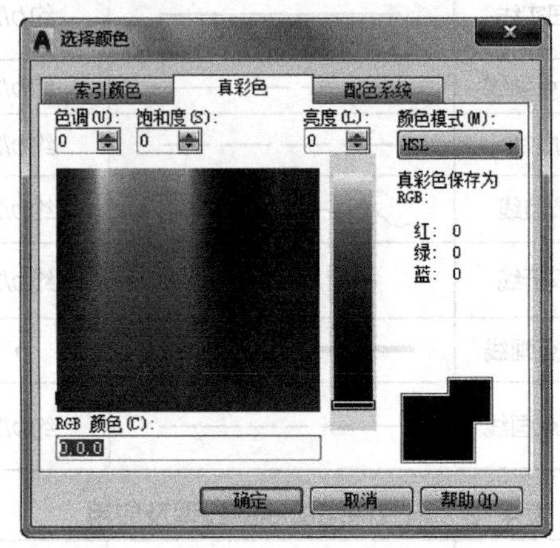

图4-12 “真彩色”选项卡

在此选项卡的右边，有一个“颜色模式”下拉列表框，默认的颜色模式为HSL模式。如果选择RGB模式，则如图4-13所示。在该模式下选择颜色方式与在HSL模式下类似。

图4-13 RGB模式

3. “配色系统”选项卡

打开此选项卡，可以从标准配色系统（比如Pantone）中选择预定义的颜色，如图4-14所示。

可以在“配色系统”下拉列表框中选择需要的系统，然后拖动右边的滑块来选择具体的颜色，所选择的颜色编号显示在下面的“颜色”文本框中，也可以直接在该文本框中输入编号值来选择颜色。

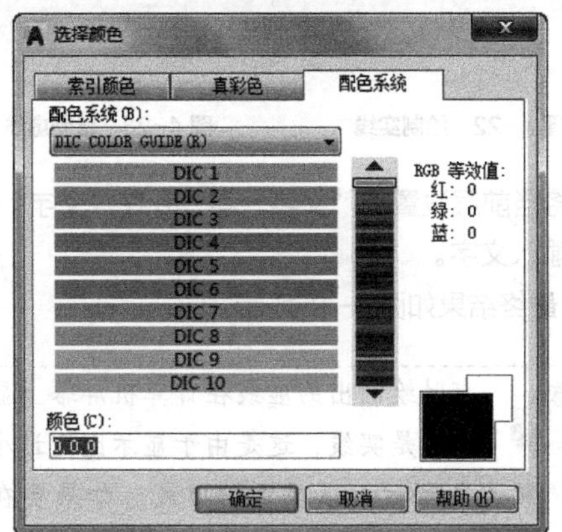

图 4-14 “配色系统”选项卡

4.1.4 实例——绘制励磁发电机

下面利用“图层”命令绘制如图4-15所示的励磁发电机。

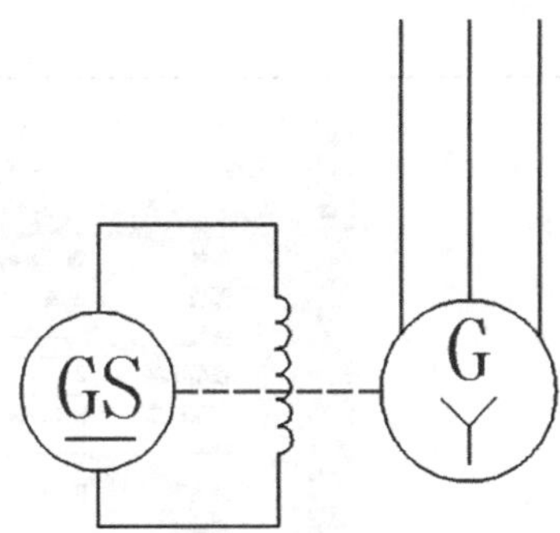

图 4-15 励磁发电机

STEP 绘制步骤

❶ 单击“默认”选项卡“图层”面板中的“图层特性”按钮，打开图层特性管理器。

❷ 单击“新建”按钮，创建一个新层，把该层的名字由默认的“图层 1”改为“实线”，如图 4-16 所示。

❸ 单击“实线”层对应的“线宽”项，打开“线宽”对话框，选择 0.09 mm 线宽，如图 4-17 所示，确认后退出。

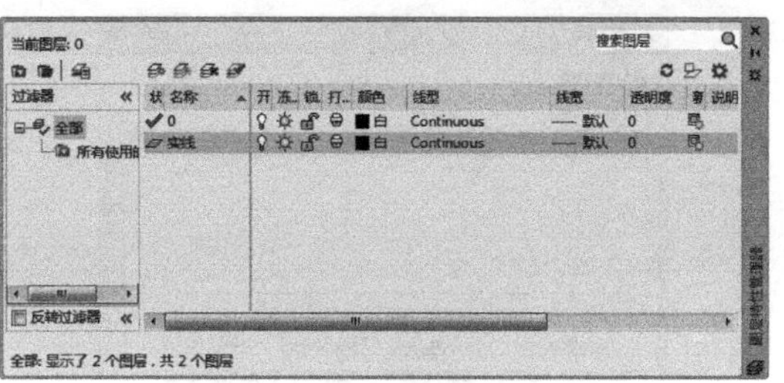

图 4-16 更改图层名

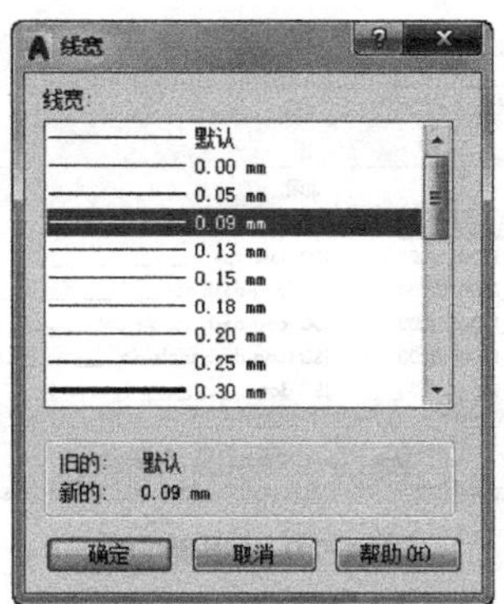

图 4-17 选择线宽

❹ 单击“新建”按钮创建一个新层，把该层的名字命名为“虚线”。

❺ 单击“虚线”层对应的“颜色”项，打开“选择颜色”对话框，选择蓝色为该层颜色，如图 4-18 所示，确认后返回图层特性管理器。

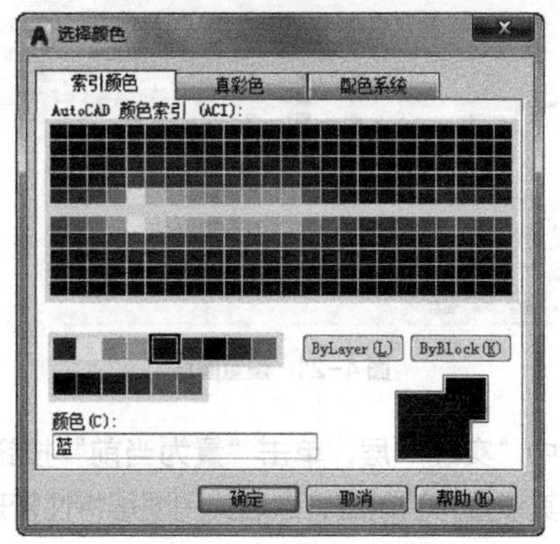

图 4-18 选择颜色

❻ 单击“虚线”层对应的“线型”项，打开“选择线型”对话框，如图 4-19 所示。

❼ 在“选择线型”对话框中，单击“加载”按钮，系统打开“加载或重载线型”对话框，选择 ACAD_ISO02W100 线型，如图 4-20 所示，确认后退出。

图 4-19 “选择线型”对话框

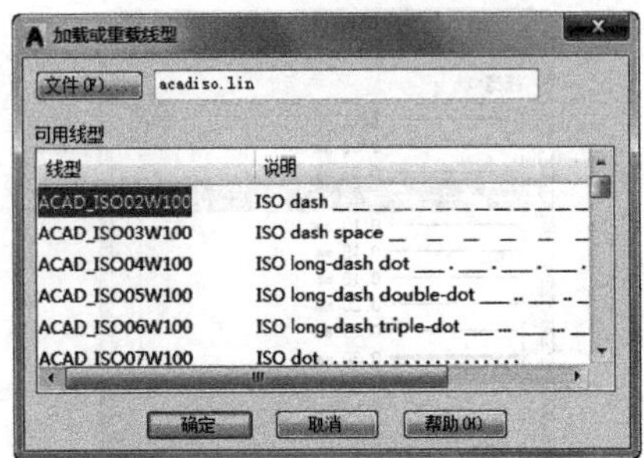

图 4-20 加载新线型

❽ 用与步骤 3 同样的方法将“虚线”层的线宽设置为 0.09 mm。

❾ 用相同的方法再建立新层，命名为“文字”。“文字”层的颜色设置为红色，线型为 Continuous。并且让 3 个图层均处于打开、解冻和解锁状态，各项设置如图 4-21 所示。

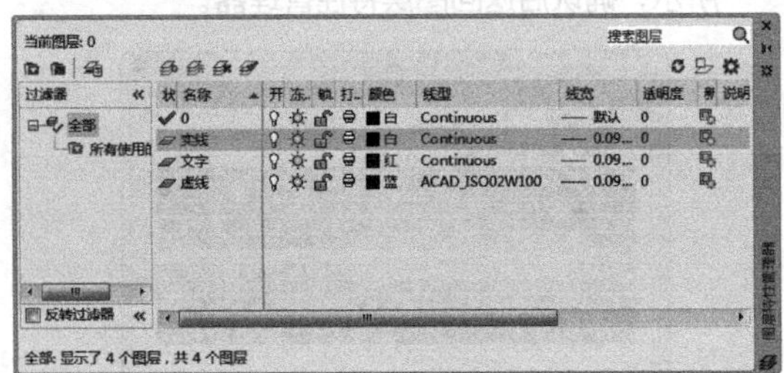

图 4-21 设置图层

❿ 选中“实线”层，单击“置为当前”按钮，将其设置为当前层，然后关闭图层特性管理器。

⓫ 在当前“实线”层上利用“直线”命令、“圆”命令、“多段线”命令绘制一系列图线，如图 4-22 所示。

⓬ 单击“图层”工具栏中“图层”下拉列表的下三角按钮，将“虚线”层设置为当前层，并在两个圆之间绘制一条水平连线，如图 4-23 所示。

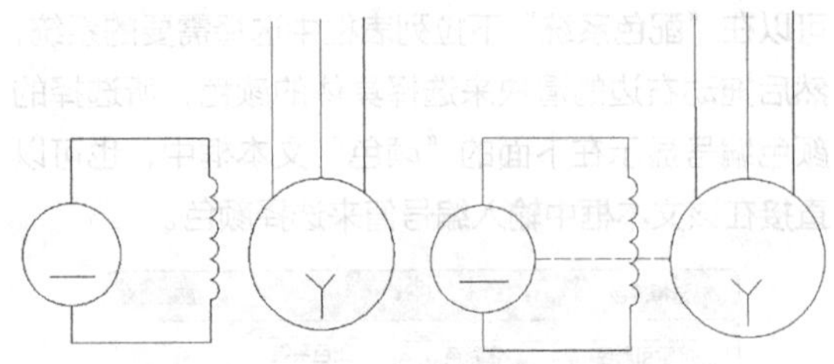

图 4-22 绘制实线　　　图 4-23 绘制虚线

⓭ 将当前层设置为“文字”层，并在“文字”层上输入文字。

最终结果如图 4-15 所示。

注意　有时绘制出的虚线在计算机屏幕上显示仍然是实线，这是由于显示比例过小所致，放大图形后可以显示出虚线。如果要在当前图形大小下明确显示出虚线，可以单击该虚线，这时该虚线显示被选中状态，再次双击鼠标，系统打开“特性”面板，该面板中包含对象的各种参数，可以将其中的“线型比例”参数设置成比较大的数值，如图4-24所示。这样就可以在正常图形显示状态下清晰地看见虚线的细线段和间隔。“特性”面板非常方便，读者可灵活使用。

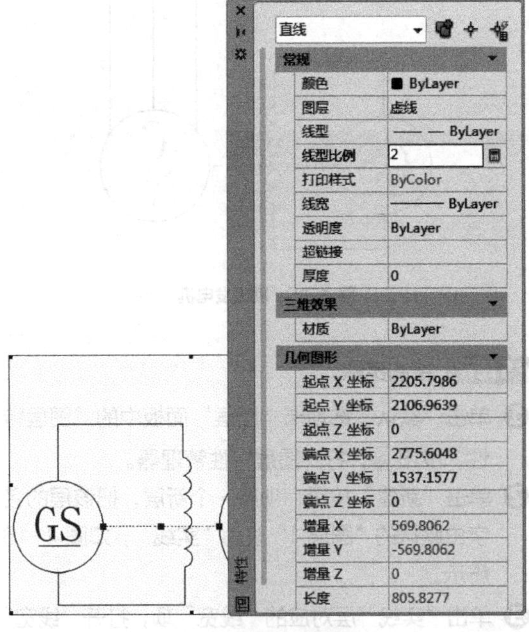

图 4-24 修改虚线参数

4.2 精确定位工具

精确定位工具是指能够帮助用户快速准确地定位某些特殊点（如端点、中点、圆心等）和特殊位置（如水平位置、竖直位置）的工具。

精确定位工具主要集中在状态栏上，图4-25所示为状态栏显示的部分按钮。

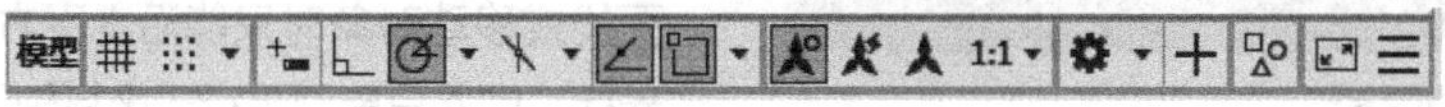

模型 1:1

图 4-25 状态栏

4.2.1 捕捉工具

为了准确地在屏幕上捕捉点，AutoCAD提供了捕捉工具，可以在屏幕上生成一个隐含的栅格（捕捉栅格），这个栅格能够捕捉光标，约束它只能落在栅格的某一个节点上，使用户能够更精确地捕捉和选择这个栅格上的点。本节介绍捕捉栅格的参数设置方法。

【执行方式】

菜单："工具"→"绘图设置"。

状态栏：▦（仅限于打开与关闭）。

快捷键：F9（仅限于打开与关闭）。

命令行：dsettings。

【操作格式】

命令：DSETTINGS↙

执行上述命令后，打开"草图设置"对话框，切换到"捕捉和栅格"选项卡，如图4-26所示。

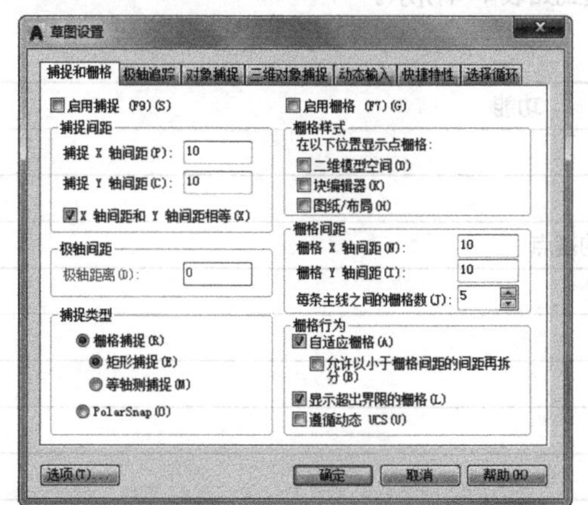

图 4-26 "草图设置"对话框

【选项说明】

（1）"启用捕捉"复选框：控制捕捉功能的开关，与F9键或状态栏上的"捕捉模式"按钮功能相同。

（2）"捕捉间距"选项组：设置捕捉各参数。其中"捕捉*X*轴间距"与"捕捉*Y*轴间距"确定捕捉栅格点在水平和竖直两个方向上的间距。

（3）"捕捉类型"选项组：确定捕捉类型。包括"栅格捕捉""矩形捕捉"和"等轴测捕捉"3种方式。栅格捕捉是指按正交位置捕捉位置点。在"矩形捕捉"方式下，捕捉栅格是标准的矩形。在"等轴测捕捉"方式下，捕捉栅格和光标十字线不再互相垂直，而是成绘制等轴测图时的特定角度，在绘制等轴测图时十分方便。此处，在"PolarSnap"方式下，如果启用"捕捉模式"，并在极轴追踪打开的情况下指定点，光标将沿极轴角度按指定增量进行移动。

（4）"极轴间距"选项组：该选项组只有在"极轴捕捉"类型下才可用。可在"极轴距离"文本框中输入距离值。

也可以通过命令行执行SNAP命令设置捕捉有关参数。

（5）"栅格样式"选项组：在二维上下文中设定栅格样式。

（6）"栅格间距"选项组：控制栅格的显示，有助于直观显示距离。

（7）"栅格行为"选项组：控制将GRIDSTYLE设定为0时，所显示栅格线的外观。

4.2.2 栅格工具

用户可以应用显示栅格工具使绘图区域上出现可见的网格，它是一个形象的画图工具，就像传统的坐标纸一样。本节介绍控制栅格的显示及设置栅格参数的方法。

【执行方式】

菜单："工具"→"绘图设置"。

状态栏：▦（仅限于打开与关闭）。

快捷键：F7（仅限于打开与关闭）。

命令行：desttings。

【操作格式】

命令：DSETTINGS↙

执行上述命令后，打开"草图设置"对话框，切换到"捕捉和栅格"选项卡，如图4-26所示。其中的"启用栅格"复选框控制是否显示栅格。"栅格X轴间距"和"栅格Y轴间距"文本框用来设置栅格在水平与竖直方向的间距，如果"栅格X轴间距"和"栅格Y轴间距"设置为"0"，则AutoCAD会自动捕捉栅格间距，并应用于栅格，且其原点和角度总是与捕捉栅格的原点和角度相同。还可以通过GRID命令在命令行设置栅格间距。

4.2.3 正交模式

在AutoCAD绘图过程中，经常需要绘制水平直线和竖直直线，但是用鼠标拾取线段的端点时很难保证两个点严格沿水平或竖直方向，为此，AutoCAD提供了正交功能。当启用正交模式时，画线或移动对象时只能沿水平方向或竖直方向移动光标，因此只能画平行于坐标轴的正交线段。

【执行方式】

命令行：ORTHO。

状态栏：∟。

快捷键：F8。

【操作格式】

命令：ORTHO↙

输入模式 [开(ON)/关(OFF)] <开>：（设置开或关）

4.3 对象捕捉工具

在利用AutoCAD画图时，经常要用到一些特殊的点，如圆心、切点、线段或圆弧的端点等，但用鼠标拾取时，要准确地找到这些点是十分困难的。为此，AutoCAD提供了对象捕捉工具，通过这些工具可轻易找到这些点。

4.3.1 特殊位置点捕捉

在绘制AutoCAD图形时，有时需要指定一些特殊位置的点，比如圆心、端点、中点和平行线上的点等，可以通过对象捕捉功能来捕捉这些点。特殊位置点的捕捉模式如表4-4所示。

表4-4 特殊位置点的捕捉模式

捕捉模式	功能
临时追踪点	建立临时追踪点
两点之间的中点	捕捉两个独立点之间的中点
自	建立一个临时参考点，作为指出后继点的基点
点过滤器	由坐标选择点
端点	线段或圆弧的端点
中点	线段或圆弧的中点
交点	线、圆弧或圆等的交点
外观交点	图形对象在视图平面上的交点
延长线	指定对象的尺寸界线
圆心	圆或圆弧的圆心
象限点	距光标最近的圆或圆弧上可见部分的象限点，即圆周上0°、90°、180°、270°位置上的点
切点	最后生成的一个点到选中的圆或圆弧上引切线的切点位置

续表

捕捉模式	功能
垂足	在线段、圆、圆弧或它们的延长线上捕捉一个点，使之与最后生成的点的连线与该线段、圆或圆弧正交
平行线	绘制与指定对象平行的图形对象
节点	捕捉用POINT或DIVIDE等命令生成的点
插入点	文本对象和图块的插入点
最近点	离拾取点最近的线段、圆、圆弧等对象上的点
无	关闭对象捕捉模式

AutoCAD提供了命令行、工具栏和右键快捷菜单3种执行特殊点对象捕捉的方法。

1. 命令行方式

绘图时，当命令行中提示输入一点时，输入相应特殊位置点命令，然后根据提示操作即可。

2. 工具栏方式

使用如图4-27所示的“对象捕捉”工具栏可以使用户更方便地实现捕捉点的目的。当命令行提示输入一点时，从“对象捕捉”工具栏上单击相应的按钮。当把光标放在某一图标上时，会显示出该图标功能的提示，然后根据提示操作即可。

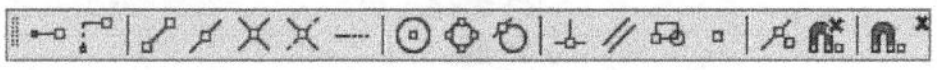

图4-27 “对象捕捉”工具栏

3. 快捷菜单方式

“对象捕捉”快捷菜单可通过同时按下Shift键和鼠标右键来激活，菜单中列出了AutoCAD提供的对象捕捉模式，如图4-28所示。操作方法与工具栏相似，只要在AutoCAD提示输入点时单击快捷菜单上相应的菜单项，然后按提示操作即可。

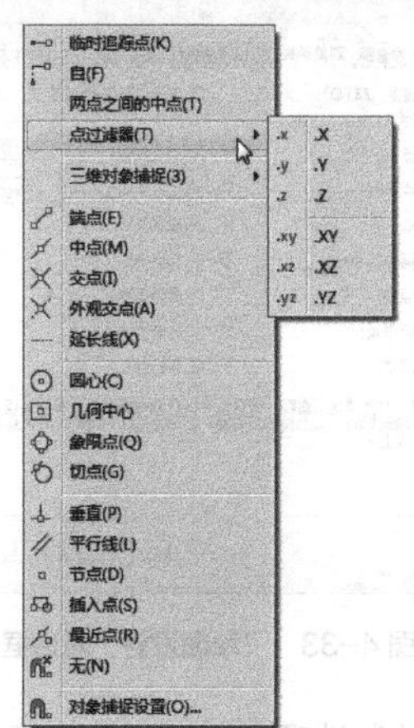

图4-28 “对象捕捉”快捷菜单

4.3.2 实例——绘制特殊位置线段

从图4-29（a）中线段的中点到圆的圆心画一条线段。

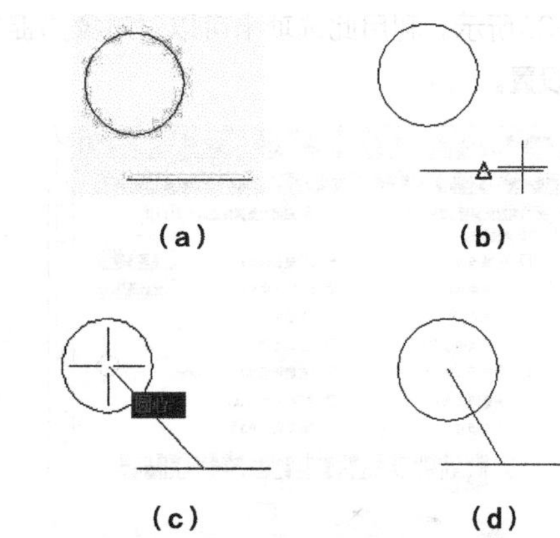

图4-29 利用对象捕捉工具绘制线段

【操作格式】

命令：LINE↙

指定第一个点：MID↙

于：(把十字光标放在线段上，如图4-29（b）所示，在线段的中点处出现一个三角形的中点捕捉标记，单击鼠标左键拾取该点）

指定下一点或 [放弃(U)]:CEN↙

于：(把十字光标放在圆上，如图4-29（c）所示，在圆心处出现一个圆形的圆心捕捉标记，单击鼠标左键拾取该点）

指定下一点或 [放弃(U)]: ↙

结果如图4-29（d）所示。

4.3.3 设置对象捕捉

在用AutoCAD绘图之前，可以根据需要事先设置运行一些对象捕捉模式，绘图时AutoCAD能自动捕捉这些特殊点，从而加快绘图速度，提高绘图效率。

【执行方式】

命令行：DDOSNAP。

菜单："工具"→"绘图设置"。

工具栏："对象捕捉"→"对象捕捉设置"。

状态栏：对象捕捉（功能仅限于打开与关闭）。

快捷键：F3（功能仅限于打开与关闭）。

快捷菜单：对象捕捉设置（见图4-28）。

【操作格式】

命令：DDOSNAP↙

执行上述命令后，系统打开"草图设置"对话框，在该对话框中，切换到"对象捕捉"选项卡，如图4-30所示。利用此选项卡可以对对象捕捉方式进行设置。

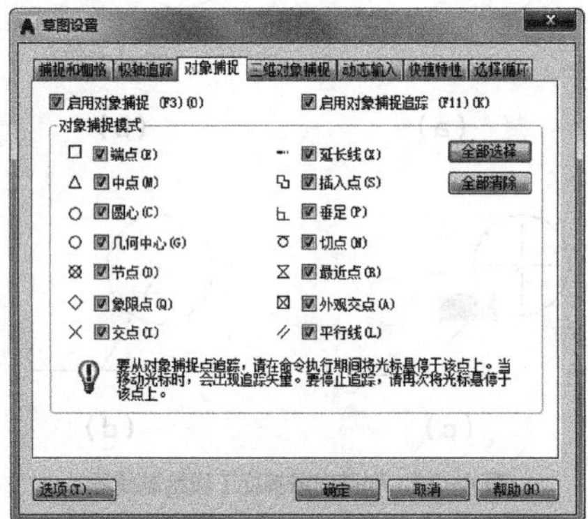

图4-30 "对象捕捉"选项卡

【选项说明】

（1）"启用对象捕捉"复选框：用于打开或关闭对象捕捉方式。当选中此复选框时，在"对象捕捉模式"选项组中选中的捕捉模式处于激活状态。

（2）"启用对象捕捉追踪"复选框：用于打开或关闭自动追踪功能。

（3）"对象捕捉模式"选项组：列出各种捕捉模式的复选框，选中某项则该模式被激活。单击"全部清除"按钮，则所有模式均被清除。单击"全部选择"按钮，则所有模式均被选中。

另外，在对话框的左下角有一个"选项"按钮，单击该按钮可打开"选项"对话框，并自动切换到"草图"选项卡，利用该对话框可进行捕捉模式的各项设置。

4.3.4 实例——绘制动合触点符号

下面绘制如图4-31所示的动合触点符号。

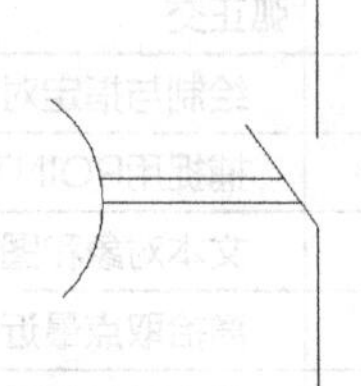

图4-31 动合触点符号

STEP 绘制步骤

❶ 单击状态栏中"对象捕捉"右侧的小三角按钮▾，在弹出的快捷菜单中选择"对象捕捉设置"命令，如图4-32所示，系统打开"草图设置"对话框，单击"全部选择"按钮，将所有特殊位置点设置为可捕捉状态，如图4-33所示。

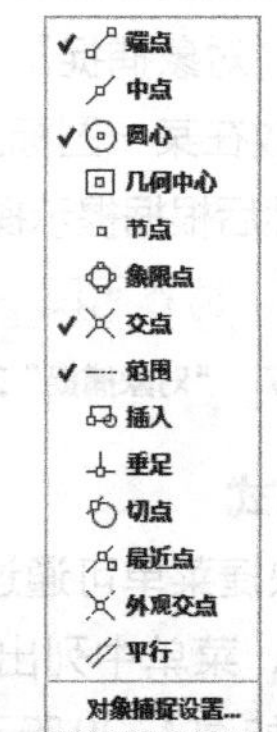

图4-32 快捷菜单

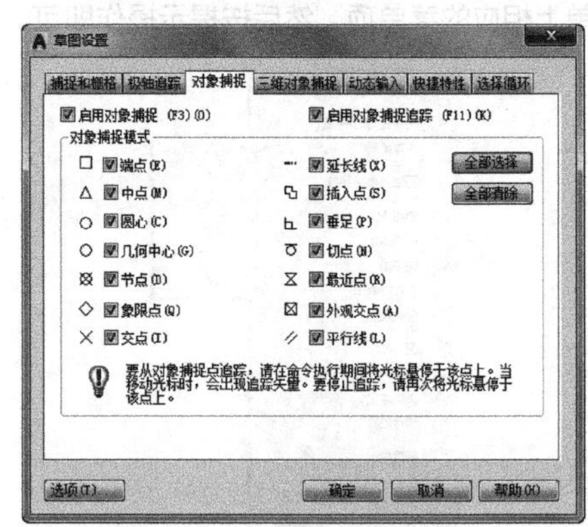

图4-33 "草图设置"对话框

❷ 单击"默认"选项卡"绘图"面板中的"圆弧"

按钮⌒，绘制一个大小适当的圆弧。

❸ 单击“默认”选项卡“绘图”面板中的“直线”按钮／，在绘制的圆弧右边绘制连续线段，如图 4-34 所示。在绘制完一段斜线后，按下状态栏上的“正交模式”按钮，这样就能保证接下来绘制的部分线段是水平或竖直的。

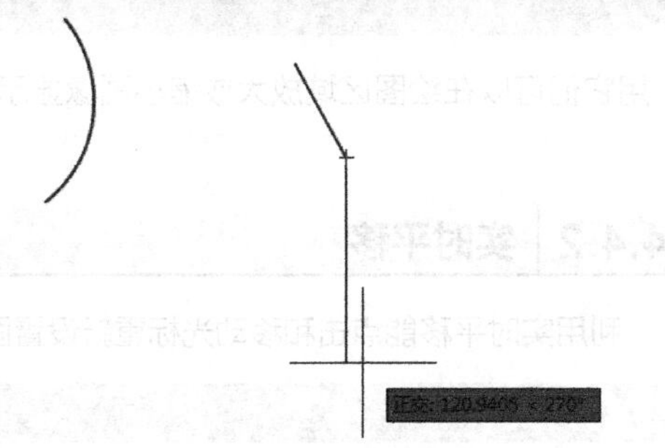

图 4-34 绘制连续线段

“正交”“对象捕捉”等命令是透明命令，可以在其他命令执行过程中操作，而不中断原命令操作。

❹ 单击“默认”选项卡“绘图”面板中的“直线”按钮／，并单击状态栏上的“对象追踪”按钮，将光标放在刚绘制的竖线的起始端点附近，然后往上移动光标，这时，系统显示一条追踪线，如图 4-35 所示，表示目前光标位置处于竖直直线的延长线上。

图 4-35 显示追踪线

❺ 在合适的位置单击鼠标左键，确定直线的起点，再向上移动光标，指定竖直直线的终点。

❻ 单击“默认”选项卡“绘图”面板中的“直线”按钮／，将光标移动到圆弧附近适当位置，系统会显示离光标最近的特殊位置点，单击鼠标左键，系统自动捕捉到该特殊位置点为直线的起点，如图 4-36 所示。

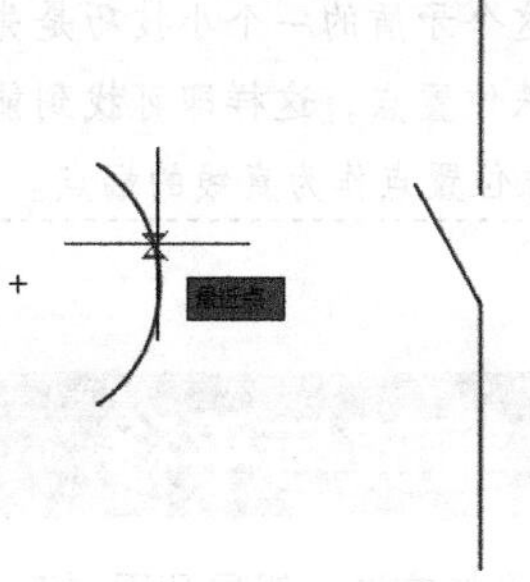

图 4-36 捕捉直线起点

❼ 水平移动光标到斜线附近，这时，系统也会自动显示斜线上离光标位置最近的特殊位置点，单击鼠标左键，系统自动捕捉该点为直线的终点，如图 4-37 所示。

绘制水平直线的过程中，同时按下了“正交模式”按钮和“对象捕捉”按钮，但有时系统不能既保证直线正交，又同时保证直线的端点为特殊位置点。这时，系统优先满足对象捕捉条件，即保证直线的端点是圆弧和斜线上的特殊位置点，而不能保其一定是正交直线，如图4-38所示。

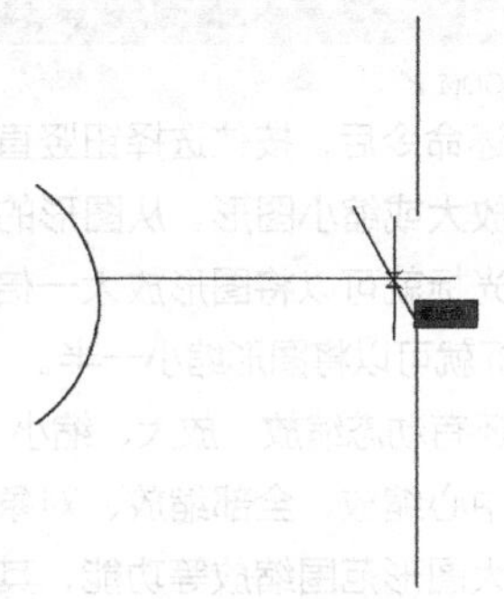

图 4-37 捕捉直线终点

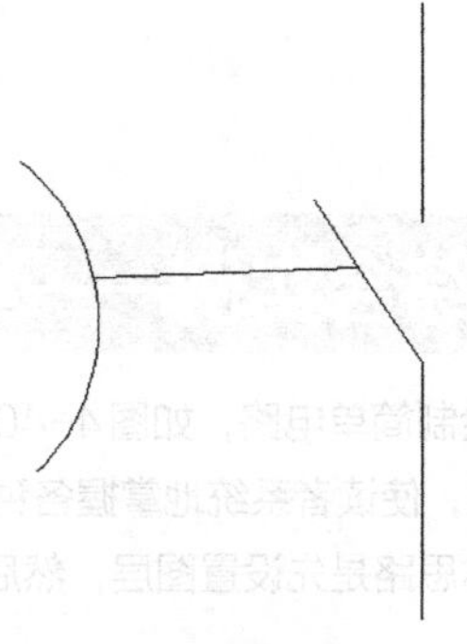

图 4-38 直线不正交

解决这个矛盾的一个小技巧是先放大图形，再捕捉特殊位置点，这样即可找到能够满足直线正交的特殊位置点作为直线的端点。

❽ 用同样方法绘制第 2 条水平线，最终结果如图 4-31 所示。

4.4 缩放与平移

改变视图的方法一般是利用“缩放”和“平移”命令，用它们可以在绘图区域放大或缩小图像显示，或者改变观察位置。

4.4.1 实时缩放

AutoCAD 2020为交互式的缩放和平移提供了可能。有了实时缩放，用户就可以通过竖直向上或向下移动光标来放大或缩小图形。

【执行方式】

命令行：ZOOM。

菜单：“视图”→“缩放”→“实时”。

工具栏：“标准”→“实时缩放”±。

功能区：单击“视图”选项卡“导航”面板上的“范围”下拉菜单中的“实时”按钮±。

【操作格式】

命令：ZOOM↙

执行上述命令后，按住选择钮竖直向上或向下移动，即可放大或缩小图形。从图形的中点向顶端竖直地移动光标就可以将图形放大一倍，向底部竖直地移动光标就可以将图形缩小一半。

另外，还有动态缩放、放大、缩小、窗口缩放、比例缩放、中心缩放、全部缩放、对象缩放、缩放上一个和最大图形范围缩放等功能，其操作方法与动态缩放类似，这里不再赘述。

4.4.2 实时平移

利用实时平移能点击和移动光标重新设置图形。

【执行方式】

命令行：PAN。

菜单：“视图”→“平移”→“实时”。

工具栏：“标准”→“实时平移”。

功能区：单击“视图”选项卡“导航”面板中的“平移”按钮。

【操作格式】

命令：PAN↙

执行上述命令后，用鼠标按下选择钮，然后移动手形光标即可平移图形。当移动到图形的边沿时，光标就变成一个三角形。

另外，为显示控制命令，系统设置了一个右键快捷菜单，如图4-39所示。在该菜单中，用户可以在显示命令执行的过程中，透明地进行切换。

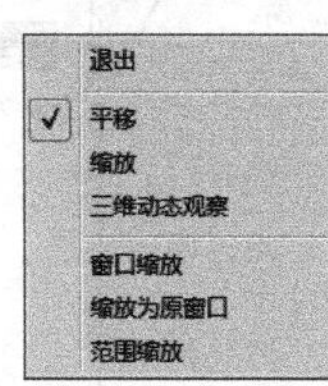

图 4-39 右键快捷菜单

4.5 综合实例——绘制简单电路

本实例绘制简单电路，如图4-40所示，主要目的是帮助读者灵活应用前面学习的基本绘图工具，使读者系统地掌握各种绘图工具的使用方法。

本例大体思路是先设置图层，然后绘制各个电气元器件，再绘制导线，最后绘制文字符号。

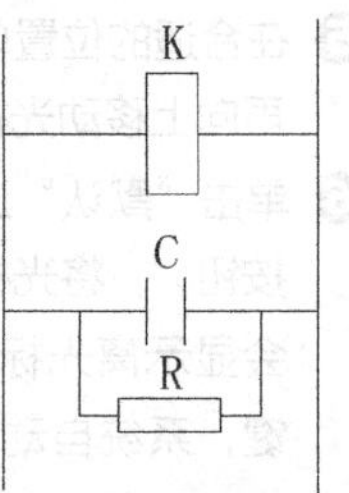

图 4-40 简单电路

STEP 绘制步骤

❶ 单击“默认”选项卡“图层”面板中的“图层特性”按钮，打开图层特性管理器，设置两个图层：“实线”层和“文字”层，具体设置如图 4-41 所示。

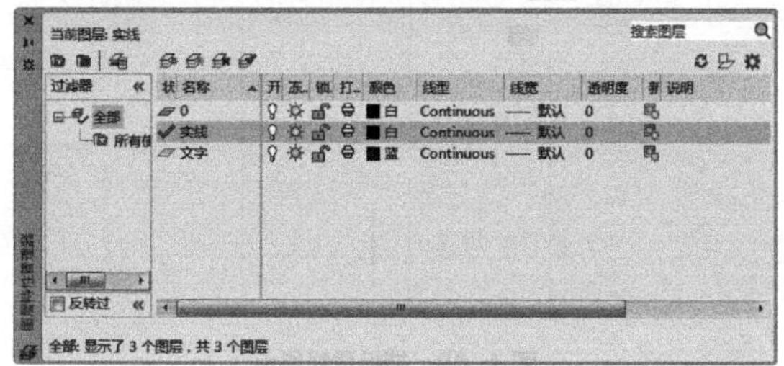

图 4-41 设置图层

❷ 将“实线”层设置为当前层，按下状态栏上的“正交模式”按钮，单击“默认”选项卡“绘图”面板中的“矩形”按钮，绘制一个适当大小的矩形，表示操作器件符号。

❸ 按下状态栏上的“对象追踪”按钮。单击“默认”选项卡“绘图”面板中的“直线”按钮，将光标放在刚绘制的矩形的左下角端点附近，然后往下移动光标，这时，系统显示一条竖直追踪线，如图 4-42 所示，表示目前光标位置处于矩形左边的延长线上，适当指定一点为直线起点，再往下适当指定一点为直线终点。

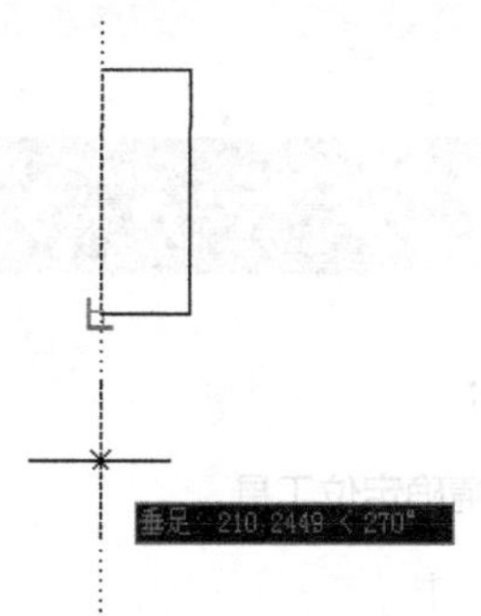

图 4-42 显示追踪线

❹ 单击“默认”选项卡“绘图”面板中的“直线”按钮，将光标放在刚绘制的竖线的上端点附近，然后往右移动光标，这时，系统显示一条水平追踪线，如图 4-43 所示，表示目前光标位置处于竖线的上端点同一水平线上，适当指定一点为直线起点。

❺ 将光标放在刚绘制的竖线的下端点附近，然后往右移动光标，这时，系统也显示一条水平追踪线，如图 4-44 所示，表示当前光标位置处于竖线的下端点同一水平线上，在刚确定的起点大约正下方单击鼠标左键，这样系统就捕捉到直线的终点，使该直线竖直，同时起点和终点分别与前面绘制的竖线的起点和终点在同一水平线上。这样，就完成了电容符号的绘制。

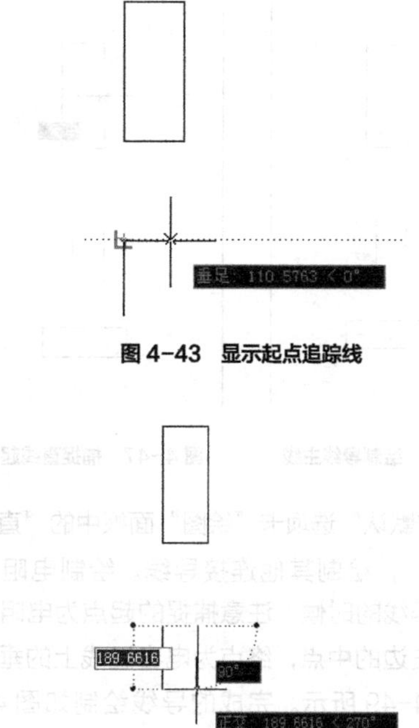

图 4-43 显示起点追踪线

图 4-44 显示终点追踪线

❻ 单击“默认”选项卡“绘图”面板中的“矩形”按钮，在电容符号下方适当位置绘制一个矩形，表示电阻符号，如图 4-45 所示。

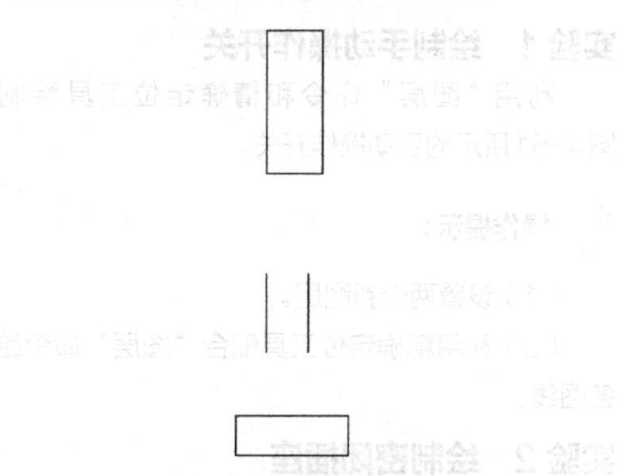

图 4-45 绘制电阻符号

❼ 单击“默认”选项卡“绘图”面板中的“直线”按钮，在绘制的电气符号两侧绘制两条适当

长度的竖直直线，表示导线主线，如图 4-46 所示。

❽ 单击状态栏中的“对象捕捉”按钮，并将所有特殊位置点设置为可捕捉点。

❾ 捕捉上面矩形的左边中点为直线起点，如图 4-47 所示。捕捉左边导线主线上一点为直线终点，如图 4-48 所示。

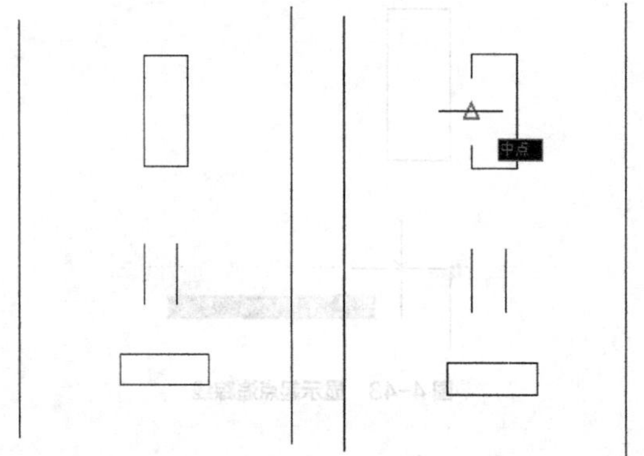

图 4-46　绘制导线主线　　图 4-47　捕捉直线起点

❿ 单击“默认”选项卡“绘图”面板中的“直线”按钮，绘制其他连接导线。绘制电阻左边连接导线的时候，注意捕捉的起点为电阻符号矩形左边的中点，终点为电容连线上的垂足，如图 4-49 所示。完成的导线绘制如图 4-50 所示。

⓫ 将当前图层设置为“文字”层，输入文字，最终结果如图 4-40 所示。

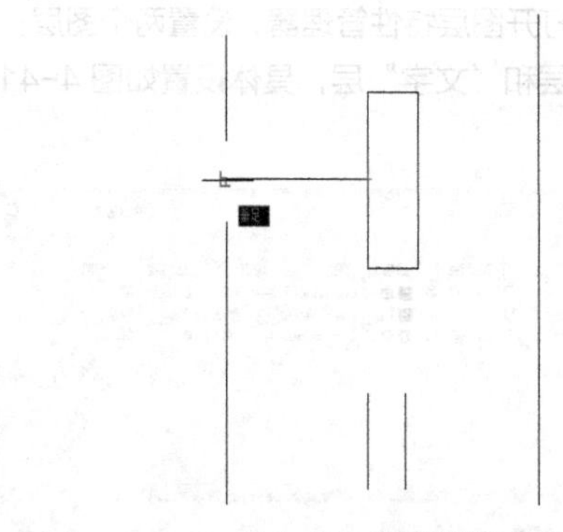

图 4-48　捕捉直线终点

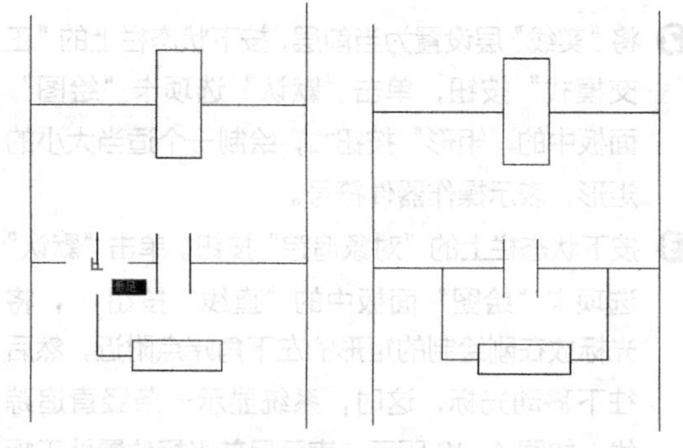

图 4-49　绘制电阻的连接导线　　图 4-50　完成导线绘制

4.6 上机实验

实验 1　绘制手动操作开关

利用“图层”命令和精确定位工具绘制如图4-51所示的手动操作开关。

操作提示：

（1）设置两个新图层。

（2）利用精确定位工具配合“图层”命令绘制各图线。

实验 2　绘制密闭插座

利用精确定位工具绘制如图4-52所示的密闭插座。

操作提示：

灵活利用精确定位工具。

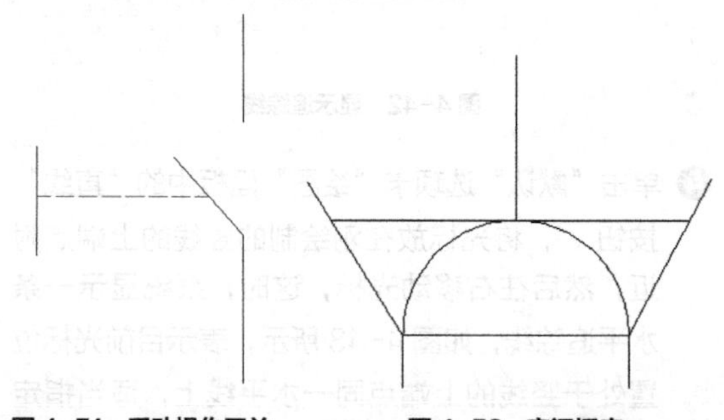

图 4-51　手动操作开关　　图 4-52　密闭插座

4.7 思考与练习

1. 选择题

（1）物体捕捉的方法有（　　）。

A. 命令行方式　　B. 菜单栏方式

C. 快捷菜单方式　　D. 工具栏方式

（2）正交模式设置的方法有（　　）。

A. 命令行：ORTHO　　B. 菜单："工具"→"辅助绘图工具"

C. 状态栏：正交开关按钮　　D. 快捷键：F8键

2. 操作题

（1）绘制如图4-53所示的隔离开关。

（2）绘制如图4-54所示的电磁阀。

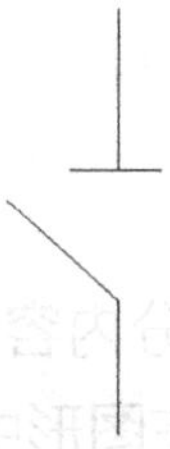

图 4-53　隔离开关

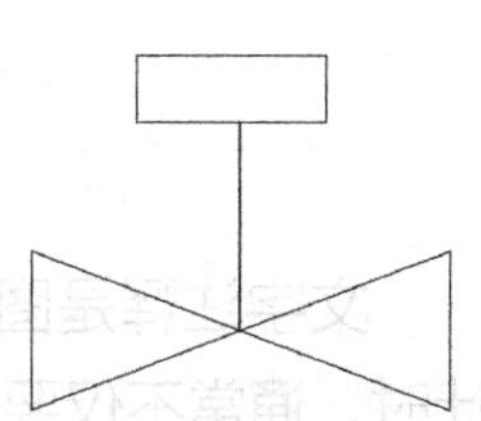

图 4-54　电磁阀

第 5 章

文字、表格和尺寸标注

文字注释是图形中很重要的一部分内容，在进行各种设计时，通常不仅要绘制出图形，还要在图形中标注一些文字，如技术要求和注释说明等，对图形对象加以解释。AutoCAD 提供了多种写入文字的方法，本章将介绍文字标注和编辑功能。另外，表格在 AutoCAD 图形中也有大量的应用，如明细表、参数表和标题栏等。AutoCAD 的表格功能使绘制表格变得方便快捷。尺寸标注是绘图设计过程中相当重要的一个环节。由于图形的主要作用是表达物体的形状，而物体各部分的真实大小和各部分之间的确切位置只能通过尺寸标注来表达。因此，如果没有正确的尺寸标注，绘制出的图纸对于加工制造就没有意义。AutoCAD 2020 提供了方便、准确的尺寸标注功能。

知识重点

- 文字样式、标注和编辑
- 表格
- 尺寸样式
- 标注尺寸
- 引线标注

5.1 文字样式

AutoCAD 2020提供了“文字样式”对话框，通过这个对话框可方便直观地设置需要的文字样式，或对已有样式进行修改。

【执行方式】

命令行：STYLE或DDSTYLE。

菜单：“格式”→“文字样式”。

工具栏：“文字”→“文字样式”。

功能区：单击“默认”选项卡“注释”面板中的“文字样式”按钮，或单击“注释”选项卡“文字”面板上的“文字样式”下拉菜单中的“管理文字样式”按钮，或单击“注释”选项卡“文字”面板中的“对话框启动器”按钮。

【操作格式】

命令：STYLE↙

执行上述命令后，打开“文字样式”对话框，如图5-1所示。

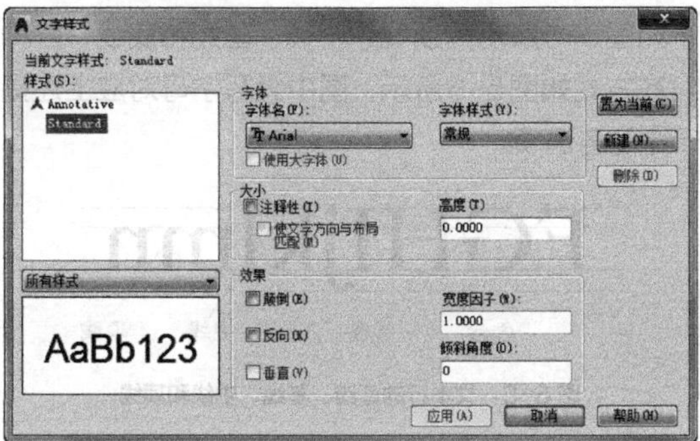

图 5-1 “文字样式”对话框

【选项说明】

1. “字体”选项组

“字体”选项组用于确定字体样式。在AutoCAD中，除了它固有的SHX字体外，还可以使用TrueType字体（如宋体、楷体和Italic等）。一种字体可以设置不同的效果，从而被多种文字样式使用。例如，图5-2所示就是同一种字体（宋体）的不同样式。

2. “大小”选项组

（1）“注释性”复选框：指定文字为注释性文字。

（2）“使文字方向与布局匹配”复选框：指定图纸空间窗口中的文字方向与布局方向匹配。如果取消选中“注释性”复选框，则该选项不可用。

电气设计
电气设计
电气设计
电气设计
电 气 设 计
电气设计
电气设计

图 5-2 同一字体的不同样式

（3）“高度”文本框：设置文字高度。如果在“高度”文本框中输入一个数值，则它将作为创建文字时的固定字高，在用TEXT命令输入文字时，AutoCAD不再提示输入字高参数；如果输入“0.0”，则每次用该样式输入文字时，文字默认值为上次使用的文字高度。

3. “效果”选项组

该组中各选项用于设置字体的特殊效果。

（1）“颠倒”复选框：选中此复选框，表示将文本文字倒置标注，如图5-3（a）所示。

（2）“反向”复选框：选中此复选框，表示将文本文字反向标注。图5-3（b）给出了这种标注效果。

ABCDEFGHIJKLMN	ABCDEFGHIJKLMN
ABCDEFGHIJKLMN（倒置）	ABCDEFGHIJKLMN（反向）
（a）	（b）

图 5-3 文字倒置标注与反向标注

（3）“垂直”复选框：确定文本是水平标注还是竖直标注。选中此复选框时为竖直标注，否则为水平标注，如图5-4所示。

abcd

a
b
c
d

图 5-4 竖直标注文字

（4）宽度因子：设置宽度系数，确定文本字符的宽高比。当此系数为1时，表示将按字体文件中定义的宽高比标注文字。当此系数小于1时，字会变窄，反之变宽。

（5）倾斜角度：用于确定文字的倾斜角度。角度为0时不倾斜，为正时向右倾斜，为负时向左倾斜。

5.2 文字标注

在制图过程中文字传递了很多设计信息，它可能是一个较复杂的说明，也可能是一个简短的文字信息。当需要标注的文本不太长时，可以利用TEXT命令创建单行文本。当需要标注很长、很复杂的文字信息时，可以用MTEXT命令创建多行文本。

5.2.1 单行文字标注

【执行方式】

命令行：TEXT或DTEXT。

菜单："绘图"→"文字"→"单行文字"。

工具栏："文字"→"单行文字"A。

功能区：单击"默认"选项卡"注释"面板中的"单行文字"按钮A，或单击"注释"选项卡"文字"面板中的"单行文字"按钮A。

【操作格式】

```
命令：TEXT↙
```

选择相应的菜单项或在命令行输入TEXT命令后按Enter键，系统提示如下。

```
当前文字样式："Standard"  当前文字高度：0.2000  注释性：否
指定文字的起点或 [对正(J)/样式(S)]:
```

【选项说明】

（1）指定文字的起点：在此提示下直接在作图屏幕上点取一点作为文本的起始点，AutoCAD提示如下。

```
指定高度 <0.2000>:(确定字符的高度)
指定文字的旋转角度 <0>:(确定文本行的倾斜角度)
```

在此提示下输入一行文本后按Enter键，可继续输入文本，待全部输入完成后直接按Enter键，则退出TEXT命令。可见，由TEXT命令也可创建多行文本，只是对于这种多行文本，每一行是一个对象，因此不能对多行文本同时进行操作，但可以单独修改每一行的文字样式、字高、旋转角度和对齐方式等。

（2）对正（J）：在上面的提示下输入J，用来确定文本的对齐方式，对齐方式决定文本的某一部分与所选的插入点对齐。执行此选项，AutoCAD提示如下。

```
输入选项 [左(L)/居中(C)/右(R)/对齐(A)/中间(M)/布满(F)/左上(TL)/中上(TC)/右上(TR)/左中(ML)/正中(MC)/右中(MR)/左下(BL)/中下(BC)/右下(BR)]:
```

在此提示下选择一个选项作为文本的对齐方式。当文本串水平排列时，AutoCAD为标注文本串定义了如图5-5所示的顶线、中线、基线和底线，各种对齐方式如图5-6所示，图中大写字母对应上述提示中的各选项。

图5-5 文本行的底线、基线、中线和顶线

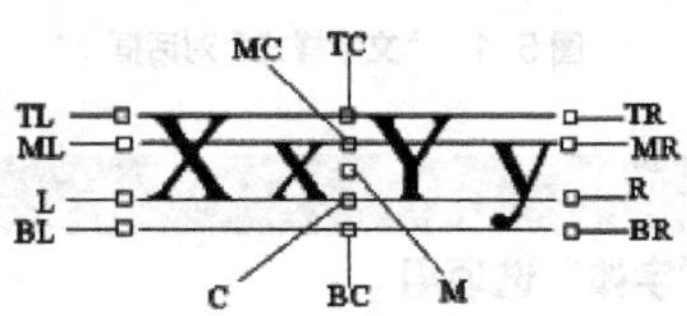

图5-6 文本的对齐方式

下面以"对齐（A）"选项为例进行简要说明。

选择此选项，要求用户指定文本行基线的起始点与终止点的位置，AutoCAD提示如下。

```
指定文字基线的第一个端点：(指定文本行基线的起点位置)
指定文字基线的第二个端点：(指定文本行基线的终点位置)
```

执行结果：所输入的文本字符均匀地分布于

指定的两点之间。如果两点间的连线不水平，则文本行倾斜放置，倾斜角度由两点间的连线与X轴的夹角确定；字高、字宽根据两点间的距离、字符的多少以及文字样式中设置的宽度系数自动确定。指定了两点之后，每行输入的字符越多，字宽和字高越小。

其他选项与“对齐”选项类似，不再赘述。

实际绘图时，有时需要标注一些特殊字符，如直径符号、上划线、下划线或温度符号等，由于这些符号不能直接从键盘上输入，AutoCAD提供了一些控制码，用来实现这些要求。控制码用两个百分号（%%）加一个字符构成，常用的控制码如表5-1所示。

表5-1 AutoCAD常用控制码

符号	功能	符号	功能
%%O	上划线	\u+0278	电相位
%%U	下划线	\u+E101	流线
%%D	“度”符号	\u+2261	标识
%%P	正负符号	\u+E102	界碑线
%%C	直径符号	\u+2260	不相等
%%%	百分号	\u+2126	欧姆
\u+2248	约等于	\u+03A9	欧米伽
\u+2220	角度	\u+214A	低界线
\u+E100	边界线	\u+2082	下标2
\u+2104	中心线	\u+00B2	上标2
\u+0394	差值		

其中，%%O和%%U分别是上划线和下划线的开关，第1次出现此符号时，开始画上划线和下划线；第2次出现此符号时，上划线和下划线终止。例如，在“输入文字”提示后输入“I want to %%U go to Beijing%%U”，则得到如图5-7所示的a文本行，输入“50%%D+%%C75%%P12”，则得到如图5-7所示的b文本行。

用TEXT命令创建文本时，在命令行输入的文字同时显示在屏幕上，而且在创建过程中可以随时改变文本的位置，只要将光标移到新的位置，单击鼠标左键，则当前行结束，随后输入的文本出现在新的位置上。用这种方法可以把多行文字标注到屏幕的任意位置。

I want to go to Beijing	a
50°+ø75±12	b

图5-7 文本行

5.2.2 多行文字标注

【执行方式】

命令行：MTEXT。

菜单：“绘图”→“文字”→“多行文字”。

工具栏：“绘图”→“多行文字”A或“文字”→“多行文字”A。

功能区：单击“默认”选项卡“注释”面板中的“多行文字”按钮A，或单击“注释”选项卡“文字”面板中的“多行文字”按钮A。

【操作格式】

命令：MTEXT↙

执行上述命令后，AutoCAD提示如下。

当前文字样式：“Standard” 当前文字高度：1.9122 注释性：否

指定第一角点：（指定矩形框的第一个角点）

指定对角点或 [高度(H)/对正(J)/行距(L)/旋转(R)/样式(S)/宽度(W)/栏(C)]：

【选项说明】

（1）指定对角点：直接在屏幕上点取一个点作为矩形框的第2个角点，AutoCAD以指定的两个点为对角点形成一个矩形区域，其宽度作为将来要标注的多行文本的宽度，而且第1个点作为第1行文本顶线的起点。响应后，AutoCAD打开如图5-8所示的“文字编辑器”选项卡和多行文字编辑器，可利用此编辑器输入多行文本并对其格式进行设置。

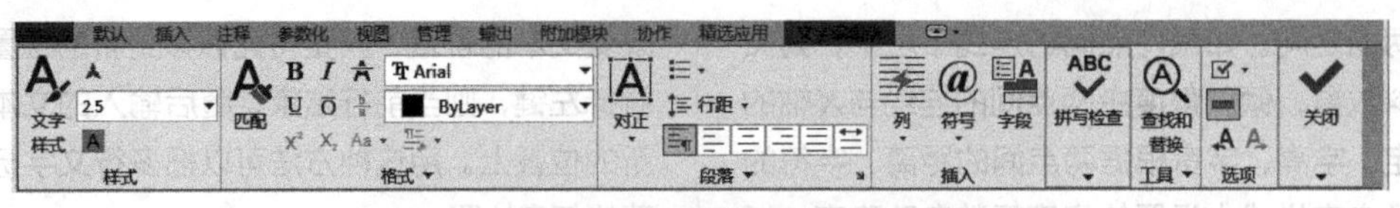
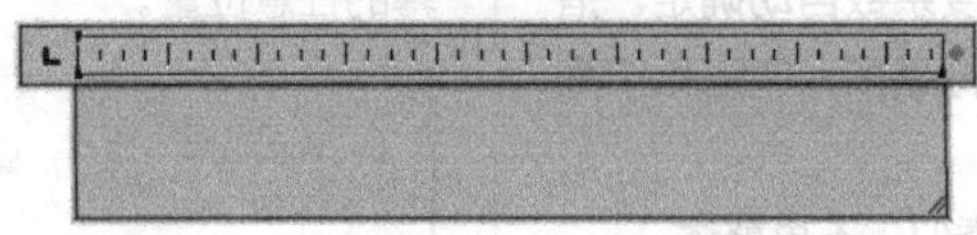

图 5-8 “文字编辑器”选项卡和多行文字编辑器

（2）对正（J）：确定所标注文本的对齐方式。选取此选项，Auto CAD提示如下。

```
输入对正方式 [左上(TL)/中上(TC)/右上(TR)/左中(ML)/正中(MC)/右中(MR)/左下(BL)/中下(BC)/右下(BR)] <左上(TL)>:
```

这些对齐方式与TEXT命令中的各对齐方式相同，选取一种对齐方式后按Enter键，返回到上一级提示。

（3）行距（L）：确定多行文本的行间距，此处的行间距是指相邻两文本行的基线之间的垂直距离。选择此选项，AutoCAD提示如下。

```
输入行距类型 [至少(A)/精确(E)] <至少(A)>:
```

在此提示下有两种方式可确定行间距：“至少”方式和“精确”方式。“至少”方式下，AutoCAD根据每行文本中最大的字符自动调整行间距。“精确”方式下，AutoCAD会为多行文本赋予一个固定的行间距。可以直接输入一个确切的间距值，也可以以“*n*x”的形式输入，其中*n*是一个具体的数，表示将行间距设置为单行文本高度的*n*倍，而单行文本高度是本行文本字符高度的1.66倍。

（4）旋转（R）：确定文本行的倾斜角度。执行此选项，AutoCAD提示如下。

```
指定旋转角度 <0>:（输入倾斜角度）
```

输入角度值后按Enter键，AutoCAD返回到上一级提示。

（5）样式（S）：确定当前的文字样式。

（6）宽度（W）：指定多行文本的宽度。可在屏幕上选取一点，将其与前面确定的第1个角点组成的矩形框的宽度作为多行文本的宽度；也可以输入一个数值，精确设置多行文本的宽度。

（7）高度（H）：用于指定多行文本的高度。可在绘图区选择一点，将其与前面确定的第一个角点组成的矩形框的高作为多行文本的高度；也可以输入一个数值，精确设置多行文本的高度。

（8）栏(C)：可以将多行文字对象的格式设置为多栏。可以指定栏和栏之间的宽度、高度及栏数，以及使用夹点编辑栏宽和栏高。其中提供了3个栏选项，即“不分栏”“静态栏”和“动态栏”。

“文字编辑器”选项卡用来控制文字的显示特性。可以在输入文字前设置文字的特性，也可以改变已输入的文字的特性。要改变已有文字的显示特性，首先应选择要修改的文字，选择文字的方式有以下3种。

（1）将光标定位到文字开始处，按住鼠标左键，拖到文字末尾。

（2）双击某个文字，则该文字被选中。

（3）3次单击鼠标左键，则选中全部内容。

下面介绍“文字编辑器”选项卡中部分选项的功能。

（1）“高度”下拉列表框：确定文本的字符高度，可在文本编辑框中直接输入新的字符高度，也可从下拉列表中选择已设定过的高度。

（2）“**B**”和“*I*”按钮：设置黑体或斜体效果，只对TrueType字体有效。

（3）“删除线”按钮 $\overline{\text{A}}$：用于在文字上添加水平删除线。

（4）“下划线” U 与“上划线” Ō 按钮：设置或取消上（下）划线。

（5）“堆叠”按钮 $\frac{b}{a}$：即层叠/非层叠文本按钮，用于层叠所选的文本，也就是创建分数形式。当文本中某处出现“/”“^”或“#”这3种层叠符号之一时可层叠文本，方法是选中需层叠的文字，然后单击此按钮，则符号左边的文字作为分子，右边的文字作为分母。

AutoCAD提供了3种分数形式，下面以设置“abcd/efgh”的分数形式为例进行介绍。

① 如果选中“abcd/efgh”后单击此按钮，得

到如图5-9（a）所示的分数形式。

② 如果选中“abcd^efgh”后单击此按钮，则得到如图5-9（b）所示的形式，此形式多用于标注极限偏差。

③ 如果选中“abcd # efgh”后单击此按钮，则创建斜排的分数形式，如图5-9（c）所示。

如果选中已经层叠的文本对象后单击此按钮，则恢复到非层叠形式。

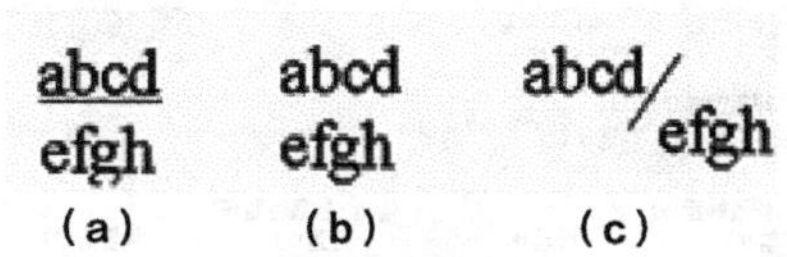

abcd efgh　abcd efgh　abcd/efgh

（a）　（b）　（c）

图 5-9 文本层叠

（6）“倾斜角度”下拉列表框 ：设置文字的倾斜角度，如图5-10所示。

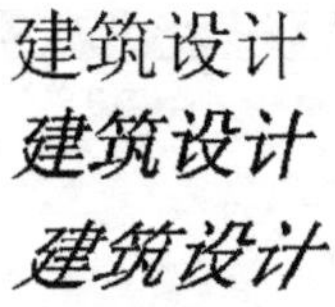

建筑设计

建筑设计

建筑设计

图 5-10 倾斜角度与斜体效果

（7）“符号”按钮 ：用于输入各种符号。单击该按钮，系统打开符号列表，如图5-11所示，可以从中选择符号输入到文本中。

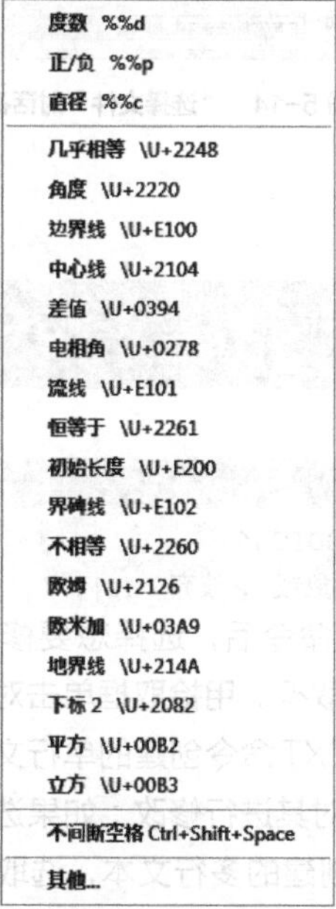

图 5-11 符号列表

（8）“插入字段”按钮 ：插入一些常用或预设字段。单击该按钮，系统打开“字段”对话框，如图5-12所示，用户可以从中选择字段插入到标注文本中。

（9）“追踪”按钮 ：增大或减小选定字符之间的空隙。

（10）“宽度因子”按钮 ：扩展或收缩选定字符。

（11）“上标”按钮 ：将选定文字转换为上标，即在键入线的上方设置稍小的文字。

（12）“下标”按钮 ：将选定文字转换为下标，即在键入线的下方设置稍小的文字。

（13）“清除格式”下拉列表：删除选定字符的字符格式，或删除选定段落的段落格式，或删除选定段落中的所有格式。

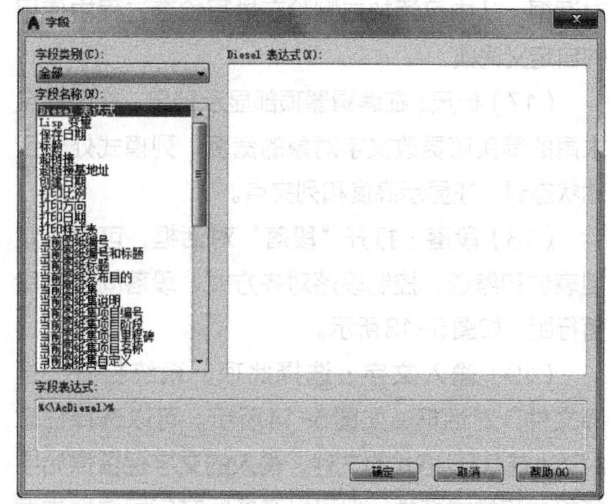

图 5-12 “字段”对话框

（14）“项目符号和编号”下拉列表：添加段落文字前面的项目符号和编号。

① 关闭：如果选择此选项，将从应用了列表格式的选定文字中删除字母、数字和项目符号，不更改缩进状态。

② 以数字标记：应用将带有句点的数字用于列表中的项的列表格式。

③ 以字母标记：应用将带有句点的字母用于列表中的项的列表格式。如果列表含有的项多于字母中含有的字母，可以使用双字母继续序列。

④ 以项目符号标记：应用将项目符号用于列表中的项的列表格式。

⑤ 启点：在列表格式中启动新的字母或数字序

列。如果选定的项位于列表中间，则选定项下面的未选中的项也将成为新列表的一部分。

⑥ 连续：将选定的段落添加到上面最后一个列表，然后继续序列。如果选择了列表项而非段落，选定项下面的未选中的项将继续序列。

⑦ 允许自动项目符号和编号：在键入时应用列表格式。以下字符可以用在字母和数字后，但不能用作项目符号：句点 (.)、逗号 (,)、右括号 ())、右尖括号 (>)、右方括号 (]) 和右花括号 (})。

⑧ 允许项目符号和列表：如果选择此选项，列表格式将应用到外观类似列表的多行文字对象中的所有纯文本。

（15）拼写检查：确定键入时拼写检查处于打开还是关闭状态。

（16）编辑词典：选择此选项，将打开“词典”对话框，从中可添加或删除在拼写检查过程中使用的自定义词典。

（17）标尺：在编辑器顶部显示标尺。拖动标尺末尾的箭头可更改文字对象的宽度。列模式处于活动状态时，还显示高度和列夹点。

（18）段落：打开“段落”对话框，可以指定制表位和缩进，控制段落对齐方式、段落间距和段落行距，如图5-13所示。

（19）输入文字：选择此项，系统打开“选择文件”对话框，如图5-14所示。可以选择任意ASCII或RTF格式的文件。输入的文字保留原始字符格式和样式特性，但可以在多行文字编辑器中编辑和格式化输入的文字。选择要输入的文本文件后，可以替换选定的文字或全部文字，或在文字边界内将插入的文字附加到选定的文字中。输入文字的文件必须小于32KB。

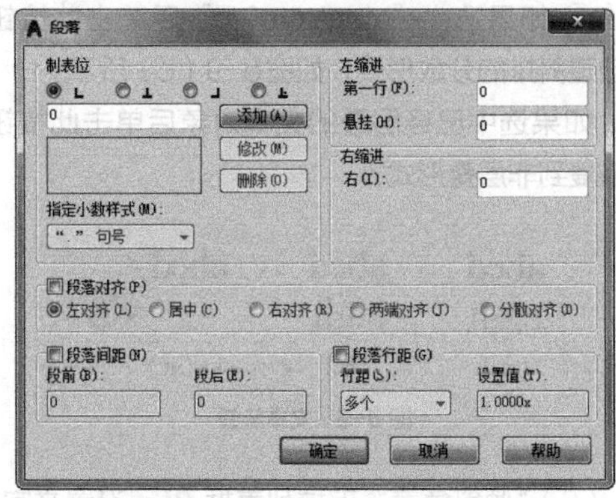

图5-13 “段落”对话框

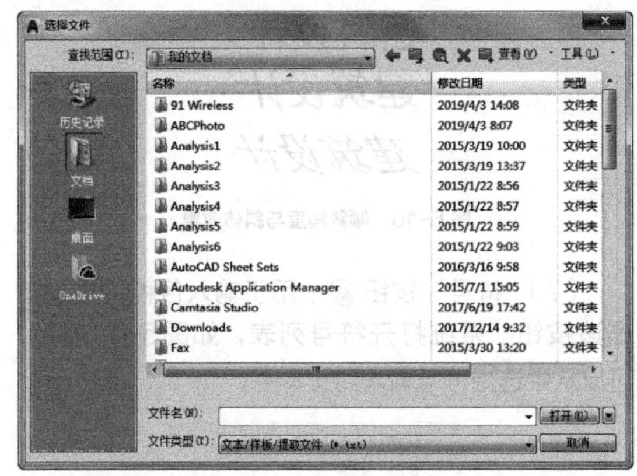

图5-14 “选择文件”对话框

5.3 文字编辑

5.3.1 文字编辑命令

【执行方式】

命令行：DDEDIT。

菜单：“修改”→“对象”→“文字”→“编辑”。

工具栏：“文字”→“编辑”。

快捷菜单：“编辑多行文字”或“编辑文字”。

【操作格式】

命令：DDEDIT↙

选择注释对象或 [放弃(U)]：

执行上述命令后，选择想要修改的文本，同时光标变为拾取框。用拾取框单击对象，如果选取的文本是用TEXT命令创建的单行文本，则亮显该文本，此时可对其进行修改；如果选取的文本是用MTEXT命令创建的多行文本，选取后则打开多行文字编辑器，可根据前面的介绍对各项设置或内容进行修改。

5.3.2 实例——绘制滑动电位器

下面绘制如图5-15所示的带滑动触点的电位器R1。

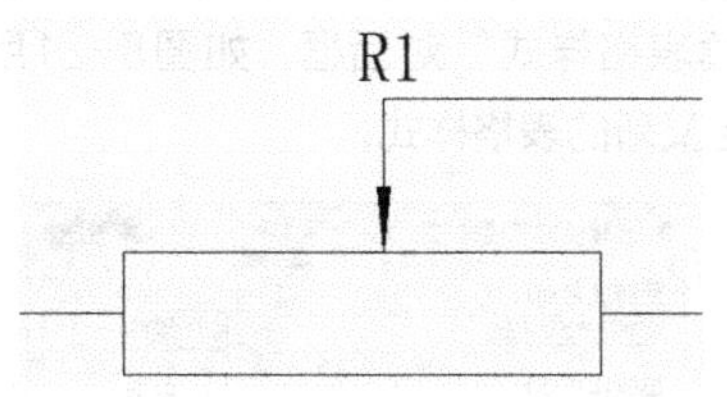

图 5-15 滑动电位器

STEP 绘制步骤

❶ 单击“默认”选项卡“绘图”面板中的“矩形”按钮 ▭，绘制一个矩形，指定矩形两个角点的坐标分别为(100,100)和(500,200)。单击“默认”选项卡“绘图”面板中的“直线”按钮 ╱，分别捕捉矩形左右边的中点为端点，向左和向右绘制两条适当长度的水平线段，如图5-16所示。

图 5-16 绘制矩形和直线

在命令行输入坐标值时，坐标数值之间的间隔逗号必须在西文状态下输入，否则系统无法识别。

❷ 单击“默认”选项卡“绘图”面板中的“多段线”按钮 ⊃，命令行提示与操作如下。

```
命令：_pline
指定起点：(捕捉右边适当一点1，如图5-17所示)
当前线宽为 0.0000
指定下一个点或 [圆弧(A)/半宽(H)/长度(L)/放弃(U)/宽度(W)]：(水平向左在合适位置处指定一点2，如图5-17所示)
指定下一点或 [圆弧(A)/闭合(C)/半宽(H)/长度(L)/放弃(U)/宽度(W)]：(竖直向下在合适位置处指定一点3，如图5-17所示)
指定下一点或 [圆弧(A)/闭合(C)/半宽(H)/长度(L)/放弃(U)/宽度(W)]: w↙
指定起点宽度 <0.0000>: 10↙
指定端点宽度 <10.0000>: 0↙
指定下一点或 [圆弧(A)/闭合(C)/半宽(H)/长度(L)/放弃(U)/宽度(W)]：(竖直向下捕捉矩形上的垂足)
指定下一点或 [圆弧(A)/闭合(C)/半宽(H)/长度(L)/放弃(U)/宽度(W)]: ↙
```

效果如图5-17所示。

❸ 单击“默认”选项卡“注释”面板中的“多行文字”按钮 A，在图5-17中点2位置的正上方指定文本范围框，系统打开“文字编辑器”选项卡，输入文字“R1”，并按图5-18所示设置文字的各项参数，最终结果如图5-15所示。

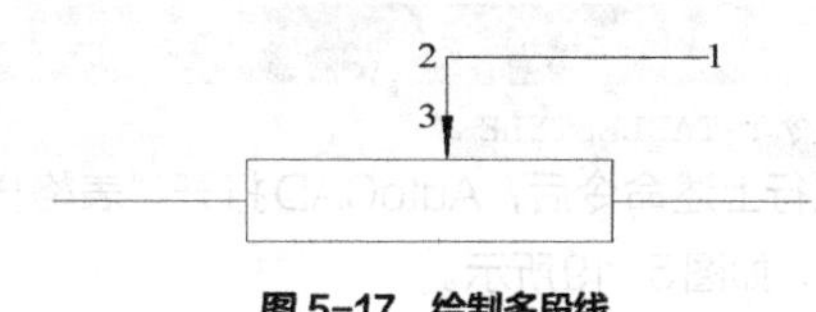

图 5-17 绘制多段线

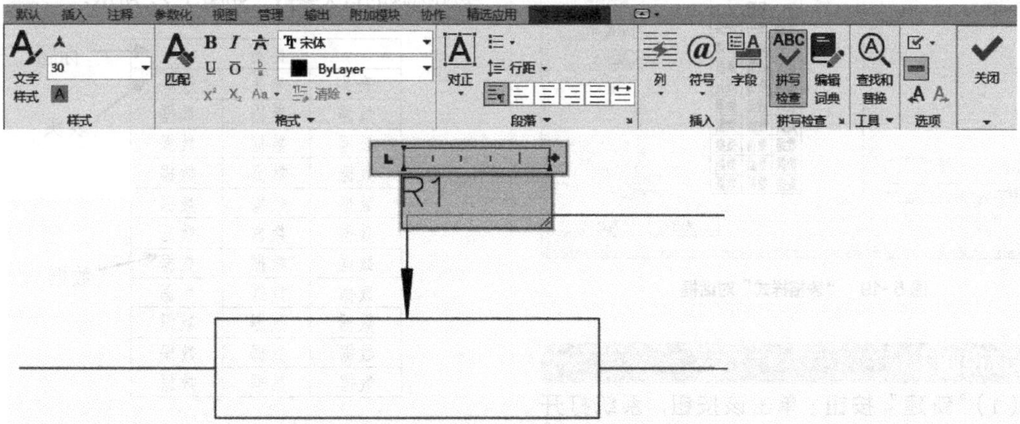

图 5-18 输入文字

5.4 表格

使用AutoCAD提供的“表格”功能创建表格，用户可以直接插入设置好样式的表格，而不用绘制由单独的图线组成的栅格。

5.4.1 定义表格样式

表格样式可用于控制表格基本形状和间距。和文字样式一样，所有AutoCAD图形中的表格都有与其相对应的表格样式。当插入表格对象时，AutoCAD使用当前设置的表格样式。模板文件ACAD.dwt和ACADISO.dwt中定义了名为Standard的默认表格样式。

【执行方式】

命令行：TABLESTYLE。

菜单：“格式”→“表格样式”。

工具栏：“样式”→“表格样式管理器”。

功能区：单击“默认”选项卡“注释”面板中的“表格样式”按钮，或单击“注释”选项卡“表格”面板上的“表格样式”下拉菜单中的“管理表格样式”按钮，或单击“注释”选项卡“表格”面板中的“对话框启动器”按钮。

【操作格式】

```
命令：TABLESTYLE↙
```

执行上述命令后，AutoCAD打开“表格样式”对话框，如图5-19所示。

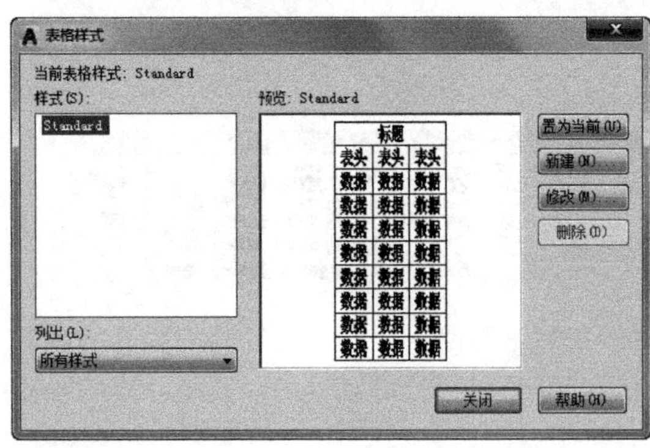

图5-19 “表格样式”对话框

【选项说明】

（1）“新建”按钮：单击该按钮，系统打开“创建新的表格样式”对话框，如图5-20所示。输入新的表格样式名后，单击“继续”按钮，系统打开“新建表格样式”对话框，如图5-21所示，从中可以定义新的表格样式。

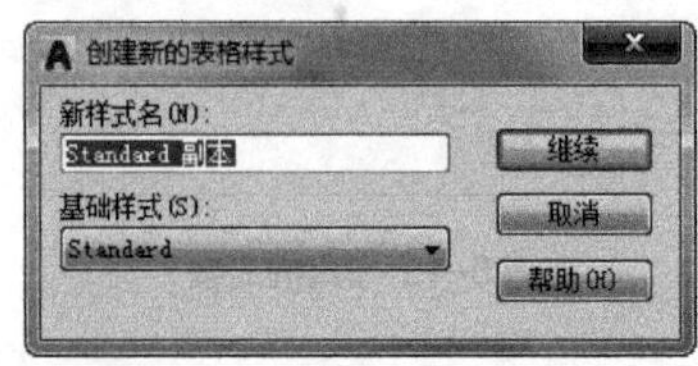

图5-20 “创建新的表格样式”对话框

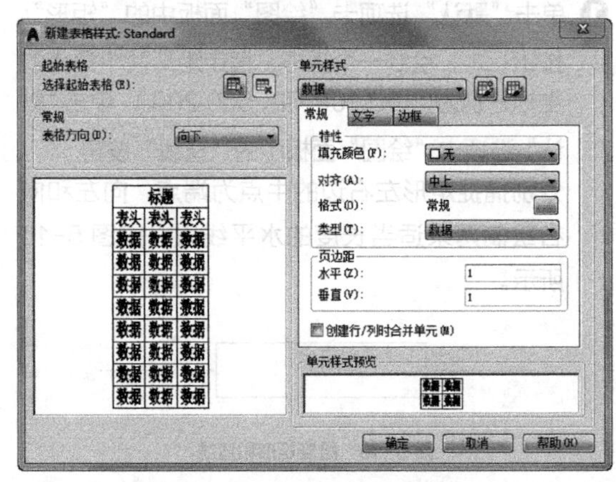

图5-21 “新建表格样式”对话框

“新建表格样式”对话框中有“常规”“文字”和“边框”3个选项卡，分别控制表格中数据、表头和标题的有关参数，如图5-22所示。

标题		
表头	表头	表头
数据	数据	数据
数据	数据	数据
数据	数据	数据
数据	数据	数据
数据	数据	数据
数据	数据	数据
数据	数据	数据
数据	数据	数据
数据	数据	数据
数据	数据	数据

标题　表头　数据

图5-22 表格样式

①“常规”选项卡。

◆ 填充颜色：指定填充颜色。

◆ 对齐：为单元内容指定一种对齐方式。

◆ 格式：设置表格中各行的数据类型和格式。

◆ 类型：将单元样式指定为标签或数据，在包含起始表格的表格样式中插入默认文字时使用，也用于在工具选项板上创建表格工具的情况。

◆ 水平：设置单元中的文字或块与左右单元边界之间的距离。

◆ 垂直：设置单元中的文字或块与上下单元边界之间的距离。

◆ 创建行/列时合并单元：将使以当前单元样式创建的所有新行或列合并到一个单元中。

②“文字”选项卡。

◆ 文字样式：指定文字样式。

◆ 文字高度：指定文字高度。

◆ 文字颜色：指定文字颜色。

◆ 文字角度：设置文字倾斜角度。

③“边框”选项卡。

◆ 线宽：设置要用于显示边界的线宽。

◆ 线型：通过单击边框按钮，设置线型，以应用于指定边框。

◆ 颜色：指定颜色以应用于显示的边界。

◆ 双线：指定选定的边框为双线型。

（2）“修改”按钮：单击该按钮，打开“修改表格样式”对话框，可以对当前表格样式进行修改，方法与新建表格样式相同。

5.4.2 创建表格

在设置好表格样式后，用户可以利用TABLE命令创建表格。

【执行方式】

命令行：TABLE。

菜单：“绘图”→“表格”。

工具栏：“绘图”→“表格”▦。

功能区：单击“默认”选项卡“注释”面板中的“表格”按钮▦，或单击“注释”选项卡“表格”面板中的“表格”按钮▦。

【操作格式】

```
命令：TABLE↙
```

执行上述命令后，AutoCAD打开“插入表格”对话框，如图5-23所示。

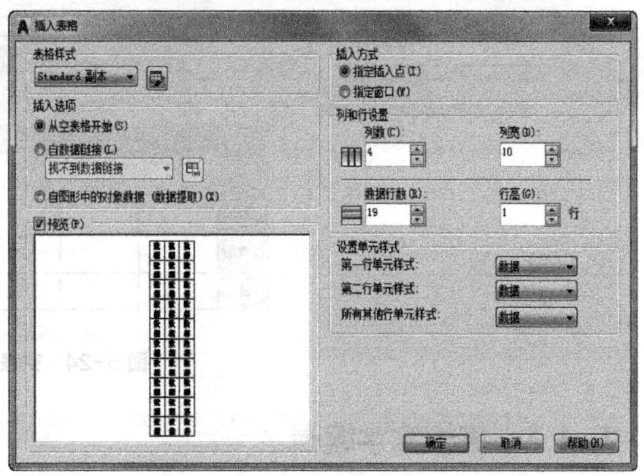

图5-23 “插入表格”对话框

【选项说明】

（1）“表格样式”选项组：可以在“表格样式”下拉列表框中选择一种表格样式，也可以单击后面的▦按钮新建或修改表格样式。

（2）“插入方式”选项组。

①“指定插入点”单选按钮：指定表格左上角的位置。可以使用定点设备，也可以在命令行中输入坐标值。如果表格样式将表格的方向设置为由下而上读取，则插入点位于表格的左下角。

②“指定窗口”单选按钮：指定表格的大小和位置。可以使用定点设备，也可以在命令行中输入坐标值。选定此选项时，行数、列数、列宽和行高取决于窗口的大小以及列和行的设置。

（3）“列和行设置”选项组：指定列和行的数目以及列宽与行高。

注意 列宽设置必须不小于文字宽度与水平边距的和，如果列宽小于此值，则实际列宽以文字宽度与水平边距的和为准。

在“插入表格”对话框中进行相应的设置后，单击“确定”按钮，系统在指定的插入点或窗口自动插入一个空表格，并显示多行文字编辑器，用户可以逐行逐列输入相应的文字或数据，如图5-24所示。

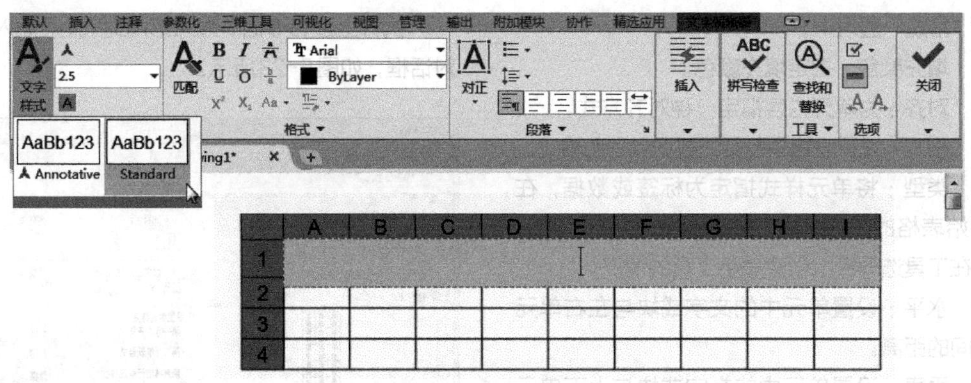

图 5-24　空表格和多行文字编辑器

5.4.3 表格文字编辑

【执行方式】

命令行：TABLEDIT。

快捷菜单：选定表的一个或多个单元格后，右击鼠标并选择快捷菜单上的“编辑文字”命令，如图5-25所示。

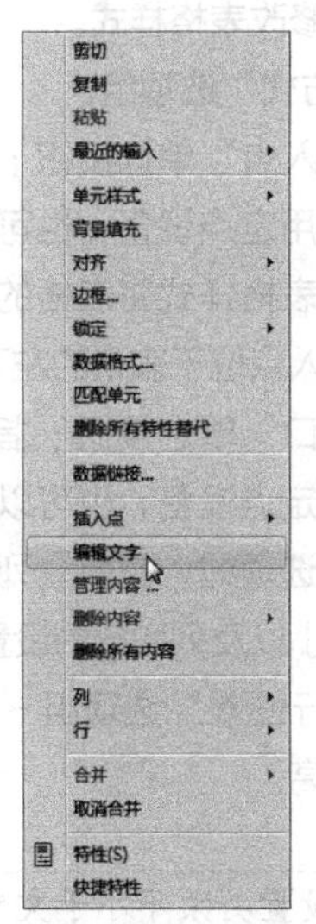

图 5-25　快捷菜单

定点设备：在表的单元格内双击。

【操作格式】

```
命令：TABLEDIT↙
```

执行此命令后，系统打开多行文字编辑器，用户可以对指定单元格中的文字进行编辑。

在AutoCAD 2020中，可以在表格中插入简单的公式，用于计算总计、计数和平均值，还可以定义简单的算术表达式。要在选定的单元格中插入公式，可单击鼠标右键，然后选择“插入点”→“公式”命令，如图5-26所示。也可以使用在位文字编辑器来输入公式。选择一个公式项后，系统提示如下。

```
选择表单元范围的第一个角点：(在表格内指定一点)
选择表单元范围的第二个角点：(在表格内指定另一点)
```

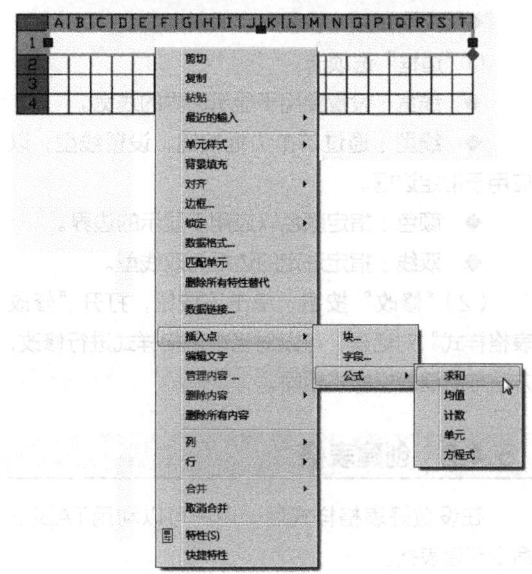

图 5-26　插入公式

指定单元范围后，系统对所选范围内单元格的数值按指定公式进行计算，并给出最终计算值。

5.4.4 表格样式编辑

要进行表格样式本身的编辑，可以单击一个已经绘制好的表格，系统打开“表格单元”选项卡，如图5-27所示。拖动表格编辑夹点，可以任意设置单元格的宽度和高度，如图5-28所示。

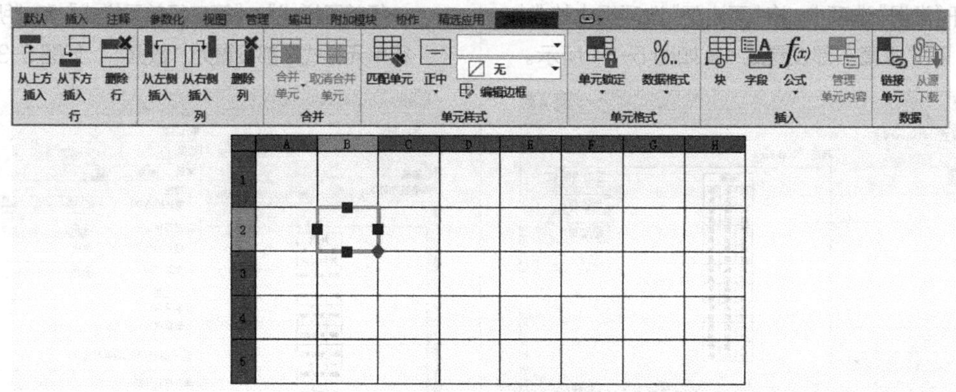

图 5-27 表格编辑器

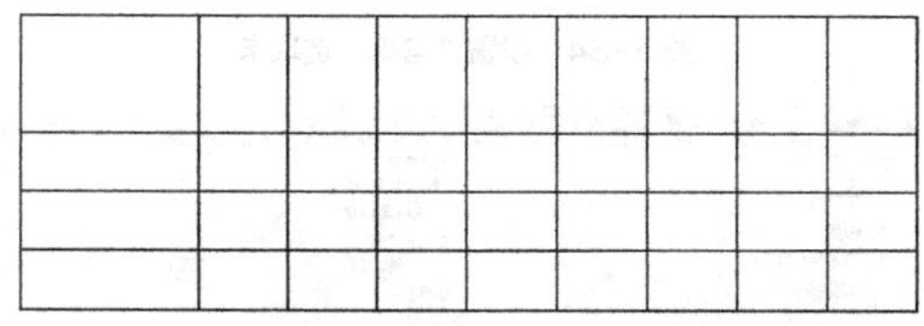

图 5-28 修改单元格的宽度和高度

5.4.5 实例——绘制电气制图 A3 样板图

下面绘制如图5-29所示的电气制图A3样板图。

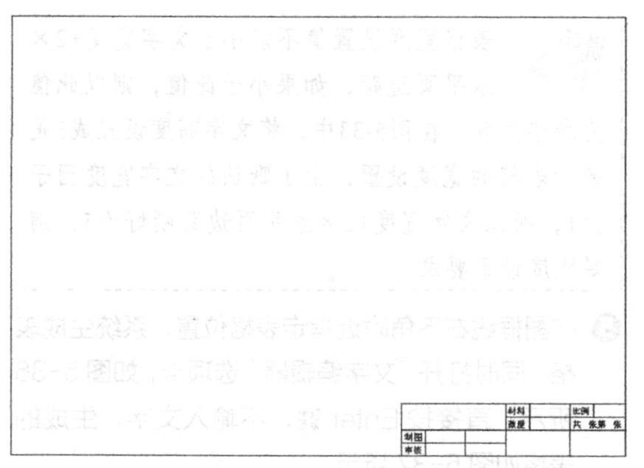

图 5-29 电气制图 A3 样板图

STEP 绘制步骤

1. 绘制图框

单击“默认”选项卡“绘图”面板中的“矩形”按钮 ▭，绘制一个矩形，指定矩形两个角点的坐标分别为（25,10）和（410,287），如图5-30所示。

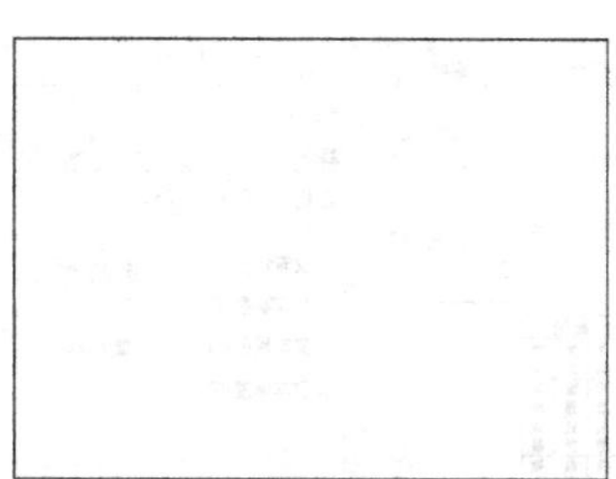

图 5-30 绘制矩形

注意：标准A3图纸的幅面大小是420mm×297mm，这里留出了带装订边的图框到纸面边界的距离。

2. 绘制标题栏

标题栏结构如图5-31所示，由于分隔线并不整齐，所以可以先绘制一个28×4（每个单元格的尺寸是5mm×8mm）的标准表格，然后在此基础上编辑合并单元格，形成如图5-31所示的形式。

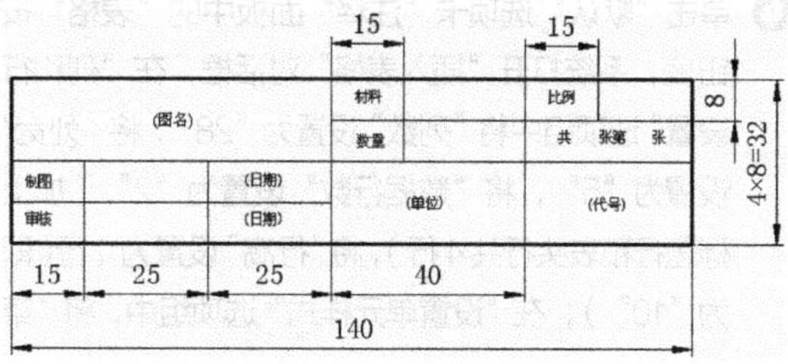

图 5-31 标题栏示意图

❶ 单击“默认”选项卡“注释”面板中的“表格样式”按钮 ，打开“表格样式”对话框，如图5-32所示。

❷ 单击“修改”按钮，系统打开“修改表格样式：Standard”对话框，在“单元样式”下拉列表框中选择“数据”选项，在下面的“文字”选项卡中将文字高度设置为3，如图 5-33 所示。再

打开“常规”选项卡，将“页边距”选项组中的“水平”和“垂直”都设置成 1，如图 5-34 所示。

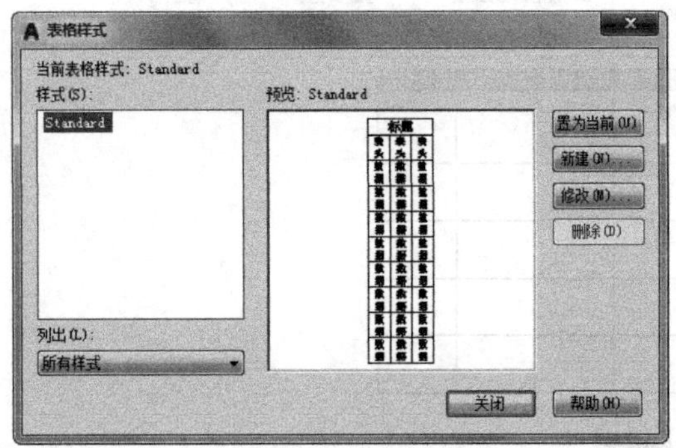

图 5-32 “表格样式”对话框

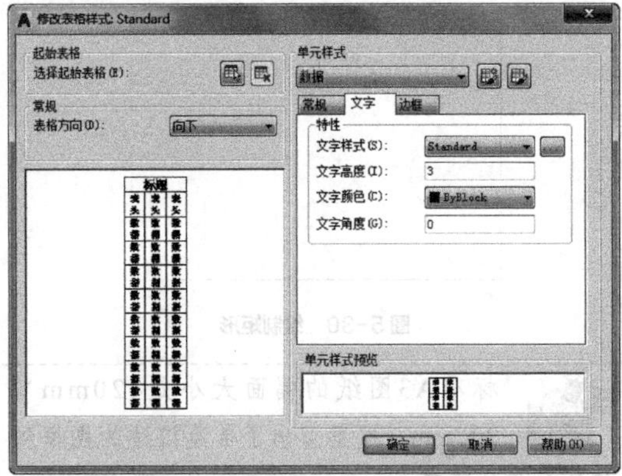

图 5-33 “修改表格样式：Standard”对话框

表格的行高=文字高度+2×垂直页边距，此处设置为3+2×1=5。

❸ 单击“确定”按钮，系统回到“表格样式”对话框，单击“关闭”按钮退出。

❹ 单击“默认”选项卡“注释”面板中的“表格”按钮▦，系统打开“插入表格”对话框，在“列和行设置”选项组中将“列数”设置为“28”，将“列宽”设置为“5”，将“数据行数”设置为“2”（加上标题行和表头行共4行），将“行高”设置为1行(即为“10”)；在“设置单元样式”选项组中，将“第一行单元样式”“第二行单元样式”和“所有其他行单元样式”都设置为“数据”，如图 5-35 所示。

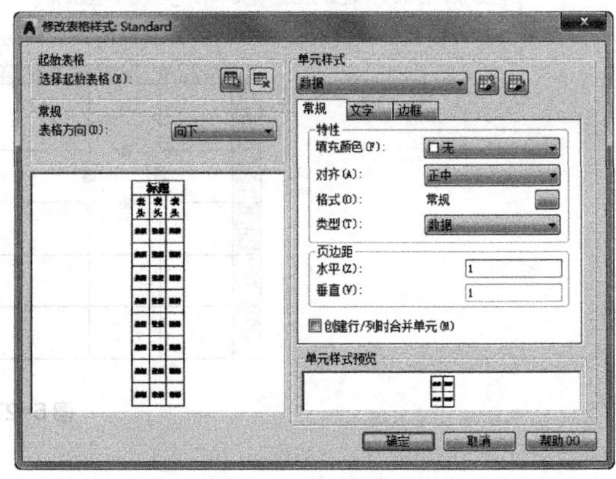

图 5-34 设置“常规”选项卡

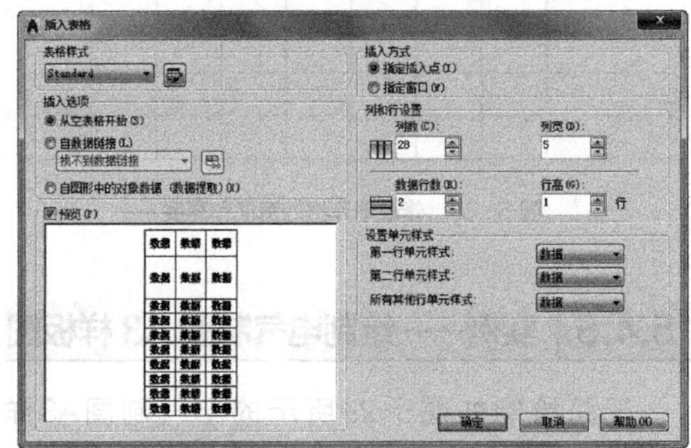

图 5-35 “插入表格”对话框

说明

表格宽度设置值不能小于文字宽度+2×水平页边距，如果小于此值，则以此值为表格宽度。在图5-33中，将文字高度设置成3是基于表格的宽度设置，由于默认的文字宽度因子为1，所以文字宽度+2×水平页边距刚好为5，满足宽度设置要求。

❺ 在图框线右下角附近指定表格位置，系统生成表格，同时打开“文字编辑器”选项卡，如图 5-36 所示。直接按 Enter 键，不输入文字，生成的表格如图 5-37 所示。

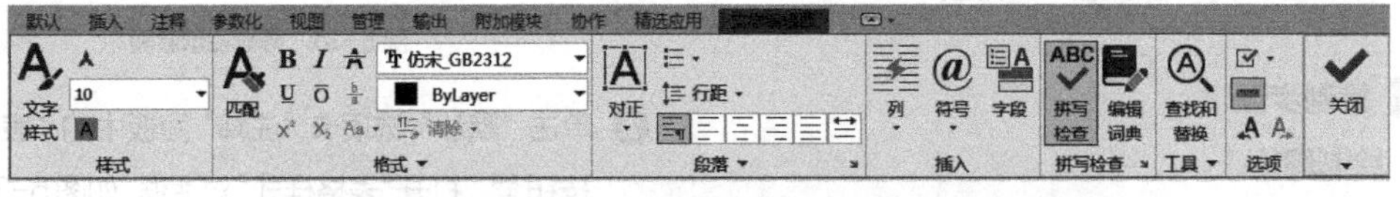

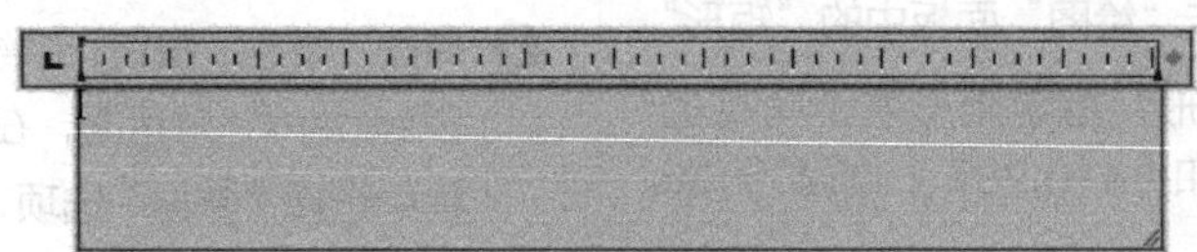

图 5-36 表格和“文字编辑器”选项卡

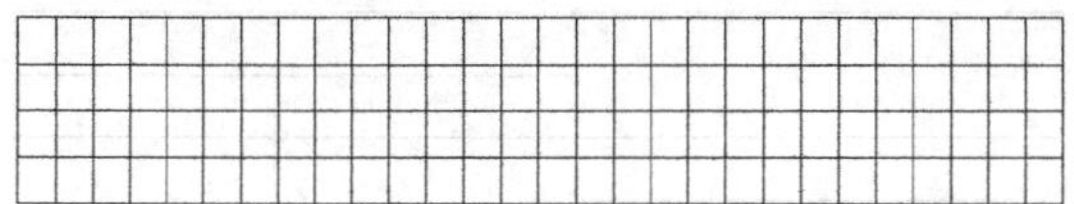

图 5-37　生成表格

❻ 单击表格的一个单元格，系统显示其编辑夹点，单击鼠标右键，在打开的快捷菜单中选择“特性”命令，如图 5-38 所示，系统打开“特性”选项板，将单元高度参数改为“8”，如图 5-39 所示，这样该单元格所在行的高度就统一改为“8”。用同样方法将其他行的高度改为“8”，如图 5-40 所示。

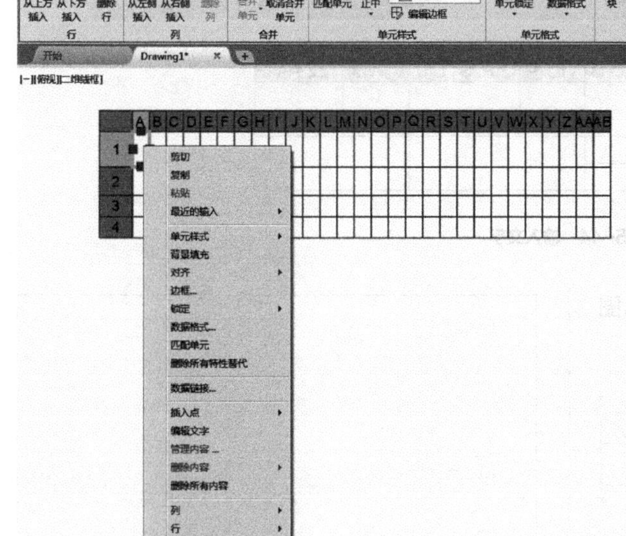

图 5-38　快捷菜单

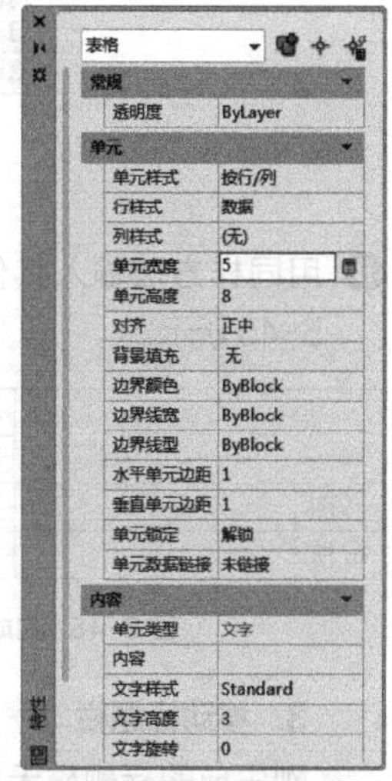

图 5-39　“特性”选项板

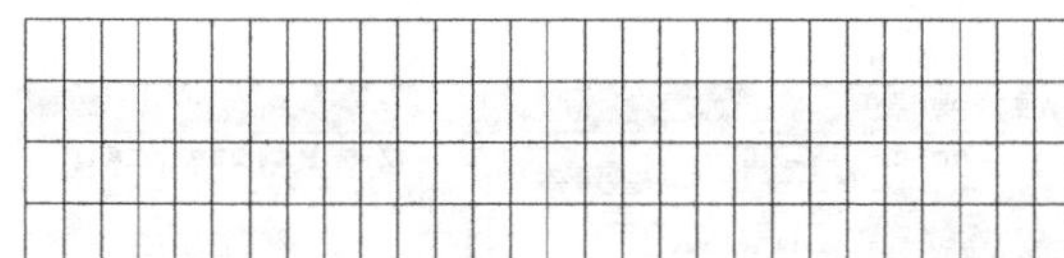

图 5-40　修改表格高度

❼ 选择 A1 单元格，按住 Shift 键，同时选择右边的 M2 单元格，单击鼠标右键，打开快捷菜单，选择其中的“合并”→“全部”命令，如图 5-41 所示，将这些单元格合并，效果如图 5-42 所示。用同样方法合并其他单元格，结果如图 5-43 所示。

❽ 在单元格三击鼠标左键，打开如图 5-44 所示的文字编辑器，在单元格中输入文字，将文字大小改为“4”。

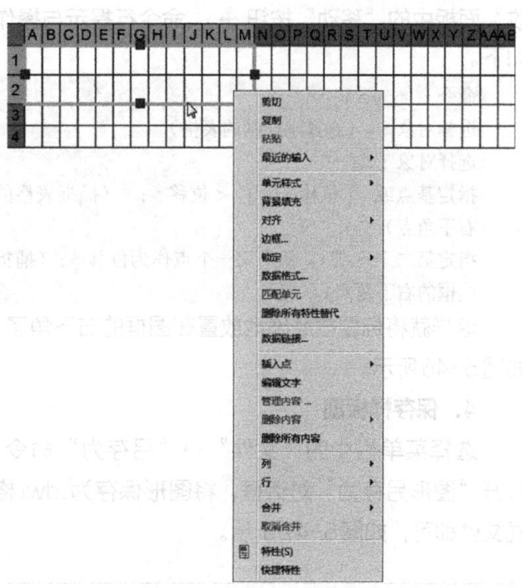

图 5-41　在快捷菜单中选择“合并”→“全部”命令

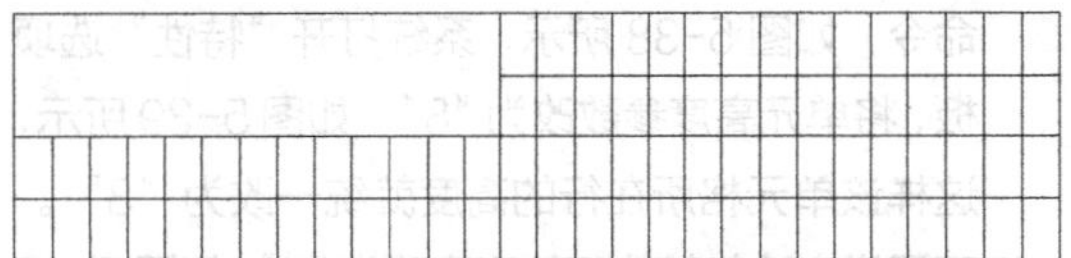

图 5-42　合并单元格

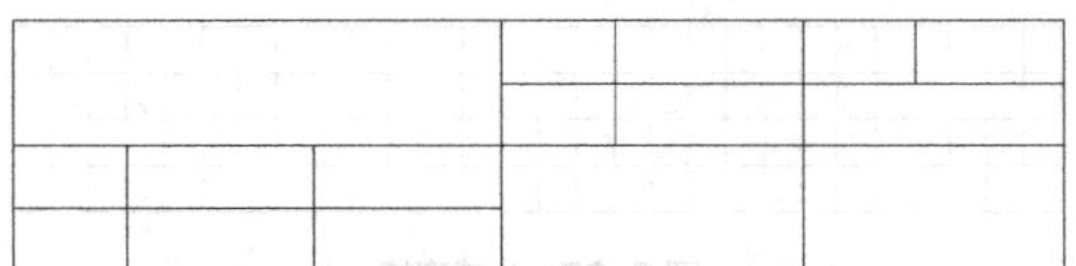

图 5-43　完成标题栏绘制

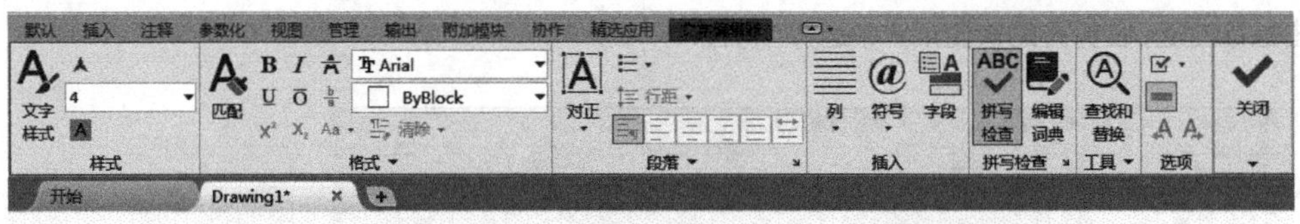

图 5-44　输入文字

❾ 用同样方法输入其他单元格文字，结果如图 5-45 所示。

			材料		比例	
			数量		共　张第　张	
制图						
审核						

图 5-45　完成标题栏文字输入

3. 移动标题栏

刚生成的标题栏无法准确确定与图框的相对位置，需要移动。这里单击“默认”选项卡“修改”面板中的“移动”按钮✥，命令行提示与操作如下。

```
命令：move↙
选择对象：（选择刚绘制的表格）
选择对象：↙
指定基点或 [位移(D)] <位移>：（捕捉表格的右下角点）
指定第二个点或 <使用第一个点作为位移>：（捕捉图框的右下角点）
```

这样就将标题栏准确地放置在图框的右下角了，如图 5-46 所示。

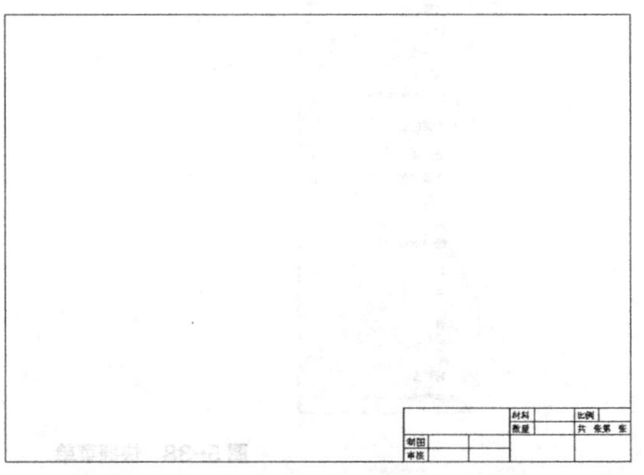

图 5-46　移动标题栏

4. 保存样板图

选择菜单栏中的“文件”→“另存为”命令，打开“图形另存为”对话框，将图形保存为.dwt格式文件即可，如图 5-47 所示。

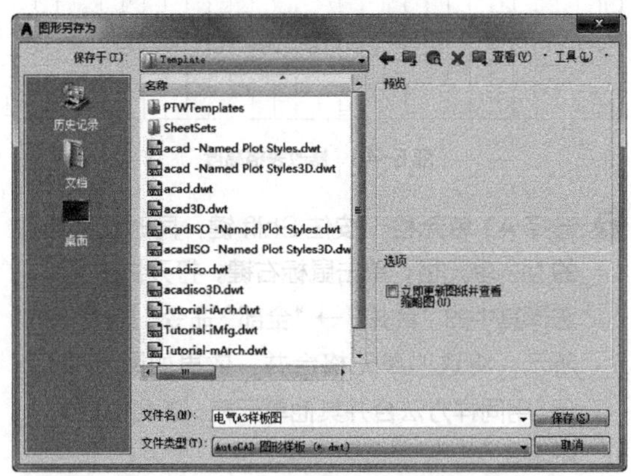

图 5-47　“图形另存为”对话框

5.5 尺寸样式

组成尺寸标注的尺寸界线、尺寸线、尺寸文本及箭头等可以采用多种多样的形式，实际标注一个几何对象的尺寸时，它的尺寸标注以什么形态出现，取决于当前所采用的尺寸标注样式。标注样式决定尺寸标注的形式，包括尺寸线、尺寸界线、箭头和中心标记的形式，以及尺寸文本的位置、特性等。在AutoCAD 2020中，用户可以利用“标注样式管理器”对话框方便地设置自己需要的尺寸标注样式。下面介绍如何设置尺寸标注样式。

5.5.1 新建或修改尺寸样式

在进行尺寸标注之前，要建立尺寸标注的样式。如果用户不建立尺寸标注样式而直接进行标注，则系统使用默认的名称为Standard的样式。如果用户认为使用的标注样式有某些设置不合适，也可以修改标注样式。

【执行方式】

命令行：DIMSTYLE。

菜单：“格式”→“标注样式”或“标注”→“标注样式”。

工具栏：“标注”→“标注样式”。

功能区：单击“默认”选项卡“注释”面板中的“标注样式”按钮，或单击“注释”选项卡“标注”面板上的“标注样式”下拉菜单中的“管理标注样式”按钮，或单击“注释”选项卡“标注”面板中的“对话框启动器”按钮。

【操作格式】

命令：DIMSTYLE↙

执行上述命令后，AutoCAD打开“标注样式管理器”对话框，如图5-48所示。利用此对话框可方便直观地设置和浏览尺寸标注样式，包括建立新的标注样式、修改已存在的样式、设置当前尺寸标注样式、重命名样式以及删除一个已存在的样式等。

【选项说明】

（1）“置为当前”按钮：单击此按钮，把在“样式”列表框中选中的样式设置为当前样式。

（2）“新建”按钮：单击此按钮，AutoCAD打开“创建新标注样式”对话框，如图5-49所示，利用此对话框可创建一个新的尺寸标注样式。下面介绍其中各选项的功能。

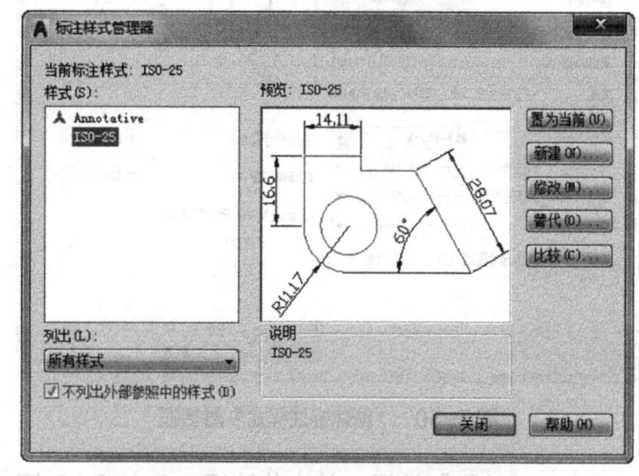

图 5-48 “标注样式管理器”对话框

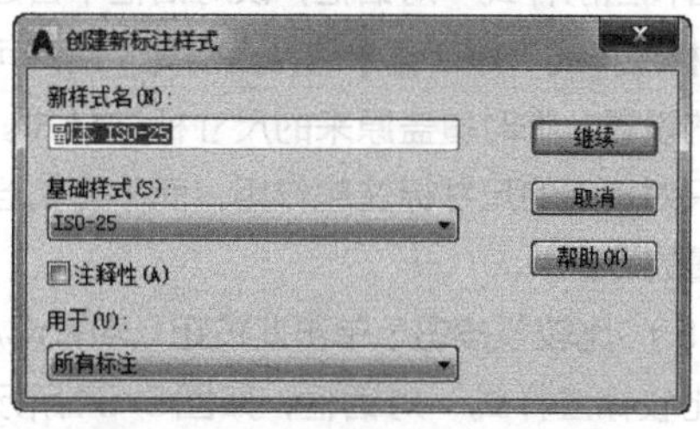

图 5-49 “创建新标注样式”对话框

① 新样式名：给新的尺寸标注样式命名。

② 基础样式：选取创建新样式所基于的标注样式。单击右侧的下三角按钮，弹出当前已有的样式列表，从中选取一项作为定义新样式的基础，新的样式是在这个样式的基础上修改某些特性得到的。

③ 用于：指定新样式应用的尺寸类型。单击右侧的下三角按钮，弹出尺寸类型列表，如果新建样式应用于所有尺寸，则选“所有标注”选项；如果新建样式只应用于特定的尺寸标注（如只在标注直径时使用此样式），则选取相应的尺寸类型。

④“继续”按钮：各选项设置好以后，单击“继续”按钮，AutoCAD打开“新建标注样式”对话框，如图5-50所示，利用此对话框可对新样式的各项特性进行设置。

（3）“修改”按钮：单击此按钮，AutoCAD将打开“修改标注样式”对话框，该对话框中的各选项与“新建标注样式”对话框中的完全相同，用户可以在此对已有的标注样式进行修改。

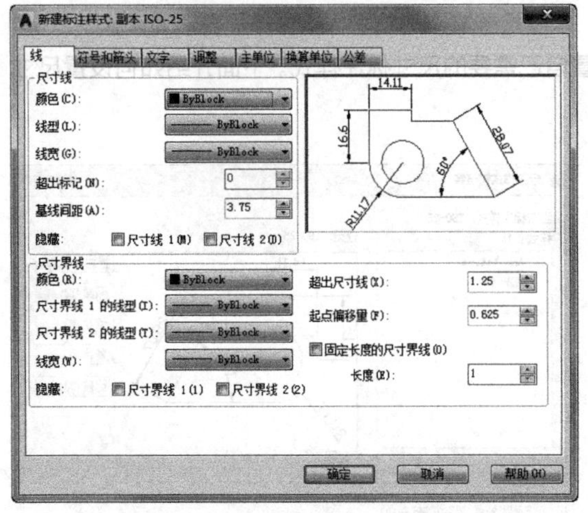

图 5-50 “新建标注样式”对话框

（4）“替代”按钮：单击此按钮，AutoCAD打开“替代当前样式”对话框，该对话框中各选项与“新建标注样式”对话框中的完全相同，用户可改变选项的设置，临时覆盖原来的尺寸标注样式。这种修改只对指定的尺寸标注起作用，而不影响当前尺寸变量的设置。

（5）“比较”按钮：单击此按钮，AutoCAD打开“比较标注样式”对话框，如图5-51所示。可以比较两个尺寸标注样式在参数上的区别，或浏览一个尺寸标注样式的参数设置。可以把比较结果复制到剪贴板上，然后再粘贴到其他的Windows应用软件上。

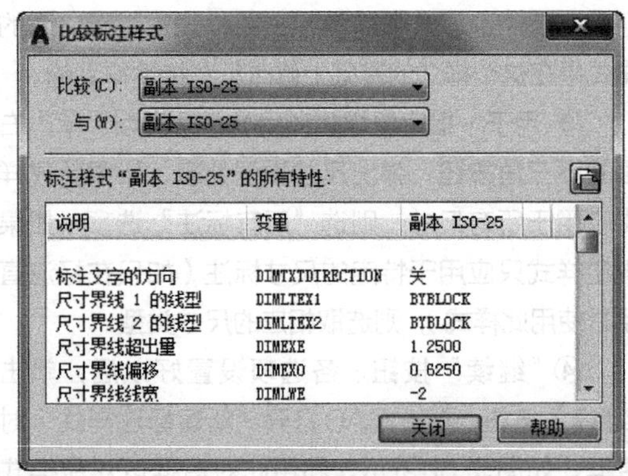

图 5-51 “比较标注样式”对话框

5.5.2 线

在“新建标注样式”对话框中，第1个选项卡就是“线”，如图5-50所示。该选项卡用于设置尺寸线、尺寸界线的形式和特性。下面分别进行说明。

1. “尺寸线”选项组

该选项组用于设置尺寸线的特性，其主要选项的含义如下。

（1）“颜色”下拉列表框：设置尺寸线的颜色。可直接输入颜色名，也可从下拉列表中选择。如果选取“选择颜色”，AutoCAD将打开“选择颜色”对话框，供用户选择其他颜色。

（2）“线宽”下拉列表框：设置尺寸线的线宽，下拉列表中列出了各种线宽的名字和宽度。AutoCAD把设置值保存在DIMLWD变量中。

（3）“超出标记”微调框：当尺寸箭头已设置为短斜线、短波浪线等，或尺寸线上无箭头时，可利用此微调框设置尺寸线超出尺寸界线的距离。其相应的尺寸变量是DIMDLE。

（4）“基线间距”微调框：设置以基线方式标注尺寸时，相邻两尺寸线之间的距离，相应的尺寸变量是DIMDLI。

（5）“隐藏”复选框组：确定是否隐藏尺寸线及相应的箭头。选中“尺寸线1”复选框，表示隐藏第1段尺寸线；选中“尺寸线2”复选框，表示隐藏第2段尺寸线。相应的尺寸变量为DIMSD1和DIMSD2。

2. “尺寸界线”选项组

该选项组用于确定尺寸界线的形式，其主要选项的含义如下。

（1）“颜色”下拉列表框：设置尺寸界线的颜色。

（2）“线宽”下拉列表框：设置尺寸界线的线宽，AutoCAD把其值保存在DIMLWE变量中。

（3）“超出尺寸线”微调框：确定尺寸界线超出尺寸线的距离，相应的尺寸变量是DIMEXE。

（4）“起点偏移量”微调框：确定尺寸界线的实际起始点相对于指定的尺寸界线的起始点的偏移量，相应的尺寸变量是DIMEXO。

（5）“隐藏”复选框组：确定是否隐藏尺寸界线。选中“尺寸界线1”复选框，表示隐藏第1段尺寸界线；选中“尺寸界线2”复选框，表示隐藏第2段尺寸界线。相应的尺寸变量为DIMSE1和DIMSE2。

（6）“固定长度的尺寸界线”复选框：选中该复选框，系统以固定长度的尺寸界线标注尺寸。可以在下面的“长度”微调框中输入长度值。

3. 尺寸样式显示框

在“新建标注样式”对话框的右上方，是一个尺寸样式显示框，该框以样例的形式显示用户设置的尺寸样式。

5.5.3 符号和箭头

在“新建标注样式”对话框中，第2个选项卡是“符号和箭头”，如图5-52所示。该选项卡用于设置箭头、圆心标记、弧长符号和半径折弯标注等的形式和特性。下面分别进行说明。

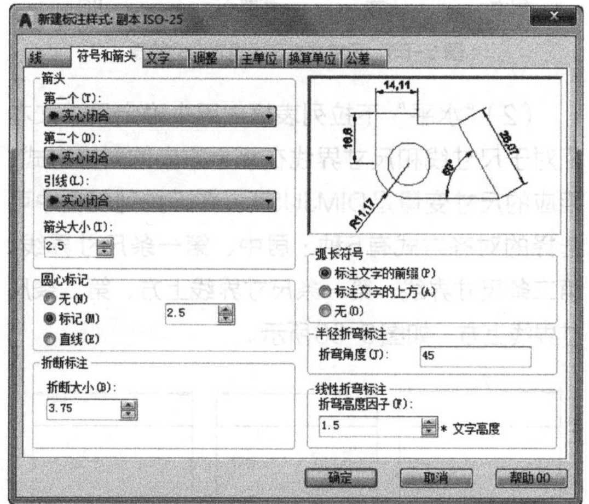

图5-52 “符号和箭头”选项卡

1. “箭头”选项组

该选项组用于设置尺寸箭头的形式。AutoCAD提供了多种多样的箭头形状，列在“第一个”和“第二个”下拉列表框中。另外，还允许用户采用自定义的箭头形状。两个尺寸箭头可以采用相同的形式，也可以采用不同的形式。其中各项的含义如下。

（1）“第一个”下拉列表框：用于设置第1个尺寸箭头的形式。可在下拉列表中选择，其中列出了各种箭头形式的名字以及各类箭头的形状。一旦确定了第1个箭头的类型，第2个箭头则自动与其匹配。要想第2个箭头取不同的形状，可在“第二个”下拉列表框中设定。AutoCAD把第1个箭头的类型名存放在尺寸变量DIMBLK1中。

（2）“第二个”下拉列表框：确定第2个尺寸箭头的形式，可与第1个箭头不同。AutoCAD把第2个箭头的名字存放在尺寸变量DIMBLK2中。

（3）“引线”下拉列表框：确定引线箭头的形式，与“第一个”设置类似。

（4）“箭头大小”微调框：设置箭头的大小，相应的尺寸变量是DIMASZ。

2. “圆心标记”选项组

该选项组用于设置半径标注、直径标注和中心标注中的中心标记和中心线的形式，相应的尺寸变量是DIMCEN。其中各项的含义如下。

（1）“无”单选按钮：既不产生中心标记，也不产生中心线。这时DIMCEN的值为0。

（2）“标记”单选按钮：中心标记为一个记号。AutoCAD将标记大小以一个正值存在DIMCEN中。

（3）“直线”单选按钮：中心标记采用中心线的形式。AutoCAD将中心线的大小以一个负值存在DIMCEN中。

（4）“大小”微调框：设置中心标记和中心线的大小和粗细。

3. “弧长符号”选项组

该选项组用于控制弧长标注中圆弧符号的显示情况。

（1）“标注文字的前缀”单选按钮：将弧长符号放在标注文字的前面，如图5-53（a）所示。

（2）“标注文字的上方”单选按钮：将弧长符号放在标注文字的上方，如图5-53（b）所示。

（3）“无”单选按钮：不显示弧长符号，如图5-53（c）所示。

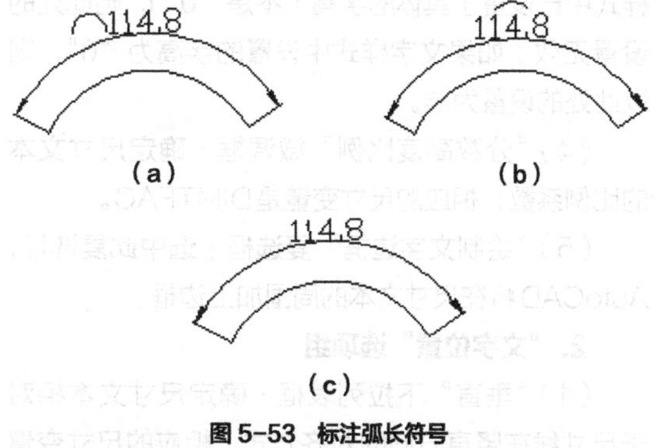

图5-53 标注弧长符号

5.5.4 文字

在“新建标注样式”对话框中，第3个选项卡是“文字”选项卡，如图5-54所示。该选项卡用于设置尺寸文本的形式、位置和对齐方式等。

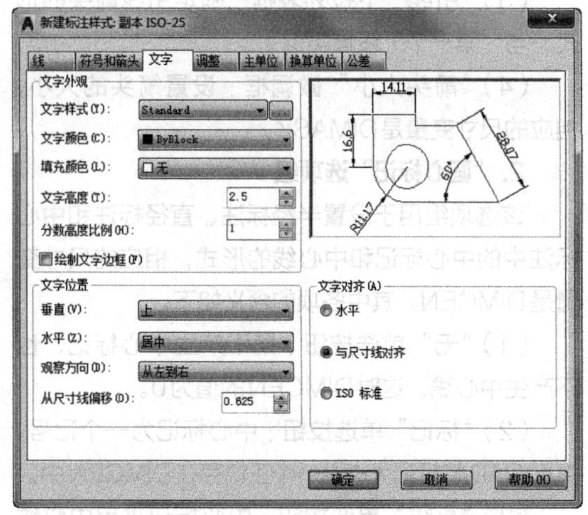

图 5-54 “文字”选项卡

1. “文字外观”选项组

（1）“文字样式”下拉列表框：选择当前尺寸文本采用的文本样式。可在下拉列表中选取一个样式，也可单击右侧的按钮，打开“文字样式”对话框，以创建新的文字样式或对文字样式进行修改。AutoCAD将当前文字样式保存在DIMTXSTY系统变量中。

（2）“文字颜色”下拉列表框：设置尺寸文本的颜色，其操作方法与设置尺寸线颜色的方法相同。与其对应的尺寸变量是DIMCLRT。

（3）“文字高度”微调框：设置尺寸文本的字高，相应的尺寸变量是DIMTXT。如果选用的文字样式中已设置了具体的字高（不是“0”），则此处的设置无效；如果文字样式中设置的字高为“0”，则以此处的设置为准。

（4）“分数高度比例”微调框：确定尺寸文本的比例系数，相应的尺寸变量是DIMTFAC。

（5）“绘制文字边框”复选框：选中此复选框，AutoCAD将在尺寸文本的周围加上边框。

2. “文字位置”选项组

（1）“垂直”下拉列表框：确定尺寸文本相对于尺寸线在竖直方向的对齐方式，相应的尺寸变量是DIMTAD。在该下拉列表框中可选择的对齐方式有以下4种。

① 居中：将尺寸文本放在尺寸线的中间，此时DIMTAD = 0。

② 上：将尺寸文本放在尺寸线的上方，此时DIMTAD = 1。

③ 外部：将尺寸文本放在远离第1条尺寸界线起点的位置，即和所标注的对象分列于尺寸线的两侧，此时DIMTAD = 2。

④ JIS：使尺寸文本的放置符合JIS（日本工业标准）规则，此时DIMTAD = 3。

上面这几种文本布置方式如图5-55所示。

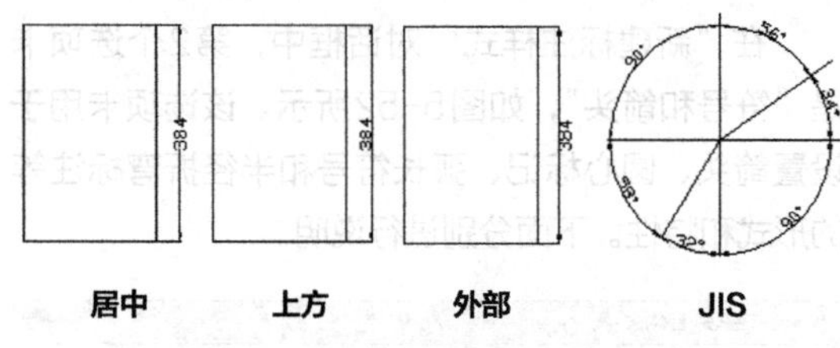

图 5-55 尺寸文本在竖直方向的放置

（2）“水平”下拉列表框：用来确定尺寸文本相对于尺寸线和尺寸界线在水平方向的对齐方式，相应的尺寸变量是DIMJUST。在下拉列表框中可选择的对齐方式有5种：居中、第一条尺寸界线、第二条尺寸界线、第一条尺寸界线上方、第二条尺寸界线上方，如图5-56所示。

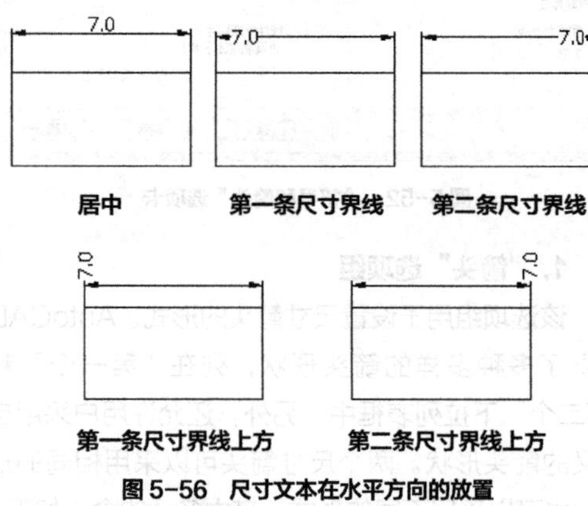

图 5-56 尺寸文本在水平方向的放置

（3）“从尺寸线偏移”微调框：当尺寸文本放在断开的尺寸线中间时，此微调框用来设置尺寸文本与尺寸线之间的距离（尺寸文本间隙），这个值保存在尺寸变量DIMGAP中。

3. “文字对齐”选项组

该选项组用来控制尺寸文本排列的方向。当尺寸文本在尺寸界线之内时，与其对应的尺寸变量是DIMTIH；当尺寸文本在尺寸界线之外时，与其对应的尺寸变量是DIMTOH。

（1）“水平”单选按钮：尺寸文本沿水平方向放置。无论标注什么方向的尺寸，尺寸文本总保持水平。

（2）“与尺寸线对齐”单选按钮：尺寸文本沿尺寸线方向放置。

（3）“ISO标准”单选按钮：当尺寸文本在尺寸界线之间时，沿尺寸线方向放置；当尺寸文本在尺寸界线之外时，沿水平方向放置。

5.6 标注尺寸

正确地进行尺寸标注是绘图工作中非常重要的一个环节，AutoCAD 2020提供了方便快捷的尺寸标注方法，可通过执行命令实现，也可利用菜单或工具栏实现。本节重点介绍如何对各种类型的尺寸进行标注。

5.6.1 线性标注

【执行方式】

命令行：DIMLINEAR（缩写为DIMLIN）。

菜单：“标注”→“线性”。

工具栏：“标注”→“线性”。

功能区：单击“默认”选项卡“注释”面板中的“线性”按钮，或单击“注释”选项卡“标注”面板中的“线性”按钮。

【操作格式】

```
命令: DIMLIN↙
指定第一个尺寸界线原点或 <选择对象>:
```

【选项说明】

在此提示下有两种选择，直接按Enter键选择要标注的对象或确定尺寸界线的起始点。

（1）直接按Enter键，光标变为拾取框，并且在命令行提示如下。

```
选择标注对象:
```

用拾取框点取要标注尺寸的线段，AutoCAD提示如下。

```
指定尺寸线位置或 [多行文字(M)/文字(T)/角度(A)/水平(H)/垂直(V)/旋转(R)]:
```

各项的含义如下。

① 指定尺寸线位置：确定尺寸线的位置。用户可移动鼠标选择合适的尺寸线位置，然后按Enter键或单击鼠标左键，AutoCAD将自动测量所标注线段的长度并标注出相应的尺寸。

② 多行文字（M）：用多行文字编辑器输入尺寸文本。

③ 文字（T）：在命令行提示下输入或编辑尺寸文本。选择此选项后，AutoCAD提示如下。

```
输入标注文字 <默认值>:
```

其中的默认值是AutoCAD自动测量得到的被标注线段的长度，直接按Enter键即可采用此长度值，也可输入其他数值代替默认值。当尺寸文本中包含默认值时，可使用尖括号“<>”表示默认值。

④ 角度（A）：确定尺寸文本的倾斜角度。

⑤ 水平（H）：水平标注尺寸，无论标注什么方向的线段，尺寸线均水平放置。

⑥ 垂直（V）：竖直标注尺寸，无论被标注线段沿什么方向，尺寸线总保持竖直。

⑦ 旋转（R）：输入尺寸线旋转的角度值，旋转标注尺寸。

（2）指定第一个尺寸界线原点：指定第1条与第2条尺寸界线的起始点。

5.6.2 对齐标注

【执行方式】

命令行：DIMALIGNED。

菜单：“标注”→“对齐”。

工具栏：“标注”→“对齐”。

功能区：单击“默认”选项卡“注释”面板中的“对齐”按钮，或单击“注释”选项卡“标注”面板中的“对齐”按钮。

【操作格式】

```
命令: DIMALIGNED↙
指定第一个尺寸界线原点或 <选择对象>:
```

该命令标注的尺寸线与所标注轮廓线平行，标注的是起始点到终点之间的距离尺寸。

5.6.3 基线标注

基线标注用于产生一系列基于同一条尺寸界线的尺寸标注，适用于长度尺寸标注、角度标注和坐标标注等。在使用基线标注之前，应该先标注出一个相关的尺寸。

【执行方式】

命令行：DIMBASELINE。

菜单："标注"→"基线"。

工具栏："标注"→"基线" 。

功能区：单击"注释"选项卡"标注"面板中的"基线"按钮。

【操作格式】

```
命令：DIMBASELINE↙
指定第二个尺寸界线原点或 [放弃(U)/选择(S)]<选择>:
```

【选项说明】

（1）指定第二个尺寸界线原点：直接确定另一个尺寸的第2条尺寸界线的起点，AutoCAD以上次标注的尺寸为基准标注出相应尺寸。

（2）<选择>：在上述提示下直接按Enter键，AutoCAD提示如下。

```
选择基准标注：(选取作为基准的尺寸标注)
```

基线标注的效果如图5-57所示。

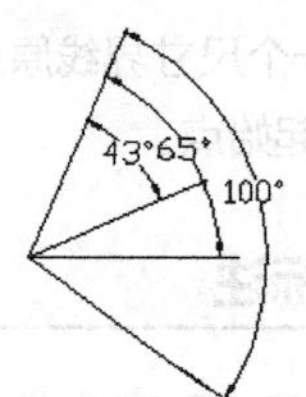

图5-57 基线标注

5.6.4 连续标注

连续标注又叫尺寸链标注，用于产生一系列连续的尺寸标注，后一个尺寸标注均把前一个标注的第2条尺寸界线作为它的第1条尺寸界线。连续标注适用于长度尺寸标注、角度标注和坐标标注等。在使用连续标注之前，应该先标注出一个相关的尺寸。

【执行方式】

命令行：DIMCONTINUE。

菜单："标注"→"连续"。

工具栏："标注"→"连续" 。

功能区：单击"注释"选项卡"标注"面板中的"连续"按钮。

【操作格式】

```
命令：DIMCONTINUE↙
指定第二个尺寸界线原点或 [放弃(U)/选择(S)]<选择>:
```

此提示下的各选项与基线标注中的完全相同，不再赘述。

连续标注的效果如图5-58所示。

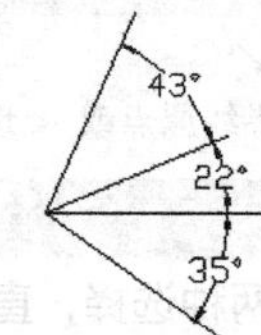

图5-58 连续标注

5.7 引线标注

AutoCAD提供了引线标注功能，利用该功能不仅可以标注特定的尺寸，如圆角、倒角等，还可以在图中添加多行旁注、说明。在引线标注中，指引线可以是折线，也可以是曲线，指引线端部可以有箭头，也可以没有箭头。

5.7.1 利用LEADER命令进行引线标注

LEADER命令可以创建灵活多样的引线标注形式，用户可根据需要把指引线设置为折线或曲线；指引线可带箭头，或不带箭头；注释文本可以是多行文本，也可以是形位公差，或是从图形其他部位复制的部分图形，还可以是一个图块。

【执行方式】

命令行：LEADER。

【操作格式】

```
命令：LEADER↙
指定引线起点：(输入指引线的起始点)
指定下一点：(输入指引线的另一点)
```

AutoCAD由上面两点画出指引线并继续给出如下提示。

```
指定下一点或 [注释(A)/格式(F)/放弃(U)]<注释>:
```

【选项说明】

（1）指定下一点：直接输入一点，AutoCAD根据前面的点画出折线作为指引线。

（2）<注释>：输入注释文本，为默认选项。在上面提示下直接按Enter键，AutoCAD提示如下。

```
输入注释文字的第一行或 <选项>:
```

① 输入注释文字的第一行：在此提示下输入第1行文本后按Enter键，用户可继续输入第2行文本，如此反复执行，直到输入全部注释文本，然后在此提示下直接按Enter键，AutoCAD会在指引线终端标注出所输入的多行文本，并结束LEADER命令。

② <选项>：此项为默认选项，如果在上面的提示下直接按Enter键，AutoCAD将提示如下。

```
输入注释选项 [公差(T)/副本(C)/块(B)/无(N)/多行文字(M)] <多行文字>:
```

在此提示下选择一个注释选项或直接按Enter键，即选择“多行文字”选项。下面介绍其中各选项的含义。

◆ 副本(C)：把已由LEADER命令创建的注释复制到当前指引线的末端。选择该选项，AutoCAD提示如下。

```
选择要复制的对象:
```

在此提示下选取一个已创建的注释文本，AutoCAD将把它复制到当前指引线的末端。

◆ 块(B)：插入块，把已经定义好的图块插入到指引线的末端。选择该选项，AutoCAD提示如下。

```
输入块名或 [?]:
```

在此提示下输入一个已定义好的图块名，AutoCAD把该图块插入到指引线的末端；或通过输入“？”列出当前已有图块，用户可从中选择。

◆ 无(N)：不进行注释，没有注释文本。

◆ 多行文字（M）：用多行文字编辑器标注注释文本并设置文本格式，为默认选项。

（3）格式（F）：确定指引线的形式。选择该项，AutoCAD提示如下。

```
输入引线格式选项 [样条曲线(S)/直线(ST)/箭头(A)/无(N)] <退出>:(选择指引线形式，或直接按Enter键回到上一级提示)
```

◆ 样条曲线(S)：设置指引线为样条曲线。

◆ 直线(ST)：设置指引线为直线。

◆ 箭头(A)：在指引线的起始位置画箭头。

◆ 无(N)：不在指引线的起始位置画箭头。

◆ <退出>：此项为默认选项，直接按Enter键，退出“格式”选项，返回“指定下一点或[注释(A)/格式(F)/放弃(U)]<注释>”提示，并且按默认方式设置指引线形式。

5.7.2 利用QLEADER命令进行引线标注

利用QLEADER命令可快速生成指引线及注释，而且可以通过“引线设置”对话框对引线标注进行设置，由此可以消除不必要的命令行提示，取得更高的工作效率。

【执行方式】

命令行：QLEADER。

【操作格式】

```
命令：QLEADER↙
指定第一个引线点或 [设置(S)] <设置>:
```

【选项说明】

（1）指定第一个引线点：在上面的提示下确定一点作为指引线的第1点，AutoCAD提示如下。

```
指定下一点：(输入指引线的第 2 点)
指定下一点：(输入指引线的第 3 点)
```

AutoCAD提示用户输入的点的数目由“引线设置”对话框确定。输入完指引线的点后，AutoCAD提示如下。

```
指定文字宽度 <0.0000>:(输入多行文本的宽度)
输入注释文字的第一行 <多行文字(M)>:
```

此时，有两种命令输入选择。

① 输入注释文字的第一行：在命令行输入第一行文本，系统继续给出如下提示。

输入注释文字的下一行：(输入另一行文本)
输入注释文字的下一行：(输入另一行文本或按 Enter 键)

② <多行文字(M)>：打开多行文字编辑器，输入、编辑多行文字。

输入全部注释文本后，在此提示下直接按Enter键，AutoCAD结束QLEADER命令并把多行文字标注在指引线的末端附近。

(2) 设置(S)：在上面提示下直接按Enter键或输入S，AutoCAD将打开如图5-59所示的“引线设置”对话框，允许对引线标注进行设置。该对话框包含“注释”“引线和箭头”和“附着”3个选项卡，下面分别进行介绍。

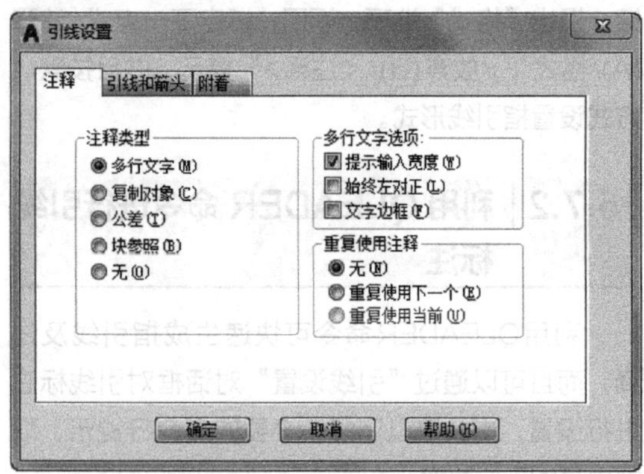

图5-59 “引线设置”对话框

① “注释”选项卡(见图5-59)：用于设置引线标注中注释文本的类型、多行文本的格式，并确定注释文本是否多次使用。

② “引线和箭头”选项卡(见图5-60)：用来设置引线标注中指引线和箭头的形式。

其中，“点数”选项组设置执行QLEADER命令时AutoCAD提示用户输入的点的数目。例如，设置点数为“3”，执行QLEADER命令时，当用户在提示下指定3个点后，AutoCAD自动提示用户输入注释文本。注意，设置的点数要比用户希望的指引线的段数多1。可利用微调框进行设置，如果选中“无限制”复选框，AutoCAD会一直提示用户输入点，直到连续按Enter键两次为止。“角度约束”选项组用于设置“第一段”和“第二段”指引线的角度约束。

③ “附着”选项卡(见图5-61)：设置注释文本和指引线的相对位置。

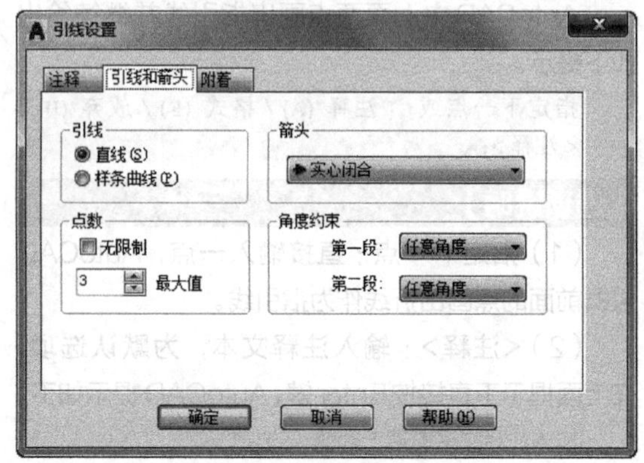

图5-60 “引线和箭头”选项卡

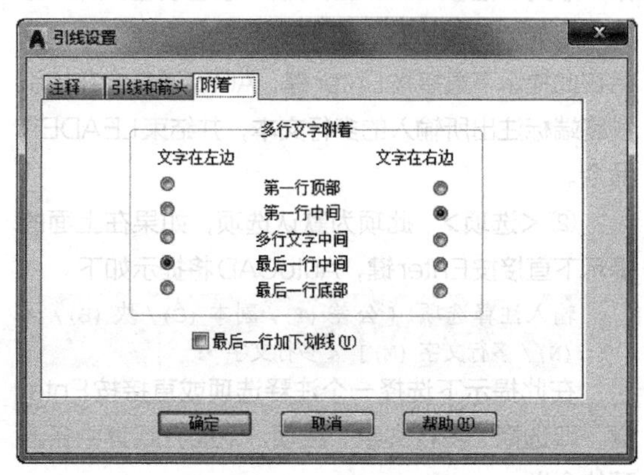

图5-61 “附着”选项卡

如果最后一段指引线指向右边，AutoCAD自动把注释文本放在右侧；如果最后一段指引线指向左边，AutoCAD自动把注释文本放在左侧。利用该选项卡中左侧和右侧的单选按钮，分别设置位于左侧和右侧的注释文本与最后一段指引线的相对位置，二者可相同，也可不同。

5.8 上机实验

实验1 绘制三相电机简图

绘制如图5-62所示的三相电机简图。

 **操作提示：**

（1）单击“默认”选项卡“图层”面板中的“图层特性”按钮，设置两个图层。

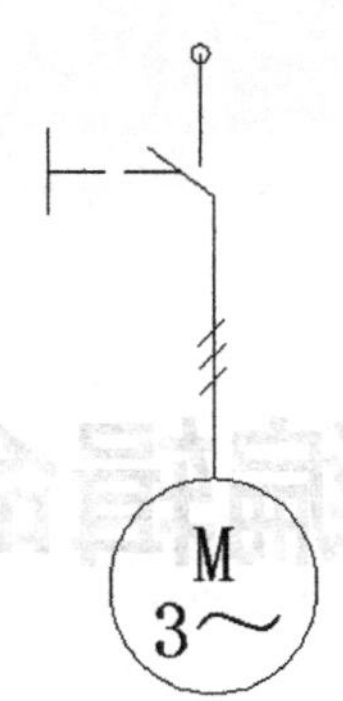

图 5-62 三相电机简图

（2）单击“默认”选项卡“绘图”面板中的“直线”按钮和“圆”按钮，绘制各部分图形。

（3）单击“默认”选项卡“注释”面板中的“多行文字”按钮A，标注文字。

实验 2 绘制 A3 幅面标题栏

绘制如图 5-63 所示的A3 幅面标题栏。

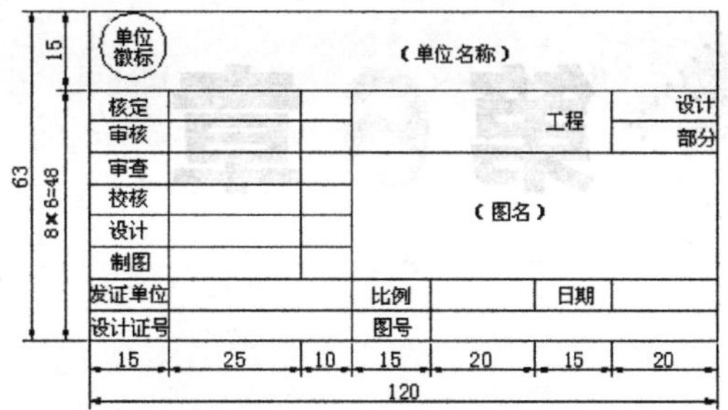

图 5-63 A3 幅面的标题栏

 **操作提示：**

（1）设置表格样式。

（2）插入空表格，并调整列宽。

（3）输入文字和数据。

5.9 思考与练习

（1）绘制如图 5-64 所示的局部电气图。

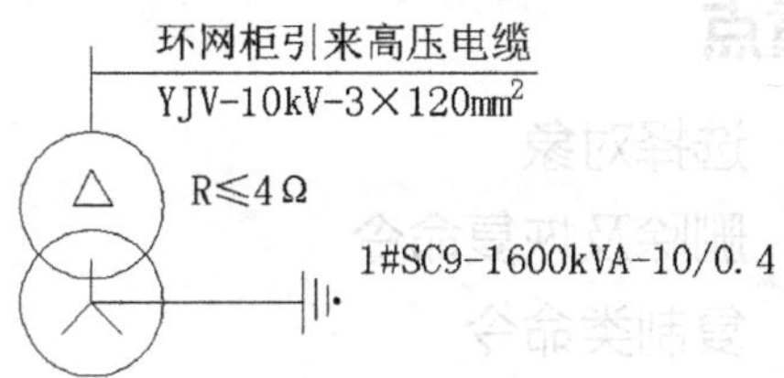

图 5-64 局部电气图

（2）绘制如图 5-65 所示的电气元器件表。

配电柜编号		1P1	1P2	1P3	1P4	1P5
配电柜型号		GCK	GCK	GCJ	GCJ	GCK
配电柜柜宽		1000	1800	1000	1000	1000
配电柜用途		计量进线	干式稳压器	电容补偿柜	电容补偿柜	馈电柜
主要元件	隔离开关			QSA-630/3	QSA-630/3	
	断路器	AE-3200A/4P	AE-3200A/3P	CJ20-63/3	CJ20-63/3	AE-1600AX2
	电流互感器	3×LMZ2-0.66-2500/5 4×LMZ2-0.66-3000/5	3×LMZ2-0.66-3000/5	3×LMZ2-0.66-500/5	3×LMZ2-0.66-500/5	6×LMZ2-0.66-1500/5
	仪表规格	DTF-224 1级 6L2-A×3 DXF-226 2级 6L2-V×1	6L2-A×3	6L2-A×3 6L2-COSΦ	6L2-A×3	6L2-A
负荷名称/容量		SC9-1600kVA	1600kVA	12×30=360kVAR	12×30=360kVAR	
母线及进出线电缆		母线槽FCM-A-3150A		配十二步自动投切	与主柜联动	

图 5-65 电气元器件表

（3）AutoCAD中尺寸标注的类型有哪些？

（4）什么是标注样式？简述标注样式的作用。

（5）如何设置尺寸线的间距、尺寸界线的超出量和尺寸文本的方向？

第 6 章

二维编辑命令

二维图形编辑操作配合绘图命令的使用可以进一步完成复杂图形对象的绘制工作，并可使用户合理安排和组织图形，保证作图准确，减少重复。熟练掌握和使用编辑命令有助于提高设计和绘图的效率。

知识重点

- 选择对象
- 删除及恢复命令
- 复制类命令
- 改变位置和几何特性类命令
- 对象特性修改命令

6.1 选择对象

AutoCAD 2020提供了以下两种途径编辑图形。

◆ 先执行编辑命令，然后选择要编辑的对象。

◆ 先选择要编辑的对象，然后执行编辑命令。

这两种途径的执行效果是相同的。选择对象是进行编辑的前提，AutoCAD 2020提供了多种对象选择方法，如点取选择对象、用选择窗口选择对象、用选择线选择对象、用对话框选择对象等。AutoCAD 2020可以把选择的多个对象组成整体，如选择集和对象组，可进行整体编辑与修改。

选择集可以仅由一个图形对象构成，也可以是一个复杂的对象组，如位于某一特定图层上具有某种特定颜色的一组对象。选择集的构造可以在利用编辑命令之前或之后。

AutoCAD 2020提供以下几种方法构造选择集。

（1）先选择一个编辑命令，然后选择对象，按Enter键结束操作。

（2）使用SELECT命令。在命令提示行输入SELECT，然后根据出现的提示选择对象，按Enter键结束。

（3）用点取设备选择对象，然后利用编辑命令构造选择集。

（4）定义对象组。

无论使用哪种方法，AutoCAD 2020都将提示用户选择对象，并且光标的形状由十字光标变为拾取框。

下面结合SELECT命令说明选择对象的方法。

SELECT命令可以单独使用，也可以在执行其他编辑命令时被自动利用。此时屏幕提示如下。

```
选择对象:
```

系统等待用户以某种方式选择对象。AutoCAD 2020提供了多种选择方式，可以输入“？”，查看这些选择方式。输入“？”后，出现如下提示。

```
需要点或窗口(W)/上一个(L)/窗交(C)/框(BOX)/全部(ALL)/栏选(F)/圈围(WP)/圈交(CP)/编组(G)/添加(A)/删除(R)/多个(M)/前一个(P)/放弃(U)/自动(AU)/单个(SI)/子对象(SU)/对象(O)
  选择对象:
```

部分选项含义如下。

（1）窗口（W）：用由两个对角顶点确定的矩形窗口选取位于其范围内部的所有图形，与边界相交的对象不会被选中，如图6-1所示。指定对角顶点时，应该按照从左向右的顺序。

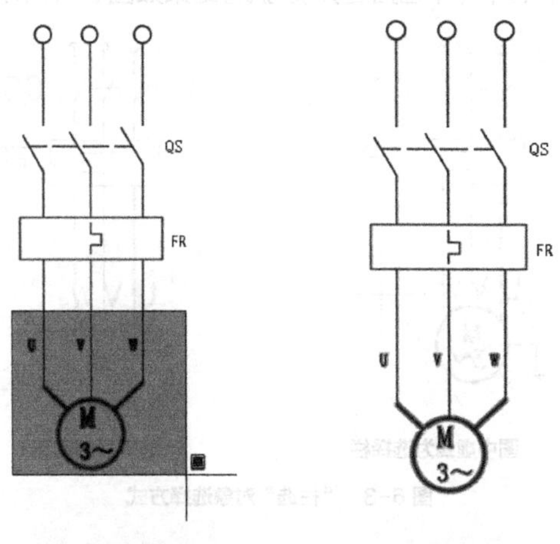

图 6-1 “窗口”对象选择方式

（2）窗交（C）：该方式与上述“窗口”方式类似，但“窗交”方式不但选择矩形窗口内部的对象，也选中与矩形窗口边界相交的对象，如图6-2所示。指定矩形窗口的对角顶点时，应该按照从右向左的顺序。

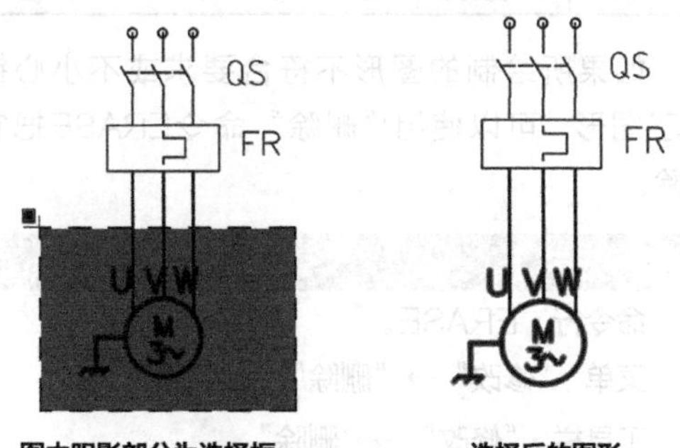

图 6-2 “窗交”对象选择方式

（3）框（BOX）：使用时，系统根据用户在屏幕上给出的两个对角点的位置而自动引用“窗口”或“窗交”选择方式。若从左向右指定对角点，则为“窗口”方式；反之，则为“窗交”方式。

（4）栏选（F）：用户临时绘制一些直线，这些直线不必构成封闭图形，凡是与这些直线相交的对象均被选中。执行结果如图6-3所示。

（5）圈围（WP）：使用一个不规则的多边形来选择对象。根据提示，用户顺次输入构成多边形所有顶点的坐标，直到最后按Enter键作出空回答，结束操作，系统将自动连接第一个顶点与最后一个顶点形成封闭的多边形。凡是被多边形围住的对象均被选中（不包括边界）。执行结果如图6-4所示。

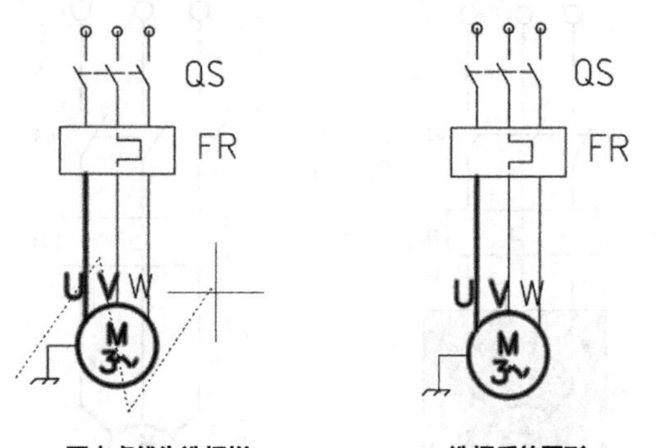

图中虚线为选择栏　　选择后的图形

图 6-3　“栏选”对象选择方式

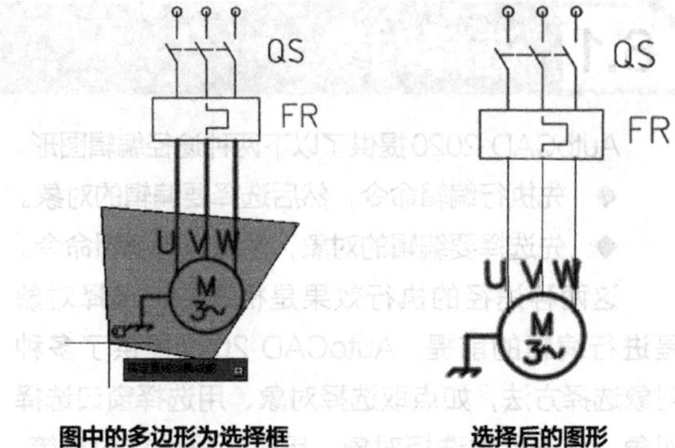

图中的多边形为选择框　　选择后的图形

图 6-4　“圈围”对象选择方式

（6）添加（A）：添加下一个对象到选择集。也可用于从移走模式（Remove）到选择模式的切换。

6.2 删除及恢复命令

这一类命令主要用于删除图形的某部分或对已被删除的部分进行恢复，包括删除、恢复、重做和清除等命令。

6.2.1 “删除”命令

如果所绘制的图形不符合要求或不小心错绘了图形，可以使用“删除”命令ERASE把它删除。

【执行方式】

命令行：ERASE。

菜单：“修改”→“删除”。

工具栏：“修改”→“删除”。

功能区：单击“默认”选项卡“修改”面板中的“删除”按钮。

快捷菜单：选择要删除的对象，在绘图区域右击鼠标，从打开的快捷菜单中选择“删除”命令。

【操作格式】

```
命令：ERASE ↙
```

可以先选择对象，然后使用“删除”命令，也可以先调用“删除”命令，然后再选择对象。选择对象时可以使用前面介绍的对象选择的各种方法。

当选择多个对象时，执行“删除”命令后，多个对象都被删除；若选择的对象属于某个对象组，执行“删除”命令后，则该对象组的所有对象都被删除。

6.2.2 “恢复”命令

若不小心误删了图形，可以使用“恢复”命令OOPS，恢复误删的对象。

【执行方式】

命令行：OOPS（或U）。

工具栏：“标准”→“放弃”。

快捷键：Ctrl+Z。

【操作格式】

```
命令：OOPS ↙（或 U ↙）
```

在命令窗口的提示行中输入OOPS，按Enter键即可恢复误删的对象。

6.3 复制类命令

本节详细介绍AutoCAD 2020的复制类命令。利用它们的编辑功能，可以方便地编辑绘制的图形。

6.3.1 “复制”命令

【执行方式】

命令行：COPY。

菜单：“修改”→“复制”。

工具栏：“修改”→“复制”。

功能区：单击“默认”选项卡“修改”面板中的“复制”按钮。

快捷菜单：选择复制的对象，在绘图区域右击鼠标，从打开的快捷菜单上选择“复制选择”命令。

【操作格式】

```
命令：COPY↙
选择对象：（选择要复制的对象）
选择对象：1
当前设置： 复制模式 = 多个
指定基点或 [位移(D)/模式(O)] <位移>:（指定基点或位移）
指定第二个点或 [阵列(A)] <使用第一个点作为位移>:
指定第二个点或 [阵列(A)/退出(E)/放弃(U)] <退出>:
```

【选项说明】

（1）指定基点：指定一个坐标点后，AutoCAD 2020将其作为复制对象的基点，并提示如下。

```
指定位移的第二点或 <用第一点作位移>:
```

指定第2个点后，系统将根据这两点确定的位移矢量把选择的对象复制到第2点处。如果此时直接按Enter键，即选择默认的“用第一点作位移”，则第一个点被当作相对于*X*、*Y*、*Z*的位移。如指定基点为(2,3)，并在下一个提示下按Enter键，则该对象从它当前的位置开始在*X*方向上移动2个单位，在*Y*方向上移动3个单位。复制完成后，系统会继续提示如下。

```
指定位移的第二点：
```

这时，可以不断指定新的第2点，从而实现多重复制。

（2）位移（D）：直接输入位移值，表示以选择对象时的拾取点为基准，以拾取点纵坐标与横坐标的比为移动方向纵横比，以移动指定位移后确定的点为基点。例如，选择对象时拾取点坐标为(2,3)，输入位移为5，则表示以(2,3)点为基准，以沿纵横比为3：2的方向移动5个单位所确定的点为基点。

（3）模式（O）：控制是否自动重复该命令。

6.3.2 实例——绘制三相变压器符号

下面绘制如图6-5所示的三相变压器符号。

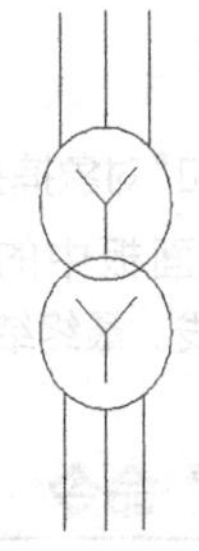

图 6-5 三相变压器符号

STEP 绘制步骤

❶ 单击“默认”选项卡“绘图”面板中的“圆”按钮和“直线”按钮，绘制一个圆和3条共端点直线，尺寸适当指定。利用对象捕捉功能捕捉3条直线的共同端点为圆心，如图6-6所示。

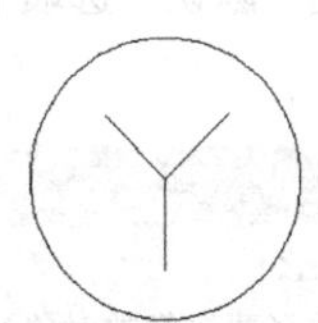

图 6-6 绘制圆和直线

❷ 单击“默认”选项卡“修改”面板中的“复制”按钮，命令行提示与操作如下。

```
命令：_copy
选择对象：（选择刚绘制的图形）
选择对象：↙
当前设置： 复制模式 = 多个
```

```
指定基点或 [位移(D)/模式(O)] <位移>:
指定第二个点或 [阵列(A)] <使用第一个点作为位移>:(适当指定一点)
指定第二个点或 [阵列(A)/退出(E)/放弃(U)] <退出>:(在正下方适当位置指定一点，如图6-7所示)
指定第二个点或 [阵列(A)/退出(E)/放弃(U)] <退出>:↙
```

结果如图6-8所示。

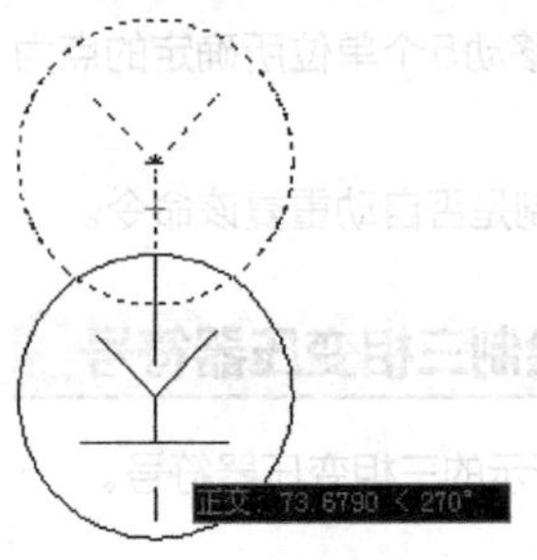

图6-7 指定第2点　　图6-8 复制对象

❸ 结合"正交模式"和"对象捕捉"功能，单击"默认"选项卡"绘图"面板中的"直线"按钮 ╱，绘制6条竖直直线。最终结果如图6-5所示。

6.3.3 "镜像"命令

镜像对象是指把选择的对象围绕一条镜像线作对称复制。镜像操作完成后，可以保留源对象，也可以将其删除。

【执行方式】

命令行：MIRROR。

菜单："修改"→"镜像"。

工具栏："修改"→"镜像" ⚠。

功能区：单击"默认"选项卡"修改"面板中的"镜像"按钮⚠。

【操作格式】

```
命令：MIRROR↙
选择对象：(选择要镜像的对象)
指定镜像线的第一点：(指定镜像线的第1个点)
指定镜像线的第二点：(指定镜像线的第2个点)
要删除源对象吗？[是(Y)/否(N)] <N>:(确定是否删除源对象)
```

这两点确定一条镜像线，被选择的对象以该线为对称轴进行镜像。包含该线的镜像平面与用户坐标系统的XY平面垂直，即镜像操作工作在与用户坐标系统的XY平面平行的平面上。

6.3.4 实例——绘制二极管

下面绘制如图6-9所示的二极管。

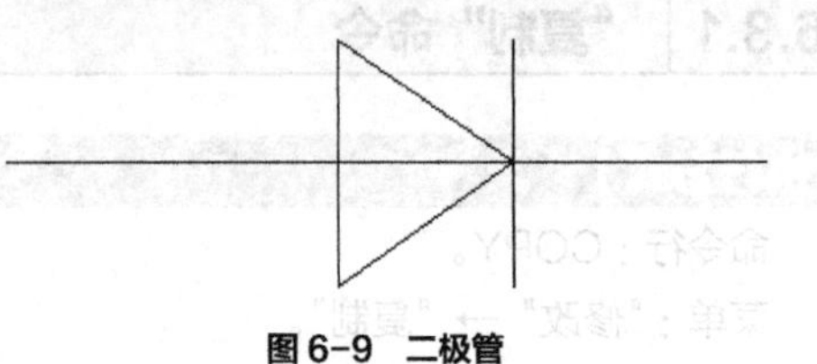

图6-9 二极管

STEP 绘制步骤

❶ 绘制直线。单击"默认"选项卡"绘图"面板中的"直线"按钮 ╱，采用相对坐标或者绝对坐标输入方式，绘制一系列适当长度的直线，如图6-10所示。

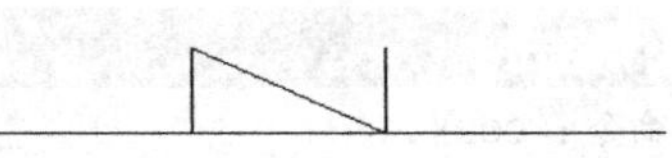

图6-10 绘制直线

❷ 镜像图形。单击"默认"选项卡"修改"面板中的"镜像"按钮⚠，将上面绘制的位于水平直线以上的直线以水平直线为轴进行镜像，生成二极管符号。命令行提示与操作如下。

```
命令：_mirror
选择对象：(选择位于水平直线以上的线段)
指定镜像线的第一点：(指定水平直线上的一点)
指定镜像线的第二点：(指定水平直线上的另一点)
要删除源对象吗？[是(Y)/否(N)] <N>:↙
```

结果如图6-9所示。

6.3.5 "偏移"命令

偏移对象是指保持选择的对象的形状，在不同的位置以不同的尺寸大小新建一个对象。

【执行方式】

命令行：OFFSET。

菜单："修改"→"偏移"。

工具栏："修改"→"偏移" ⊆。

功能区：单击"默认"选项卡"修改"面板中的"偏移"按钮⊆。

【操作格式】

```
命令：OFFSET↙
```

当前设置：删除源 = 否　图层 = 源 OFFSETGAPTYPE=0
指定偏移距离或 [通过 (T) / 删除 (E) / 图层 (L)] < 通过 >:（指定距离值）
选择要偏移的对象，或 [退出 (E) / 放弃 (U)] < 退出 >:（选择要偏移的对象。按 Enter 键会结束操作）
指定要偏移的那一侧上的点，或 [退出 (E) / 多个 (M) / 放弃 (U)] < 退出 >:（指定偏移方向）

【选项说明】

（1）指定偏移距离：输入一个距离值，或按Enter键，系统把该距离值作为偏移距离，如图6-11所示。

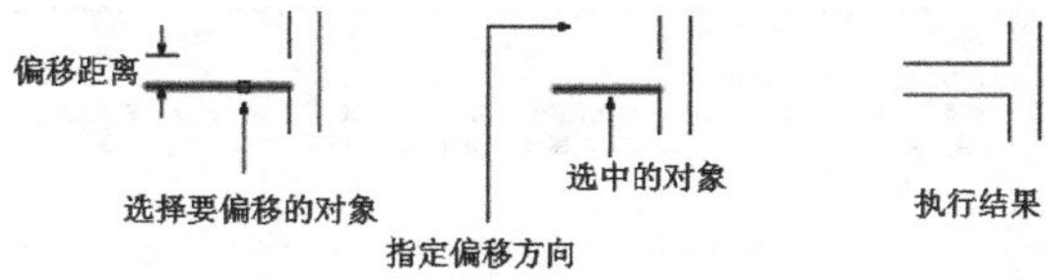

图 6-11　指定距离偏移对象

（2）通过（T）：指定偏移的通过点。选择该选项后出现如下提示。

选择要偏移的对象，或 [退出 (E) / 放弃 (U)] < 退出 >:（选择要偏移的对象。按 Enter 键结束操作）
指定通过点或 [退出 (E) / 多个 (M) / 放弃 (U)] < 退出 >:（指定偏移对象的一个通过点）

操作完毕后系统根据指定的通过点绘出偏移对象，如图6-12所示。

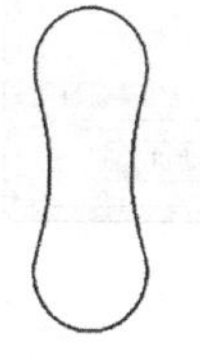

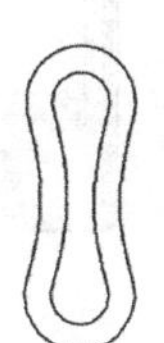

要偏移的对象　　指定通过点　　执行结果

图 6-12　指定通过点偏移对象

（3）删除（E）：偏移源对象后将其删除。选择该选项后会出现如下提示。

要在偏移后删除源对象吗？ [是 (Y) / 否 (N)] < 当前 >:

（4）图层（L）：确定将偏移对象创建在当前图层上还是源对象所在的图层上。选择该选项后会出现如下提示。

输入偏移对象的图层选项 [当前 (C) / 源 (S)] < 当前 >:

6.3.6 实例——绘制手动三级开关

下面绘制如图6-13所示的手动三级开关。

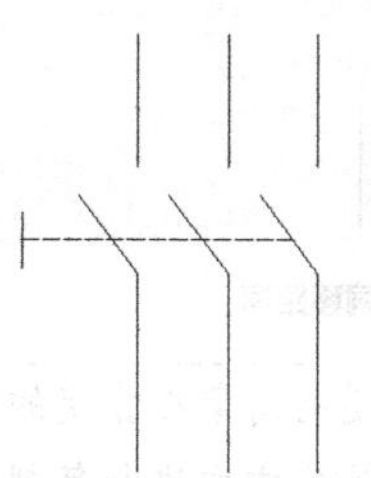

图 6-13　手动三级开关

STEP 绘制步骤

❶ 结合“正交模式”和“对象追踪”功能，单击“默认”选项卡“绘图”面板中的“直线”按钮，绘制3条直线，完成开关的一级的绘制，如图6-14所示。

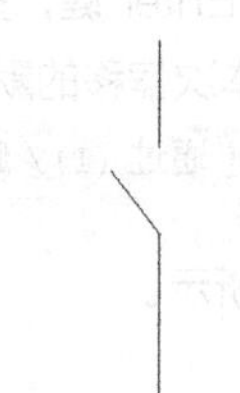

图 6-14　绘制直线

❷ 单击“默认”选项卡“修改”面板中的“偏移”按钮，命令行提示与操作如下。

命令：_offset
当前设置：删除源 = 否　图层 = 源 OFFSETGAPTYPE=0
指定偏移距离或 [通过 (T) / 删除 (E) / 图层 (L)] < 通过 >:（在适当位置指定一点，如图 6-15 点 1）
指定第二点：（水平向右适当距离指定一点，如图 6-15 点 2）
选择要偏移的对象，或 [退出 (E) / 放弃 (U)] < 退出 >:（选择一条竖直直线）
指定要偏移的那一侧上的点，或 [退出 (E) / 多个 (M) / 放弃 (U)] < 退出 >:（向右指定一点）
选择要偏移的对象，或 [退出 (E) / 放弃 (U)] < 退出 >:（指定另一条竖直直线）
指定要偏移的那一侧上的点，或 [退出 (E) / 多个 (M) / 放弃 (U)] < 退出 >:（向右指定一点）
选择要偏移的对象，或 [退出 (E) / 放弃 (U)] < 退出 >: ↙

结果如图6-16所示。

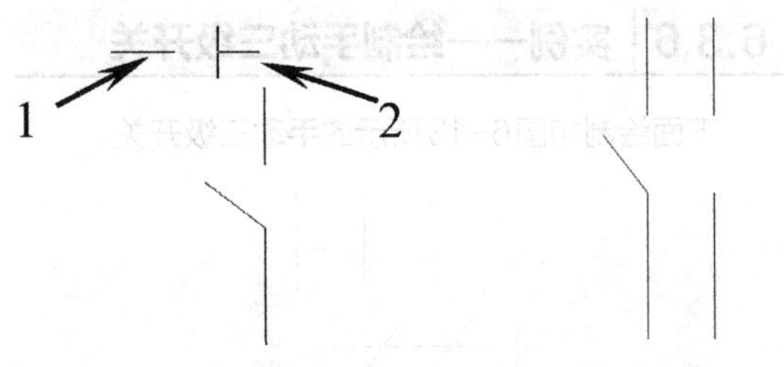

图 6-15　指定偏移距离　　　图 6-16　偏移结果

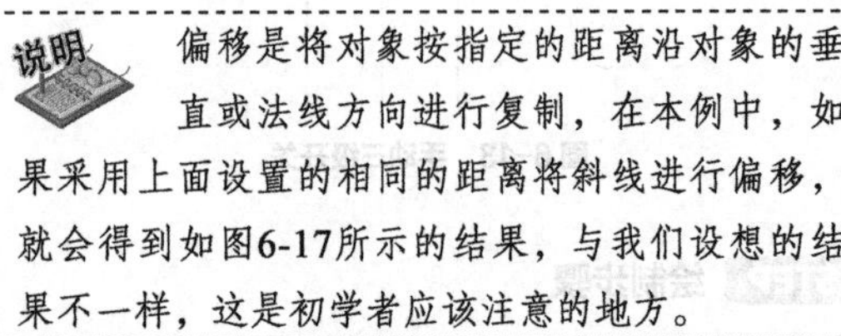

说明　偏移是将对象按指定的距离沿对象的垂直或法线方向进行复制，在本例中，如果采用上面设置的相同的距离将斜线进行偏移，就会得到如图6-17所示的结果，与我们设想的结果不一样，这是初学者应该注意的地方。

❸ 单击“默认”选项卡“修改”面板中的“偏移”按钮⊆，偏移得到第 3 级开关的竖线，具体操作方法与上面相同，只是在系统给出下面提示的时候，直接按 Enter 键，接受上一次偏移指定的偏移距离为本次偏移的默认距离。

```
指定偏移距离或 [通过(T)/删除(E)/图层(L)] <190.4771>:
```

结果如图 6-18 所示。

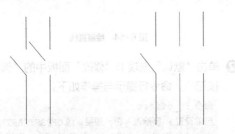

图 6-17　偏移斜线的结果　　　图 6-18　完成偏移

❹ 单击“默认”选项卡“修改”面板中的“复制”按钮，复制斜线，捕捉基点和目标点分别为对应的竖线端点，结果如图 6-19 所示。

❺ 单击“默认”选项卡“绘图”面板中的“直线”按钮⁄，结合“对象捕捉”功能绘制一条竖直线和一条水平线，结果如图 6-20 所示。

❻ 单击“默认”选项卡“图层”面板中的“图层特性”按钮，打开图层特性管理器，如图 6-21 所示。双击 0 层下的 Continuous 线型，打开“选择线型”对话框，如图 6-22 所示。单击“加载”按钮，打开“加载或重载线型”对话框，选择其中的 ACAD_ISO02W100 线型，如图 6-23 所示。单击“确定”按钮，回到“选择线型”对话框，再次单击“确定”按钮，回到图层特性管理器，然后关闭图层特性管理器。

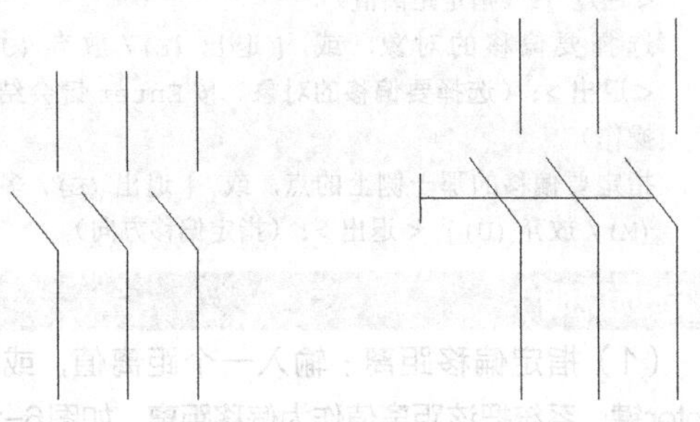

图 6-19　复制斜线　　　图 6-20　绘制直线

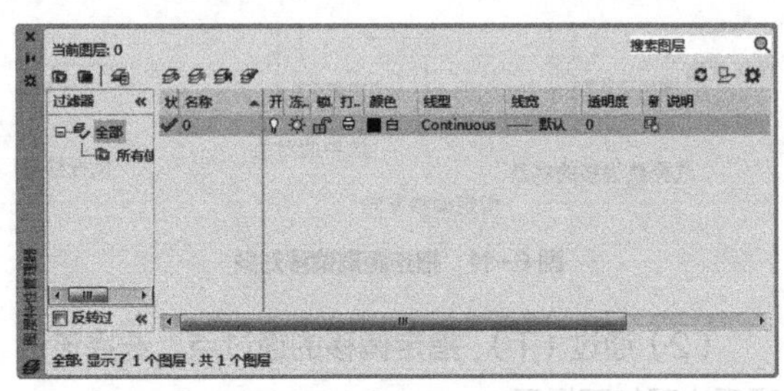

图 6-21　图层特性管理器

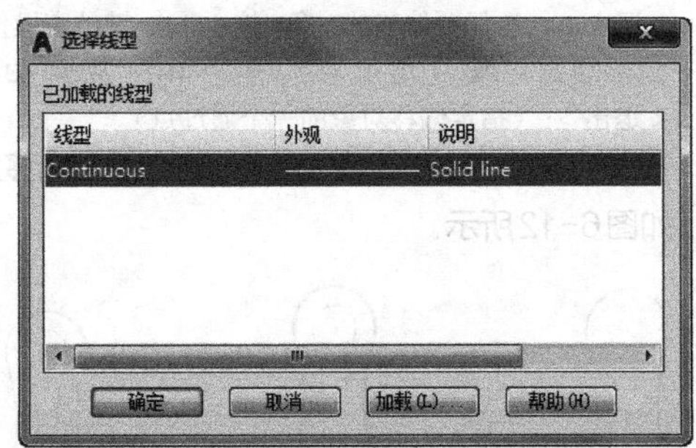

图 6-22　“选择线型”对话框

图 6-23　“加载或重载线型”对话框

❼ 选择上面绘制的水平直线，双击鼠标左键，系统打开“特性”工具面板，在“线型”下拉列表

框中选择刚加载的ACAD_ISO02W100线型，在“线型比例”文本框中将线型比例改为“3”，如图6-24所示。关闭“特性”工具面板后，可以看到，水平直线的线型已经改为虚线，最终结果如图6-13所示。

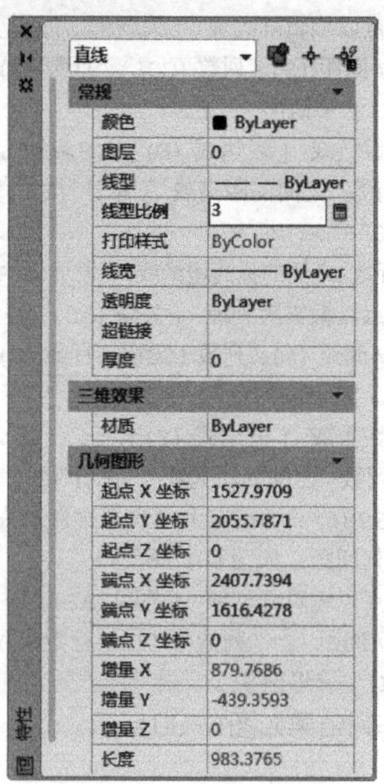

图 6-24 “特性”工具面板

6.3.7 “阵列”命令

建立阵列是指多重复制选择的对象，并把这些副本按矩形或环形排列。把副本按矩形排列称为建立矩形阵列，把副本按环形排列称为建立极阵列。建立极阵列时，应该控制复制对象的次数和对象是否被旋转；建立矩形阵列时，应该控制行和列的数量以及对象副本之间的距离。

AutoCAD 2020提供ARRAY命令建立阵列。用该命令可以建立矩形阵列、极阵列（环形）和路径阵列。

【执行方式】

命令行：ARRAY。

菜单：“修改”→“阵列”→“矩形阵列”/“路径阵列”/“环形阵列”。

工具栏：“修改”→“矩形阵列”、“修改”→“路径阵列”、“修改”→“环形阵列”。

功能区：单击“默认”选项卡“修改”面板中的“矩形阵列”按钮/“路径阵列”按钮/“环形阵列”按钮。

【操作格式】

命令：ARRAY↙

执行上述命令后，在下拉列表中选取所需的“阵列”命令。

【选项说明】

（1）矩形(R)（命令行：ARRAYRECT）：将选定对象的副本分布到行数、列数和层数的任意组合。可以通过夹点调整阵列间距、列数、行数和层数，也可以分别选择各选项输入数值。

（2）极轴(PO)：在绕中心点或旋转轴的环形阵列中均匀分布对象副本。选择该选项后出现如下提示。

指定阵列的中心点或 [基点(B)/旋转轴(A)]：(选择中心点、基点或旋转轴)

选择夹点以编辑阵列或 [关联(AS)/基点(B)/项目(I)/项目间角度(A)/填充角度(F)/行(ROW)/层(L)/旋转项目(ROT)/退出(X)] <退出>：(通过夹点，调整角度或填充角度；也可以分别选择各选项输入数值)

（3）路径(PA)（命令行：ARRAYPATH）：沿路径或部分路径均匀分布选定对象的副本。选择该选项后出现如下提示。

选择路径曲线：(选择一条曲线作为阵列路径)

选择夹点以编辑阵列或 [关联(AS)/方法(M)/基点(B)/切向(T)/项目(I)/行(R)/层(L)/对齐项目(A)/Z方向(Z)/退出(X)] <退出>：(通过夹点，调整阵列行数和层数；也可以分别选择各选项输入数值)

6.3.8 实例——绘制多级插头插座

下面绘制如图6-25所示的多级插头插座。

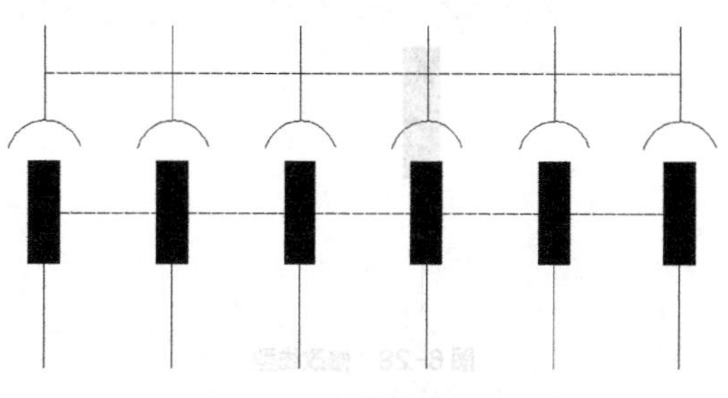

图 6-25 多级插头插座

❶ 单击“默认”选项卡“绘图”面板中的“圆弧”按钮⌒、“直线”按钮╱和“矩形”按钮□，绘制如图 6-26 所示的图形。

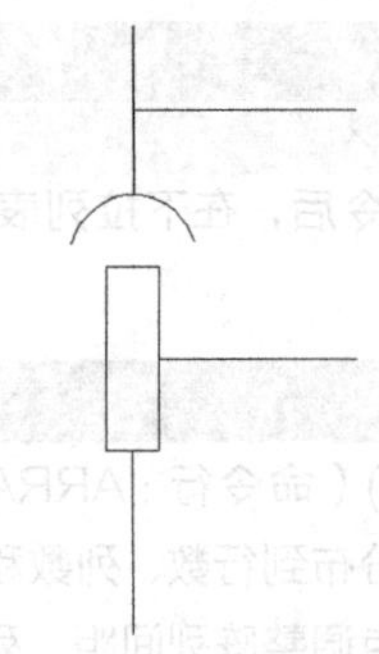

图 6-26 初步绘制图线

利用“正交模式”“对象捕捉”和“对象追踪”等工具准确绘制图线，应保持相应端点对齐。

❷ 单击“默认”选项卡“绘图”面板中的“图案填充”按钮▦，对矩形进行填充，结果如图 6-27 所示。

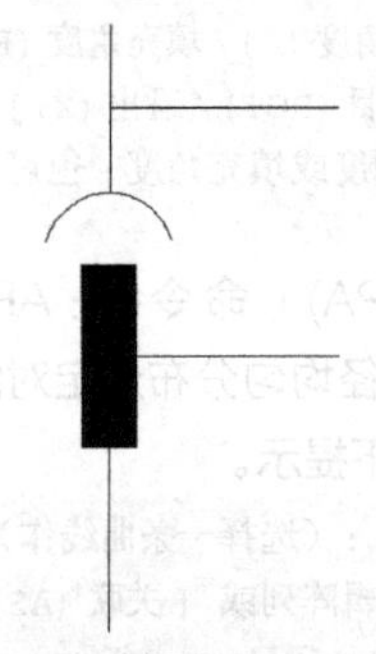

图 6-27 图案填充

❸ 参照前面的方法将两条水平直线的线型改为虚线，如图 6-28 所示。

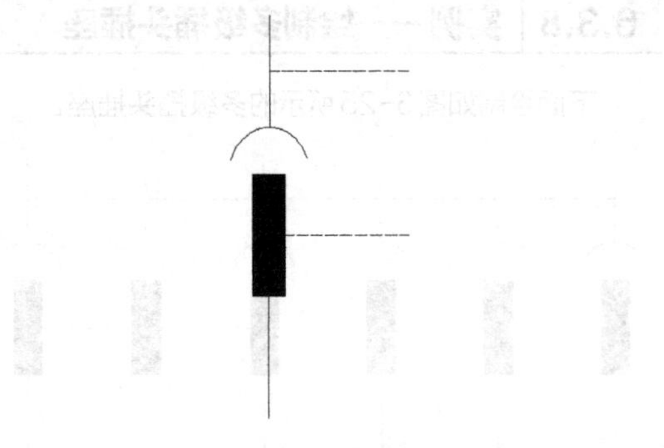

图 6-28 修改线型

❹ 单击“默认”选项卡“修改”面板中的“矩形阵列”按钮▦，设置“行数”为“1”，“列数”为“6”，命令行提示与操作如下。

```
命令：_arrayrect
选择对象：找到 4 个（选择阵列对象）
选择对象：↙
类型 = 矩形  关联 = 否
选择夹点以编辑阵列或 [关联(AS)/基点(B)/计数(COU)/间距(S)/列数(COL)/行数(R)/层数(L)/退出(X)] <退出>: r↙
输入行数数或 [表达式(E)] <3>: 1↙
指定 行数 之间的距离或 [总计(T)/表达式(E)] <376.6585>:↙
指定 行数 之间的标高增量或 [表达式(E)] <0>:↙
选择夹点以编辑阵列或 [关联(AS)/基点(B)/计数(COU)/间距(S)/列数(COL)/行数(R)/层数(L)/退出(X)] <退出>: col↙
输入列数数或 [表达式(E)] <4>: 6↙
指定 列数 之间的距离或 [总计(T)/表达式(E)] <239.9986>:（指定上面水平虚线的左端点到右端点为阵列间距，如图 6-29 所示）
选择夹点以编辑阵列或 [关联(AS)/基点(B)/计数(COU)/间距(S)/列数(COL)/行数(R)/层数(L)/退出(X)] <退出>:↙
```

矩形阵列结果如图 6-30 所示。

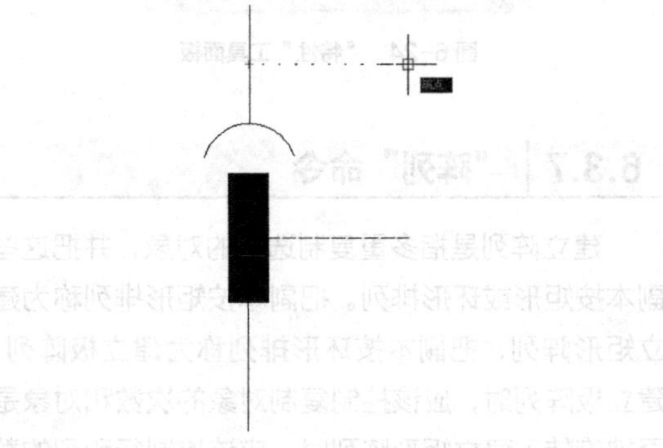

图 6-29 指定阵列间距

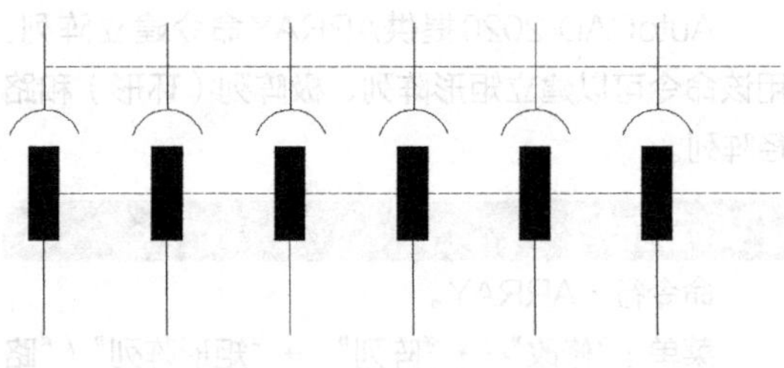

图 6-30 阵列结果

❺ 将图 6-30 最右边两条水平虚线删掉，最终结果如图 6-25 所示。

6.4 改变位置类命令

这一类编辑命令的功能是按照指定要求改变当前图形或图形的某部分的位置，主要包括“移动”“旋转”和“缩放”等命令。

6.4.1 “移动”命令

【执行方式】

命令行：MOVE。

菜单：“修改”→“移动”。

工具栏：“修改”→“移动”✥。

功能区：单击“默认”选项卡“修改”面板中的“移动”按钮✥。

快捷菜单：选择要移动的对象，在绘图区域右击鼠标，从打开的快捷菜单中选择“移动”命令。

【操作格式】

命令：MOVE↙
选择对象：(选择对象)
指定基点或［位移 (D)］ <位移>：(指定基点或移至点)
指定第二个点或 <使用第一个点作为位移>：

各选项功能与COPY命令相关选项功能相同。所不同的是，对象被移动后，原位置处的对象消失。

6.4.2 “旋转”命令

【执行方式】

命令行：ROTATE。

菜单：“修改”→“旋转”。

工具栏：“修改”→“旋转”↻。

功能区：单击“默认”选项卡“修改”面板中的“旋转”按钮↻。

快捷菜单：选择要旋转的对象，在绘图区域右击鼠标，从打开的快捷菜单中选择“旋转”命令。

【操作格式】

命令：ROTATE↙
UCS 当前的正角方向：ANGDIR= 逆时针 ANGBASE=0
选择对象：(选择要旋转的对象)
指定基点：(指定旋转的基点，在对象内部指定一个坐标点)
指定旋转角度，或 ［复制 (C) / 参照 (R)］ <0>：(指定旋转角度或其他选项)

【选项说明】

(1) 复制 (C)：选择该项，旋转对象的同时保留原对象，如图6-31所示。

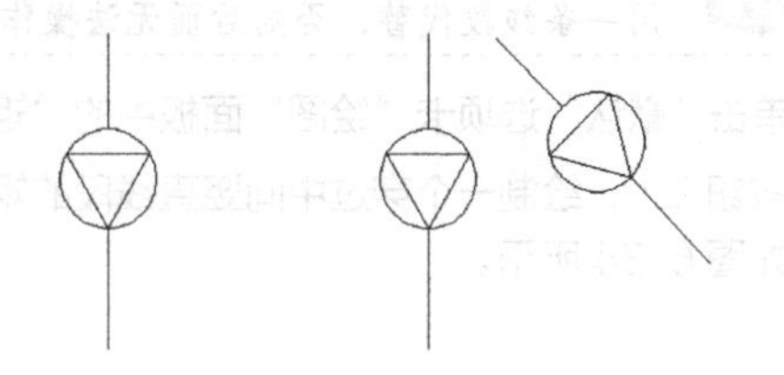

图 6-31 复制旋转

(2) 参照 (R)：采用参考方式旋转对象时，系统提示如下。

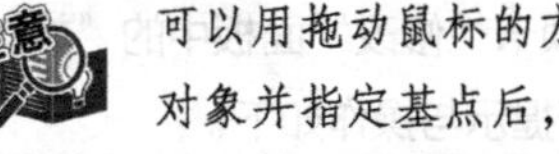
指定参照角 <0>：(指定要参考的角度，默认值为 0)
指定新角度：(输入旋转后的角度值)

操作完毕后，对象被旋转至指定的角度位置。

> **注意** 可以用拖动鼠标的方法旋转对象。选择对象并指定基点后，从基点到当前光标位置会出现一条连线，移动光标，选择的对象会动态地随着该连线与水平方向的夹角的变化而旋转，按Enter键会确认旋转操作。

6.4.3 实例——绘制熔断器隔离开关

下面绘制如图6-32所示的熔断器隔离开关。

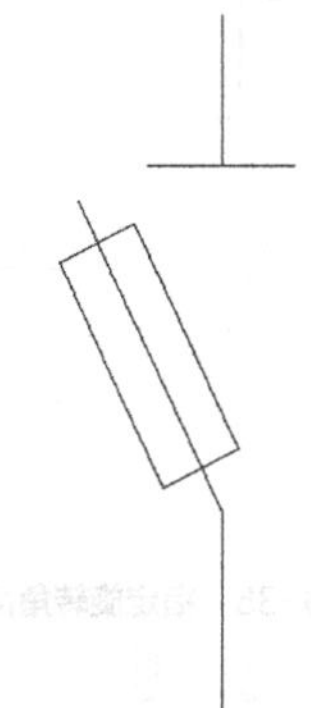

图 6-32 熔断器隔离开关

STEP 绘制步骤

❶ 单击“默认”选项卡“绘图”面板中的“直线”按钮 ⁄，绘制一条水平线段和 3 条首尾相连的竖直线段，其中上面两条竖直线段以水平线段为分界点，下面两条竖直线段以图 6-33 所示点 1 为分界点。

这里绘制的3条首尾相连的竖直线段不能用一条线段代替，否则后面无法操作。

❷ 单击“默认”选项卡“绘图”面板中的“矩形”按钮 ▭，绘制一个穿过中间竖直线段的矩形，如图 6-34 所示。

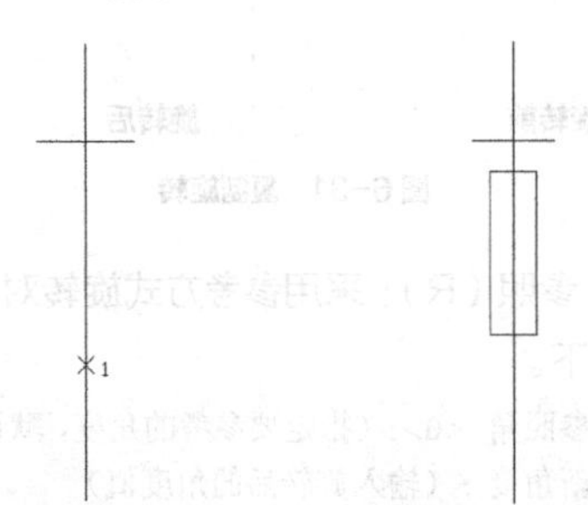

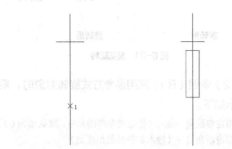

图 6-33　绘制线段　　图 6-34　绘制矩形

❸ 单击“默认”选项卡“修改”面板中的“旋转”按钮 ↻，命令行提示与操作如下。

```
命令: _rotate
UCS 当前的正角方向: ANGDIR= 逆时针 ANGBASE=0
选择对象:(选择矩形和中间竖直线段)
选择对象: ↙
指定基点: (捕捉图 6-33 中的点 1)
指定旋转角度，或 [复制(C)/参照(R)] <0>:(拖动鼠标，系统自动指定旋转角度，该旋转对象垂直于基点与鼠标所在位置点连线，如图 6-35 所示)
```

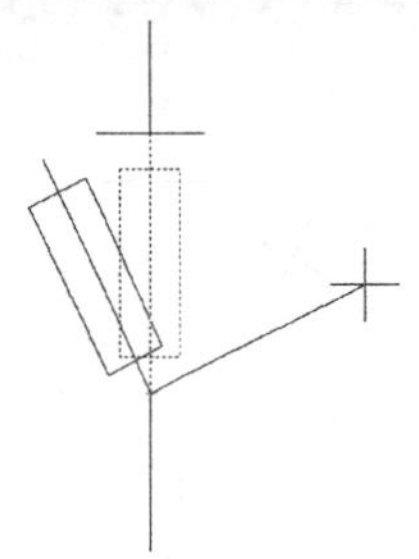

图 6-35　指定旋转角度

6.4.4 “缩放”命令

【执行方式】

命令行：SCALE。

菜单：“修改”→“缩放”。

工具栏：“修改”→“缩放”▣。

功能区：单击“默认”选项卡“修改”面板中的“缩放”按钮 ▣。

快捷菜单：选择要缩放的对象，在绘图区域右击鼠标，从打开的快捷菜单中选择“缩放”命令。

【操作格式】

```
命令: SCALE ↙
选择对象: (选择要缩放的对象)
指定基点 :(指定缩放操作的基点)
指定比例因子或 [复制(C)/参照(R)] <1.0000>:
```

【选项说明】

（1）采用参考方向缩放对象时，系统提示如下。

```
指定参照长度 <1>:(指定参考长度值)
指定新的长度或 [点(P)] <1.0000>:(指定新长度值)
```

若新长度值大于参考长度值，则放大对象；否则，缩小对象。操作完毕后，系统以指定的基点按指定的比例因子缩放对象。如果选择“点（P）”选项，则指定两点来定义新的长度。

（2）可以用拖动鼠标的方法缩放对象。选择对象并指定基点后，从基点到当前光标位置会出现一条连线，线段的长度即为比例大小。移动鼠标，选择的对象会动态地随着该连线长度的变化而缩放，按Enter键确认缩放操作。

（3）选择“复制（C）”选项时，可以复制缩放对象，即缩放对象时，保留原对象，如图6-36 所示。

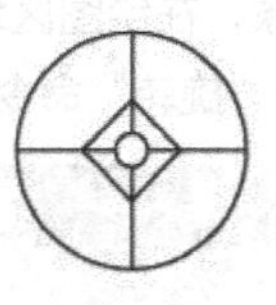

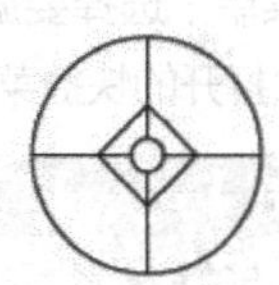

图 6-36　复制缩放

6.5 改变几何特性类命令

这一类编辑命令在对指定对象进行编辑后，使编辑对象的几何特性发生改变，包括“修剪”“延伸”“拉伸”“拉长”“圆角”“倒角”“打断”“打断于点”“分解”“合并”等命令。

6.5.1 “修剪”命令

【执行方式】

命令行：TRIM。

菜单：“修改”→“修剪”。

工具栏：“修改”→“修剪”。

功能区：单击“默认”选项卡“修改”面板中的“修剪”按钮。

【操作格式】

命令：TRIM↙

当前设置：投影=UCS，边=无

选择剪切边...

选择对象或 <全部选择>：(选择一个或多个对象并按Enter键，或者按Enter键选择所有显示的对象)

选择要修剪的对象，或按住Shift键选择要延伸的对象，或 [栏选(F)/窗交(C)/投影(P)/边(E)/删除(R)/放弃(U)]：

【选项说明】

(1)在选择对象时，如果按住Shift键，系统会自动将“修剪”命令转换成“延伸”命令。

(2)选择“边(E)”选项时，可以选择对象的修剪方式。

① 延伸(E)：对延伸边界进行修剪。在此方式下，如果剪切边没有与要修剪的对象相交，系统会延伸剪切边直至与对象相交，然后再修剪，如图6-37所示。

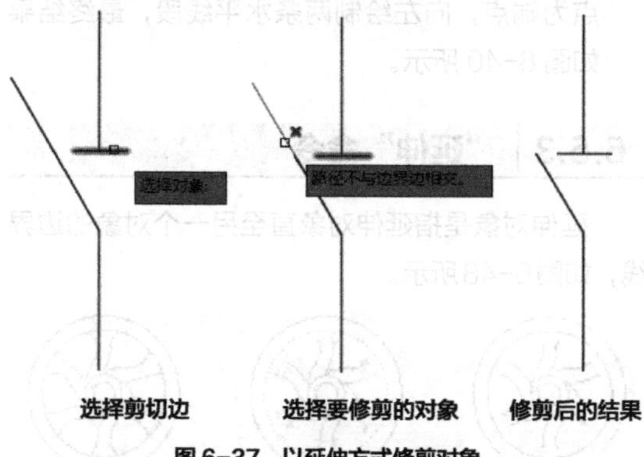

图6-37 以延伸方式修剪对象

② 不延伸(N)：不延伸边界修剪对象。只修剪与剪切边相交的对象。

(3)选择“栏选(F)”选项时，系统以栏选的方式选择被修剪对象。如图6-38所示。

(4)选择“窗交(C)”选项时，系统以栏选的方式选择被修剪对象，如图6-39所示。

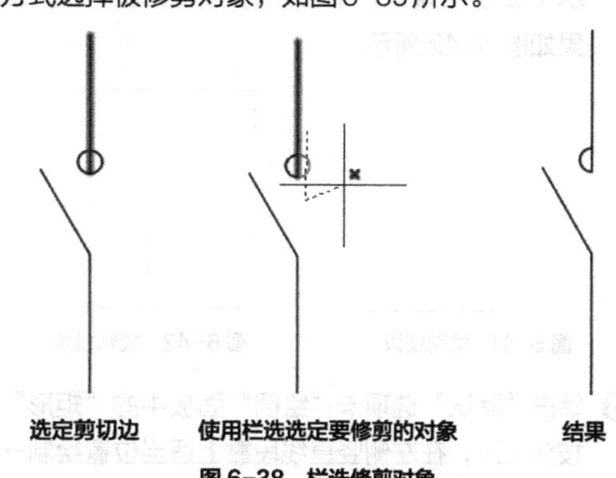

图6-38 栏选修剪对象

(5)被选择的对象可以互为边界和被修剪对象，此时系统会在选择的对象中自动判断边界，如图6-37所示。

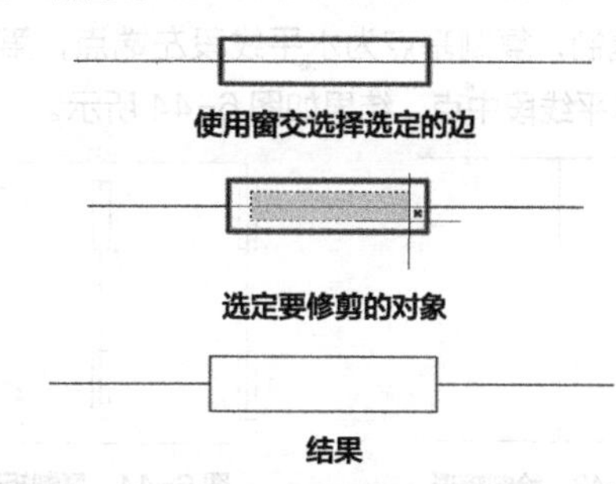

图6-39 窗交选择修剪对象

6.5.2 实例——绘制桥式电路

下面绘制如图6-40所示的桥式电路。

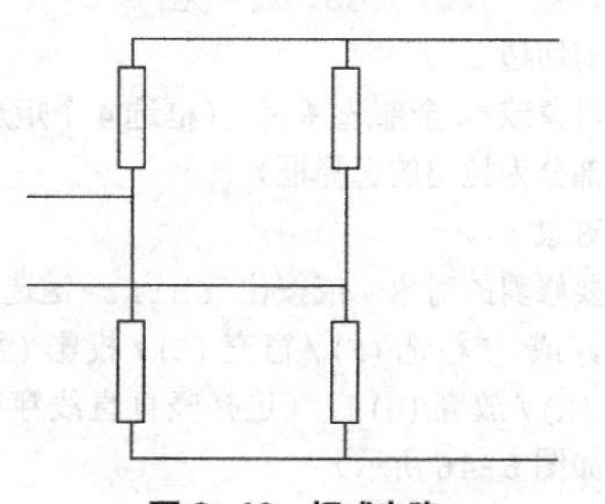

图6-40 桥式电路

STEP 绘制步骤

❶ 单击“默认”选项卡“绘图”面板中的“直线”按钮╱，绘制两条适当长度的正交垂直线段，如图 6-41 所示。

❷ 单击“默认”选项卡“修改”面板中的“复制”按钮 ，将水平线段进行复制，复制基点为竖直线段下端点，第 2 点为竖直线段上端点；用同样方法，将竖直直线向右复制，复制基点为水平线段左端点，第 2 点为水平线段中点，结果如图 6-42 所示。

图 6-41 绘制线段

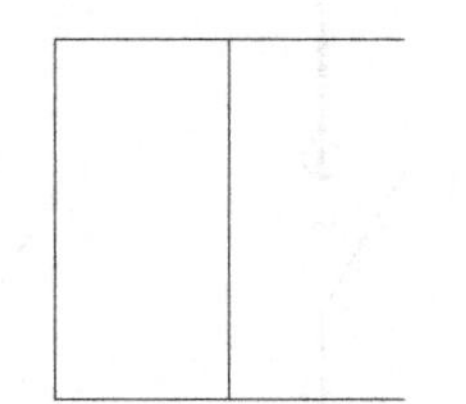

图 6-42 复制线段

❸ 单击“默认”选项卡“绘图”面板中的“矩形”按钮 ，在左侧竖直线段靠上适当位置绘制一个矩形，使矩形穿过线段，如图 6-43 所示。

❹ 单击“默认”选项卡“修改”面板中的“复制”按钮 ，将矩形向正下方适当位置进行复制；重复“复制”命令，将复制后得到的两个矩形向右复制，复制基点为水平线段左端点，第 2 点为水平线段中点，结果如图 6-44 所示。

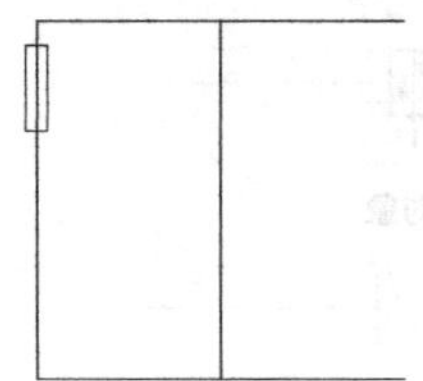

图 6-43 绘制矩形

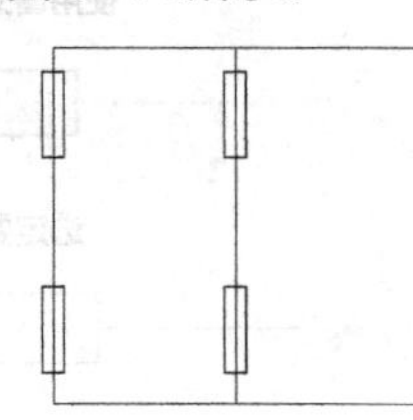

图 6-44 复制矩形

❺ 单击“默认”选项卡“修改”面板中的“修剪”按钮 ，命令行提示与操作如下。

```
命令：_trim
当前设置：投影 =UCS，边 = 无
选择剪切边 ...
选择对象或 <全部选择>：（框选 4 个矩形，图 6-45 阴影部分为拉出的选择框）
选择对象：↙
选择要修剪的对象，或按住 Shift 键选择要延伸的对象，或 [栏选 (F) / 窗交 (C) / 投影 (P) / 边 (E) / 删除 (R) / 放弃 (U)]：（选择竖直直线穿过矩形的部分，如图 6-46 所示）
选择要修剪的对象，或按住 Shift 键选择要延伸的对象，或 [栏选 (F) / 窗交 (C) / 投影 (P) / 边 (E) / 删除 (R) / 放弃 (U)]：（继续选择竖直直线穿过矩形的部分）
选择要修剪的对象，或按住 Shift 键选择要延伸的对象，或 [栏选 (F) / 窗交 (C) / 投影 (P) / 边 (E) / 删除 (R) / 放弃 (U)]：（继续选择竖直直线穿过矩形的部分）
选择要修剪的对象，或按住 Shift 键选择要延伸的对象，或 [栏选 (F) / 窗交 (C) / 投影 (P) / 边 (E) / 删除 (R) / 放弃 (U)]：（继续选择竖直直线穿过矩形的部分）
选择要修剪的对象，或按住 Shift 键选择要延伸的对象，或 [栏选 (F) / 窗交 (C) / 投影 (P) / 边 (E) / 删除 (R) / 放弃 (U)]：↙
```

这样，就完成了电阻符号的绘制，结果如图 6-47 所示。

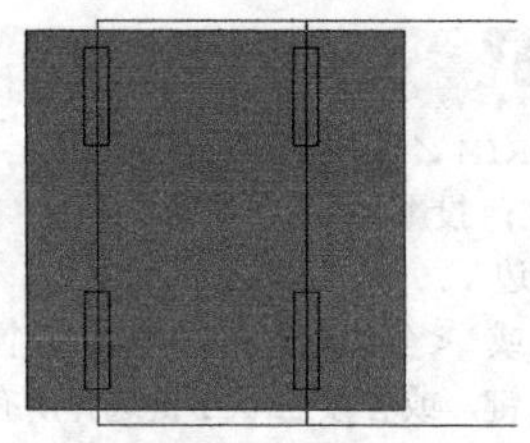

图 6-45 框选对象

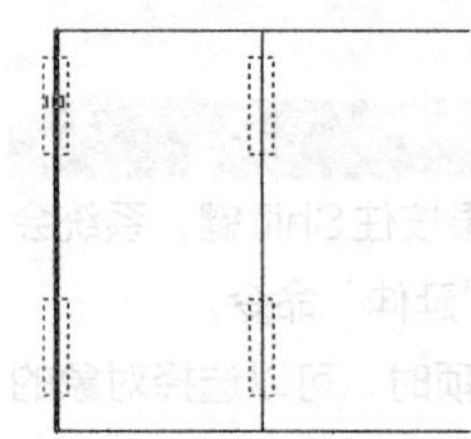

图 6-46 修剪对象

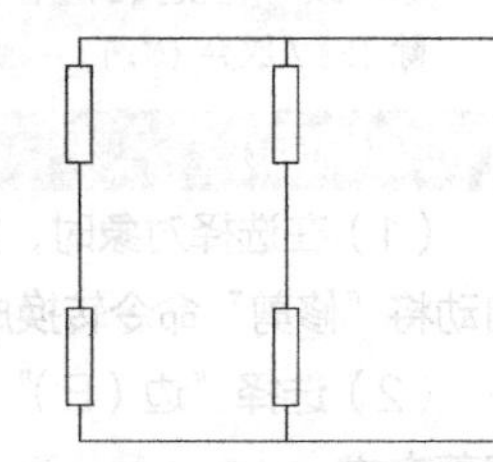

图 6-47 修剪结果

❻ 单击“默认”选项卡“绘图”面板中的“直线”按钮╱，分别捕捉两条竖直线段上的适当位置点为端点，向左绘制两条水平线段，最终结果如图 6-40 所示。

6.5.3 “延伸”命令

延伸对象是指延伸对象直至另一个对象的边界线，如图6-48所示。

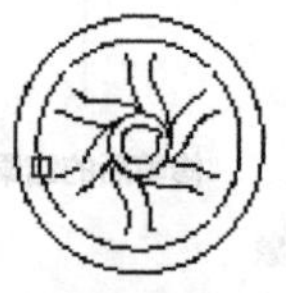

选择边界

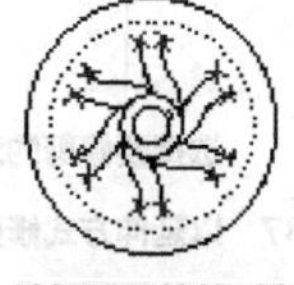

选择要延伸的对象

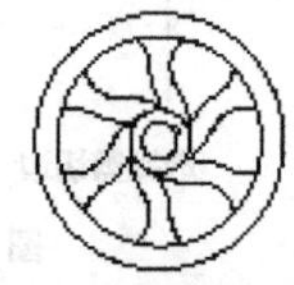

执行结果

图 6-48 延伸对象

【执行方式】

命令行：EXTEND。

菜单："修改"→"延伸"。

工具栏："修改"→"延伸"。

功能区：单击"默认"选项卡"修改"面板中的"延伸"按钮。

【操作格式】

命令：EXTEND↙
当前设置：投影 =UCS，边 = 无
选择边界的边 ...
选择对象或 <全部选择>：（选择边界对象）

此时可以选择对象来定义边界。若直接按Enter键，则选择所有对象作为可能的边界对象。系统规定可以用作边界对象的对象有：直线段、射线、双向无限长线、圆弧、圆、椭圆、二维/三维多义线、样条曲线、文本、浮动的视口和区域。如果选择二维多义线作边界对象，系统会忽略其宽度而把对象延伸至多义线的中心线。

选择边界对象后，系统继续提示如下。

选择要延伸的对象，或按住 Shift 键选择要修剪的对象，或 [栏选 (F) / 窗交 (C) / 投影 (P) / 边 (E) / 放弃 (U)]：

【选项说明】

（1）如果要延伸的对象是适配样条多段线，则延伸后会在多段线的控制框上增加新节点。如果要延伸的对象是锥形的多段线，系统会修正延伸端的宽度，使多段线从起始端平滑地延伸至新终止端。如果延伸操作导致终止端宽度可能为负值，则取宽度值为0，如图6-49所示。

图 6-49 延伸对象

（2）选择对象时，如果按住Shift键，系统就自动将"延伸"命令转换成"修剪"命令。

6.5.4 "拉伸"命令

拉伸对象是指拖拉选择的对象，且对象的形状发生改变。拉伸对象时应指定拉伸的基点和移至点。利用一些辅助工具如捕捉、钳夹及相对坐标等可以提高拉伸的精度。

【执行方式】

命令行：STRETCH。

菜单："修改"→"拉伸"。

工具栏："修改"→"拉伸"。

功能区：单击"默认"选项卡"修改"面板中的"拉伸"按钮。

【操作格式】

命令：STRETCH↙
以交叉窗口或交叉多边形选择要拉伸的对象 ...
选择对象：指定对角点：找到 1 个 （采用交叉窗口的方式选择要拉伸的对象）
选择对象：
指定基点或 [位移 (D)] <位移>：(指定拉伸的基点)
指定第二个点或 <使用第一个点作为位移>：(指定拉伸的移至点)

此时，若指定第2个点，系统将根据这两点决定的矢量拉伸对象。若直接按Enter键，系统会把第1个点的坐标值作为*X*和*Y*轴的分量值。

拉伸操作将会移动完全包含在交叉窗口内的顶点和端点，部分包含在交叉选择窗口内的对象将被拉伸。

6.5.5 "拉长"命令

【执行方式】

命令行：LENGTHEN。

菜单："修改"→"拉长"。

功能区：单击"默认"选项卡"修改"面板中的"拉长"按钮。

【操作格式】

命令：LENGTHEN↙
选择对象或 [增量 (DE) / 百分数 (P) / 全部 (T) / 动态 (DY)]：（选定对象）
当前长度： 490.7924 （给出选定对象的长度。如果选择圆弧，则还将给出圆弧的包含角）
选择对象或 [增量 (DE) / 百分数 (P) / 全部 (T) / 动态 (DY)]：DE↙（选择拉长或缩短的方式。如选择

```
"增量(DE)"方式)
输入长度增量或 [角度(A)] <0.0000>: 10↙
(输入长度增量数值。如果选择圆弧段，则可输入选项A给定角度增量)
选择要修改的对象或 [放弃(U)]: (选定要修改的对象，进行拉长操作)
选择要修改的对象或 [放弃(U)]: (继续选择，按Enter键结束命令)
```

【选项说明】

（1）增量（DE）：用指定增加量的方法改变对象的长度或角度。

（2）百分数（P）：用指定占总长度的百分比的方法改变圆弧或直线段的长度。

（3）全部（T）：用指定新的总长度或总角度值的方法来改变对象的长度或角度。

（4）动态（DY）：打开动态拖拉模式。在这种模式下，可以使用拖拉鼠标的方法来动态地改变对象的长度或角度。

6.5.6 “圆角”命令

圆角是指用指定半径决定的一段平滑的圆弧连接两个对象。系统规定此命令可以圆滑地连接一对直线段、非圆弧的多段线、样条曲线、双向无限长线、射线、圆、圆弧和椭圆。可以在任何时刻圆滑连接多段线的每个节点。

【执行方式】

命令行：FILLET。

菜单：“修改”→“圆角”。

工具栏：“修改”→“圆角”。

功能区：单击“默认”选项卡“修改”面板中的“圆角”按钮。

【操作格式】

```
命令: FILLET↙
当前设置: 模式 = 修剪，半径 = 0.0000
选择第一个对象或 [放弃(U)/多段线(P)/半径(R)/修剪(T)/多个(M)]:(选择第1个对象或其他选项)
选择第二个对象，或按住 Shift 键选择对象以应用角点或 [半径(R)]:(选择第2个对象)
```

【选项说明】

（1）多段线（P）：在一条二维多段线的两段直线段的节点处插入圆滑的弧。选择多段线后，系统会根据指定的圆弧半径把多段线各顶点用圆滑的弧连接起来。

（2）修剪（T）：决定在圆滑连接两条边时，是否修剪这两条边，如图6-50所示。

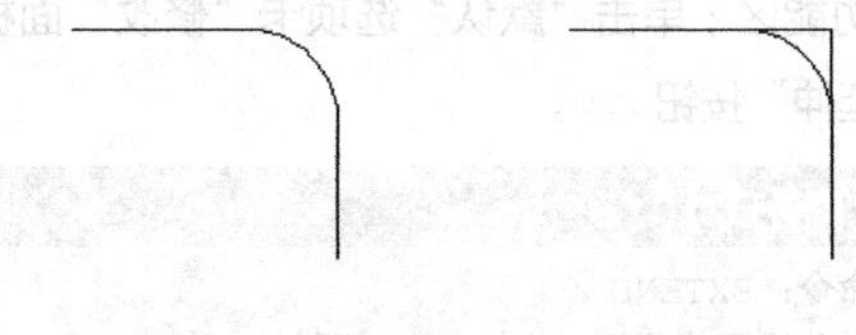

图 6-50 圆角连接

（3）多个（M）：同时对多个对象进行圆角编辑，而不必重新启用命令。

按住Shift键并选择两条直线，可以快速创建零距离倒角或零半径圆角。

6.5.7 “倒角”命令

倒角是指用斜线连接两个不平行的线型对象。系统规定可以用斜线连接直线段、双向无限长线、射线和多段线。

系统采用两种方法确定连接两个线型对象的斜线：指定斜线距离和指定斜线角度。下面分别介绍这两种方法。

1. 指定斜线距离

斜线距离是指从被连接的对象与斜线的交点到被连接的两对象的可能的交点之间的距离，如图6-51所示。

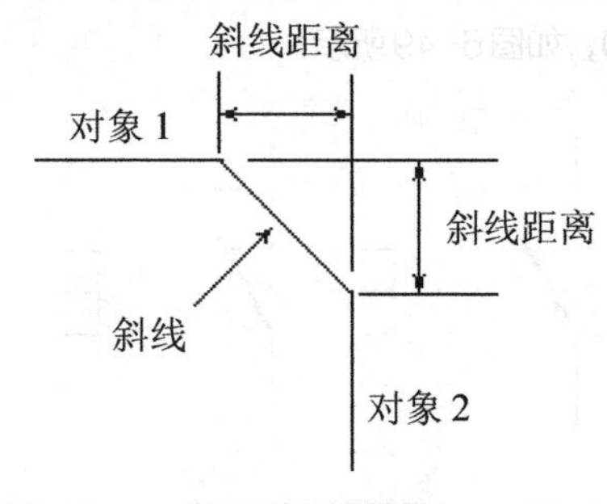

图 6-51 斜线距离

2. 指定斜线角度和一个斜线距离连接选择的对象

采用这种方法以斜线连接对象时，需要输入两个参数：斜线与一个对象的斜线距离和斜线与该对象的夹角，如图6-52所示。

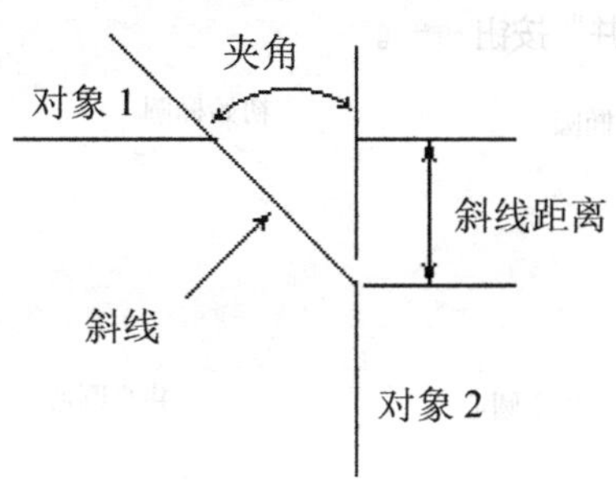

图 6-52 斜线距离与夹角

【执行方式】

命令行：CHAMFER。

菜单："修改"→"倒角"。

工具栏："修改"→"倒角"。

功能区：单击"默认"选项卡"修改"面板中的"倒角"按钮。

【操作格式】

命令：CHAMFER ↙
("不修剪"模式) 当前倒角距离 1 = 0.0000，距离 2 = 0.0000
选择第一条直线或 [放弃(U)/多段线(P)/距离(D)/角度(A)/修剪(T)/方式(E)/多个(M)]：(选择第1条直线或别的选项)
选择第二条直线，或按住 Shift 键选择要应用角点或[距离(D)/角度(A)/方法(M)]：(选择第2条直线)

【选项说明】

(1) 多段线(P)：对多段线的各个交叉点倒角。为了得到最好的连接效果，一般设置斜线是相等的值。系统根据指定的斜线距离把多段线的每个交叉点都作斜线连接，连接的斜线成为多段线新添加的构成部分，如图6-53所示。

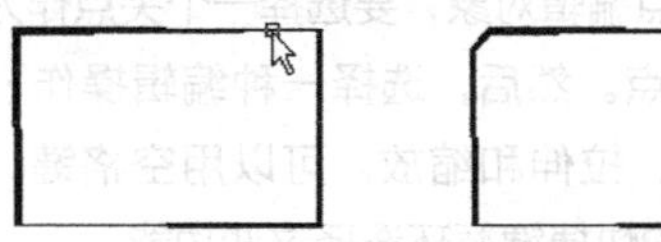

图 6-53 斜线连接多段线

(2) 距离(D)：选择倒角的两个斜线距离。这两个斜线距离可以相同或不相同，若二者均为"0"，则系统不绘制连接的斜线，而是把两个对象延伸至相交，并修剪超出的部分。

(3) 角度(A)：选择第1条直线的斜线距离和第1条直线的倒角角度。

(4) 修剪(T)：与圆角连接命令FILLET相同，该选项决定连接对象后是否剪切原对象。

(5) 方式(E)：决定采用"距离"方式还是"角度"方式来倒角。

(6) 多个(M)：同时对多个对象进行倒角编辑。

6.5.8 "打断"命令

【执行方式】

命令行：BREAK。

菜单："修改"→"打断"。

工具栏："修改"→"打断"。

功能区：单击"默认"选项卡"修改"面板中的"打断"按钮。

【操作格式】

命令：BREAK ↙
选择对象：(选择要打断的对象)
指定第二个打断点或 [第一点(F)]：(指定第2个断开点或键入 f)

【选项说明】

如果选择"第一点"，系统将丢弃前面的第2个选择点，重新提示用户指定两个断开点。

6.5.9 打断于点

打断于点与打断命令类似，是指在对象上指定一点，从而把对象在此点拆分成两部分。

【执行方式】

工具栏："修改"→"打断于点"。

功能区：单击"默认"选项卡"修改"面板中的"打断于点"按钮。

【操作格式】

选择对象：(选择要打断的对象)
指定第二个打断点或 [第一点(F)]：_f(系统自动选择"第一点(F)"选项)
指定第一个打断点：(选择打断点)
指定第二个打断点：@(系统自动忽略此提示)

6.5.10 "分解"命令

【执行方式】

命令行：EXPLODE。

菜单："修改"→"分解"。

工具栏："修改"→"分解" 。

功能区：单击"默认"选项卡"修改"面板中的"分解"按钮 。

【操作格式】

```
命令：EXPLODE ↙
选择对象：（选择要分解的对象）
```

选择一个对象后，该对象会被分解。系统继续提示该行信息，允许分解多个对象。

6.5.11 "合并"命令

使用"合并"命令，可以将直线、圆、椭圆弧和样条曲线等独立的线段合并为一个对象，如图6-54所示。

【执行方式】

命令行：JOIN。

菜单："修改"→"合并"。

工具栏："修改"→"合并" 。

功能区：单击"默认"选项卡"修改"面板中的"合并"按钮 。

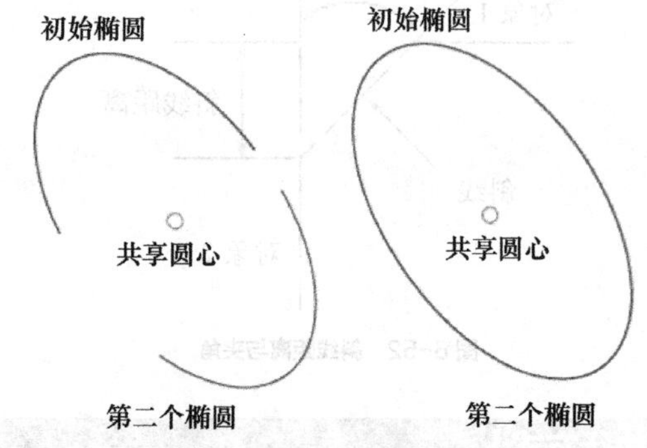

图 6-54 合并对象

【操作格式】

```
命令：JOIN ↙
选择源对象或要一次合并的多个对象：（选择一个对象）
找到 1 个
选择要合并的对象：（选择另一个对象）
找到 1 个，总计 2 个
选择要合并的对象：↙
2 条直线已合并为 1 条直线
```

6.6 对象特性修改命令

在编辑对象时，还可以对图形对象本身的某些特性进行编辑，从而方便地进行图形绘制。

6.6.1 钳夹功能

利用钳夹功能可以快速方便地编辑对象。AutoCAD在图形对象上定义了一些特殊点，称为夹点，利用夹点可以灵活地控制对象，如图6-55所示。

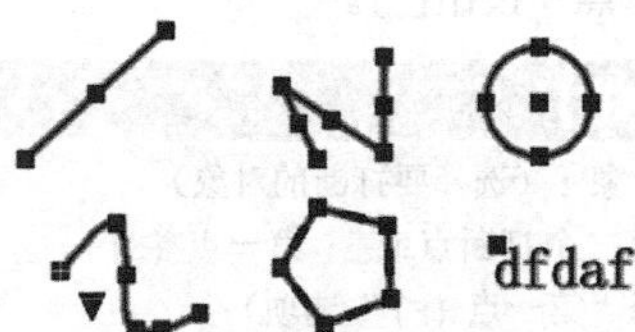

图 6-55 图形对象的夹点

要使用钳夹功能编辑对象，必须先打开钳夹功能，选择菜单命令"工具"→"选项"，打开"选项"面板，切换到"选择集"选项卡，在"夹点"选项组选中"启用夹点"复选框。在该页面上还可以设置代表夹点的小方格的尺寸和颜色。

也可以通过GRIPS系统变量控制是否打开钳夹功能，"1"代表打开，"0"代表关闭。

打开了钳夹功能后，应该在编辑对象之前先选择对象。夹点表示对象的控制位置。

使用夹点编辑对象，要选择一个夹点作为基点，称为基准夹点。然后，选择一种编辑操作：镜像、移动、旋转、拉伸和缩放。可以用空格键、Enter键或键盘上的快捷键循环选择这些功能。

下面仅就其中的拉伸对象操作为例进行讲述，其他操作类似。

在图形上拾取一个夹点，该夹点改变颜色，此点为夹点编辑的基准点。这时系统给出如下提示。

```
** 拉伸 **
指定拉伸点或 [基点(B)/复制(C)/放弃(U)/退出(X)]:
```

在上述拉伸编辑提示下执行"镜像"命令，或单击“默认”选项卡“修改”面板中的“镜像”按钮，系统就会转换为镜像操作，其他操作类似。

6.6.2 “特性”工具面板

【执行方式】

命令行：DDMODIFY或PROPERTIES。

菜单：“修改”→“特性”。

工具栏：“标准”→“特性”。

功能区：单击“视图”选项卡“选项板”面板中的“特性”按钮。

【操作格式】

```
命令：DDMODIFY ↙
```

执行上述命令后，AutoCAD打开“特性”工具面板，如图6-56所示。利用它可以方便地设置或修改对象的各种属性。

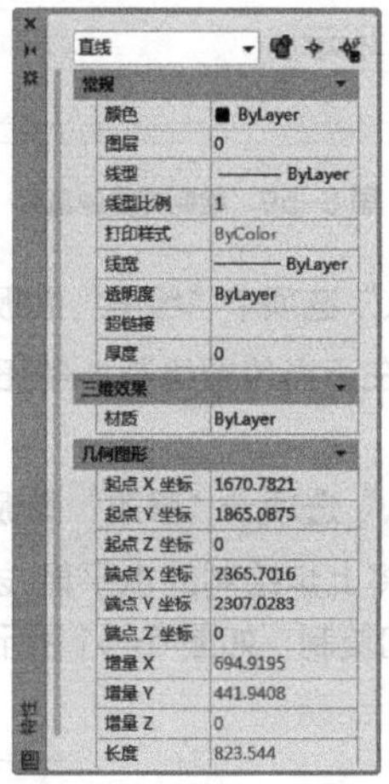

图 6-56 “特性”工具面板

不同对象的属性种类和值不同，修改属性值后，对象便具有了新的属性。

6.6.3 特性匹配

利用特性匹配功能可以将目标对象的属性与源对象的属性进行匹配，使目标对象与源对象的属性相同。

【执行方式】

命令行：MATCHPROP。

菜单：“修改”→“特性匹配”。

功能区：单击“默认”选项卡“特性”面板中的“特性匹配”按钮。

【操作格式】

```
命令：MATCHPROP ↙
选择源对象：(选择源对象)
选择目标对象或 [设置(S)]：(选择目标对象)
```

图6-57（a）所示为两个不同属性的对象，以左边的圆为源对象，对右边的矩形进行属性匹配，结果如图6-57（b）所示。

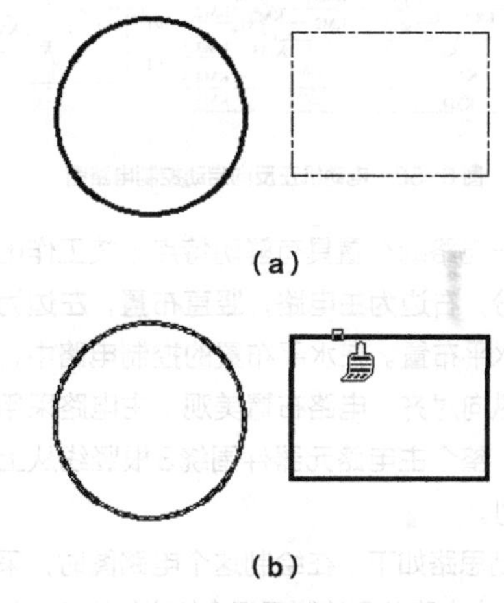

（a）

（b）

图 6-57 特性匹配

6.7 综合实例——绘制电动机正反向启动控制电路图

图6-58所示为电动机正反向启动控制电路图，这一电路的工作原理是：电动机正向或反向启动时，为了减小启动电流，通过鼓型控制器S1和接触器KM4、KM5，依次短接串入转子电路中的三相电阻R1；电动机断开电源后，通过离心开关S2和继电器K9、K10等，使电动机反接制动。图中主要元器件功能如表6-1所示。

表6-1　主要元器件功能

元器件符号	功能	元器件符号	功能
QS1	电源隔离刀闸	K7	正转启动继电器
KM2	正转控制接触器	K8	反转启动继电器
KM3	反转控制接触器	K9、K10	限速继电器
KM4	具有延时特性的短接电阻接触器	S1	鼓型控制器
KM5	启动时短接电阻接触器	S2	离心开关
R1	接入转子的启动电阻	S3、S4	限位开关
FR1、FR2	热继电器	S5	手动控制刀闸
K3	控制电源继电器	F1	主电路熔断器
K4	启动电阻切换继电器	F2	辅助电路熔断器

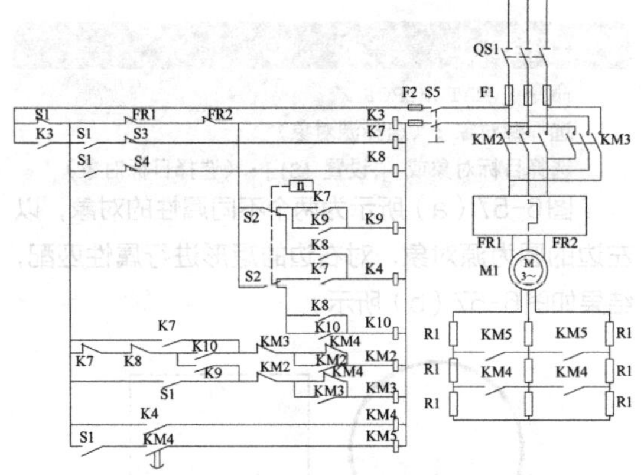

图 6-58　电动机正反向启动控制电路图

这一电路的布置具有鲜明特点：按工作电源分为两部分，右边为主电路，竖直布置，左边为控制电路，水平布置。在水平布置的控制电路中，各类似项目纵向对齐，电路布置美观；主电路采用多线表示法，整个主电路元器件围绕3根竖线从上到下依次排列。

绘制思路如下：在绘制这个电路图时，采取控制电路与主电路分别绘制再组合的方法进行。绘制控制电路时，先绘制水平和竖直的电路干线，再逐步细化绘制各个元器件。绘制各个元器件时，采用自上而下或自下而上的顺序，避免遗漏。绘制主电路时，先绘制3根竖直主干线，再依次绘制各局部电路，绘制局部电路时，采取自上而下或自下而上的顺序。

STEP 绘制步骤

1. 绘制控制电路

❶ 建立新文件。启动 AutoCAD 2020 应用程序，单击“快速访问”工具栏中的“新建”按钮，打开“选择样板”对话框，选择已设计的样板文件作为模板，建立新文件；将新文件命名为“电动机正反向启动控制电路图 .dwg”并保存。

❷ 单击“默认”选项卡“绘图”面板中的“直线”按钮，绘制一条适当长度的水平直线，再利用“复制”命令向正下方适当距离进行复制，如图 6-59 所示。

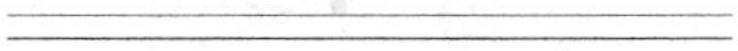

图 6-59　绘制并复制直线

❸ 单击“默认”选项卡“绘图”面板中的“直线”按钮，在适当位置绘制 4 条正交直线，如图 6-60 所示。

❹ 单击“默认”选项卡“修改”面板中的“复制”按钮，将上步绘制的水平直线进行适当距离的竖直方向复制，如图 6-61 所示。

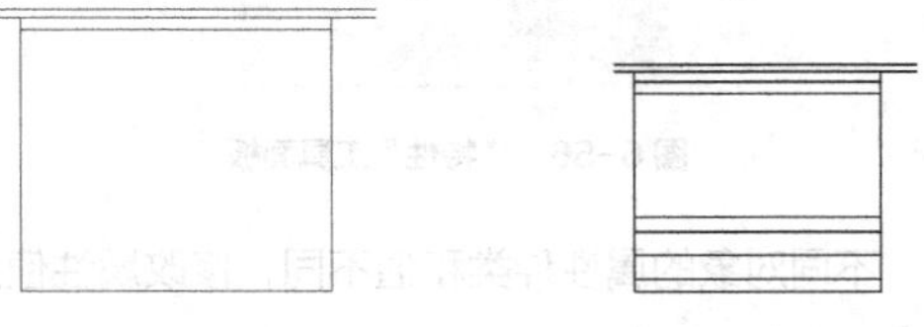

图 6-60　绘制直线　　图 6-61　复制直线

❺ 单击“默认”选项卡“绘图”面板中的“直线”按钮，捕捉相关直线上的点为起点和终点，绘制一条竖直直线，并绘制两条水平直线，水平直线的起点和终点分别在刚绘制的竖直直线和最右边的竖直直线上，这样就完成了控制电路主干线的绘制，如图 6-62 所示。

❻ 单击“默认”选项卡“绘图”面板中的“矩形”按钮，在最上面水平线的右端适当位置绘制

一个矩形。单击“默认”选项卡“绘图”面板中的“直线”按钮╱，捕捉最上面水平线右端一点向下绘制一条斜线，如图 6-63 所示。

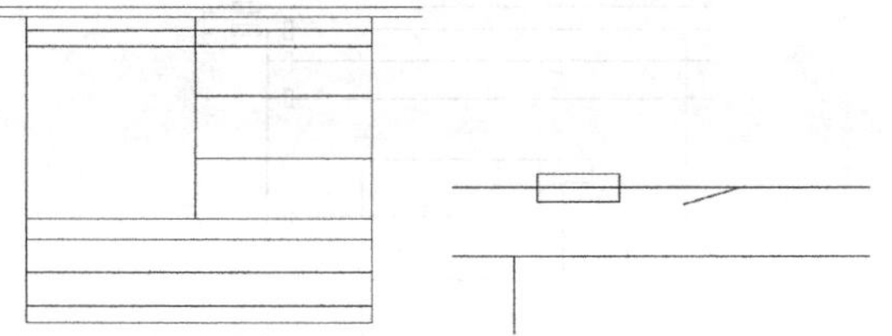

图 6-62 完成主干线绘制　　图 6-63 绘制矩形和斜线

❼ 单击“默认”选项卡“修改”面板中的“打断”按钮，命令行提示与操作如下。

```
命令：_break
选择对象：(选择图 6-63 中斜线上方直线上适当一点)
指定第二个打断点或 [第一点(F)]：(捕捉斜线与水平直线交点)
```

结果如图6-64所示。

❽ 单击“默认”选项卡“修改”面板中的“复制”按钮，将绘制好的矩形和斜线竖直复制到下一条水平直线上，并利用“打断”命令将部分水平线段进行打断，结果如图 6-65 所示。

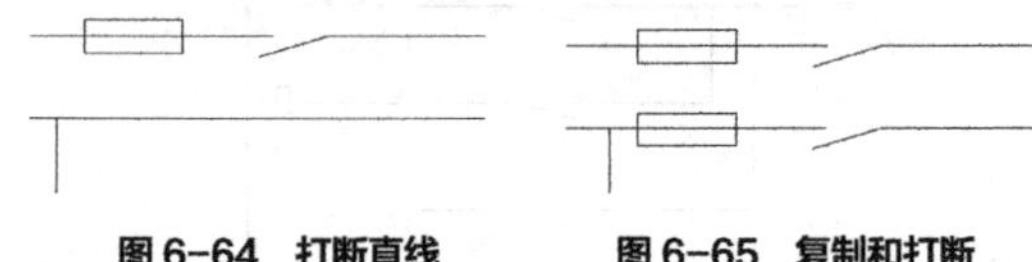

图 6-64 打断直线　　图 6-65 复制和打断

❾ 单击“默认”选项卡“绘图”面板中的“直线”按钮╱，绘制一条短水平线和一条竖直直线，竖直直线的端点为水平短线的中点和上面斜线上一点。这样就完成了辅助电路熔断器 F2 和手动控制刀闸 S5 的绘制，如图 6-66 所示。

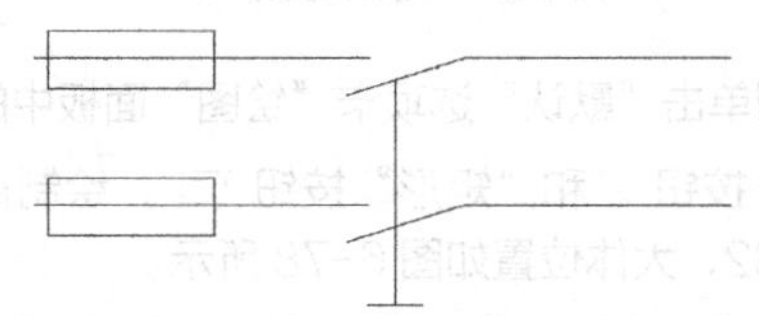

图 6-66 完成 F2 和 S5 的绘制

❿ 单击“默认”选项卡“绘图”面板中的“矩形”按钮，在第 2 条水平线上辅助电路熔断器 F2 靠左的适当位置绘制一个适当大小的矩形。单击“默认”选项卡“修改”面板中的“修剪”按钮，将穿过矩形的直线修剪掉，这样就完成了控制电源继电器 K3 的绘制，结果如图 6-67 所示。

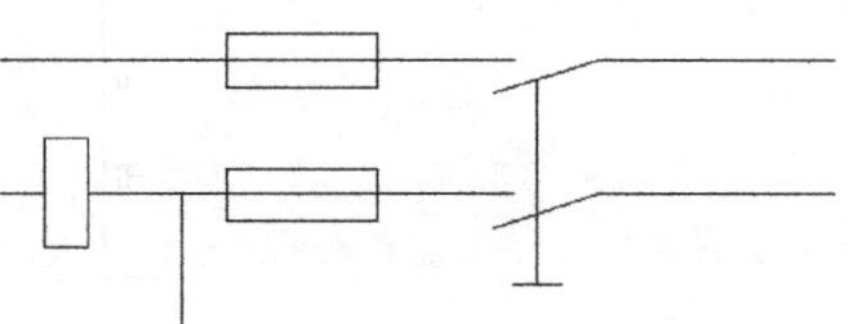

图 6-67 完成 K3 的绘制

⓫ 单击“默认”选项卡“绘图”面板中的“直线”按钮╱，在第 2 条水平线上靠近竖直主干线左端适当位置绘制一条竖直短线和一条与竖直短线交叉的斜线，并利用“修剪”命令进行修剪，完成热继电器 FR2 的绘制，如图 6-68 所示。

图 6-68 完成 FR2 的绘制

⓬ 单击“默认”选项卡“修改”面板中的“复制”按钮，将刚绘制的 FR2 竖直短线和斜线水平向左，在适当位置进行复制，单击“默认”选项卡“修改”面板中的“修剪”按钮，进行修剪，完成热继电器 FR1 和鼓型控制器 S1 的绘制，如图 6-69 所示。

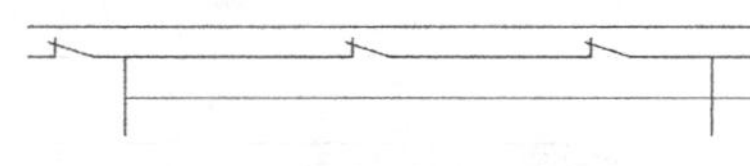

图 6-69 完成 FR1 和 S1 的绘制

⓭ 单击“默认”选项卡“绘图”面板中的“直线”按钮╱和“修剪”按钮，绘制左上端的控制电源继电器 K3，如图 6-70 所示。

⓮ 单击“默认”选项卡“修改”面板中的“复制”按钮，将第 10 步绘制的控制电源继电器 K3 竖直向下依次复制到各水平主干线上，如图 6-71 所示。

⓯ 分别单击“默认”选项卡“绘图”面板中的“直线”按钮╱和“修改”面板中的“修剪”按钮，在第 3 条水平主干线对应 FR1 的下方位置绘制限位开关 S3，如图 6-72 所示。

⓰ 分别单击“默认”选项卡“绘图”面板中的“直线”按钮╱和“修改”面板中的“修剪”按钮，在第 3 条水平主干线上限位开关 S3 左边适当位置绘制鼓型控制器 S1，如图 6-73 所示。

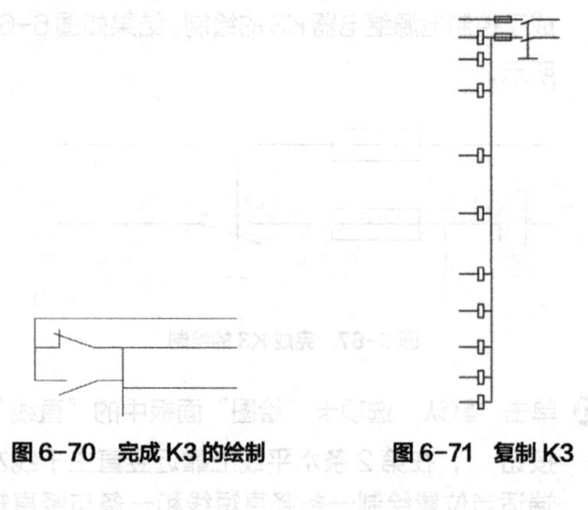

图 6-70 完成 K3 的绘制　　图 6-71 复制 K3

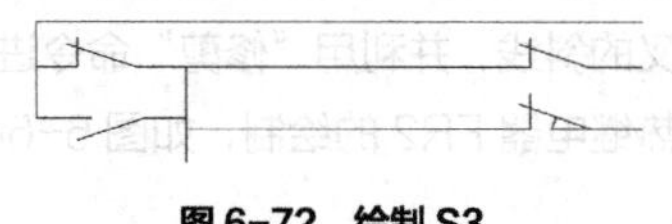

图 6-72 绘制 S3

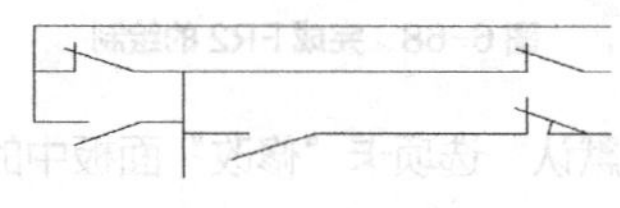

图 6-73 绘制 S1

⑰ 单击“默认”选项卡“修改”面板中的“复制”按钮，将第 15、16 步绘制的限位开关 S3 和鼓型控制器 S1 竖直向下复制到第 4 条水平主干线上，如图 6-74 所示。

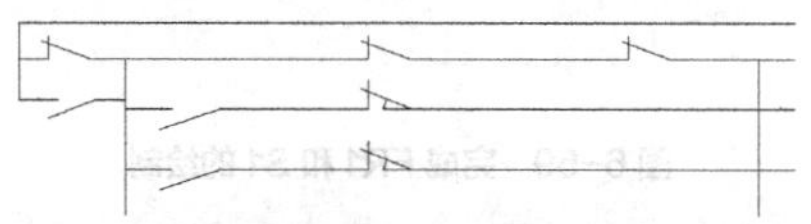

图 6-74 复制 S3 和 S1

⑱ 单击“默认”选项卡“绘图”面板中的“直线”按钮，在短水平主干线上绘制一系列图线，如图 6-75 所示。

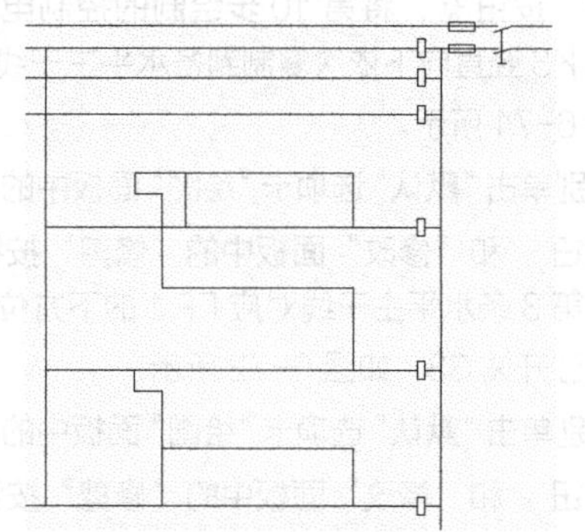

图 6-75 绘制图线

⑲ 单击“默认”选项卡“修改”面板中的“修剪”按钮，将上步绘制的图线进行修剪，如图 6-76 所示。

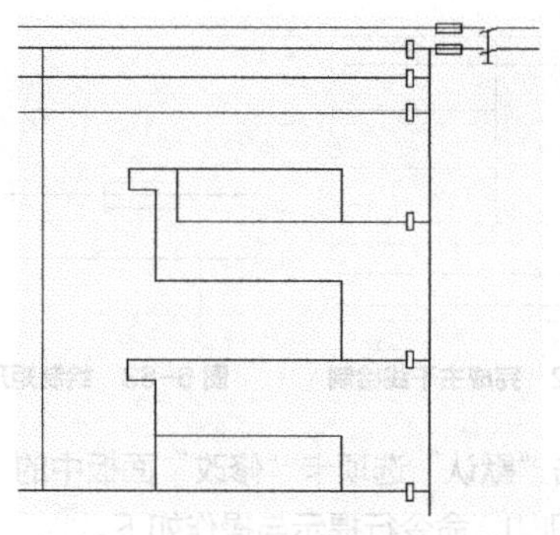

图 6-76 修剪图线

⑳ 分别单击“默认”选项卡“绘图”面板中的“直线”按钮和“修改”面板中的“打断”按钮，在刚绘制和修剪的最上水平图线上绘制正转启动继电器 K7，然后单击“默认”选项卡“修改”面板中的“复制”按钮，竖直向下依次复制，重复“打断”命令，修剪掉多余的图线，如图 6-77 所示。

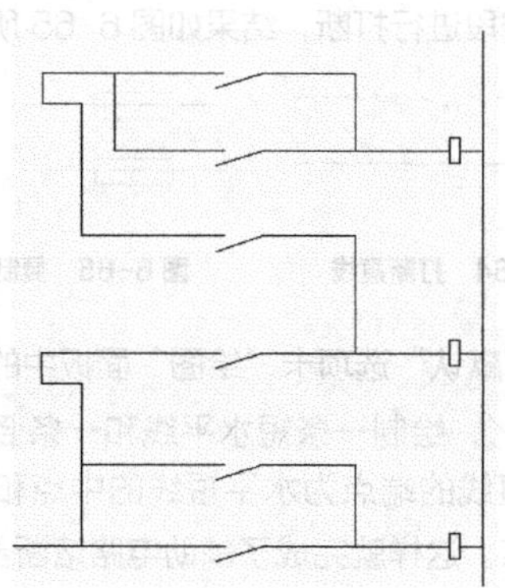

图 6-77 绘制和复制 K7

㉑ 分别单击“默认”选项卡“绘图”面板中的“直线”按钮和“矩形”按钮，绘制离心开关 S2，大体位置如图 6-78 所示。

㉒ 单击“默认”选项卡“注释”面板中的“多行文字”按钮 A，在刚绘制的矩形旁边标注文字 n，如图 6-79 所示。

㉓ 单击“默认”选项卡“修改”面板中的“移动”按钮，将文字 n 移动到矩形框的居中位置，如图 6-80 所示。

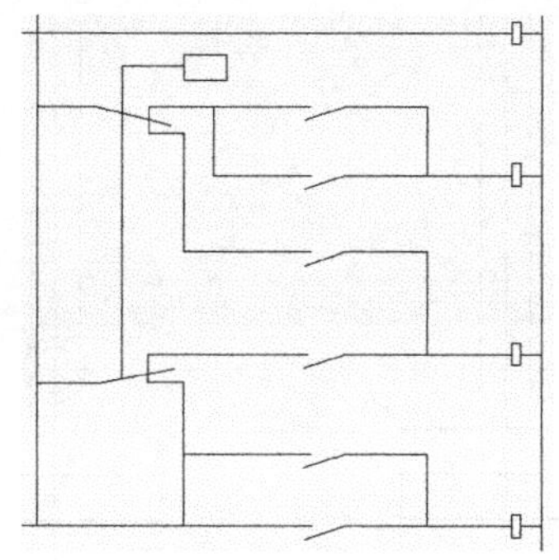

图 6-78　绘制 S2

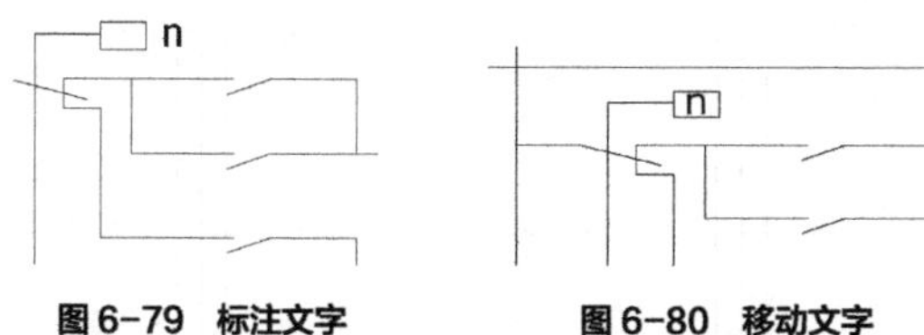

图 6-79　标注文字　　图 6-80　移动文字

㉔ 单击“默认”选项卡“绘图”面板中的“直线”按钮╱，在图形的下部适当位置绘制一系列正交图线，如图 6-81 所示。

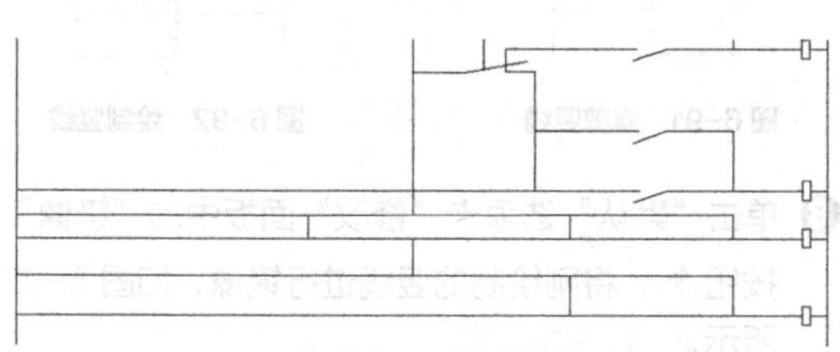

图 6-81　绘制正交图线

㉕ 单击“默认”选项卡“修改”面板中的“修剪”按钮✂，将与刚绘制的一系列图线相连的图线进行修剪，如图 6-82 所示。

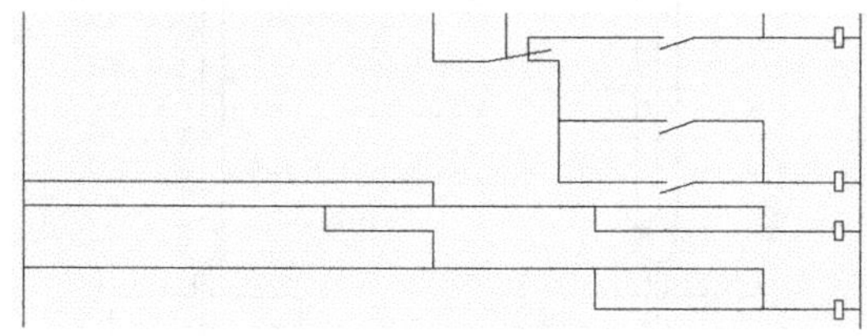

图 6-82　修剪图线

㉖ 分别单击“默认”选项卡“绘图”面板中的“直线”按钮╱和“修改”面板中的“修剪”按钮✂、“打断”按钮和“复制”按钮，在刚修剪的图线上绘制一系列的继电器和接触器元器件，如图 6-83 所示。

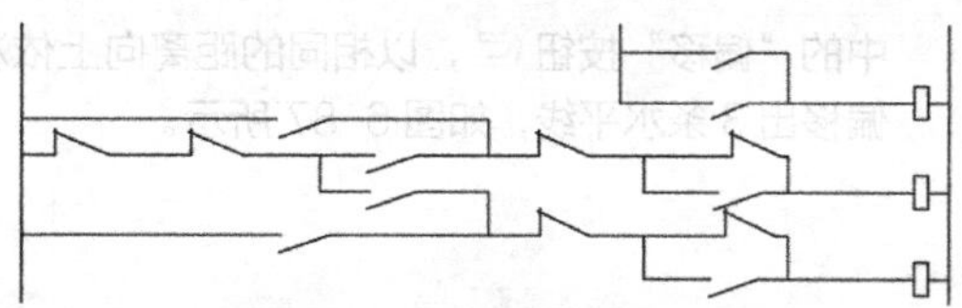

图 6-83　绘制继电器和接触器

㉗ 单击“默认”选项卡“绘图”面板中的“直线”按钮╱、“圆弧”按钮和“修改”工具栏中的“打断”按钮，绘制图形左下端的鼓型控制器 S1、启动电阻切换继电器 K4 和电阻接触器 KM4，如图 6-84 所示。

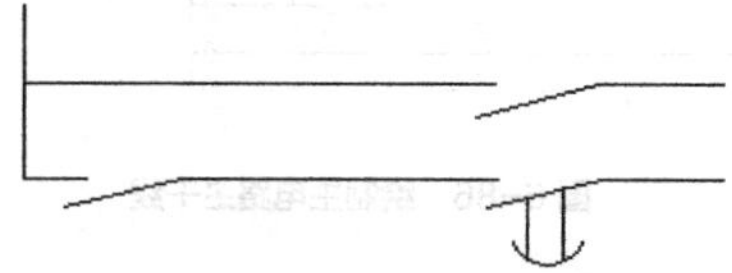

图 6-84　绘制 S1、K4 和 KM4

最后完成的控制电路如图 6-85 所示。

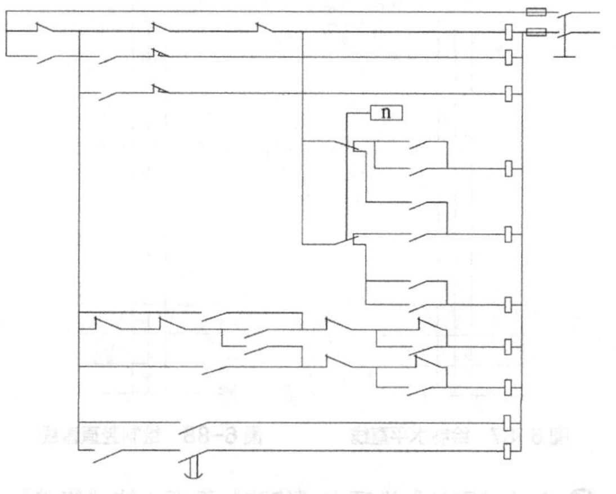

图 6-85　完成的控制电路

2. 绘制主电路

❶ 单击“默认”选项卡“绘图”面板中的“直线”按钮╱，在控制电路右边适当距离绘制一条竖直直线，利用“对象捕捉追踪”和“对象捕捉”工具，使直线的下端点与控制电路最下第 2 条水平主干线处于同一水平位置。单击“默认”选项卡“修改”面板中的“偏移”按钮⊆，向左右偏移相同的适当距离，形成 3 条平行等距竖直线作为主电路主干线，如图 6-86 所示。

❷ 单击“默认”选项卡“绘图”面板中的“直线”按钮╱，过竖直线下端点绘制一条适当长度的水平直线。单击“默认”选项卡“修改”面板

中的“偏移”按钮⊆，以相同的距离向上依次偏移出 3 条水平线，如图 6-87 所示。

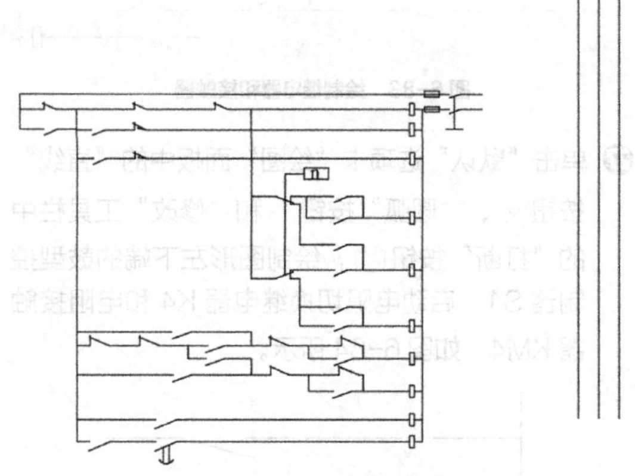

图 6-86　绘制主电路主干线

❸ 单击“默认”选项卡“绘图”面板中的“直线”按钮╱，绘制两条竖直直线，连接偏移的水平直线的左右各端点，如图 6-88 所示。

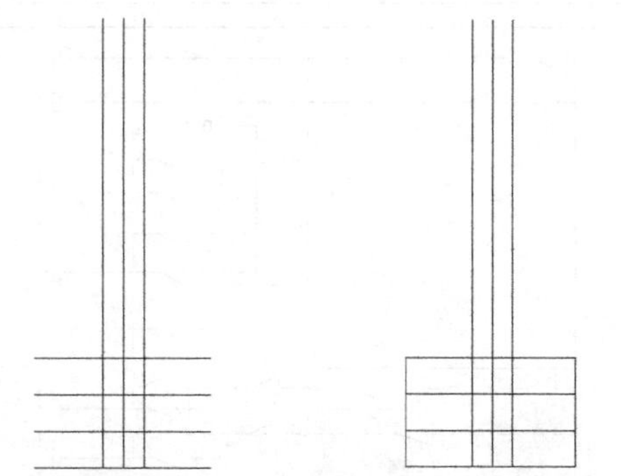

图 6-87　绘制水平直线　　图 6-88　绘制竖直直线

❹ 单击“默认”选项卡“修改”面板中的“修剪”按钮✂，对绘制和偏移的直线进行修剪，如图 6-89 所示。

❺ 单击“默认”选项卡“绘图”面板中的“圆”按钮⊙，以中间竖线上适当位置一点为圆心绘制两个适当大小的同心圆，如图 6-90 所示。

❻ 单击“默认”选项卡“修改”面板中的“修剪”按钮✂，以同心圆为边界，对竖直直线进行修剪，如图 6-91 所示。

❼ 单击“默认”选项卡“绘图”面板中的“直线”按钮╱，绘制一条竖线，捕捉竖线的两个端点分别在大圆和最上水平线上，如图 6-92 所示。

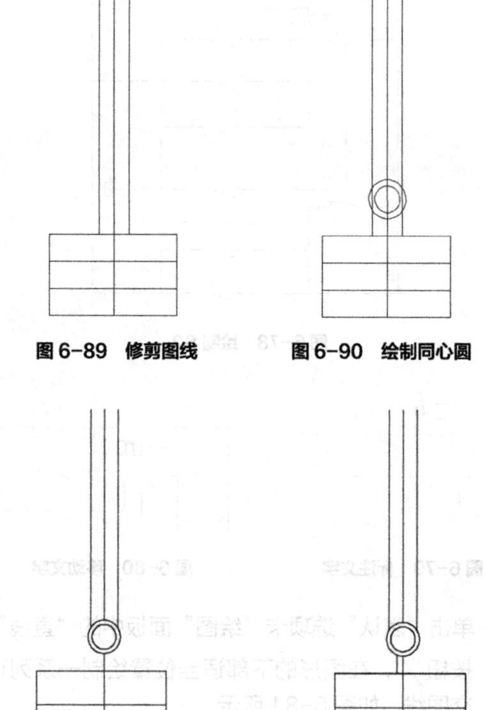

图 6-89　修剪图线　　图 6-90　绘制同心圆

图 6-91　修剪竖线　　图 6-92　绘制竖线

❽ 单击“默认”选项卡“修改”面板中的“镜像”按钮⚠，将刚绘制的竖线进行镜像，如图 6-93 所示。

❾ 单击“默认”选项卡“修改”面板中的“修剪”按钮✂，将最上水平线进行修剪，如图 6-94 所示。

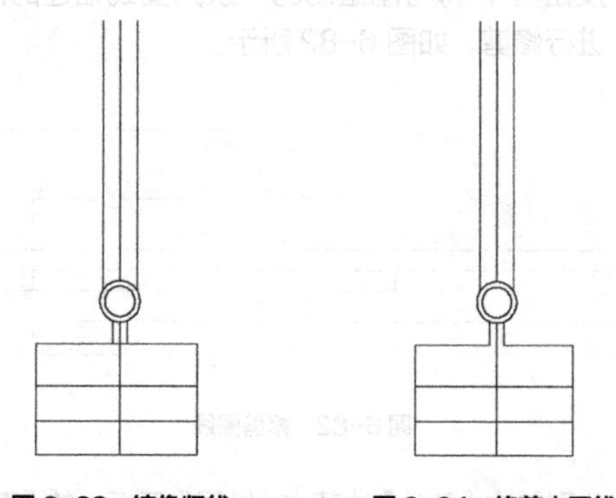

图 6-93　镜像竖线　　图 6-94　修剪水平线

❿ 单击“默认”选项卡“注释”面板中的“多行文字”按钮A，输入标示三相电动机的文字，如图 6-95 所示。

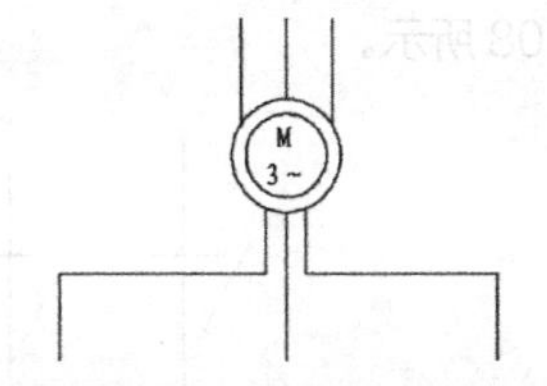

图 6-95 输入三相电动机标示文字

⑪ 单击“默认”选项卡“绘图”面板中的“矩形”按钮 ，在三相电动机上方绘制一个适当大小的矩形，如图 6-96 所示。

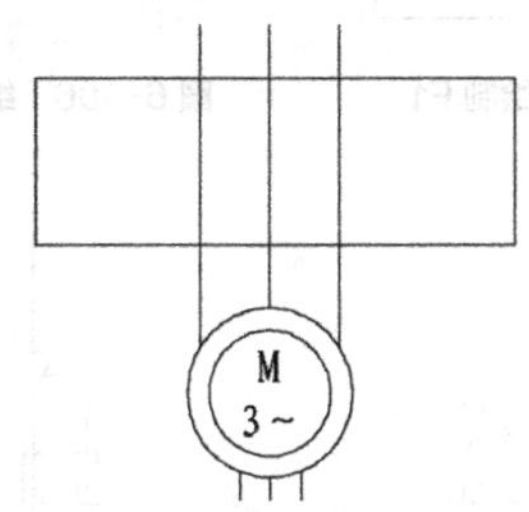

图 6-96 绘制矩形

⑫ 单击“默认”选项卡“绘图”面板中的“直线”按钮 ，在矩形框内的中间竖线上绘制封闭正交直线，如图 6-97 所示。

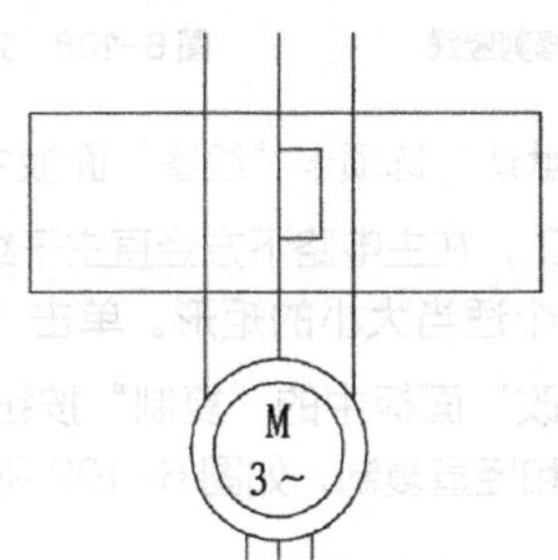

图 6-97 绘制直线

⑬ 单击“默认”选项卡“修改”面板中的“修剪”按钮 ，修剪矩形框内的直线，如图 6-98 所示。

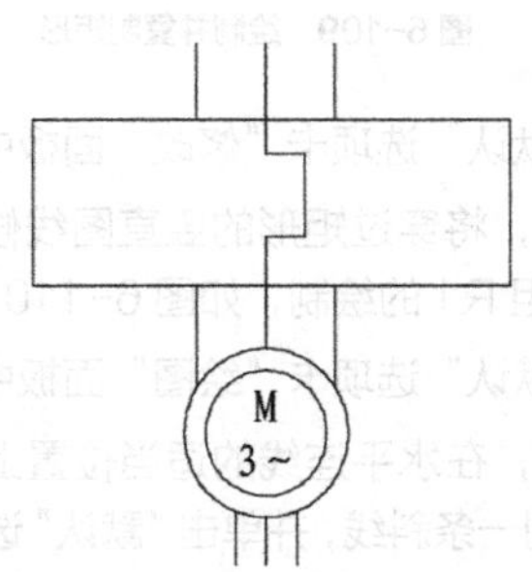

图 6-98 修剪直线

⑭ 单击“默认”选项卡“修改”面板中的“打断”按钮 ，对图形进行打断处理，完成热继电器 FR1 和 FR2 的绘制，如图 6-99 所示。

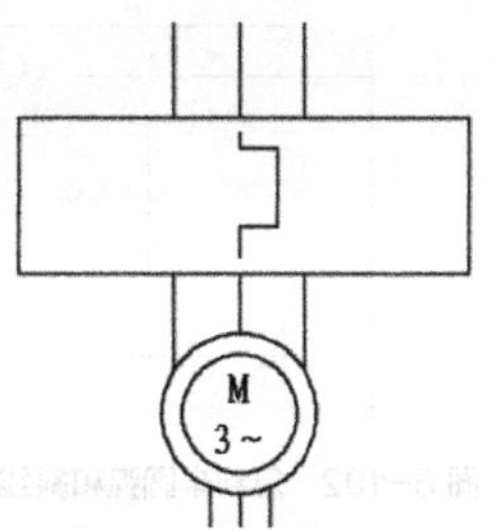

图 6-99 打断处理

⑮ 单击“默认”选项卡“绘图”面板中的“直线”按钮 ，在热继电器 FR1 和 FR2 的上方适当位置绘制 3 条连接线，如图 6-100 所示。

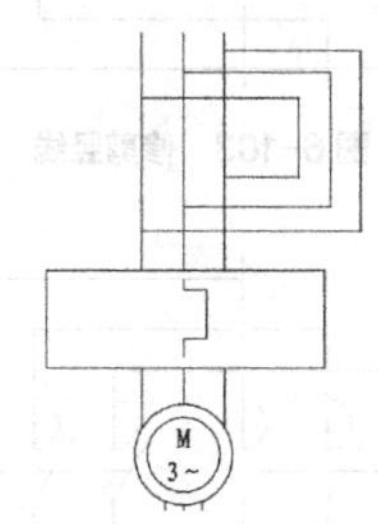

图 6-100 绘制连接线

⑯ 单击“默认”选项卡“绘图”面板中的“直线”按钮 和“圆弧”按钮 ，在连接线范围内的左边竖线上捕捉相关端点，绘制一个半圆弧和一条斜线，如图 6-101 所示。

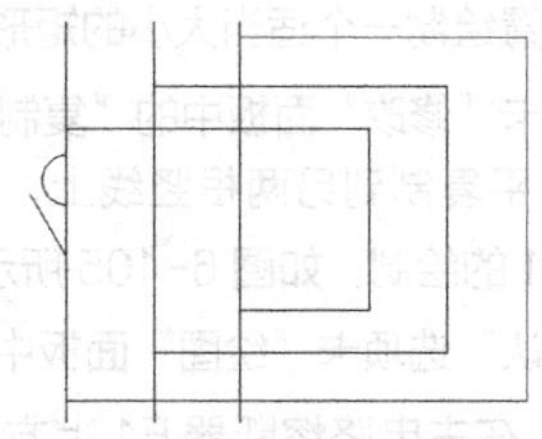
图 6-101 绘制半圆弧和斜线

⑰ 单击“默认”选项卡“修改”面板中的“复制”按钮 ，将绘制的半圆弧和斜线依次水平复制到右边各竖线上，如图 6-102 所示。

⑱ 单击“默认”选项卡“修改”面板中的“修剪”按钮 ，修剪半圆弧和斜线之间的竖线，如图 6-103 所示。

⑲ 单击“默认”选项卡“绘图”面板中的“直线”按钮 ，绘制两条水平直线，分别连接左边 3

根斜线的中点和右边 3 根斜线的中点，完成正转控制接触器 KM2 和反转控制接触器 KM3 的绘制，如图 6-104 所示。

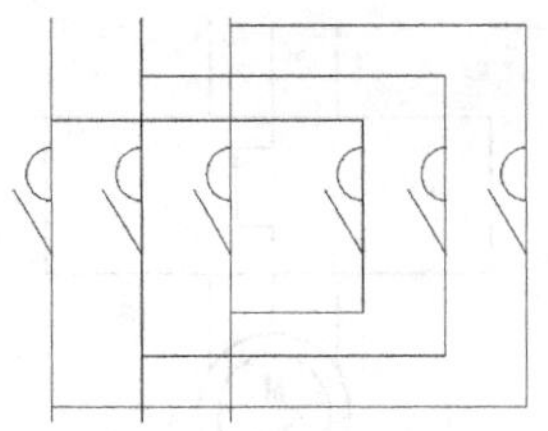

图 6-102　复制半圆弧和斜线

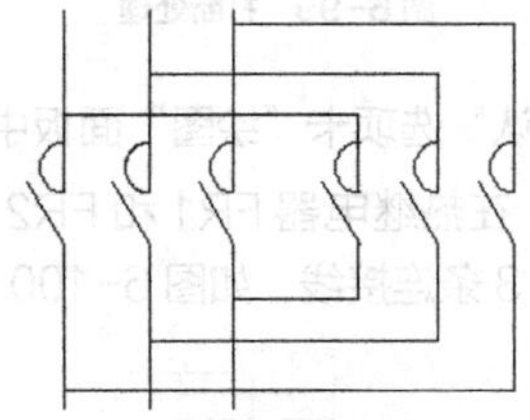

图 6-103　修剪竖线

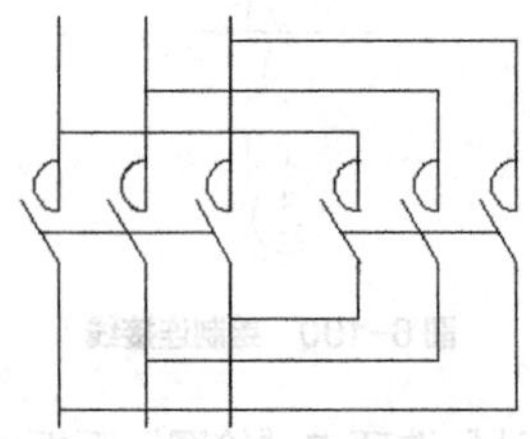

图 6-104　绘制水平直线

⑳ 单击“默认”选项卡“绘图”面板中的“矩形”按钮 ▭，在正转控制接触器 KM2 上方的竖线上适当位置绘制一个适当大小的矩形。单击“默认”选项卡“修改”面板中的“复制”按钮 ⧉，将矩形水平复制到另两根竖线上，完成主电路熔断器 F1 的绘制，如图 6-105 所示。

㉑ 单击“默认”选项卡“绘图”面板中的“直线”按钮 ╱，在主电路熔断器 F1 上方竖线上绘制一条水平短线和一条斜线，并利用“复制”命令将绘制的水平线和斜线水平复制到另两根竖线上，如图 6-106 所示。

㉒ 单击“默认”选项卡“修改”面板中的“修剪”按钮 ✂，以刚绘制和复制的直线为界线，对多余的竖直图线进行修剪，如图 6-107 所示。

㉓ 单击“默认”选项卡“绘图”面板中的“直线”按钮 ╱，绘制一条水平直线，连接刚绘制的 3 条斜线的中点，完成电源隔离刀闸 QS1 的绘制，如图 6-108 所示。

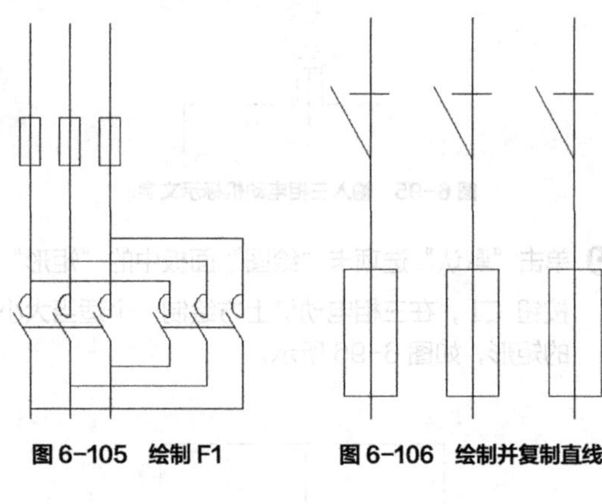

图 6-105　绘制 F1　　图 6-106　绘制并复制直线

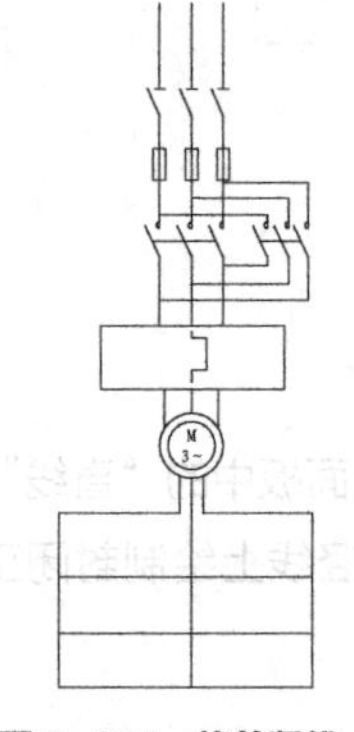

图 6-107　修剪竖线

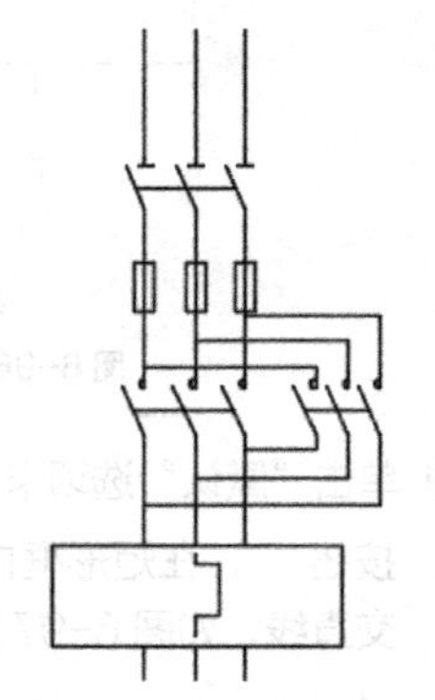

图 6-108　完成 QS1 的绘制

㉔ 单击“默认”选项卡“绘图”面板中的“矩形”按钮 ▭，在主电路下方竖直主干线上适当位置绘制一个适当大小的矩形。单击“默认”选项卡“修改”面板中的“复制”按钮 ⧉，分别进行水平和竖直复制，如图 6-109 所示。

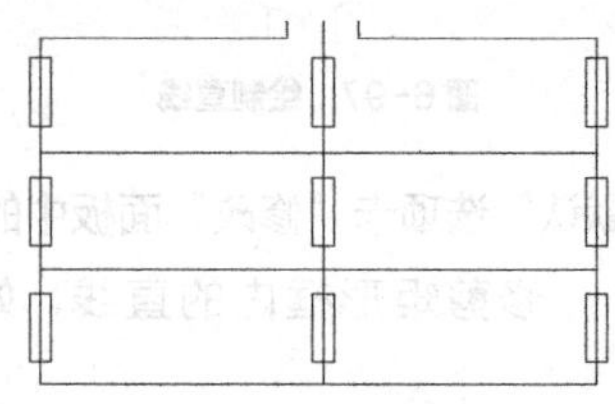

图 6-109　绘制并复制矩形

㉕ 单击“默认”选项卡“修改”面板中的“修剪”按钮 ✂，将穿过矩形的竖直图线修剪掉，完成启动电阻 R1 的绘制，如图 6-110 所示。

㉖ 单击“默认”选项卡“绘图”面板中的“直线”按钮 ╱，在水平连线的适当位置上捕捉相关端点，绘制一条斜线，并单击“默认”选项卡“修改”面板中的“复制”按钮 ⧉，进行水平和竖直复制，

如图 6-111 所示。

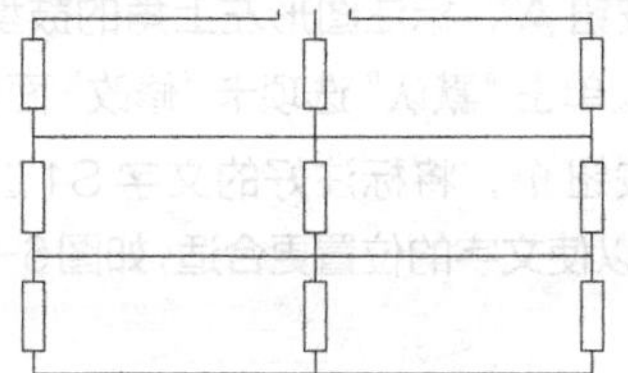

图 6-110　完成 R1 的绘制

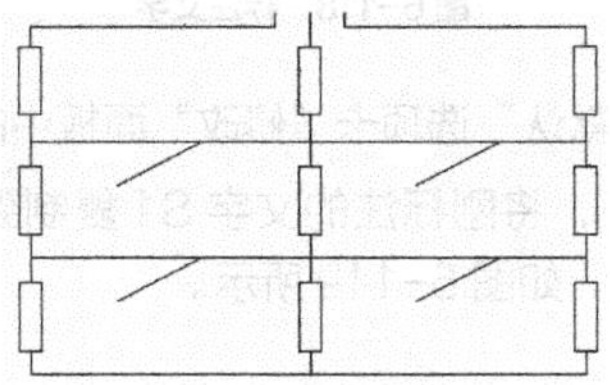

图 6-111　绘制斜线

㉗ 单击“默认”选项卡“修改”面板中的“修剪”按钮，修剪斜线之间的水平连线，最终完成的主电路图如图 6-112 所示。

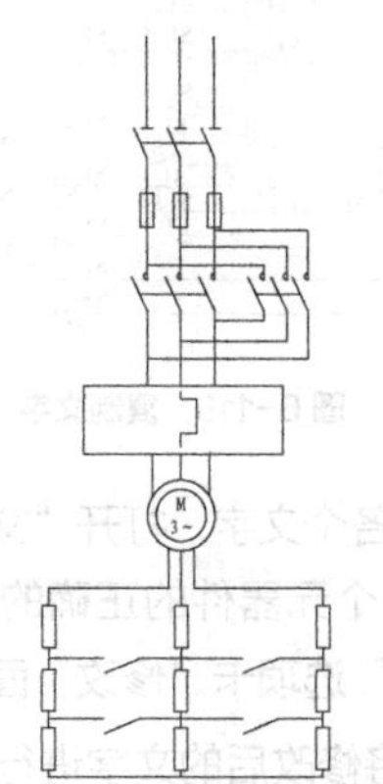

图 6-112　完成主电路图的绘制

3. 组合主电路和控制电路

❶ 单击“默认”选项卡“修改”面板中的“移动”按钮，选择整个控制电路图部分为对象，如图 6-113 所示，水平向右移动到合适位置，使控制电路与主电路之间更紧凑，如图 6-114 所示。

❷ 单击“默认”选项卡“修改”面板中的“延伸”按钮，命令行提示与操作如下。

```
命令：_extend
当前设置：投影 =UCS，边 = 无
选择边界的边 ...
选择对象或 < 全部选择 >：（选择主电路左边竖线）
选择对象：↙
选择要延伸的对象，或按住 Shift 键选择要修剪的对象，或 [栏选 (F) / 窗交 (C) / 投影 (P) / 边 (E) / 放弃 (U)]：（选择控制电路最上边水平线右端）
选择要延伸的对象，或按住 Shift 键选择要修剪的对象，或 [栏选 (F) / 窗交 (C) / 投影 (P) / 边 (E) / 放弃 (U)]：↙
```

重复“延伸”命令，延伸第2条水平线右端到主电路中间竖线，这样就完成了控制电路与主电路的连接，如图6-115所示。

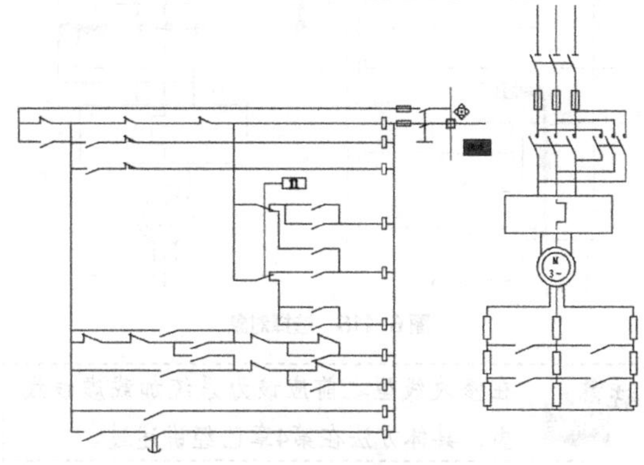

图 6-113　选择对象

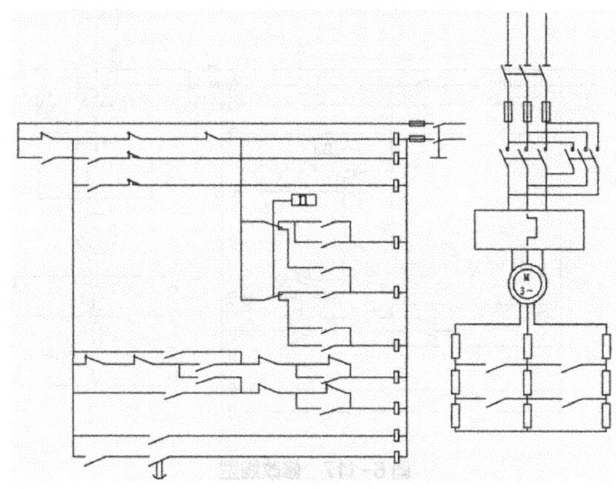

图 6-114　移动控制电路

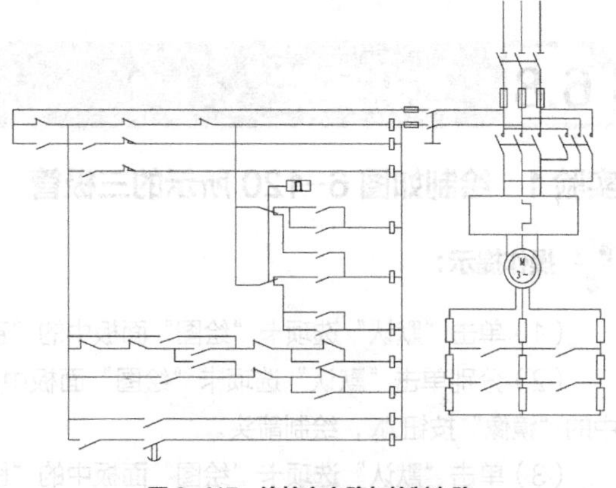

图 6-115　连接主电路与控制电路

❸ 选择电路图中的几处图线，使这些图线显示蓝色控制夹点，如图 6-116 所示，利用“特性”工具选项板将它们的线型改为虚线，如图 6-117 所示。

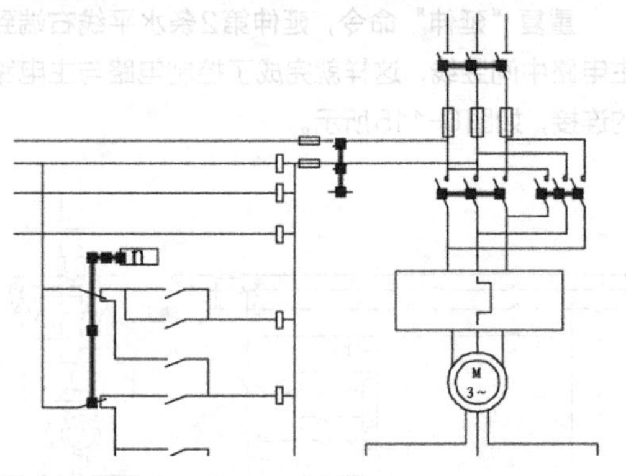

图 6-116　选择对象

在修改线型之前应该为系统加载虚线线型，具体方法在第4章已经讲述过。

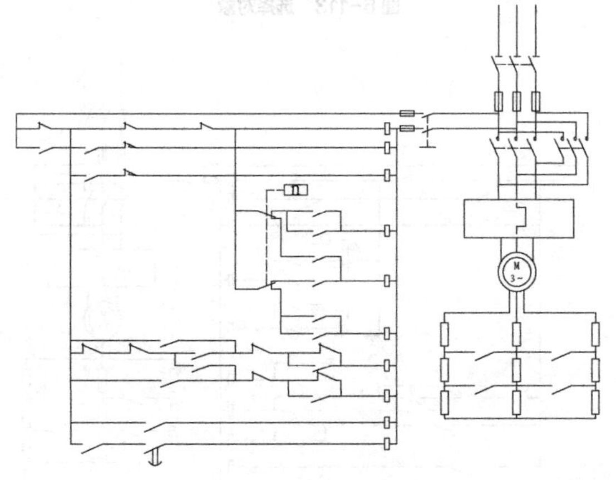

图 6-117　修改线型

❹ 单击“默认”选项卡“注释”面板中的“多行文字”按钮 A，标注图形左上角的鼓型控制器符号 S1。单击“默认”选项卡“修改”面板中的“移动”按钮✥，将标注好的文字 S1 进行适当的平移，以使文字的位置更合适，如图 6-118 所示。

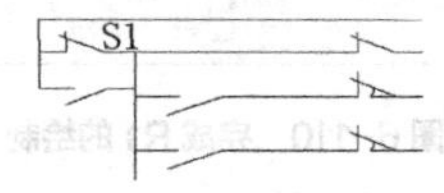

图 6-118　标注文字

❺ 单击“默认”选项卡“修改”面板中的“复制”按钮，将刚标注的文字 S1 复制到各个元器件旁边，如图 6-119 所示。

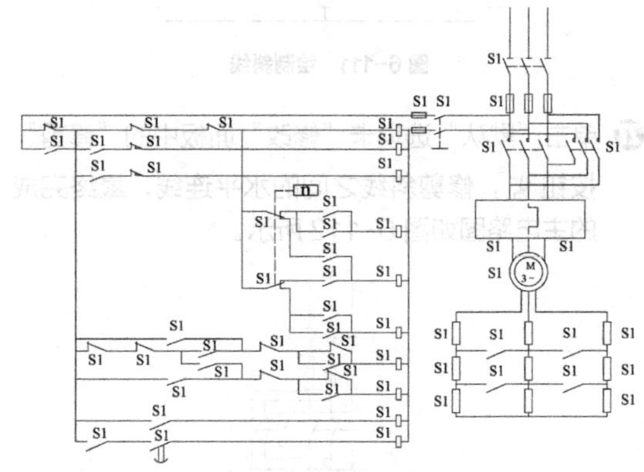

图 6-119　复制文字

❻ 双击复制的各个文字，打开“文字编辑器”，将文字改为各个元器件的正确的符号代表文字。单击“默认”选项卡“修改”面板中的“移动”按钮✥，将修改后的文字进行适当的移动，以使文字位置更加整齐美观，最终完成的电动机正反向启动控制电路如图 6-58 所示。

6.8 上机实验

实验 1　绘制如图 6-120 所示的三极管

操作提示：

（1）单击“默认”选项卡“绘图”面板中的“直线”按钮，绘制4条直线。

（2）分别单击“默认”选项卡“绘图”面板中的“直线”按钮和“修改”面板中的“镜像”按钮，绘制箭头。

（3）单击“默认”选项卡“绘图”面板中的“图案填充”按钮，填充箭头。

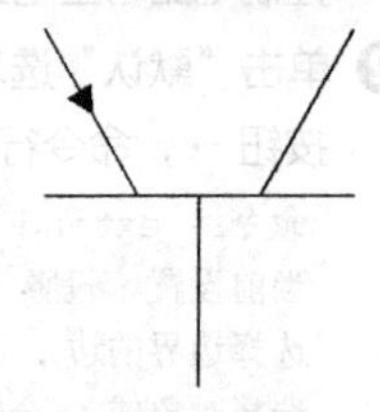

图 6-120　三极管

实验 2　绘制如图 6-121 所示的低压电气图

 **操作提示：**

（1）绘制主要电路干线。

（2）依次绘制各个电气符号。

（3）修改线型。

（4）标注文字。

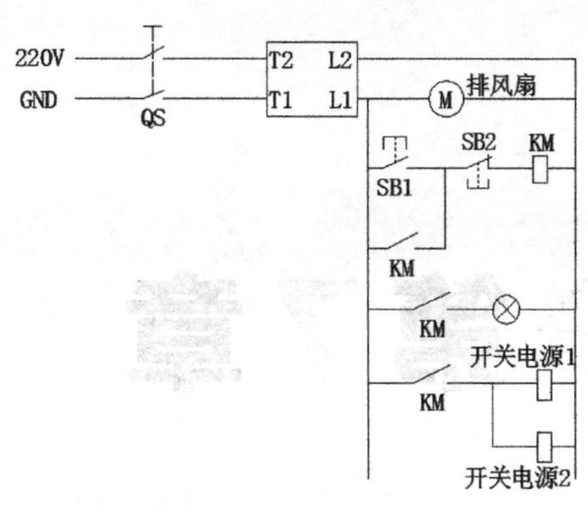

图 6-121　低压电气图

6.9 思考与练习

1. 选择题

（1）能够将物体的某部分进行大小不变的复制命令有（　　）。

A. MIRROR　　B. COPY　　C. ROTATE　　D. ARRAY

（2）下列命令中，（　　）可以用来去掉图形中不需要的部分。

A. 删除　　B. 清除　　C. 移动　　D. 回退

（3）能够改变一条线段的长度的命令有（　　）。

A. DDMODIFY　　B. LENTHEN　　C. EXTEND　　D. TRIM

E. STRETCH　　F. SCALE　　G. BREAK　　H. MOVE

（4）（　　）命令在选择物体时必须采取交叉窗口或交叉多边形窗口进行选择。

A. LENTHEN　　B. STRETCH　　C. ARRAY　　D. MIRROR

2. 连线题

将下列命令与其命令名连接起来。

CHAMFER　　拉伸

LENGTHEN　　圆角

FILLET　　拉长

STRETCH　　倒角

3. 问答题

（1）分析COPYCLIP与COPY两个命令的异同。

（2）在利用“修剪”命令对图形进行修剪时，有时无法实现修剪，试分析其可能的原因。

第7章

图块

在设计绘图过程中经常会遇到一些重复出现的图形（如机械设计中的螺钉、螺帽，建筑设计中的桌椅、门窗等），如果每次都重新绘制这些图形，不仅会造成大量的重复工作，而且存储这些图形及其信息也要占用相当大的磁盘空间。为解决这一问题，AutoCAD 针对图块、外部参照和光栅图像提出了模块化作图的概念，这样不仅避免了大量的重复工作，提高了绘图速度和工作效率，而且还可大大节省磁盘空间。

知识重点

- 图块的操作
- 图块的属性

7.1 图块的操作

图块也叫块，它是由一组图形组成的集合。一组对象一旦被定义为图块，它们将成为一个整体，拾取图块中任意一个图形对象即可选中构成图块的所有对象。AutoCAD把一个图块作为一个对象进行编辑修改等操作，用户可根据绘图需要把图块插入到图中任意指定的位置，而且在插入时还可以指定不同的缩放比例和旋转角度。如果需要对组成图块的单个图形对象进行修改，可以利用“分解”命令把图块分解成若干个对象。图块还可以重新定义，一旦被重新定义，整个图中基于该块的对象都将随之改变。

7.1.1 定义图块

【执行方式】

命令行：BLOCK。

菜单：“绘图”→“块”→“创建”。

工具栏：“绘图”→“创建块”。

功能区：单击“默认”选项卡“块”面板中的“创建”按钮，或单击“插入”选项卡“块定义”面板中的“创建块”按钮。

【操作格式】

```
命令： BLOCK↙
```

执行上述命令后，AutoCAD就会打开如图7-1所示的“块定义”对话框。利用该对话框可定义图块，并为之命名。

图 7-1 “块定义”对话框

【选项说明】

（1）“基点”选项组：确定图块的基点，默认值是(0,0,0)。也可以在下面的*X*、*Y*、*Z*文本框中输入块的基点坐标值。单击“拾取点”按钮，AutoCAD临时切换到作图屏幕，用鼠标在图形中拾取一点后，返回“块定义”对话框，将会把所拾取的点作为图块的基点。

（2）“对象”选项组：该选项组用于选择制作图块的对象以及设置对象的相关属性。

还可以指定创建图块之后如何处理选定的图块对象，例如，将图7-2（a）中的图形定义为图块之后，对于选定的正五边形，图7-2（b）所示为选中“删除”单选按钮的结果，图7-2（c）所示为选中“保留”单选按钮的结果。

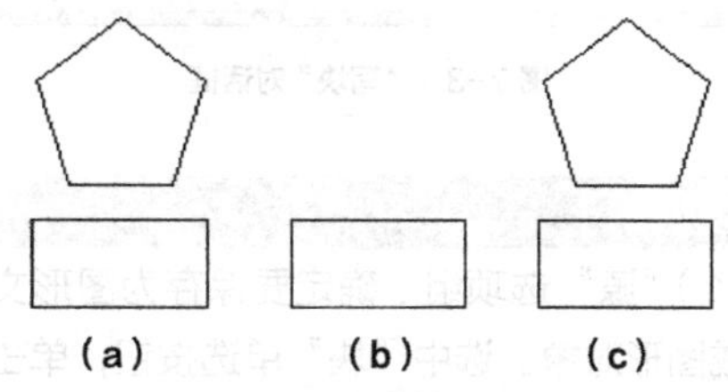

图 7-2 删除或保留图形对象

（3）“设置”选项组：指定从AutoCAD设计中心拖动图块时用于测量图块的单位，以及进行缩放、分解和超链接等设置。

（4）“在块编辑器中打开”复选框：选中此复选框，系统打开块编辑器，可以定义动态块。

7.1.2 图块的存盘

用BLOCK命令定义的图块保存在其所属的图形中，该图块只能在该图中插入，而不能插入到其他的图中。但是有些图块在许多图中要经常用到，这时可以用WBLOCK命令把图块以图形文件的形式（扩展名为DWG）写入磁盘，图形文件就可以在任意图形中通过INSERT命令插入了。

【执行方式】

命令行：WBLOCK。

功能区：单击“插入”选项卡“块定义”面板中的“写块”按钮。

【操作格式】

```
命令： WBLOCK↙
```

执行上述命令后，AutoCAD打开“写块”对话框，如图7-3所示。利用此对话框可把图形对象保存为图形文件或把图块转换成图形文件。

图7-3 “写块”对话框

【选项说明】

（1）“源”选项组：确定要保存为图形文件的图块或图形对象。选中“块”单选按钮，单击右侧的下三角按钮，在下拉列表中选择一个图块，将其保存为图形文件。选中“整个图形”单选按钮，则把当前的整个图形保存为图形文件。选中“对象”单选按钮，则把不属于图块的图形对象保存为图形文件。对象的选取通过“对象”选项组来完成。

（2）“目标”选项组：用于指定图形文件的名称、保存路径和插入单位等。

7.1.3 实例——定义灯图块

下面将图7-4所示的灯图形定义为图块，取名为“deng”，并保存。

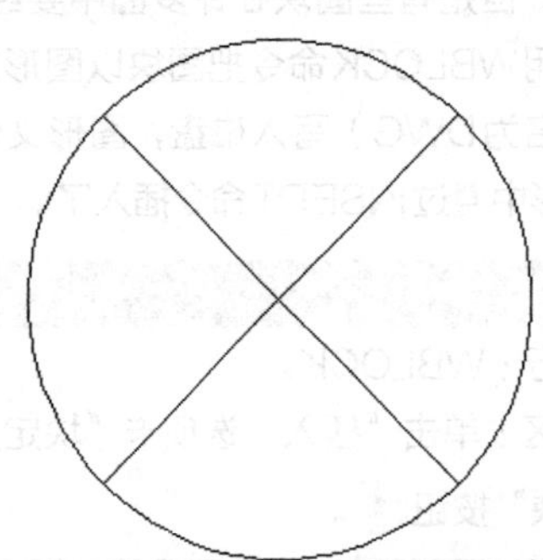

图7-4 灯图形

STEP 绘制步骤

❶ 单击“默认”选项卡“块”面板中的“创建”按钮，打开“块定义”对话框。

❷ 在“名称”下拉列表框中输入“deng”。

❸ 单击“拾取点”按钮，切换到作图屏幕，选择圆心为插入基点，返回“块定义”对话框。

❹ 单击“选择对象”按钮，切换到作图屏幕，选择图7-4中的对象后，按Enter键返回“块定义”对话框。

❺ 单击“确定”按钮，关闭对话框。

❻ 在命令行执行WBLOCK命令，系统打开“写块”对话框，在“源”选项组中选择“块”单选按钮，在后面的下拉列表框中选择deng块，并在进行其他相关设置后确认退出。

7.1.4 图块的插入

在用AutoCAD绘图的过程中，可根据需要随时把已经定义好的图块或图形文件插入到当前图形的任意位置，在插入的同时还可以改变图块的大小、旋转一定角度或把图块炸开等。

【执行方式】

命令行：INSERT。

菜单：“插入”→“块”。

工具栏：“插入”→“插入块”或“绘图”→“插入块”。

功能区：单击“默认”选项卡“块”面板中的“插入”按钮，或单击“插入”选项卡“块”面板中的“插入”按钮。

【操作格式】

命令：INSERT↙

执行上述操作后，即可单击并放置所显示功能区库中的块。该库显示当前图形中的所有块定义。其他两个选项（即“最近使用的块”和“其他图形的块”）会将“块”选项板打开到相应选项卡，如图7-5所示，从选项卡中可以指定要插入的图块及插入位置。

【选项说明】

（1）“当前图形”选项卡：显示当前图形中可用块定义的预览或列表。

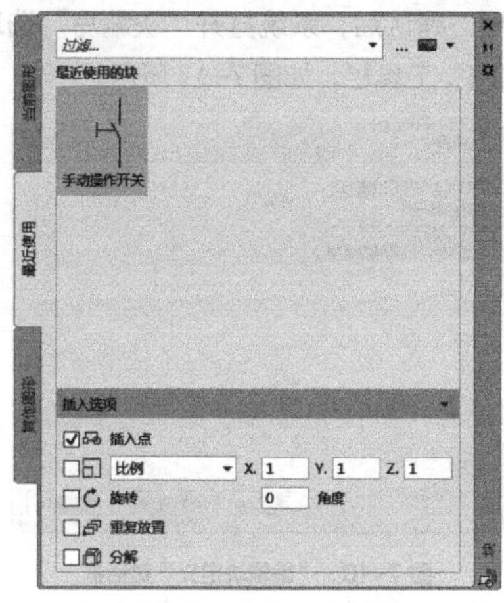

图7-5 “插入”选项板

（2）“最近使用”选项卡：显示当前和上一个任务中最近插入或创建的块定义的预览或列表。这些块可能来自各种图形。

> 提示 可以删除“最近使用”选项卡中显示的块（方法是在其上单击鼠标右键，并选择“从最近列表中删除”选项）。若要删除“最近使用”选项卡中显示的所有块，请将BLOCKMRULIST系统变量设置为0。

（3）“其他图形”选项卡：显示单个指定图形中块定义的预览或列表。可以将图形文件作为块插入到当前图形中。单击选项板顶部的“...”按钮，可以浏览到其他图形文件。

> 提示 可以创建存储所有相关块定义的“块库图形”。如果使用此方法，则在插入块库图形时选择选项板中的“分解”选项，可防止图形本身在预览区域中显示或列出。

（4）“插入选项”下拉列表。

①“插入点”复选框：指定插入点，插入图块时该点与图块的基点重合。可以在右侧的文本框中输入坐标值，勾选复选框可以在绘图区指定该点。

②“比例”复选框：指定插入块的缩放比例。可以以任意比例放大或缩小。例如，图7-6（a）所示是被插入的图块；X轴方向和Y轴方向的比例系数也可以取不同值，如图7-6（d）所示，插入的图块X轴方向的比例系数为1，Y轴方向的比例系数为1.5。另外，比例系数还可以是一个负数，当为负数时表示插入图块的镜像，其效果如图7-7所示。单击“比例”下拉列表，选择“统一比例”选项，如图7-8所示，可以按照同等比例缩放图块，图7-6（b）所示为按比例系数1.5插入该图块的结果；图7-6（c）所示为按比例系数0.5插入该图块的结果。如果选中该复选框，将在绘图区调整比例。

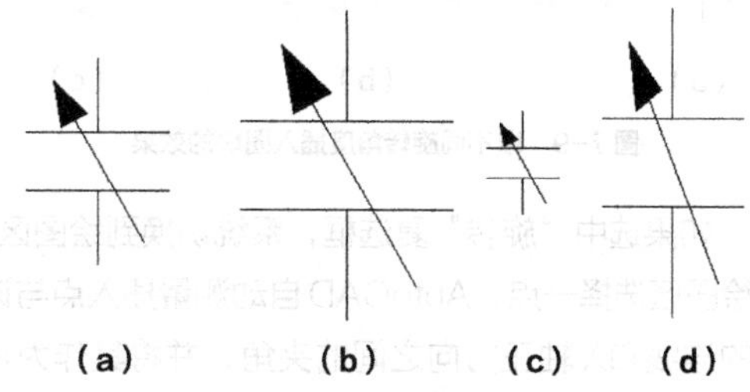

图7-6 取不同比例系数插入图块的效果

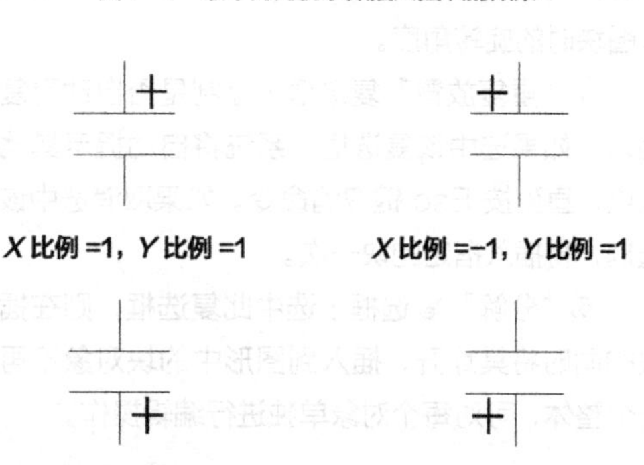

图7-7 取比例系数为负值插入图块的效果

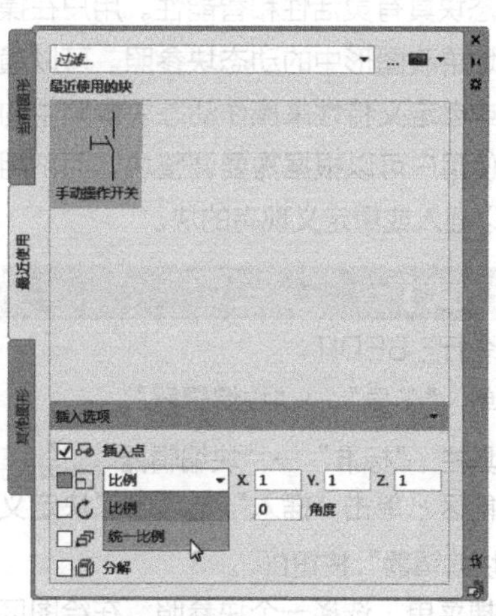

图7-8 选择“统一比例”选项

③“旋转”复选框：指定插入图块时的旋转角度。图块被插入当前图形中时，可以绕其基点旋转一定的角度，角度可以是正数（表示沿逆时针方向旋转），也可以是负数（表示沿顺时针方向旋转）。图7-9（a）所示为直接插入图块的效果，图

7-9（b）所示为图块旋转45°后插入的效果，图7-9（c）所示为图块旋转-45°后插入的效果。

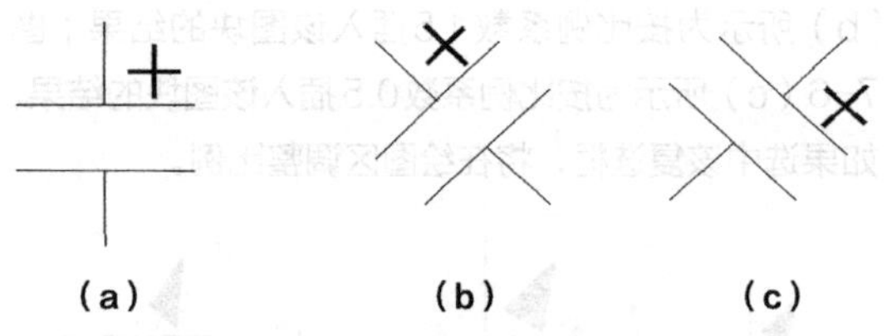

图7-9 以不同旋转角度插入图块的效果

如果选中"旋转"复选框，系统切换到绘图区，在绘图区选择一点，AutoCAD自动测量插入点与该点的连线和*X*轴正方向之间的夹角，并将其作为块的旋转角。也可以在"角度"文本框中直接输入插入图块时的旋转角度。

④"重复放置"复选框：控制是否自动重复块插入。如果选中该复选框，系统将自动提示其他插入点，直到按Esc键取消命令。如果取消选中该复选框，将插入指定的块一次。

⑤"分解"复选框：选中此复选框，则在插入块的同时将其炸开，插入到图形中的块对象不再是一个整体，可对每个对象单独进行编辑操作。

7.1.5 动态块

动态块具有灵活性和智能性。用户在操作时可以轻松地更改图形中的动态块参照。可以通过自定义夹点或自定义特性来操作动态块参照中的几何图形。这使用户可以根据需要调整块，而不用搜索另一个块以插入或重定义现有的块。

【执行方式】

命令行：BEDIT。

菜单："工具"→"块编辑器"。

工具栏："标准"→"块编辑器"。

功能区：单击"插入"选项卡"块定义"面板中的"块编辑器"按钮。

快捷菜单：选择一个块参照，在绘图区域中单击鼠标右键，从快捷菜单中选择"块编辑器"命令。

【操作格式】

```
命令：BEDIT↙
```

执行上述命令后，系统打开"编辑块定义"对话框，如图7-10所示，在"要创建或编辑的块"文本框中输入块名或在列表框中选择已定义的块或当前图形。确认后，系统打开"块编写"选项板和"块编辑器"工具栏，如图7-11所示。

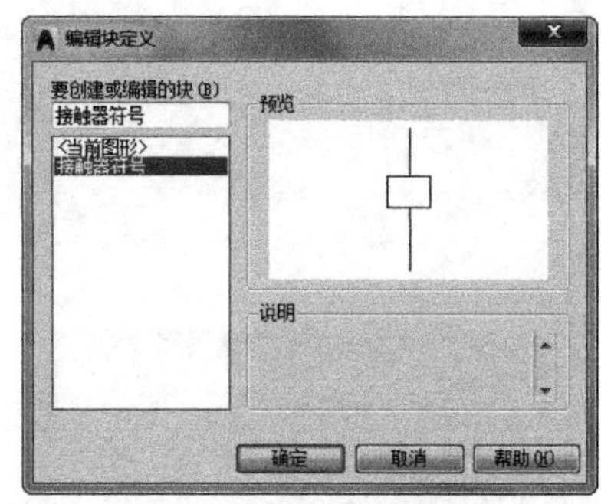

图7-10 "编辑块定义"对话框

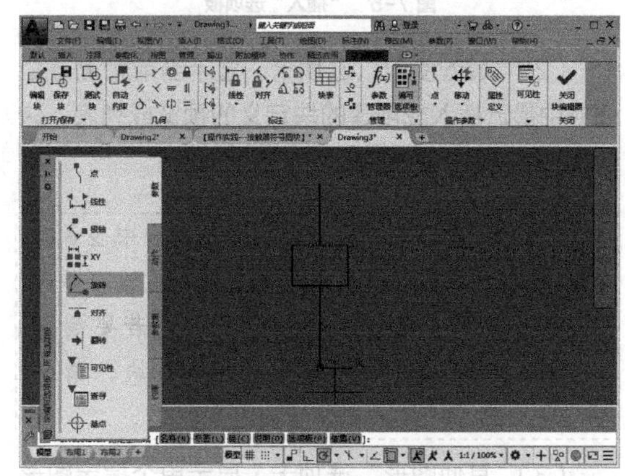

图7-11 块编辑状态绘图平面

【选项说明】

1. "块编写"选项板

该选项板有4个选项卡，分别介绍如下。

（1）"参数"选项卡：提供用于向块编辑器中的动态块定义添加参数的工具。参数用于指定几何图形在块参照中的位置、距离和角度等。将参数添加到动态块定义中时，该参数将定义块的一个或多个自定义特性。此选项卡也可以通过BPARAMETER命令打开。

（2）"动作"选项卡：提供用于向块编辑器中的动态块定义添加动作的工具。动作定义了在图形中操作块参照的自定义特性时，动态块参照的几何图形将如何移动或变化。应将动作与参数相关联。此选项卡也可以通过BACTIONTOOL命令打开。

（3）"参数集"选项卡：提供用于在块编辑器中向动态块定义添加一个参数和至少一个动作的工具。将参数集添加到动态块中时，动作将自动与参数相关联。将参数集添加到动态块中后，双击黄色警示图标（或使用BACTIONSET命令），然后按照命令行中的提示将动作与几何图形选择集相关联。此选项卡也可以通过BPARAMETER命令打开。

（4）“约束”选项卡：可将几何对象关联在一起，或指定固定的位置或角度。

2.“块编辑器”工具栏

该工具栏提供了用于创建动态块以及设置可见性状态的工具。

7.2 图块的属性

图块除了包含图形对象以外，还可以具有非图形信息。例如，把一个椅子的图形定义为图块后，还可把椅子的号码、材料、重量、价格以及说明等文本信息一并加入图块中。图块的这些非图形信息，叫作图块的属性，它是图块的组成部分，与图形对象一起构成一个整体。在插入图块时，AutoCAD把图形对象连同属性一起插入图形中。

7.2.1 定义图块属性

【执行方式】

命令行：ATTDEF。

菜单：“绘图”→“块”→“定义属性”。

功能区：单击“默认”选项卡“块”面板中的“定义属性”按钮或单击“插入”选项卡“块定义”面板中的“定义属性”按钮。

【操作格式】

命令：ATTDEF↙

执行上述命令后，打开“属性定义”对话框，如图7-12所示。

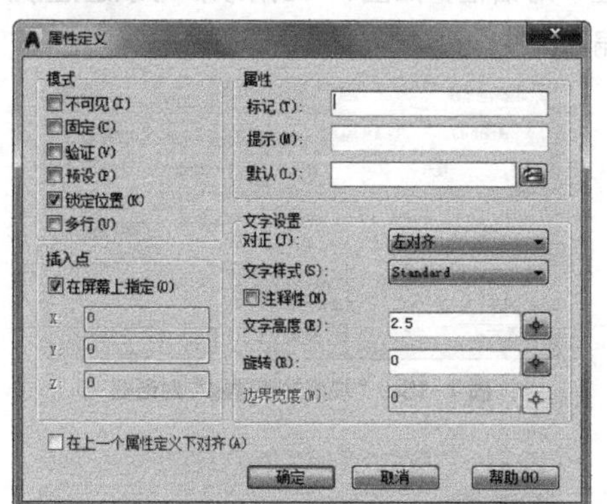

图 7-12 “属性定义”对话框

【选项说明】

（1）“模式”选项组：确定属性的模式。

①“不可见”复选框：选中此复选框，插入图块并输入属性值后，属性值在图中并不显示出来。

②“固定”复选框：选中此复选框，属性值为常量。

③“验证”复选框：选中此复选框，当插入图块时，AutoCAD重新显示属性值，让用户验证该值是否正确。

④“预设”复选框：选中此复选框，当插入图块时，自动把事先设置好的默认值赋予属性，而不再提示输入属性值。

⑤“锁定位置”复选框：选中此复选框，当插入图块时，AutoCAD锁定块参照中属性的位置。解锁后，属性可以相对于使用夹点编辑的块的其他部分移动，并且可以调整多行属性的大小。

⑥“多行”复选框：选中此复选框，指定属性值可以包含多行文字。

（2）“属性”选项组：用于设置属性值。在AutoCAD中，每个文本框允许输入不超过256个字符。

①“标记”文本框：输入属性标签。属性标签可由除空格和感叹号以外的所有字符组成，AutoCAD自动把小写字母改为大写字母。

②“提示”文本框：输入属性提示。属性提示是插入图块时AutoCAD要求输入属性值的提示，如果不在此文本框内输入文本，则以属性标签作为提示。如果在“模式”选项组选中“固定”复选框，即设置属性为常量，则不需设置属性提示。

③“默认”文本框：设置默认的属性值。可把使用次数较多的属性值作为默认值，也可不设默认值。

（3）“插入点”选项组：确定属性文本的位置。可以在插入时由用户在图形中确定属性文本的位置，也可在X、Y、Z文本框中直接输入属性文本的位置坐标。

（4）“文字设置”选项组：设置属性文本的对齐方式、文本样式、字高和倾斜角度等。

（5）“在上一个属性定义下对齐”复选框：选中此复选框，表示把属性标签直接放在前一个属性的下面，而且该属性继承前一个属性的文本样式、字高和倾斜角度等特性。

在动态块中，由于属性的位置包括在动作的选择集中，因此必须将其锁定。

7.2.2 修改属性的定义

在定义图块之前，可以对属性的定义进行修改，不仅可以修改属性标签，还可以修改属性提示和属性默认值。

【执行方式】

命令行：DDEDIT。

菜单：“修改”→“对象”→“文字”→“编辑”。

【操作格式】

```
命令： DDEDIT↙
选择注释对象或 [放弃(U)]:
```

在此提示下选择要修改的属性定义，AutoCAD打开“编辑属性定义”对话框，如图7-13所示。该对话框表示要修改的属性的标记为“轴号”，提示为“输入轴号”，无默认值，可在各文本框中对各项进行修改。

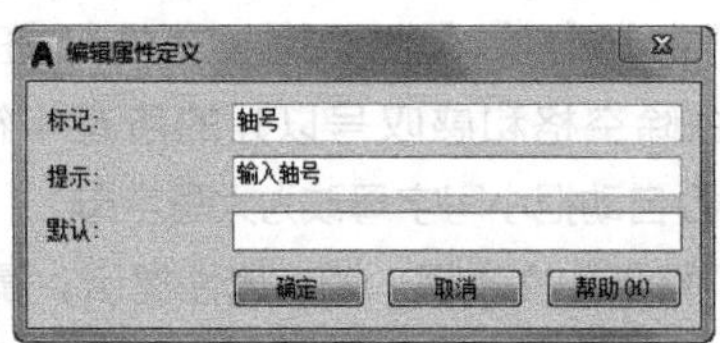

图 7-13 “编辑属性定义”对话框

7.2.3 编辑图块属性

当属性被定义到图块当中，甚至图块被插入图形当中后，用户还可以对属性进行编辑。利用EATTEDIT命令可以通过对话框对指定图块的属性值进行修改，而且还可以对属性的位置、文本等其他设置进行编辑。

【执行方式】

命令行：EATTEDIT。

菜单：“修改”→“编辑属性”→“单个”。

工具栏：“修改Ⅱ”→“编辑属性”。

【操作格式】

```
命令： EATTEDIT↙
选择块参照：
```

选择块后，系统打开“增强属性编辑器”对话框，如图7-14所示。该对话框不仅可以编辑属性值，还可以编辑属性的文字选项和图层、线型、颜色等特性值。

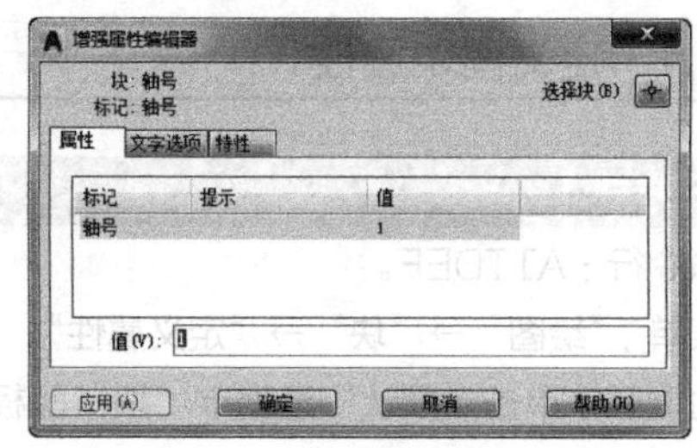

图 7-14 “增强属性编辑器”对话框

另外，还可以通过“块属性管理器”对话框来编辑属性，方法是单击“修改Ⅱ”工具栏中的“块属性管理器”按钮，打开“块属性管理器”对话框，如图7-15所示。单击“编辑”按钮，打开“编辑属性”对话框，如图7-16所示，可以通过该对话框编辑属性。

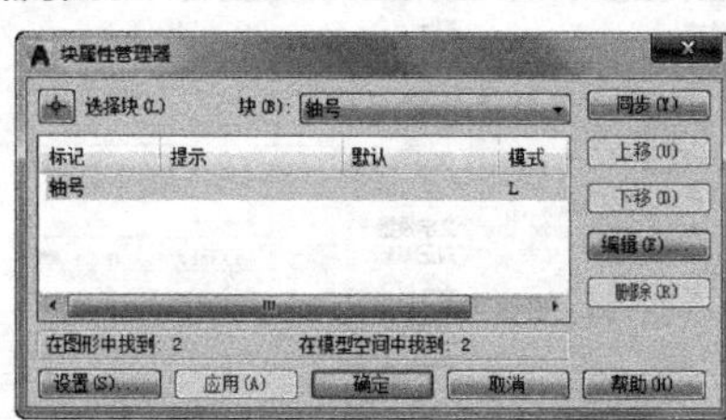

图 7-15 “块属性管理器”对话框

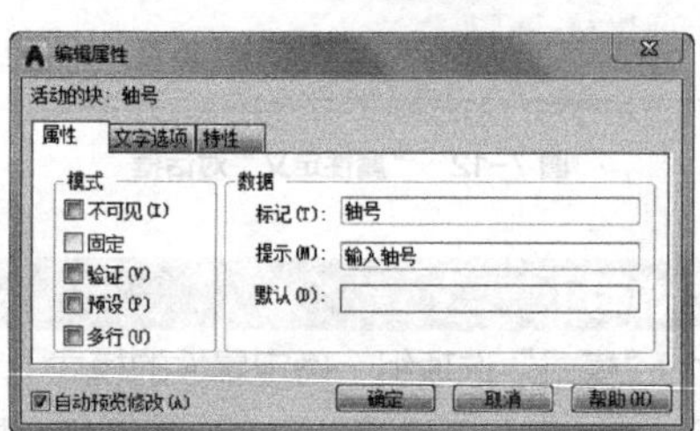

图 7-16 “编辑属性”对话框

7.3 综合实例——绘制手动串联电阻启动控制电路图

本实例主要讲解利用图块辅助快速绘制电气图的一般方法。图 7-17 所示为手动串联电阻启动控制电路图。其基本原理是：当启动电动机时，按下按钮开关 SB2，电动机串联电阻启动，待电动机转速达到额定转速时，再按下 SB3，电动机电源改为全压供电，使电动机正常运行。

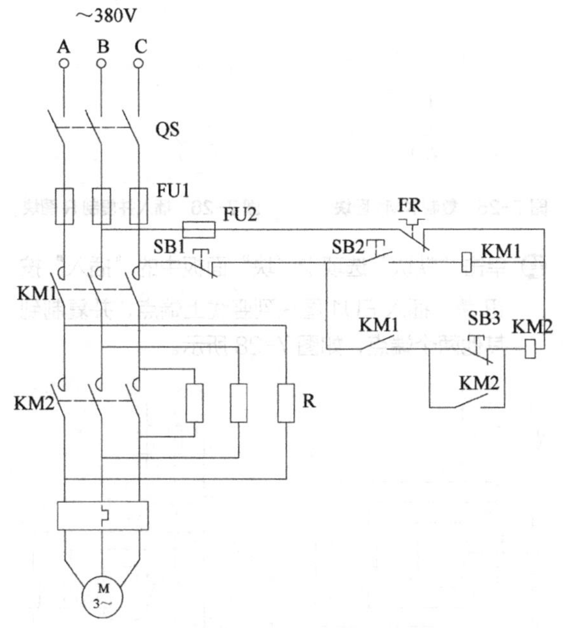

图 7-17 手动串联电阻启动控制电路图

STEP 绘制步骤

❶ 分别单击“默认”选项卡“绘图”面板中的“圆”按钮和“多行文字”按钮 A，绘制如图 7-18 所示的电动机图形。

图 7-18 绘制电动机图形

❷ 在命令行中执行“WBLOCK”命令，打开“写块”对话框，如图 7-19 所示。拾取圆心为基点，以上面的图形为对象，输入图块名称并指定路径，确认后退出。

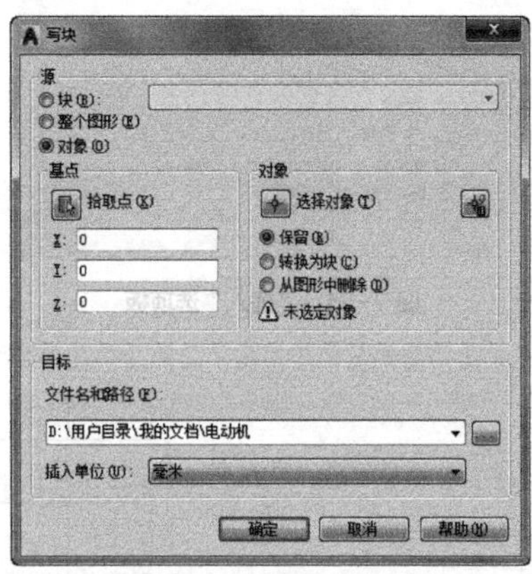

图 7-19 “写块”对话框

❸ 用同样的方法，绘制其他电气符号，并保存为图块，如图 7-20 所示。

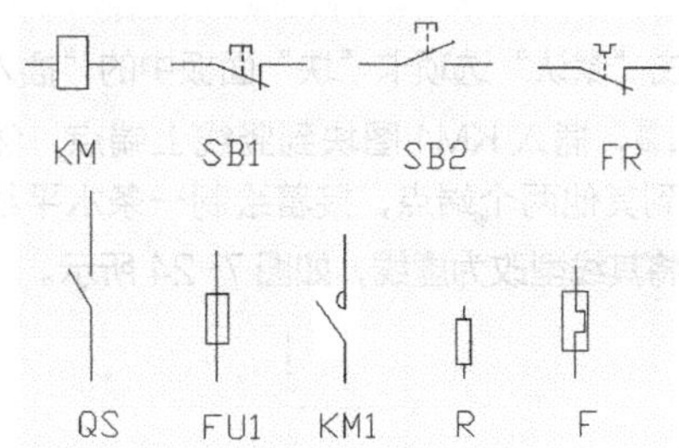

图 7-20 绘制电气图块

❹ 单击“默认”选项卡“块”面板中的“插入”按钮，打开如图 7-21 所示的“插入”选项板，单击“浏览”按钮，找到刚才保存的电动机图块，在屏幕上指定插入点、比例和旋转角度，将图块插入到一个新的图形文件中。

❺ 单击“默认”选项卡“绘图”面板中的“直线”按钮，在插入的电动机图块上绘制如图 7-22 所示的导线。

❻ 单击“默认”选项卡“块”面板中的“插入”按钮，将 F 图块插入到图形中，插入比例为 1，角度为 0，并对 F 图块进行整理修改，结果如图 7-23 所示。

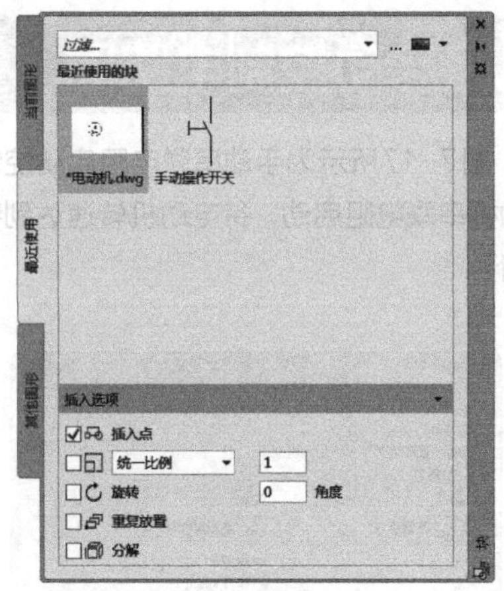

图 7-21 “插入”选项板

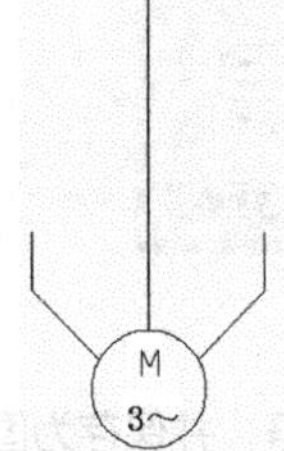

图 7-22 绘制导线

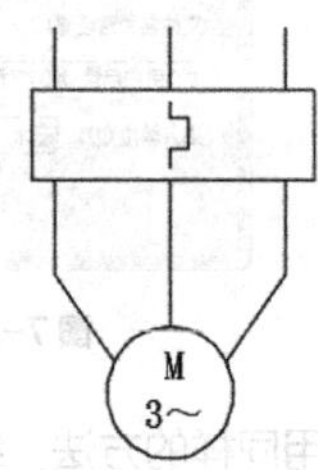

图 7-23 插入 F 图块

❼ 单击“默认”选项卡“块”面板中的“插入”按钮，插入 KM1 图块到竖线上端点，然后复制到其他两个端点，接着绘制一条水平线段，并将其线型改为虚线，如图 7-24 所示。

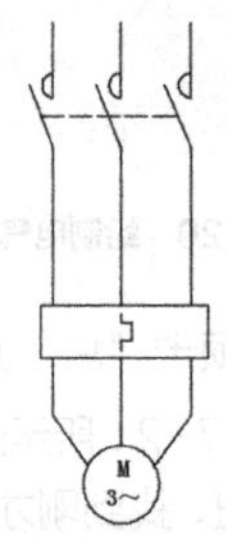

图 7-24 插入并复制 KM1 图块

❽ 将插入并复制的 3 个 KM1 图块及虚线向上复制到 KM1 图块的上端点，如图 7-25 所示。

❾ 单击“默认”选项卡“块”面板中的“插入”按钮，插入 R 图块到第 1 次插入的 KM1 图块的右边适当位置，并向右水平复制两次，如图 7-26 所示。

❿ 单击“默认”选项卡“绘图”面板中的“直线”按钮，绘制电阻 R 与主干竖线之间的连接线，如图 7-27 所示。

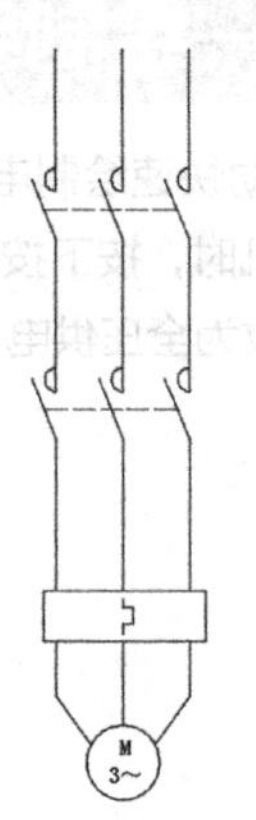

图 7-25 复制 KM1 图块

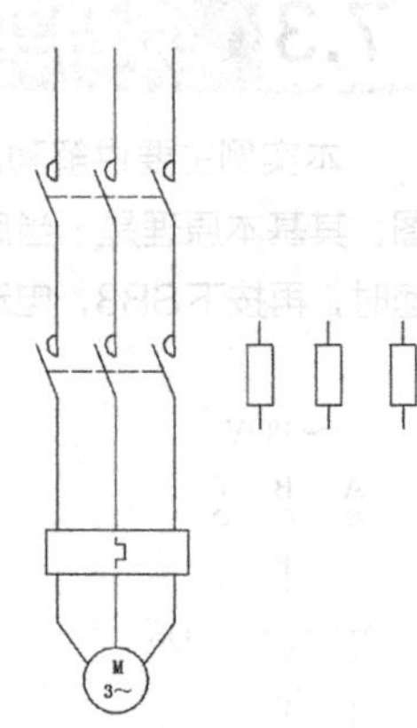

图 7-26 插入并复制 R 图块

⓫ 单击“默认”选项卡“块”面板中的“插入”按钮，插入 FU1 图块到竖线上端点，并复制到其他两个端点，如图 7-28 所示。

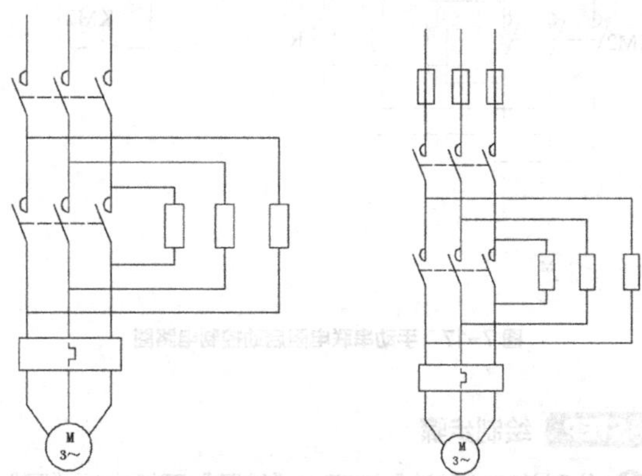

图 7-27 绘制连接线　　图 7-28 插入并复制 FU1 图块

⓬ 单击“默认”选项卡“块”面板中的“插入”按钮，插入 QS 图块到竖线上端点，并复制到其他两个端点，如图 7-29 所示。

⓭ 单击“默认”选项卡“绘图”面板中的“直线”按钮，绘制一条水平线段，端点为刚插入的 QS 图块斜线中点，并将其线型改为虚线，如图 7-30 所示。

⓮ 单击“默认”选项卡“绘图”面板中的“圆”按钮，在竖线顶端绘制一个小圆圈，并复制到另两个竖线顶端，如图 7-31 所示。此处表示线路与外部的连接点。

⓯ 单击“默认”选项卡“绘图”面板中的“直线”按钮，从主干线上引出两条水平线，如图 7-32 所示。

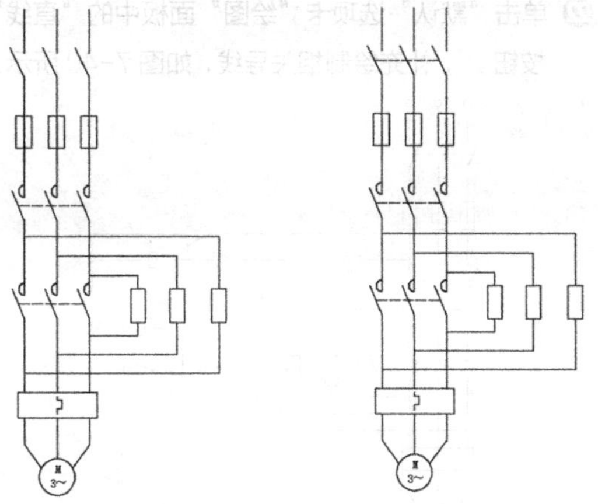

图 7-29　插入并复制 QS 图块　　图 7-30　绘制水平功能线

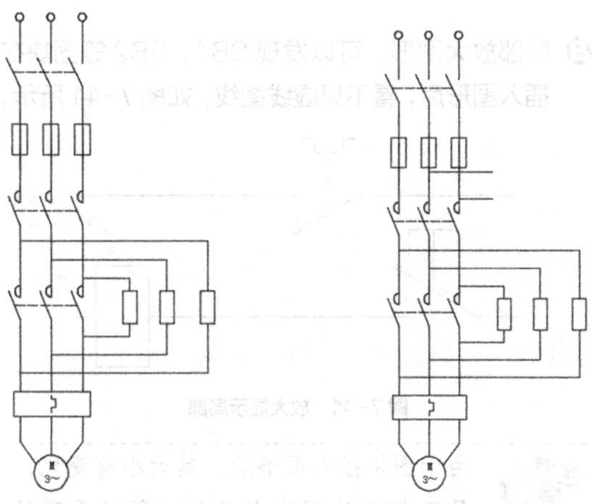

图 7-31　绘制小圆圈　　图 7-32　引出水平线

⑯ 单击“默认”选项卡“块”面板中的“插入”按钮，插入 FU1 图块到上面水平引线右端点，指定旋转角为 -90°。这时系统打开如图 7-33 所示提示框，提示是否更新 FU1 图块定义（因为前面已经插入过 FU1 图块），选择“重新定义块”，插入 FU1 图块，效果如图 7-34 所示。

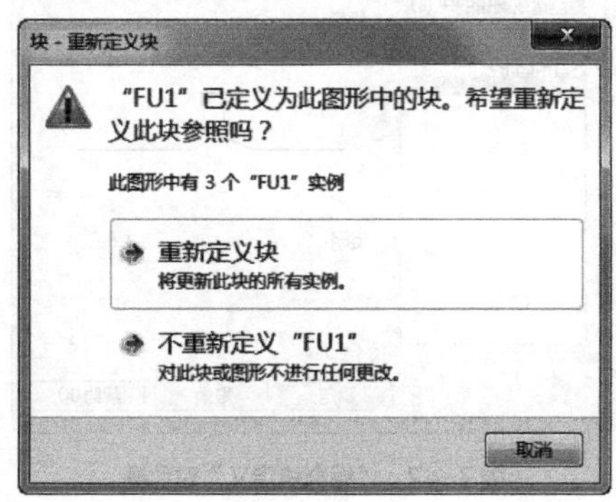

图 7-33　提示框

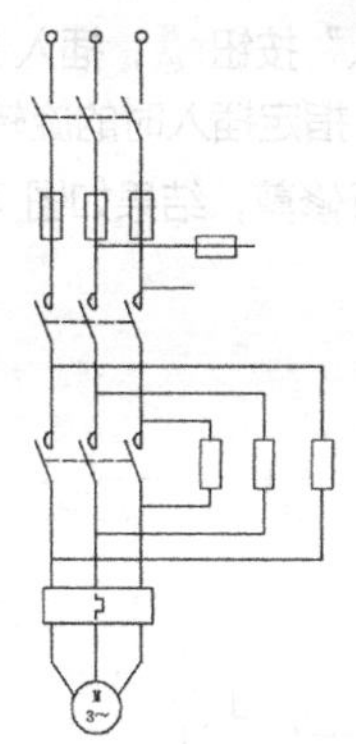

图 7-34　再次插入 FU1 图块

⑰ 在 FU1 图块右端绘制一条短水平线，单击“默认”选项卡“块”面板中的“插入”按钮，插入 FR 图块到水平短线右端点，如图 7-35 所示。

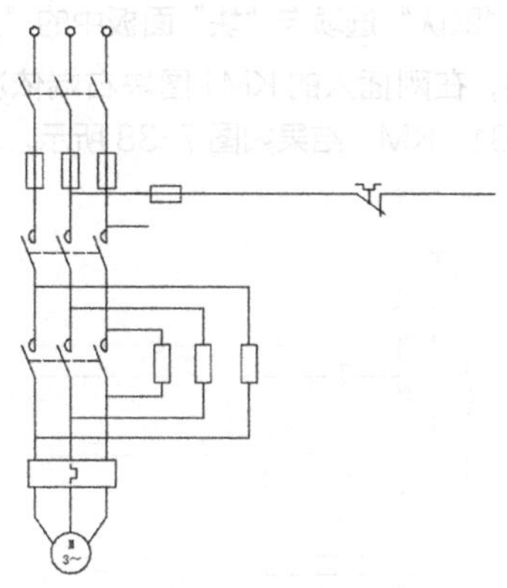

图 7-35　插入 FR 图块

⑱ 单击“默认”选项卡“块”面板中的“插入”按钮，连续插入图块 SB1、SB2、KM 到下面一条水平引线右端，如图 7-36 所示。

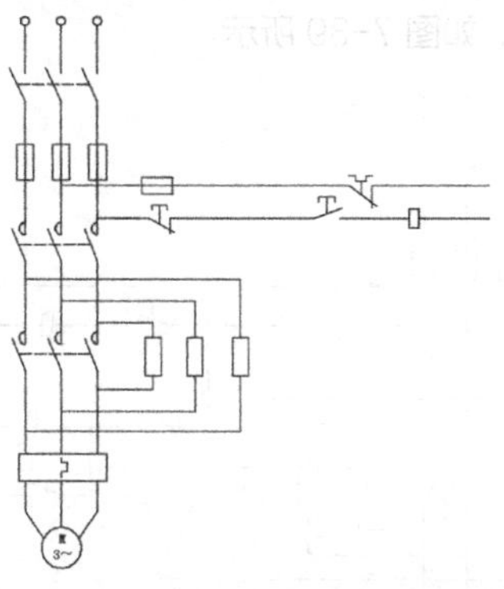

图 7-36　插入 SB1、SB2、KM 图块

⑲ 在插入的 SB1 和 SB2 图块之间的水平线上向下引出一条竖直线，单击“默认”选项卡“块”面

板中的“插入”按钮，插入KM1图块到竖直引线下端点，指定插入时的旋转角度为-90°，并对图块进行修剪，结果如图7-37所示。

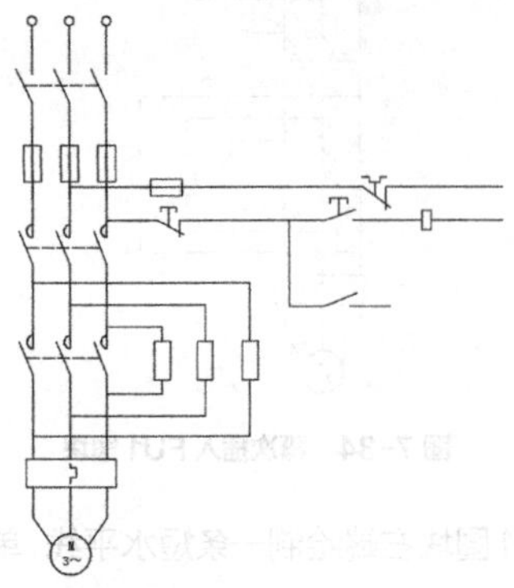

图 7-37　插入 KM1 图块

⑳ 单击“默认”选项卡“块”面板中的“插入”按钮，在刚插入的KM1图块右端依次插入图块SB1、KM，结果如图7-38所示。

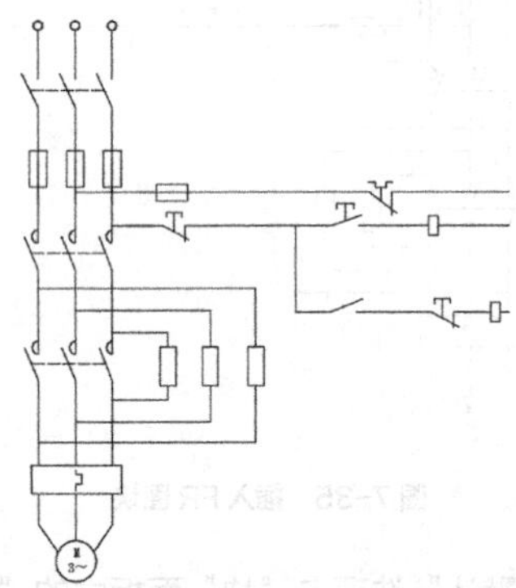

图 7-38　插入 SB1、KM 图块

㉑ 参考步骤⑲，向下绘制竖直引线，并插入图块KM1，如图7-39所示。

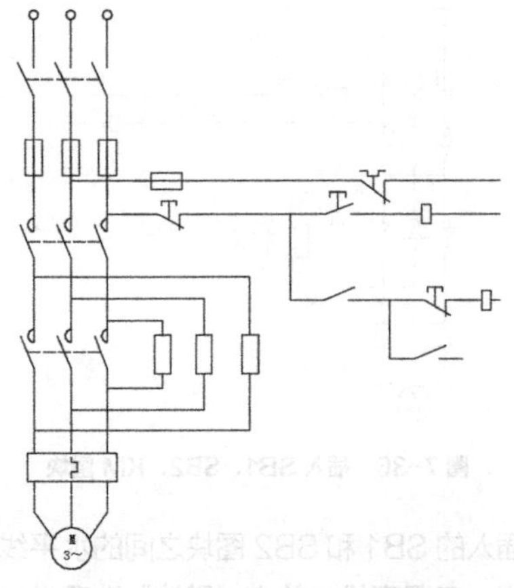

图 7-39　再次插入 KM1 图块

㉒ 单击“默认”选项卡“绘图”面板中的“直线”按钮，补充绘制相关导线，如图7-40所示。

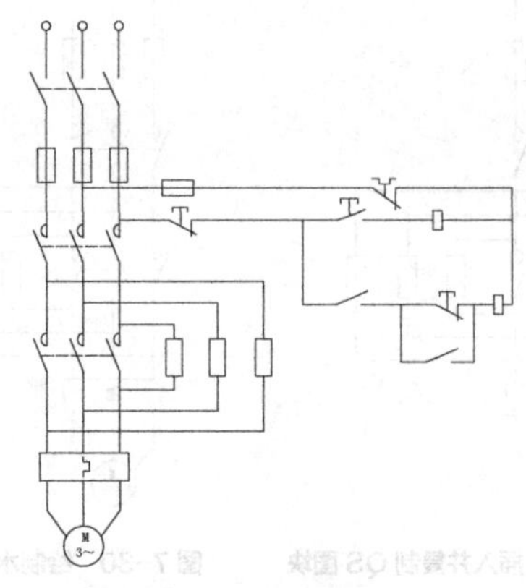

图 7-40　补充导线

㉓ 局部放大图形，可以发现SB1、SB2等图块在插入图形后，看不见虚线图线，如图7-41所示。

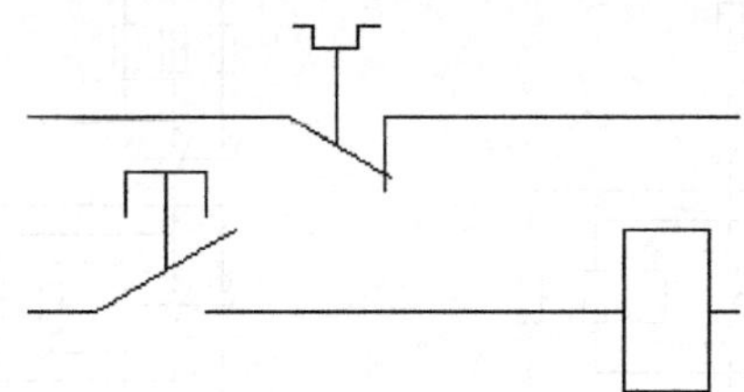

图 7-41　放大显示局部

由于图块插入图形后，其大小有变化，导致相应的图线有变化，所以看不见虚线图线。

㉔ 双击插入图形的SB2图块，系统打开“编辑块定义”对话框，如图7-42所示。单击“确定”按钮，打开如图7-43所示的动态块编辑界面。

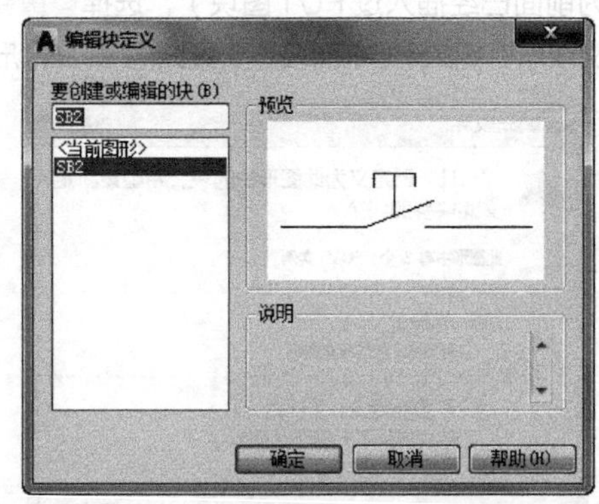

图 7-42　“编辑块定义”对话框

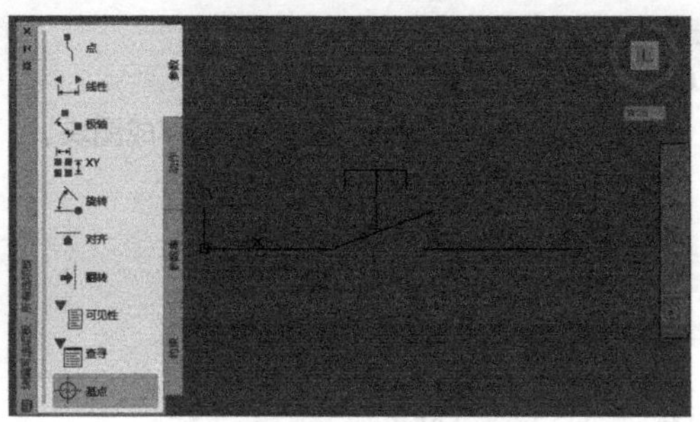
图 7-43 动态块编辑界面

㉕ 双击 SB2 图块中间竖线，打开“特性”选项板，将“线型比例”改为“100”，如图 7-44 所示。修改后的图块如图 7-45 所示。

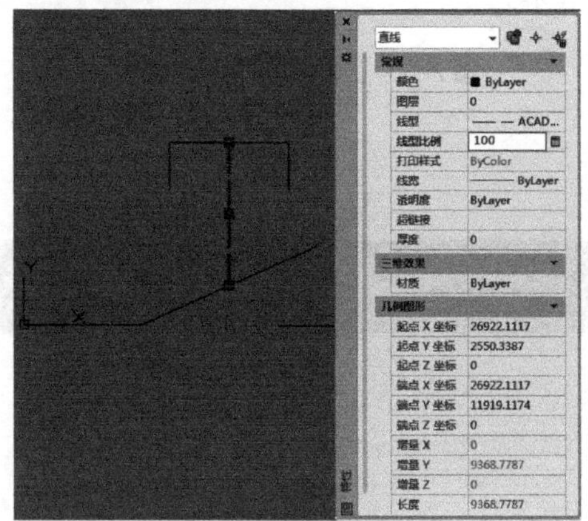
图 7-44 修改线型比例

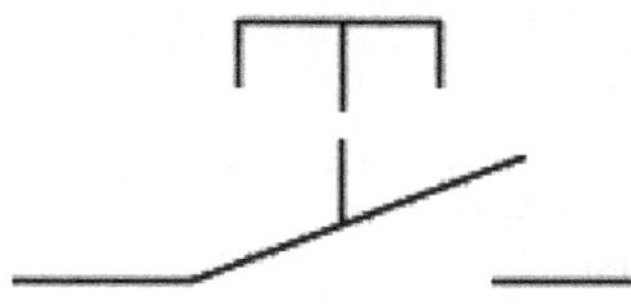
图 7-45 修改后的图块

㉖ 单击动态块编辑工具栏上的“关闭块编辑器”按钮，退出动态块编辑界面，系统提示是否保存块的修改，选择保存修改选项，如图 7-46 所示。

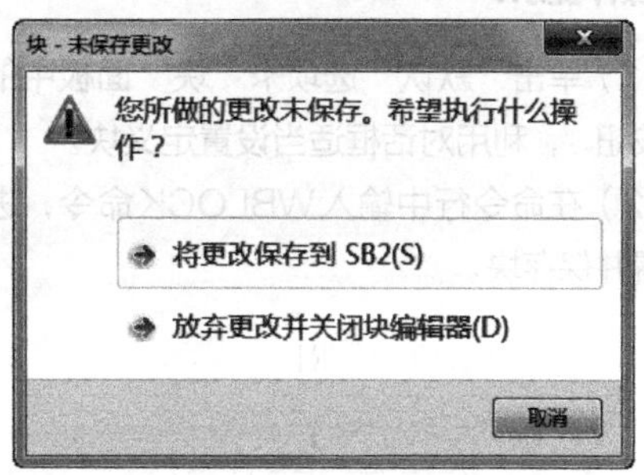

图 7-46 提示框

㉗ 继续选择要修改的图块进行编辑，编辑完成后，可以看到图形中图块对应图线已经变成了虚线，如图 7-47 所示。整个图形如图 7-48 所示。

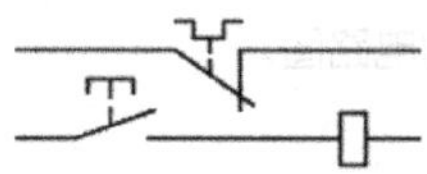
图 7-47 修改后的图块

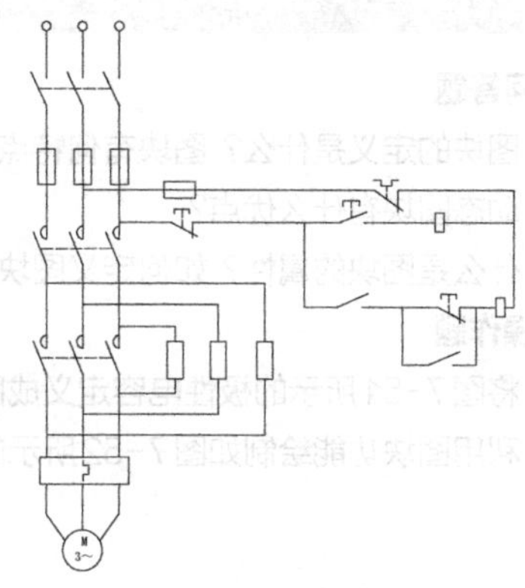
图 7-48 整个图形

㉘ 单击“默认”选项卡“注释”面板中的“多行文字”按钮 A，输入电气符号代表文字，最终结果如图 7-17 所示。

7.4 上机实验

实验 1 定义图块

将图 7-49 所示的带滑动触点的电位器 R1 定义为图块。

操作提示：

（1）单击“默认”选项卡“块”面板中的“创建”按钮，利用对话框适当设置定义块。

（2）在命令行中输入WBLOCK命令，进行适当设置并保存块。

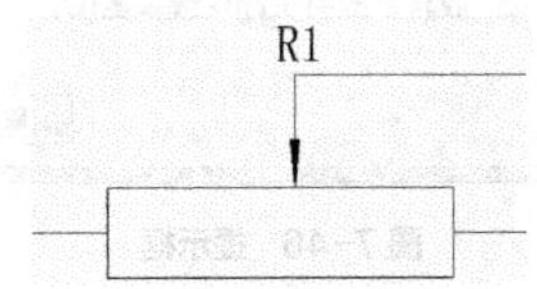

图 7-49 带滑动触点的电位器 R1

实验 2 绘制三相电机启动控制电路图

利用图块插入的方法绘制如图7-50所示的三相电机启动控制电路图。

操作提示：

（1）绘制各种电气元器件，并保存成图块。

（2）插入各个图块并连接。

（3）标注文字。

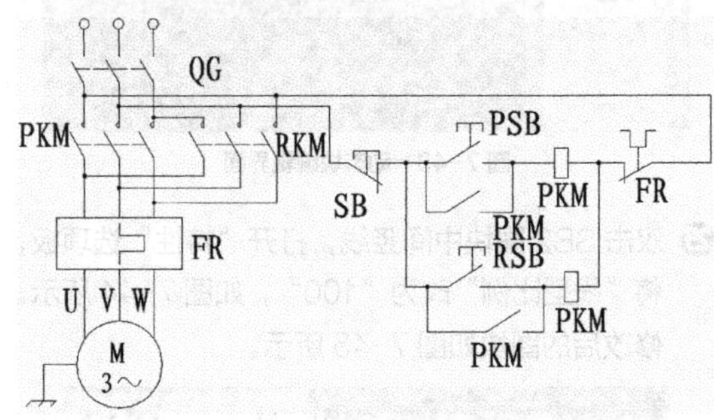

图 7-50 三相电机启动控制电路图

7.5 思考与练习

1. 问答题

（1）图块的定义是什么？图块有何特点？

（2）动态图块有什么优点？

（3）什么是图块的属性？如何定义图块属性？

2. 操作题

（1）将图7-51所示的极性电容定义成图块并保存。

（2）利用图块功能绘制如图7-52所示的钻床控制电路局部图。

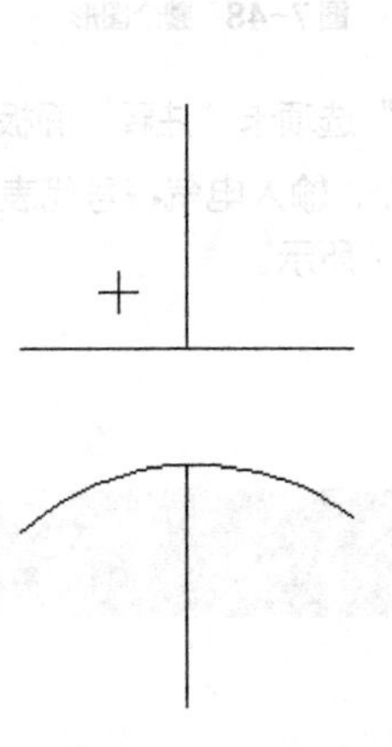

图 7-51 极性电容

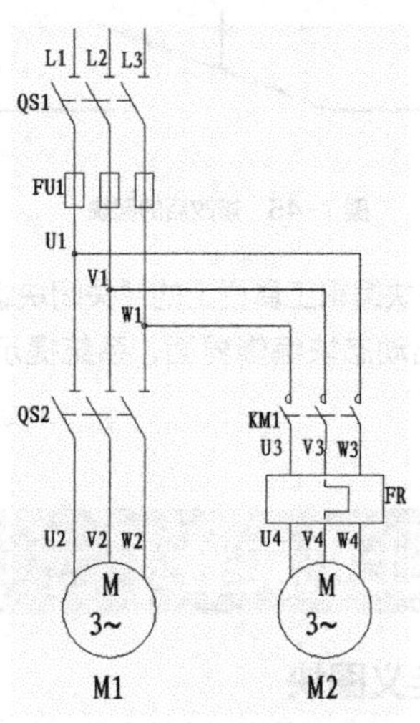

图 7-52 钻床控制电路局部图

第 8 章

设计中心与工具选项板

对于一个绘图项目，重用和分享设计内容，是管理一个绘图项目的基础。通过 AutoCAD 设计中心可以管理块、外部参照、渲染的图像以及其他设计资源文件的内容，设计中心提供了观察和重用设计内容的强大工具，利用它可以浏览系统内部的资源，还可以从 Internet 上下载有关内容。本章主要介绍设计中心的应用和工具选项板的使用等知识。

知识重点

- 设计中心
- 工具选项板

8.1 设计中心

使用AutoCAD设计中心可以很容易地组织设计内容，并把它们拖动到自己的图形中。可以通过AutoCAD设计中心窗口的内容显示框，来观察用AutoCAD设计中心的资源管理器所浏览资源的细目，如图8-1所示。在图8-1中，左边文件夹列表部分为AutoCAD设计中心的资源管理器，右边图标部分为AutoCAD设计中心窗口的内容显示框。其中上面窗口为文件显示框，中间窗口为图形预览显示框，下面窗口为说明文本显示框。

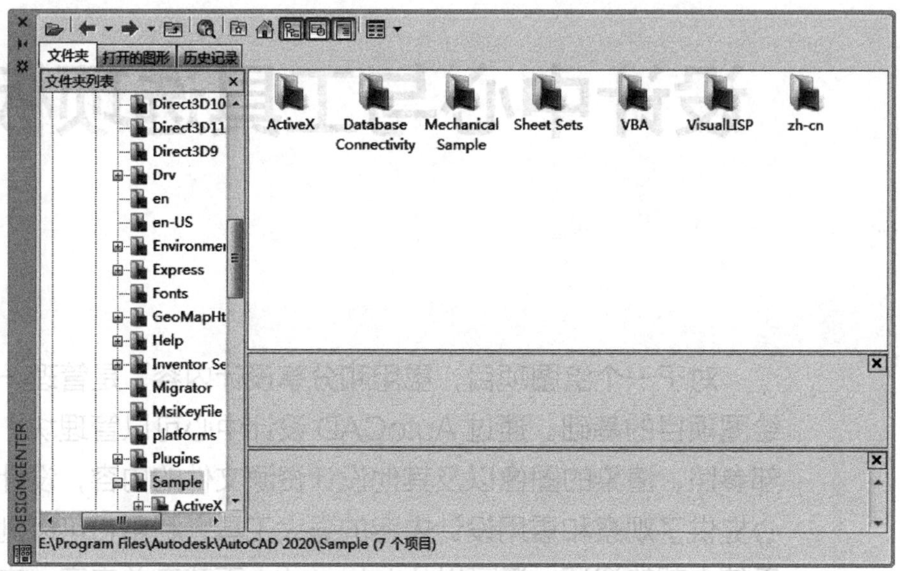

图 8-1　AutoCAD 设计中心的资源管理器和内容显示区

8.1.1 启动设计中心

【执行方式】

命令行：ADCENTER。

菜单："工具"→"选项板"→"设计中心"。

工具栏："标准"→"设计中心"。

快捷键：Ctrl+2。

功能区：单击"视图"选项卡"选项板"面板中的"设计中心"按钮。

【操作格式】

```
命令：ADCENTER ↙
```

执行上述命令后，系统打开设计中心。第1次启动设计中心时，其默认打开的选项卡为"文件夹"。内容显示区采用大图标显示，左边的资源管理器采用Tree View显示方式显示系统的树形结构。浏览资源的同时，在内容显示区显示所浏览资源的有关细目或内容，如图8-1所示。

可以依靠鼠标拖动边框来改变AutoCAD设计中心资源管理器和内容显示区以及AutoCAD绘图区的大小，但内容显示区的最小尺寸应能显示两列大图标。

如果要改变AutoCAD设计中心的位置，可在设计中心工具条的上部用鼠标拖动它，松开鼠标后，AutoCAD设计中心便处于当前位置，到新位置后，仍可以用鼠标改变各窗口的大小，也可以通过设计中心边框左边下方的"自动隐藏"按钮来自动隐藏设计中心。

8.1.2 插入图块

可以将图块插入到图形当中。当将一个图块插入图形当中时，块定义就被复制到图形数据库当中。在一个图块被插入图形之后，如果原来的图块被修改，则插入到图形当中的图块也随之改变。

当其他命令正在执行时，不能插入图块到图形当中。如果插入块时，提示行正在执行一个命令，此时光标变成一个带斜线的圆，提示操作无效。另外，一次只能插入一个图块。

系统根据鼠标拉出的线段的长度与角度确定比例与旋转角度。插入图块的步骤如下。

（1）从文件夹列表或查找结果列表选择要插入的图块，按住鼠标左键，将其拖动到打开的图形中。松开鼠标左键，此时，所选择的对象被插入到当前图形当中。利用当前设置的捕捉方式，可以将对象插入到任何存在的图形当中。

（2）按下鼠标左键，指定一点作为插入点，移动鼠标，鼠标位置点与插入点之间的距离为缩放比例，按下鼠标左键确定比例。用同样方法移动鼠标，鼠标指定位置与插入点连线与水平线角度为旋转角度。被选择的对象是根据鼠标指定的比例和角度插入到图形当中的。

8.1.3 图形复制

1. 在图形之间复制图块

利用AutoCAD 设计中心可以浏览和装载需要复制的图块，然后将图块复制到剪贴板，利用剪贴板将图块粘贴到图形当中。具体方法如下。

（1）在控制板选择需要复制的图块，右击打开快捷菜单，选择“复制”命令。

（2）将图块复制到剪贴板上，然后通过“粘贴”命令粘贴到当前图形上。

2. 在图形之间复制图层

利用AutoCAD 设计中心可以从任何一个图形复制图层到其他图形。如果已经绘制了一个包括设计所需的所有图层的图形，在绘制另外新的图形的时候，可以新建一个图形，并通过AutoCAD 设计中心将已有的图层复制到新的图形当中，这样可以节省时间，并保证图形间的一致性。

（1）拖动图层到已打开的图形：确认要复制图层的目标图形文件已打开，并且是当前的图形文件。在控制板或查找结果列表框选择要复制的一个或多个图层。拖动图层到打开的图形文件，松开鼠标后，被选择的图层即被复制到打开的图形当中。

（2）复制或粘贴图层到打开的图形：确认要复制的图层的图形文件已打开，并且是当前的图形文件。在控制板或查找结果列表框选择要复制的一个或多个图层。右击打开快捷菜单，在快捷菜单中选择“复制到粘贴板”命令。如果要粘贴图层，确认粘贴的目标图形文件已打开，并为当前文件。右击打开快捷菜单，在快捷菜单选择“粘贴”命令。

8.2 工具选项板

工具选项板是以选项卡形式提供组织、共享和放置块及填充图案的有效工具。工具选项板还可以包含由第3方开发人员提供的自定义工具。

8.2.1 打开工具选项板

【执行方式】

命令行：TOOLPALETTES。

菜单：“工具”→“选项板”→“工具选项板”。

工具栏：“标准”→“工具选项板窗口”。

快捷键：Ctrl+3。

功能区：单击“视图”选项卡“选项板”面板中的“工具选项板”按钮。

【操作格式】

```
命令：TOOLPALETTES ↙
```

执行上述命令后，系统自动打开工具选项板，如图8-2所示。

【选项说明】

在工具选项板中，系统设置了一些常用图形选项卡，其中的常用图形可以方便用户绘图。

8.2.2 工具选项板的显示控制

1. 移动和缩放工具选项板

用户可以用鼠标按住工具选项板的深色边框，拖动鼠标，即可移动工具选项板。将光标指向工具选项板边缘，当出现双向伸缩箭头时，按住鼠标左键拖动即可缩放工具选项板。

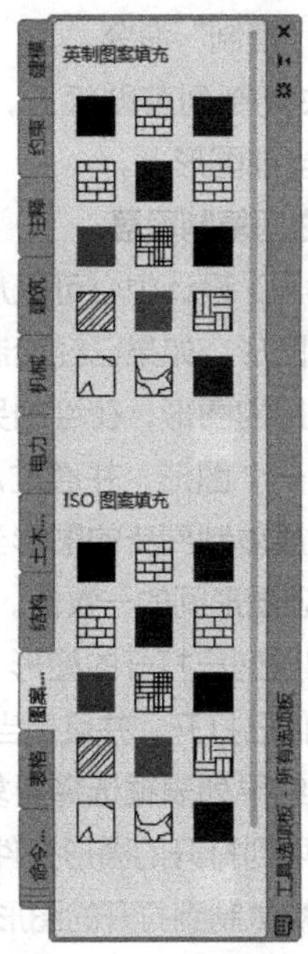

图 8-2 工具选项板

2. 自动隐藏

在工具选项板深色边框下面有一个“自动隐藏”按钮，单击该按钮就可自动隐藏工具选项板，再次单击，则自动打开工具选项板。

3. 透明度控制

在工具选项板深色边框下面有一个“特性”按钮，单击该按钮，打开快捷菜单，如图8-3所示。选择“透明度”命令，系统打开“透明度”对话框，如图8-4所示。通过拖动滑块可以调节工具选项板的透明度。

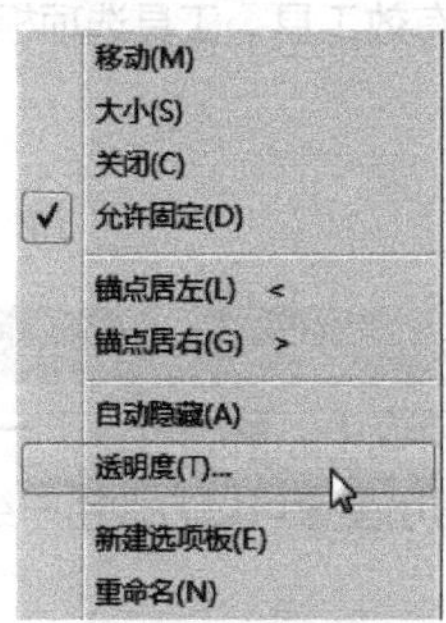

图 8-3 快捷菜单

8.2.3 新建工具选项板

用户可以建立新工具选项板，这样有利于个性化作图，也能够满足特殊作图需要。

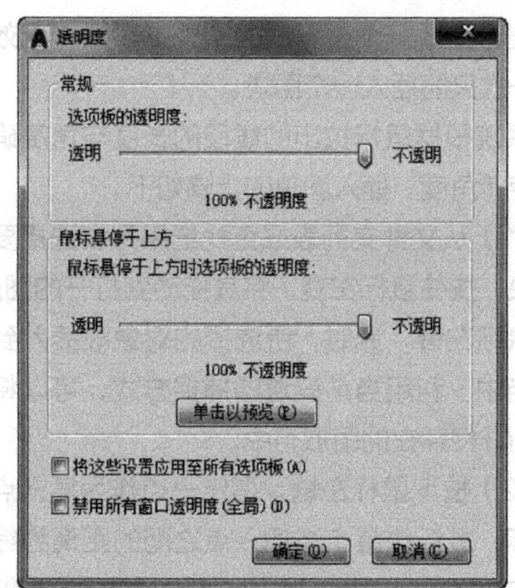

图 8-4 “透明度”对话框

【执行方式】

命令行：CUSTOMIZE。

菜单：“工具”→“自定义”→“工具选项板”。

快捷菜单：在任意工具栏上右击鼠标，然后选择“自定义选项板”命令。

工具选项板：“特性”按钮 →“自定义选项板”（或“新建选项板”）。

【操作格式】

命令：CUSTOMIZE ↙

执行上述命令后，系统打开“自定义”对话框，如图8-5所示。在“选项板”列表框中单击鼠标右键，打开快捷菜单，如图8-6所示，选择“新建选项板”命令，在对话框中可以为新建的工具选项板命名。确定后，工具选项板中就增加了一个新的选项卡，如图8-7所示。

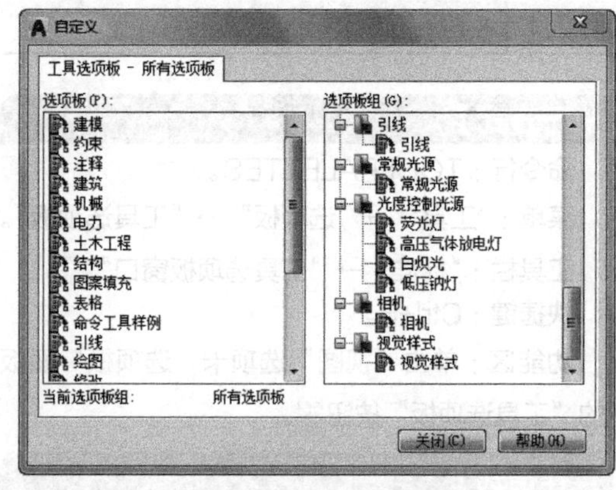

图 8-5 “自定义”对话框

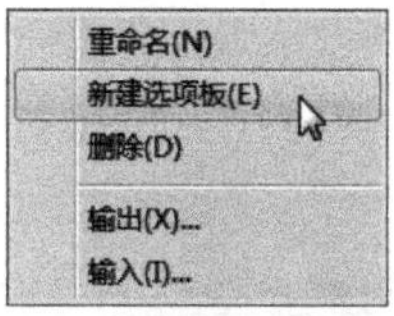

重命名(N)
新建选项板(E)
删除(D)
输出(X)...
输入(I)...

图 8-6 快捷菜单

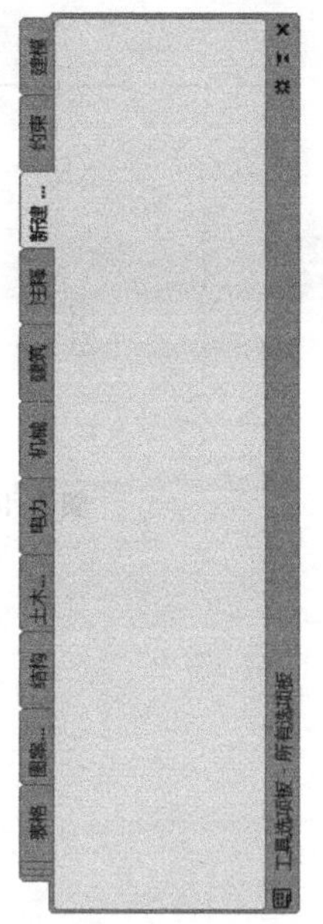

图 8-7 新增选项卡

8.2.4 向工具选项板添加内容

（1）将图形、块和图案填充从设计中心拖动到工具选项板上。在DesignCenter文件夹上右击鼠标，系统打开快捷菜单，从中选择“创建块的工具选项板”命令，如图8-8（a）所示。设计中心中储存的图元就出现在工具选项板中新建的DesignCenter选项卡上，如图8-8（b）所示。这样就可以将设计中心与工具选项板结合起来，建立一个快捷方便的工具选项板。将工具选项板中的图形拖动到另一个图形中时，图形将作为块插入。

（2）使用“剪切”“复制”和“粘贴”命令将一个工具选项板中的工具移动或复制到另一个工具选项板中。

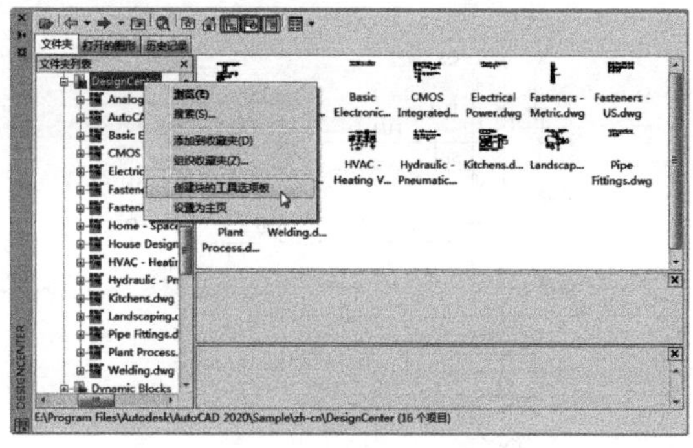

（a）

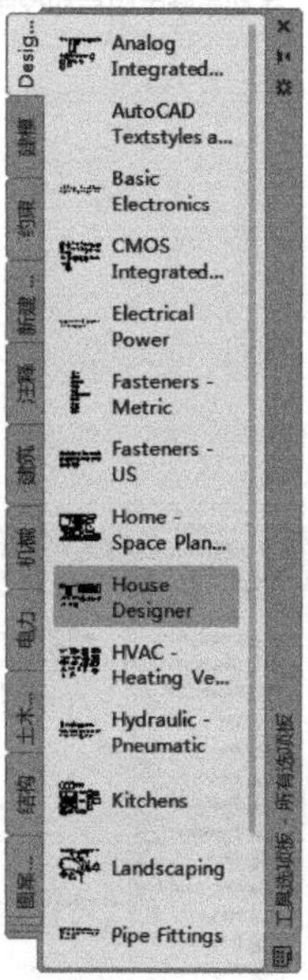

（b）

图 8-8 将储存图元的文件夹创建成“设计中心”工具选项板

8.3 综合实例——绘制手动串联电阻启动控制电路图

手动串联电阻启动控制电路图如图8-9所示，本节主要介绍怎样利用设计中心与工具选项板来绘制该图。

STEP 绘制步骤

❶ 利用各种绘图和编辑命令绘制如图 8-10 所示的各个电气元器件图形，并按图 8-10 所示代号将其分别保存到“电气元器件”文件夹中。

这里绘制的电气元器件只作为DWG图形保存，不必保存成图块。

❷ 分别单击“视图”选项卡“选项板”面板中的“设计中心”按钮和“工具选项板”按钮，打

开设计中心和工具选项板，如图 8-11 所示。

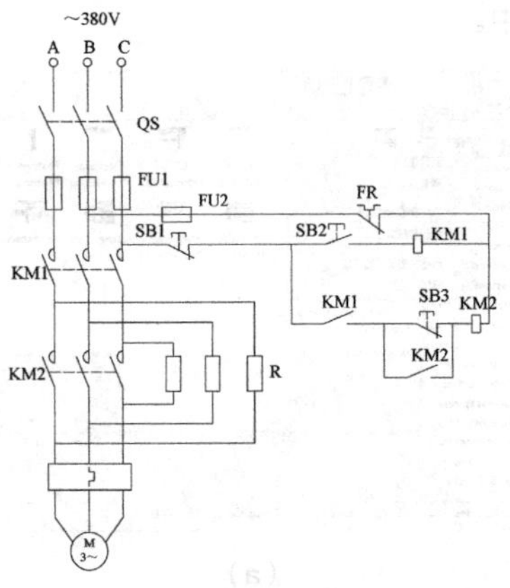

图 8-9　手动串联电阻启动控制电路图

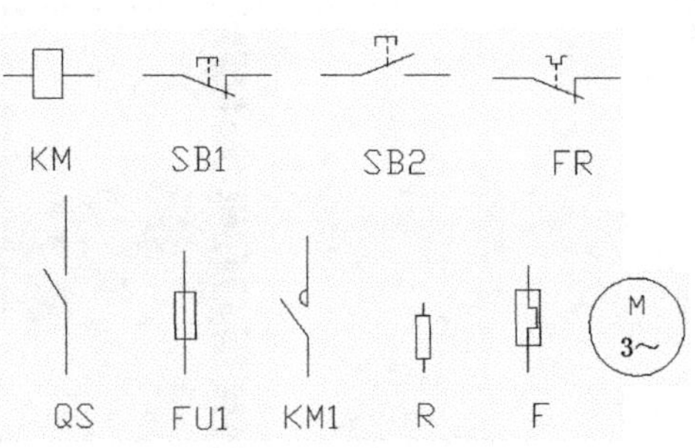

图 8-10　电气元器件图形

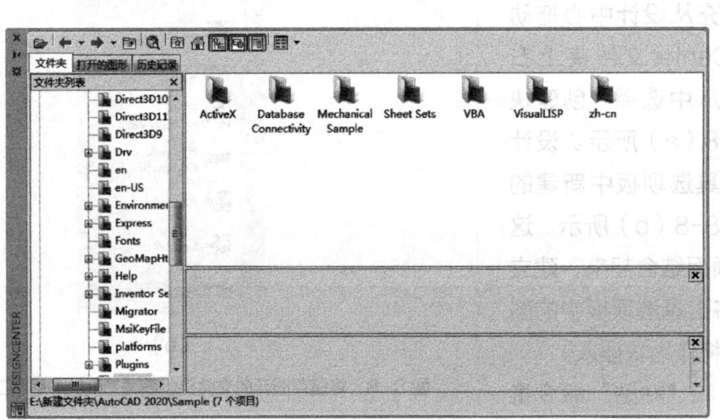

英制样例
按钮 - 英制
圆头按钮 - 英制
限制开关 - 英制
指示灯 - 英制
继电器触点 - 英制
温控开关 - 英制
公制样例
按钮 - 公制
圆头按钮 - 公制
限制开关 - 公制
指示灯 - 公制
继电器触点 - 公制
温控开关 - 公制

图 8-11　设计中心和工具选项板

❸ 在设计中心的“文件夹”选项卡下找到刚才绘制电气元器件时保存的“电气元器件”文件夹，在该文件夹上单击鼠标右键，打开快捷菜单，选择“创建块的工具选项板”命令，如图 8-12 所示。

❹ 系统自动在工具选项板上创建一个名为“电气元器件”的工具选项板，如图 8-13 所示，该选项板上列出了“电气元器件”文件夹中的各图形，并将每一个图形自动转换成图块。

❺ 按住鼠标左键，将“电气元器件”工具选项板中的电机图块拖动到绘图区域，电动机图块就插入到新的图形文件中了，如图 8-14 所示。

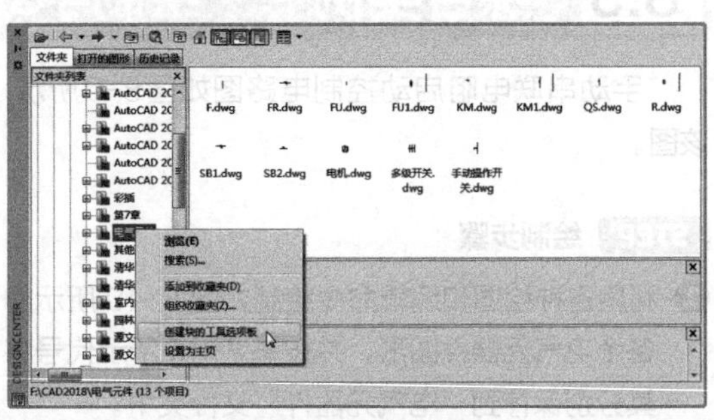

图 8-12　设计中心操作

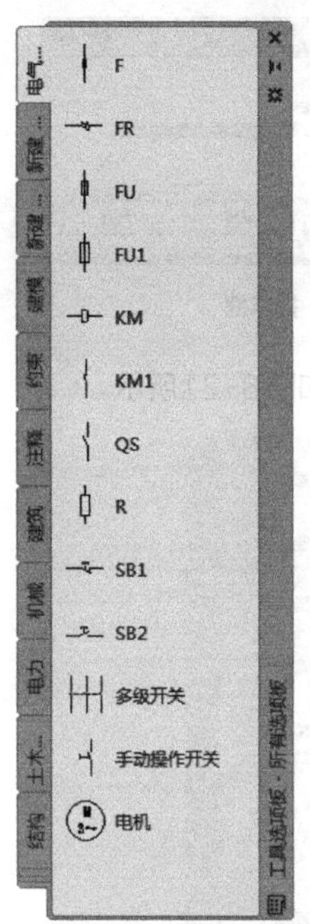

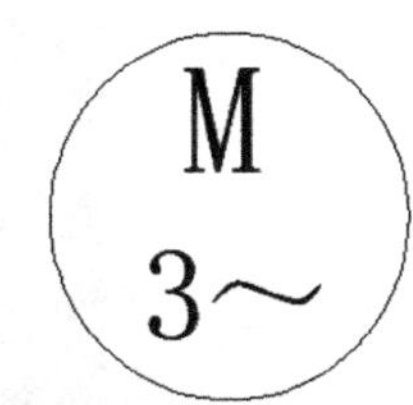

图 8-13　“电气元器件”工具选项板　图 8-14　插入电动机图块

❻ 利用工具选项板和设计中心插入各图块，并绘制相应的图线，如图 8-15 所示。

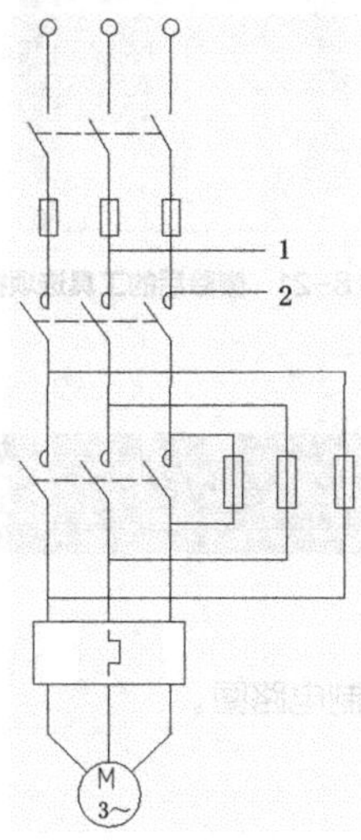

图 8-15　插入图块并绘制相应的图线

❼ 在工具选项板中插入的图块不能旋转，对需要旋转的图块，可以单击“默认”选项卡“修改”面板中的“旋转”按钮 和“移动”按钮 ，进行旋转和移动操作，也可以采用直接从设计中心拖动图块的方法实现。现以图 8-15 所示绘制水平引线后需要插入旋转的 FU 图块为例，讲述旋转和移动图块的方法。

（1）打开设计中心，找到“电气元器件”文件夹，选择该文件夹，设计中心右边的显示框列表内显示该文件夹中的各图形文件，如图8-16所示。

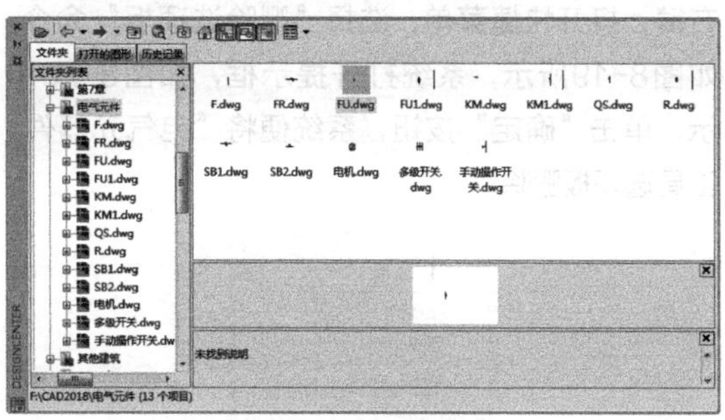

图 8-16　设计中心

（2）选择其中的FU.dwg文件，按住鼠标左键，将其拖动到当前绘制的图形中，命令行提示与操作如下。

```
命令：_-INSERT
输入块名或 [?]: "D\…\源文件\电气元器件\FU.dwg"
单位：毫米　转换： 0.0394
指定插入点或 [基点 (B)/比例 (S)/X/Y/Z/旋转 (R)]: (捕捉图 8-15 中的点 1)
输入 X 比例因子，指定对角点，或 [角点 (C)/XYZ(XYZ)] <1>: 1↙
输入 Y 比例因子或 <使用 X 比例因子>:↙
指定旋转角度 <0>: -90↙（也可以通过拖动鼠标动态控制旋转角度，如图 8-17 所示）
```

插入结果如图8-18所示。

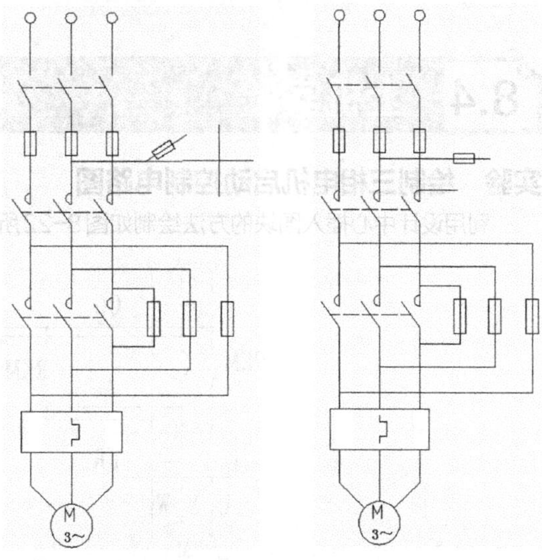

图 8-17　控制旋转角度　　图 8-18　插入 FU 图块

❽ 继续利用工具选项板和设计中心插入各图块，最

终结果如图 8-9 所示。

最后，如果不想保存“电气元器件”工具选项板，可以在“电气元器件”工具选项板上单击鼠标右键，打开快捷菜单，选择“删除选项板”命令，如图8-19所示，系统打开提示框，如图8-20所示，单击“确定”按钮，系统便将“电气元器件”工具选项板删除。

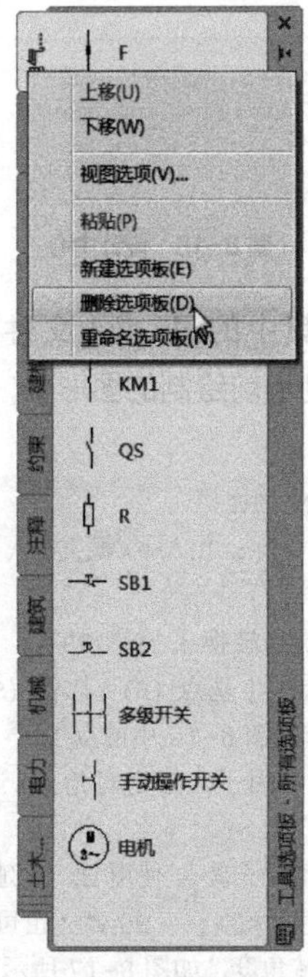

图 8-19　快捷菜单

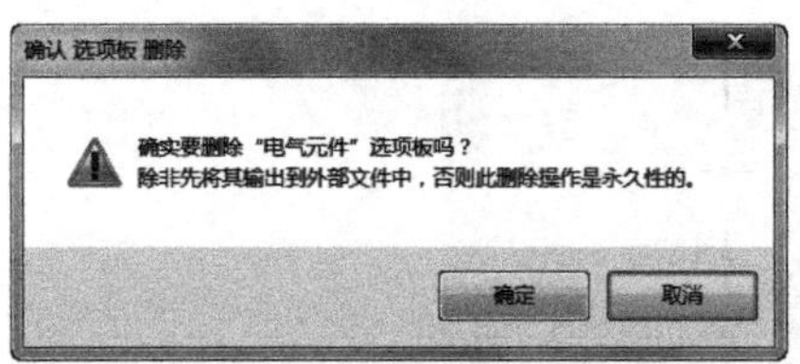

图 8-20　提示框

删除后的工具选项板如图 8-21 所示。

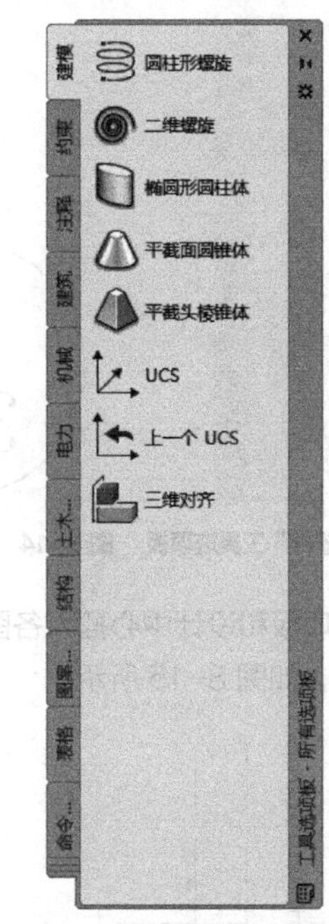

图 8-21　删除后的工具选项板

8.4 上机实验

实验　绘制三相电机启动控制电路图

利用设计中心插入图块的方法绘制如图8-22所示的三相电机启动控制电路图。

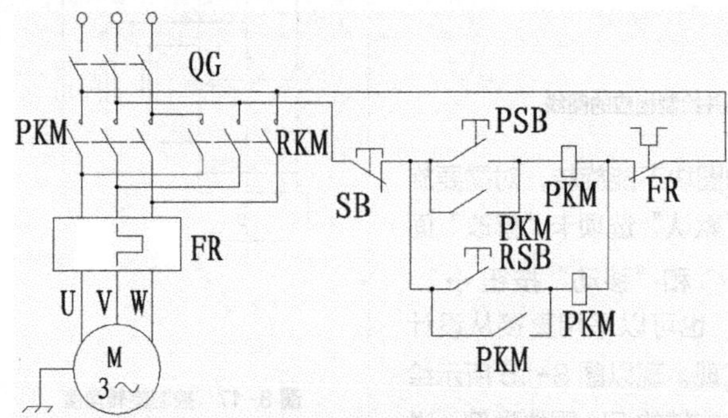

图 8-22　三相电机启动控制电路图

操作提示：

（1）绘制图8-22所示的各电气元器件并保存。

（2）在设计中心找到各电气元器件保存的文件夹，在右边的显示框中选择需要的元器件，拖动到所绘制的图形中，并指定其缩放比例和旋转角度。

8.5 思考与练习

（1）什么是设计中心？设计中心有什么功能？

（2）什么是工具选项板？怎样利用工具选项板进行绘图？

（3）设计中心以及工具选项板中的图形与普通图形有什么区别？与图块又有什么区别？

（4）利用设计中心和工具选项板绘制如图8-23所示的钻床控制电路局部图。

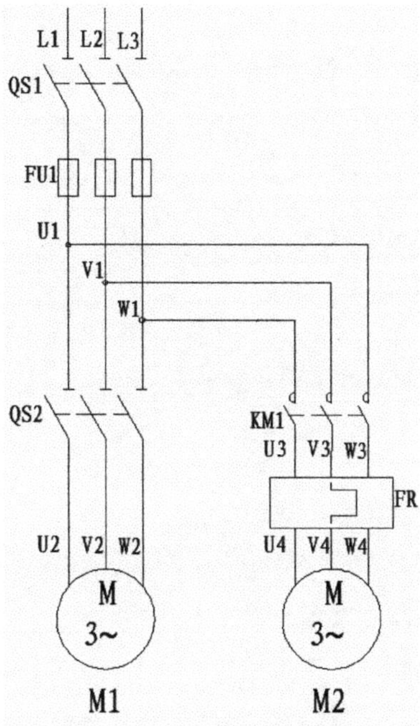

图 8-23　钻床控制电路局部图

第二篇　工程设计篇

本篇结合实例讲解利用 AutoCAD 2020 进行各种电气设计的操作步骤、方法技巧和注意事项等，包括机械电气、控制电气、电力工程、电路图、建筑电气等不同专业领域的电气设计知识。这部分是本书知识的提高部分，旨在帮助读者学会各类电气设计图的绘制操作。

第 9 章

机械电气设计

机械电气设计是电气工程的重要组成部分。随着相关技术的发展，机械电气的使用日益广泛。本章主要介绍机械电气的设计，通过几个具体的实例由浅入深地讲述了 AutoCAD 2020 环境下进行机械电气设计的过程。

知识重点

- 机械电气的基础知识
- 电动机控制电气设计
- C630 车床电气原理图

9.1 机械电气简介

机械电气是一类比较特殊的电气，主要指应用在机床上的电气系统，故也可以称为机床电气，包括应用在车床、磨床、钻床、铣床以及镗床上的电气系统，也包括机床的电气控制系统、伺服驱动系统和计算机控制系统等。随着数控系统的发展，机床电气也成为了电气工程的一个重要组成部分。

机床电气系统的组成如下。

1. 电力拖动系统

电力拖动系统以电动机为动力，驱动控制对象（工作机构）做机械运动。

（1）直流拖动与交流拖动。

① 直流电动机：具有良好的启动、制动性能和调速性能，可以方便地在很宽的范围内平滑调速，尺寸大、价格高、运行可靠性差。

② 交流电动机：具有单机容量大、转速高、体积小、价钱便宜、工作可靠和维修方便等优点，但调速困难。

（2）单电机拖动和多电机拖动。

① 单电机拖动：每台机床上安装一台电动机，再通过机械传动机构将机械能传递到机床的各运动部件。

② 多电机拖动：一台机床上安装多台电机，分别拖动各运动部件。

2. 电气控制系统

电气控制系统对各拖动电动机进行控制，使它们按规定的状态、程序运动，并使机床各运动部件的运动得到合乎要求的静、动态特性。

（1）继电器－接触器控制系统：这种控制系统由按钮开关、行程开关、继电器、接触器等电气元器件组成，控制方法简单直接，价格低。

（2）计算机控制系统：由数字计算机控制，具有高柔性、高精度、高效率、高成本等特点。

（3）可编程控制器控制系统：克服了继电器－接触器控制系统的缺点，又具有计算机控制系统的优点，并且编程方便，可靠性高，价格便宜。

9.2 电动机控制电气设计

电动机控制系统电气图常见的种类有供电系统图、控制电路图、安装接线图、功能图和平面布置图等，其中以供电系统图、控制电路图、安装接线图最为常用。本节通过几个具体的实例来介绍这3种电气图的绘制方法。

本节分供电系统图、控制电路图和安装接线图3个逐步深入的步骤完成电动机控制电路的设计。绘制思路如下：先绘制图纸布局，即绘制主要的导线，然后分别绘制各个主要的电气元器件，并将各电气元器件插入导线之间，最后添加注释和文字。

9.2.1 电动机供电系统图

为了表示电动机的供电关系，可采用如图9-1所示的供电系统图。这个图主要表示电能由380V三相电源经熔断器FU、接触器KM的主触点、热继电器FR的热元器件，输入三相电动机M的3个接线端U、V、W。

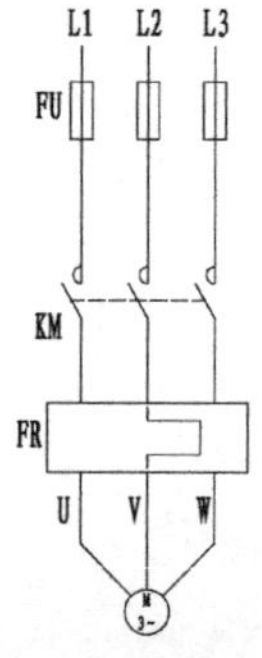

图 9-1 电动机供电系统图

1. 设置绘图环境

（1）建立新文件。打开AutoCAD 2020应用程序，单击“快速访问”工具栏中的“新建”按钮，以“无样板打开-公制”方式创建一个空白文档。单击“快速访问”工具栏中的“保存”按钮，设置保存路径，取名为“电动机供电系统图.dwg”，并保存。

（2）开启栅格。单击状态栏中的“栅格显示”按钮，或者按快捷键F7，在绘图窗口中显示栅格，命令行中会提示“命令：<栅格 开>”。若想关闭栅格，可以再次单击状态栏中的“栅格”按钮，或者按快捷键F7。

2. 绘制各电气元器件

（1）绘制电动机。

① 绘制圆。单击“默认”选项卡“绘图”面板中的“圆”按钮，命令行提示与操作如下。

```
命令：_circle
指定圆的圆心或 [三点(3P)/两点(2P)/切点、切点、半径(T)]（指定圆的圆心）
指定圆的半径或 [直径(D)]：8↙（输入圆的半径为8mm）
```

这样就绘制了一个半径为8mm的圆，如图9-2（a）所示。

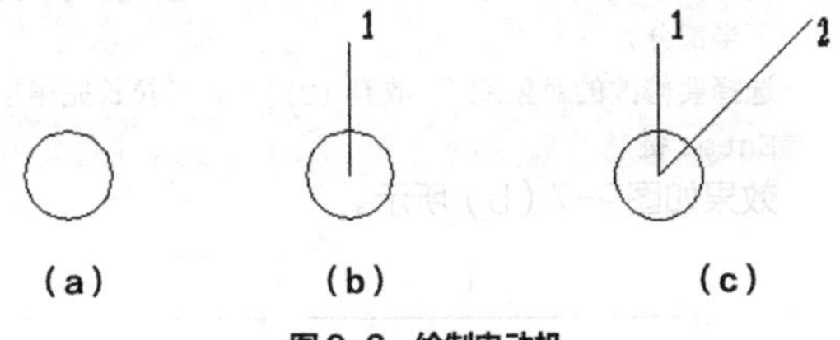

（a）　（b）　（c）

图 9-2 绘制电动机

② 绘制竖直直线。单击“默认”选项卡“绘图”面板中的“直线”按钮，命令行提示与操作如下。

```
命令：_line
指定第一个点：（输入第1点的坐标）
指定下一点或 [放弃(U)]：@0,24↙（以相对坐标形式输入第2点坐标，长度24mm）
指定下一点或 [放弃(U)]：↙（单击右键或者按Enter键）
```

绘制结果如图9-2（b）所示。

③ 绘制倾斜直线。关闭“正交”功能，启动“极轴”绘图方式。单击“默认”选项卡“绘图”面板中的“直线”按钮，用鼠标捕捉圆心，以其为起点，绘制一条与竖直方向成45°角，长度为40mm的倾斜直线2，如图9-2（c）所示。命令行提示与操作如下。

```
命令：_line 指定第一个点：（选择圆心）
指定下一点或 [放弃(U)]：@40<45↙
指定下一点或 [放弃(U)]：↙（单击右键或者按Enter键）
```

④ 镜像直线。单击“默认”选项卡“修改”面板中的“镜像”按钮，命令行提示与操作如下。

```
命令：_mirror
选择对象：找到 1 个↙（选中直线2）
选择对象：↙（单击右键或者按Enter键）
指定镜像线的第一点：指定镜像线的第二点：（分别选择直线1的两个端点作为轴线）
要删除源对象吗？[是(Y)/否(N)] <N>：↙（N：不删除原有直线；Y：删除原有直线）
```

镜像后的效果如图9-3所示。

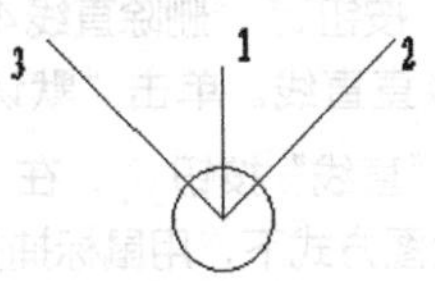

图 9-3 镜像直线

⑤ 绘制水平直线。关闭“极轴”功能，激活“正交”绘图方式。单击“默认”选项卡“绘图”面板中的“直线”按钮，用鼠标捕捉直线1的上端点，以其为起点，向右绘制一条长度为40mm的水平直线4，如图9-4（a）所示。

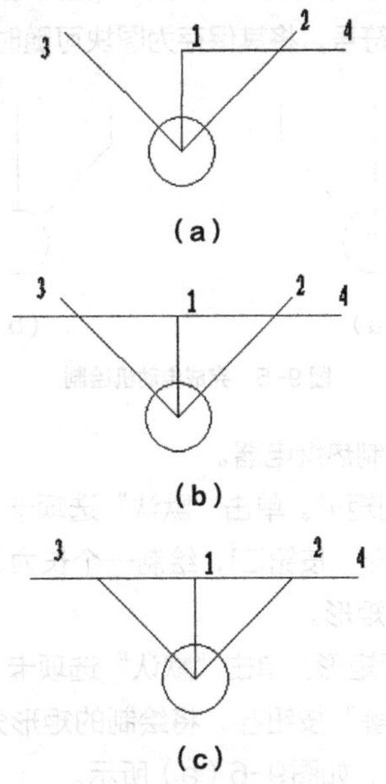

图 9-4 添加直线

⑥ 镜像直线。单击“默认”选项卡“修改”面

板中的“镜像”按钮，用轴对称的方式指定直线4作镜像操作，镜像线为直线1，镜像后的效果如图9-4（b）所示。

⑦ 修剪直线。单击“默认”选项卡“修改”面板中的“修剪”按钮，命令行提示与操作如下。

```
命令：_trim
选择对象或 <选择全部>（选择直线 4）
选择对象：↙（按Enter键或者单击右键）
选择要修剪的对象，或按住 Shift 键选择要延伸的对象，或[栏选(F)/窗交(C)/投影(P)/边(E)/删除(R)/放弃(U)]：(选择直线2和直线3在直线4上侧的部分后按Enter键)
```

这样就完成了以直线4为剪切边，对直线2和直线3的修剪，修剪后的效果如图9-4（c）所示。

⑧ 删除直线。单击“默认”选项卡“修改”面板中的“删除”按钮，删除直线4。

⑨ 绘制竖直直线。单击“默认”选项卡“绘图”面板中的“直线”按钮，在“对象捕捉”和“正交模式”绘图方式下，用鼠标捕捉直线2的上端点，以其为起点，向上绘制长度为10mm的竖直直线。用相同的方法分别捕捉直线1和直线3的上端点作为起点，向上绘制长度为10mm的竖直直线，效果如图9-5（a）所示。

⑩ 修剪图形。单击“默认”选项卡“修改”面板中的“修剪”按钮，修剪掉圆以内的直线，得到如图9-5（b）所示的结果，这就是绘制完成的电动机的图形符号，将其保存为图块可随时利用。

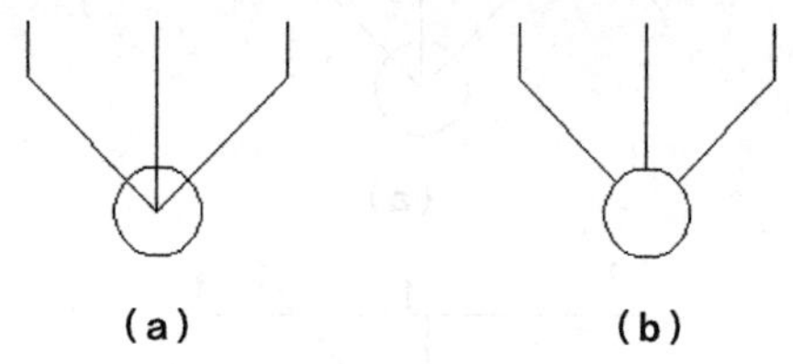

图9-5 完成电动机绘制

（2）绘制热继电器。

① 绘制矩形。单击“默认”选项卡“绘图”面板中的“矩形”按钮，绘制一个长为72mm，宽为24mm的矩形。

② 分解矩形。单击“默认”选项卡“修改”面板中的“分解”按钮，将绘制的矩形分解为直线1、2、3、4，如图9-6（a）所示。

③ 偏移直线。单击“默认”选项卡“修改”面板中的“偏移”按钮，以直线1为起始，向下绘制两条水平直线，偏移量分别为6mm和12mm；以直线4为起始，向左绘制两条竖直直线，偏移量分别为17mm和19mm，如图9-6（b）所示。

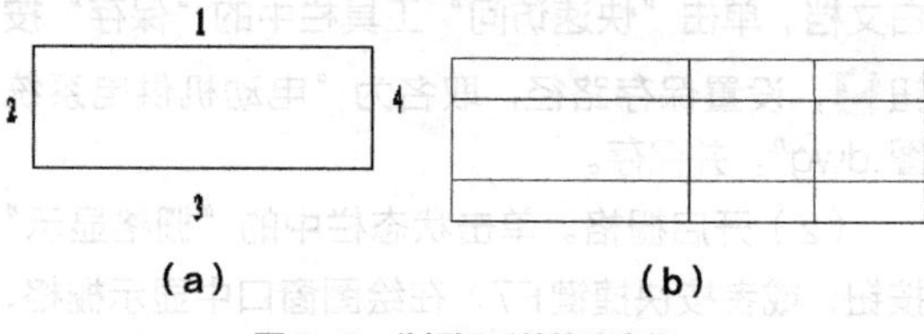

图9-6 分解矩形并偏移直线

④ 修剪图形。分别单击“默认”选项卡“修改”面板中的“修剪”按钮和“删除”按钮，修剪图形并删除掉多余的直线，得到如图9-7（a）所示的结果。

⑤ 单击“默认”选项卡“修改”面板中的“拉长”按钮，拉长线段。命令行提示与操作如下。

```
命令：_lengthen
选择对象或 [增量(DE)/百分数(P)/全部(T)/动态(DY)]：DE↙
输入长度增量或 [角度(A)] <0.0000>：15↙（拉伸长度为15mm）
选择要修改的对象或 [放弃(U)]：（选择直线5的上半部分）
选择要修改的对象或 [放弃(U)]：（选择直线5的下半部分）
选择要修改的对象或 [放弃(U)]：↙（拉长完毕按Enter键）
```

效果如图9-7（b）所示。

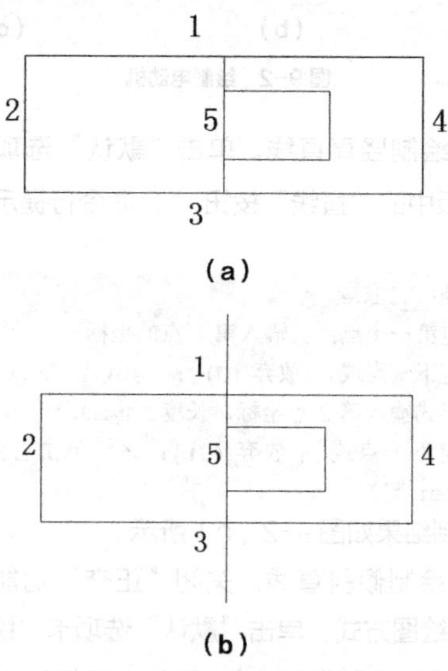

图9-7 修剪图形并拉长直线

⑥ 偏移直线。单击“默认”选项卡“修改”面板中的“偏移”按钮⊆，以直线5为起始，分别向左和向右绘制两条竖直直线6、7，偏移量为24mm，如图9-8（a）所示。

⑦ 修剪直线。单击“默认”选项卡“修改”面板中的“修剪”按钮✂，以各水平直线为剪切边，对直线5、6和7进行修剪。单击“默认”选项卡“修改”面板中的“打断”按钮⌐┘，对中间的直线进行打断，得到如图9-8（b）所示的结果，这就是绘制完成的热继电器的图形符号，将其保存为图块后可随时利用。

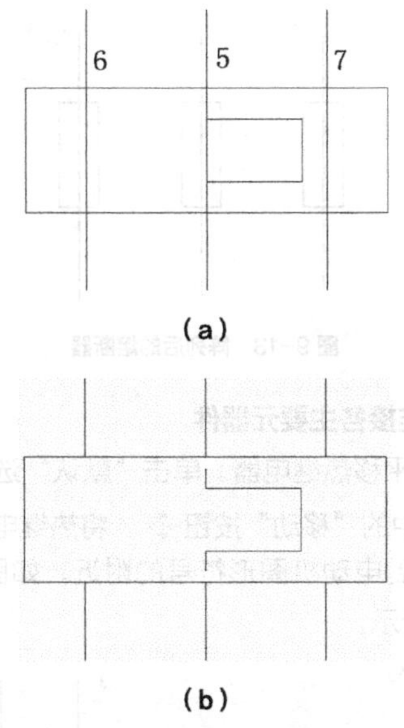

图 9-8 偏移直线并修剪图形

（3）绘制接触器。

① 绘制竖直直线。单击“默认”选项卡“绘图”面板中的“直线”按钮╱，绘制长度为60mm的竖直直线1，如图9-9（a）所示。

② 绘制倾斜直线。单击“默认”选项卡“绘图”面板中的“直线”按钮╱，在“对象捕捉”和“极轴”绘图方式下，用鼠标捕捉直线1的下端点，以其为起点，绘制一条与水平方向成120° 角，长度为14mm的倾斜直线2，如图9-9（b）所示。

③ 移动直线。单击“默认”选项卡“修改”面板中的“移动”按钮✥，将直线2沿竖直方向向上平移15mm，命令行提示与操作如下。

```
命令： _move
选择对象： 找到一个（用鼠标选择直线 2）
选择对象：↙（单击右键或按 Enter 键）
指点基点或 ［位移 (D)］ <位移>（单击右键或按 Enter 键）
指定位移 <0.0000, 0.0000, 0.0000>： @0,15,0↙
```

移动后结果如图9-9（c）所示。

④ 绘制圆。单击“默认”选项卡“绘图”面板中的“圆”按钮⊙，用鼠标捕捉直线1的上端点，以其为圆心，绘制一个半径为3mm的圆，命令行提示与操作如下。

```
命令： _circle
指定圆的圆心或 ［三点 (3P)/两点 (2P)/切点、切点、半径 (T)］（在对象捕捉模式下用鼠标拾取直线 1 的上端点）
指定圆的半径或 ［直径 (D)］：3↙（输入圆的半径为 3mm）
```

绘制得到的圆如图9-9（d）所示。

⑤ 移动圆。单击“默认”选项卡“修改”面板中的“移动”按钮✥，将上步绘制的圆沿竖直方向向下平移30mm，命令行提示与操作如下。

```
命令： _move
选择对象： 找到一个（用鼠标选择圆）
选择对象：↙（单击右键或按 Enter 键）
指点基点或 ［位移 (D)］ <位移>（单击右键或按 Enter 键）
指 定 位 移 <0.0000, 0.0000, 0.0000>： @0, -30,0↙
```

移动后结果如图9-9（e）所示。

⑥ 修剪图形。分别单击“默认”选项卡“修改”面板中的“修剪”按钮✂和“删除”按钮✐，对直线1和圆进行修剪，并删除掉多余的图形，得到如图9-9（f）所示的结果。

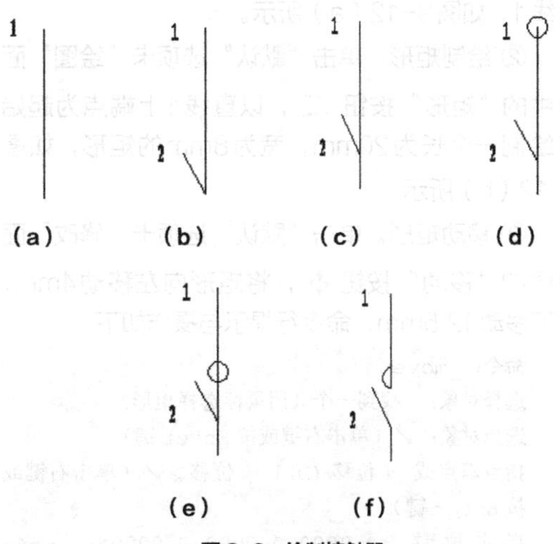

图 9-9 绘制接触器

⑦ 阵列图形。单击“默认”选项卡“修改”

面板中的“矩形阵列”按钮器，设置“行数”为“1”，“列数”为“3”，“间距”为“24”，阵列结果如图9-10所示。

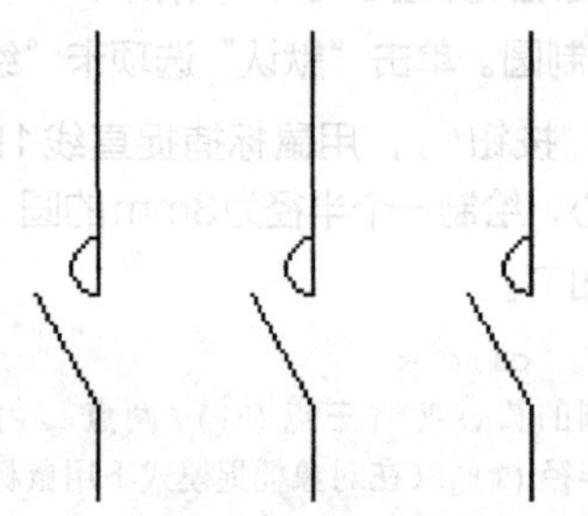

图 9-10 阵列结果

⑧ 绘制直线。单击“默认”选项卡“绘图”面板中的“直线”按钮╱，绘制一条虚线，最终完成接触器的图形符号的绘制，如图9-11所示。

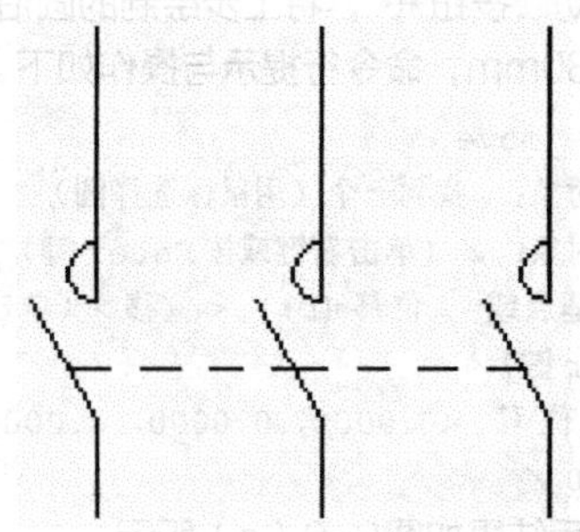

图 9-11 绘制直线

（4）绘制熔断器。

① 绘制直线。单击“默认”选项卡“绘图”面板中的“直线”按钮╱，绘制长度为50mm的竖直直线1，如图9-12（a）所示。

② 绘制矩形。单击“默认”选项卡“绘图”面板中的“矩形”按钮 口，以直线1上端点为起始点绘制一个长为20mm，宽为8mm的矩形，如图9-12（b）所示。

③ 移动矩形。单击“默认”选项卡“修改”面板中的“移动”按钮✥，将矩形向左移动4mm，向下移动12.5mm，命令行提示与操作如下。

```
命令：_move
选择对象： 找到一个（用鼠标选择矩形）
选择对象：↙（单击右键或按Enter键）
指点基点或 [位移(D)] <位移>↙（单击右键或按Enter键）
指定位移 <0.0000,0.0000,0.0000>: @-4,-12.5,0↙
```

移动后的效果如图9-12（c）所示。

④ 阵列图形。单击“默认”选项卡“修改”面板中的“矩形阵列”按钮器，选择如图9-12（c）所示的图形为阵列对象，设置“行数”为“1”，“列数”为“3”，“间距”为“24”，结果如图9-13所示。

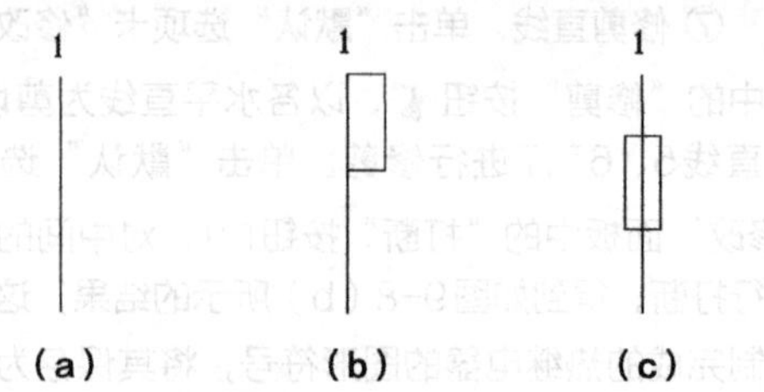

图 9-12 绘制熔断器

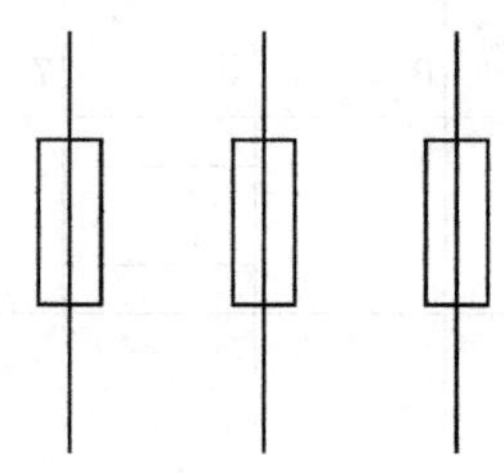

图 9-13 阵列后的熔断器

3. 连接各主要元器件

（1）平移热继电器。单击“默认”选项卡“修改”面板中的“移动”按钮✥，将热继电器的图形符号平移到电动机图形符号的附近，如图9-14和图9-15所示。

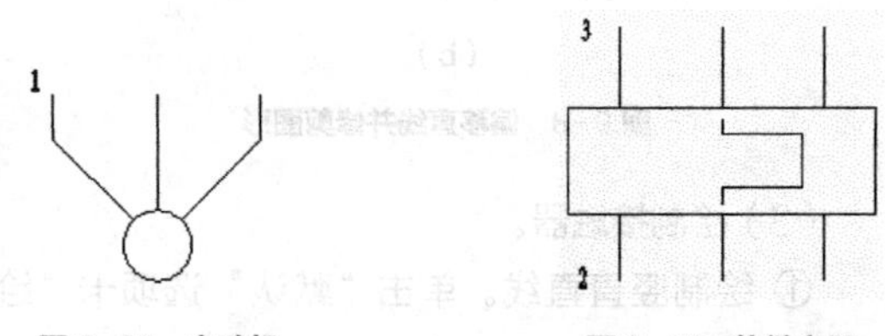

图 9-14 电动机　　图 9-15 热继电器

（2）连接电动机与热继电器。单击“默认”选项卡“修改”面板中的“移动”按钮✥，选择整个热继电器符号为平移对象，用鼠标捕捉其左端靠下外接线头2为平移基点，移动图形，并捕捉电动机左接线头1为目标点，平移后结果如图9-16所示。

（3）平移熔断器。单击“默认”选项卡“修改”面板中的“移动”按钮✥，将熔断器图形符号平移到接触器图形符号的附近，如图9-17和图9-18所示。

（4）连接接触器与熔断器。单击“默认”选项卡“修改”面板中的“移动”按钮✥，选择整个熔断器符号为平移对象，用鼠标捕捉其左端靠下外接线头6为平移基点，移动图形，并捕捉接触器左接线头5为目标点，平移后结果如图9-19所示。

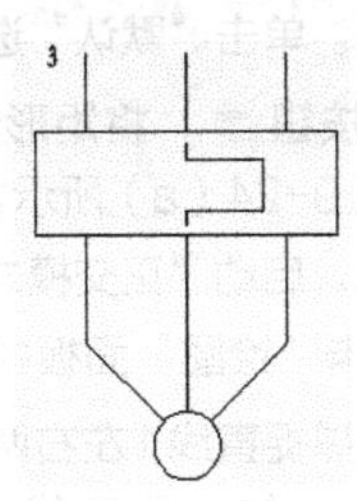

图 9-16 连接图

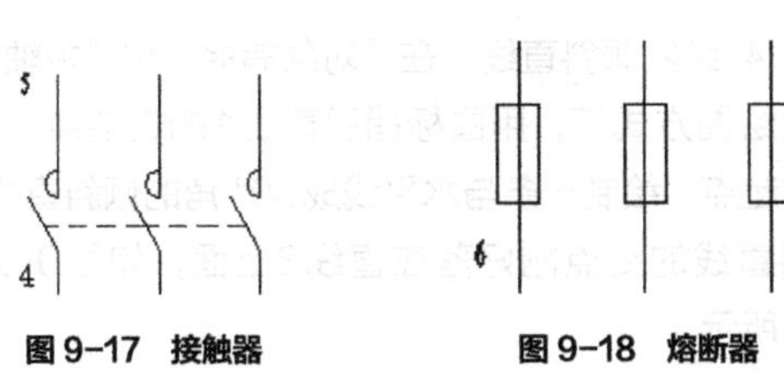

图 9-17 接触器　　图 9-18 熔断器

（5）连接热继电器与接触器。单击“默认”选项卡“修改”面板中的“移动”按钮，选择整个电动机与热继电器为平移对象，用鼠标捕捉其左端靠上外接线头3为平移基点，移动图形，并捕捉接触器左接线头4为目标点，平移后结果如图9-20所示。

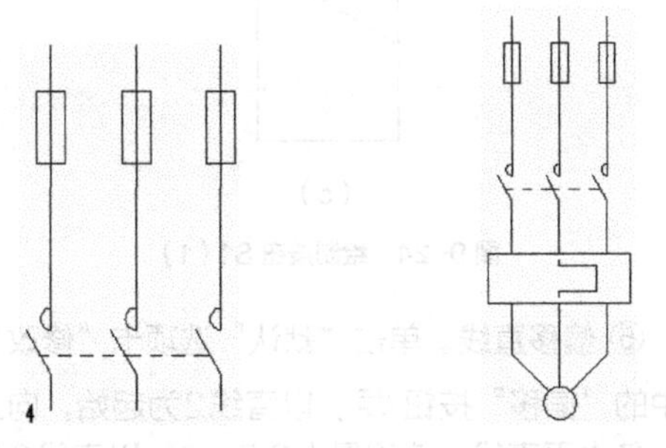

图 9-19 连接图　　图 9-20 电动机供电系统图

4. 添加注释文字

（1）创建文字样式。单击“默认”选项卡“注释”面板中的“文字样式”按钮，打开“文字样式”对话框，创建一个样式名为“电动机供电系统图”的文字样式，“字体名”设置为“仿宋_GB2312”，“字体样式”设置为“常规”，“高度”设置为“10”，“宽度因子”设置为“0.7”。

（2）添加注释文字。单击“默认”选项卡“注释”面板中的“多行文字”按钮A，一次输入几行文字，然后调整其位置，以对齐文字。调整位置的时候，可结合使用正交命令。

添加注释文字后，即完成了电动机供电系统图的绘制。

9.2.2 电动机控制电路图

电动机控制电路图属于一种原理图，是在供电线路图上添加控制电路构成的，效果如图9-21所示。由图9-21可以看出该电动机的控制原理，接触器KM的触点是由其释放线圈来控制的。该线圈所在的回路是：电源相线L—热继电器FR的动断（常闭）触点—按钮S2（常闭）—按钮S1（常开）—接触器KM的释放线圈—电源中性线N。当按下按钮S1时，回路接通，接触器KM动作，并通过其常开辅助触点自锁，电动机M启动运转。其中的热继电器FR起过载保护作用。

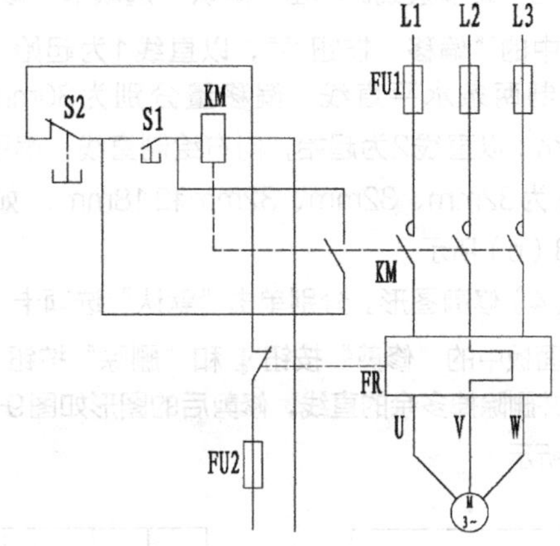

图 9-21 电动机控制电路图

1. 设置绘图环境

（1）建立新文件。打开AutoCAD 2020应用程序，以“无样板打开-公制”方式建立新文件。单击“快速访问”工具栏中的“保存”按钮，将新文件命名为“电动机控制电路图.dwt”并保存。

（2）开启栅格。单击状态栏中的“栅格显示”按钮，或者按快捷键F7，在绘图窗口中显示栅格，命令行中会提示“命令：<栅格开>”。若想关闭栅格，可以再次单击状态栏中的“栅格显示”按钮，或者按快捷键F7。

（3）设置图层。各图层设置如图9-22所示，虚线层线型设置为CENTER2，同时关闭图框层。

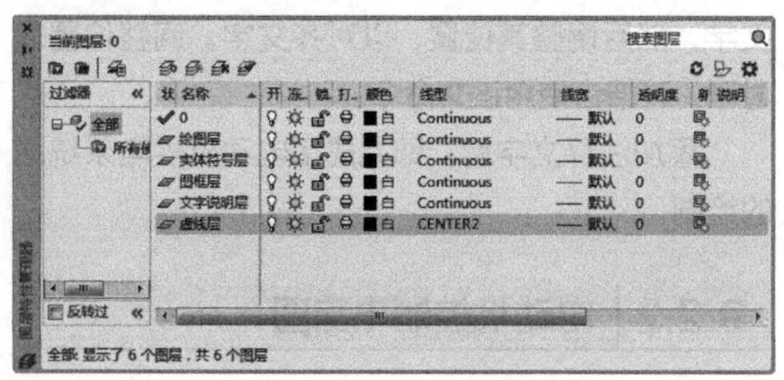

图 9-22 图层设置

2. 绘制控制回路连接线

（1）绘制矩形。单击“默认”选项卡“绘图”面板中的“矩形”按钮 ，在屏幕中适当位置绘制一个长为135mm、宽为103mm的矩形，结果如图9-23（a）所示。

（2）分解矩形。单击“默认”选项卡“修改”面板中的“分解”按钮 ，将矩形分解为1、2、3、4四段直线，如图9-23（a）所示。

（3）偏移直线。单击“默认”选项卡“修改”面板中的“偏移”按钮 ，以直线1为起始，向下绘制两条水平直线，偏移量分别为30mm和21mm；以直线2为起始，向右绘制直线，偏移量分别为32mm、32mm、32mm和18mm，如图9-23（b）所示。

（4）修剪图形。分别单击“默认”选项卡“修改”面板中的“修剪”按钮 和“删除”按钮 ，修剪并删除掉多余的直线，修剪后的图形如图9-23（c）所示。

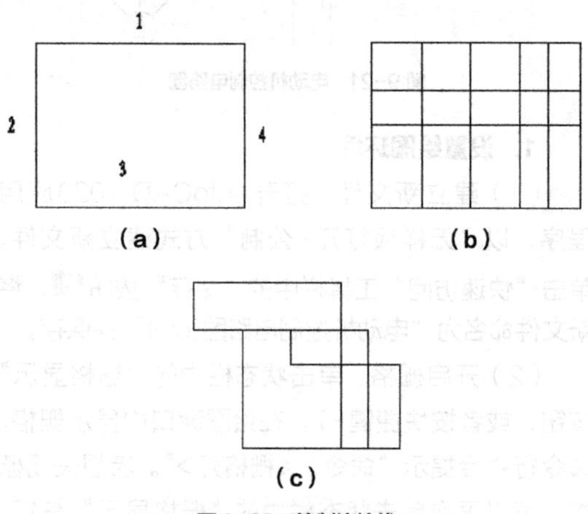

图 9-23 绘制连接线

3. 绘制各元器件

（1）绘制按钮S1。

① 绘制矩形。单击“默认”选项卡“绘图”面板中的“矩形”按钮 ，在屏幕中适当位置绘制一个长为7.5mm、宽为10mm的矩形，结果如图9-24（a）所示。

② 分解矩形。单击“默认”选项卡“修改”面板中的“分解”按钮 ，将矩形分解为1、2、3、4四段直线，如图9-24（a）所示。

③ 绘制直线。启动“正交模式”绘图方式，单击“默认”选项卡“绘图”面板中的“直线”按钮 ，用鼠标分别捕捉直线1左右两端点，向左右分别绘制长为7.5mm的水平直线，如图9-24（b）所示。

④ 绘制倾斜直线。在“对象捕捉”和“极轴追踪”绘图方式下，用鼠标捕捉直线1的右端点，以其为起点，绘制一条与水平线成30° 角的倾斜直线，倾斜直线的终点刚好落在直线3上面，如图9-24（c）所示。

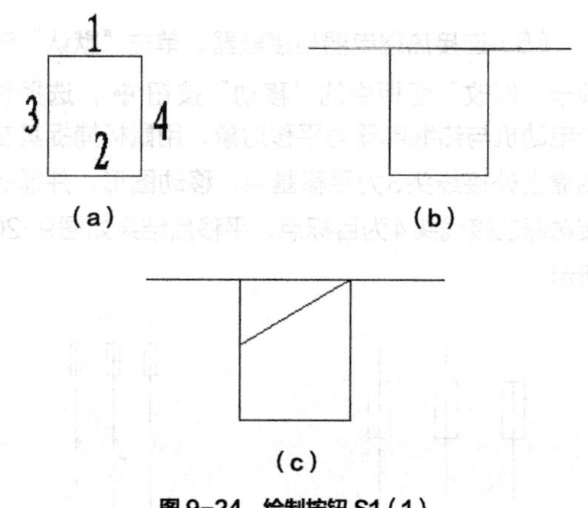

图 9-24 绘制按钮 S1（1）

⑤ 偏移直线。单击“默认”选项卡“修改”面板中的“偏移”按钮 ，以直线2为起始，向上绘制一条水平直线，偏移量为3.5mm；以直线3为起始，向右绘制直线，偏移量为3.75mm，如图9-25（a）所示。

⑥ 更改图形对象的图层属性。选中偏移得到的竖直直线，单击“默认”选项卡“图层”面板中的“图层特性”下拉列表框处的“虚线层”图层，将其替换。更改后的效果如图9-25（b）所示。

⑦ 修剪直线。分别单击“默认”选项卡“修改”面板中的“修剪”按钮 和“删除”按钮 ，修剪并删除掉多余的直线，得到如图9-25（c）所示的结果，这就是绘制完成的按钮S1。

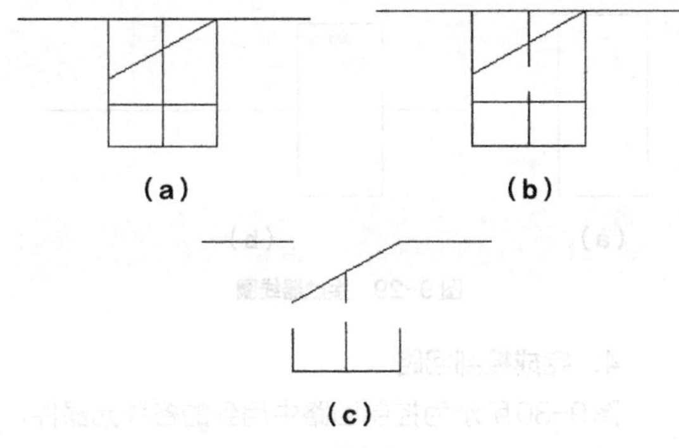

图 9-25 绘制按钮 S1（2）

（2）绘制按钮S2。

① 绘制竖直与水平直线。单击“默认”选项卡“绘图”面板中的“直线”按钮，绘制长度为32mm的竖直直线1，如图9-26（a）所示。重复“直线”命令，在“对象捕捉”和“正交模式”绘图方式下，用鼠标捕捉直线1的上端点，以其为起点，向右绘制一条长度为8mm的水平直线2，如图9-26（b）所示。

② 平移水平直线。单击“默认”选项卡“修改”面板中的“移动”按钮，将直线2竖直向下平移10mm，平移后的结果如图9-26（c）所示。

③ 绘制倾斜直线。关闭“正交模式”功能，启动“极轴追踪”绘图方式。用鼠标捕捉直线1的下端点，以其为起点，绘制一条与水平方向成60°角、长度为16mm的直线3，如图9-26（d）所示。

④ 平移倾斜直线。单击“默认”选项卡“修改”面板中的“移动”按钮，将直线3竖直向上平移10mm，平移后的结果如图9-26（e）所示。

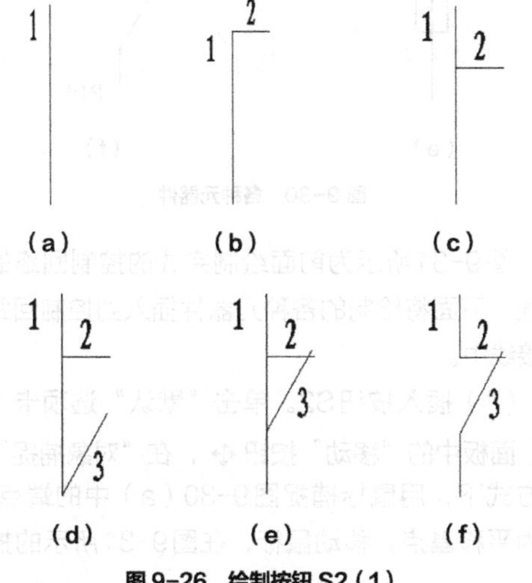

图 9-26 绘制按钮 S2（1）

⑤ 修剪直线1。单击“默认”选项卡“修改”面板中的“修剪”按钮，以直线2和直线3为剪切边，对直线1进行修剪，修剪掉直线1在直线2和直线3之间的部分，修剪后的结果如图9-26（f）所示，将修剪后的结果保存为图块。

⑥ 旋转图形。单击“默认”选项卡“修改”面板中的“旋转”按钮，命令行提示与操作如下。

```
命令：_rotate
UCS 当前的正角方向：  ANGDIR= 逆时针  ANGBASE=0
选择对象：（选择上面绘制的整个图形）
选择对象：（单击右键或按 Enter 键）
指定基点：（选择直线 1 的上端点）
指定旋转角度 或 [ 复制（C）参照（F）] <90>：（输入旋转角度 90 后按 Enter 键）
```

旋转后的结果如图9-27（a）所示。

⑦ 绘制直线。单击“默认”选项卡“绘图”面板中的“直线”按钮，以直线2的下端点为起点，竖直向下绘制一条长为18mm的直线4，以所绘直线终点为起点，水平向右绘制一条长为12mm的直线5，继续以所绘水平直线终点为起点，竖直向上绘制一条长为18mm的直线6，绘制结果如图9-27（b）所示。

⑧ 偏移直线。单击“默认”选项卡“修改”面板中的“偏移”按钮，将直线6水平向左偏移5mm得到直线7，将直线5竖直向上偏移5mm，偏移后的结果如图9-27（c）所示。

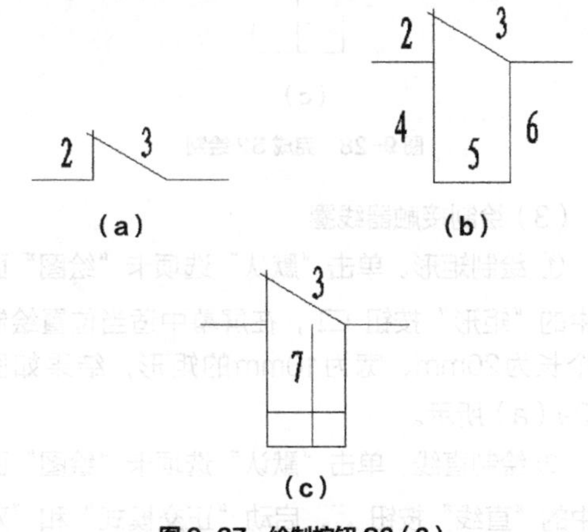

图 9-27 绘制按钮 S2（2）

⑨ 延伸直线7并更改图形对象的图层属性。单击“默认”选项卡“修改”面板中的“延伸”按钮，命令行提示与操作如下。

```
命令：_extend
当前设置：投影 =UCS，边 = 无
```

```
选择边界的边...
选择对象或 <全部选择>:（选择直线 3）
选择对象:（单击右键或按 Enter 键）
选择要延伸的对象，或按住 Shift 键选择要修剪的对象，或[栏选(F)/窗交(C)/投影(P)/边(E)/放弃(U)]:（选择直线7）
```

选中直线7，在“默认”选项卡的“图层”面板中打开“图层特性”下拉列表框，从中选择“虚线层”图层，将其替换。延伸直线与更改图层后的效果如图9-28（a）所示。

⑩ 分别单击“默认”选项卡“修改”面板中的“修剪”按钮✂和“删除”按钮✐，修剪并删除掉多余的直线，得到如图9-28（b）所示的结果，将直线4、5、6、7修剪后剩下的线段整体向右平移1mm，得到的图形就是绘制完成的按钮S2，如图9-28（c）所示。

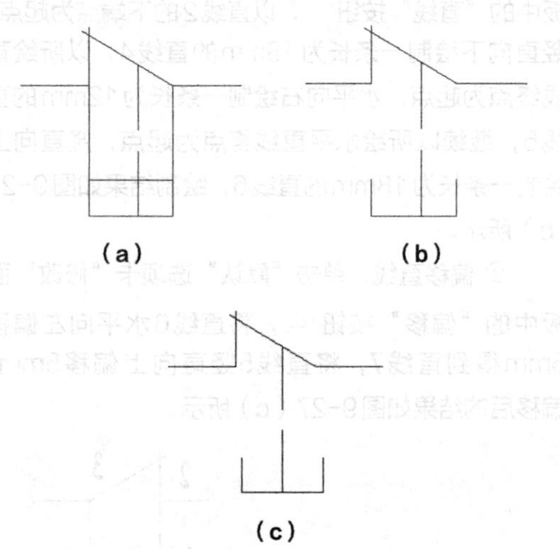

图9-28 完成S2绘制

（3）绘制接触器线圈。

① 绘制矩形。单击“默认”选项卡“绘图”面板中的“矩形”按钮▭，在屏幕中适当位置绘制一个长为20mm、宽为10mm的矩形，结果如图9-29（a）所示。

② 绘制直线。单击“默认”选项卡“绘图”面板中的“直线”按钮╱，启动“正交模式”和“对象捕捉”命令，以矩形左边中点为起始点，水平向左绘制一条长为10mm的直线，以矩形右边中点为起始点，水平向右绘制一条长为30mm的直线，至此，接触器线圈就绘制完成了，结果如图9-29（b）所示。

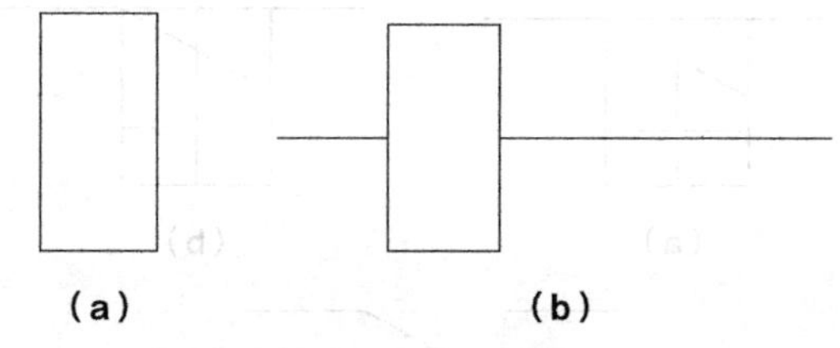

图9-29 接触器线圈

4. 完成控制回路

图9-30所示为控制回路中用到的各种元器件，其中图9-30（a）为按钮S2，图9-30（b）为按钮S1，图9-30（c）为接触器线圈，图9-30（d）为热继电器常闭触点，图9-30（e）为熔断器，图9-30（f）为常开触点。

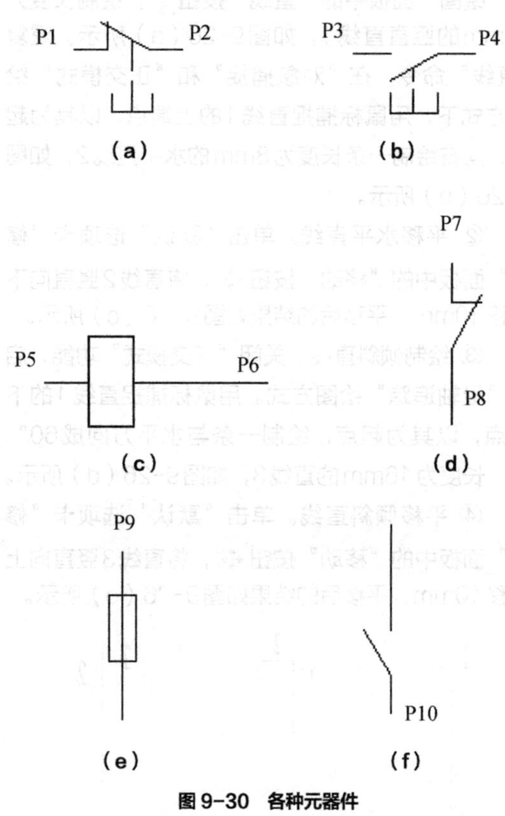

图9-30 各种元器件

图9-31所示为前面绘制完成的控制回路的连接线，下面将绘制的各种元器件插入到控制回路的连接线中。

（1）插入按钮S2。单击“默认”选项卡“修改”面板中的“移动”按钮✥，在“对象捕捉”绘图方式下，用鼠标捕捉图9-30（a）中的端点P1作为平移基点，移动鼠标，在图9-31所示的控制回路连接线图中，用鼠标捕捉a点作为平移目标点，将按钮S2平移到连接图中。

（2）插入按钮S1。单击“默认”选项卡“修改”面板中的“移动”按钮✥，在“对象捕捉”绘图方式下，用鼠标捕捉图9-30（b）中的端点P3作为平移基点，移动鼠标，在如图9-31所示的控制回路连接线图中，用鼠标捕捉b点作为平移目标点，将按钮S1平移到连接图中。

（3）插入接触器线圈。单击“默认”选项卡“修改”面板中的“移动”按钮✥，在“对象捕捉”绘图方式下，用鼠标捕捉图9-30（c）中的端点P5作为平移基点，移动鼠标，在如图9-31所示的控制回路连接线图中，用鼠标捕捉c点作为平移目标点，将接触器线圈平移到连接图中。

（4）插入热继电器常闭触点。单击“默认”选项卡“修改”面板中的“移动”按钮✥，在“对象捕捉”绘图方式下，用鼠标捕捉图9-30（d）中的端点P7作为平移基点，移动鼠标，在如图9-31所示的控制回路连接线图中，用鼠标捕捉g点作为平移目标点，将热继电器常闭触点平移到连接图中。

（5）插入熔断器。单击“默认”选项卡“修改”面板中的“移动”按钮✥，在“对象捕捉”绘图方式下，用鼠标捕捉图9-30（e）中的端点P9作为平移基点，移动鼠标，用鼠标捕捉P8点作为平移目标点，将熔断器平移到连接图中。

（6）插入常开触点。单击“默认”选项卡“修改”面板中的“移动”按钮✥，在“对象捕捉”绘图方式下，用鼠标捕捉图9-30（f）中的端点P10作为平移基点，移动鼠标，在如图9-31所示的控制回路连接线图中，用鼠标捕捉e点作为平移目标点，将常开触点平移到连接图中，结果如图9-32所示。

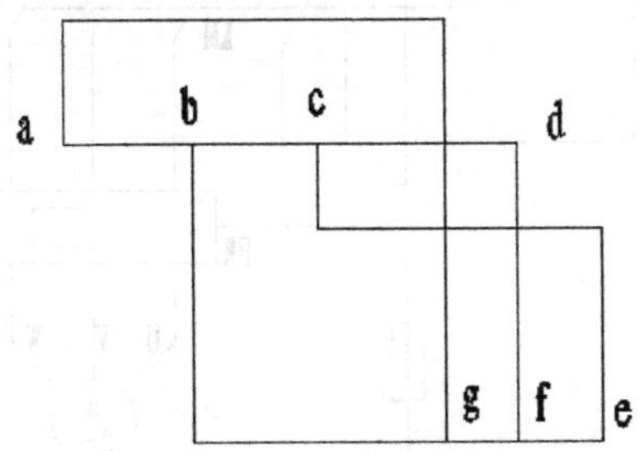

图 9-31 控制回路连接线

（7）复制供电系统图。单击“默认”选项卡“修改”面板中的“复制”按钮，将前面绘制的供电系统图复制到控制回路的右边，调整其到合适的位置，如图9-33所示。

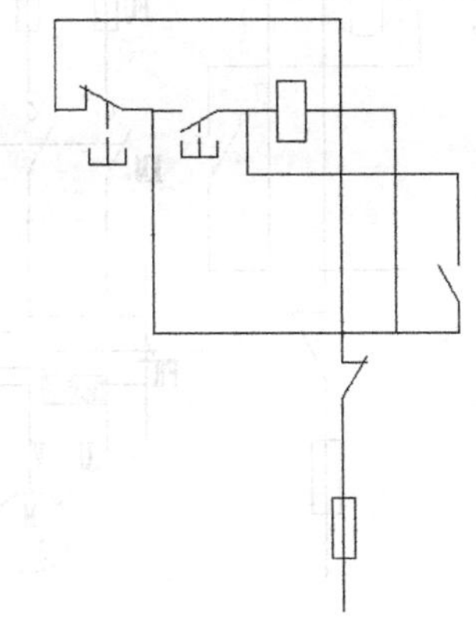

图 9-32 控制回路

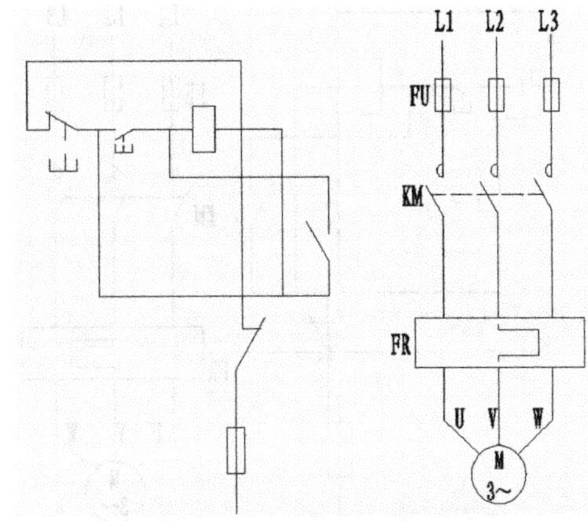

图 9-33 复制供电系统图

（8）绘制直线。单击“默认”选项卡“绘图”面板中的“直线”按钮╱，绘制如图9-34所示的中点和图9-35所示延长线上交点之间的连线。选中该直线，单击“默认”选项卡“图层”面板中的“图层特性”下拉列表框处的“虚线层”图层，将其替换，绘制结果如图9-36所示。

（9）单击“默认”选项卡“绘图”面板中的“直线”按钮╱，以图9-37所示的端点为起始点，向左绘制长度为160mm的直线；同理，以图9-38所示的中点为起始点，向下绘制长度为40mm的直线。选中这两条直线，单击“默认”选项卡“图层”面板中的“图层特性”下拉列表框处的“虚线层”图层，将其替换。单击“默认”选项卡“修改”面板中的“修剪”按钮，修剪掉多余的直线，得到如图9-39所示的结果。

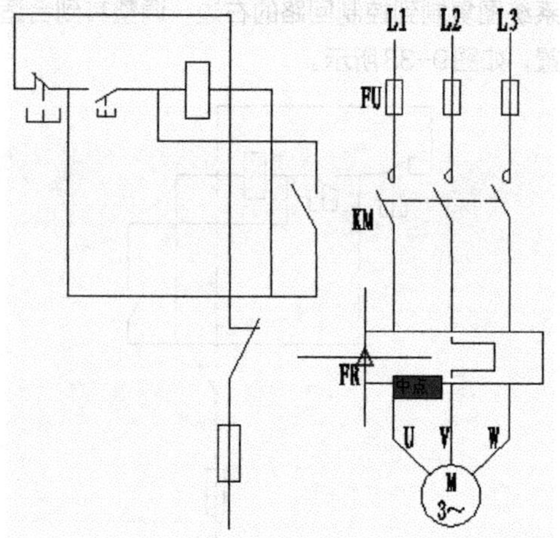

图 9-34　捕捉中点

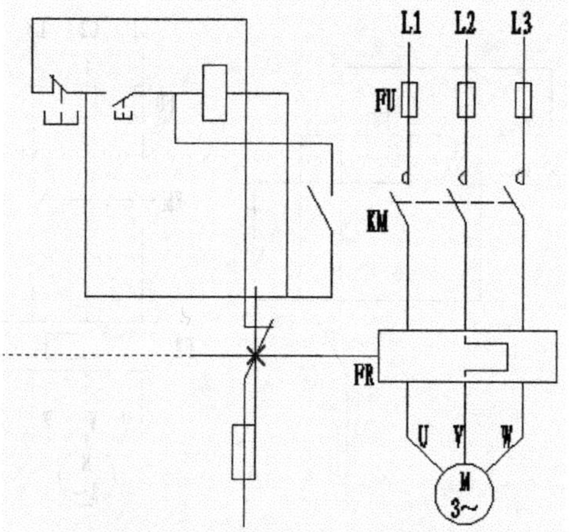

图 9-35　捕捉延长线上的交点

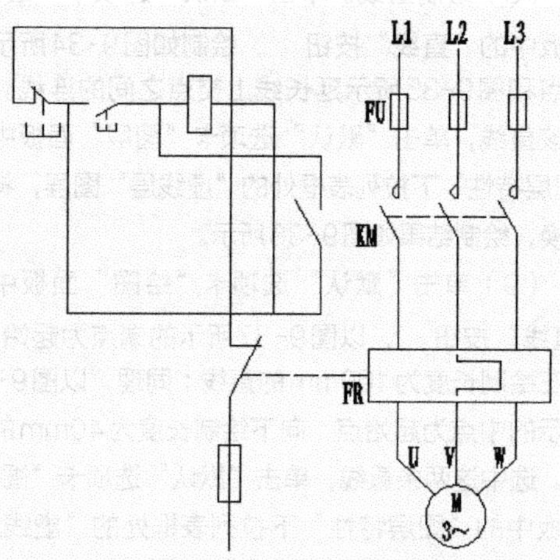

图 9-36　绘制直线

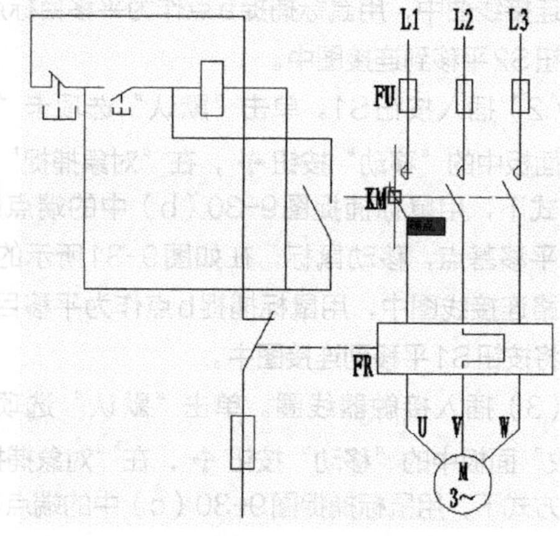

图 9-37　捕捉端点

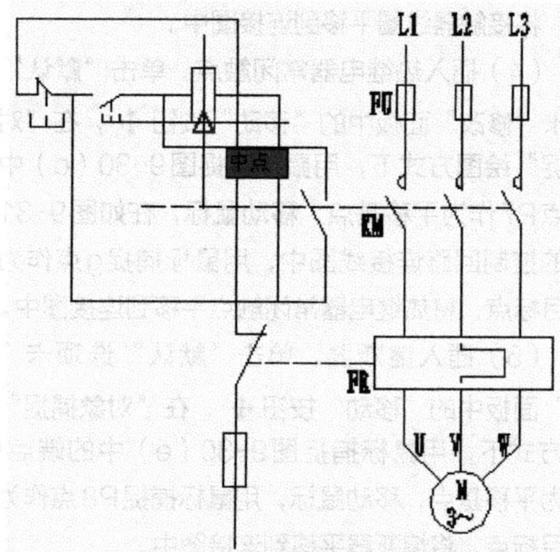

图 9-38　捕捉中点

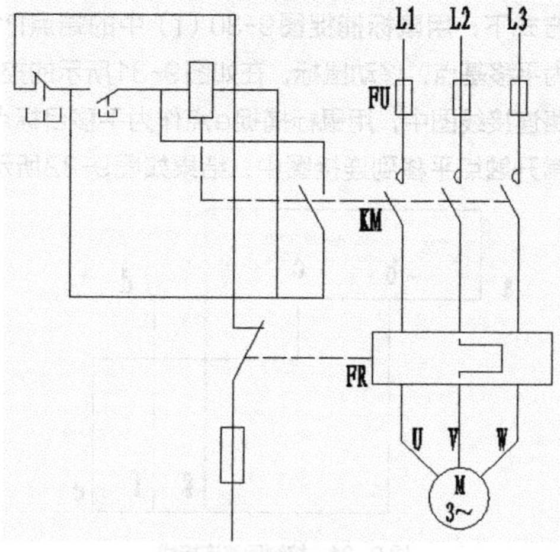

图 9-39　修剪图形

（10）单击“默认”选项卡“绘图”面板中的“直线”按钮，以图9-40所示的直线端点为起始点，向下绘制长度为90mm的直线，如图9-41所示。

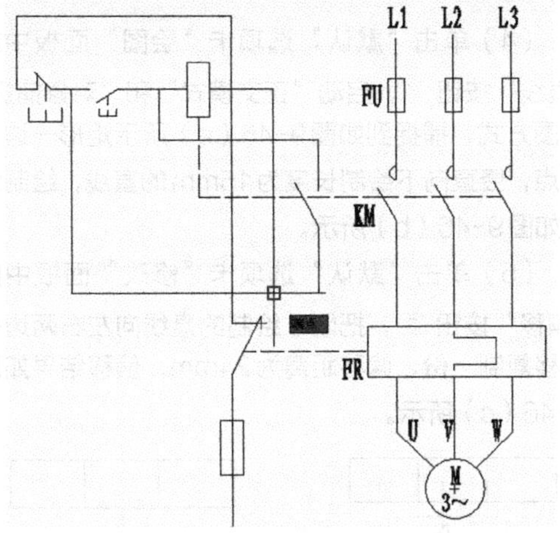

图 9-40　捕捉端点

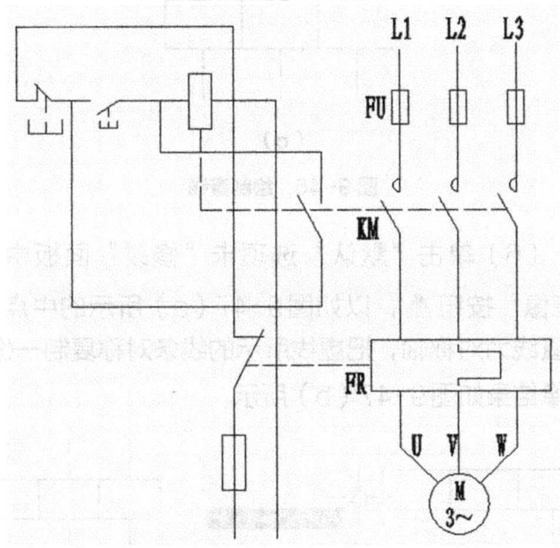

图 9-41　绘制直线

5. 添加注释文字

（1）创建文字样式。单击“默认”选项卡“注释”面板中的“文字样式”按钮，打开“文字样式”对话框，创建一个样式名为“电动机控制电路图”的文字样式，“字体名”设置为“仿宋_GB2312”，“字体样式”设置为“常规”，“高度”设置为“10”，“宽度因子”设置为“0.7”。

（2）添加注释文字。单击“默认”选项卡“注释”面板中的“多行文字”按钮A，一次输入几行文字，然后调整其位置，以对齐文字。调整位置的时候，结合使用正交命令。

添加注释文字后，即完成了电动机控制电路图的绘制，如图9-21所示。

9.2.3 电动机安装接线图

为了表示电气装置各元器件之间的连接关系，必须要有一种安装接线图。图9-42表示了三相电源L1、L2、L3经熔断器FU、接触器KM、热继电器FR接至电动机M的接线关系。

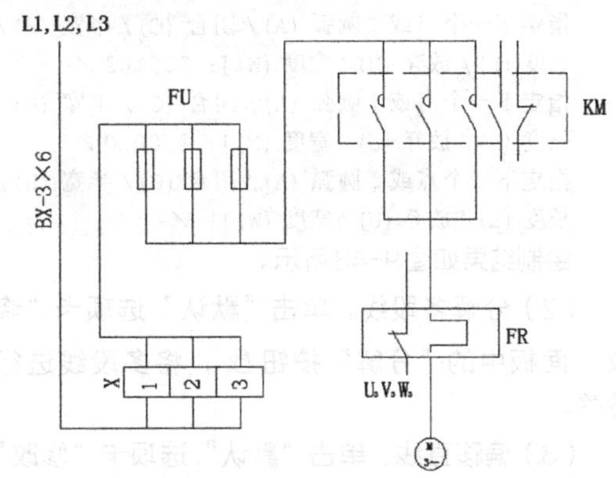

图 9-42　电动机接线图

1. 设置绘图环境

（1）建立新文件。打开AutoCAD 2020应用程序，以“无样板打开-公制”方式建立新文件。单击“快速访问”工具栏中的“保存”按钮，将新文件命名为“电动机接线图.dwt”并保存。

（2）开启栅格。单击状态栏中的“栅格显示”按钮，或者按快捷键F7，在绘图窗口中显示栅格，命令行中会提示“命令：<栅格 开>”。若想关闭栅格，可以再次单击状态栏中的“栅格显示”按钮，或者按快捷键F7。

2. 绘制线路结构图

（1）单击“默认”选项卡“绘图”面板中的“多段线”按钮，绘制多段线。命令行提示与操作如下。

```
命令：_pline
指定起点：（在屏幕上合适位置选择一点）
当前线宽为：0.0000
指定下一个点或 [ 圆弧 (A) / 半宽 (H) / 长度 (L) / 放弃 (U) / 宽度 (W)]：@0,-195↙
```

```
指定下一个点或 [ 圆弧 (A) / 闭合 (C) / 半宽 (H) / 长度 (L) / 放弃 (U) / 宽度 (W)]: @92,0↙
指定下一个点或 [ 圆弧 (A) / 闭合 (C) / 半宽 (H) / 长度 (L) / 放弃 (U) / 宽度 (W)]: @0,46↙
指定下一个点或 [ 圆弧 (A) / 闭合 (C) / 半宽 (H) / 长度 (L) / 放弃 (U) / 宽度 (W)]: @-72,0↙
指定下一个点或 [ 圆弧 (A) / 闭合 (C) / 半宽 (H) / 长度 (L) / 放弃 (U) / 宽度 (W)]: @0,107↙
指定下一个点或 [ 圆弧 (A) / 闭合 (C) / 半宽 (H) / 长度 (L) / 放弃 (U) / 宽度 (W)]: @72,0↙
指定下一个点或 [ 圆弧 (A) / 闭合 (C) / 半宽 (H) / 长度 (L) / 放弃 (U) / 宽度 (W)] : @0,-60↙
指定下一个点或 [ 圆弧 (A) / 闭合 (C) / 半宽 (H) / 长度 (L) / 放弃 (U) / 宽度 (W)] : @24,0↙
指定下一个点或 [ 圆弧 (A) / 闭合 (C) / 半宽 (H) / 长度 (L) / 放弃 (U) / 宽度 (W)]: @0,102↙
指定下一个点或 [ 圆弧 (A) / 闭合 (C) / 半宽 (H) / 长度 (L) / 放弃 (U) / 宽度 (W)]: @100,0↙
指定下一个点或 [ 圆弧 (A) / 闭合 (C) / 半宽 (H) / 长度 (L) / 放弃 (U) / 宽度 (W)]: ↙
```

绘制结果如图9-43所示。

（2）分解多段线。单击“默认”选项卡“修改”面板中的“分解”按钮，将多段线进行分解。

（3）偏移直线。单击“默认”选项卡“修改”面板中的“偏移”按钮，以直线ab为起始，向左绘制两条竖直直线，偏移量分别为24mm和24mm，如图9-44所示。

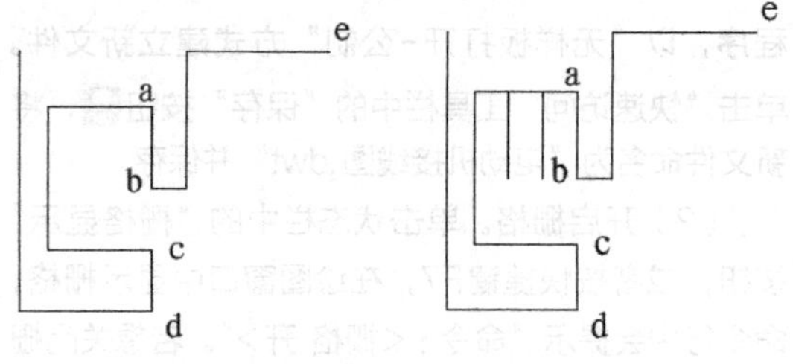

图9-43 绘制多线段　　图9-44 偏移直线

3. 绘制元器件——端子排

（1）单击“默认”选项卡“绘图”面板中的“矩形”按钮，绘制一个长为72mm、宽为15mm的矩形，绘制结果如图9-45（a）所示。

（2）单击“默认”选项卡“修改”面板中的“分解”按钮，把该矩形分解为4条直线。

（3）单击“默认”选项卡“修改”面板中的“偏移”按钮，把矩形的左右两边向内偏移复制一份，偏移的距离是24mm，偏移后的结果如图9-45（b）所示。

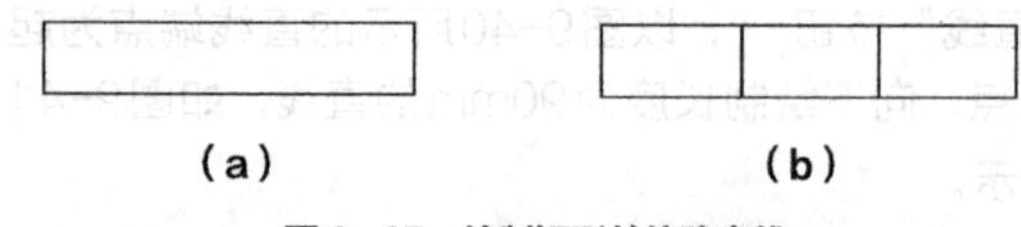

图9-45 绘制矩形并偏移直线

（4）单击“默认”选项卡“绘图”面板中的“直线”按钮，启动“正交模式”和“对象捕捉”绘图方式，捕捉到如图9-46（a）所示矩形一边的中点，竖直向下绘制长度为15mm的直线，绘制结果如图9-46（b）所示。

（5）单击“默认”选项卡“修改”面板中的“偏移”按钮，把刚才绘制的直线向左右两边各偏移复制一份，偏移距离为24mm，偏移结果如图9-46（c）所示。

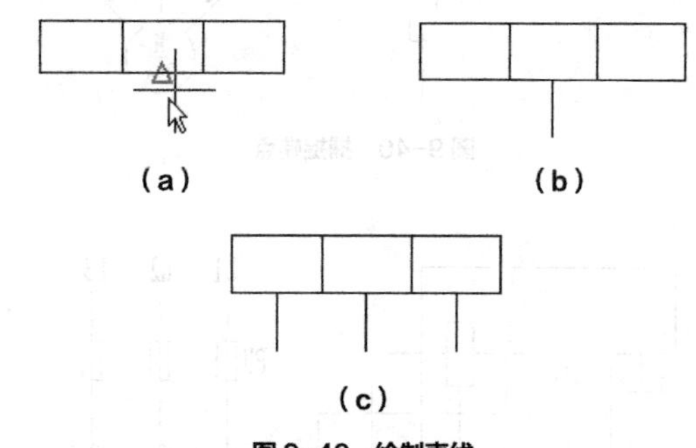

图9-46 绘制直线

（6）单击“默认”选项卡“修改”面板中的“镜像”按钮，以如图9-47（a）所示的中点水平直线为对称轴，把虚线所示的线条对称复制一份，镜像结果如图9-47（b）所示。

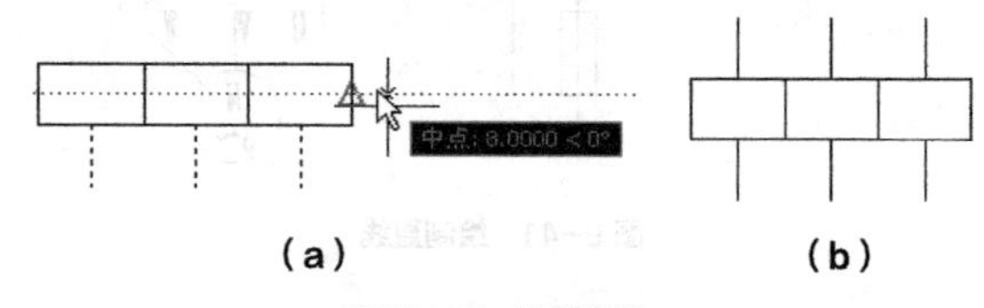

图9-47 镜像直线

4. 将各个元器件插入结构图

（1）使用剪贴板，从以前绘制过的图形中复制需要的元器件符号，如图9-48所示。其中图9-48（a）为电动机符号，图9-48（b）为热继电器符号，图9-48（c）为接触器主触点符号，图9-48（d）为熔断器符号，图9-48（e）为热继电器动断常闭触点符号，图9-48（f）为开关符号。依次将图形插入结构图形中。

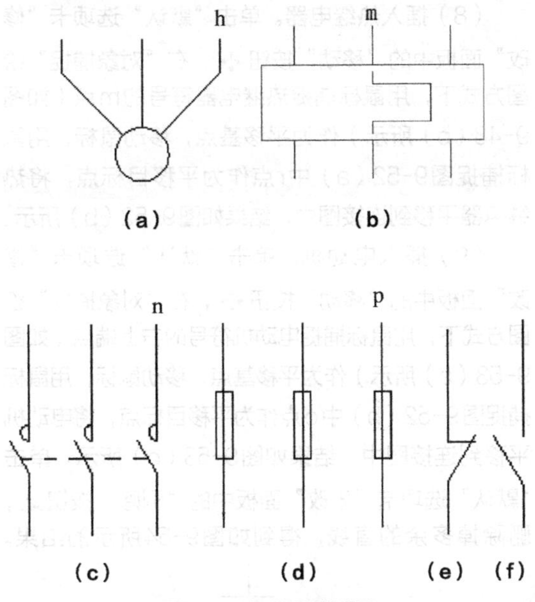

图 9-48 各种元器件符号

（2）插入熔断器。单击“默认”选项卡“修改”面板中的“移动”按钮，在“对象捕捉”绘图方式下，用鼠标捕捉熔断器符号上p点作为平移基点，移动鼠标，用鼠标捕捉图9-49（a）中a点作为平移目标点，将熔断器平移到连接图中，如图9-49（a）所示。

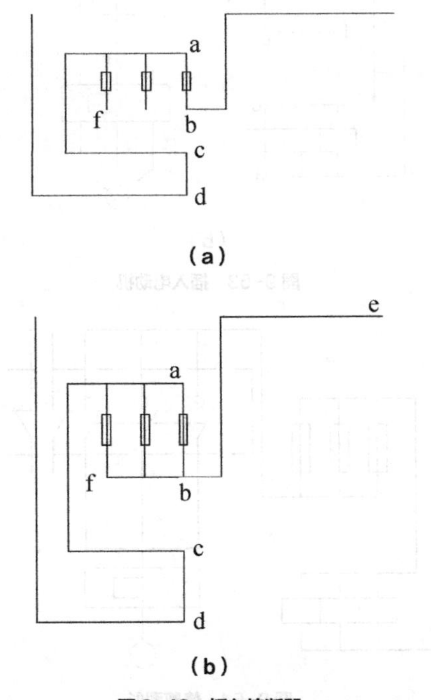

图 9-49 插入熔断器

（3）绘制直线。单击“默认”选项卡“绘图”面板中的“直线”按钮，在图9-49（a）中以点b为直线的起始点，点f为直线的终止点绘制直线，绘制结果如图9-49（b）所示。

（4）插入端子排。单击“默认”选项卡“修改”面板中的“移动”按钮，在“对象捕捉”绘图方式下，用鼠标捕捉端子排符号右上端连线的端点（如图9-50（a）所示）作为平移基点，移动鼠标，用鼠标捕捉图9-50（b）中c点作为平移目标点，将端子排平移到连接图中，结果如图9-50（b）所示。

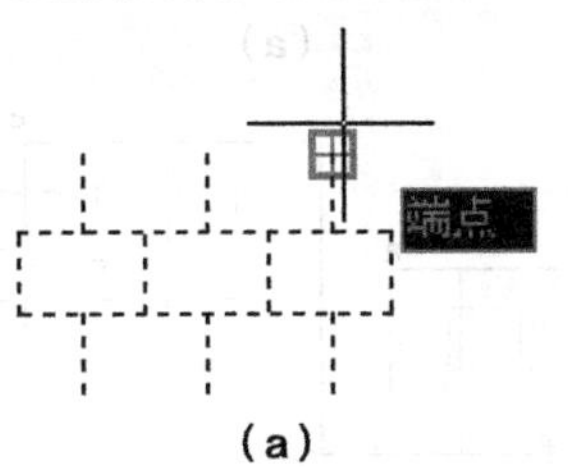

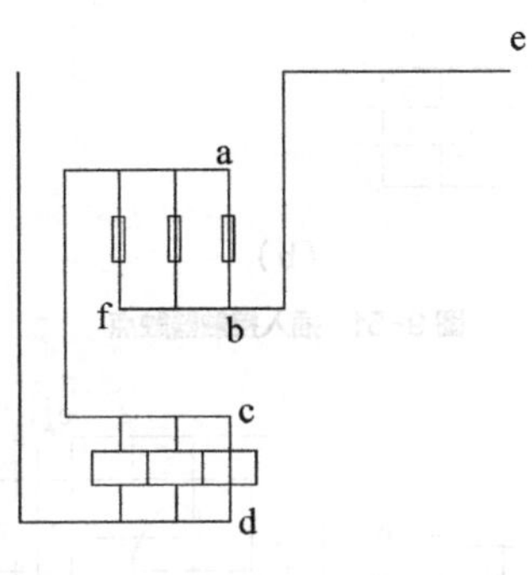

图 9-50 插入端子排

（5）插入接触器触点。单击“默认”选项卡“修改”面板中的“移动”按钮，在“对象捕捉”绘图方式下，用鼠标捕捉接触器符号上n点作为平移基点，移动鼠标，用鼠标捕捉图9-50（b）中e点作为平移目标点，将接触器触点平移到连接图中，结果如图9-51（a）所示。

（6）绘制矩形。单击“默认”选项卡“绘图”面板中的“矩形”按钮，在合适的位置绘制一个长为120mm、宽为35mm的矩形并将其转换为虚线，绘制结果如图9-51（b）所示。

（7）绘制直线。单击“默认”选项卡“绘图”面板中的“直线”按钮，分别以接触器触点下端点为直线的起始点竖直向下绘制直线，长度分别为30mm、60mm、30mm，并连接左右两直线的终止点，绘制结果如图9-52（a）所示。

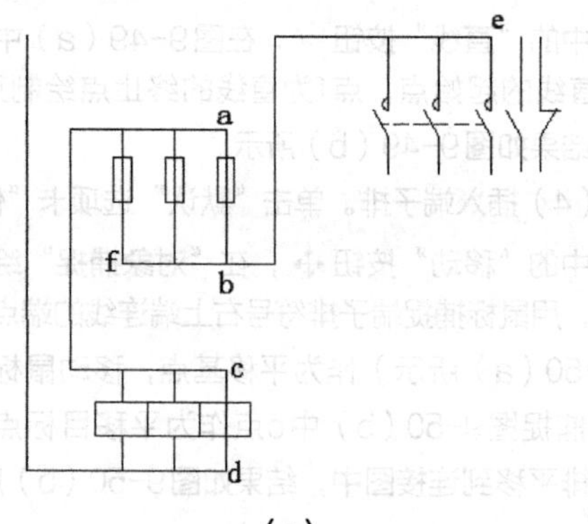

(a)

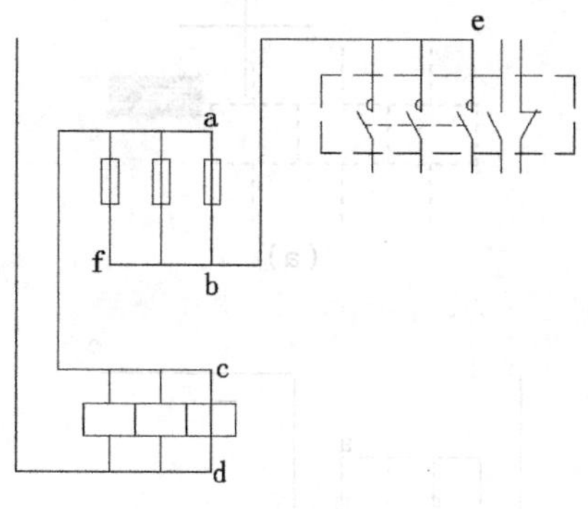

(b)

图 9-51　插入接触器触点

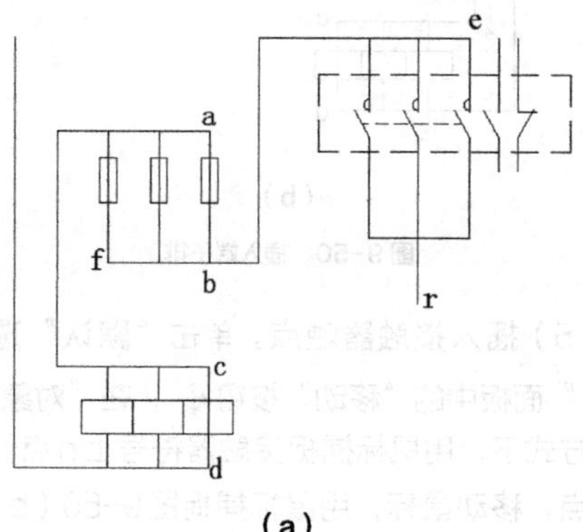

(a)

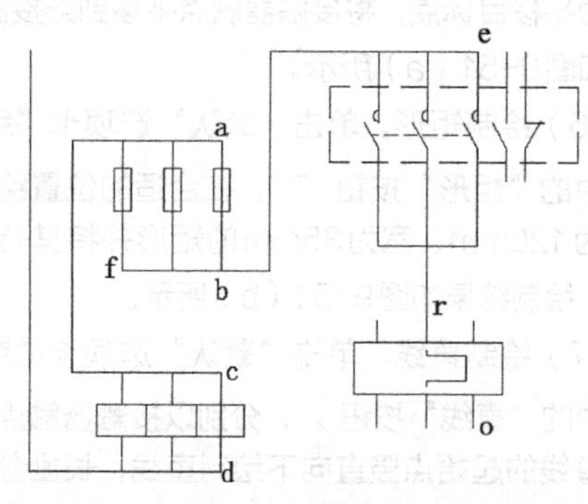

(b)

图 9-52　插入热继电器

（8）插入热继电器。单击“默认”选项卡“修改”面板中的“移动”按钮，在“对象捕捉”绘图方式下，用鼠标捕捉热继电器符号的m点（如图9-48（b）所示）作为平移基点，移动鼠标，用鼠标捕捉图9-52（a）中r点作为平移目标点，将热继电器平移到连接图中，结果如图9-52（b）所示。

（9）插入电动机。单击“默认”选项卡“修改”面板中的“移动”按钮，在“对象捕捉”绘图方式下，用鼠标捕捉电动机符号的右上端点（如图9-53（a）所示）作为平移基点，移动鼠标，用鼠标捕捉图9-52（b）中o点作为平移目标点，将电动机平移到连接图中，结果如图9-53（b）所示。单击“默认”选项卡“修改”面板中的“删除”按钮，删除掉多余的直线，得到如图9-54所示的结果。

(a)

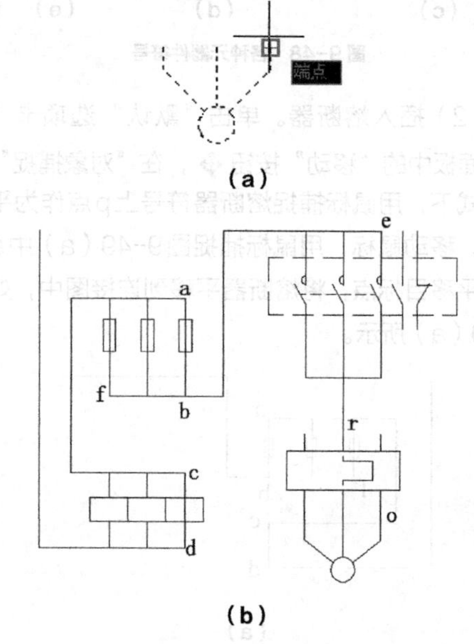

(b)

图 9-53　插入电动机

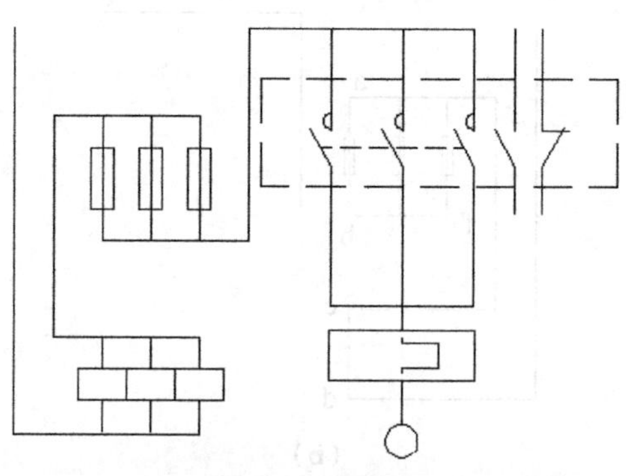

图 9-54　修剪图形

（10）插入热继电器触点。单击“默认”选项卡“修改”面板中的“移动”按钮✥，在“对象捕捉”绘图方式下，用鼠标捕捉热继电器触点，并将其移动到热继电器左边合适的位置，结果如图9-55所示。

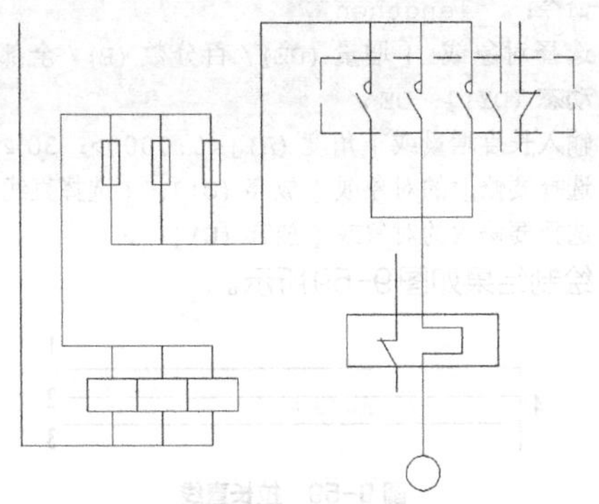

图 9-55 插入热继电器触点

5. 添加注释文字

（1）创建文字样式。单击“默认”选项卡“注释”面板中的“文字样式”按钮A，打开“文字样式”对话框，创建一个名为“电动机接线图”的文字样式，“字体名”设置为“仿宋_GB2312”，“字体样式”设置为“常规”，“高度”设置为“10”，“宽度因子”设置为“0.7”。

（2）添加注释文字。单击“默认”选项卡“注释”面板中的“多行文字”按钮A，一次输入几行文字，然后调整其位置，以对齐文字。调整位置的时候，结合使用“正交”命令。

添加注释文字后，即完成了整张图纸的绘制，最终效果如图9-42所示。

9.3 C630 车床电气原理图

C630型车床的电气原理图如图9-56所示，从图中可以看出，C630型车床的主电路有两台电动机，主轴电动机M1拖动主轴旋转，采用直接启动。电动机M2为冷却泵电动机，用转换开关QS2操作其启动和停止。M2由熔断器FU1作短路保护，热继电器FR2作过载保护，M1只有FR1作过载保护。合上总电源开关QS1后，按下启动按钮SB2，接触器KM吸合并自锁，M1启动并运转。要停止电动机时，按下停止按钮SB1即可。由变压器T将380V交流电压转变成36V安全电压，供给照明灯EL。

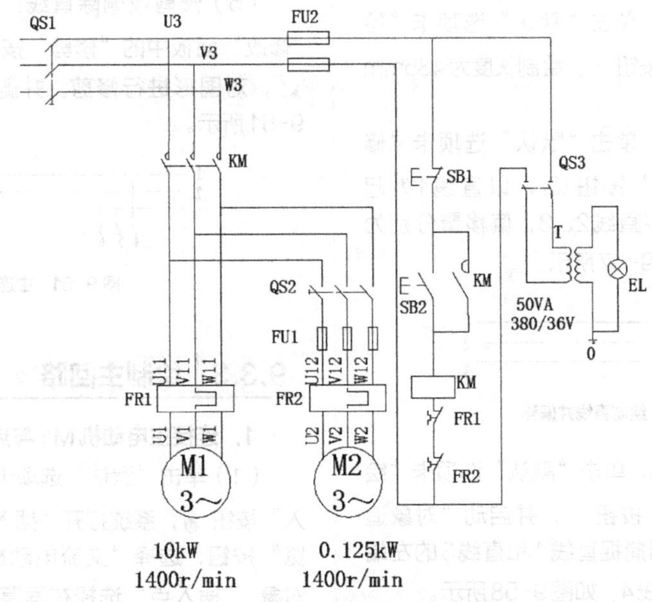

图 9-56 C630 型车床的电气原理图

C630型车床的电气原理图由3部分组成，其中从电源到两台电动机的电路称为主回路，而由继电器、接触器等组成的电路称为控制回路，第3部分是照明回路。

绘制这样的电气图分为以下几个阶段，首先按照线路的分布情况绘制主连接线，然后分别绘制各个元器件，将各个元器件按照顺序依次用导线连接成图纸的3个主要组成部分，把3个主要组成部分按照合适的尺寸平移到对应的位置，最后添加文字注释。

9.3.1 设置绘图环境

（1）建立新文件。打开AutoCAD 2020应用程序，单击“快速访问”工具栏中的“新建”按钮，打开“选择样板”对话框，以“无样板打开-公制（M）”方式打开一个新的空白图形文件，将新文件命名为“C630车床的电气原理图.dwt”并保存。

（2）开启栅格。单击状态栏中的“栅格显示”按钮，或者按快捷键F7，在绘图窗口中显示栅格，命令行中会提示“命令：<栅格 开>”。若想关闭栅格，可以再次单击状态栏中的“栅格显示”按钮，或者按快捷键F7。

（3）设置图层。图层设置有“实体符号层”“文字层”和“虚线层”，将虚线层的线型设置为CENTER2，同时关闭图框层。

9.3.2 绘制主连接线

（1）绘制水平线。单击“默认”选项卡“绘图”面板中的“直线”按钮，绘制长度为435mm的直线1。

（2）偏移水平线。单击“默认”选项卡“修改”面板中的“偏移”按钮，以直线1为起始，向下绘制两条水平直线2、3，偏移量分别为24mm、24mm，如图9-57所示。

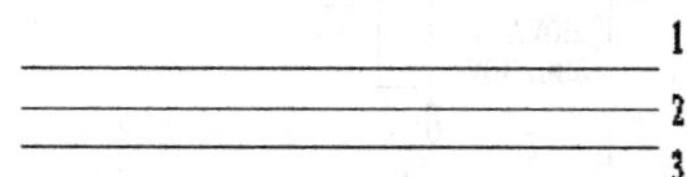

图9-57 绘制直线并偏移

（3）绘制竖直直线。单击“默认”选项卡“绘图”面板中的“直线”按钮，并启动“对象追踪”功能，用鼠标分别捕捉直线1和直线3的左端点，连接起来，得到直线4，如图9-58所示。

图9-58 绘制竖直直线

（4）拉长直线。单击“默认”选项卡“修改”面板中的“拉长”按钮，把直线4竖直向下拉长30mm，命令行提示与操作如下。

```
命令：_lengthen
选择对象或 [增量(DE)/百分数(P)/全部(T)/动态(DY)]：DE↙
输入长度增量或[角度(A)]<0.0000>：30↙
选择要修改的对象或[放弃(U)]：(选择直线4)
选择要修改的对象或[放弃(U)]：↙
```

绘制结果如图9-59所示。

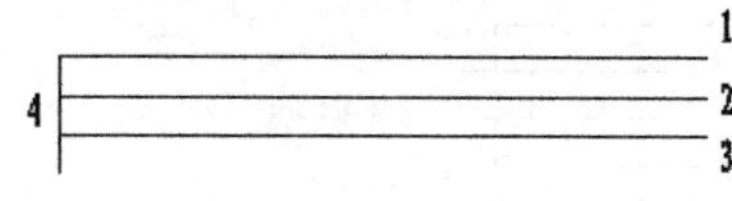

图9-59 拉长直线

（5）偏移直线。单击“默认”选项卡“修改”面板中的“偏移”按钮，以直线4为起始，依次向右绘制一组竖直直线，偏移量依次为76mm、24mm、24mm、166mm、34mm、111mm，结果如图9-60所示。

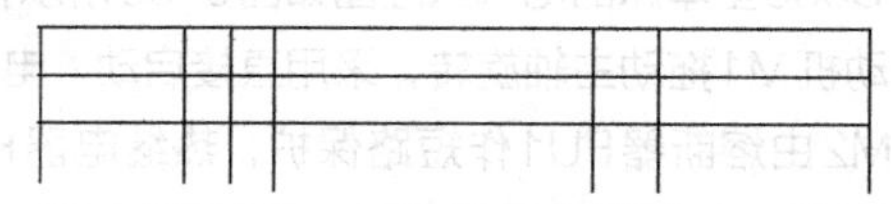
图9-60 偏移直线

（6）修剪或删除直线。单击“默认”选项卡“修改”面板中的“修剪”按钮和“删除”按钮，对图形进行修剪，并删除直线4，结果如图9-61所示。

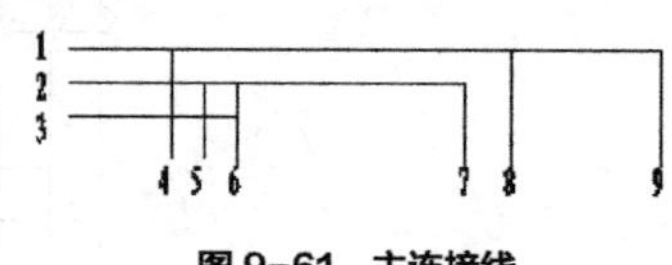

图9-61 主连接线

9.3.3 绘制主回路

1. 连接主电动机M1与热继电器

（1）单击“默认”选项卡“块”面板中的“插入”按钮，系统打开“插入”对话框。单击“浏览”按钮，选择“交流电动机（M）”图块为插入对象，“插入点”选择在屏幕上指定，选中“统一比例”复选框，在“比例”选项组中设置X值为4，然后单击“确定”按钮。按同样的方法插入热继电器，如图9-62（a）所示。

（2）绘制直线。单击“默认”选项卡“绘图”面板中的“直线”按钮╱，用鼠标捕捉电动机符号的圆心，以其为起点，竖直向上绘制长度为36mm的直线，如图9-62（b）所示。

（3）连接主电动机M1与热继电器。单击“默认”选项卡“修改”面板中的“移动”按钮✥，选择整个电动机为平移对象，用鼠标捕捉图9-62（b）所示直线端点1为平移基点，移动图形，并捕捉图9-62（a）所示热继电器中间接线头2为目标点，平移后结果如图9-62（c）所示。

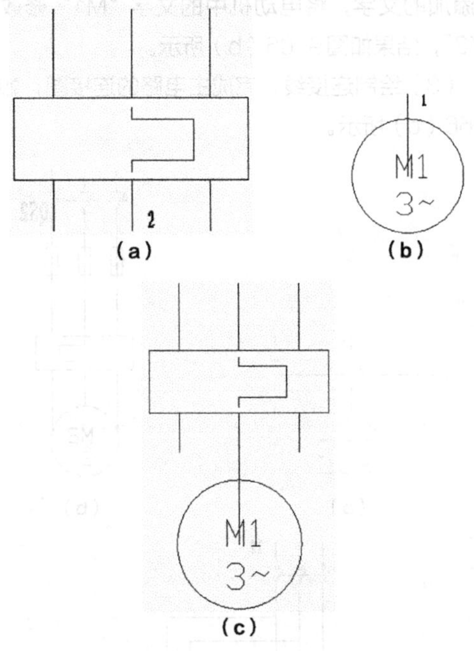

图 9-62 连接图

（4）单击“默认”选项卡“绘图”面板中的“直线”按钮╱，以热继电器左右触角线的下端点为起点，向下补全直线到电动机符号，结果如图9-63（a）所示。

（5）修剪直线。单击“默认”选项卡“修改”面板中的“修剪”按钮，修剪掉多余的直线，结果如图9-63（b）所示。

2. 插入接触器主触点

（1）单击“默认”选项卡“块”面板中的“插入”按钮，系统打开“插入”对话框。单击“浏览”按钮，选择“接触器主触点（KM1）”图块为插入对象，“插入点”选择在屏幕上指定，其他为默认值，然后单击“确定”按钮。插入到绘图区后利用“复制”命令，向右复制，距离为24mm、48mm，结果如图9-64（a）所示。

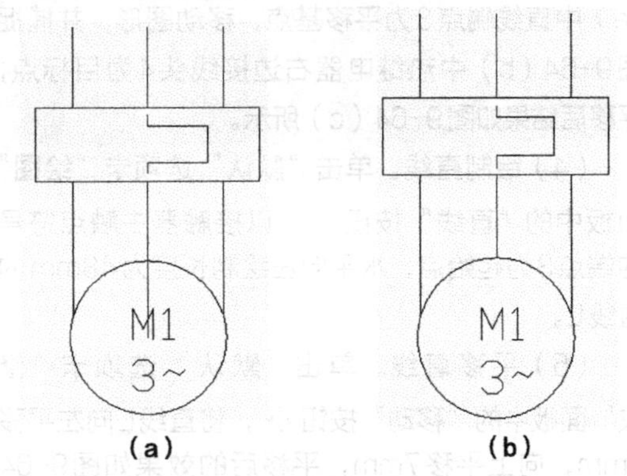

图 9-63 补全直线并修剪直线

（2）单击“默认”选项卡“绘图”面板中的“直线”按钮╱，绘制3条长度为165mm的竖直线段，结果如图9-64（b）所示。

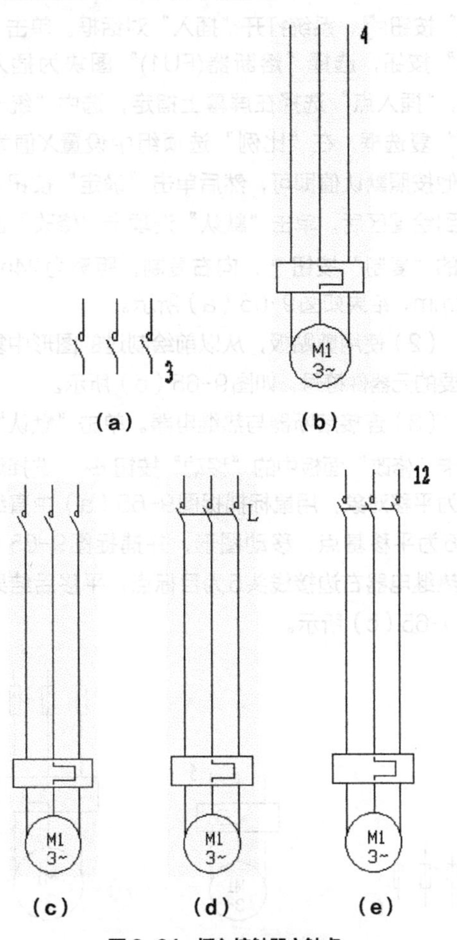

图 9-64 插入接触器主触点

（3）连接接触器主触点与热继电器。单击“默认”选项卡“修改”面板中的“移动”按钮✥，选择接触器主触点为平移对象，用鼠标捕捉图9-64（a）中直线端点3为平移基点，移动图形，并捕捉图9-64（b）中热继电器右边接线头4为目标点，平移后结果如图9-64（c）所示。

（4）绘制直线。单击“默认”选项卡“绘图”面板中的“直线”按钮／，以接触器主触点符号的端点3为起始点，水平向左绘制长度为48mm的直线L。

（5）平移直线。单击“默认”选项卡“修改”面板中的“移动”按钮✥，将直线L向左平移4mm，向上平移7mm，平移后的效果如图9-64（d）所示。选中这条直线，将其设置成虚线，得到如图9-64（e）所示的结果。

3. 连接熔断器与热继电器

（1）单击“默认”选项卡“块”面板中的“插入”按钮，系统打开“插入”对话框。单击“浏览”按钮，选择“熔断器(FU1)”图块为插入对象，“插入点”选择在屏幕上指定，选中“统一比例”复选框，在“比例”选项组中设置*X*值为2，其他按照默认值即可，然后单击“确定”按钮。插入到绘图区后，单击“默认”选项卡“修改”面板中的“复制”按钮，向右复制，距离为24mm、48mm，结果如图9-65（a）所示。

（2）使用剪贴板，从以前绘制过的图形中复制需要的元器件符号，如图9-65（b）所示。

（3）连接熔断器与热继电器。单击“默认”选项卡“修改”面板中的“移动”按钮✥，选择熔断器为平移对象，用鼠标捕捉图9-65（a）中直线端点6为平移基点，移动图形，并捕捉图9-65（b）中热继电器右边接线头5为目标点，平移后结果如图9-65（c）所示。

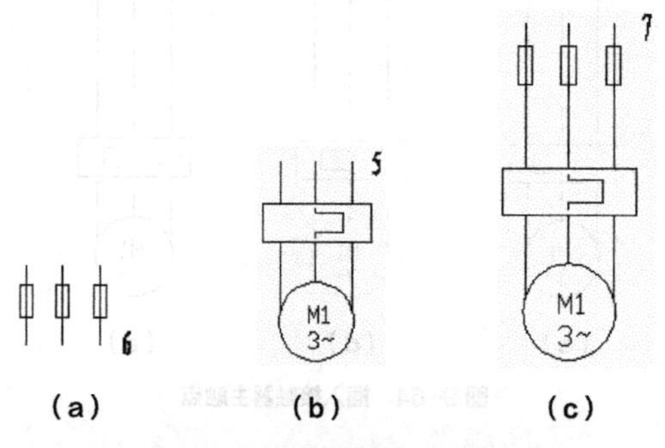

图9-65　熔断器与热继电器连接图

4. 连接熔断器与转换开关

（1）单击“默认”选项卡“块”面板中的“插入”按钮，系统弹出“插入”对话框。单击“浏览”按钮，选择“转换开关”图块为插入对象，选择在屏幕上指定插入点，其他保持默认设置即可，然后单击“确定”按钮。插入的转换开关如图9-66（a）所示。

（2）单击“默认”选项卡“修改”面板中的“移动”按钮✥，选择转换开关为平移对象，将转换开关移动到如图9-66（b）所示的位置；修改添加的文字，将电动机中的文字“M1”修改为“M2”，结果如图9-66（b）所示。

（3）绘制连接线，完成主电路的连接图，如图9-66（c）所示。

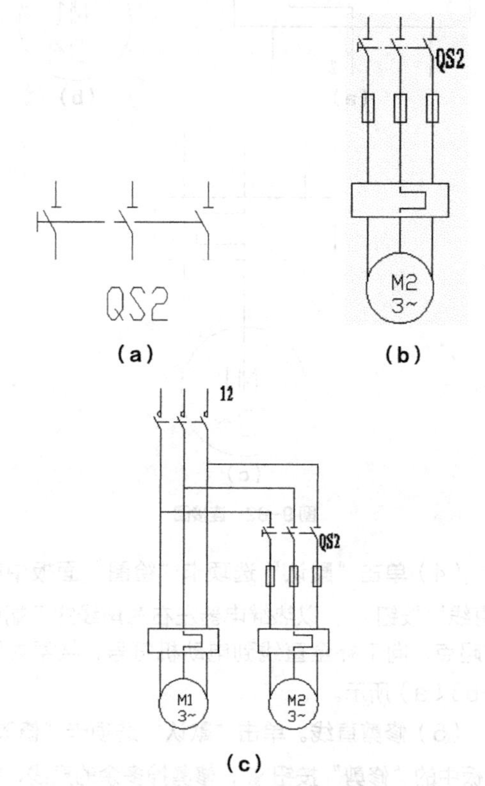

图9-66　连接转换开关并完成主电路连接图

9.3.4 绘制控制回路

1. 绘制控制回路连接线

（1）绘制直线。单击“默认”选项卡“绘图”面板中的“直线”按钮／，选取屏幕上合适位置为起始点，竖直向下绘制长度为350mm的直线；

用鼠标捕捉此直线的下端点，以其为起点，水平向右绘制长度为98mm的直线；以此直线右端点为起点，向上绘制长度为308mm的竖直直线；用鼠标捕捉此直线的上端点，向右绘制长度为24mm的水平直线，结果如图9-67（a）所示。

（2）偏移直线。单击“默认”选项卡“修改”面板中的“偏移”按钮⊆，以直线01为起始，向右复制一条直线02，偏移量为34mm，结果如图9-67（b）所示。

（3）绘制直线。单击“默认”选项卡“绘图”面板中的“直线”按钮╱，用鼠标捕捉直线02的上端点，以其为起点，竖直向上绘制长度为24mm的直线；以此直线上端点为起始点，水平向右绘制长度为112mm的直线；以此直线右端点为起始点，竖直向下绘制长度为66mm的直线，结果如图9-67（c）所示。

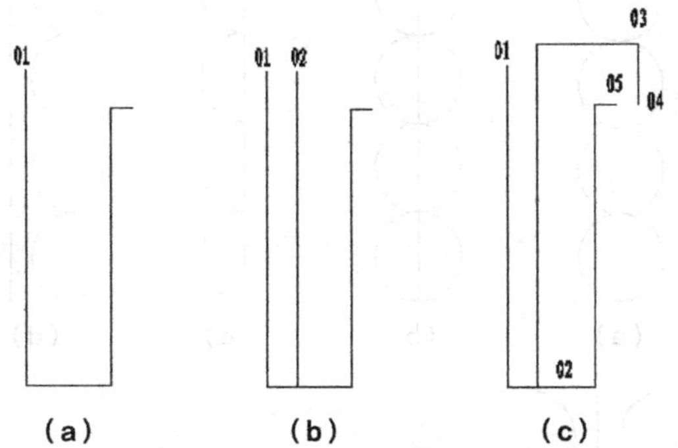

图 9-67 控制回路连接线

2. 完成控制回路

（1）单击“默认”选项卡“块”面板中的“插入”按钮，插入图9-68所示的各种元器件。单击“默认”选项卡“修改”面板中的“缩放”按钮，输入比例因子为“2”。

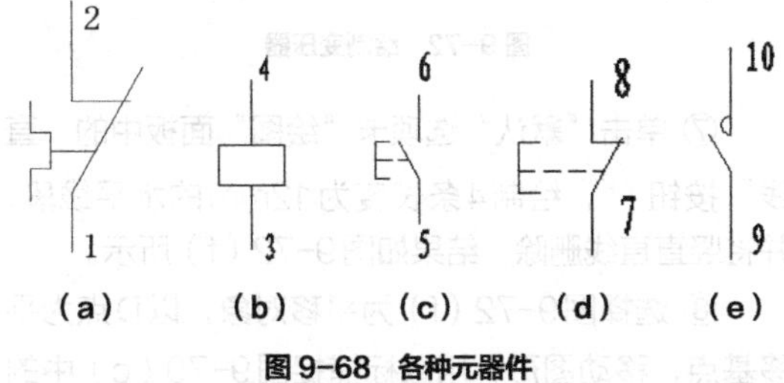

图 9-68 各种元器件

（2）插入热继电器触点。单击“默认”选项卡“修改”面板中的“移动”按钮✥，选择热继电器触点为平移对象，用鼠标捕捉图9-68（a）中热继电器触点接线头1为平移基点，移动图形，并捕捉图9-67（c）所示的控制回路连接线端点02作为平移目标点，将热继电器触点平移到连接线图中来，然后采用同样的方法插入另一个热继电器触点。单击“默认”选项卡“修改”面板中的“删除”按钮，将多余的直线删除。

（3）插入接触器线圈。单击“默认”选项卡“修改”面板中的“移动”按钮✥，选择图9-68（b）中的接触器线圈为平移对象，用鼠标捕捉其接线头3为平移基点，移动图形，并在图9-67（c）所示的控制回路连接线图中，用鼠标捕捉插入的热继电器接线头2作为平移目标点，将接触器线圈平移到连接线图中来。采用同样的方法将控制回路中其他的元器件插入到连接线图中，得到如图9-69所示的控制回路。

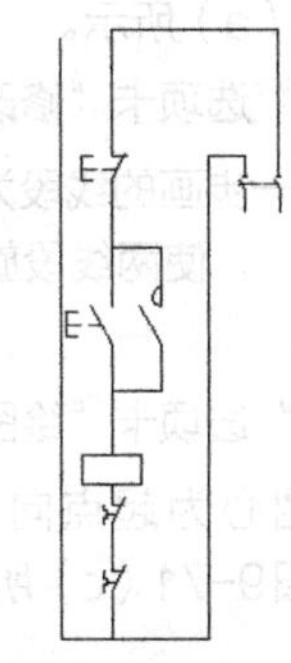

图 9-69 完成控制回路

9.3.5 绘制照明回路

1. 绘制照明回路连接线

（1）绘制矩形。单击“默认”选项卡“绘图”面板中的“矩形”按钮，绘制一个长为114mm、宽为86mm的矩形，如图9-70（a）所示。

（2）分解矩形。单击“默认”选项卡“修改”面板中的“分解”按钮，将绘制的矩形分解为4条直线。

（3）偏移直线。单击“默认”选项卡“修改”面板中的“偏移”按钮⊆，以矩形左右两边为起始，向里绘制两条直线，偏移量均为24mm；以矩形上下两边为起始，向里绘制两条直线，偏移量均为37mm，偏移结果如图9-70（b）所示。

（4）修剪图形。单击“默认”选项卡“修改”面板中的“修剪”按钮，修剪掉多余的直线，修剪结果如图9-70（c）所示。

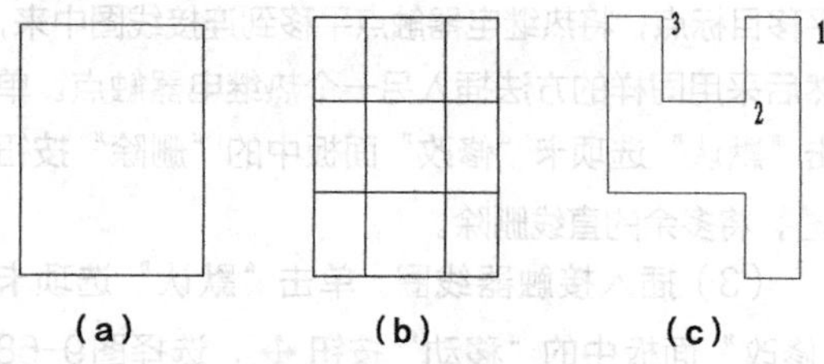

图9-70 照明回路连接线

2. 绘制并添加电气元器件

（1）绘制并添加指示灯。

① 单击“默认”选项卡“绘图”面板中的“圆”按钮，绘制直径为15mm的圆。

② 单击“默认”选项卡“绘图”面板中的“直线”按钮，在圆内画出水平和竖直的圆直径长度的线段，如图9-71（a）所示。

③ 单击“默认”选项卡“修改”面板中的“旋转”按钮，以上一步画的线段为旋转对象，圆心为基点，角度为45°，使两线段旋转，旋转结果如图9-71（b）所示。

④ 单击“默认”选项卡“绘图”面板中的“直线”按钮，以圆心为起点向上、下画长度为15mm的线段，如图9-71（c）所示。

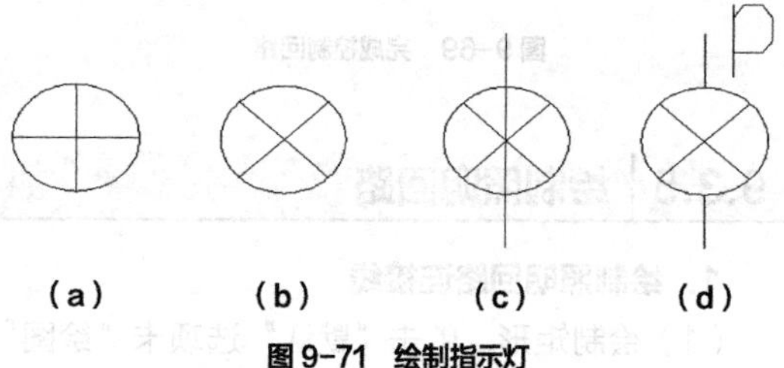

图9-71 绘制指示灯

⑤ 单击“默认”选项卡“修改”面板中的“修剪”按钮，修剪多余线段，完成指示灯的绘制，结果如图9-71（d）所示。

⑥ 选择图9-71（d）中的指示灯为平移对象，以P点为平移基点，将指示灯移动到图9-70（c）中右侧竖直连接线的中间位置。

（2）绘制并添加变压器。

① 单击“默认”选项卡“绘图”面板中的“圆”按钮，绘制直径为8mm的圆。

② 单击“默认”选项卡“修改”面板中的“矩形阵列”按钮，设置“行数”为“4”，设置“列数”为“1”，设置“间距”为8mm，以上一步画的圆为阵列对象进行阵列，结果如图9-72（a）所示。

③ 单击“默认”选项卡“绘图”面板中的“直线”按钮，绘制长度为32mm的竖直线段，结果如图9-72（b）所示。

④ 单击“默认”选项卡“修改”面板中的“修剪”按钮，修剪多余图线，结果如图9-72（c）所示。

⑤ 单击“默认”选项卡“修改”面板中的“移动”按钮，将竖直线段向右平移，距离为6mm，结果如图9-72（d）所示。

⑥ 单击“默认”选项卡“修改”面板中的“镜像”按钮，以竖直线为镜像线进行镜像操作，结果如图9-72（e）所示。

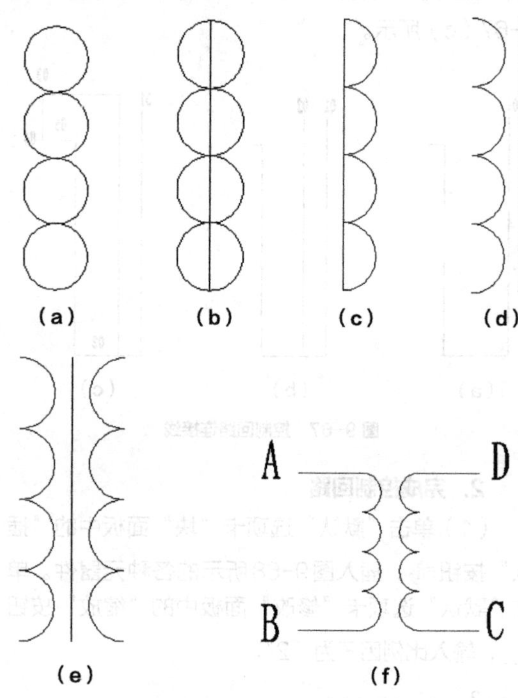

图9-72 绘制变压器

⑦ 单击“默认”选项卡“绘图”面板中的“直线”按钮，绘制4条长度为12mm的水平线段，并将竖直直线删除，结果如图9-72（f）所示。

⑧ 选择图9-72（f）为平移对象，以D点为平移基点，移动图形，用鼠标捕捉图9-70（c）中的点2作为平移目标点，将变压器移动到连接线图中。

（3）修剪图形。

单击“默认”选项卡“修改”面板中的“修剪”

按钮✂，修剪掉多余的直线，结果如图9-73所示。

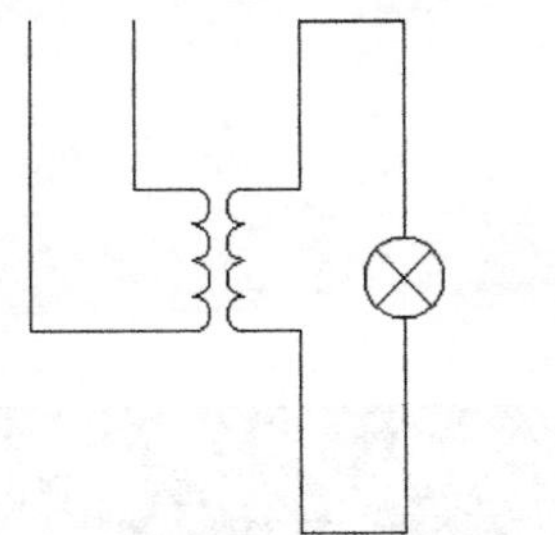

图 9-73 完成照明回路

9.3.6 绘制组合回路

将主回路、控制回路和照明回路组合起来，即以各个回路的接线头为平移的起点，以主连接线的各接线头为平移的目标点，将各个回路平移到主连接线的相应位置，再把总电源开关QS1、熔断器FU2和地线插入到相应的位置，结果如图9-74所示。

9.3.7 添加注释文字

1. 创建文字样式

单击“默认”选项卡“注释”面板中的“文字样式”按钮A，弹出“文字样式”对话框，创建一个样式名为“C630型车床的电气原理图”的文字样式，将“字体名”设置为“仿宋_GB2312”，“字体样式”设置为“常规”，“高度”设置为“15”，“宽度因子”设置为“0.7”。

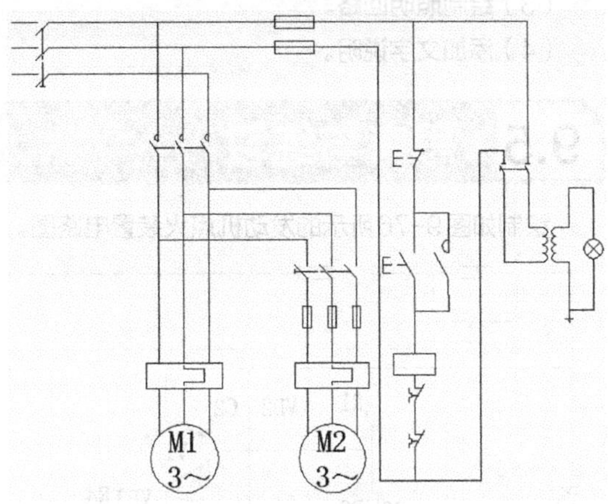

图 9-74 完成绘制

2. 添加注释文字

单击“默认”选项卡“注释”面板中的“多行文字”按钮 A，一次输入几行文字，然后调整其位置，以对齐文字。调整位置的时候，结合使用正交命令。

添加注释文字后，即完成了整张图纸的绘制，最终结果如图9-56所示。

9.4 上机实验

实验 绘制如图 9-75 所示的 Z35 型摇臂钻床电气原理图

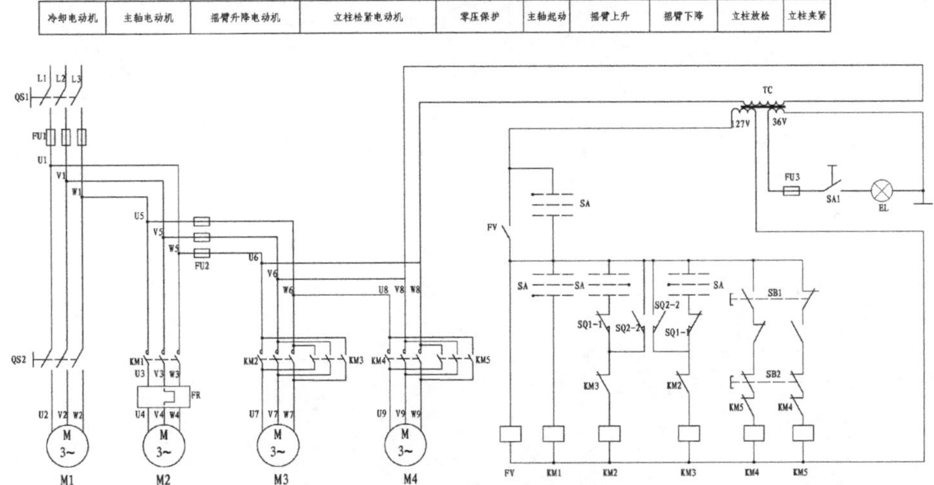

图 9-75 Z35 型摇臂钻床电气原理图

操作提示：

（1）绘制主动回路。

（2）绘制控制回路。

（3）绘制照明回路。

（4）添加文字说明。

9.5 思考与练习

绘制如图 9-76 所示的发动机点火装置电路图。

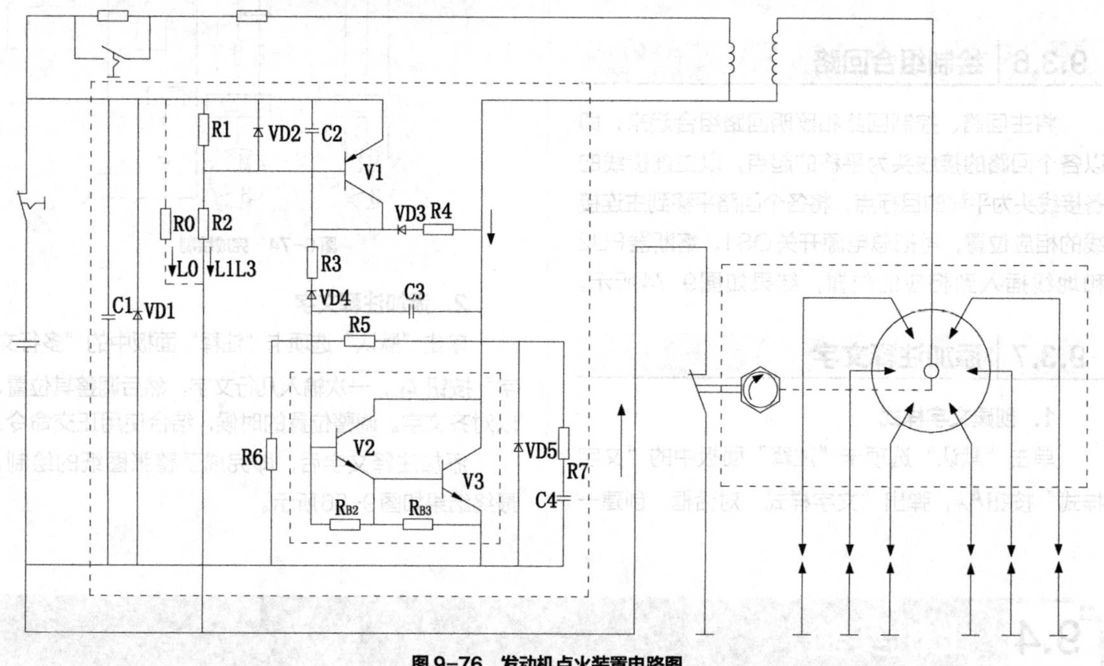

图 9-76　发动机点火装置电路图

第10章 电力电气工程图设计

电能的生产、传输和使用是同时进行的。从发电厂出来的电力，需要经过升压后才能够输送给远方的用户。输电电压一般很高，用户不能直接使用，高压电要经过变电所降压才能分配给电能用户使用。由此可见，变电所和输电线路是电力系统重要的组成部分，所以本章将对变电工程图和输电工程图进行介绍，并结合具体的例子来介绍其绘制方法。

知识重点

- 电力电气工程图设计基础知识
- 电气主接线图的绘制方法
- 线路钢筋混凝土杆装配图的绘制方法

10.1 电力电气工程图简介

电能的生产、传输和使用是同时进行的。发电厂生产的电能，有一小部分供给本厂和附近用户使用，其余绝大部分要经过升压变电站将电压升高，由高压输电线路送至距离很远的负荷中心，再经过降压变电站将电压降低到用户所需要的电压等级，分配给电能用户使用。由此可知，电能从生产到应用，一般需要5个环节来完成，即发电→输电→变电→配电→用电，其中配电又根据电压等级不同，分为高压配电和低压配电。

由各种电压等级的电力线路，将各种类型的发电厂、变电站和电力用户联系起来的一个发电、输电、变电、配电和用电的整体，称为电力系统。电力系统由发电厂、变电所、线路和用户组成。变电所和输电线路是联系发电厂和用户的中间环节，起着变换和分配电能的作用。

1. 变电工程及变电工程图

为了更好地了解变电工程图，下面先对变电工程的重要组成部分——变电所做简要介绍。

电力系统中的变电所，通常按其在系统中的地位和供电范围，分成以下几类。

（1）枢纽变电所。枢纽变电所是电力系统的枢纽点，连接电力系统高压和中压的几个部分，汇集多个电源，电压为330 ~ 500kV。全所停电后，可能会引起系统瘫痪。

（2）中间变电所。中间变电所高压侧以交换为主，起到系统交换功率的作用，或使长距离输电线路分段，一般汇集2 ~ 3个电源，电压为220 ~ 330kV。同时这类变电所又降压供给当地用电。这样的变电所主要起中间环节的作用，所以叫作中间变电所。全所停电后，将引起区域网络解列。

（3）地区变电所。地区变电所高压侧电压一般为110 ~ 220kV，是以对地区用户供电为主的变电所。全所停电后，仅使该地区中断供电。

（4）终端变电所。终端变电所在输电线路的终端，接近负荷点，高压侧电压多为110kV。经降压后直接向用户供电的变电所即为终端变电所。全所停电后，只是用户受到损失。

为了能够准确清晰地表达电力变电工程的各种设计意图，就必须采用变电工程图。简单来说，变电工程图也就是对变电站以及输电线路各种接线形式、各种具体情况的描述。它的意义就在于用统一直观的标准来表达变电工程的各方面。

变电工程图的种类很多，包括主接线图、二次接线图、变电所平面布置图、变电所断面图、高压开关柜原理图及布置图等，每种情况各不相同。

2. 输电工程及输电工程图

输送电能的线路通称为电力线路。电力线路有输电线路和配电线路之分。由发电厂向电力负荷中心输送电能的线路以及电力系统之间的联络线路称为输电线路。由电力负荷中心向各个电力用户分配电能的线路称为配电线路。

输电线路按结构特点分为架空线路和电缆线路。架空线路由于结构简单、施工简便、建设费用低、施工周期短、检修维护方便、技术要求较低等优点，得到了广泛的应用。电缆线路受外界环境因素的影响小，但需使用特殊加工的电力电缆，费用高，施工及运行检修的技术要求高。

目前我国电力系统广泛采用的是架空输电线路，架空输电线路一般由导线、避雷线、绝缘子、金具、杆塔、杆塔基础、接地装置和拉线这几部分组成。下面我们分别介绍电气主接线图和线路钢筋混凝土杆装配图的绘制。

10.2 电气主接线图

电气主接线指的是发电厂和变电所中生产、传输、分配电能的电路，也称为一次接线。电气主接线图，就是用规定的图形与文字符号将发电机、变压器、母线、开关电器、输电线路等有关电气设备按电能流程顺序连接而成的电路图。

电气主接线图一般画成单线图（即用单相接线表示三相系统），但对于三相接线不完全相同的局部图面，则应画成三线图。在电气主接线图中，除上述主要电气设备外，还应将互感器、避雷器、中性点设备等也表示出来，并注明各个设备的型号与规格。

图 10-1 所示为 35kV 变电所电气主接线图，绘制此类电气工程图的大致思路如下：首先设计图纸布局，确定各主要部件在图中的位置，然后分别绘制各电气符号，最后把绘制好的电气符号插入到布局图的相应位置。

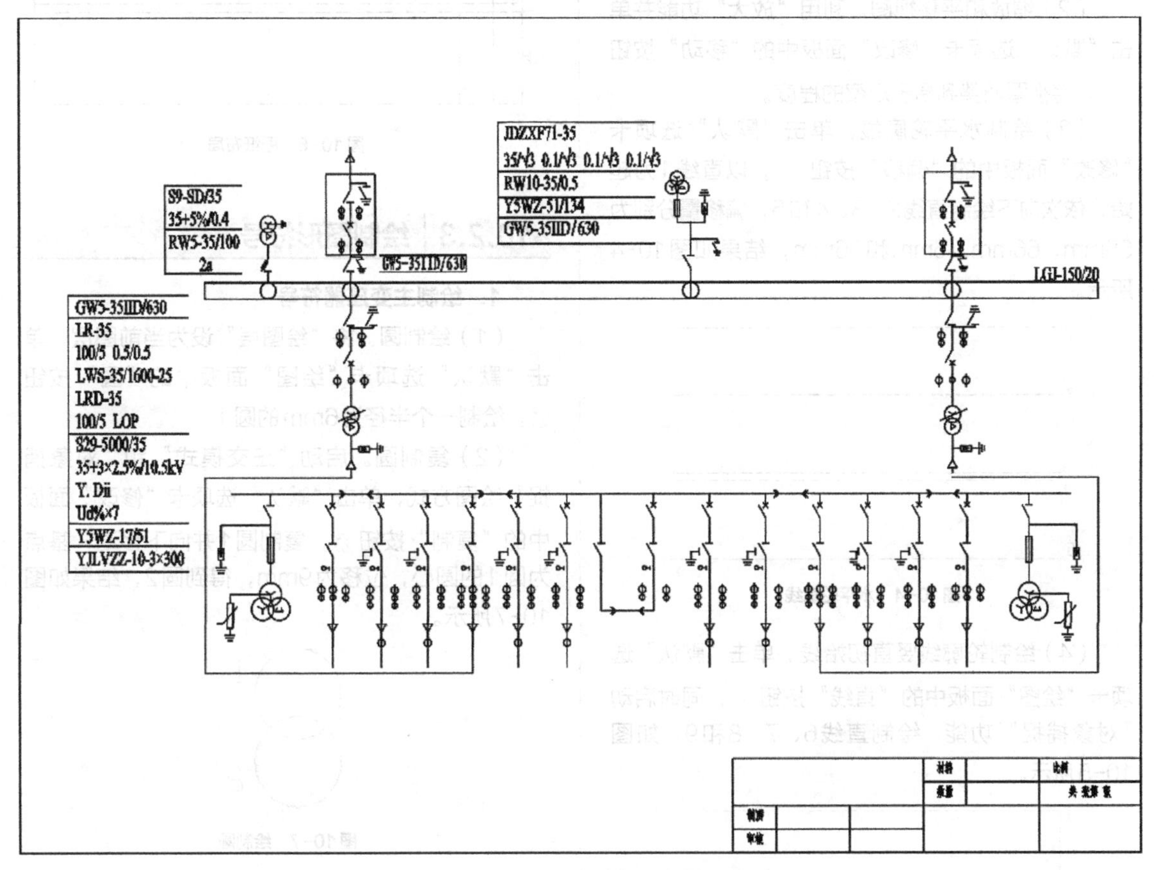

图 10-1　35kV 变电所电气主接线图

10.2.1 设置绘图环境

（1）建立新文件。打开AutoCAD 2020应用程序，以“A4.dwt”样板文件为模板，建立新文件，将新文件命名为“变电所主接线图.dwt”并保存。

（2）设置图层。单击“默认”选项卡“图层”面板中的“图层特性”按钮，设置“轮廓线层”“母线层”“绘图层”和“文字说明层”4个图层，将“轮廓线层”设置为当前图层。设置好的各图层的属性如图 10-2 所示。

10.2.2 图纸布局

（1）绘制轮廓线水平初始线。单击“默认”选项卡“绘图”面板中的“直线”按钮，绘制长度为341mm的水平直线1，如图 10-3 所示。

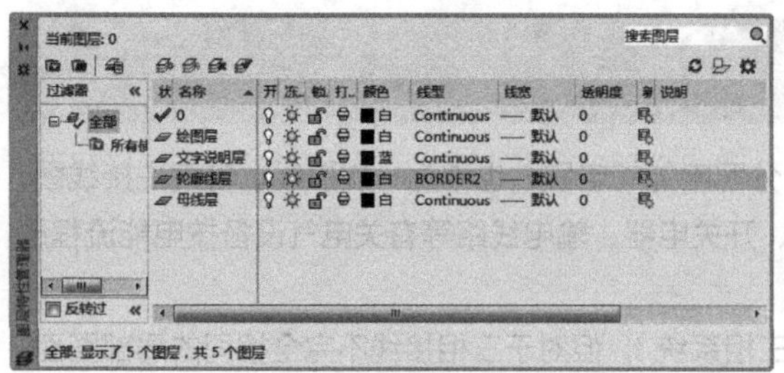

图 10-2　图层设置

图 10-3　轮廓线水平初始线

（2）缩放和平移视图。利用“放大”功能并单击“默认”选项卡“修改”面板中的“移动”按钮✥，将视图调整到易于观察的程度。

（3）绘制水平轮廓线。单击“默认”选项卡“修改”面板中的“偏移”按钮⊆，以直线1为起始，依次向下绘制直线2、3、4和5，偏移量分别为56mm、66mm、6mm和66mm，结果如图10-4所示。

图 10-4　水平轮廓线

（4）绘制轮廓线竖直初始线。单击“默认”选项卡“绘图”面板中的“直线”按钮╱，同时启动“对象捕捉”功能，绘制直线6、7、8和9，如图10-5所示。

图 10-5　轮廓线竖直初始线

（5）绘制竖直轮廓线。单击“默认”选项卡“修改”面板中的“偏移”按钮⊆，以直线6为起始，依次向右偏移56mm、129mm、100mm、56mm；重复“偏移”命令，以直线7为起始，依次向右偏移56mm、129mm、100mm、56mm；以直线8为起始，向右偏移341mm；以直线9为起始，依次向右偏移25mm、296mm、20mm，得到所有竖直的轮廓线，效果及尺寸如图10-6所示。

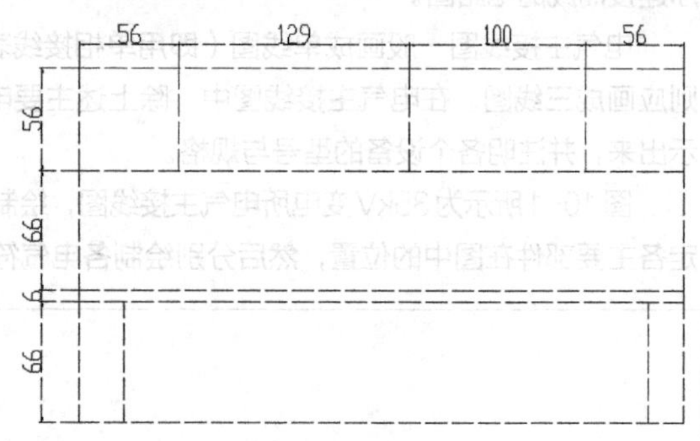

图 10-6　图纸布局

10.2.3 绘制图形符号

1. 绘制主变压器符号

（1）绘制圆。将“绘图层”设为当前图层，单击“默认”选项卡“绘图”面板中的“圆”按钮⊘，绘制一个半径为6mm的圆1。

（2）复制圆。启动“正交模式”和“对象捕捉”绘图方式，单击“默认”选项卡“修改”面板中的“复制”按钮，复制圆1并向下移动，基点为圆1的圆心，位移为9mm，得到圆2，结果如图10-7所示。

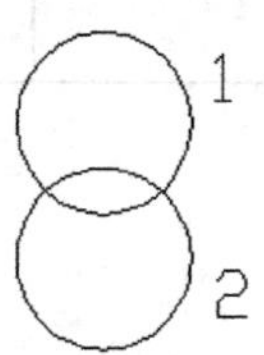

图 10-7　绘制圆

（3）绘制竖直线。单击“默认”选项卡“绘图”面板中的“直线”按钮╱，用鼠标捕捉圆1的圆心为直线起点，将鼠标向下移动，在“正交模式”绘图方式下提示输入直线长度，在方格内输入直线长度为4，按Enter键，结果如图10-8（a）所示。

（4）修剪图形。单击“默认”选项卡“修改”面板中的“修剪”按钮，修剪掉直线在圆2内的部分，结果如图10-8（b）所示。

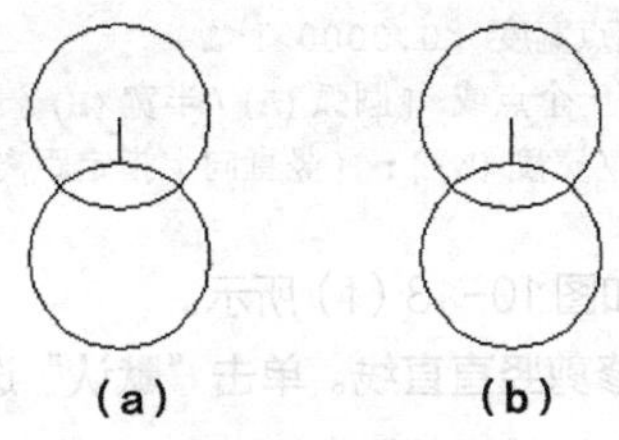
图 10-8 绘制直线

（5）阵列竖直线。单击“默认”选项卡“修改”面板中的“环形阵列”按钮，用鼠标捕捉到圆 1 的圆心为中心点，设置阵列总数为“3”，填充角度为360°，选择图 10-8 中的竖直直线为阵列对象，结果竖直直线被复制 3 份并在圆 1 内均匀分布，效果如图 10-9 所示。

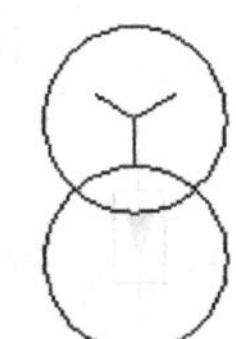
图 10-9 阵列后效果图

（6）绘制三角形。单击“默认”选项卡“绘图”面板中的“多边形”按钮，命令行提示与操作如下。

```
命令：_polygon
输入侧面数 <4>：3↙
指定正多边形的中心点或 [边 (E)]：（选择圆 2 的圆心）
输入选项 [内接于圆 (I)/ 外切于圆 (C)] <I>:（直接按 Enter 键，使绘制的三角形内接于圆）
指定圆的半径：2.5↙（内接圆的半径）
```

绘制结果如图 10-10（a）所示。

（7）旋转三角形。单击“默认”选项卡“修改”面板中的“旋转”按钮，以圆2的圆心为基点，将三角形旋转-90°，结果如图10-10（b）所示，此即为绘制完成的主变压器符号。

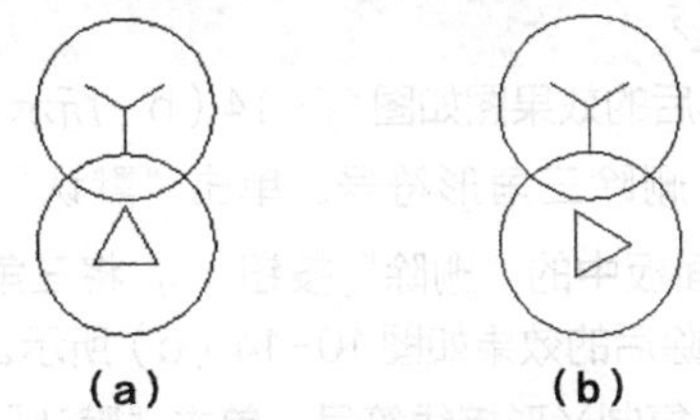
图 10-10 绘制主变压器符号

2. 绘制隔离开关符号

（1）绘制竖直直线。单击“默认”选项卡“绘图”面板中的“直线”按钮，在正交方式下绘制一条长为14mm的竖线，如图10-11（a）所示。

（2）绘制附加线。单击“默认”选项卡“绘图”面板中的“直线”按钮，以离竖直直线下端点5mm处为起点，利用极轴追踪功能绘制斜线，与竖直直线成30°角，长度为5mm；然后以斜线的末端点为起点绘制水平直线，端点落在竖直直线上，效果如图 10-11（b）所示。

（3）移动水平线。单击“默认”选项卡“修改”面板中的“移动”按钮，将水平短线向右移动1.3mm，如图10-11（c）所示。

（4）修剪图形。单击“默认”选项卡“修改”面板中的“修剪”按钮，修剪掉多余直线，得到如图10-11（d）所示的效果，此即为绘制完成的隔离开关符号。

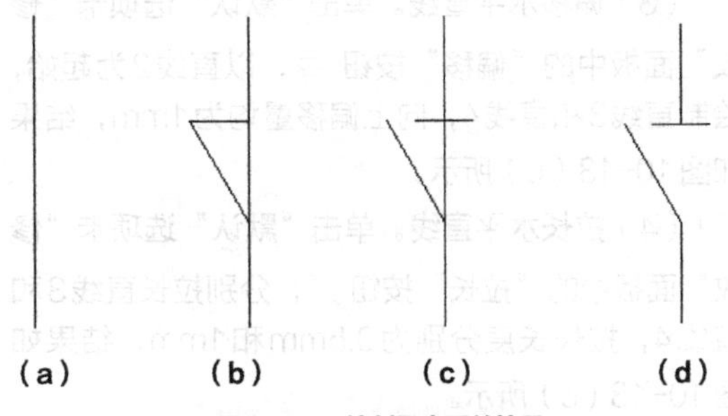
图 10-11 绘制隔离开关符号

3. 绘制断路器符号

可通过编辑隔离开关符号得到断路器符号。

（1）复制隔离开关符号。复制隔离开关符号到当前图形中，尺寸不变，如图10-12（a）所示。

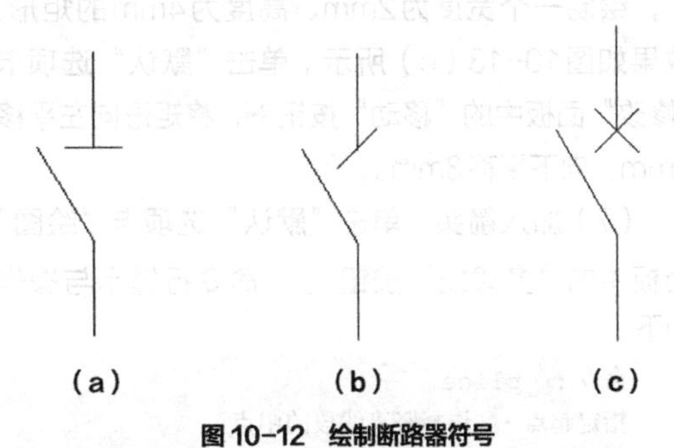
图 10-12 绘制断路器符号

（2）旋转水平短线。单击“默认”选项卡“修改”面板中的“旋转”按钮，将图10-12（a）中的水平短线旋转45°，旋转基点为竖直线与水平线的交点，可以利用"对象捕捉"功能，通过鼠标捕捉得到，旋转后的效果图如图10-12（b）所示。

（3）镜像短斜线。单击"默认"选项卡"修改"面板中的"镜像"按钮，镜像上面旋转得到的短斜线，镜像线为竖直短线，效果如图10-12（c）所示，此即为绘制完成的断路器符号。

4. 绘制避雷器符号

（1）绘制竖直直线。单击"默认"选项卡"绘图"面板中的"直线"按钮，绘制竖直直线1，长度为12mm。

（2）绘制水平直线。单击"默认"选项卡"绘图"面板中的"直线"按钮，在"正交模式"绘图方式下，以直线1的下端点为起点，向左绘制水平直线段2，长度为1mm，如图10-13（a）所示。

（3）偏移水平直线。单击"默认"选项卡"修改"面板中的"偏移"按钮，以直线2为起始，绘制直线3和直线4，向上偏移量均为1mm，结果如图10-13（b）所示。

（4）拉长水平直线。单击"默认"选项卡"修改"面板中的"拉长"按钮，分别拉长直线3和直线4，拉长长度分别为0.5mm和1mm，结果如图10-13（c）所示。

（5）镜像水平直线。单击"默认"选项卡"修改"面板中的"镜像"按钮，镜像直线2、3、4，镜像线为直线1，效果如图10-13（d）所示。

（6）绘制矩形。单击"默认"选项卡"绘图"面板中的"矩形"按钮，以直线1的上端点为起点，绘制一个宽度为2mm、高度为4mm的矩形，效果如图10-13（e）所示；单击"默认"选项卡"修改"面板中的"移动"按钮，将矩形向左平移1mm，向下平移3mm。

（7）加入箭头。单击"默认"选项卡"绘图"面板中的"多段线"按钮，命令行提示与操作如下。

```
命令：_pline
指定起点：(选择竖直线段的中点)
当前线宽为 0.0000
指定下一个点或 [圆弧(A)/半宽(H)/长度(L)/放弃(U)/宽度(W)]: w↙
指定起点宽度 <0.0000>: 0↙
指定端点宽度 <0.0000>: 1↙
指定下一个点或 [圆弧(A)/半宽(H)/长度(L)/放弃(U)/宽度(W)]:(竖直向上指定距离起点2mm的一点)
```

结果如图10-13（f）所示。

（8）修剪竖直直线。单击"默认"选项卡"修改"面板中的"修剪"按钮，修剪掉多余直线，结果如图10-13（g）所示，此即为绘制得到的避雷器符号。

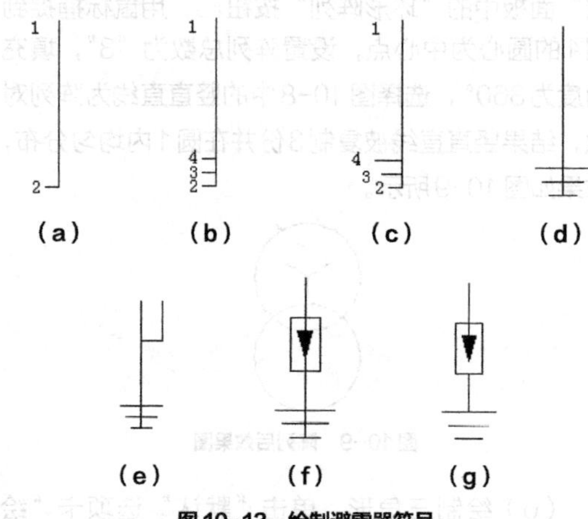

图10-13　绘制避雷器符号

5. 绘制站用变压器符号

（1）复制主变压器符号。单击"默认"选项卡"修改"面板中的"复制"按钮，将主变压器符号复制到当前图形中，尺寸不变，如图10-14（a）所示。

（2）单击"默认"选项卡"修改"面板中的"缩放"按钮，缩小主变压器符号。命令行提示与操作如下。

```
命令：_scale
选择对象：  找到一个(用鼠标选择主变压器符号)
选择对象：↙(单击右键或按 Enter 键)
指点基点：(用鼠标选择其中一个圆的圆心)
指定比例因子或 [复制(c)/参照(R)] <0.0000>: 0.4↙
```

缩小后的效果图如图10-14（b）所示。

（3）删除三角形符号。单击"默认"选项卡"修改"面板中的"删除"按钮，将三角形符号删除，删除后的效果如图10-14（c）所示。

（4）复制Y形接线符号。单击"默认"选项卡"修改"面板中的"复制"按钮，将上面圆中的Y形接线符号复制到下面的圆中，效果如图10-14（d）所示。

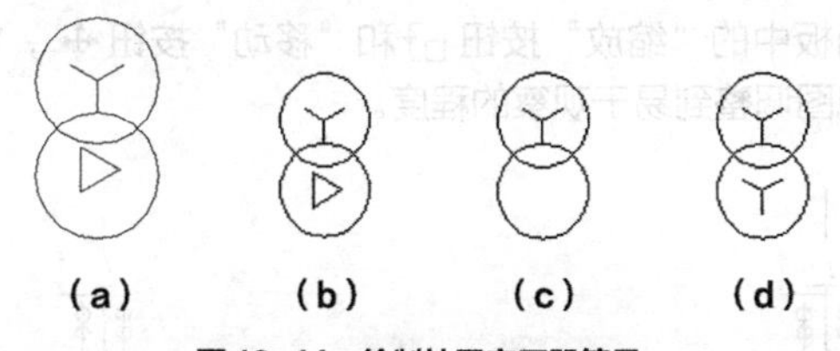

图 10-14 绘制站用变压器符号

6. 绘制电压互感器符号

电压互感器符号的绘制是在站用变压器符号的基础上完成的。

（1）复制站用变压器符号。复制前面绘制好的站用变压器符号到当前图形中，尺寸不变，如图 10-15（a）所示。

（2）旋转当前图形。单击“默认”选项卡“修改”面板中的“旋转”按钮，选择复制过来的站用变压器符号，以圆1的圆心为基准点，旋转150°，效果如图 10-15（b）所示。

（3）旋转Y形接线符号。单击“默认”选项卡“修改”面板中的“旋转”按钮，将两圆中的Y形接线符号分别以对应圆的圆心为基准点旋转90°。单击“默认”选项卡“绘图”面板中的“直线”按钮，以圆2的圆心为起点，水平向右画一条直线，长度为4mm，如图 10-15（c）所示。

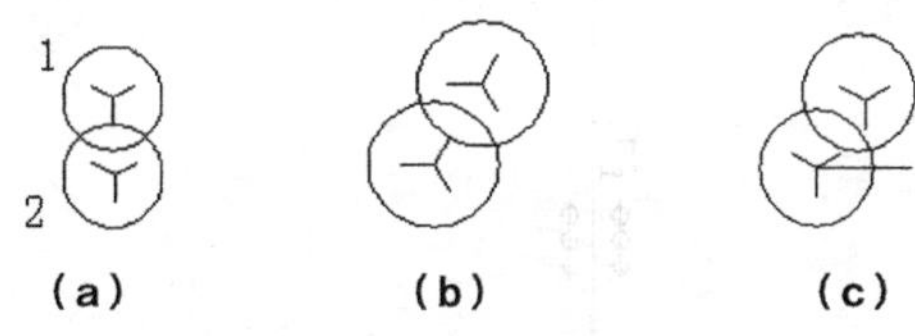

图 10-15 绘制电压互感器符号

（4）绘制圆3。单击“默认”选项卡“绘图”面板中的“圆”按钮，以水平直线的右端点为圆心，绘制一个半径为2.4mm的圆3，然后删去水平直线，效果如图 10-16（a）所示。

（5）绘制三角形。单击“默认”选项卡“绘图”面板中的“多边形”按钮，以圆3的圆心为正多边形的中心点，以1mm为内接圆的半径，绘制一个三角形。

（6）单击“默认”选项卡“修改”面板中的“分解”按钮，将三角形进行分解。单击“默认”选项卡“修改”面板中的“偏移”按钮，将三角形的底边向上偏移1mm，效果如图 10-16（b）所示。

（7）完成绘制。单击“默认”选项卡“修改”面板中的“修剪”按钮和“删除”按钮，修剪并删除掉多余直线段，得到的效果如图 10-16（c）所示，这就是绘制完成的电压互感器符号。

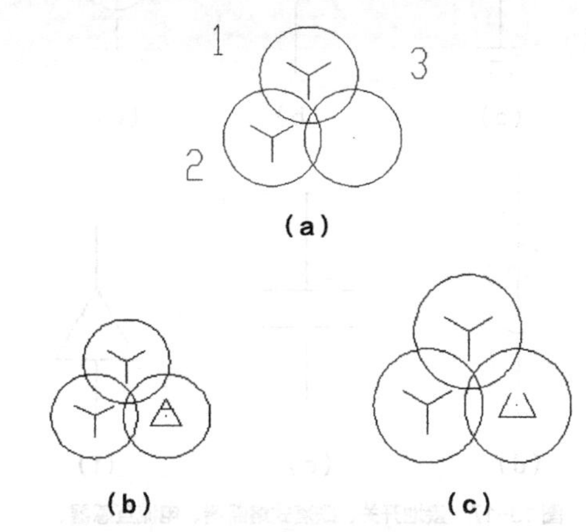

图 10-16 完成电压互感器符号的绘制

7. 绘制接地开关、跌落式熔断器、电流互感器、电容器、电缆接头

由于本图用到的电气元器件比较多，需要绘制的符号也比较多，上面只介绍了几种主要的电气元器件符号的绘制方法。对于接地开关、跌落式熔断器、电流互感器、电容器和电缆接头，现仅对绘制方法作简要说明。

（1）接地开关。接地开关可以在隔离开关的基础上绘制，如图 10-17（a）所示。

（2）跌落式熔断器。斜线倾斜角为120°，绘制一个合适尺寸的矩形，将其旋转30°，然后以短边中点为基点，移动至斜线上合适的最近点，如图 10-17（b）所示。

（3）电流互感器。较大的符号上圆的半径可以取1.3mm，较小的符号上圆的半径可以取1mm。圆心可通过捕捉直线中点的方式确定，如图 10-17（c）和图 10-17（d）所示。

（4）电容器。表示两极的短横线长度可取2.5mm，线间距离可取为1mm，如图 10-17（e）所示。

（5）电缆接头。绘制一个半径为2mm的圆内接正三角形，利用端点捕捉三角形的顶点，以其为起点竖直向上绘制长为2mm的直线，利用中点捕捉三角形底边的中点，以其为起点竖直向下绘制长为2mm的直线，如图 10-17（f）所示。

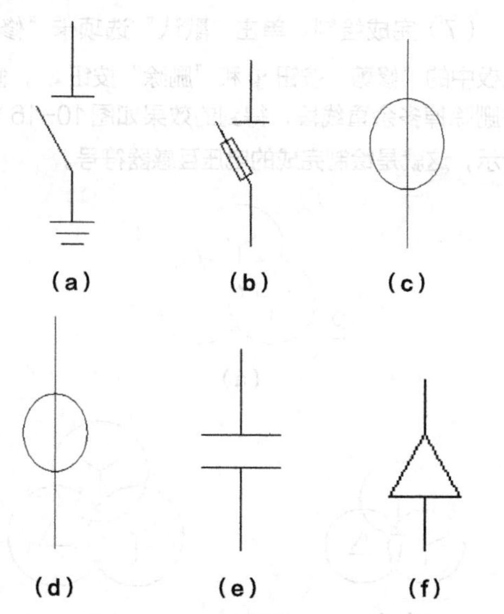

图 10-17　接地开关、跌落式熔断器、电流互感器、电容器和电缆接头符号

10.2.4　一般绘图过程

1. 绘制主变支路

（1）插入图形符号。将前面绘制好的图形符号插入到线路框架中，如图 10-18 所示。由于本图对尺寸的要求不高，因此各个图形符号的位置可以根据具体情况调整。

图 10-18　插入主变支路各图形符号

（2）保存为图块。在命令行中执行“WBLOCK”命令，打开“写块”对话框，选择整个变压器支路为保存对象，将其保存为图块，文件名为“变压器支路”。

（3）复制出另一主变支路，如图 10-19 所示。为了便于读者观察，此图给出的是关闭轮廓线层后的效果。

2. 绘制 10kV 母线上所接的电气设备

（1）调出布局图，绘制Ⅰ段母线设备。将前面绘制好的布局图打开，单击“默认”选项卡“修改”面板中的“缩放”按钮 和“移动”按钮 ，将视图调整到易于观察的程度。

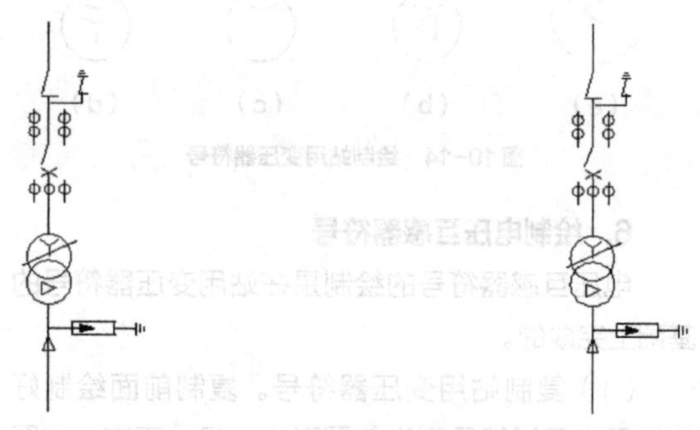

图 10-19　完成变压器支路的绘制

（2）绘制母线。将“母线层”设置为当前图层。单击“默认”选项卡“绘图”面板中的“直线”按钮 ，绘制长度为 320mm 的水平直线，结果如图 10-20 所示。

图 10-20　母线

（3）插入电气设备符号。

① 插入已做好的各元器件块，将其连成一条支路，如图 10-21 所示的出线 1。

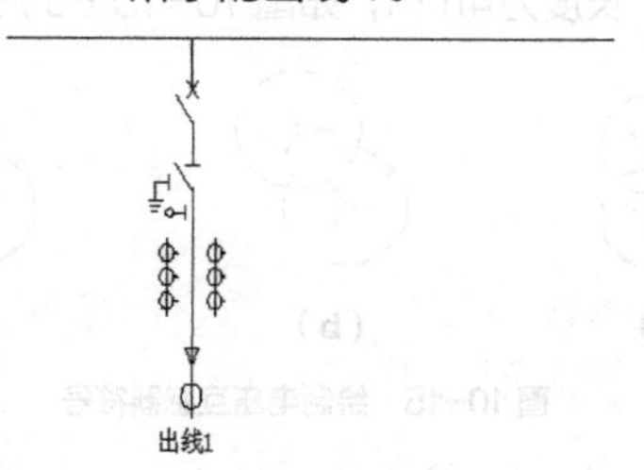

图 10-21　绘制母线上所接的出线接线方案

② 在正交方式下，多重复制出线 1。注意到进线上的开关设备与出线 1 上的设备相同，可把出线 1 先复制到进线位置，然后进行修改，修改操作不再赘述，结果如图 10-22 所示。

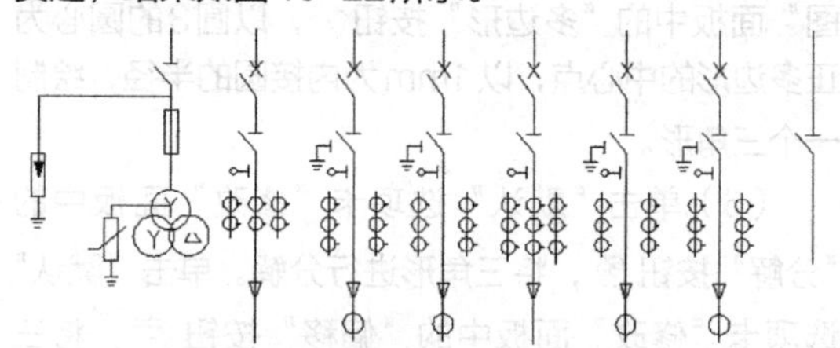

图 10-22　完成母线Ⅰ段上所接的出线方案

③ 绘制Ⅱ段母线设备，如图 10-23 所示。

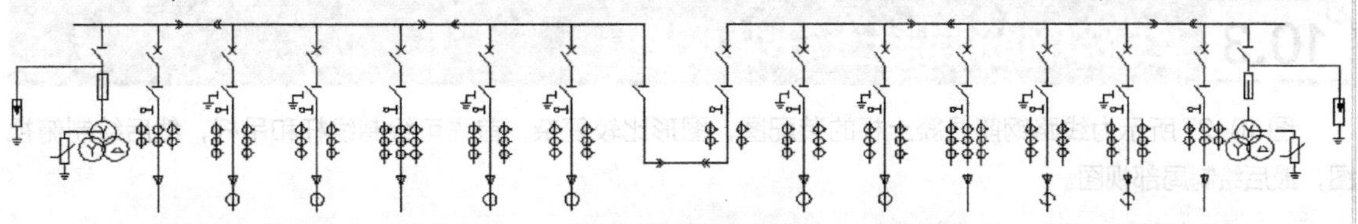

图 10-23 完成母线上所接的出线方案

3. 补充绘制其他图形

绘制35kV进线、母线及电压互感器等。这部分的绘制不再赘述。至此，图形部分的绘制已基本完成，图10-24所示为整个图形的左半部分。

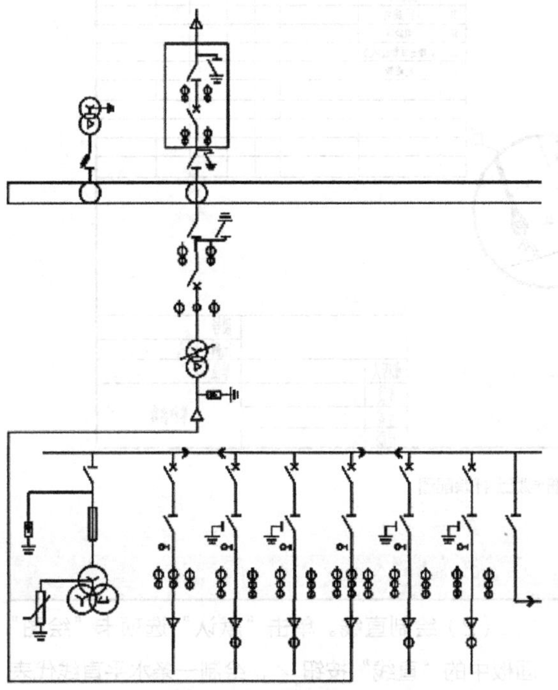

图 10-24 主接线图左半部分

10.2.5 添加文字注释

（1）单击“默认”选项卡“注释”面板中的“文字样式”按钮，打开“文字样式”对话框，创建一个样式名为“标注”的文字样式。“字体名”为“txt.shx”，“字体样式”为“常规”，“高度”为“2.5”，“宽度因子”为“0.7”，如图10-25所示。

（2）添加注释文字。单击“默认”选项卡“注释”面板中的“多行文字”按钮A，一次输入几行文字，然后调整其位置，以对齐文字。调整位置的时候，结合使用正交命令。

（3）使用文字编辑命令修改文字，来得到需要的文字。

（4）绘制文字框线。添加注释后得到的结果如图10-26所示。对其他注释文字的添加操作，这里不再赘述，至此，35kV变电所电气主接线图绘制完毕，最终效果如图10-1所示。

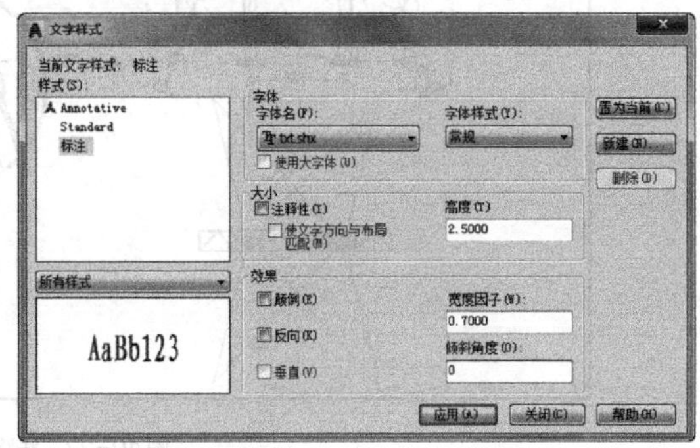

图 10-25 “文字样式”对话框

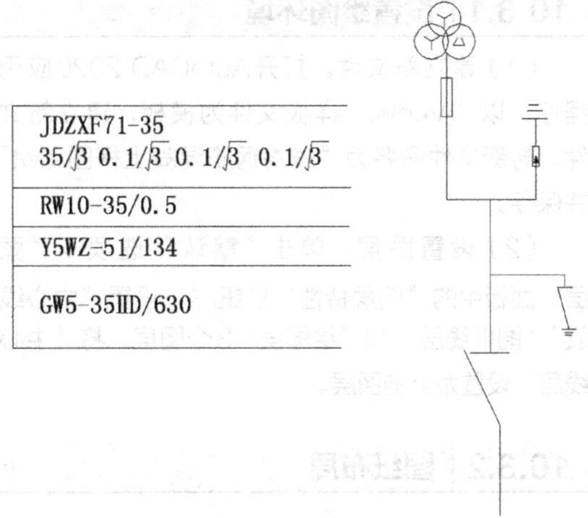

图 10-26 添加文字

10.3 线路钢筋混凝土杆装配图

图10-27所示为线路钢筋混凝土杆的装配图，图形比较复杂，首先可绘制线杆和吊杆，然后绘制俯视图，最后绘制局部视图。

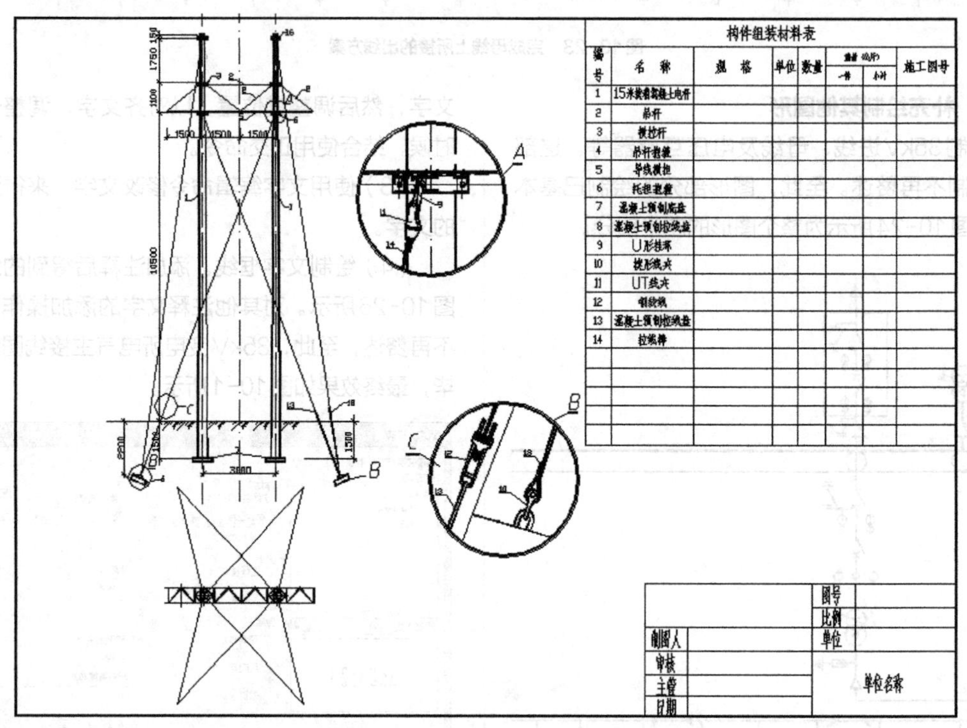

图10-27 线路钢筋混凝土杆装配图

10.3.1 设置绘图环境

（1）建立新文件。打开AutoCAD 2020应用程序，以“A4.dwt”样板文件为模板，建立新文件，将新文件命名为“线路钢筋混凝土杆图.dwt”并保存。

（2）设置图层。单击“默认”选项卡“图层”面板中的“图层特性”按钮，设置“中心线层”“图框线层”和“绘图层”3个图层，将“中心线层”设置为当前图层。

10.3.2 图纸布局

（1）绘制中心线。绘制中心线是为了确定绘制图形的位置，也是其他图线绘制的参考线。首先选中“中心线层”，单击“默认”选项卡“绘图”面板中的“直线”按钮，绘制两条竖直的中心线。

（2）绘制直线。单击“默认”选项卡“绘图”面板中的“直线”按钮，绘制一条水平直线代表地面。注意，“正交模式”按钮此时应该处于按下状态，然后将“正交模式”按钮弹起，在直线下方绘制几条斜线和折线，这样来表示地面就更加形象了，结果如图10-28所示。

（3）绘制线杆。单击“默认”选项卡“绘图”面板中的“多段线”按钮，绘制线杆主体。先绘制左端的线杆，然后单击“默认”选项卡“修改”面板中的“镜像”按钮，进行镜像操作，结果如图10-29所示。

（4）绘制吊杆。单击“默认”选项卡“绘图”面板中的“直线”按钮，绘制吊杆，此时“正交模式”按钮为弹起状态，绘制结果如图10-30所示。

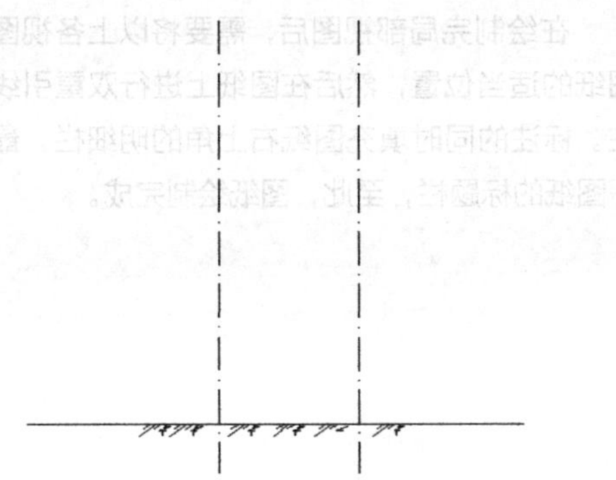

图 10-28 绘制中心线和地面

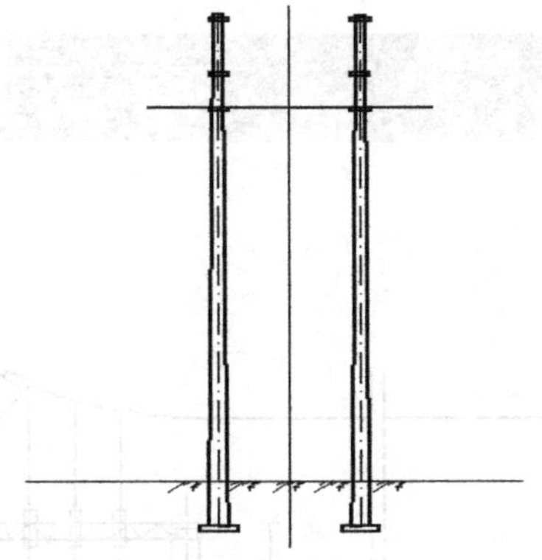

图 10-29 线杆主体图

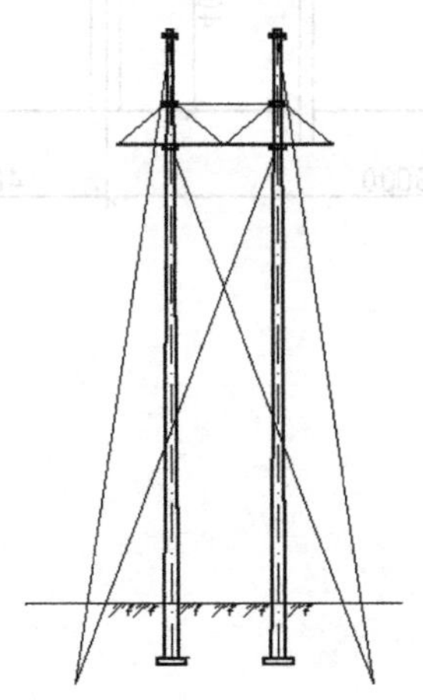

图 10-30 绘制吊杆

（5）绘制俯视图。绘制俯视图所使用的命令都比较简单，在上面的叙述中也都介绍过，这里就不再介绍。绘制结果如图 10-31 所示。

（6）绘制托担抱箍和混凝土预制拉线盘。绘制所用的命令比较简单，这里不再叙述。

（7）绘制局部视图。由于某些细节部分在主视图和府视图上无法清晰地表示，需要用一些辅助视图把它们之间的相对装配关系表示清楚，因此就需要绘制局部视图。绘制局部视图首先应在主视图上标明要绘制局部视图的位置，如本图要绘制*A*、*B*、*C* 3个局部视图，局部视图用圆标出其位置，并在圆的附近标示局部视图名称，局部视图的位置及标示如图 10-32 所示。绘制局部视图是为了表示零部件之间的装配关系（如图 10-33 上*A*点所示）或无法在大视图中表示清楚的某些细节（如图 10-34 中*B*、*C*所示）。局部视图中图线的尺寸并不重要，但要把相互的位置关系表示清楚。

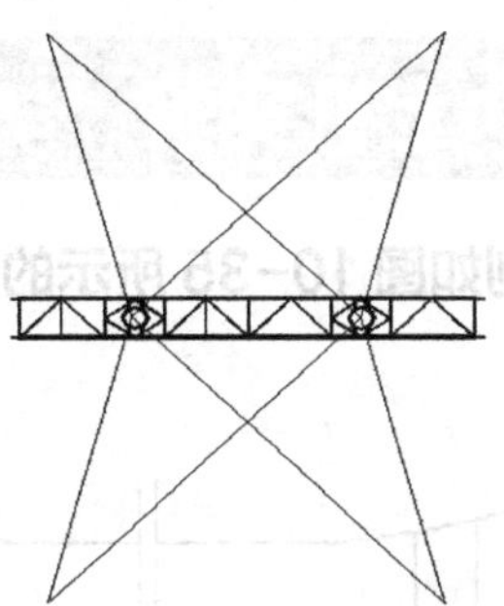

图 10-31 线杆和吊杆俯视图

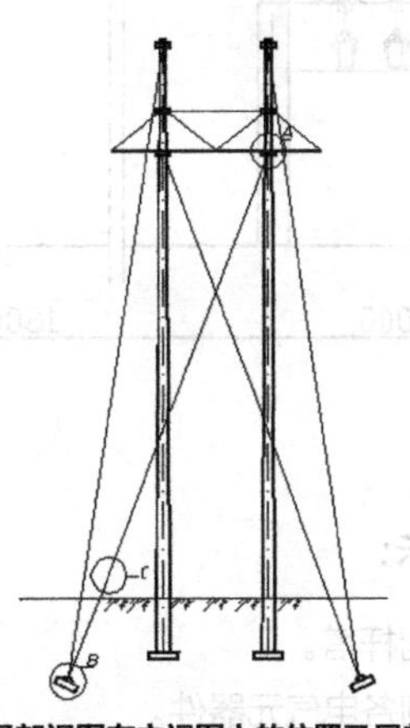

图 10-32 局部视图在主视图上的位置及局部视图的标示

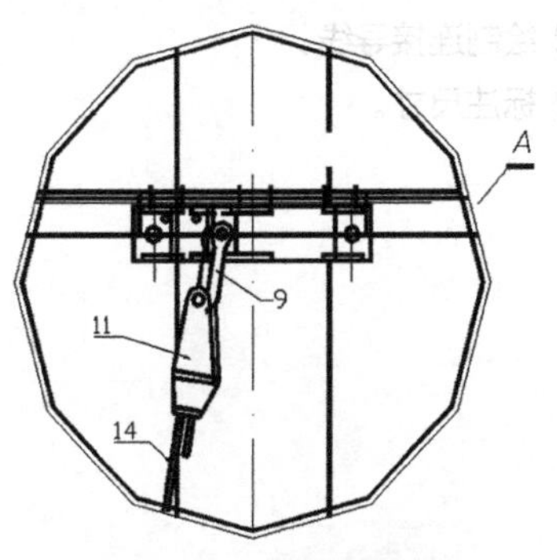

图 10-33 导线横担安装图

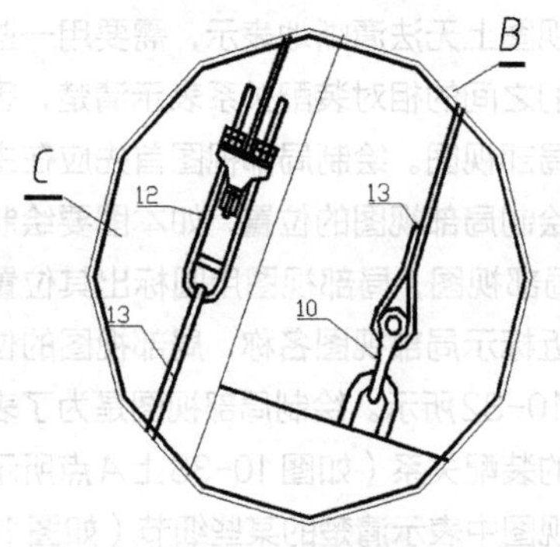

图 10-34 拉线帮安装图

在绘制完局部视图后，需要将以上各视图放入图纸的适当位置，然后在图纸上进行双重引线的标注。标注的同时填充图纸右上角的明细栏。最后题写图纸的标题栏，至此，图纸绘制完成。

10.4 上机实验

实验　绘制如图 10-35 所示的变电所断面图

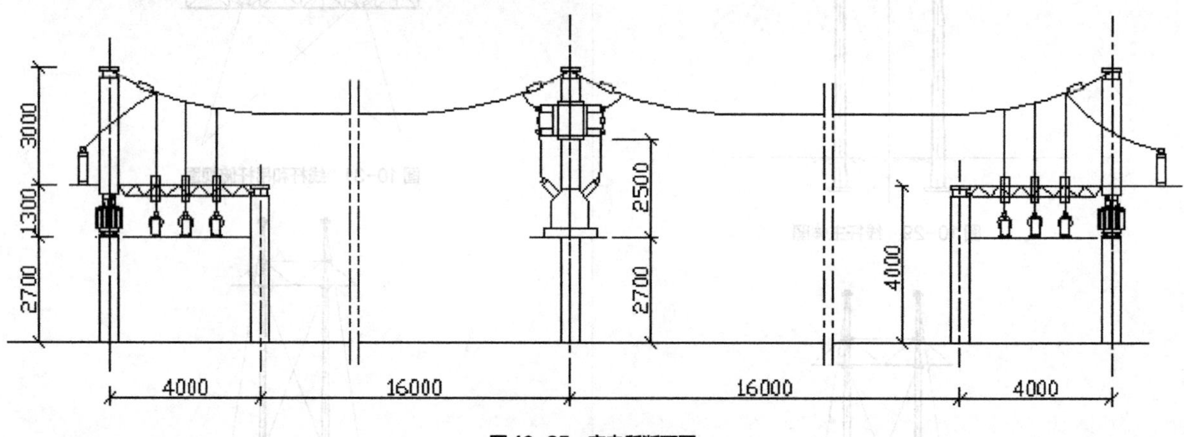

图 10-35 变电所断面图

操作提示：

（1）绘制杆塔。

（2）绘制各电气元器件。

（3）插入电气元器件。

（4）绘制连接导线。

（5）标注尺寸。

10.5 思考与练习

绘制如图 10-36 所示的输电工程图。

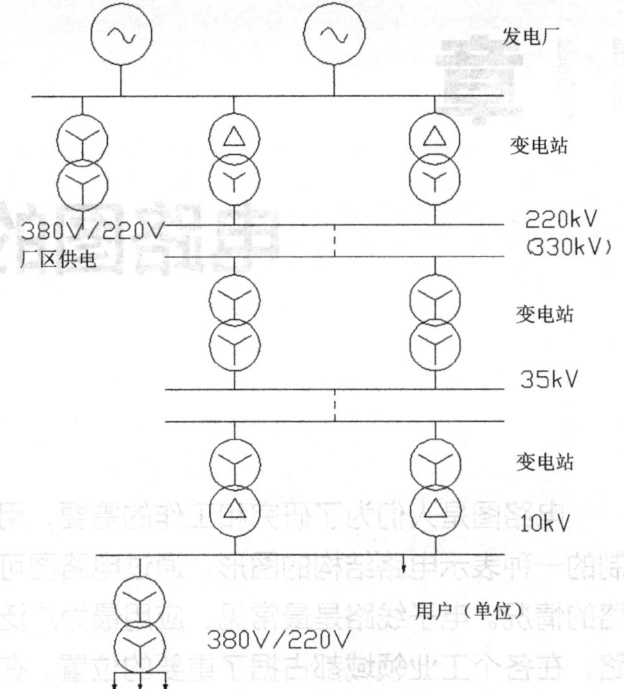

图 10-36 输电工程图

第11章 电路图的设计

电路图是人们为了研究和工作的需要，用约定的符号绘制的一种表示电路结构的图形，通过电路图可以知道实际电路的情况。电子线路是最常见、应用最为广泛的一类电气线路，在各个工业领域都占据了重要的位置。在日常生活中，几乎每个环节都和电子线路有着或多或少的联系，如电话机、电视机、电冰箱等都是电子线路应用的例子。本章将简单介绍电路图的概念和分类，以及电路图基本符号的绘制，然后结合两个具体的电子线路实例来介绍电路图的一般绘制方法。

知识重点

- 电路图基本知识
- 电路图基本符号的绘制
- 抽水机线路图
- 照明灯延时关断线路图

11.1 电路图基本知识

在学习设计和绘制电路图之前，我们先来了解电路图的基本概念和电子线路的分类。

11.1.1 基本概念

电路图是用图形符号按工作顺序排列，详细表示电路、设备或成套装置的全部基本组成和连接关系，而不考虑其实际位置的一种简图。

电子线路是由电子器件（又称有源器件，如电子管、半导体二极管、晶体管、集成电路等）和电子元器件（又称无源器件，如电阻器、电容器、变压器等）组成的具有一定功能的电路。电路图一般包括以下主要内容。

（1）表示电路中元器件或功能件的图形符号。

（2）表示元器件或功能件之间的连接线，有单线、多线或中断线。

（3）项目代号，如高层代号、种类代号、必要的位置代号和端子代号。

（4）用于信号的电平约定。

（5）功能件必要的补充信息。

电路图主要用于了解所需的实际元器件及其在电路中的作用，详细表达和理解设计对象（电路、设备或装置）的作用原理，分析和计算电路特性，它作为编制接线图的依据，为测试和寻找故障提供信息。

11.1.2 电子线路的分类

根据不同的划分标准，电子线路可以按照如下类别来划分。

1. 根据信号的频率范围划分

（1）低频电子线路。

（2）高频电子线路。

高频电路和低频电路的频率划分为如下等级。

① 极低频（ELF）：3kHz以下。

② 甚低频（VLF）：3 ~ 30kHz。

③ 低频（LF）：30 ~ 300kHz。

④ 中频（MF）：300kHz ~ 3MHz。

⑤ 高频（HF）：3 ~ 30MHz。

⑥ 甚高频（VHF）：30 ~ 300MHz。

⑦ 特高频（UHF）：300MHz ~ 3GHz。

⑧ 超高频（SHF）：3 ~ 30GHz。

2. 根据核心元器件的伏安特性划分

（1）线性电子线路：指电路中的电压和电流在向量图上同相，互相之间既不超前，也不滞后。纯电阻电路就是线性电路。

（2）非线性电子线路：包括容性电路，其电流超前电压，如补偿电容电路；感性电路，其电流滞后电压，比如变压器电路；混合型的电路，比如各种晶体管电路。

3. 根据工作信号划分

（1）模拟电路：工作信号为模拟信号的电路。

（2）数字电路：工作信号为数字信号的电路。

模拟电路的应用十分广泛，从收音机、音响到精密的测量仪器、复杂的自动控制系统、数字数据采集系统等。绝大多数的数字系统仍需做到以下过程。

模拟信号→数字信号→数字信号→模拟信号。

数据采集→A/D 转换→D/A 转换→应用。

图 11-1 所示为一个由模拟电路和数字电路共同组成的电子系统的实例。

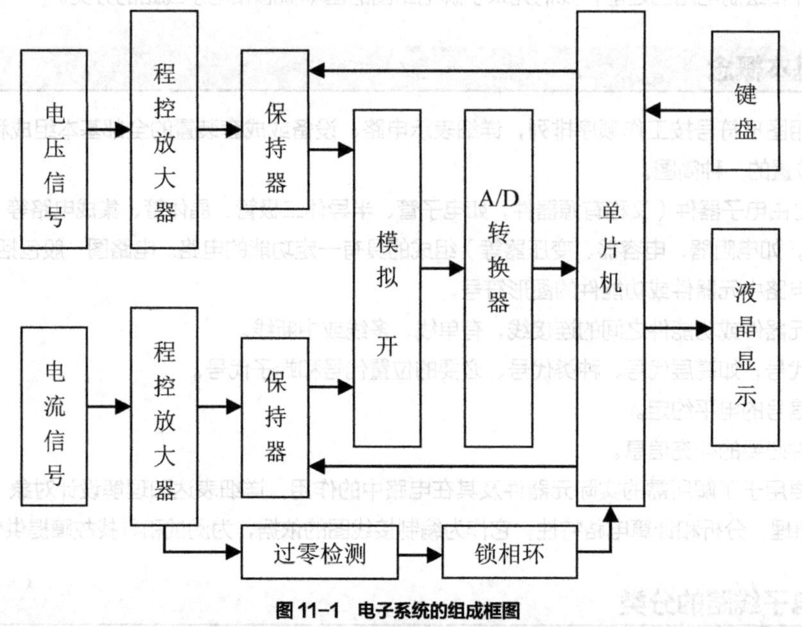

图 11-1 电子系统的组成框图

11.2 电路图基本符号的绘制

电路图的基本组成部分为电子器件和电子元器件，本节将主要介绍其中几种基本符号的绘制方法，即电阻、电容、电感、二极管和三极管等符号的绘制方法。

11.2.1 设置绘图环境

（1）建立新文件。打开AutoCAD 2020应用程序，以已经绘制好的“A3.dwt”样板文件为模板，建立新文件。

（2）保存文件。将新文件命名为“电气符号.dwg”，设置保存路径并保存。

（3）开启栅格。单击状态栏中的“栅格显示”按钮，或者按快捷键F7，在绘图窗口中显示栅格，命令行中的提示如下。

```
<栅格 开>
```

若想关闭栅格，可以再次单击状态栏中的“栅格显示”按钮，或者按快捷键 F7。

11.2.2 电阻符号的绘制

（1）绘制矩形。单击“默认”选项卡“绘图”面板中的“矩形”按钮 ▭，绘制一个长为12mm、宽为6mm的矩形，命令行提示与操作如下。

```
命令: _rectang
指定第一个角点或 [倒角(C)/标高(E)/圆角(F)/厚度(T)/宽度(W)]:(在屏幕上指定一点)
指定另一个角点或 [面积(A)/尺寸(D)/旋转(R)]: d↙
指定矩形的长度 <120.0000>: 12↙
指定矩形的宽度 <60.0000>: 6↙
```

绘制结果如图11-2（a）所示。

（2）分解矩形。单击“默认”选项卡“修改”面板中的“分解”按钮 ⧉，将绘制的矩形分解为直线1、2、3和4。

（3）偏移直线。单击“默认”选项卡“修改”面板中的“偏移”按钮 ⊆，以直线1为起始，向下绘制直线5，偏移量为3mm，如图11-2(b)所示。

（4）拉长直线。单击“默认”选项卡“修改”面板中的“拉长”按钮 ⁄，将直线5分别向左和向右拉长10mm，如图11-2（c）所示。

（5）修剪图形。单击“默认”选项卡“修改”面板中的“修剪”按钮，以直线3和直线4为修剪边，对直线5进行修剪，得到如图11-2（d）所示的图形，即为绘制完成的电阻的图形符号。

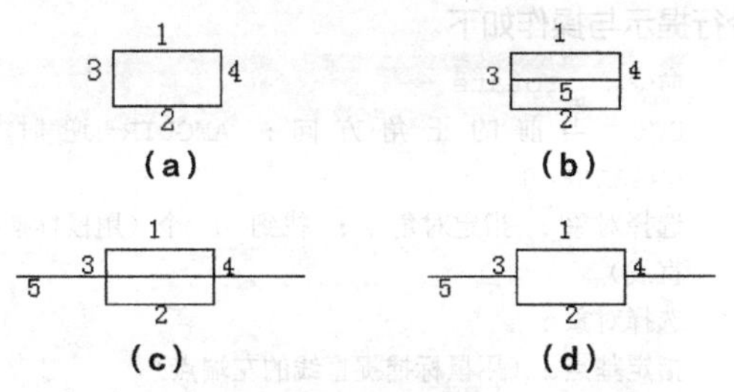

图 11-2 电阻的绘制

11.2.3 电容符号的绘制

绘制电容符号可按照如下步骤进行。

（1）绘制竖直直线。单击“默认”选项卡“绘图”面板中的“直线”按钮，绘制直线1，首先选定起始点，然后输入直线长度20mm，极轴角为90°，结果如图11-3（a）所示。

（2）偏移竖直直线。单击“默认”选项卡“修改”面板中的“偏移”按钮，绘制直线2，以直线1为起始，向右偏移8mm，绘制结果如图11-3（b）所示。

（3）绘制水平直线。单击“默认”选项卡“绘图”面板中的“直线”按钮，在“对象捕捉”绘图方式下，选择“捕捉到端点”，用鼠标分别捕捉直线1、2的端点，作为直线3的起点和终点，如图11-3（c）所示。

（4）平移直线。单击“默认”选项卡“修改”面板中的“移动”按钮，将直线3向下平移10mm，如图11-3（d）所示。

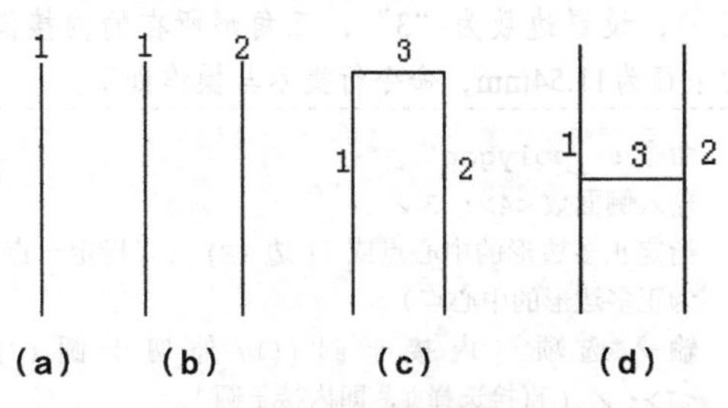

图 11-3 绘制直线

（5）拉长直线。单击“默认”选项卡“修改”面板中的“拉长”按钮，将直线3分别向左和向右拉长10mm，如图11-4（a）所示。

（6）修剪图形。单击“默认”选项卡“修改”面板中的“修剪”按钮，以直线1和直线2为修剪边，对直线3进行修剪，修剪结果如图11-4（b）所示。得到的图形即为电容的图形符号。

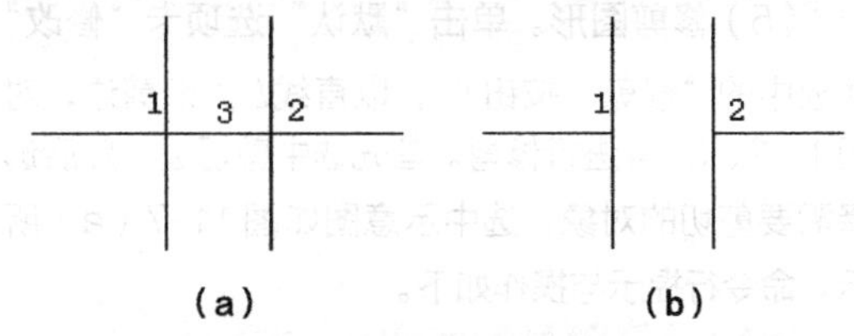

图 11-4 完成电容符号的绘制

11.2.4 电感符号的绘制

绘制电感符号可按照如下步骤进行。

（1）绘制圆。单击“默认”选项卡“绘图”面板中的“圆”按钮，选定圆的圆心，绘制一个半径为5mm的圆，如图11-5所示。

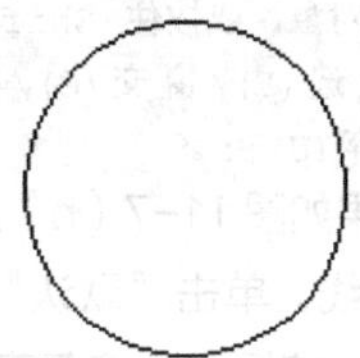

图 11-5 绘制圆

（2）阵列圆。单击“默认”选项卡“修改”面板中的“矩形阵列”按钮，设置“行数”为“4”，“列数”为“1”，“间距”为“-10”，选择上步绘制的圆作为阵列对象，得到的阵列结果如图11-6（a）所示。

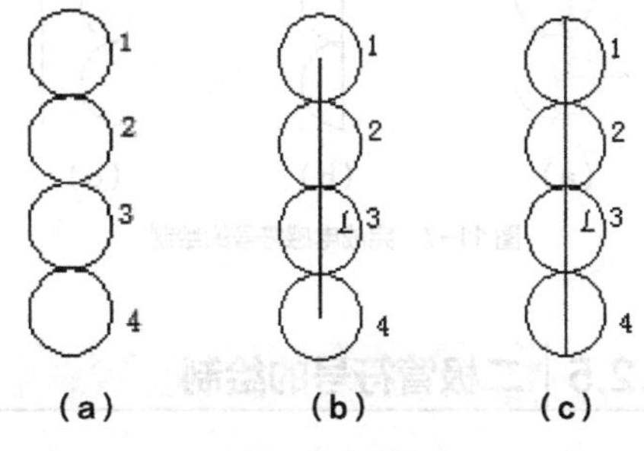

图 11-6 绘制电感

（3）绘制竖直直线。单击“默认”选项卡“绘图”面板中的“直线”按钮，在“对象捕捉”绘图方式下，利用“捕捉到圆心”命令，分别用鼠标捕捉圆1和圆4的圆心作为直线的起点和终点，绘制出竖直直线*L*，绘制结果如图11-6（b）所示。

（4）拉长直线。单击“默认”选项卡“修改”面板中的“拉长”按钮╱，将直线*L*分别向上和向下拉长5mm，结果如图11-6（c）所示。

（5）修剪图形。单击“默认”选项卡“修改”面板中的“修剪”按钮✂，以直线*L*为修剪边，对圆1、2、3、4进行修剪。首先选中剪切边，然后选择需要剪切的对象，选中示意图如图11-7（a）所示。命令行提示与操作如下。

```
命令：_trim
当前设置：投影=UCS，边=无
选择剪切边...
选择对象或 <全部选择>： 找到 1 个（用鼠标选中直线L）
选择对象：↙
选择要修剪的对象，或按住 Shift 键选择要延伸的对象，或[栏选(F)/窗交(C)/投影(P)/边(E)/删除(R)/放弃(U)]：（用鼠标框选直线L左边的4个半圆）
选择要修剪的对象，或按住 Shift 键选择要延伸的对象，或[栏选(F)/窗交(C)/投影(P)/边(E)/删除(R)/放弃(U)]：↙
```

修剪后的结果如图11-7（b）所示。

（6）移动直线。单击“默认”选项卡“修改”面板中的“移动”按钮✥，将竖直直线*L*向右平移10mm，结果如图11-7（c）所示，得到的图形即为绘制完成的电感的图形符号。

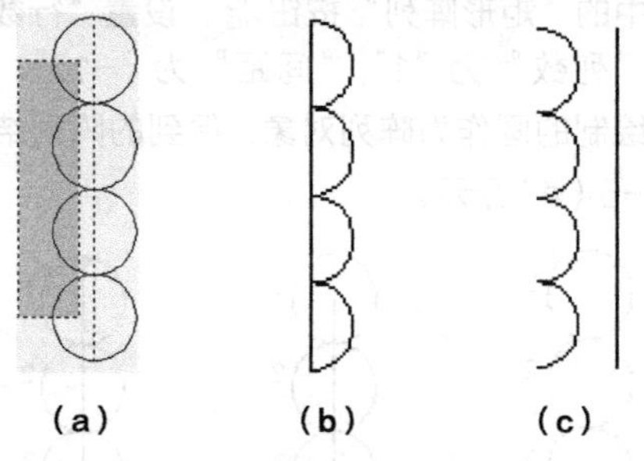

（a）　（b）　（c）

图11-7　完成电感符号的绘制

11.2.5 二极管符号的绘制

二极管的绘制可按照如下步骤进行。

（1）绘制水平直线。单击“默认”选项卡“绘图”面板中的“直线”按钮╱，绘制水平直线，直线长度为20mm，如图11-8所示。

（2）复制直线。

① 单击“默认”选项卡“修改”面板中的“旋转”按钮↻，选择“复制”模式，将上步绘制的直线复制并绕水平直线的左端点逆时针旋转60°。命令行提示与操作如下。

```
命令：_rotate
UCS 当前的正角方向：ANGDIR=逆时针 ANGBASE=0
选择对象：指定对角点：找到 1 个（用鼠标捕捉直线）
选择对象：↙
指定基点：（用鼠标捕捉直线的左端点）
指定旋转角度，或 [复制(C)/参照(R)] <0>：c↙
旋转一组选定对象。
指定旋转角度，或 [复制(C)/参照(R)] <0>：60↙
```

② 用同样的方法复制水平直线，并将复制的直线绕水平直线的右端点顺时针旋转60°，得到一个边长为20mm的等边三角形。绘制结果如图11-9所示。

图11-8　绘制直线

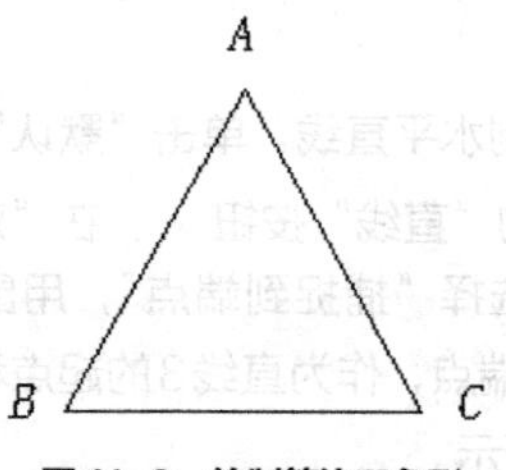

图11-9　绘制等边三角形

绘制等边三角形也可直接单击“默认”选项卡“绘图”面板中的“多边形”按钮⬠，设置边数为“3”，三角形所在的内接圆的半径为11.54mm，命令行提示与操作如下。

```
命令：_polygon
输入侧面数<4>：3↙
指定正多边形的中心点或 [边(E)]：（指定一点作为正多边形的中心点）
输入选项 [内接于圆(I)/外切于圆(C)] <I>：↙（直接选择I，即内接于圆）
指定圆的半径：11.54
```

（3）绘制竖直直线。单击“默认”选项卡“绘图”面板中的“直线”按钮╱，在“对象捕捉”和

“正交模式”方式下，用鼠标左键捕捉等边三角形的顶点A，以A为直线的起点，向上绘制出一条长度为20mm的竖直直线，如图11-10（a）所示。

（4）拉长直线。单击“默认”选项卡“修改”面板中的“拉长”按钮╱，将上步绘制的直线向下拉长35mm，命令行提示与操作如下。

```
命令：_lengthen
选择对象或 [增量(DE)/百分数(P)/全部(T)/动态(DY)]: de↙
输入长度增量或 [角度(A)]: 35↙
选择要修改的对象或[放弃(U)](将鼠标移动到竖直直线上靠近A点的地方，然后单击鼠标)
```

拉长后的结果如图11-10（b）所示。

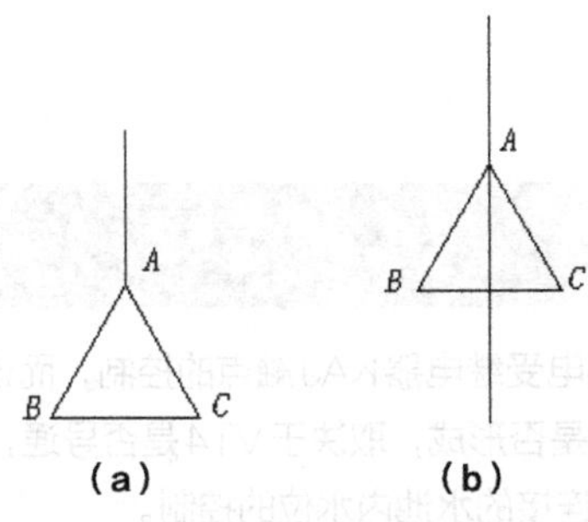

图11-10 绘制竖直直线

（5）绘制水平直线。单击“默认”选项卡“绘图”面板中的“直线”按钮╱，在“对象捕捉”和“正交模式”方式下，用鼠标左键捕捉顶点A，向左绘制一条长度为10mm的水平直线1，如图11-11（a）所示。

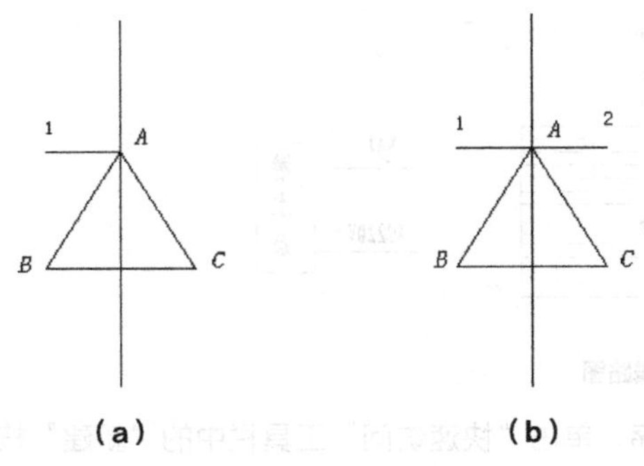

图11-11 完成二极管的绘制

（6）镜像直线。单击“默认”选项卡“修改”面板中的“镜像”按钮⚠，选择上步绘制的水平直线作为镜像对象，以竖直直线作为镜像参考线，绘制镜像直线2。命令行提示与操作如下。

```
命令：_mirror
选择对象：找到 1 个(用鼠标左键选定直线1)
选择对象：↙
指定镜像线的第一点：指定镜像线的第二点：(用鼠标左键选取竖直直线上的两点)
要删除源对象吗？[是(Y)/否(N)] <N>:↙
```

绘制出的二极管的图形符号如图11-11（b）所示。

11.2.6 三极管符号的绘制

绘制三极管符号可按照如下步骤进行。

1. 绘制等边三角形

在绘制二极管的步骤中详细介绍了等边三角形的画法，这里复制过来。仍然是边长为20mm的等边三角形，如图11-12（a）所示。将其绕底边的右端点顺时针旋转30°，得到如图11-12（b）所示的三角形。

2. 绘制水平直线

单击“默认”选项卡“绘图”面板中的“直线”按钮╱，激活“正交”模式和“对象捕捉”模式，用鼠标捕捉端点A，向左边绘制一条长为20mm的水平直线4，如图11-12（c）所示。

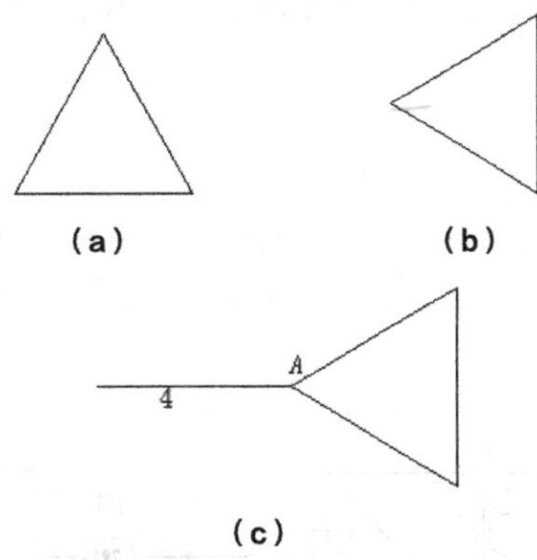

图11-12 绘制等边三角形和水平直线

3. 拉长直线

单击“默认”选项卡“修改”面板中的“拉长”按钮╱，将直线4向右拉长20mm，拉长后的直线如图11-13所示。

4. 偏移竖直直线

单击“默认”选项卡“修改”面板中的“偏移”按钮⊆，将竖直直线5向左偏移15mm，结果如图11-14（a）所示。

5. 修剪图形

单击“默认”选项卡“修改”面板中的“修剪”

按钮 和“删除”按钮，修剪图形多余的部分，得到如图11-14（b）所示的结果。

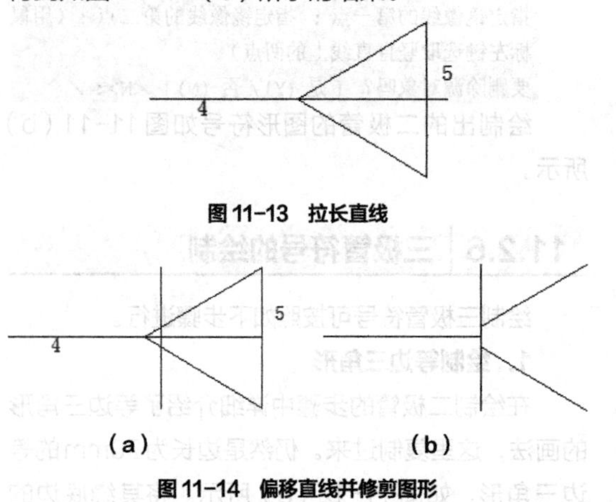

图11-13　拉长直线

（a）　（b）

图11-14　偏移直线并修剪图形

6. 绘制箭头

单击“默认”选项卡“绘图”面板中的“直线”按钮，绘制箭头，如图11-15所示，所得到的图形即为三极管符号。

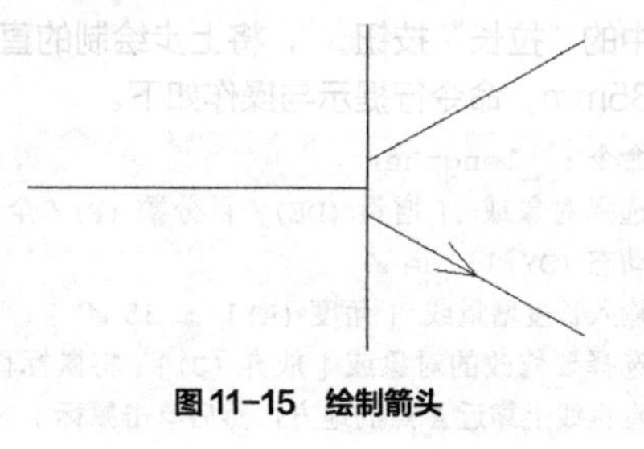

图11-15　绘制箭头

11.3　抽水机线路图

图11-16是由4只晶体管组成的自动抽水线路图。潜水泵的供电受继电器KAJ触点的控制，而该触点是否接通与KAJ线圈中的电流通路是否形成有关。KAJ线圈中的电流是否形成，取决于VT4是否导通，而VT4是否导通，则受其基极前面电路的控制，最终也就是受与VT1基极连接的水池内水位的控制。

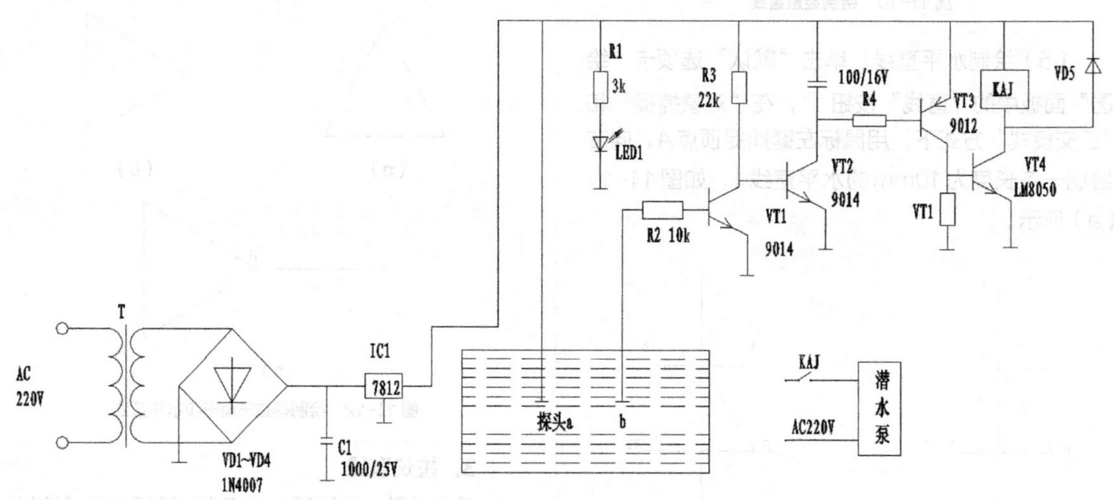

图11-16　自动抽水线路图

此图绘制的大体思路如下：先绘制供电电路图，然后绘制自动抽水控制电路图，最后将供电电路图和自动抽水控制电路图组合到一起，并添加注释文字。

11.3.1　设置绘图环境

（1）建立新文件。打开AutoCAD 2020应用程序，单击“快速访问”工具栏中的“新建”按钮，弹出“新建”对话框，选择默认模板，单击“打开”按钮，进入绘图环境。单击“快速访问”工具栏中的“保存”按钮，将其保存为“自动抽水线路图.dwg”。

（2）设置图层。单击“默认”选项卡“图层”面板中的“图层特性”按钮，设置“连接线层”

和“实体符号层”两个图层，各图层的颜色、线型、线宽及其他属性状态设置如图11-17所示，将“实体符号层”设为当前层，并关闭图框层。

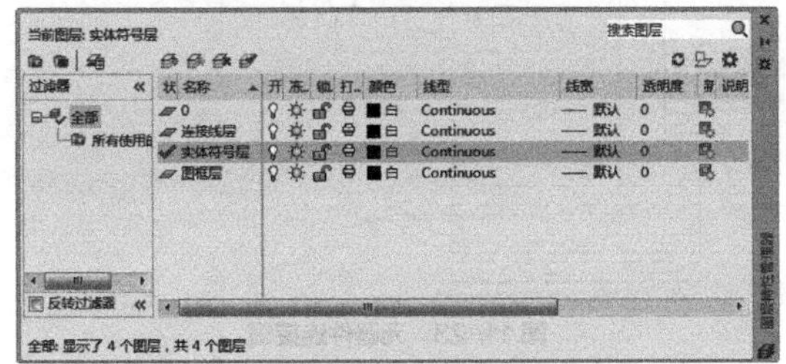

图 11-17 图层设置

11.3.2 绘制供电电路

该电路由电源变压器T、VD1 ~ VD4、IC1三端固定稳压集成电路组成。220V交流电压经T变换为交流低压后，经VD1 ~ VD4桥式整流、C1滤波及IC1稳压为12V后提供给自动抽水控制电路。

（1）打开11.2节绘制的电器符号，将图形复制到当前图形中。

（2）单击“默认”选项卡“修改”面板中的“移动”按钮 ✥，将各个元器件的图形符号摆放到适当位置，如图11-18所示。然后将各个元器件符号连接起来，如图11-19所示。

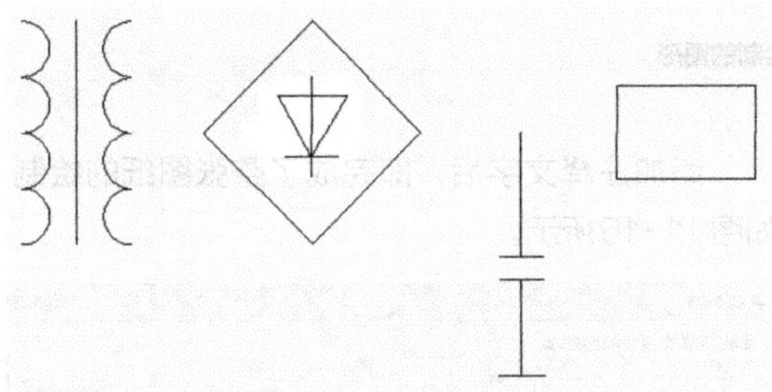

图 11-18 摆放各元器件

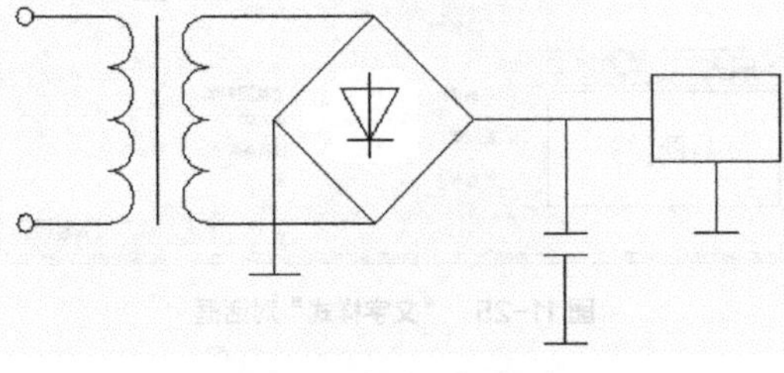

图 11-19 元器件连接图

11.3.3 绘制自动抽水控制电路

1. 绘制蓄水池

（1）绘制矩形。单击“默认”选项卡“绘图”面板中的“矩形”按钮 ▭，绘制一个长为135mm、宽为65mm的矩形，结果如图11-20（a）所示。

（2）分解矩形。单击“默认”选项卡“修改”面板中的“分解”按钮，将矩形边框进行分解。

（3）偏移直线。单击“默认”选项卡“修改”面板中的“偏移”按钮 ⊆，将直线*AB*向上偏移，偏移距离分别为5mm、5mm、5mm、5mm、15mm、5mm、5mm、5mm、5mm、5mm，偏移后的效果如图11-20（b）所示。

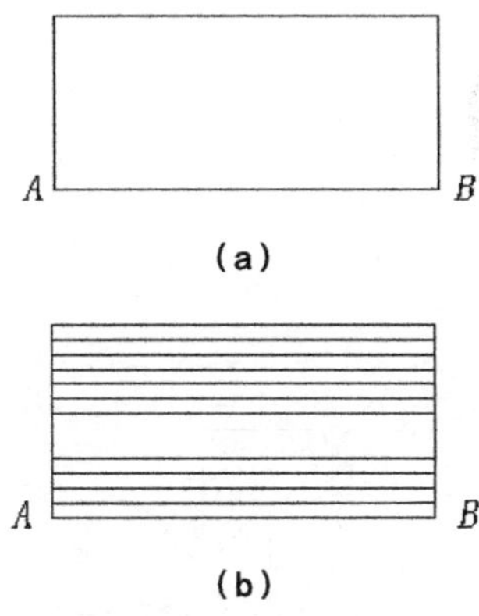

图 11-20 绘制蓄水池

（4）修改线型。将图11-20（b）中偏移的水平直线的线型变为DASHED，效果如图11-21所示。

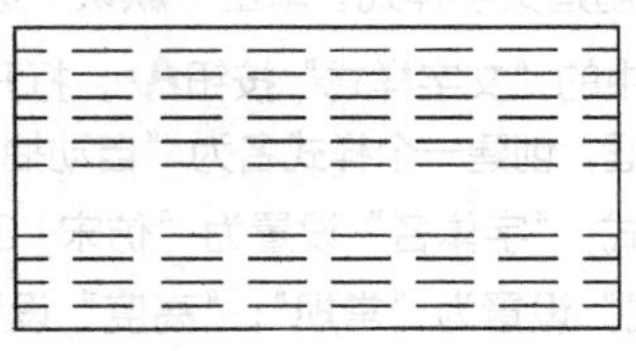

图 11-21 蓄水池

2. 连接各个图形符号

自动抽水控制电路中其他元器件的符号在前面绘制过，在此不再赘述。

（1）单击“默认”选项卡“修改”面板中的“移动”按钮 ✥，将各个元器件的图形符号摆放到适当位置，如图11-22所示。

（2）单击“默认”选项卡“绘图”面板中的“直线”按钮╱，将图11-22中的各个元器件符号连接起来，并补画出其他图形，如输出端子等，结果如图11-23所示。

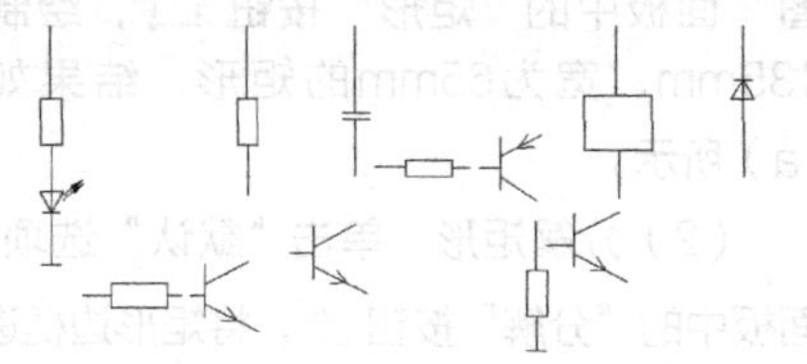

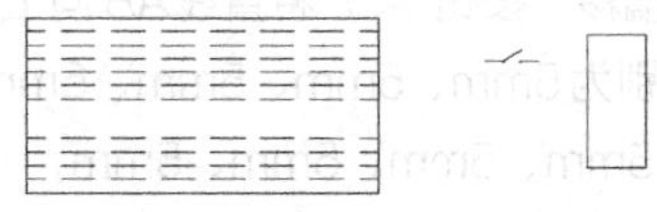

图 11-22　摆放各元器件

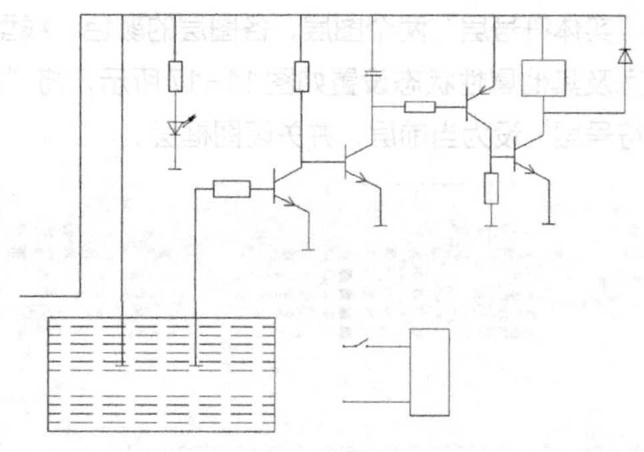

图 11-23　元器件连接图

11.3.4 组合图形

将供电电路和自动抽水控制电路组合到一起，得到自动抽水线路图，如图11-24所示。

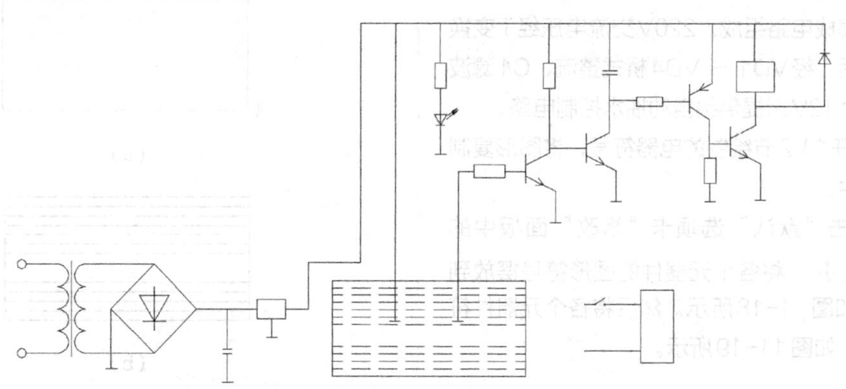

图 11-24　完成绘制的图形

11.3.5 添加注释文字

（1）创建文字样式。单击“默认”选项卡“注释”面板中的“文字样式”按钮A，打开“文字样式”对话框，创建一个样式名为“自动抽水线路图”的文字样式，“字体名”设置为“仿宋_GB2312”，“字体样式”设置为“常规”，“高度”设置为“8”，“宽度因子”设置为“0.7”，如图11-25所示。设置完成后单击“应用”按钮，并单击“置为当前”按钮，然后关闭对话框。

（2）添加注释文字。单击“默认”选项卡“注释”面板中的“多行文字”按钮A，一次输入几行文字，然后调整其位置，以对齐文字。调整位置时，结合使用正交命令。

添加注释文字后，即完成了整张图纸的绘制，如图11-16所示。

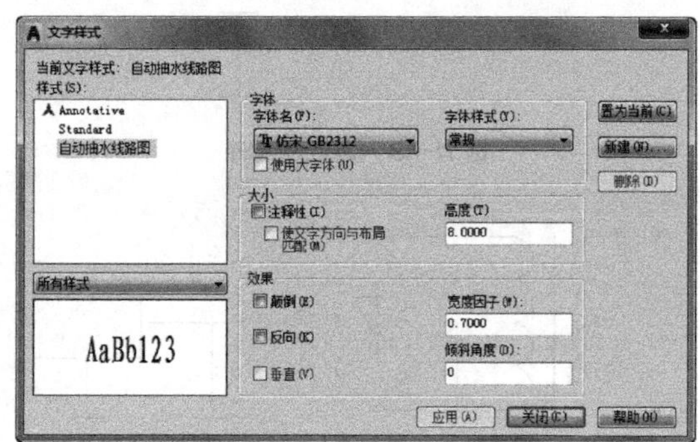

图 11-25　“文字样式”对话框

11.4 照明灯延时关断线路图

图11-26是由光控和振动控制的照明灯延时关断线路图。该线路在夜晚有客人来访敲门或主人回家用钥匙开门时，均会自动控制走廊照明灯点亮，然后延时约40s后会自动熄灭。绘制此线路图的大致思路如下：首先绘制线路结构图，然后分别绘制各个元器件，最后将各个元器件按照顺序依次插入线路结构图中，并添加注释文字。

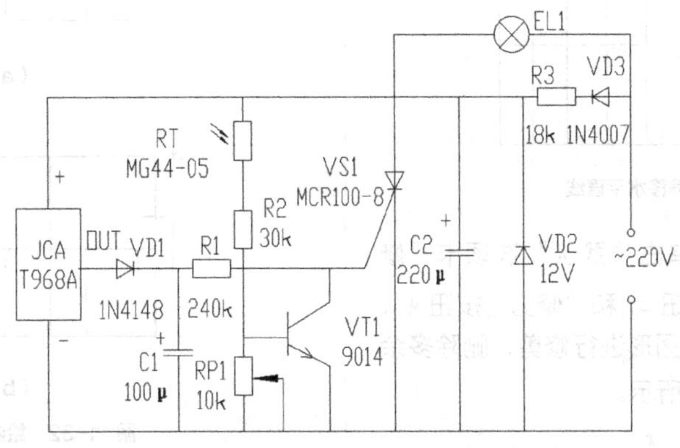

图11-26 照明灯延时关断线路图

11.4.1 设置绘图环境

（1）建立新文件。启动AutoCAD 2020应用程序，单击“快速访问”工具栏中的“新建”按钮，打开“选择样板”对话框，以“无样板打开-公制（M）”方式打开一个新的空白图形文件，将新文件命名为“照明灯延时关断线路图.dwt”并保存。

（2）设置图层。单击“默认”选项卡“图层”面板中的“图层特性”按钮，新建“连接线层”和“实体符号层”两个图层，各图层的颜色、线型、线宽及其他属性设置如图11-27所示。将“连接线层”设置为当前层。

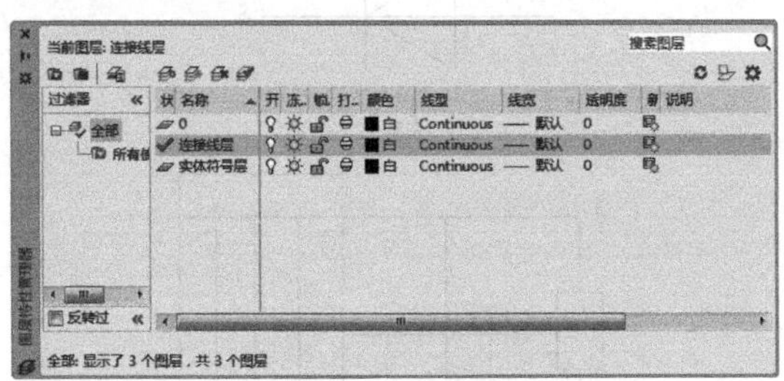

图11-27 图层设置

11.4.2 绘制线路结构图

（1）绘制矩形。单击“默认”选项卡“绘图”面板中的“矩形”按钮，绘制长为270mm、宽为150mm的矩形，如图11-28所示。

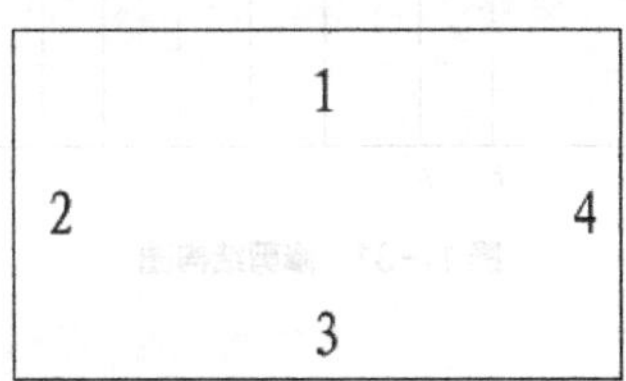

图11-28 绘制矩形

（2）分解矩形。单击“默认”选项卡“修改”面板中的“分解”按钮，将绘制的矩形进行分解。

（3）偏移竖直直线。单击“默认”选项卡“修改”面板中的“偏移”按钮，将图11-28中的直线2向右偏移，并将偏移后的直线再进行偏移，偏移量分别为60mm、30mm、40mm、30mm、30mm、30mm、25mm，如图11-29所示。

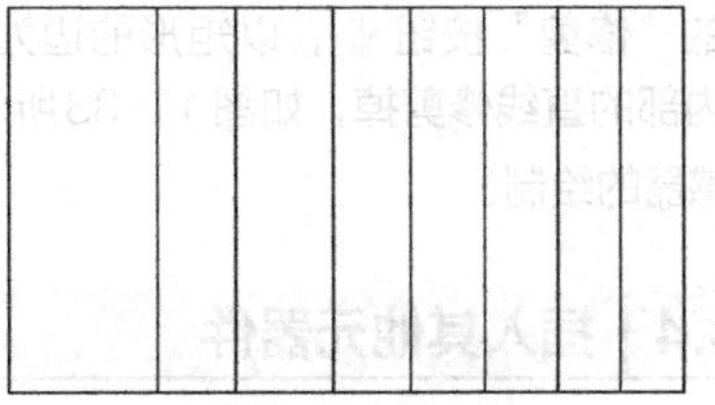

图11-29 偏移竖直直线

（4）偏移水平直线。单击“默认”选项卡“修改”面板中的“偏移”按钮，将图11-28中的直线3向上偏移，并将偏移后的直线再进行偏移，偏移量分别为73mm和105mm，如图11-30所示。

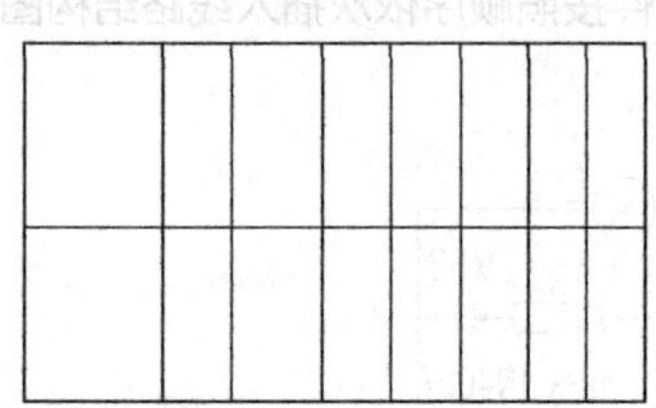

图11-30 偏移水平直线

（5）修剪结构图。单击“默认”选项卡“修改”面板中的“延伸”按钮和“修剪”按钮，对直线进行延伸，然后对图形进行修剪，删除多余的直线，结果如图11-31所示。

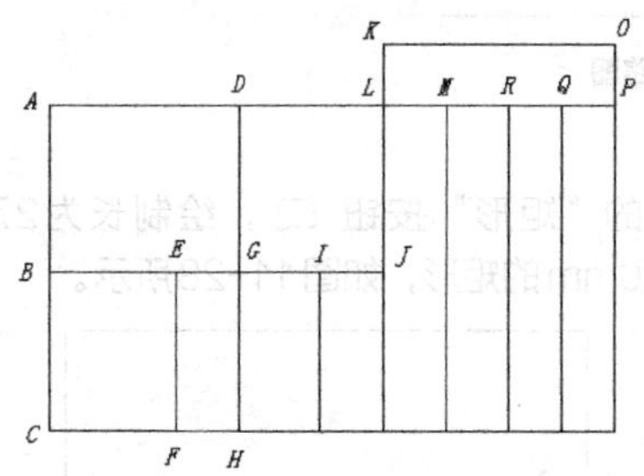

图11-31 修剪结构图

11.4.3 绘制震动传感器

（1）绘制矩形。单击“默认”选项卡“绘图”面板中的“矩形”按钮，以图11-31中的A点为起始点，绘制长为30mm、宽为50mm的矩形，如图11-32（a）所示。

（2）移动矩形。单击“默认”选项卡“修改”面板中的“移动”按钮，将矩形向下移动50mm，向左移动15mm，如图11-32（b）所示。

（3）修剪矩形。单击“默认”选项卡“修改”面板中的“修剪”按钮，以矩形的边为剪切边，将矩形内部的直线修剪掉，如图11-33所示，完成震动传感器的绘制。

11.4.4 插入其他元器件

（1）插入电气符号。将“实体符号层”设置为当前图层。单击“默认”选项卡“块”面板中的“插入”按钮，选取二极管符号插入到图形中。

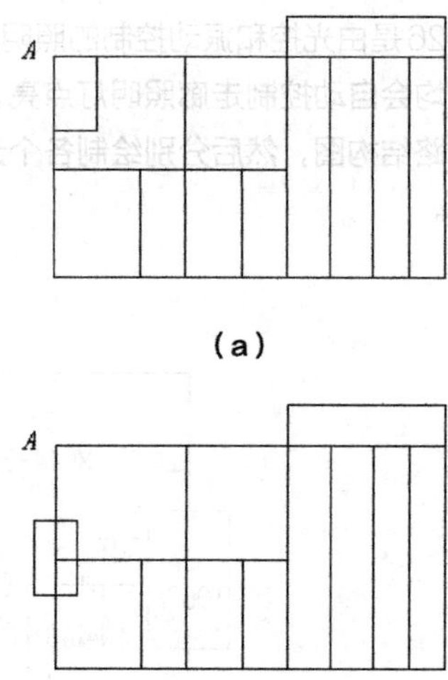

（a）

（b）

图11-32 绘制并移动矩形

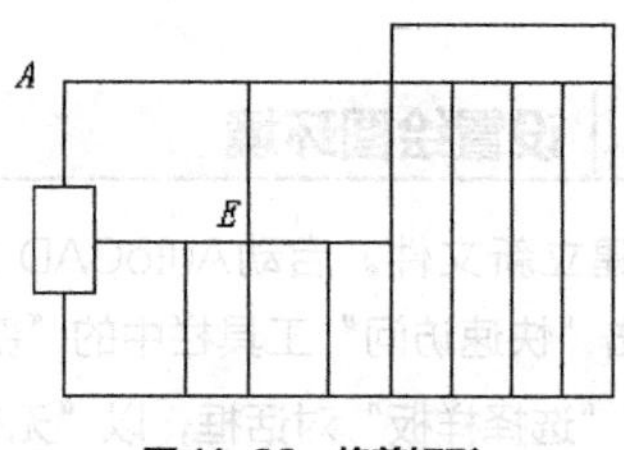

图11-33 修剪矩形

（2）平移图形。单击“默认”选项卡“修改”面板中的“移动”按钮，选择如图11-34（a）所示的二极管符号为平移对象，捕捉二极管符号中的S点为平移基点，以图11-34（b）中的点E为目标点移动，平移效果如图11-34（b）所示。

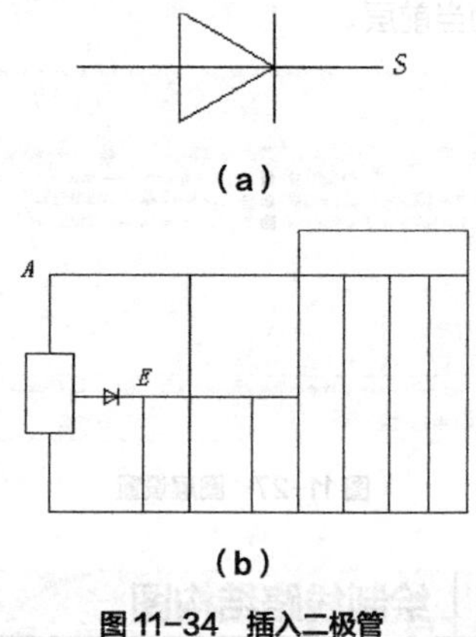

（a）

（b）

图11-34 插入二极管

（3）采用同样的方法，调用前面绘制的一些元器件符号并将其插入到结构图中。注意各元器件符号的大小可能有不协调的情况，可以根据实际需要利用“缩放”功能来及时调整。插入效果如图11-35所示。

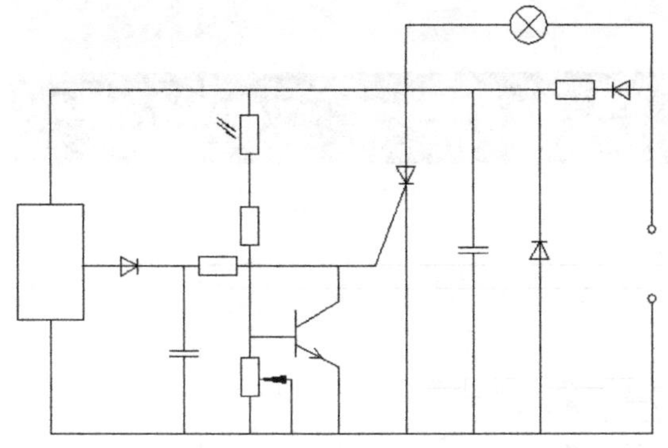

图 11-35　插入其他元器件

11.4.5 添加文字

（1）创建文字样式。单击“默认”选项卡“注释”面板中的“文字样式”按钮 A，打开“文字样式”对话框，创建一个样式名为“照明灯线路图”的文字样式。设置“字体名”为“仿宋_GB2312”，设置“字体样式”为“常规”，设置“高度”为“8”，设置“宽度因子”为“0.7”，如图11-36所示。

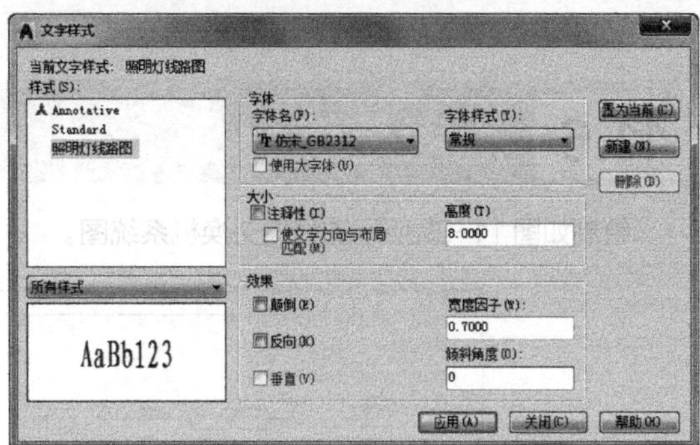

图 11-36　“文字样式”对话框

（2）添加注释文字。单击“默认”选项卡“注释”面板中的“多行文字”按钮 A，一次输入几行文字，然后调整其位置，以对齐文字。调整位置的时候，结合使用正交命令。

至此，照明灯延时关断线路图绘制完毕，最终效果如图11-26所示。

11.5 上机实验

实验　绘制如图 11-37 所示的直流数字电压表线路图

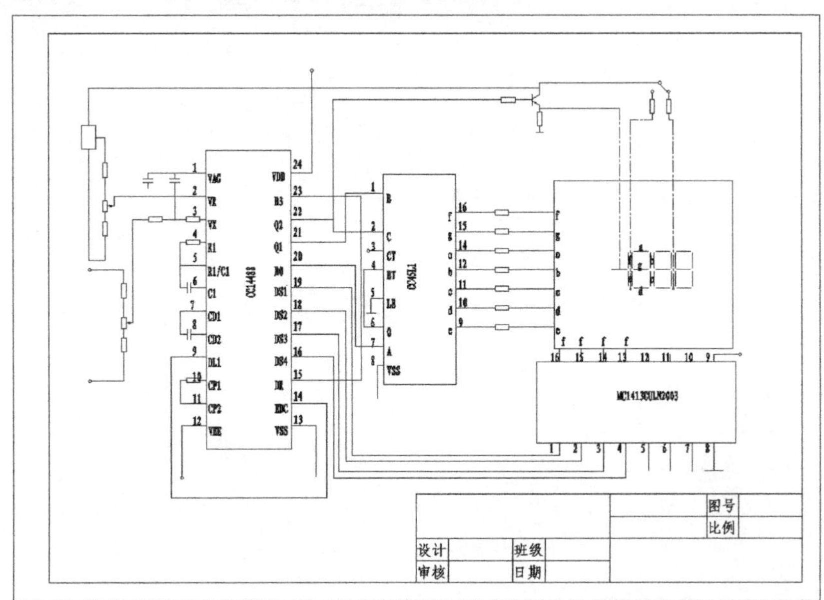

图 11-37　直流数字电压表线路图

 **操作提示：**

（1）绘制各电气元器件。

（2）绘制数字电压表连接图。

11.6 思考与练习

绘制如图 11-38 所示的程控交换机系统图。

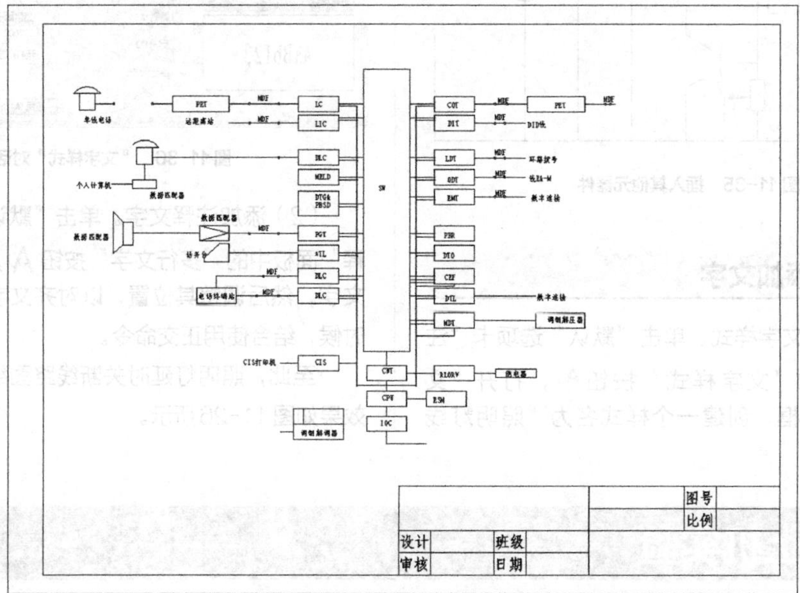

图 11-38 程控交换机系统图

第12章 控制电气图设计

随着科学技术的进步，在工业生产和日常生活中，电气设备的种类越来越多，其控制线路也越来越复杂。特别是微电子技术及电力电子技术的发展，使电气控制元器件也发生了质的飞跃。控制电气是一类很重要的电气，其广泛应用于工业、航空航天、计算机技术等各个领域，有着极其重要的作用。本章将详细介绍装饰彩灯控制电路和并励直流电动机串联电阻启动电路的绘制方法。

知识重点

- 控制电气图基础知识
- 并励直流电动机串联电阻启动电路
- 装饰彩灯控制电路

12.1 控制电气简介

12.1.1 控制电路简介

控制电路作为电路中的一个重要单元，对电路的功能实现起到至关重要的作用。无论是机械电气电路、汽车电路，还是变电工程电路中，控制电路都占据着核心位置。虽然控制电路作为一个单元在每个电路中都交织存在，但仍需要在此对它进行单独的详细阐述。

我们所熟悉的最简单的控制电路是由电磁铁、低压电源、开关组成的。针对不同的对象，控制电路的组成部分也不一样。现以反馈控制电路为例进行介绍。为了提高通信和电子系统的性能指标，或者实现某些特定的要求，必须采用自动控制方式。由此，各种类型的反馈控制电路便应运而生了，也逐渐成为现在应用较广泛的控制电路。

12.1.2 控制电路图简介

按照控制电路的终极功能划分，可以把控制电路进一步细分为报警、自动控制、开关、灯光控制、定时控制、温控调速、保护、继电器开关控制、晶闸管控制等电路，并存在相应的电路图。在下面几节中将举例介绍其中几种控制电路的一般绘制方法。

12.2 并励直流电动机串联电阻启动电路

并励直流电动机串联电阻启动电路图如图12-1所示。绘图思路为：首先观察并分析图纸的结构，绘制出大体的结构框图，也就是绘制出主要的电路图导线；然后绘制出各个电子元器件，接着将各个电子元器件插入到结构图相应的位置中；最后在电路图的适当位置添加相应的文字和注释说明，即可完成电路图的绘制。

12.2.1 设置绘图环境

（1）建立新文件。打开AutoCAD 2020应用程序，单击“快速访问”工具栏中的“新建”按钮，AutoCAD打开“选择样板”对话框，用户在该对话框中选择已经绘制好的样板图，然后单击“打开”按钮，返回绘图区域，同时选择的样板图也会出现在绘图区域内，其中样板图左下端点坐标为（0,0）。本例选用A3样板图，如图12-2所示。

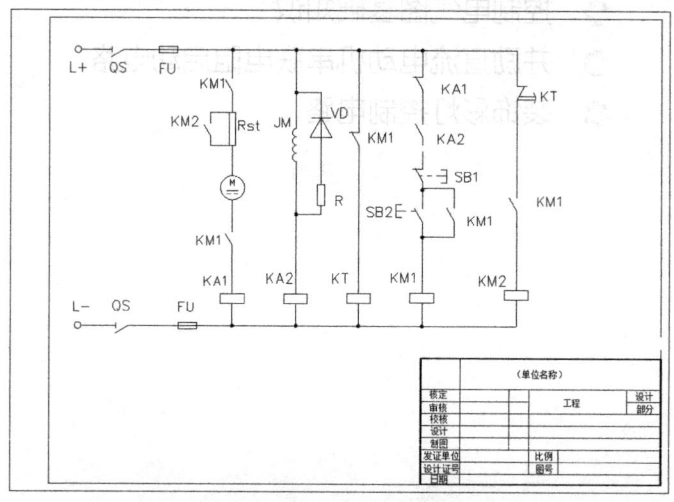

图12-1 并励直流电动机串联电阻启动电路图

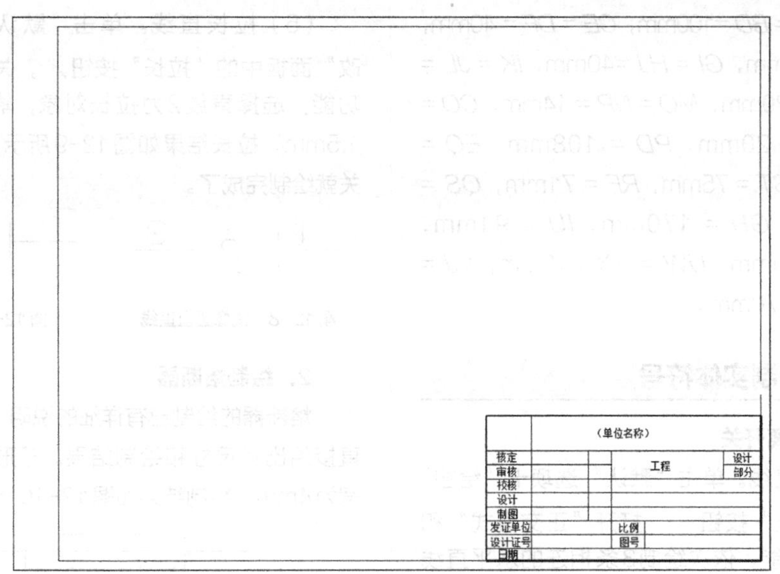

图 12-2 插入的 A3 样板图

（2）设置图层。单击“默认”选项卡“图层”面板中的“图层特性”按钮，在弹出的图层特性管理器中新建两个图层，分别命名为“连接线层”和“实体符号层”，图层的颜色、线型、线宽等属性设置如图 12-3 所示。

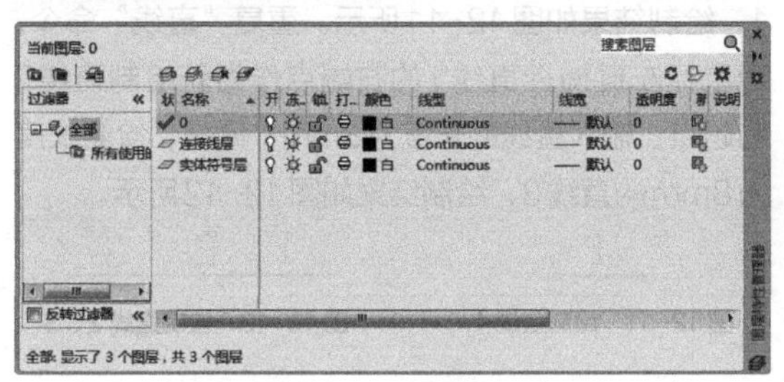

图 12-3 设置图层

12.2.2 绘制线路结构图

在绘制并励直流电动机串联电阻启动电路的线路结构图时，可频繁单击“默认”选项卡“绘图”面板中的“直线”按钮╱，绘制若干条水平直线和竖直直线。在绘制的过程中，打开“对象捕捉”和“正交模式”绘图功能。绘制相邻直线时，可以用鼠标捕捉直线的端点作为另一直线的起点；也可以单击“默认”选项卡“修改”面板中的“偏移”按钮⊆，对已经绘制好的直线进行平移并复制，同时保留原直线。单击“默认”选项卡“修改”面板中的“镜像”按钮和“修剪”按钮，使线路图变得完整。图 12-4 所示为绘制完成的线路结构图。

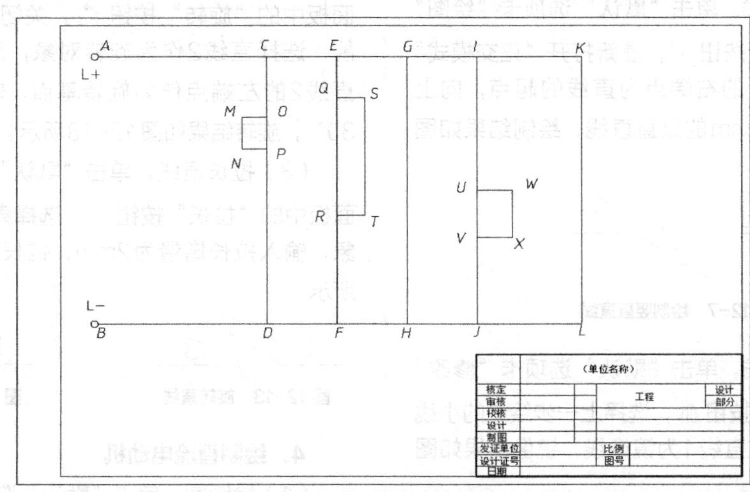

图 12-4 绘制线路结构图

其中，$AC = BD = 100mm$，$CE = DF = 40mm$，$EG = FH = 40mm$，$GI = HJ = 40mm$，$IK = JL = 60mm$，$MN = 20mm$，$MO = NP = 14mm$，$CO = 42mm$，$OP = 20mm$，$PD = 108mm$，$EQ = 24mm$，$QR = ST = 75mm$，$RF = 71mm$，$QS = RT = 16mm$，$GH = 170mm$，$IU = 91mm$，$UV = WX = 30mm$，$UW = VX = 18mm$，$VJ = 49mm$，$KL = 170mm$。

12.2.3 绘制实体符号

1. 绘制隔离开关

（1）绘制直线。单击“默认”选项卡“绘图”面板中的“直线”按钮╱，打开“正交模式”和“对象捕捉”功能，依次绘制3条相连的水平直线1、2、3，长度分别为6mm、8mm和6mm，如图12-5所示。

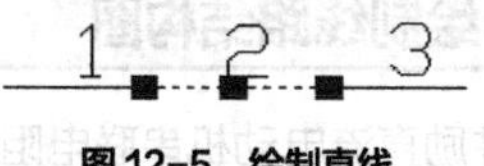

图12-5 绘制直线

（2）旋转直线。单击“默认”选项卡“修改”面板中的“旋转”按钮↻，关闭“正交模式”功能，选择直线2为旋转对象，用鼠标捕捉直线2的右端点为旋转基点，输入旋转角度为30°，旋转结果如图12-6所示。

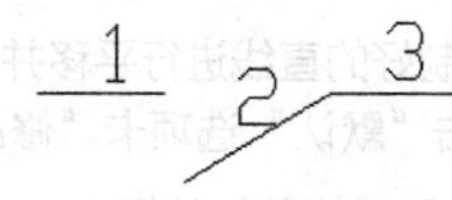

图12-6 旋转直线

（3）绘制直线。单击“默认”选项卡“绘图”面板中的“直线”按钮╱，重新打开“正交模式”功能，捕捉直线1的右端点为直线的起点，向上绘制一条长度为2mm的竖直直线，绘制结果如图12-7所示。

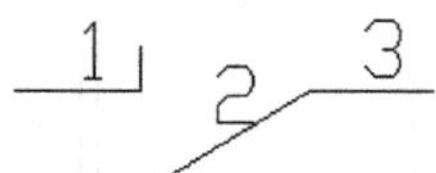

图12-7 绘制竖直直线

（4）镜像直线。单击“默认”选项卡“修改”面板中的“镜像”按钮⚠，选择上一步绘制的小线段为镜像对象，以直线1为镜像线，镜像结果如图12-8所示。

（5）拉长直线。单击“默认”选项卡“修改”面板中的“拉长”按钮╱，关闭“正交模式”功能，选择直线2为拉长对象，输入拉长增量为1.5mm，拉长结果如图12-9所示。这样，隔离开关就绘制完成了。

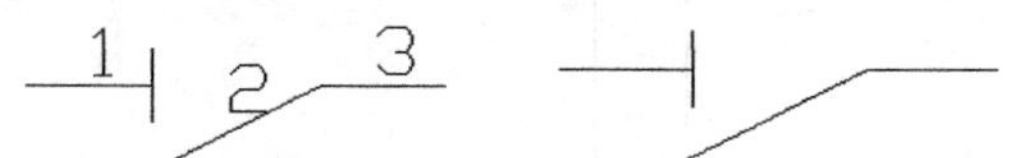

图12-8 镜像竖直直线　　图12-9 拉长直线

2. 绘制熔断器

熔断器的绘制已有详细的说明，这里不再赘述，直接给出其尺寸和绘制结果。矩形的长为12mm，宽为4mm，绘制结果如图12-10所示。

图12-10 熔断器

3. 绘制接触器

这种接触器在非动作位置触点断开。

（1）绘制直线。单击“默认”选项卡“绘图”面板中的“直线”按钮╱，打开“正交模式”和“对象捕捉”功能，首先绘制一条长为8mm的直线1，绘制结果如图12-11所示。重复“直线”命令，用鼠标左键捕捉直线1的右端点作为新绘制直线2的起点，输入直线的长度为8mm；同样，绘制长度为8mm的直线3，绘制结果如图12-12所示。

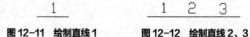

图12-11 绘制直线1　　图12-12 绘制直线2、3

（2）旋转直线。单击“默认”选项卡“修改”面板中的“旋转”按钮↻，关闭“正交模式”功能，选择直线2作为旋转对象，用鼠标左键捕捉直线2的左端点作为旋转基点，输入旋转角度为30°，旋转结果如图12-13所示。

（3）拉长直线。单击“默认”选项卡“修改”面板中的“拉长”按钮╱，选择直线2作为拉长对象，输入拉长增量为2mm，拉长结果如图12-14所示。

1 2 3　　1 2 3

图12-13 旋转直线　　图12-14 拉长直线

4. 绘制直流电动机

（1）绘制圆。单击“默认”选项卡“绘图”面板板中的"圆"按钮，绘制一个直径为15mm的圆，绘制结果如图12-15所示。

（2）输入文字。单击"默认"选项卡"注释"面板中的"多行文字"按钮A，在圆的中央区域画一个矩形框，打开"文字样式"对话框，在圆的中央输入字母M。

（3）绘制直线。单击"默认"选项卡"绘图"面板中的"直线"按钮，在字母的下方绘制两条直线，并将其中一条直线设置为虚线，结果如图12-16所示。

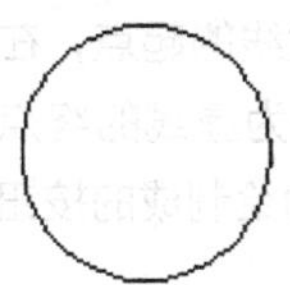

图12-15 绘制圆

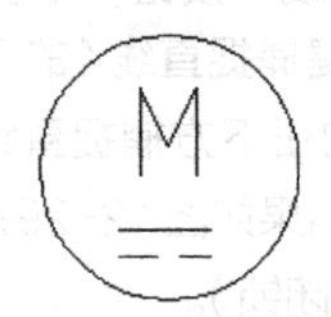

图12-16 绘制直流电动机

5. 绘制电阻

（1）绘制矩形。单击"默认"选项卡"绘图"面板中的"矩形"按钮，绘制一个长为20mm、宽为4mm的矩形，绘制结果如图12-17所示。

（2）绘制直线。单击"默认"选项卡"绘图"面板中的"直线"按钮，打开"对象捕捉"功能，分别捕捉矩形两侧边的中点作为直线的起点和终点，绘制结果如图12-18所示。

图12-17 绘制矩形　　图12-18 绘制直线

（3）拉长直线。单击"默认"选项卡"修改"面板中的"拉长"按钮，将上一步绘制的直线分别向左和向右拉长5mm，结果如图12-19所示。

（4）修剪图形。单击"默认"选项卡"修改"面板中的"修剪"按钮，选择矩形为修剪边，对水平直线进行修剪，修剪结果如图12-20所示，此即为绘成的电阻符号。

图12-19 拉长直线　　图12-20 修剪图形

按照上述方法，再绘制一个长为15mm、高为4mm的电阻符号。

6. 绘制操作器件的一般符号

（1）绘制矩形。单击"默认"选项卡"绘图"面板中的"矩形"按钮，绘制一个长为15mm、宽为6mm的矩形，绘制结果如图12-21所示。

（2）绘制直线。单击"默认"选项卡"绘图"面板中的"直线"按钮，打开"正交模式"和"对象捕捉"功能，分别用鼠标左键捕捉上步绘制的矩形的两条长边的中点，作为新绘制直线的起点，沿着正交方向分别向上和向下绘制两条长为5mm的直线，绘制结果如图12-22所示，此即为绘制成的操作器件的一般符号。

图12-21 绘制矩形　　图12-22 绘制直线

7. 绘制线圈

（1）单击"默认"选项卡"绘图"面板中的"圆"按钮，绘制半径为5mm的圆。

（2）单击"默认"选项卡"修改"面板中的"矩形阵列"按钮，将上步绘制的圆进行阵列，行数为"1"，列数为"4"，列偏移为"10"，阵列结果如图12-23（a）所示。

（3）单击"默认"选项卡"绘图"面板中的"直线"按钮，绘制连接左、右两圆圆心的水平线，如图12-23（b）所示。

（4）单击"默认"选项卡"修改"面板中的"拉长"按钮，将水平线分别向左和向右拉长5mm，如图12-23（c）所示。

（5）单击"默认"选项卡"修改"面板中的"修剪"按钮，以水平线段为边界线，修剪掉直线以下的4个半圆，如图12-23（d）所示。

（6）单击"默认"选项卡"修改"面板中的"删除"按钮，删除多余线段，结果如图12-23（e）所示。

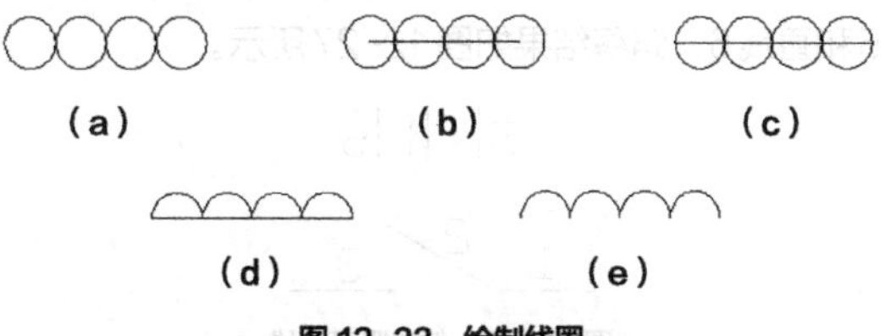

图12-23 绘制线圈

8. 插入二极管

单击"默认"选项卡"块"面板中的"插入"

按钮，插入如图12-24所示的二极管。

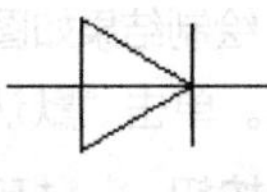

图12-24　二极管

9. 绘制动断触点开关

（1）绘制开关。按照前面的方法绘制一个如图12-14所示的开关。

（2）绘制直线。单击“默认”选项卡“绘图”面板中的“直线”按钮，打开“对象捕捉”和“正交模式”功能，用鼠标左键捕捉直线3的左端点作为直线的起点，沿着正交方向在直线3的正上方绘制一条长度为6mm的竖直直线。绘制结果如图12-25所示，此即为所绘制的动断触点开关。

图12-25　绘制动断触点开关

10. 绘制按钮开关（不闭锁）

（1）绘制开关。按照前面的方法绘制一个如图12-14所示的开关。

（2）绘制直线。单击“默认”选项卡“绘图”面板中的“直线”按钮，在开关正上方的中央绘制一条长为4mm的竖直直线，绘制结果如图12-26所示。

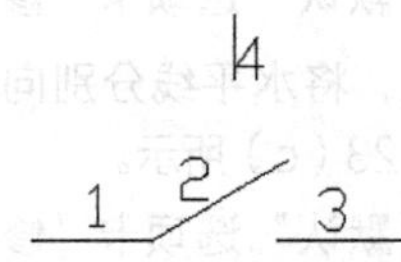

图12-26　绘制竖直直线

（3）偏移直线。单击“默认”选项卡“修改”面板中的“偏移”按钮，输入偏移距离为4mm，选择直线4为偏移对象，分别单击直线4的左边区域和右边区域，在它的左右两侧分别绘制竖直直线5和直线6，偏移结果如图12-27所示。

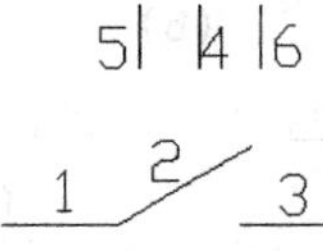

图12-27　偏移竖直直线

（4）绘制直线。单击“默认”选项卡“绘图”面板中的“直线”按钮，打开“对象捕捉”功能，用鼠标左键分别捕捉直线5和直线6的上端点作为直线的起点和终点，绘制结果如图12-28所示。

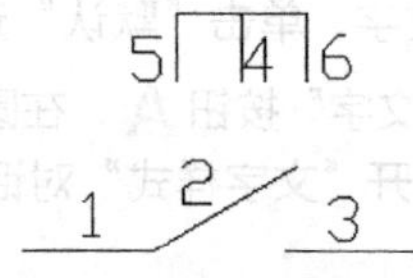

图12-28　绘制直线

（5）绘制虚线。在“图层”下拉列表框中选择“虚线层”，单击“默认”选项卡“绘图”面板中的“直线”按钮，打开“正交模式”功能，用鼠标左键捕捉直线4的下端点作为虚线的起点，在直线4的正下方捕捉直线2上的点作为虚线的终点，绘制结果如图12-29所示，此即为绘制成的按钮开关（不闭锁）。

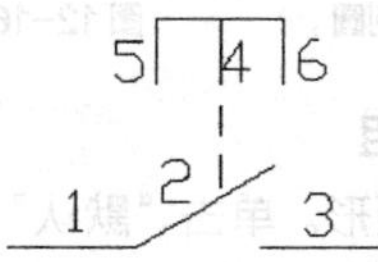

图12-29　绘制虚线

11. 绘制按钮动断开关

（1）绘制开关。按照前面的方法绘制一个如图12-14所示的开关。

（2）绘制直线。单击“默认”选项卡“绘图”面板中的“直线”按钮，打开“对象捕捉”和“正交模式”功能，用鼠标左键捕捉直线3的左端点作为直线的起点，沿着正交方向在直线3的正上方绘制一条长度为6mm的竖直直线，绘制结果如图12-30所示。

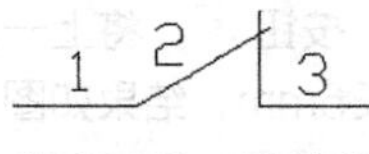

图12-30　绘制直线

（3）按照绘制按钮开关的方法绘制按钮动断开关的按钮，绘制结果如图12-31所示。

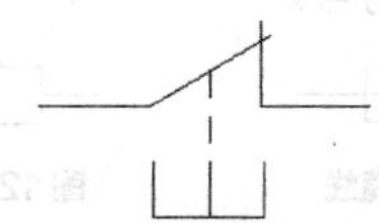

图12-31　按钮动断开关

12. 绘制动断触点

下面绘制的动断触点会在操作器件被吸合时延时断开。

（1）绘制直线。单击“默认”选项卡“绘图”面板中的“直线”按钮╱，打开“正交模式”功能，在竖直方向上绘制一条长为8mm的直线1，绘制结果如图12-32所示。

（2）继续绘制直线。单击“默认”选项卡“绘图”面板中的“直线”按钮╱，打开“对象捕捉”功能，用鼠标左键捕捉直线1的下端点作为直线的起点，绘制一条长度为8mm的竖直直线2，绘制结果如图12-33所示。

图 12-32　绘制直线 1　　图 12-33　绘制直线 2

（3）继续绘制直线。单击“默认”选项卡“绘图”面板中的“直线”按钮╱，用鼠标左键捕捉直线2的下端点作为直线的起点，绘制一条长度为8mm的竖直直线3，绘制结果如图12-34所示。

（4）旋转直线。单击“默认”选项卡“修改”面板中的“旋转”按钮↻，关闭“正交模式”功能，用鼠标左键捕捉直线2的下端点作为旋转基点，输入旋转角度为-30°（即顺时针旋转30°），旋转结果如图12-35所示。

图 12-34　绘制直线 3　　图 12-35　旋转直线 2

（5）绘制直线。单击“默认”选项卡“绘图”面板中的“直线”按钮╱，重新打开“正交模式”功能，用鼠标左键捕捉直线1的下端点，水平向右绘制一条长为6mm的直线，绘制结果如图12-36所示。

（6）拉长直线。单击“默认”选项卡“修改”面板中的“拉长”按钮╱，再次关闭“正交模式”功能，输入拉长增量为3mm，选择直线2为拉长对象，拉长结果如图12-37所示。

（7）绘制直线。单击“默认”选项卡“绘图”面板中的“直线”按钮╱，打开“正交模式”功能，用鼠标左键捕捉直线3的上端点，水平向右绘制一条长为10mm的直线4，绘制结果如图12-38所示。

图 12-36　绘制水平直线　　图 12-37　拉长直线

（8）偏移直线。单击“默认”选项卡“修改”面板中的“偏移”按钮⊆，输入偏移距离为2mm，以直线4为偏移对象，在直线4的正上方绘制一条同样长度的直线5，偏移结果如图12-39所示。

图 12-38　绘制水平直线　　图 12-39　偏移直线

（9）修剪直线。单击“默认”选项卡“修改”面板中的“修剪”按钮✂，以直线2为修剪边，对直线5进行修剪，修剪结果如图12-40所示。

（10）偏移直线。单击“默认”选项卡“修改”面板中的“偏移”按钮⊆，输入偏移距离为1mm，以直线4为偏移对象，在直线4的正上方绘制一条同样长度的直线6，偏移结果如图12-41所示。

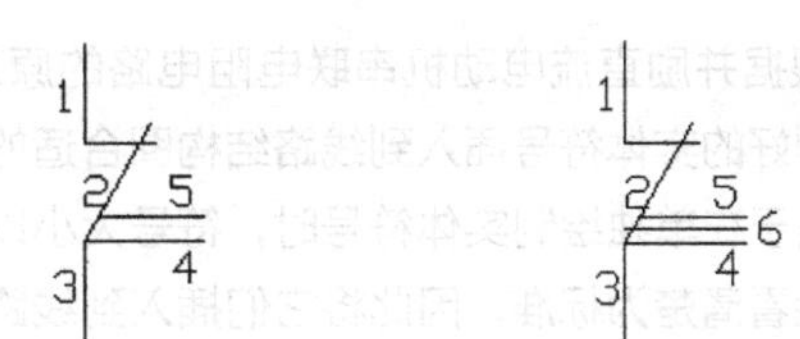

图 12-40　修剪图形　　图 12-41　偏移直线

（11）绘制圆。单击“默认”选项卡“绘图”面板中的“圆”按钮⊙，关闭“正交模式”功能，用鼠标左键捕捉直线6的中点为圆心，捕捉直线5的右端点作为圆周上的一点，绘制圆，结果如图12-42所示。

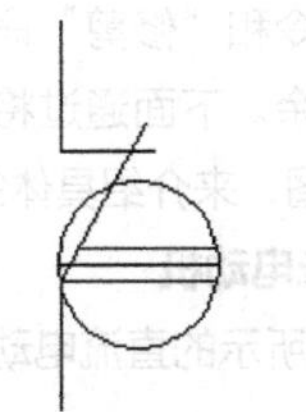

图 12-42　绘制圆

（12）绘制直线。单击“默认”选项卡“绘图”面板中的“直线”按钮╱，打开“正交模式”功能，在右半圆上绘制一条竖直直线，如图12-43所示。

（13）修剪图形。单击“默认”选项卡“修改”面板中的“修剪”按钮✂，将图12-43中多余的部分修剪掉，修剪结果如图12-44所示，动断触点即绘制完成。

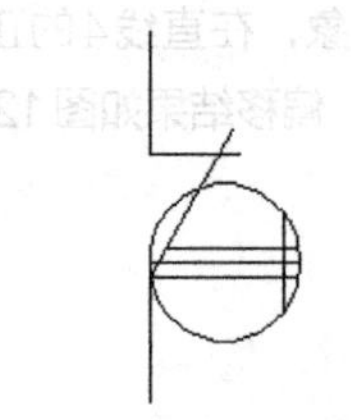

图12-43　绘制竖直直线

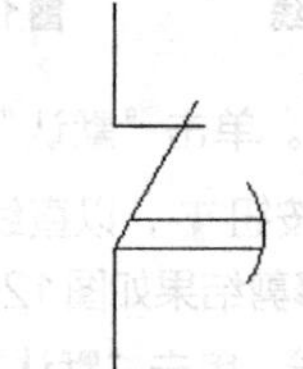

图12-44　修剪图形

12.2.4　将实体符号插入线路结构图中

根据并励直流电动机串联电阻电路的原理图，将绘制好的实体符号插入到线路结构图合适的位置上。由于在单独绘制实体符号时，符号大小以方便用户能看清楚为标准，因此将它们插入到线路结构图中时，可能会出现不协调的情况，这时可以根据实际需要利用“缩放”功能来及时调整。在插入实体符号的过程中，结合打开“对象捕捉”“极轴追踪”及“正交模式”等功能，选择合适的插入点。另外，在插入图形符号的时候，可能需要将绘制好的图形符号进行旋转后再平移到线路结构图中，多次用到同一元器件时，可将符号复制后粘贴。综合利用“移动”命令和“修剪”命令，使电路图既完整无缺，又无冗余。下面通过将几个典型的实体符号插入线路结构图，来介绍具体的操作步骤。

1. 插入直流电动机

将图12-45所示的直流电动机插入到图12-46所示的导线*PD*上。

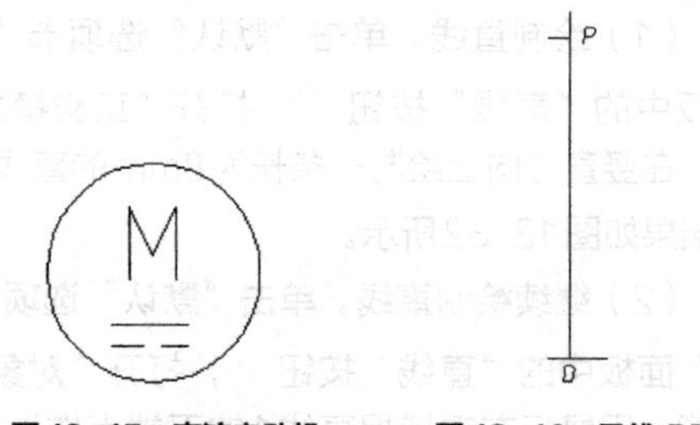

图12-45　直流电动机　　图12-46　导线*PD*

（1）平移图形。单击“默认”选项卡“修改”面板中的“移动”按钮✥，打开“对象捕捉”功能，捕捉圆的圆心为移动基点，如图12-47所示，将图形移动到导线*PD*处，用鼠标左键捕捉*PD*上的一个合适的位置作为图形的插入点，如图12-48所示。插入后的效果如图12-49所示。

（2）修剪图形。单击“默认”选项卡“修改”面板中的“修剪”按钮✂，对图12-49中多余的线段进行修剪，修剪结果如图12-50所示。

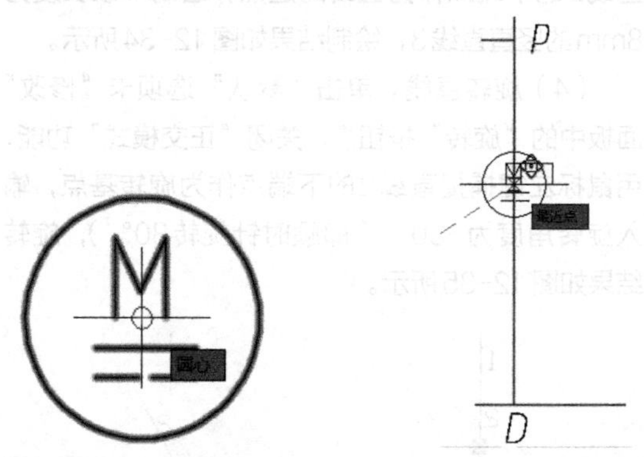

图12-47　捕捉移动基点　　图12-48　捕捉插入点

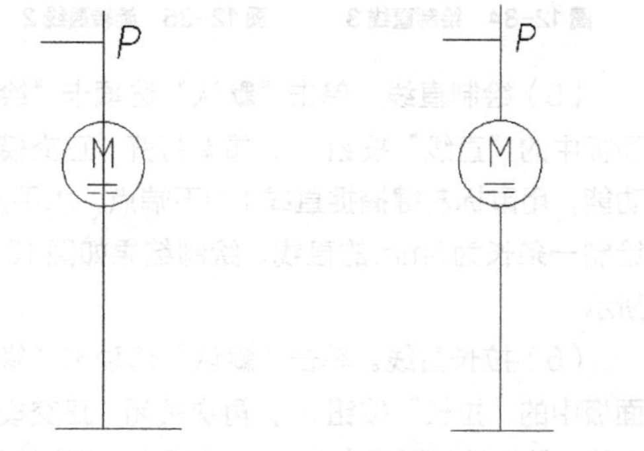

图12-49　插入图形　　图12-50　修剪后的图形

2. 插入按钮开关

将图12-51所示的按钮开关图形符号插入到图12-52所示的导线*UV*上。

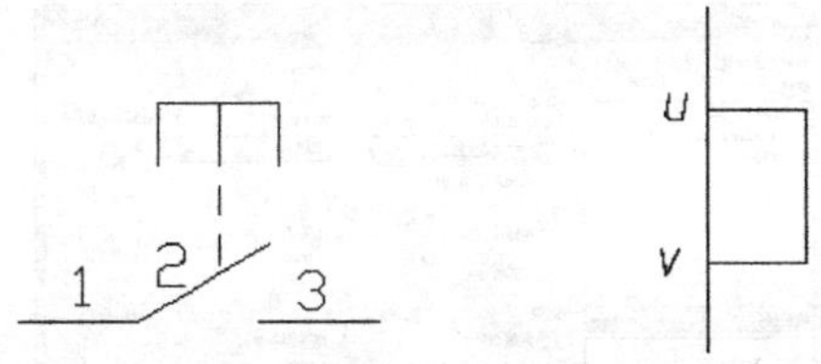

图 12-51　按钮开关符号　　图 12-52　导线 XY

（1）旋转图形。单击“默认”选项卡“修改”面板中的“旋转”按钮，打开“对象捕捉”功能，选择按钮开关符号为旋转对象，用鼠标左键捕捉直线3的右端点为旋转基点，输入旋转角度为90°，旋转结果如图 12-53所示。

（2）平移图形。单击“默认”选项卡“修改”面板中的“移动”按钮，选择按钮开关符号作为移动对象，用鼠标左键捕捉直线3的上端点作为移动基点，移动到导线*UV*处，用鼠标左键捕捉端点*U*作为插入点，插入结果如图 12-54 所示。

（3）修剪图形。单击“默认”选项卡“修改”面板中的“修剪”按钮，将导线*UV*上多余的线段修剪掉，修剪结果如图 12-55所示。

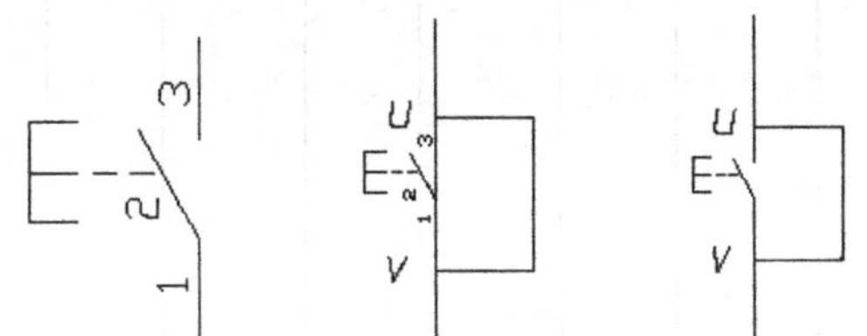

图 12-53　旋转图形　图 12-54　移动图形　图 12-55　修剪图形

3. 插入其他实体符号

其他的实体符号也可以按照上述的方法进行平移，关键在于捕捉一个合适的平移基点和插入点，这里就不再一一介绍。下面给出将所有的实体图形符号插入到线路结构图后的结果，如图12-56所示。

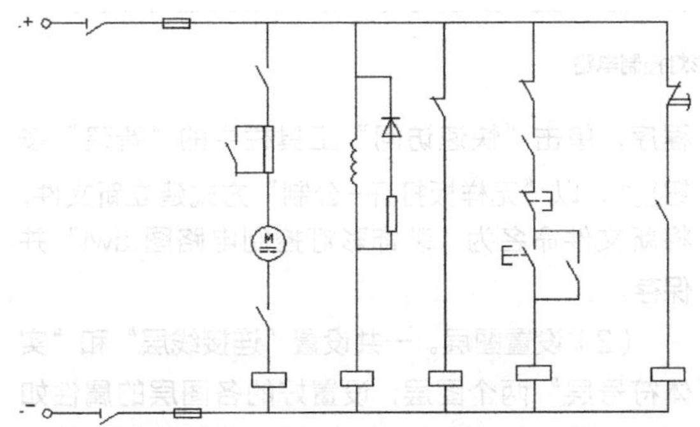

图 12-56　所有实体符号插入到线路结构图中

4. 绘制导线连接点

根据并励直流电动机串联电阻电路图的原理，绘制导线连接点的结果如图 12-57所示。

绘制若干个导线连接点时，单击“默认”选项卡“绘图”面板中的“圆”按钮，绘制一个以直线交点为中心，半径约等于1mm的圆，将需要绘制连接点的地方均绘制这样的圆；单击“默认”选项卡“绘图”面板中的“图案填充”按钮，单击“选择对象”按钮后，回到绘图界面，一次性选中所有的这些圆，确定后回到“图案填充和渐变色”对话框，将圆内填满黑色的图案（SOLID）即可。这样可以提高效率，因为如果多次利用“图案填充”命令，AutoCAD 2020软件会反应较慢。

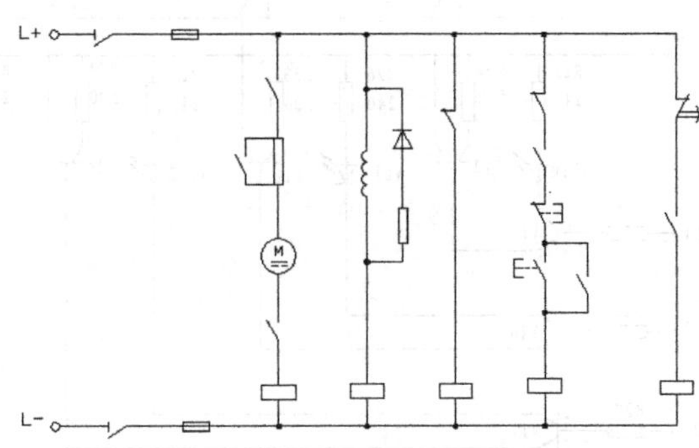

图 12-57　绘制导线连接点

12.2.5 添加文字和注释

（1）单击“默认”选项卡“注释”面板中的“文字样式”按钮，打开“文字样式”对话框。

（2）新建文字样式。单击“新建”按钮，打开“新建文字样式”对话框，输入样式名为“注释”，单击“确定”按钮返回“文字样式”对话框。在“字体名”下拉列表中选择“仿宋_GB2312”选项，设置“高度”为“0”、“宽度因子”为“1”、“倾斜角度”为0°，将“注释”样式设置为当前文字样式，如图12-58所示。单击“应用”按钮，然后关闭对话框，返回绘图窗口。

（3）添加文字和注释。单击“默认”选项卡

“注释”面板中的“多行文字”按钮A，在需要注释的位置拖出一个矩形框，弹出“文字编辑器”选项卡。选择“注释”样式，根据需要在图中添加注释文字，完成电路图的绘制，最终结果如图12-1所示。

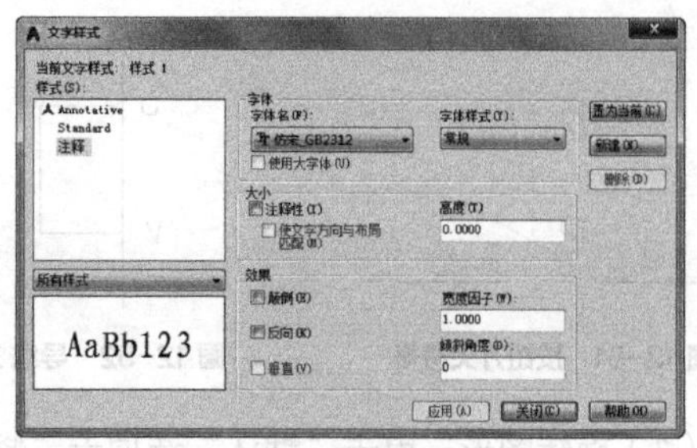

图12-58 “文字样式”对话框

12.3 装饰彩灯控制电路

图12-59所示为装饰彩灯控制电路的一部分，可按要求编制出有多种连续流水状态的彩灯。

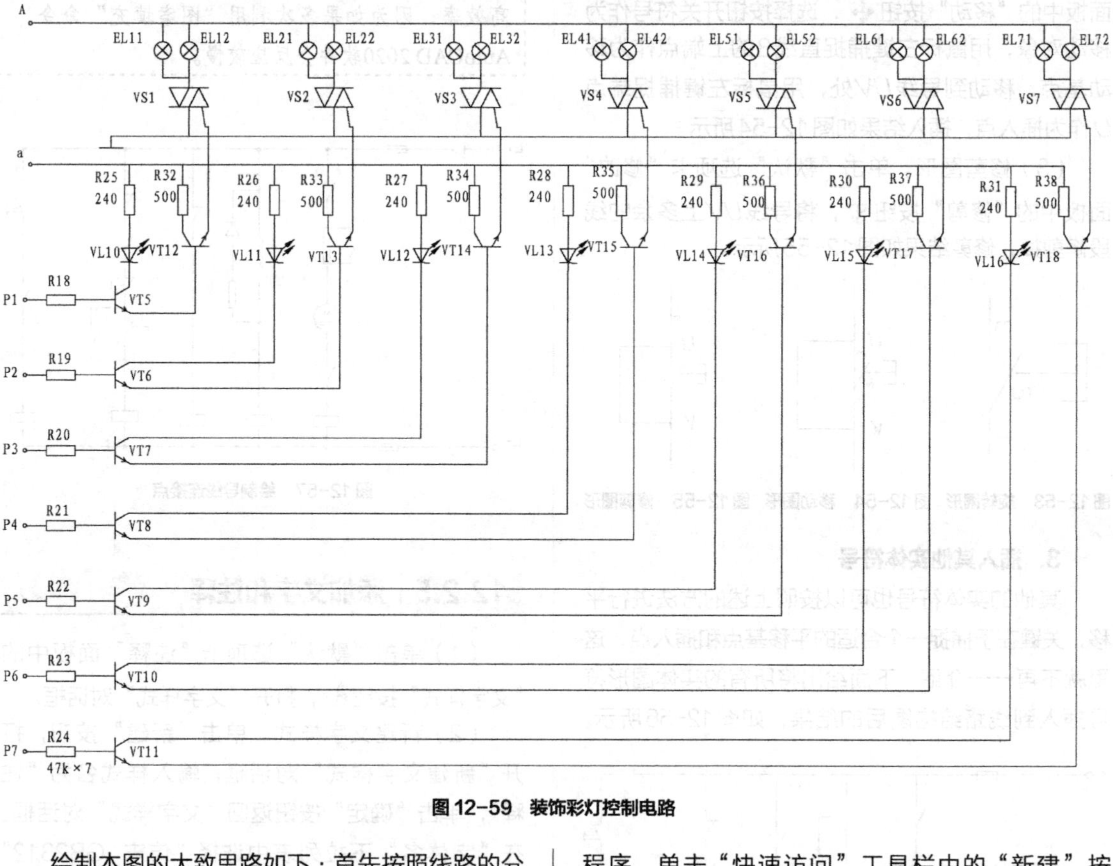

图12-59 装饰彩灯控制电路

绘制本图的大致思路如下：首先按照线路的分布情况绘制结构图，然后绘制各个元器件图形符号，再将各个元器件插入到结构图中，最后添加注释，完成本图的绘制。

12.3.1 设置绘图环境

（1）建立新文件。打开AutoCAD 2020应用程序，单击“快速访问”工具栏中的“新建”按钮，以“无样板打开-公制”方式建立新文件，将新文件命名为“装饰彩灯控制电路图.dwt”并保存。

（2）设置图层。一共设置“连接线层”和“实体符号层”两个图层，设置好的各图层的属性如图12-60所示。将“连接线层”设置为当前图层。

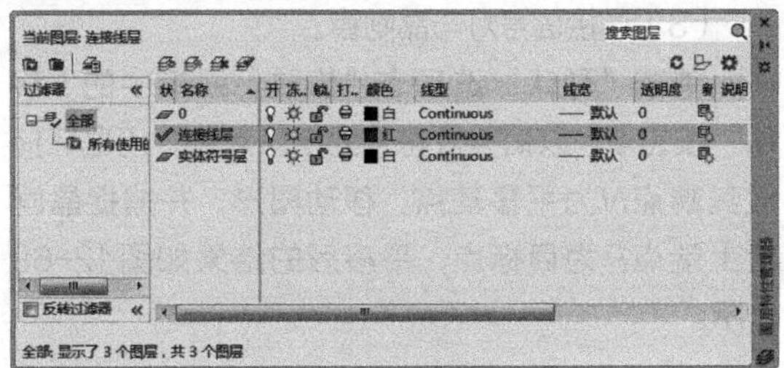
图 12-60　图层设置

12.3.2 绘制控制电路

1. 绘制结构图

（1）绘制水平连接线。单击“默认”选项卡“绘图”面板中的“直线”按钮，绘制长度为577mm的直线1，效果如图12-61所示。

图 12-61　水平连接线

（2）缩放和平移视图。利用“实时缩放”命令和“平移”命令，将视图调整到易于观察的程度。

（3）偏移水平连接线。单击“默认”选项卡“修改”面板中的“偏移”按钮，以直线1为起始，依次向下绘制直线2、3、4，偏移量分别为60mm、15mm和85mm，效果如图12-62所示。

图 12-62　偏移水平线

（4）绘制竖直连接线。单击“默认”选项卡“绘图”面板中的“直线”按钮，同时启动“对象捕捉”功能，绘制直线5、6，效果如图12-63所示。

图 12-63　绘制竖直线

（5）偏移竖直连接线。单击“默认”选项卡“修改”面板中的“偏移”按钮，以直线5为起始，向右偏移82mm；重复“偏移”命令，以直线6为起始，向右偏移53mm和29mm，效果如图12-64所示。

图 12-64　偏移竖直线

（6）删除直线。单击“默认”选项卡“修改”面板中的“删除”按钮，删除直线5、6，效果如图12-65所示。

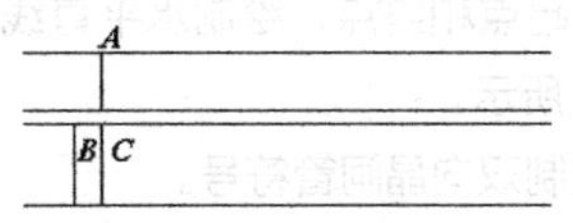

图 12-65　删除竖直线

2. 连接信号灯与晶闸管

（1）绘制信号灯。

① 单击“默认”选项卡“绘图”面板中的“圆”按钮，绘制一个半径为5mm的圆，效果如图12-66（a）所示。

② 单击“默认”选项卡“绘图”面板中的“直线”按钮，以圆心作为起点，竖直向上绘制长度为15mm的直线，效果如图12-66（b）所示。

③ 单击“默认”选项卡“修改”面板中的“拉长”按钮，将上一步画的竖直线段向下拉长15mm，效果如图12-66（c）所示。

④ 单击“默认”选项卡“修改”面板中的“旋转”按钮，选择“复制”模式，将绘制的竖直直线绕圆心旋转45°；重复“旋转”命令，选择“复制”模式，将绘制的竖直直线绕圆心旋转-45°，效果如图12-66（d）所示。

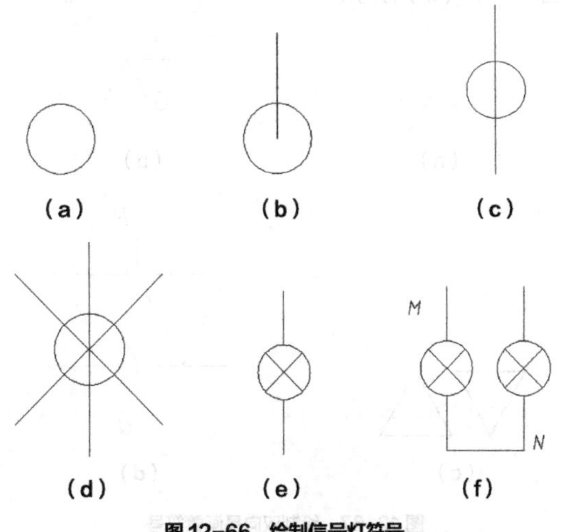

图 12-66　绘制信号灯符号

⑤ 单击“默认”选项卡“修改”面板中的“修剪”按钮，对图形进行修剪，修剪后的结果如图12-66（e）所示。

⑥ 单击“默认”选项卡“修改”面板中的“复制”按钮，将信号灯符号向右复制，复制距离为15mm。

⑦ 单击“默认”选项卡“绘图”面板中的“直线”按钮，用鼠标捕捉两个信号灯符号的下端点作为直线的起点和终点，绘制水平直线，效果如图12-66（f）所示。

（2）绘制双向晶闸管符号。

① 单击“默认”选项卡“绘图”面板中的“多边形”按钮，绘制一个内接圆半径为5mm的正三角形，如图12-67（a）所示。

② 单击“默认”选项卡“修改”面板中的“旋转”按钮，选择“复制”模式，以点O为基点旋转60°，如图12-67（b）所示。

③ 单击“默认”选项卡“修改”面板中的“移动”按钮，将三角形2向右移动，距离为5mm，效果如图12-67（c）所示。

④ 单击“默认”选项卡“绘图”面板中的“直线”按钮，绘制两条水平线段，长度为10mm，如图12-67（d）所示。

⑤ 单击“默认”选项卡“绘图”面板中的“直线”按钮，绘制两条竖直线段，长度为5mm，如图12-67（d）所示。

⑥ 单击“默认”选项卡“绘图”面板中的“直线”按钮，在下端绘制一条连续的线段，结果如图12-67（d）所示。

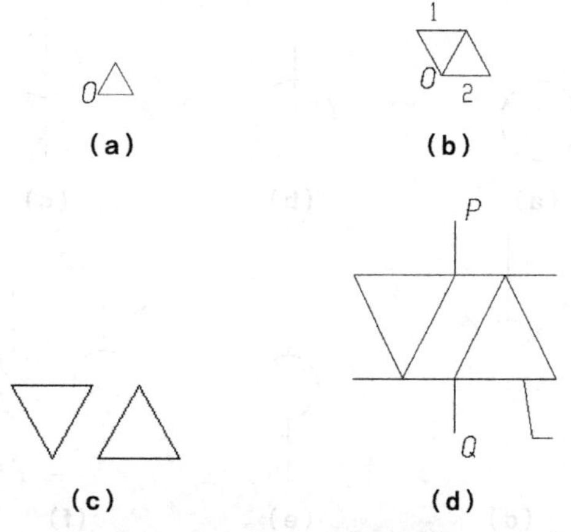

图12-67　绘制双向晶闸管符号

（3）连接信号灯与晶闸管。

单击“默认”选项卡“修改”面板中的“移动”按钮，以信号灯符号为平移对象，用鼠标捕捉其端点N为平移基点，移动图形，并捕捉晶闸管上端点P为目标点，平移后的结果如图12-68所示。

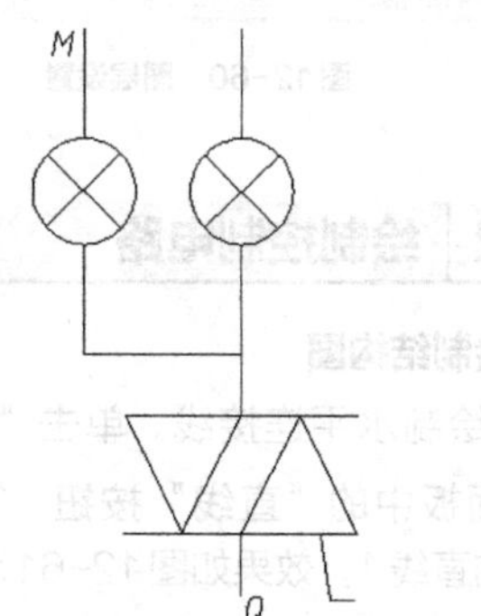

图12-68　信号灯与晶闸管连接图

3. 将信号灯与晶闸管图形符号插入结构图

（1）移动图形。单击“默认”选项卡“修改”面板中的“移动”按钮，选择图12-68所示的图形为平移对象，用鼠标捕捉其端点M作为平移基点，移动图形，并捕捉图12-65所示图形上的交点A为目标点，平移后的结果如图12-69所示。

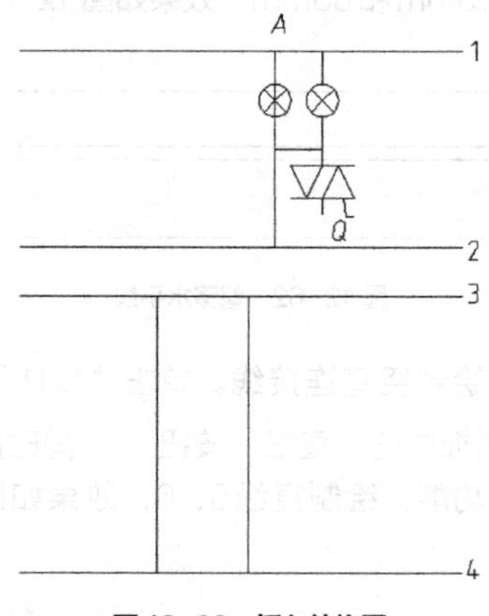

图12-69　插入结构图

（2）延伸直线。单击“默认”选项卡“修改”面板中的“延伸”按钮，将端点Q处的直线延伸到直线2上，结果如图12-70所示。

（3）绘制直线。单击“默认”选项卡“绘图”面板中的“直线”按钮，以图12-71（a）所示端点为起点，利用“极轴追踪”功能绘制一条竖直线，效果如图12-71（b）所示。

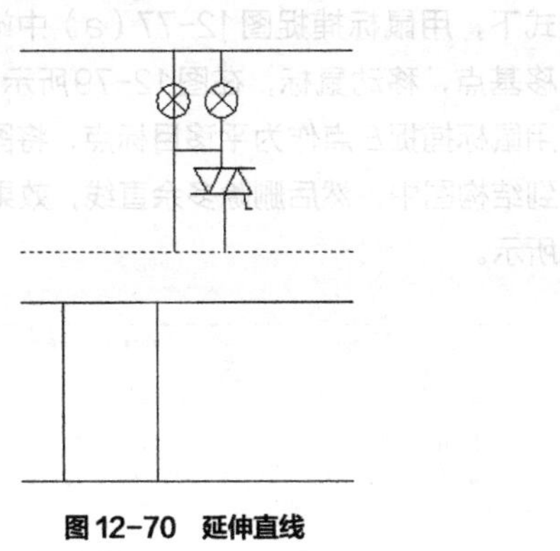

图 12-70　延伸直线

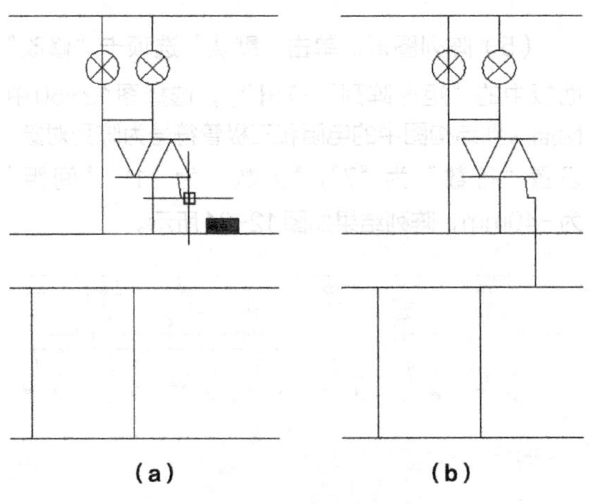

（a）　　（b）

图 12-71　绘制竖直线

（4）删除直线。单击“默认”选项卡“修改”面板中的“删除”按钮，删除多余的直线，效果如图 12-72 所示。

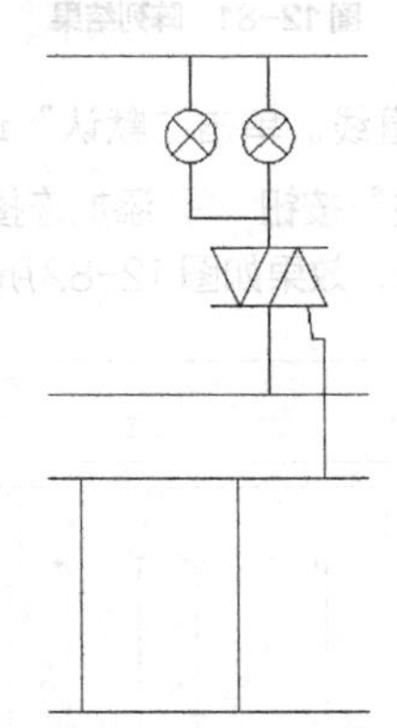

图 12-72　删除直线后的结果

（5）阵列图形。单击“默认”选项卡“修改”面板中的“矩形阵列”按钮，选择信号灯、晶闸管及其连接线为阵列对象，设置“行数”为“1”，“列数”为“7”，“间距”为80mm，阵列结果如图 12-73所示。

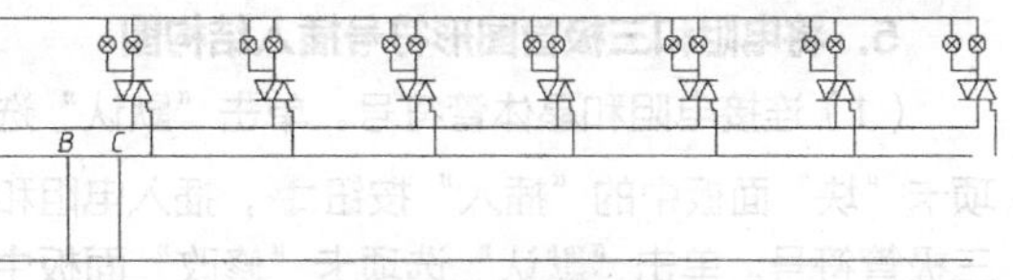

图 12-73　阵列结果

4. 将电阻和发光二极管图形符号插入结构图

（1）连接电阻和发光二极管符号。单击“默认”选项卡，“块”面板中的“插入”按钮，插入电阻和发光二极管符号。单击“默认”选项卡“修改”面板中的“移动”按钮，连接电阻和发光二极管符号，效果如图 12-74 所示。

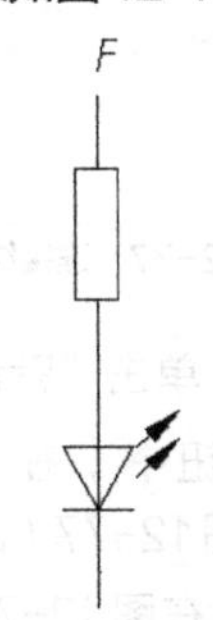

图 12-74　连接结果

（2）平移图形。单击“默认”选项卡“修改”面板中的“移动”按钮，在“对象捕捉”绘图方式下，用鼠标捕捉图 12-74 中端点*F*作为平移基点，移动鼠标，在图 12-73所示的结构图中，用鼠标捕捉*B*点作为平移目标点，将图形符号平移到结构图中，然后删除多余直线，效果如图 12-75所示。

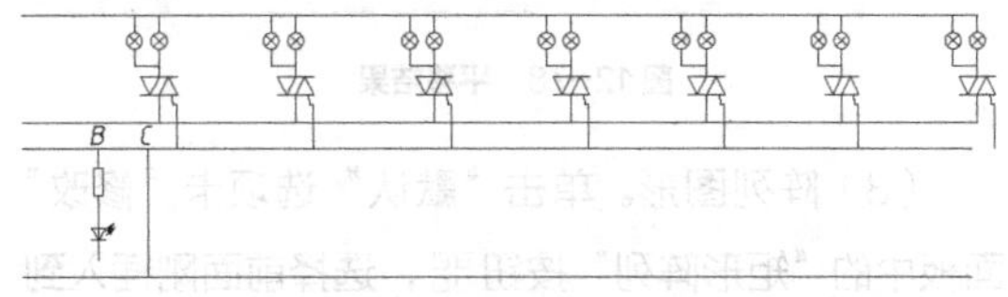

图 12-75　平移结果

（3）阵列图形。单击“默认”选项卡“修改”面板中的“矩形阵列”按钮，选择前面刚插入到结构图中的电阻和二极管符号为阵列对象，设置“行数”为“1”，“列数”为“7”，“间距”为80mm，阵列结果如图 12-76 所示。

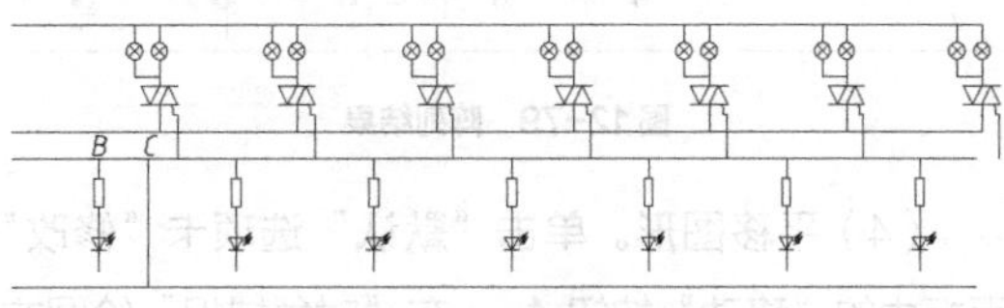

图 12-76　阵列结果

5. 将电阻和三极管图形符号插入结构图

（1）连接电阻和晶体管符号。单击“默认”选项卡“块”面板中的“插入”按钮，插入电阻和三极管符号。单击“默认”选项卡“修改”面板中的“移动”按钮，连接电阻和晶体管符号，效果如图12-77所示。

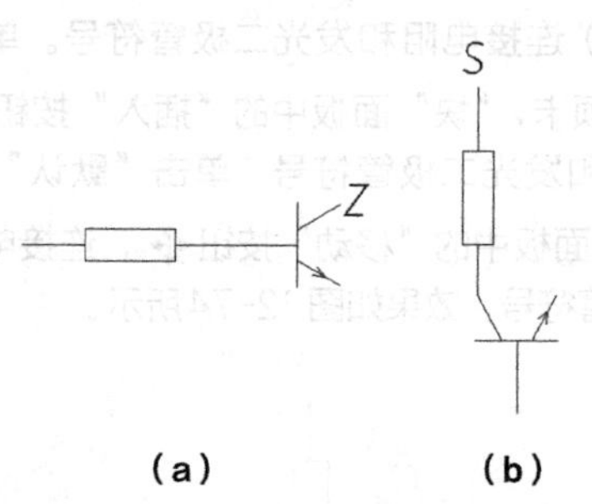

图12-77 连接结果

（2）平移图形。单击“默认”选项卡“修改”面板中的“移动”按钮，在“对象捕捉”绘图方式下，用鼠标捕捉图12-77（b）中端点*S*作为平移基点，移动鼠标，在图12-76所示的结构图中，用鼠标捕捉*C*点作为平移目标点，将图形符号平移到结构图中，然后删除多余直线，效果如图12-78所示。

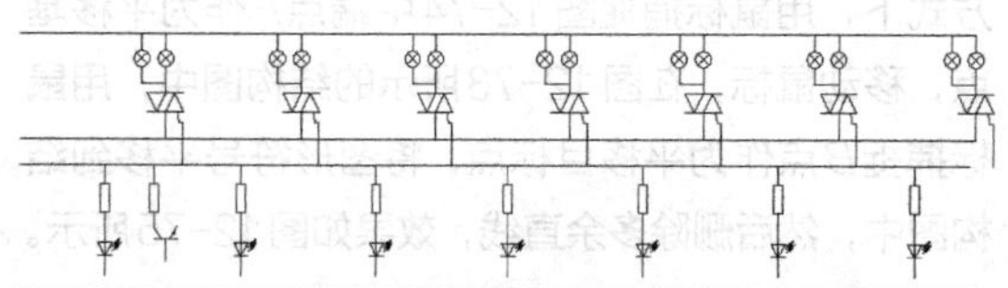

图12-78 平移结果

（3）阵列图形。单击“默认”选项卡“修改”面板中的“矩形阵列”按钮，选择前面刚插入到结构图中的电阻和三极管符号为阵列对象，设置“行数”为“1”，“列数”为“7”，“间距”为80mm，阵列结果如图12-79所示。

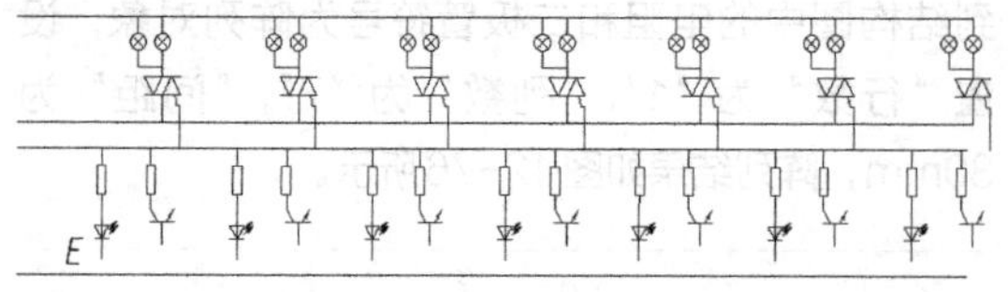

图12-79 阵列结果

（4）平移图形。单击“默认”选项卡“修改”面板中的“移动”按钮，在“对象捕捉”绘图方式下，用鼠标捕捉图12-77（a）中端点*Z*作为平移基点，移动鼠标，在图12-79所示的结构图中，用鼠标捕捉*E*点作为平移目标点，将图形符号平移到结构图中，然后删除多余直线，效果如图12-80所示。

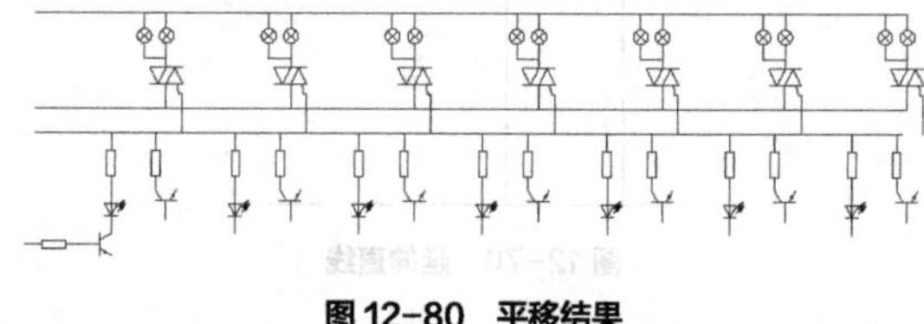

图12-80 平移结果

（5）阵列图形。单击“默认”选项卡“修改”面板中的“矩形阵列”按钮，选择图12-80中刚插入到结构图中的电阻和三极管符号为阵列对象，设置“行数”为“7”，“列数”为“1”，“间距”为-40mm，阵列结果如图12-81所示。

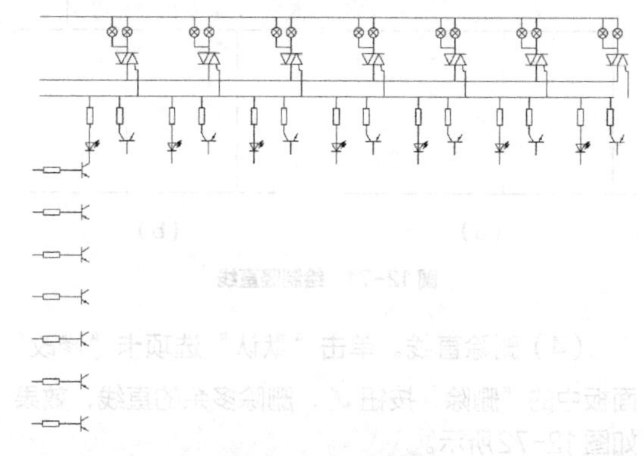

图12-81 阵列结果

（6）绘制直线。单击“默认”选项卡“绘图”面板中的“直线”按钮，添加连接线，并补充绘制其他图形符号，效果如图12-82所示。

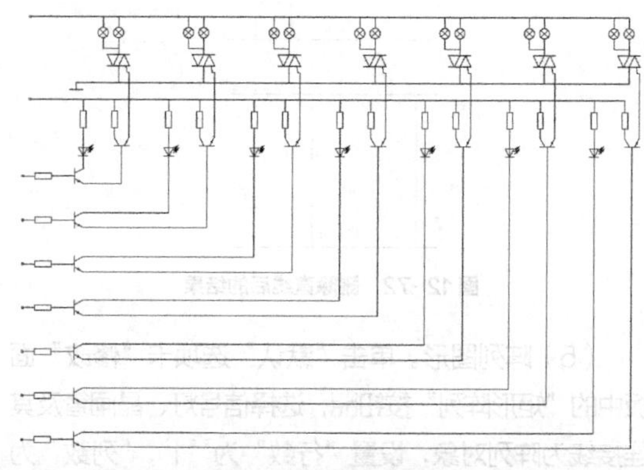

图12-82 添加连接线

12.3.3 添加注释

1. 设置文字样式

（1）单击“默认”选项卡“注释”面板中的“文字样式”按钮A，系统打开“文字样式”对话框。

（2）新建文字样式。在“文字样式”对话框中单击“新建”按钮，打开“新建文字样式”对话框，输入样式名“装饰彩灯控制电路图”，并单击“确定”按钮，回到“文字样式”对话框。

（3）设置字体。在“字体名”下拉列表框中选择“仿宋_GB2312”。

（4）设置高度。将“高度”设置为“6”。

（5）设置宽度因子。在“宽度因子”文本框中输入1，“倾斜角度”为默认值“0”，如图12-83所示。

（6）检查预览区文字外观，如果合适，则依次单击“应用”“置为当前”和“关闭”按钮。

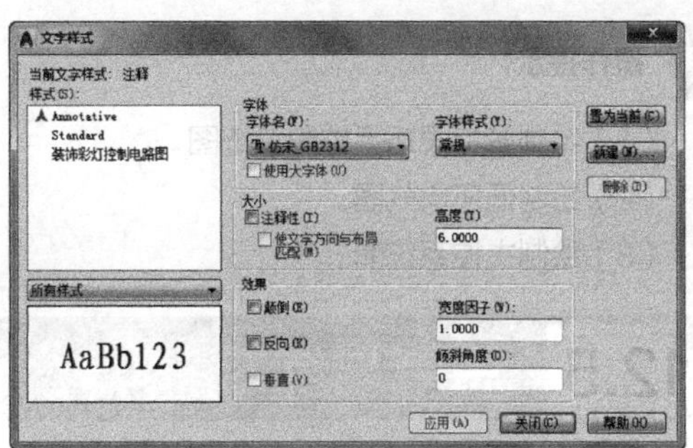

图 12-83 “文字样式”对话框

2. 添加注释文字

单击“默认”选项卡“注释”面板中的“多行文字”按钮A，一次输入几行文字，然后调整其位置，以对齐文字。调整位置的时候，结合使用正交命令。

添加注释文字后，即完成了整张图的绘制，效果如图12-59所示。

12.4 上机实验

实验 绘制如图 12-84 所示的多指灵巧手控制电路图

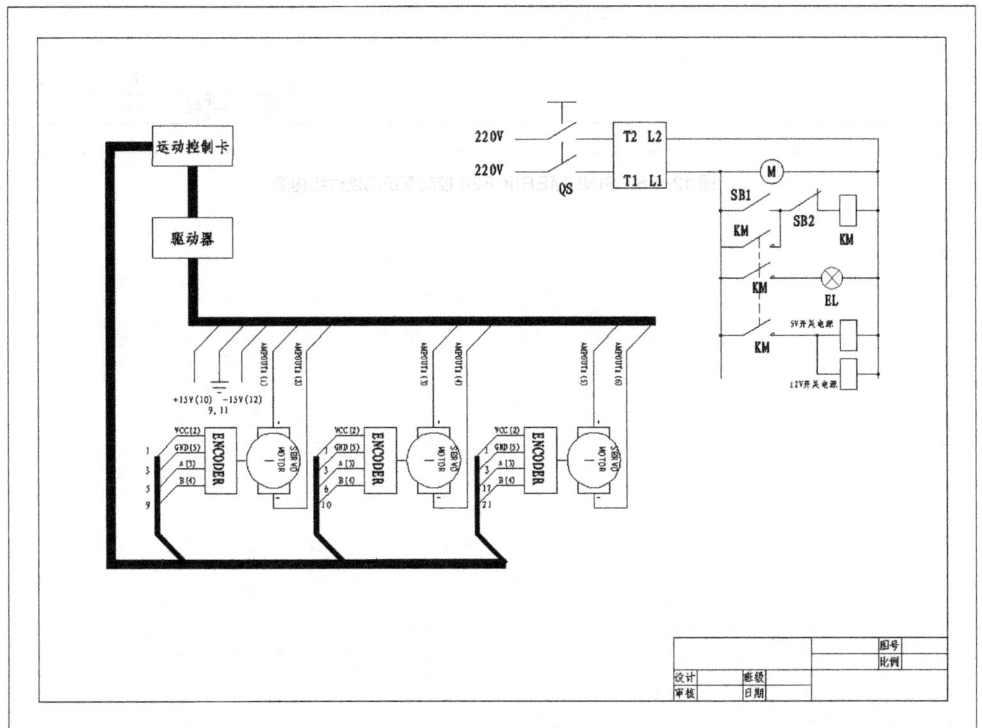

图 12-84 多指灵巧手控制电路图

操作提示：

（1）绘制多指灵巧手控制系统图。

（2）绘制低压电气图。

（3）绘制主控系统图。

12.5 思考与练习

绘制如图12-85所示的SINUMERIK 820控制系统的硬件结构图。

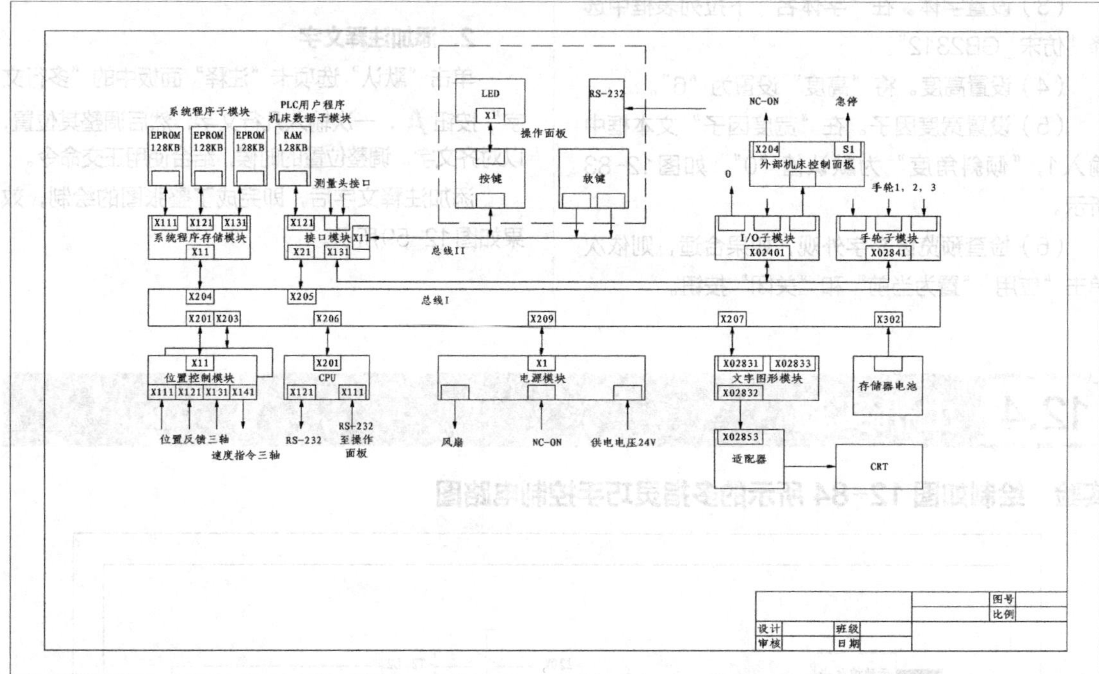

图12-85 SINUMERIK 820控制系统的硬件结构图

第13章

建筑电气平面图设计

建筑电气设计是基于建筑设计和电气设计的一个交叉学科。建筑电气设计一般又分为建筑电气平面图设计和建筑电气系统图设计。本章将着重讲解建筑电气平面图的绘制方法和技巧。

知识重点

- 建筑电气工程图简介
- 机房综合布线和保安监控平面图
- 车间电力平面图

13.1 建筑电气工程图简介

建筑电气工程图具有不同于机械图、建筑图的特点，掌握建筑电气工程图的特点，将会对绘制建筑电气工程图提供很多方便。它们主要有以下特点。

（1）建筑电气工程图大多是采用统一的图形符号并加注文字符号绘制出来的。绘制建筑电气工程图，首先必须明确和熟悉这些图形符号所表达的内容和含义，以及它们之间的相互关系。

（2）建筑电气工程中的各个回路是由电源、用电设备、导线和开关控制设备组成的。要真正理解图纸，还应该了解设备的基本结构、工作原理、工作程序、主要性能和用途等。

（3）电路中的电气设备、元器件等，彼此之间都是通过导线将其连接起来构成一个整体的。

（4）建筑电气工程施工往往与主体工程及其他安装工程施工相互配合进行。

建筑电气工程图是应用非常广泛的电气图之一。建筑电气工程图可以表明建筑电气工程的构成规模和功能，详细描述电气装置的工作原理，提供安装技术数据和使用维护方法。建筑物的规模和要求不同，建筑电气工程图的种类和图纸数量也不相同，常用的建筑电气工程图主要有以下几类。

1. 说明性文件

（1）图纸目录：内容有序号、图纸名称、图纸编号和图纸张数等。

（2）设计说明（施工说明）：主要阐述电气工程的设计依据、工程的要求和施工原则、建筑特点、电气安装标准、安装方法、工程等级、工艺要求及有关设计的补充说明等。

（3）图例：即图形符号和文字代号，通常只列出本套图纸涉及的一些图形符号和文字代号所代表的意义。

（4）设备材料明细表（零件表）：列出该项电气工程所需要的设备和材料的名称、型号、规格和数量，供设计概算、施工预算及设备订货时参考。

2. 系统图

系统图是表现电气工程的供电方式、电力输送、分配、控制和设备运行情况的图纸。从系统图中可以粗略地看出工程的概貌。系统图可以反映不同级别的电气信息，如变配电系统图、动力系统图、照明系统图和弱电系统图等。

3. 平面图

电气平面图是表示电气设备、装置与线路平面布置的图纸，是进行电气安装的主要依据。电气平面图是以建筑平面图为依据，在图上绘出电气设备、装置及线路的安装位置和铺设方法等的平面图。常用的电气平面图有变配电所平面图、室外供电线路平面图、动力平面图、照明平面图、防雷平面图、接地平面图和弱电平面图等。

4. 布置图

布置图是表现各种电气设备和器件平面与空间的位置、安装方式及其相互关系的图纸。通常由平面图、立面图、剖面图及各种构件详图等组成。一般来说，设备布置图是按三视图原理绘制的。

5. 安装接线图

安装接线图常被称为安装配线图，主要是用来表示电气设备、电器元器件和线路的安装位置、配线方式、接线方法及配线场所特征的图纸。

6. 电路图

电路图常被称作电气原理图，主要是用来表现某一电气设备或系统的工作原理的图纸，它是按照各个部分的动作原理图，采用分开表示法展开绘制的。通过对电路图的分析，可以清楚地看出整个系统的动作顺序。电路图可以用来指导电气设备和器件的安装、接线、调试、使用与维修。

7. 详图

详图是表现电气工程中设备的某一部分的具体安装要求和做法的图纸。

13.2 机房综合布线和保安监控平面图

图 13-1 所示是机房综合布线和保安监控平面图，此图的绘制思路为：先绘制有轴线和墙线的基本图，然后绘制门洞和窗洞，即可完成电气图需要的建筑图；在建筑图的基础上绘制电路图所需图例，如信息插座、电缆桥架、定焦镜头摄像机等。

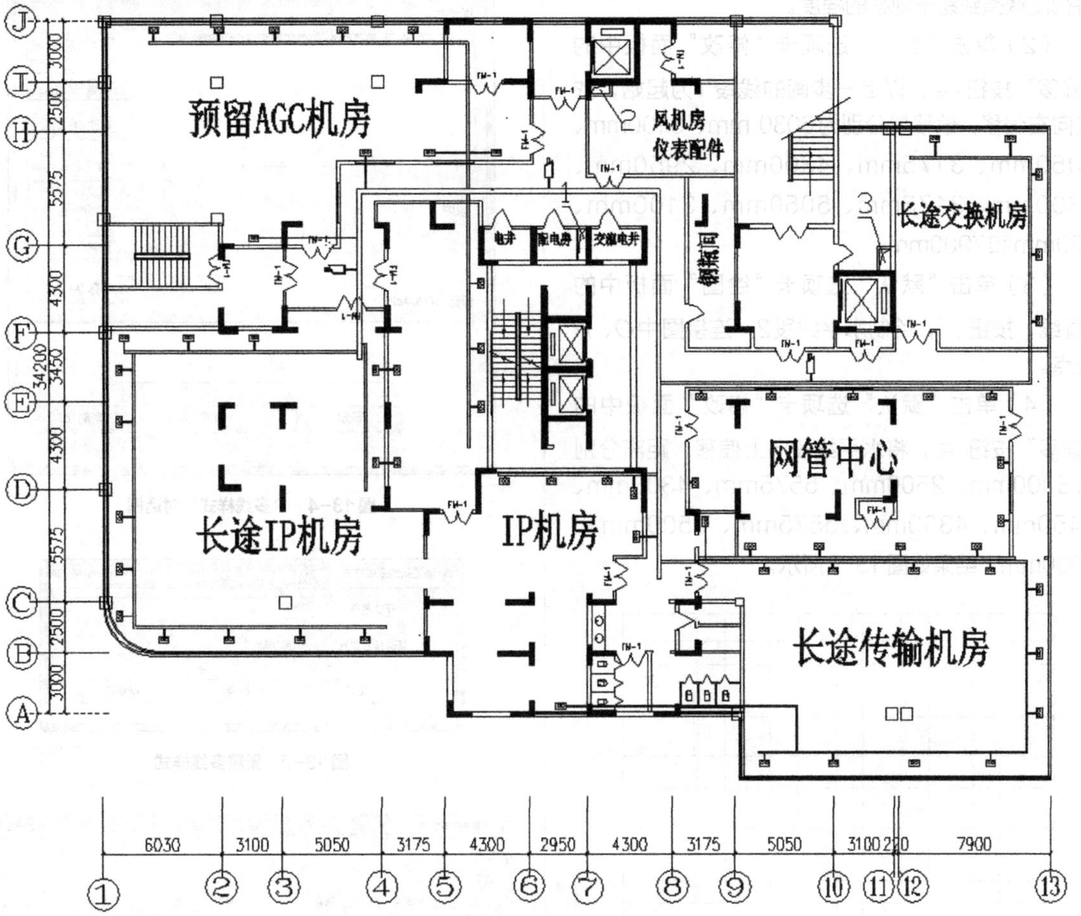

图 13-1 机房综合布线和保安监控平面图

13.2.1 设置绘图环境

（1）建立新文件。打开AutoCAD 2020应用程序，单击“快速访问”工具栏中的“新建”按钮，打开“选择样板”对话框，以“无样板打开－公制（M）”方式创建一个新的空白图形文件，将新文件命名为“机房综合布线和保安监控平面图.dwt”并保存。

（2）设置图层。设置“轴线层”“建筑层”“电气层”“图框层”“标注层”和“文字说明层”等几个图层，将“轴线层”的颜色设置为红色，并设置为当前图层，如图 13-2 所示。

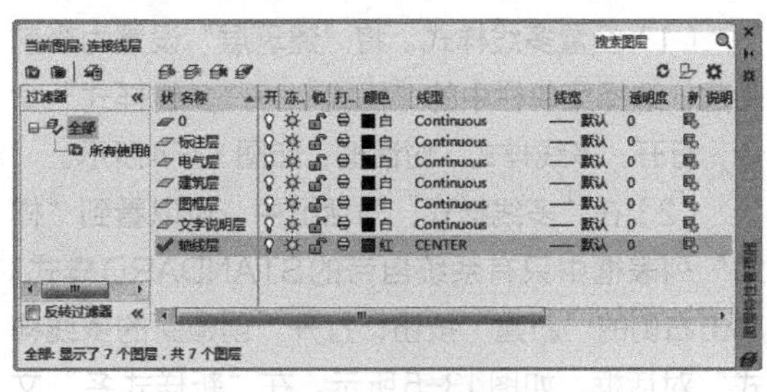

图 13-2 图层设置

13.2.2 绘制建筑图

1. 绘制轴线

（1）单击“默认”选项卡“绘图”面板中的“直线”按钮╱，绘制竖直线段1，长度为37200mm，利用“实时缩放”和“平移”命令，将视图调整到易于观察的程度。

（2）单击“默认”选项卡“修改”面板中的“偏移”按钮⊆，以上一步画的线段1为起始，依次向右偏移，偏移量分别为6030 mm、3100mm、5050mm、3175mm、4300mm、2950mm、4300mm、3175mm、5050mm、3100mm、220mm和7900mm。

（3）单击“默认”选项卡“绘图”面板中的“直线”按钮╱，绘制水平线段2，连接图中O、P两点。

（4）单击“默认”选项卡“修改”面板中的“偏移”按钮⊆，将水平线段向上偏移，距离分别为3000mm、2500mm、5575mm、4300mm、3450mm、4300mm、5575mm、2500mm和3000mm，结果如图13-3所示。

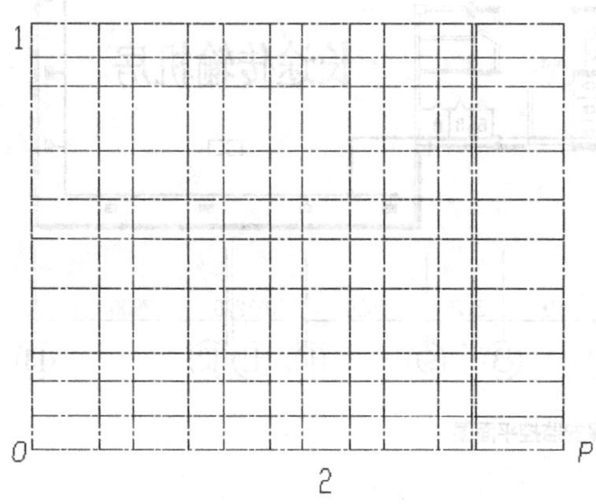

图13-3 轴线图

2. 绘制墙线

（1）设置多线样式。将“建筑层”设置为当前图层。选择菜单栏中的“格式”→“多线样式”命令，打开“多线样式”对话框，如图13-4所示。

（2）在“多线样式”对话框中，可以看到“样式”列表框中只有系统自带的STANDARD样式，单击右侧的“新建”按钮，打开“创建新的多线样式”对话框，如图13-5所示。在“新样式名”文本框中输入“240”。单击“继续”按钮，打开“新建多线样式：240”对话框，参数设置如图13-6所示。单击“确定”按钮，返回“多线样式”对话框。

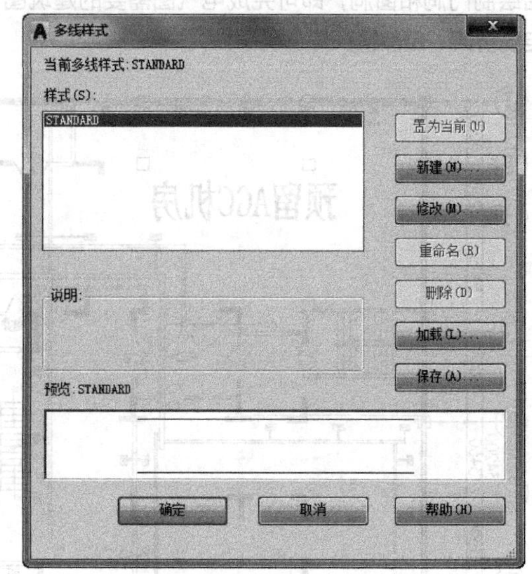

图13-4 “多线样式”对话框

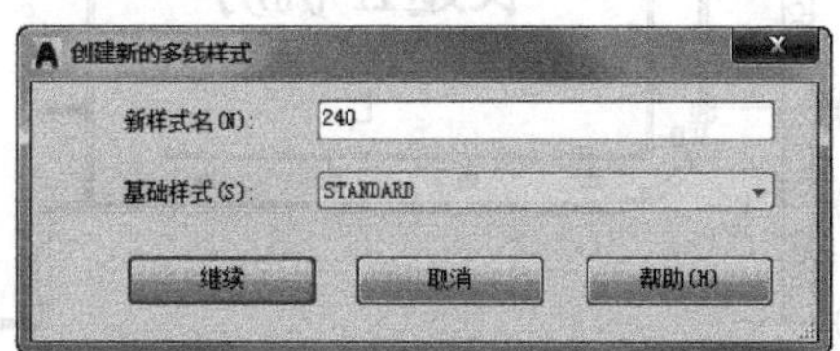

图13-5 新建多线样式

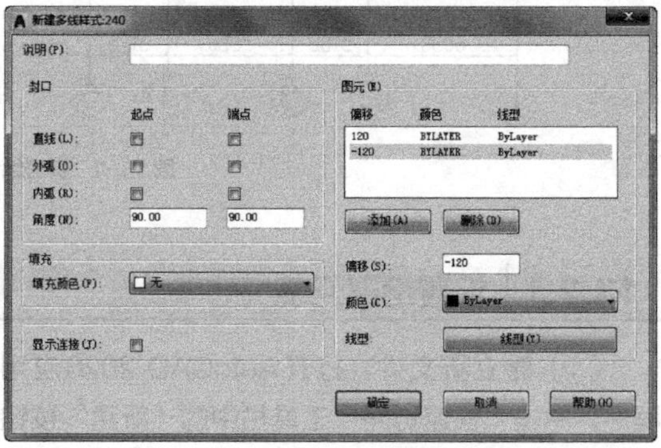

图13-6 编辑多线样式

（3）单击“新建”按钮，继续设置多线“WALL_1”，参数设置如图13-7（a）和图13-7（b）所示，依次单击“确定”按钮，关闭对话框。

（4）选择菜单栏中的“绘图”→“多线”命

令，绘制多线。命令行提示与操作如下。

```
命令：_mline
当前设置：对正 = 上，比例 = 20.00，样式 =
STANDARD
```

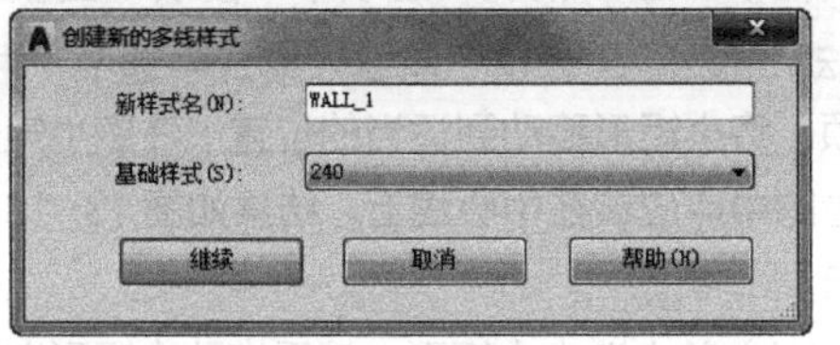

（a）

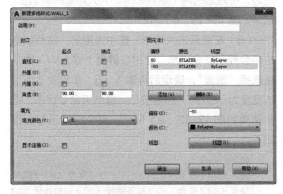

（b）

图 13-7 新建多线 WALL_1 参数设置

```
指定起点或 [对正(J)/比例(S)/样式(ST)]:
st↙（设置多线样式）
输入多线样式名或 [?]: 240↙（多线样式为 240）
当前设置：对正 = 上，比例 = 20.00，样式 =
240
指定起点或 [对正(J)/比例(S)/样式(ST)]: j↙
输入对正类型 [上(T)/无(Z)/下(B)] <上>: z↙
（设置对正模式为无）
当前设置：对正 = 无，比例 = 20.00，样式 =
240
指定起点或 [对正(J)/比例(S)/样式(ST)]: s↙
输入多线比例 <20.00>:1↙（设置线型比例为 1）
当前设置：对正 = 无，比例 =1，样式 = 240
指定起点或 [对正(J)/比例(S)/样式(ST)]:（选
择上边框水平轴线左端）
指定下一点：（选择上边框水平轴线右端）
指定下一点或 [放弃(U)]:↙（沿轴线绘制外轮廓）
```

（5）建筑平面设计图的绘制请参阅相关书籍。墙体绘制结果如图 13-8 所示。图中 1、2、3 表示 3 个电井。

3. 绘制门、洗手间、楼梯

门、洗手间、楼梯的绘制请参阅相关书籍，这里不再介绍。绘制完成后，将这 3 部分加入到主视图中，单击“默认”选项卡“注释”面板中的“多行文字”按钮 A，在图中加入注释，建筑图部分即绘制完成，结果如图 13-9 所示。

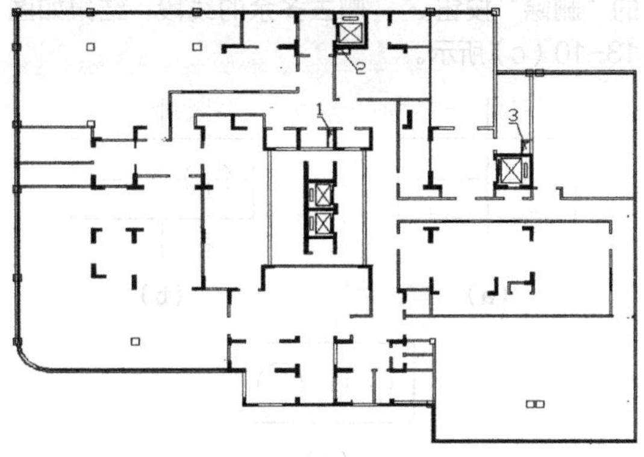

图 13-8 机房墙体图

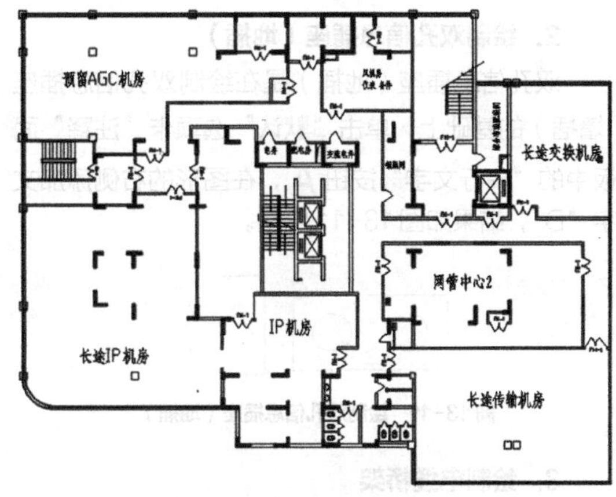

图 13-9 机房建筑结构图

13.2.3 绘制电气图

下面主要介绍电气部分的绘制，绘制电气符号时，注意要将图层切换到“电气层”。

1. 绘制双孔信息插座（墙插）

（1）单击“默认”选项卡“绘图”面板中的“矩形”按钮 ▭，绘制一个矩形，矩形尺寸为 8mm×4mm，然后单击“默认”选项卡“绘图”面板中的“直线”按钮 ╱，过矩形的两个边的中点绘制两条中心线，结果如图 13-10（a）所示。

（2）单击“默认”选项卡“绘图”面板中的“直线”按钮 ╱，绘制左半部分的中心线，然后以左半部分中心线的交点为圆心绘制一个圆，圆的直径为 2mm，绘制的结果如图 13-10（b）所示。

（3）单击“默认”选项卡“修改”面板中的“镜像”按钮，以矩形的中心线为镜像线，做左侧圆的镜像。单击“默认”选项卡“修改”面板中的“删除”按钮，删去多余的线段，结果如图13-10（c）所示。

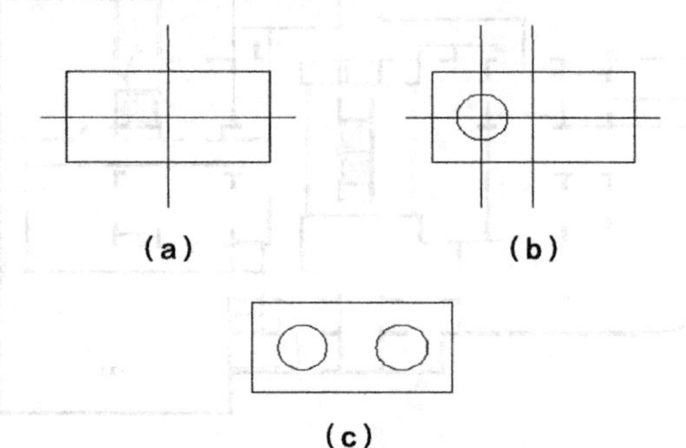

图 13-10　绘制双孔信息插座（墙插）

2. 绘制双孔信息插座（地插）

双孔信息插座（地插）是在绘制双孔信息插座（墙插）的基础上，单击“默认”选项卡“注释”面板中的“多行文字”按钮 A，在图形的右侧添加文字“D”，结果如图13-11所示。

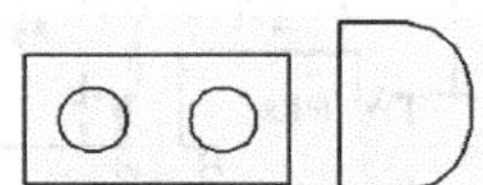

图 13-11　绘制双孔信息插座（地插）

3. 绘制电缆桥架

电缆桥架的表示方法有两种，如果桥架在吊顶内，则用细实线表示；如果桥架在活动地板下，则用虚线表示。单击“默认”选项卡“绘图”面板中的“直线”按钮，绘制桥架示意图，结果如图13-12所示。

图 13-12　电缆桥架

4. 绘制定焦镜头摄像机

（1）单击“默认”选项卡“绘图”面板中的“矩形”按钮，绘制两个矩形，大矩形的尺寸为16mm×8mm，小矩形的尺寸为4mm×2mm，结果如图13-13（a）所示。

（2）单击“默认”选项卡“绘图”面板中的“直线”按钮，过矩形短边的中点绘制一条中心线，然后单击选中大矩形，将其右下方的夹点向左水平拖动3mm，如图13-13（b）所示。

（3）单击“默认”选项卡“修改”面板中的“移动”按钮，在“捕捉”模式中选中“中点”选项，将小矩形移动到适当的位置；注意小矩形的短边的中点应该在中心线上，结果如图13-13（c）所示。

（4）单击选中小矩形，然后拖动小矩形左侧的短边，将短边的两个端点都拖动到大矩形的斜边上，结果如图13-13（d）所示。

（5）左键双击大矩形，选中大矩形，然后状态栏中会提示命令信息，这时在键盘上输入W，也就是选择“宽度”，确定后再输入0.3，即改变了线型的宽度为0.3mm，然后按Esc键结束命令状态，绘制结果如图13-13（e）所示。命令行提示与操作如下。

```
命令：Pedit
输入选项［打开（O）/合并（J）/宽度（W）/编辑顶点（E）/拟合（F）/样条曲线（S）/非曲线化（D）/线型生成（L）/放弃（U）］：W↙
指定所有线段的新宽度：0.3↙
输入选项［打开（O）/合并（J）/宽度（W）/编辑顶点（E）/拟合（F）/样条曲线（S）/非曲线化（D）/线型生成（L）/放弃（U）］：*取消*
```

（6）单击“默认”选项卡“特性”面板中的“特性匹配”按钮，选中大矩形，再单击小矩形，使小矩形的特性与大矩形的特性保持一致。单击“默认”选项卡“修改”面板中的“删除”按钮，删除中心线，结果如图13-13（f）所示，定焦镜头摄像机的简图绘制完成。

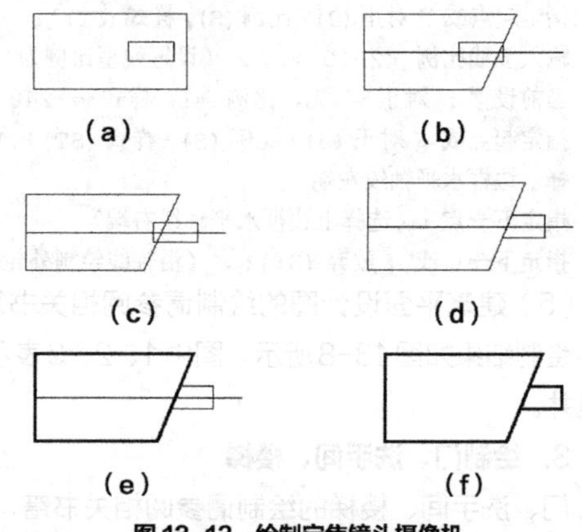

图 13-13　绘制定焦镜头摄像机

将绘制的电气元器件加入主图的预留AGC机房中，结果如图13-14所示。

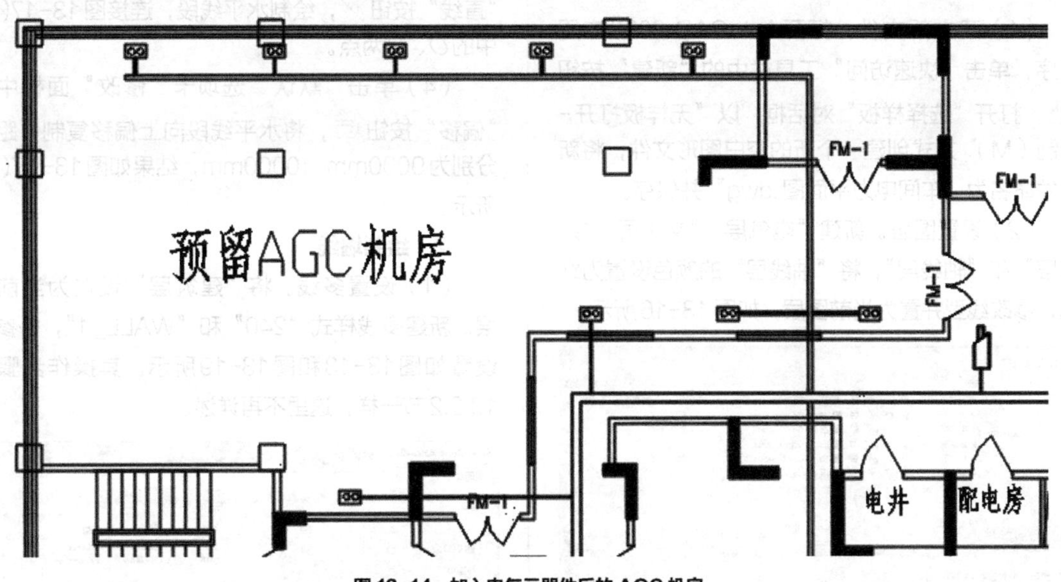

图 13-14 加入电气元器件后的 AGC 机房

用同样的方法，将电气图绘制完全，就可得到如图13-1所示的图纸。

13.3 车间电力平面图

图13-15是某车间电力平面图，这一平面图是在建筑平面图的基础上绘制出来的。该建筑物主要由3个房间组成，建筑物采用尺寸数字定位（没有画出定位轴线）。该图比较详细地表示了各电力配电线路（干线、支线）、配电箱、各电动机等的平面布置及其有关内容。本图的绘制思路如下：先绘制建筑平面图，然后绘制配电干线，最后书写各种代号和型号。

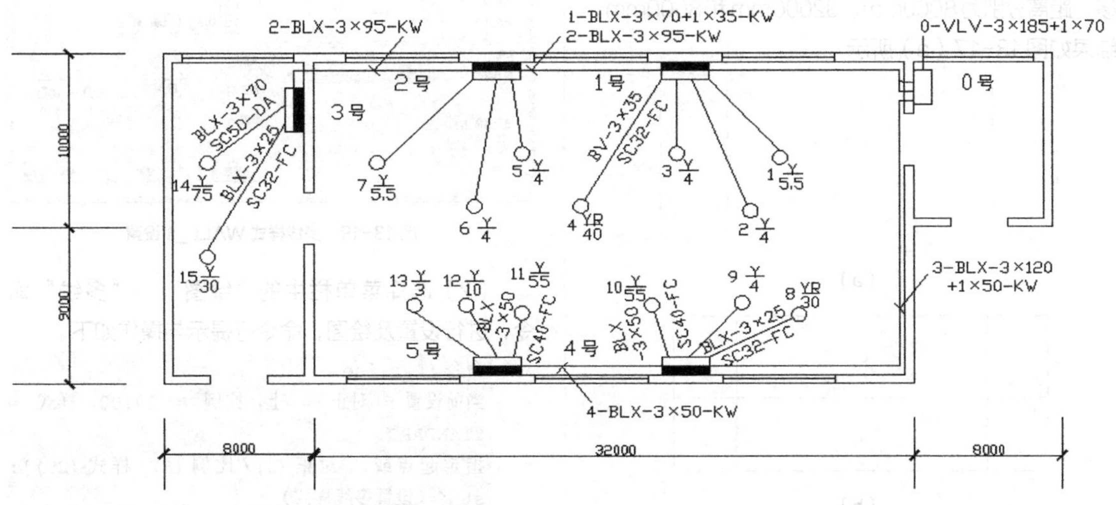

图 13-15 车间电力平面图

13.3.1 设置绘图环境

（1）建立新文件。打开AutoCAD 2020应用程序，单击“快速访问”工具栏中的“新建”按钮，打开“选择样板”对话框，以“无样板打开-公制（M）”方式创建一个新的空白图形文件，将新文件命名为“车间电力平面图.dwg”并保存。

（2）设置图层。新建“电气层”“文字层”“建筑层”和“轴线层”，将“轴线层”的颜色设置为红色，修改线型并置为当前图层，如图13-16所示。

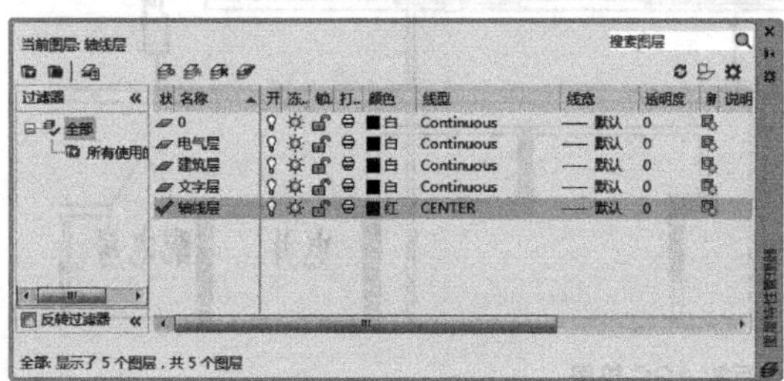

图13-16 图层设置

13.3.2 绘制轴线、墙线与窗线

1. 绘制轴线

（1）单击“默认”选项卡“绘图”面板中的“直线”按钮，绘制竖直线段，长度为19000mm。单击鼠标右键，选择“特性”命令，在弹出的“特性”对话框中将“线型比例”改为100。

（2）单击“默认”选项卡“修改”面板中的“偏移”按钮，将步骤（1）绘制的线段向右偏移，距离分别为8000mm、32000mm和8000mm，结果如图13-17（a）所示。

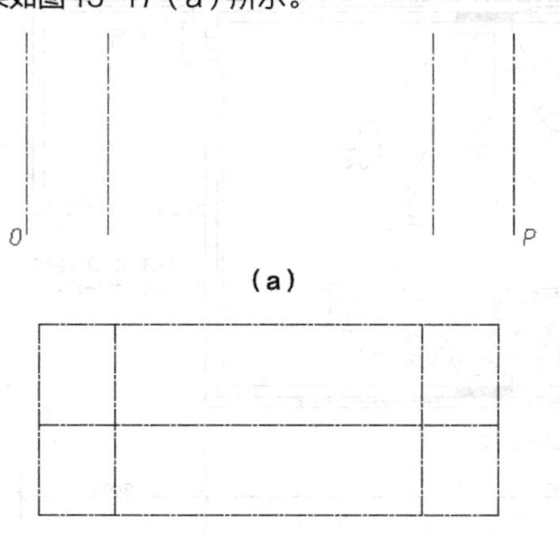

图13-17 绘制轴线

（3）单击“默认”选项卡“绘图”面板中的“直线”按钮，绘制水平线段，连接图13-17（a）中的O、P两点。

（4）单击“默认”选项卡“修改”面板中的“偏移”按钮，将水平线段向上偏移复制，距离分别为9000mm、10000mm，结果如图13-17（b）所示。

2. 绘制墙线

（1）设置多线。将“建筑层”设置为当前图层。新建多线样式“240”和“WALL_1”，各参数设置如图13-18和图13-19所示。其操作步骤与13.2.2节一样，这里不再详述。

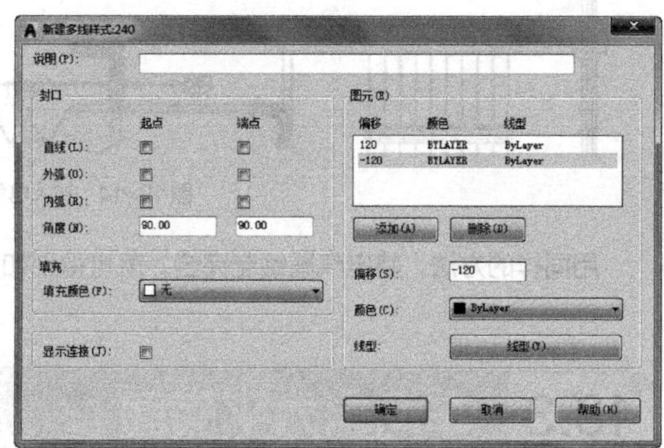

图13-18 多线样式240设置

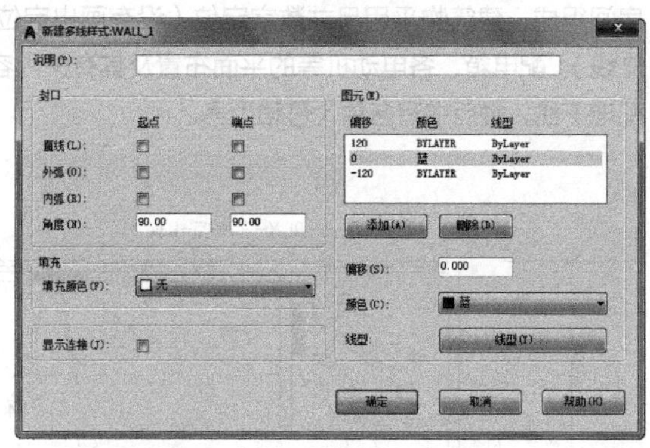

图13-19 多线样式WALL_1设置

（2）选择菜单栏中的“绘图”→“多线”命令，进行设置及绘图，命令行提示与操作如下。

```
命令：_mline
当前设置：对正 = 上，比例 = 20.00，样式 = STANDARD
指定起点或 [对正(J)/比例(S)/样式(ST)]: st ↙（设置多线样式）
输入多线样式名或 [?]: 240 ↙（多线样式为240）
当前设置：对正 = 上，比例 = 20.00，样式 =
```

```
240
指定起点或 [对正(J)/比例(S)/样式(ST)]: j↙
输入对正类型 [上(T)/无(Z)/下(B)] <上>: z↙
(设置对正模式为无)
当前设置：对正 = 无，比例 = 20.00，样式 = 240
指定起点或 [对正(J)/比例(S)/样式(ST)]: s↙
输入多线比例 <20.00>: 1↙(设置线型比例为1)
当前设置：对正 = 无，比例 =1，样式 = 240
指定起点或 [对正(J)/比例(S)/样式(ST)]:(选择底端水平轴线左端)
指定下一点：(选择底端水平轴线右端)
指定下一点或 [放弃(U)]:↙
```

按照相同的方法完成墙线的绘制，结果如图13-20所示。

图 13-20 绘制墙线

3. 绘制窗线

（1）单击“默认”选项卡“修改”面板中的“分解”按钮，将绘制的多线进行分解。

（2）利用“窗口缩放”命令和“平移”命令，将图13-20中位置A的图形放到绘图区域易于绘制的位置。

（3）选择菜单栏中的“修改”→“对象”→“多线”命令，在“多线编辑工具”对话框中选择“T形打开”，对图形进行修整，如图13-21（a）所示。按同样的方法对其余多线连接处进行修整。

（4）单击“默认”选项卡“绘图”面板中的“直线”按钮，在图13-21（b）中所示位置绘制竖直线段，长度为240mm。

（5）单击“默认”选项卡“修改”面板中的“偏移”按钮，将竖直线段向右偏移，偏移距离分别为7000mm、3310mm、7000mm、2810mm、7000mm、2810mm、7000mm、3310mm和7000mm。

（6）单击“默认”选项卡“绘图”面板中的“直线”按钮和“修改”工具栏中的“偏移”按钮，在其他门窗位置绘制竖直线段和水平线段，并将其进行偏移，结果如图13-21（c）所示。

（7）单击“默认”选项卡“修改”面板中的“修剪”按钮，将门窗处的多余线段修剪掉，结果如图13-21（d）所示。

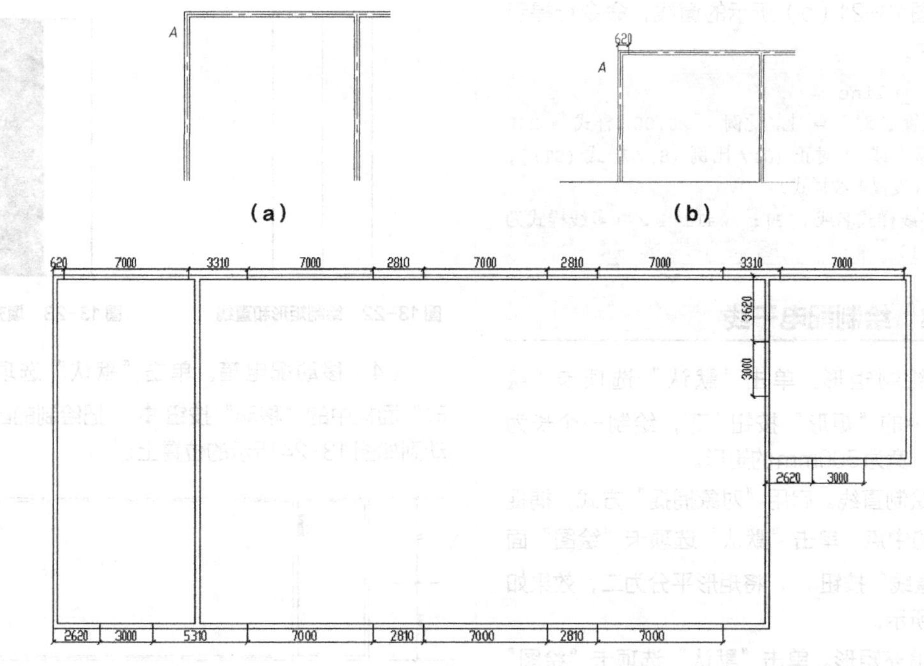

图 13-21 绘制窗线

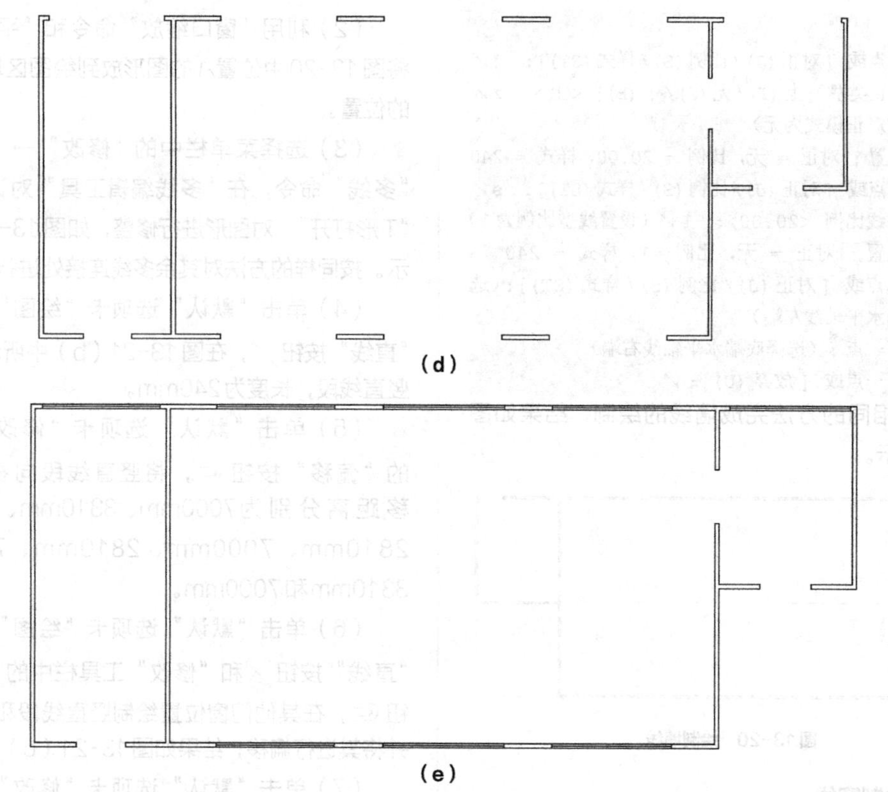

图 13-21　绘制窗线（续）

（8）选择菜单栏中的“绘图”→“多线”命令，绘制图 13-21（e）所示的窗线，命令行提示与操作如下。

```
命令：_mline
当前设置：对正 = 上，比例 = 20.00，样式 = 240
指定起点或 [对正 (J) / 比例 (S) / 样式 (ST)]: st ↙（设置多线样式）
输入多线样式名或 [?]: wall_1 ↙（多线样式为 wall_1）
```

13.3.3　绘制配电干线

（1）绘制矩形。单击“默认”选项卡“绘图”面板中的“矩形”按钮 ▭，绘制一个长为 1500mm、宽为 500mm 的矩形。

（2）绘制直线。启用“对象捕捉”方式，捕捉矩形短边的中点，单击“默认”选项卡“绘图”面板中的“直线”按钮 ╱，将矩形平分为二，效果如图 13-22 所示。

（3）填充矩形。单击“默认”选项卡“绘图”面板中的“图案填充”按钮 ▦，用“SOLID”图案填充右侧的矩形，效果如图 13-23 所示。

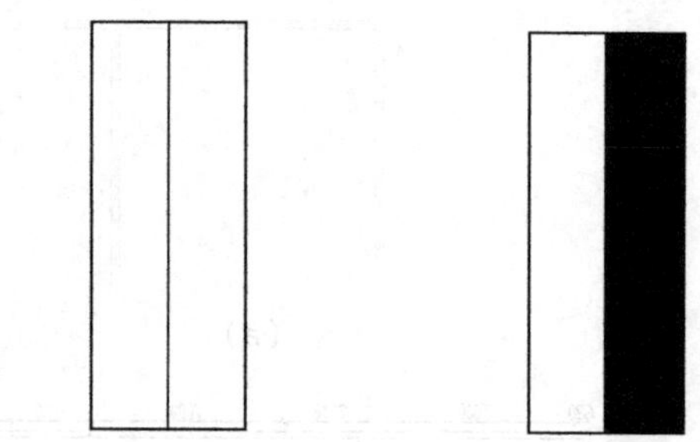
图 13-22　绘制矩形和直线　　图 13-23　填充矩形

（4）移动配电箱。单击“默认”选项卡“修改”面板中的“移动”按钮 ✥，把绘制的配电箱移动到如图 13-24 所示的位置上。

图 13-24　移动配电箱

(5) 复制配电箱。单击“默认”选项卡“修改”面板中的“复制”按钮，把配电箱图形向右复制两份。

(6) 旋转配电箱。单击“默认”选项卡“修改”面板中的“旋转”按钮，把步骤(5)复制的配电箱图形一个旋转90°，另一个旋转-90°，效果如图13-25所示。

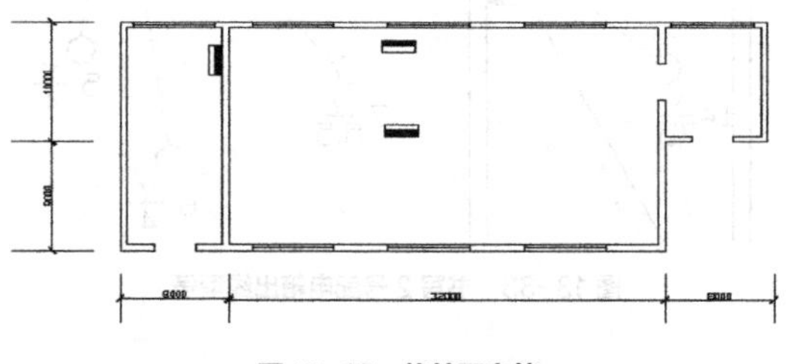

图 13-25 旋转配电箱

(7) 复制配电箱。单击“默认”选项卡“修改”面板中的“复制”按钮，把旋转后的配电箱图形复制到上下墙边，效果如图13-26所示。

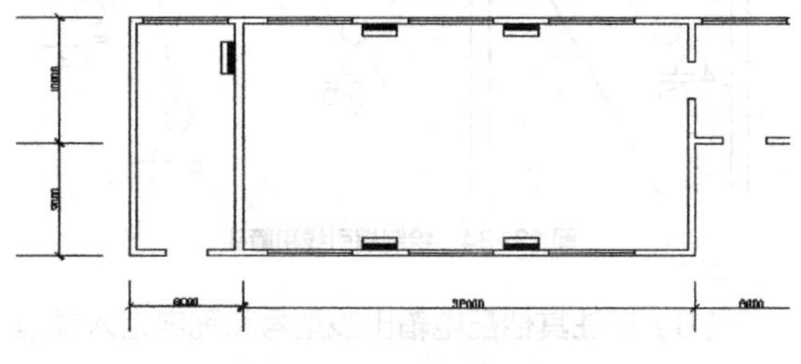

图 13-26 复制配电箱

(8) 绘制配电柜。单击“默认”选项卡“绘图”面板中的“矩形”按钮，绘制长度为1000mm、宽度为500mm的矩形。单击“默认”选项卡“修改”面板中的“移动”按钮，将矩形移动到如图13-27所示的位置。

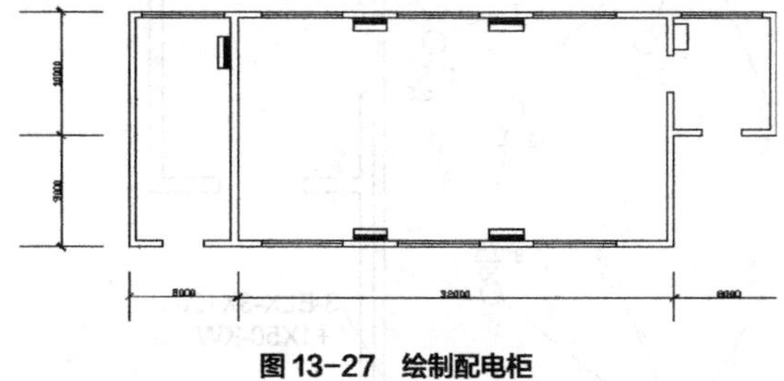

图 13-27 绘制配电柜

(9) 绘制电机。单击“默认”选项卡“绘图”面板中的“圆”按钮，绘制直径为400mm的圆作为电机的示意图，效果如图13-28所示。

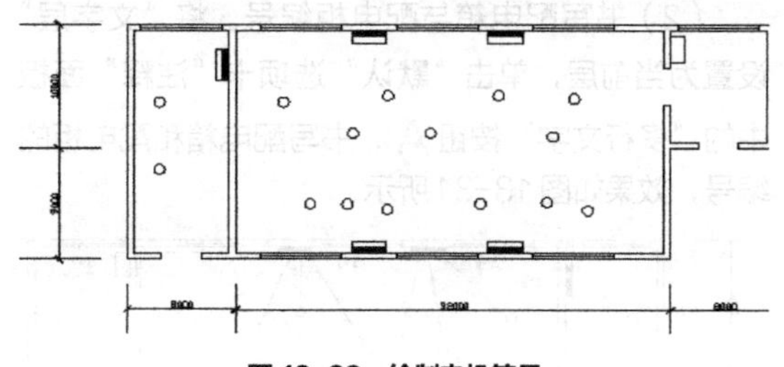

图 13-28 绘制电机符号

(10) 绘制连线。单击“默认”选项卡“绘图”面板中的“直线”按钮，绘制配电柜与配电箱之间、各个配电箱与电机之间的连线，效果如图13-29所示。

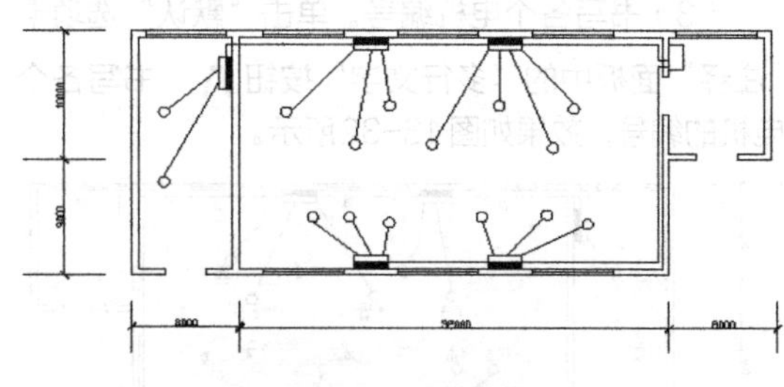

图 13-29 绘制连线

13.3.4 添加注释文字

(1) 设置文字样式。单击“默认”选项卡“注释”面板中的“文字样式”按钮，打开“文字样式”对话框。单击“新建”按钮，打开“新建样式”对话框，输入“车间电力平面图”，确定后回到“文字样式”对话框。在“字体名”下拉列表中选择“txt.shx”，“高度”设置为“500”，“宽度因子”设置为“0.7”，“倾斜角度”为默认值“0”，如图13-30所示。单击“应用”按钮和“置为当前”按钮后回到绘图区。

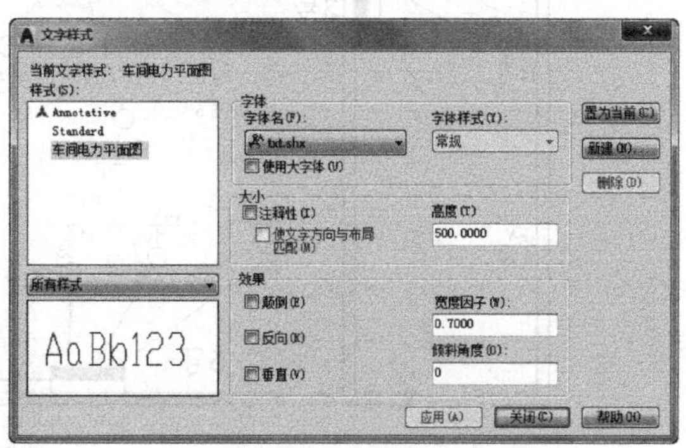

图 13-30 “文字样式”对话框

（2）书写配电箱与配电柜编号。将“文字层”设置为当前层，单击“默认”选项卡“注释”面板中的“多行文字”按钮 A，书写配电箱和配电柜的编号，效果如图13-31所示。

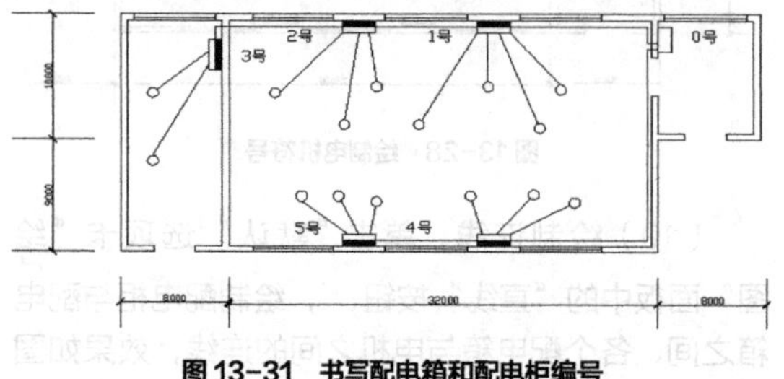

图 13-31　书写配电箱和配电柜编号

（3）书写各个电机编号。单击“默认”选项卡“注释”面板中的“多行文字”按钮 A，书写各个电机的编号，效果如图13-32所示。

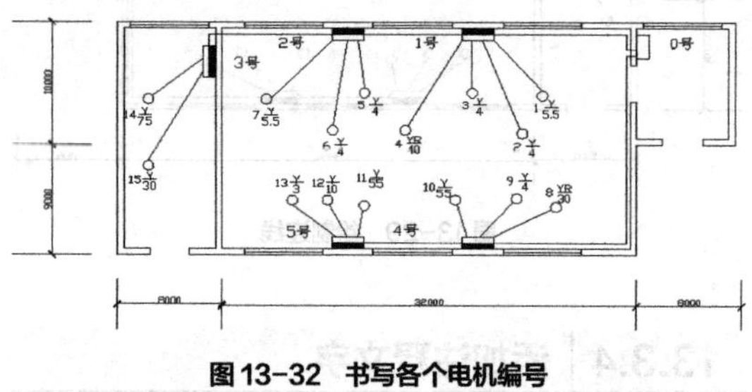

图 13-32　书写各个电机编号

（4）书写2号配电箱出线型号。单击“默认”选项卡“注释”面板中的“多行文字”按钮 A，书写2号配电箱出线型号“2-BLX-3×95-KW”，效果如图13-33所示。

（5）绘制指引线和箭头。单击“默认”选项卡“绘图”面板中的“直线”按钮 ╱，绘制一条斜线；重复“直线”命令，在斜线的下端点处绘制一条短斜线作为指引线箭头，效果如图13-34所示。

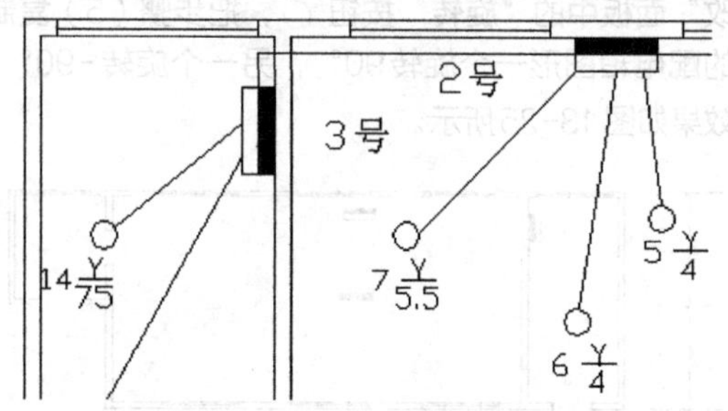

图 13-33　书写 2 号配电箱出线型号

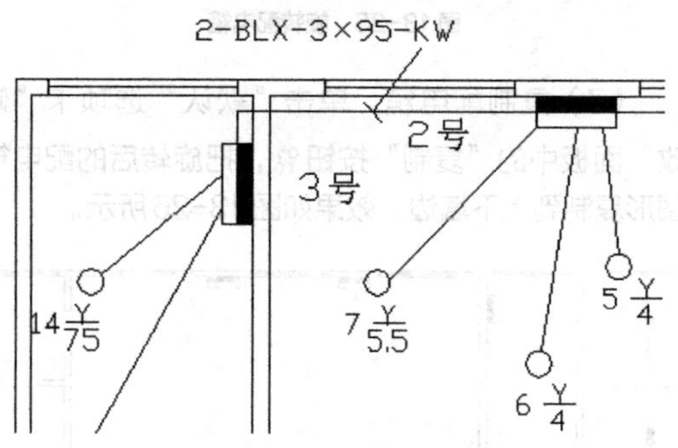

图 13-34　绘制指引线和箭头

（6）标注其他配电箱出线型号和配电柜入线型号。按上面书写2号配电箱出线型号以及绘制指引线和箭头的方法，标注其他配电箱出线型号和配电柜入线型号，效果如图13-35所示。

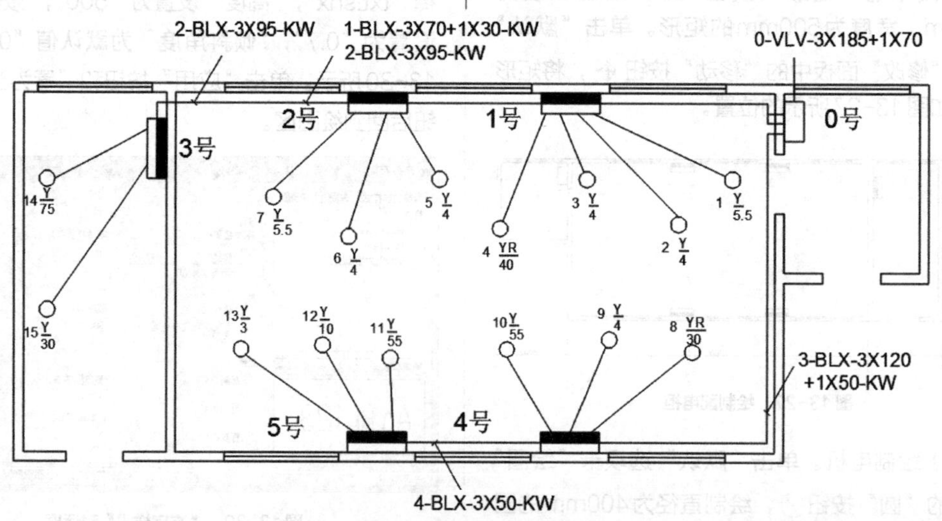

图 13-35　标注出线与入线型号

（7）书写配电箱与电机连线型号。单击“默认”选项卡“注释”面板中的“多行文字”按钮A，书写1号配电箱与左边第1个电机连线的型号“BV-3×35 SC32-FC”。单击“默认”选项卡“修改”面板中的“旋转”按钮和“移动”按钮，使文字方向与连线一致，效果如图13-36所示。

（8）书写其他配电箱与电机连线型号。单击“默认”选项卡“注释”面板中的“多行文字”按钮A，按照前面的方法，书写其他配电箱与电机连线的型号。

（9）绘制矩形。单击“默认”选项卡“绘图”面板中的“矩形”按钮，绘制一个长度为3000mm、宽度为3000mm的矩形。

（10）移动矩形。单击“默认”选项卡“修改”面板中的“移动”按钮，以步骤（9）绘制的矩形的左边中点为移动基准点，以图13-37所示的中点为移动目标点进行移动。

（11）修剪图形。单击“默认”选项卡“修改”面板中的“修剪”按钮，使用刚绘制的矩形修剪出里面的门洞，效果如图13-38所示，即为绘制完成的车间电力平面图。

（12）标注轴线距离。

① 单击“默认”选项卡“注释”面板中的“标注样式”按钮，打开“标注样式管理器”对话框。单击“新建”按钮，打开“创建新标注样式”对话框，将“新样式名”改为“Standad”。单击“继续”按钮，打开“新建标注样式：车间电力平面图”对话框，在“文字”选项卡的“文字样式”下拉列表中选择“车间电力平面图”，如图13-39所示。将该标注样式设置为前标注样式，然后关闭对话框。

② 单击“默认”选项卡“注释”面板中的“线性”按钮，标注轴线之间的距离，效果如图13-40所示。

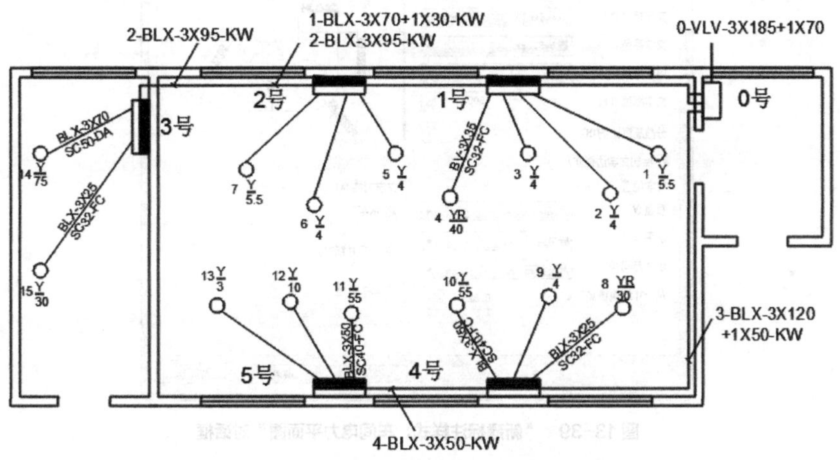

图13-36 书写1号箱左边第1条连线的型号

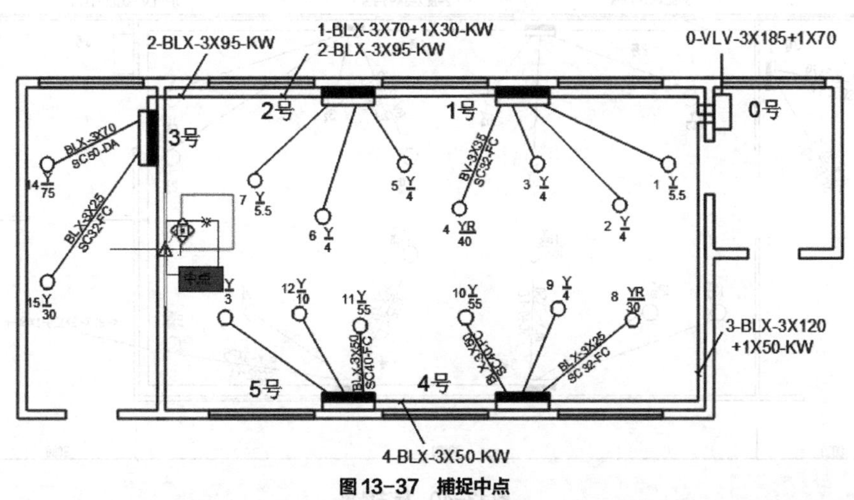

图13-37 捕捉中点

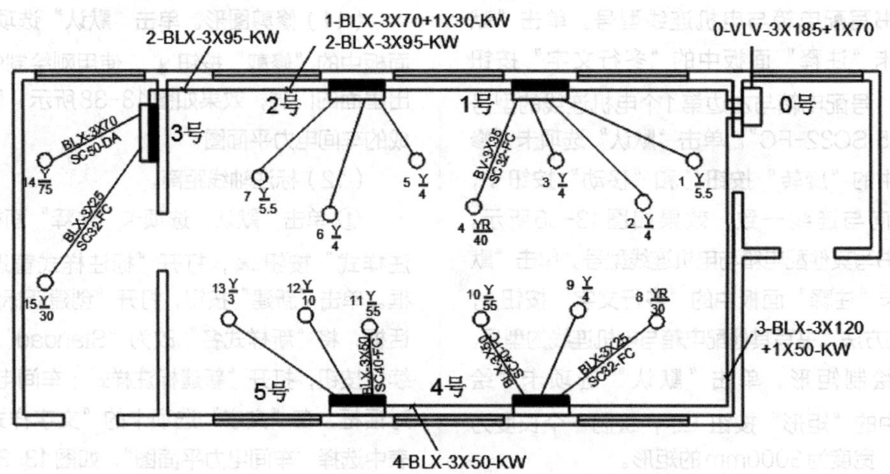

图 13-38　修剪线段

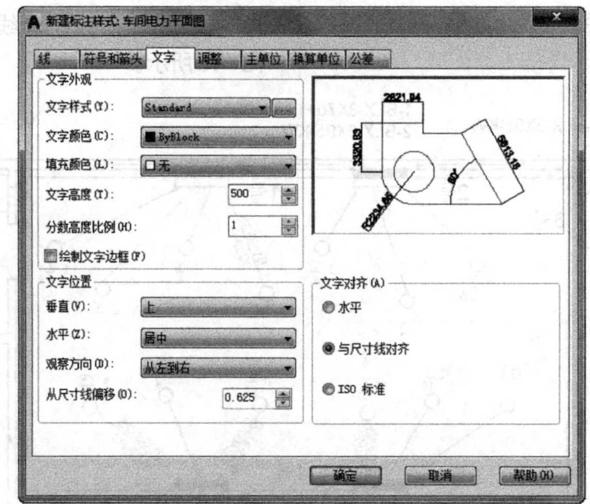

图 13-39　“新建标注样式：车间电力平面图”对话框

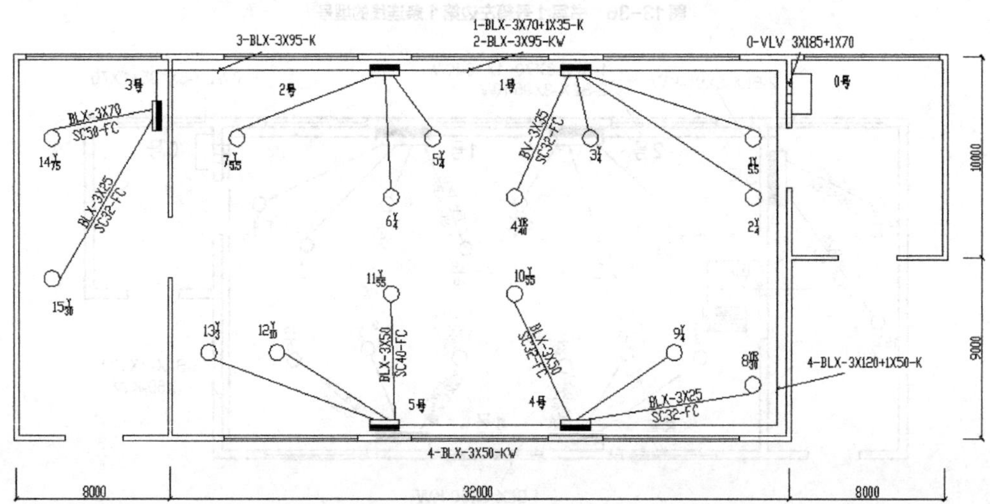

图 13-40　标注结果

13.4 上机实验

实验 绘制如图 13-41 所示的防雷接地工程图

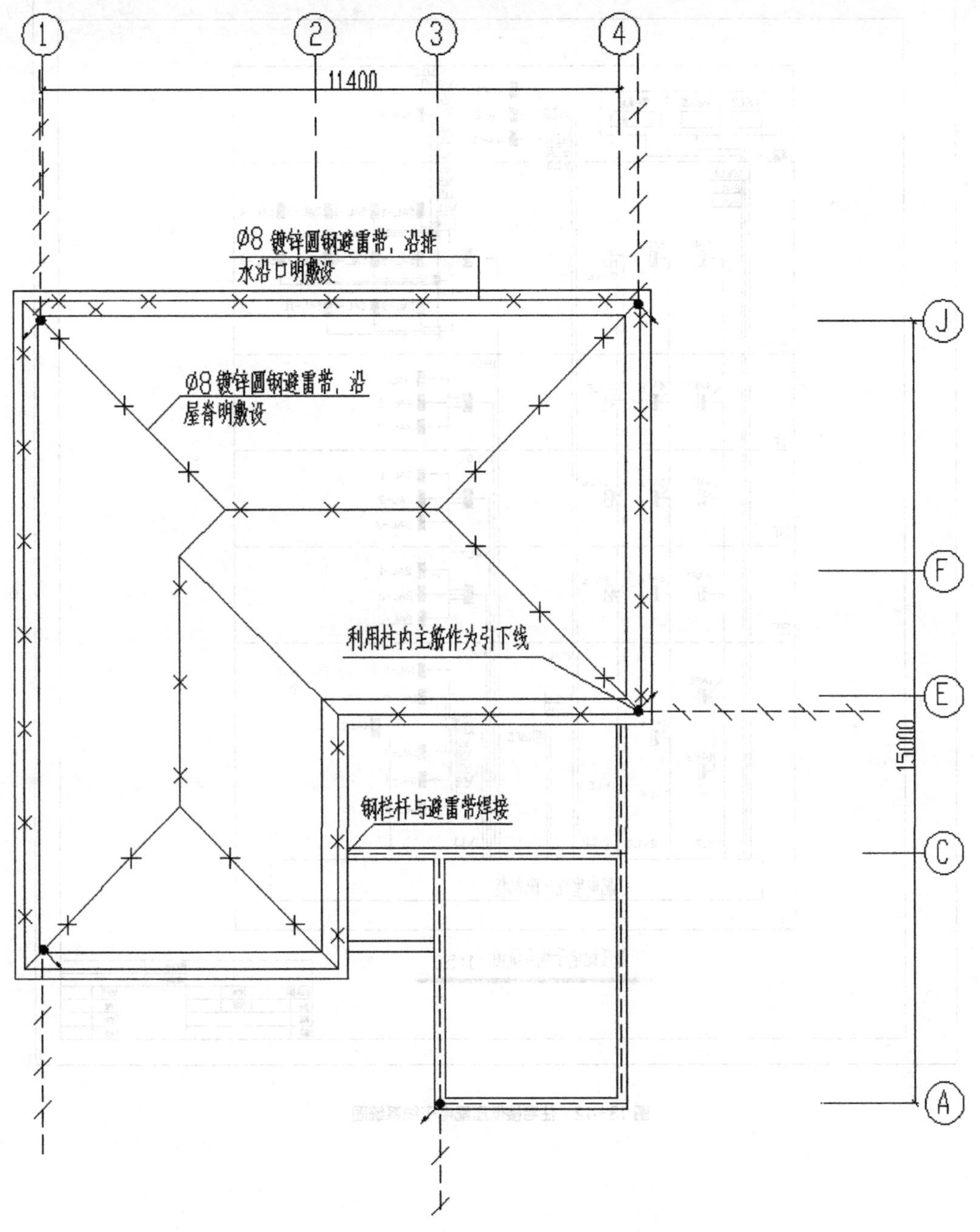

图 13-41 防雷接地工程图

本防雷接地工程设置避雷带或避雷网，利用基础内的钢筋作为防雷的引下线，采用埋设人工接地体的方式。

13.5 思考与练习

绘制如图 13-42 所示的住宅楼低压配电干线系统图。

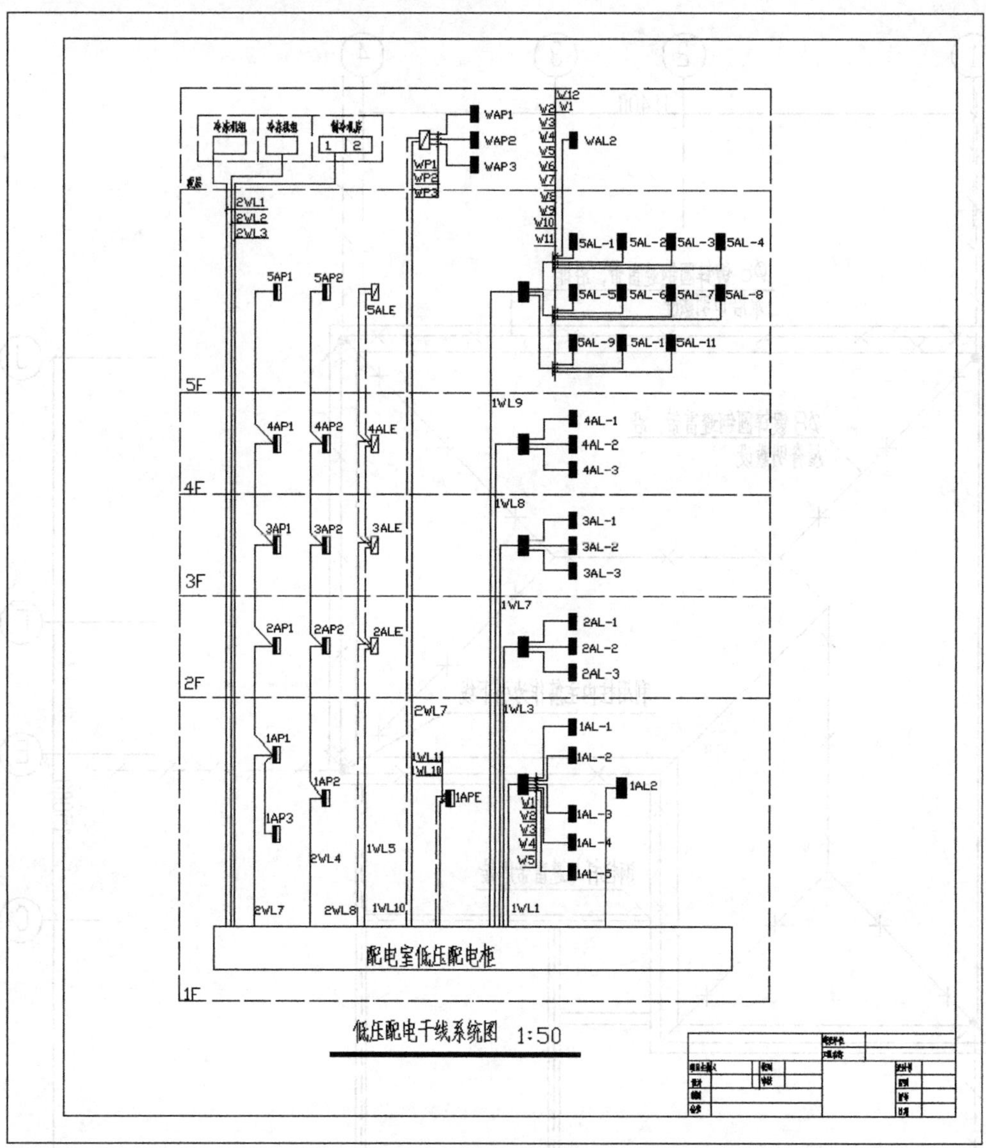

图 13-42 住宅楼低压配电干线系统图

第 14 章

建筑电气系统图设计

在建筑电气设计中，与建筑电气平面图对应的是建筑电气系统图。与建筑电气平面图相比，建筑电气系统图对尺寸要求不太严格，而更讲究图形的布局。本章着重讲述建筑电气系统图的绘制方法和技巧。

知识重点

- 网球场配电系统图的一般绘制方法
- 厂房消防报警系统图的一般绘制方法

14.1 网球场配电系统图

图14-1所示为某网球场配电系统图，此图中需要复制的部分比较多，“阵列”和“复制”命令结合使用，可以使绘图简便，而且可使图形整洁、清晰。绘制本图时应先绘制定位辅助线，然后分为左右两个部分，分别加以绘制。

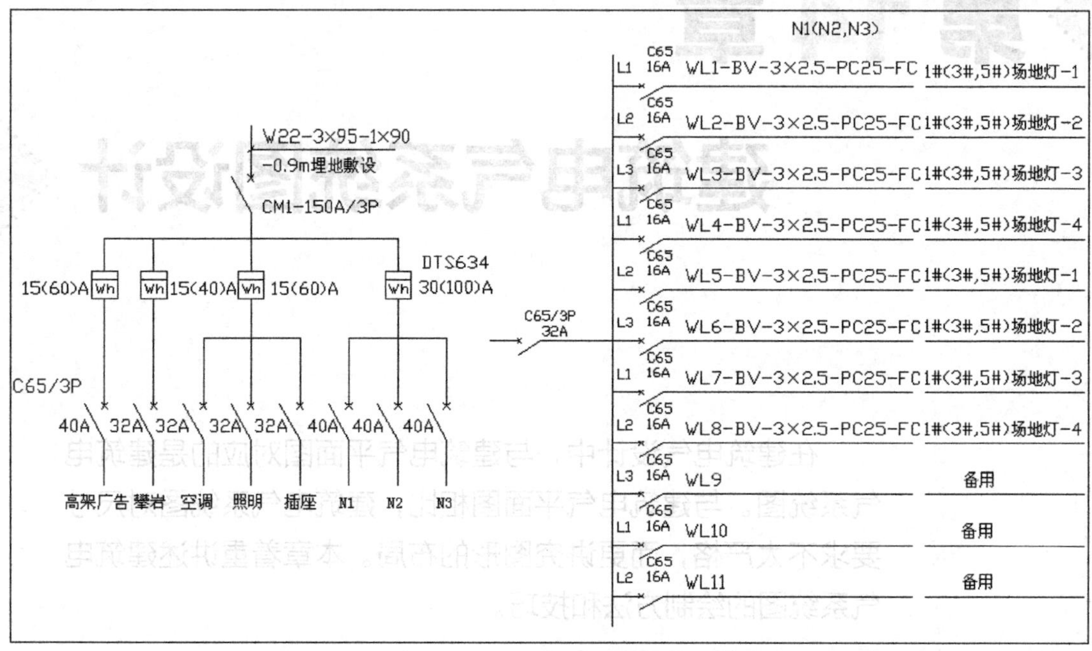

图 14-1 某网球场配电系统图

14.1.1 设置绘图环境

（1）建立新文件。打开AutoCAD 2020应用程序，单击“快速访问”工具栏中的“新建”按钮，打开“选择样板”对话框，以“无样板打开-公制（M）”方式创建一个新的空白图形文件，将新文件命名为“某网球场配电系统图.dwg”并保存。

（2）设置图层。一共需设置“绘图层”“标注层”和“辅助线层”3个图层，设置好的各图层的属性如图14-2所示。

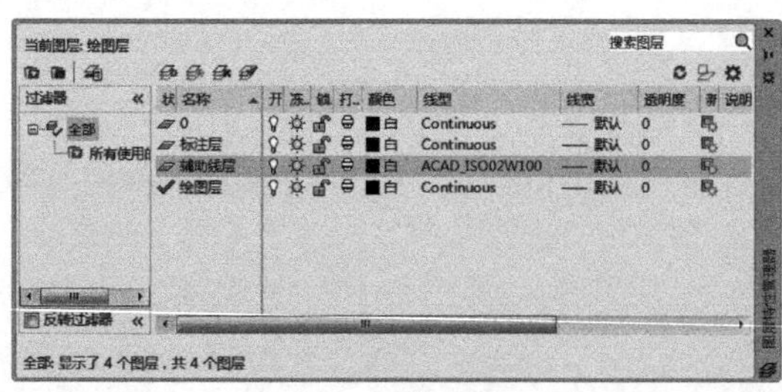

图 14-2 图层设置

14.1.2 绘制定位辅助线

（1）绘制图框。将“辅助线层”设置为当前层，单击“默认”选项卡“绘图”面板中的“矩形”按钮，绘制一个长度为370mm、宽度为250mm的矩形，作为绘图的界限，如图14-3所示。

图 14-3 绘制图框

（2）绘制轴线。单击“默认”选项卡“绘图”面板中的“直线”按钮，以矩形的长边中点为起始点和终止点绘制一条直线，将绘图区域分为两个部分，如图14-4所示。

图 14-4 分割绘图区域

（3）分解矩形。单击“默认”选项卡“修改”面板中的“分解”按钮，将矩形边框分解为直线。

（4）偏移直线。单击“默认”选项卡“修改”面板中的“偏移”按钮⊆，将矩形上边框直线向下偏移，偏移距离为95mm，同时将矩形左边框直线向右偏移，偏移距离为36mm，如图14-5所示。

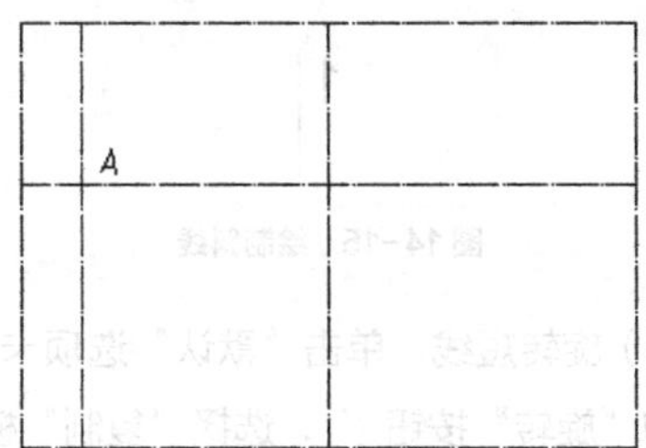

图 14-5 偏移直线

14.1.3 绘制系统图形

（1）转换图层。打开图层特性管理器，把“绘图层”设置为当前层。

（2）绘制直线。单击“默认”选项卡“绘图”面板中的“直线”按钮╱，在“对象捕捉”和“正交模式”绘图方式下，用鼠标捕捉图14-5中的交点*A*，以其作为起点，向右绘制长度为102mm的直线*AB*，向下绘制长度为82mm的直线*AC*。单击“默认”选项卡“修改”面板中的“删除”按钮，将两条垂直的辅助线删除，效果如图14-6所示。

（3）偏移直线。单击“默认”选项卡“修改”面板中的“偏移”按钮⊆，将直线*AB*向下偏移，偏移距离为11mm和56mm，效果如图14-7所示。

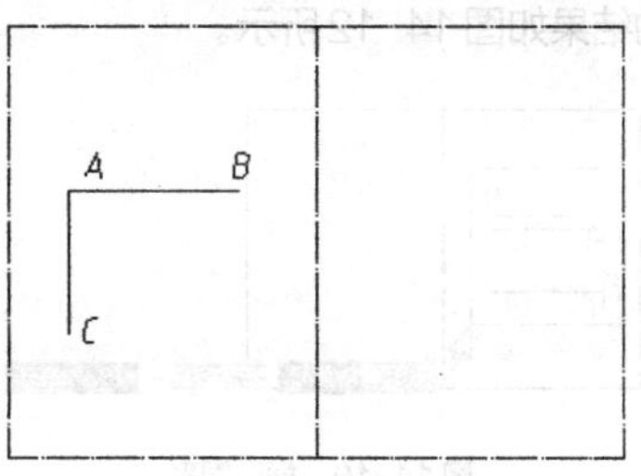

图 14-6 绘制直线并删除辅助线

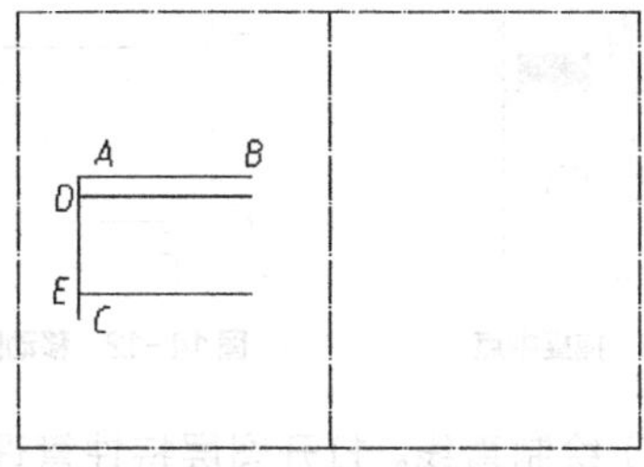

图 14-7 偏移直线

（4）绘制矩形。单击“默认”选项卡“绘图”面板中的“矩形”按钮□，绘制一个长度为9mm、宽度为9mm的矩形。

（5）分解矩形。单击“默认”选项卡“修改”面板中的“分解”按钮，将步骤（4）中绘制的矩形的边框分解为直线。

（6）偏移直线。单击“默认”选项卡“修改”面板中的“偏移”按钮⊆，将矩形的上边框向下偏移，偏移距离为2.7mm，效果如图14-8所示。

（7）添加文字。打开图层特性管理器，将“标注层”设置为当前层。单击“默认”选项卡“注释”面板中的“多行文字”按钮**A**，设置样式为“Standard”，文字高度为“2.5”，输入文字，效果如图14-9所示。

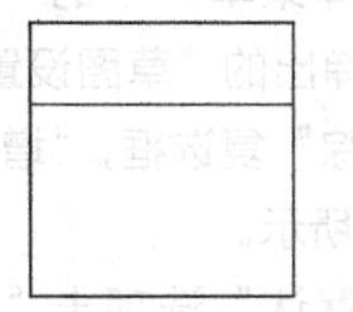

图 14-8 偏移直线

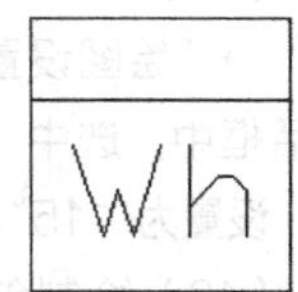

图 14-9 添加文字

（8）局部放大。利用“窗口缩放”命令，局部放大如图14-10所示的图形，准备下一步操作。

（9）移动图形。单击“默认”选项卡“修改”面板中的“移动”按钮✥，以图14-11所示的中点为移动基准点，以图14-7中的*D*点为移动目标点，移动结果如图14-12所示。

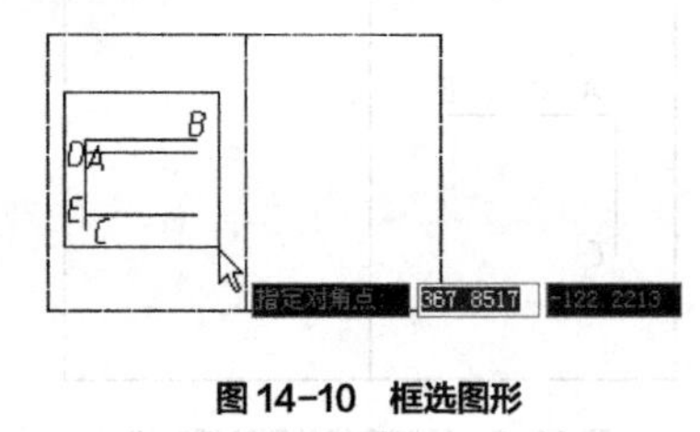

图14-10　框选图形

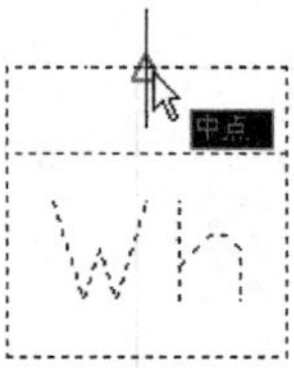

图14-11　捕捉中点

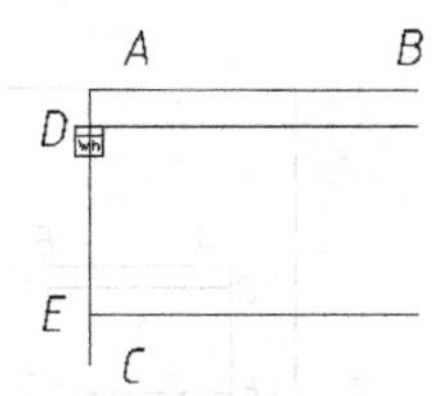

图14-12　移动图形

（10）绘制直线。打开图层特性管理器，将“绘图层”设置为当前层。单击“默认”选项卡“绘图”面板中的“直线”按钮╱，绘制长度为5mm的竖直直线，然后在不按鼠标按键的情况下竖直向下拉伸追踪线，在命令行输入5.5个单位，即中间的空隙为5.5mm，单击鼠标左键，在此确定点1，以点1为起点，绘制长度为5mm的竖直直线，如图14-13所示。

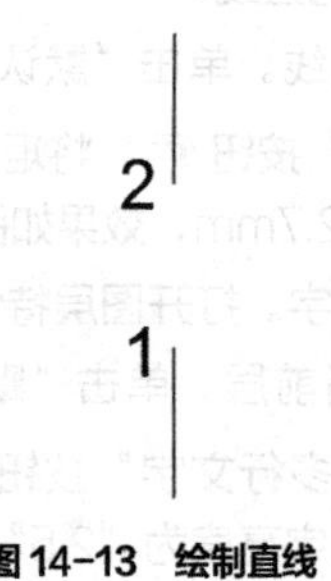

图14-13　绘制直线

（11）设置极轴追踪。选择菜单栏中的“工具”→“绘图设置”命令，在弹出的“草图设置”对话框中，选中“启用极轴追踪”复选框，“增量角”设置为“15”，如图14-14所示。

（12）绘制斜线。单击“默认”选项卡“绘图”面板中的“直线”按钮╱，以点1为起点，在115°的追踪线上向左移动鼠标，绘制长度为6mm的斜线，如图14-15所示。

（13）绘制短线。单击“默认”选项卡“绘图”面板中的“直线”按钮╱，以图14-15中端点2为起点，分别向左、向右绘制长度为1mm的短线，如图14-16所示。

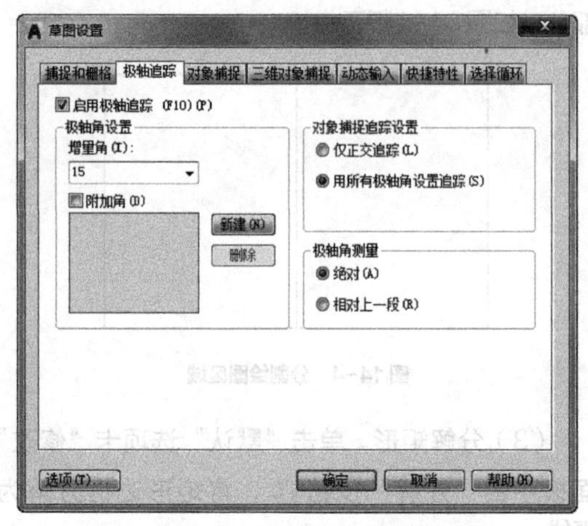

图14-14　“草图设置”对话框

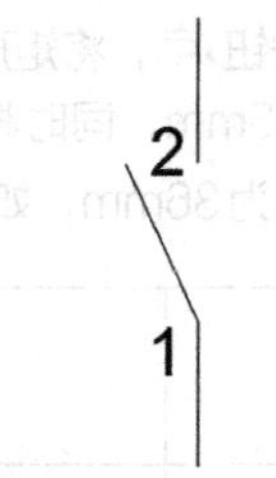

图14-15　绘制斜线

（14）旋转短线。单击“默认”选项卡“修改”面板中的“旋转”按钮，选择“复制”模式，将步骤（13）绘制的水平短线分别绕端点2旋转45°和-45°。单击“默认”选项卡“修改”面板中的“删除”按钮，删除掉多余的短线，如图14-17所示。

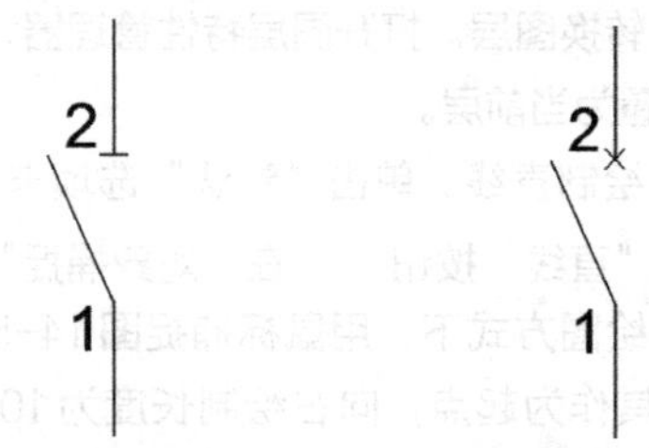

图14-16　绘制短线　　图14-17　旋转短线

（15）移动图形。单击“默认”选项卡“修改”面板中的“移动”按钮，以图14-17中端点1为移动基准点，以图14-12中的*E*点为移动目标点，移动结果如图14-18所示。

（16）修剪图形。单击“默认”选项卡“修改”面板中的“修剪”按钮，修剪掉多余直线，修剪结果如图14-19所示。

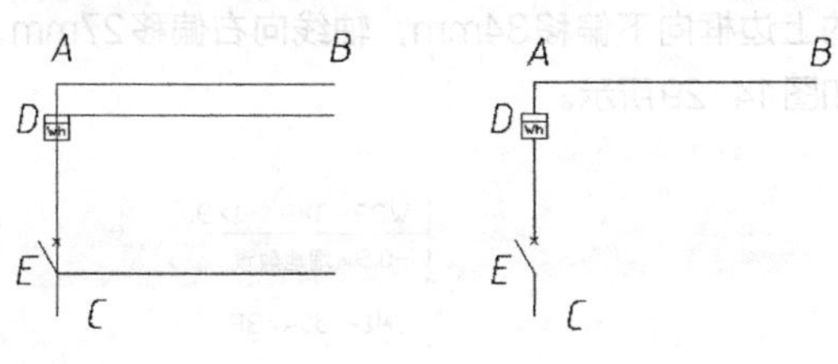

图14-18　移动图形　　图14-19　修剪图形

（17）阵列图形。单击“默认”选项卡“修改”面板中的“矩形阵列”按钮品，设置“行数”为“1”，“列数”为“8”，“间距”为17mm，选择如图14-20所示的虚线图形为阵列对象，阵列结果如图14-21所示。

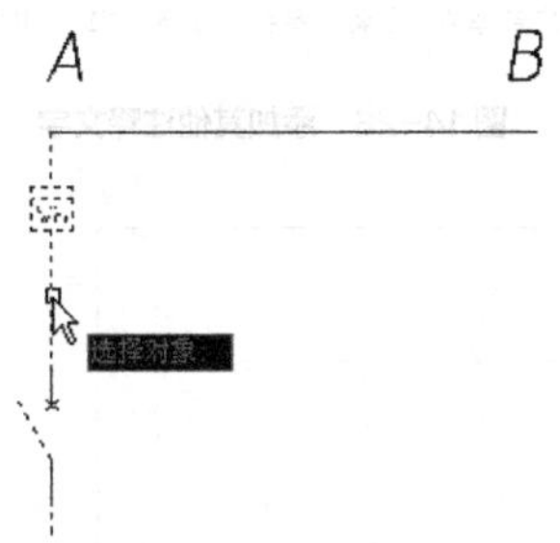

图14-20　选择对象

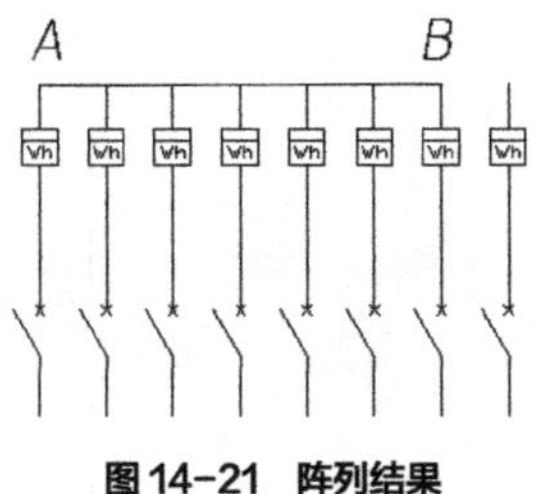

图14-21　阵列结果

（18）偏移并拉长直线。单击“默认”选项卡“修改”面板中的“偏移”按钮⊆，将图14-21中的直线AB向下偏移，偏移距离为33mm。单击“默认”选项卡“修改”面板中的“拉长”按钮／，将刚偏移的直线向右拉长17mm，如图14-22所示。

（19）修剪图形。单击“默认”选项卡“修改”面板中的“修剪”按钮✂和“删除”按钮✐，修剪和删除掉多余的图形，效果如图14-23所示。

（20）绘制直线。单击“默认”选项卡“绘图”面板中的“直线”按钮／，以P点为起始点，竖直向上绘制长度为37.5mm的直线1，以直线1上端点为起点，水平向右绘制长度为50mm的直线2，如图14-24所示。

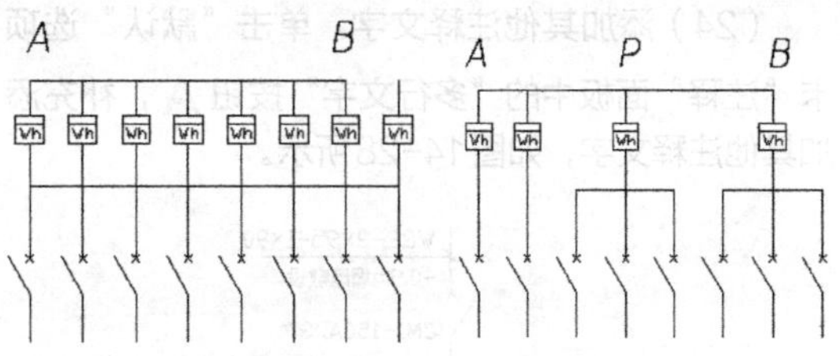

图14-22　偏移并拉长直线　　图14-23　修剪图形

（21）移动直线。单击“默认”选项卡“修改”面板中的“移动”按钮✥，将图14-24中的直线2向下移动7.8mm。单击“默认”选项卡“绘图”面板中的“直线”按钮／，绘制短斜线，效果如图14-25所示。

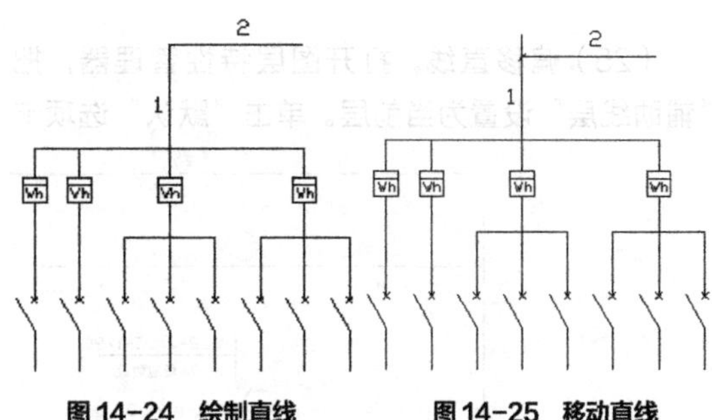

图14-24　绘制直线　　图14-25　移动直线

（22）添加注释文字。打开图层特性管理器，把“标注层”设置为当前层。单击“默认”选项卡“注释”面板中的“多行文字”按钮A，设置样式为Standard，文字高度为4，添加注释文字，如图14-26所示。

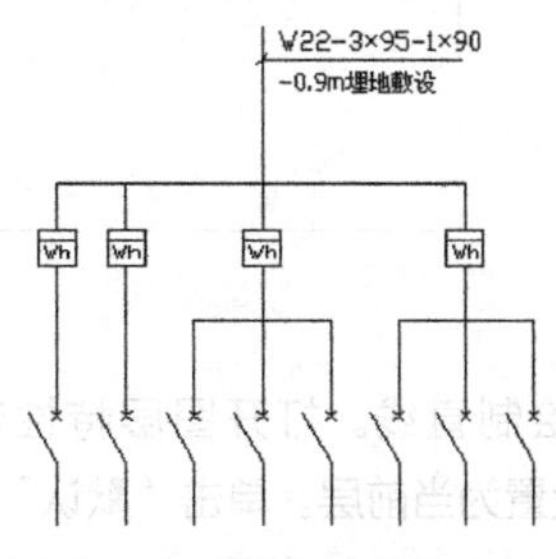

图14-26　添加注释文字

（23）插入断路器符号。单击“默认”选项卡“修改”面板中的“复制”按钮⧉，将断路器符号插入如图14-27所示的位置。单击“默认”选项卡“修改”面板中的“修剪”按钮✂，修剪掉多余的线段。单击“默认”选项卡“注释”面板中的“多行文字”按钮A，添加注释文字，如图14-27所示。

（24）添加其他注释文字。单击“默认”选项卡“注释”面板中的“多行文字”按钮 A，补充添加其他注释文字，如图14-28所示。

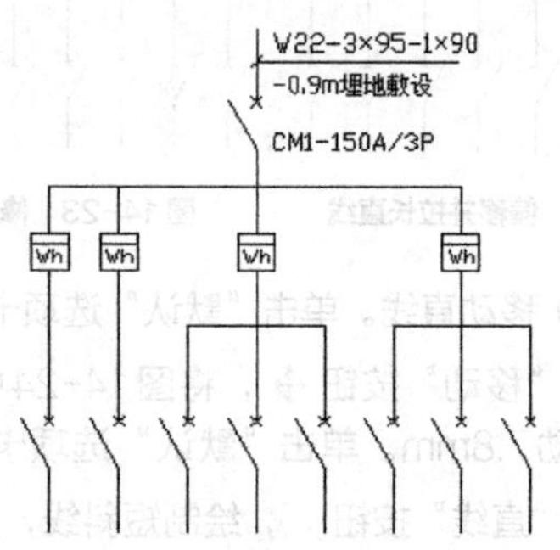

图 14-27　插入断路器符号

（25）偏移直线。打开图层特性管理器，把“辅助线层”设置为当前层。单击“默认”选项卡“修改”面板中的“偏移”按钮⊆，将定位辅助线的上边框向下偏移34mm，轴线向右偏移27mm，如图14-29所示。

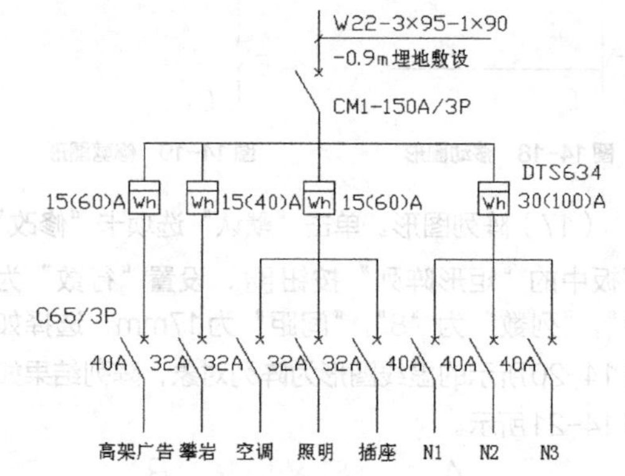

图 14-28　添加其他注释文字

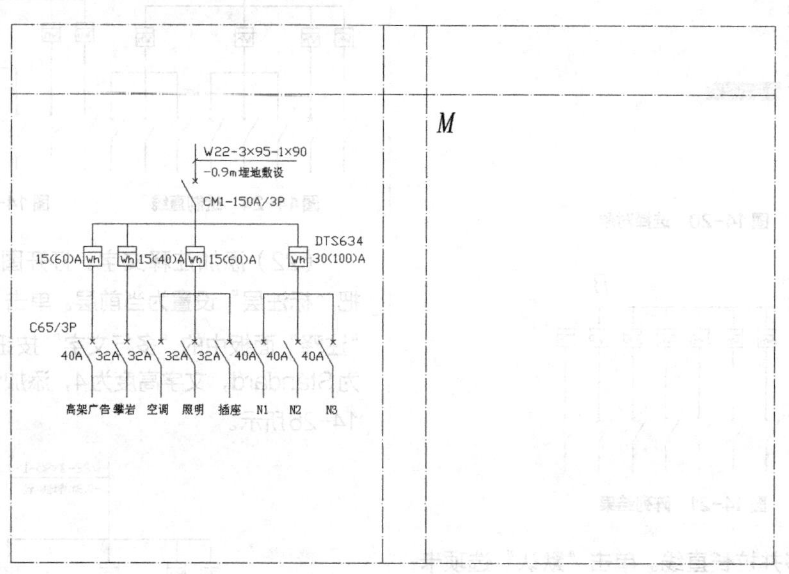

图 14-29　偏移直线

（26）绘制直线。打开图层特性管理器，把“绘图层”设置为当前层。单击“默认”选项卡“绘图”面板中的“直线”按钮╱，以图14-29中的*M*点为起点，竖直向下绘制长度为190mm的直线，水平向右绘制长度为103mm的直线，然后在不按鼠标按键的情况下向右拉伸追踪线，在命令行输入5，即中间的空隙为5mm，单击鼠标左键，在此确定点*N*，以*N*为起点，水平向右绘制长度为30mm的直线。单击“默认”选项卡“修改”面板中的“删除”按钮，删除步骤（25）中偏移复制的两条定位辅助线，如图14-30所示。

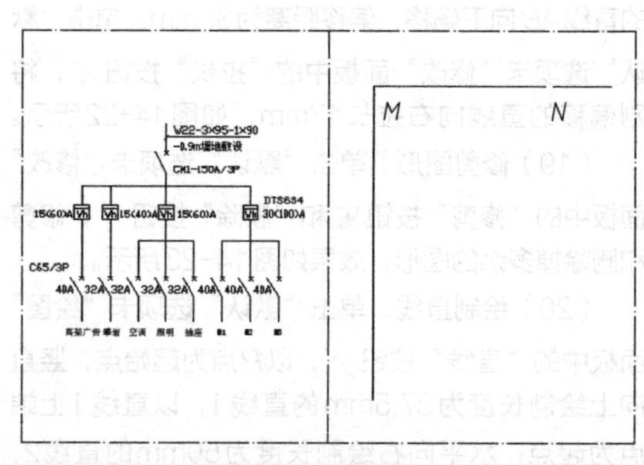

图 14-30　绘制直线

（27）插入断路器符号。单击“默认”选项卡“修改”面板中的“旋转”按钮，将断路器符号旋转90°。单击“默认”选项卡“修改”面板中的“移动”按钮，将断路器符号插入到图14-30中的直线*MN*上。单击“默认”选项卡“修改”面板中的“修剪”按钮，修剪掉多余的直线，如图14-31所示。

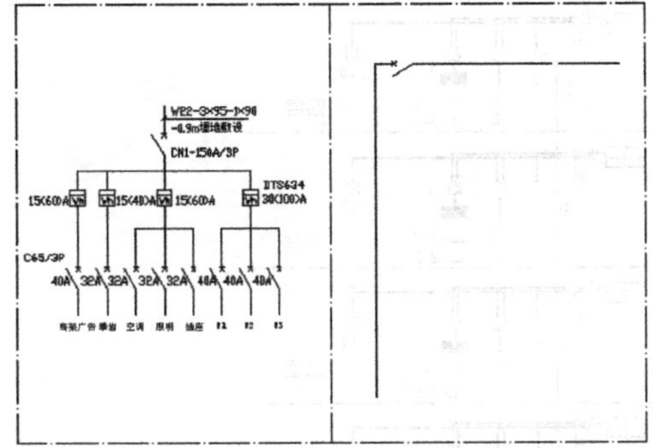

图 14-31 插入断路器符号

（28）添加注释文字。打开图层特性管理器，把“标注层”设置为当前层。单击“默认”选项卡“注释”面板中的“多行文字”按钮 **A**，添加注释文字，如图14-32所示。

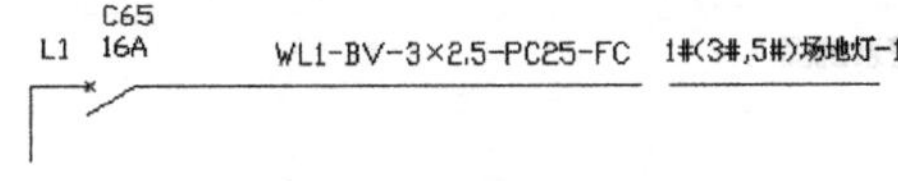

图 14-32 添加注释文字

（29）移动图形。单击“默认”选项卡“修改”面板中的“移动”按钮，选择图14-32中绘制好的一个回路及注释文字为移动对象，以其左端点为基准点，向下移动10mm。

（30）阵列图形。单击“默认”选项卡“修改”面板中的“矩形阵列”按钮，设置“行数”为“11”，“列数”为“1”，“间距”为-17mm，选取步骤（29）中移动的回路及注释文字为阵列对象，阵列结果如图14-33所示。

（31）修改文字。用鼠标双击要修改的文字，在编辑框中填入要修改的内容，按Enter键即可。用同样的方法也可以对其他的文字进行修改，修改结果如图14-34所示。

（32）绘制直线。打开图层特性管理器，把“绘图层”设置为当前层。单击“默认”选项卡“绘图”面板中的“直线”按钮，选择配电箱中部，以其为起点，水平向左绘制长度为42mm的直线。

图 14-33 阵列结果

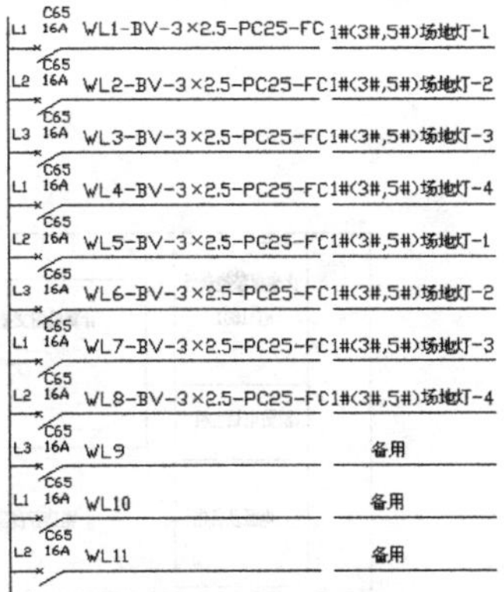

图 14-34 修改文字

（33）插入断路器符号。单击“默认”选项卡“修改”面板中的“复制”按钮，从已经绘制好的回路中复制断路器符号到如图14-35所示的位置，单击“默认”选项卡“修改”面板中的“修剪”按钮，修剪掉多余的线段。单击“默认”选项卡“注释”面板中的“多行文字”按钮 **A**，添加注释文字，如图14-35所示。

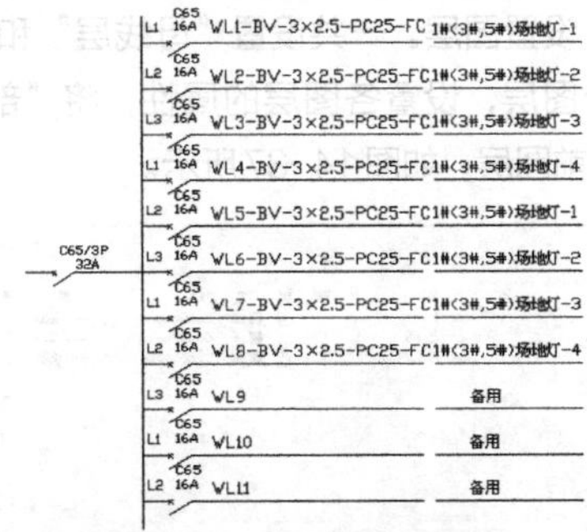

图 14-35 插入断路器符号

至此，网球场配电系统图绘制完毕，最终结果如图14-1所示。

14.2 厂房消防报警系统图

图14-36所示是一幅厂房消防报警系统图，此图的绘制思路为：先绘制消防控制室图，然后绘制其中一层的消防控制结构图，绘制完一层后进行复制，修改得到其他3层的消防控制结构图，最后将这几部分连接起来。

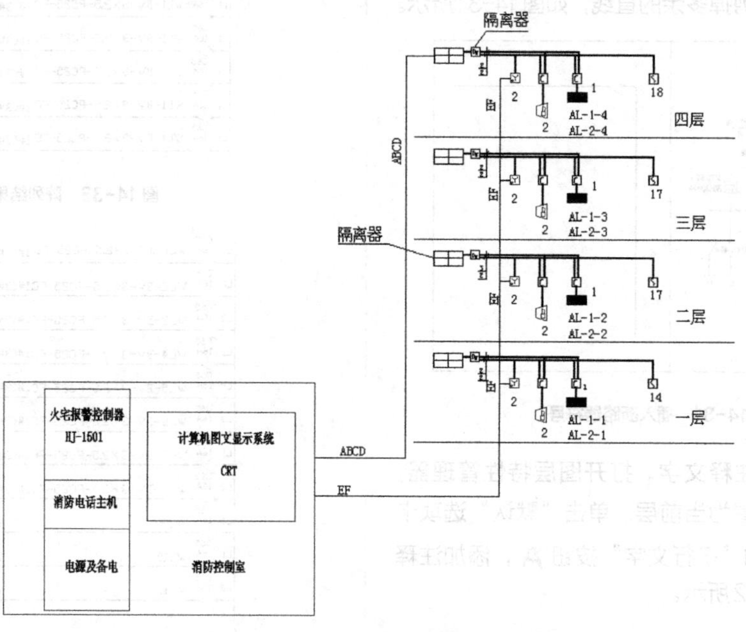

图14-36 厂房消防报警系统图

14.2.1 设置绘图环境

（1）建立新文件。打开AutoCAD 2020应用程序，单击“快速访问”工具栏中的“新建”按钮，打开“选择样板”对话框，以“无样板打开-公制（M）”方式创建一个新的空白图形文件，将新文件命名为“厂房消防报警系统图.dwt”并保存。

（2）设置图层。一共设置“母线层”和“部件层”两个图层，设置各图层的属性，将“部件层”设置为当前图层，如图14-37所示。

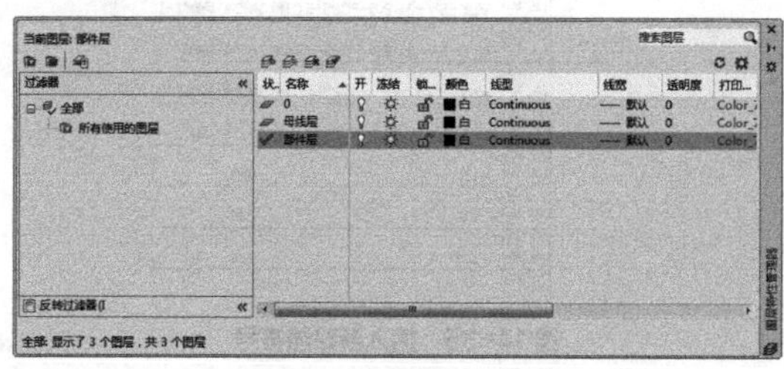

图14-37 图层设置

14.2.2 绘制部件图

1. 绘制消防控制室结构示意图

单击“默认”选项卡“绘图”面板中的“矩形”按钮，绘制5个矩形，矩形的尺寸并不重要，最主要是能表示它们之间的位置关系。单击“默认”选项卡“注释”面板中的“多行文字”按钮A，在矩形内添加文字，结果如图14-38所示。

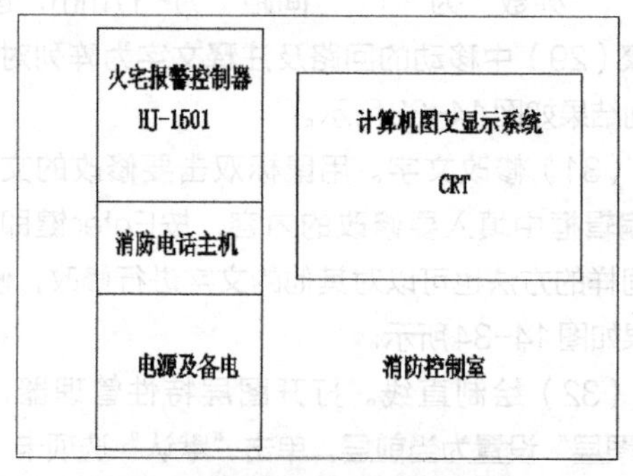

图14-38 消防控制室结构示意图

2. 绘制消防控制结构图

（1）绘制感烟探测器。单击“默认”选项卡“绘图”面板中的“矩形”按钮 ，绘制一个矩形，矩形的尺寸为5mm×5mm，然后利用“直线”命令绘制一段折线，折线的尺寸为1.5mm-3mm-1.5mm，结果如图14-39（a）所示。单击“默认”选项卡“修改”面板中的“旋转”按钮 ，将折线部分以正方形的中心为轴，逆时针旋转45°，结果如图14-39（b）所示。

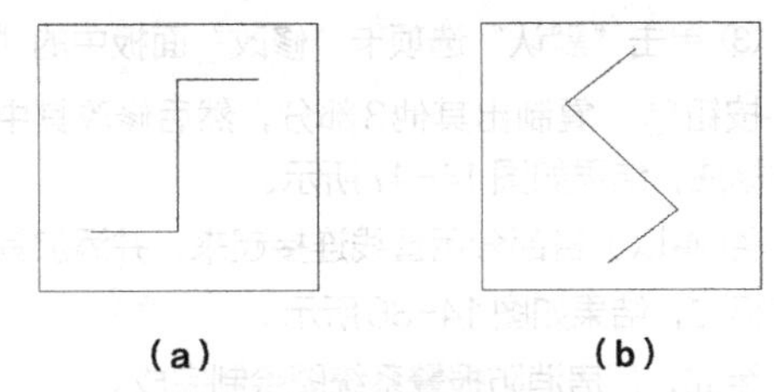

图14-39 绘制感烟探测器

（2）绘制带电话插口手报。单击“默认”选项卡“绘图”面板中的“矩形”按钮 ，绘制一个矩形，矩形尺寸为5mm×5mm。单击“默认”选项卡“绘图”面板中的“圆”按钮 ，在矩形内绘制一个小圆和一个大圆，小圆的直径为1mm，大圆的直径为3mm，大圆的圆心到两个边的距离为1mm和2.5mm，小圆的圆心到两个边的距离为1mm和1.5mm。在大圆的下端绘制一条竖直线，并过大圆的圆心绘制一条水平直线，如图14-40（a）所示。单击“默认”选项卡“修改”面板中的“修剪”按钮 和“删除”按钮 ，删除多余的线条，结果如图14-40（b）所示。

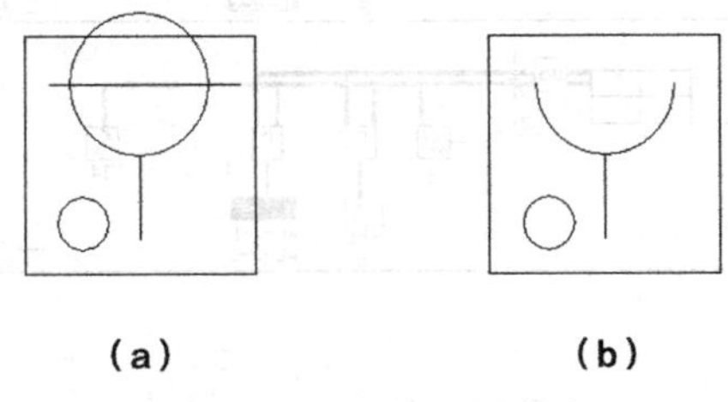

图14-40 绘制带电话插口手报

（3）绘制控制模块和输入模块。控制模块和输入模块的绘制都比较简单，单击“默认”选项卡“绘图”面板中的“矩形”按钮 ，绘制两个矩形，矩形的尺寸均为4mm×4mm。单击“默认”选项卡“注释”面板中的“多行文字”按钮 A，在矩形中添加“C”，为控制模块；添加“M”，为输入模块。如果字体比较大或比较小，可以单击“默认”选项卡“修改”面板中的“缩放”按钮 ，然后选择基点，可选中心点，最后选择缩放的倍数，这样可以调整字体的大小，结果如图14-41所示。

图14-41 绘制控制模块和输入模块

（4）绘制声光警报器。

① 单击“默认”选项卡“绘图”面板中的“直线”按钮 ，绘制一条水平线和一条中心线，水平直线长8mm。单击“默认”选项卡“修改”面板中的“偏移”按钮 ，绘制水平直线的平行线，偏移的距离为6mm，接着在左侧画一条角度适中的斜线，与水平线成60°夹角。单击“默认”选项卡“修改”面板中的“镜像”按钮 ，以中心线为镜像线，镜像出另一侧的斜线，结果如图14-42（a）所示。

② 单击“默认”选项卡“绘图”面板中的“矩形”按钮 ，绘制一个矩形，矩形的尺寸为2mm×2mm。单击“默认”选项卡“绘图”面板中的“直线”按钮 ，在矩形的旁边绘制一个不规则的四边形，结果如图14-42（b）所示。

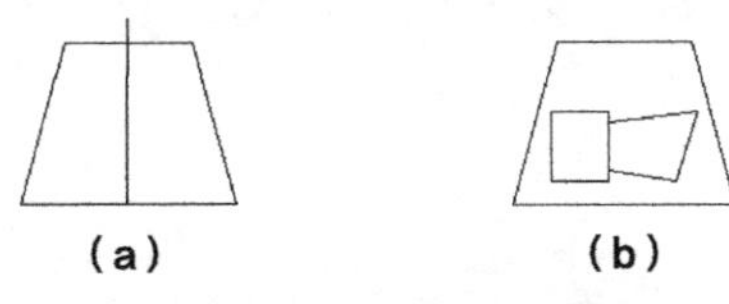

图14-42 绘制声光警报器

（5）绘制接线箱。

① 单击“默认”选项卡“绘图”面板中的“矩形”按钮 ，绘制一个矩形，矩形的尺寸为16mm×8mm。

② 单击“默认”选项卡“绘图”面板中的“直线”按钮 ，捕捉矩形四条边的中点，绘制两条直线，结果如图14-43所示。

（6）绘制隔离器。单击“默认”选项卡“绘图”面板中的“矩形”按钮 ，绘制一个矩形，矩形的尺寸为5mm×5mm。单击“默认”选项卡“注释”面板中的“多行文字”按钮 A，在矩形内输入文字

“Dg”，字体的高度为2.5mm，结果如图14-44所示。

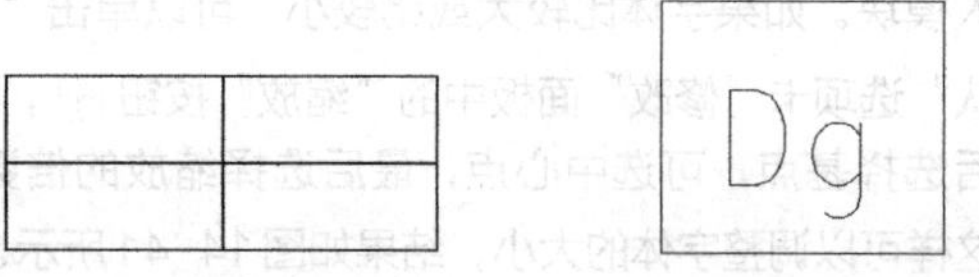

图14-43 接线箱　　图14-44 隔离器

（7）连接各部件。

① 将以上这些部件放入图中适当的位置后，单击“默认”选项卡“绘图”面板中的“多段线”按钮，调整直线的宽度为0.5mm，将这些部件连接起来，结果如图14-45所示。

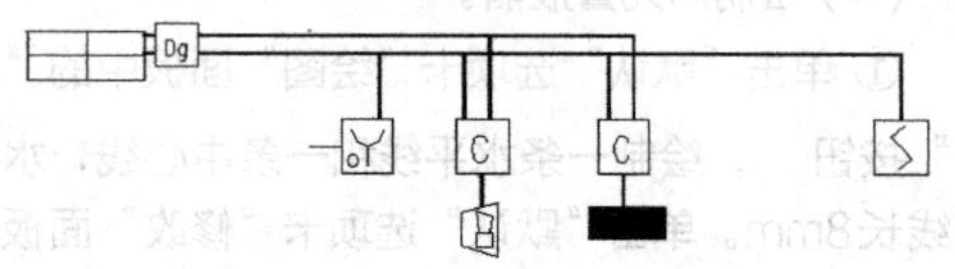

图14-45 一层的消防控制结构图

② 在图14-45的基础上，单击“默认”选项卡“注释”面板中的“多行文字”按钮A，添加文字标注，结果如图14-46所示。

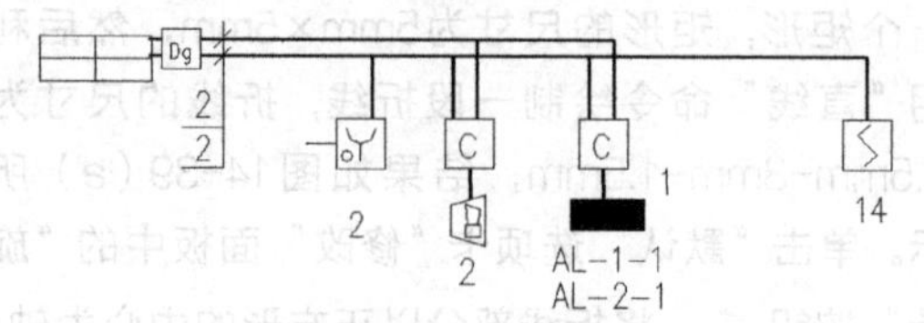

图14-46 添加注释后的一层消防控制结构图

③ 单击“默认”选项卡“修改”面板中的“复制”按钮，复制出其他3部分，然后修改其中的文字标注，结果如图14-47所示。

④ 将以上各部分用直线连接起来，并添加其他文字标注，结果如图14-36所示。

至此，厂房消防报警系统图绘制完成。

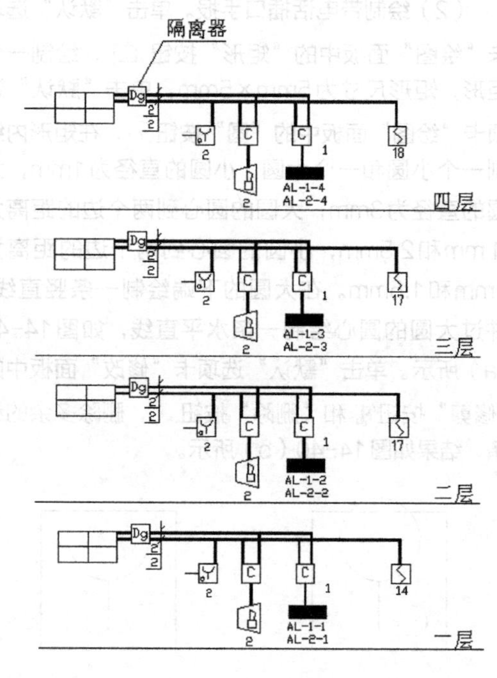

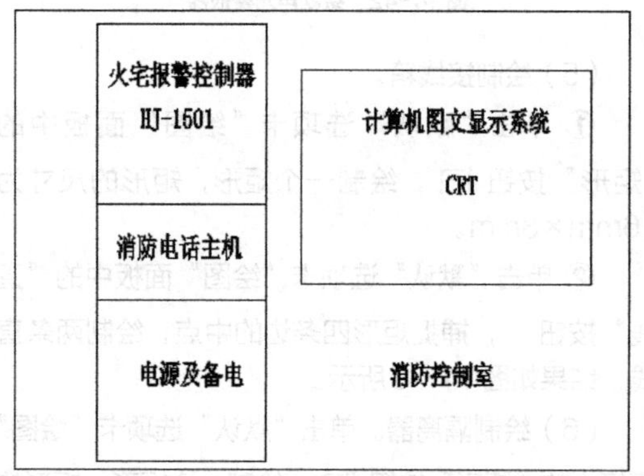

图14-47 复制完成后的效果图

14.3 上机实验

实验 绘制如图 14-48 所示的跳水馆照明干线系统图

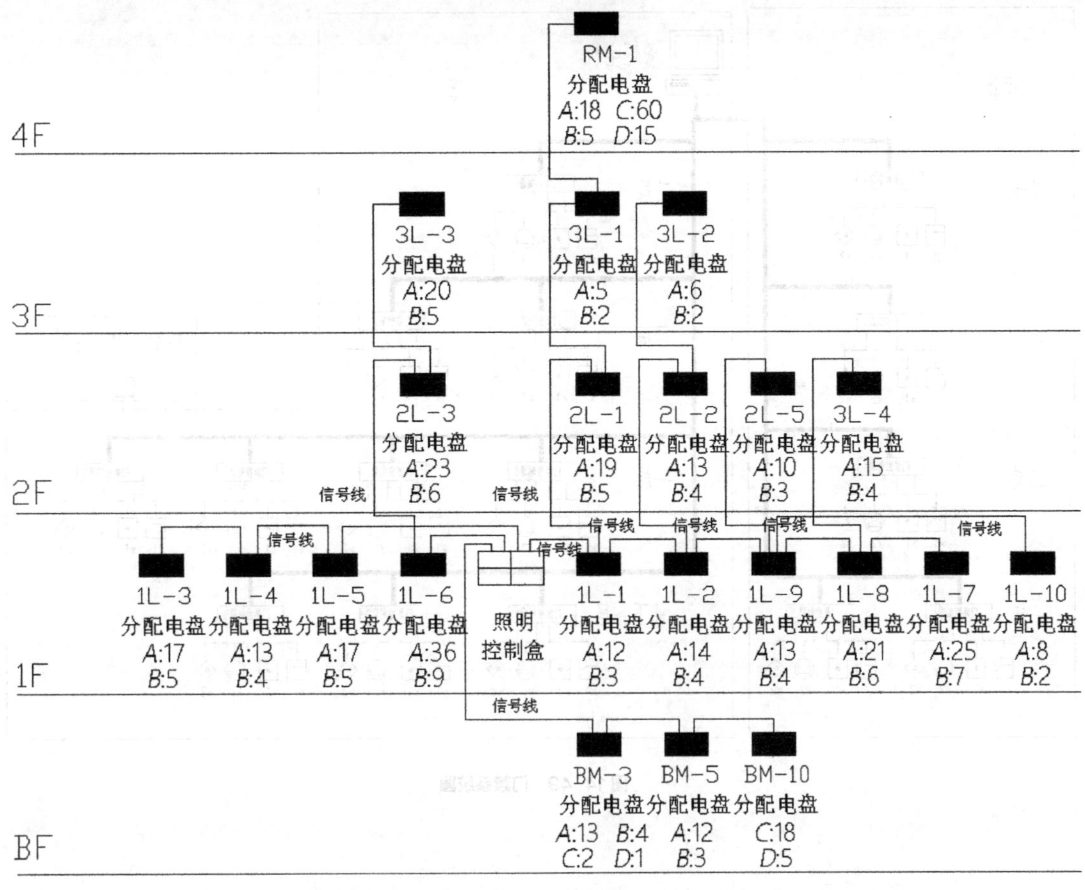

图 14-48 跳水馆照明干线系统图

各分配电盘中，*A* 为控制模块控制的回路个数，*B* 为控制模块个数，*C* 为控制开关控制的回路个数，*D* 为控制开关个数。

14.4 思考与练习

绘制如图14-49所示的门禁系统图。

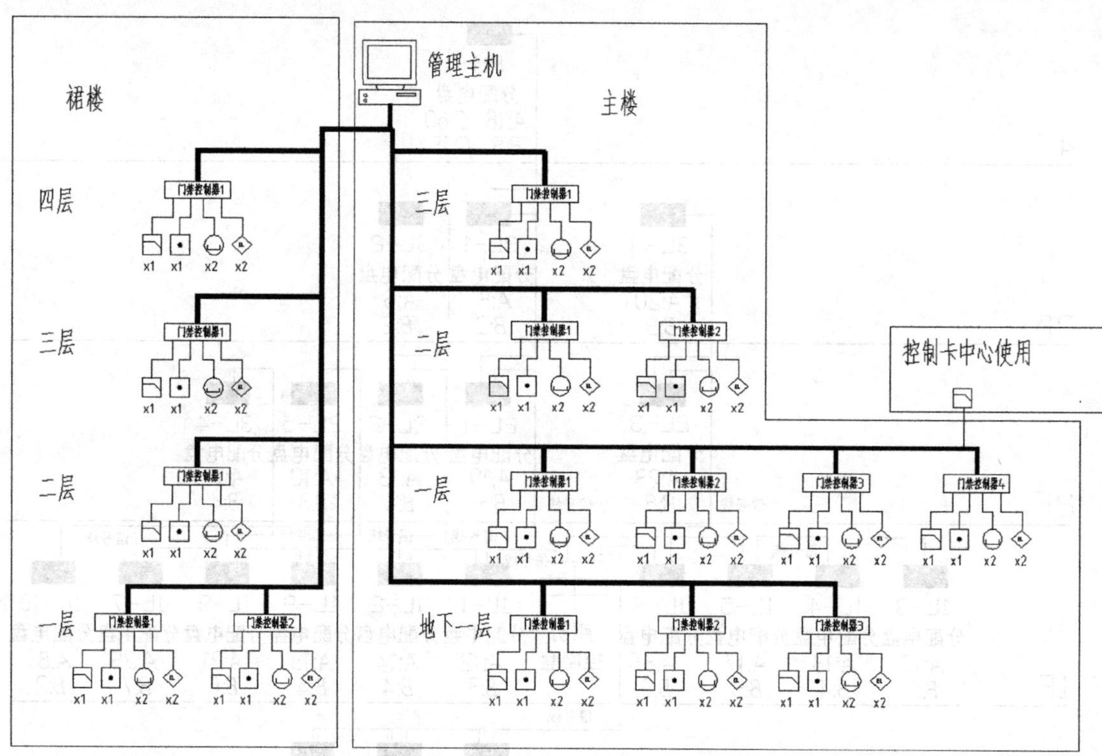

图14-49 门禁系统图

第15章

起重机电气设计实例

本章主要结合起重机电气设计实例讲解利用 AutoCAD 进行各种机械电气设计的操作步骤、方法技巧等，包括电气系统图和电气原理图等知识。

通过本章实例的学习，读者将完整体会到在 AutoCAD 环境下进行具体电气工程设计的方法和过程。

知识重点

- 起重机电气系统图
- 起重机电气原理图

15.1 起重机电气设计说明

起重机电气设计的有关说明简要介绍如下。

15.1.1 设计依据

（1）应以起重机实际工作原理为基础，结合设计标准提出的合理意见。

（2）设备单位提供的设计任务书及相关设计说明。

（3）我国现行主要规程规范及设计标准。

（4）我国各类电气工程施工规范、工艺规范。

① GB/T 4728.1—2018 ~ GB/T 4728.5—2018和GB/T 4728.6—2008 ~ GB/T 4728.13—2008《电气简图用图形符号》。

② GB/T 5094.3—2005《工业系统、装置与设备以及工业产品结构原则与参照代号　第3部分：应用指南》。

③ GB/T 18135—2008《电气工程CAD制图规则》。

④ GB/T 3811—2008《起重机设计规范》。

15.1.2 图纸标准

（1）图标、图例：在图的右下角要有图标；每个电气工程图都要有图例。

（2）图纸的比例：不同图幅应采用1：50、1：100、1：150、1：200、1：250、1：300的比例。

（3）图线：电气施工图的底线用细实线，电路的干线、支线、电缆线、架空线用中实线，原有的电气线路用虚线。

（4）字体：各种字体应从左向右整齐排列，不得滥用不规范的简化字和繁体字。字体采用直体字。

（5）尺寸标注、标高：图纸中标注的尺寸为毫米（mm），一般不标注单位；图纸中应对主要电气设施标注长度及高度尺寸；图纸中的主要电气材料应标明规格型号。

（6）图纸设计说明：每个工程的电气图必须有设计说明，应详细说明设计要点、设计解释、设计特殊要求和配合要点等。

15.1.3 电气工程设计图纸的分类

（1）电气控制图。

（2）变频器电气接线原理图。

（3）照明电气原理图。

（4）司机室操作面板布置及刻字示意图。

（5）电气元器件清单。

15.1.4 常用电气或器件代号

A：AC—交流　　AD—晶体管放大器

AJ—集成电路放大器　　AP—印制电气板

B：BP—压力变换器　　BR—旋转变换器

BT—温度变换器　　BV—速度变换器

C：C—电容器

D：D—二进制元器件　　DC—直流

E：E—接地　　EL—照明灯

F：F—保护器件（过电压保护器、避雷器等）

FF—快熔　　FR—热继电器

FU—普通熔断器

G：GB—蓄电池

H：H—信号灯　　HA—声响器

HL—光指示器

K：K—继电器　　KA—电流继电器

KM—接触器　　KT—时间继电器

L：LA—桥臂电抗器　　LF—平波电抗器

LL—进线电抗器　　LPS—线性电源

M：M—电动机

N：N—运算放大器、模拟器件

P：PA—电流表　　PE—接地保护

PG—编码器　　PC—脉冲计数器

PEN—保护与中性共用

PV—电压表　　PPS—净化稳压电源

Q：Q—自动开关　　QF—断路器

QK—刀开关　　QS—隔离开关

R：RP—电位器　　RS—分流器

RT—热敏电阻　　RV—压敏电阻

S：SA—转换开关、控制开关

SB—按钮开关　　SL—行程开关

SM—主令开关　　SPS—开关电源

SQ—接近开关

T：T—变压器　　TA—电流互感器

TG—测速发电机　　TC—控制电源变压器

TV—电压互感器　　TP—脉冲变压器
TR—整流变压器　　TS—同步变压器
V：VC—整流器　　VD—二极管
VS—稳压管　　VT—晶体管
X：XJ—测试插孔　　XP—插头
XS—插座　　XT—端子板
Y：YA—电磁铁　　YB—电磁制动器
YM—电动阀　　YV—电磁阀
Z：Z—滤波器

15.1.5 电气控制原理图

（1）由YGK2（控制器型号）控制器点动控制系统。

（2）系统的控制部分采用可编程控制器来实现，替代传统的继电器控制，具有控制先进、可靠性高、编程和修改方便等特点。PLC是整个调速系统的核心，负责对系统所有的输入输出控制点和运算的控制，同时 PLC具备强大的故障诊断功能，能够准确可靠地监控系统运行，并负责与全中文故障显示监测系统的通信。

（3）系统分为起升、变幅、回转和走行四部分。

（4）系统具备较高的安全性、可靠性及完备的防止误操作功能，能够满足起重机大范围平稳调速的要求。

15.1.6 电气接线原理图

（1）绘制变频器电气接线图。

（2）本例使用磁通矢量控制G7变频器ACT-G7，是根据现代控制理论，采用磁通检测和神经网络控制技术，直接控制电极的力矩，保证无冲击安全运行。即使在负载变动条件下，也具有全速度范围高精度运行的特点。

（3）三相交流电源380V。

（4）PLC输入、输出。

（5）采用脉冲序列输出。

15.1.7 电气系统图

（1）绘制的照明电气系统图主要包括司机室、支腿及中梁部分。

（2）开关布置图主要表达司机室操作面板布置及刻字示意图。

（3）在照明系统图中添加各种元器件：EL系列防水防尘灯、TD系列投影灯、电暖气和电位器等。

（4）在布置图中显示元器件布置与开关刻度的相对位置，简单明了。

15.1.8 其他要求

（1）设计的线路应与负载相匹配，以保证长期安全、规范地运行。

（2）设计电气图纸要简明、细致、准确、全面。

（3）电气工程图纸设计完成后，要按流程进行报批，批准后实施。

15.2 起重机电气系统图

在绘制成套的电气图纸时，可对系统图描述的对象作适当划分，然后分别绘制详细的电气图，使得图样表达更为清晰、简练、准确，同时这样可以缩小图纸幅面，以利保管、复制及缩微。

本节将以起重机照明电气原理图和司机室操作面板布置及刻字示意图为例，详细地讲述电气系统图的绘制过程。

15.2.1 机械电气系统图基础

电气系统图是用来表达电气供配电的图纸，一般采用单线法绘制，图中应标出配电箱、开关、熔断器、导线和电缆的型号规格、保护管径与敷设方式、用电设备的名称、容量（额定指标）及配电方式等，相关标注表达方法可参见前述图形符号及文字符号等有关叙述，读者也可查阅一些图集资料进行阅图能力训练。

《电气技术用文件的编制》（GB/T 6988）对机

械电气系统图的定义如下：用符号或带注释的框图，概略地表示系统或分系统的基本组成、相互关系及其主要特征的一种简图。系统的组成有大有小，以某工厂为例，有总降压变电所系统图、车间动力系统图以及一台电动机的控制系统图和照明灯具的控制系统图等。

1. 照明原理图基础

照明控制接线图包括原理接线图和安装接线图。原理接线图比较清楚地表明了开关、灯具的连接与控制关系，但不具体表示照明设备与线路的实际位置。在照明平面图上表示的照明设备连接关系图是安装接线图。照明平面图应清楚地表示灯具、开关、插座、线路的具体位置和安装方法，但对同一方向、同一档次的导线只用一根线表示。灯具和插座都是并联于电源进线的两端，相线必须经过开关后再进入灯座。零线直接接到灯座，保护接地线与灯具的金属外壳相连接。

2. 插座的接线

（1）单相两极暗插座。

图15-1所示为单相两极暗插座的平面图及接线示意图，由该图可以看出，左插孔接零线N，右插孔接相线L。

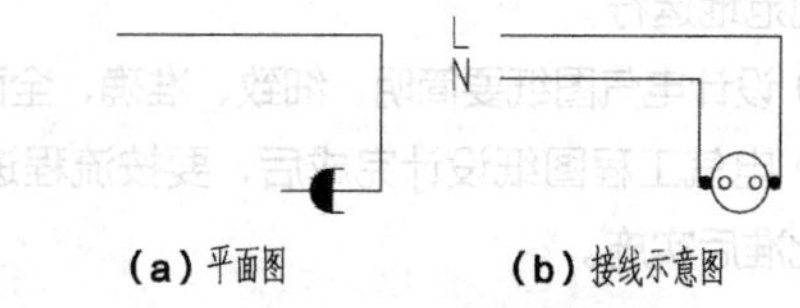

图15-1 单相两极暗插座

（2）单相三级暗插座。

图15-2所示为单相三极暗插座的平面图及接线示意图，由该接线图可以看出，上插孔接保护接地线PE，左插孔接零线N，右插孔接相线L。

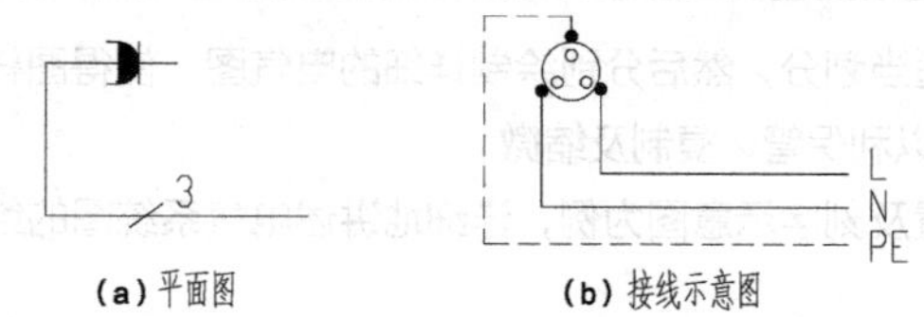

图15-2 单相三级暗插座

（3）三相四极暗插座。

图15-3所示为三相四极暗插座的平面图及接线示意图，从接线图中可以看出，上插孔接保护接地线PE，其余插孔接3根相线（L1、L2、L3）。

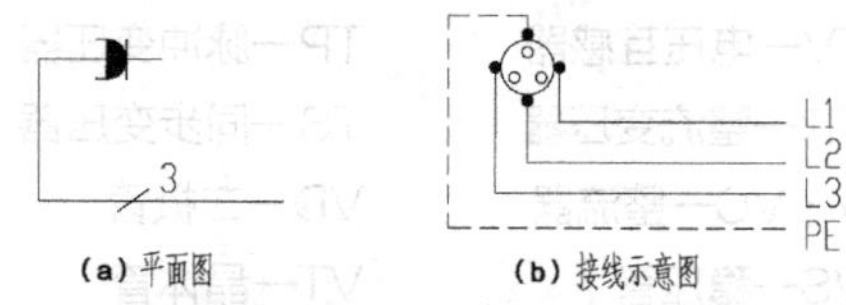

图15-3 三相四极暗插座

3. 文字标注说明

（1）线路文字标注。

动力及照明线路在平面图上均用图线表示，而且只要走向相同，无论导线根数的多少，都可用一条图线（单线法），同时在图线上打上短斜线或标以数字，用以说明导线的根数。另外在图线旁标注必要的文字符号，用以说明线路的用途、导线型号、规格、根数、线路敷设方式及敷设部位等。这种标注方式习惯称为直接标注。其标注基本格式如下。

$$a-b(c\times d)e-f$$

其中：a——线路编号或线路用途的符号；

b——导线型号；

c——导线根数；

d——导线截面，mm²；

e——保护管直径，mm；

f——线路敷设方式和敷设部位。

《电气简图用图形符号》（GB/T 4728）和《电气技术用文件的编制》（GB/T 6988）未对线路用途符号及线路敷设方式和敷设部位用文字符号作统一规定，但仍一般习惯使用原来以汉语拼音字母标注的方法，对于专业人员，推荐使用专业英语字母表征其相关说明。

例如：

◆ WP1—BLV—（3×50+1×35）—K—WE 表示1号电力线路，导线型号为BLV（铝芯聚氯乙烯绝缘电线），共有4根导线，其中3根截面均为50mm²，1根截面为35mm²，采用瓷瓶配线，沿墙明敷设。

◆ BLX—（3×4）G15—WC表示3根截面均为4mm²的铝芯橡皮绝缘电线，穿直径15mm的水煤气钢管沿墙暗敷设。

当线路用途明确时，可以不标注线路的用途。标注的相关符号所代表的含义见表15-1、表15-2、表15-3。

表15-1 标注线路用文字符号

序号	中文名称	英文名称	常用文字符号		
			单字母	双字母	三字母
1	控制线路	control line	W	WC	
2	直流线路	direct current line		WD	
3	应急照明线路	emergency lighting line		WE	WEL
4	电话线路	telephone line		WF	
5	照明线路	illuminating line		WL	
6	电力线路	power line		WP	
7	声道(广播)线路	sound gate line		WS	
8	电视线路	TV circuit		WV	
9	插座线路	socket line		WX	

表15-2 线路敷设方式文字符号

序号	中文名称	英文名称	旧符号	新符号
1	暗 敷	concealed	A	C
2	明 敷	exposed	M	E
3	铝皮线卡	aluminum clip	QD	AL
4	电缆桥架	cable tray		CT
5	金属软管	flexible metalic conduit		F
6	水煤气管	gas tube	G	G
7	瓷绝缘子	porcelain insulator	CP	K
8	钢索敷设	supported by messenger wire	S	M
9	金属线槽	metallic raceway		MR
10	电线管	electrical metallic tubing	DG	T
11	塑料管	plastic conduit	SG	P
12	塑料线卡	plastic clip	VJ	PL
13	塑料线槽	plastic raceway		PR
14	钢 管	steel conduit	GG	S

表15-3 线路敷设部位文字符号

序号	中文名称	英文名称	旧符号	新符号
1	梁	beam	L	B
2	顶 棚	ceiling	P	CE
3	柱	column	Z	C
4	地面(楼板)	floor	D	F
5	构 架	rack		R
6	吊 顶	suspended ceiling		SC
7	墙	wall	Q	W

（2）动力、照明配电设备的文字标注。

动力和照明配电设备应采用《电气简图用图形符号》（GB/T 4728）所规定的图形符号绘制，并应在图形符号旁加注文字标注，其文字标注格式一般可为 $a\frac{b}{c}$ 或 $a\text{-}b\text{-}c$，当需要标注引入线的规格时，则标注为

$$a\frac{b\text{-}c}{d(e\times f)\text{-}g}$$

其中：a——设备编号；

b——设备型号；

c——设备功率，kW；

d——导线型号；

e——导线根数；

f——导线截面，mm^2；

g——导线敷设方式及敷设部位。

例如：

◆ $A_3\frac{XL\text{-}3\text{-}2}{40.5}$ 表示3号动力配电箱，其型号为XL-3-2，功率为40.5kW。

◆ $A_3\frac{XL\text{-}3\text{-}2\text{-}40.5}{BLV\text{-}3\times 35G50\text{-}CE}$ 表示3号动力配电箱，型号为XL-3-2，功率为40.5kW，配电箱进线为3根铝芯聚氯乙烯绝缘电线，其截面为 $35mm^2$，穿直径50mm的水煤气钢管，沿柱子明敷。

（3）用电设备的文字标注。

用电设备应按国家标准规定的图形符号表示，并在图形符号旁用文字标注说明其性能和特点，如编号、规格、安装高度等，其标注格式为

$$\frac{a}{b} \text{ 或 } \frac{a\,|\,b}{c\,|\,d}$$

其中：a——设备的编号；

b——额定功率，kW；

c——线路首端熔断片或自动开关释放器的电流，A；

d——安装标高，m。

（4）开关及熔断器的文字标注。

开关及熔断器的表示，亦为图形符号加文字标注。其文字标注格式一般为

$$a\frac{b}{c/i} \text{或} a\text{-}b\text{-}c/i$$

当需要标注引入线时，则其标注格式为

$$a\frac{b\text{-}c/i}{d(e\times f)\text{-}g}$$

其中：a——设备编号；

b——设备型号；

c——额定电流，A；

i——整定电流，A；

d——导线型号；

e——导线根数；

f——导线截面，mm^2；

g——导线敷设方式及敷设部位。

例如：

◆ $Q_5\frac{HH_3\text{-}100/3}{100/80}$ 表示5号开关设备，型号为 HH_3-100/3，即额定电流为100A的三级铁壳开关，开关内熔断器所配用的熔体额定电流则为80A。

◆ $Q_2\frac{HH_3\text{-}100/3\text{-}100/80}{BLX\text{-}3\times 35G40\text{-}FC}$ 表示2号开关设备，型号为 HH_3-100/3，即额定电流为100A的三级铁壳开关，开关内熔断器所配用的熔体额定电流为80A，开关的进线采用3根截面均为 $35mm^2$ 的铝芯橡皮绝缘线，导线穿直径为40mm的水煤气钢管埋地暗敷。

◆ $Q_5\frac{DZ10\text{-}100/3}{100/80}$ 表示5号开关设备，型号为DZ10-100/3，即装置式三极低压空气断路器，俗称自动空气开关，其额定电流为100A，脱扣器额定电流为80A。

（5）照明灯具的文字标注。

照明灯具种类多样，图形符号也各有不同。其文字标注方式一般为

$$a\text{-}b\frac{c\times d\times L}{e}f$$

当灯具安装方式为吸顶安装时，则标注应为

$$a\text{-}b\frac{c\times d\times L}{-}f$$

其中：a——灯具的数量；

b——灯具的型号或编号；

c——每盏灯具的灯泡总数；

d——每个灯泡的容量，W；

e——灯泡安装高度，m；

f——灯具安装方式；

L——光源的种类。

照明灯具的安装方式代号如表15-4所示。

常用的光源种类有白炽灯（IN）、荧光灯（FL）、汞灯（Hg）、钠灯(Na)、碘灯(I)、氙灯(Xe)、氖灯(Ne)等。

例如：

◆ 10-YG2-2$\frac{2\times40\times FL}{3}$C表示有10盏型号为YG2-2的荧光灯，每盏灯有2个40W灯管，安装高度为3m，采用链吊安装。

◆ 5-DBB306$\frac{4\times60\times IN}{-}$C表示有5盏型号为DBB306的圆口方罩吸顶灯，每盏灯有4个白炽灯泡，灯泡功率为60W，吸顶安装。

（6）照明变压器的文字标注。

照明变压器也是使用图形符号附加文字标注的方式来表示，其文字标注的格式一般为

$$a/b\text{-}c$$

其中：a ——一次电压，V；

b ——二次电压，V；

c ——额定容量，VA。

例如：

◆ 380/36-500表示该照明变压器一次额定电压为380V，二次额定电压为36V，其容量为500VA。

表15-4 照明灯具安装方式及文字符号

中文名称	英文名称	旧符号	新符号	备注
链吊	chain pendant	L	C	
管吊	pipe(conduit) erected	G	P	
线吊	wire(cord) pendant	X	WP	
吸顶	ceiling mounted (absorbed)		C	
嵌入	recessed in		R	
壁装	wall mounted	B	W	图形能区别时可不注

15.2.2 照明电气原理图

查看照明原理图时，第一步先看图纸的总说明，记住配电箱、开关、灯具等图例、代号；第二步看平面图，了解配电箱、开关、灯具等的位置，电线、电缆的规格、走向及敷设方式；最后看系统图，了解配电箱、柜的接线，电气控制原理等。本小节绘制如图15-4所示的起重机照明电气原理图。

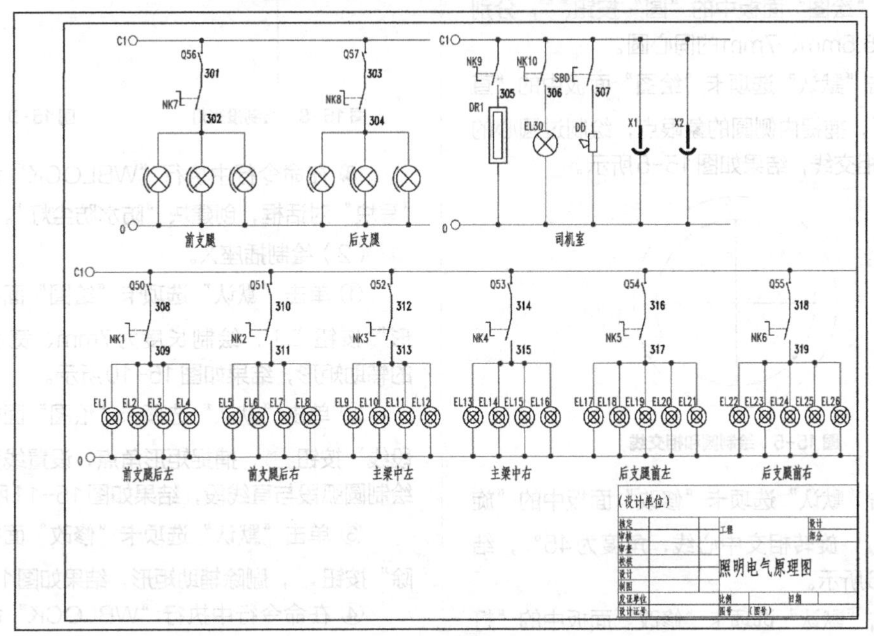

图15-4 照明电气原理图

1. 配置绘图环境

（1）打开AutoCAD 2020应用程序，单击“快速访问”工具栏中的“新建”按钮，打开随书电子资料包“源文件”文件夹中的“源文件/15/A3 电气样板图.dwt”，将其作为模板，单击“打开”按钮，新建模板文件。

（2）单击“快速访问”工具栏中的“保存”按钮，将新文件命名为“照明电气原理图”并保存。

（3）单击“默认”选项卡“图层”面板中的“图层特性”按钮，新建如下图层。

“元器件层”：线宽为0.5mm，其余属性默认。

“回路层”：线宽为0.25mm，颜色为蓝色，其余属性默认。

“说明层”：线宽为0.25mm，颜色为红色，其余属性默认。

（4）单击“默认”选项卡“注释”面板中的“文字样式”按钮，弹出“文字样式”对话框。单击“新建”按钮，输入名称“英文注释”，确定后回到“文字样式”对话框，设置“字体名”为“romand.shx”，“高度”为“3.5”，“宽度因子”为“0.7”。

2. 绘制电气元器件

（1）绘制投光灯和防水防尘灯。

① 将“元器件层”设置为当前图层。单击“默认”选项卡“绘图”面板中的“圆”按钮，分别绘制半径为5.5mm、7mm的同心圆。

② 单击“默认”选项卡“绘图”面板中的“直线”按钮，捕捉内侧圆的象限点，绘制过圆心的水平和竖直相交线，结果如图15-5所示。

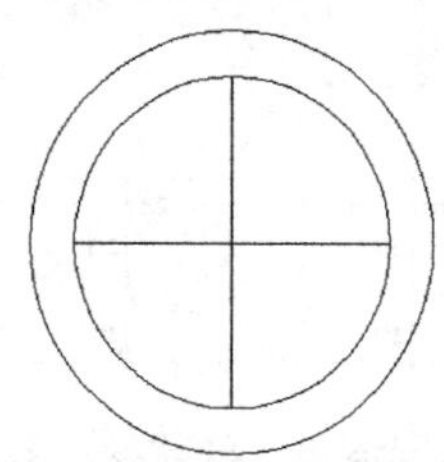

图15-5　绘制圆和相交线

③ 单击“默认”选项卡“修改”面板中的“旋转”按钮，旋转相交中心线，角度为45°，结果如图15-6所示。

④ 单击“默认”选项卡“修改”面板中的“打断”按钮，单击点1，再单击点2，打断外侧圆，结果如图15-7所示。

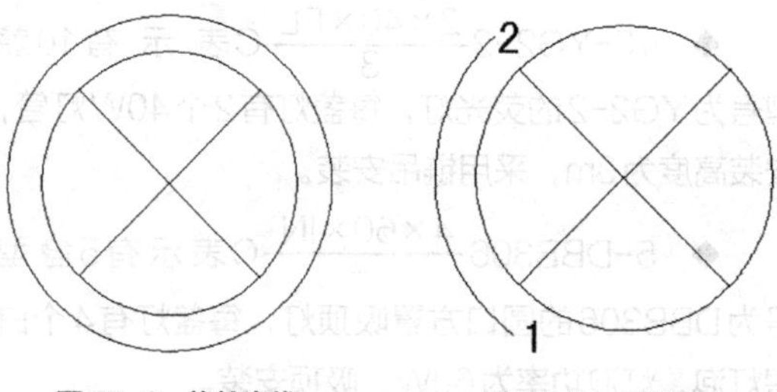

图15-6　旋转直线　　图15-7　打断圆

⑤ 单击“默认”选项卡“绘图”面板中的“直线”按钮，绘制竖直引脚，长度为5mm，元器件最终绘制结果如图15-8所示。

⑥ 在命令行中执行“WBLOCK”命令，弹出“写块”对话框，创建块“投光灯”。

⑦ 用同样的方法绘制照明灯，其中同心圆的半径分别为2.5mm、4.5mm，照明灯元器件绘制结果如图15-9所示。

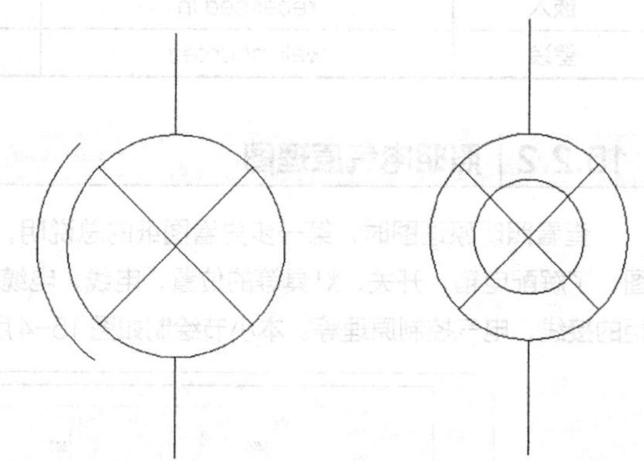

图15-8　绘制投光灯　　图15-9　绘制照明灯

⑧ 在命令行中执行“WBLOCK”命令，弹出“写块”对话框，创建块“防水防尘灯”。

（2）绘制插座X。

① 单击“默认”选项卡“绘图”面板中的“矩形”按钮，绘制长度为7mm、宽度为10mm的辅助矩形，结果如图15-10所示。

② 单击“默认”选项卡“绘图”面板中的“多段线”按钮，捕捉矩形角点，设置线宽为1mm，绘制圆弧段与直线段，结果如图15-11所示。

③ 单击“默认”选项卡“修改”面板中的“删除”按钮，删除辅助矩形，结果如图15-12所示。

④ 在命令行中执行“WBLOCK”命令，弹出“写块”对话框，创建块“插座”。

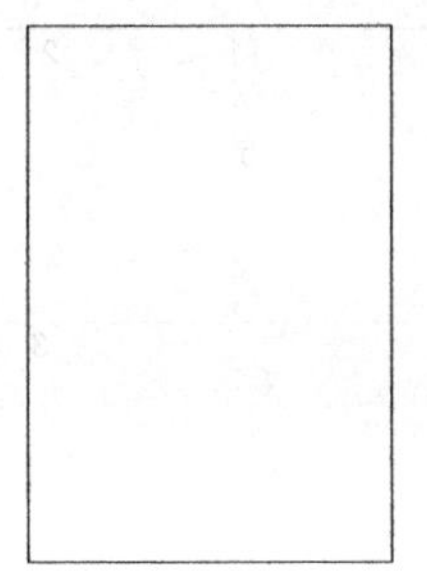

图 15-10 绘制辅助矩形

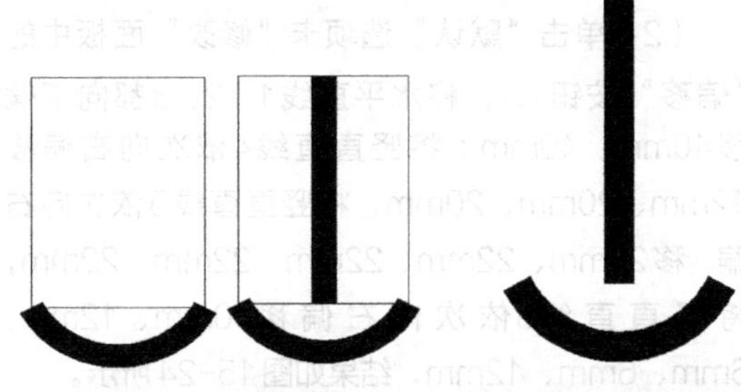

图 15-11 绘制多段线　　图 15-12 删除辅助矩形

（3）绘制钮子开关NK、急停按钮SB和行程开关Q。

① 单击“默认”选项卡“块”面板中的“插入”按钮，插入图块“时间控制开关”，如图15-13所示。

② 单击“默认”选项卡“修改”面板中的“分解”按钮，分解图块。

③ 单击“默认”选项卡“修改”面板中的“删除”按钮和“修剪”按钮，删除多余部分。

④ 双击多行文字“SK”，弹出“文字编辑器”选项卡和多行文字编辑器，修改为“NK”，结果如图15-14所示。

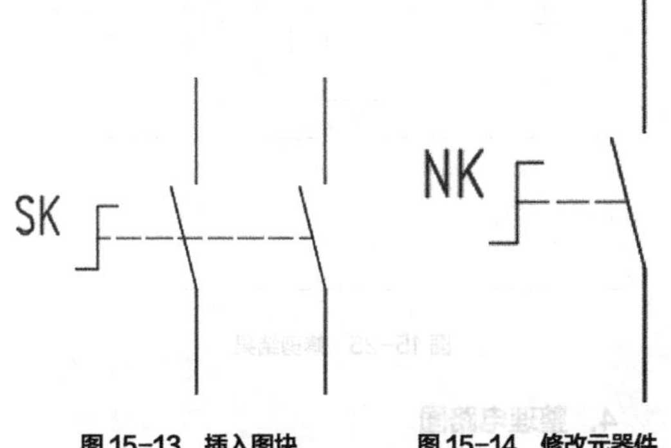

图 15-13 插入图块　　图 15-14 修改元器件

⑤ 单击“默认”选项卡“修改”面板中的“镜像”按钮，镜像得到如图15-15所示的元器件。

⑥ 在命令行中执行“WBLOCK”命令，弹出“写块”对话框，创建块“钮子开关”。

⑦ 用同样的方法，创建块“急停按钮”，如图15-16所示。

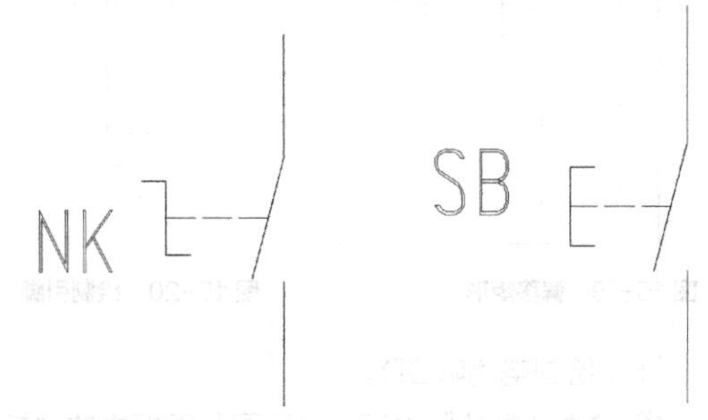

图 15-15 镜像元器件　　图 15-16 急停按钮符号

⑧ 用同样的方法，插入图块“低压断路器”，创建块“行程开关”，如图15-17所示。

（4）绘制电暖气DR。

① 单击“默认”选项卡“绘图”面板中的“矩形”按钮，绘制大小为8mm×24mm的矩形，结果如图15-18所示。

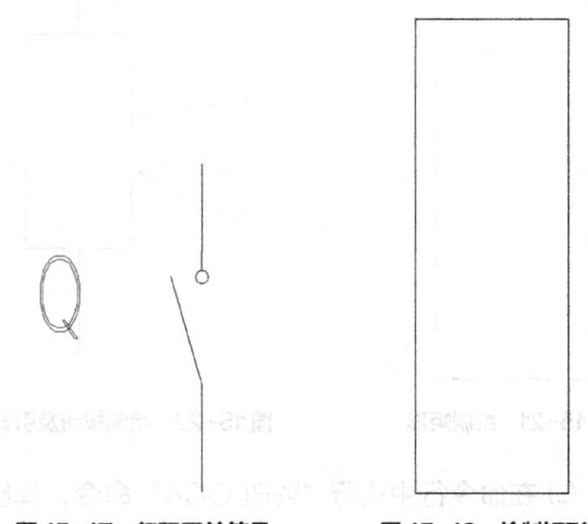

图 15-17 行程开关符号　　图 15-18 绘制矩形

② 单击“默认”选项卡“修改”面板中的“偏移”按钮，将矩形向内偏移2mm，生成小矩形，结果如图15-19所示。

③ 单击“默认”选项卡“绘图”面板中的“直线”按钮，绘制长度为5mm的引脚，结果如图15-20所示。

④ 在命令行中执行“WBLOCK”命令，弹出“写块”对话框，创建块“电暖气”。

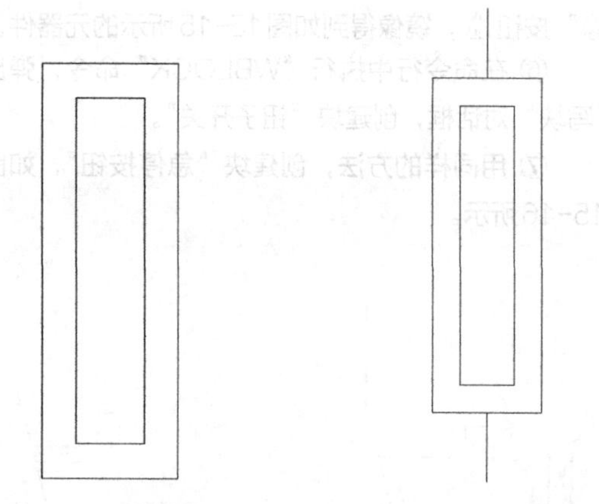

图15-19 偏移矩形 图15-20 绘制引脚

（5）绘制电喇叭DD。

① 单击“默认”选项卡“绘图”面板中的“矩形”按钮▭，绘制大小为4mm×8mm的矩形，结果如图15-21所示。

② 单击“默认”选项卡“绘图”面板中的“直线”按钮╱，绘制按钮形状及引脚，结果如图15-22所示。

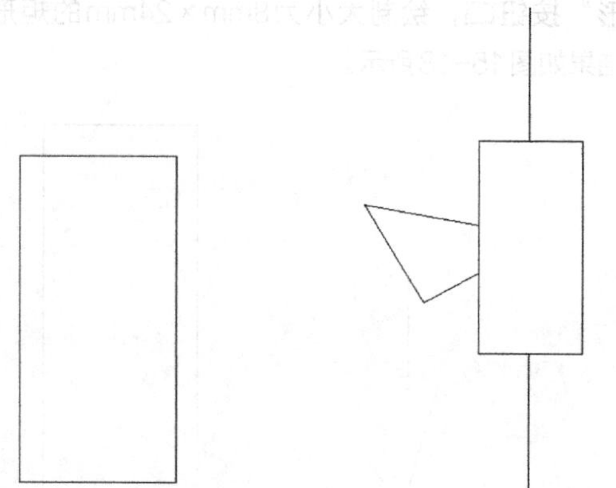

图15-21 绘制矩形 图15-22 绘制按钮及引脚

③ 在命令行中执行“WBLOCK”命令，弹出“写块”对话框，创建块“电喇叭”。

3. 绘制线路图

（1）将“回路层”设置为当前图层。单击“默认”选项卡“绘图”面板中的“直线”按钮╱，绘制水平直线1{（60,260），（200,260）}，水平直线2{（210,260），（340,260）}，水平直线3{（40,160），（400,160）}，分别捕捉水平直线1、2、3左端点，向下绘制长度为100mm的竖直直线4、5、6，辅助线绘制结果如图15-23所示。

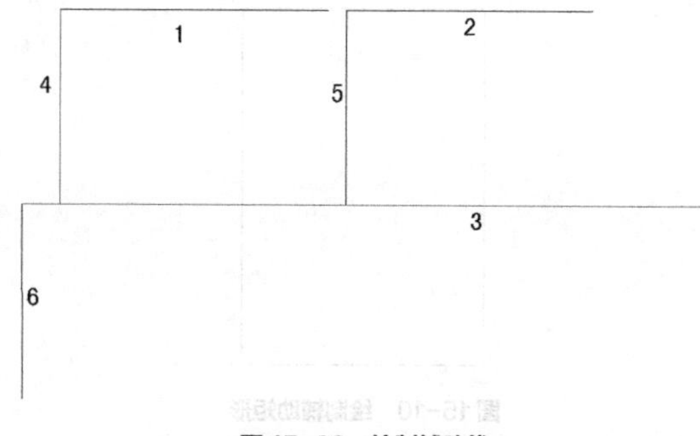

图15-23 绘制辅助线

（2）单击“默认”选项卡“修改”面板中的“偏移”按钮⊆，将水平直线1、2、3都向下偏移40mm、40mm；将竖直直线4依次向右偏移12mm、20mm、20mm，将竖直直线5依次向右偏移20mm、22mm、22mm、22mm、22mm，将竖直直线6依次向右偏移10mm、12mm、6mm、6mm、12mm，结果如图15-24所示。

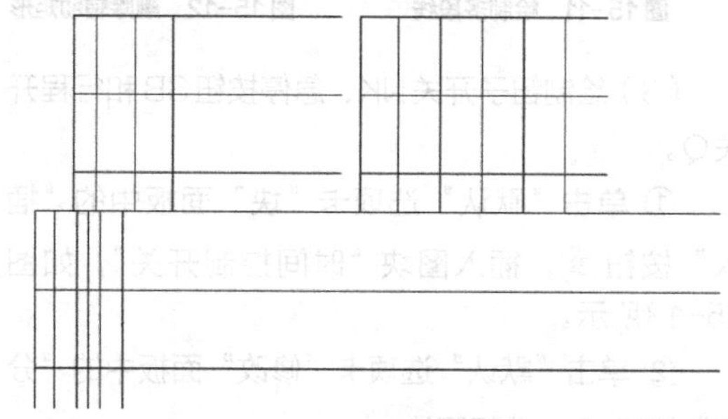

图15-24 偏移结果

（3）单击“默认”选项卡“修改”面板中的“修剪”按钮✂，修剪多余网格线，结果如图15-25所示。

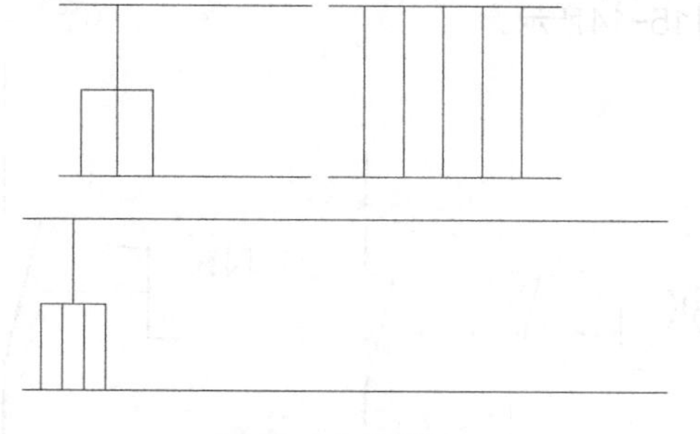

图15-25 修剪结果

4. 整理电路图

（1）单击“默认”选项卡“块”面板中的“插入”按钮，插入“投光灯”“防水防尘灯”“插座”“钮子开关”“电暖气”“电喇叭”“行程开关”“急停按钮”图块。

（2）单击“默认”选项卡“修改”面板中的“分解”按钮，分解图块，利用“移动”“旋转”和“复制”命令，将其放置到对应位置，结果如图15-26所示。

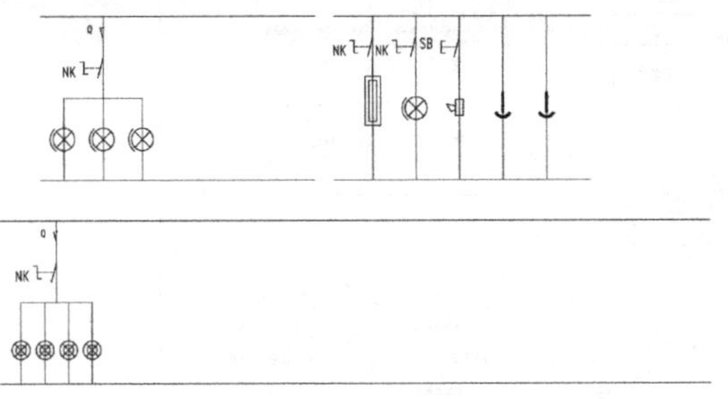

图 15-26 放置元器件

（3）单击“默认”选项卡“修改”面板中的“修剪”按钮，修剪电路，结果如图15-27所示。

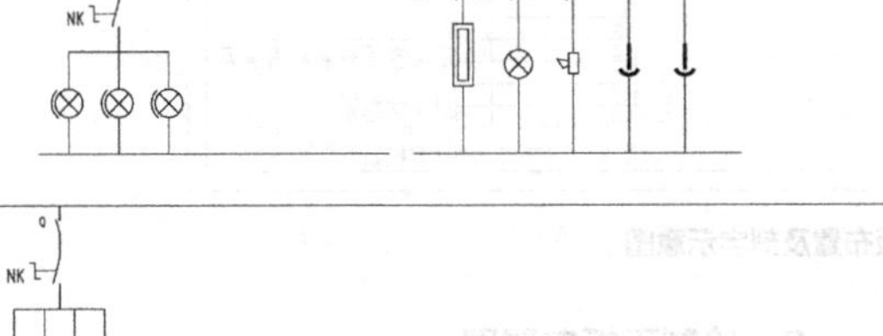

图 15-27 修剪电路

（4）单击“默认”选项卡“绘图”面板中的“圆”按钮和“修改”面板中的“修剪”按钮，绘制半径为2mm的小圆，并修剪圆内线段，作为接线端子。

（5）单击“默认”选项卡“修改”面板中的“复制”按钮和“移动”按钮，补全回路，并整理电路图，结果如图15-28所示。

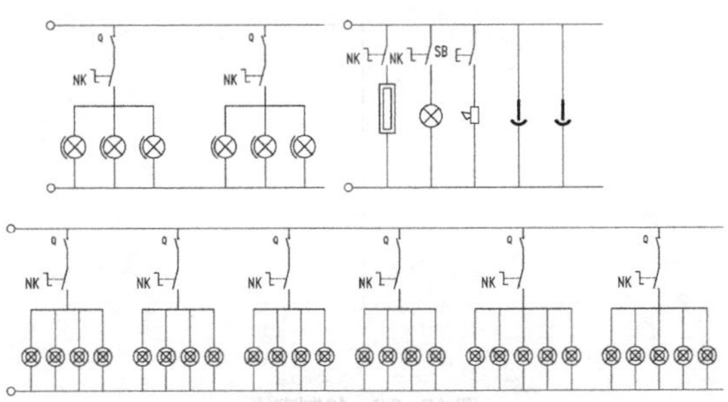

图 15-28 电路图整理结果

（6）单击“默认”选项卡“绘图”面板中的“圆”按钮，绘制内径为“0”，外径为2mm的小圆点作为导线连接点，结果如图15-29所示。

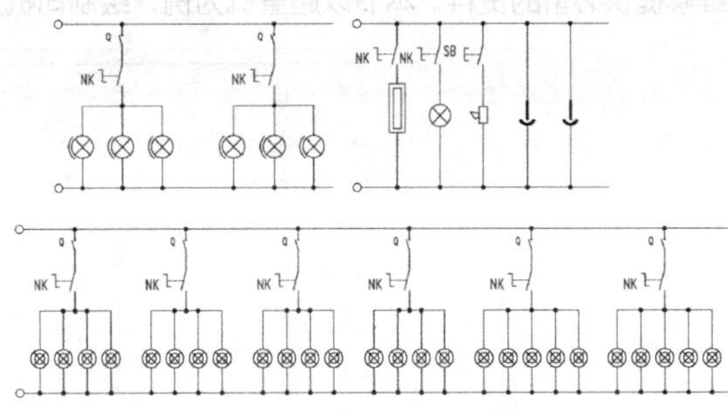

图 15-29 绘制连接点

（7）将“说明层”设置为当前图层。单击“默认”选项卡“注释”面板中的“多行文字”按钮A，为电路模块添加注释，结果如图15-30所示。

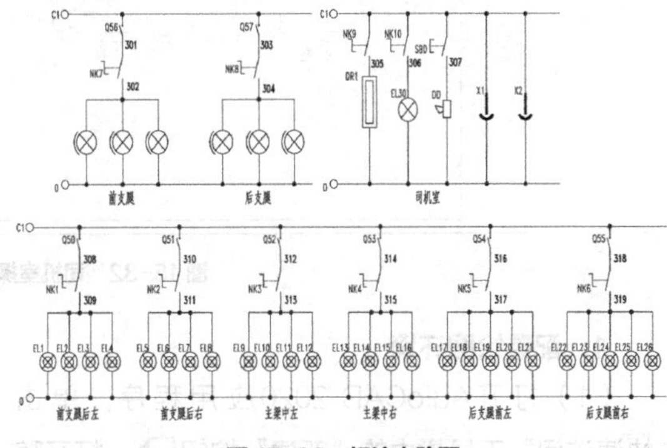

图 15-30 标注电路图

（8）双击右下角的图纸名称单元格，在标题栏中输入图纸名称“照明电气原理图”，结果如图15-31所示。

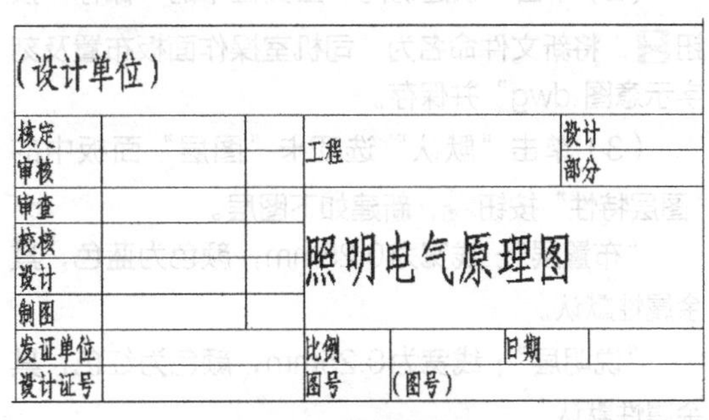

（设计单位）					
核定			工程		设计部分
审核					
审查			照明电气原理图		
校核					
设计					
制图					
发证单位			比例		日期
设计证号			图号	（图号）	

图 15-31 标注图纸名称

（9）单击“快速访问”工具栏中的“保存”按钮，保存绘制结果，最终图形如图15-4所示。

15.2.3 司机室操作面板布置及刻字示意图

电气元器件布置图主要是用来表示电气设备上所有电器的实际位置，为机械电气控制设备的制造、安装、维修提供必备的资料。本节以起重机为例，绘制司机室操作面板布置及刻字示意图，如图 15-32 所示。

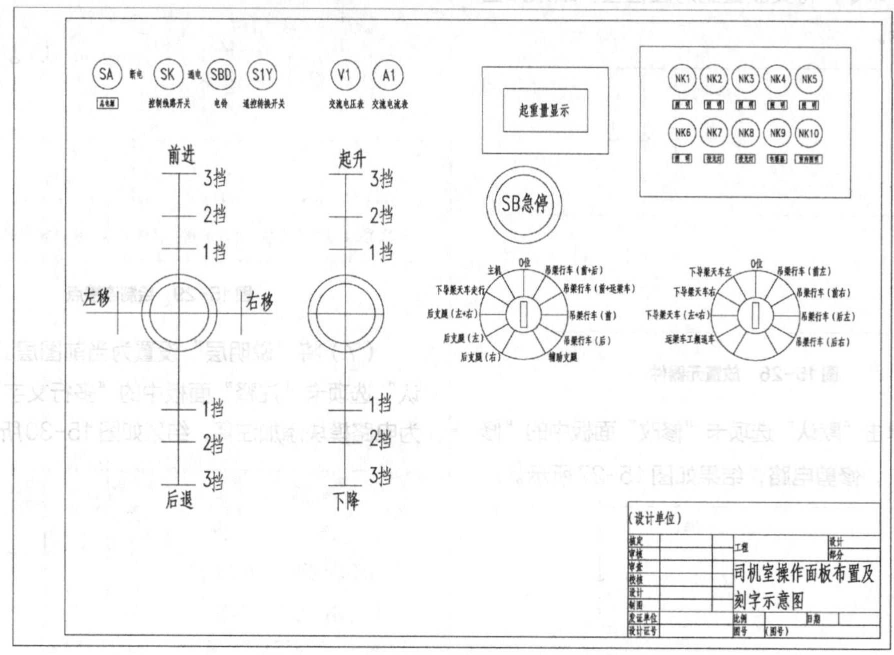

图 15-32 司机室操作面板布置及刻字示意图

1. 配置绘图环境

（1）打开AutoCAD 2020应用程序，单击“快速访问”工具栏中的“新建”按钮，打开随书电子资料包“源文件”文件夹中的“源文件/15/A3 电气样板图.dwt”，将其作为模板，单击“打开”按钮，新建模板文件。

（2）单击“快速访问”工具栏中的“保存”按钮，将新文件命名为“司机室操作面板布置及刻字示意图.dwg”并保存。

（3）单击“默认”选项卡“图层”面板中的“图层特性”按钮，新建如下图层。

“布置层”：线宽为0.25mm，颜色为蓝色，其余属性默认。

“说明层”：线宽为0.25mm，颜色为红色，其余属性默认。

（4）单击“默认”选项卡“注释”面板中的“文字样式”按钮，弹出“文字样式”对话框。单击“新建”按钮，输入名称“英文注释”，确定后回到“文字样式”对话框，设置“字体名”为“romand.shx”，“高度”为“3.5”，“宽度因子”为“0.7”。

2. 绘制面板布置图

（1）将“布置层”设置为当前图层。单击“默认”选项卡“绘图”面板中的“直线”按钮，绘制相交直线，坐标依次为{(35,155),(125,155)}，{(80,220),(80,75)}，结果如图 15-33 所示。

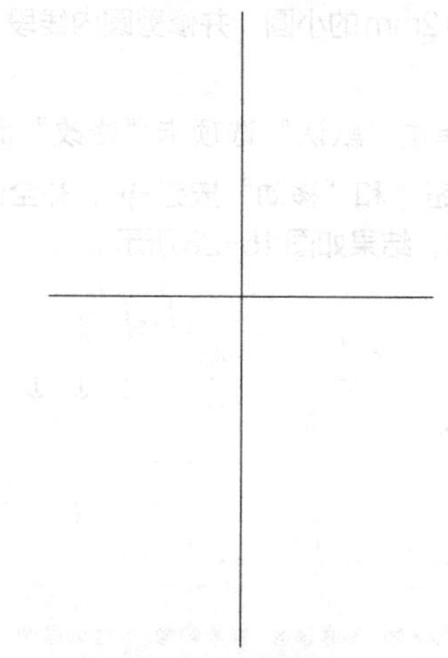

图 15-33 绘制直线

（2）单击“默认”选项卡“修改”面板中的

“偏移”按钮⊆，将水平直线依次向上偏移10mm、20mm、15mm、20mm，依次向下偏移10mm、35mm、15mm、20mm，将竖直直线向两侧分别偏移8mm、30mm，结果如15-34所示。

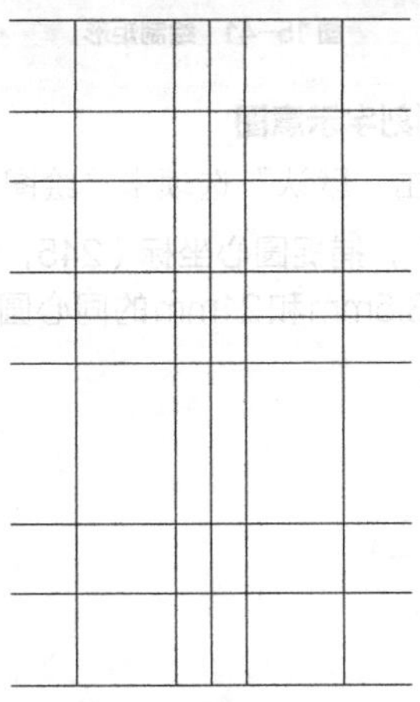

图 15-34　偏移直线

（3）单击“默认”选项卡“修改”面板中的“删除”按钮和“修剪”按钮，修剪辅助线，结果如图15-35所示。

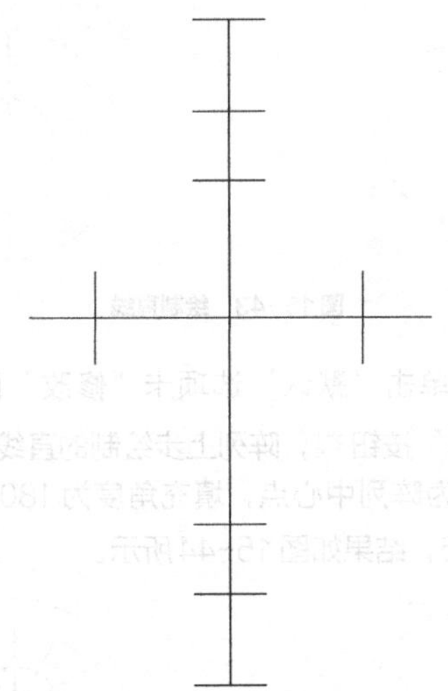

图 15-35　修剪辅助线

（4）单击“默认”选项卡“绘图”面板中的“圆”按钮，捕捉直线交点为圆心，绘制半径分别为14mm、18mm的同心圆，完成前进控制器的绘制，结果如图15-36所示。

（5）单击“默认”选项卡“修改”面板中的“复制”按钮，向右复制绘制的图形，移动距离为80mm，结果如图15-37所示。

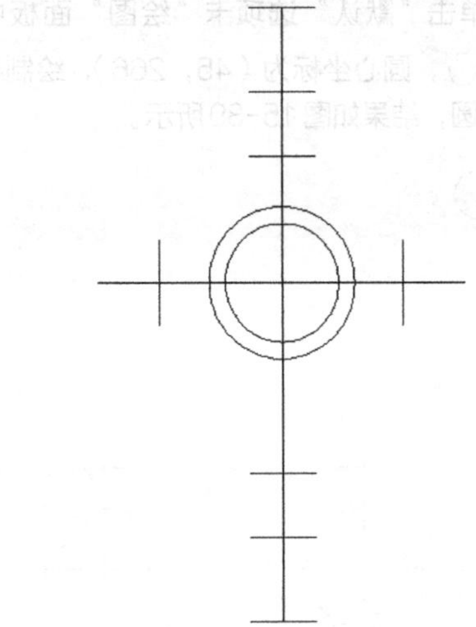

图 15-36　绘制同心圆

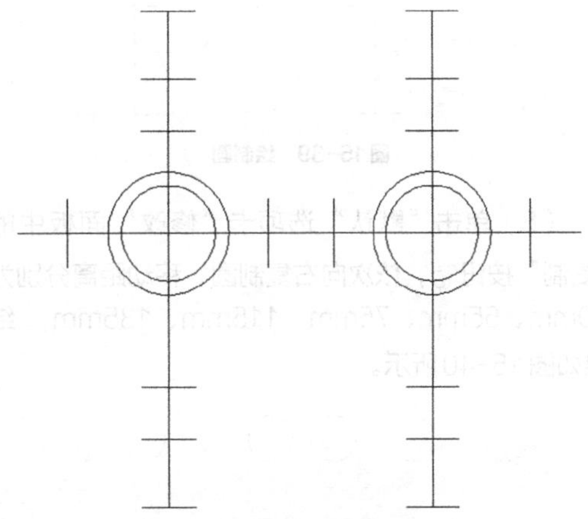

图 15-37　复制图形

（6）单击“默认”选项卡“修改”面板中的“修剪”按钮，修剪辅助线，结果如图15-38所示。

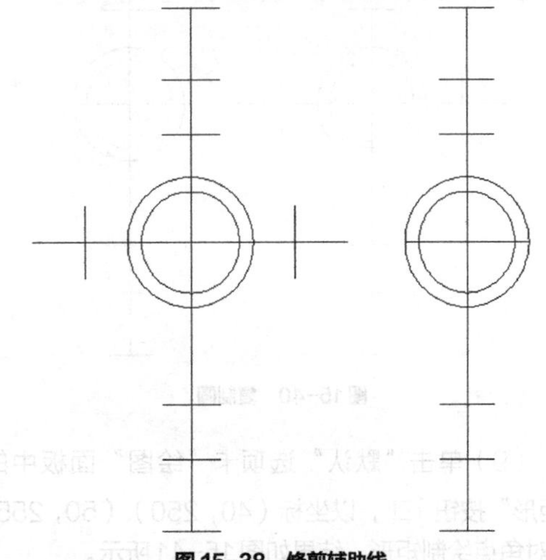

图 15-38　修剪辅助线

（7）单击“默认”选项卡“绘图”面板中的“圆”按钮，圆心坐标为（45，266），绘制半径为7mm的圆，结果如图15-39所示。

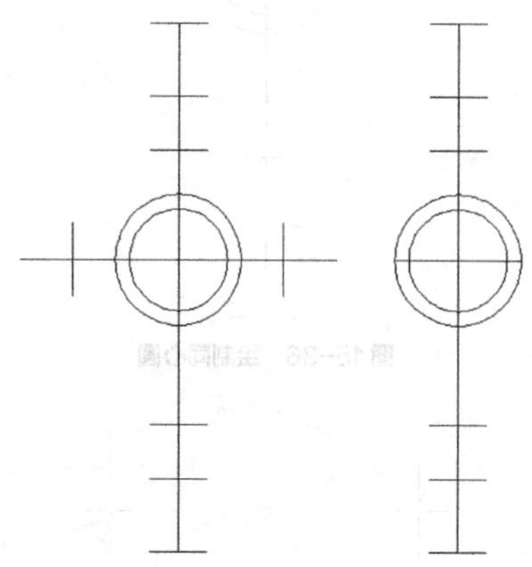

图15-39　绘制圆

（8）单击“默认”选项卡“修改”面板中的“复制”按钮，依次向右复制圆，移动距离分别为30mm、55mm、75mm、115mm、135mm，结果如图15-40所示。

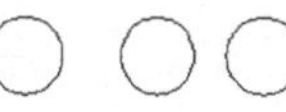

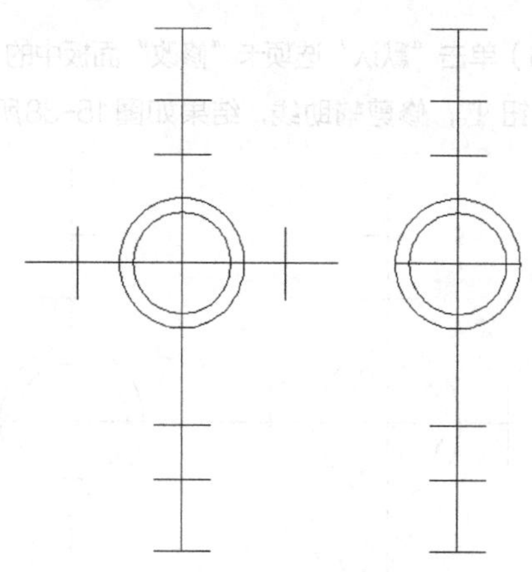

图15-40　复制圆

（9）单击“默认”选项卡“绘图”面板中的“矩形”按钮，以坐标（40，250）、（50，255）为对角点绘制矩形，结果如图15-41所示。

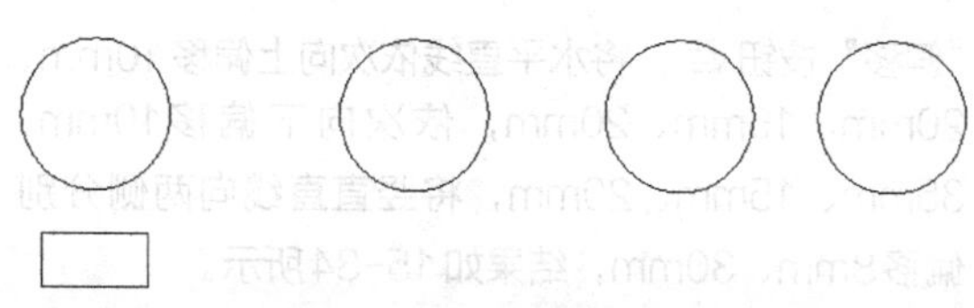

图15-41　绘制矩形

3. 绘制刻字示意图

（1）单击“默认”选项卡“绘图”面板中的“圆”按钮，捕捉圆心坐标（245，155），绘制半径分别为8.5mm和21mm的同心圆，结果如图15-42所示。

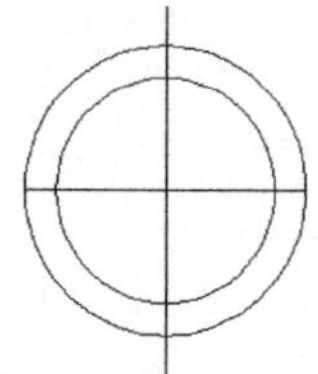
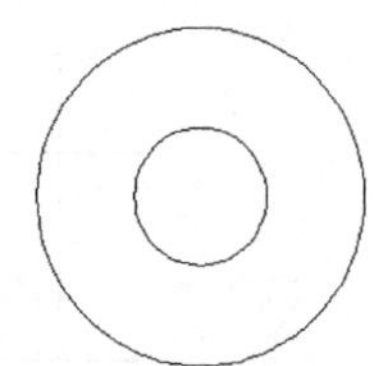

图15-42　绘制同心圆

（2）单击“默认”选项卡“绘图”面板中的“直线”按钮，绘制过圆心，连接象限点的竖直直线，结果如图15-43所示。

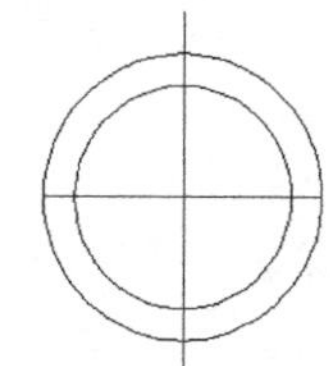
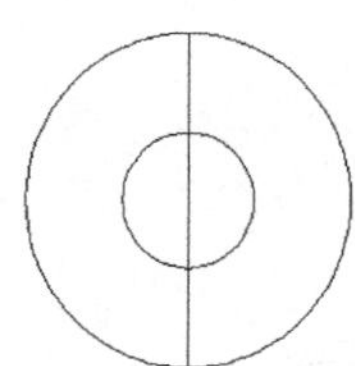

图15-43　绘制直线

（3）单击“默认”选项卡“修改”面板中的“环形阵列”按钮，阵列上步绘制的直线，捕捉同心圆圆心为阵列中心点，填充角度为180°，阵列项目数为6，结果如图15-44所示。

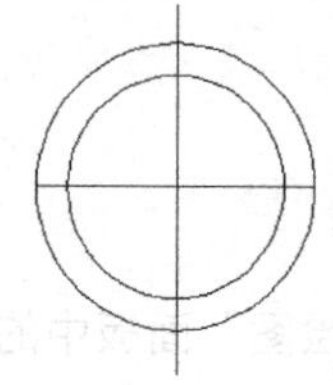
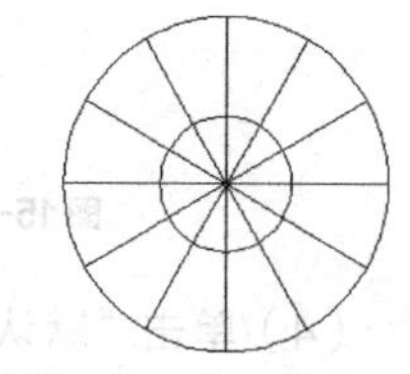

图15-44　阵列结果

（4）单击“默认”选项卡“修改”面板中的“分解”按钮，分解阵列结果。

（5）单击“默认”选项卡“修改”面板中的“删除”按钮和“修剪”按钮，修剪辅助线，结果如图15-45所示。

（6）单击“默认”选项卡“绘图”面板中的“矩形”按钮 ，绘制大小为3mm×12mm的矩形。

（7）单击“默认”选项卡“修改”面板中的“移动”按钮 ，打开“对象捕捉追踪”功能，捕捉矩形中心点，将其移动到圆心处，结果如图15-46所示。

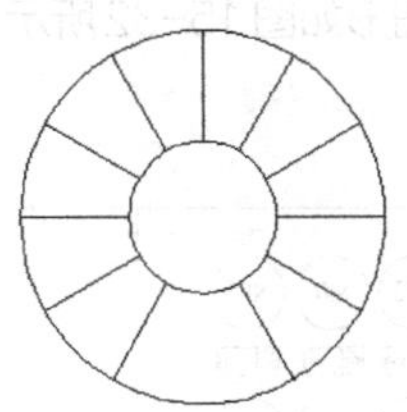

图15-45 修剪辅助线

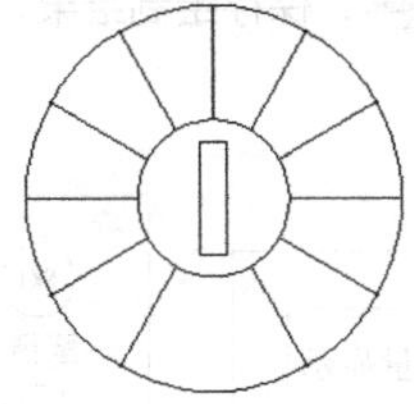

图15-46 移动矩形

（8）单击“默认”选项卡“修改”面板中的“复制”按钮 ，向右复制刻度盘，移动距离为110mm，结果如图15-47所示。

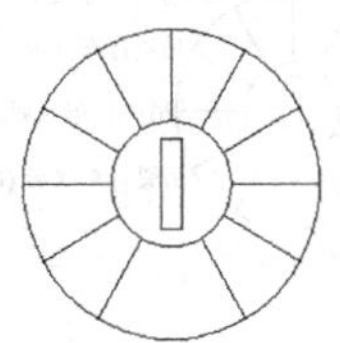

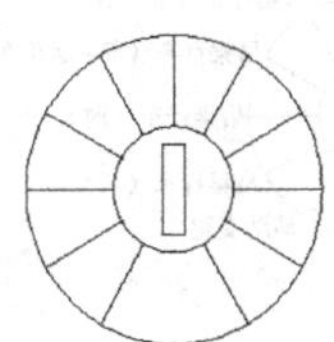

图15-47 复制图形

（9）单击“默认”选项卡“绘图”面板中的“圆”按钮 ，捕捉圆心坐标（245,206），绘制半径分别为14mm和18mm的同心圆，结果如图15-48所示。

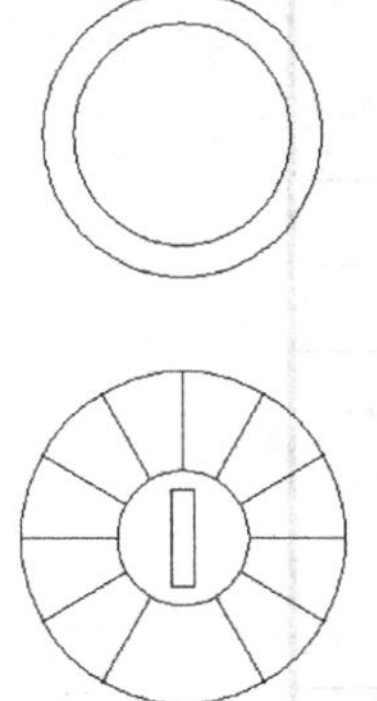

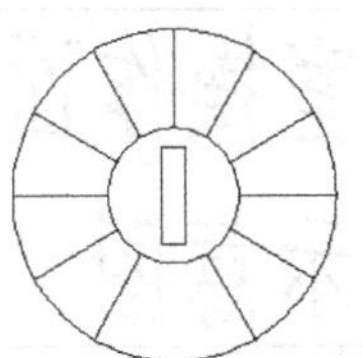

图15-48 绘制同心圆

（10）单击“默认”选项卡“绘图”面板中的“矩形”按钮 ，在右上角绘制矩形1{（225,230），（@60,40）}，矩形2{（235,240），（@40,20）}，矩形3{（300,210），（400,280）}，结果如图15-49所示。

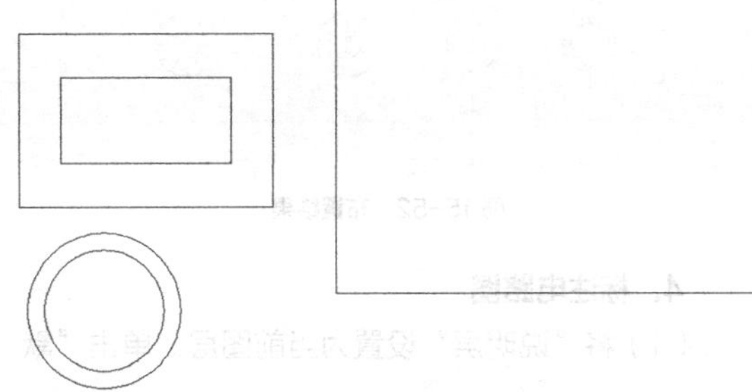

图15-49 绘制矩形

（11）单击“默认”选项卡“绘图”面板中的“圆”按钮 和“矩形”按钮 ，捕捉圆心坐标（320,265），绘制半径为6.5mm的圆，矩形角点坐标为（315.5,255）和（324.5,251），结果如图15-50所示。

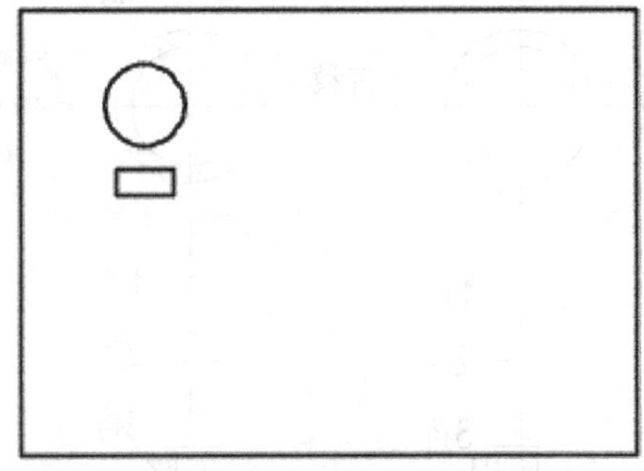

图15-50 布置指示灯

（12）单击“默认”选项卡“修改”面板中的“矩形阵列”按钮 ，阵列上步绘制的矩形与圆，行数为“2”，列数为“5”，行间距为-25mm，列间距为15mm，阵列结果如图15-51所示。

至此，布置结果如图15-52所示。

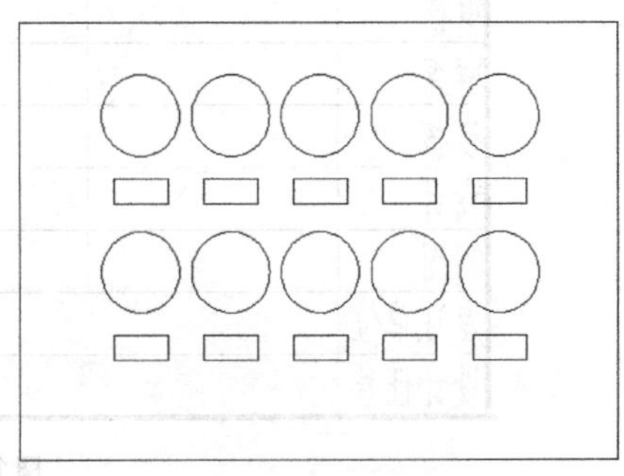

图15-51 阵列结果

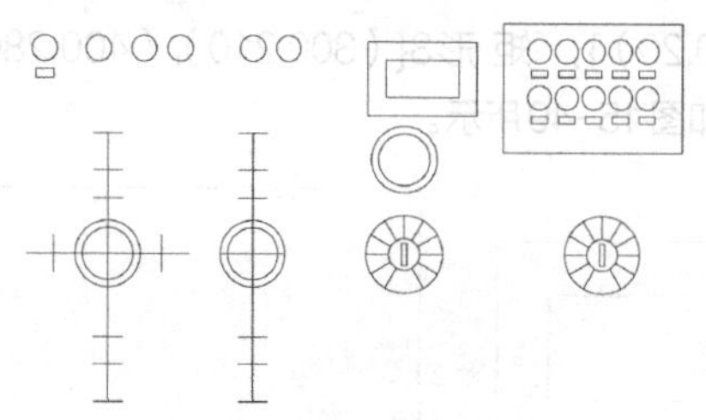
图 15-52 布置结果

4. 标注电路图

（1）将“说明层”设置为当前图层。单击“默认”选项卡“注释”面板中的“多行文字”按钮A和“修改”面板中的“复制”按钮，为布置图添加文字注释，结果如图 15-53 所示。

（2）双击右下角的图纸名称单元格，在标题栏中输入图纸名称“司机室操作面板布置及刻字示意图”，结果如图 15-54 所示。

（3）单击“快速访问”工具栏中的“保存”按钮，保存绘制结果，最终图形如图 15-32 所示。

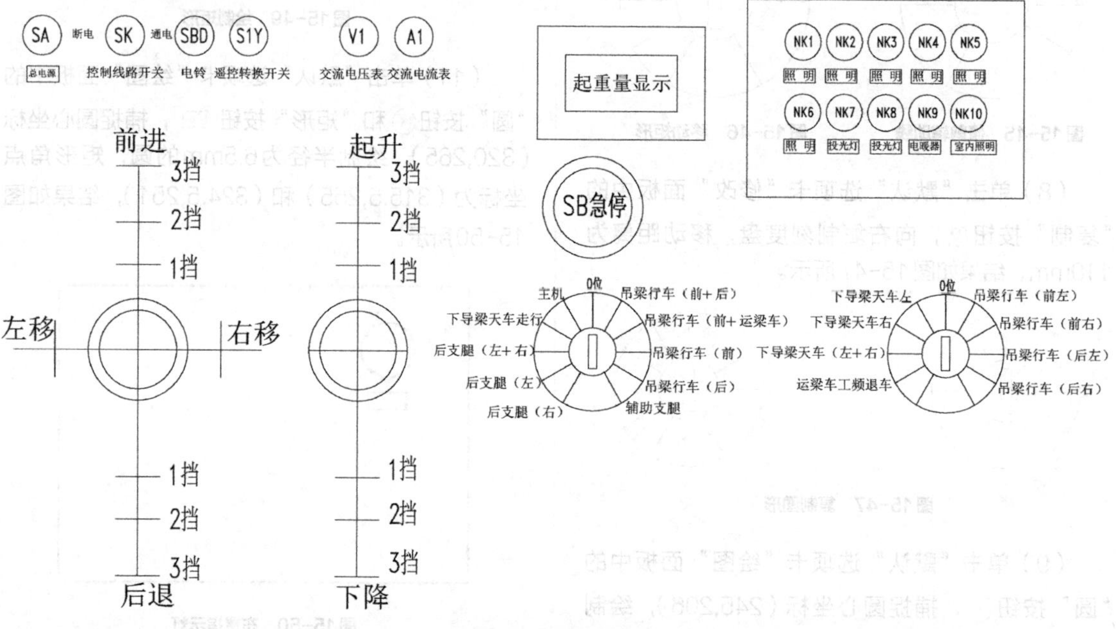

图 15-53 添加文字标注

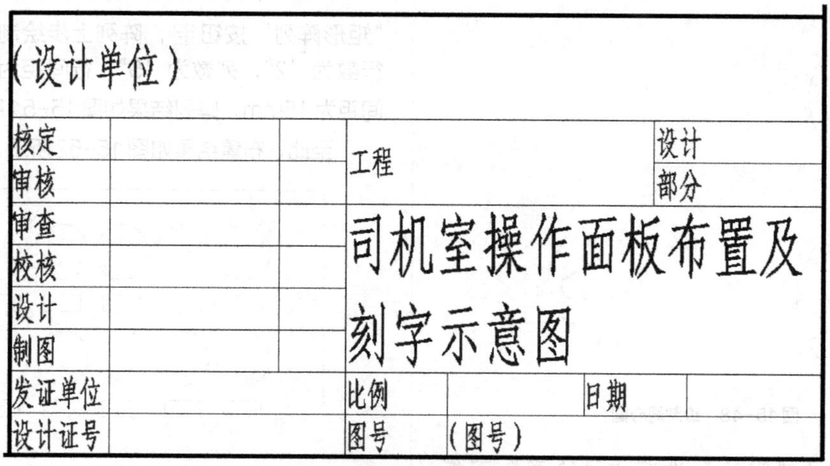

（设计单位）				
核定			工程	设计部分
审核				
审查			司机室操作面板布置及刻字示意图	
校核				
设计				
制图				
发证单位		比例		日期
设计证号		图号	（图号）	

图 15-54 标注图纸名称

15.3 起重机电气原理图

机械电气原理图是电气系统图中应用最多的，包括所有电气元器件的导电部分和接线端点，不涉及电气元器件的实际位置、实际形状与实际尺寸。

本节将以变频器电气接线原理图和起重机电气原理图为例，详细讲述电气原理图的绘制过程，在绘制过程中，带领读者认识、练习绘制更多元器件与电路图。

15.3.1 电气原理图基础

从功能的角度来看，电气工程包括发电工程、高压电输送工程、高低压工程、弱电配电工程、弱电工程，具体如下。

发电工程：发电厂建设。

高压电输送工程：发电厂到不同区域间高压电配送工程，电压在3kV以上。

高低压工程：从区域供电站到社区变压器高低压变换，电压为10kV到3kV。

弱电配电工程：从变压器输电到建筑配电室，电压为380V到220V。

弱电工程：将电子设备组合连接构成的系统，是指所有电压小于110V的电子系统工程。

电气原理图用来表明电气设备的工作原理及各电气元器件的作用、相互之间的关系。掌握识读电气原理图的方法和技巧，对于分析电气线路，排除电路故障是十分有益的。电气原理图一般由主电路、控制电路、保护电路、配电电路等几部分组成。

绘制主电路时，应依规定的电气图形符号用粗实线画出主要控制、保护等用电设备，如断路器、熔断器、变频器、热继电器、电动机等，并依次标明相关的文字符号。

控制电路一般由开关、按钮、接触器、继电器的线圈和各种辅助触点等构成。无论简单或复杂的控制电路，一般均是由各种典型电路(如延时电路、联锁电路、顺控电路等)组合而成，用以控制主电路中受控设备的“起动”“运行”和“停止”，使主电路中的设备按设计工艺的要求正常工作。

对于简单的控制电路，只要依据主电路要实现的功能，结合生产工艺要求及设备动作的先、后顺序依次分析，仔细绘制即可。对于复杂的控制电路，要按各部分所完成的功能，分割成若干个局部控制电路，然后与典型电路相对照，找出相同之处，本着先简后繁、先易后难的原则逐个画出每个局部环节，再找到各环节的相互关系，将各局部电路组合在一起。

15.3.2 变频器电气接线原理图

为了准确提供各个项目中元器件、器件、组件和装置之间实际连接的信息，设计完整的技术文件和生产工艺时，必须提供接线文件。该文件含有产品设计和生产工艺形成需要的所有接线信息，这些接线信息由接线图和接线表的形式给出。

电气接线图是根据电气设备和电器元器件的实际位置和安装情况绘制的，只是用来表示电气设备和电器元器件的位置、接线方式和配线方式，而不明显表示电气动作原理。本节绘制如图15-55所示的变频器电气接线原理图。

1. 配置绘图环境

（1）打开AutoCAD 2020应用程序，单击“快速访问”工具栏中的“新建”按钮，打开随书电子资料包“源文件”文件夹中的“源文件/15/A3 电气样板图.dwt”，将其作为模板，单击“打开”按钮，新建模板文件。

（2）单击“快速访问”工具栏中的“保存”按钮，将新文件命名为“变频器电气接线原理图”并保存。

（3）单击“默认”选项卡“图层”面板中的“图层特性”按钮，新建图层，如图15-56所示。

“元器件层”：线宽为0.5mm，其余属性默认。

“虚线层”：线宽为0.25mm，颜色为洋红，线型为ACAD_ISO02W100，其余属性默认。

“回路层”：线宽为0.25mm，颜色为蓝色，其余属性默认。

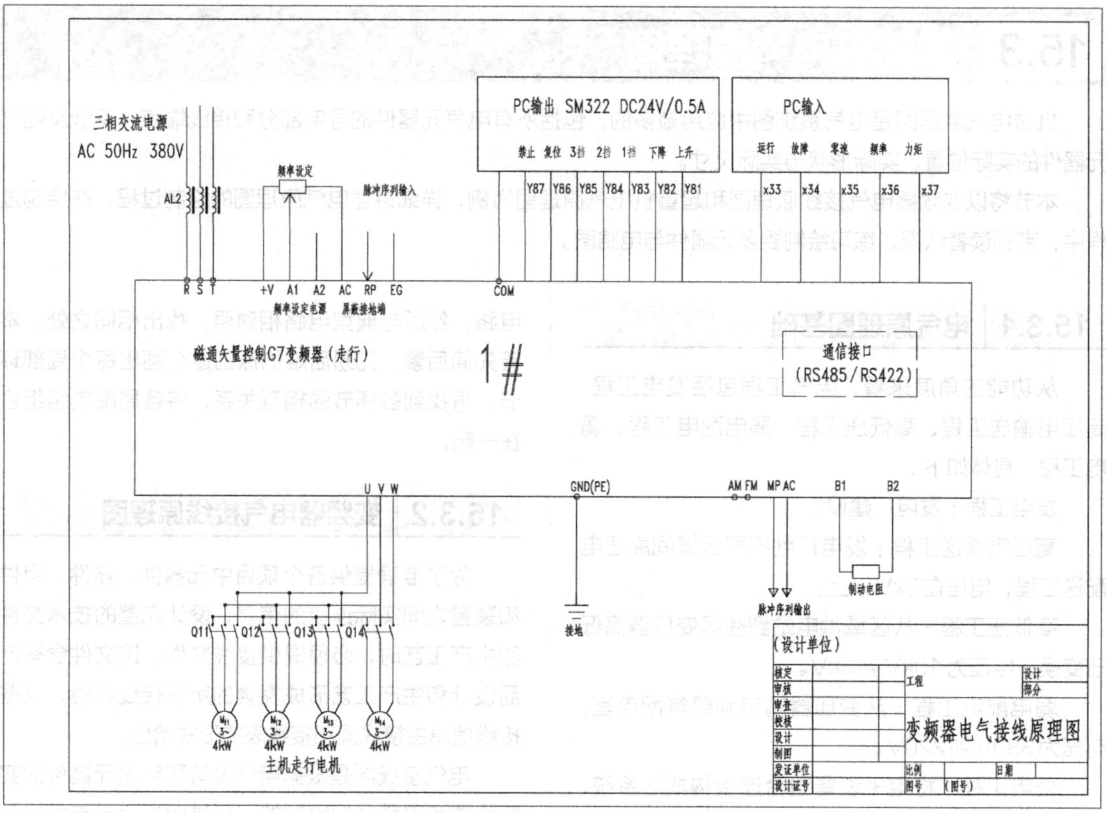

图 15-55 变频器电气接线原理图

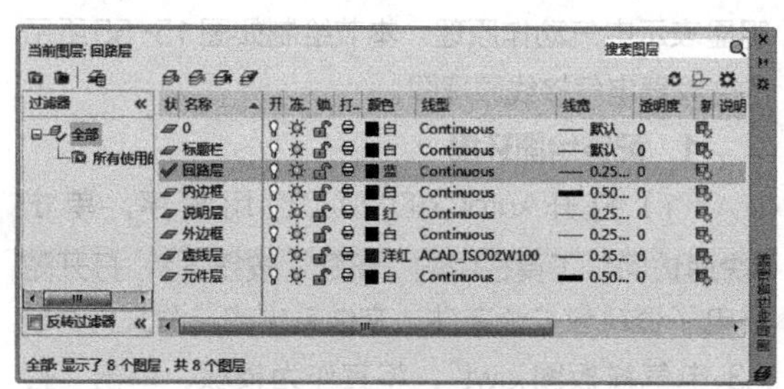

图 15-56 图层设置

“说明层”：线宽为0.25mm，颜色为红色，其余属性默认。

（4）单击“默认”选项卡“注释”面板中的“文字样式”按钮，弹出“文字样式”对话框。单击“新建”按钮，输入名称“英文注释”，确定后返回“文字样式”对话框，设置“字体名”为romand.shx，“高度”为“3.5”，“宽度因子”为“0.7”，如图15-57所示。

2. 绘制主机电路

（1）绘制回路。

① 将“回路层”设置为当前图层。单击“默认”选项卡“绘图”面板中的“直线”按钮，绘制相交辅助直线，点坐标值分别为{（80,70），（@70,0）}，{（80,30），（@0,85）}，结果如图15-58所示。

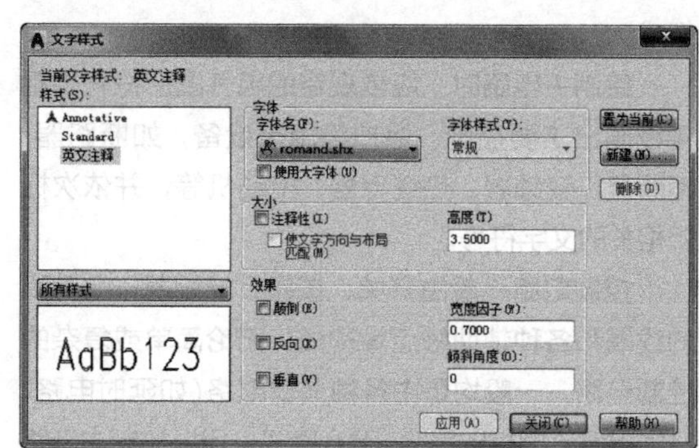

图 15-57 “文字样式”对话框

② 单击“默认”选项卡“修改”面板中的“偏移”按钮，将水平直线向上偏移4.5mm、9mm，将竖直直线向右依次偏移5mm、5mm、10mm、5mm、5mm、10mm、5mm、5mm、10mm、5mm、5mm，结果如图15-59所示。

图 15-58 绘制相交直线

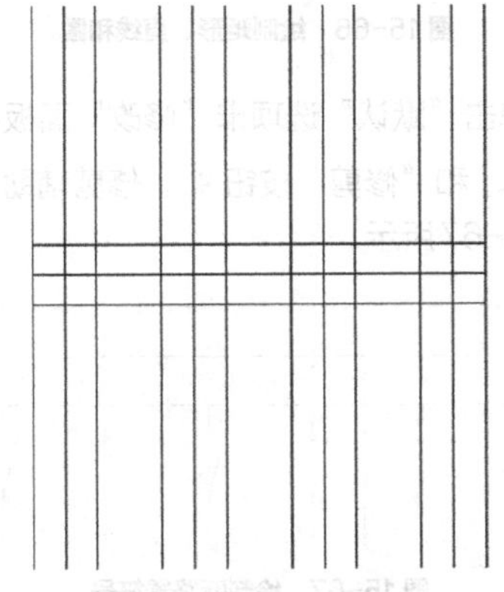

图 15-59 辅助线网络

③ 单击“默认”选项卡“修改”面板中的“删除”按钮和“修剪”按钮，修剪多余线段，结果如图 15-60 所示。

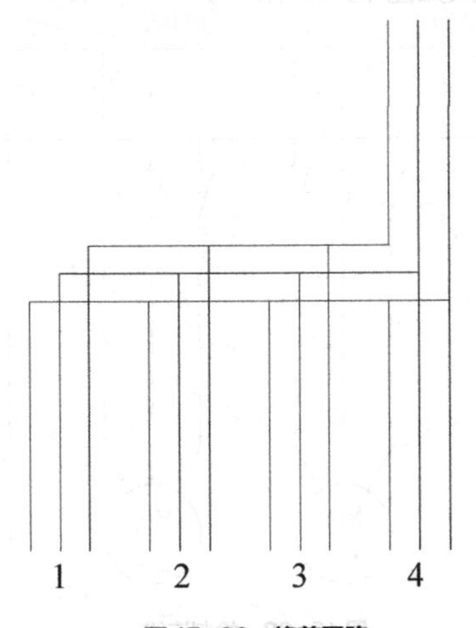

图 15-60 修剪回路

（2）绘制电机符号。

① 将“元器件层”设置为当前图层。单击“默认”选项卡“绘图”面板中的“圆”按钮，捕捉图 15-60 中的竖直辅助线下端点 1、2、3、4 作为圆心，绘制半径为 5mm 的圆，如图 15-61 所示。

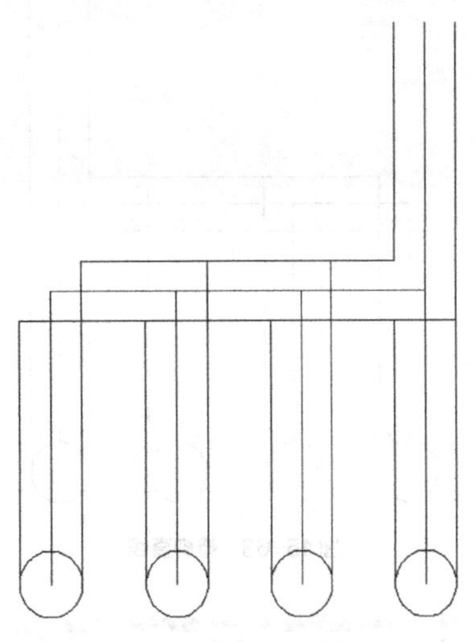

图 15-61 绘制圆

② 单击“默认”选项卡“绘图”面板中的“直线”按钮，捕捉圆心为起点，利用“对象捕捉追踪”功能，分别绘制与水平线成 60°、120° 角，长为 15mm 的直线，如图 15-62 所示。

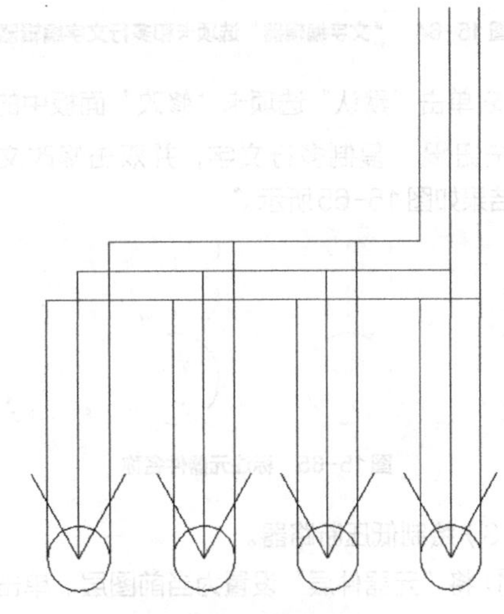

图 15-62 绘制斜向线

③ 单击“默认”选项卡“修改”面板中的“修剪”按钮，修剪直线，结果如图 15-63 所示。

④ 将“说明层”设置为当前图层。单击“默认”选项卡“注释”面板中的“多行文字”按钮 A，弹出“文字编辑器”选项卡和多行文字编辑器，如图 15-64 所示。在电机内部添加“M11”和“3~”两行文字，然后选中“11”单击“格式”面板中的“下标”按钮 x_2，将“11”设置为下标。

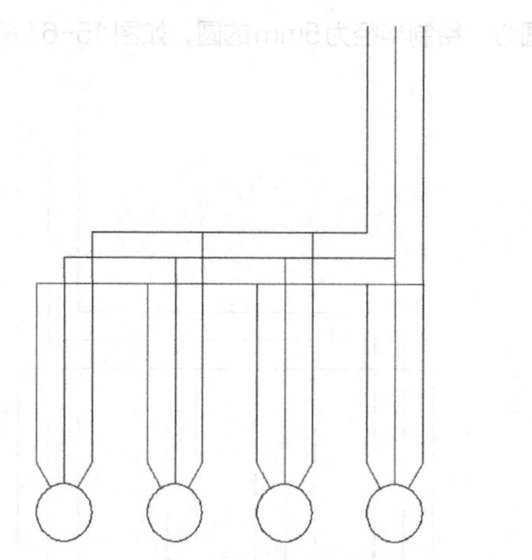

图 15-63 修剪直线

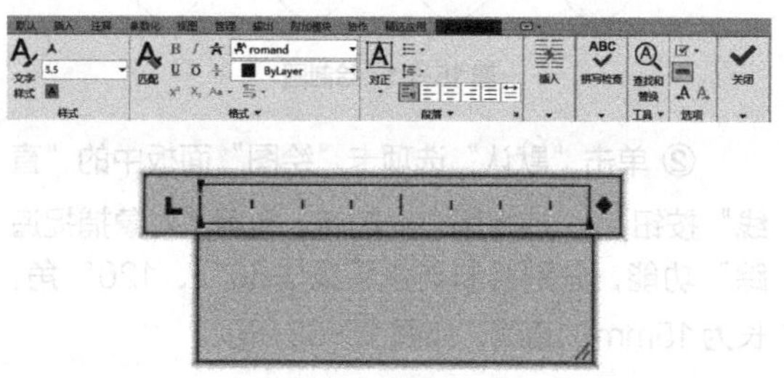

图 15-64 “文字编辑器”选项卡和多行文字编辑器

⑤ 单击“默认”选项卡“修改”面板中的“复制”按钮，复制多行文字，并双击修改文字编号，结果如图 15-65 所示。

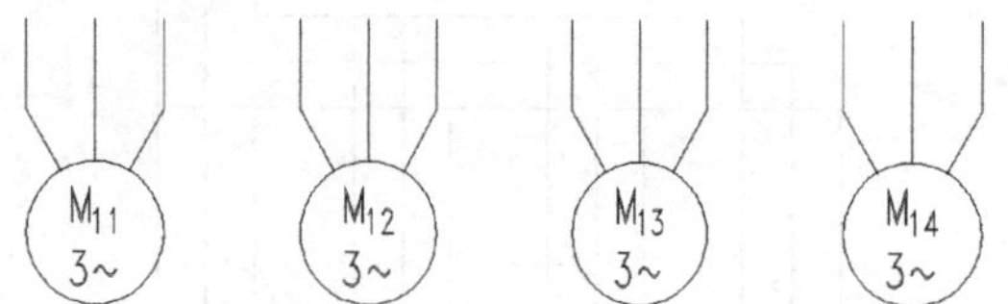

图 15-65 标注元器件名称

（3）绘制低压断路器。

① 将“元器件层”设置为当前图层。单击“默认”选项卡“绘图”面板中的“矩形”按钮，捕捉角点（80,62）、（@-1.5,5），绘制辅助矩形。

② 单击“默认”选项卡“绘图”面板中的“直线”按钮，捕捉矩形对角点，绘制直线。

③ 单击“默认”选项卡“绘图”面板中的“圆”按钮，以矩形的右上角点为圆心，绘制半径为0.3mm的圆，如图 15-66 所示。

④ 单击“默认”选项卡“修改”面板中的“复制”按钮，复制矩形、斜向直线与小圆到其他竖直线相应的位置。

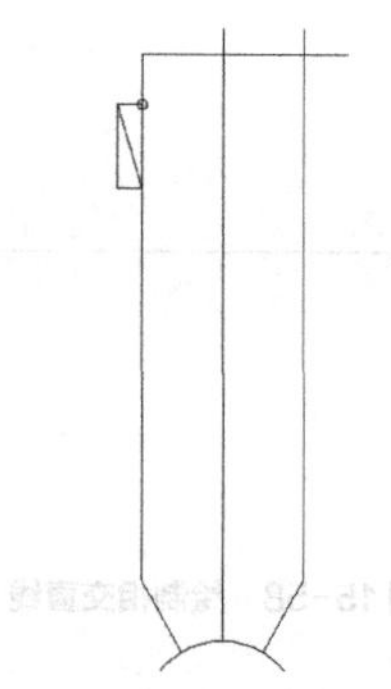

图 15-66 绘制矩形、直线和圆

⑤ 单击“默认”选项卡“修改”面板中的“删除”按钮和“修剪”按钮，修剪辅助图形，结果如图 15-67 所示。

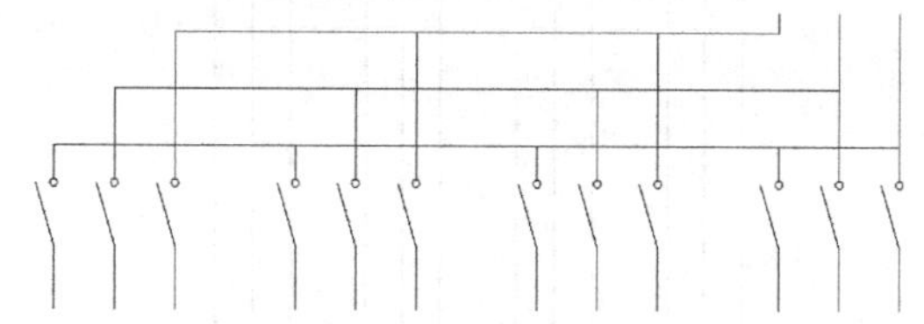

图 15-67 绘制断路器符号

⑥ 单击“默认”选项卡“绘图”面板中的“直线”按钮，捕捉斜向线中点，绘制连线，将直线设置在“虚线层”，同时设置线型比例为0.15，图形绘制结果如图 15-68 所示。

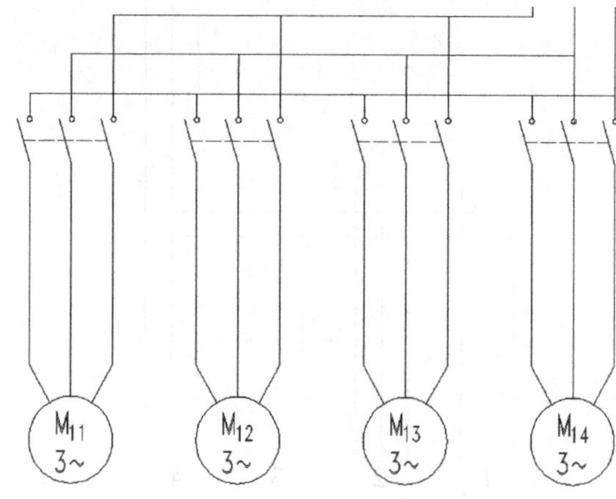

图 15-68 绘制连线

（4）绘制导线连接点。单击“默认”选项卡“绘图”面板中的“圆环”按钮，捕捉线路交点，绘制线路连线点，其中圆环内径为“0”，外径为“1”，结果如图 15-69 所示。

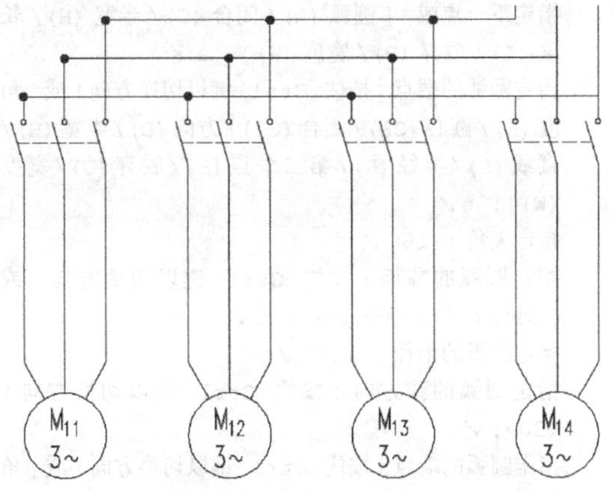

图 15-69 绘制导线连接点

（5）添加文字注释。将“说明层”设置为当前图层。单击“默认”选项卡“注释”面板中的“多行文字”按钮 A，依次注释电机符号与断路器符号，最终结果如图 15-70 所示。

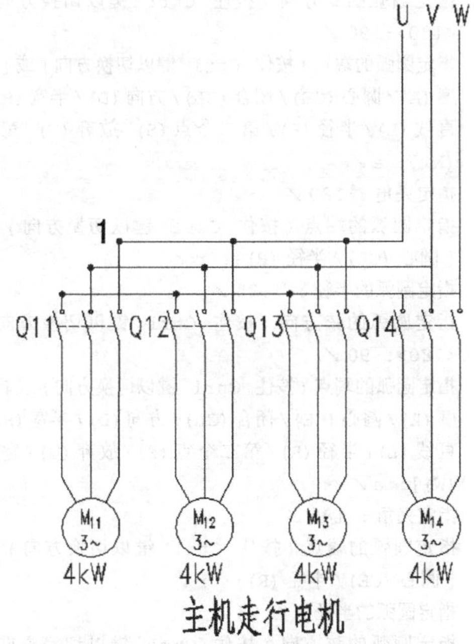

图 15-70 添加文字注释

（6）创建图块。下面创建“低压断路器”和“主机电路”两个图块，以便绘制起重机电气原理总图时能直接应用。

① 单击“默认”选项卡“修改”面板中的“复制”按钮 ，将断路器符号复制到空白处。

② 单击“默认”选项卡“绘图”面板中的“直线”按钮 ，补全低压断路器符号，如图 15-71 所示。

③ 在命令行中执行“WBLOCK”命令，弹出“写块”对话框，选择上步绘制的图形，创建图块“低压断路器”。

汉字采用“标题栏文字”样式，字母及数字采用“英文注释”样式。绘制过程中，读者可自行切换，这里不再赘述。

④ 在命令行中执行“WBLOCK”命令，弹出“写块”对话框，选择绘制完成的主机电路图形，捕捉图 15-70 中的点 1 为拾取点，设置文件路径，输入文件名称“主机电路”，创建图块，如图 15-72 所示。

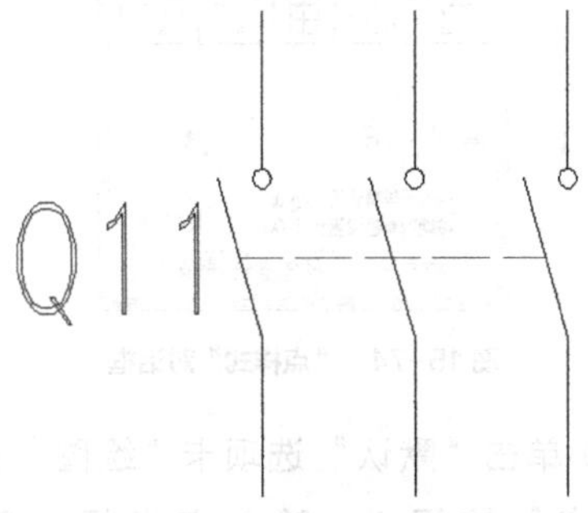

图 15-71 低压断路器符号

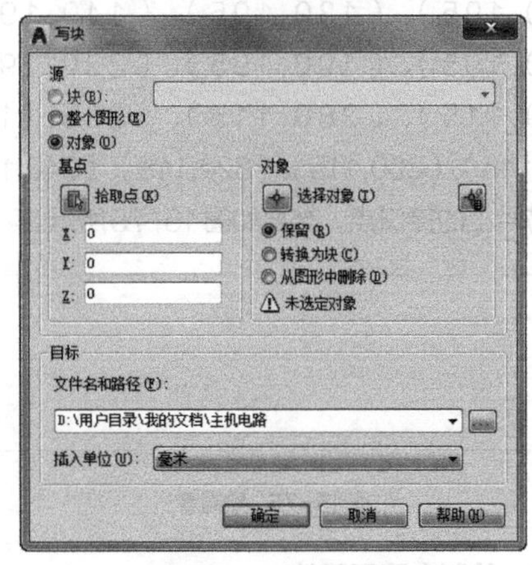

图 15-72 “写块”对话框

3．绘制变频器模块

（1）将“元器件层”设置为当前图层。单击“默认”选项卡“绘图”面板中的“矩形”按钮 ，绘制变频器模块，输入角点坐标值为（50,115）、（@320，80），结果如图 15-73 所示。

（2）单击“默认”选项卡“实用工具”面板中的“点样式”按钮 ，弹出“点样式”对话框，选择“×”号，如图 15-74 所示。

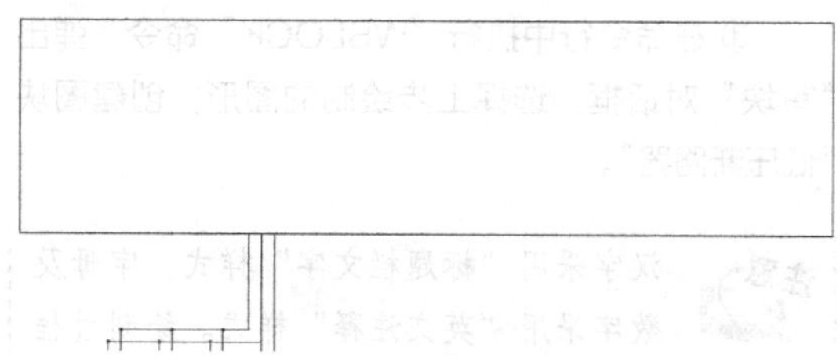
图 15-73　绘制矩形

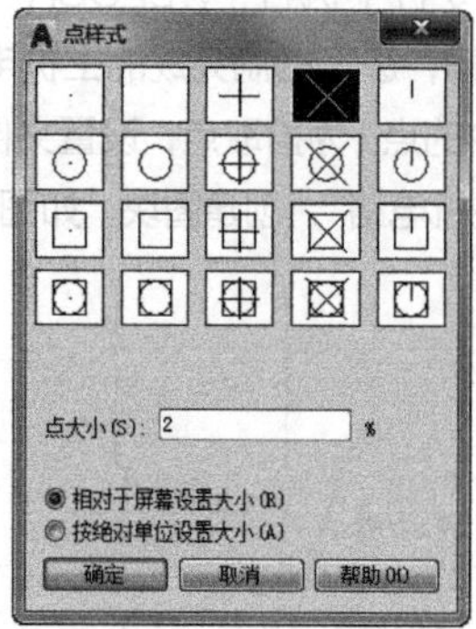

图 15-74　“点样式”对话框

（3）单击“默认”选项卡“绘图”面板中的“多点”按钮∴，输入点坐标（70,195）、（75,195）、（80,195）、（100,195）、（110,195）、（120,195）、（130,195）、（140,195）、（150,195）、（190,195）、（290,195）、（220,115）、（280,115）、（285,115）、（295,115）、（300,115）、（320,115）、（340,115），绘制芯片上的接口点，结果如图 15-75 所示。

图 15-75　绘制点

4. 绘制电路元器件

（1）绘制铁芯线圈。

① 单击“默认”选项卡“绘图”面板中的“多段线”按钮，绘制电感符号，命令行提示与操作如下。

```
命令：_pline
指定起点：　（在空白处指定一点）
当前线宽为 0.0000
指定下一个点或 [圆弧(A)/半宽(H)/长度(L)/放弃(U)/宽度(W)]：@0,1.25↙　（绘制接线端）
指定下一点或 [圆弧(A)/闭合(C)/半宽(H)/长度(L)/放弃(U)/宽度(W)]：a↙
指定圆弧的端点(按住 Ctrl 键以切换方向)或[角度(A)/圆心(CE)/闭合(CL)/方向(D)/半宽(H)/直线(L)/半径(R)/第二个点(S)/放弃(U)/宽度(W)]：a↙
指定夹角：180↙
指定圆弧的端点(按住 Ctrl 键以切换方向)或[圆心(CE)/半径(R)]：r↙
指定圆弧的半径：1.25↙
指定圆弧的弦方向(按住 Ctrl 键以切换方向)<90>：↙
指定圆弧的端点(按住 Ctrl 键以切换方向)或[角度(A)/圆心(CE)/闭合(CL)/方向(D)/半宽(H)/直线(L)/半径(R)/第二个点(S)/放弃(U)/宽度(W)]：a↙
指定夹角：180↙
指定圆弧的端点(按住 Ctrl 键以切换方向)或[圆心(CE)/半径(R)]:r↙
指定圆弧的半径：1.25↙
指定圆弧的弦方向(按住 Ctrl 键以切换方向)<180>：90↙
指定圆弧的端点(按住 Ctrl 键以切换方向)或[角度(A)/圆心(CE)/闭合(CL)/方向(D)/半宽(H)/直线(L)/半径(R)/第二个点(S)/放弃(U)/宽度(W)]：a↙
指定夹角：180↙
指定圆弧的端点(按住 Ctrl 键以切换方向)或[圆心(CE)/半径(R)]：r↙
指定圆弧的半径：1.25↙
指定圆弧的弦方向(按住 Ctrl 键以切换方向)<180>：90↙
指定圆弧的端点(按住 Ctrl 键以切换方向)或[角度(A)/圆心(CE)/闭合(CL)/方向(D)/半宽(H)/直线(L)/半径(R)/第二个点(S)/放弃(U)/宽度(W)]：a↙
指定夹角：180↙
指定圆弧的端点(按住 Ctrl 键以切换方向)或[圆心(CE)/半径(R)]：r↙
指定圆弧的半径：1.25↙
指定圆弧的弦方向(按住 Ctrl 键以切换方向)<180>：90↙
指定圆弧的端点(按住 Ctrl 键以切换方向)或[角度(A)/圆心(CE)/闭合(CL)/方向(D)/半宽(H)/直线(L)/半径(R)/第二个点(S)/放弃(U)/宽度(W)]：l↙
指定下一点或 [圆弧(A)/闭合(C)/半宽(H)/长度(L)/放弃(U)/宽度(W)]：@0,1.25↙　（绘制接线端）
指定下一点或 [圆弧(A)/闭合(C)/半宽(H)/长度(L)/放弃(U)/宽度(W)]：↙
```

线圈绘制结果如图15-76所示。

② 单击“默认”选项卡“绘图”面板中的“多段线”按钮，设置线宽为1，捕捉图15-76中的点1、点2，绘制竖直直线，结果如图15-77所示。

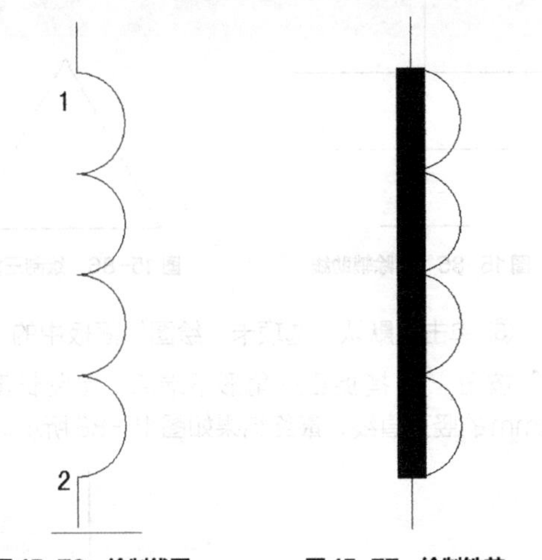

图 15-76 绘制线圈　　图 15-77 绘制铁芯

③ 单击“默认”选项卡“修改”面板中的“移动”按钮，将图15-77中的铁芯向右移动2.5mm，最终结果如图15-78所示。

④ 在命令行中执行“WBLOCK”命令，弹出“写块”对话框，选择上步绘制的图形，捕捉图15-78中的点3为基点，创建图块“铁芯线圈”。

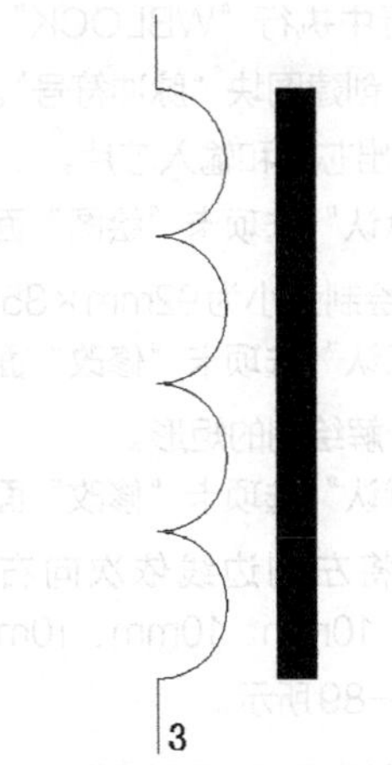

图 15-78 移动铁芯

（2）绘制可调电阻。

① 单击“默认”选项卡“绘图”面板中的“矩形”按钮，绘制大小为10mm×5mm的矩形。

② 单击“默认”选项卡“绘图”面板中的“直线”按钮，捕捉矩形竖直边线中的点，分别向左右两侧绘制长度为5mm的水平直线，结果如图15-79所示。

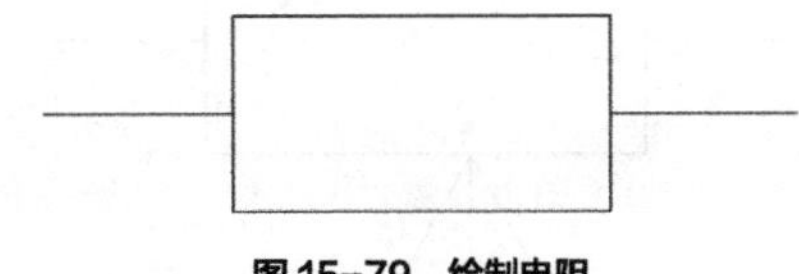

图 15-79 绘制电阻

③ 单击“默认”选项卡“修改”面板中的“分解”按钮，分解矩形。

④ 单击“默认”选项卡“修改”面板中的“偏移”按钮，将矩形左侧竖直边线向右偏移4mm，结果如图15-80所示。

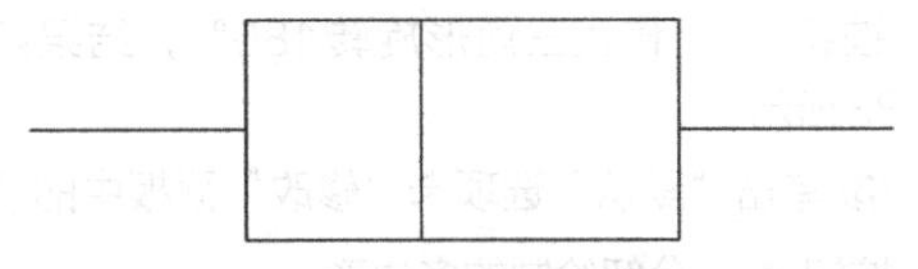

图 15-80 偏移直线

⑤ 单击“默认”选项卡“绘图”面板中的“直线”按钮，捕捉偏移后的直线下端点，向下绘制长度分别为4mm、5mm的竖直直线4、5，结果如图15-81所示。

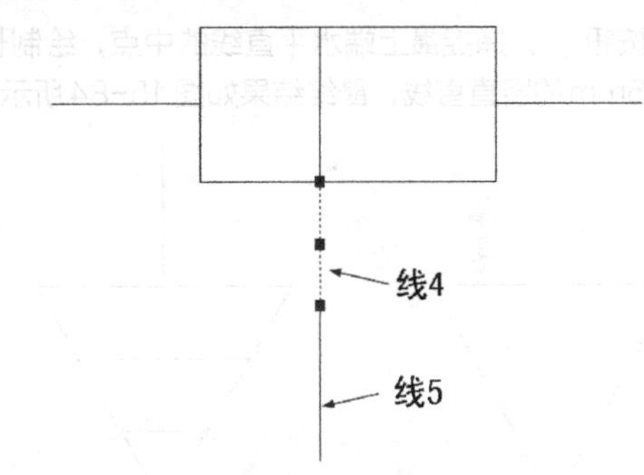

图 15-81 绘制直线

⑥ 单击“默认”选项卡“修改”面板中的“旋转”按钮，将直线4以上端点为基点，向两侧旋转30°、-30°。

⑦ 单击“默认”选项卡“修改”面板中的“删除”按钮，删除偏移后的直线，最终结果如图15-82所示。

⑧ 在命令行中执行“WBLOCK”命令，弹出“写块”对话框，创建图块“可调电阻”。

（3）绘制接地符号。

① 单击“默认”选项卡“绘图”面板中的“多边形”按钮，在空白处绘制内接圆半径为5mm

的正三角形。

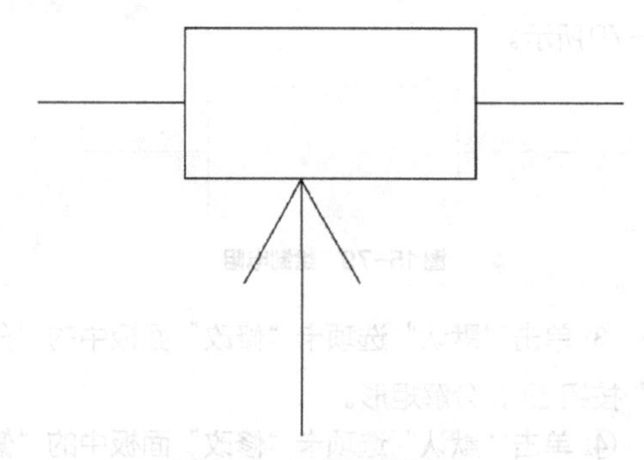
图 15-82 可调电阻符号

② 单击“默认”选项卡“修改”面板中的“旋转”按钮 ，将正三角形旋转180°，结果如图15-83所示。

③ 单击“默认”选项卡“修改”面板中的“分解”按钮 ，分解绘制的多边形。

④ 单击“默认”选项卡“绘图”面板中的“定数等分”按钮 ，将三角形斜边分成3份。

⑤ 单击“默认”选项卡“绘图”面板中的“直线”按钮 ，捕捉等分点，绘制两条水平直线。

⑥ 单击“默认”选项卡“绘图”面板中的“直线”按钮 ，捕捉最上端水平直线的中点，绘制长度为5mm的竖直直线，最终结果如图15-84所示。

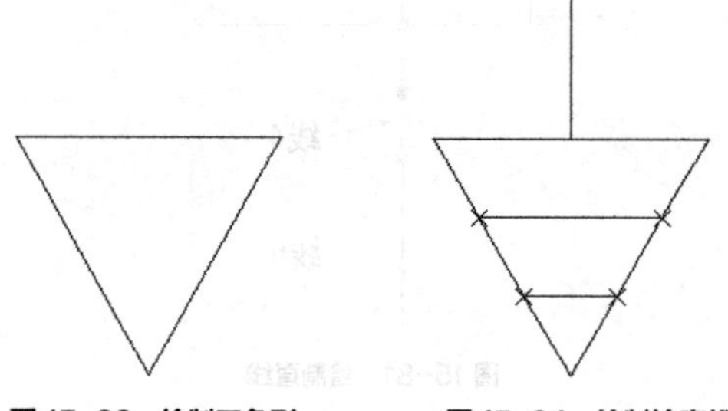
图 15-83 绘制三角形　　图 15-84 绘制轮廓线

⑦ 单击“默认”选项卡“修改”面板中的“删除”按钮 ，删除三角形两侧边线及点，结果如图15-85所示。

⑧ 在命令行中执行“WBLOCK”命令，弹出“写块”对话框，创建图块“接地符号”。

（4）绘制脉冲符号。

① 单击“默认”选项卡“绘图”面板中的“多边形”按钮 ，在空白处绘制外切圆半径为2mm的正三角形，结果如图15-86所示。

② 单击“默认”选项卡“修改”面板中的“旋转”按钮 ，将正三角形旋转180°，结果如图15-87所示。

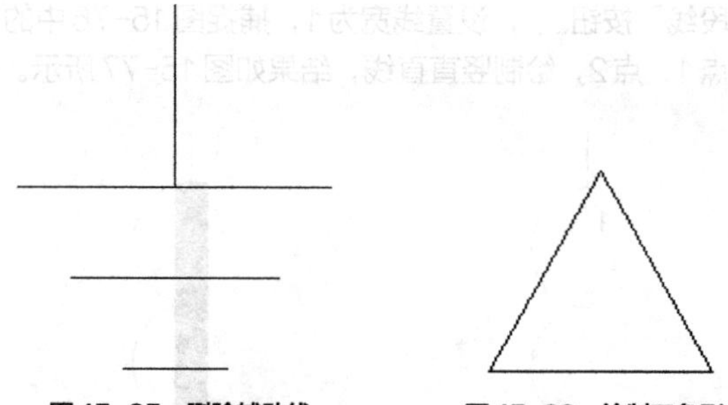
图 15-85 删除辅助线　　图 15-86 绘制三角形

③ 单击“默认”选项卡“绘图”面板中的“直线”按钮 ，捕捉正三角形下端点，绘制长度为18mm的竖直直线，最终结果如图15-88所示。

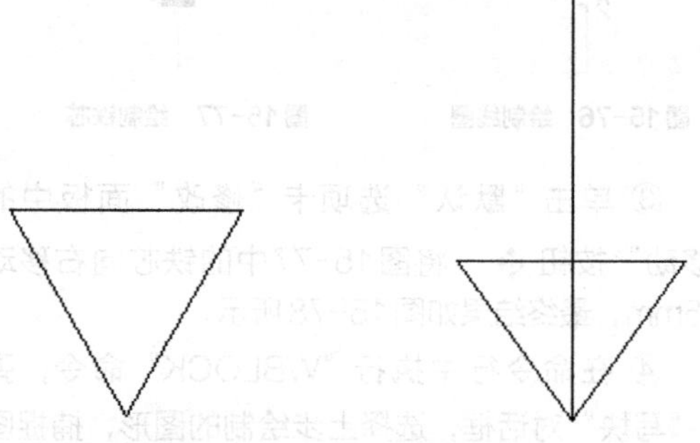
图 15-87 旋转三角形　　图 15-88 绘制直线

④ 在命令行中执行“WBLOCK”命令，弹出“写块”对话框，创建图块“脉冲符号”。

（5）绘制输出芯片和输入芯片。

① 单击“默认”选项卡“绘图”面板中的“矩形”按钮 ，绘制大小为92mm×35mm的矩形。

② 单击“默认”选项卡“修改”面板中的“分解”按钮 ，分解绘制的矩形。

③ 单击“默认”选项卡“修改”面板中的“偏移”按钮 ，将左侧边线依次向右偏移8mm、10mm、10mm、10mm、10mm、10mm、10mm、10mm，如图15-89所示。

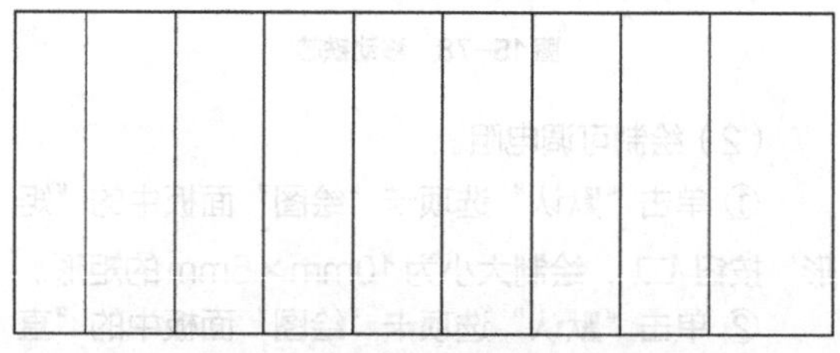
图 15-89 偏移直线

④ 单击“默认”选项卡“修改”面板中的“拉长”按钮，设置增量为10mm，选择偏移后的直线，完成拉长操作，结果如图15-90所示。

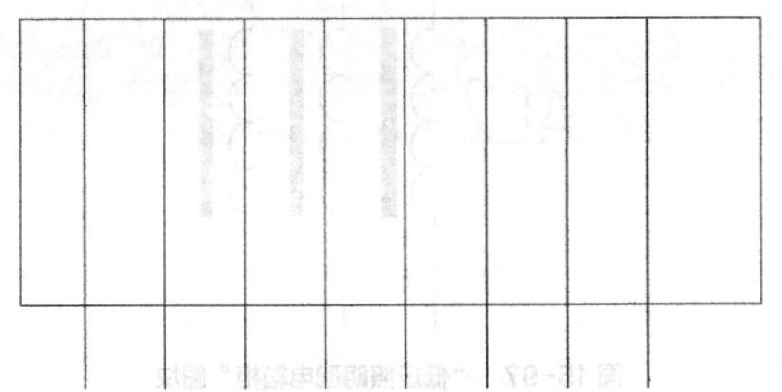

图 15-90 拉长直线

⑤ 单击“默认”选项卡“修改”面板中的“修剪”按钮，修剪多余线段，结果如图15-91所示。

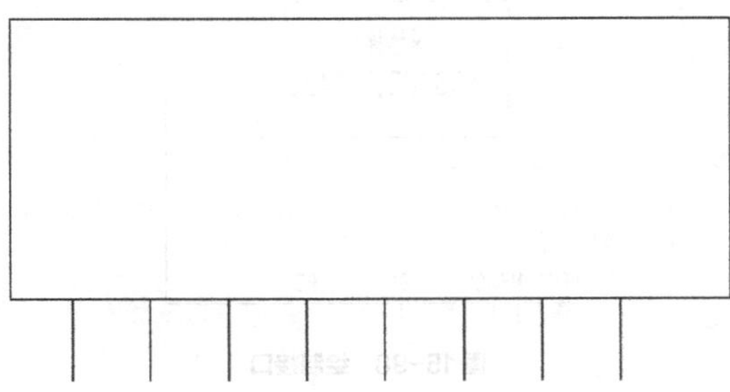

图 15-91 修剪直线

⑥ 单击“默认”选项卡“注释”面板的“多行文字”按钮 A，标注芯片“PC输出 SM322 DC24V/0.5A”，设置文字高度为“5”。

⑦ 单击“默认”选项卡“修改”面板中的“复制”按钮，复制多行文字到对应位置，双击修改，设置文字高度为“3.5”，结果如图15-92所示。

PC输出 SM322DC24V/0.5A

禁止	复位	3挡	2挡	1挡	下降	上升
Y87	Y86	Y85	Y84	Y83	Y82	Y81

图 15-92 输入文字

⑧ 在命令行中执行“WBLOCK”命令，弹出“写块”对话框，创建图块“输出芯片”。

用同样的方法绘制输入芯片，并创建图块“输入芯片”结果如图15-93所示。

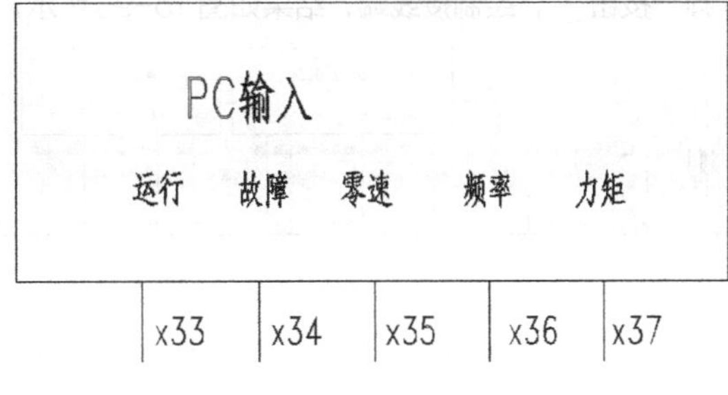

图 15-93 输入芯片

5. 绘制外围回路

（1）单击“默认”选项卡“块”面板中的“插入”按钮，弹出“插入”选项板，选择“输出芯片”，单击“确定”按钮，在绘图区域显示要插入的元器件，设置插入点坐标为（195,220）。

（2）用同样的方法插入“输入芯片”“铁芯线圈”“可调电阻”“接地符号”“脉冲符号”，然后绘制一个电阻符号，并将这些元器件放置到对应位置，如图15-94所示。

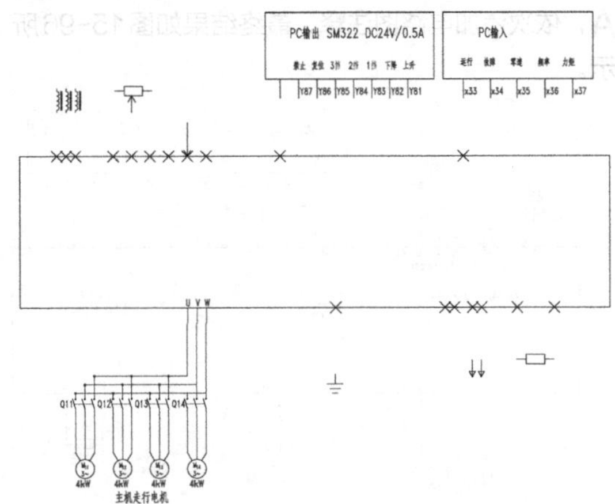

图 15-94 插入图块

（3）单击“默认”选项卡“修改”面板中的“分解”按钮和“删除”按钮，分解上步插入的图块并删除多余部分。

（4）将“回路层”设置为当前图层。单击“默认”选项卡“绘图”面板中的“直线”按钮，按照元器件位置连接线路图。

（5）单击“默认”选项卡“实用工具”面板中的“点样式”按钮，弹出“点样式”对话框，选择“空白”符号，取消点标记。

（6）单击“默认”选项卡“绘图”面板中的“圆”按钮⊘，绘制接线端，结果如图15-95所示。

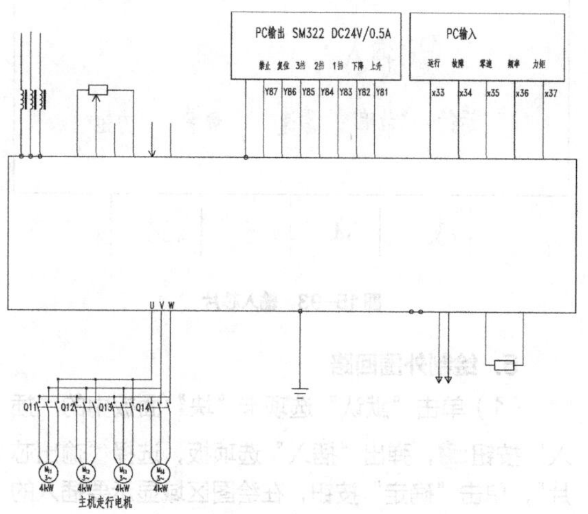

图15-95 连接电路

6. 添加注释

（1）将“说明层”设置为当前图层。单击“默认”选项卡“注释”面板中的“多行文字”按钮 **A**，依次添加电路图注释，最终结果如图15-96所示。

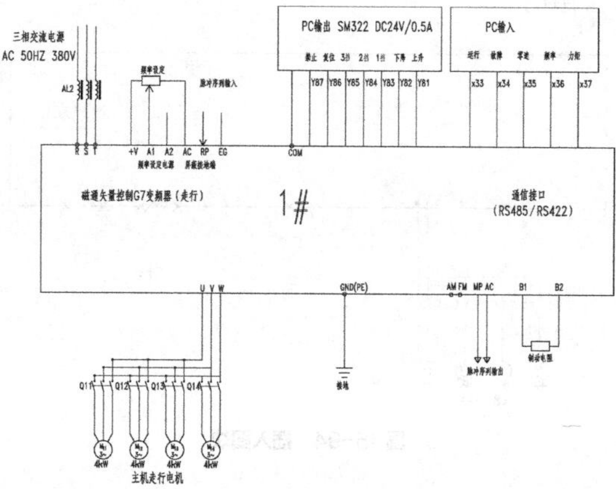

图15-96 添加注释

（2）在命令行中执行“WBLOCK”命令，弹出“写块”对话框，创建图块“低压照明配电箱柜”，如图15-97所示。

（3）单击“默认”选项卡“绘图”面板中的“矩形”按钮 ▭，绘制不可见轮廓线，将轮廓线置为“虚线层”，结果如图15-98所示。

（4）双击右下角的图纸名称单元格，在标题栏中输入图纸名称“变频器电气接线原理图”，如图15-99所示。

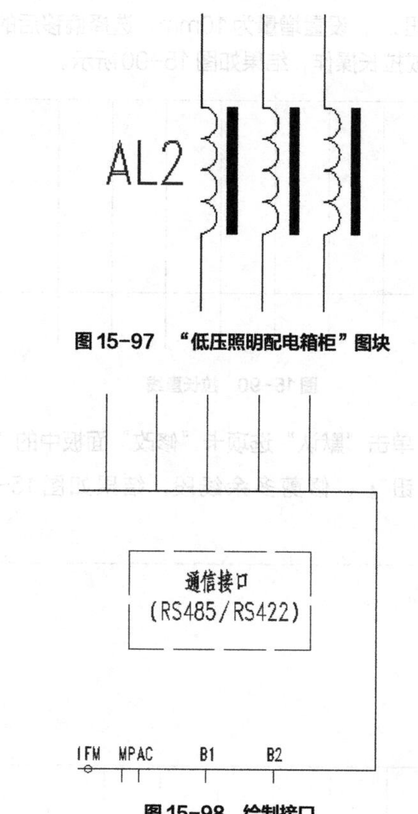

图15-97 “低压照明配电箱柜”图块

图15-98 绘制接口

（设计单位）					
核定		工程		设计部分	
审核					
审查					
校核		变频器电气接线原理图			
设计					
制图					
发证单位		比例		日期	
设计证号		图号	（图号）		

图15-99 标注图纸名称

（5）单击“快速访问”工具栏中的“保存”按钮💾，保存原理图，最终结果如图15-55所示。

15.3.3 起重机电气原理总图

在绘制电路图前，必须对控制对象有所了解，单凭电气线路图往往无法完全看懂控制原理，需要在原理图中补充。图15-100显示起重机电气原理总图，尽可能全面地让读者了解机械控制原理，同时在后面章节中讲述的照明图与布置图中可以更全面地了解电气原理。

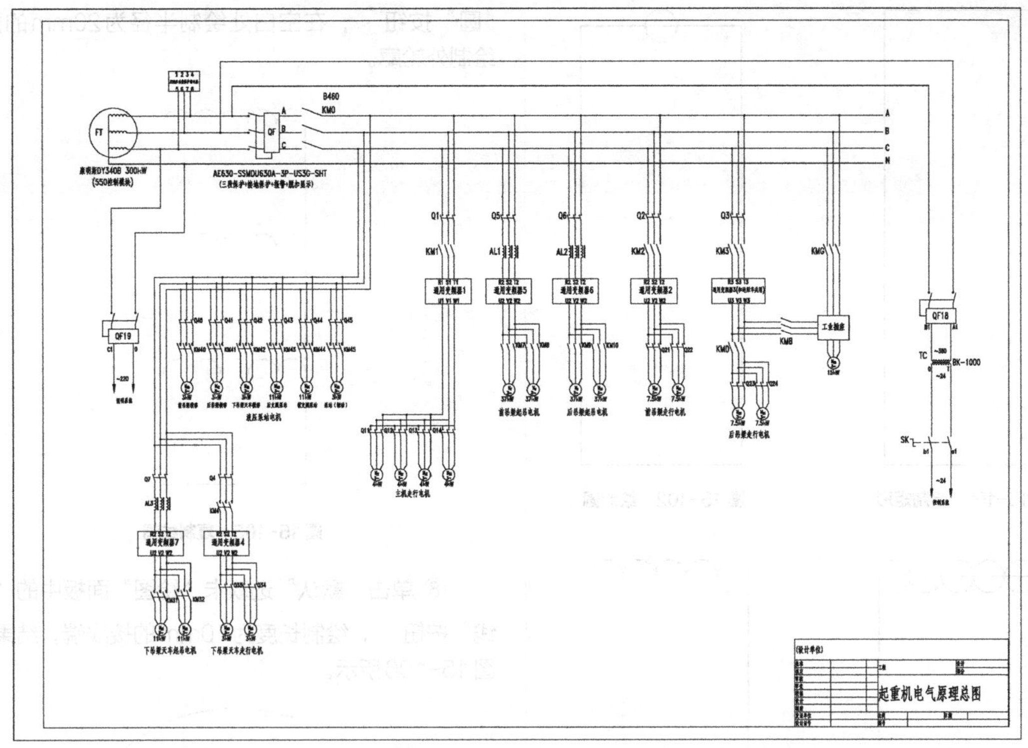

图 15-100 起重机电气原理总图

1. 配置绘图环境

（1）打开AutoCAD 2020应用程序，单击“快速访问”工具栏中的“新建”按钮，打开随书电子资料包“源文件”文件夹中的“源文件/15/15.3.3 起重机电气原理总图/A1 电气样板图.dwt”，将其作为模板，单击“打开”按钮，新建模板文件。

（2）单击“快速访问”工具栏中的“保存”按钮，将新文件命名为“起重机电气原理总图”并保存。

（3）单击“默认”选项卡“图层”面板中的“图层特性”按钮，新建如下图层。

“元器件层”：线宽为0.5mm，其余属性默认。

“虚线层”：线宽为0.25mm，线型为ACAD_ISO02W100，颜色为洋红，其余属性默认。

“回路层”：线宽为0.25mm，颜色为蓝色，其余属性默认。

“说明层”：线宽为0.25mm，颜色为红色，其余属性默认。将“元器件层”设置为当前图层。

（4）单击“默认”选项卡“注释”面板中的“文字样式”按钮，弹出“文字样式”对话框。单击“新建”按钮，输入名称“英文注释”，确定后返回“文字样式”对话框，设置“字体名”为romand.shx，“高度”为“3.5”，“宽度因子”为“0.7”。

2. 绘制电路元器件

（1）绘制550控制模块。

① 单击“默认”选项卡“绘图”面板中的“矩形”按钮，绘制大小为15mm×39mm的矩形，如图15-101所示。

② 单击“默认”选项卡“绘图”面板中的“圆”按钮，捕捉矩形上边线中点为圆心，绘制直径为3mm的圆，结果如图15-102所示。

③ 单击“默认”选项卡“修改”面板中的“复制”按钮，将圆向两侧复制，间距为3mm、6mm，结果如图15-103所示。

④ 单击“默认”选项卡“修改”面板中的“修剪”按钮，修剪圆下半部分与辅助线，结果如图15-104所示。

⑤ 选择菜单栏中的“修改”→“对象”→“多段线”命令，合并修剪的圆弧结果，命令行提示与操作如下。

```
命令：_pedit
选择多段线或 [多条(M)]: m↙
```

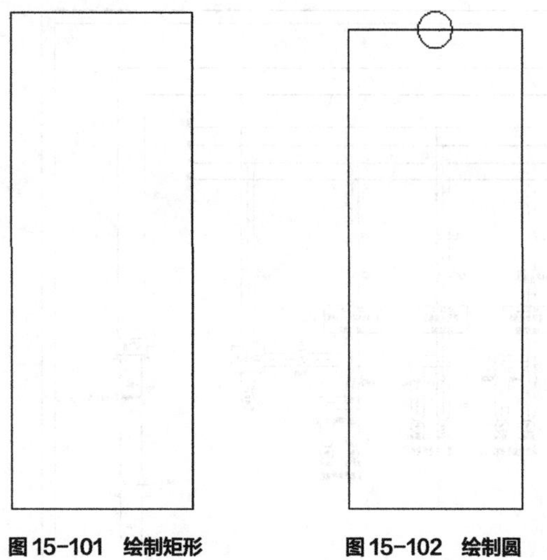

图 15-101　绘制矩形　　图 15-102　绘制圆

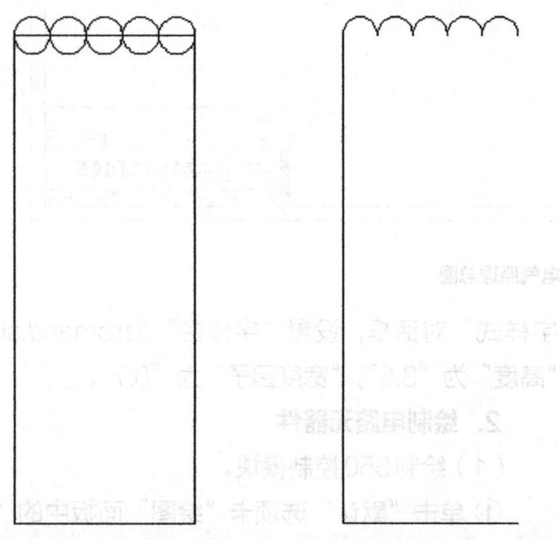

图 15-103　复制圆　　图 15-104　修剪轮廓

```
选择对象：指定对角点：找到 5 个　（选中 5 段圆弧）
是否将直线、圆弧和样条曲线转换为多段线？[是(Y)/否(N)]？<Y>↙
输入选项 [闭合(C)/打开(O)/合并(J)/宽度(W)/拟合(F)/样条曲线(S)/非曲线化(D)/线型生成(L)/反转(R)/放弃(U)]：j↙
合并类型 = 延伸
输入模糊距离或 [合并类型(J)] <0.0000>：↙
多段线已增加 4 条线段
输入选项 [闭合(C)/打开(O)/合并(J)/宽度(W)/拟合(F)/样条曲线(S)/非曲线化(D)/线型生成(L)/反转(R)/放弃(U)]：↙
```

⑥ 单击“默认”选项卡“修改”面板中的“复制”按钮，向下复制多段线圆弧，间距为13.5mm、13.5mm，结果如图15-105所示。

⑦ 单击“默认”选项卡“绘图”面板中的“圆”按钮，在空白处绘制半径为20mm的圆，绘制外轮廓。

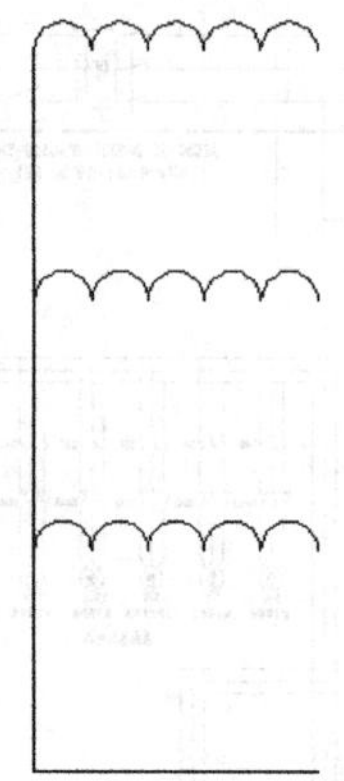

图 15-105　复制线圈

⑧ 单击“默认”选项卡“绘图”面板中的“直线”按钮，绘制长度为10mm的接线端，结果如图15-106所示。

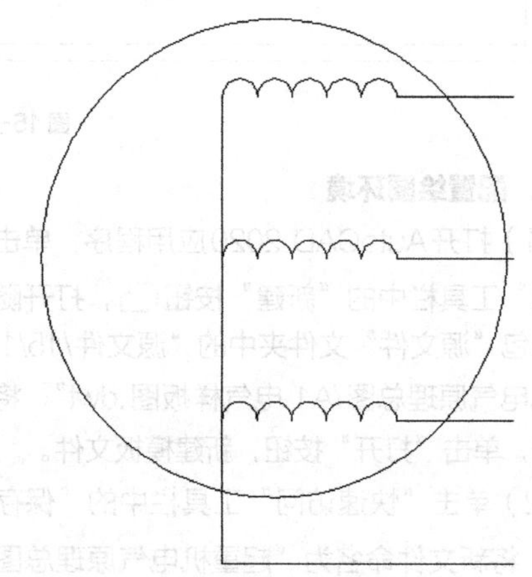

图 15-106　绘制接线端

⑨ 将“说明层”设置为当前图层。单击“默认”选项卡“注释”面板中的“多行文字”按钮 A，标注元器件符号“FT”，结果如图15-107所示。

⑩ 在命令行中执行“WBLOCK”命令，弹出“写块”对话框，创建图块“550控制模块”。

（2）绘制JDB多功能保护继电器。

① 将“元器件层”设置为当前图层。单击“默认”选项卡“绘图”面板中的“矩形”按钮，绘制大小为26mm×16mm的矩形。

② 单击“默认”选项卡“绘图”面板中的“直线”按钮，捕捉矩形下边线中点，向下绘制长度

为10mm的直线。

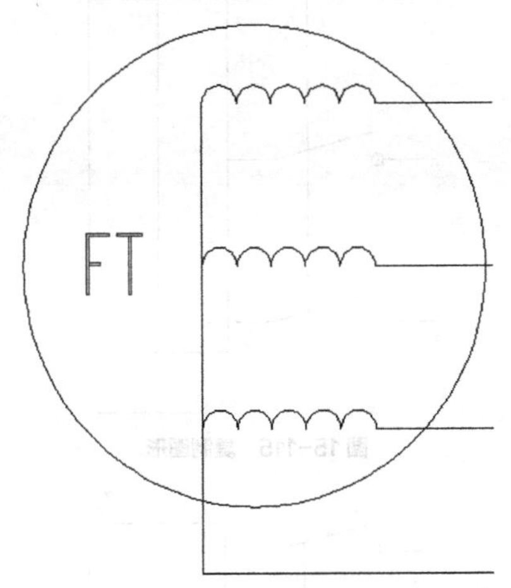

图 15-107　标注元器件

③ 单击“默认”选项卡“修改”面板中的“偏移”按钮 ⊆，向两侧偏移竖直直线，距离为5mm，结果如图 15-108所示。

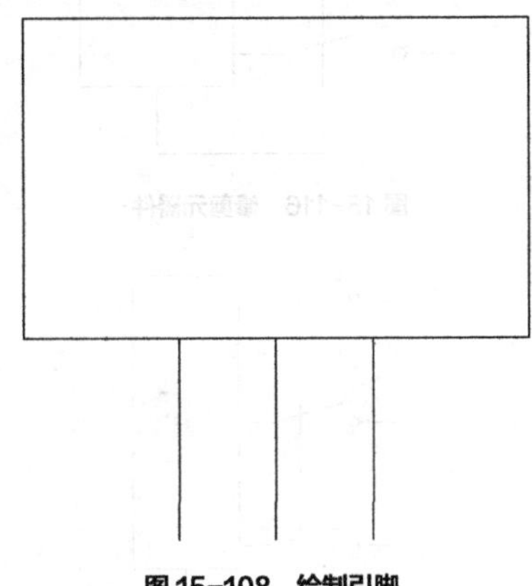

图 15-108　绘制引脚

④ 将“说明层”设置为当前图层。单击“默认”选项卡“注释”面板中的“多行文字”按钮 A，标注元器件名称与引脚名称，结果如图15-109所示。

⑤ 在命令行中执行“WBLOCK”命令，弹出“写块”对话框，创建图块“JDB多功能保护继电器”。

（3）绘制空气断路器QF（两种）。

① 将“元器件层”设置为当前图层。单击“默认”选项卡“绘图”面板中的“矩形”按钮 ▭，绘制大小为12mm×32mm的矩形，结果如图 15-110所示。

② 单击“默认”选项卡“修改”面板中的“分解”按钮 ⌂，将矩形分解为4条边线。

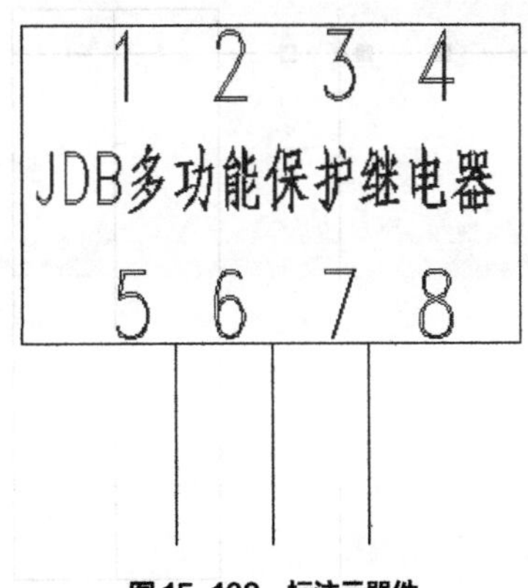

图 15-109　标注元器件

③ 单击“默认”选项卡“修改”面板中的“偏移”按钮 ⊆，将竖直直线1向左偏移7mm，将竖直直线3向左偏移6mm，将水平直线2向下偏移5mm，将水平直线4向下偏移2.5mm，结果如图 15-111所示。

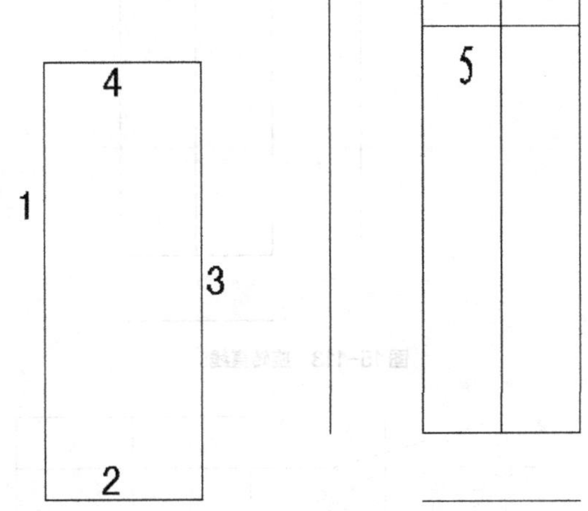

图 15-110　绘制矩形　　图 15-111　偏移直线

④ 单击“默认”选项卡“绘图”面板中的“直线”按钮 ╱，捕捉直线5的左端点，向左侧分别绘制长度为4mm、9mm、5mm的直线，结果如图 15-112所示。

⑤ 单击“默认”选项卡“修改”面板中的“旋转”按钮 ↻，将上步绘制的中间直线旋转-15°，结果如图 15-113所示。

⑥ 单击“默认”选项卡“绘图”面板中的“直线”按钮 ╱ 和“圆”按钮 ⊙，绘制半径为0.5mm的端点圆及长度为1mm的圆竖直切线，结果如图 15-114所示。

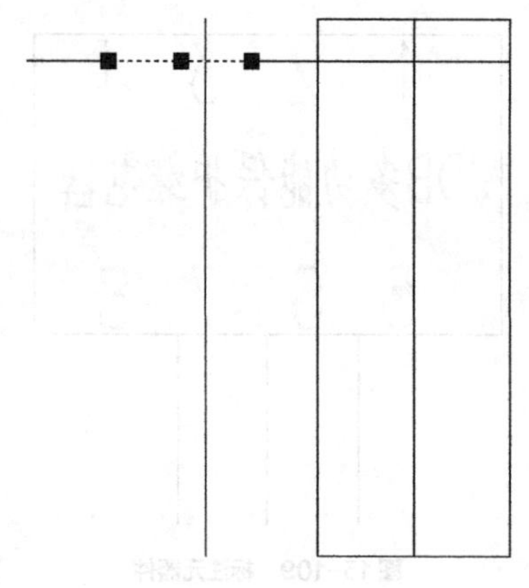

图 15-112　绘制直线

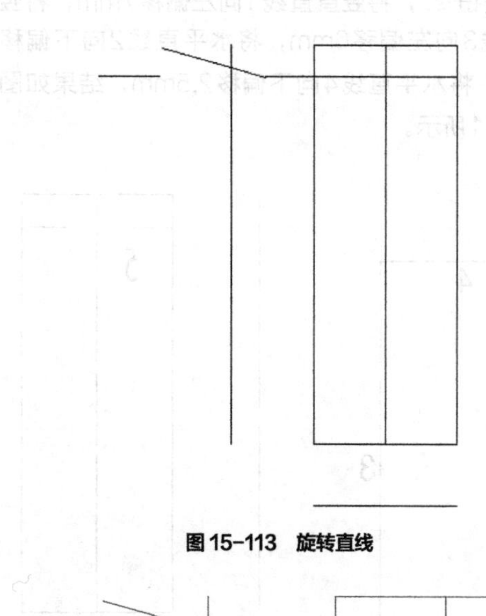

图 15-113　旋转直线

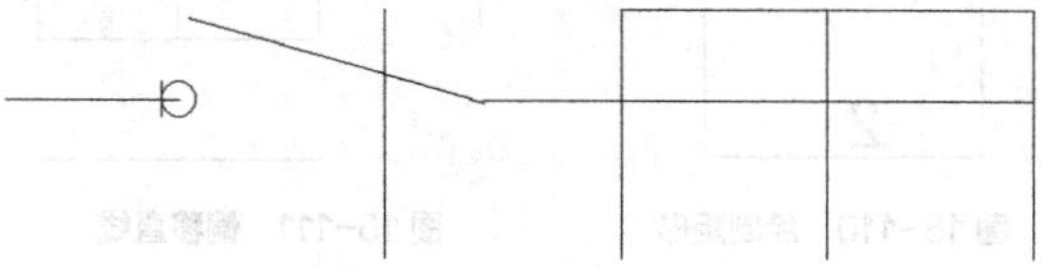

图 15-114　绘制端点

⑦ 单击“默认”选项卡“修改”面板中的“复制”按钮，将上几步绘制的图形向下复制13.5mm、27mm，结果如图15-115所示。

⑧ 单击“默认”选项卡“修改”面板中的“删除”按钮和“修剪”按钮，修剪多余部分，结果如图15-116所示。

⑨ 将“说明层”设置为当前图层。单击“默认”选项卡“注释”面板中的“多行文字”按钮A，标注元器件名称“QF”，最终结果如图15-117所示。

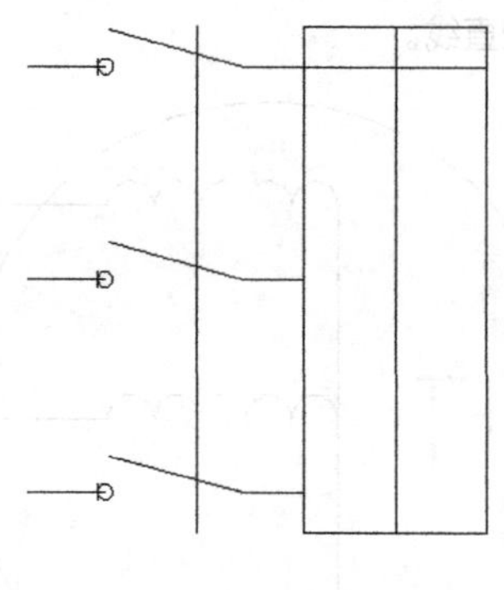

图 15-115　复制图形

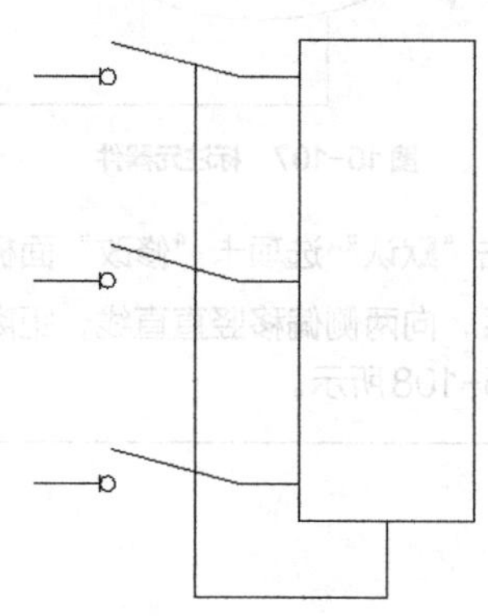

图 15-116　修剪元器件

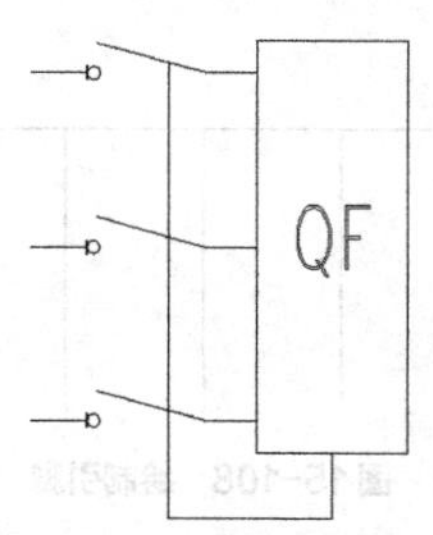

图 15-117　标注元器件名称

⑩ 在命令行中执行“WBLOCK”命令，弹出“写块”对话框，创建图块“空气断路器QF”。

用同样的方法绘制QF18、QF19并创建对应图块，结果如图15-118所示。

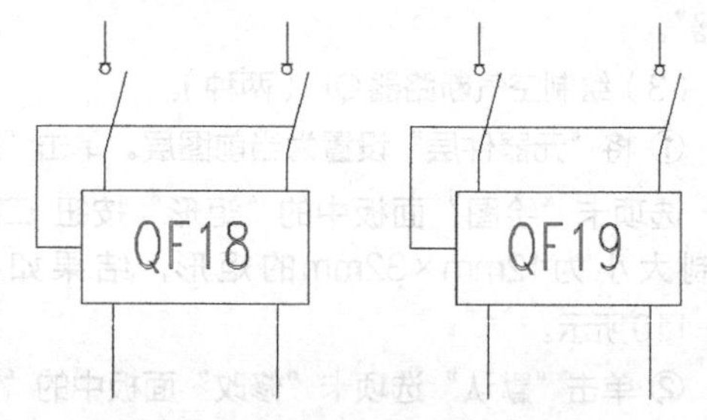

图 15-118　元器件 QF18、QF19

也可以在元器件QF的基础上修改得到元器件QF18与QF19。

（4）绘制控制变压器TC。

① 将“元器件层”设置为当前图层。单击“默认”选项卡“绘图”面板中的“多段线”按钮，绘制单侧线圈，其中，接线端长度为5mm，圆弧半径为1mm，包含角为180°，弦方向为0°，结果如图15-119所示。

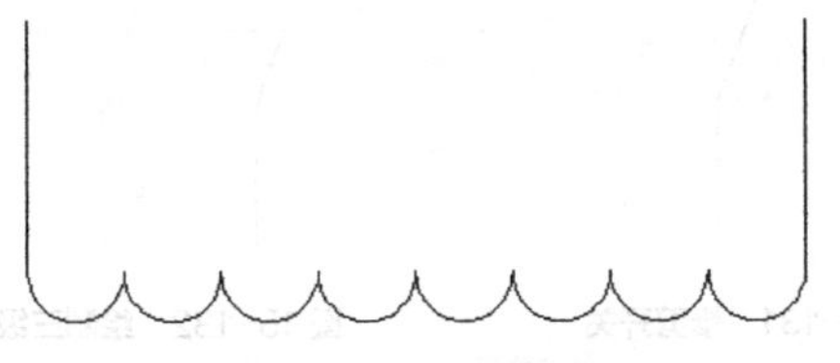

图 15-119 绘制线圈轮廓

② 单击“默认”选项卡“绘图”面板中的“多段线”按钮，绘制铁芯并设置直线宽度为0.8mm，结果如图15-120所示。

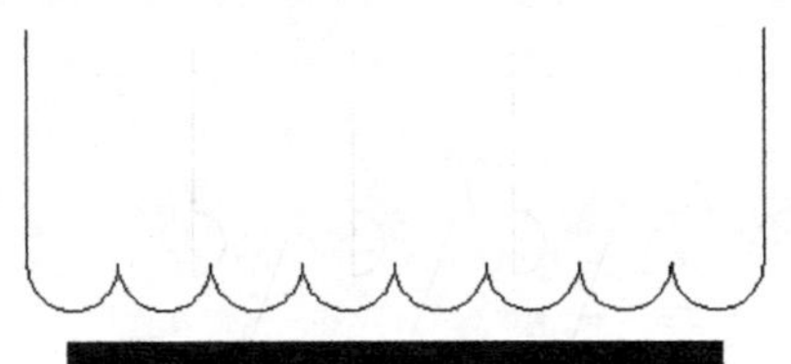

图 15-120 绘制铁芯

③ 单击“默认”选项卡“修改”面板中的“镜像”按钮，以铁芯为镜像线，向下镜像线圈，结果如图15-121所示。

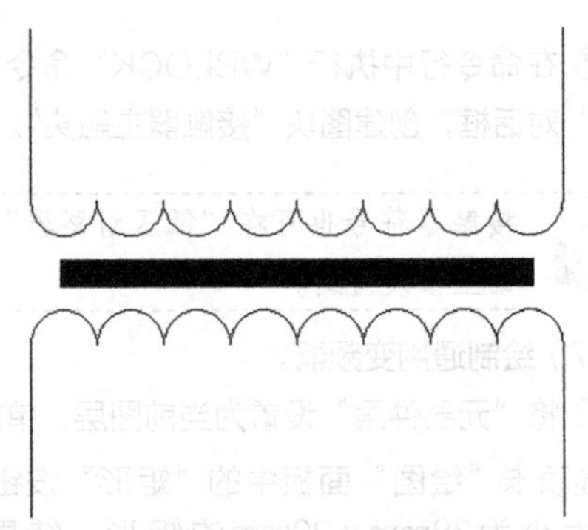

图 15-121 镜像线圈

④ 将“说明层”设置为当前图层。单击“默认”选项卡“注释”面板中的“多行文字”按钮A，标注元器件名称“TC”及参数“~380”“~24”“0”“T”，最终结果如图15-122所示。

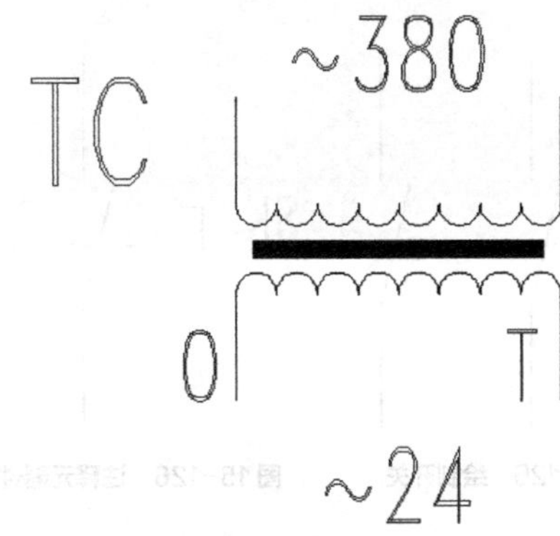

图 15-122 标注元器件名称

⑤ 在命令行中执行“WBLOCK”命令，弹出“写块”对话框，创建图块“控制变压器”。

（5）绘制时间控制开关SK。

① 将“元器件层”设置为当前图层。单击“默认”选项卡“绘图”面板中的“直线”按钮，绘制长度分别为10mm、10mm、10mm的三段竖直直线，结果如图15-123所示。

② 单击“默认”选项卡“修改”面板中的“旋转”按钮，将中间直线旋转15°，结果如图15-124所示。

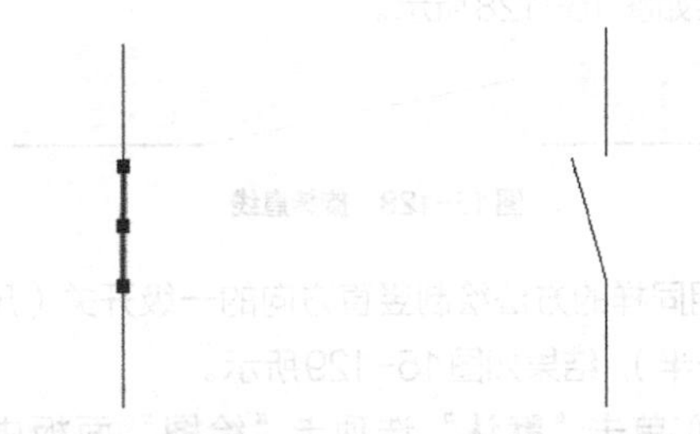

图 15-123 绘制直线　　图 15-124 旋转直线

③ 单击“默认”选项卡“修改”面板中的“复制”按钮，将开关向左侧复制，间距为16mm。

④ 单击“默认”选项卡“绘图”面板中的“直线”按钮，捕捉旋转直线中点，向左绘制长度为30mm的直线，并将其设置在“虚线层”上。

⑤ 单击“默认”选项卡“绘图”面板中的“直线”按钮，绘制按钮轮廓，结果如图15-125所示。

⑥ 将“说明层”设置为当前图层。单击“默认”选项卡“注释”面板中的“多行文字”按钮

A，标注元器件名称“SK”，最终结果如图15-126所示。

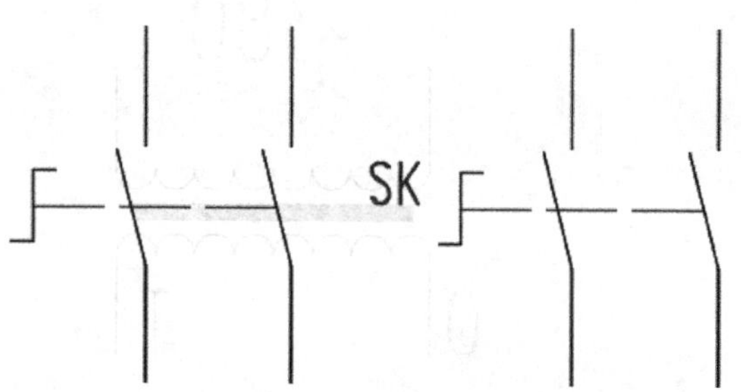

图15-125　绘制开关　　　　图15-126　注释元器件名称

⑦ 在命令行中执行“WBLOCK”命令，弹出“写块”对话框，创建图块“时间控制开关”。

（6）绘制接触器主触头、辅助触头KM。

① 将“元器件层”设置为当前图层。单击“默认”选项卡“绘图”面板中的“直线”按钮╱，绘制长度分别为10mm、18mm、10mm的水平直线，结果如图15-127所示。

图15-127　绘制直线

② 单击“默认”选项卡“修改”面板中的“旋转”按钮↻，将中间直线旋转-20°，辅助触头绘制结果如图15-128所示。

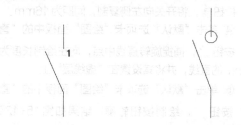

图15-128　旋转直线

用同样的方法绘制竖直方向的一级开关（尺寸缩小一半），结果如图15-129所示。

③ 单击“默认”选项卡“绘图”面板中的“圆”按钮⊙，捕捉图15-129中直线的端点1，绘制半径为1mm的圆，结果如图15-130所示。

图15-129　绘制竖直开关　　　　图15-130　绘制圆

④ 单击“默认”选项卡“修改”面板中的“修剪”按钮✂，延伸修改多余部分，结果如图15-131所示。

⑤ 单击“默认”选项卡“修改”面板中的“复制”按钮，将一级开关向右侧复制，距离分别为5mm、5mm，结果如图15-132所示。

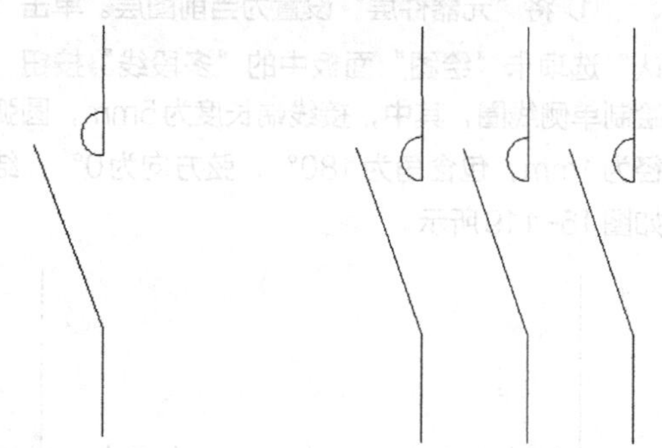

图15-131　修剪开关　　　　图15-132　绘制三级开关

⑥ 将“虚线层”设置为当前图层。单击“默认”选项卡“绘图”面板中的“直线”按钮╱，捕捉斜向直线中点绘制连接线，设置虚线线宽为0.3mm，最终结果如图15-133所示。

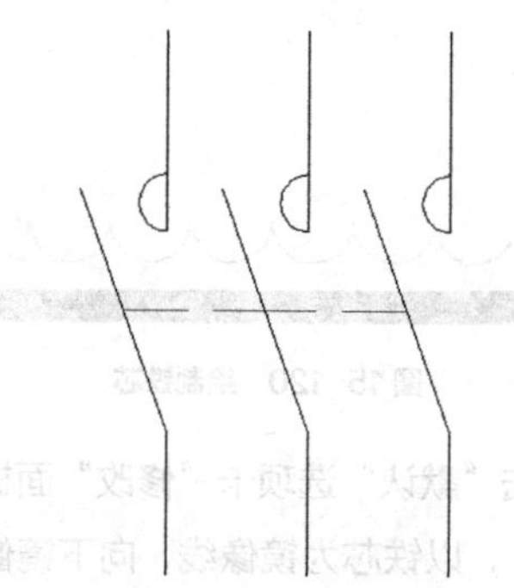

图15-133　绘制连接线

⑦ 在命令行中执行“WBLOCK”命令，弹出“写块”对话框，创建图块“接触器主触头”。

接触器符号也可在“低压断路器”的基础上修改得到。

（7）绘制通用变频器。

① 将“元器件层”设置为当前图层。单击“默认”选项卡“绘图”面板中的“矩形”按钮▭，绘制大小为38mm×20mm的矩形，结果如图15-134所示。

② 单击“默认”选项卡“绘图”面板中的“直线”按钮╱，捕捉矩形上、下边线中点绘制长度为10mm的引脚。

③ 单击“默认”选项卡“修改”面板中的“偏移”按钮 ⊆，将引脚直线分别向两侧偏移5mm，结果如图15-135所示。

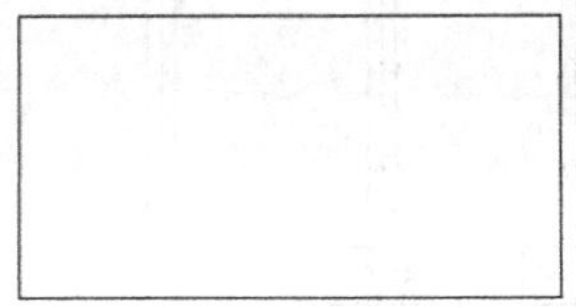

图 15-134 绘制变频器外轮廓

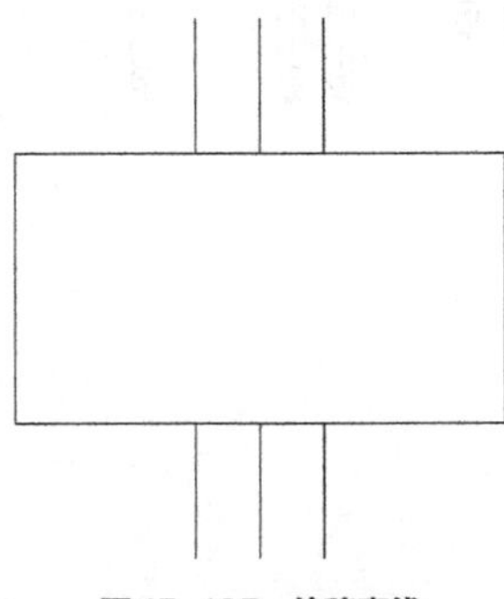

图 15-135 偏移直线

④ 将“说明层”设置为当前图层。单击“默认”选项卡“注释”面板中的“多行文字”按钮 A 和“修改”面板中的“复制”按钮 ⧉，标注元器件名称与引脚名称，最终结果如图15-136所示。

图 15-136 标注元器件名称与引脚名称

⑤ 在命令行中执行“WBLOCK”命令，弹出“写块”对话框，创建图块“通用变频器”。

3. 绘制线路图

（1）将“回路层”设置为当前图层。单击“默认”选项卡“绘图”面板中的“直线”按钮 ╱，绘制相交直线1、2，起点坐标值分别为（105,468）、（105,300），长度分别为620mm、260mm，结果如图15-137所示。

（2）单击“默认”选项卡“修改”面板中的“偏移”按钮 ⊆，分别将水平直线1向上偏移12mm、13.5mm、13.5mm、24mm、20mm，向下偏移36mm、20mm、22mm、5mm、5mm；将竖直直线2向左偏移3mm、20mm，向右偏移18mm、15mm、5mm、5mm、25mm、10mm、105mm、5mm、5mm、60mm、5mm、5mm、40mm、5mm、5mm、45mm、5mm、5mm、55mm、5mm、5mm、60mm、5mm、5mm、70mm、5mm、5mm、75mm、20mm，偏移结果如图15-138所示。

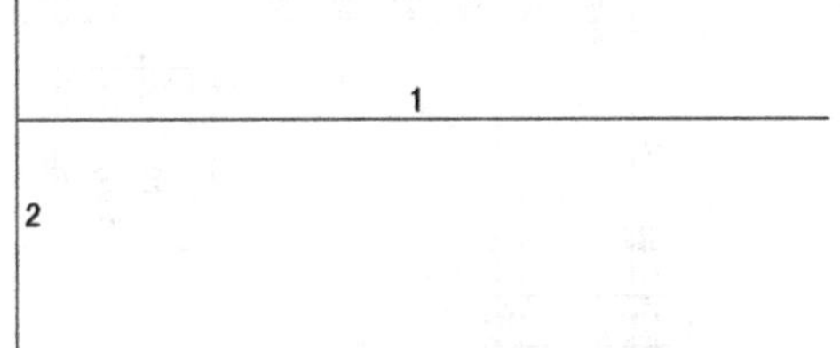

图 15-137 绘制相交直线

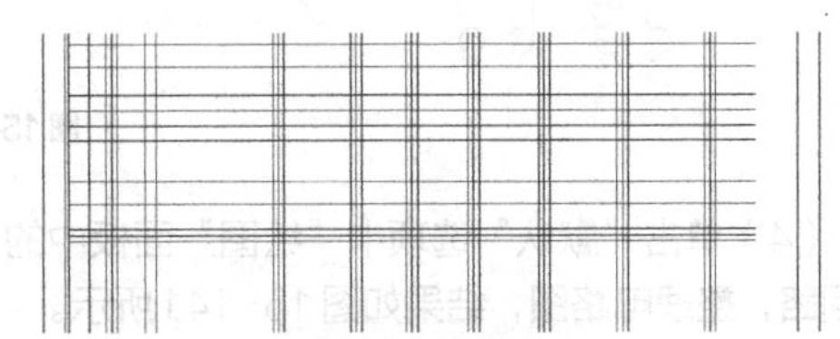

图 15-138 辅助线网络

（3）单击“默认”选项卡“修改”面板中的“修剪”按钮 ✂，延伸修剪多余线段，修剪结果如图15-139所示。

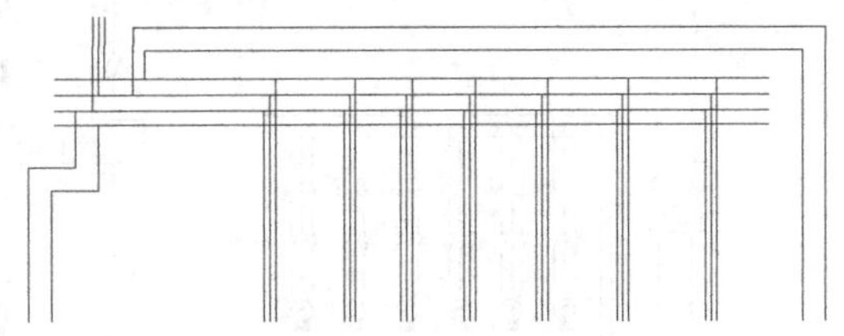

图 15-139 整理线路图

4. 整理电路

（1）将上面绘制的元器件利用“移动”“旋转”和“复制”命令，放置到对应位置。

（2）单击“默认”选项卡“块”面板中的“插入”按钮 ▣，插入图块“主机电路”“低压断路器”“低压照明配电箱柜”。

（3）单击“默认”选项卡“修改”面板中的“分解”按钮 ▢，分解图块，以方便后续操作，结果如图15-140所示。

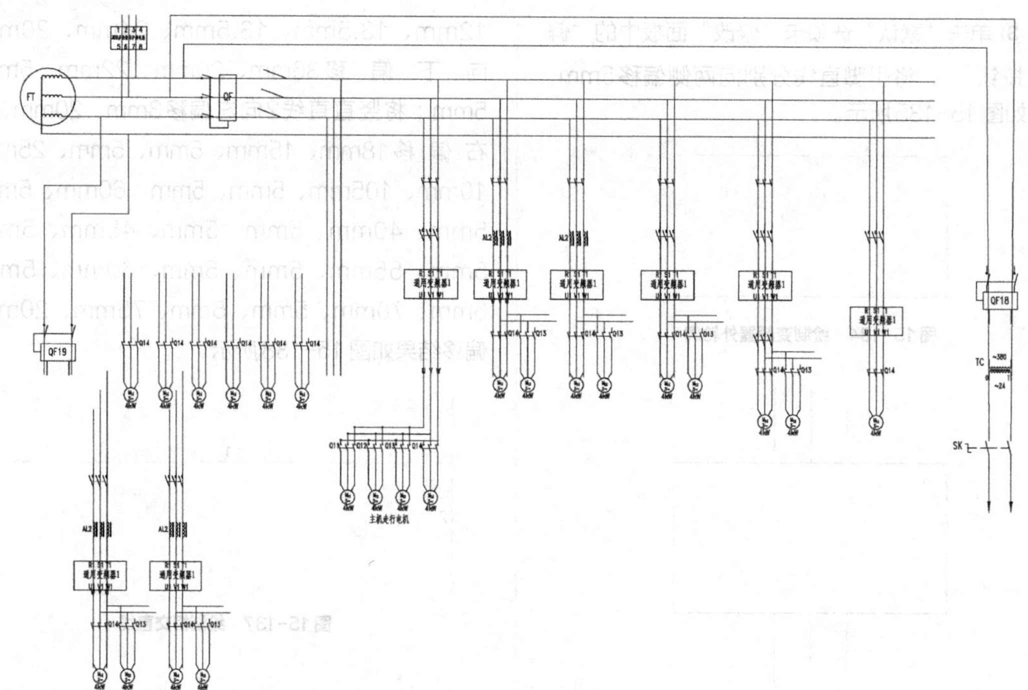

图 15-140　放置元器件

（4）单击“默认”选项卡“绘图”面板中的“直线”按钮╱和“修改”面板中的“修剪”按钮✂，补全回路，整理电路图，结果如图 15-141 所示。

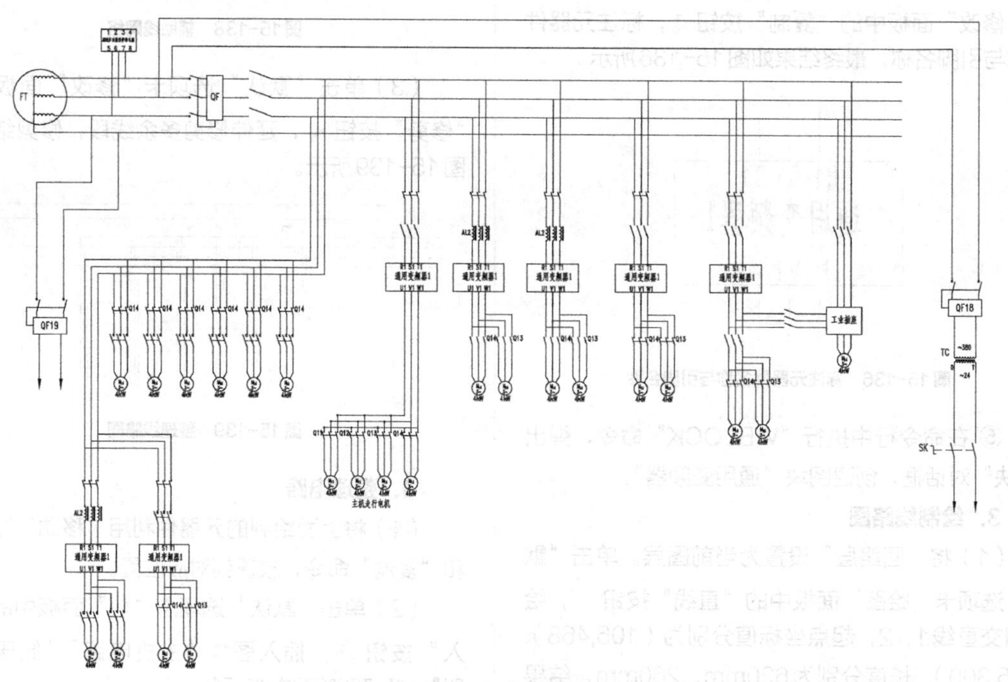

图 15-141　电路图整理结果

（5）单击“默认”选项卡“绘图”面板中的“圆环”按钮◎，绘制内径为“0”，外径为 1mm 的小圆点作为导线连接点，结果如图 15-142 所示。

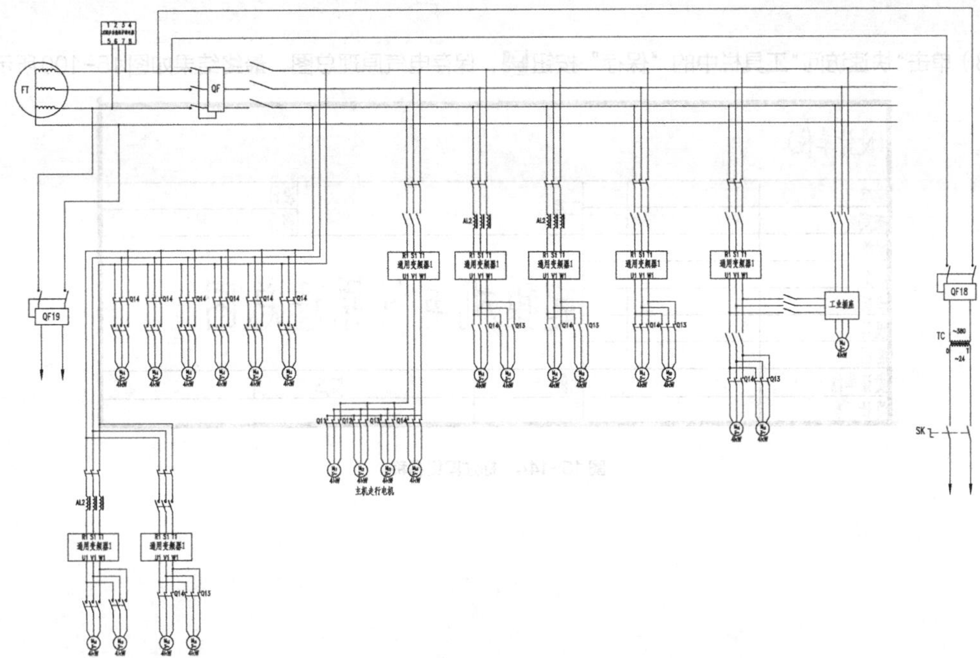

图 15-142　绘制连接点

（6）将“说明层”设置为当前图层。单击“默认”选项卡“注释”面板中的“多行文字”按钮 A，为电路模块添加注释，结果如图 15-143 所示。

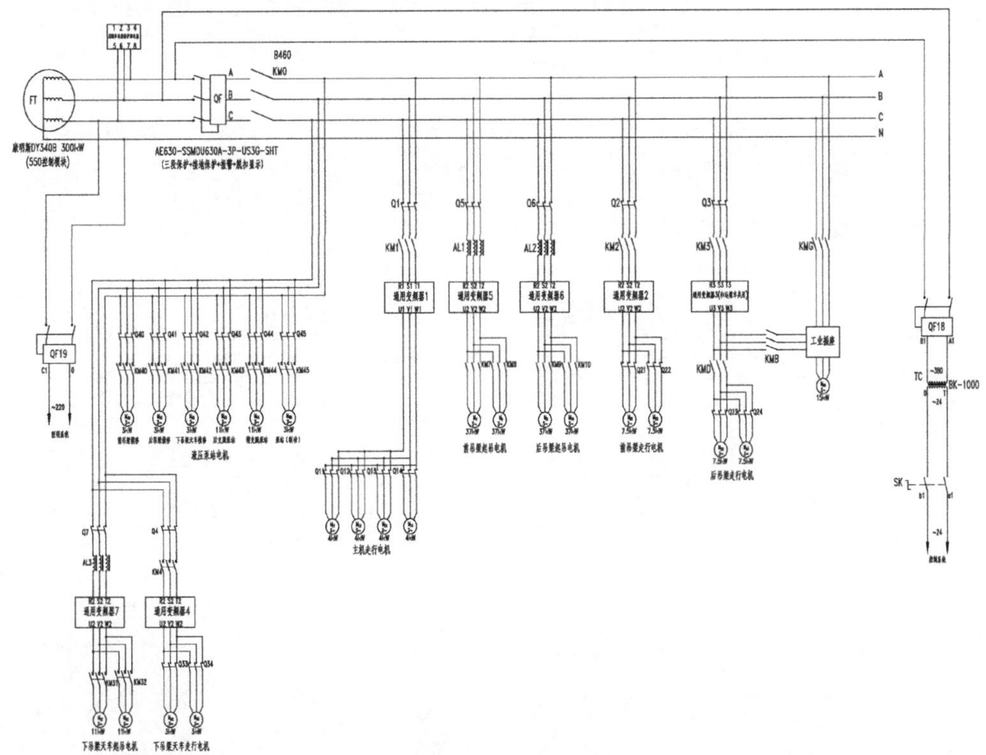

图 15-143　标注电路图

（7）双击右下角的图纸名称单元格，在标题栏中输入图纸名称“起重机电气原理总图”，如图 15-144

所示。

（8）单击"快速访问"工具栏中的“保存”按钮，保存电气原理总图，最终结果如图15-100所示。

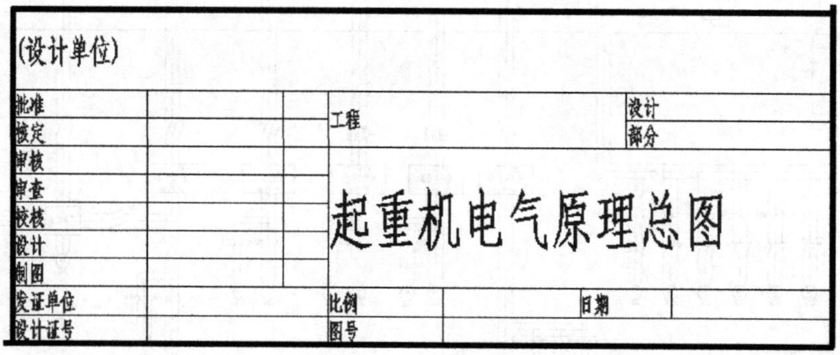

(设计单位)					
批准			工程	设计	
核定				部分	
审核			起重机电气原理总图		
审查					
校核					
设计					
制图					
发证单位		比例		日期	
设计证号		图号			

图 15-144　标注图纸名称

第 16 章

居民楼电气设计实例

本章主要结合实例讲解利用 AutoCAD 2020 进行建筑电气设计的操作步骤、方法技巧等，包括电气平面图、电气系统图设计等知识。

本章通过某居民楼电气设计实例，加深读者对 AutoCAD 功能的理解和掌握，熟悉建筑电气设计的方法。

知识重点

- 电气平面图绘制
- 电气系统图绘制

16.1 居民楼电气平面图

本节将以某居民楼标准层电气平面图为例，详细讲述电气平面图的绘制过程。在讲述过程中，将逐步带领读者完成电气平面图的绘制，并讲述关于电气照明平面图的相关知识和技巧。本节包括电气照明平面图绘制、灯具的绘制、文字标注等内容。

16.1.1 居民楼电气设计说明

本章将以某六层砖混住宅电气工程图设计为核心展开讲述。下面简要介绍电气工程图设计的有关说明。

1. 设计依据

（1）建筑概况。本工程为绿荫水岸名家5号多层住宅楼工程，地下一层为储藏室，地上6层为住宅。总建筑面积为3972.3 m^2，建筑主体高度为20.85 m，预制楼板局部为现浇楼板。

（2）建筑、结构等专业提供的其他设计资料。

（3）建设单位提供的设计任务书及相关设计说明。

（4）我国现行主要规程规范及设计标准。

①《民用建筑电气设计规范》（JGJ 16—2008）。

②《建筑设计防火规范》（GB 50016—2014）。

③《住宅设计规范》（GB 50096—2011）。

④《住宅建筑规范》（GB 50368—2005）。

⑤《建筑物防雷设计规范》（GB 50057—2010）。

2. 设计范围

（1）主要设计内容：供配电系统、建筑物防雷和接地系统、电话系统、有线电视系统、宽带网系统、可视门铃系统等。

（2）多功能可视门铃系统应该根据甲方选定的产品要求进行穿线，系统的安装和调试由专业公司负责。

（3）有线电视、电话和宽带网等信号来源应由甲方与当地主管部门协商解决。

3. 供配电系统

（1）本建筑为普通多层建筑，其用电均为三级负荷。

（2）楼内电气负荷及容量如下。

三级负荷：安装容量234.0 kW；计算容量140.4 kW。

（3）楼内低压电源均为室外变配电所采用三相四线铜芯铠装绝缘体电缆埋地引来，系统采用TN-C-S制，放射式供电，电源进楼处采用-40mm×4mm镀锌扁钢重复接地。

（4）计量：在各单元一层集中设置电表箱进行统一计量和抄收。

（5）用电指标：根据工程具体情况及甲方要求，用电指标为每户单相住宅6 kW/8 kW。

（6）照明插座和空调插座采用不同的回路供电，普通插座回路均设漏电保护装置。

4. 线路敷设及设备安装

（1）线路敷设：室外强弱干线采用铠装绝缘电缆直接埋地敷设，进楼后穿墙壁电线管暗敷设，埋深为室外地坪下0.8 m，所有直线均穿厚墙壁电线管或阻燃硬质PVC管沿墙、楼板或屋顶保温层暗敷设。

（2）设备安装：除平面图中特殊注明外，设备均为靠墙、靠门框或居中均匀布置，其安装方式及安装高度均参见“主要电气设备图例表”，若位置与其他设备或管道位置发生冲突，可在取得设计人员认可后根据现场实际情况做相应调整。

（3）电气平面图中，除图中已经注明的外，灯具回路为2根线，插座回路为3根线，穿管规格为：BV-2.5线路2～3根PVC16，4～5根PVC20。

（4）图中所有配电箱尺寸应与成套厂配合后确定，嵌墙安装箱据此确定其留洞大小。

5. 建筑物防雷和接地系统及安全设施

（1）根据《建筑物防雷设计规范》（GB 50057—2010），本建筑应属于第三类防雷建筑物，采用屋面避雷网、防雷引下线和自然接地网组成建筑物防雷和接地系统。

（2）本楼防雷装置采用屋脊、屋檐避雷带和屋面暗敷避雷线形成避雷网，其避雷带采用ϕ10mm镀锌圆钢，支高0.15m，支持卡子间距1.0m固定（转角处0.5m）；其他突出屋面的金属构件均应与屋面避雷网做可靠的电气连接。

（3）本楼防雷引下线利用结构柱4根上下焊通的 ϕ10mm以上的主筋充当，上下分别与屋面避雷网和接地网做可靠的电气连接，建筑物四角和其他适当位置的引下线在室外地面上0.8 m处设置接地电阻测试卡子。

（4）接地系统为建筑物地圈梁内两层钢筋中的两根主筋相互形成地网。

（5）在室外部分的接地装置相互焊接处均应刷沥青防腐。

（6）本楼采用强弱电联合接地系统，接地电阻应不小于1Ω，若实测结果不满足要求，应在建筑物外增设人工接地极或采取其他降阻措施。

（7）配电箱外壳等正常情况下不带电的金属构件均应与防雷接地系统做可靠的电气连接。

（8）本楼应做总等电位联结，总等电位板由紫铜板制成，应将建筑物内保护干线、设备进线总管及进出建筑物的其他金属管道进行等电位联结，总等电位联结线采用BV-25、PVC32,总等电位联结均采用等电位卡子，禁止在金属管道上焊接。

（9）卫生间作局部等电位联结，采用-25mm×4mm热镀锌扁钢引至局部等电位箱（LEB）。局部等电位箱底边距地0.3 m嵌墙安装，将卫生间内所有金属管道和金属构件联结。具体做法参见02D501-2《等电位联结安装》。

6. 电话系统、有线电视、网络系统

（1）每户按两对电话系统考虑，在客厅、卧室等处设置插座，由一层电话分线箱引两对电话线至住户集中布线箱，由住户集中布线箱引至每个电话插座。

（2）在客厅、主卧设置电视插座，电视采用分配器一分支器系统。图像清晰度不低于4级。

（3）在一层楼梯间设置网络交换机，每户在书房设置一个网络插座。

（4）室内电话线采用RVS-2×0.5，电视线采用SYWV-75-5，网线采用超五类非屏蔽双绞线。所有弱电分支线路均穿硬质PVC管沿墙或楼板暗敷。

7. 可视门铃系统

（1）本工程采用总线制多功能可视门铃系统，各单元主机可通过电缆相互联成一个系统，并将信号接入小区管理中心。

（2）每户在住户门厅附近挂墙设置户内分机。

（3）每户住宅内的燃气泄漏报警、门磁报警、窗磁报警、紧急报警按键等信号均引入对讲分机，再由对讲分机引出，通过总线引至小区管理中心。

8. 其他内容

图中有关做法及未尽事宜均应参照《国家建筑标准设计图集（电气部分）》和国家其他规程规范执行，有关人员应密切合作，避免漏埋或漏焊。

16.1.2 电气照明平面图概述

照明平面图应清楚地表示灯具、开关、插座、线路的具体位置和安装方法，但对同一方向、同一档次的导线只用一根线表示。

照明控制接线图包括原理接线图和安装接线图。原理接线图比较清楚地表明了开关、灯具的连接与控制关系，但不具体表示照明设备与线路的实际位置。在照明平面图上表示的照明设备连接关系图是安装接线图。灯具和插座都是与电源进线的两端并联，相线必须经过开关后再进入灯座。零线直接接到灯座，保护接地线与灯具的金属外壳相连接。这种连接法耗用导线多，但接线可靠，是目前工程广泛应用的安装接线方法，如线管配线、塑料护套配线等。当灯具和开关的位置改变、进线方向改变时，都会使导线数变化。所以，要真正看懂照明平面图，就必须了解导线数的变化规律，掌握照明线路设计的基本知识。

1. 电气照明平面图表示的主要内容

（1）照明配电箱的型号、数量、安装位置、安装标高、配电箱的电气系统。

（2）照明线路的配线方法、敷设位置、线路的走向，导线的型号、规格及根数，导线的连接方法。

（3）灯具的类型、功率、安装位置、安装方式及安装标高。

（4）开关的类型、安装位置、离地高度、控制方式。

（5）插座及其他电器的类型、容量、安装位置、安装高度等。

2. 图形符号及文字符号的应用

电气照明施工平面图是简图，它采用图形符号和文字符号来描述图中的各项内容。电气照明线路、相关的电气设备的图形符号及其相关标注的文字符号所表示的意义，将在本章内容中进行介绍。

3. 照明线路及设备位置的确定方法

照明线路及其设备一般采用图形符号和标注文字相结合的方式来表示，在电气照明施工平面图中不表示线路及设备本身的尺寸、形状，但必须确定其敷设和安装的位置。其平面位置是根据建筑平面图的定位轴线和某些构筑物的平面位置来确定的，而垂直位置即安装高度，一般采用标高、文字符号等方式来表示。

4. 电气照明平面图的绘制步骤

（1）画房屋平面（外墙、房间、楼梯等）。

（2）电气工程CAD制图中，对于新建结构往往会由建筑专业提供建筑施工图，对于改建改造建筑则需重新绘制其建筑施工图。

（3）画配电箱、开关及电气设备。

（4）画各种灯具、插座、吊扇等。

（5）画进户线及各电气设备、开关、灯具、灯具间的连接线。

（6）对线路、设备等附加文字标注。

（7）附加必要的文字说明。

16.1.3 居民楼电气照明平面图

本节讲述居民楼电气照明平面图的绘制，绘制结果如图16-1所示。

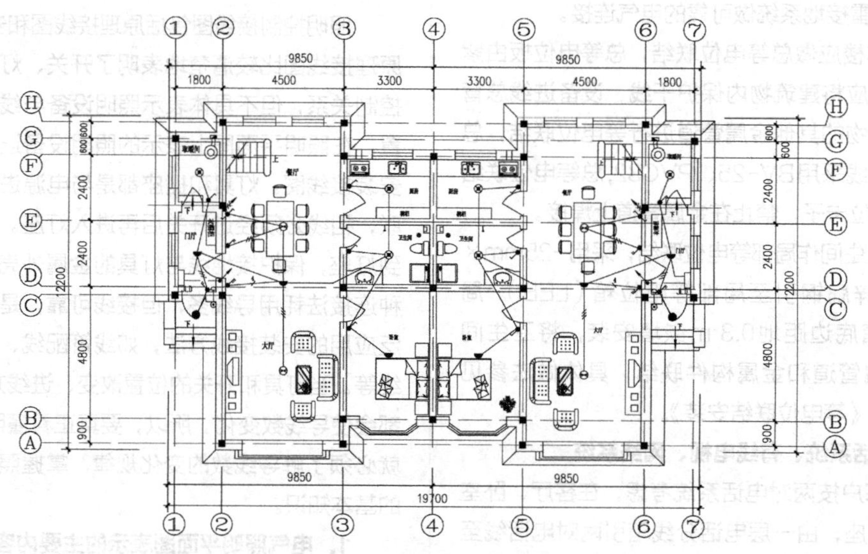

图 16-1 居民楼电气照明平面图

1. 设置图层、颜色、线型

（1）单击“默认”选项卡“图层”面板中的“图层特性”按钮，打开图层特性管理器，单击“新建图层”按钮，新建图层“轴线”，如图16-2所示。

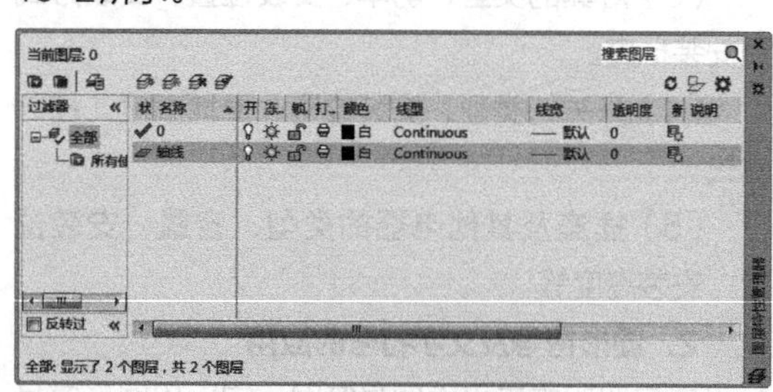

图 16-2 图层特性管理器

（2）单击“轴线”图层的图层颜色，打开“选择颜色”对话框，选择红色为轴线图层颜色，如图16-3所示，单击“确定”按钮。

（3）单击“轴线”图层的图层线型，打开“选择线型”对话框，如图16-4所示。单击“加载”按钮，打开“加载或重载线型”对话框，如图16-5所示。选择“CENTER”线型，单击“确定”按钮，返回到“选择线型”对话框，选择“CENTER”线型，单击“确定”按钮，完成线型的设置。

图 16-3 “选择颜色”对话框

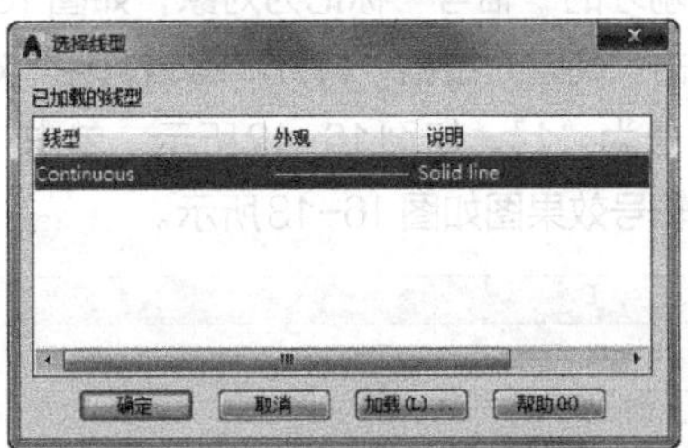

图 16-4 “选择线型”对话框

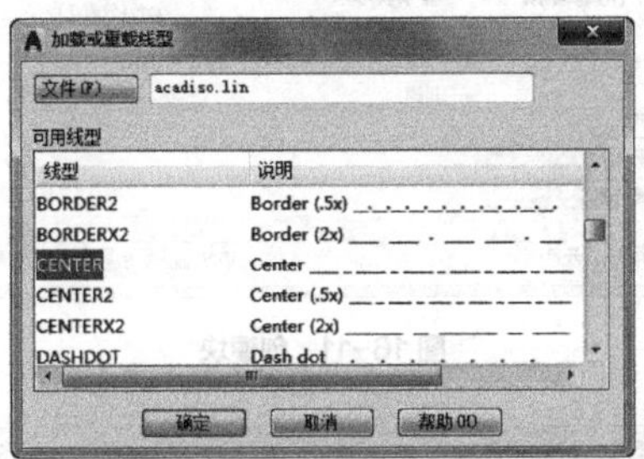

图 16-5 “加载或重载线型”对话框

同理创建其他图层，如图16-6所示。

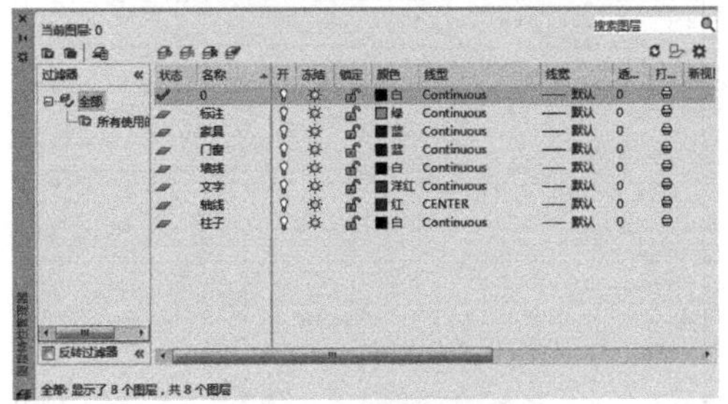

图 16-6 图层特性管理器

2. 绘制轴线

（1）将“轴线”图层设置为当前图层。单击“默认”选项卡“绘图”面板中的“直线”按钮╱，绘制长度为30000mm的水平轴线和长度为23000mm的竖直轴线，如图16-7所示。

图 16-7 绘制轴线

（2）单击“默认”选项卡“修改”面板中的“偏移”按钮⊆，将竖直轴线向右偏移1800 mm。命令行提示与操作如下。

```
命令：_offset
当前设置：  删除源=否  图层=源  OFFSETGAPTYPE=0
指定偏移距离或 [通过(T)/删除(E)/图层(L)]<通过>:1800↙
选择要偏移的对象，或 [退出(E)/放弃(U)]<退出>:(选择竖直轴线)
指定要偏移的那一侧上的点，或 [退出(E)/多个(M)/放弃(U)] <退出>:(指定竖直轴线右侧的一点)
选择要偏移的对象，或 [退出(E)/放弃(U)]<退出>:↙
```

重复“偏移”命令，将上步偏移得到的竖线继续向右偏移，偏移距离分别为4500mm、3300mm、3300mm、4500mm、1800mm。将水平轴线向上偏移，偏移距离分别为900mm、4500mm、300mm、2400mm、560mm、1840mm、600mm、600mm，结果如图16-8所示。

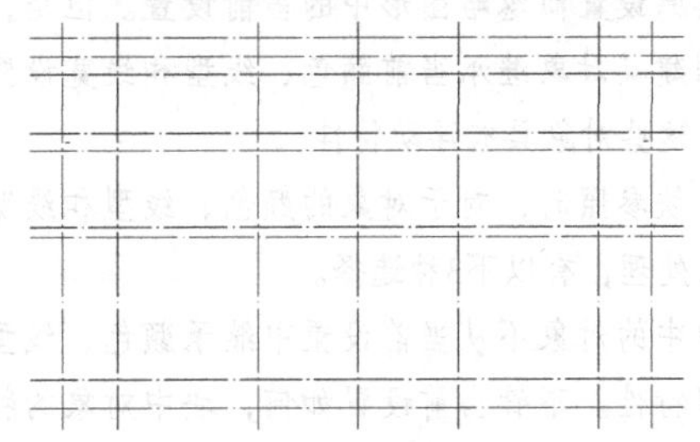

图 16-8 偏移轴线

（3）绘制轴号。

① 单击“默认”选项卡“绘图”面板中的“圆”按钮⊙，绘制一个圆。

② 选取菜单栏中的“绘图”→“块”→“定义属性”命令，打开“属性定义”对话框，按照图16-9所示进行设置，然后单击“确定”按钮，在圆心位置写入一个块的属性值。设置完成后的效果如图16-10所示。

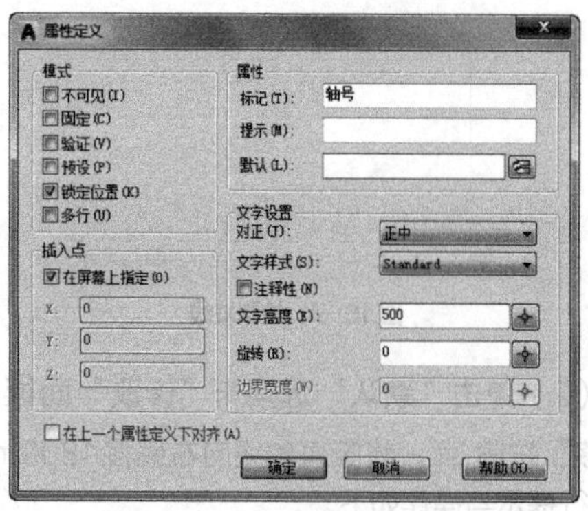

图 16-9 “属性定义”对话框

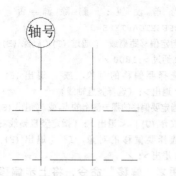

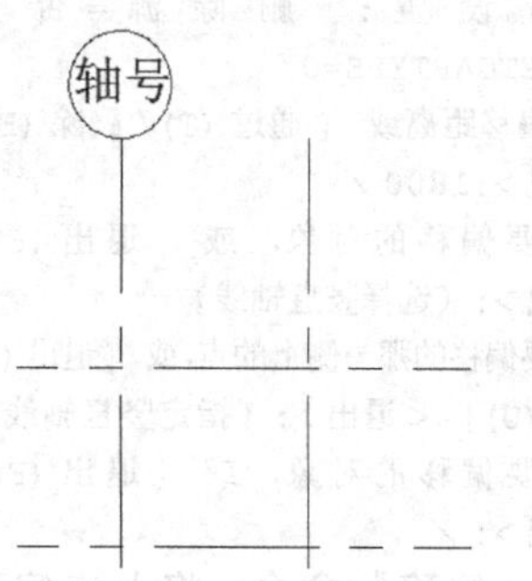

图 16-10 在圆心位置写入属性值

插入块中的对象可以保留原特性，可以继承所插入的图层的特性，或继承图形中的当前特性。

插入块时，块中对象的颜色、线型和线宽通常保留其原设置而忽略图形中的当前设置。但是，可以创建其对象继承当前颜色、线型和线宽设置的块。这些对象具有浮动特性。

插入块参照时，对于对象的颜色、线型和线宽特性的处理，有以下3种选择。

• 块中的对象不从当前设置中继承颜色、线型和线宽特性。不管当前设置如何，块中对象的特性都不会改变。

对于此选择，建议分别为块定义中的每个对象设置颜色、线型和线宽特性，而不要在创建这些对象时使用“BYBLOCK”或“BYLAYER”作为颜色、线型和线宽的设置。

• 块中的对象仅继承指定给当前图层的颜色、线型和线宽特性。

对于此选择，在创建要包含在块定义中的对象之前，请将当前图层设置为0，将当前颜色、线型和线宽设置为“BYLAYER”。

• 对象继承已明确设置的当前颜色、线型和线宽特性，即这些特性已设置成取代指定给当前图层的颜色、线型和线宽。如果未进行明确设置，则继承指定给当前图层的颜色、线型和线宽特性。

对于此选择，在创建要包含在块定义中的对象之前，请将当前颜色或线型设置为“BYBLOCK”。

③ 单击“默认”选项卡“块”面板中的“创建”按钮，打开“块定义”对话框，在“名称”文本框中写入“轴号”，指定圆心为基点，选择整个圆和刚才的“轴号”标记为对象，如图16-11所示。单击“确定”按钮，打开“编辑属性”对话框，输入轴号为“1”，如图16-12所示。单击“确定”按钮，轴号效果图如图16-13所示。

图 16-11 创建块

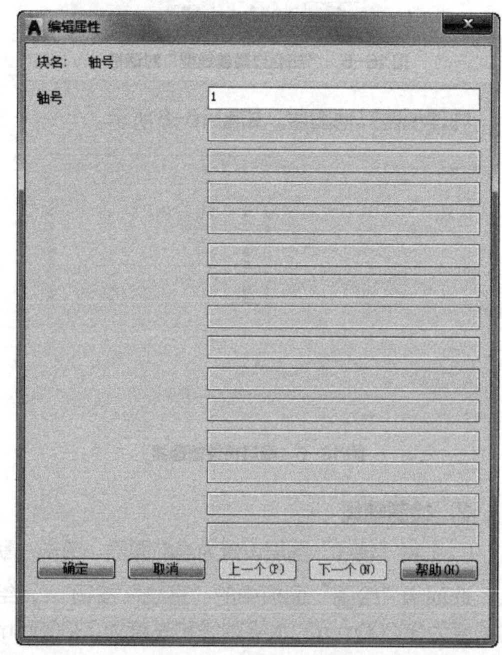

图 16-12 “编辑属性”对话框

④ 利用上述方法绘制出图形的所有轴号，并对轴线进行修剪，结果如图 16-14 所示。

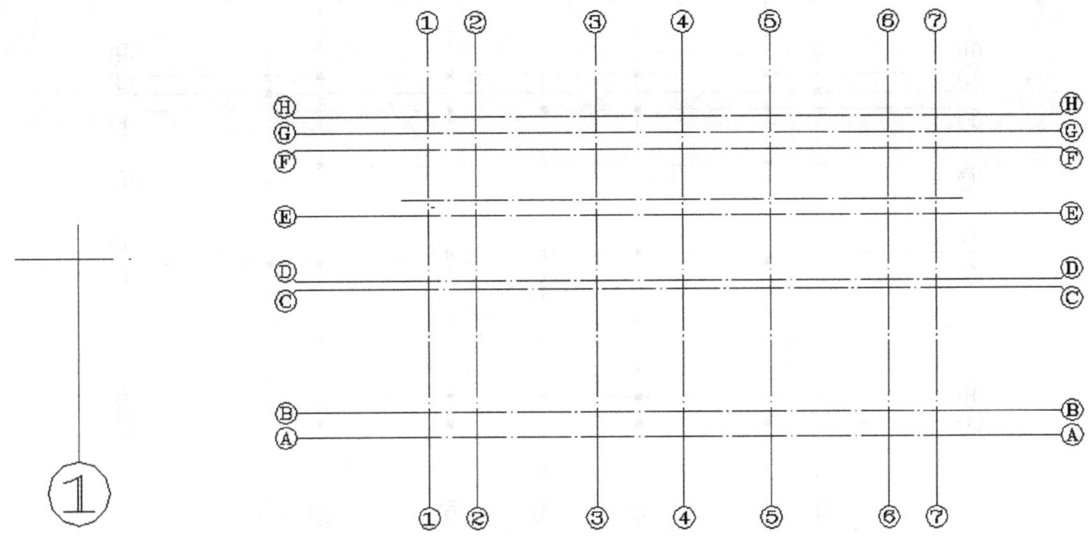

图 16-13 轴号效果图

图 16-14 标注轴号

3. 绘制柱子

（1）将“柱子”图层设置为当前图层。单击“默认”选项卡“绘图”面板中的“矩形”按钮 ，在空白处绘制一个 240 mm×240 mm 的矩形，命令行提示与操作如下。

```
命令: _rectang
指定第一个角点或 [倒角(C)/标高(E)/圆角(F)/厚度(T)/宽度(W)]:(指定一个角点)
指定另一个角点或 [面积(A)/尺寸(D)/旋转(R)]: @240,240↙
```

结果如图 16-15 所示。

图 16-15 绘制矩形

（2）单击“默认”选项卡“绘图”面板中的“图案填充”按钮 ，打开“图案填充创建”选项卡，如图 16-16 所示，设置填充图案为“SOLID”，填充矩形，结果如图 16-17 所示。

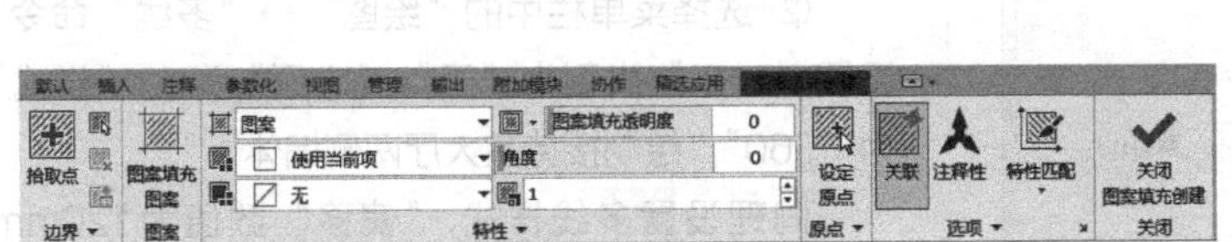

图 16-16 “图案填充创建”选项卡

图 16-17 柱子

（3）单击“默认”选项卡“修改”面板中的“复制”按钮 ，将上步绘制的柱子复制到如图 16-18 所示的位置。

4. 绘制墙线、门窗、洞口

（1）绘制建筑墙体。

① 将“墙线”图层设置为当前图层。选择菜单栏中的“格式”→“多线样式”命令，打开如图 16-19 所示的“多线样式”对话框。单击“新建”按钮，打开“创建新的多线样式”对话框，输入新样式名为“360”，如图 16-20 所示。单击“继续”按钮，弹出“新建多线样式：360”对话框，设置“偏移”数值为 240mm 和 -120mm，如图 16-21 所示。单击“确定”按钮，返回到“多线样式”对话框。

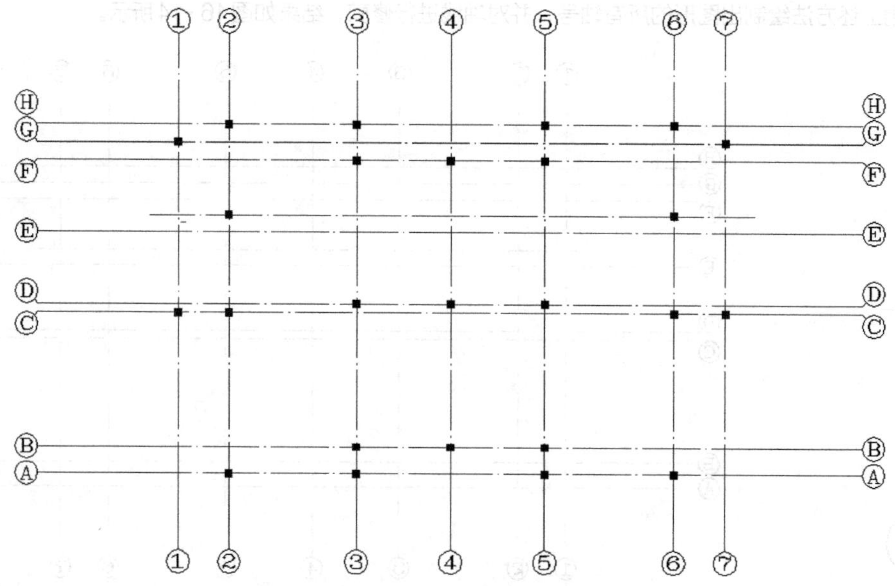

图 16-18 布置柱子

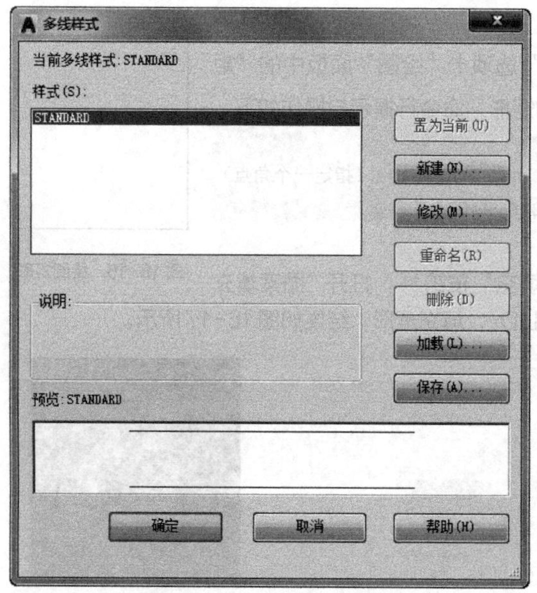

图 16-19 “多线样式”对话框

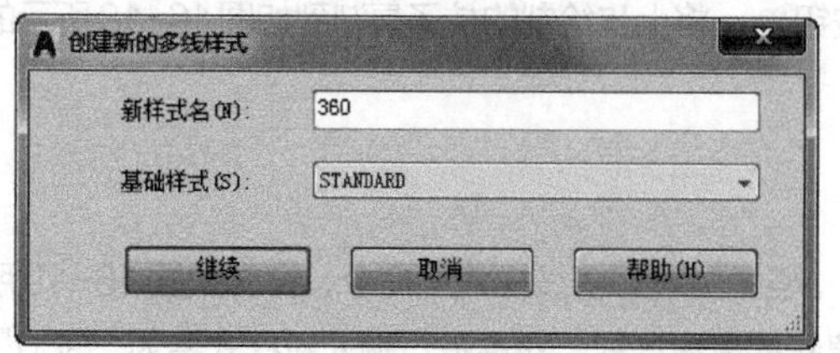

图 16-20 “创建新的多线样式”对话框

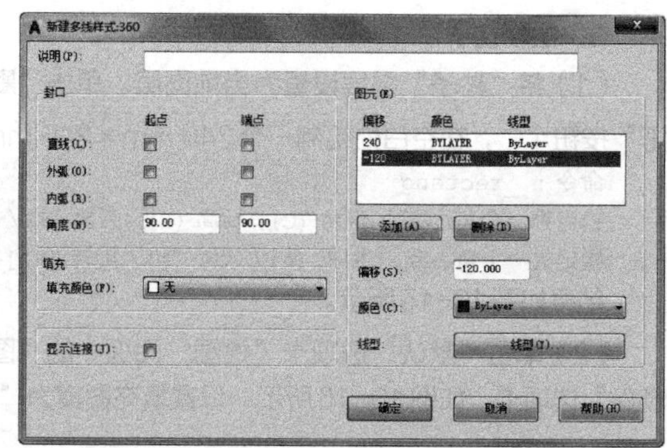

图 16-21 “新建多线样式：360”对话框

② 选择菜单栏中的“绘图”→“多线”命令，设置“对正”类型为“无”，“比例”为1，“样式”为“360”，绘制接待室大厅两侧墙体。

同理设置多线样式，“偏移”数值为120mm和-120mm，绘制居民楼内墙，并选择菜单栏中的“修改”→“对象”→“多线”命令，对绘制的墙体进行修剪，结果如图16-22所示。

（2）绘制门窗洞口。

① 将“门窗”图层设置为当前图层。单击“默认”选项卡“修改”面板中的“分解”按钮，将墙线进行分解。单击“默认”选项卡“修改”面板中的“偏移”按钮，选取轴线2向右偏移600mm、1200mm，结果如图16-23所示。

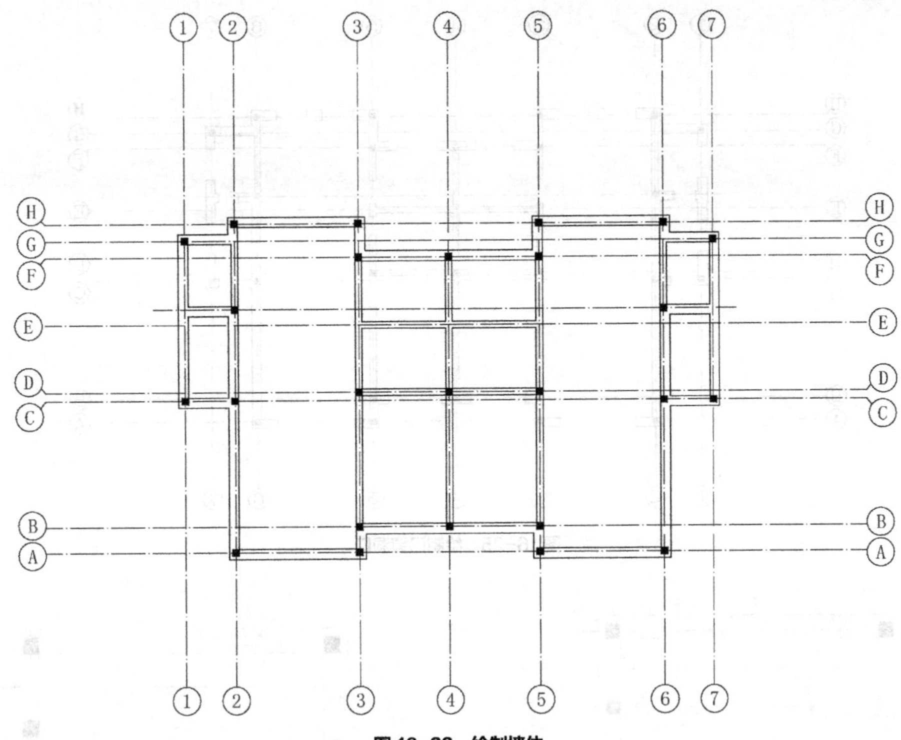

图 16-22 绘制墙体

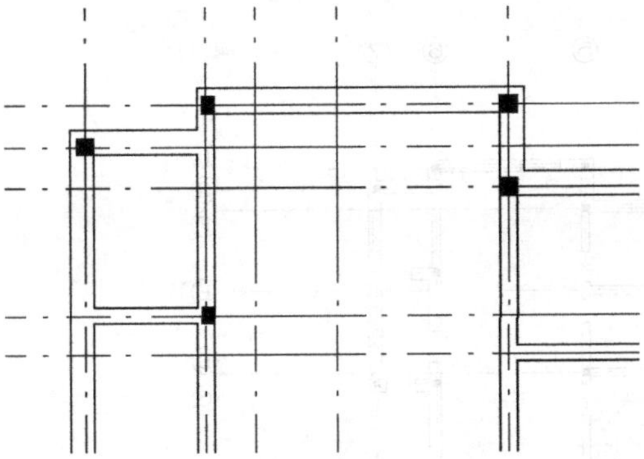

图 16-23 偏移轴线

② 单击“默认”选项卡“修改”面板中的“修剪”按钮，修剪掉多余图形。单击“默认”选项卡“修改”面板中的“删除”按钮，删除偏移轴线。单击“默认”选项卡“绘图”面板中的“直线”按钮，绘制封口直线，结果如图 16-24 所示。

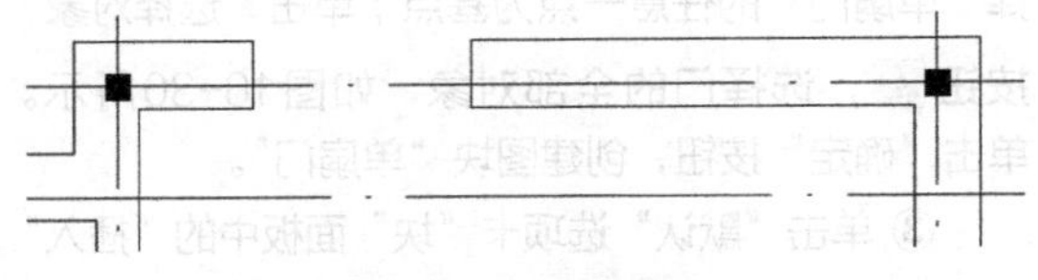

图 16-24 绘制的洞口

有些门窗的尺寸已经标准化，所以在绘制门窗洞口时应该查阅相关标准，给予合适尺寸。

③ 利用上述方法绘制出图形中所有门窗洞口，如图 16-25 所示。

使用“修剪”这个命令，通常在选择修剪对象的时候，是逐个单击选择，显得效率不高。要比较快地实现修剪的过程，可以这样操作：执行“修剪”命令，命令行提示“选择修剪对象”时，先不选择对象，继续回车或按空格键，系统默认选择全部对象。这样做可以很快地完成修剪过程，没使用过的读者不妨一试。

（3）绘制窗线。

① 单击“默认”选项卡“绘图”面板中的“直线”按钮，绘制一段直线，如图 16-26 所示。

② 单击“默认”选项卡“修改”面板中的“偏移”按钮，选择上步绘制的直线向下偏移，偏移距离为 120mm、120mm、120mm，如图 16-27 所示。

③ 利用上述方法绘制剩余窗线，如图 16-28 所示。

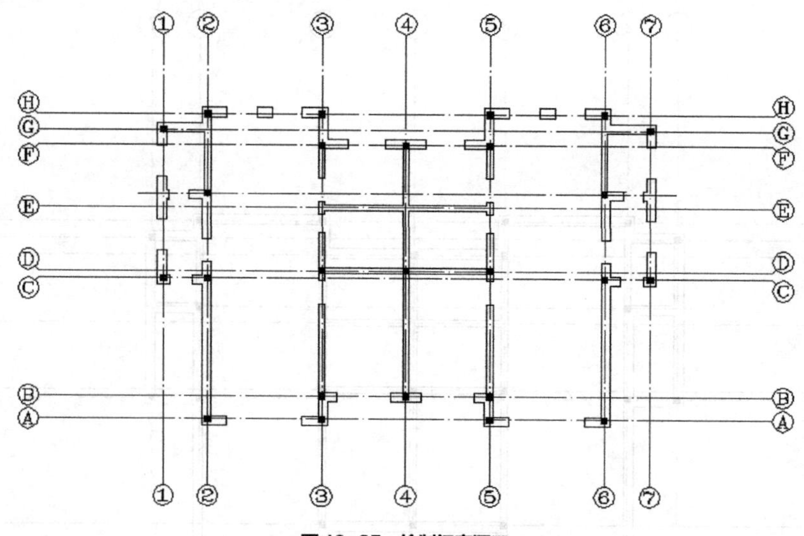

图 16-25　绘制门窗洞口

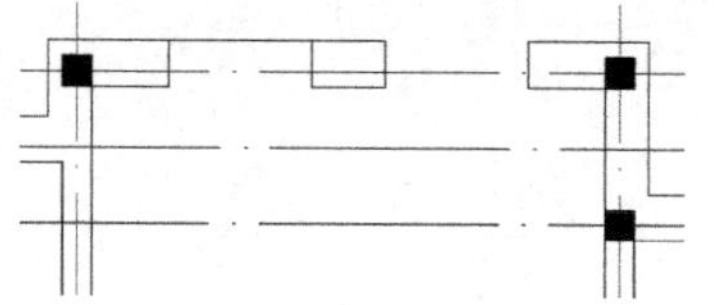

图 16-26　绘制直线

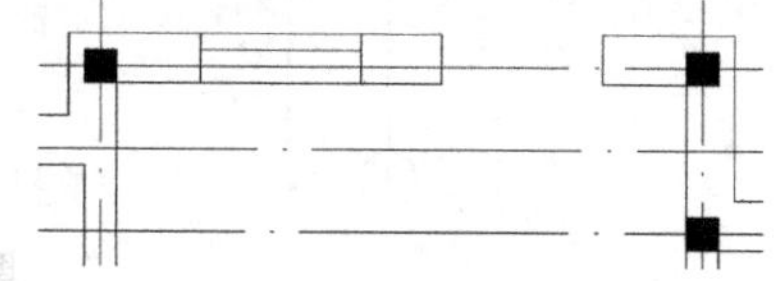

图 16-27　偏移直线

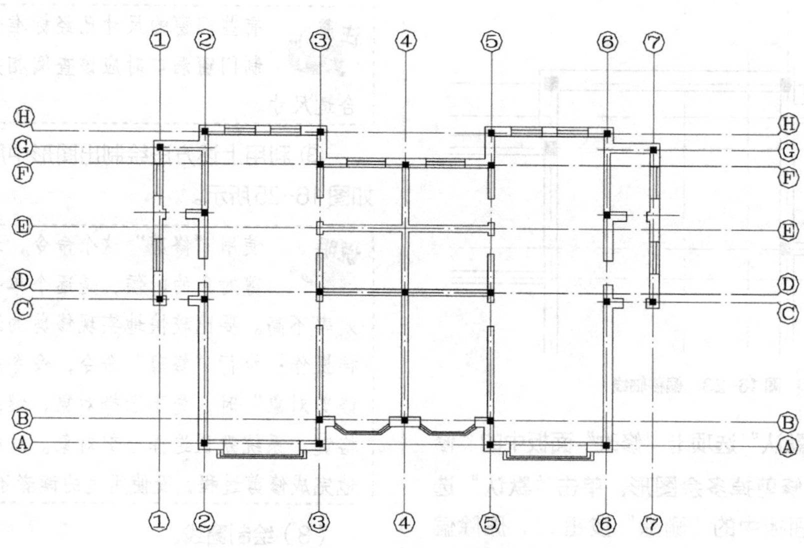

图 16-28　完成窗线绘制

（4）绘制单扇门。

① 单击“默认”选项卡“绘图”面板中的“圆弧”按钮 和“直线”按钮 ，绘制门，如图16-29所示。

② 单击“默认”选项卡“块”面板中的“创建”按钮 ，打开“块定义”对话框，在“名称”文本框中输入“单扇门”；单击“拾取点”按钮，选择“单扇门”的任意一点为基点；单击“选择对象”按钮 ，选择门的全部对象，如图16-30所示。单击“确定”按钮，创建图块“单扇门”。

③ 单击“默认”选项卡“块”面板中的“插入”按钮 ，打开“插入”选项板，如图16-31所示。

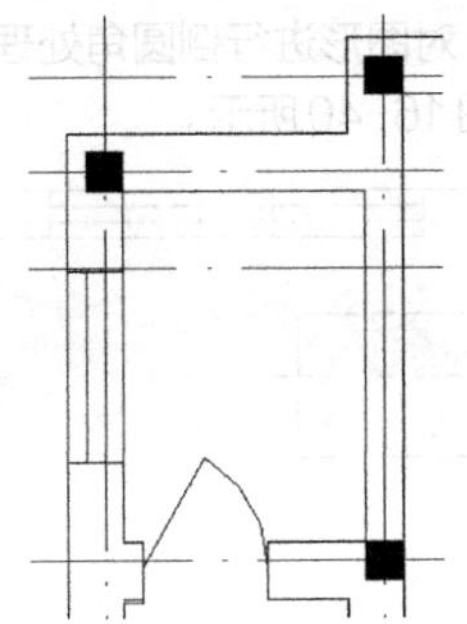

图 16-29 绘制门

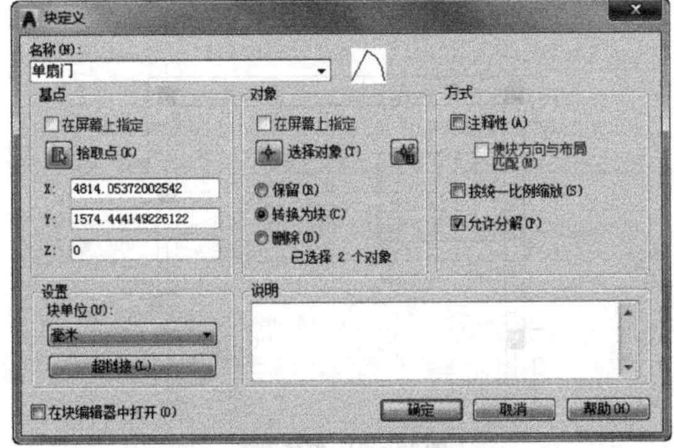

图 16-30 定义“单扇门”图块

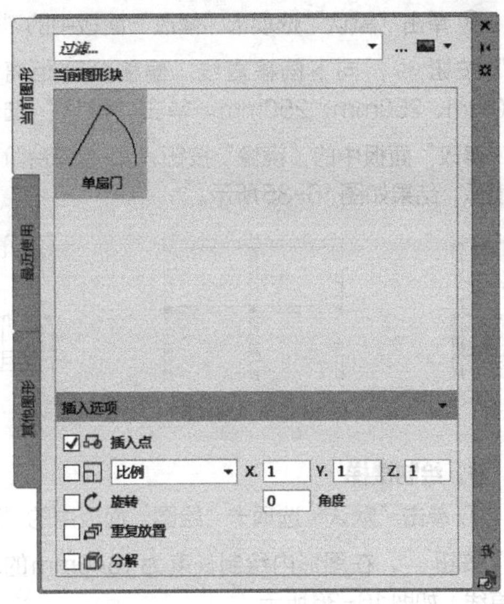

图 16-31 “插入”选项板

④ 在“名称”下拉列表中选择“单扇门”，指定任意一点为插入点，在平面图中插入所有单扇门图形，结果如图 16-32 所示。

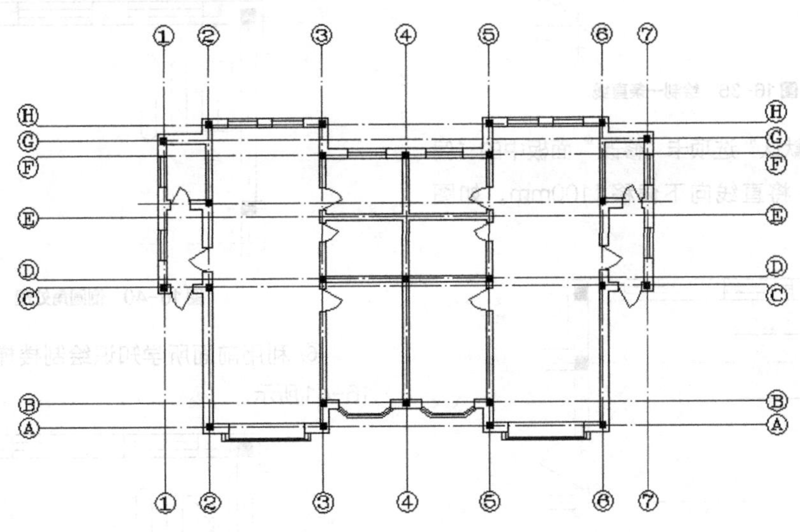

图 16-32 插入单扇门

5. 绘制台阶

① 单击“默认”选项卡“绘图”面板中的“矩形”按钮 ▭，绘制一个420 mm × 1575 mm的矩形，如图 16-33 所示。

② 单击“默认”选项卡“绘图”面板中的“直线”按钮 ⁄，在矩形内绘制两条直线，如图 16-34 所示。

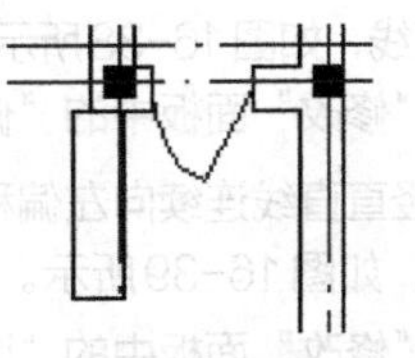

图 16-33 绘制矩形

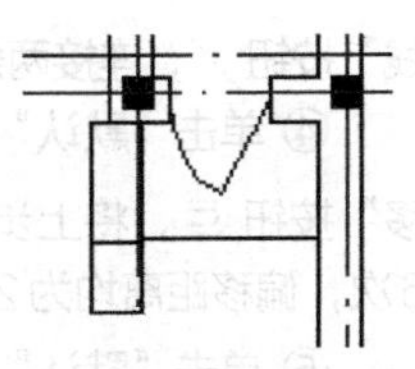

图 16-34 绘制一条直线

③ 单击“默认”选项卡“修改”面板中的“偏移”按钮⊆，向下偏移直线，偏移分别距离为250mm、250mm、250mm。单击“默认”选项卡“修改”面板中的“镜像”按钮⚠，选择台阶向右镜像，结果如图16-35所示。

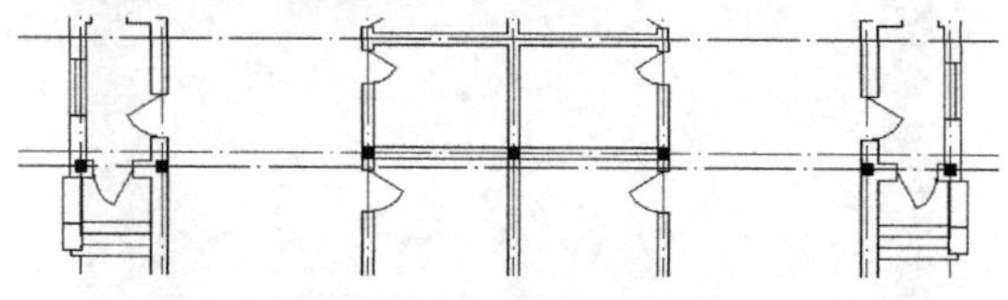

图16-35　绘制台阶

6. 绘制楼梯

① 单击“默认”选项卡“绘图”面板中的“直线”按钮／，在图形内绘制长度为1640mm的水平直线，如图16-36所示。

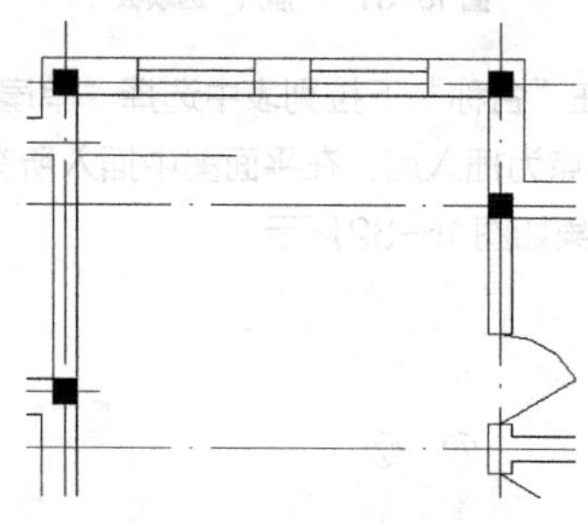

图16-36　绘制一条直线

② 单击“默认”选项卡“修改”面板中的“偏移”按钮⊆，将直线向下偏移1100mm，如图16-37所示。

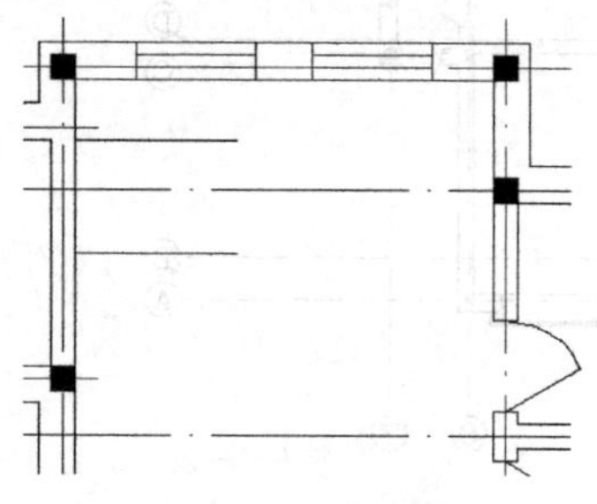

图16-37　偏移直线

③ 单击“默认”选项卡“绘图”面板中的“直线”按钮／，连接两条水平直线，如图16-38所示。

④ 单击“默认”选项卡“修改”面板中的“偏移”按钮⊆，将上步绘制的竖直直线连续向左偏移6次，偏移距离均为250 mm，如图16-39所示。

⑤ 单击“默认”选项卡“修改”面板中的“圆角”按钮⌌，对图形进行倒圆角处理，圆角距离为125mm，如图16-40所示。

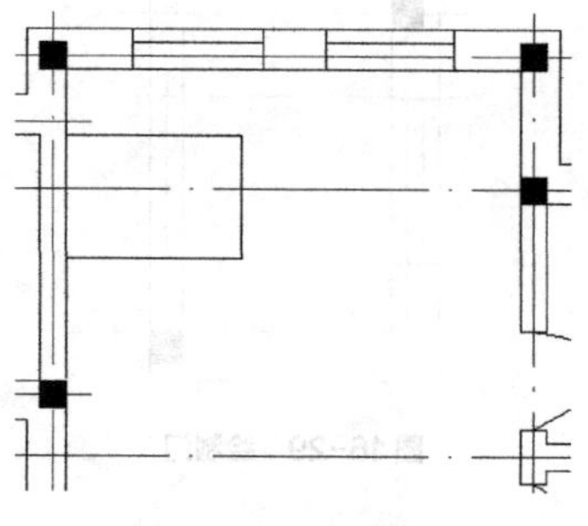

图16-38　绘制直线

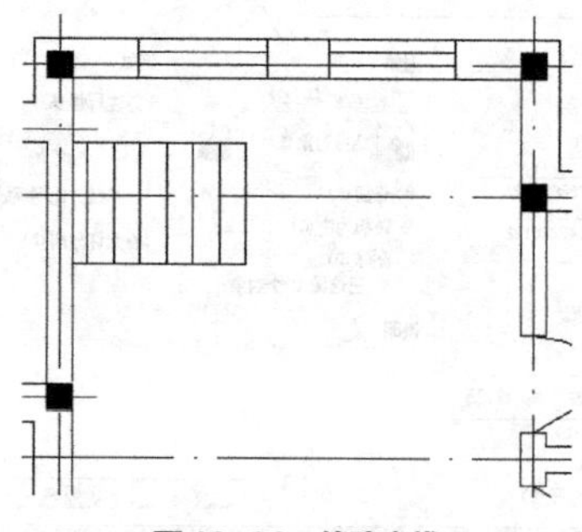

图16-39　偏移直线

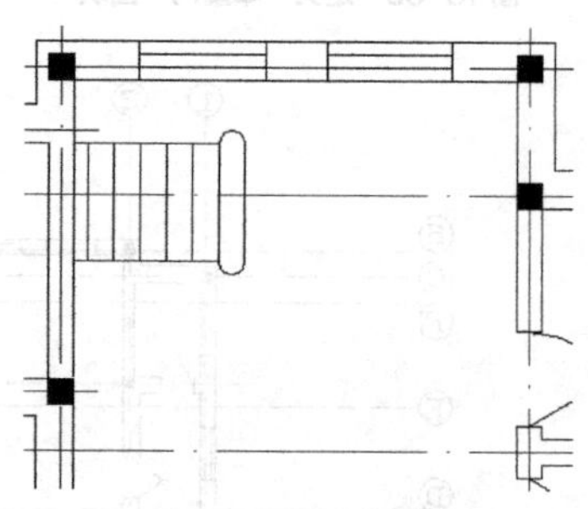

图16-40　倒圆角处理

⑥ 利用前面所学知识绘制楼梯折弯线，如图16-41所示。

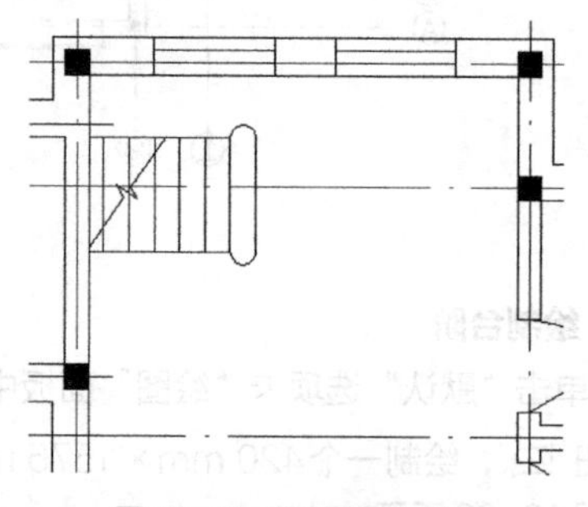

图16-41　绘制楼梯折弯线

⑦ 单击“默认”选项卡“修改”面板中的“修剪”按钮✂，将楼梯图形进行修剪，如图16-42所示。

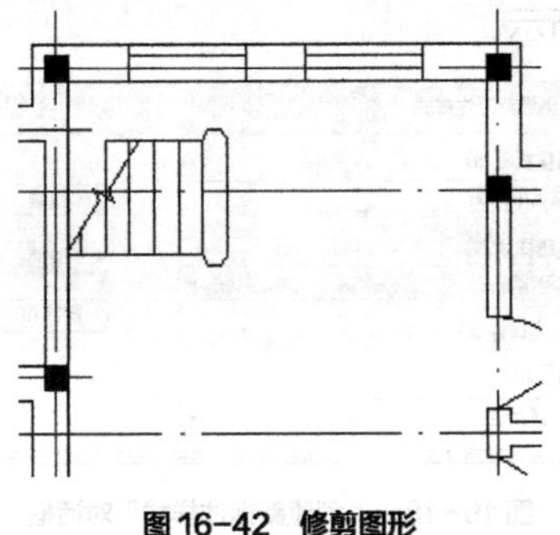

图16-42 修剪图形

⑧ 单击“默认”选项卡“绘图”面板中的“多段线”按钮，指定起点宽度及端点宽度绘制楼梯指引箭头，如图16-43所示。

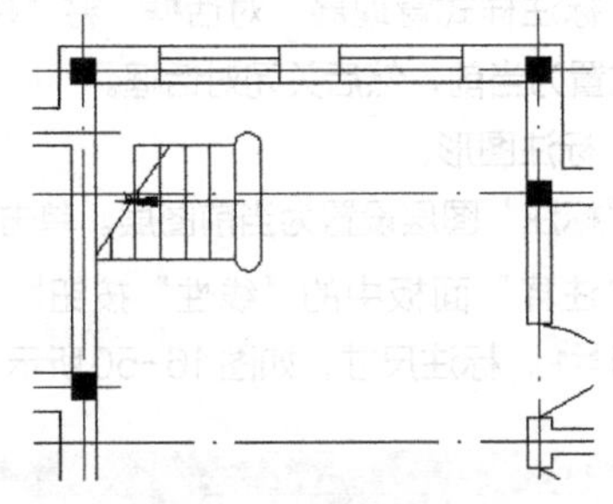

图16-43 绘制楼梯指引箭头

⑨ 单击“默认”选项卡“修改”面板中的“镜像”按钮，将绘制好的楼梯进行镜像，如图16-44所示。

7. 插入图块并偏移外墙线

① 将“家具”层置为当前图层。单击“默认”选项卡“块”面板中的“插入”按钮，插入“源文件/图块/餐椅”，结果如图16-45所示。

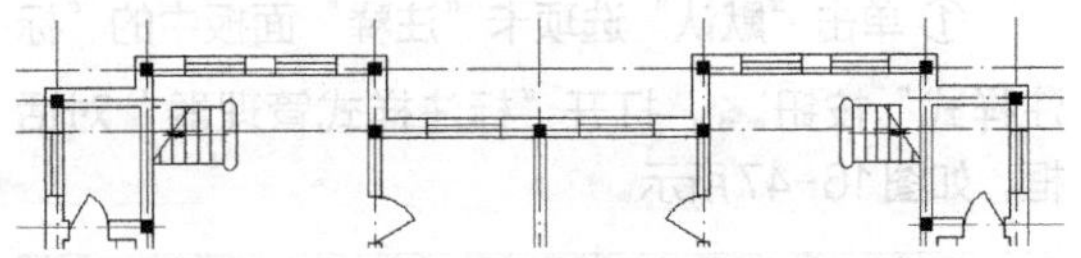

图16-44 镜像楼梯

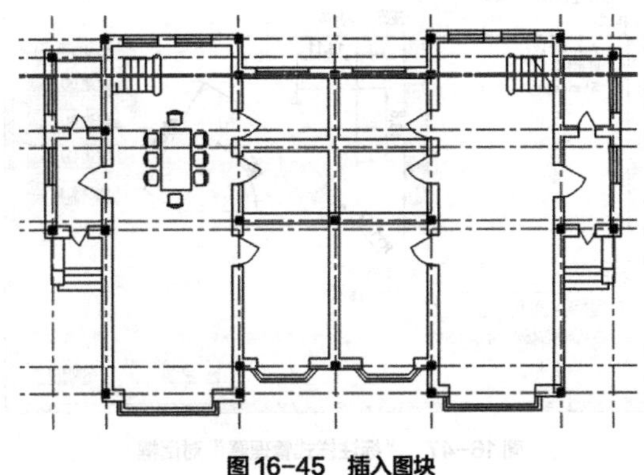

图16-45 插入图块

② 继续调用上述方法，插入所有图块。

③ 单击“默认”选项卡“修改”面板中的“偏移”按钮，选取外墙线向外偏移500mm。单击“默认”选项卡“修改”面板中的“修剪”按钮，修剪掉多余线段。单击“默认”选项卡“绘图”面板中的“直线”按钮，绘制其他线段。单击“默认”选项卡，“绘图”面板中的“多段线”按钮，指定起点宽度及端点宽度绘制其他箭头，完成图形剩余部分，结果如图16-46所示。

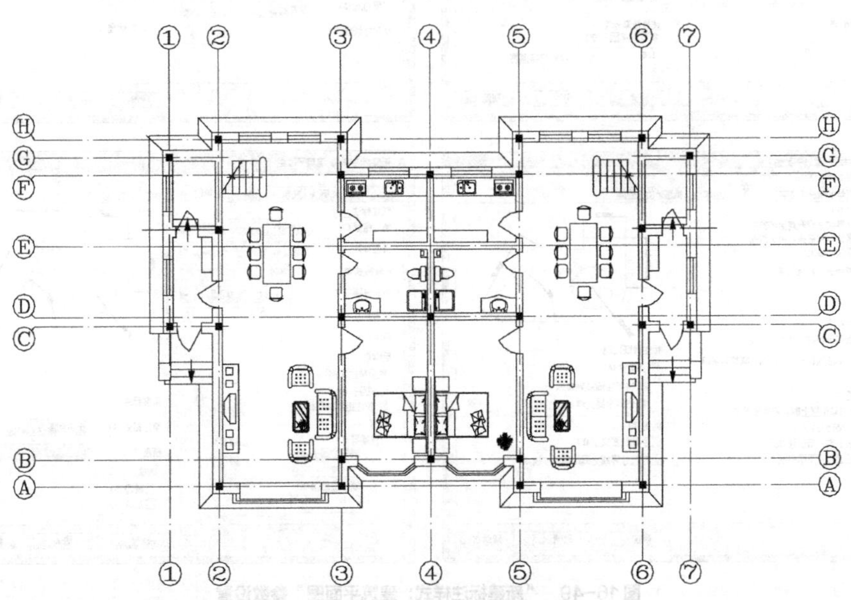

图16-46 插入全部图块并偏移外墙线

8. 标注尺寸

（1）设置标注样式。

① 单击“默认”选项卡“注释”面板中的“标注样式”按钮，打开“标注样式管理器”对话框，如图16-47所示。

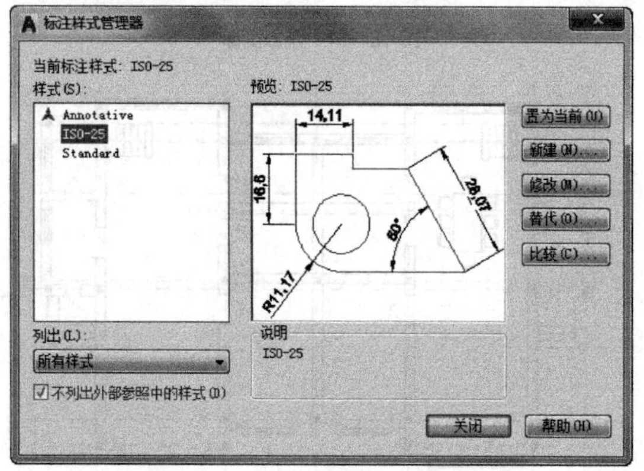

图16-47 “标注样式管理器”对话框

② 单击“新建”按钮，打开“创建新标注样式”对话框，输入新样式名为“建筑平面图”，如图16-48所示。

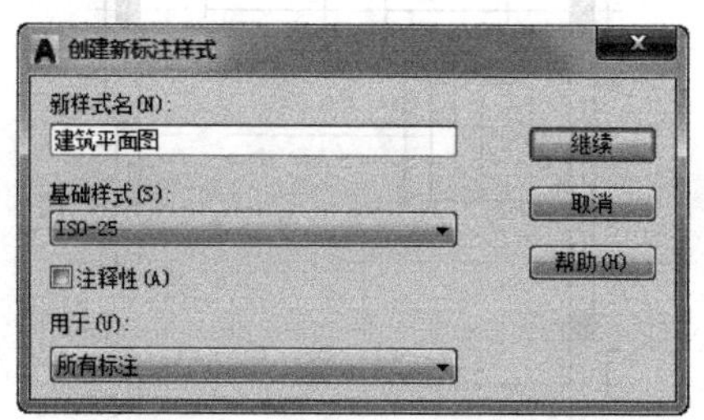

图16-48 “创建新标注样式”对话框

③ 单击“继续”按钮，打开“新建标注样式：建筑平面图”对话框，各个选项卡的设置参数如图16-49所示。设置完参数后，单击“确定”按钮，返回到“标注样式管理器”对话框，将“建筑平面图”样式置为当前，然后关闭对话框。

（2）标注图形。

将“标注”图层设置为当前图层。单击“默认”选项卡“注释”面板中的“线性”按钮和“连续”按钮，标注尺寸，如图16-50所示。

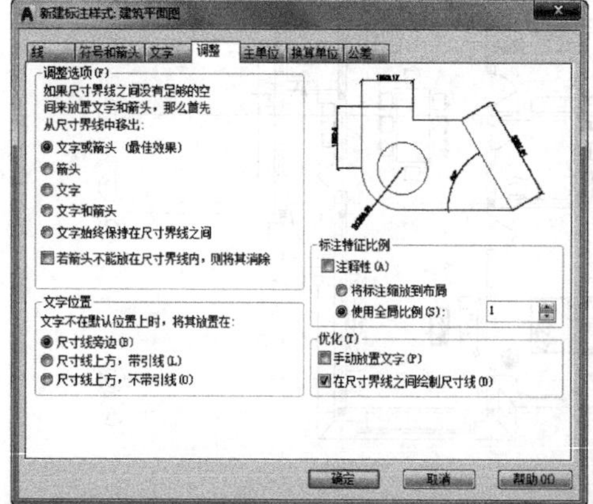

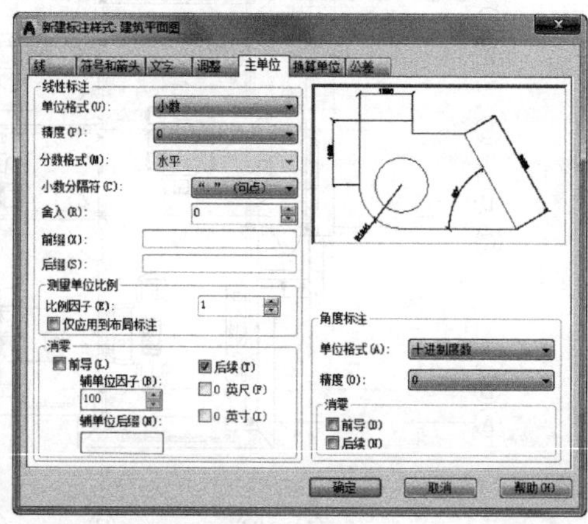

图16-49 “新建标注样式：建筑平面图”参数设置

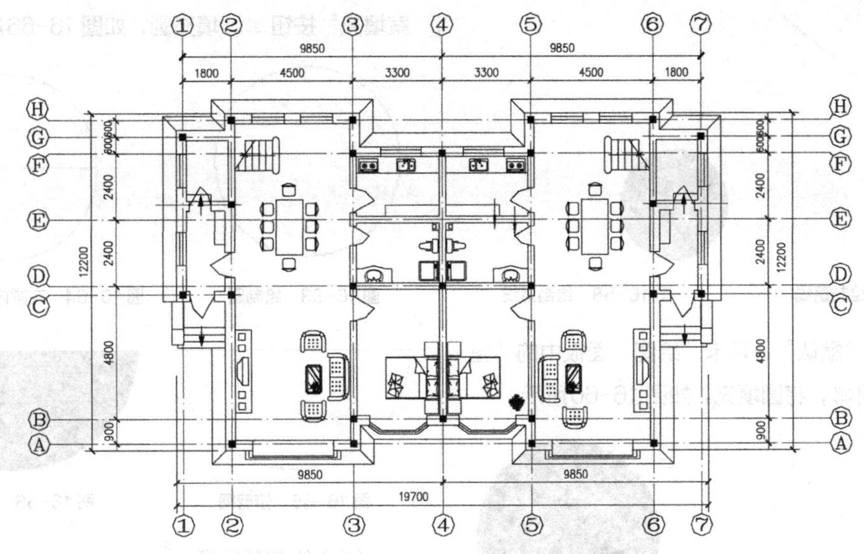

图 16-50 标注尺寸

9. 绘制照明电气元器件

前述的设计说明、图例中应画出各图例符号及其表征的电气元器件名称，此处对图例符号的绘制作简要介绍。图层定义为“电气—照明”，设置好颜色，线条为中粗实线，设置好线宽0.5*b*，此处取0.35mm。

（1）绘制单相二、三孔插座。

① 新建“电气—照明”图层并设置为当前图层。单击“默认”选项卡“绘图”面板中的“圆弧”按钮，绘制一段圆弧，如图16-51所示。

② 单击“默认”选项卡“绘图”面板中的“直线”按钮，在圆弧内绘制一条直线，如图16-52所示。

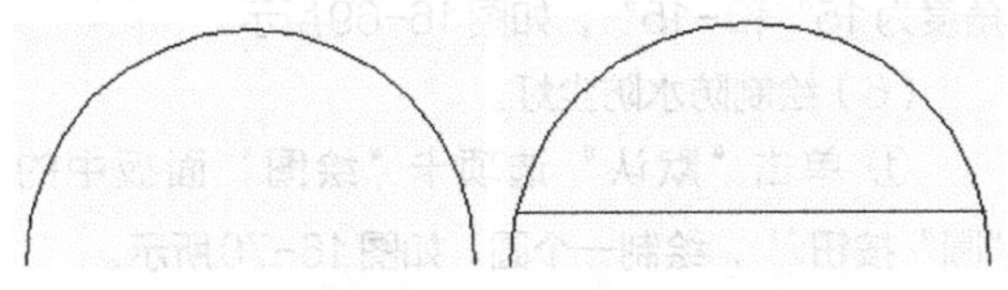

图 16-51 绘制圆弧　　图 16-52 绘制直线

③ 单击“默认”选项卡“绘图”面板中的“图案填充”按钮，填充圆弧，如图16-53所示。

④ 单击“默认”选项卡“绘图”面板中的“直线”按钮，在圆弧上方绘制一段水平直线和一竖直直线，如图16-54所示。

⑤ 三孔插座的绘制方法同上所述。

（2）绘制三联翘板开关。

① 单击“默认”选项卡“绘图”面板中的“圆”按钮，绘制一个圆，如图16-55所示。

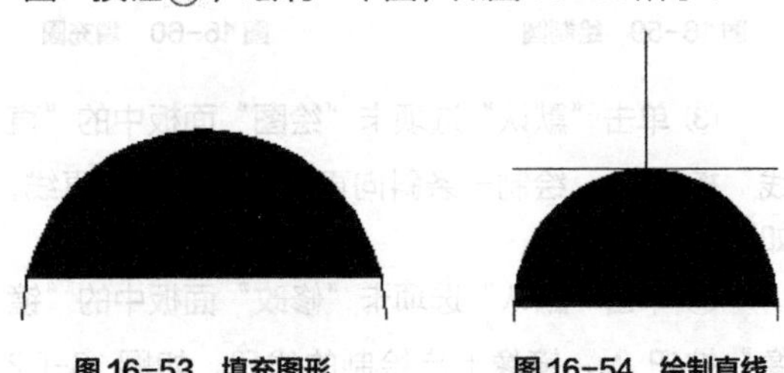

图 16-53 填充图形　　图 16-54 绘制直线

② 单击“默认”选项卡“绘图”面板中的“图案填充”按钮，填充圆图形，如图16-56所示。

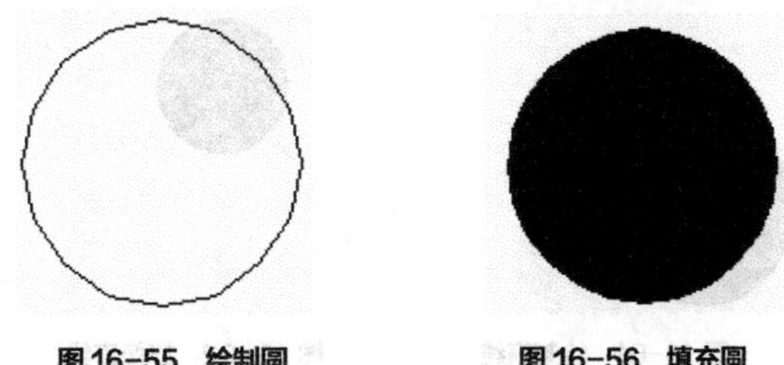

图 16-55 绘制圆　　图 16-56 填充圆

③ 单击“默认”选项卡“绘图”面板中的“直线”按钮，在圆上方绘制一条斜向直线，如图16-57所示。

④ 单击“默认”选项卡“绘图”面板中的“直线”按钮，绘制几段与斜向直线垂直的直线，如图16-58所示。

（3）绘制单联双控翘板开关。

① 单击“默认”选项卡“绘图”面板中的“圆”按钮，绘制一个圆，如图16-59所示。

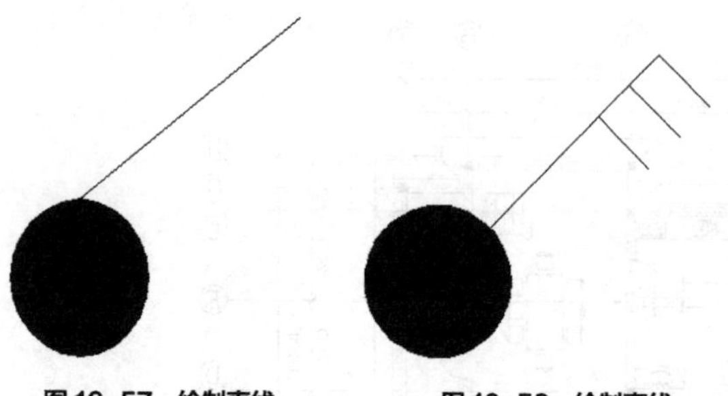

图 16-57 绘制直线　　图 16-58 绘制直线

② 单击“默认”选项卡“绘图”面板中的“图案填充”按钮，将圆填充，如图16-60所示。

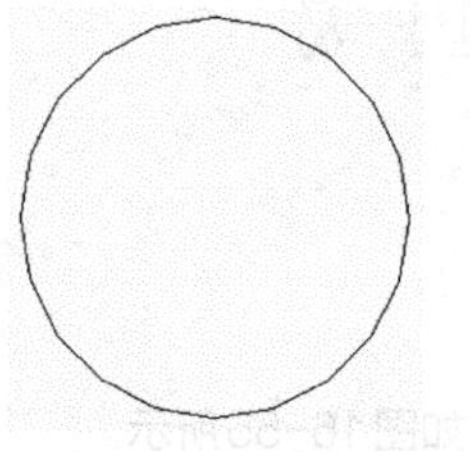

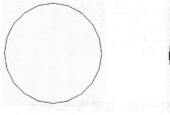

图 16-59 绘制圆　　图 16-60 填充圆

③ 单击“默认”选项卡“绘图”面板中的“直线”按钮，绘制一条斜向直线和一条垂直直线，如图16-61所示。

④ 单击“默认”选项卡“修改”面板中的“镜像”按钮，镜像上步绘制的线段，如图16-62所示。

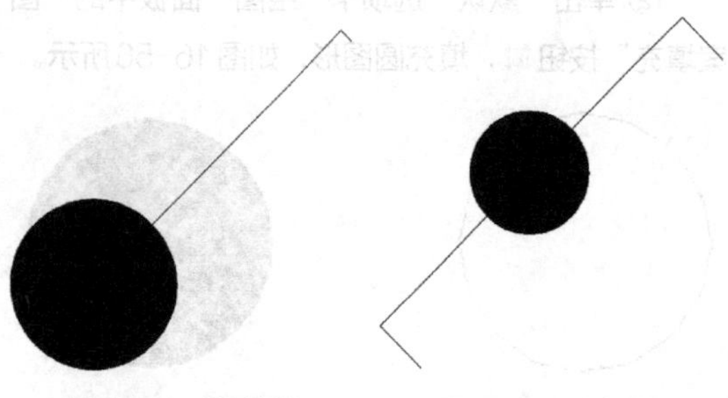

图 16-61 绘制直线　　图 16-62 镜像直线

（4）绘制环形荧光灯。

① 单击“默认”选项卡“绘图”面板中的“圆”按钮，绘制一个圆，如图16-63所示。

② 单击“默认”选项卡“绘图”面板中的“直线”按钮，在圆内绘制一条直线，如图16-64所示。

③ 单击“默认”选项卡“修改”面板中的“修剪”按钮，修剪圆，如图16-65所示。

④ 单击“默认”选项卡“绘图”面板中的“图案填充”按钮，填充圆，如图16-66所示。

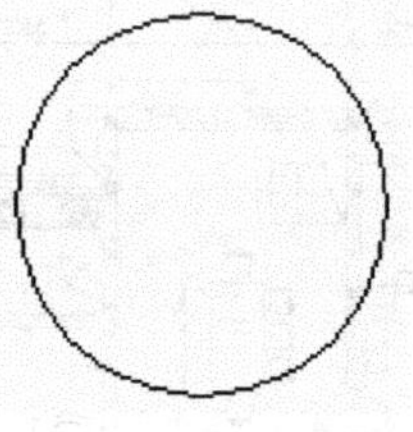

图 16-63 绘制圆

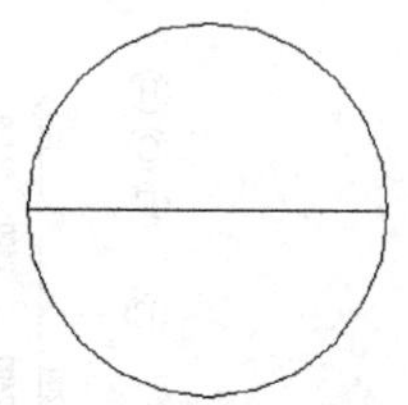

图 16-64 在圆内绘制一条直线

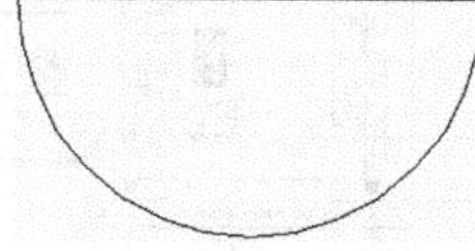

图 16-65 修剪圆

图 16-66 填充圆

（5）绘制花吊灯。

① 单击“默认”选项卡“绘图”面板中的“圆”按钮，绘制一个圆，如图16-67所示。

② 单击“默认”选项卡“绘图”面板中的“直线”按钮，在圆内中心处绘制一条直线，如图16-68所示。

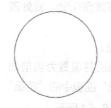

图 16-67 绘制圆

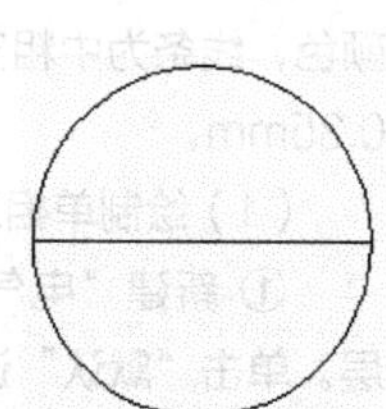

图 16-68 绘制直线

③ 单击“默认”选项卡“修改”面板中的“旋转”按钮，选择上步绘制的直线进行旋转复制，角度为15°和-15°，如图16-69所示。

（6）绘制防水防尘灯。

① 单击“默认”选项卡“绘图”面板中的“圆”按钮，绘制一个圆，如图16-70所示。

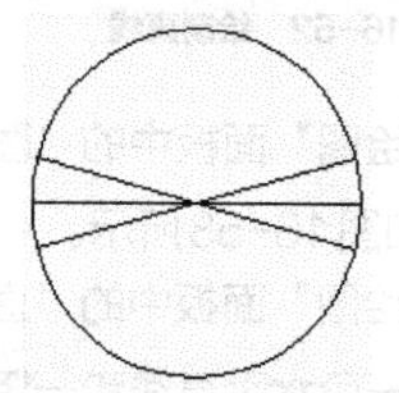

图 16-69 旋转复制直线

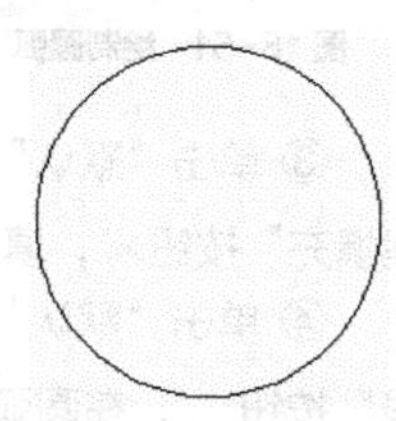

图 16-70 绘制圆

② 单击“默认”选项卡“修改”面板中的“偏移”按钮，将圆向内偏移，如图16-71所示。

③ 单击“默认”选项卡“绘图”面板中的“直线”按钮╱，在圆内绘制交叉直线，如图16-72所示。

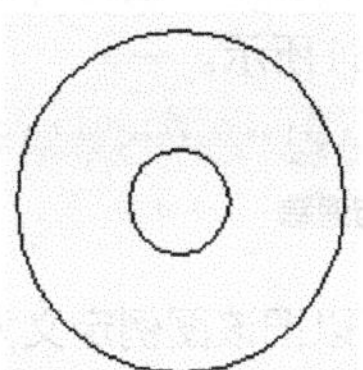

图16-71 偏移圆

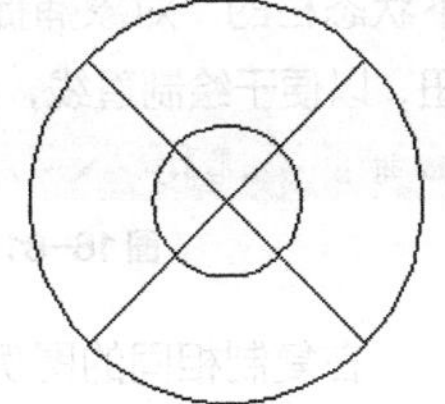

图16-72 绘制直线

④ 单击“默认”选项卡“修改”面板中的“修剪”按钮，修剪圆内直线，如图16-73所示。

⑤ 单击“默认”选项卡“绘图”面板中的“图案填充”按钮，对小圆进行填充，如图16-74所示。

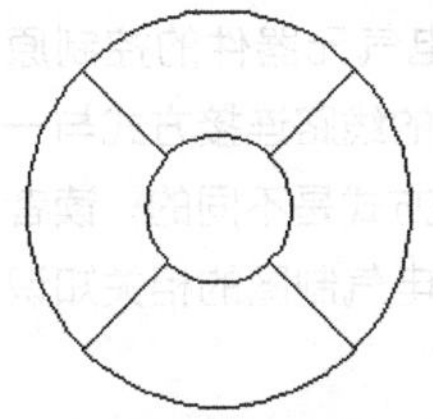

图16-73 修剪直线

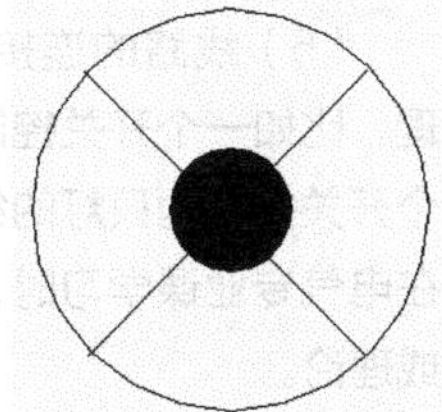

图16-74 填充圆

（7）绘制门铃。

① 单击“默认”选项卡“绘图”面板中的“圆”按钮，绘制一个圆，如图16-75所示。

② 单击“默认”选项卡“绘图”面板中的“直线”按钮╱，在圆内绘制一条直线，如图16-76所示。

③ 单击“默认”选项卡“修改”面板中的“修剪”按钮，修剪圆图形，如图16-77所示。

④ 单击“默认”选项卡“绘图”面板中的“直线”按钮╱，绘制两条竖直直线，如图16-78所示。

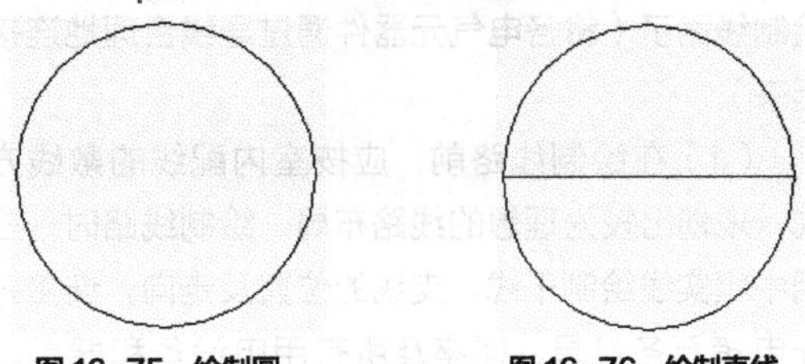

图16-75 绘制圆　　图16-76 绘制直线

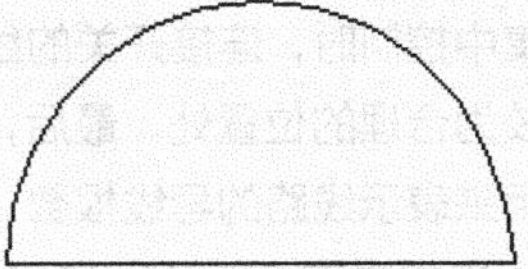

图16-77 修剪圆

⑤ 单击“默认”选项卡“绘图”面板中的“直线”按钮╱，绘制一条水平直线，如图16-79所示。

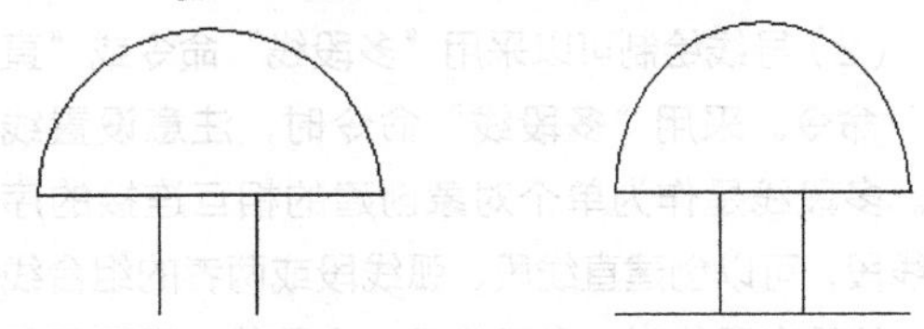

图16-78 绘制竖直直线　　图16-79 绘制水平直线

（8）插入图例。

单击“默认”选项卡“修改”面板中的“复制”按钮，选择需要的图例复制到图形中，剩余图例可调用“源文件/16/电气元器件”中的图例，结果如图16-80所示。

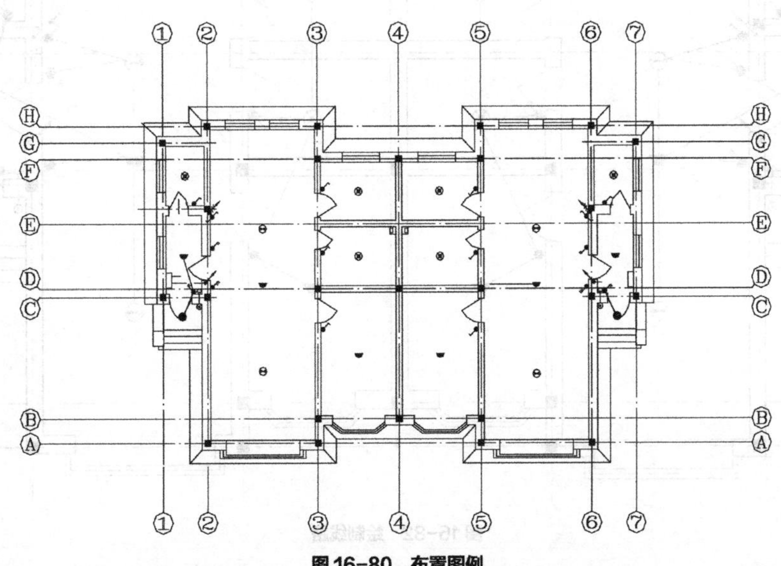

图16-80 布置图例

10. 绘制线路

在图纸上绘制完各种电气设备符号后，就可以绘制线路了（将各电气元器件通过导线合理地连接起来）。

（1）在绘制线路前，应按室内配线的敷线方式，规划出较为理想的线路布局。绘制线路时，应用中粗实线绘制干线、支线的位置及走向，连接好配电箱至各灯具、插座及所有用电设备和器具以构成回路，并将开关至灯具的导线一并绘出。当灯具采用开关集中控制时，连接开关的线路应绘制在接近灯具且较为合理的位置处。最后，在单线条上画出细斜面用来表示线路的导线根数，并在线路的上侧和下侧，用文字符号标注出干线、支线编号，导线型号及根数、截面、敷设部位和敷设方式等。当导线采用穿管敷设时，还要标明穿管的品种和管径。

（2）导线绘制可以采用“多段线”命令或“直线”命令。采用“多段线”命令时，注意设置线宽。多段线是作为单个对象创建的相互连接的序列线段，可以创建直线段、弧线段或两者的组合线段。编辑多段线时，多段线是一个整体，而不是各线段。

（3）线路的布置涉及线路走向，故绘制时宜按下状态栏的“对象捕捉”按钮，并按下“正交”按钮，以便于绘制直线，如图16-81所示。

图16-81 对象捕捉与追踪

在复制相同的图例时，也可以把该图例定义为块，利用“插入”命令插入该图块。

（4）鼠标右击“对象捕捉”按钮，打开“草图设置”对话框，在“对象捕捉”选项卡中，单击右侧的“全部选择”按钮，即可选中所有的对象捕捉模式。当线路复杂时，为避免自动捕捉干扰制图，用户仅勾选其中的几项即可。

（5）线路的连接应遵循电气元器件的控制原理，比如一个开关控制一只灯的线路连接方式与一个开关控制两只灯的线路连接方式是不同的，读者在电气专业课学习时，应掌握电气制图的相关知识或理论。

（6）单击“默认”选项卡“绘图”面板中的“直线”按钮，连接各电气设备绘制线路，如图16-82所示。

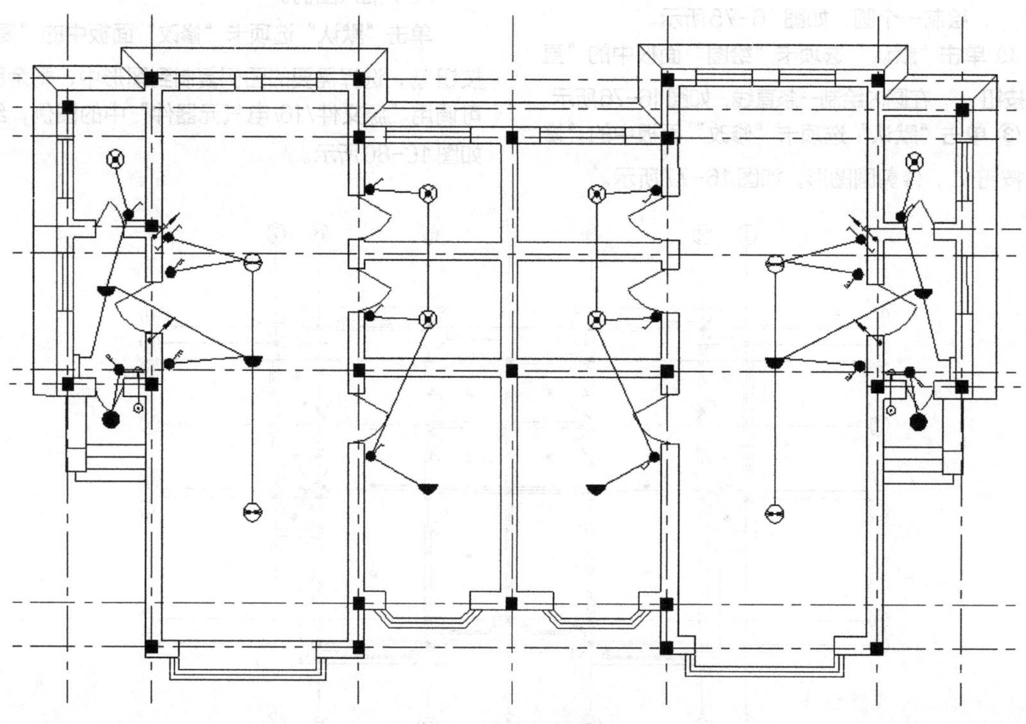

图16-82 绘制线路

（7）打开关闭的图层，单击“默认”选项卡“注释”面板中的“多行文字”按钮 **A**，为图形添加文字说明，如图 16-83 所示。

（8）线路文字标注。动力及照明线路在平面图上均用图形表示。而且只要走向相同，无论导线根数的多少，都可用一条图线表示（单线法），同时在图线上打上短斜线或标以数字，用以说明导线的根数。另外，在图线旁标注必要的文字符号，用以说明线路的用途，导线型号、规格，线路的敷设方式及敷设部位等，这种标注方式习惯称为直接标注。

按照上述方法绘制本例的二层照明平面图，如图 16-84 所示。

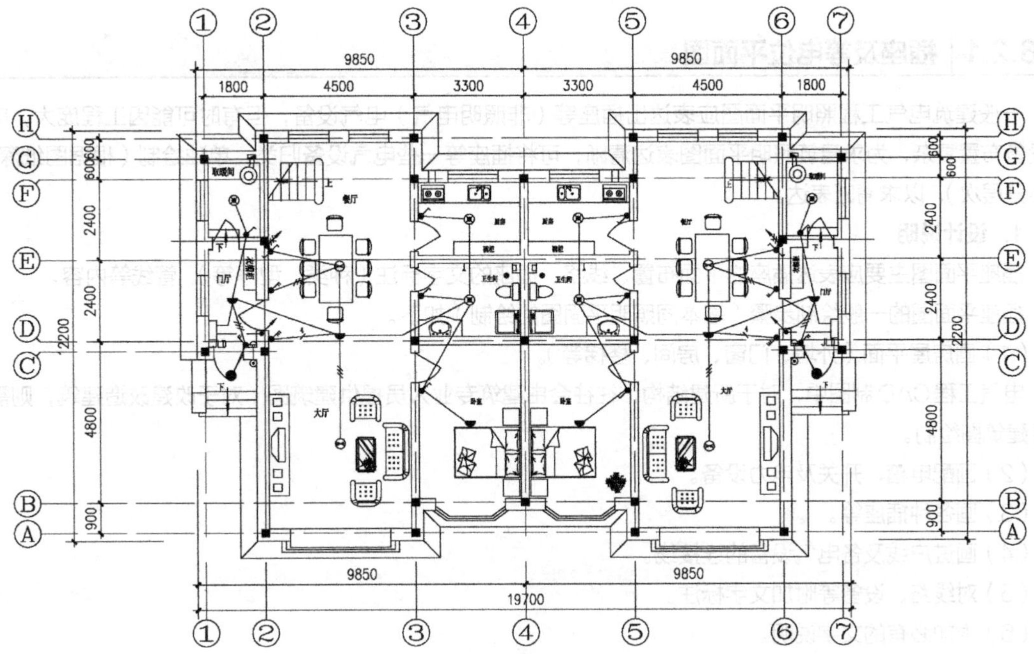

图 16-83　添加文字

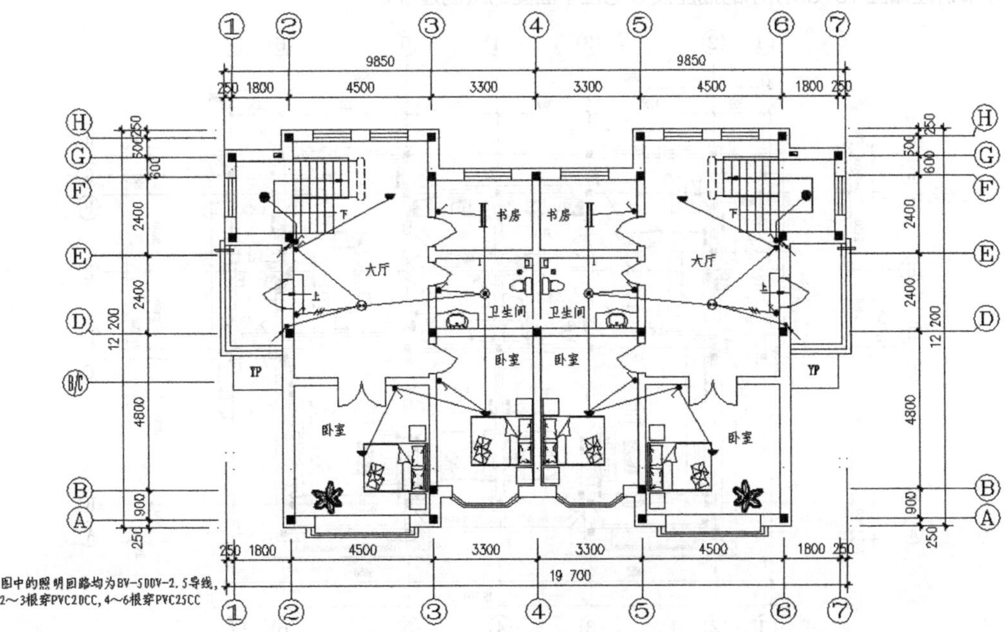

图 16-84　二层照明平面图

16.2 居民楼辅助电气平面图

除了前面讲述的照明电气平面图外，居民楼的电气平面图还包括插座及等电位平面图、接地及等电位平面图和首层电话、有线电视及电视监控平面图等。

本节将以这些电气平面图设计实例为背景，重点介绍电气平面图的AutoCAD制图全过程，由浅及深，从制图理论至相关电气专业知识，尽可能全面详细地描述该工程的制图流程。

16.2.1 插座及等电位平面图

一般建筑电气工程照明平面图应表达出插座等（非照明电气）电气设备，但有时可能因工程庞大，电气化设备布置复杂，为求建筑照明平面图表达清晰，可将插座等一些电气设备归类，单独绘制（根据图纸深度，分类分层次），以求清晰表达。

1. 设计说明

插座平面图主要应表达插座的平面布置、线路、插座的文字标注（种类、型号等）、管线等内容。

插座平面图的一般绘制步骤（基本同照明平面图的绘制）如下。

（1）画房屋平面（外墙、门窗、房间、楼梯等）。

电气工程CAD制图中，对于新建结构，往往会由建筑专业人员提供建筑图；对于改建改造建筑，则需要进行建筑图绘制。

（2）画配电箱、开关及电力设备。

（3）画各种插座等。

（4）画进户线及各电气设备的连接线。

（5）对线路、设备等附加文字标注。

（6）附加必有的文字说明。

2. 绘图步骤

本节讲述如图16-85所示的插座及等电位平面图的绘制过程。

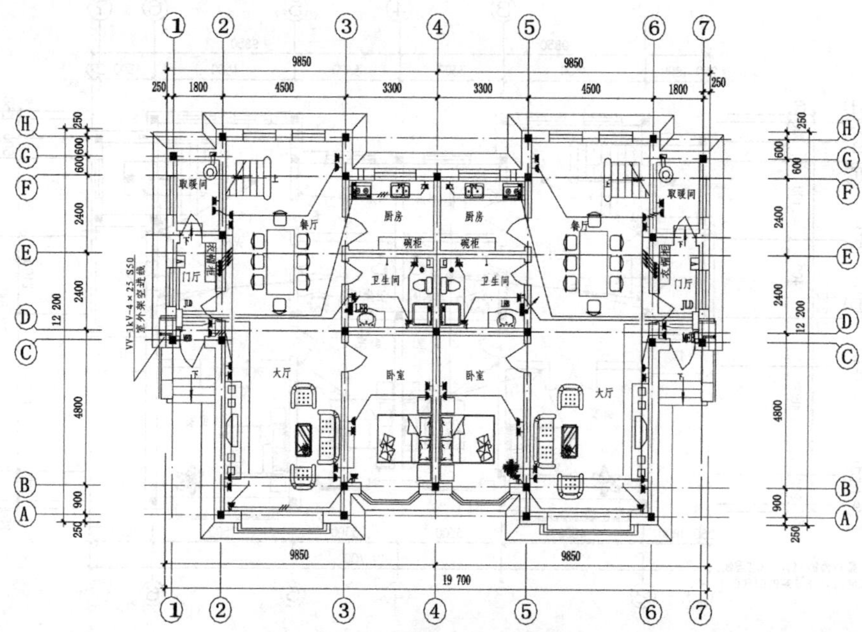

图16-85　插座及等电位平面图

（1）打开文件。

单击“快速访问”工具栏中的“打开”按钮，打开“源文件/16.2.1/首层平面图”，如图16-86所示。

（2）插座与开关图例绘制。

插座与开关都是照明电气系统中的常用设备。插座分为单相与三相，按其安装方式分为明装与暗装。若不加说明，明装式一律距地面1.8m，暗装式一律距地面0.3m。开关分扳把开关、按钮开关、拉线开关。扳把开关分单连和多连，若不加说明，安装高度一律距地面1.4m。拉线开关分普通式和防水式，安装高度距地面3m或距顶面0.3m。

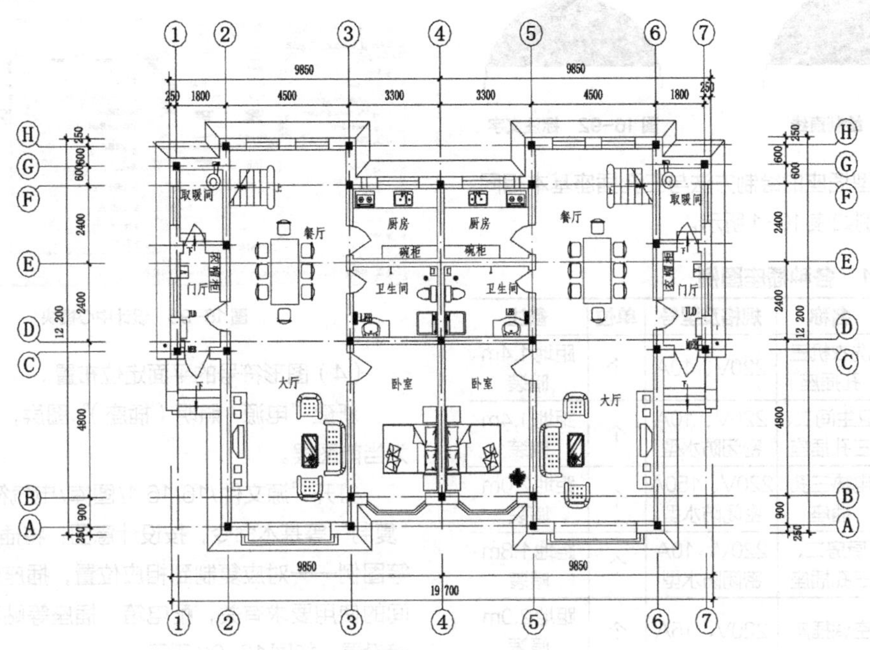

图16-86 首层平面图

以洗衣机三孔插座为例，其AutoCAD制图步骤如下。

① 单击“默认”选项卡“绘图”面板中的“圆”按钮，绘制一个半径为125mm的圆（制图比例为1：100，A4图纸上实际尺寸为1.25mm），如图16-87所示。

② 单击“默认”选项卡“绘图”面板中的“直线”按钮，绘制一条水平直径。单击“默认”选项卡“修改”面板中的“修剪”按钮，剪去下半圆并删去直径，如图16-88所示。

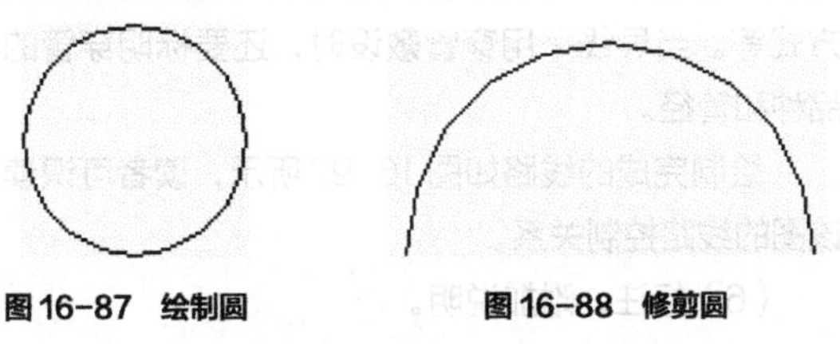

图16-87 绘制圆　　图16-88 修剪圆

③ 单击“默认”选项卡“绘图”面板中的“直线”按钮，在圆内绘制一条直线，如图16-89所示。

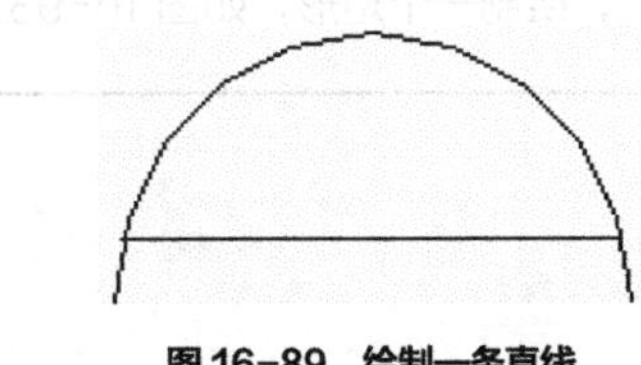

图16-89 绘制一条直线

④ 单击“默认”选项卡“绘图”面板中的“图案填充”按钮，选择SOLID图案，填充图形，如图16-90所示。

图16-90 填充图形

⑤ 单击“默认”选项卡“绘图”面板中的“直

线”按钮╱，在半圆上方绘制一条水平直线和一条竖直直线，如图16-91所示。

⑥ 单击“默认”选项卡“注释”面板中的“多行文字”按钮**A**，标注文字，如图16-92所示。

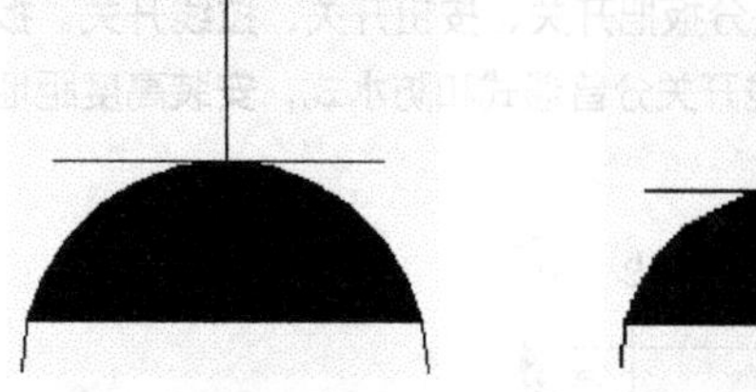

图16-91 绘制直线　　图16-92 标注文字

其他类型插座的绘制方法与三孔插座基本相同。各种插座图例如表16-1所示。

表16-1 各种插座图例

序号	图例	名称	规格及型号	单位	备注
1		洗衣机三孔插座	220V、10A	个	距地1.4m暗装
2		卫生间二、三孔插座	220V、10A密闭防水型	个	距地1.4m暗装
3		电热三孔插座	220V、150A密闭防水型	个	距地2.0m暗装
4		厨房二、三孔插座	220V、10A密闭防水型	个	距地1.8m暗装
5		空调插座	220V、15A	个	距地2.0m暗装

（3）绘制局部等单位端子箱。

① 单击“默认”选项卡“绘图”面板中的“矩形”按钮▭，绘制一个矩形，如图16-93所示。

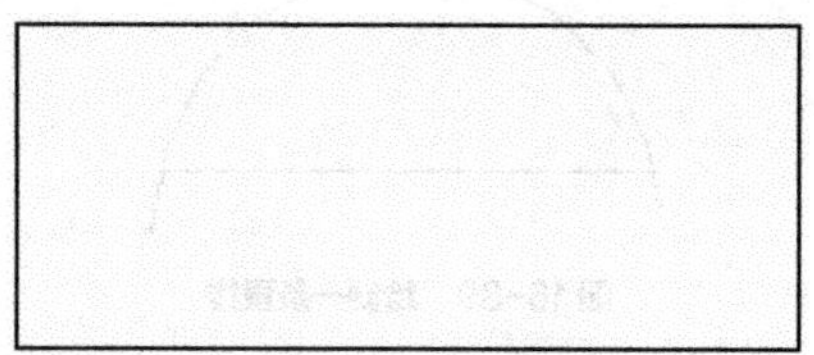

图16-93 绘制矩形

② 单击“默认”选项卡“绘图”面板中的“图案填充”按钮▦，填充矩形，如图16-94所示。

图16-94 填充矩形

在内容区域中，通过拖动、双击或单击鼠标右键并选择“插入为块”“附着为外部参照”或“复制”命令，可以在图形中插入块、填充图案或附着外部参照。可以通过拖动或单击鼠标右键向图形中添加其他内容（如图层、标注样式和布局）。可以从设计中心将块和填充图案拖动到工具选项板中，如图16-95所示。

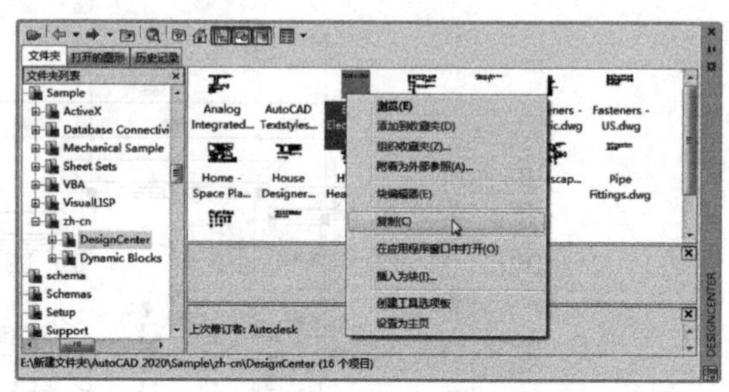

图16-95 设计中心模块

（4）图形符号的平面定位布置。

新建“电源-照明（插座）”图层，并将其设置为当前图层。

打开“源文件/16/16.1/图库/电气符号”，通过“复制”等基本命令，按设计意图，将插座、配电箱等图例一一对应复制到相应位置，插座的定位与房间的使用要求有关，配电箱、插座等贴着门洞的墙壁设置，如图16-96所示。

（5）绘制线路。

在图纸上绘制完配电箱和各种电气设备符号后，就可以绘制线路了，线路的连接应该符合电气工程原理并充分考虑设计意图。在绘制线路前，应按室内配线的敷线方式，规划出较为理想的线路布局。绘制线路时应用中粗实线，绘制干线、支线的位置及走向，连接好配电箱至各灯具、插座及所有用电设备和器具的回路，并将开关至灯具的连线一并绘出。在单线条上画出细斜面用来表示线路的导线根数，并在线路的上侧或下侧，用文字符号标注出干线、支线编号，导线型号、截面、敷设部位和敷设方式等。当导线采用穿管敷设时，还要标明穿管的品种和管径。

绘制完成的线路如图16-97所示，读者可识读该图的线路控制关系。

（6）标注、附加说明。

图16-98为完成标注后的首层插座及等电位平面图。

按照上述方法绘制本例的二层插座及等电位平面图，如图 16-99 所示。

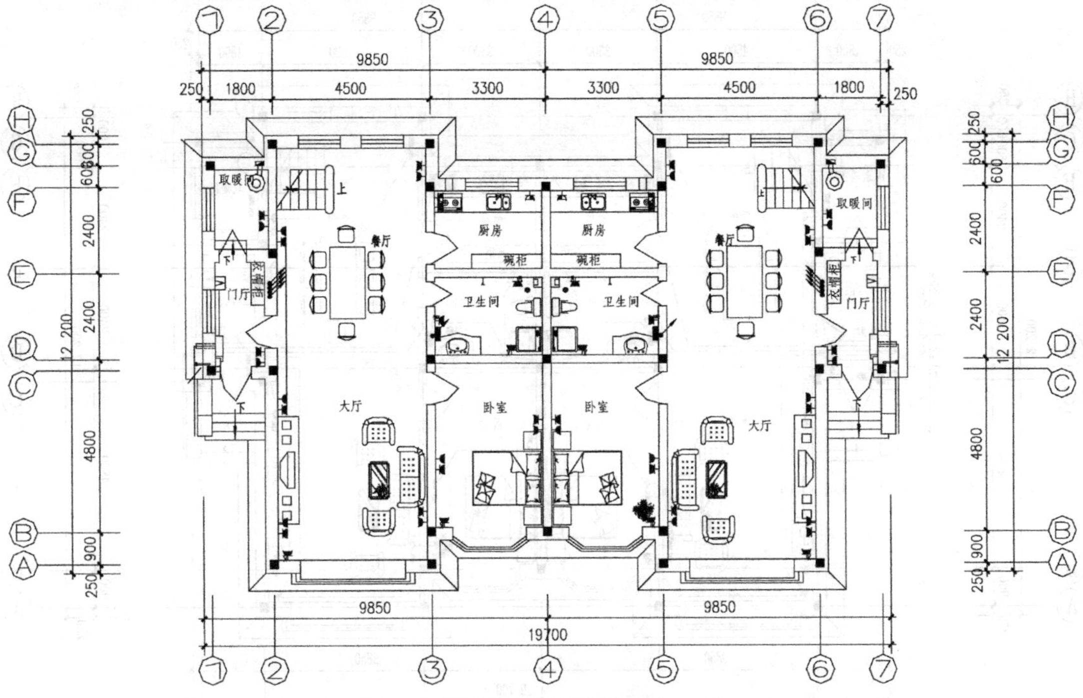

图 16-96　首层插座布置

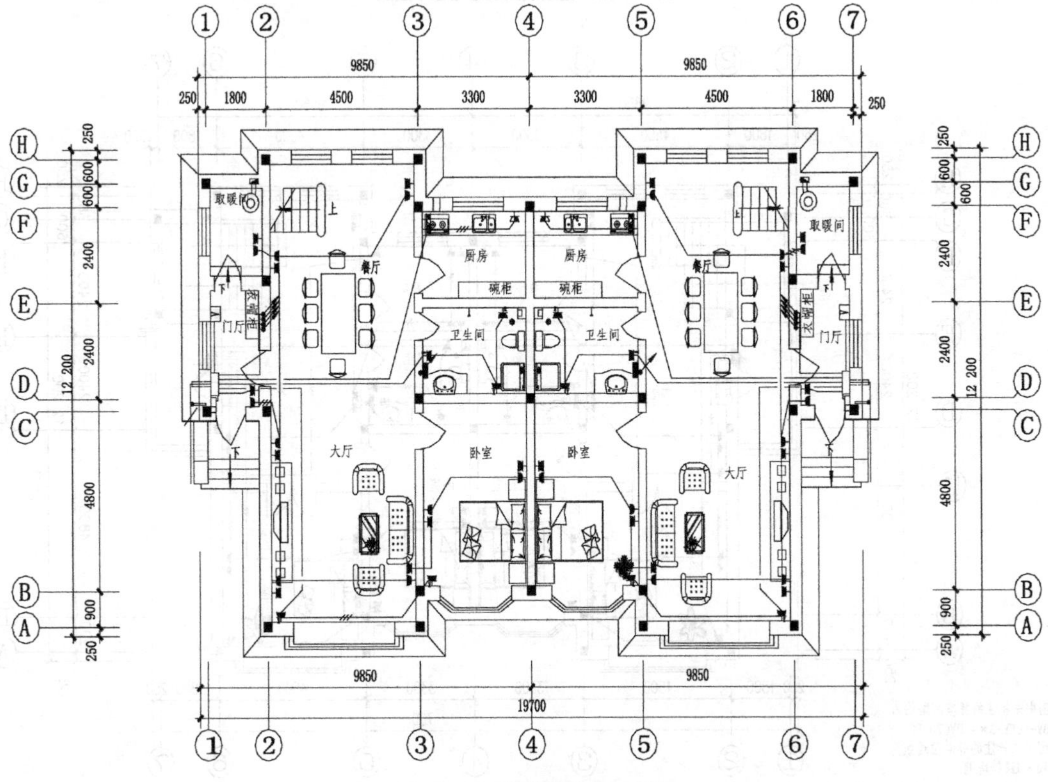

图 16-97　首层插座线路布置图

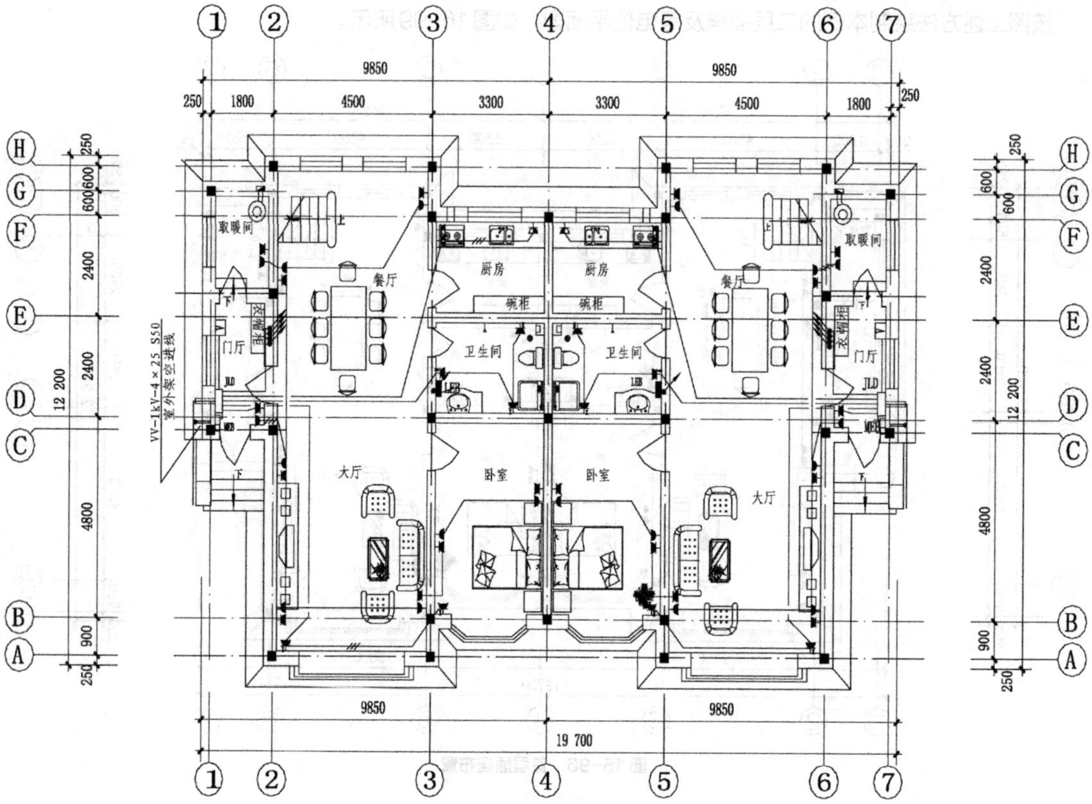

图 16-98 首层插座及等电位平面图

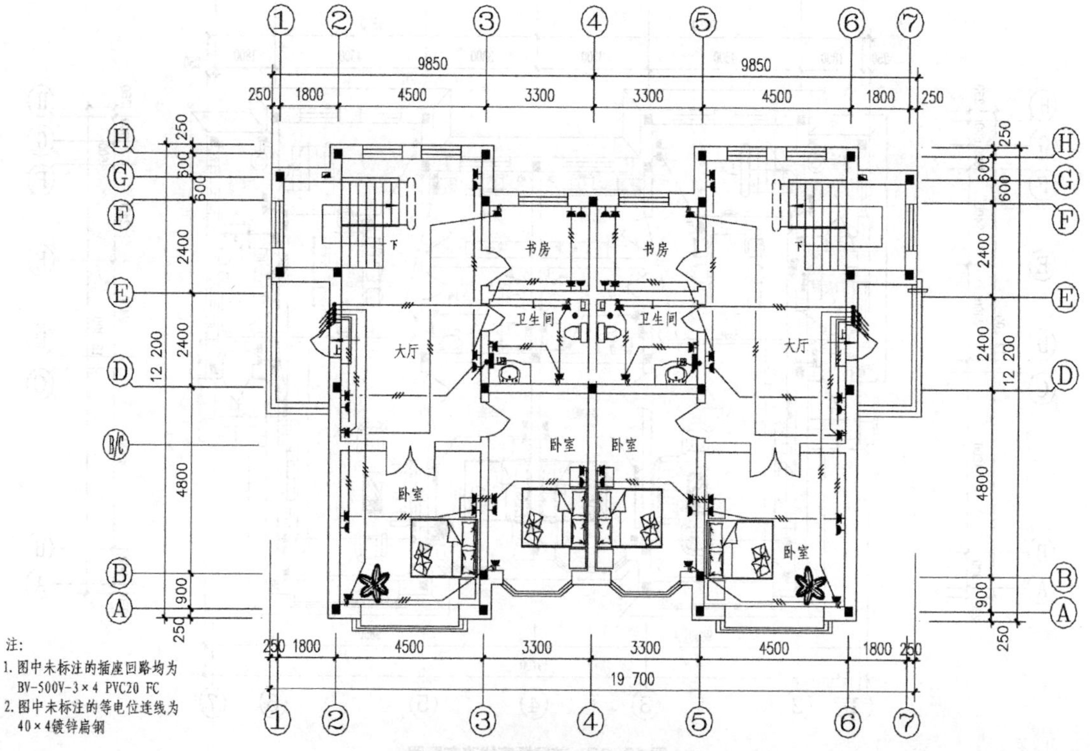

图 16-99 二层插座及等电位平面图

16.2.2 接地及等电位平面图

建筑物的金属构件及引进、引出金属管路应与总电位接地系统可靠连接。两个总等电位端子箱之间采用镀锌扁钢连接。

1. 设计说明

（1）本工程在建筑物外南侧6m土壤电阻率较小处设置人工接地装置，接地装置埋深1.0m。

（2）接地装置采用圆钢作为接地极和接地线。

（3）接地装置需做防腐处理，采用焊接连接。

（4）重复接地、保护接地、设备接地共用同一接地装置。接地电阻小于1Ω。需实测，不足补打接地极。

（5）本工程在每一电源进户处设一总等电位端子箱。

（6）卫生间内设等电位端子箱，做局部等电位连接。局部等电位端子箱与总等电位端子箱采用镀锌扁钢连接。

2. 接地装置

接地装置包括接地体和接地线两部分。

（1）接地体。

埋入地中并直接与大地接触的金属导体称为接地体，其可以把电流导入大地。自然接地体，是指兼作接地体用的埋于地下的金属物体，在建筑物中，可选用钢筋混凝土基础内的钢筋作为自然接地体。为达到接地的目的，人为埋入地中的金属件，如钢管、角管、圆钢等称为人工接地体。在使用自然、人工两种接地体时，应设测试点和断接卡，便于分开测量两种接地体。

（2）接地线。

电力设备或线杆的接地螺栓与接地体或零线连接用的在正常情况下不载流的金属导体，称为接地线。接地线应尽量采用钢质材料，包括建筑物的金属结构，如结构内的钢筋、钢构件等，以及生产用的金属构件，如吊车轨道、配线钢管、电缆的金属外皮、金属管道等，但应保证上述材料有良好的电气通路。有时接地线应连接多台设备，而被分为两段，与接地体直接连接的称为接地母线，与设备连接的一段称为接地线。

3. 绘制接地及等电位平面图

下面讲述接地及等电位平面图的绘制过程，如图16-100所示。

（1）单击“快速访问”工具栏中的“打开”按钮，打开“源文件/16/16.2.2/首层平面图”，如图16-101所示。

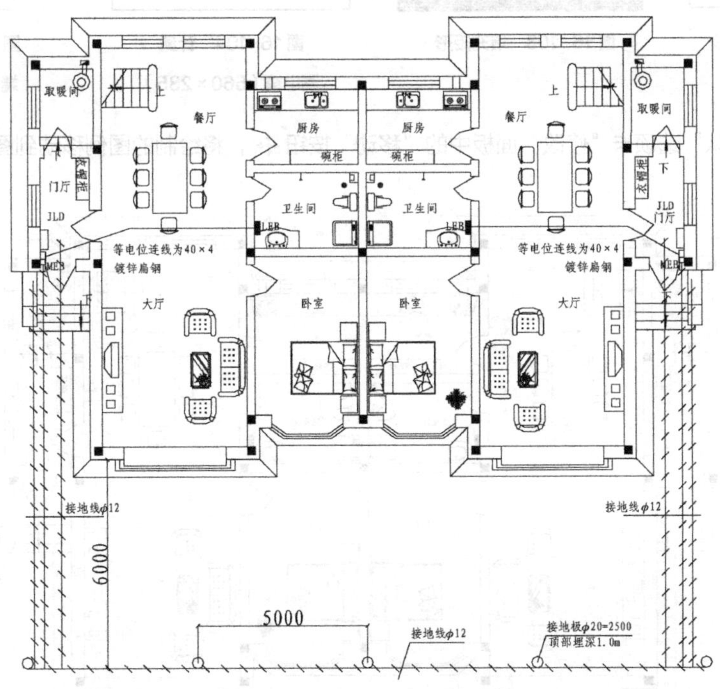

图 16-100 接地及等电位平面图

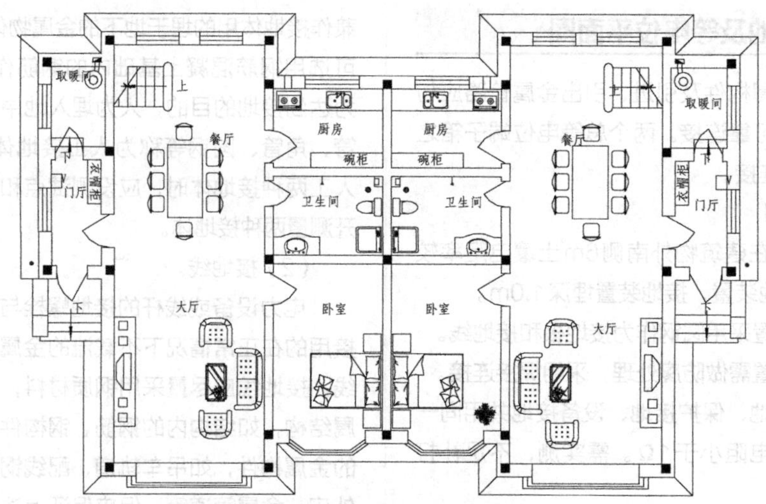

图 16-101　首层平面图

（2）单击“默认”选项卡“绘图”面板中的“矩形”按钮，绘制一个375mm×150mm的矩形，如图16-102所示。

（3）单击“默认”选项卡“绘图”面板中的“图案填充”按钮，将矩形填充为黑色，完成局部等电位端子箱的绘制，如图16-103所示。

（4）剩余图例的绘制方法与局部等电位端子箱的绘制方法基本相同，这里就不再阐述，结果如图16-104、图16-105所示。

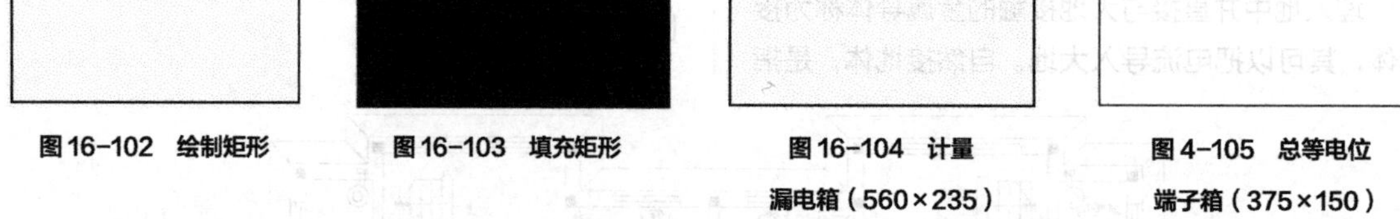

图 16-102　绘制矩形　　图 16-103　填充矩形　　图 16-104　计量漏电箱（560×235）　　图 4-105　总等电位端子箱（375×150）

（5）单击“默认”选项卡“修改”面板中的“移动”按钮，将绘制的图例移动到图形的指定位置，如图16-106所示。

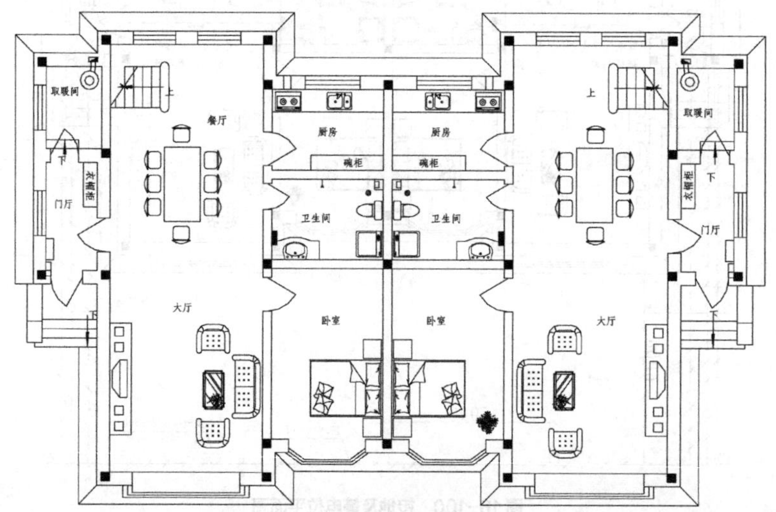

图 16-106　布置图例

（6）单击“默认”选项卡“绘图”面板中的“直线”按钮╱，连接图例，如图16-107所示。

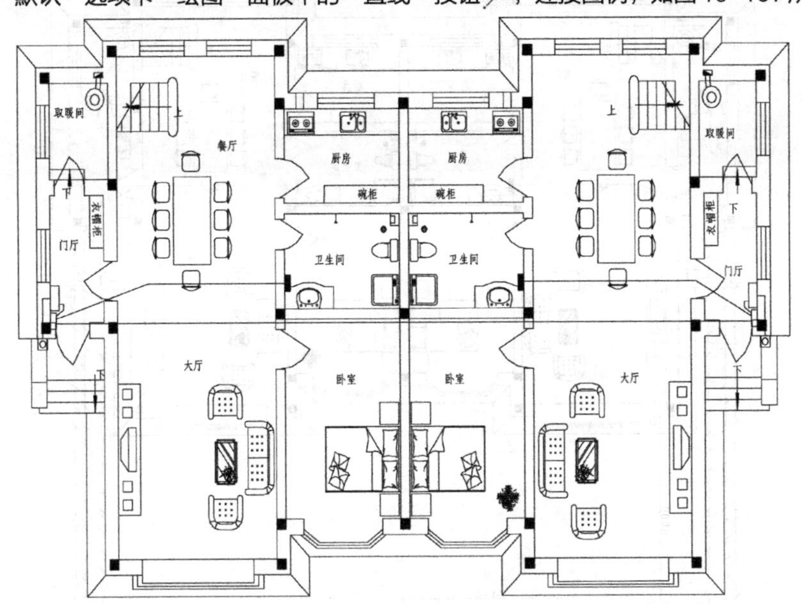

图16-107 绘制线路

（7）单击“默认”选项卡“绘图”面板中的“直线”按钮╱及“圆”按钮⊙，绘制接地线，如图16-108所示。

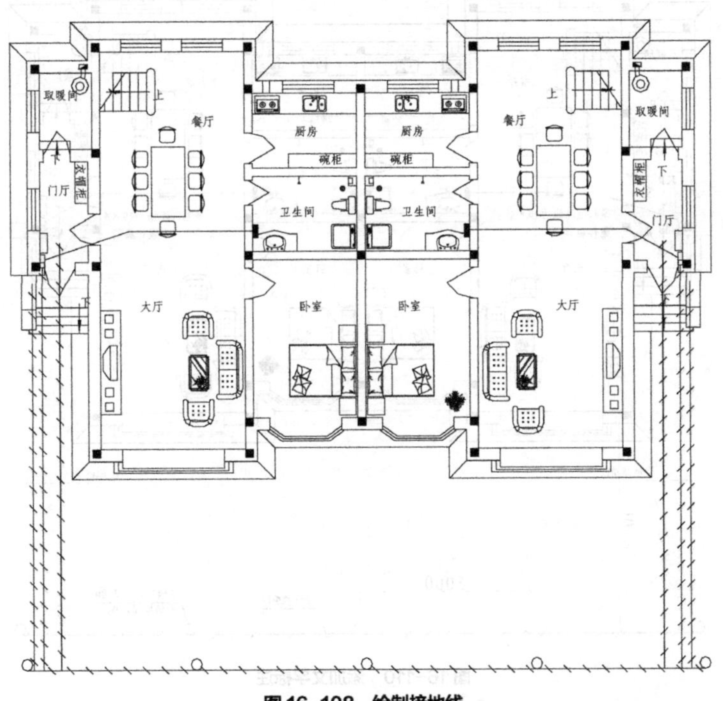

图16-108 绘制接地线

（8）单击“默认”选项卡“注释”面板中的“线性”按钮├─┤，标注线路细部图形尺寸，如图16-109所示。

（9）单击“默认”选项卡“绘图”面板中的“直线”按钮╱，绘制指引线。单击“默认”选项卡“注释”面板中的“多行文字”按钮A，为接地及等电位平面图添加文字标注，如图16-110所示。

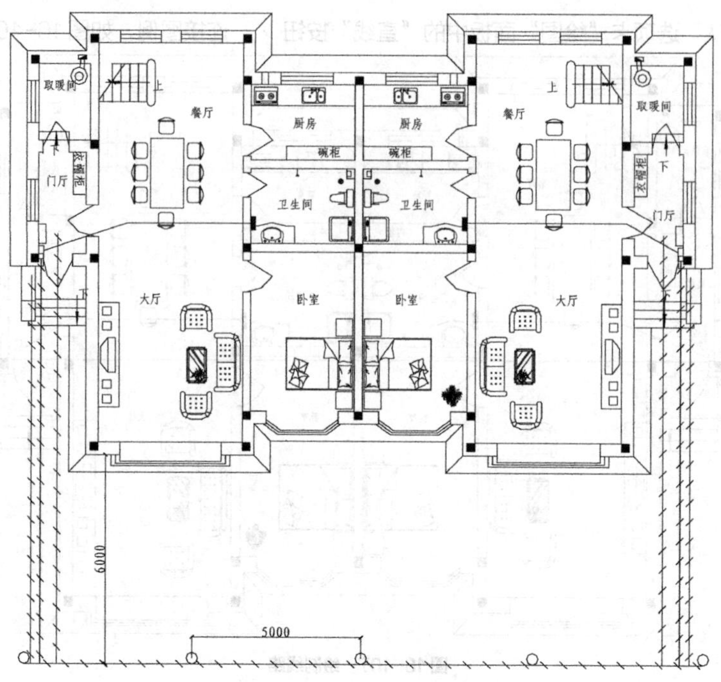

图 16-109　标注线路细部图形尺寸

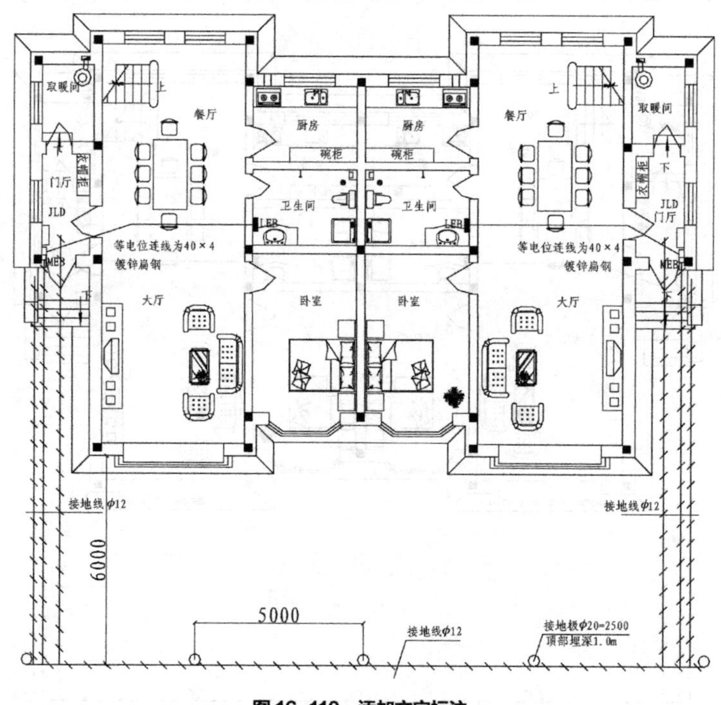

图 16-110　添加文字标注

16.2.3 电话、有线电视及电视监控平面图

监控主机设备包括监视器和录像机。由摄像机到监视器预留PVC40塑料管，用于传输线路敷设，钢管沿墙暗敷。

1. 设计说明

（1）电话电缆由室外网架空进户。

（2）电话进户线采用HYV型电缆穿钢管沿墙暗敷设引入电话分线箱，支线采用RVS-2×0.5穿阻燃塑料管沿地面、墙、顶板暗敷设。

（3）有线电视主干线采用SYKV-75-12型穿钢管架空进户。进户线沿墙暗敷设进入有线电视前端箱，支线采用SYKV-75-5型电缆穿阻燃塑料管沿地面、墙、顶板暗敷设。

（4）电视监控系统采用单头单尾系统。在室外的墙上安装摄像机，安装高度室外距地面4.0m，在客厅内设置监控主机。

（5）弱电系统安装调试由专业厂家负责。

2. 绘制电话、有线电视及电视监控平面图

本节绘制电话、有线电视及电视监控平面图，如图16-111所示。

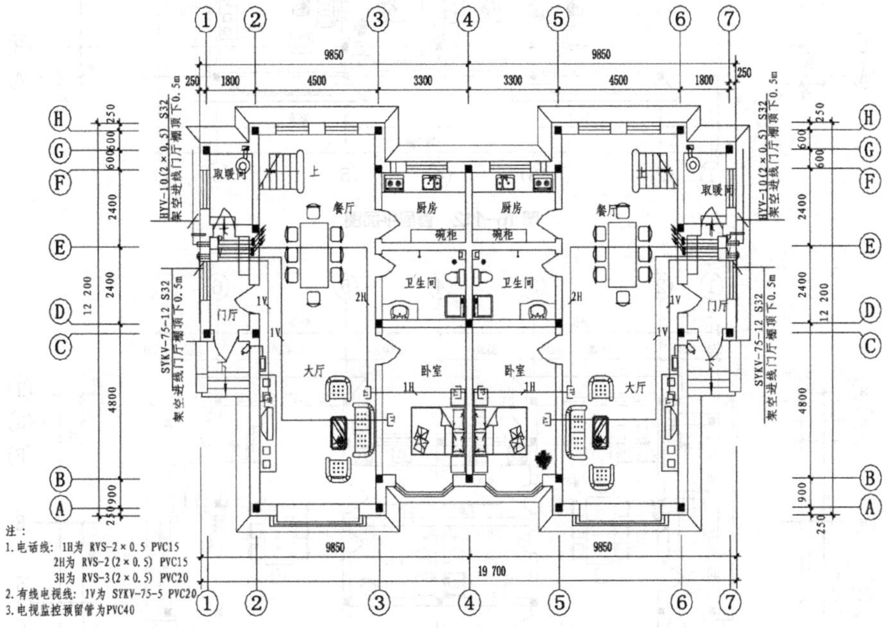

图 16-111 首层电话、有线电视及电视监控平面图

（1）单击"快速访问"工具栏中的"打开"按钮，打开"源文件/16/16.2.3/首层平面图"，如图16-112所示。

（2）利用前面章节中所学的知识绘制图例，如表16-2所示。

表16-2 图例

序号	图例	名称	单位	备注
1	TP	电话端口	个	距地0.5m暗装
2	TC	宽带端口	个	距地0.5m暗装
3	TV	有线电视端口	个	距地0.5m暗装
4		监控摄像机	个	距室外地面4.0m安装
5		电视监控主机	个	室内台上安装

（3）单击"默认"选项卡"修改"面板中的"移动"按钮和"复制"按钮，将图例复制到打开的首层平面图中，如图16-113所示。

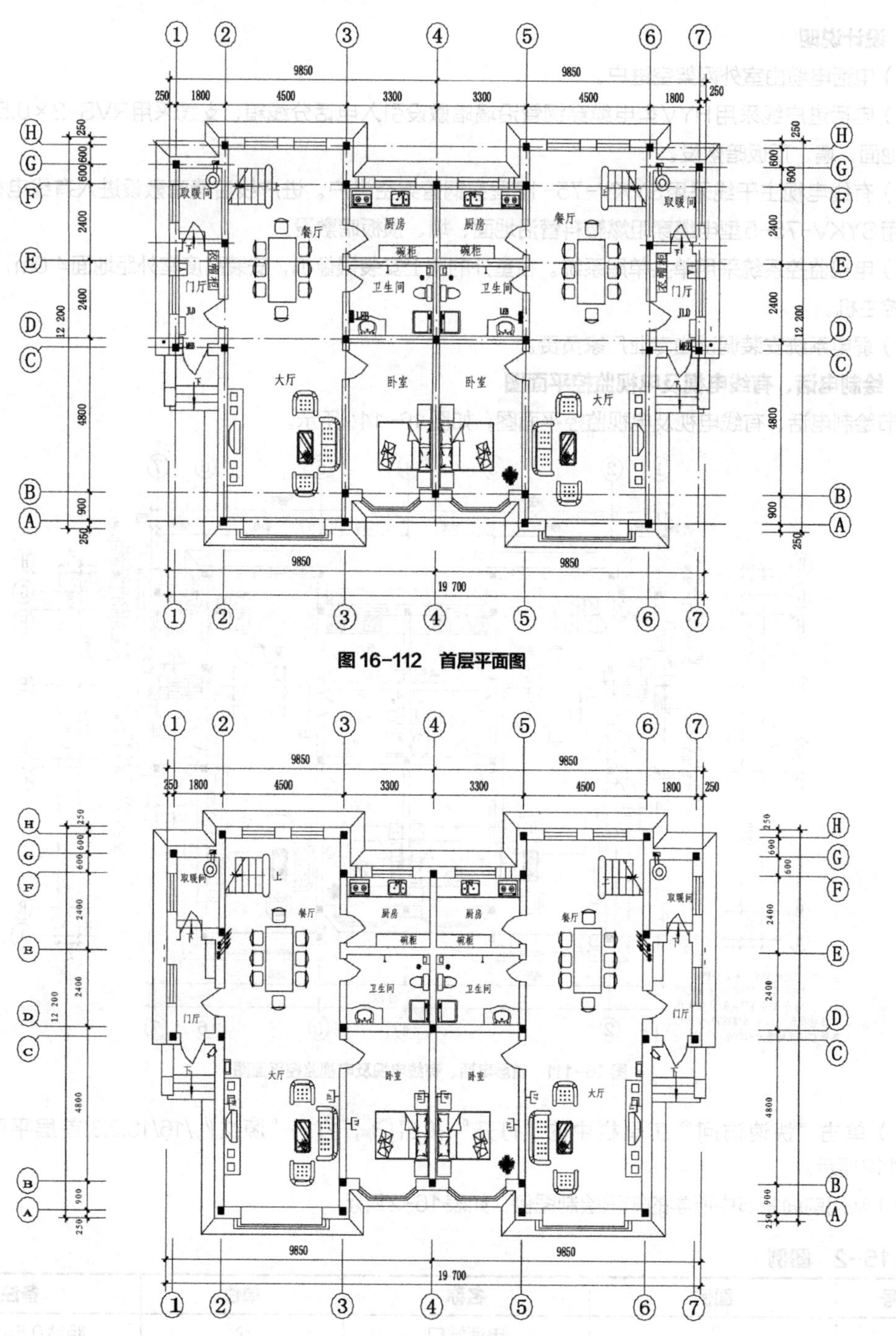

图 16-112　首层平面图

图 16-113　布置图例

（4）绘制线路。在图纸上绘制完电话、有线电视及电视监控设备符号后，就可以绘制线路了，线路的连接应该符合电气弱电工程原理并充分考虑设计意图。在绘制线路前，应按室内配线的敷线方式，规划出较为理想的线路布局。绘制线路时应用中粗实线，绘制导线的位置及走向，连接好电话及有线电视，在单线条上画出细斜面，用来表示线路的导线根数，并在线路的上侧或下侧，用文字符号标注出干线、导线型号、截面、敷设部位和敷设方式等。当导线采用穿管敷设时，还要标明穿管的品种和管径。

导线穿管方式以及导线敷设方式的表示，如表 16-3 所示。

表16-3 导线穿管以及导线敷设

	名称		名称
导线穿管表示	SC——焊接钢管	导线敷设方式的表示	DE——直埋
	MT——电线管		TC——电缆沟
	PC——PVC塑料硬管		BC——暗敷在梁内
	FPC——阻燃塑料硬管		CLC——暗敷在柱内
	CT——桥架		WC——暗敷在墙内
	M——钢索		CE——暗敷在天棚顶内
	CP——金属软管		CC——暗敷在天棚顶内
	PR——塑料线槽		SCE——吊顶内敷设
	RC——镀锌钢管		F——地板及地坪下
			SR——沿钢索
			BE——沿屋架、梁
			WE——沿墙明敷

绘制完成的线路如图16-114所示，读者可识读该图的线路控制关系。

当线路用途明确时，可以不标注线路的用途。

弱电布线注意事项如下。

① 为避免干扰，弱电线和强电线应保持一定距离，国家标准规定，电源线及插座与电视线及插座的水平间距不应小于50 cm。

② 充分考虑潜在需求，预留插口。

③ 为方便日后检查维修，尽量把家中的电话、网络等控制线路集中在一个方便检查的位置，从一个位置再分到各个房间。

（5）单击“默认”选项卡“注释”面板中的“多行文字”按钮 A，为线路添加文字说明，结果如图16-115所示。

按照上述方法绘制本例的二层电话、有线电视及电视监控平面图，如图16-116所示。

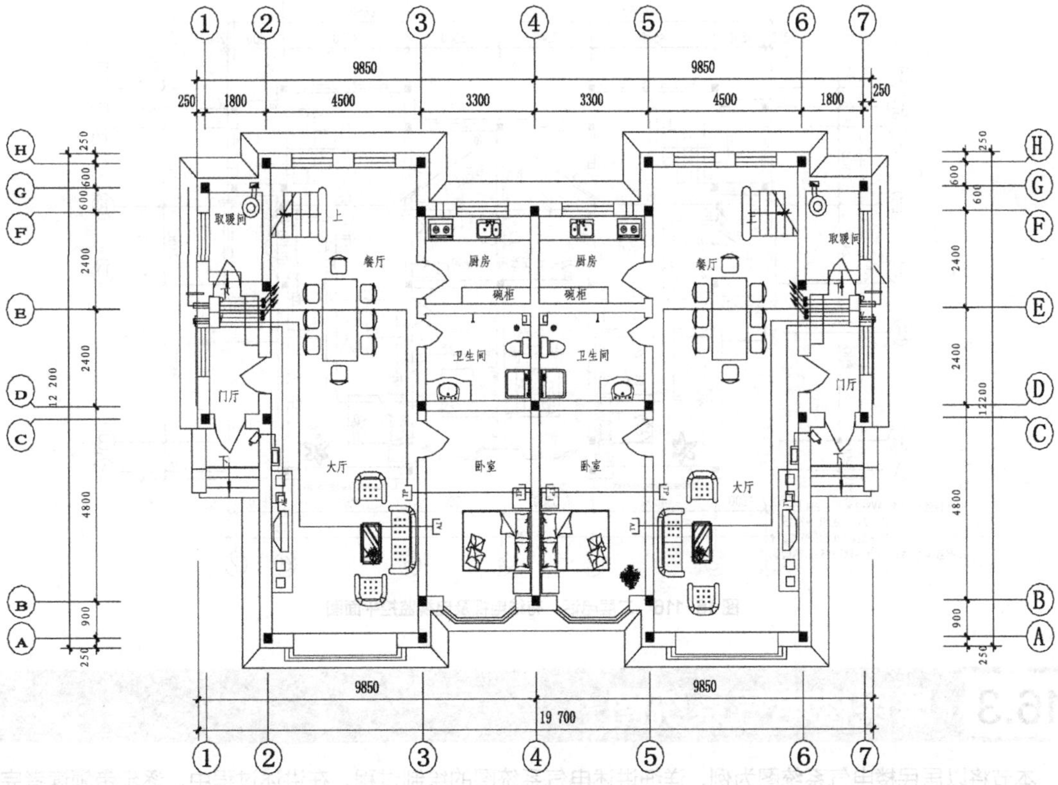

图 16-114 绘制线路

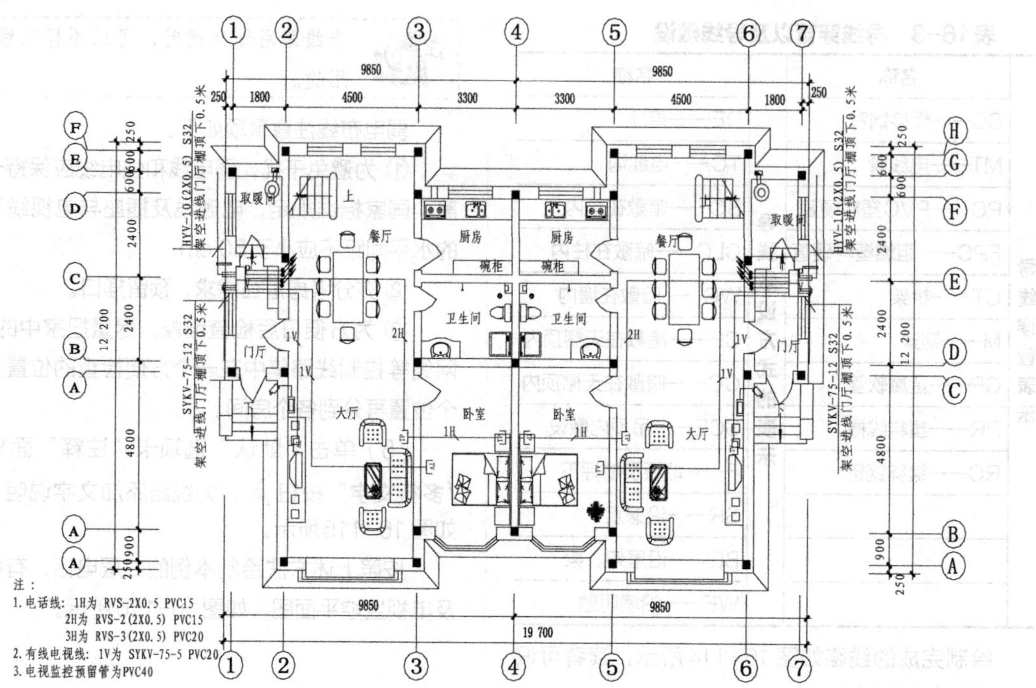

图 16-115 添加文字说明

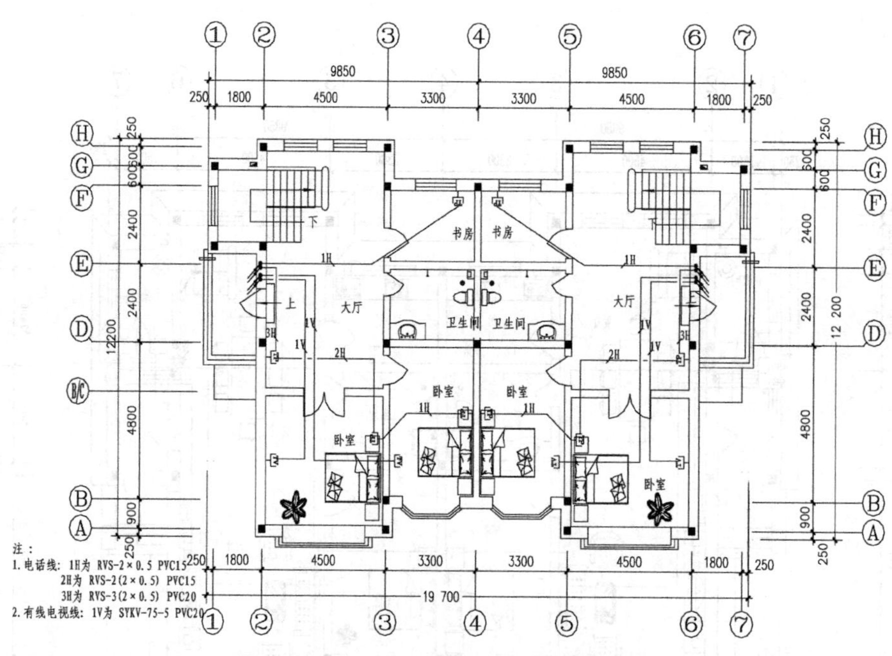

图 16-116 二层电话、有线电视及电视监控平面图

16.3 居民楼电气系统图

本节将以居民楼电气系统图为例，详细讲述电气系统图的绘制过程。在讲述过程中，逐步带领读者完成电气系统图的绘制，并讲述电气系统图的相关知识和绘制技巧。

16.3.1 配电系统图

电气工程CAD制图中，对于新建结构，往往会由建筑专业提供建筑施工图，本节讲述居民楼配电系统图的绘制，绘制结果如图16-117所示。

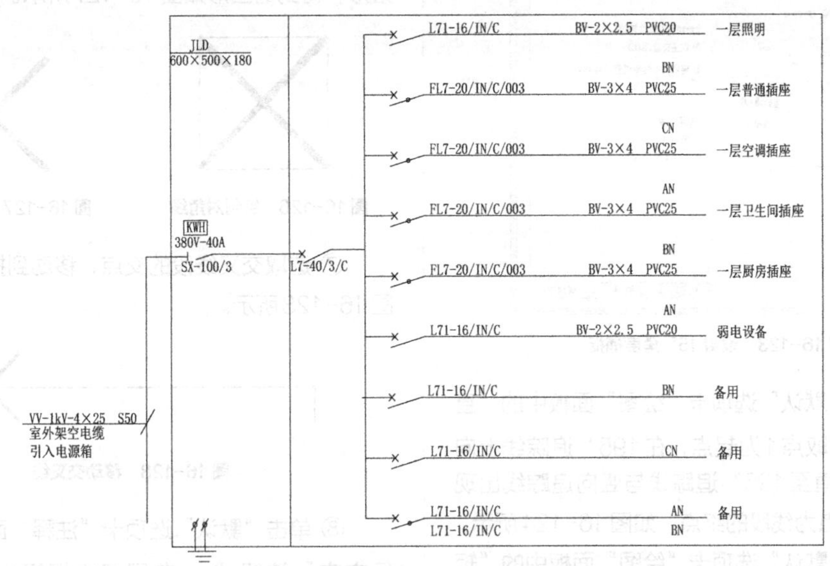

图16-117 配电系统图

（1）单击“默认”选项卡“绘图”面板中的“矩形”按钮 ▭，绘制一个1300 mm×750 mm的矩形，如图16-118所示。

（2）单击“默认”选项卡“修改”面板中的“分解”按钮 ⬚，将上步绘制的矩形进行分解。单击“默认”选项卡“修改”面板中的“偏移”按钮 ⊆，将矩形左侧竖直边线向内偏移，偏移距离为200 mm，如图16-119所示。

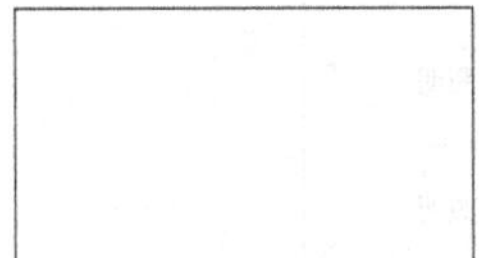

图16-118 绘制矩形

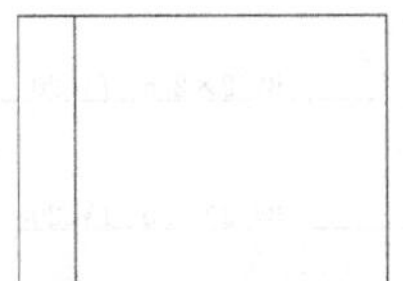

图16-119 偏移直线

（3）单击“默认”选项卡“绘图”面板中的“直线”按钮 ╱，在矩形中间区域绘制一条直线，如图16-120所示。

（4）单击“默认”选项卡“绘图”面板中的“定数等分”按钮 ⁂，选取上步绘制的直线，将其定数等分成9份。

（5）绘制回路。

① 单击“默认”选项卡“绘图”面板中的“直线”按钮 ╱，从线段的端点绘制长度为50mm的水平直线，如图16-121所示。

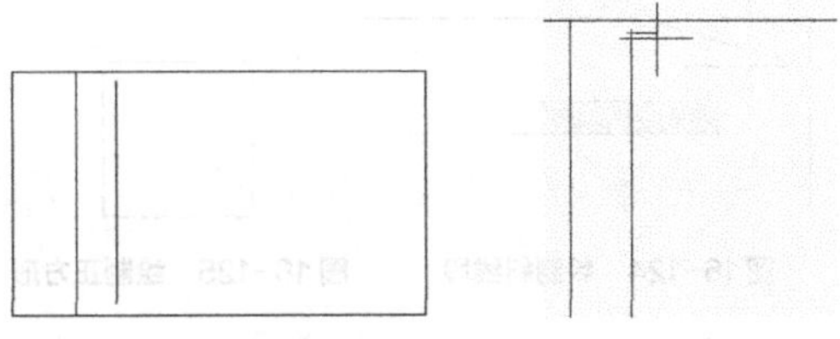

图16-120 绘制直线（一） 图16-121 绘制直线（二）

② 在不按鼠标的情况下向右拉伸追踪线，中间间距为50个单位，单击鼠标左键在此确定点1，在命令行中输入“500”，绘制线段，如图16-122所示。

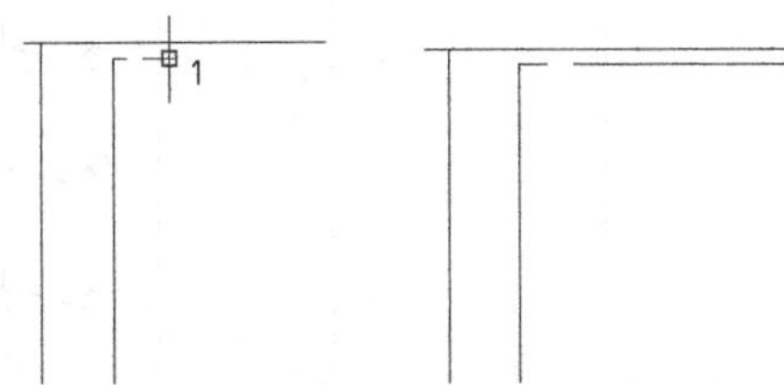

图16-122 绘制长度为500mm的线段

③ 设置15°角捕捉。选择菜单栏中的“工具”→“绘图设置”命令，打开“草图设置”对话框，在“极轴追踪”选项卡的“增量角”下拉列表

中选择15°，如图16-123所示，单击“确定”按钮退出对话框。

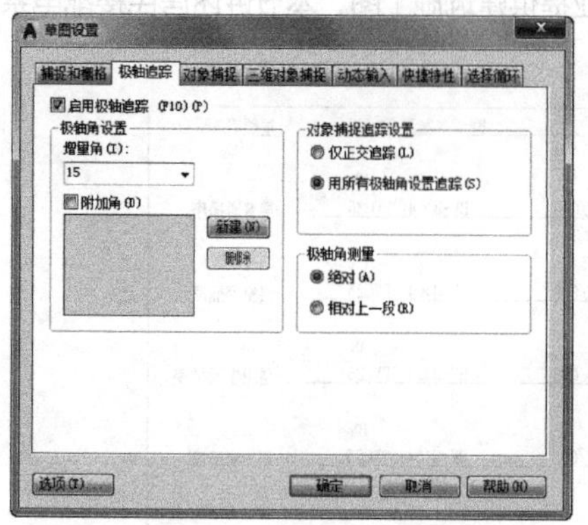

图16-123 设置15°角度捕捉

④ 单击“默认”选项卡“绘图”面板中的“直线”按钮╱，取点1为起点，在195°追踪线上向左移动鼠标，直至195°追踪线与竖向追踪线出现交点，选此交点为线段的终点，如图16-124所示。

⑤ 单击“默认”选项卡“绘图”面板中的“矩形”按钮□，在绘图区域内绘制一个正方形，如图16-125所示。

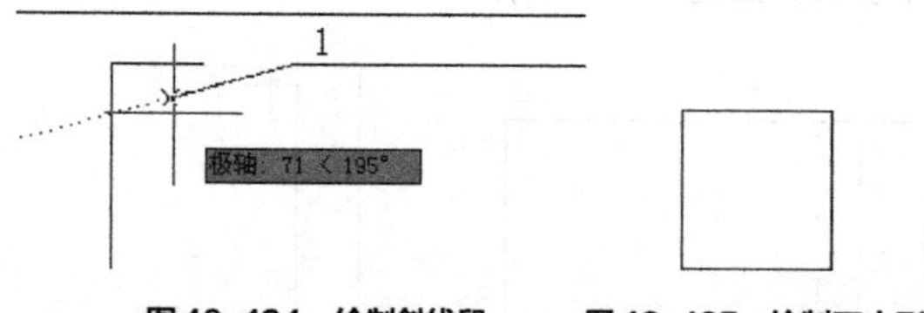

图16-124 绘制斜线段　　图16-125 绘制正方形

⑥ 单击“默认”选项卡“绘图”面板中的“多段线”按钮，绘制正方形的对角线，设置线宽为0.5个单位，如图16-126所示。然后删除外围正方形，得到的图形如图16-127所示。

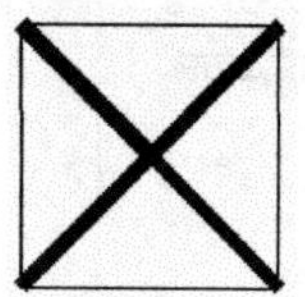

图16-126 绘制对角线　　图16-127 删除正方形

⑦ 选取交叉线段的交点，移动到指定位置，如图16-128所示。

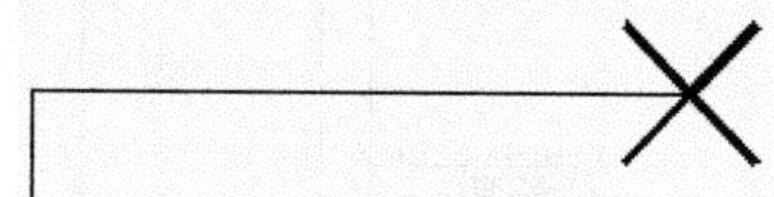

图16-128 移动交叉线

⑧ 单击“默认”选项卡“注释”面板中的“多行文字”按钮 A，在回路中标识出文字，如图16-129所示。

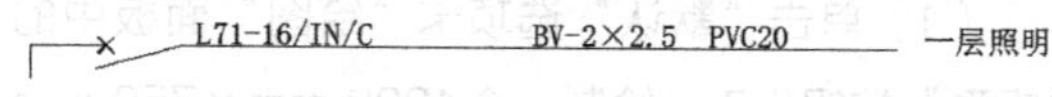

图16-129 标识文字

（6）选取上面绘制的回路及文字，以左端点为复制基点，依次复制到各个节点上，如图16-130所示。

（7）用右键单击要修改的文字，对文字进行修改，如图16-131所示。

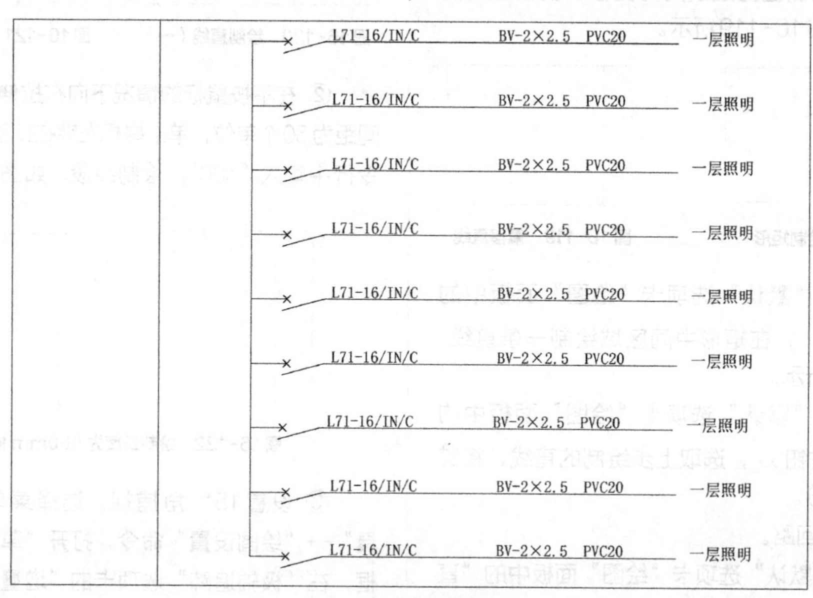

图16-130 复制其他回路

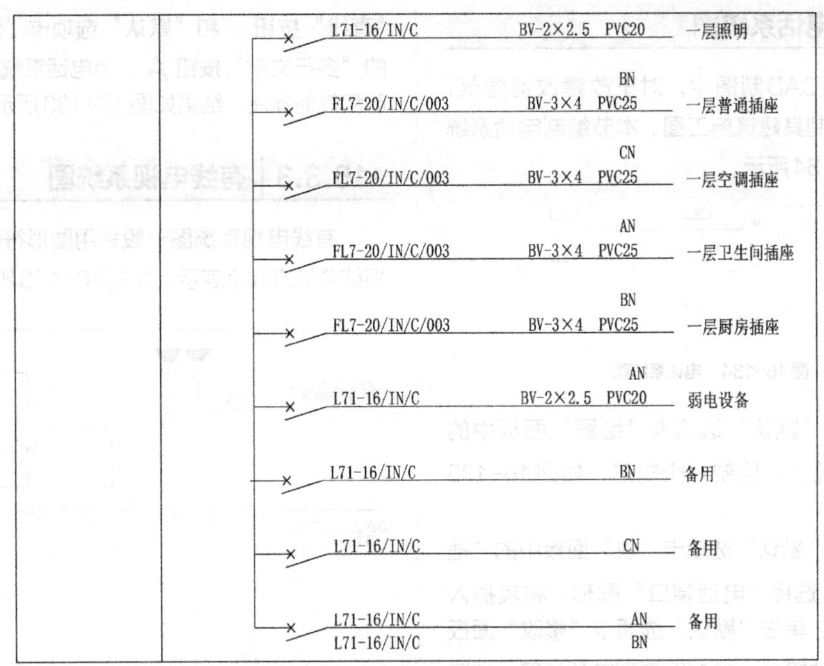

图 16-131 修改文字

（8）对于端部连接插座的回路，还必须配置有漏电断路器。单击“默认”选项卡“绘图”面板中的“椭圆”按钮，绘制一个椭圆，如图 16-132 所示。

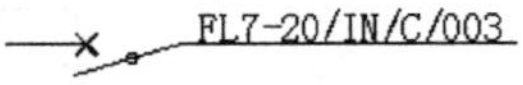

FL7-20/IN/C/003

图 16-132 绘制椭圆

（9）单击“默认”选项卡“修改”面板中的“复制”按钮，选取上步绘制的椭圆进行复制，如图 16-133 所示。

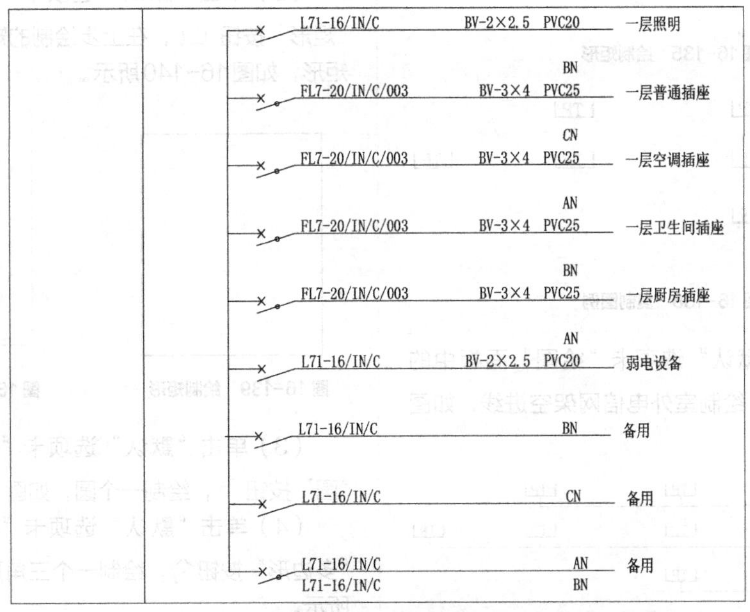

图 16-133 复制椭圆

（10）利用所学知识绘制剩余图形，结果如图 16-117 所示。

16.3.2 电话系统图

电气工程CAD制图中，对于改建改造建筑，则需要重新绘制其建筑施工图。本节绘制电话系统图，如图16-134所示。

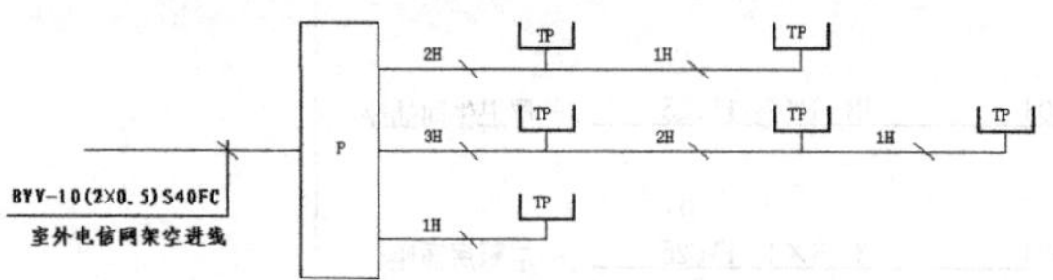

图16-134 电话系统图

（1）单击“默认”选项卡“绘图”面板中的“矩形”按钮▭，绘制一个矩形，如图16-135所示。

（2）单击“默认”选项卡“块”面板中的“插入”按钮，选择“电话端口”图形，将其插入电话系统图中。单击“默认”选项卡“修改”面板中的“复制”按钮，复制图形到其他位置，如图16-136所示。

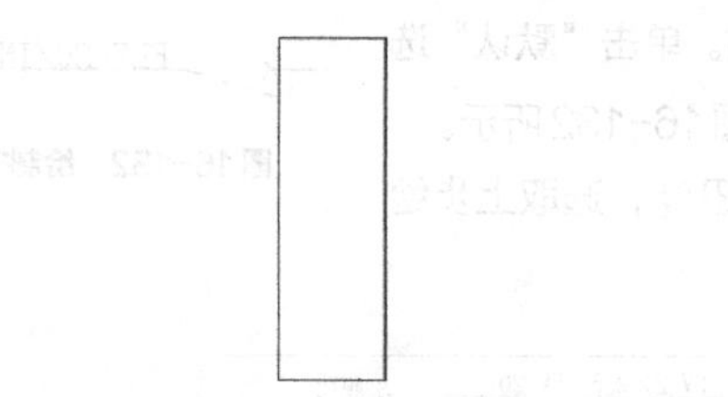

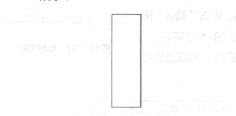

图16-135 绘制矩形

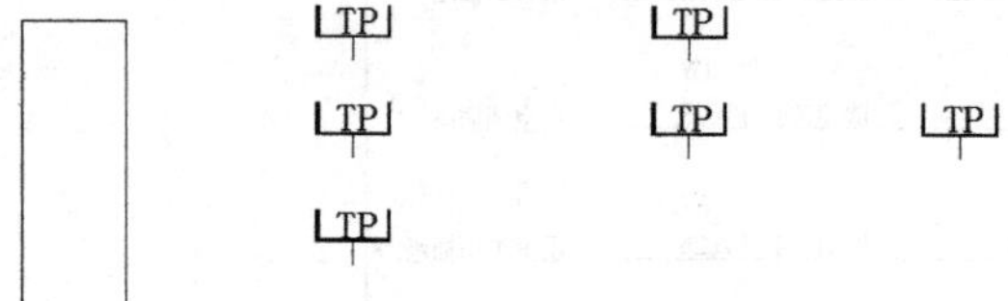

图16-136 复制图例

（3）单击“默认”选项卡“绘图”面板中的“直线”按钮╱，绘制室外电信网架空进线，如图16-137所示。

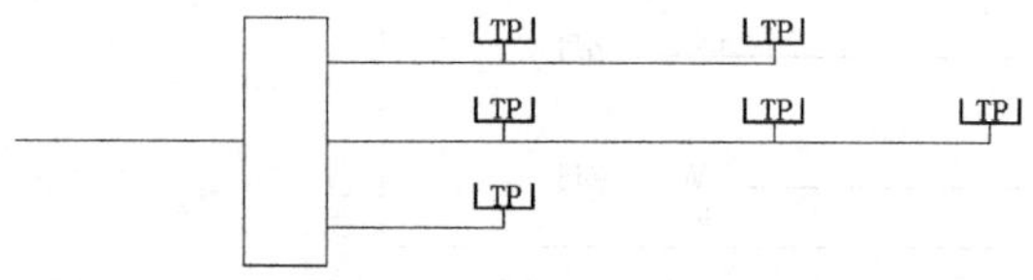

图16-137 绘制架空进线

（4）单击“默认”选项卡“绘制”面板中的“直线”按钮╱和“默认”选项卡“注释”面板中的“多行文字”按钮A，为电话系统图添加文字说明和其他标注，结果如图16-133所示。

16.3.3 有线电视系统图

有线电视系统图一般采用图形符号和标注文字相结合的方式来表示，如图16-138所示。

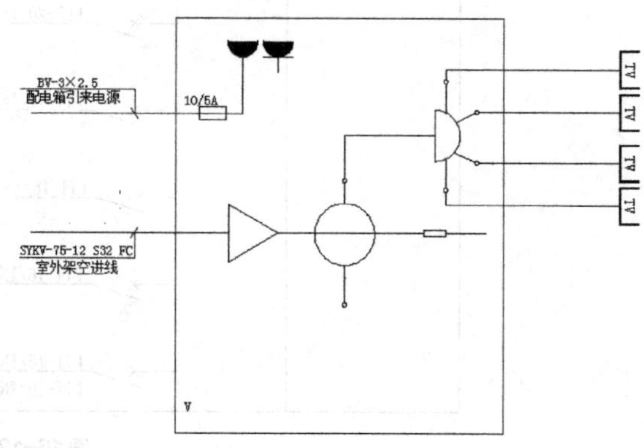

图16-138 有线电视系统图

（1）单击“默认”选项卡“绘图”面板中的“矩形”按钮▭，绘制一个矩形，如图16-139所示。

（2）单击“默认”选项卡“绘图”面板中的“矩形”按钮▭，在上步绘制的矩形内绘制两个小矩形，如图16-140所示。

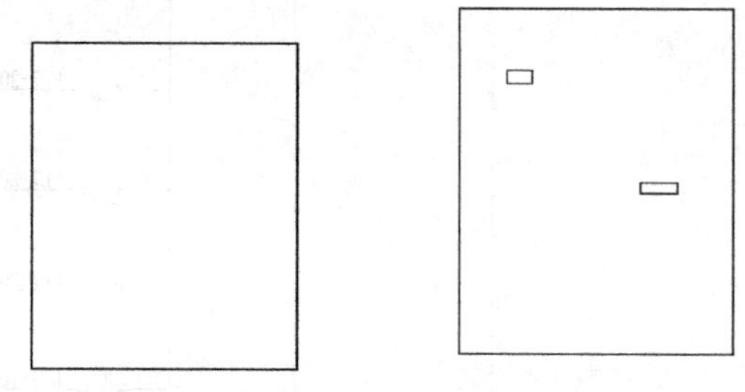

图16-139 绘制矩形　　图16-140 绘制小矩形

（3）单击“默认”选项卡“绘图”面板中的“圆”按钮，绘制一个圆，如图16-141所示。

（4）单击“默认”选项卡“绘图”面板中的“多边形”按钮，绘制一个三角形，如图16-142所示。

（5）单击“默认”选项卡“绘图”面板中的“圆”按钮，绘制一个圆，如图16-143所示。

（6）单击“默认”选项卡“绘图”面板中的

“直线”按钮╱，在上步绘制的圆内绘制一条竖直直线，如图16-144所示。

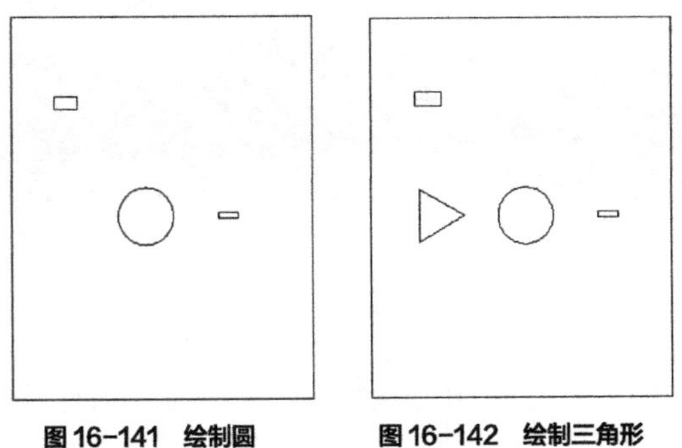

图16-141 绘制圆　　图16-142 绘制三角形

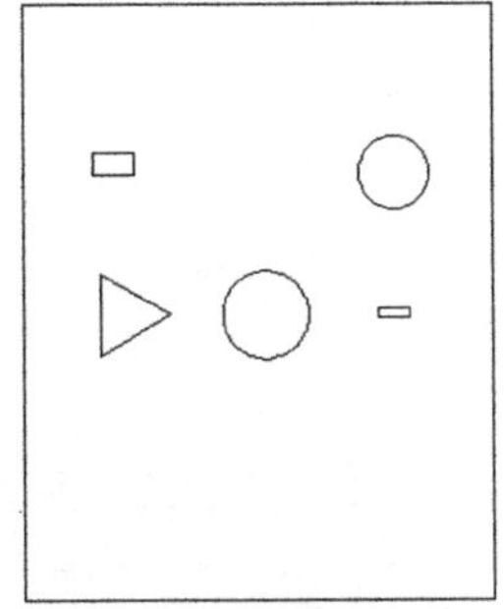

图16-143 绘制圆

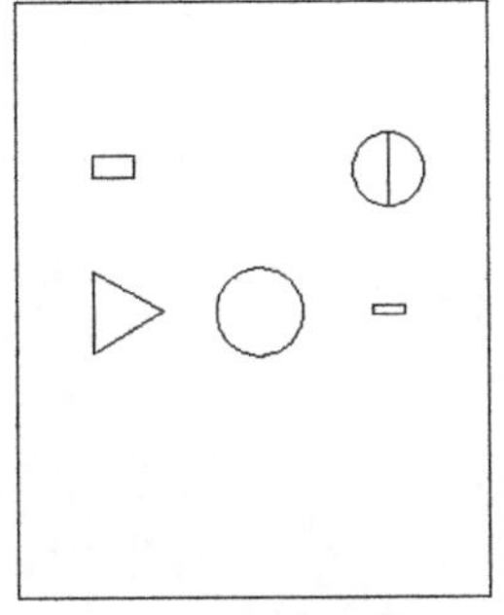

图16-144 绘制竖直直线

（7）单击“默认”选项卡“修改”面板中的“修剪”按钮，将圆的左半部分修剪掉，如图16-145所示。

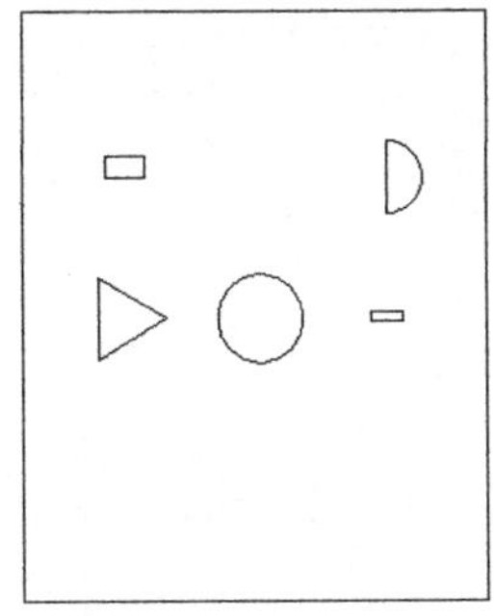

图16-145 修剪圆图形

（8）单击“默认”选项卡“块”面板中的“插入”按钮，选择“单相二三孔插座”及“TV”，将其插入有线电视系统图中。单击“默认”选项卡“修改”面板中的“复制”按钮，复制图形到其他位置，如图16-146所示。

（9）单击“默认”选项卡“绘图”面板中的“直线”按钮╱，绘制室内进户线，如图16-147所示。

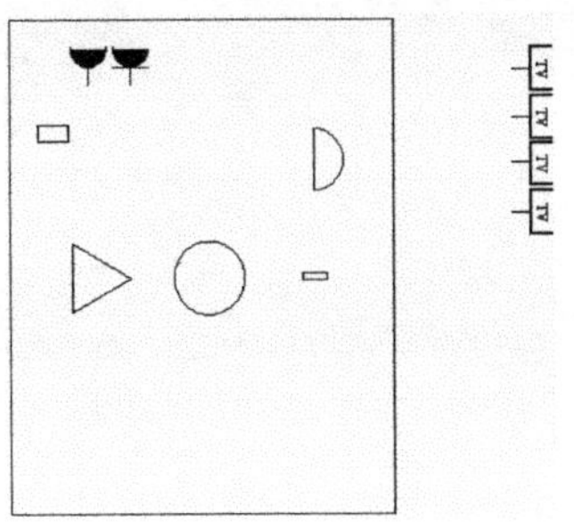

图16-146 复制图例

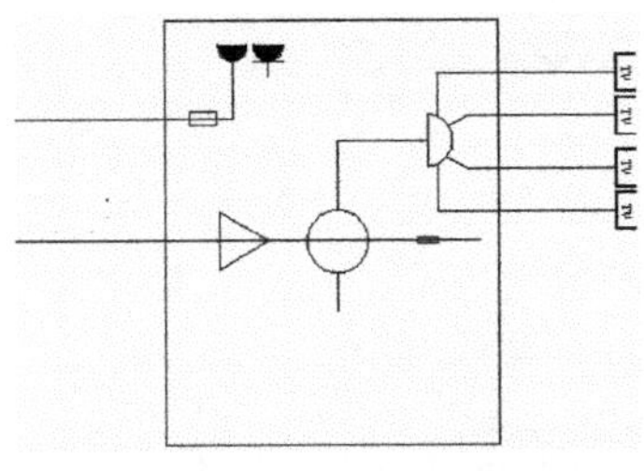

图16-147 绘制进户线

（10）单击“默认”选项卡“绘图”面板中的“圆”按钮，在进户线上绘制小圆，如图16-148所示。

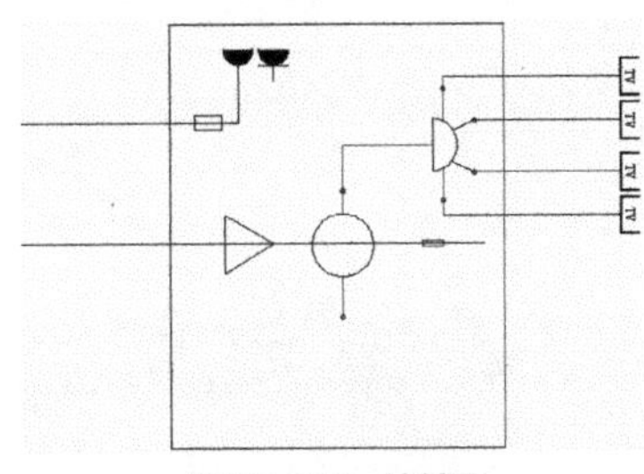

图16-148 绘制圆

（11）单击“默认”选项卡“修改”面板中的“修剪”按钮，修剪掉多余线段，如图16-149所示。

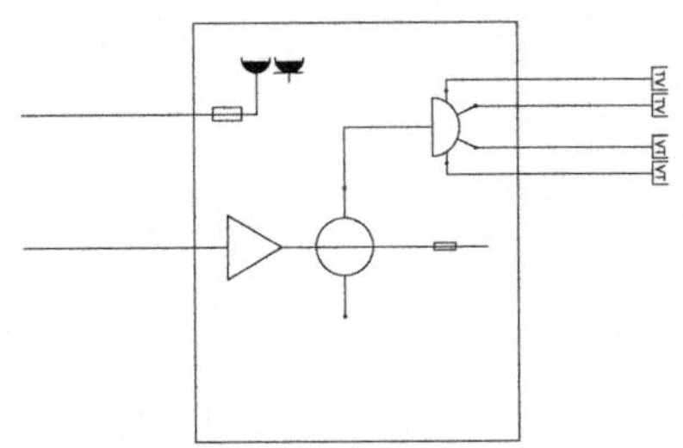

图16-149 修剪多余线段

（12）单击“默认”选项卡“绘图”面板中的“直线”按钮╱和“注释”面板中的“多行文字”按钮**A**，为有线电视添加文字说明，结果如图16-138所示。

第三篇　综合实例篇

本篇以某柴油发电机 PLC 系统电气设计为核心，讲述电气设计工程图绘制的操作步骤、方法和技巧等，包括系统图、原理图、接线图、选线图和出线端子图等知识。

本篇通过实例加深读者对 AutoCAD 功能的理解和掌握，以及各种电气设计工程图的绘制方法。

第 17 章

柴油发电机 PLC 系统图

本章主要结合实例讲解利用 AutoCAD 2020 进行 PLC 电气设计的操作步骤、方法技巧等，包括 PLC 柜外型图设计、PLC 系统供电系统图设计等知识。

本章通过柴油发电机 PLC 系统图电气设计实例加深读者对 AutoCAD 功能的理解和掌握，理解电气设计的方法。

知识重点

- PLG 柜外形图
- PLC 系统供电系统图

17.1 柴油发电机 PLC 柜外形图

柴油机发电的原理就是将能量转化为电能，基于PLC 的柴油发电机组与市电切换系统，由柴油发电机组和可编程序逻辑控制器组成。通过此控制系统能实现：当电网正常时，负载由电网供电；当电网不正常时，控制系统立刻起动柴油发电机组，实现柴油机组输出对负载供电；当电网恢复正常后，系统恢复电网供电，并关闭柴油机组。通过此系统能确保负载的正常输出。

本节详细讲述如图17-1所示的柴油发电机PLC柜外形图的绘制思路和过程。

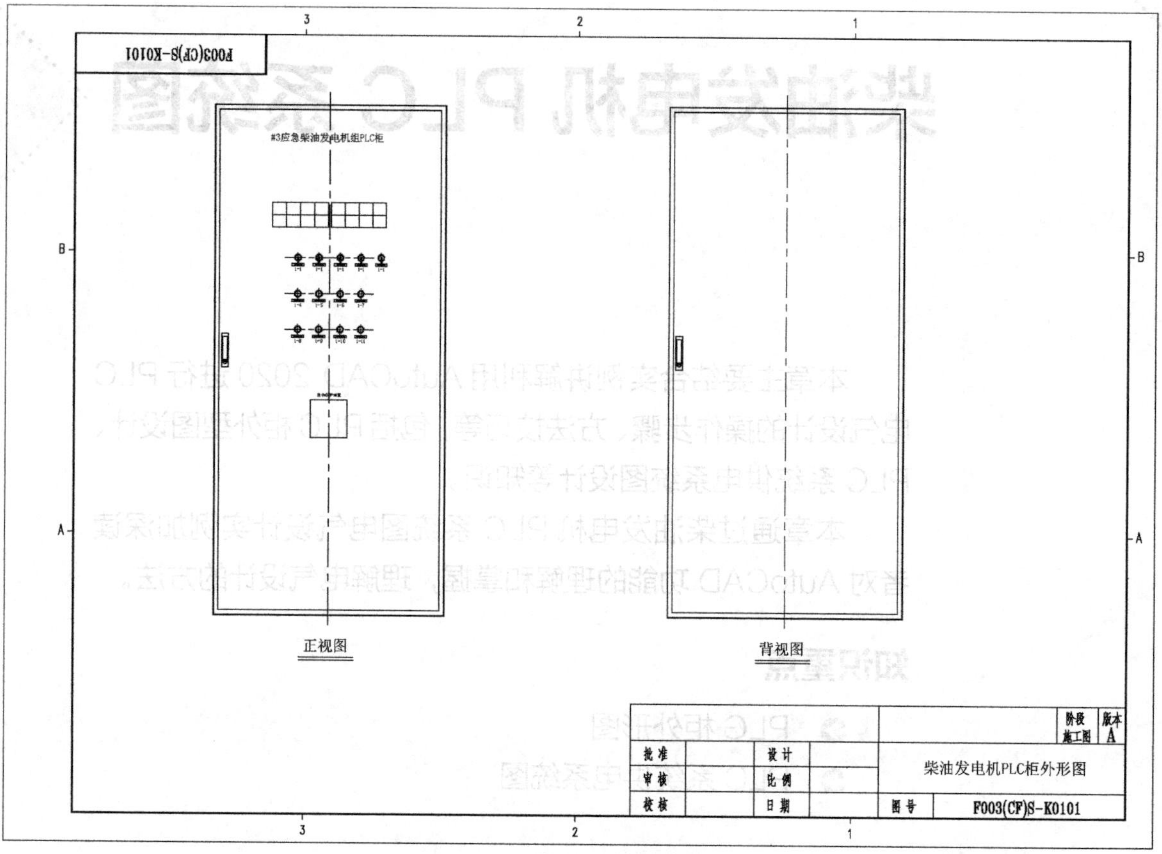

图 17-1　柴油发电机 PLC 柜外形图

17.1.1 设置绘图环境

（1）打开AutoCAD 2020应用程序，单击“快速访问”工具栏中的“新建”按钮，打开“选择样板”对话框，如图17-2所示，以“无样板打开-公制（M）方式”打开一个新的空白图形文件。

（2）单击“快速访问”工具栏中的“保存”按钮，打开“图形另存为”对话框，如图17-3所示，将文件保存为“柴油发电机PLC柜外形图.dwg”图形文件。

图 17-2　“选择样板”对话框

图 17-3　保存文件

17.1.2 绘制正视图

1. 绘制PLC柜体

（1）单击“默认”选项卡“绘图”面板中的“多段线”按钮，将线宽设置为0.2mm，绘制连续的多段线，命令行提示与操作如下。

```
命令：_pline
指定起点：(指定一点作为起点)
当前线宽为 0.0000
指定下一个点或 [圆弧(A)/半宽(H)/长度(L)/放弃(U)/宽度(W)]：w↙
指定起点宽度 <0.0000>：0.2↙
指定端点宽度 <0.2000>：↙
指定下一个点或 [圆弧(A)/半宽(H)/长度(L)/放弃(U)/宽度(W)]：(水平向右指定距离起点66.7mm的点2)
指定下一点或 [圆弧(A)/闭合(C)/半宽(H)/长度(L)/放弃(U)/宽度(W)]：(竖直向上指定距离点2为142.3mm的点3)
指定下一点或 [圆弧(A)/闭合(C)/半宽(H)/长度(L)/放弃(U)/宽度(W)]：(水平向左指定距离点3为66.7mm的点4)
指定下一点或 [圆弧(A)/闭合(C)/半宽(H)/长度(L)/放弃(U)/宽度(W)]：(捕捉多段线的起点)
指定下一点或 [圆弧(A)/闭合(C)/半宽(H)/长度(L)/放弃(U)/宽度(W)]：↙
```

结果如图17-4所示。

（2）单击“默认”选项卡“修改”面板中的“偏移”按钮，将多段线向内偏移1.3mm，如图17-5所示。

（3）单击“默认”选项卡“修改”面板中的“分解”按钮，将偏移后的多段线分解。

（4）单击“默认”选项卡“绘图”面板中的“多段线”按钮，设置线宽为0.2mm，沿分解后的多段线上侧边，绘制一条水平多段线，结果如图17-6所示。

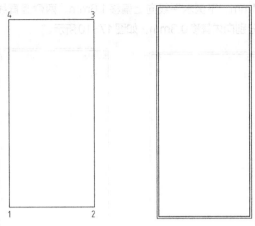

图 17-4　绘制矩形　　图 17-5　偏移矩形

2. 绘制柜把手

（1）单击“默认”选项卡“修改”面板中的“偏移”按钮，将左侧竖直直线向右偏移0.7mm，下侧水平线向上偏移72.5mm，完成辅助线的绘制，如图17-7所示。

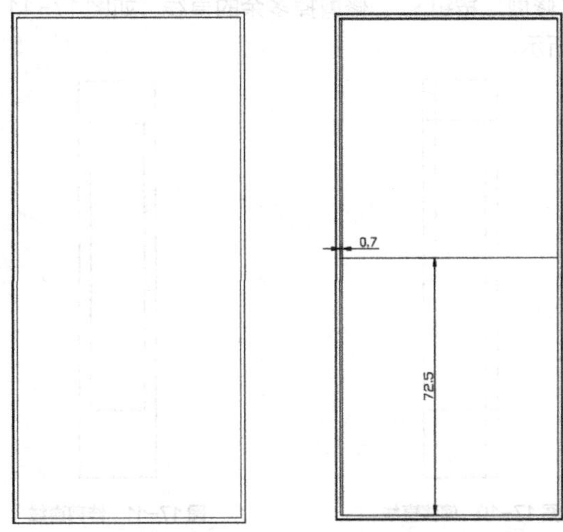

图 17-6　绘制多段线　　图 17-7　偏移直线

（2）单击“默认”选项卡“绘图”面板中的“矩形”按钮，根据偏移的直线，绘制一个长为1.9mm，宽为9.5mm的矩形，如图17-8所示。

（3）单击“默认”选项卡“修改”面板中的“删除”按钮，将偏移的辅助线删除，如图17-9所示。

（4）单击“默认”选项卡“修改”面板中的“分解”按钮，将矩形分解。

（5）单击“默认”选项卡“修改”面板中的“偏移”按钮⋐，将小矩形的上侧水平线向下偏移1mm，下侧水平线向上偏移1.6mm，两侧竖直线分别向内偏移0.3mm，如图17-10所示。

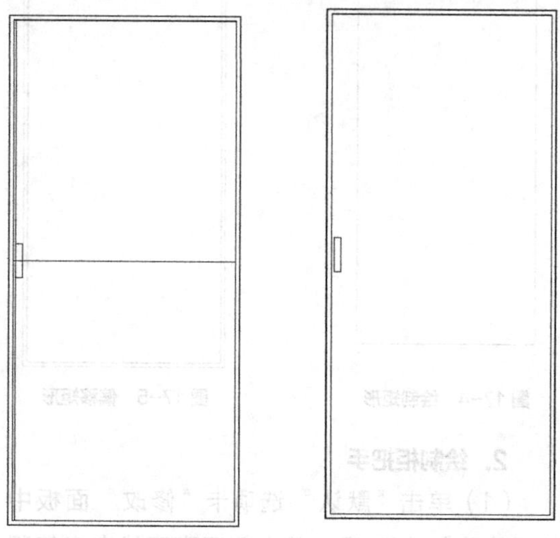

图17-8　绘制矩形　　图17-9　删除辅助线

（6）单击“默认”选项卡“修改”面板中的“修剪”按钮，修剪掉多余的直线，如图17-11所示。

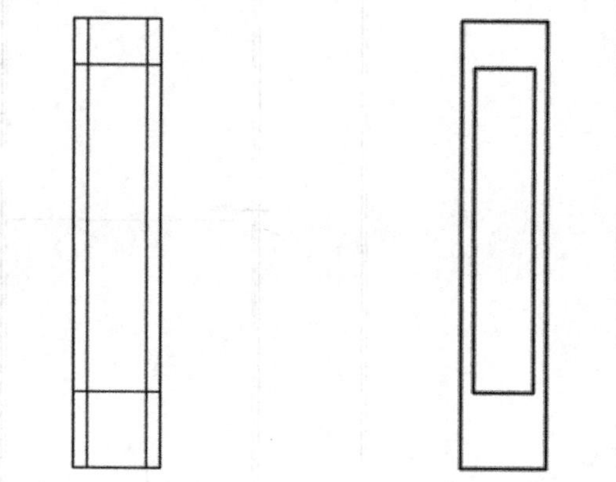

图17-10　偏移直线　　图17-11　修剪直线

（7）单击“默认”选项卡“修改”面板中的“圆角”按钮，对图形进行圆角操作，设置圆角半径为0.6mm，如图17-12所示。

（8）单击“默认”选项卡“修改”面板中的“偏移”按钮⋐，将直线1向下偏移6.7mm，如图17-13所示。

（9）单击“默认”选项卡“绘图”面板中的“圆”按钮，捕捉偏移直线的中点为圆心，绘制半径为0.3mm的圆，如图17-14所示。

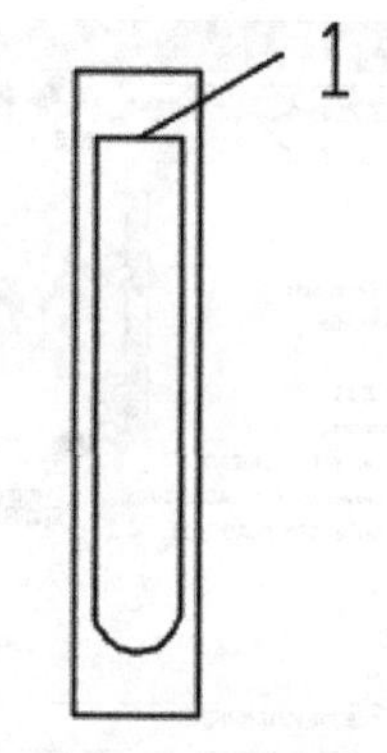

图17-12　绘制圆角

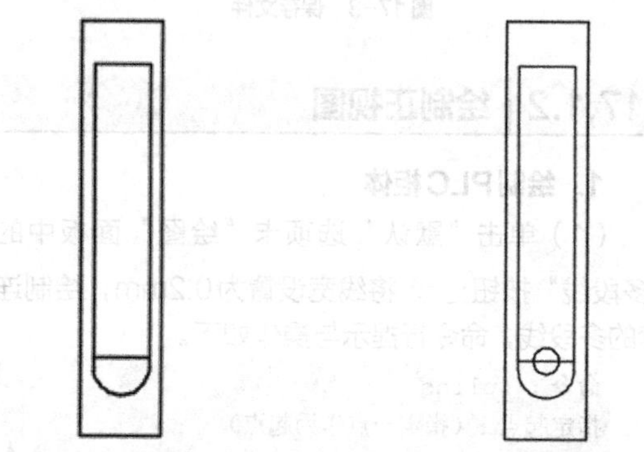

图17-13　偏移直线　　图17-14　绘制圆

（10）单击“默认”选项卡“绘图”面板中的“多边形”按钮，绘制内接圆半径为0.5mm的正四边形，如图17-15所示。

（11）单击“默认”选项卡“修改”面板中的“删除”按钮，删除多余的直线，完成把手的绘制，结果如图17-16所示。

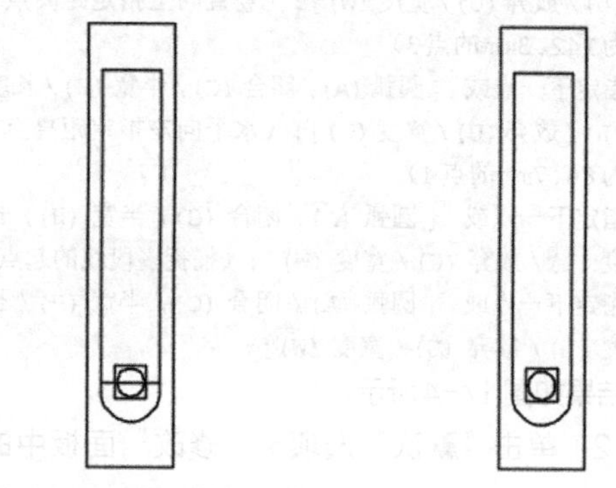

图17-15　绘制正四边形　　图17-16　把手

3. 绘制柜体上方显示屏

（1）单击“默认”选项卡“修改”面板中的“偏移”按钮⋐，将左侧竖直线向右偏移15.6mm，下侧水平线向上偏移106.9mm，如图17-17所示。

（2）单击“默认”选项卡“绘图”面板中的“矩形”按钮，以偏移直线的相交点为起点，绘制一个长为16.1mm、宽为6.9mm的矩形，如图17-18所示。

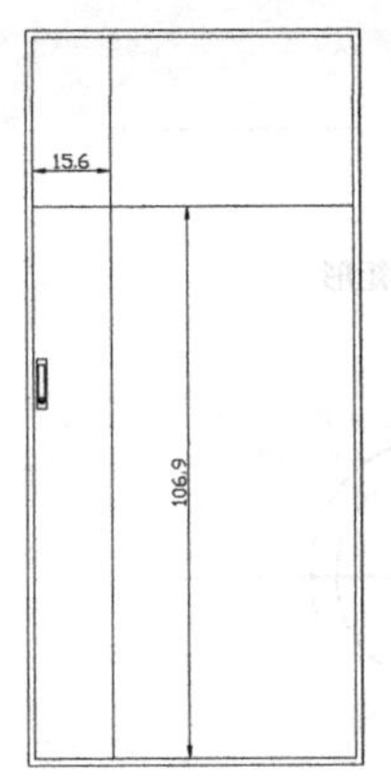

图 17-17　删除辅助线

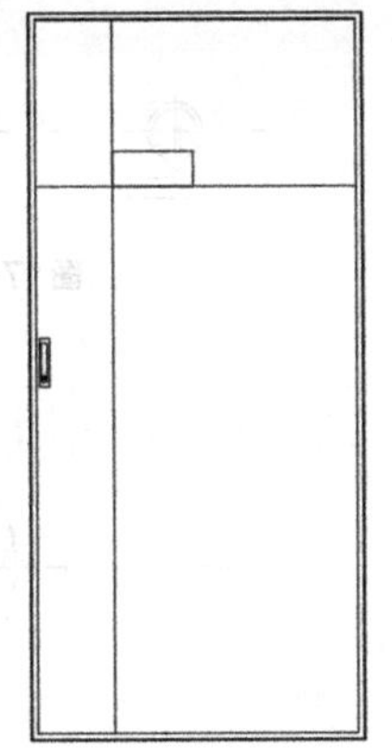

图 17-18　绘制矩形

（3）单击“默认”选项卡“修改”面板中的“删除”按钮，删除辅助线，如图17-19所示。

（4）单击“默认”选项卡“修改”面板中的“分解”按钮，将矩形分解。单击“默认”选项卡“绘图”面板中的“定数等分”按钮，将矩形的长边等分为4份。

（5）单击“默认”选项卡“绘图”面板中的“直线”按钮，根据等分点细化矩形，结果如图17-20所示。

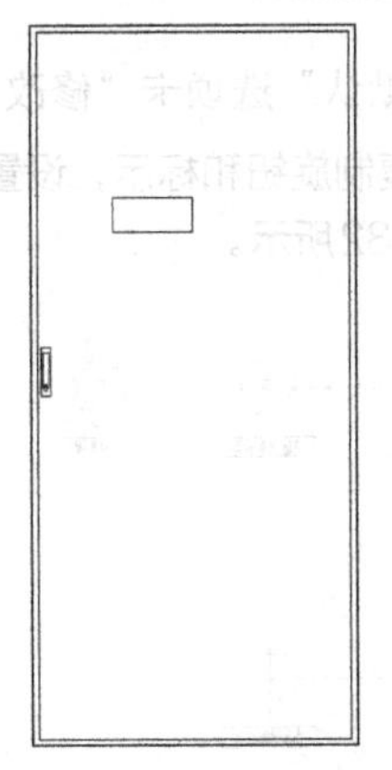

图 17-19　删除辅助线

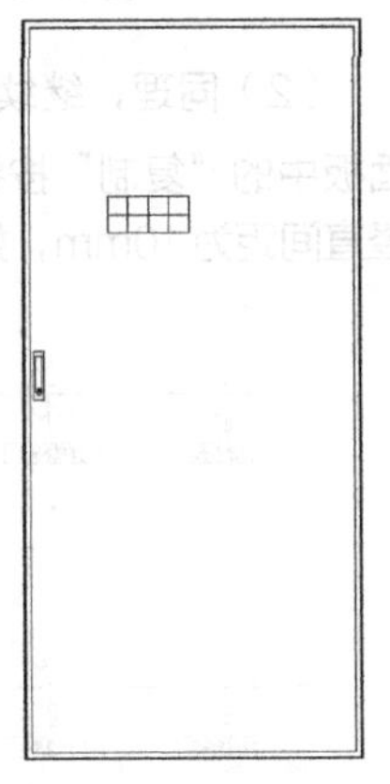

图 17-20　细化矩形

（6）单击“默认”选项卡“绘图”面板中的“直线”按钮，绘制一条竖直中心线，将线型设置为CENTER。选中中心线右击，弹出快捷菜单，如图17-21所示；选择“特性”命令，打开“特性”选项板，设置“线型比例”为0.3，如图17-22所示。绘制的中心线如图17-23所示。

（7）单击“默认”选项卡“修改”面板中的“镜像”按钮，镜像图形，如图17-24所示。

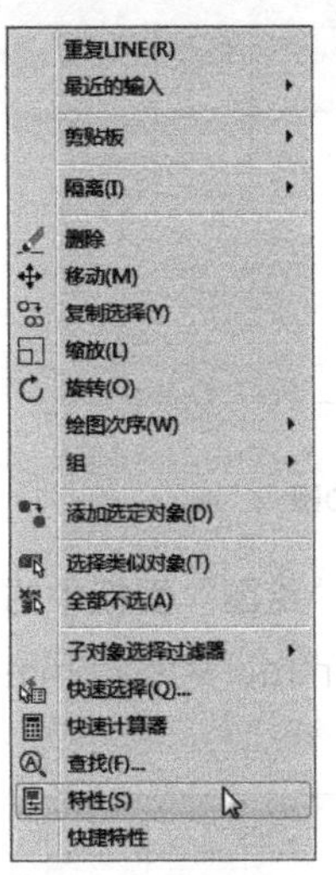

图 17-21　快捷菜单

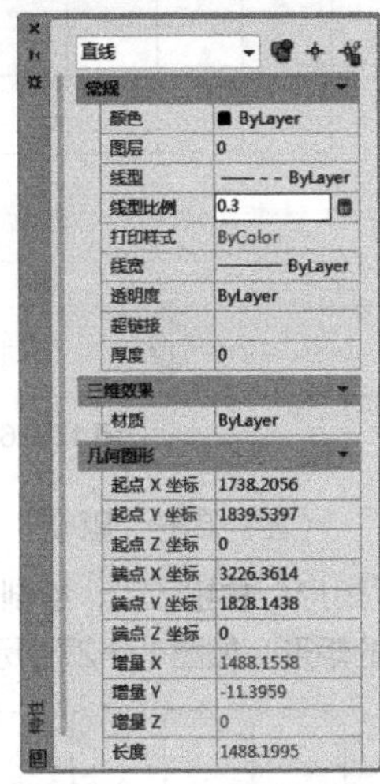

图 17-22　“特性”选项板

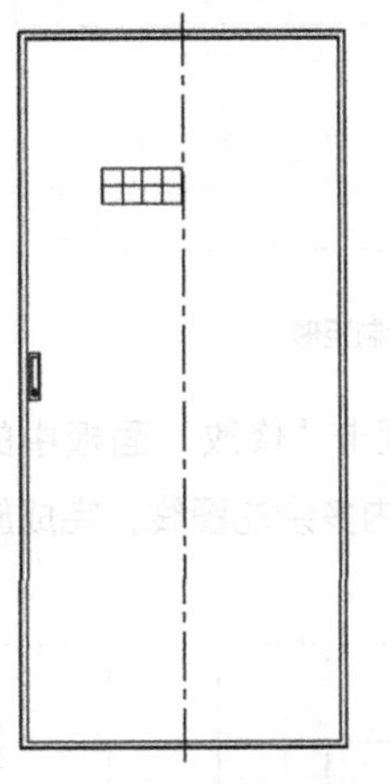

图 17-23　绘制中心线

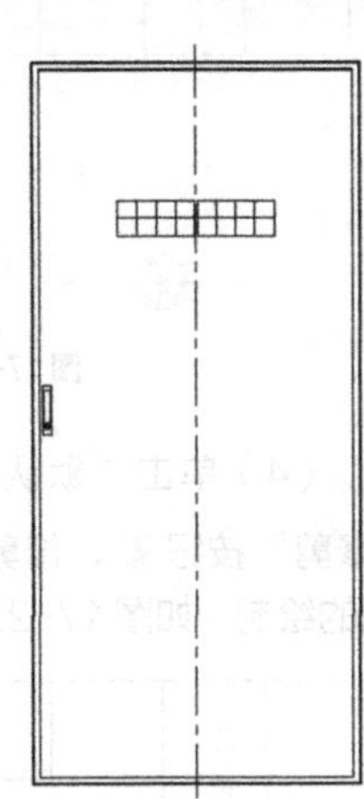

图 17-24　镜像图形

4. 绘制单个旋钮

（1）单击“默认”选项卡“绘图”面板中的“直线”按钮，绘制一条长为25.4mm的水平中心线和长为2.8mm的竖直中心线，如图17-25所示。

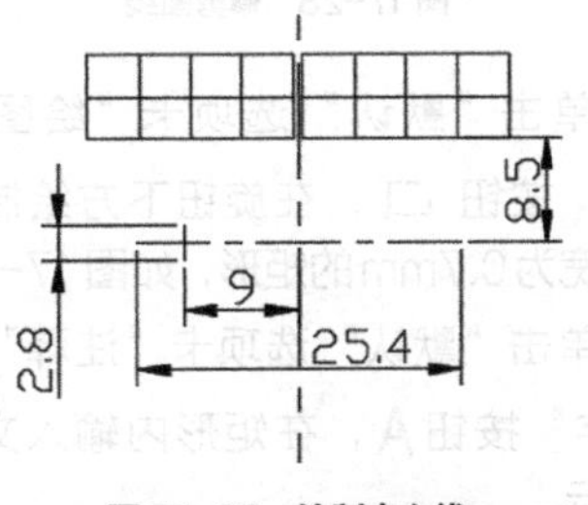

图 17-25　绘制中心线

（2）单击“默认”选项卡“绘图”面板中的“圆”按钮，以上步绘制的两条中心线的交点为圆心，绘制半径分别为0.8mm和1mm的同心圆，如图17-26所示。

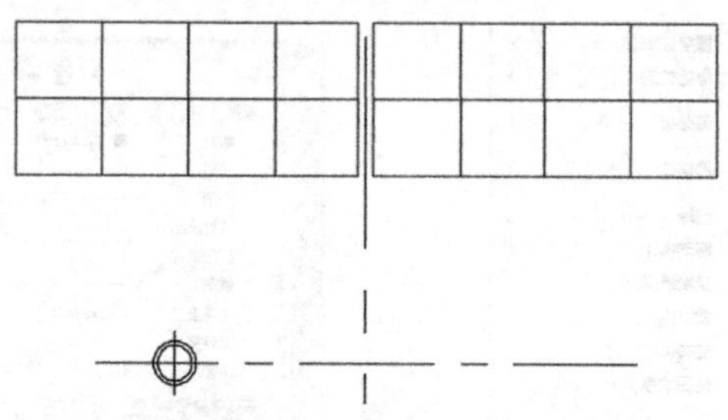

图17-26　绘制同心圆

（3）单击“默认”选项卡“绘图”面板中的“矩形”按钮，绘制长为0.4mm、宽为1.5mm的矩形，如图17-27所示。

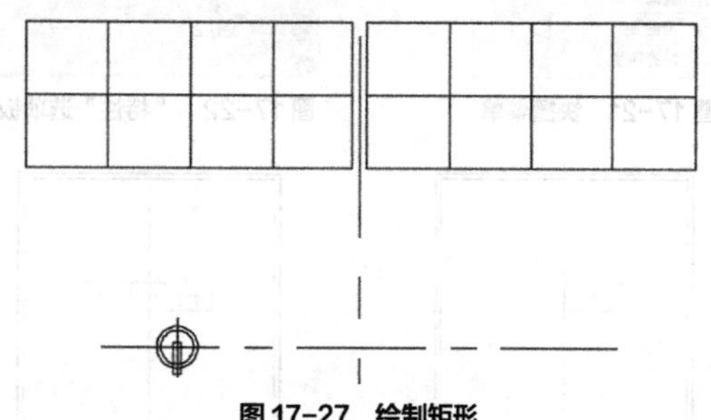

图17-27　绘制矩形

（4）单击“默认”选项卡“修改”面板中的“修剪”按钮，修剪矩形内多余的图线，完成旋钮的绘制，如图17-28所示。

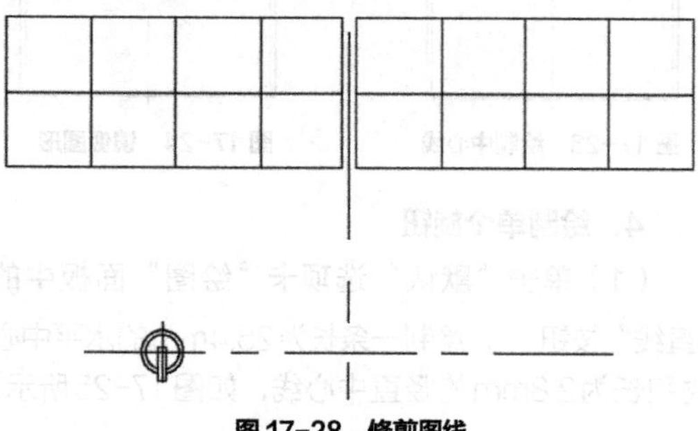

图17-28　修剪图线

（5）单击“默认”选项卡“绘图”面板中的“矩形”按钮，在旋钮下方绘制一个长为3.4mm、宽为0.7mm的矩形，如图17-29所示。

（6）单击“默认”选项卡“注释”面板中的“多行文字”按钮A，在矩形内输入文字，如图17-30所示。

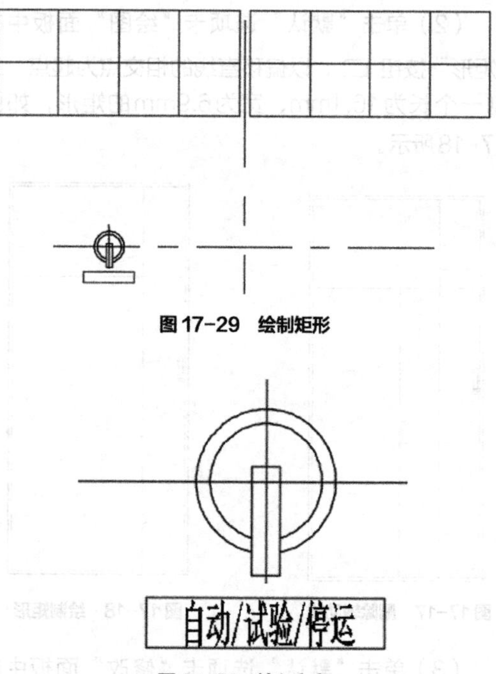

图17-29　绘制矩形

图17-30　输入文字

5. 布置旋钮组

（1）单击“默认”选项卡“修改”面板中的“复制”按钮，将旋钮和标示向右进行复制，设置水平间距为6mm，如图17-31所示。

图17-31　复制旋钮和标示1

（2）同理，继续单击“默认”选项卡“修改”面板中的“复制”按钮，复制旋钮和标示，设置竖直间距为10mm，如图17-32所示。

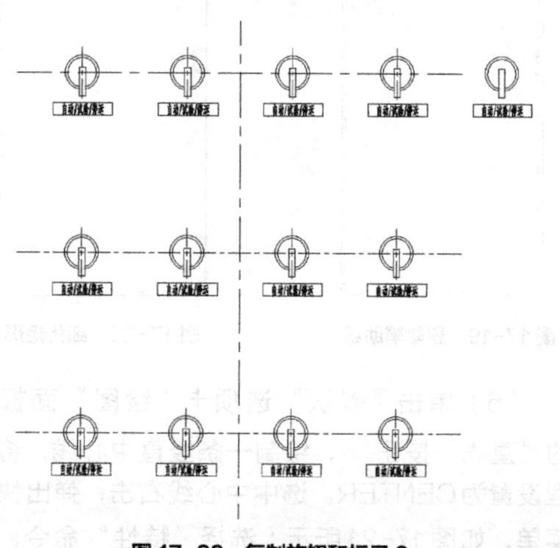

图17-32　复制旋钮和标示2

（3）单击“默认”选项卡“修改”面板中的“删除”按钮，将部分旋钮内的矩形删除，然后双击标示处的文字，修改文字内容，结果如图17-33所示。

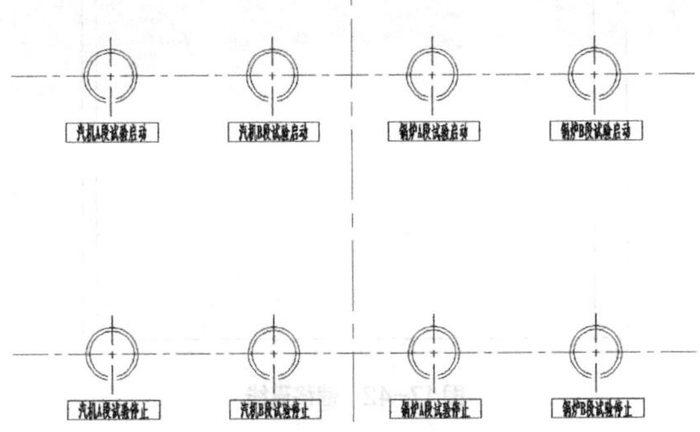

图 17-33　删除矩形并修改文字内容

（4）单击“默认”选项卡“绘图”面板中的“矩形”按钮，绘制一个长为10.4mm、宽为10.6mm的矩形，完成差动保护装置的绘制，如图17-34所示。

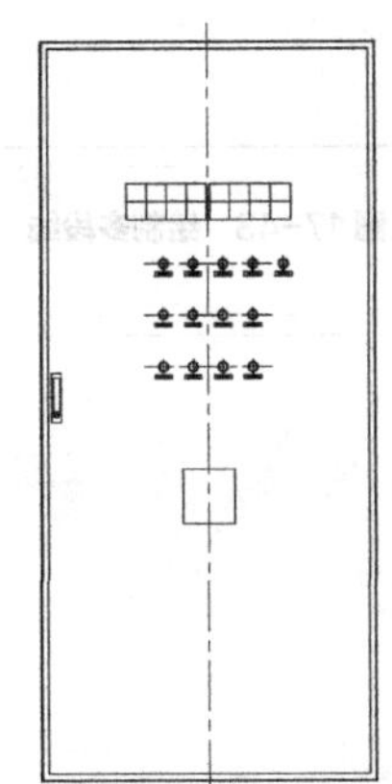

图 17-34　绘制差动保护装置

6. 添加注释

（1）单击“默认”选项卡“注释”面板中的“文字样式”按钮，打开“文字样式”对话框。单击“新建”按钮，打开“新建文字样式”对话框，如图17-35所示，创建一个新的文字样式，然后设置字体为宋体，如图17-36所示。

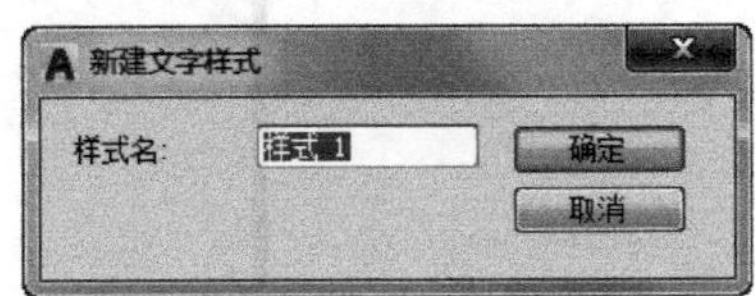

图 17-35　“新建文字样式”对话框

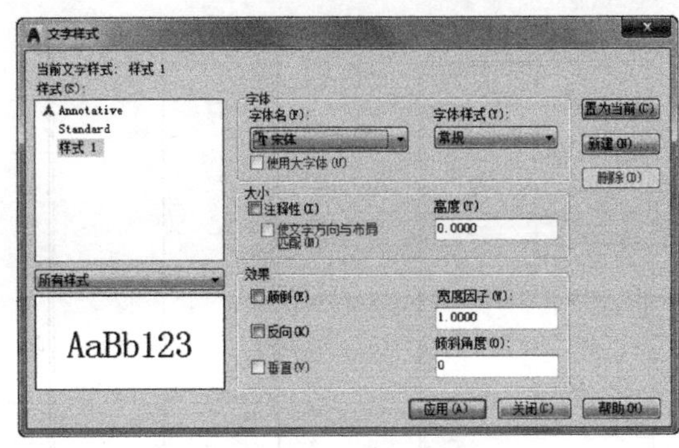

图 17-36　设置文字样式

（2）单击“默认”选项卡“注释”面板中的“多行文字”按钮A，标注文字，如图17-37所示。

（3）单击“默认”选项卡“绘图”面板中的“直线”按钮╱和“注释”面板中的“多行文字”按钮A，标注图名，如图17-38所示。

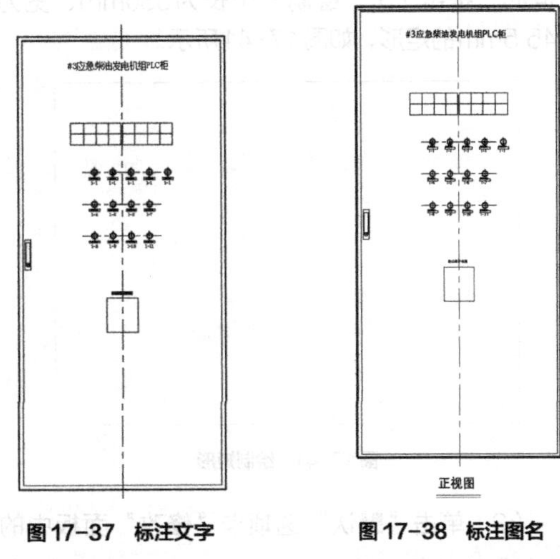

图 17-37　标注文字　　图 17-38　标注图名

17.1.3 绘制背视图

（1）单击“默认”选项卡“修改”面板中的“复制”按钮，将上节绘制的正视图向右进行复制，然后单击“默认”选项卡“修改”面板中的“删除”按钮，删除多余的图形，如图17-39所示。

（2）单击“默认”选项卡“绘图”面板中的“直线”按钮╱和“注释”面板中的“多行文字”按钮A，标注图名，如图17-40所示。

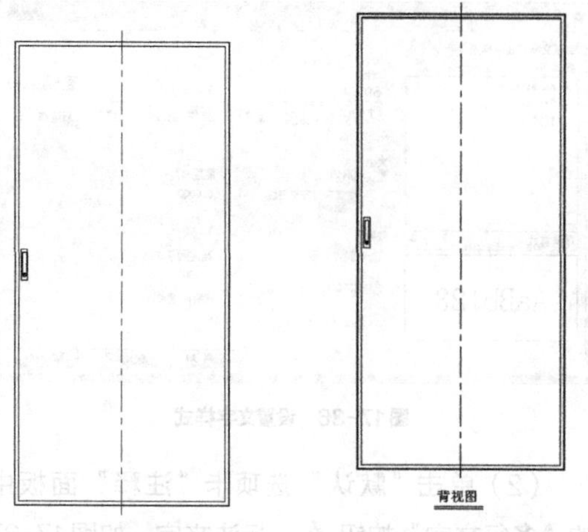

图 17-39　删除多余的图形　　图 17-40　标注图名

17.1.4 绘制图框

（1）单击“默认”选项卡“绘图”面板中的“矩形”按钮，绘制一个长为630mm、宽为445.5mm的矩形，如图17-41所示。

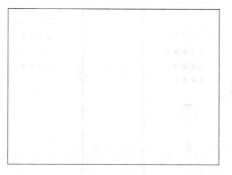

图 17-41　绘制矩形

（2）单击“默认”选项卡“修改”面板中的“分解”按钮，将矩形分解。

（3）单击“默认”选项卡“修改”面板中的“偏移”按钮，将上侧水平直线向下偏移15mm和415.5mm，左侧竖直直线向右偏移37.5mm和577.5mm，如图17-42所示。

（4）单击“默认”选项卡“绘图”面板中的“多段线”按钮，设置全局宽度为0.75mm，根据偏移的直线绘制多段线，如图17-43所示。

（5）单击“默认”选项卡“修改”面板中的“删除”按钮，将偏移的直线删除，如图17-44所示。

（6）单击“默认”选项卡“绘图”面板中的“直线”按钮，以多段线的左上端点为起点，绘制长度为3mm的水平直线和竖直直线，如图17-45所示。

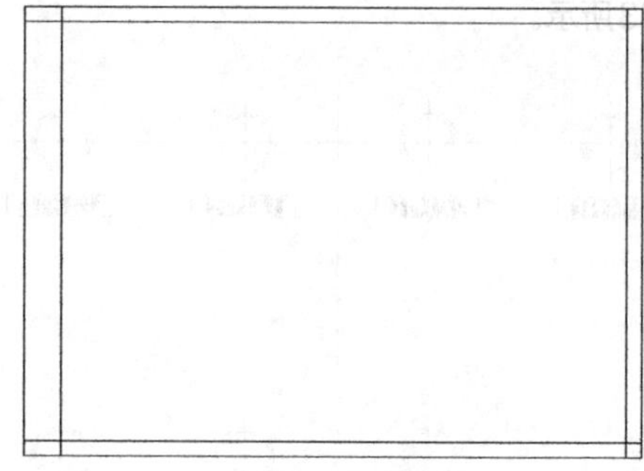

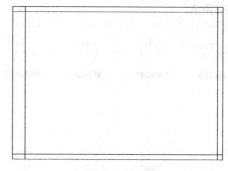

图 17-42　偏移直线

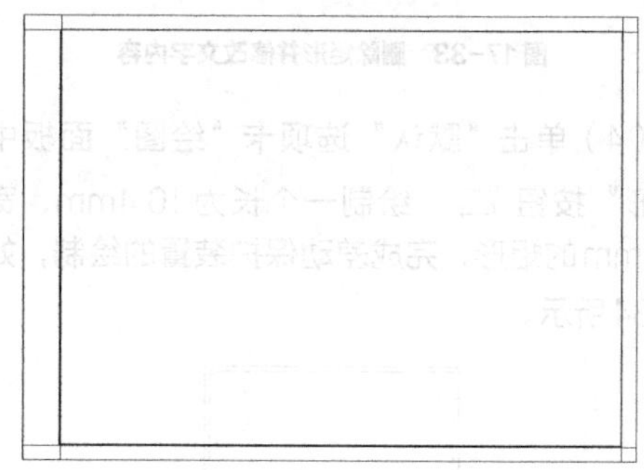

图 17-43　绘制多段线

图 17-44　删除直线

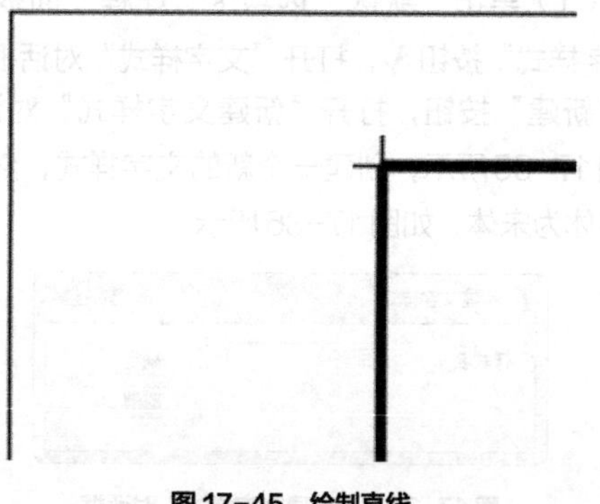

图 17-45　绘制直线

（7）单击“默认”选项卡“修改”面板中的“偏移”按钮⊆，将竖直直线向右偏移127.5mm、150mm、150mm，水平直线向下偏移115.5mm、150mm，然后单击“默认”选项卡“修改”面板中的“删除”按钮，删除起始绘制的两条短线，结果如图17-46所示。

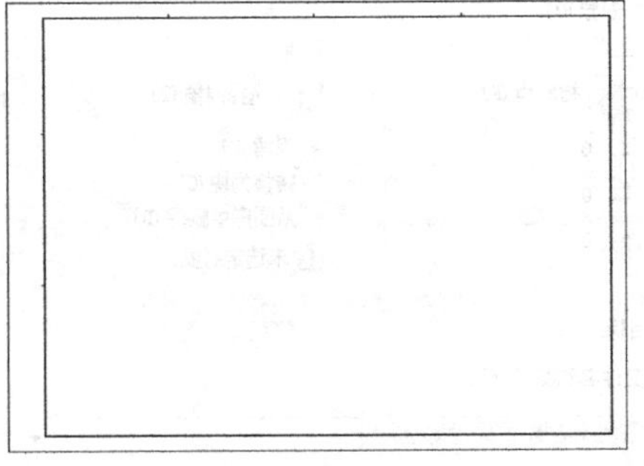

图17-46 偏移直线

（8）单击“默认”选项卡“修改”面板中的“镜像”按钮，镜像水平短线和竖直短线，结果如图17-47所示。

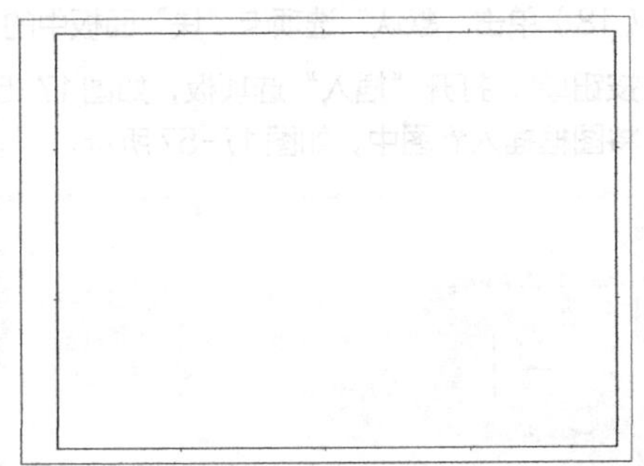

图17-47 镜像直线

（9）单击“默认”选项卡“注释”面板中的“多行文字”按钮**A**，在短线处标注文字，如图17-48所示。

图17-48 标注文字

（10）单击“默认”选项卡“绘图”面板中的“矩形”按钮，在右下角绘制一个270mm×60mm的矩形，如图17-49所示。

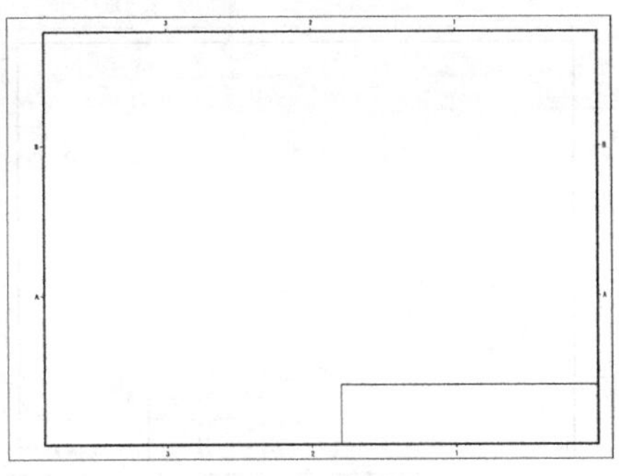

图17-49 绘制矩形

（11）单击“默认”选项卡“修改”面板中的“分解”按钮，将矩形分解。

（12）单击“默认”选项卡“修改”面板中的“偏移”按钮⊆，将分解后的矩形的上侧水平直线向下偏移19.5mm、13.5mm、13.5mm，左侧竖直直线向右偏移30mm、37.5mm、30mm、37.5mm、30mm、67.5mm、22.5mm，如图17-50所示。

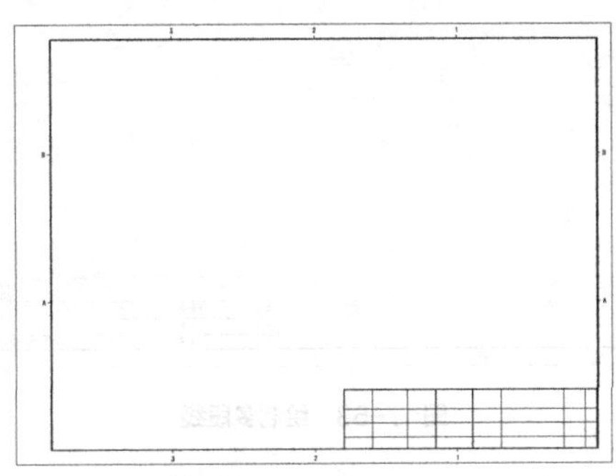

图17-50 偏移直线

（13）单击“默认”选项卡“修改”面板中的“修剪”按钮，修剪掉多余的直线，如图17-51所示。

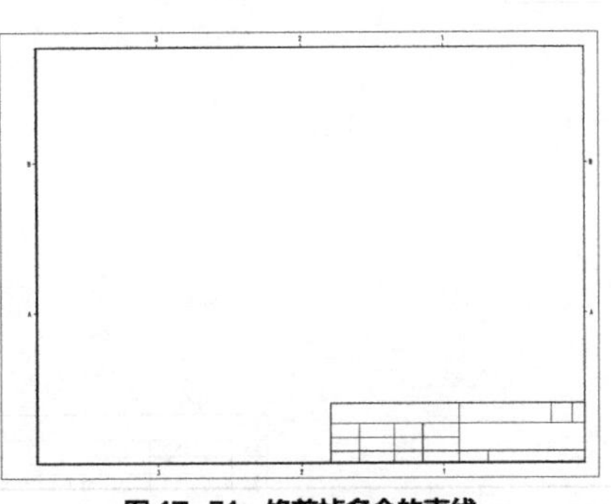

图17-51 修剪掉多余的直线

（14）单击“默认”选项卡“注释”面板中的“多行文字”按钮A，在绘制的标题栏处输入文字，如图17-52所示。

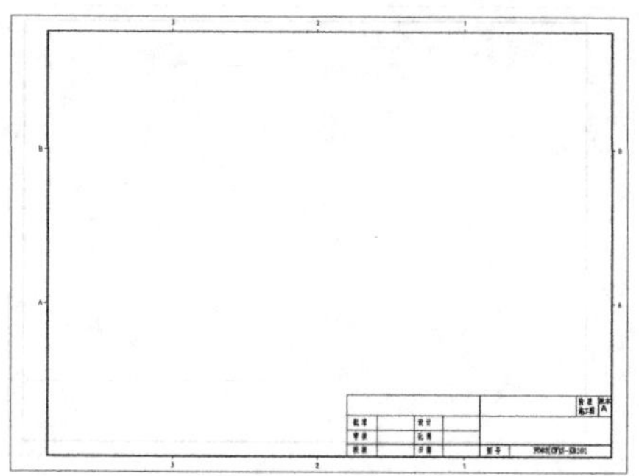

图17-52 输入文字

（15）单击“默认”选项卡“绘图”面板中的“多段线”按钮，绘制连续的多段线，设置长为105mm，宽为21mm，如图17-53所示。

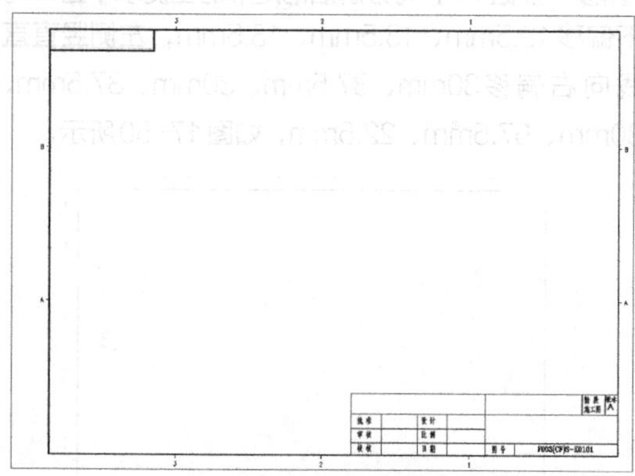

图17-53 绘制多段线

（16）单击“默认”选项卡“注释”面板中的“多行文字”按钮A，在矩形内输入文字，最终完成图框的绘制，如图17-54所示。

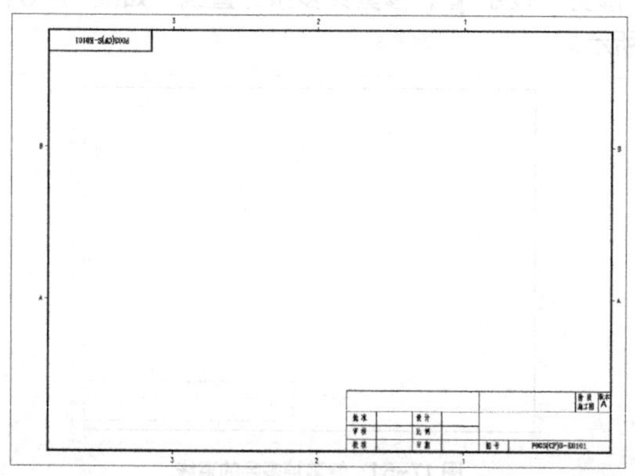

图17-54 输入文字

（17）在命令行中执行“wblock”命令，打开“写块”对话框，如图17-55所示，将图框创建为块，以便调用。

图17-55 “写块”对话框

（18）单击“默认”选项卡“块”面板中的“插入”按钮，打开“插入”选项板，如图17-56所示，将图框插入到图中，如图17-57所示。

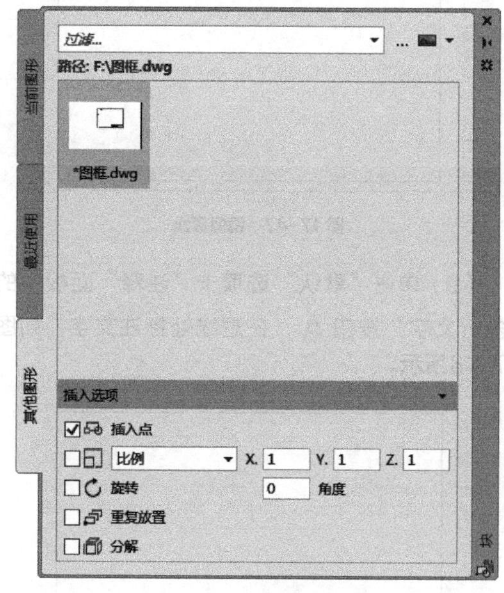

图17-56 “插入”选项板

（19）单击“默认”选项卡“注释”面板中的“多行文字”按钮A，在图框内输入图纸名称，结果如图17-1所示。

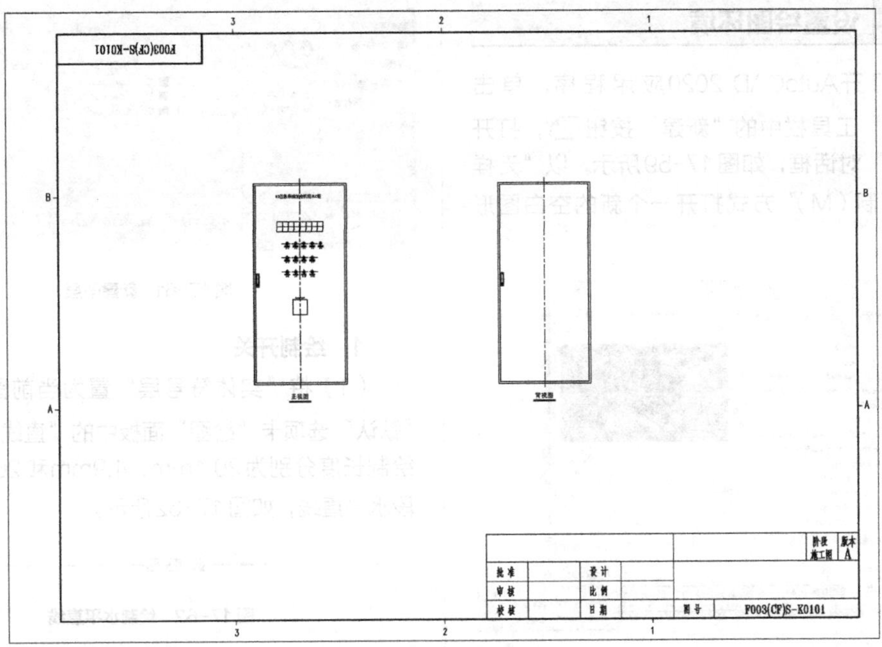

图 17-57 插入图框

17.2 PLC 系统供电系统图

对PLC控制系统所需电源的分配，包括强电（220V AC）和弱电（24V DC），这些电源电路的分布和走向布置就是PLC供电系统。根据PLC的具体型号来定，需要24V DC的，通过开关电源供电，需要220V AC的，就直接接入市电。

本节将详细讲述PLC系统供电系统图的绘制，绘制结果如图17-58所示。

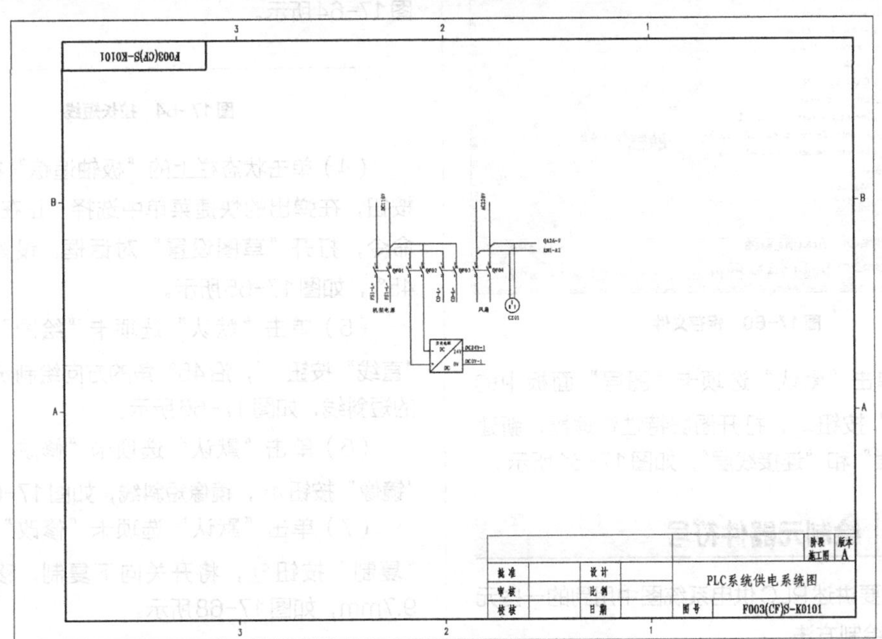

图 17-58 PLC 系统供电系统图

17.2.1 设置绘图环境

（1）打开AutoCAD 2020应用程序，单击“快速访问”工具栏中的“新建”按钮，打开“选择样板”对话框，如图17-59所示，以“无样板打开-公制（M）”方式打开一个新的空白图形文件。

图17-59 “选择样板”对话框

（2）单击“快速访问”工具栏中的“保存”按钮，打开“图形另存为”对话框，如图17-60所示，将文件保存为“PLC系统供电系统图.dwg”图形文件。

图17-60 保存文件

（3）单击“默认”选项卡“图层”面板中的“图层特性”按钮，打开图层特性管理器，新建“实体符号层”和“连接线层”，如图17-61所示。

17.2.2 绘制元器件符号

下面简要讲述PLC供电系统图中用到的一些元器件符号的绘制方法。

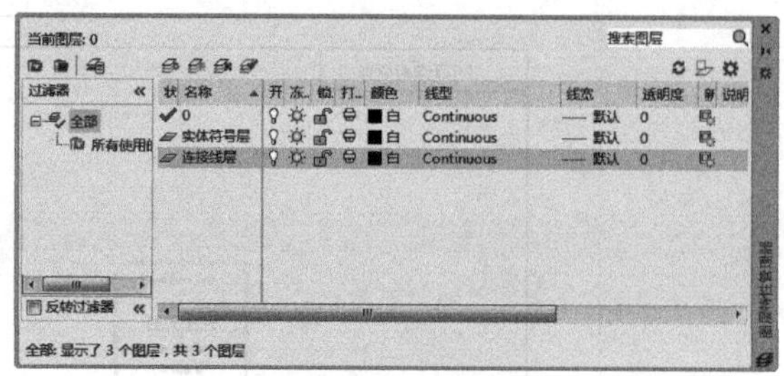

图17-61 新建图层

1. 绘制开关

（1）将“实体符号层”置为当前图层，单击“默认”选项卡“绘图”面板中的“直线”按钮，绘制长度分别为20.1mm、4.9mm和26.1mm的3段水平直线，如图17-62所示。

图17-62 绘制水平直线

（2）单击“默认”选项卡“修改”面板中的“旋转”按钮，将中间的短直线旋转25°，如图17-63所示。

图17-63 旋转短直线

（3）单击“默认”选项卡“修改”面板中的“拉长”按钮，将短线沿右上方拉长0.7mm，如图17-64所示。

图17-64 拉长短线

（4）单击状态栏上的“极轴追踪”右侧的下拉按钮，在弹出的快捷菜单中选择“正在追踪设置”命令，打开“草图设置”对话框，设置增量角为45°，如图17-65所示。

（5）单击“默认”选项卡“绘图”面板中的“直线”按钮，沿45°角的方向绘制长为1.9mm的短斜线，如图17-66所示。

（6）单击“默认”选项卡“修改”面板中的“镜像”按钮，镜像短斜线，如图17-67所示。

（7）单击“默认”选项卡“修改”面板中的“复制”按钮，将开关向下复制，移动距离为9.7mm，如图17-68所示。

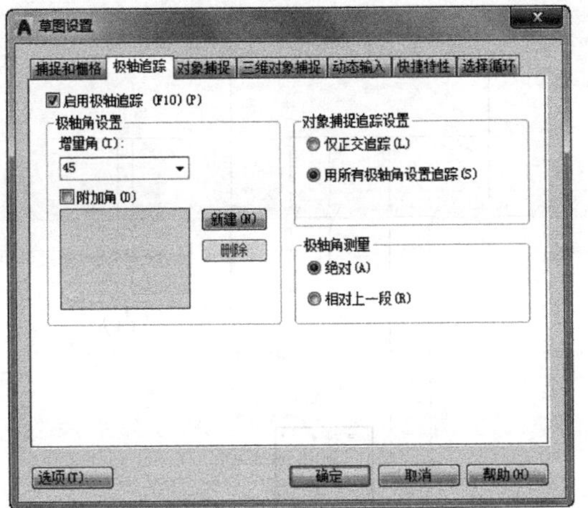

图 17-65 “草图设置”对话框

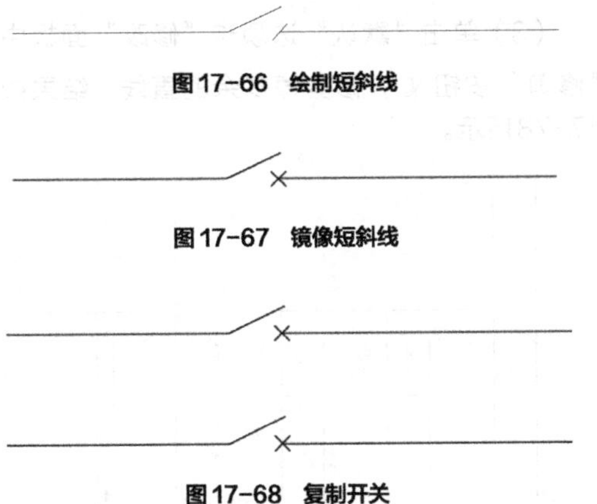

图 17-66 绘制短斜线

图 17-67 镜像短斜线

图 17-68 复制开关

（8）单击“默认”选项卡“绘图”面板中的“直线”按钮╱，绘制连接线，如图 17-69 所示。

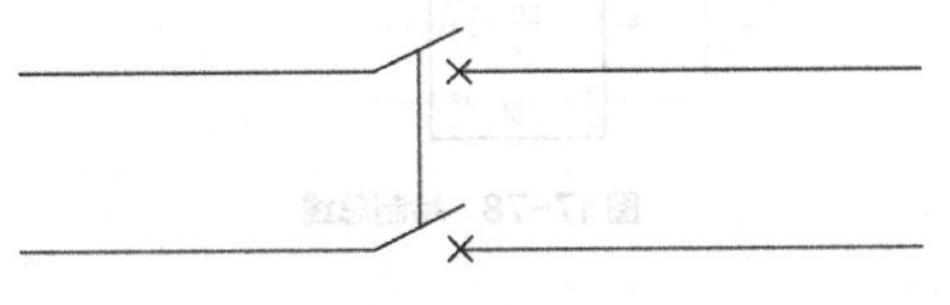

图 17-69 绘制连接线

（9）单击“默认”选项卡“块”面板中的“创建”按钮，将开关创建为块。

2. 绘制开关电源

（1）单击“默认”选项卡“绘图”面板中的“多段线”按钮，设置线宽为 0.3mm，绘制水平长度为 23.8mm、竖直长度为 23.4mm 的四边形，如图 17-70 所示。

（2）单击“默认”选项卡“绘图”面板中的“直线”按钮╱，在四边形内绘制一条斜线，如图 17-71 所示。

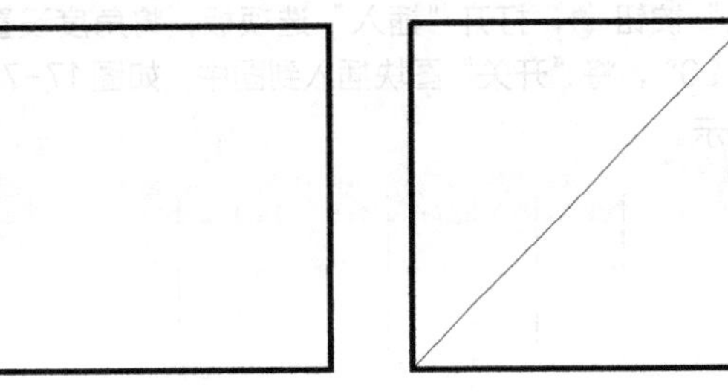

图 17-70 绘制四边形　　图 17-71 绘制斜线

（3）单击“默认”选项卡“注释”面板中的“多行文字”按钮 **A**，在四边形内输入文字，完成开关电源的绘制，如图 17-72 所示。

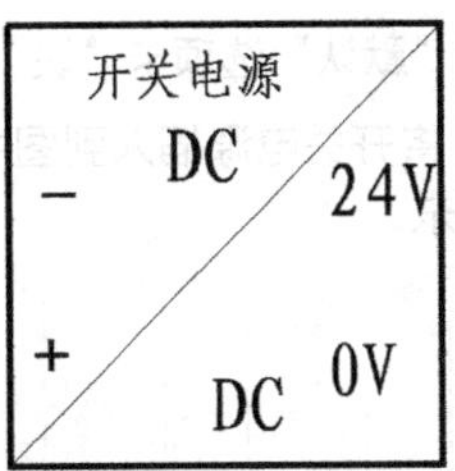

图 17-72 输入文字

（4）单击“默认”选项卡“块”面板中的“创建”按钮，将开关电源创建为块。

17.2.3 元器件布局

绘制完元器件符号后，需要将这些元器件符号布局在图纸的合适位置，下面简要讲述其方法。

（1）单击“默认”选项卡“绘图”面板中的“圆”按钮，绘制半径为 5.2mm 的圆，如图 17-73 所示。

（2）单击“默认”选项卡“绘图”面板中的“多段线”按钮，设置线宽为 0.5mm，在圆内绘制 3 条长为 2.4mm 的多段线，如图 17-74 所示。

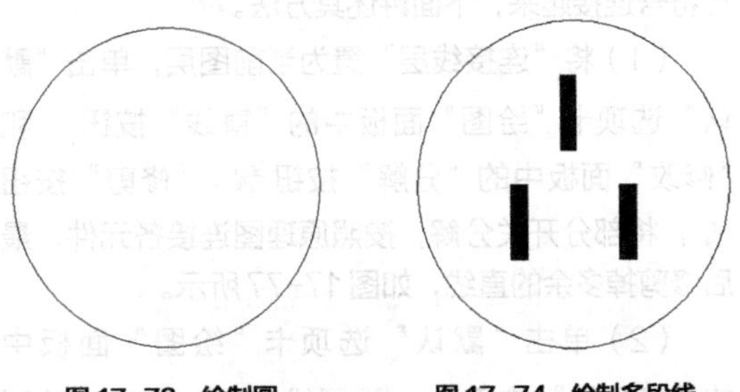

图 17-73 绘制圆　　图 17-74 绘制多段线

（3）单击“默认”选项卡“块”面板中的“插入”按钮，打开“插入”选项板，将角度设置为90°，将“开关”图块插入到图中，如图17-75所示。

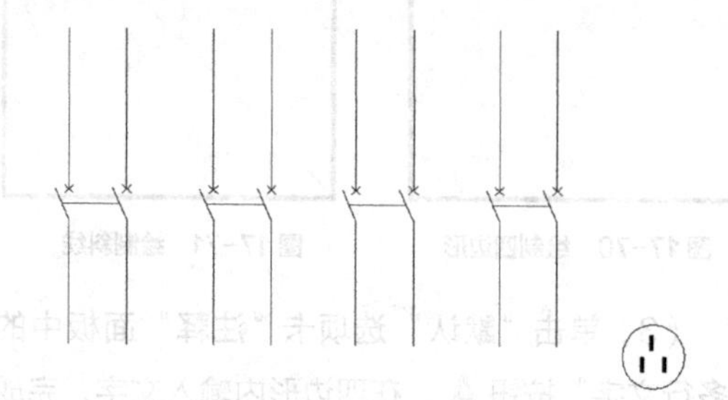

图17-75 插入开关图块

（4）单击“默认”选项卡“块”面板中的“插入”按钮，将开关电源插入到图中合适的位置，如图17-76所示。

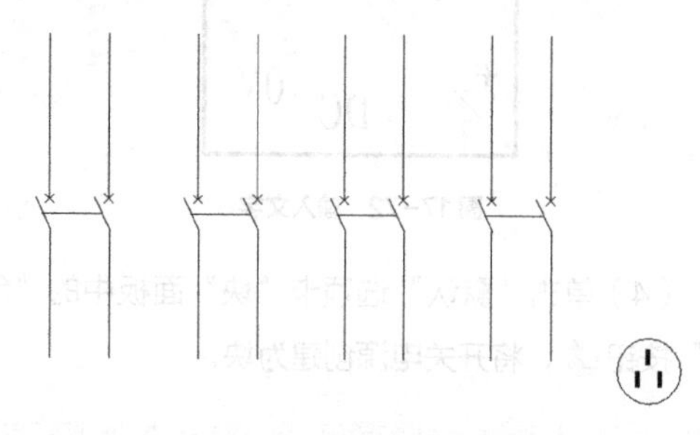

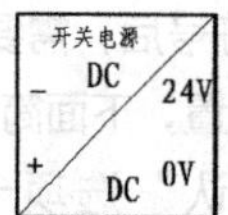

图17-76 插入开关电源

17.2.4 绘制线路图

布局完元器件符号后，可以用导线将这些元器件符号连接起来，下面讲述其方法。

（1）将“连接线层”置为当前图层，单击“默认”选项卡“绘图”面板中的“直线”按钮和“修改”面板中的“分解”按钮、“修剪”按钮，将部分开关分解，按照原理图连接各元件，最后修剪掉多余的直线，如图17-77所示。

（2）单击“默认”选项卡“绘图”面板中的“多段线”按钮，设置线宽为0.3mm，绘制总线。

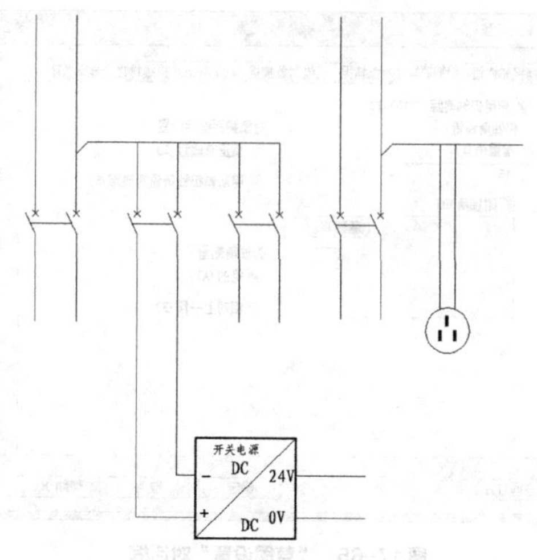

图17-77 连接各元件

（3）单击“默认”选项卡“修改”面板中的“修剪”按钮，修剪掉多余的直线，结果如图17-78所示。

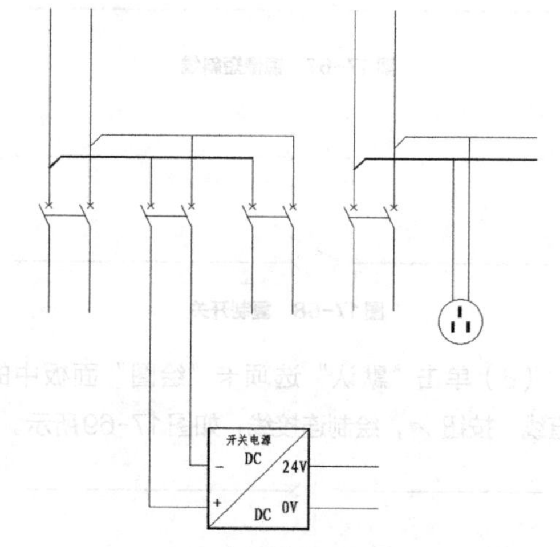

图17-78 绘制总线

17.2.5 标注文字

线路连接完毕后，接下来给整个图形标注必要的文字。

（1）单击“默认”选项卡“注释”面板中的“文字样式”按钮，打开“文字样式”对话框。单击“新建”按钮，打开“新建文字样式”对话框，输入样式名为“样式1”，如图17-79所示。单击“确定”按钮，返回“文字样式”对话框，设置字体为仿宋_GB2312，如图17-80所示。

（2）单击“默认”选项卡“注释”面板中的

“多行文字”按钮 A，为图形标注文字。对于竖直方向的文字，单击“默认”选项卡“修改”面板中的“旋转”按钮 ，将文字旋转90°，结果如图17-81所示。

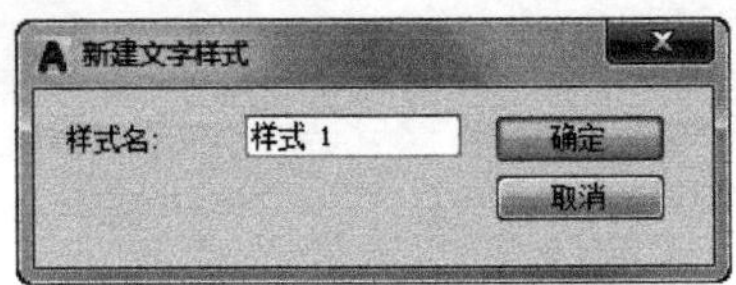

图 17-79 “新建文字样式”对话框

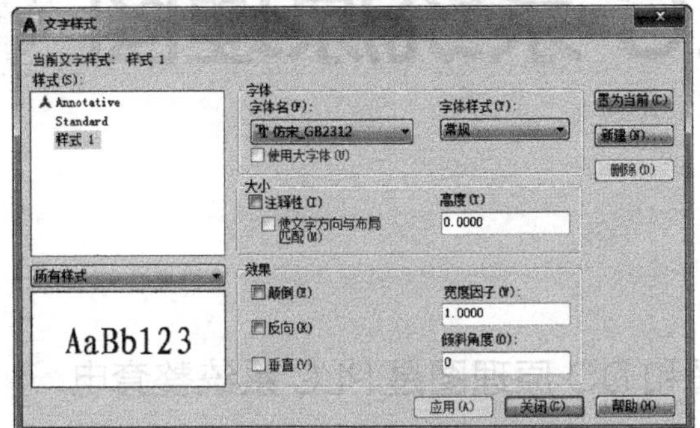

图 17-80 设置文字样式

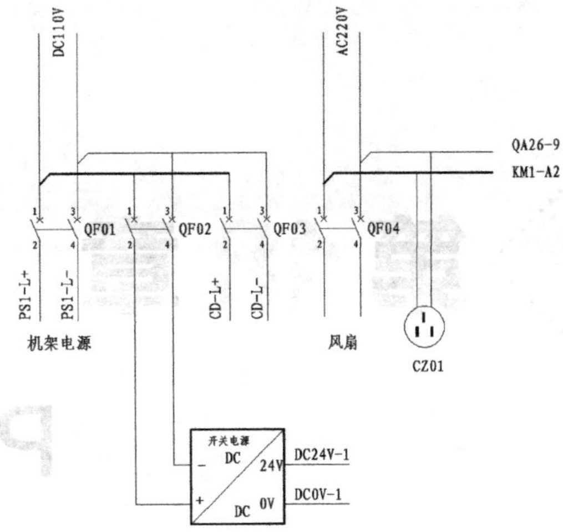

图 17-81 标注文字

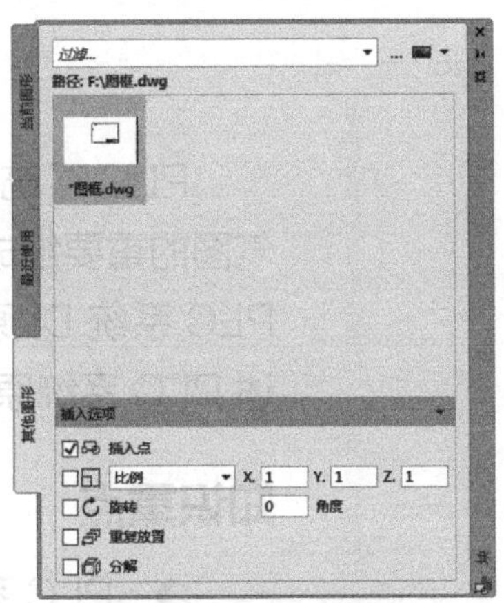

图 17-82 “插入”选项板

（3）单击“默认”选项卡“块”面板中的“插入”按钮 ，打开“插入”选项板，如图17-82所示，将图框插入图中合适的位置处，如图17-83所示。

（4）单击“默认”选项卡“注释”面板中的“多行文字”按钮 A，在图框内输入图纸名称，结果如图17-58所示。

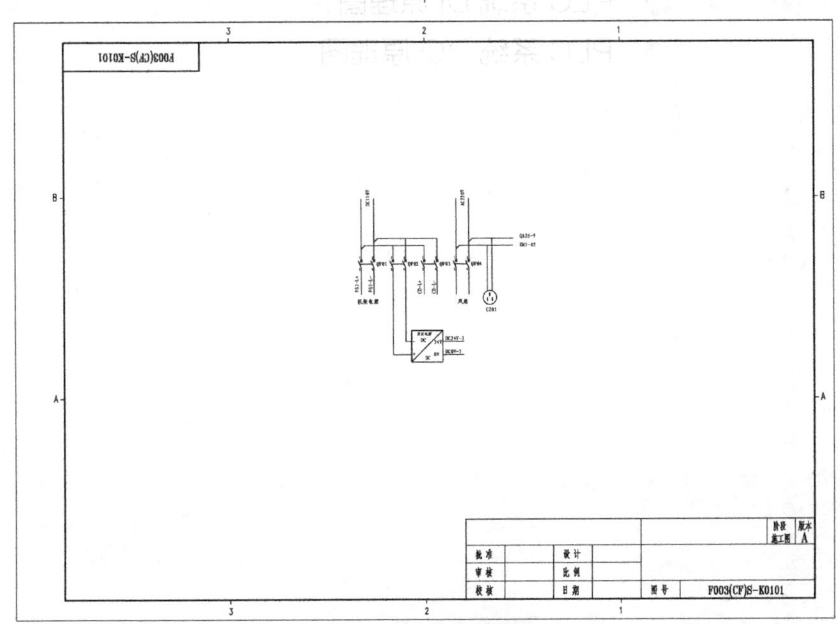

图 17-83 插入图框

第 18 章

PLC 系统原理图

PLC 系统 DI 原理图和 DO 原理图是 PLC 系统整套电气图的重要组成部分。本章将以 PLC 系统面板接线原理图、PLC 系统 DI 原理图和 PLC 系统 DO 原理图为例，详细讲述 PLC 系统原理图的绘制过程。

知识重点

- PLC 系统面板接线原理图
- PLC 系统 DI 原理图
- PLC 系统 DO 原理图

18.1 PLC 系统面板接线原理图

PLC系统面板接线原理图就是PLC控制系统的输入、输出端子及操作和控制元器件的接线图。这种接线原理图的图线往往非常烦琐，要想快速准确地进行绘制，绘制过程中需要遵循一定的方法。

本节将详细讲述PLC系统面板接线原理图的绘制过程，绘制结果如图18-1所示。

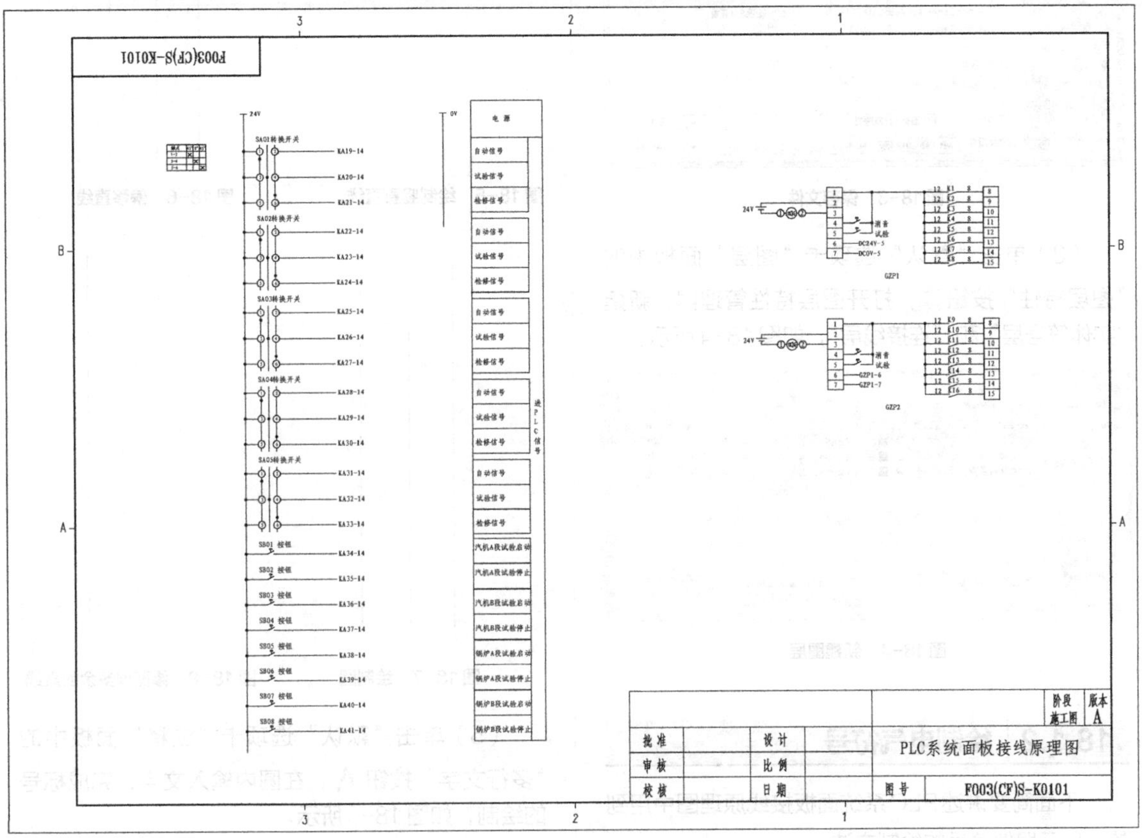

图 18-1 PLC 系统面板接线原理图

18.1.1 设置绘制环境

（1）打开AutoCAD 2020应用程序，单击“快速访问”工具栏中的“新建”按钮，打开“选择样板”对话框，如图18-2所示，以“无样板打开-公制（M）”方式打开一个新的空白图形文件。

（2）单击“快速访问”工具栏中的“保存”按钮，打开“图形另存为”对话框，如图18-3所示，将文件保存为“PLC系统面板接线原理图.dwg”图形文件。

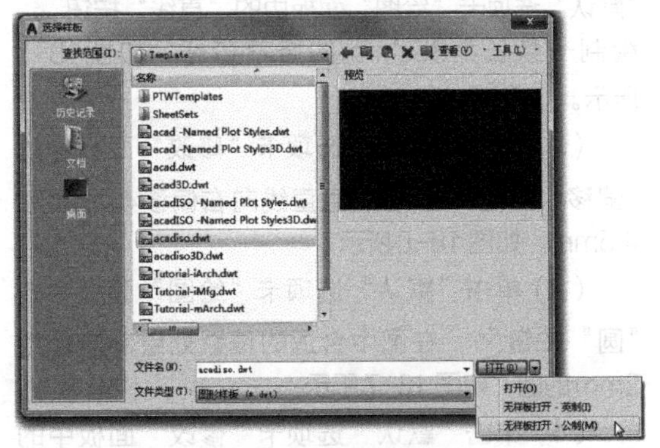

图 18-2 “选择样板”对话框

图 18-3　保存文件

（3）单击“默认”选项卡“图层”面板中的“图层特性”按钮，打开图层特性管理器，新建“实体符号层”和“连接线层”，如图18-4所示。

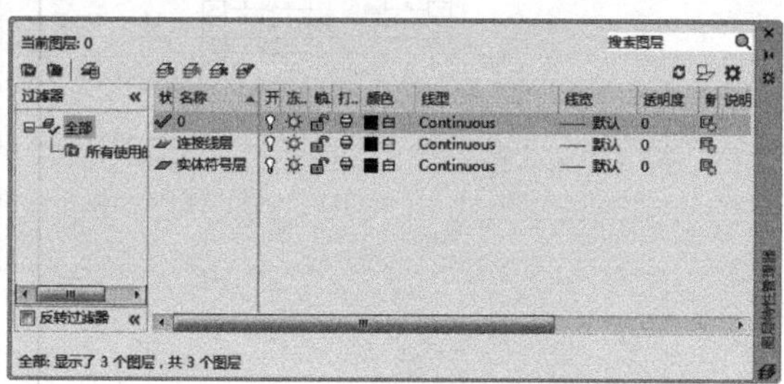

图 18-4　新建图层

18.1.2 绘制电气符号

下面简要讲述PLC系统面板接线原理图中用到的一些元器件符号的绘制方法。

1. 绘制转换开关

（1）将“实体符号层”设置为当前图层，单击“默认”选项卡“绘图”面板中的“直线”按钮，绘制一条长为35.1mm的竖直直线，如图18-5所示。

（2）单击“默认”选项卡“修改”面板中的“偏移”按钮，将竖直直线向右偏移4.1mm和4.5mm，如图18-6所示。

（3）单击“默认”选项卡“绘图”面板中的“圆”按钮，在图中合适的位置处绘制半径为2mm的圆，如图18-7所示。

（4）单击“默认”选项卡“修改”面板中的“修剪”按钮，修剪掉多余的直线，如图18-8所示。

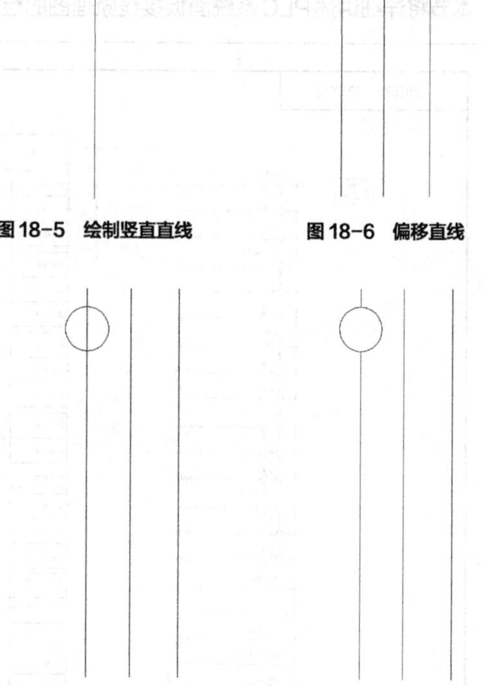

图 18-5　绘制竖直直线　　图 18-6　偏移直线

图 18-7　绘制圆　　图 18-8　修剪掉多余的直线

（5）单击“默认”选项卡“注释”面板中的“多行文字”按钮 A，在圆内输入文字，完成标号的绘制，如图18-9所示。

（6）单击“默认”选项卡“修改”面板中的“复制”按钮，将标号复制到图中其他位置处，如图18-10所示。

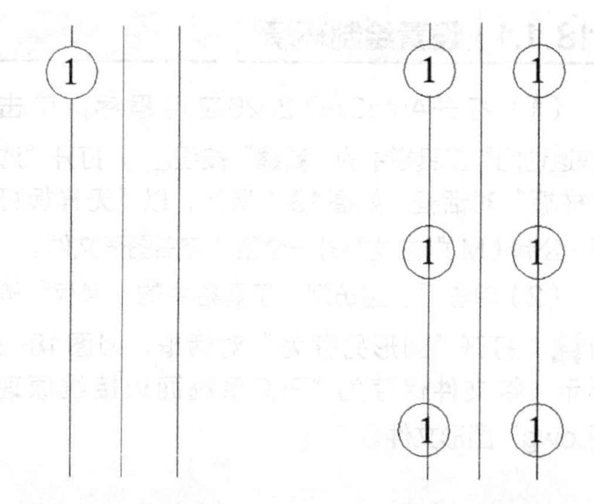

图 18-9　输入文字　　图 18-10　复制标号

（7）双击文字修改文字内容，然后单击“默认”选项卡“修改”面板中的“修剪”按钮，修剪掉多余的直线，如图18-11所示。

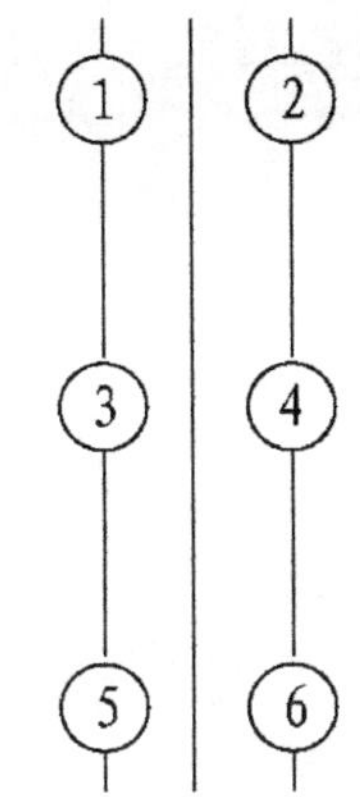

图 18-11 修改文字并修剪直线

（8）单击“默认”选项卡“块”面板中的“创建”按钮，将转换开关创建为块，如图18-12所示。

图 18-12 创建块

2. 绘制按钮

（1）单击“默认”选项卡“绘图”面板中的“直线”按钮，绘制长度分别为3.2mm、3.5mm和2.3mm的3条水平直线，如图18-13所示。

图 18-13 绘制直线

（2）击“默认”选项卡“修改”面板中的“旋转”按钮，将中间直线旋转26°，如图18-14所示。

（3）单击“默认”选项卡“修改”面板中的“拉长”按钮，将斜线沿右上方拉长0.4mm，如图18-15所示。

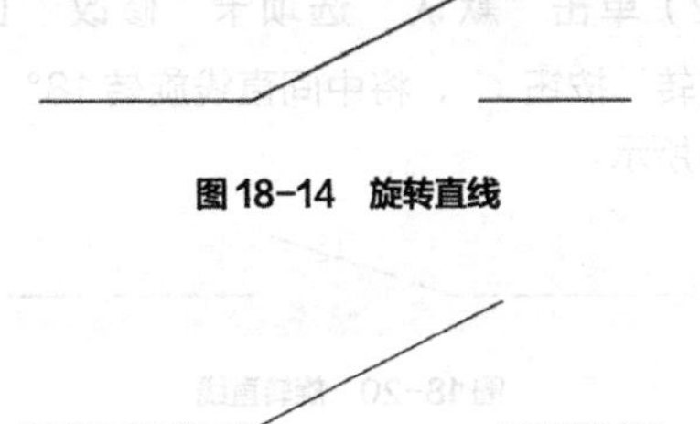

图 18-14 旋转直线

图 18-15 拉长斜线

（4）单击“默认”选项卡“绘图”面板中的“直线”按钮，绘制连续线段，如图18-16所示。

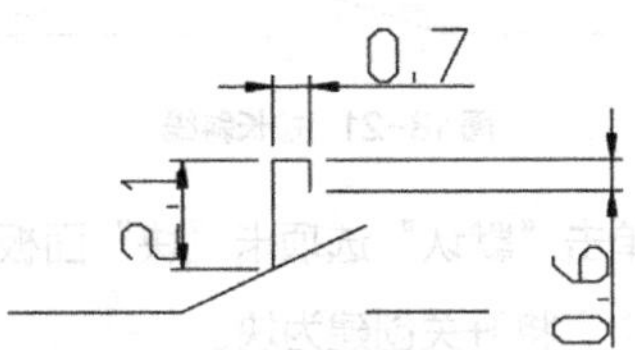

图 18-16 绘制连续线段

（5）单击“默认”选项卡“修改”面板中的“镜像”按钮，镜像两条短线，如图18-17所示。

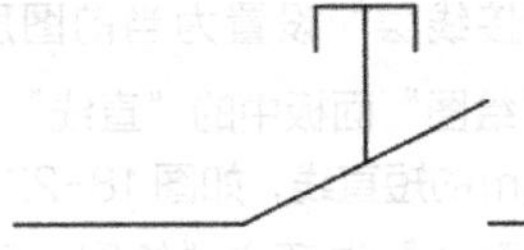

图 18-17 镜像直线

（6）选中中间的竖直线，设置线型为ACAD_ISO02W100，线型比例为0.05，如图18-18所示。

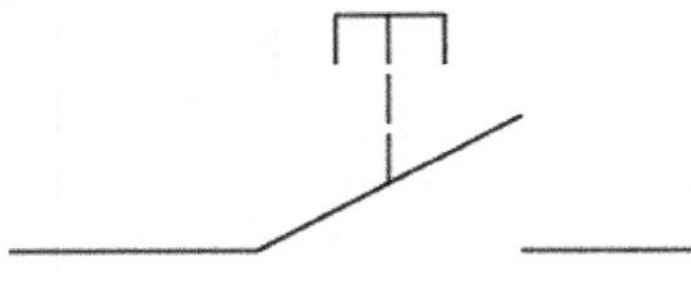

图 18-18 设置线型

（7）单击“默认”选项卡“块”面板中的“创建”按钮，将按钮创建为块。

3. 绘制开关

（1）单击“默认”选项卡“绘图”面板中的“直线”按钮，绘制长度为6mm、4.8mm和6mm的3条水平直线，如图18-19所示。

图 18-19 绘制水平直线

（2）单击“默认”选项卡“修改”面板中的“旋转”按钮，将中间直线旋转18°，如图18-20所示。

图18-20 旋转直线

（3）单击“默认”选项卡“修改”面板中的“拉长”按钮，将斜线沿右上方拉长0.3mm，如图18-21所示。

图18-21 拉长斜线

（4）单击“默认”选项卡“块”面板中的“创建”按钮，将开关创建为块。

18.1.3 绘制原理图

绘制完元器件符号后，以此为基础，绘制出PLC系统接线原理图，下面简要讲述其方法。

（1）将“连接线层”设置为当前图层，单击“默认”选项卡“绘图”面板中的“直线”按钮，绘制长度为3.7mm的短直线，如图18-22所示。

（2）单击“默认”选项卡“绘图”面板中的“直线”按钮，以上步绘制的短直线的中点为起点，竖直向下绘制一条长度为345.5mm的直线，如图18-23所示。

图18-22 绘制短直线 　　图18-23 绘制竖直直线

（3）单击“默认”选项卡“修改”面板中的“偏移”按钮，将水平短线向下偏移20.3mm，作为辅助线，如图18-24所示。

（4）单击“默认”选项卡“绘图”面板中的“直线”按钮，以偏移直线与竖直直线的交点为起点，绘制长度为7mm的水平直线，如图18-25所示。

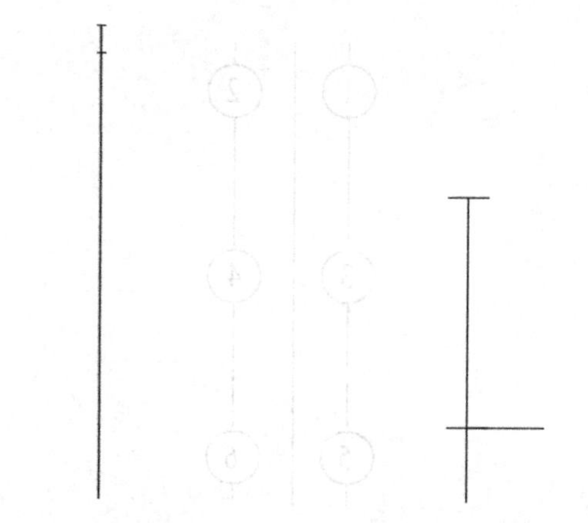

图18-24 偏移直线　　图18-25 绘制水平直线

（5）单击“默认”选项卡“修改”面板中的“删除”按钮，将辅助线删除，如图18-26所示。

（6）单击“默认”选项卡“块”面板中的“插入”按钮，打开“插入”选项板，将转换开关插入到图中，如图18-27所示。

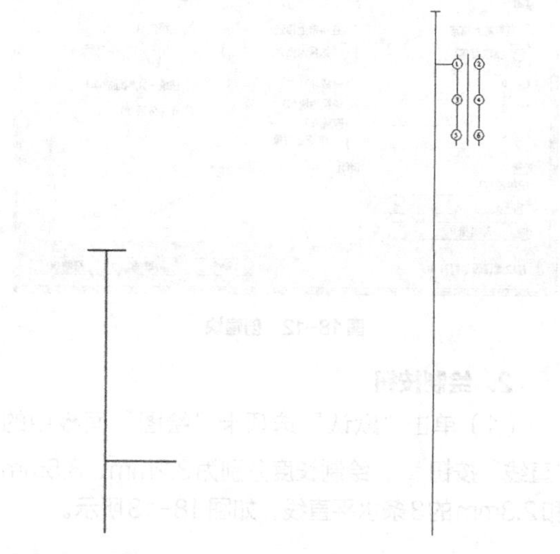

图18-26 删除辅助线　　图18-27 插入转换开关

（7）单击“默认”选项卡“绘图”面板中的“直线”按钮，捕捉圆的象限点为起点，在右侧绘制长度为31mm的直线，如图18-28所示。

（8）单击“默认”选项卡“修改”面板中的“复制”按钮，将直线向下复制，如图18-29所示。

（9）单击“默认”选项卡“修改”面板中的“复制”按钮，将转换开关和线路依次向下复制4

次，设置间距为15.9mm，如图18-30所示。

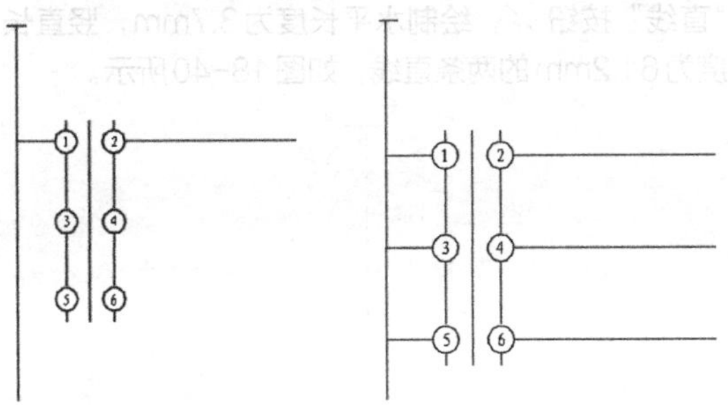

图 18-28 绘制直线　　图 18-29 复制直线

（10）单击“默认”选项卡“绘图”面板中的“直线”按钮╱，在图中合适的位置处绘制长度为8.7mm的水平直线，如图18-31所示。

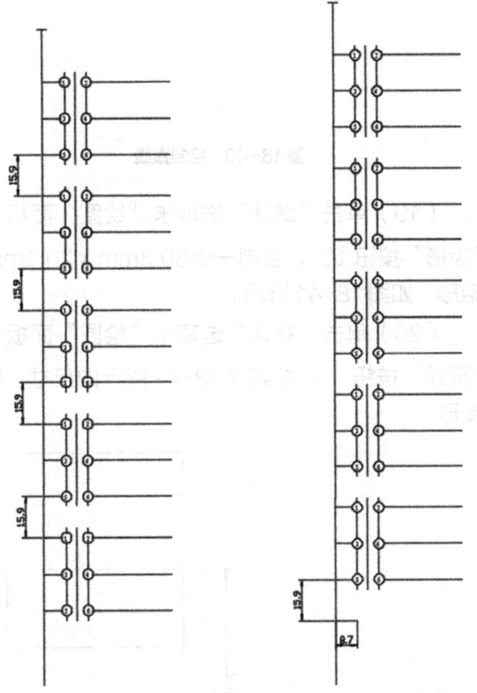

图 18-30 复制转换开关和线路　　图 18-31 绘制直线

（11）单击“默认”选项卡“块”面板中的“插入”按钮，将按钮插入到上步绘制的直线右侧，如图18-32所示。

（12）单击“默认”选项卡“绘图”面板中的“直线”按钮╱，绘制线路，如图18-33所示。

（13）单击“默认”选项卡“修改”面板中的“矩形阵列”按钮，将按钮和线路进行阵列，设置行数为“8”，列数为“1”，行间距为-13.7mm，如图18-34所示。

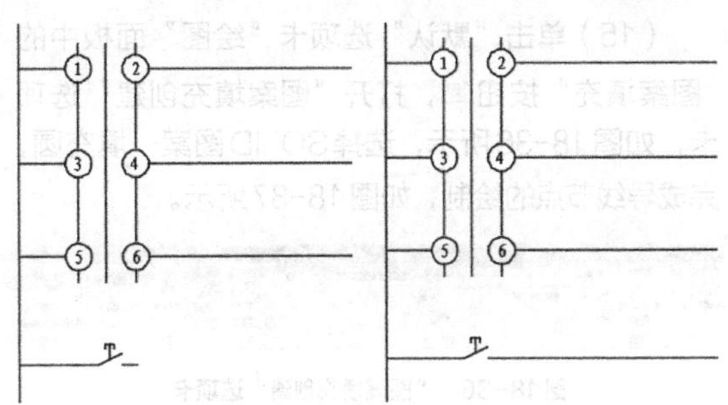

图 18-32 插入按钮　　图 18-33 绘制线路

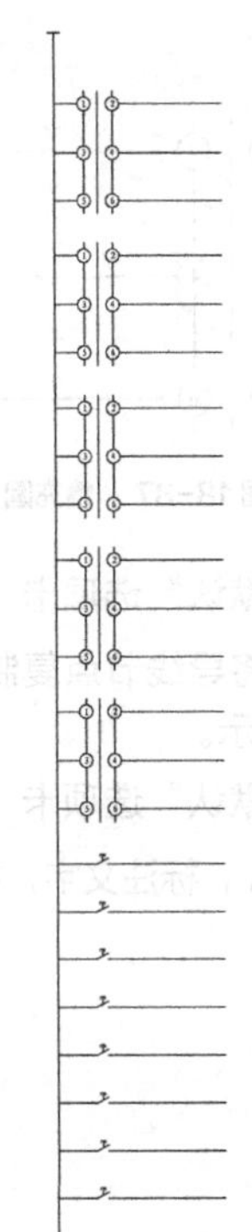

图 18-34 阵列按钮和线路

（14）单击“默认”选项卡“绘图”面板中的“圆”按钮，绘制半径为0.6mm的圆，如图18-35所示。

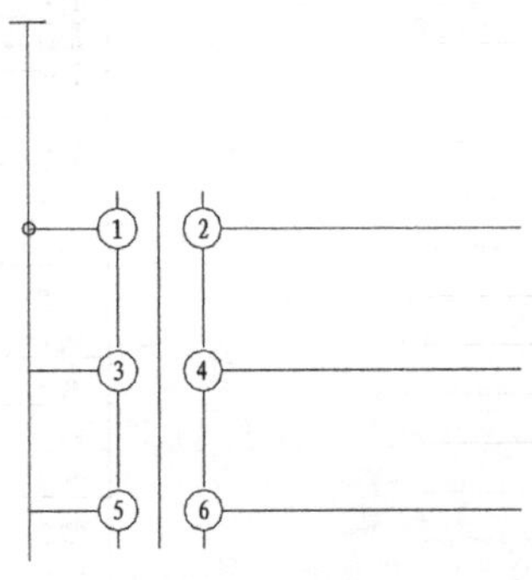

图 18-35 绘制圆

（15）单击“默认”选项卡“绘图”面板中的“图案填充”按钮，打开“图案填充创建”选项卡，如图18-36所示，选择SOLID图案，填充圆，完成导线节点的绘制，如图18-37所示。

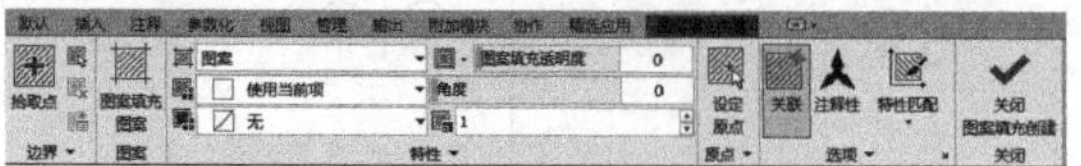

图18-36 “图案填充创建”选项卡

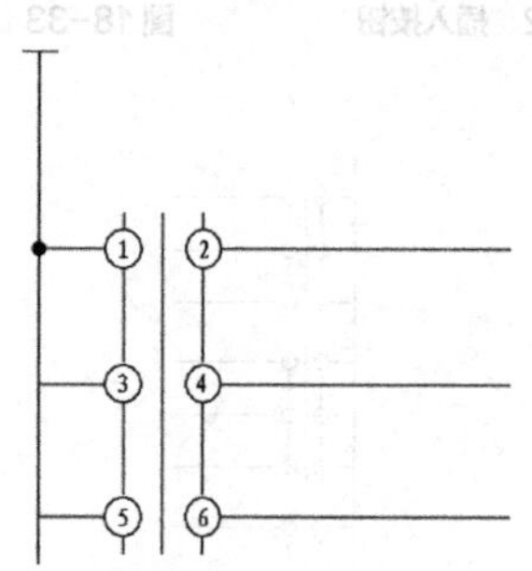

图18-37 填充圆

（16）单击“默认”选项卡“修改”面板中的“复制”按钮，将导线节点复制到图中其他位置处，如图18-38所示。

（17）单击“默认”选项卡“注释”面板中的“多行文字”按钮**A**，标注文字，如图18-39所示。

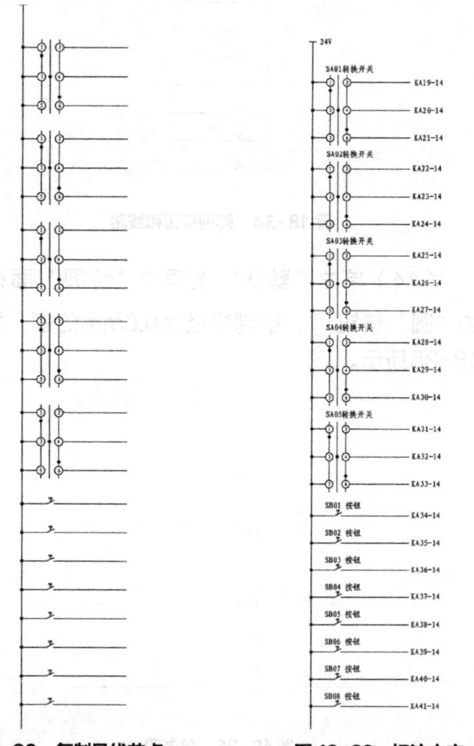

图18-38 复制导线节点　　图18-39 标注文字

（18）单击“默认”选项卡“绘图”面板中的“直线”按钮，绘制水平长度为3.7mm，竖直长度为61.2mm的两条直线，如图18-40所示。

图18-40 绘制直线

（19）单击“默认”选项卡“绘图”面板中的“矩形”按钮，绘制一个39.3mm×20.1mm的矩形，如图18-41所示。

（20）单击“默认”选项卡“绘图”面板中的“直线”按钮，按如图18-42所示的尺寸，绘制图形。

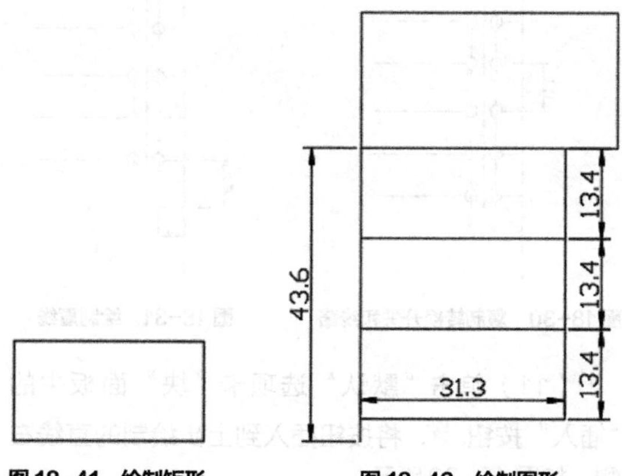

图18-41 绘制矩形　　图18-42 绘制图形

（21）单击“默认”选项卡“修改”面板中的“复制”按钮，复制上步绘制的图形，如图18-43所示。

（22）单击“默认”选项卡“绘图”面板中的“直线”按钮，绘制剩余图形，如图18-44所示。

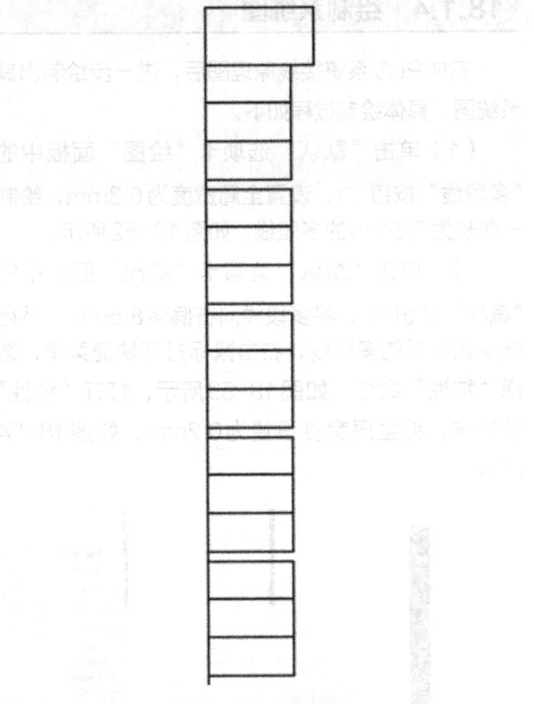

图 18-43　复制图形

（23）单击“默认”选项卡“注释”面板中的“多行文字”按钮 A，标注文字，如图18-45所示。

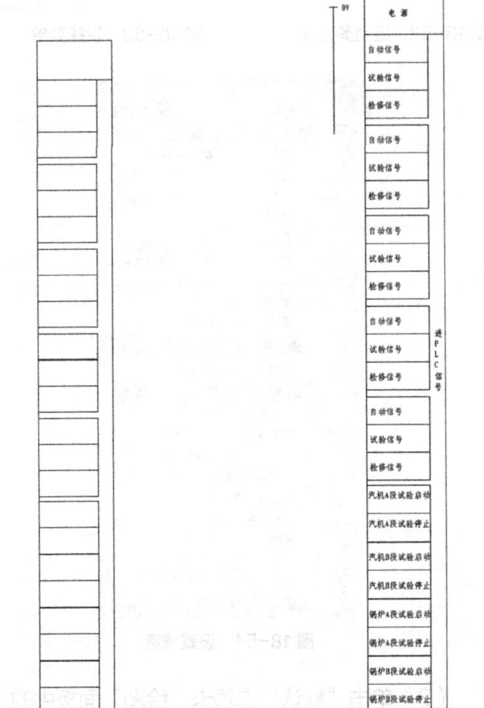

图 18-44　绘制剩余图形　　图 18-45　标注文字

（24）单击“默认”选项卡“绘图”面板中的“矩形”按钮 ，在图中绘制一个长度为21.5mm、宽度为14mm的矩形，如图18-46所示。

图 18-46　绘制矩形

（25）单击“默认”选项卡“修改”面板中的“分解”按钮 ，将矩形分解。

（26）单击“默认”选项卡“修改”面板中的“偏移”按钮 ，将左侧竖直直线向右偏移，偏移距离为11mm、3.5mm和3.5mm，如图18-47所示。

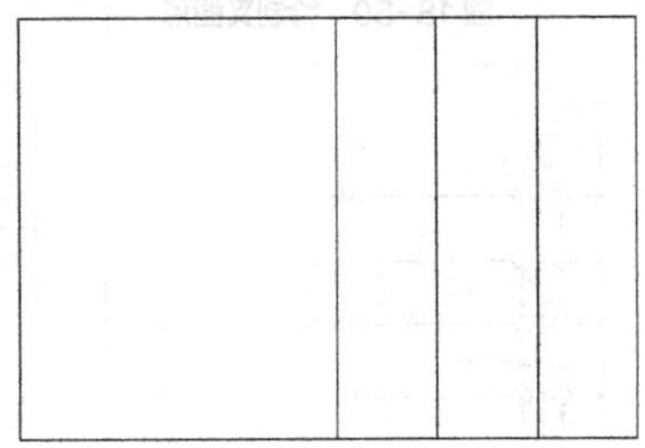

图 18-47　偏移竖直直线

（27）单击“默认”选项卡“修改”面板中的“偏移”按钮 ，将上侧水平直线向下偏移，偏移距离为3.5mm、3.5mm和3.5mm，如图18-48所示。

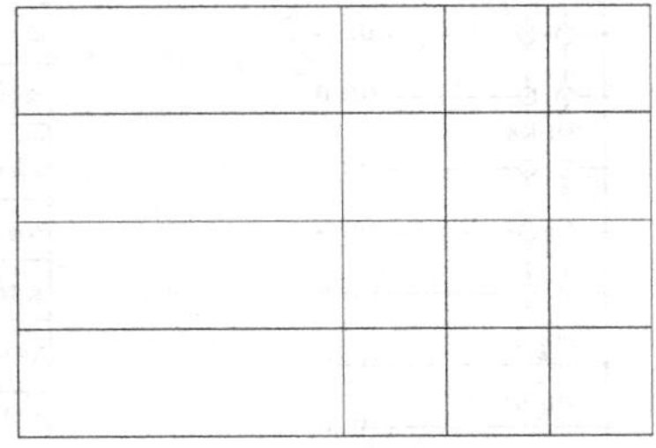

图 18-48　偏移水平直线

（28）单击“默认”选项卡“注释”面板中的“多行文字”按钮 A，在表格内输入文字，如图18-49所示。

（29）单击“默认”选项卡“绘图”面板中的“直线”按钮 ，在表格内绘制叉图形，如图

18-50所示。最终完成绘制的原理图，如图18-51所示。

触点	45°	0°	45°
1-2			
3-4			
5-6			

图18-49　输入文字

触点	45°	0°	45°
1-2	×		
3-4		×	
5-6			×

图18-50　绘制叉图形

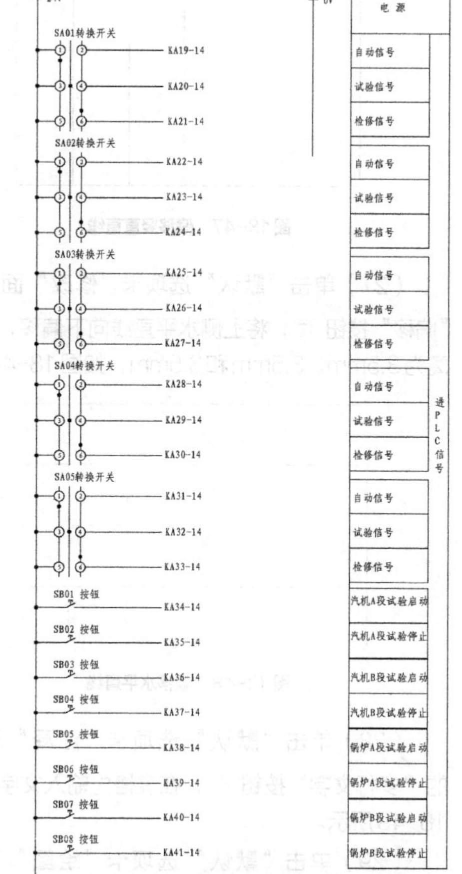

图18-51　原理图

18.1.4 绘制系统图

完成PLC系统接线原理图后，进一步绘制出其系统图，具体绘制过程如下。

（1）单击“默认”选项卡“绘图”面板中的“多段线”按钮，设置全局宽度为0.3mm，绘制一条长为5.5mm的多段线，如图18-52所示。

（2）单击“默认”选项卡“修改”面板中的“偏移”按钮，将多段线向右偏移8.5mm，然后选中偏移后的多段线，右击鼠标打开快捷菜单，选择“特性”命令，如图18-53所示，打开“特性”选项卡，将全局宽度设置为0.2mm，如图18-54所示。

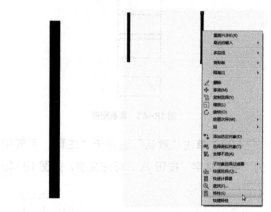

图18-52　绘制多段线　　图18-53　快捷菜单

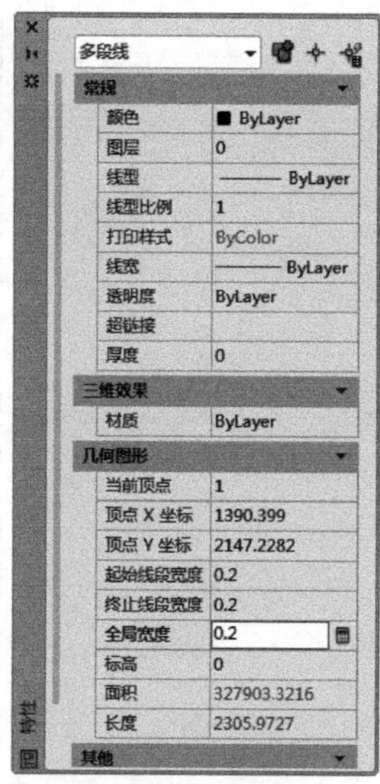

图18-54　设置线宽

（3）单击“默认”选项卡“绘图”面板中的“直线”按钮，封闭两条多段线，如图18-55所示。

图 18-55　封闭多段线

（4）单击“默认”选项卡“修改”面板中的“复制”按钮，将图形依次向下复制6次，如图18-56所示。

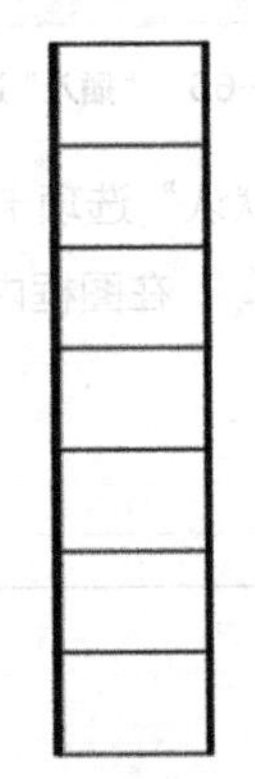

图 18-56　复制图形

（5）单击“默认”选项卡“修改”面板中的“复制”按钮，将图形向右复制并进行修改整理，结果如图18-57所示。

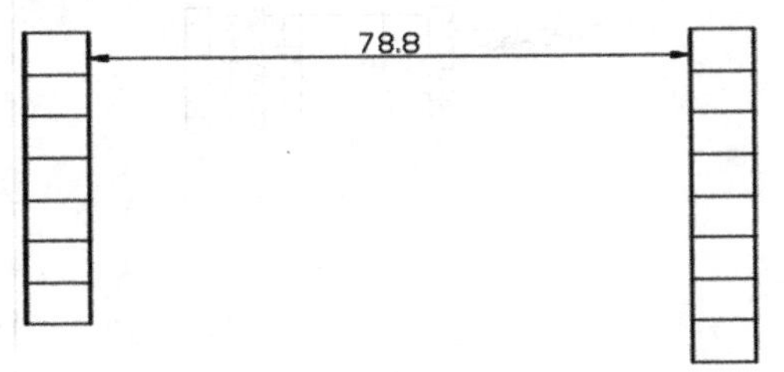

图 18-57　复制图形

（6）单击“默认”选项卡“绘图”面板中的“直线”按钮，绘制线路，如图18-58所示。

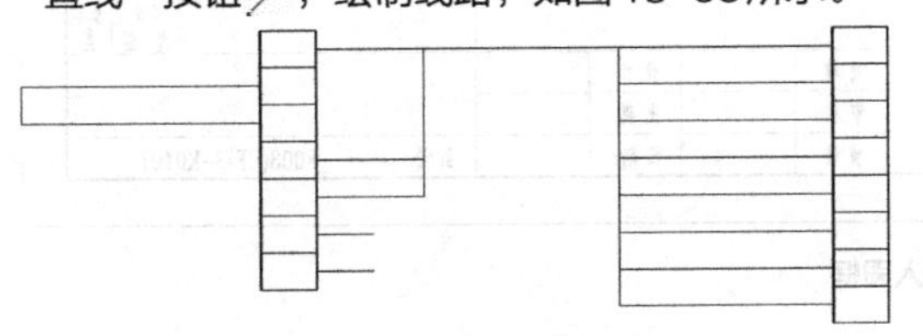

图 18-58　绘制线路

（7）单击“默认”选项卡“块”面板中的“插入”按钮，插入电气符号，如图18-59所示。

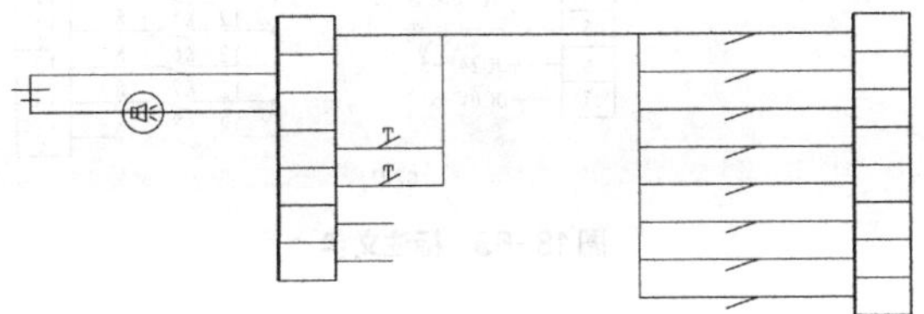

图 18-59　插入电气符号

（8）单击“默认”选项卡“绘图”面板中的“圆”按钮和“注释”面板中的“多行文字”按钮 A，绘制标号，如图18-60所示。

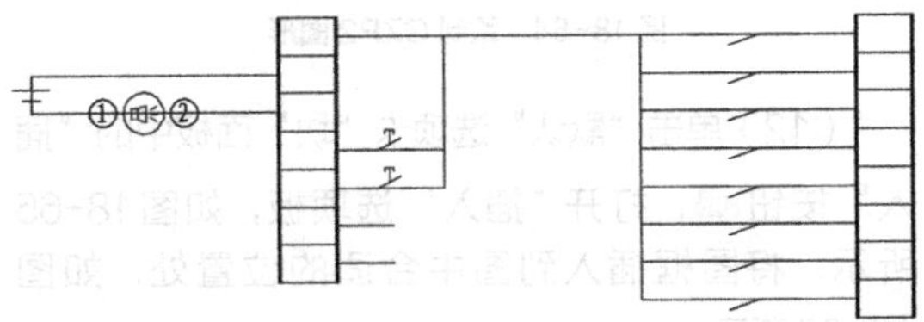

图 18-60　绘制标号

（9）单击“默认”选项卡“修改”面板中的“修剪”按钮，修剪掉多余的直线，如图18-61所示。

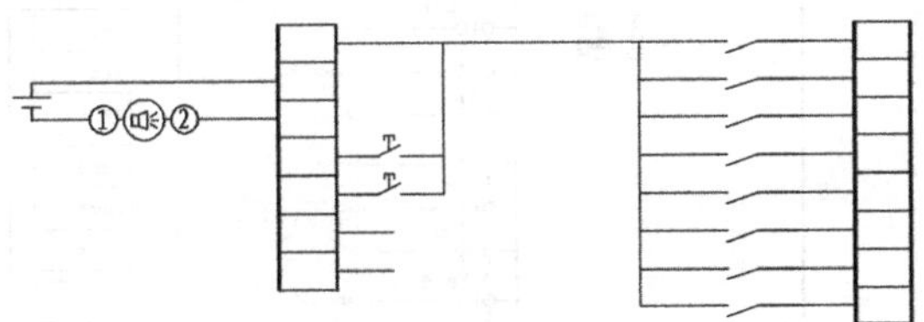

图 18-61　修剪掉多余的直线

（10）单击“默认”选项卡“修改”面板中的“复制”按钮，将原理图中的导线节点复制到图中合适的位置，如图18-62所示。

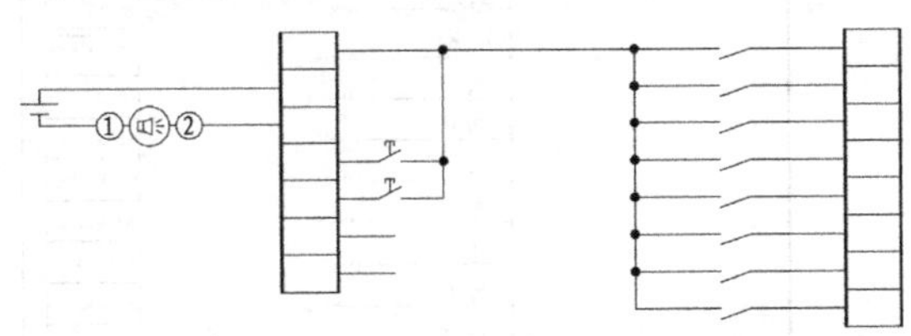

图 18-62　复制导线节点

（11）单击“默认”选项卡“注释”面板中的“多行文字”按钮 A，标注文字，完成GZP1的绘制，如图18-63所示。

同理，绘制GZP2，如图18-64所示。

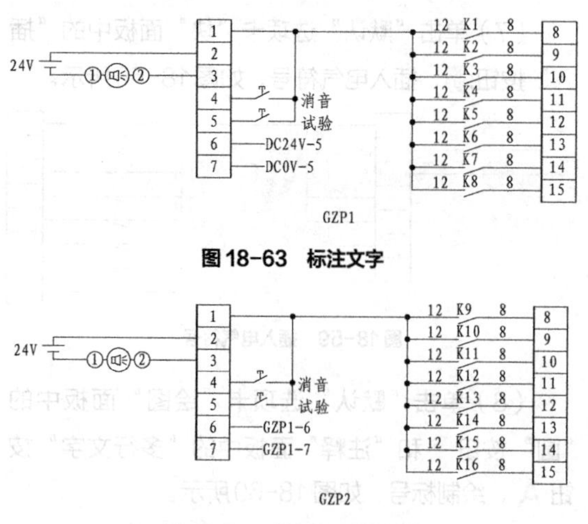

图 18-63 标注文字

图 18-64 绘制 GZP2 图形

（12）单击“默认”选项卡“块”面板中的“插入”按钮，打开“插入”选项板，如图18-65所示，将图框插入到图中合适的位置处，如图18-66所示。

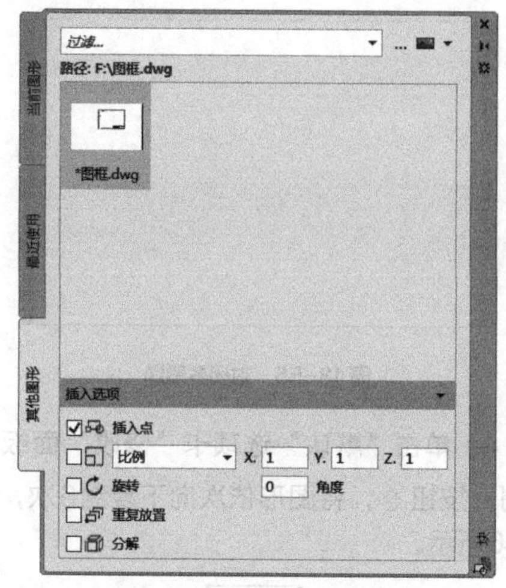

图 18-65 “插入”选项板

（13）单击“默认”选项卡“注释”面板中的“多行文字”按钮 A，在图框内输入图纸名称，结果如图18-1所示。

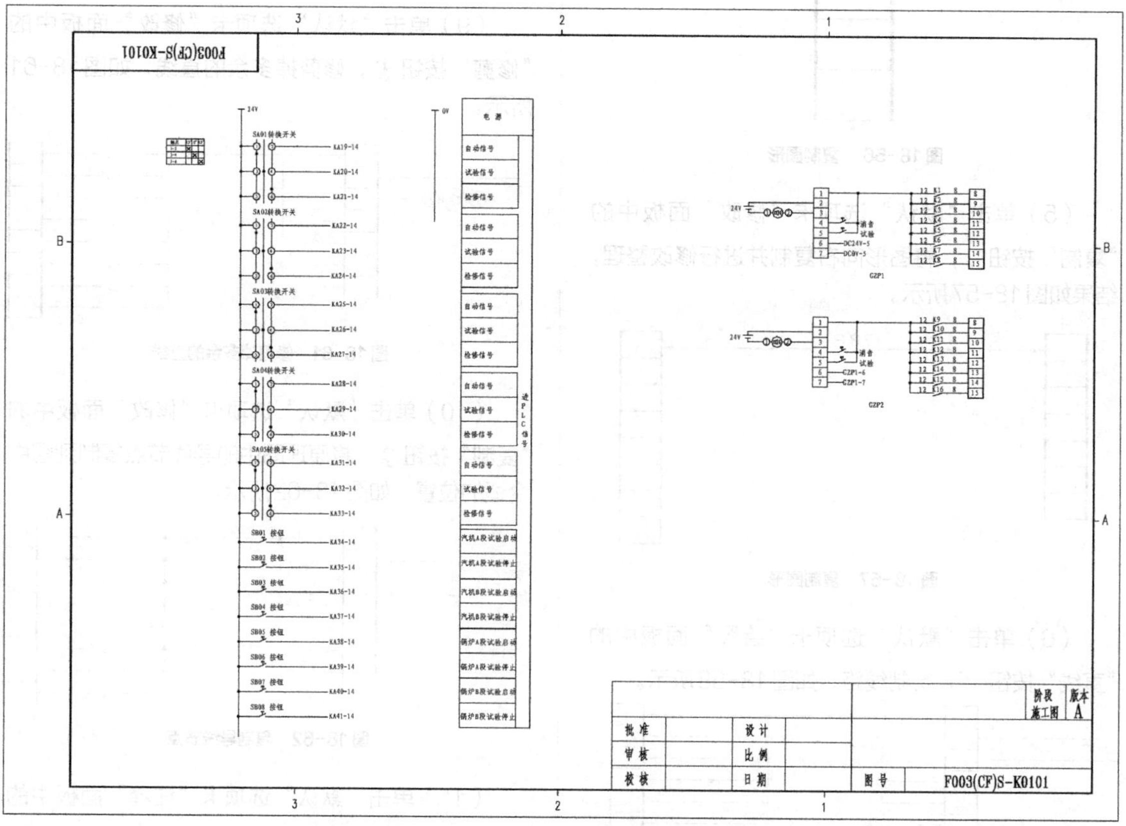

图 18-66 插入图框

18.2 PLC系统DI原理图

PLC系统DI原理图是PLC系统整套电气图的重要组成部分。本节将详细介绍PLC系统DI原理图的具体绘制思路和方法。

18.2.1 绘制PLC系统DI原理图1

本例首先设置绘图环境，然后根据二维绘制和编辑命令绘制各个电气符号，再绘制DI原理图功能说明表，最后绘制系统图，绘制结果如图18-67所示。

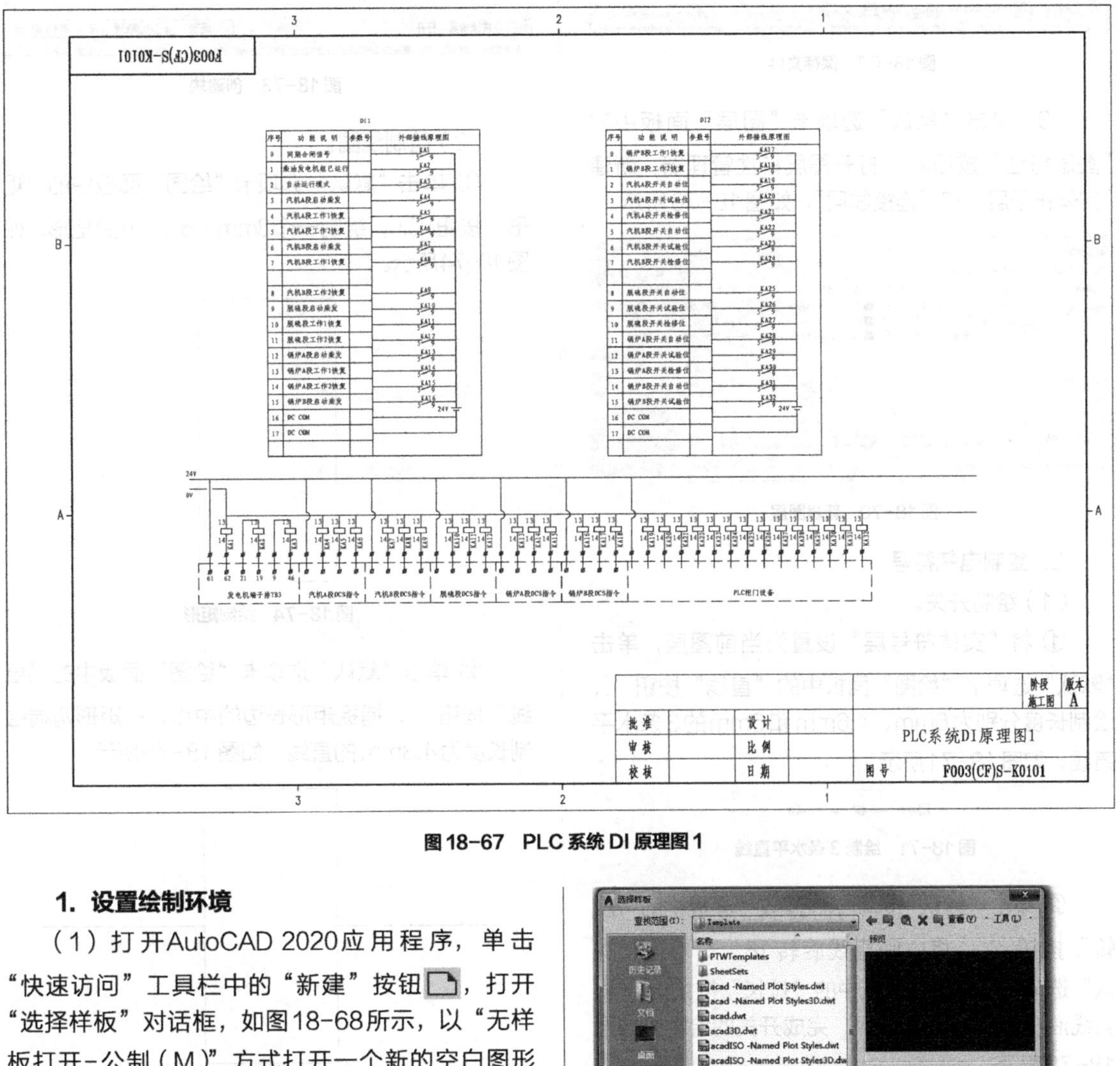

图18-67 PLC系统DI原理图1

1. 设置绘制环境

（1）打开AutoCAD 2020应用程序，单击"快速访问"工具栏中的"新建"按钮，打开"选择样板"对话框，如图18-68所示，以"无样板打开-公制（M）"方式打开一个新的空白图形文件。

（2）单击"快速访问"工具栏中的"保存"按钮，打开"图形另存为"对话框，如图18-69所示，将文件保存为"PLC系统DI原理图1.dwg"图形文件。

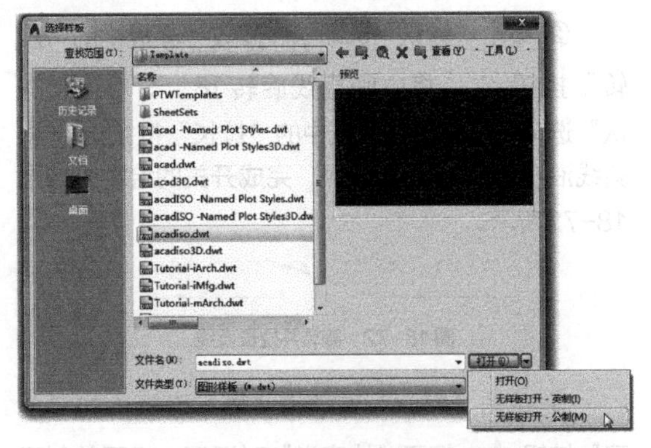

图18-68 "选择样板"对话框

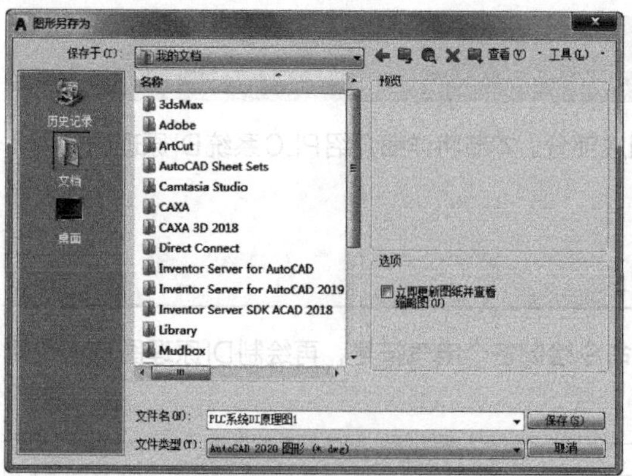

图 18-69 保存文件

（3）单击“默认”选项卡“图层”面板中的“图层特性”按钮，打开图层特性管理器，新建“实体符号层”和“连接线层”，如图18-70所示。

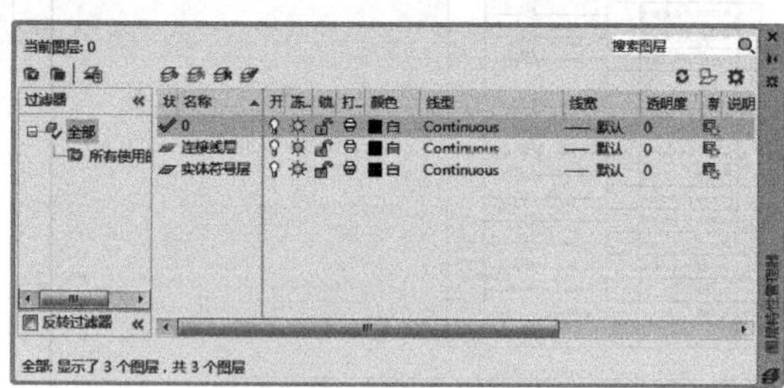

图 18-70 新建图层

2. 绘制电气符号

（1）绘制开关。

① 将“实体符号层”设置为当前图层，单击“默认”选项卡“绘图”面板中的“直线”按钮，绘制长度分别为6mm、4.6mm和6mm的3条水平直线，如图18-71所示。

图 18-71 绘制 3 条水平直线

② 单击“默认”选项卡“修改”面板中的“旋转”按钮，将中间直线旋转18°。单击“默认”选项卡“修改”面板中的“拉长”按钮，将斜线沿右上方拉长0.3mm，完成开关的绘制，如图18-72所示。

图 18-72 旋转并拉长直线

③ 单击“默认”选项卡“块”面板中的“创建”按钮，打开“块定义”对话框，将开关创建为块，如图18-73所示。

图 18-73 创建块

（2）绘制线圈。

① 单击“默认”选项卡“绘图”面板中的“矩形”按钮，绘制一个3mm×6.1mm的矩形，如图18-74所示。

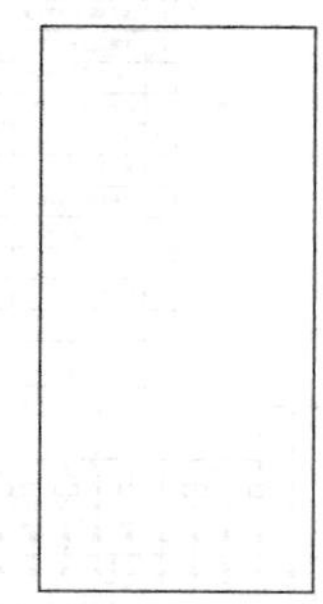

图 18-74 绘制矩形

② 单击“默认”选项卡“绘图”面板中的“直线”按钮，捕捉矩形长边的中点，在矩形两端绘制长度为4.3mm的直线，如图18-75所示。

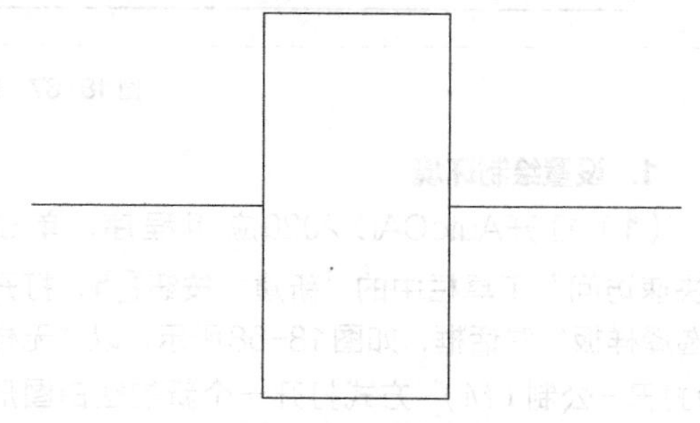

图 18-75 绘制直线

③ 单击“默认”选项卡“块”面板中的“创建”按钮，将线圈创建为块。

3. 绘制原理图功能说明表

（1）单击“默认”选项卡“绘图”面板中的

“矩形”按钮 ，绘制一个121mm×180.5mm的矩形，如图18-76所示。

（2）单击“默认”选项卡“修改”面板中的“分解”按钮 ，将矩形分解。

（3）单击“默认”选项卡“修改”面板中的“偏移”按钮 ，将左侧竖直直线向右依次偏移8.6mm、37.7mm、12.8mm，如图18-77所示。

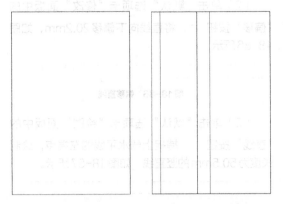

图18-76　绘制矩形　　图18-77　偏移竖直直线

（4）单击“默认”选项卡“修改”面板中的“矩形阵列”按钮 ，将下侧水平直线进行阵列，设置行数为“21”，列数为“1”，行偏移为8.6mm，如图18-78所示。

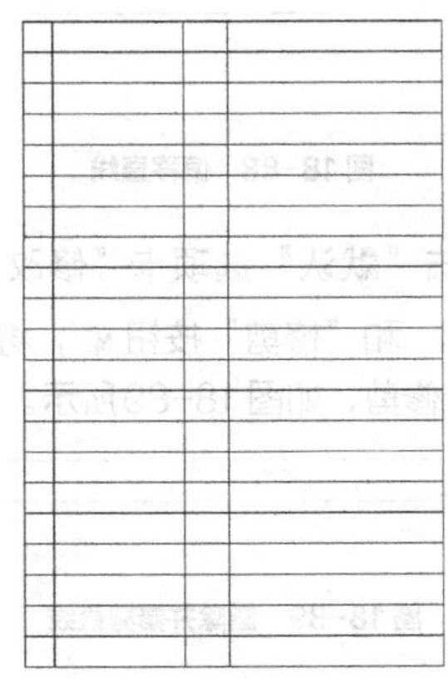

图18-78　阵列水平直线

（5）单击“默认”选项卡“修改”面板中的“修剪”按钮 ，修剪掉多余的直线，如图18-79所示。

（6）单击“默认”选项卡“绘图”面板中的“直线”按钮 ，绘制线路，如图18-80所示。

（7）单击“默认”选项卡“块”面板中的“插入”按钮 ，打开“插入”对话框，将开关和电源插入图中，如图18-81所示。

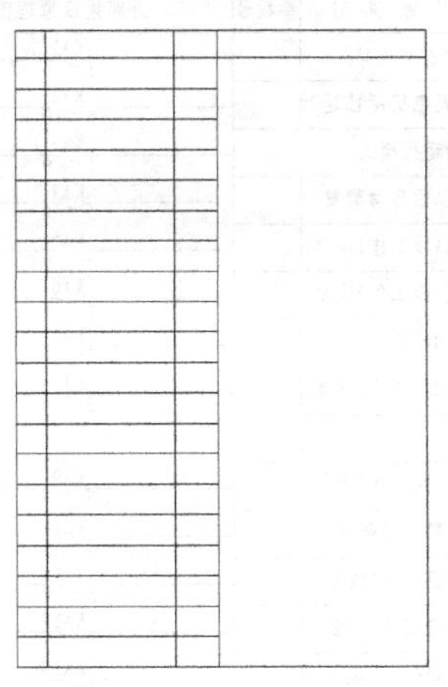

图18-79　修剪直线

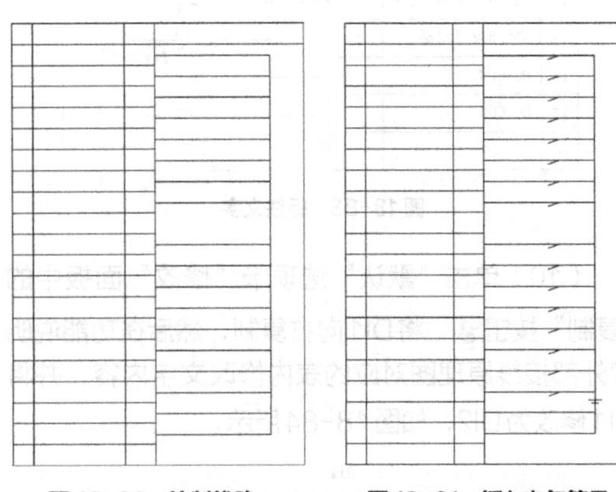

图18-80　绘制线路　　图18-81　插入电气符号

（8）单击“默认”选项卡“修改”面板中的“修剪”按钮 ，修剪掉多余的直线，如图18-82所示。

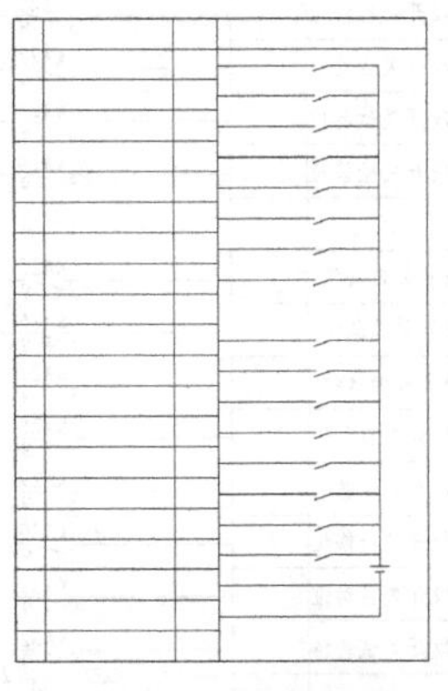

图18-82　修剪直线

（9）单击“默认”选项卡“注释”面板中的“多行文字”按钮 A，标注文字，如图18-83所示。

DI1

序号	功能说明	参数号	外部接线原理图
0	同期合闸信号		KA1 5 9
1	柴油发电机组已运行		KA2 5 9
2	自动运行模式		KA3 5 9
3	汽机A段启动柴发		KA4 5 9
4	汽机A段工作1恢复		KA5 5 9
5	汽机A段工作2恢复		KA6 5 9
6	汽机B段启动柴发		KA7 5 9
7	汽机B段工作1恢复		KA8 5 9
8	汽机B段工作2恢复		KA9 5 9
9	脱硫段启动柴发		KA10 5 9
10	脱硫段工作1恢复		KA11 5 9
11	脱硫段工作2恢复		KA12 5 9
12	锅炉A段启动柴发		KA13 5 9
13	锅炉A段工作1恢复		KA14 5 9
14	锅炉A段工作2恢复		KA15 5 9
15	锅炉B段启动柴发		KA16 5 9 24V
16	DC COM		
17	DC COM		

图 18-83　标注文字

（10）单击“默认”选项卡“修改”面板中的“复制”按钮，将DI1向右复制，然后在功能说明和外部接线原理图对应的表内修改文字内容，并将DI1修改为DI2，如图18-84所示。

DI2

序号	功能说明	参数号	外部接线原理图
0	锅炉B段工作1恢复		KA17 5 9
1	锅炉B段工作2恢复		KA18 5 9
2	汽机A段开关自动位		KA19 5 9
3	汽机A段开关试验位		KA20 5 9
4	汽机A段开关检修位		KA21 5 9
5	汽机B段开关自动位		KA22 5 9
6	汽机B段开关试验位		KA23 5 9
7	汽机B段开关检修位		KA24 5 9
8	脱硫段开关自动位		KA25 5 9
9	脱硫段开关试验位		KA26 5 9
10	脱硫段开关检修位		KA27 5 9
11	锅炉A段开关自动位		KA28 5 9
12	锅炉A段开关试验位		KA29 5 9
13	锅炉A段开关检修位		KA30 5 9
14	锅炉B段开关自动位		KA31 5 9
15	锅炉B段开关试验位		KA32 5 9 24V
16	DC COM		
17	DC COM		

图 18-84　绘制 DI2

4. 绘制系统图

（1）单击“默认”选项卡“绘图”面板中的“直线”按钮，绘制一条长度为447mm的水平直线，如图18-85所示。

图 18-85　绘制水平直线

（2）单击“默认”选项卡“修改”面板中的“偏移”按钮，将直线向下偏移20.2mm，如图18-86所示。

图 18-86　偏移直线

（3）单击“默认”选项卡“绘图”面板中的“直线”按钮，捕捉上侧水平线的左端点，绘制长度为50.5mm的竖直线，如图18-87所示。

图 18-87　绘制竖直线

（4）单击“默认”选项卡“修改”面板中的“偏移”按钮，将竖直线向右偏移11.1mm，如图18-88所示。

图 18-88　偏移直线

（5）单击“默认”选项卡“修改”面板中的“删除”按钮和“修剪”按钮，将最左侧竖直线删除并进行修剪，如图18-89所示。

图 18-89　删除并修剪直线

（6）单击“默认”选项卡“绘图”面板中的“圆”按钮，绘制半径为1mm的圆，如图18-90所示。

（7）单击“默认”选项卡“绘图”面板中的“直线”按钮，绘制长度为3mm、角度为45°的斜线，完成端子符号的绘制，如图18-91所示。

（8）单击“默认”选项卡“修改”面板中的“复制”按钮，将端子向上复制，间距为9.6mm，如图18-92所示。

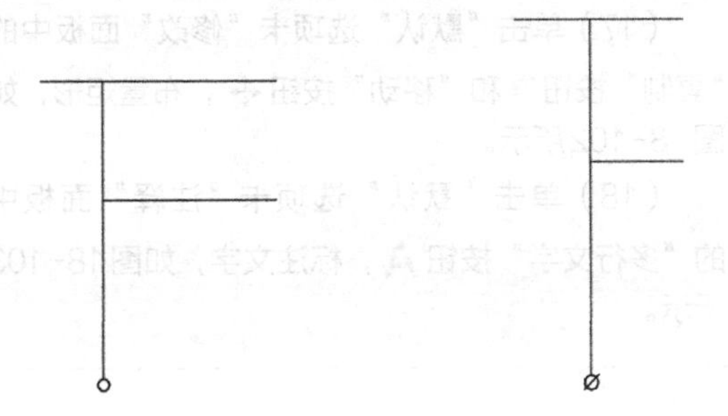

图 18-90　绘制圆　　　图 18-91　绘制斜线

（9）单击“默认”选项卡“修改”面板中的“复制”按钮，复制图形，间距为9.2mm、9.2mm、9.2mm、9.2mm、9.2mm和9mm，如图18-93所示。

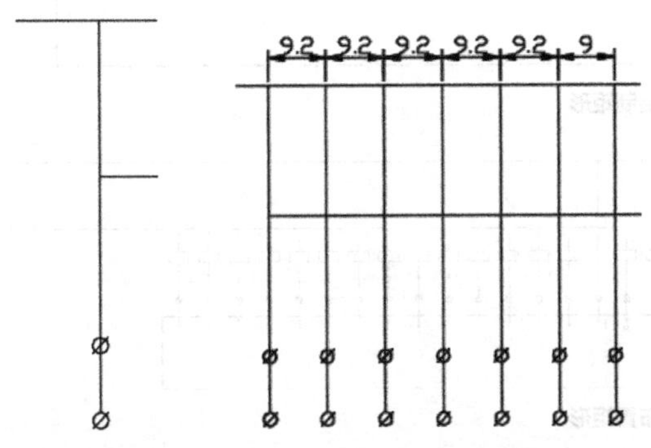

图 18-92　复制端子　　　图 18-93　复制图形

（10）单击“默认”选项卡“修改”面板中的“偏移”按钮，将最上侧的水平线向下偏移5.4mm和17.3mm，如图18-94所示。

图 18-94　偏移水平线

（11）单击“默认”选项卡“修改”面板中的“修剪”按钮和“打断”按钮，打断部分直线，并修剪图形，结果如图18-95所示。

图 18-95　修剪图形

（12）单击“默认”选项卡“块”面板中的“插入”按钮，将线圈插入到图中，如图18-96所示。

（13）单击“默认”选项卡“修改”面板中的“修剪”按钮，修剪掉多余的直线，如图18-97所示。

（14）单击“默认”选项卡“绘图”面板中的“圆弧”按钮，在图中合适的位置处绘制一段圆弧，如图18-98所示。

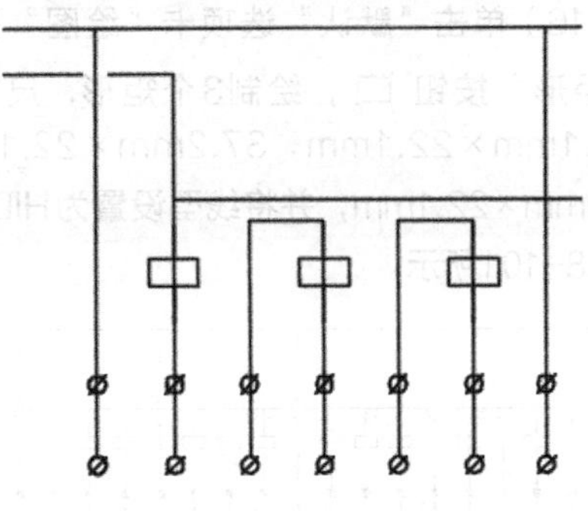

图 18-96　插入线圈

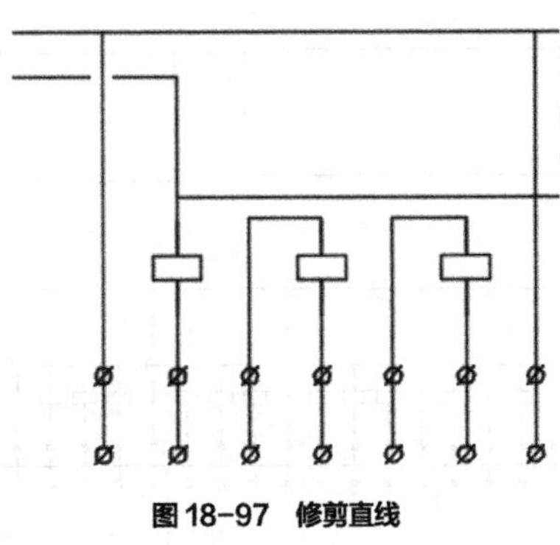

图 18-97　修剪直线

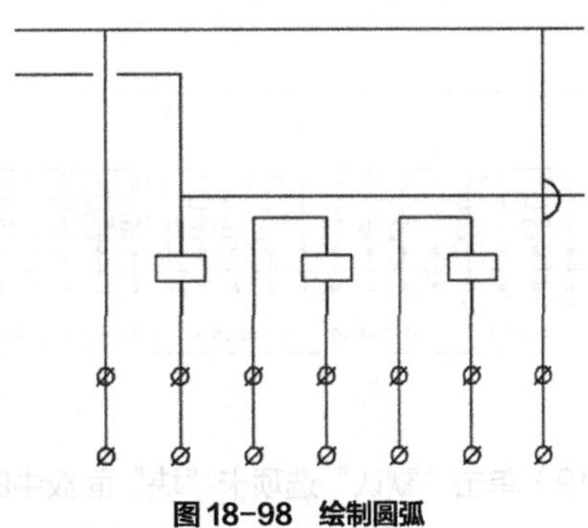

图 18-98　绘制圆弧

（15）单击“默认”选项卡“修改”面板中的“修剪”按钮，修剪直线，如图18-99所示。

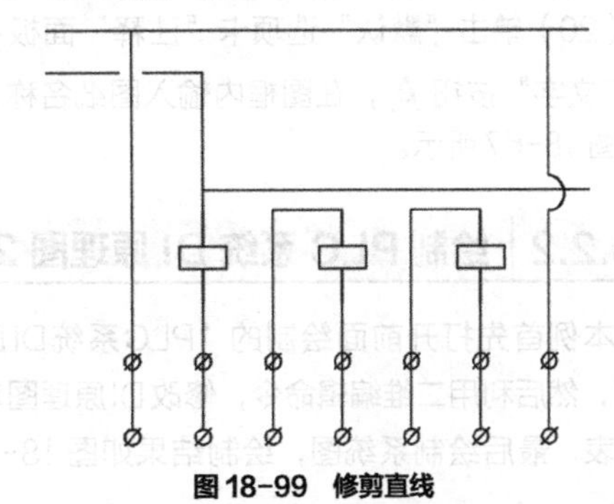

图 18-99　修剪直线

同理，绘制剩余图形，如图18-100所示。

（16）单击“默认”选项卡“绘图”面板中的“矩形”按钮，绘制3个矩形，尺寸分别为57.1mm×22.1mm，37.2mm×22.1mm和138.9mm×22.1mm，并将线型设置为HIDDEN，如图18-101所示。

（17）单击“默认”选项卡“修改”面板中的“复制”按钮和“移动”按钮，布置矩形，如图18-102所示。

（18）单击“默认”选项卡“注释”面板中的“多行文字”按钮A，标注文字，如图18-103所示。

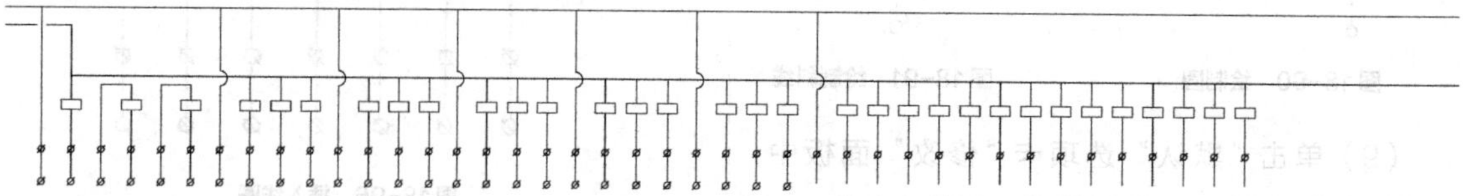

图18-100　绘制剩余图形

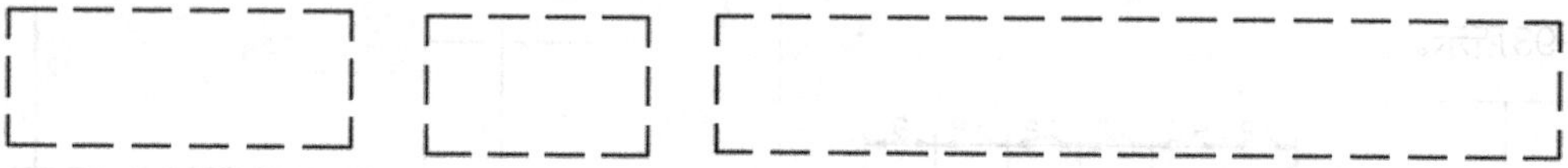

图18-101　绘制矩形

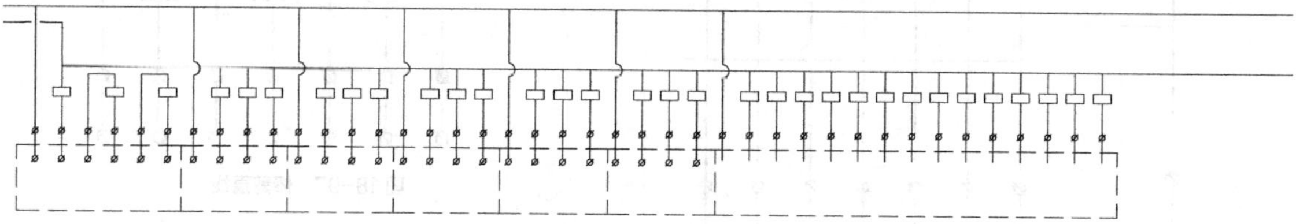

图18-102　布置矩形

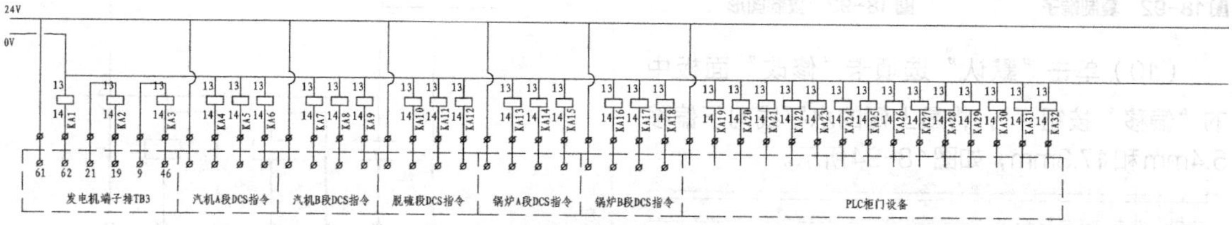

图18-103　标注文字

（19）单击“默认”选项卡“块”面板中的“插入”按钮，打开“插入”选项板，如图18-104所示，将图框插入到图中合适的位置处，如图18-105所示。

（20）单击“默认”选项卡“注释”面板中的“多行文字”按钮A，在图框内输入图纸名称，结果如图18-67所示。

18.2.2　绘制PLC系统DI原理图2

本例首先打开前面绘制的“PLC系统DI原理图1”，然后利用二维编辑命令，修改DI原理图功能说明表，最后绘制系统图，绘制结果如图18-106所示。

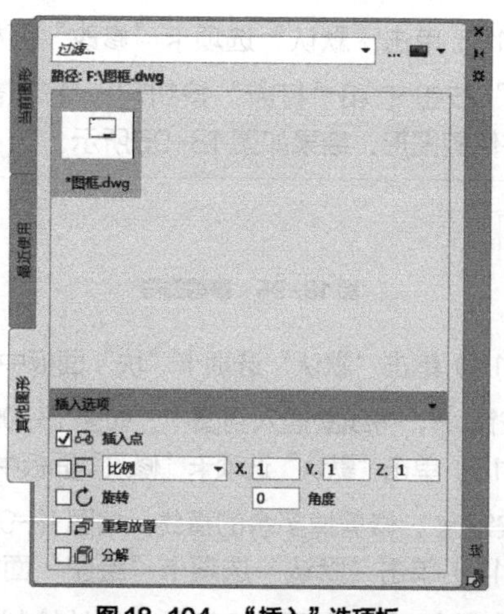

图18-104　“插入”选项板

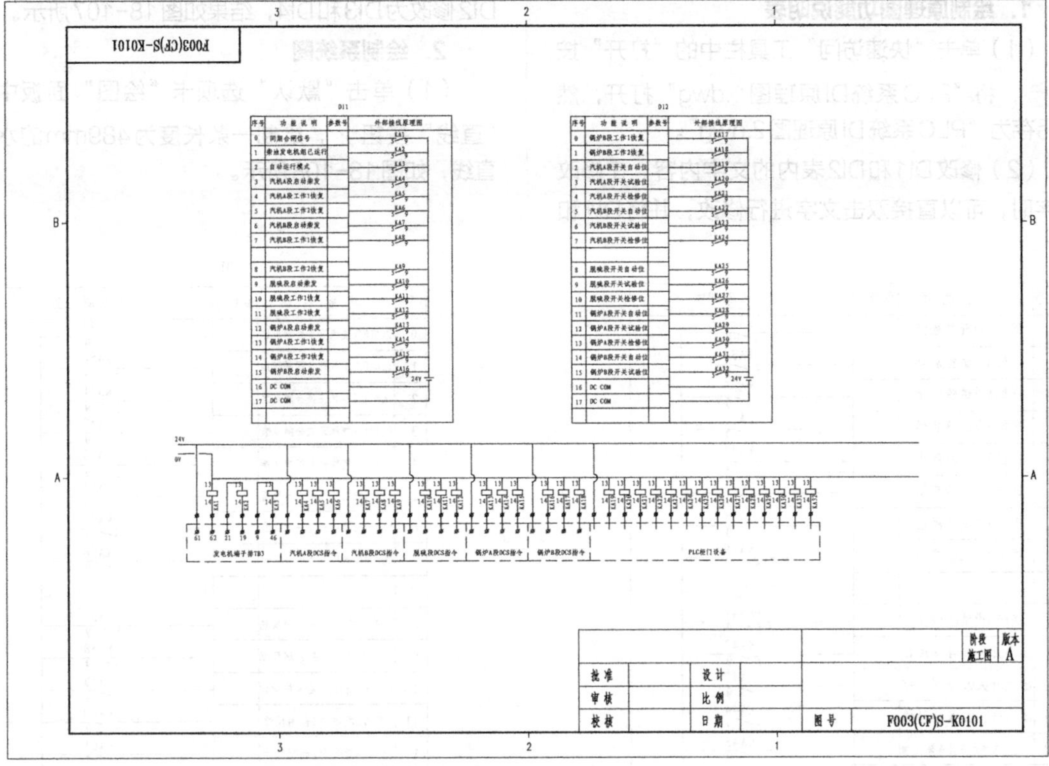

图 18-105　插入图框

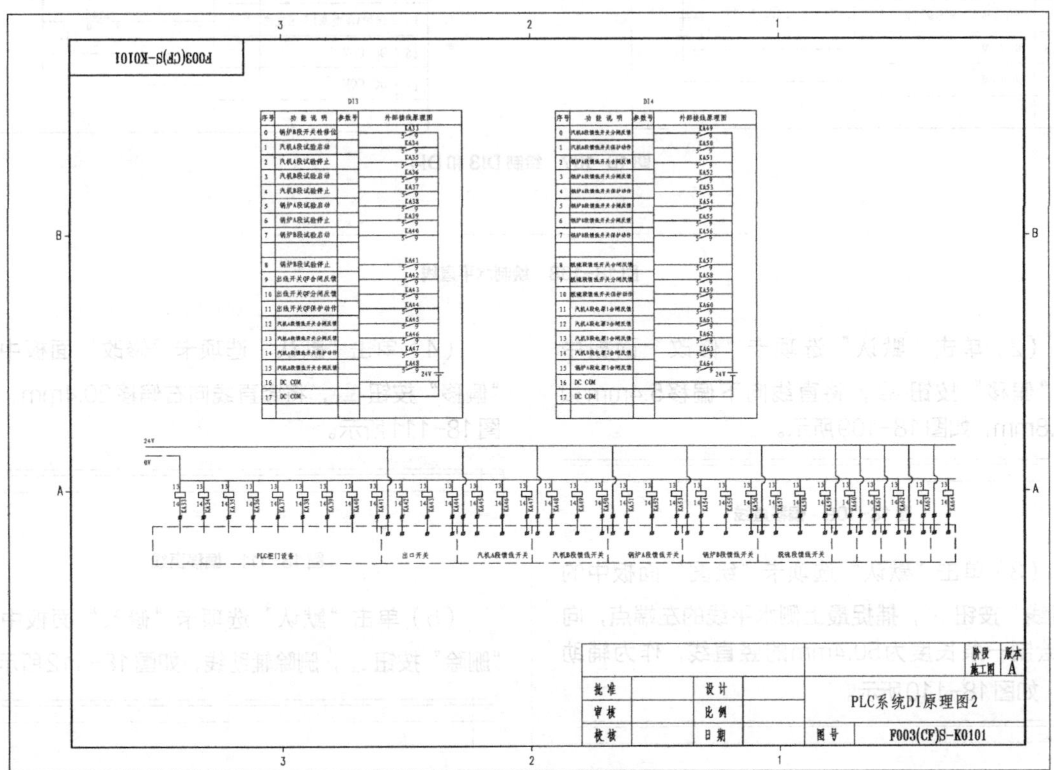

图 18-106　PLC 系统 DI 原理图 2

1. 绘制原理图功能说明表

（1）单击“快速访问”工具栏中的“打开”按钮，将“PLC系统DI原理图1.dwg”打开，然后另存为“PLC系统DI原理图2.dwg”。

（2）修改DI1和DI2表内的文字内容，在修改文字时，可以直接双击文字进行修改，并将DI1和DI2修改为DI3和DI4，结果如图18-107所示。

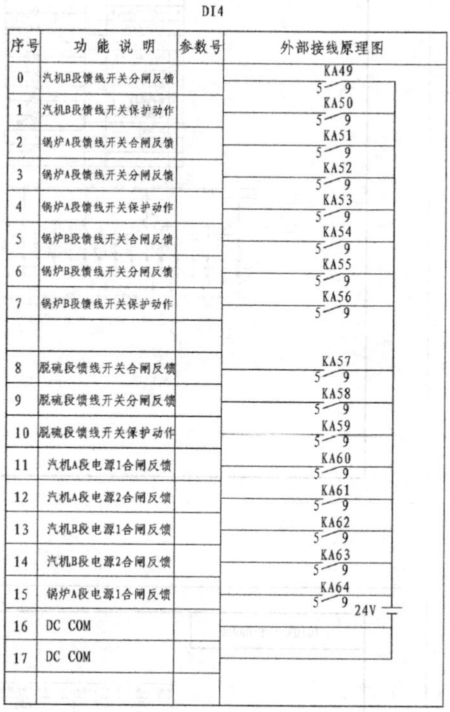

DI3

序号	功能说明	参数号	外部接线原理图
0	锅炉B段开关检修位		KA33 5—9
1	汽机A段试验启动		KA34 5—9
2	汽机A段试验停止		KA35 5—9
3	汽机B段试验启动		KA36 5—9
4	汽机B段试验停止		KA37 5—9
5	锅炉A段试验启动		KA38 5—9
6	锅炉A段试验停止		KA39 5—9
7	锅炉B段试验启动		KA40 5—9
8	锅炉B段试验停止		KA41 5—9
9	出线开关QF合闸反馈		KA42 5—9
10	出线开关QF分闸反馈		KA43 5—9
11	出线开关QF保护动作		KA44 5—9
12	汽机A段馈线开关合闸反馈		KA45 5—9
13	汽机A段馈线开关分闸反馈		KA46 5—9
14	汽机A段馈线开关保护动作		KA47 5—9
15	汽机B段馈线开关合闸反馈		KA48 5—9 24V
16	DC COM		
17	DC COM		

DI4

序号	功能说明	参数号	外部接线原理图
0	汽机B段馈线开关分闸反馈		KA49 5—9
1	汽机B段馈线开关保护动作		KA50 5—9
2	锅炉A段馈线开关合闸反馈		KA51 5—9
3	锅炉A段馈线开关分闸反馈		KA52 5—9
4	锅炉A段馈线开关保护动作		KA53 5—9
5	锅炉B段馈线开关合闸反馈		KA54 5—9
6	锅炉B段馈线开关分闸反馈		KA55 5—9
7	锅炉B段馈线开关保护动作		KA56 5—9
8	脱硫段馈线开关合闸反馈		KA57 5—9
9	脱硫段馈线开关分闸反馈		KA58 5—9
10	脱硫段馈线开关保护动作		KA59 5—9
11	汽机A段电源1合闸反馈		KA60 5—9
12	汽机A段电源2合闸反馈		KA61 5—9
13	汽机B段电源1合闸反馈		KA62 5—9
14	汽机B段电源2合闸反馈		KA63 5—9
15	锅炉A段电源1合闸反馈		KA64 5—9 24V
16	DC COM		
17	DC COM		

图18-107 绘制DI3和DI4

2. 绘制系统图

（1）单击“默认”选项卡“绘图”面板中的“直线”按钮，绘制一条长度为489mm的水平直线，如图18-108所示。

图18-108 绘制水平直线

（2）单击“默认”选项卡“修改”面板中的“偏移”按钮，将直线向下偏移5.4mm和14.8mm，如图18-109所示。

图18-109 偏移直线

（3）单击“默认”选项卡“绘图”面板中的“直线”按钮，捕捉最上侧水平线的左端点，向下绘制一条长度为50.4mm的竖直线，作为辅助线，如图18-110所示。

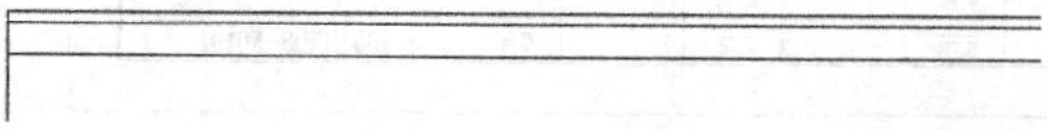

图18-110 绘制辅助线

（4）单击“默认”选项卡“修改”面板中的“偏移”按钮，将竖直线向右偏移20.4mm，如图18-111所示。

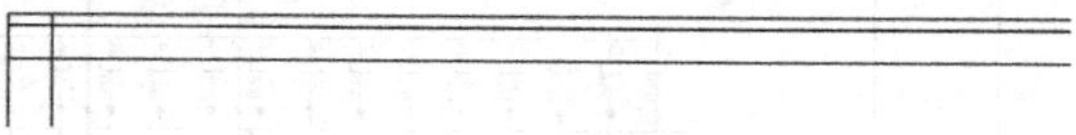

图18-111 偏移直线

（5）单击“默认”选项卡“修改”面板中的“删除”按钮，删除辅助线，如图18-112所示。

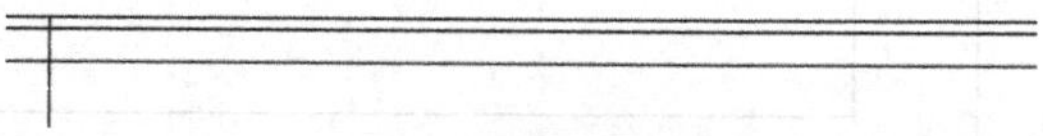

图18-112 删除辅助线

（6）单击“默认”选项卡“修改”面板中的“修剪”按钮，修剪掉多余的直线，如图18-113所示。

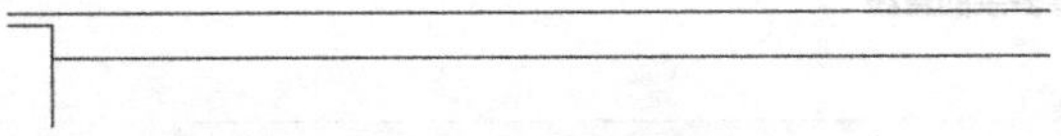

图18-113 修剪直线

（7）单击“默认”选项卡“修改”面板中的“打断”按钮和“打断于点”按钮，打断部分直线，如图18-114所示。

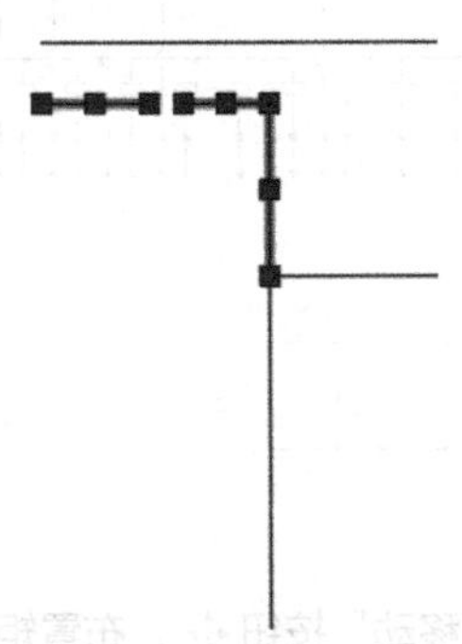

图18-114 打断部分直线

（8）单击“默认”选项卡“块”面板中的“插入”按钮，将线圈插入到图中合适的位置处，如图18-115所示。

（9）单击“默认”选项卡“修改”面板中的“修剪”按钮，修剪掉多余的直线，如图18-116所示。

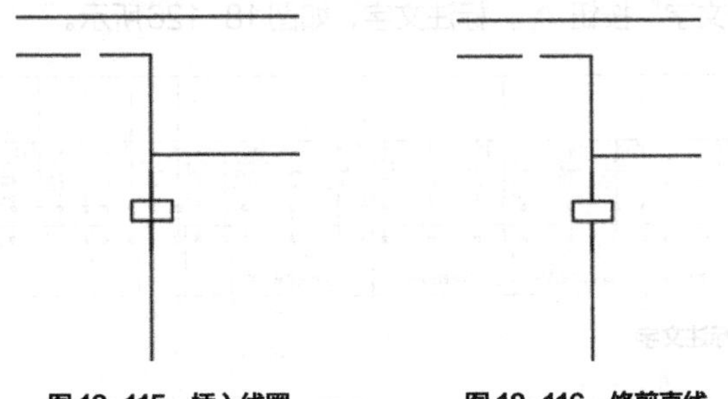

图18-115 插入线圈　　图18-116 修剪直线

（10）按照PLC系统DI原理图1的绘制方法，在竖直线上绘制端子符号，也可以直接将PLC系统DI原理图1中的端子符号复制到本图中，结果如图18-117所示。

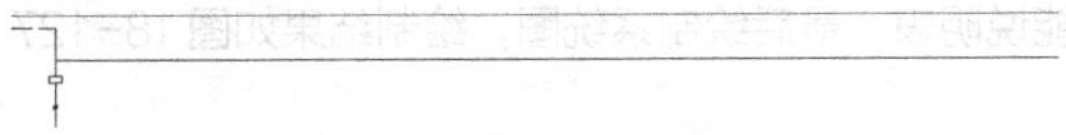

图18-117 绘制端子符号

（11）单击“默认”选项卡“修改”面板中的“复制”按钮，复制图形，尺寸如图18-118所示。

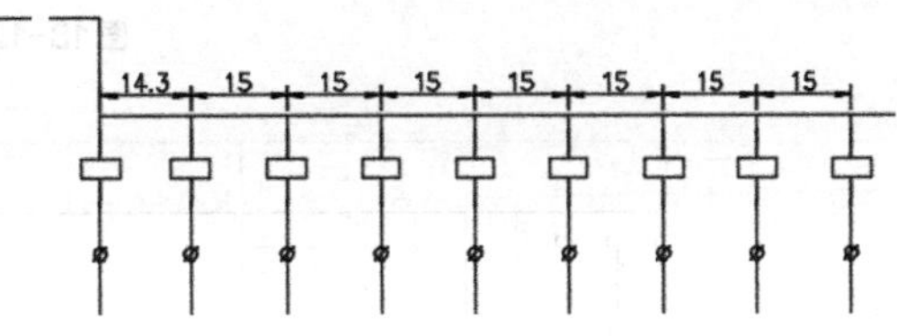

图18-118 复制图形

（12）单击“默认”选项卡“绘图”面板中的“直线”按钮，绘制一条竖直线，位置如图18-119所示。

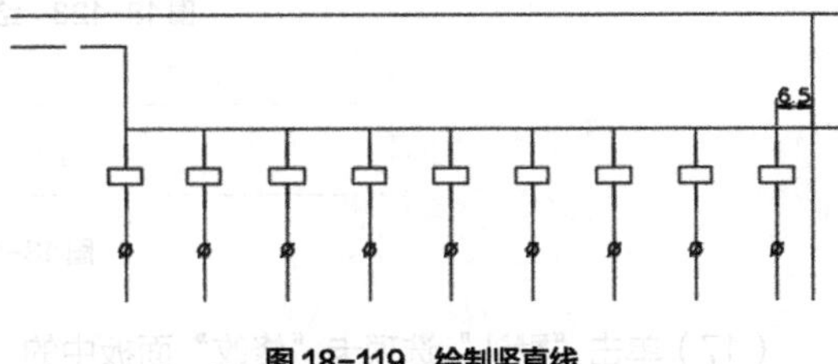

图18-119 绘制竖直线

（13）单击“默认”选项卡“绘图”面板中的“圆弧”按钮，绘制一段圆弧，如图18-120所示。

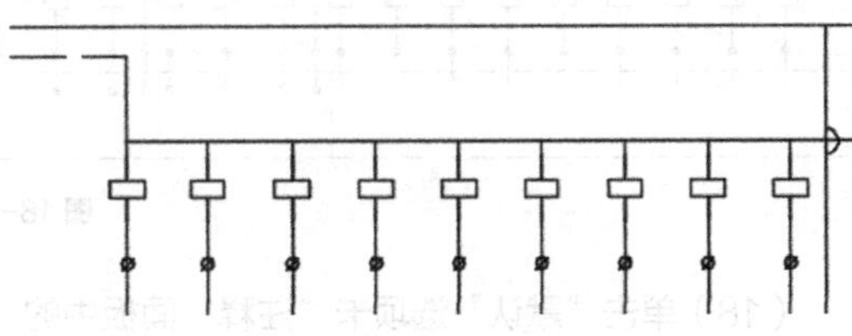

图18-120 绘制圆弧

（14）单击“默认”选项卡“修改”面板中的“修剪”按钮，修剪掉多余的直线，如图18-121所示。

（15）单击“默认”选项卡“修改”面板中的“复制”按钮，将端子符号复制到图中合适的位置处，如图18-122所示。

同理，绘制其他线路以及电气符号，如图18-123所示。

（16）单击“默认”选项卡“绘图”面板中的“矩形”按钮，绘制3个矩形，尺寸分别为138.4mm×22.1mm，45.3mm×22.1mm和15mm×22.1mm，并将线型设置为HIDDEN，如图18-124所示。

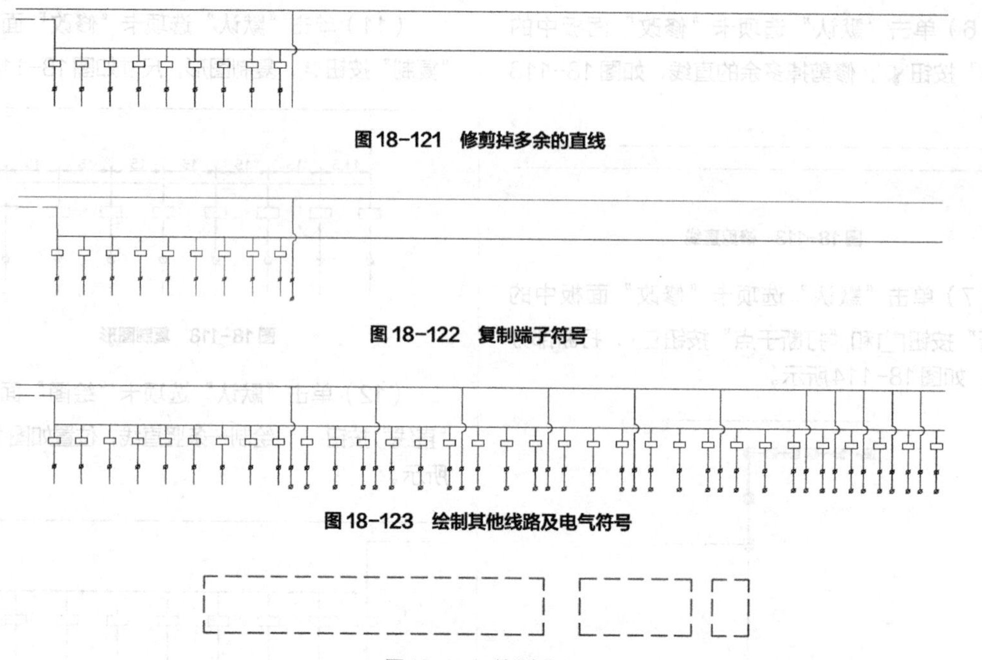

图18-121 修剪掉多余的直线

图18-122 复制端子符号

图18-123 绘制其他线路及电气符号

图18-124 绘制矩形

（17）单击“默认”选项卡“修改”面板中的“复制”按钮和“移动”按钮，布置矩形，如图18-125所示。

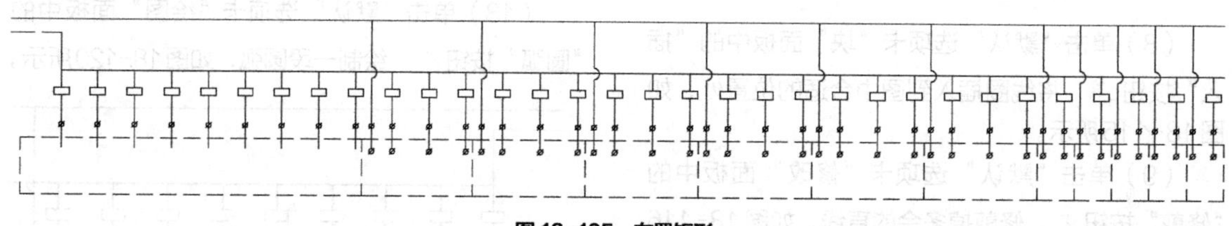

图18-125 布置矩形

（18）单击“默认”选项卡“注释”面板中的“多行文字”按钮A，标注文字，如图18-126所示。

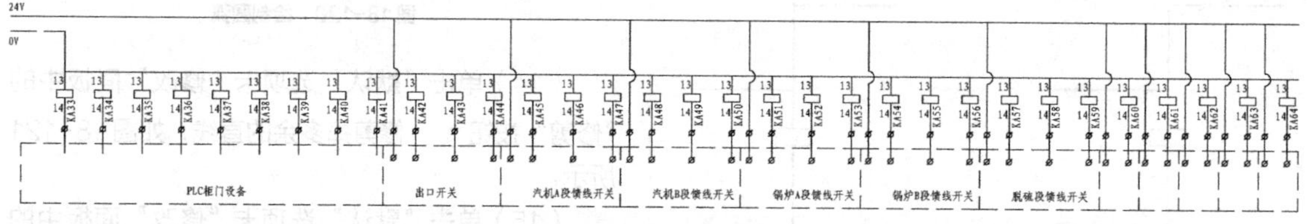

图18-126 标注文字

（19）双击图框内的文字“PLC系统DI原理图1”，修改为“PLC系统DI原理图2”，完成PLC系统DI原理图2的绘制，结果如图18-106所示。

18.2.3 绘制PLC系统DI原理图3

本例的绘制方法与PLC系统DI原理图1和PLC系统DI原理图2类似，首先打开前面绘制的“PLC系统DI原理图1”，然后利用二维编辑命令，修改DI原理图功能说明表，最后绘制系统图，绘制结果如图18-127所示。

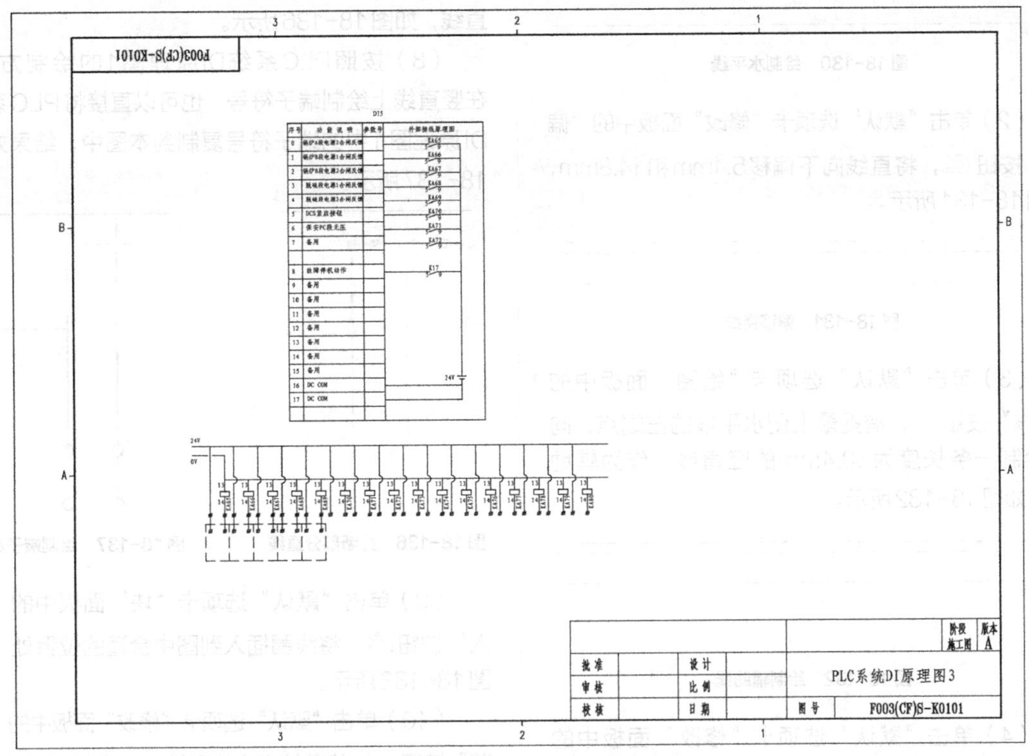

图18-127 PLC系统DI原理图3

1. 绘制原理图功能说明表

（1）单击“快速访问”工具栏中的“打开”按钮，将“PLC系统DI原理图1.dwg”打开，然后另存为“PLC系统DI原理图3.dwg”。

（2）单击“默认”选项卡“修改”面板中的“删除”按钮，删除掉多余的图形，并将DI1修改为DI5，如图18-128所示。

DI5

序号	功能说明	参数号	外部接线原理图
0	同期合闸信号		KA1 5 9
1	柴油发电机组已运行		KA2 5 9
2	自动运行模式		KA3 5 9
3	汽机A段启动柴发		KA4 5 9
4	汽机A段工作1恢复		KA5 5 9
5	汽机A段工作2恢复		KA6 5 9
6	汽机B段启动柴发		KA7 5 9
7	汽机B段工作1恢复		KA8 5 9
8	汽机B段工作2恢复		KA9 5 9
9	脱硫段启动柴发		
10	脱硫段工作1恢复		
11	脱硫段工作2恢复		
12	锅炉A段启动柴发		
13	锅炉A段工作1恢复		
14	锅炉A段工作2恢复		
15	锅炉B段启动柴发		24V
16	DC COM		
17	DC COM		

图18-128 删除掉多余图形后的结果

（3）双击文字，修改功能说明和外部接线原理图对应的表内文字，如图18-129所示。

DI5

序号	功能说明	参数号	外部接线原理图
0	锅炉A段电源2合闸反馈		KA65 5 9
1	锅炉B段电源1合闸反馈		KA66 5 9
2	锅炉B段电源2合闸反馈		KA67 5 9
3	脱硫段电源1合闸反馈		KA68 5 9
4	脱硫段电源2合闸反馈		KA69 5 9
5	DCS紧启按钮		KA70 5 9
6	保安PC段无压		KA71 5 9
7	备用		KA72 5 9
8	故障停机动作		K17 5 9
9	备用		
10	备用		
11	备用		
12	备用		
13	备用		
14	备用		
15	备用		24V
16	DC COM		
17	DC COM		

图18-129 修改文字后的DI5

2. 绘制系统图

（1）单击“默认”选项卡“绘图”面板中的“直线”按钮，绘制一条长度为258.3mm的水平线，如图18-130所示。

图 18-130 绘制水平线

（2）单击“默认”选项卡“修改”面板中的“偏移”按钮⊆，将直线向下偏移5.4mm和14.8mm，如图18-131所示。

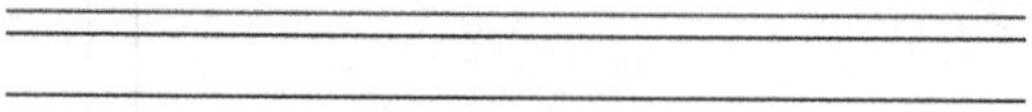

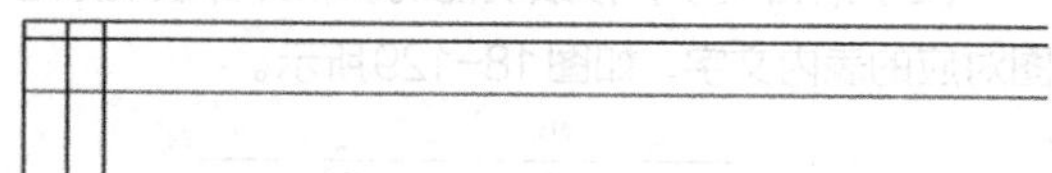

图 18-131 偏移直线

（3）单击“默认”选项卡“绘图”面板中的“直线”按钮╱，捕捉最上侧水平线的左端点，向下绘制一条长度为50.4mm的竖直线，作为辅助线，如图18-132所示。

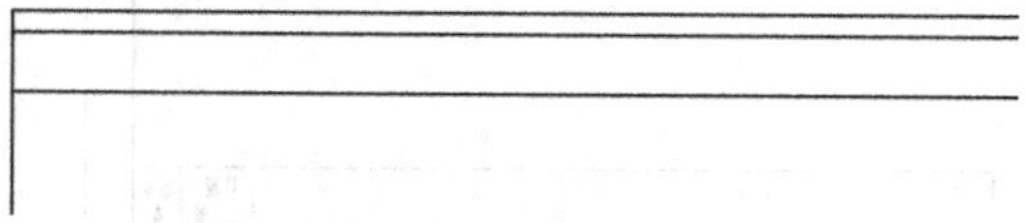

图 18-132 绘制辅助线

（4）单击“默认”选项卡“修改”面板中的“偏移”按钮⊆，将竖直线向右偏移11.1mm和9.2mm，如图18-133所示。

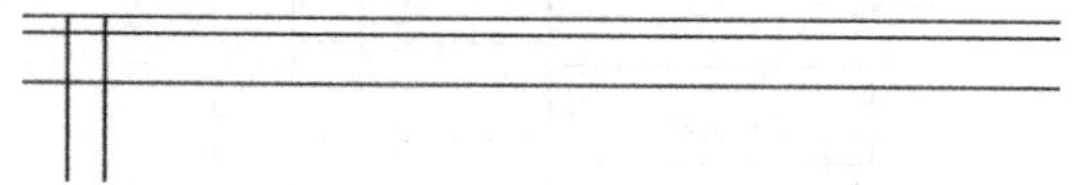

图 18-133 偏移直线

（5）单击“默认”选项卡“修改”面板中的“删除”按钮，删除辅助线，如图18-134所示。

图 18-134 删除辅助线

（6）单击“默认”选项卡“修改”面板中的“修剪”按钮，修剪掉多余的直线，如图18-135所示。

图 18-135 修剪直线

（7）单击“默认”选项卡“修改”面板中的“打断”按钮和“打断于点”按钮，打断部分直线，如图18-136所示。

（8）按照PLC系统DI原理图1的绘制方法，在竖直线上绘制端子符号，也可以直接将PLC系统DI原理图1中的端子符号复制到本图中，结果如图18-137所示。

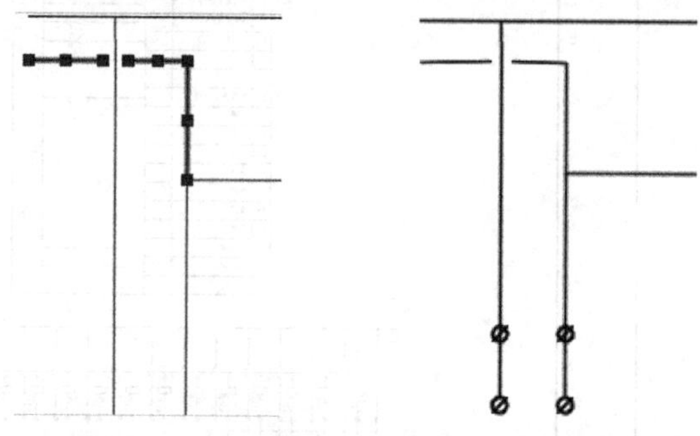

图 18-136 打断部分直线　　图 18-137 绘制端子符号

（9）单击“默认”选项卡“块”面板中的“插入”按钮，将线圈插入到图中合适的位置处，如图18-138所示。

（10）单击“默认”选项卡“修改”面板中的“修剪”按钮，修剪掉多余的直线，如图18-139所示。

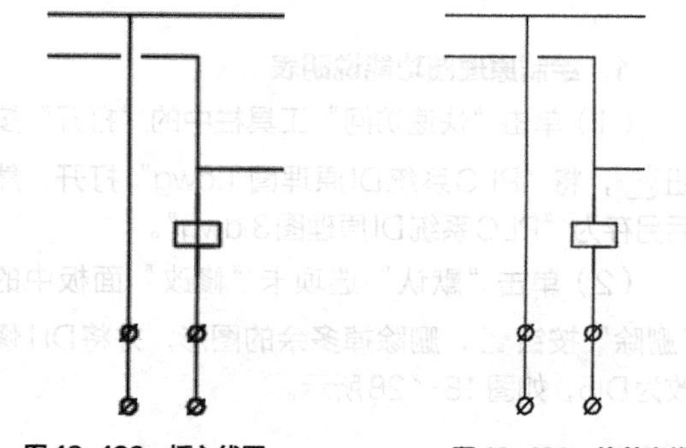

图 18-138 插入线圈　　图 18-139 修剪直线

（11）单击“默认”选项卡“修改”面板中的“复制”按钮，将最左侧的竖直直线和端子符号复制到右侧，间距为15mm，如图18-140所示。

（12）单击“默认”选项卡“绘图”面板中的“圆弧”按钮，在图中合适的位置处绘制一段圆弧，如图18-141所示。

（13）单击“默认”选项卡“修改”面板中的“修剪”按钮，修剪掉多余的直线，如图18-142所示。

（14）单击“默认”选项卡“修改”面板中的“矩形阵列”按钮，选择如图18-143所示的图形，进行阵列，设置行数为“1”，列数为“16”，列偏移为 15mm，如图 18-144 所示。

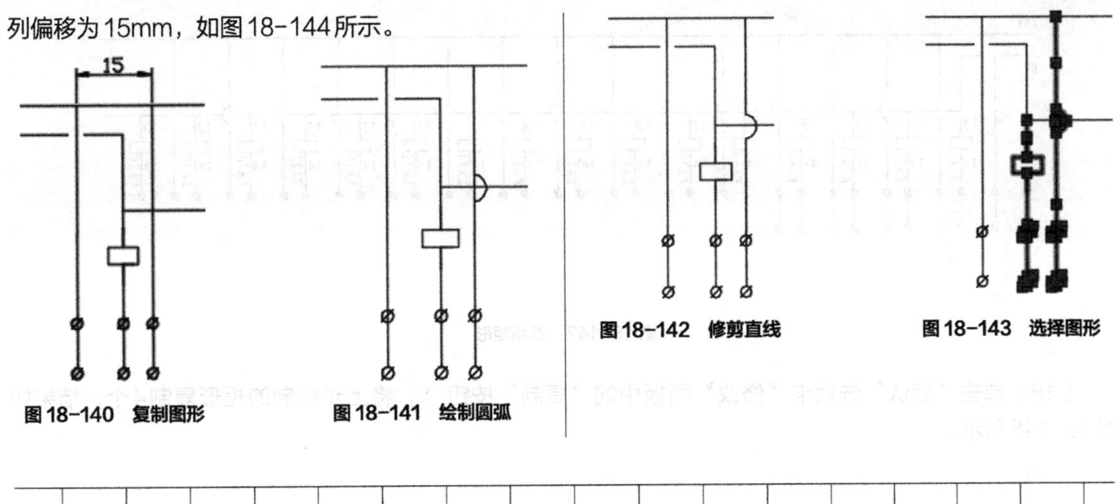

图 18-140 复制图形

图 18-141 绘制圆弧

图 18-142 修剪直线

图 18-143 选择图形

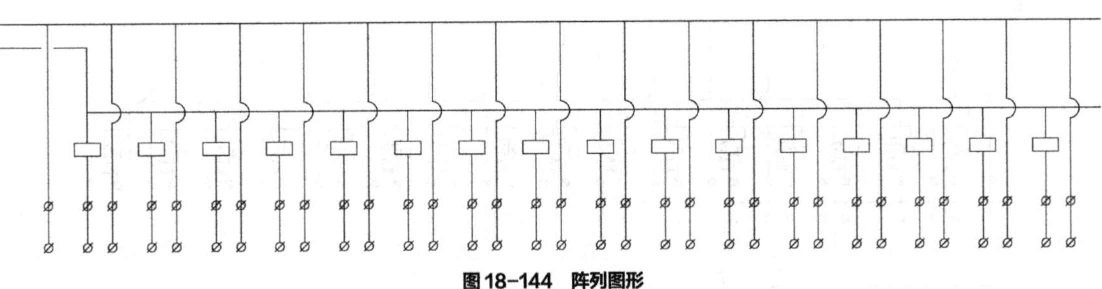

图 18-144 阵列图形

（15）单击“默认”选项卡“修改”面板中的“删除”按钮和“修剪”按钮，修剪和删除多余的图形，结果如图 18-145 所示。

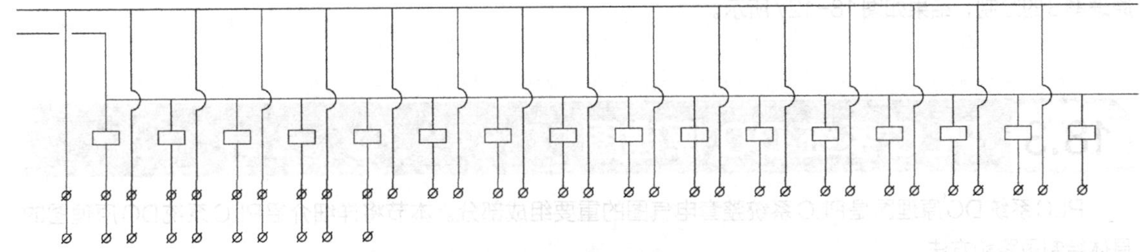

图 18-145 修剪和删除图形

（16）单击“默认”选项卡“注释”面板中的“多行文字”按钮 A，标注文字，如图 18-146 所示。

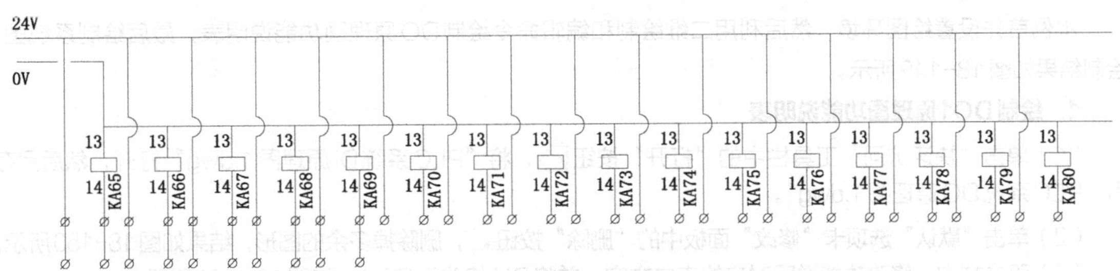

图 18-146 标注文字

（17）单击“默认”选项卡“绘图”面板中的“矩形”按钮，绘制一个 15mm×22.1mm 的矩形，并将线型设置为 HIDDEN，如图 18-147 所示。

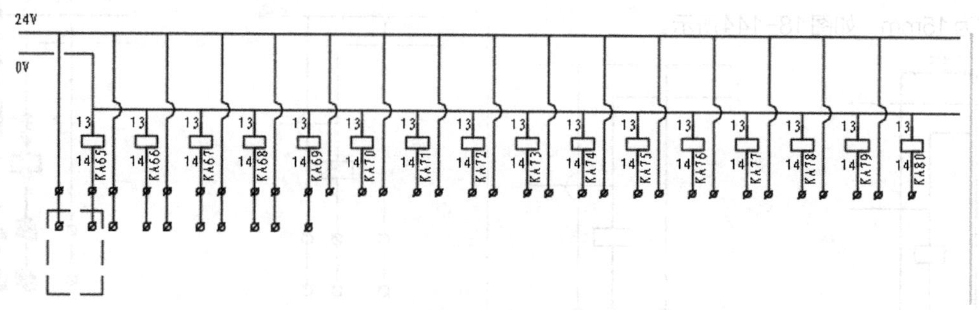

图18-147 绘制矩形

（18）单击“默认”选项卡“修改”面板中的“复制”按钮，将上步绘制的矩形复制4个，结果如图18-148所示。

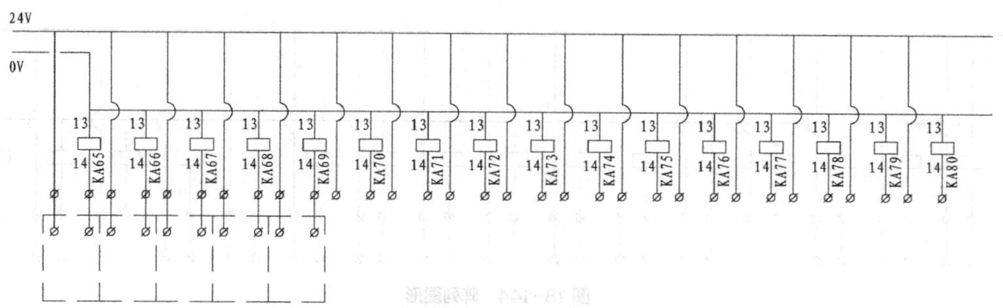

图18-148 复制矩形

（19）双击图框内的文字“PLC系统DI原理图1”，修改为“PLC系统DI原理图3”，完成PLC系统DI原理图3的绘制，结果如图18-127所示。

18.3 PLC系统DO原理图

PLC系统DO原理图是PLC系统整套电气图的重要组成部分。本节将详细介绍PLC系统DO原理图的具体绘制思路和方法。

18.3.1 绘制PLC系统DO原理图1

本例首先设置绘图环境，然后利用二维绘制和编辑命令绘制DO原理图功能说明表，最后绘制系统图，绘制结果如图18-149所示。

1. 绘制DO1原理图功能说明表

（1）单击“快速访问”工具栏中的“打开”按钮，将“PLC系统DI原理图1.dwg”打开，然后另存为“PLC系统DO原理图1.dwg”。

（2）单击“默认”选项卡“修改”面板中的“删除”按钮，删除掉多余的图形，结果如图18-150所示。

（3）双击文字，修改功能说明对应的表内文字，并将DI1修改为DO1，如图18-151所示。

（4）单击“默认”选项卡“绘图”面板中的“直线”按钮，在外部接线原理图的标题下绘制线路，如图18-152所示。

（5）单击“默认”选项卡“绘图”面板中的“矩形”按钮，绘制一个2.4mm×4.8mm的矩形，如图18-153所示。

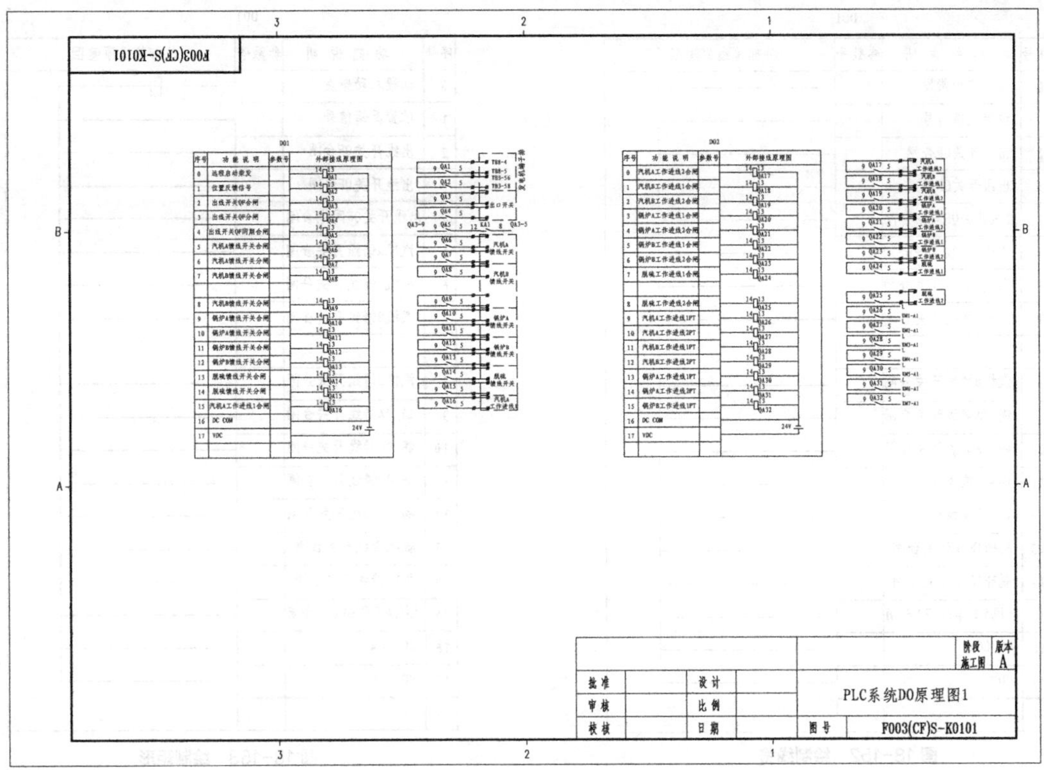

图 18-149 PLC 系统 DO 原理图 1

DI1

序号	功能说明	参数号	外部接线原理图
0	同期合闸信号		
1	柴油发电机组已运行		
2	自动运行模式		
3	汽机A段启动柴发		
4	汽机A段工作1恢复		
5	汽机A段工作2恢复		
6	汽机B段启动柴发		
7	汽机B段工作1恢复		
8	汽机B段工作2恢复		
9	脱硫段启动柴发		
10	脱硫段工作1恢复		
11	脱硫段工作2恢复		
12	锅炉A段启动柴发		
13	锅炉A段工作1恢复		
14	锅炉A段工作2恢复		
15	锅炉B段启动柴发		
16	DC COM		
17	DC COM		

图 18-150 删除掉多余图形后的结果

DO1

序号	功能说明	参数号	外部接线原理图
0	远程启动柴发		
1	位置反馈信号		
2	出线开关QF合闸		
3	出线开关QF分闸		
4	出线开关QF同期合闸		
5	汽机A馈线开关合闸		
6	汽机A馈线开关分闸		
7	汽机B馈线开关合闸		
8	汽机B馈线开关分闸		
9	锅炉A馈线开关合闸		
10	锅炉A馈线开关分闸		
11	锅炉B馈线开关合闸		
12	锅炉B馈线开关分闸		
13	脱硫馈线开关合闸		
14	脱硫馈线开关分闸		
15	汽机A工作进线1合闸		
16	DC COM		
17	VDC		

图 18-151 修改文字

D01

序号	功 能 说 明	参数号	外部接线原理图
0	远程启动柴发		
1	位置反馈信号		
2	出线开关QF合闸		
3	出线开关QF分闸		
4	出线开关QF同期合闸		
5	汽机A馈线开关合闸		
6	汽机A馈线开关分闸		
7	汽机B馈线开关合闸		
8	汽机B馈线开关分闸		
9	锅炉A馈线开关合闸		
10	锅炉A馈线开关分闸		
11	锅炉B馈线开关合闸		
12	锅炉B馈线开关分闸		
13	脱硫馈线开关合闸		
14	脱硫馈线开关分闸		
15	汽机A工作进线1合闸		
16	DC COM		
17	VDC		

图 18-152　绘制线路

D01

序号	功 能 说 明	参数号	外部接线原理图
0	远程启动柴发		
1	位置反馈信号		
2	出线开关QF合闸		
3	出线开关QF分闸		
4	出线开关QF同期合闸		
5	汽机A馈线开关合闸		
6	汽机A馈线开关分闸		
7	汽机B馈线开关合闸		
8	汽机B馈线开关分闸		
9	锅炉A馈线开关合闸		
10	锅炉A馈线开关分闸		
11	锅炉B馈线开关合闸		
12	锅炉B馈线开关分闸		
13	脱硫馈线开关合闸		
14	脱硫馈线开关分闸		
15	汽机A工作进线1合闸		
16	DC COM		
17	VDC		

图 18-153　绘制矩形

（6）单击“默认”选项卡“修改”面板中的“矩形阵列”按钮器，将矩形进行阵列，设置行数为“17”，列数为“1”，行偏移为-8.6mm，如图 18-154 所示。

（7）单击“默认”选项卡“修改”面板中的“删除”按钮，删除多余的矩形，如图 18-155 所示。

D01

序号	功 能 说 明	参数号	外部接线原理图
0	远程启动柴发		
1	位置反馈信号		
2	出线开关QF合闸		
3	出线开关QF分闸		
4	出线开关QF同期合闸		
5	汽机A馈线开关合闸		
6	汽机A馈线开关分闸		
7	汽机B馈线开关合闸		
8	汽机B馈线开关分闸		
9	锅炉A馈线开关合闸		
10	锅炉A馈线开关分闸		
11	锅炉B馈线开关合闸		
12	锅炉B馈线开关分闸		
13	脱硫馈线开关合闸		
14	脱硫馈线开关分闸		
15	汽机A工作进线1合闸		
16	DC COM		
17	VDC		

图 18-154　阵列矩形

D01

序号	功 能 说 明	参数号	外部接线原理图
0	远程启动柴发		
1	位置反馈信号		
2	出线开关QF合闸		
3	出线开关QF分闸		
4	出线开关QF同期合闸		
5	汽机A馈线开关合闸		
6	汽机A馈线开关分闸		
7	汽机B馈线开关合闸		
8	汽机B馈线开关分闸		
9	锅炉A馈线开关合闸		
10	锅炉A馈线开关分闸		
11	锅炉B馈线开关合闸		
12	锅炉B馈线开关分闸		
13	脱硫馈线开关合闸		
14	脱硫馈线开关分闸		
15	汽机A工作进线1合闸		
16	DC COM		
17	VDC		

图 18-155　删除矩形

（8）单击“默认”选项卡“块”面板中的“插入”按钮，将电源插入到图中，如图18-156所示。

D01

序号	功能说明	参数号	外部接线原理图
0	远程启动柴发		
1	位置反馈信号		
2	出线开关QF合闸		
3	出线开关QF分闸		
4	出线开关QF同期合闸		
5	汽机A馈线开关合闸		
6	汽机A馈线开关分闸		
7	汽机B馈线开关合闸		
8	汽机B馈线开关分闸		
9	锅炉A馈线开关合闸		
10	锅炉A馈线开关分闸		
11	锅炉B馈线开关合闸		
12	锅炉B馈线开关分闸		
13	脱硫馈线开关合闸		
14	脱硫馈线开关分闸		
15	汽机A工作进线1合闸		
16	DC COM		
17	VDC		

图18-156 插入电源

（9）单击“默认”选项卡“修改”面板中的“修剪”按钮，修剪掉多余的直线，如图18-157所示。

D01

序号	功能说明	参数号	外部接线原理图
0	远程启动柴发		
1	位置反馈信号		
2	出线开关QF合闸		
3	出线开关QF分闸		
4	出线开关QF同期合闸		
5	汽机A馈线开关合闸		
6	汽机A馈线开关分闸		
7	汽机B馈线开关合闸		
8	汽机B馈线开关分闸		
9	锅炉A馈线开关合闸		
10	锅炉A馈线开关分闸		
11	锅炉B馈线开关合闸		
12	锅炉B馈线开关分闸		
13	脱硫馈线开关合闸		
14	脱硫馈线开关分闸		
15	汽机A工作进线1合闸		
16	DC COM		
17	VDC		

图18-157 修剪直线

（10）单击“默认”选项卡“注释”面板中的“多行文字”按钮A，标注文字，如图18-158所示。

D01

序号	功能说明	参数号	外部接线原理图
0	远程启动柴发		14 13 QA1
1	位置反馈信号		14 13 QA2
2	出线开关QF合闸		14 13 QA3
3	出线开关QF分闸		14 13 QA4
4	出线开关QF同期合闸		14 13 QA5
5	汽机A馈线开关合闸		14 13 QA6
6	汽机A馈线开关分闸		14 13 QA7
7	汽机B馈线开关合闸		14 13 QA8
8	汽机B馈线开关分闸		14 13 QA9
9	锅炉A馈线开关合闸		14 13 QA10
10	锅炉A馈线开关分闸		14 13 QA11
11	锅炉B馈线开关合闸		14 13 QA12
12	锅炉B馈线开关分闸		14 13 QA13
13	脱硫馈线开关合闸		14 13 QA14
14	脱硫馈线开关分闸		14 13 QA15
15	汽机A工作进线1合闸		14 13 QA16
16	DC COM		24V
17	VDC		

图18-158 标注文字

2. 绘制DO1系统图

（1）单击“默认”选项卡“绘图”面板中的“直线”按钮，绘制连续直线，如图18-159所示。

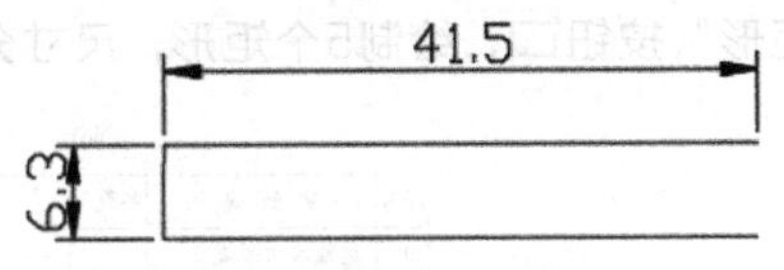

图18-159 绘制连续直线

（2）单击“默认”选项卡“绘图”面板中的“圆”按钮，绘制半径为0.8mm的圆，如图18-160所示。

（3）单击“默认”选项卡“绘图”面板中的“直线”按钮，在圆上绘制长度为2.4mm、角度为45°的斜线，完成端子符号的绘制，结果如图18-161所示。

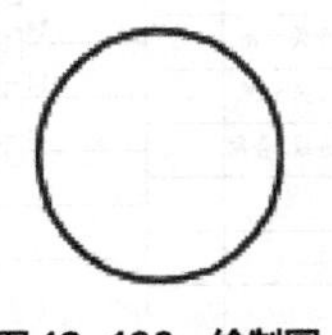

图18-160 绘制圆

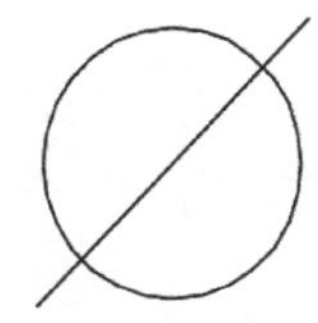

图18-161 绘制端子符号

（4）单击“默认”选项卡“修改”面板中的“复制”按钮，将端子符号复制到图中合适的位置处，结果如图18-162所示。

图 18-162 复制端子符号

（5）单击“默认”选项卡“块”面板中的“插入”按钮，将开关插入到图中，如图18-163所示。

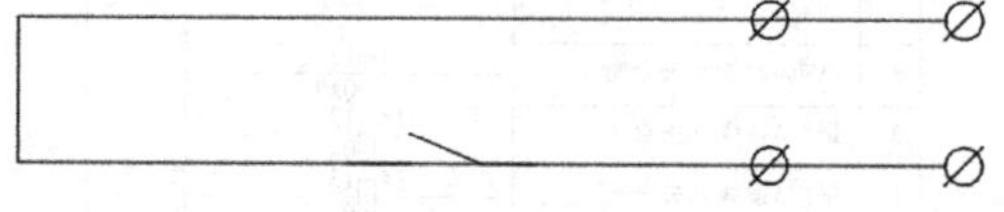

图 18-163 插入开关

（6）单击“默认”选项卡“修改”面板中的“修剪”按钮，修剪掉多余的直线，如图18-164所示。

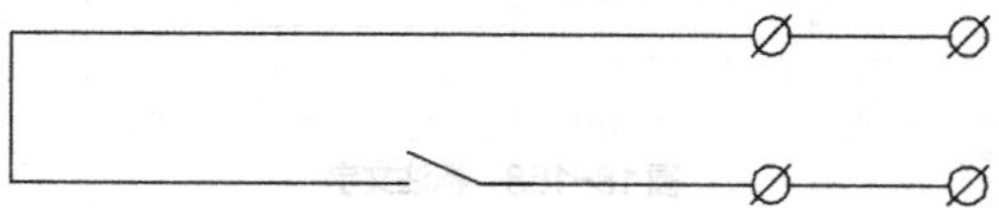

图 18-164 修剪直线

同理，绘制剩余图形，如图18-165所示。

（7）单击“默认”选项卡“绘图”面板中的“矩形”按钮，绘制5个矩形，尺寸分别为22.4mm×22mm，22.4mm×17.5mm，22.4mm×17.2mm，22.4mm×26mm，22.4mm×8.8mm，并将线型设置为HIDDEN。

（8）单击“默认”选项卡“修改”面板中的“复制”按钮和“移动”按钮，布置矩形，如图18-166所示。

（9）单击“默认”选项卡“注释”面板中的“多行文字”按钮 A，标注文字，如图18-167所示。

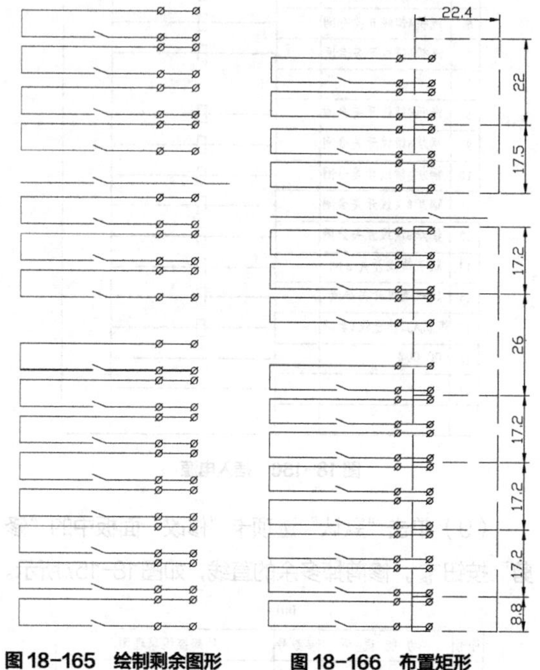

图 18-165 绘制剩余图形　　图 18-166 布置矩形

DO1

序号	功能说明	参数号	外部接线原理图
0	远程启动柴发		14 13 QA1
1	位置反馈信号		14 13 QA2
2	出线开关QF合闸		14 13 QA3
3	出线开关QF分闸		14 13 QA4
4	出线开关QF同期合闸		14 13 QA5
5	汽机A馈线开关合闸		14 13 QA6
6	汽机A馈线开关分闸		14 13 QA7
7	汽机B馈线开关合闸		14 13 QA8
8	汽机B馈线开关分闸		14 13 QA9
9	锅炉A馈线开关合闸		14 13 QA10
10	锅炉A馈线开关分闸		14 13 QA11
11	锅炉B馈线开关合闸		14 13 QA12
12	锅炉B馈线开关分闸		14 13 QA13
13	脱硫馈线开关合闸		14 13 QA14
14	脱硫馈线开关分闸		14 13 QA15
15	汽机A工作进线1合闸		14 13 QA16
16	DC COM		
17	VDC		24V

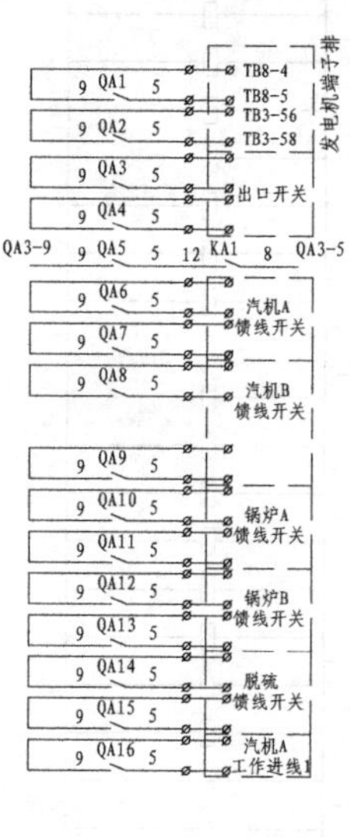

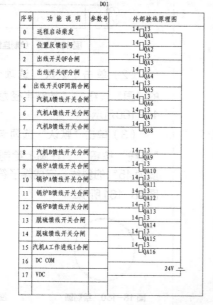

图 18-167 标注文字

3. 绘制DO2原理图功能说明表

单击“默认”选项卡“修改”面板中的“复制”按钮，复制DO1原理图功能说明表，并修改文字，完成DO2表的绘制，如图18-168所示。

DO2

序号	功能说明	参数号	外部接线原理图
0	汽机A工作进线2合闸		14 13 QA17
1	汽机B工作进线1合闸		14 13 QA18
2	汽机B工作进线2合闸		14 13 QA19
3	锅炉A工作进线1合闸		14 13 QA20
4	锅炉A工作进线2合闸		14 13 QA21
5	锅炉B工作进线1合闸		14 13 QA22
6	锅炉B工作进线2合闸		14 13 QA23
7	脱硫工作进线1合闸		14 13 QA24
8	脱硫工作进线2合闸		14 13 QA25
9	汽机A工作进线1PT		14 13 QA26
10	汽机A工作进线2PT		14 13 QA27
11	汽机B工作进线1PT		14 13 QA28
12	汽机B工作进线2PT		14 13 QA29
13	锅炉A工作进线1PT		14 13 QA30
14	锅炉A工作进线2PT		14 13 QA31
15	锅炉B工作进线1PT		14 13 QA32
16	DC COM		
17	VDC		24V

图18-168 绘制DO2表

4. 绘制DO2系统图

（1）单击“默认”选项卡“修改”面板中的“复制”按钮，将DO1系统图复制过来，然后单击“默认”选项卡“修改”面板中的“删除”按钮，删除掉多余的图形，并进行整理，结果如图18-169所示。

（2）单击“默认”选项卡“修改”面板中的“矩形阵列”按钮，将上步的图形进行阵列，设置行数为“17”，列数为“1”，行偏移为-8.6mm，如图18-170所示。

（3）单击“默认”选项卡“修改”面板中的“删除”按钮，删除多余的图形，如图18-171所示。

（4）单击“默认”选项卡“绘图”面板中的“矩形”按钮，绘制一个22.4mm×8.6mm的矩形，并将线型设置为HIDDEN，如图18-172所示。

（5）单击“默认”选项卡“修改”面板中的“复制”按钮，将矩形进行复制，如图18-173所示。

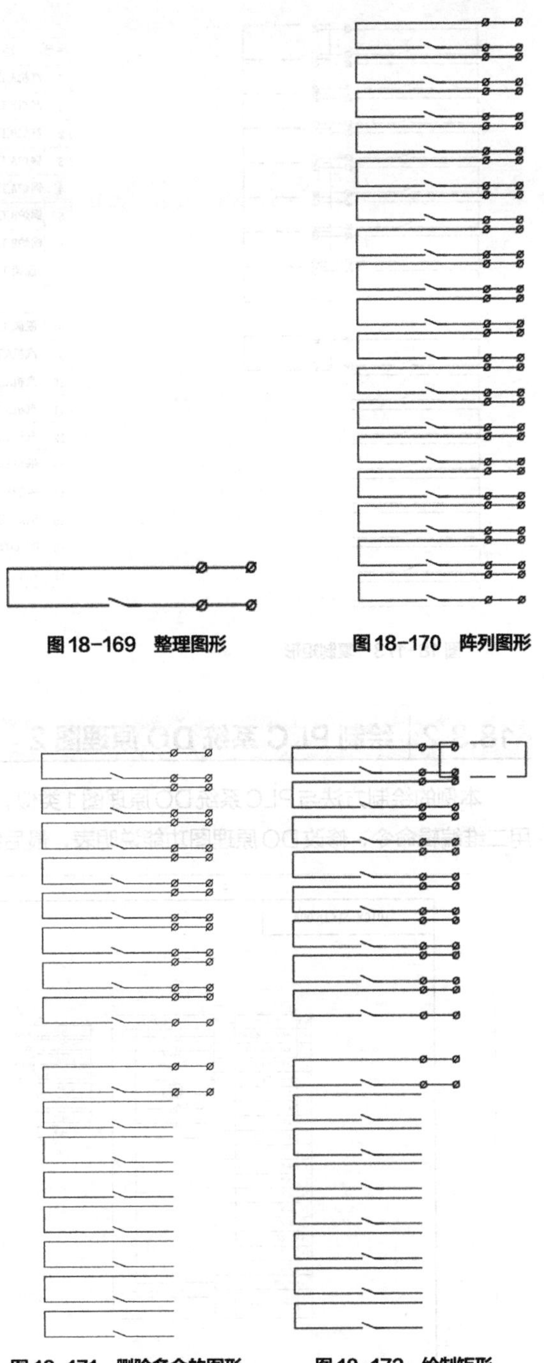

图18-169 整理图形

图18-170 阵列图形

图18-171 删除多余的图形

图18-172 绘制矩形

（6）单击“默认”选项卡“注释”面板中的“多行文字”按钮A，标注文字，如图18-174所示。

（7）双击图框内的文字“PLC系统DI原理图1”，修改为“PLC系统DO原理图1”，完成PLC系统DO原理图1的绘制，结果如图18-149所示。

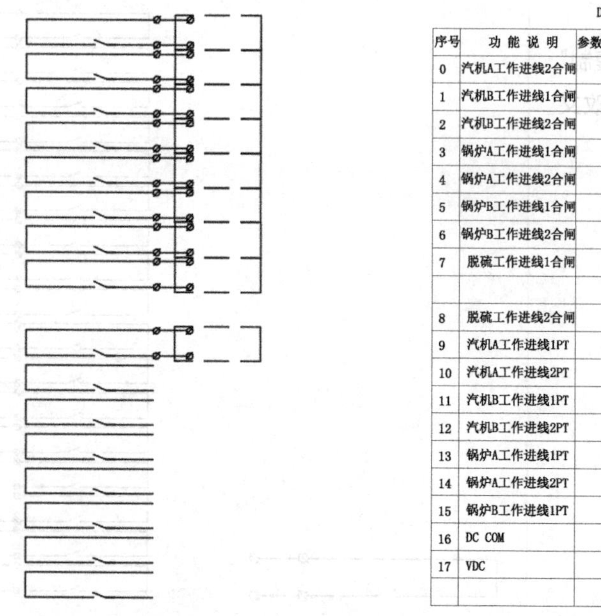

图 18-173　复制矩形

D02
序号
功 能 说 明
参数号
外部接线原理图
0 汽机A工作进线2合闸
1 汽机B工作进线1合闸
2 汽机B工作进线2合闸
3 锅炉A工作进线1合闸
4 锅炉A工作进线2合闸
5 锅炉B工作进线1合闸
6 锅炉B工作进线2合闸
7 脱硫工作进线1合闸
8 脱硫工作进线2合闸
9 汽机A工作进线1PT
10 汽机A工作进线2PT
11 汽机B工作进线1PT
12 汽机B工作进线2PT
13 锅炉A工作进线1PT
14 锅炉A工作进线2PT
15 锅炉B工作进线1PT
16 DC COM
17 VDC
QA17
QA18
QA19
QA20
QA21
QA22
QA23
QA24
QA25
QA26
QA27
QA28
QA29
QA30
QA31
QA32
24V

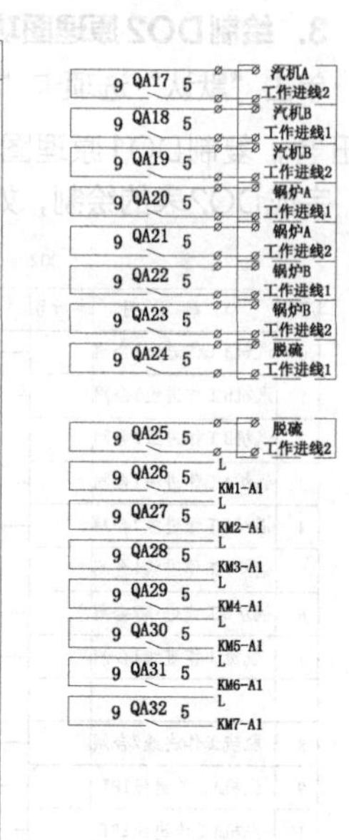

图 18-174　标注文字

18.3.2 绘制 PLC 系统 DO 原理图 2

本例的绘制方法与PLC系统DO原理图1类似，首先打开前面绘制的“PLC系统DO原理图1”，然后利用二维编辑命令，修改DO原理图功能说明表，最后绘制系统图，绘制结果如图18-175所示。

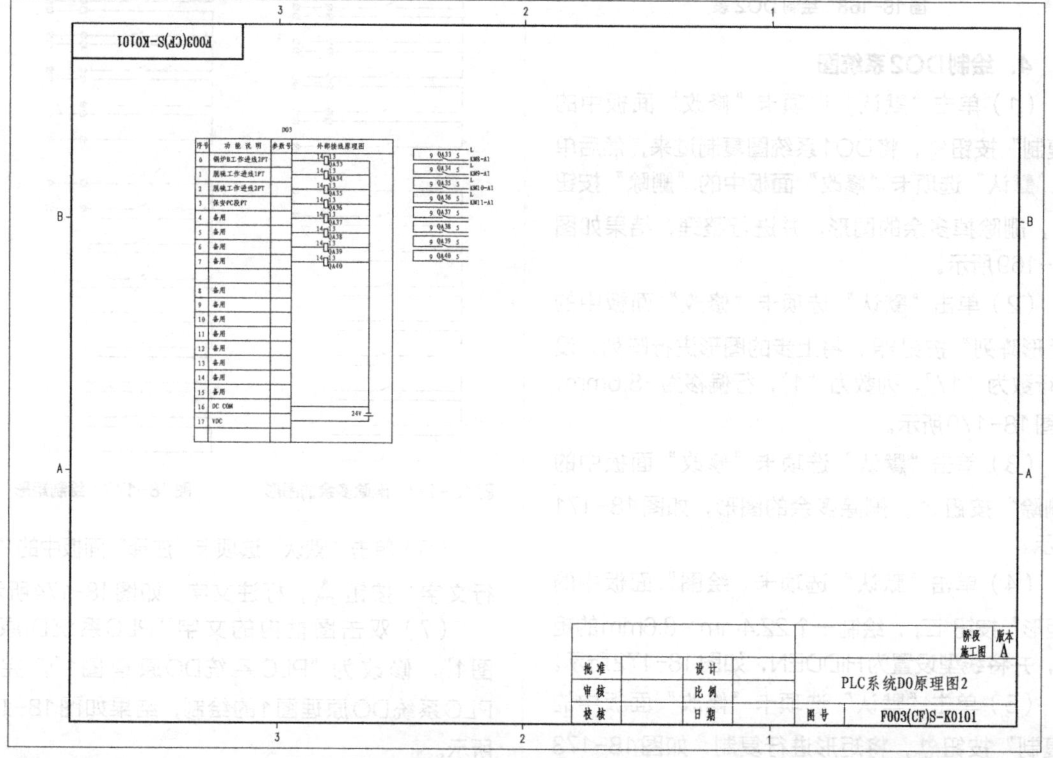

图 18-175　PLC 系统 DO 原理图 2

1. 绘制DO3原理图功能说明表

（1）单击“快速访问”工具栏中的“打开”按钮，将“PLC系统DO原理图1.dwg”打开，然后另存为“PLC系统DO原理图2.dwg”。

（2）单击“默认”选项卡“修改”面板中的“删除”按钮，删除掉表内多余的图形，如图18-176所示。

DO1

序号	功能说明	参数号	外部接线原理图
0	远程启动柴发		14 13 QA1
1	位置反馈信号		14 13 QA2
2	出线开关QF合闸		14 13 QA3
3	出线开关QF分闸		14 13 QA4
4	出线开关QF同期合闸		14 13 QA5
5	汽机A馈线开关合闸		14 13 QA6
6	汽机A馈线开关分闸		14 13 QA7
7	汽机B馈线开关合闸		14 13 QA8
8	汽机B馈线开关分闸		
9	锅炉A馈线开关合闸		
10	锅炉A馈线开关分闸		
11	锅炉B馈线开关合闸		
12	锅炉B馈线开关分闸		
13	脱硫馈线开关合闸		
14	脱硫馈线开关分闸		
15	汽机A工作进线1合闸		
16	DC COM		
17	VDC		24V

图18-176　删除图形

（3）修改DO1表内的文字内容，在修改文字时，可以直接双击文字进行修改，并将DO1修改为DO3，结果如图18-177所示。

DO3

序号	功能说明	参数号	外部接线原理图
0	锅炉B工作进线2PT		14 13 QA33
1	脱硫工作进线1PT		14 13 QA34
2	脱硫工作进线2PT		14 13 QA35
3	保安PC段PT		14 13 QA36
4	备用		14 13 QA37
5	备用		14 13 QA38
6	备用		14 13 QA39
7	备用		14 13 QA40
8	备用		
9	备用		
10	备用		
11	备用		
12	备用		
13	备用		
14	备用		
15	备用		
16	DC COM		
17	VDC		24V

图18-177　修改文字

2. 绘制系统图

（1）单击“默认”选项卡“修改”面板中的“删除”按钮，对DO1系统图进行修改整理，如图18-178所示。

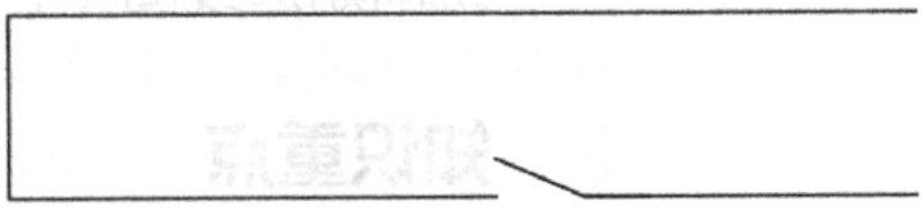

图18-178　整理图形

（2）单击“默认”选项卡“修改”面板中的“矩形阵列”按钮，将上步的图形进行阵列，设置行数为“8”，列数为“1”，行偏移为-8.6mm，如图18-179所示。

（3）单击“默认”选项卡“注释”面板中的“多行文字”按钮A，标注文字，如图18-180所示。

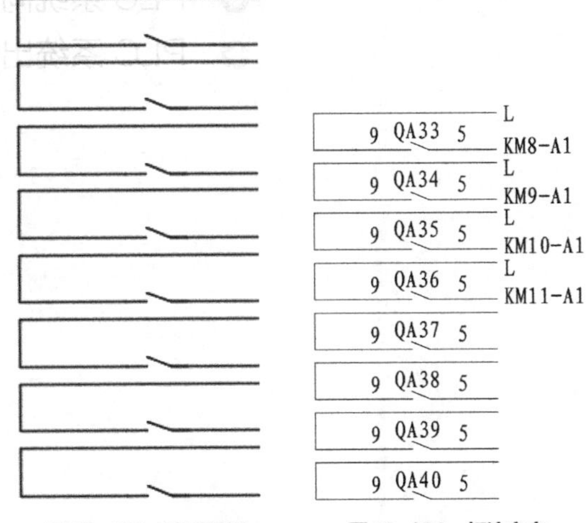

图18-179　阵列图形　　图18-180　标注文字

（4）双击图框内的文字“PLC系统DO原理图1”，修改为“PLC系统DO原理图2”，完成PLC系统DO原理图2的绘制，结果如图18-175所示。

第 19 章

PLC 系统端子接线图

PLC 系统端子接线图是柴油发电机 PLC 控制系统设计的重要组成部分，本章将对手动复归继电器接线图、PLC 系统同期选线图和 PLC 系统出线端子图的绘制过程进行介绍。

知识重点

- 手动复归继电器接线图
- PLC 系统同期选线图
- PLC 系统出线端子图

19.1 手动复归继电器接线图

手动复归继电器接线图是柴油发电机PLC控制系统设计的重要组成部分，其绘制的大体思路是：首先设置绘图环境，然后利用二维绘制和编辑命令绘制开关模块和寄存器模块，最后绘制柴油发电机扩展模块。

本节将详细讲述手动复归继电器接线图的绘制过程，绘制结果如图 19-1 所示。

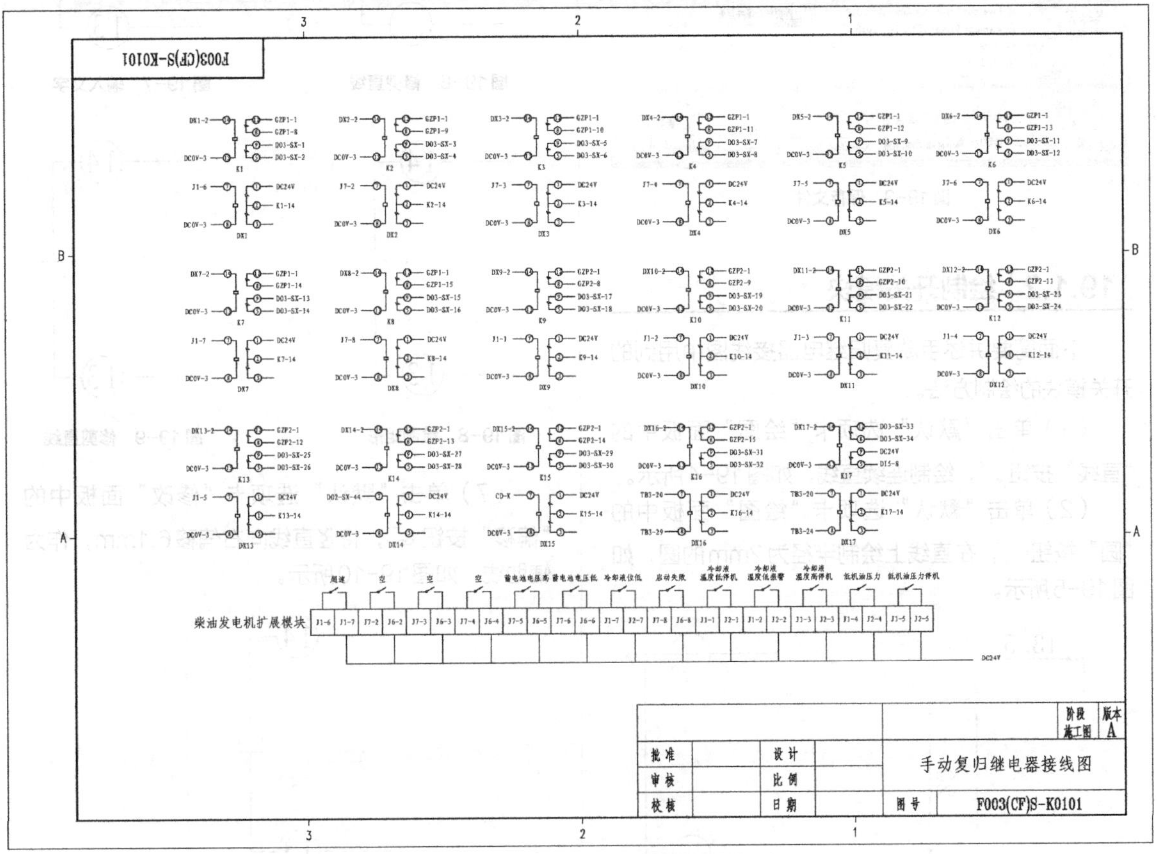

图 19-1 手动复归继电器接线图

19.1.1 设置绘图环境

（1）打开AutoCAD 2020应用程序，单击“快速访问”工具栏中的“新建”按钮，打开“选择样板”对话框，如图19-2所示，以“无样板打开-公制（M）”方式打开一个新的空白图形文件。

（2）单击“快速访问”工具栏中的“保存”按钮，打开“图形另存为”对话框，如图19-3所示，将文件保存为“手动复归继电器接线图.dwg”图形文件。

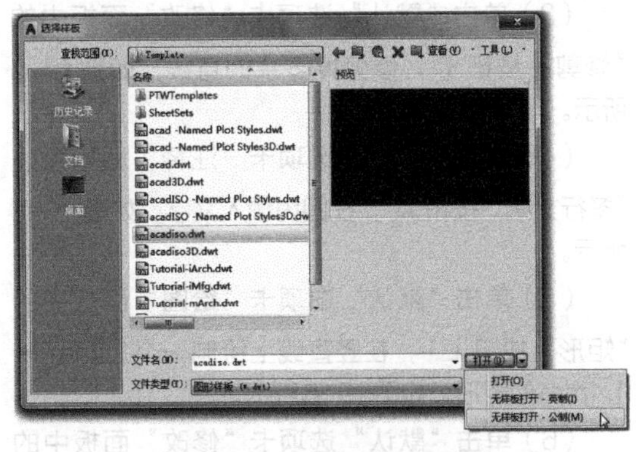

图 19-2 “选择样板”对话框

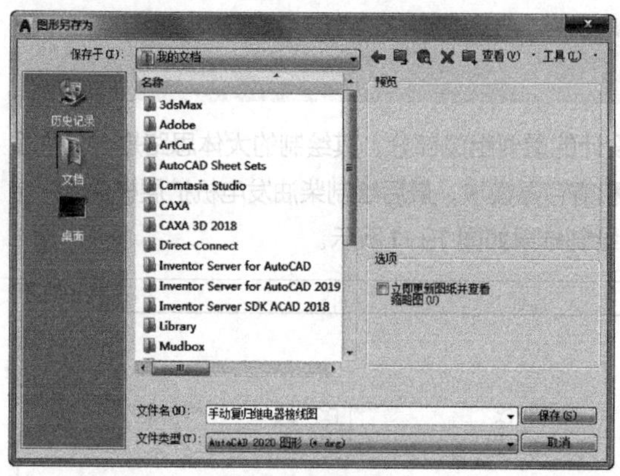

图 19-3　保存文件

19.1.2 绘制开关模块

下面简要讲述手动复归继电器接线图中用到的开关模块的绘制方法。

（1）单击“默认”选项卡“绘图”面板中的“直线”按钮╱，绘制连续直线，如图19-4所示。

（2）单击“默认”选项卡“绘图”面板中的“圆”按钮⊙，在直线上绘制半径为2mm的圆，如图19-5所示。

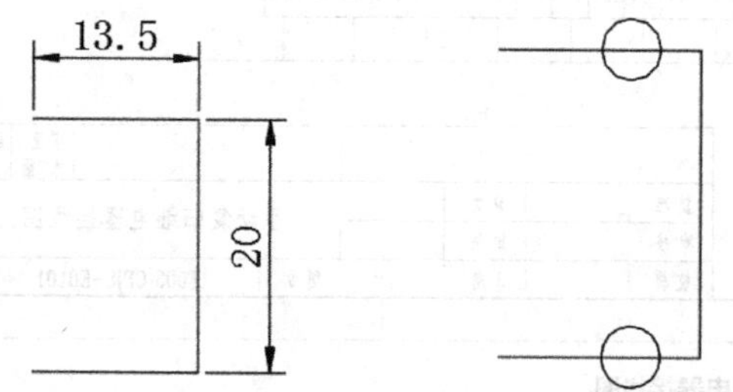

图 19-4　绘制连续直线　　图 19-5　绘制圆

（3）单击“默认”选项卡“修改”面板中的“修剪”按钮✂，修剪掉多余的直线，如图19-6所示。

（4）单击“默认”选项卡“注释”面板中的“多行文字”按钮A，在圆内输入文字，如图19-7所示。

（5）单击“默认”选项卡“绘图”面板中的“矩形”按钮▭，在竖直线上绘制一个2.2mm×1.4mm的矩形，如图19-8所示。

（6）单击“默认”选项卡“修改”面板中的“修剪”按钮✂，修剪矩形内的直线，如图19-9所示。

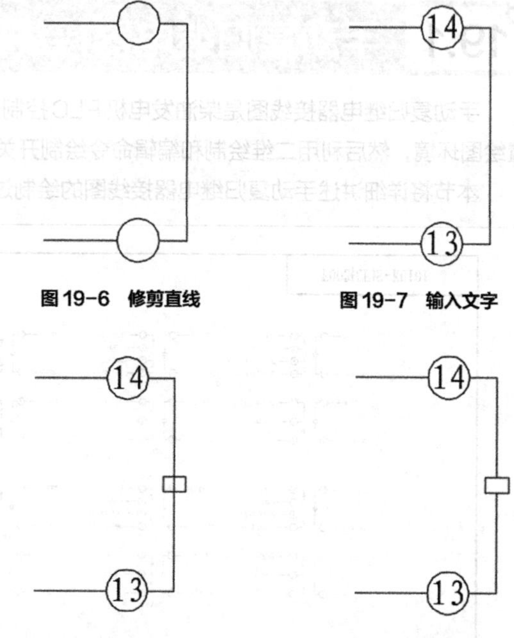

图 19-6　修剪直线　　图 19-7　输入文字

图 19-8　绘制矩形　　图 19-9　修剪直线

（7）单击“默认”选项卡“修改”面板中的“偏移”按钮⊆，将竖直线向右偏移6.1mm，作为辅助线，如图19-10所示。

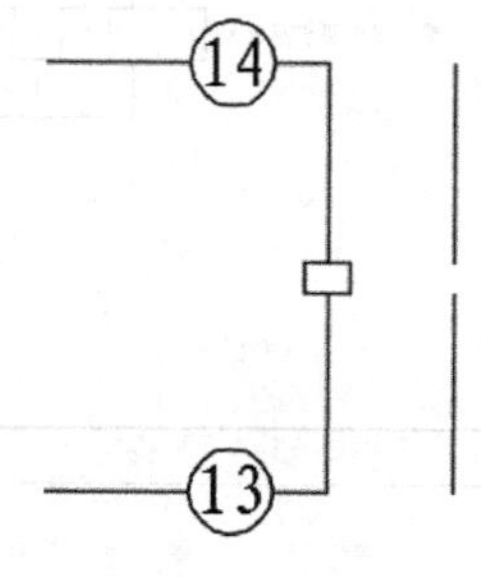

图 19-10　偏移直线

（8）单击“默认”选项卡“绘图”面板中的“直线”按钮╱，根据辅助线绘制图形，如图19-11所示。

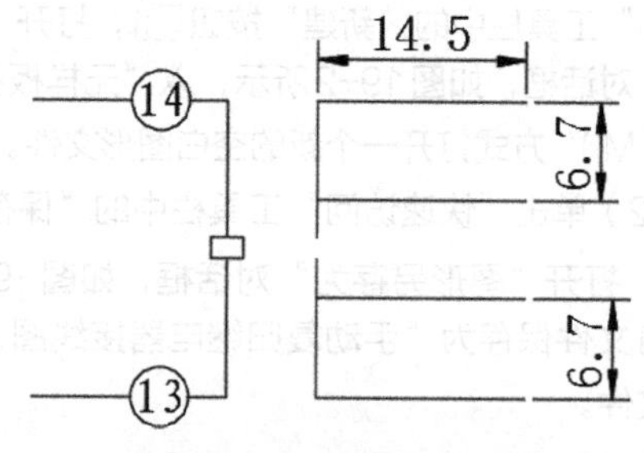

图 19-11　绘制图形

（9）单击“默认”选项卡“修改”面板中的“修剪”按钮✂，修剪掉多余的直线，如图19-12所示。

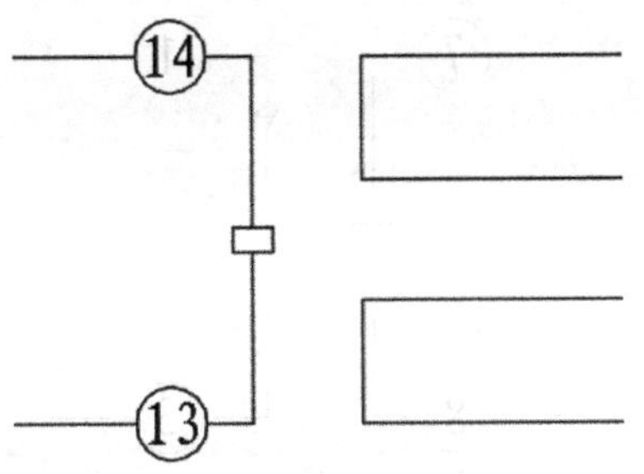

图 19-12 修剪直线

（10）单击“默认”选项卡“修改”面板中的“复制”按钮，复制标号，如图19-13所示。

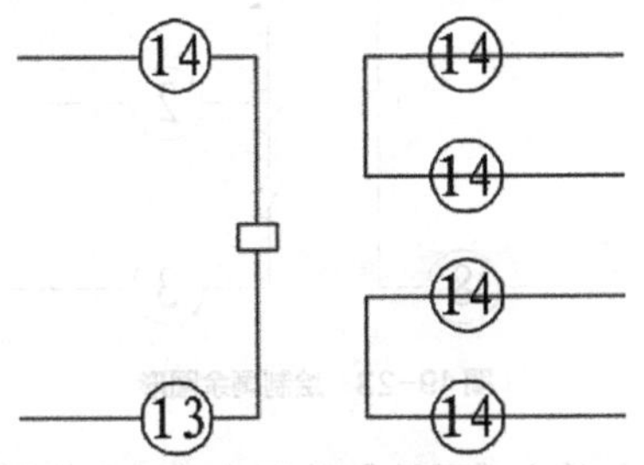

图 19-13 复制标号

（11）单击“默认”选项卡“修改”面板中的“修剪”按钮✂，修剪圆内直线，然后双击文字，修改文字内容，如图19-14所示。

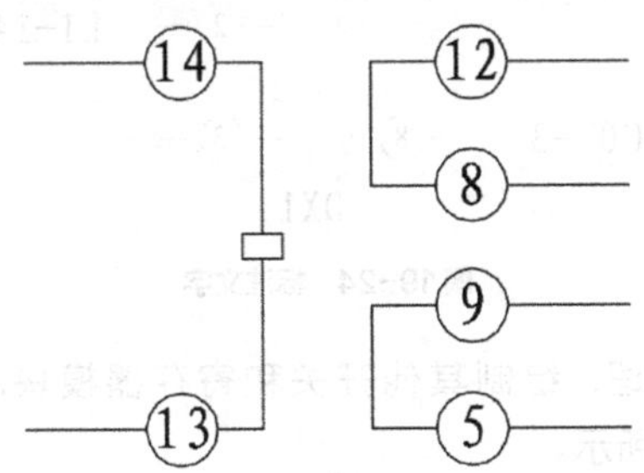

图 19-14 修剪直线与修改文字

（12）单击“默认”选项卡“绘图”面板中的“直线”按钮╱，绘制一条斜线，如图19-15所示。

（13）单击“默认”选项卡“修改”面板中的“打断”按钮，打断竖线，如图19-16所示。

（14）单击“默认”选项卡“绘图”面板中的“直线”按钮╱，绘制连续线段，如图19-17所示。

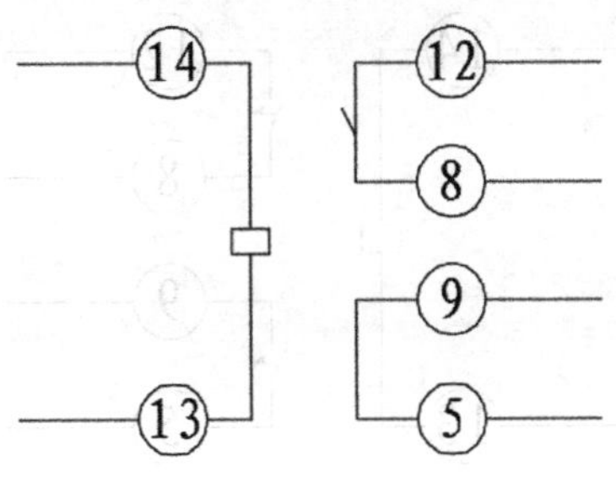

图 19-15 绘制斜线

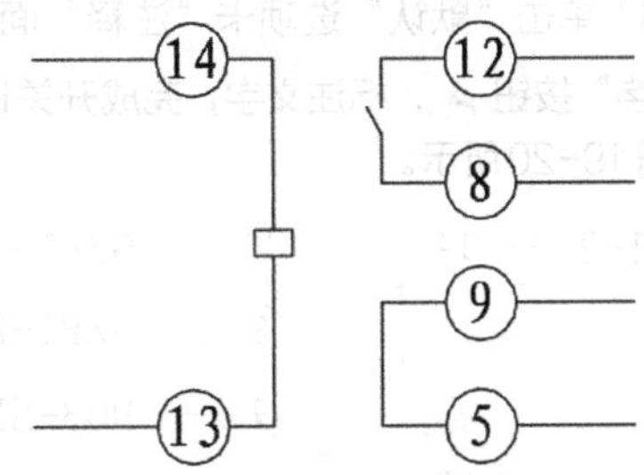

图 19-16 打断竖线

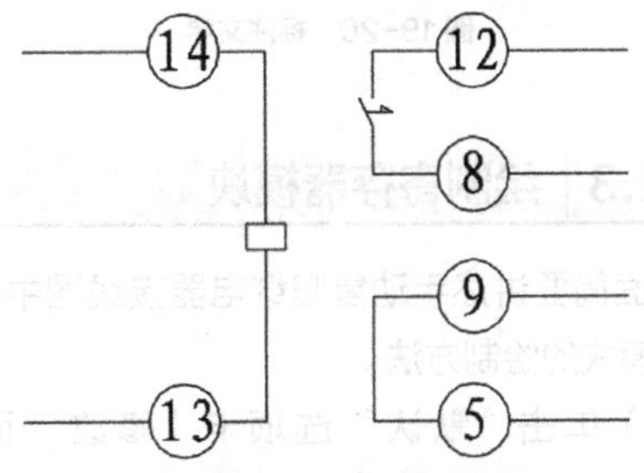

图 19-17 绘制连续线段

（15）单击“默认”选项卡“绘图”面板中的“图案填充”按钮，打开“图案填充创建”选项卡，选择SOLID图案，填充三角形，如图19-18所示。

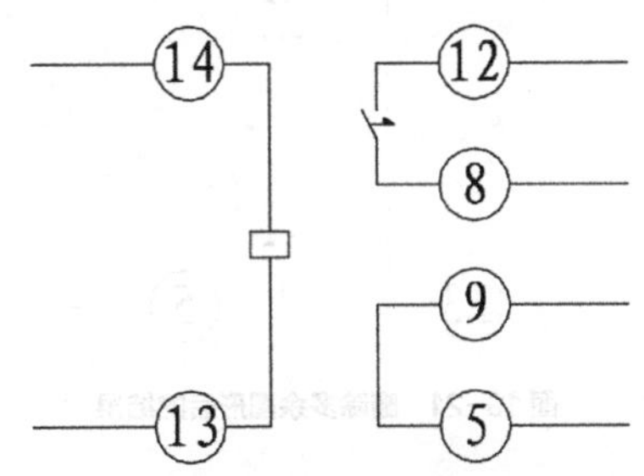

图 19-18 填充三角形

同理，绘制下侧斜线上的图形，如图19-19所示。

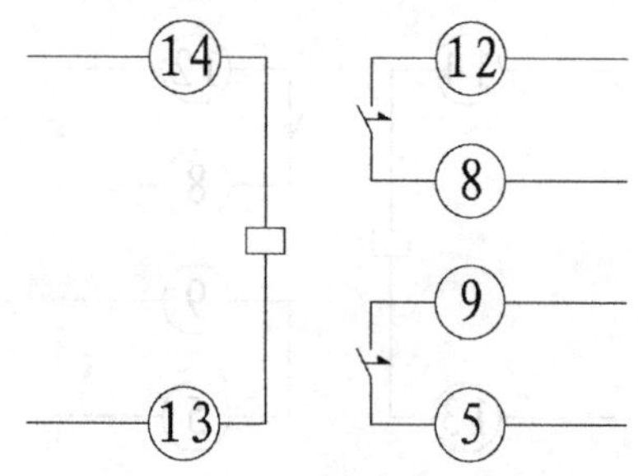

图 19-19　绘制下侧斜线上的图形

（16）单击“默认”选项卡“注释”面板中的“多行文字”按钮 A，标注文字，完成开关K1的绘制，如图19-20所示。

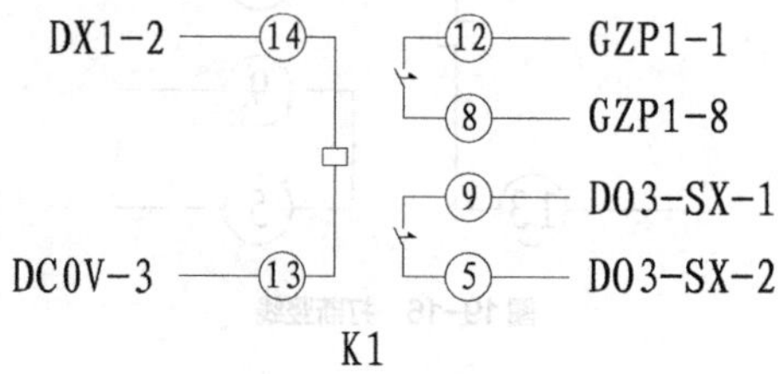

图 19-20　标注文字

19.1.3 绘制寄存器模块

下面简要讲述手动复归继电器接线图中用到的寄存器模块的绘制方法。

（1）单击“默认”选项卡“修改”面板中的“复制”按钮，将开关K1模块进行复制，然后单击“默认”选项卡“修改”面板中的“删除”按钮，删除多余的图形，结果如图19-21所示。

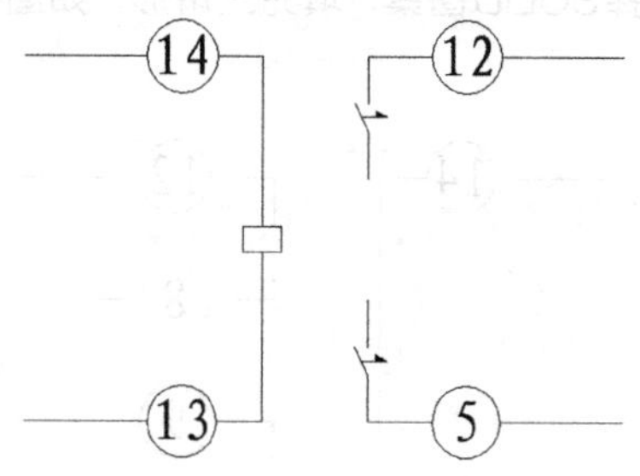

图 19-21　删除多余图形后的结果

（2）双击文字，修改圆内的文字，如图19-22所示。

（3）单击“默认”选项卡“绘图”面板中的“直线”按钮、“圆”按钮和“注释”面板中的“多行文字”按钮 A，绘制剩余图形，如图19-23所示。

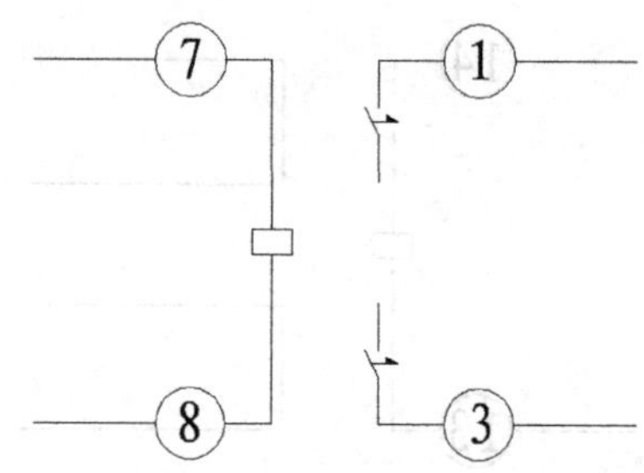

图 19-22　修改圆内的文字

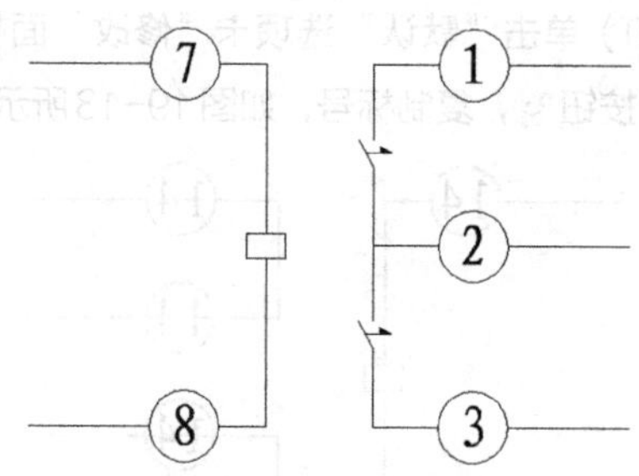

图 19-23　绘制剩余图形

（4）单击“默认”选项卡“注释”面板中的“多行文字”按钮 A，标注文字，完成寄存器DX1模块的绘制，如图19-24所示。

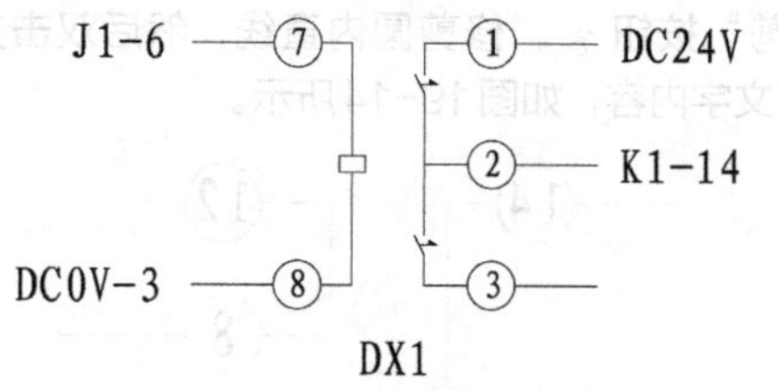

图 19-24　标注文字

同理，绘制其他开关和寄存器模块，如图19-25所示。

19.1.4 绘制柴油发电机扩展模块

在绘制完开关模块和寄存器模块后，最后绘制出柴油发电机扩展模块，具体绘制方法如下。

（1）单击“默认”选项卡“绘图”面板中的“矩形”按钮，绘制一个342mm×13.7mm的矩形，如图19-26所示。

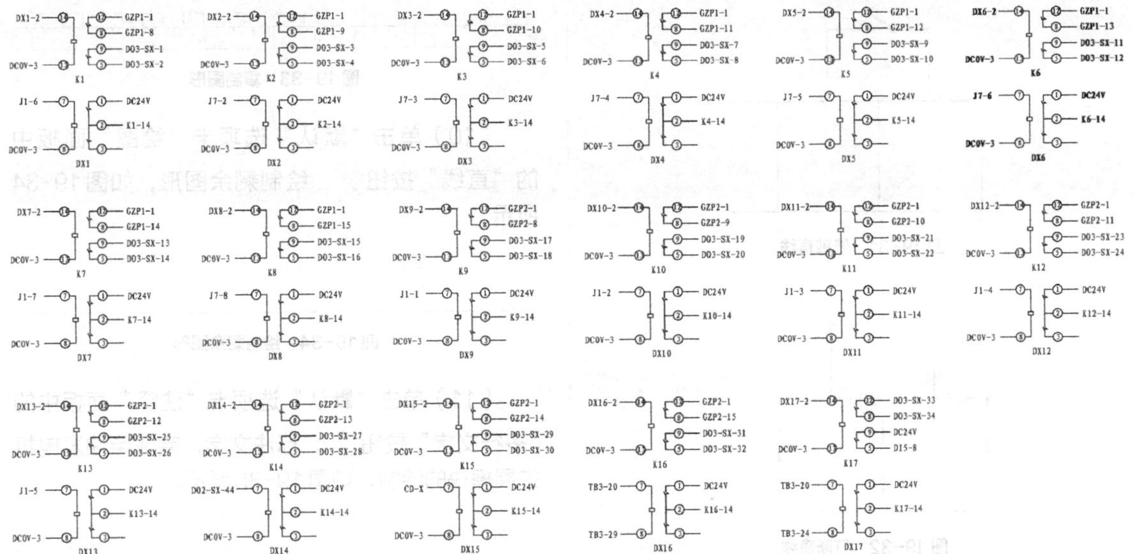

图 19-25　绘制其他开关和寄存器模块

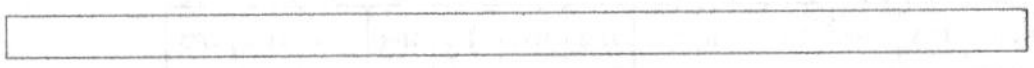

图 19-26　绘制矩形

（2）单击“默认”选项卡“修改”面板中的“分解”按钮，将矩形分解。

（3）选择菜单栏中的“绘图”→“点”→“定数等分”命令，将上侧水平线等分为26份。

（4）单击“默认”选项卡“绘图”面板中的“直线”按钮，根据等分点绘制多条竖直线，如图19-27所示。

图 19-27　绘制竖直线

（5）单击“默认”选项卡“绘图”面板中的“直线”按钮，绘制连续线段，如图19-28所示。

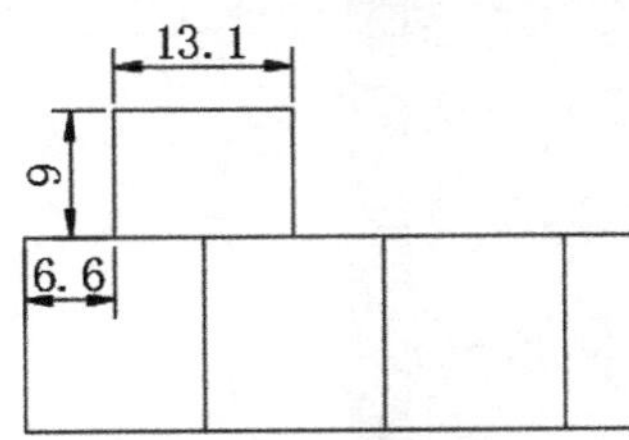

图 19-28　绘制连续线段

重复“直线”命令，打开状态栏上的“极轴追踪”功能，绘制长为4.7mm、角度为30°的斜线，如图19-29所示。

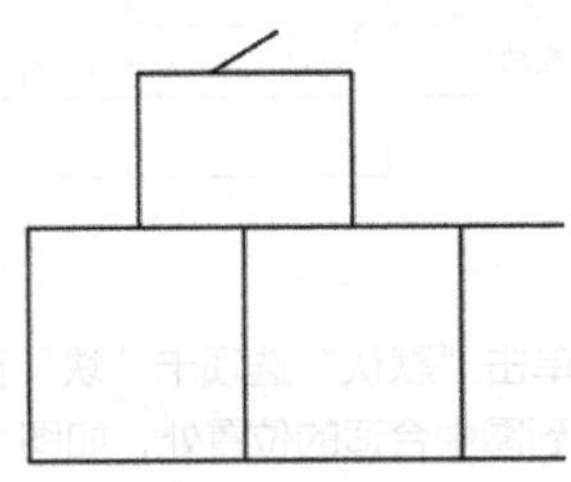

图 19-29　绘制斜线

（6）单击“默认”选项卡“绘图”面板中的“圆”按钮，绘制半径为0.5mm的圆，如图19-30所示。

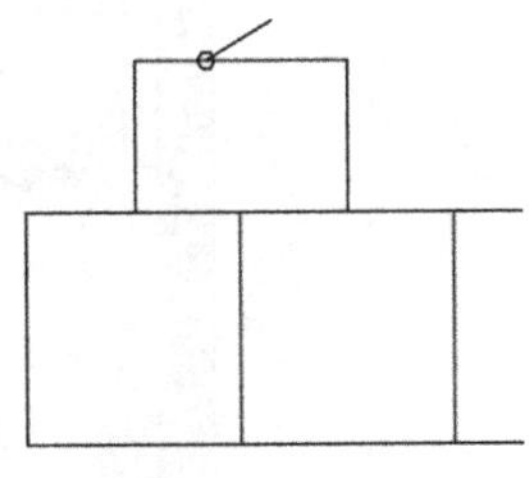

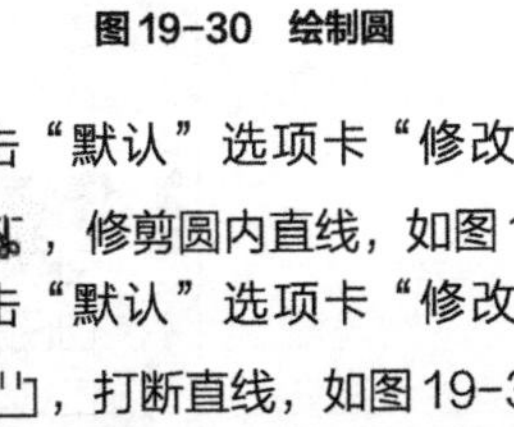

图 19-30　绘制圆

（7）单击“默认”选项卡“修改”面板中的“修剪”按钮，修剪圆内直线，如图19-31所示。

（8）单击“默认”选项卡“修改”面板中的“打断”按钮，打断直线，如图19-32所示。

（9）单击“默认”选项卡“修改”面板中的“复制”按钮，将图形向右复制12次，如图19-33所示。

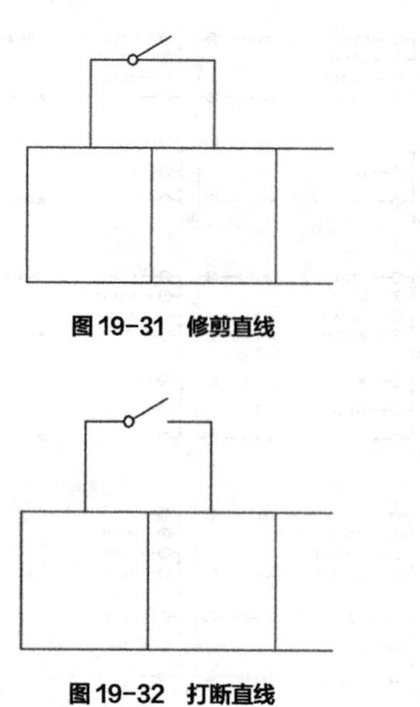

图 19-31 修剪直线

图 19-32 打断直线

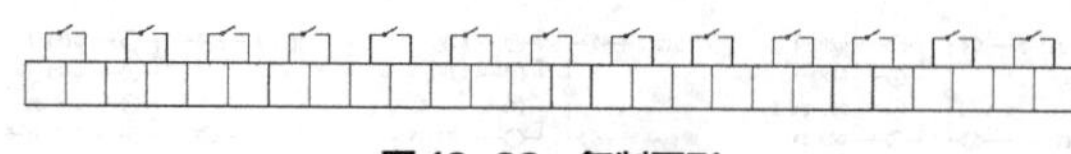

图 19-33 复制图形

（10）单击“默认”选项卡“绘图”面板中的“直线”按钮╱，绘制剩余图形，如图19-34所示。

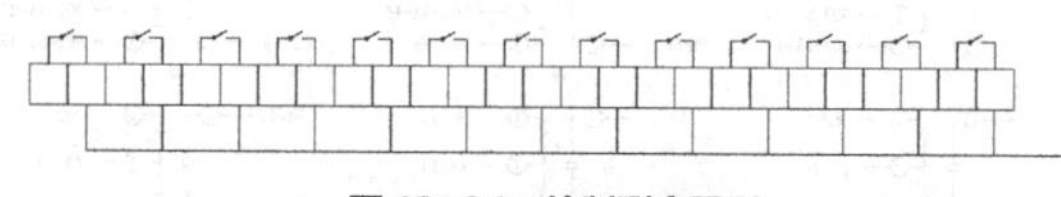

图 19-34 绘制剩余图形

（11）单击“默认”选项卡“注释”面板中的“多行文字”按钮 A，标注文字，完成柴油发电机扩展模块的绘制，如图19-35所示。

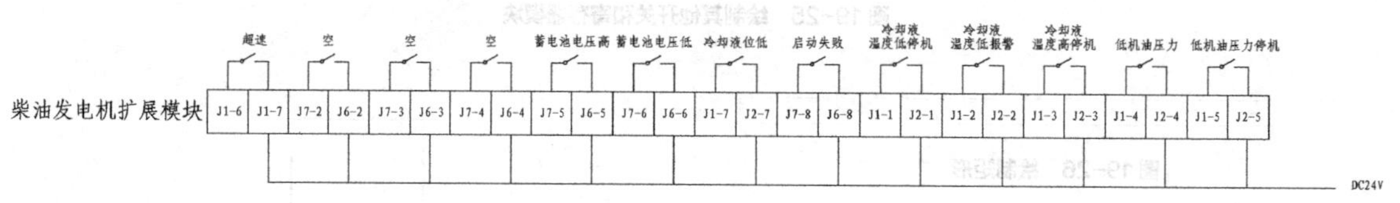

图 19-35 标注文字

（12）单击“默认”选项卡“块”面板中的“插入”按钮，打开“插入”选项板，如图19-36所示，将图框插入到图中合适的位置处，如图19-37所示。

（13）单击“默认”选项卡“注释”面板中的“多行文字”按钮 A，在图框内输入图纸名称，结果如图19-1所示。

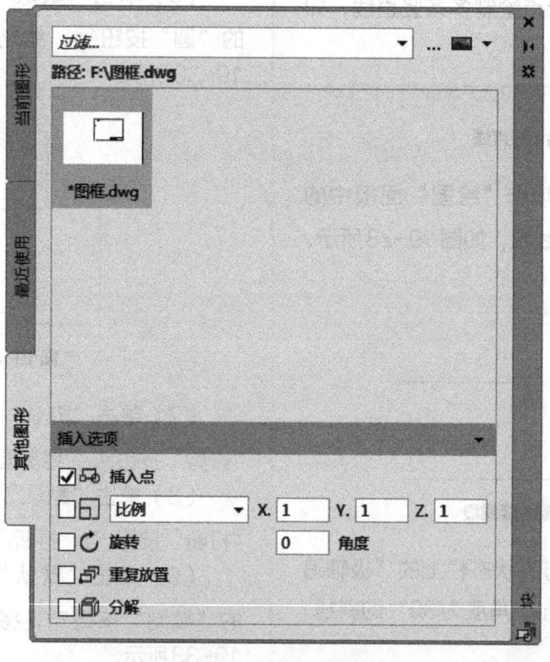

图 19-36 “插入”选项板

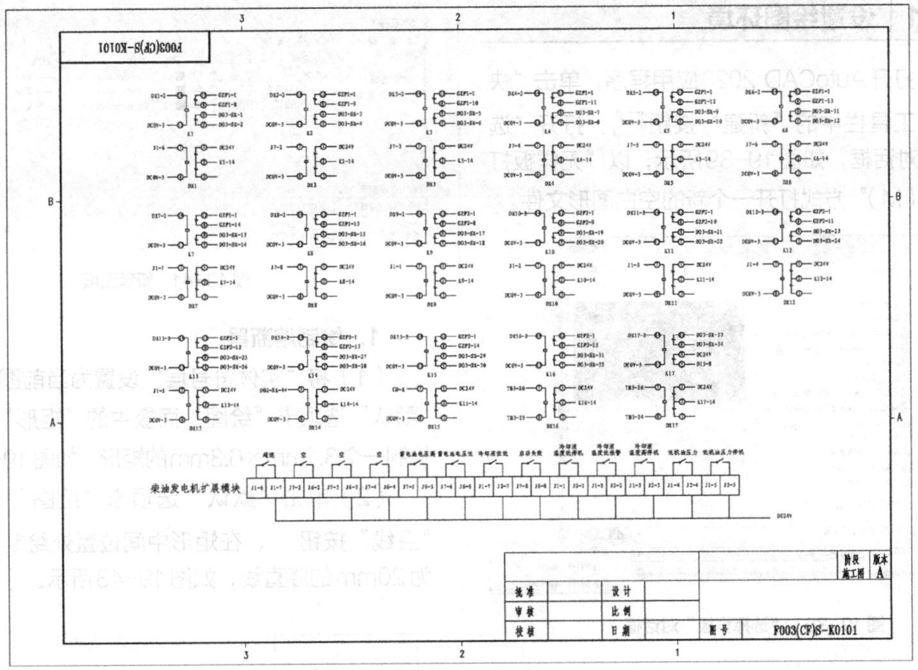

图 19-37 插入图框

19.2 PLC 系统同期选线图

PLC系统同期选线图是柴油发电机PLC控制系统设计的重要组成部分，其绘制的大体思路是：首先设置绘图环境，然后结合二维绘图和编辑命令绘制电气符号，最后绘制选线图。

本节将详细讲述PLC系统同期选线图的绘制过程，绘制结果如图 19-38 所示。

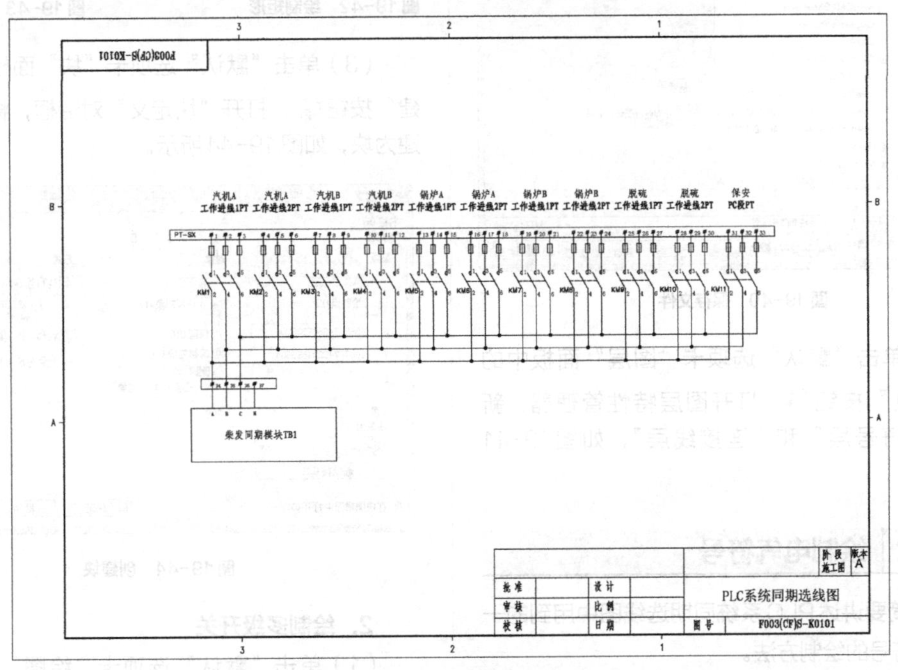

图 19-38 PLC 系统同期选线图

19.2.1 设置绘图环境

（1）打开AutoCAD 2020应用程序，单击“快速访问”工具栏中的“新建”按钮，打开“选择样板”对话框，如图19-39所示，以“无样板打开-公制（M）”方式打开一个新的空白图形文件。

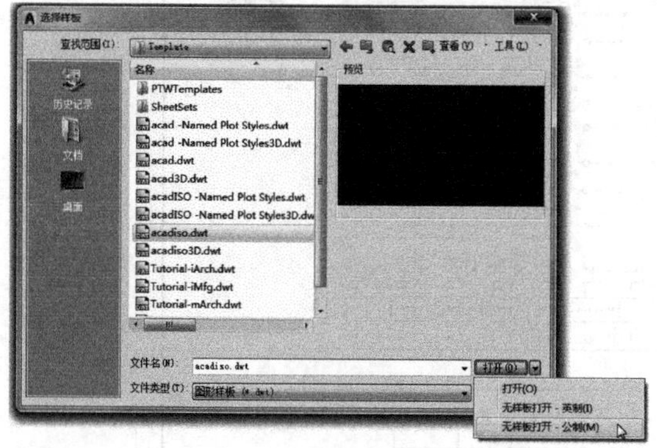

图19-39 “选择样板”对话框

（2）单击“快速访问”工具栏中的“保存”按钮，打开“图形另存为”对话框，如图19-40所示，将文件保存为“PLC系统同期选线图.dwg”图形文件。

图19-40 保存文件

（3）单击“默认”选项卡“图层”面板中的“图层特性”按钮，打开图层特性管理器，新建“实体符号层”和“连接线层”，如图19-41所示。

19.2.2 绘制电气符号

下面简要讲述PLC系统同期选线图中用到的一些元器件符号的绘制方法。

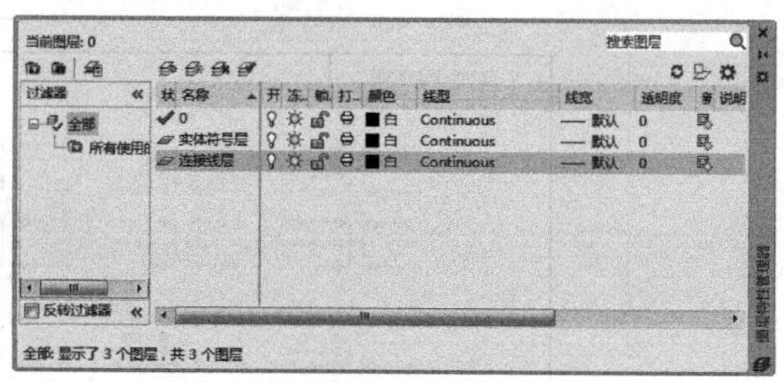

图19-41 新建图层

1. 绘制熔断器

（1）将“实体符号层”设置为当前图层，单击“默认”选项卡“绘图”面板中的“矩形”按钮，绘制一个3.1mm×6.3mm的矩形，如图19-42所示。

（2）单击“默认”选项卡“绘图”面板中的“直线”按钮，在矩形中间位置处绘制一条长度为20mm的竖直线，如图19-43所示。

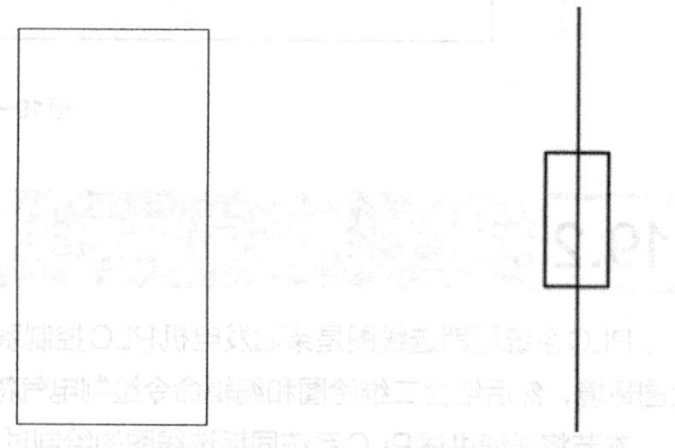

图19-42 绘制矩形　　图19-43 绘制竖直线

（3）单击“默认”选项卡“块”面板中的“创建”按钮，打开“块定义”对话框，将熔断器创建为块，如图19-44所示。

图19-44 创建块

2. 绘制多级开关

（1）单击“默认”选项卡“绘图”面板中的

“直线”按钮╱，绘制长度分别为8mm、10mm和8mm的3段直线，如图19-45所示。

图19-45 绘制直线

（2）单击“默认”选项卡“修改”面板中的“旋转”按钮↻，将中间的直线旋转30°，如图19-46所示。

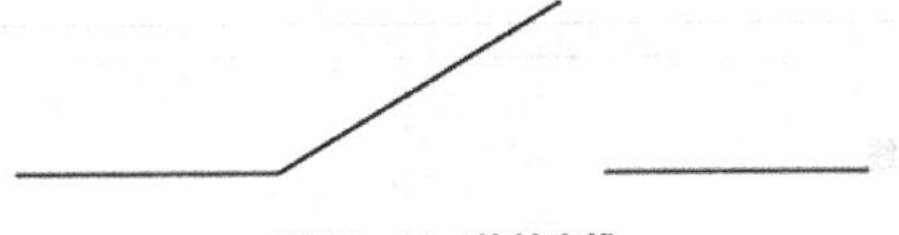

图19-46 旋转直线

（3）单击“默认”选项卡“修改”面板中的“拉长”按钮╱，将斜线拉长2.8mm，如图19-47所示。

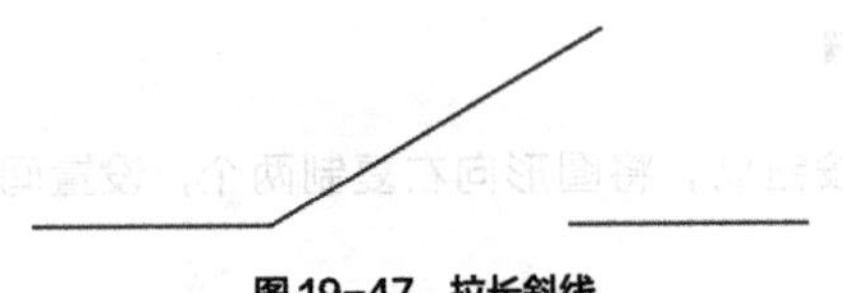

图19-47 拉长斜线

（4）单击“默认”选项卡“绘图”面板中的“圆”按钮⊙，绘制半径为1.3mm的圆，如图19-48所示。

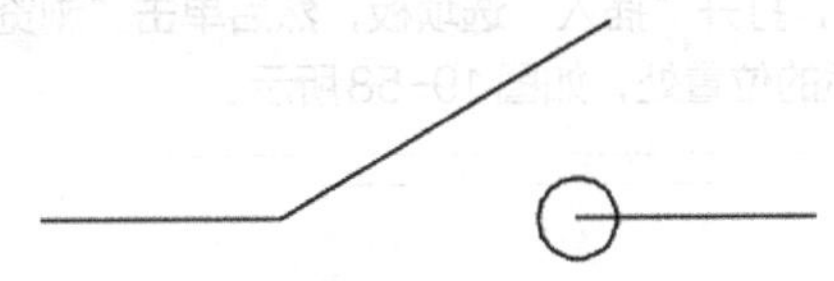

图19-48 绘制圆

（5）单击“默认”选项卡“修改”面板中的“移动”按钮✥，移动圆，使该圆的左象限点与右侧水平线的左端点重合，结果如图19-49所示。

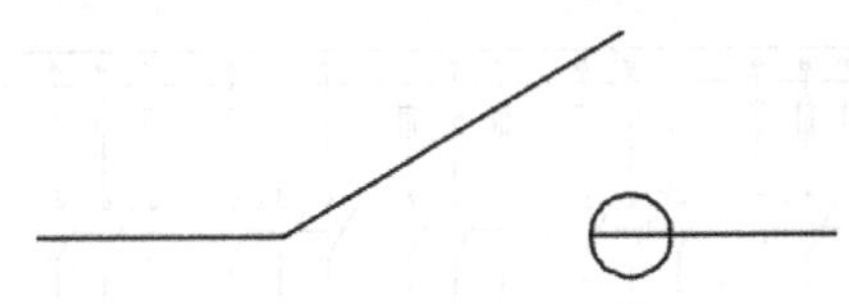

图19-49 移动圆

（6）单击“默认”选项卡“修改”面板中的“修剪”按钮✂，修剪圆，完成开关的绘制，如图19-50所示。

图19-50 修剪圆

（7）单击“默认”选项卡“修改”面板中的“复制”按钮，将开关向下复制两个，设置间距为10mm，如图19-51所示。

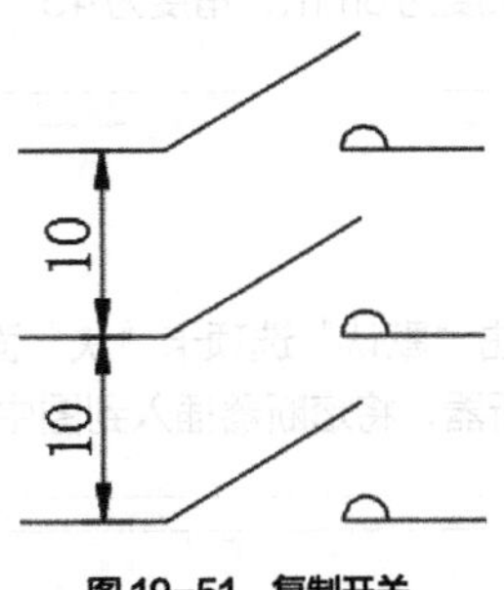

图19-51 复制开关

（8）单击“默认”选项卡“绘图”面板中的“直线”按钮╱，捕捉斜线中点为起点，绘制一条直线，设置线型为ACAD_ISO02W100，线型比例为0.3，完成多级开关的绘制，结果如图19-52所示。

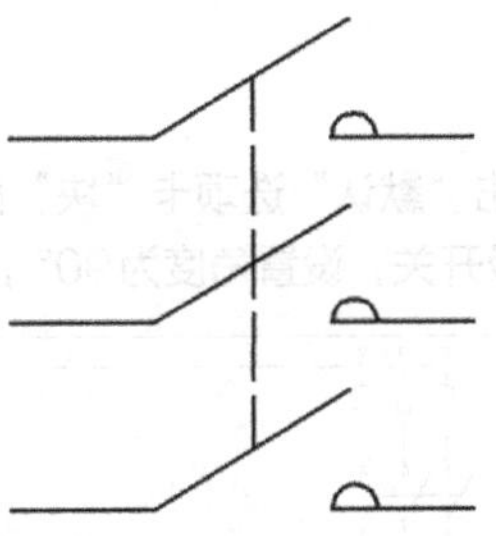

图19-52 绘制虚线

（9）单击“默认”选项卡“块”面板中的“创建”按钮，打开“块定义”对话框，将多级开关创建为块。

19.2.3 绘制选线图

绘制完元器件符号后，在此基础上进一步绘制和完善选线图，下面简要讲述其方法。

（1）将“连接线层”设置为当前图层，单击“默认”选项卡“绘图”面板中的“矩形”按钮□，绘制一个长为432.8mm、宽为7mm的矩形，如图19-53所示。

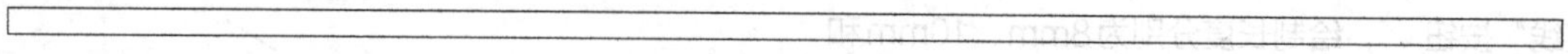

图 19-53　绘制矩形

（2）单击“默认”选项卡“绘图”面板中的“圆”按钮，绘制一个半径为1mm的圆，如图19-54所示。

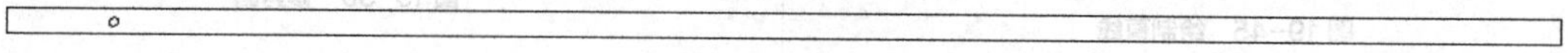

图 19-54　绘制圆

（3）单击“默认”选项卡“绘图”面板中的“直线”按钮，打开状态栏上的“极轴追踪”功能，在圆上绘制一条长度为3mm、角度为45°的斜线，完成端子符号的绘制，如图19-55所示。

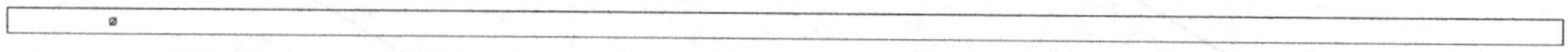

图 19-55　绘制斜线

（4）单击“默认”选项卡“块”面板中的“插入”按钮，打开“插入”选项板，然后单击“浏览”按钮，找到熔断器，将熔断器插入到图中合适的位置处，如图19-56所示。

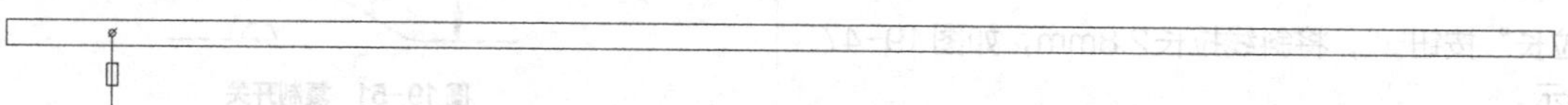

图 19-56　插入熔断器

（5）单击“默认”选项卡“修改”面板中的“复制”按钮，将图形向右复制两个，设置间距为10mm，如图19-57所示。

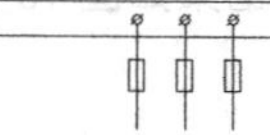

图 19-57　复制图形

（6）单击“默认”选项卡“块”面板中的“插入”按钮，打开“插入”选项板，然后单击“浏览”按钮，找到多级开关，设置角度为90°，将多级开关插入图中合适的位置处，如图19-58所示。

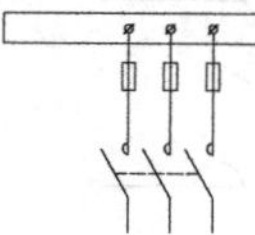

图 19-58　插入多级开关

（7）单击“默认”选项卡“修改”面板中的“矩形阵列”按钮，将端子符号、熔断器和多级开关进行阵列，设置行数为“1”，列数为“11”，列偏移为37mm，如图19-59所示。

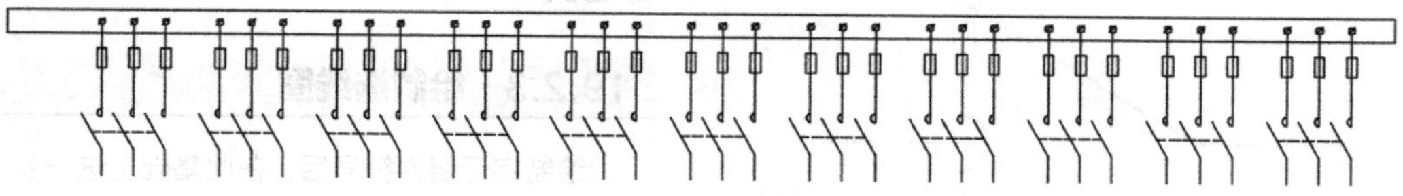

图 19-59　阵列图形

（8）单击“默认”选项卡“修改”面板中的“分解”按钮，将上方的矩形分解。

（9）单击“默认”选项卡“修改”面板中的“偏移”按钮，将矩形的下侧边向下偏移67.6mm、9mm、9mm和31.6mm，如图19-60所示。

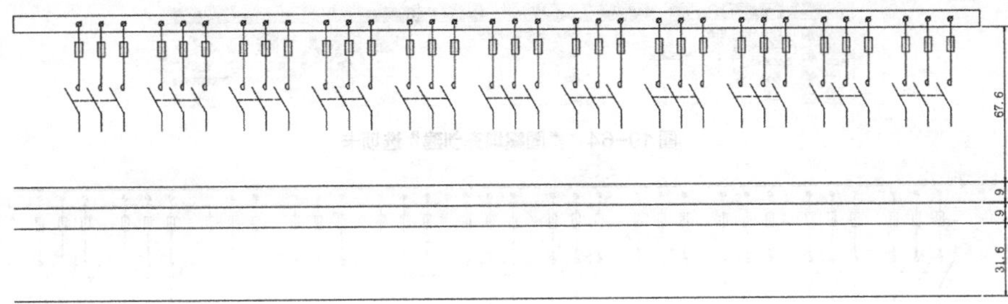

图 19-60　偏移直线

（10）单击“默认”选项卡“绘图”面板中的“直线”按钮╱，绘制线路，如图 19-61 所示。

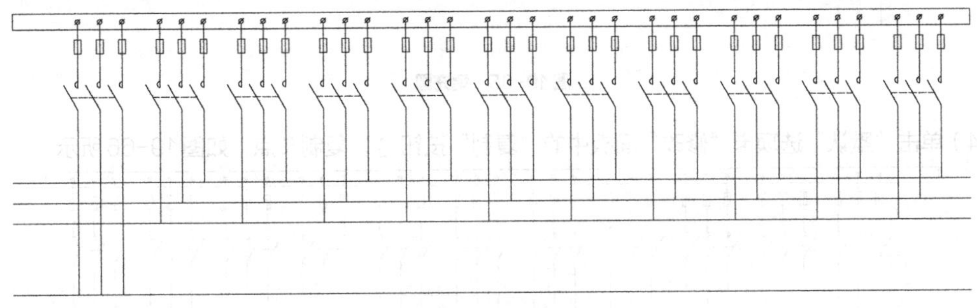

图 19-61　绘制线路

（11）单击“默认”选项卡“修改”面板中的“修剪”按钮✂，修剪掉多余的直线，如图 19-62 所示。

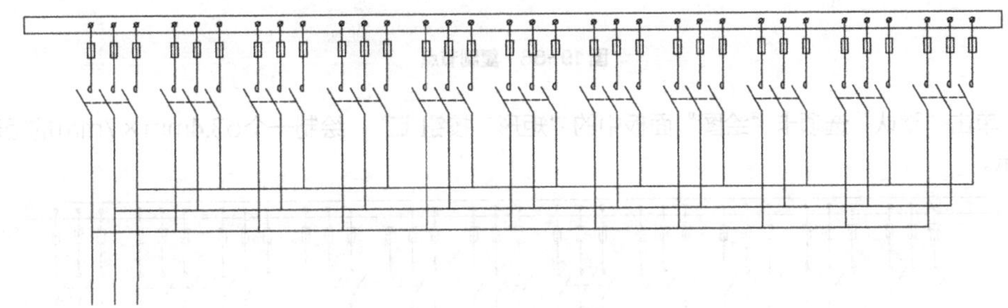

图 19-62　修剪直线

（12）单击“默认”选项卡“绘图”面板中的“圆”按钮⊙，在图中合适的位置处绘制一个半径为 1mm 的圆，如图 19-63 所示。

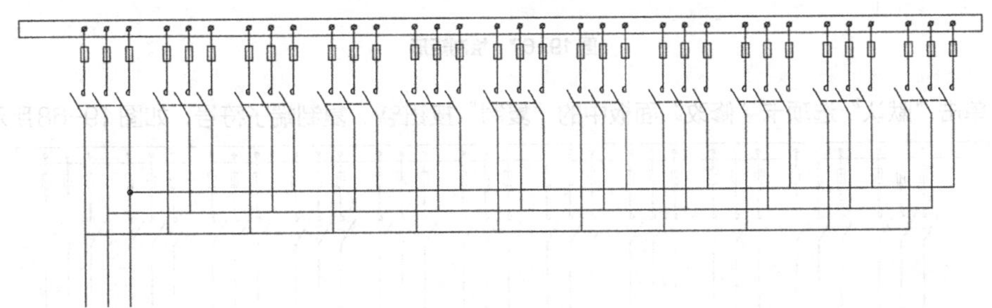

图 19-63　绘制圆

（13）单击“默认”选项卡“绘图”面板中的“图案填充”按钮▦，打开“图案填充创建”选项卡，如图 19-64 所示，选择 SOLID 图案，填充圆，完成节点的绘制，如图 19-65 所示。

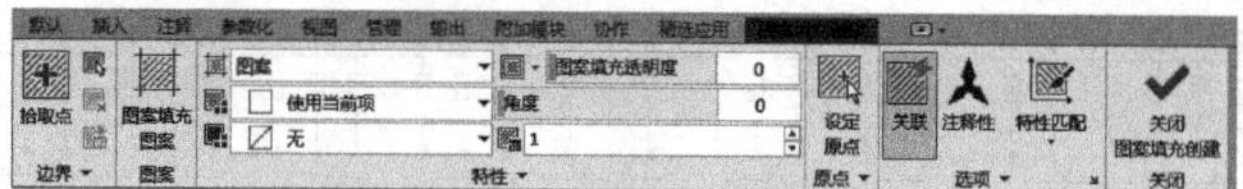

图 19-64 “图案填充创建”选项卡

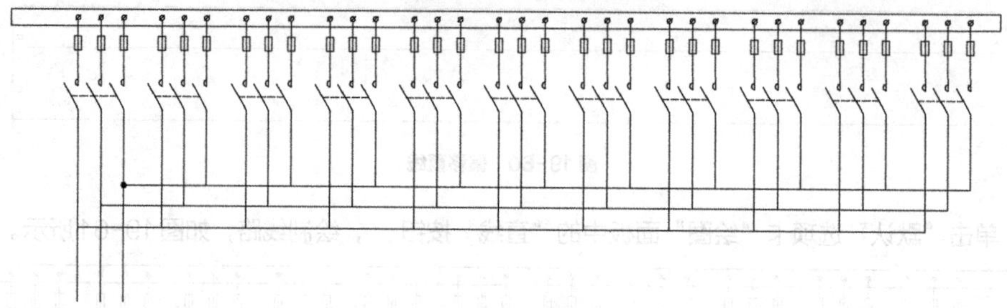

图 19-65 填充圆

（14）单击“默认”选项卡“修改”面板中的“复制”按钮，复制节点，如图 19-66 所示。

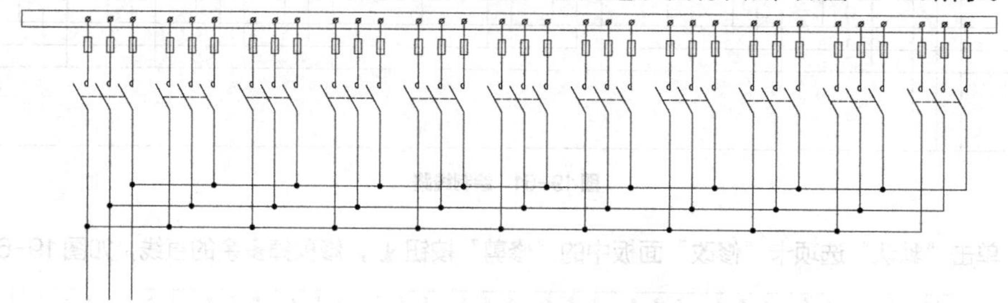

图 19-66 复制节点

（15）单击“默认”选项卡“绘图”面板中的“矩形”按钮，绘制一个 53.4mm×7mm 的矩形，如图 19-67 所示。

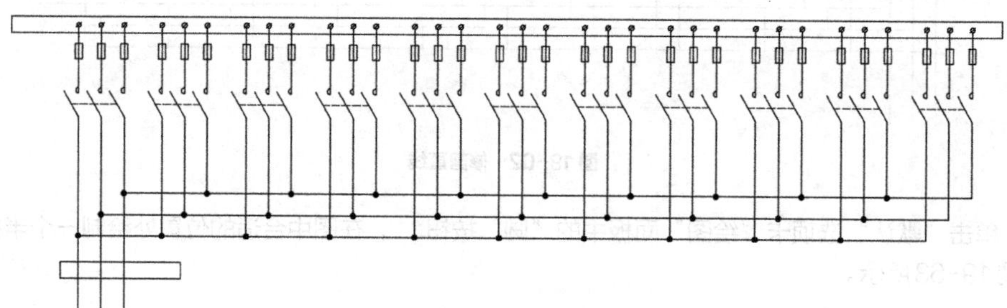

图 19-67 绘制矩形

（16）单击“默认”选项卡“修改”面板中的“复制”按钮，复制端子符号，如图 19-68 所示。

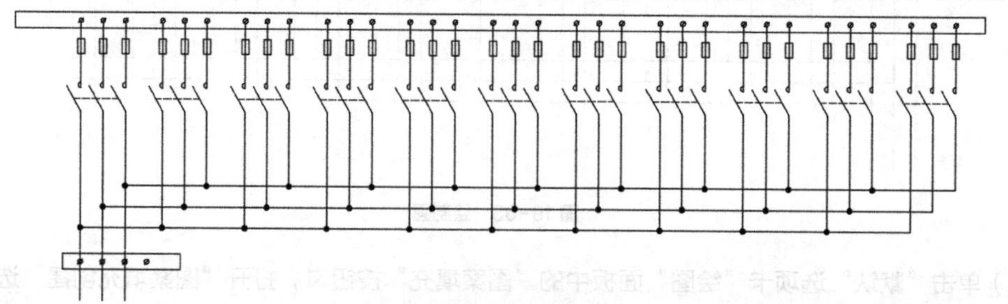

图 19-68 复制端子符号

（17）单击“默认”选项卡“绘图”面板中的“直线”按钮╱，继续绘制线路，如图19-69所示。

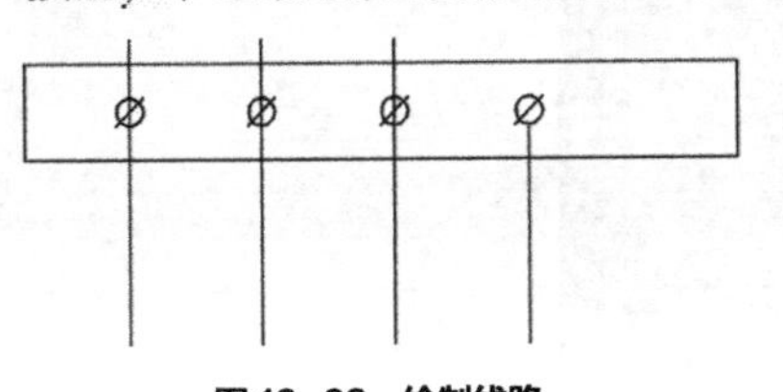

图 19-69 绘制线路

（18）单击“默认”选项卡“绘图”面板中的“矩形”按钮▭，绘制一个103mm×37mm的矩形作为模块，如图19-70所示。

（19）单击“默认”选项卡“注释”面板中的“多行文字”按钮A，标注文字，如图19-71所示。

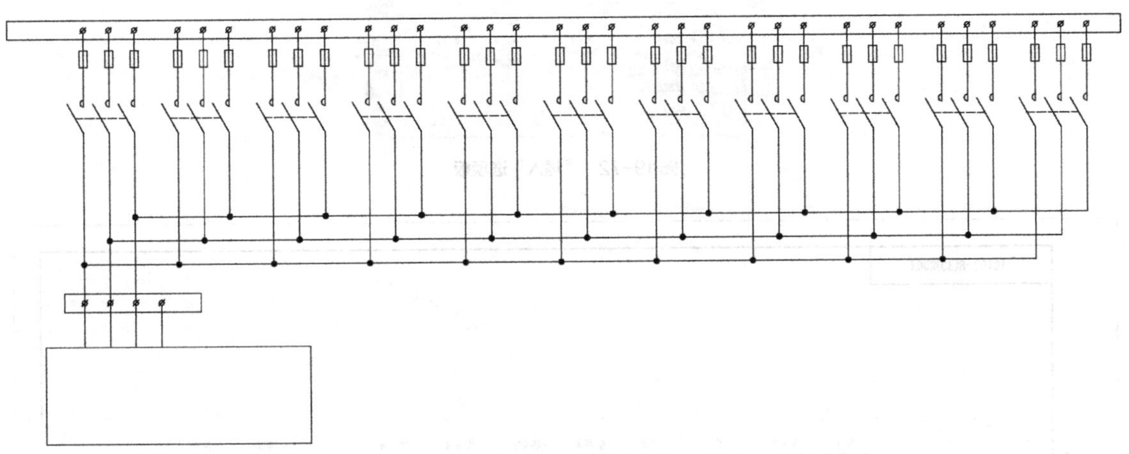

图 19-70 绘制矩形

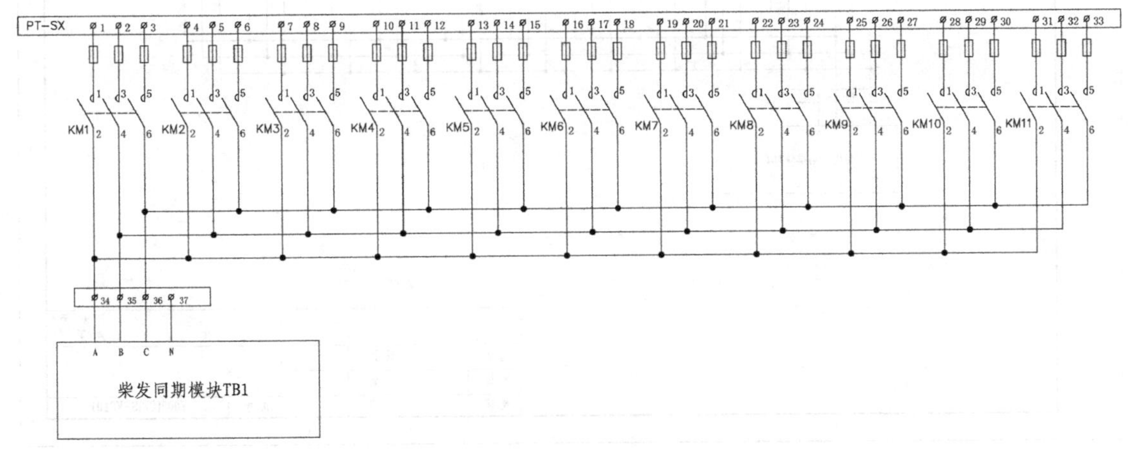

图 19-71 标注文字

（20）单击“默认”选项卡“块”面板中的“插入”按钮，打开“插入”选项板，如图19-72所示，将图框插入到图中合适的位置处，如图19-73所示。

（21）单击“默认”选项卡“注释”面板中的“多行文字”按钮A，在图框内输入图纸名称，结果如图19-38所示。

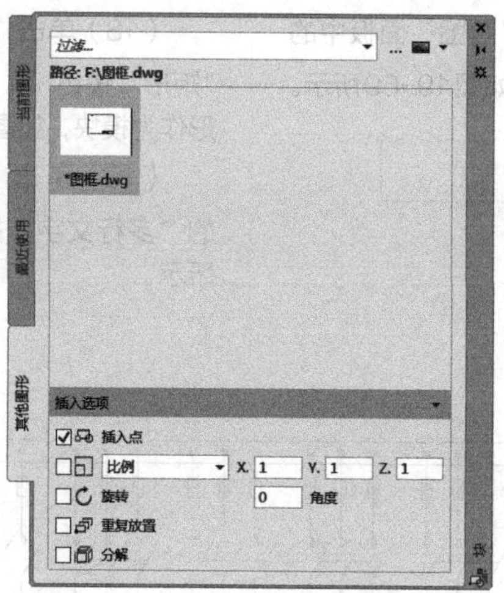

图 19-72 “插入”选项板

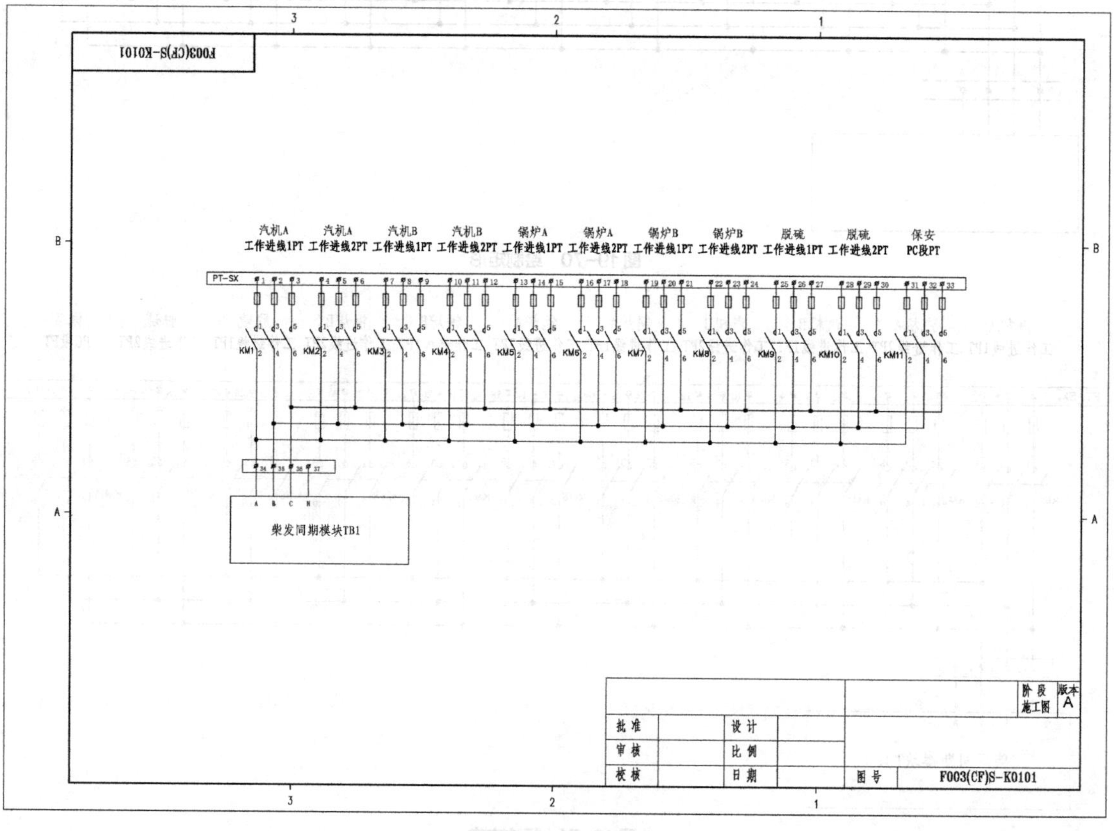

图 19-73 插入图框

19.3 PLC 系统出线端子图

PLC系统出线端子图是柴油发电机PLC控制系统设计的重要组成部分，其绘制的大体思路是：首先设置绘图环境，然后结合二维绘图和编辑命令绘制端子图。

19.3.1 绘制 PLC 系统出线端子图 1

本例结合二维绘图和编辑命令绘制端子图，然后绘制原理图，最后绘制继电器模块，绘制结果如图19-74所示。

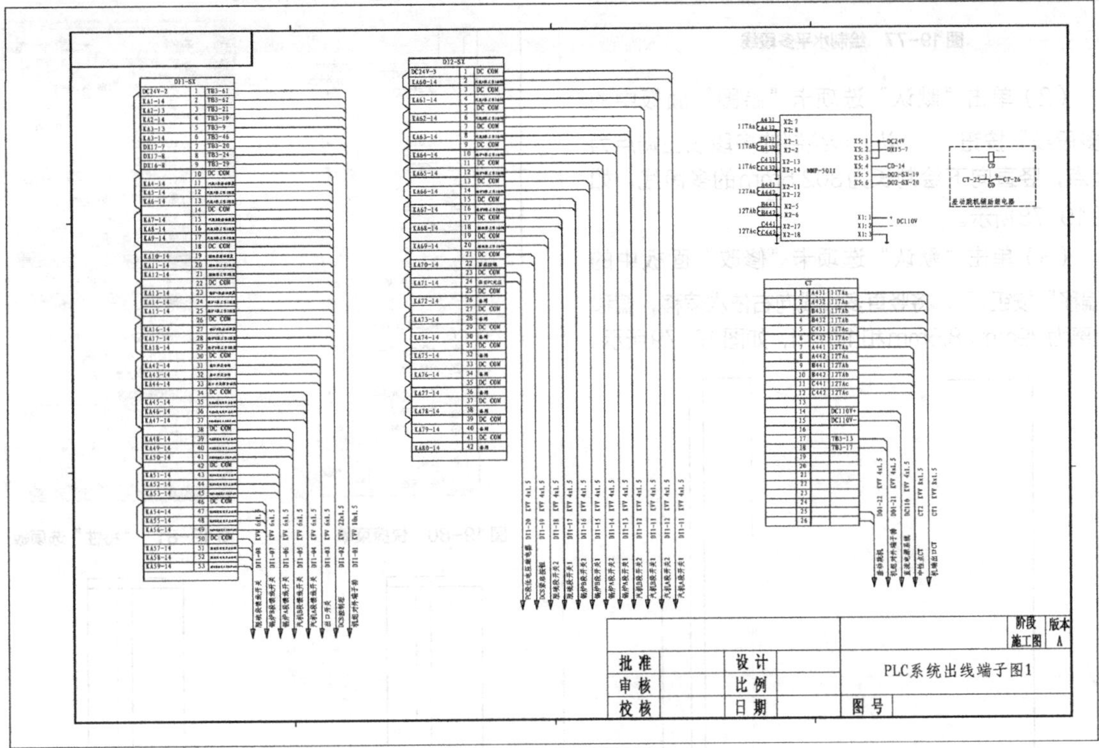

图 19-74 PLC 系统出线端子图 1

1. 设置绘图环境

（1）打开AutoCAD 2020应用程序，单击“快速访问”工具栏中的“新建”按钮，打开“选择样板”对话框，如图19-75所示，以“无样板打开-公制（M）”方式打开一个新的空白图形文件。

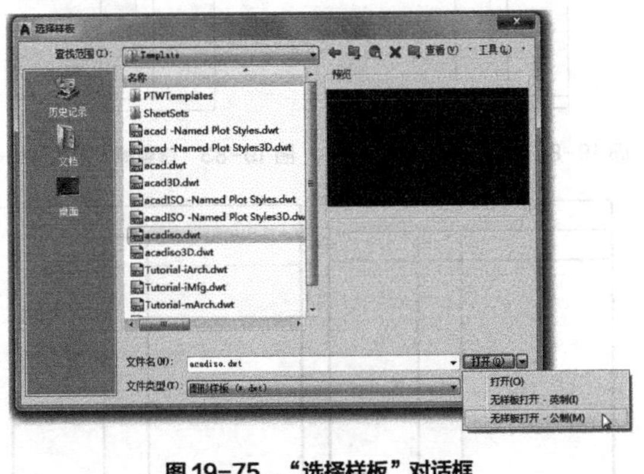

图 19-75 “选择样板”对话框

（2）单击“快速访问”工具栏中的“保存”按钮，打开“图形另存为”对话框，如图19-76所示，将文件保存为“PLC系统出线端子图1.dwg”图形文件。

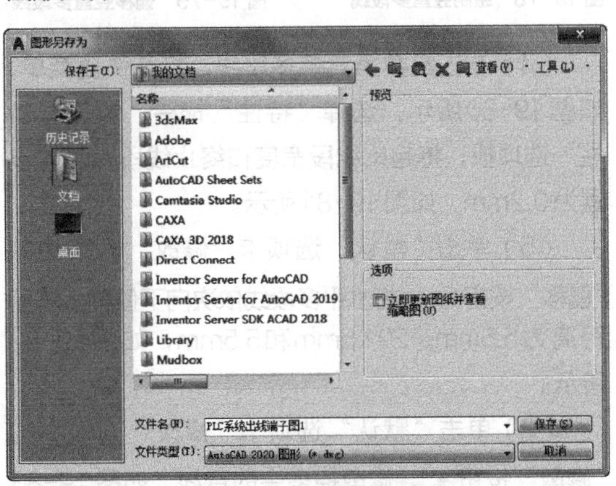

图 19-76 保存文件

2. 绘制端子图 DI1-SX

（1）单击“默认”选项卡“绘图”面板中的

“多段线”按钮⊃，设置起始线段宽度和终止线段宽度均为0.3mm，绘制长为54.5mm的水平多段线，如图19-77所示。

图19-77 绘制水平多段线

（2）单击“默认”选项卡“绘图”面板中的“多段线”按钮⊃，以上步绘制的多段线左端点为起点，竖直向下绘制长为302.5mm的多段线，如图19-78所示。

（3）单击“默认”选项卡“修改”面板中的“偏移”按钮⊆，将竖直多段线向右依次偏移，偏移距离为29mm、8.5mm和17mm，如图19-79所示。

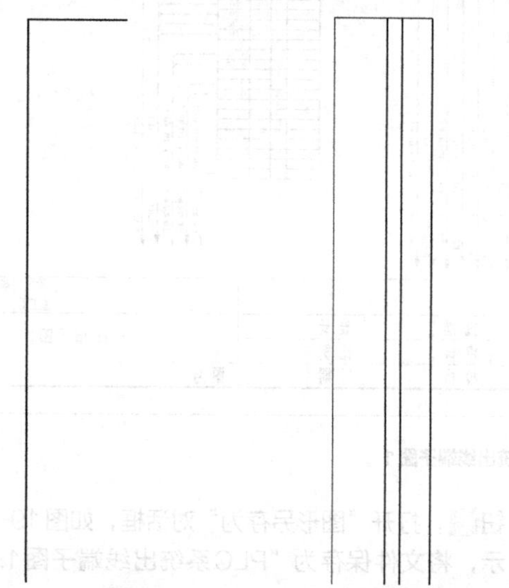

图19-78 绘制竖直多段线　　图19-79 偏移竖直多段线

（4）右击左数第三条多段线，打开快捷菜单，如图19-80所示，选择“特性”命令，打开“特性”选项板，将起始线段宽度和终止线段宽度均设置为0.2mm，如图19-81所示。

（5）单击“默认”选项卡“修改”面板中的“偏移”按钮⊆，将水平多段线依次向下偏移，偏移距离为5.5mm、291.5mm和5.5mm，如图19-82所示。

（6）单击“默认”选项卡“修改”面板中的“修剪”按钮✂，修剪掉多余的直线，如图19-83所示。

（7）单击“默认”选项卡“修改”面板中的“偏移”按钮⊆，将最上方的水平多段线向下偏移11mm，如图19-84所示。

（8）单击“默认”选项卡“修改”面板中的“分解”按钮⊡，将偏移后的多段线分解，使其成为细实线，如图19-85所示。

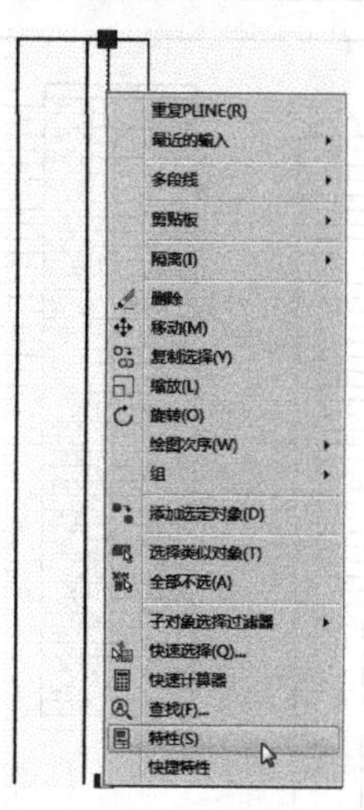

图19-80 快捷菜单 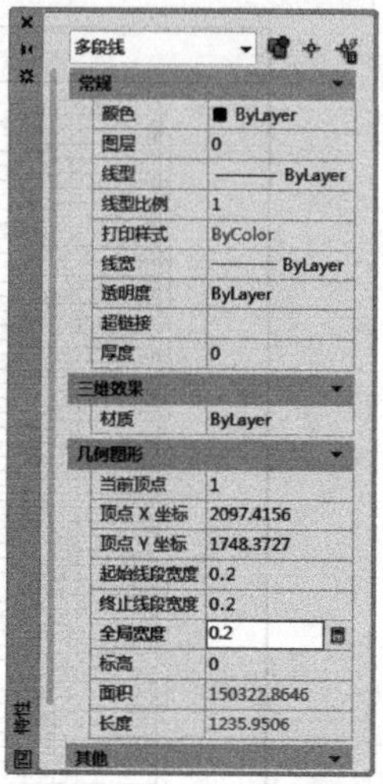　　图19-81 “特性”选项板

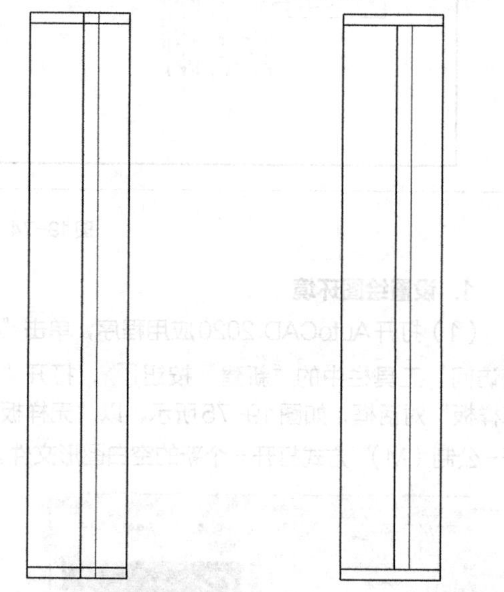

图19-82 偏移多段线　　图19-83 修剪掉多余的直线

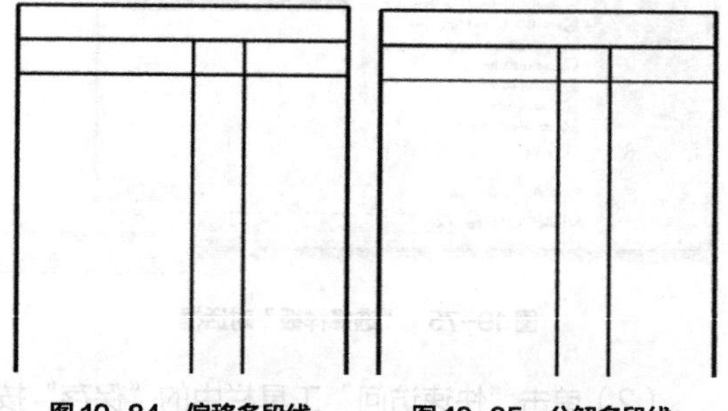

图19-84 偏移多段线　　图19-85 分解多段线

（9）单击“默认”选项卡“修改”面板中的“矩形阵列”按钮器，将分解后的细实线进行阵列，设置行数为“52”，列数为“1”，行偏移为-5.5mm，如图19-86所示。

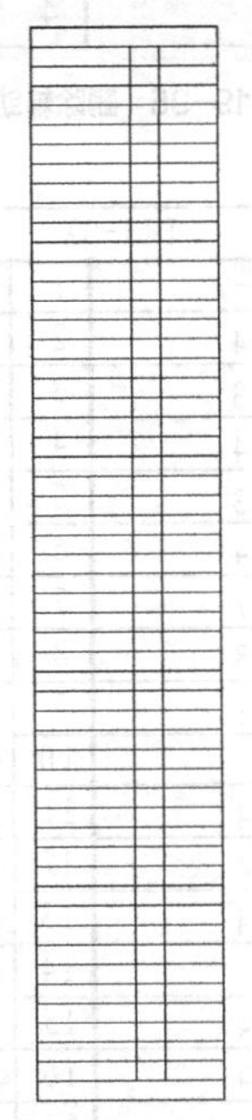

图 19-86 阵列细实线

（10）单击“默认”选项卡“注释”面板中的“文字样式”按钮A，打开“文字样式”对话框。单击“新建”按钮，打开“新建文字样式”对话框，创建一个新的文字样式，如图19-87所示，然后将其字体设置为仿宋_GB2312，如图19-88所示。

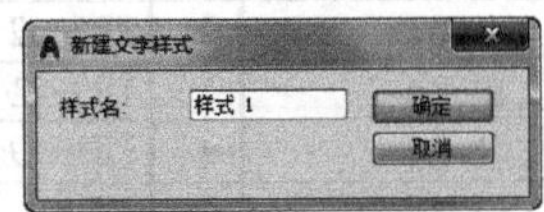

图 19-87 新建文字样式

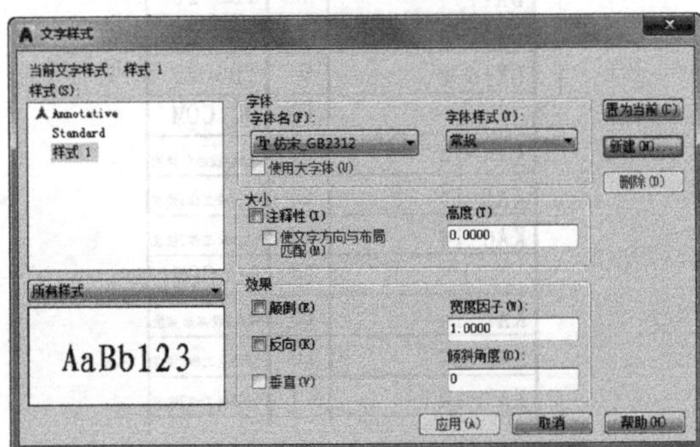

图 19-88 设置文字样式

（11）单击“默认”选项卡“注释”面板中的“多行文字”按钮A，在表内输入文字，根据表格的大小，调整文字的大小，结果如图19-89所示。

DI1-SX		
DC24V-2	1	TB3-61
KA1-14	2	TB3-62
KA2-13	3	TB3-21
KA2-14	4	TB3-19
KA3-13	5	TB3-9
KA3-14	6	TB3-46
DX17-7	7	TB3-20
DX17-8	8	TB3-24
DX16-8	9	TB3-29
	10	DC COM
KA4-14	11	汽机A段启动乘发
KA5-14	12	汽机A段工作1恢复
KA6-14	13	汽机A段工作2恢复
	14	DC COM
KA7-14	15	汽机B段启动乘发
KA8-14	16	汽机B段工作1恢复
KA9-14	17	汽机B段工作2恢复
	18	DC COM
KA10-14	19	脱硫段启动乘发
KA11-14	20	脱硫段工作1恢复
KA12-14	21	脱硫段工作2恢复
	22	DC COM
KA13-14	23	锅炉A段启动乘发
KA14-14	24	锅炉A段工作1恢复
KA15-14	25	锅炉A段工作2恢复
	26	DC COM
KA16-14	27	锅炉B段启动乘发
KA17-14	28	锅炉B段工作1恢复
KA18-14	29	锅炉B段工作2恢复
	30	DC COM
KA42-14	31	出口开关合闸
KA43-14	32	出口开关分闸
KA44-14	33	出口开关保护动作
	34	DC COM
KA45-14	35	汽机A段馈线开关合闸
KA46-14	36	汽机A段馈线开关分闸
KA47-14	37	汽机A段馈线开关保护动作
	38	DC COM
KA48-14	39	汽机B段馈线开关合闸
KA49-14	40	汽机B段馈线开关分闸
KA50-14	41	汽机B段馈线开关保护动作
	42	DC COM
KA51-14	43	锅炉A段馈线开关合闸
KA52-14	44	锅炉A段馈线开关分闸
KA53-14	45	锅炉A段馈线开关保护动作
	46	DC COM
KA54-14	47	锅炉B段馈线开关合闸
KA55-14	48	锅炉B段馈线开关分闸
KA56-14	49	锅炉B段馈线开关保护动作
	50	DC COM
KA57-14	51	脱硫段馈线开关合闸
KA58-14	52	脱硫段馈线开关分闸
KA59-14	53	脱硫段馈线开关保护动作

图 19-89 输入文字

（12）单击“默认”选项卡“修改”面板中的“偏移”按钮⊆，将如图19-90所示的直线1向下偏移2.75mm，作为辅助线，如图19-91所示。

1

DI1-SX		
DC24V-2	1	TB3-61
KA1-14	2	TB3-62
KA2-13	3	TB3-21

图 19-90 指定直线

DI1-SX		
DC24V-2	1	TB3-61
KA1-14	2	TB3-62
KA2-13	3	TB3-21

图 19-91 偏移多段线

（13）单击状态栏上的“极轴追踪”右侧的小三角按钮，弹出快捷菜单，如图19-92所示，选择“正在追踪设置”命令，打开“草图设置”对话框，设置增量角为217°，如图19-93所示。

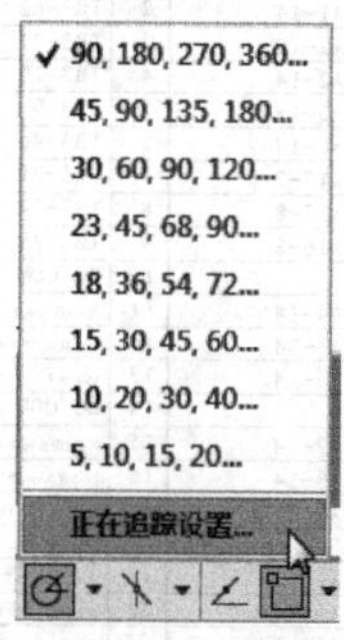

图19-92　快捷菜单

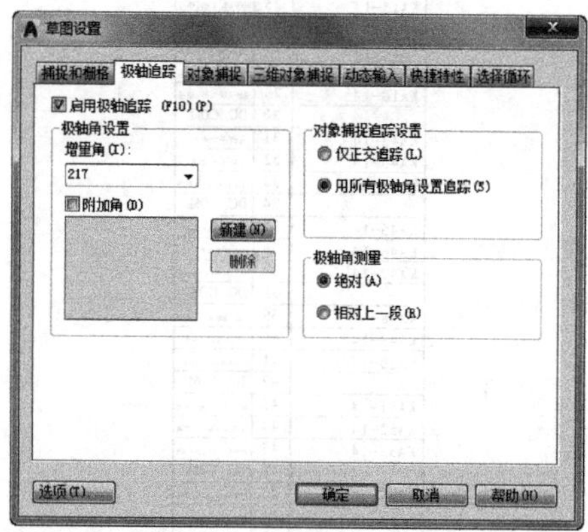

图19-93　“草图设置”对话框

（14）单击“默认”选项卡“绘图”面板中的“直线”按钮，打开“极轴追踪”功能，以偏移后的多段线与左侧竖直多段线的交点为起点，绘制长为4.5mm、角度为217°的斜线，如图19-94所示。

DI1-SX		
DC24V-2	1	TB3-61
KA1-14	2	TB3-62
KA2-13	3	TB3-21
KA2-14	4	TB3-19

图19-94　绘制斜线

（15）单击“默认”选项卡“修改”面板中的“删除”按钮，删除辅助线，如图19-95所示。

（16）单击“默认”选项卡“绘图”面板中的“直线”按钮，以短斜线的下端点为起点，绘制长为44mm的竖直直线，如图19-96所示。

DI1-SX		
DC24V-2	1	TB3-61
KA1-14	2	TB3-62
KA2-13	3	TB3-21
KA2-14	4	TB3-19

图19-95　删除辅助线

DI1-SX		
DC24V-2	1	TB3-61
KA1-14	2	TB3-62
KA2-13	3	TB3-21
KA2-14	4	TB3-19
KA3-13	5	TB3-9
KA3-14	6	TB3-46
DX17-7	7	TB3-20
DX17-8	8	TB3-24
DX16-8	9	TB3-29
	10	DC COM
KA4-14	11	汽机A段启动柴发
KA5-14	12	汽机A段工作1恢复
KA6-14	13	汽机A段工作2恢复
	14	DC COM
KA7-14	15	汽机B段启动柴发
KA8-14	16	汽机B段工作1恢复
KA9-14	17	汽机B段工作2恢复

图19-96　绘制竖直直线

（17）单击“默认”选项卡“修改”面板中的“镜像”按钮，以竖直直线的中点为镜像点，将斜线镜像到另外一侧，如图19-97所示。

DI1-SX		
DC24V-2	1	TB3-61
KA1-14	2	TB3-62
KA2-13	3	TB3-21
KA2-14	4	TB3-19
KA3-13	5	TB3-9
KA3-14	6	TB3-46
DX17-7	7	TB3-20
DX17-8	8	TB3-24
DX16-8	9	TB3-29
	10	DC COM
KA4-14	11	汽机A段启动柴发
KA5-14	12	汽机A段工作1恢复
KA6-14	13	汽机A段工作2恢复
	14	DC COM
KA7-14	15	汽机B段启动柴发
KA8-14	16	汽机B段工作1恢复
KA9-14	17	汽机B段工作2恢复

图19-97　镜像斜线

同理，绘制左侧剩余图形，如图19-98所示。

（18）单击“默认”选项卡“绘图”面板中的“直线”按钮╱，在表右侧合适的位置处绘制一条长为64.5mm的水平直线，如图19-99所示。

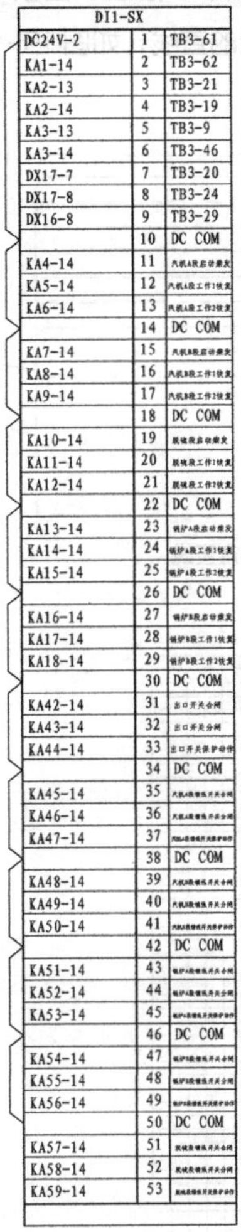

图 19-98　绘制左侧剩余图形

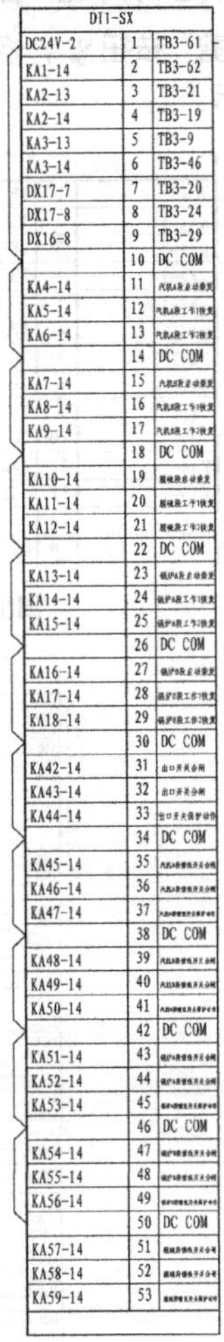

图 19-99　绘制水平直线

（19）继续单击“默认”选项卡“绘图”面板中的“直线”按钮╱，以上步绘制的水平直线右端点为起点，竖直向下绘制长为329.4mm的直线，如图19-100所示。

（20）单击“默认”选项卡“绘图”面板中的“直线”按钮╱，在上步绘制的竖直直线底端绘制箭头，如图19-101所示。

（21）单击“默认”选项卡“修改”面板中的“倒角”按钮╱，设置倒角距离为2mm，命令行提示与操作如下。

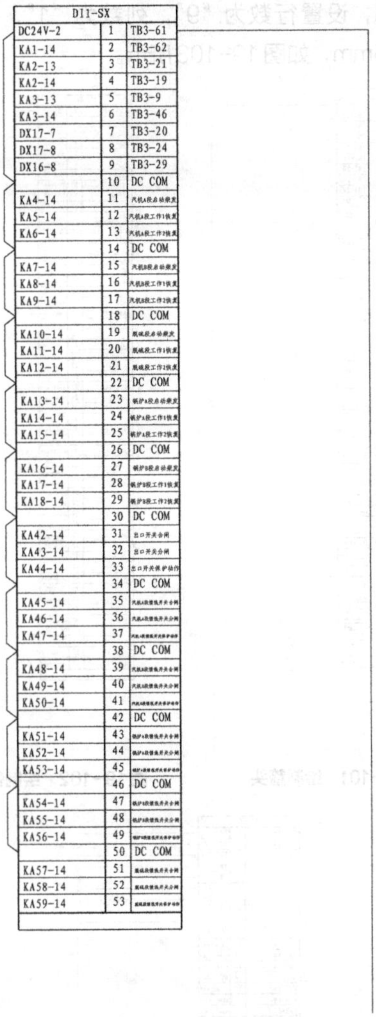

图 19-100　绘制竖直线

```
命令：_chamfer
（“修剪”模式）当前倒角距离 1 = 0.0000，距离 2 = 0.0000
选择第一条直线或 [放弃(U)/多段线(P)/距离(D)/角度(A)/修剪(T)/方式(E)/多个(M)]：d↙
指定第一个倒角距离 <0.0000>：2↙
指定第二个倒角距离 <2.0000>:2↙
选择第一条直线或 [放弃(U)/多段线(P)/距离(D)/角度(A)/修剪(T)/方式(E)/多个(M)]：(选择水平直线)
选择第二条直线，或按住 Shift 键选择直线以应用角点或 [距离(D)/角度(A)/方法(M)]：(选择竖直直线)
```

倒角结果如图19-102所示。

（22）单击“默认”选项卡“修改”面板中的“矩形阵列”按钮器，将水平线和倒角线进行阵列，设置行数为“9”，列数为“1”，行偏移为-5.5mm，如图19-103所示。

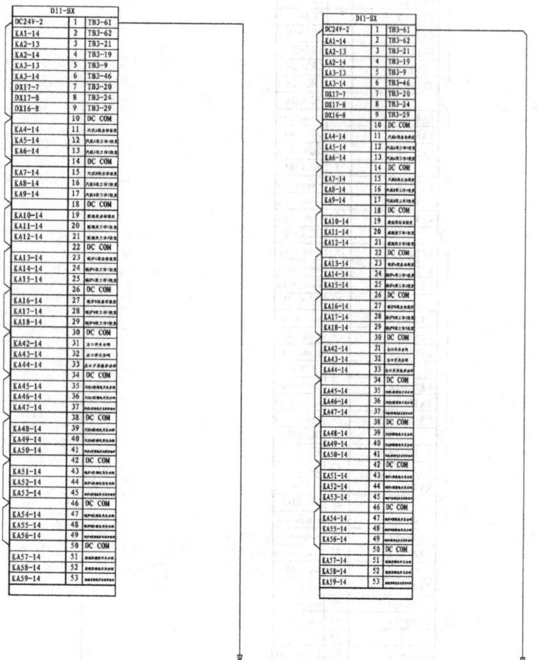

图19-101　绘制箭头　　图19-102　绘制倒角

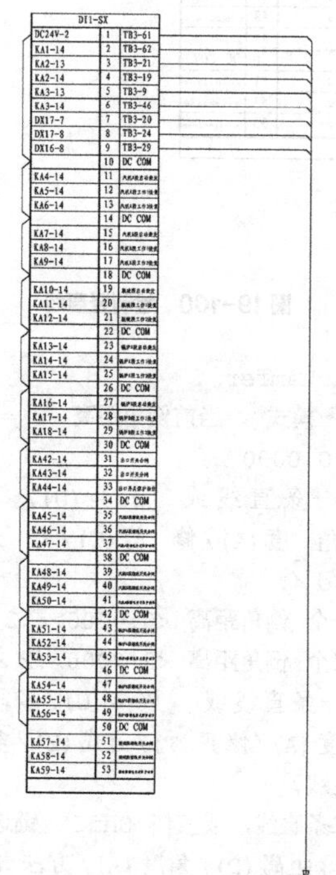

图19-103　阵列水平线和倒角线

（23）继续单击“默认”选项卡“修改”面板中的“矩形阵列”按钮，将如图19-104所示的直线1向下进行阵列，设置列数为“1”，行数为“45”，行偏移为-5.5mm，将如图19-104所示的直线2向左进行阵列，设置行数为“1”，列数为“8”，列偏移为-8mm，结果如图19-105所示。

（24）单击“默认”选项卡“修改”面板中的“修剪”按钮，修剪掉多余的直线，如图19-106所示。

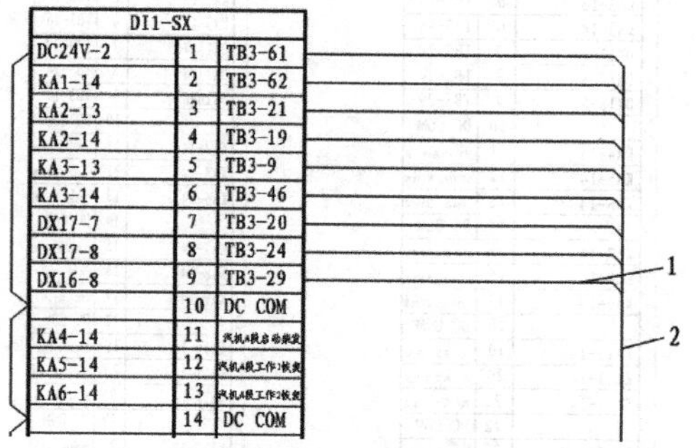

图19-104　指定直线

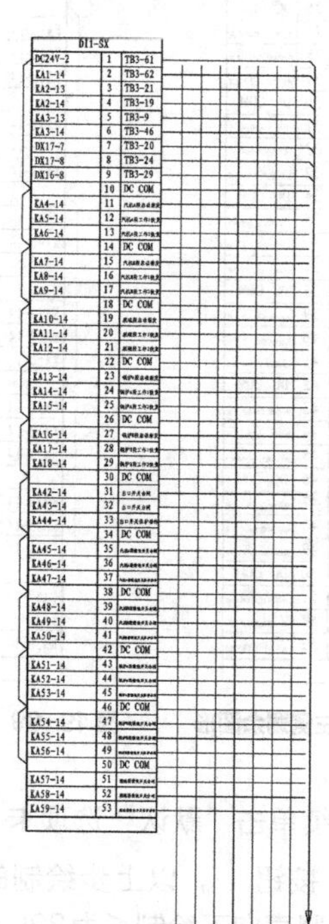

图19-105　阵列直线

（25）单击“默认”选项卡“修改”面板中的“倒角”按钮，设置倒角距离为2mm，将每条竖直直线与水平直线的相交处进行倒角处理，如图19-107所示。

（26）单击“默认”选项卡“修改”面板中的“复制”按钮，将底部箭头复制到图中其他位置处，如图19-108所示。

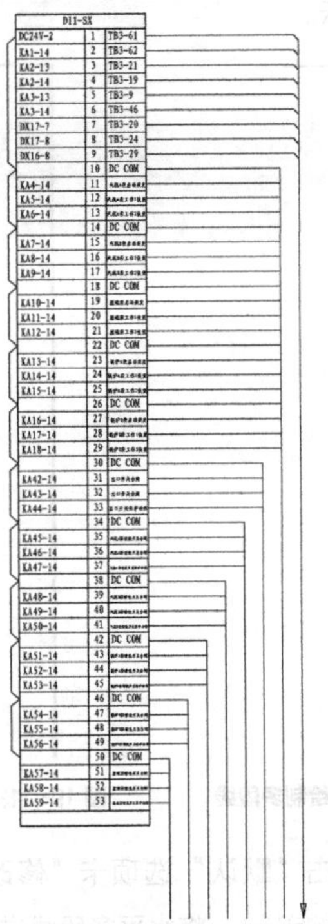

图 19-106　修剪掉多余的直线

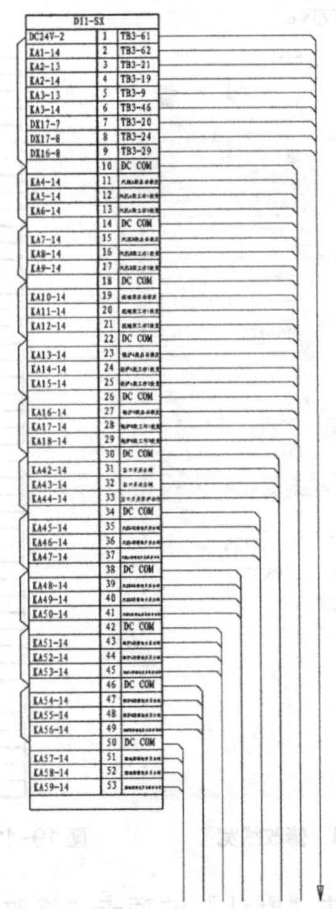

图 19-107　绘制倒角

（27）单击“默认”选项卡“注释”面板中的“多行文字”按钮 A，在第一个箭头处标注文字，然后单击“默认”选项卡“修改”面板中的“旋转”按钮 ↻，将文字旋转90°，如图19-109所示。

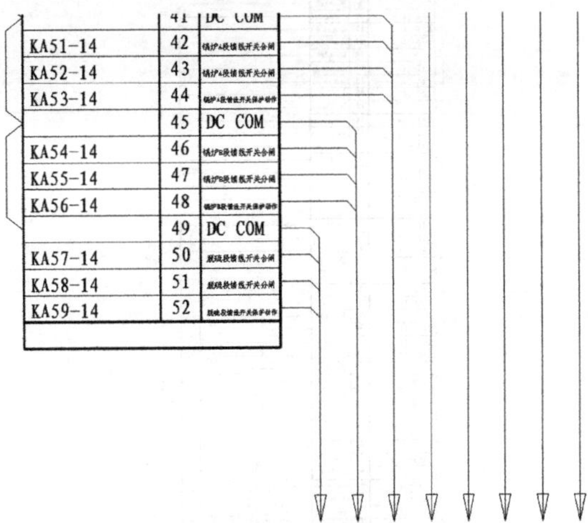

图 19-108　复制箭头

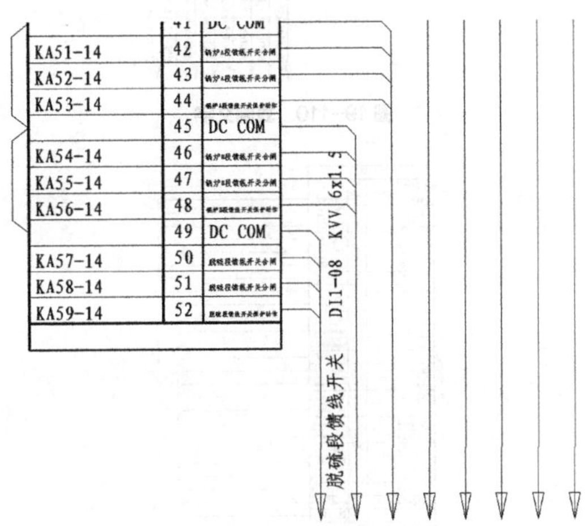

图 19-109　标注文字

（28）单击“默认”选项卡“修改”面板中的“复制”按钮，将文字向右进行复制，如图19-110所示，然后双击文字，修改文字内容，结果如图19-111所示。

3. 绘制端子图D2-SX

（1）单击“默认”选项卡“绘图”面板中的“多段线”按钮，设置起始线段宽度和终止线段宽度均为0.3mm，绘制水平长为54.5mm、竖直长为242mm的多段线，如图19-112所示。

（2）单击“默认”选项卡“修改”面板中的“偏移”按钮 ⊆，将竖直多段线向右偏移29mm、8.5mm和17mm，如图19-113所示。

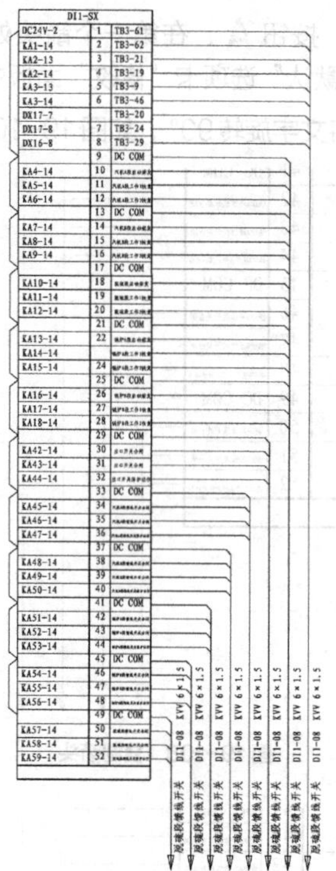
图 19-110　复制文字

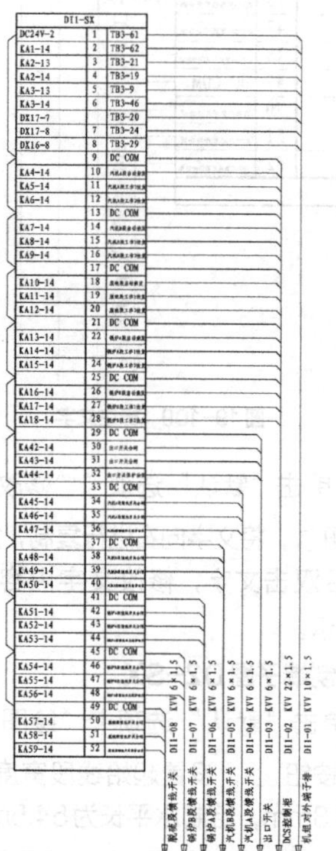
图 19-111　修改文字内容

（3）右击左数第三条多段线，打开快捷菜单，选择“特性”命令，打开“特性”选项板，将起始线段宽度和终止线段宽度均设置为0.2mm，如图19-114所示。

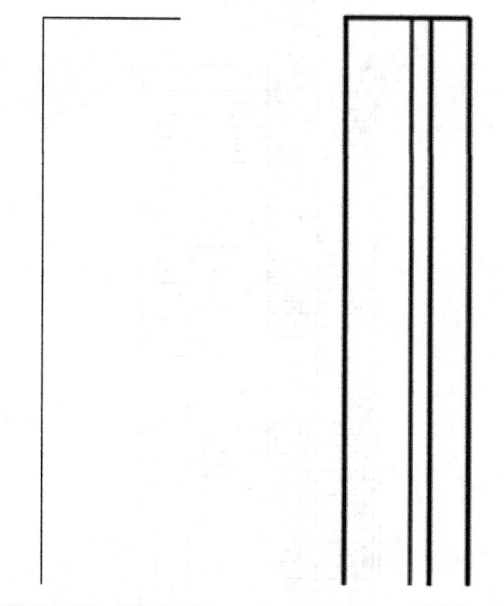
图 19-112　绘制多段线　　图 19-113　偏移多段线

（4）单击“默认”选项卡“修改”面板中的“矩形阵列”按钮，将水平多段线进行阵列，设置行数为“45”，列数为“1”，行偏移为-5.5mm，如图19-115所示。

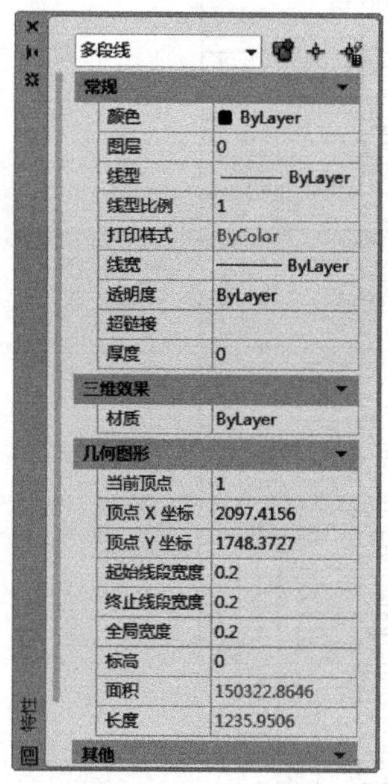

图 19-114　修改线宽

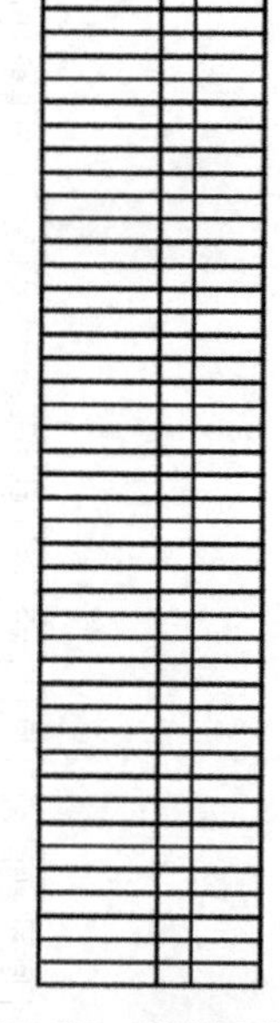
图 19-115　阵列多段线

（5）单击“默认”选项卡“修改”面板中的“修剪”按钮，修剪掉多余的直线，如图19-116所示。

（6）单击“默认”选项卡“修改”面板中的“分解”按钮，将部分多段线分解，形成细实线，结果如图19-117所示。

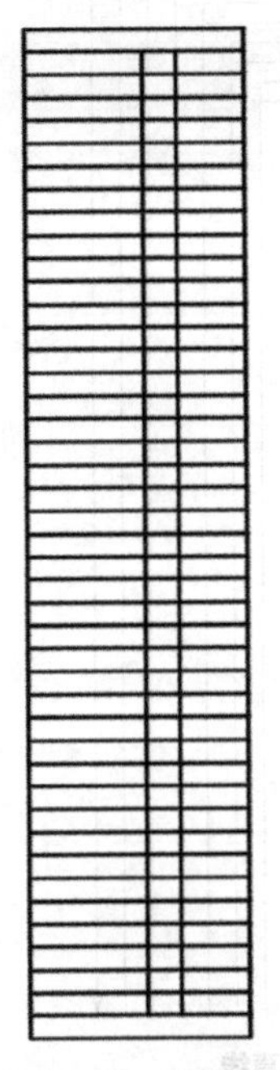

图 19-116　修剪直线

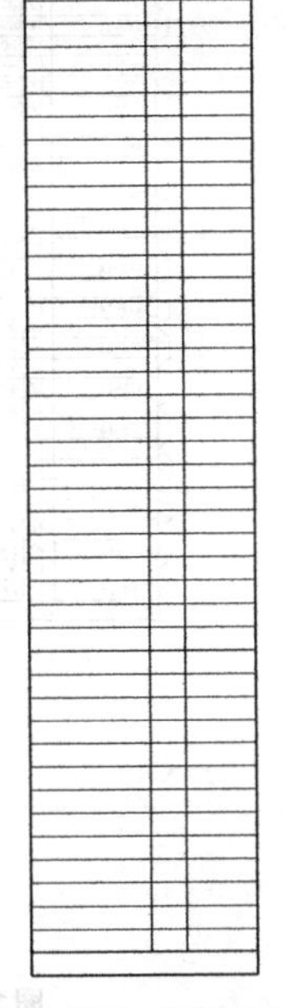

图 19-117　分解多段线

（7）单击“默认”选项卡“注释”面板中的“多行文字”按钮A，在表内输入文字，如图19-118所示。

（8）单击“默认”选项卡“绘图”面板中的“直线”按钮，按照前面绘制端子图DI1-SX的方法，绘制端子图DI2-SX表左侧的图形，结果如图19-119所示。

（9）单击“默认”选项卡“绘图”面板中的“直线”按钮，在表的右侧绘制长为96.5mm的水平直线和长为324mm的竖直直线，如图19-120所示。

（10）单击“默认”选项卡“修改”面板中的“复制”按钮，将端子图DI1-SX中的箭头复制到上步绘制的竖直线的下方，如图19-121所示。

（11）单击“默认”选项卡“修改”面板中的“矩形阵列”按钮，将表右侧的水平线向下进行阵列，设置行数为“24”，列数为“1”，行偏移为-5.5mm；将竖直线向左进行阵列，设置行数为“1”，列数为“12”，列偏移为-8mm，结果如图19-122所示。

（12）单击“默认”选项卡“修改”面板中的“修剪”按钮，修剪掉多余的直线，如图19-123所示。

DI2-SX		
DC24V-3	1	DC COM
KA60-14	2	汽机A段工作1合闸
	3	DC COM
KA61-14	4	汽机A段工作2合闸
	5	DC COM
KA62-14	6	汽机B段工作1合闸
	7	DC COM
KA63-14	8	汽机B段工作2合闸
	9	DC COM
KA64-14	10	锅炉A段工作1合闸
	11	DC COM
KA65-14	12	锅炉A段工作2合闸
	13	DC COM
KA66-14	14	锅炉B段工作1合闸
	15	DC COM
KA67-14	16	锅炉B段工作2合闸
	17	DC COM
KA68-14	18	脱硫段工作1合闸
	19	DC COM
KA69-14	20	脱硫段工作2合闸
	21	DC COM
KA70-14	22	紧启按钮
	23	DC COM
KA71-14	24	保安PC无压
	25	DC COM
KA72-14	26	备用
	27	DC COM
KA73-14	28	备用
	29	DC COM
KA74-14	30	备用
	31	DC COM
KA75-14	32	备用
	33	DC COM
KA76-14	34	备用
	35	DC COM
KA77-14	36	备用
	37	DC COM
KA78-14	38	备用
	39	DC COM
KA79-14	40	备用
	41	DC COM
KA80-14	42	备用

图 19-118　输入文字

图 19-119　绘制左侧图形

图 19-120　绘制直线

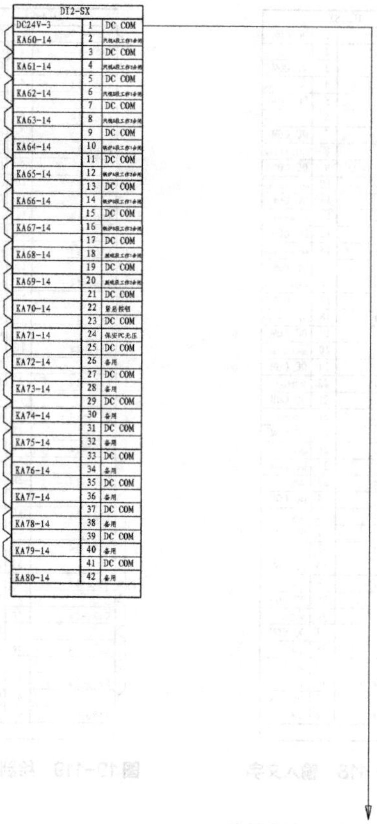

图 19-121　复制箭头

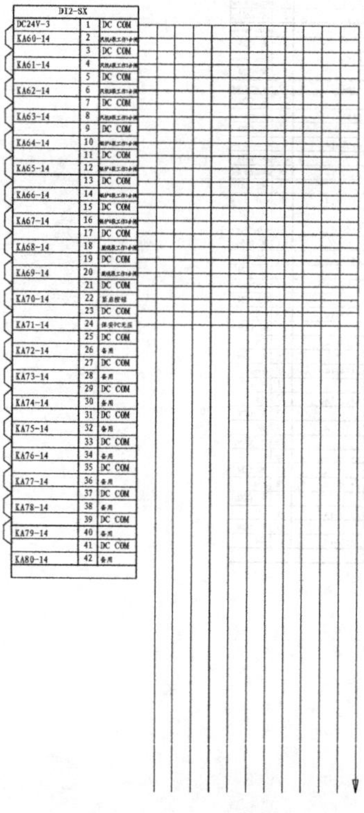

图 19-122　阵列直线

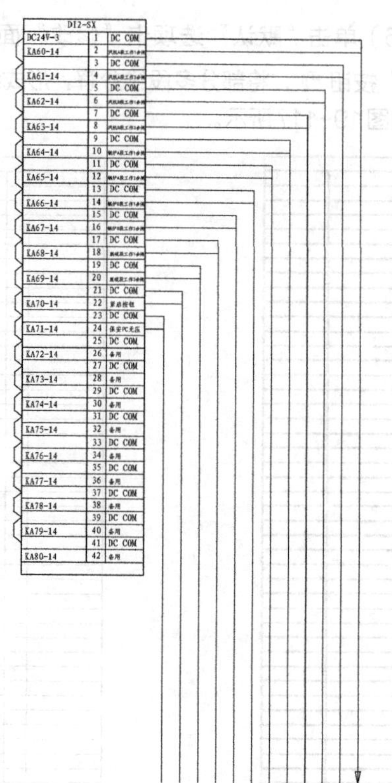

图 19-123　修剪直线

（13）单击“默认”选项卡“修改”面板中的“倒角”按钮⌐，对修剪后的图形进行倒角操作，设置倒角距离为2mm，如图19-124所示。

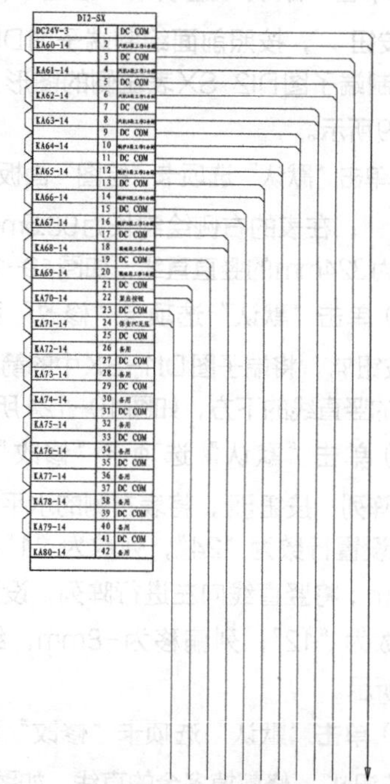

图 19-124　绘制倒角

（14）单击“默认”选项卡“修改”面板中的“复制”按钮，将箭头复制到所有竖直线的底端，如图19-125所示。

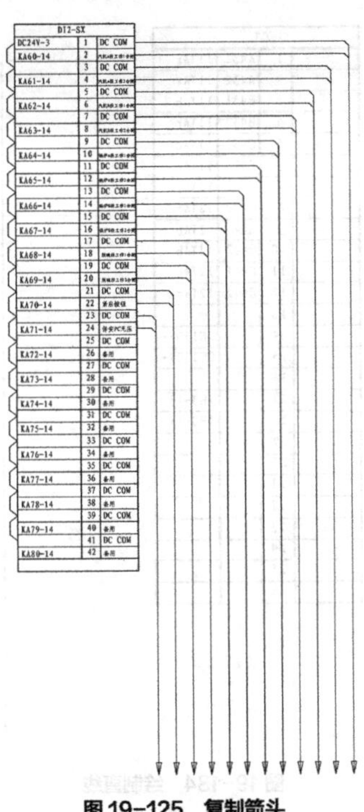

图 19-125　复制箭头

（15）单击“默认”选项卡“注释”面板中的“多行文字”按钮 A，标注文字，如图19-126所示。

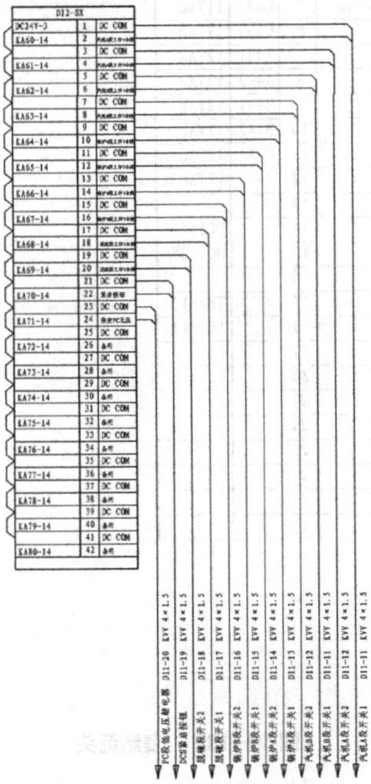

图 19-126　标注文字

4. 绘制端子图CT

（1）单击“默认”选项卡“绘图”面板中的“多段线”按钮，设置起始线段宽度和终止线段宽度均为0.3mm，绘制水平长为54.5mm、竖直长为148.5mm的多段线，如图19-127所示。

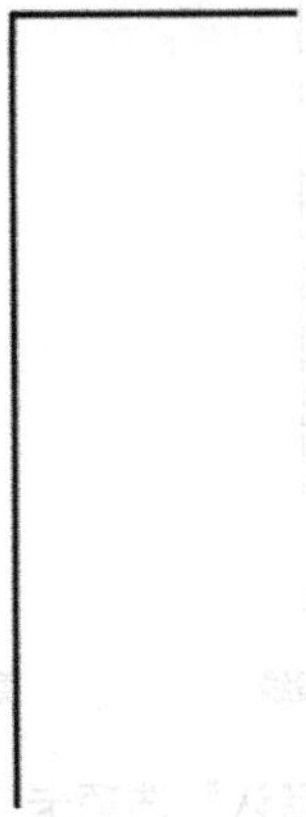

图 19-127　绘制多段线

（2）单击“默认”选项卡“修改”面板中的“偏移”按钮，将竖直多段线向右偏移17.8mm、8.5mm、11.2mm和17mm，如图19-128所示。

（3）右击左数第四条多段线，打开快捷菜单，选择“特性”命令，打开“特性”选项板，将起始线段宽度和终止线段宽度均设置为0.2mm，如图19-129所示。

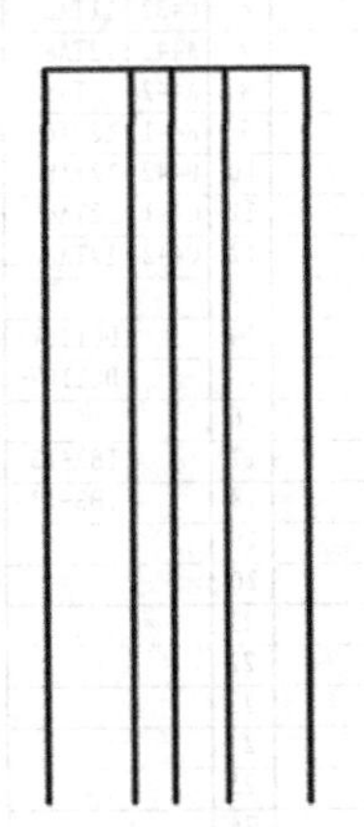

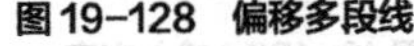

图 19-128　偏移多段线

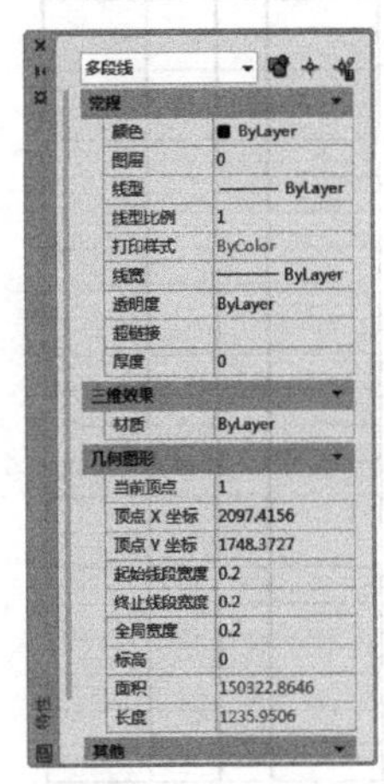

图 19-129　设置线宽

（4）单击“默认”选项卡“修改”面板中的“矩形阵列”按钮，将水平多段线向下进行阵列，设置行数为“28”，列数为“1”，行偏移为-5.5mm，如图19-130所示。

（5）单击“默认”选项卡“修改”面板中的

“修剪”按钮✂，修剪掉多余的直线，如图19-131所示。

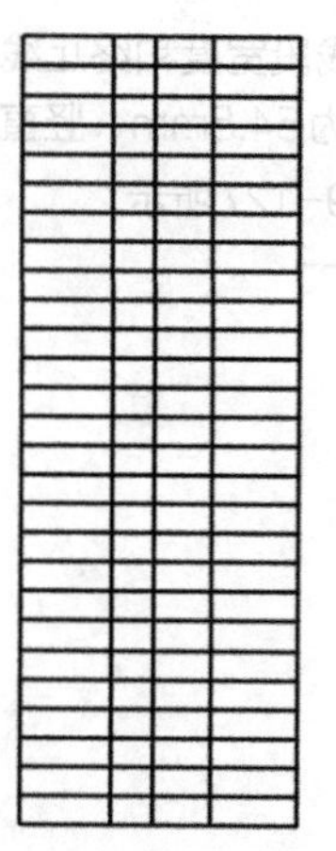

图19-130　阵列多段线

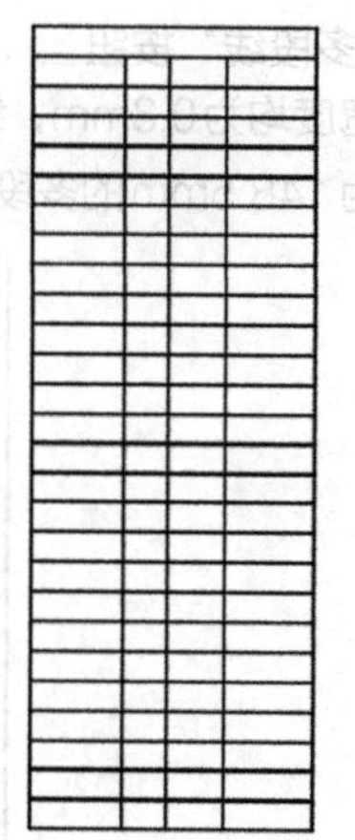

图19-131　修剪直线

（6）单击“默认”选项卡“修改”面板中的“分解”按钮，分解部分多段线，使其形成细实线，如图19-132所示。

（7）单击“默认”选项卡“注释”面板中的“多行文字”按钮A，在表内输入文字，如图19-133所示。

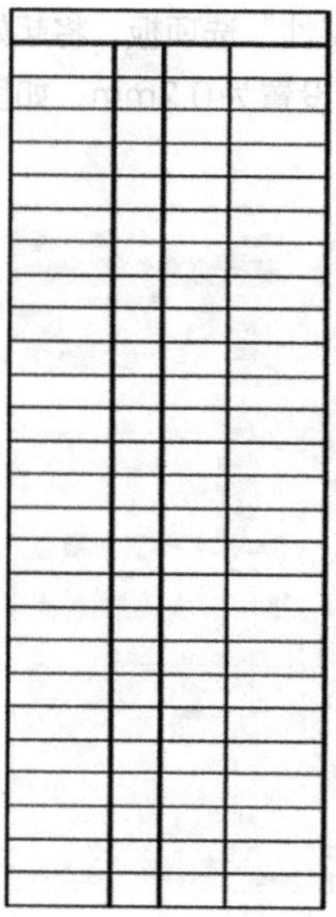

图19-132　分解部分多段线

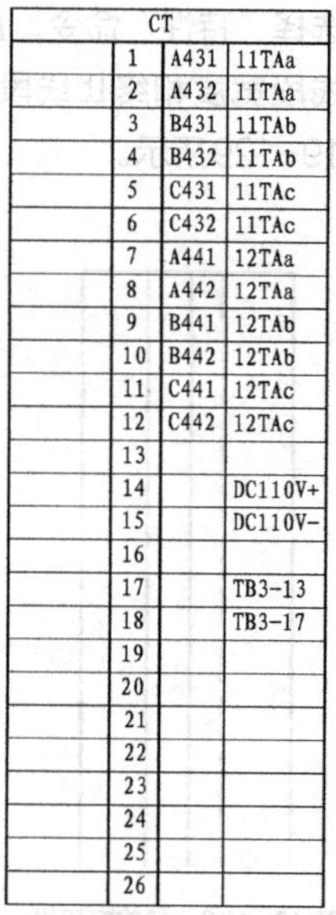

CT			
	1	A431	11TAa
	2	A432	11TAa
	3	B431	11TAb
	4	B432	11TAb
	5	C431	11TAc
	6	C432	11TAc
	7	A441	12TAa
	8	A442	12TAa
	9	B441	12TAb
	10	B442	12TAb
	11	C441	12TAc
	12	C442	12TAc
	13		
	14		DC110V+
	15		DC110V-
	16		
	17		TB3-13
	18		TB3-17
	19		
	20		
	21		
	22		
	23		
	24		
	25		
	26		

图19-133　输入文字

（8）单击“默认”选项卡“绘图”面板中的“直线”按钮╱，在表的右侧绘制水平长度为40.5mm和竖直长度为177.2mm的直线，如图19-134所示。

CT			
	1	A431	11TAa
	2	A432	11TAa
	3	B431	11TAb
	4	B432	11TAb
	5	C431	11TAc
	6	C432	11TAc
	7	A441	12TAa
	8	A442	12TAa
	9	B441	12TAb
	10	B442	12TAb
	11	C441	12TAc
	12	C442	12TAc
	13		
	14		DC110V+
	15		DC110V-
	16		
	17		TB3-13
	18		TB3-17
	19		
	20		
	21		
	22		
	23		
	24		
	25		
	26		

图19-134　绘制直线

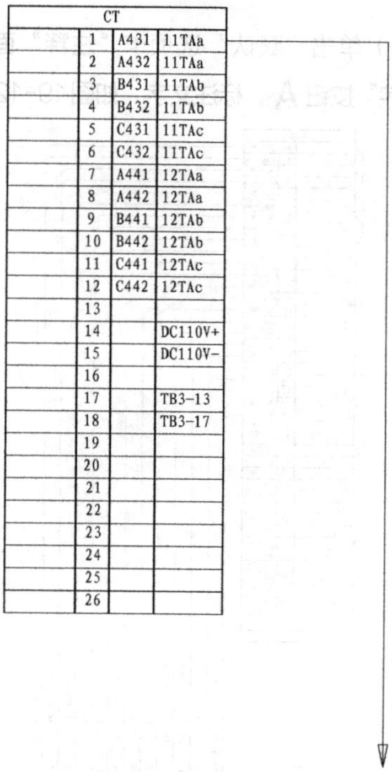

（9）单击“默认”选项卡“修改”面板中的“复制”按钮，将端子图DI1-SX中的箭头复制到上步绘制的竖直线的下方，如图19-135所示。

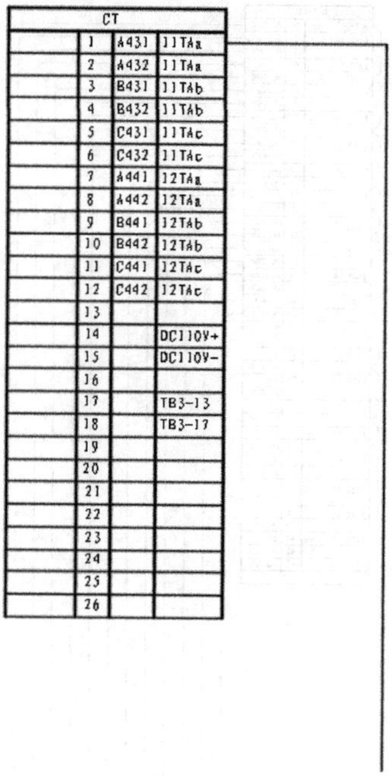

CT			
	1	A431	11TAa
	2	A432	11TAa
	3	B431	11TAb
	4	B432	11TAb
	5	C431	11TAc
	6	C432	11TAc
	7	A441	12TAa
	8	A442	12TAa
	9	B441	12TAb
	10	B442	12TAb
	11	C441	12TAc
	12	C442	12TAc
	13		
	14		DC110V+
	15		DC110V-
	16		
	17		TB3-13
	18		TB3-17
	19		
	20		
	21		
	22		
	23		
	24		
	25		
	26		

图19-135　复制箭头

（10）单击“默认”选项卡“修改”面板中的

“矩形阵列”按钮，将水平线向下阵列，设置行数为“26”，列数为“1”，行偏移为-5.5mm；将竖直线和箭头向左阵列，设置行数为“1”，列数为“5”，列偏移为-8mm，如图19-136所示。

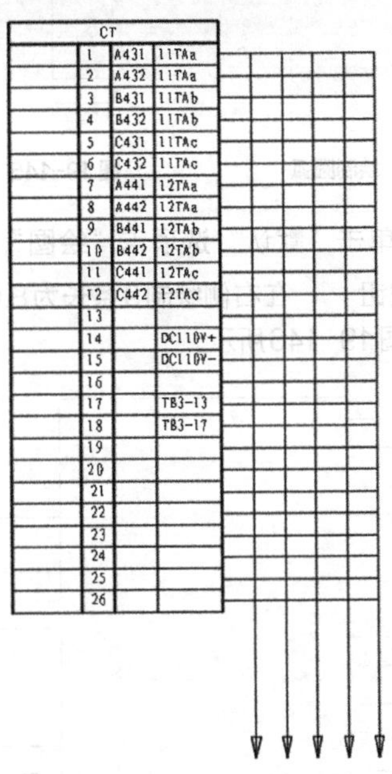

图19-136 阵列直线和箭头

（11）单击“默认”选项卡“修改”面板中的“删除”按钮和“修剪”按钮，修剪图形并删除掉多余的直线，如图19-137所示。

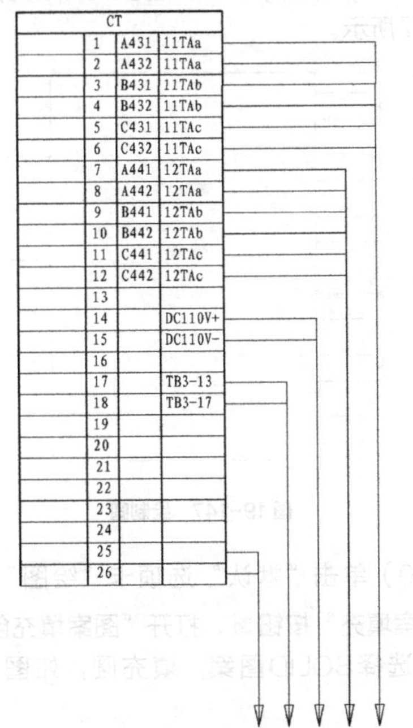

图19-137 修剪图形

（12）单击“默认”选项卡“修改”面板中的“倒角”按钮，对图形进行倒角操作，设置倒角距离为2mm，如图19-138所示。

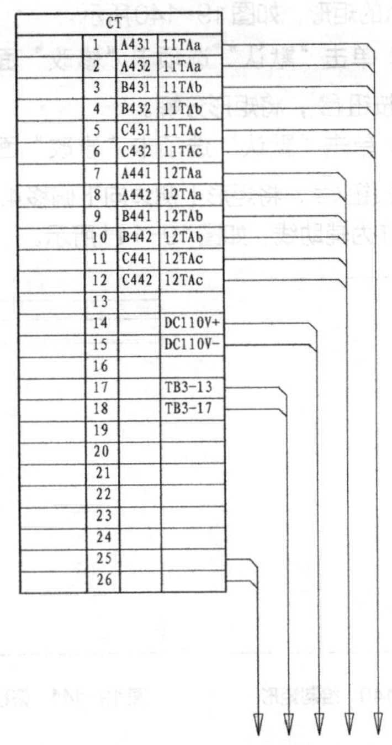

图19-138 绘制倒角

（13）单击“默认”选项卡“注释”面板中的“多行文字”按钮A，标注文字，如图19-139所示。

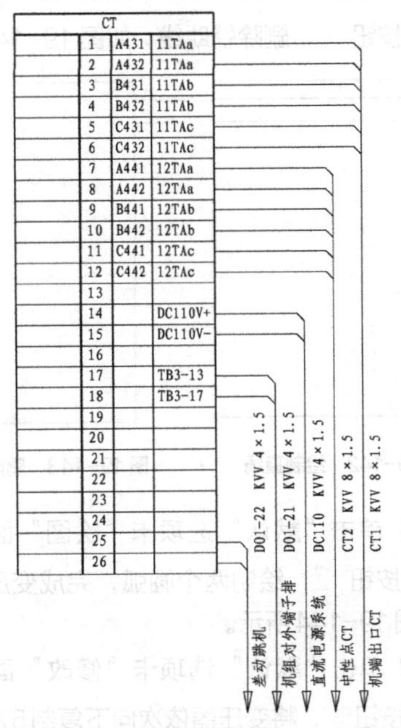

图19-139 标注文字

5. 绘制原理图

（1）单击“默认”选项卡“绘图”面板中的“矩形”按钮□，绘制一个长为53.1mm、宽为75.5mm的矩形，如图19-140所示。

（2）单击“默认”选项卡“修改”面板中的“分解”按钮，将矩形分解。

（3）单击“默认”选项卡“修改”面板中的“偏移”按钮⊆，将矩形上侧边向下偏移4.1mm和5mm，作为辅助线，如图19-141所示。

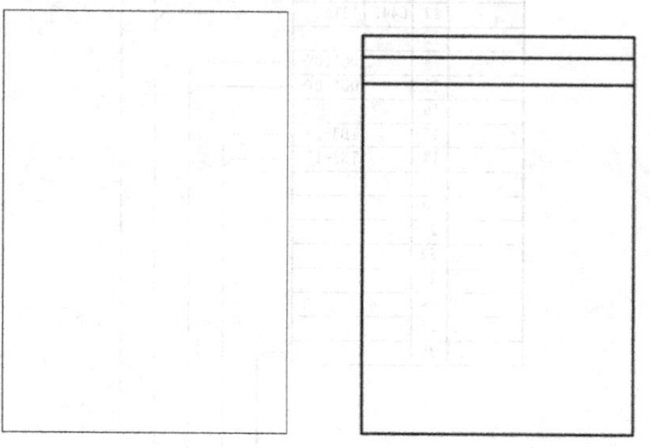

图19-140 绘制矩形　　图19-141 偏移直线

（4）单击“默认”选项卡“绘图”面板中的“直线”按钮／，捕捉辅助线与左侧竖直线的交点为起点，绘制长为12.1mm的两条水平线，如图19-142所示。

（5）单击“默认”选项卡“修改”面板中的“删除”按钮，删除辅助线，如图19-143所示。

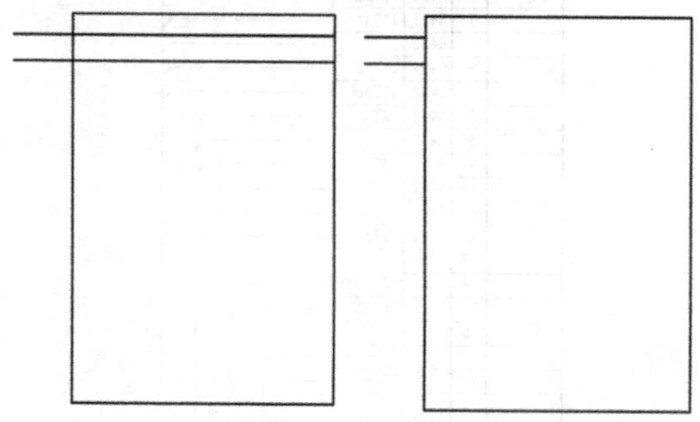

图19-142 绘制直线　　图19-143 删除辅助线

（6）单击“默认”选项卡“绘图”面板中的“圆弧”按钮╭，绘制两个圆弧，完成变压器的绘制，如图19-144所示。

（7）单击“默认”选项卡“修改”面板中的“复制”按钮，将变压器依次向下复制5次，间距如图19-145所示。

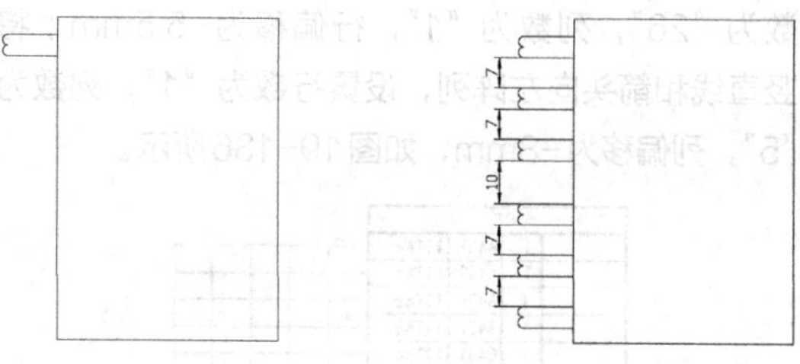

图19-144 绘制圆弧　　图19-145 复制变压器

（8）单击“默认”选项卡“绘图”面板中的“直线”按钮／，在右侧绘制9条长为8.6mm的水平线，如图19-146所示。

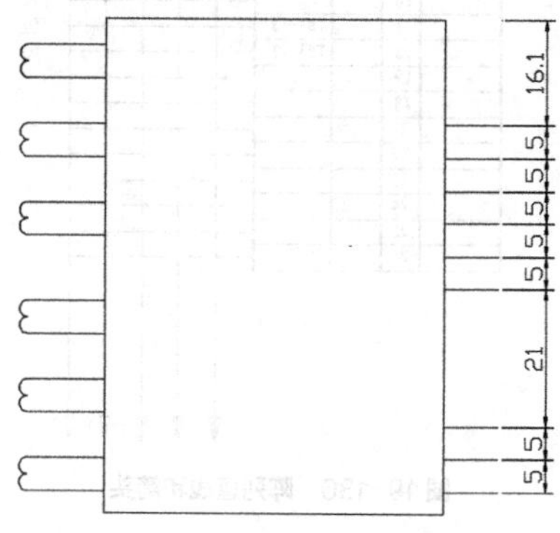

图19-146 绘制水平线

（9）单击“默认”选项卡“绘图”面板中的“圆”按钮⊘，绘制一个半径为0.6mm的圆，如图19-147所示。

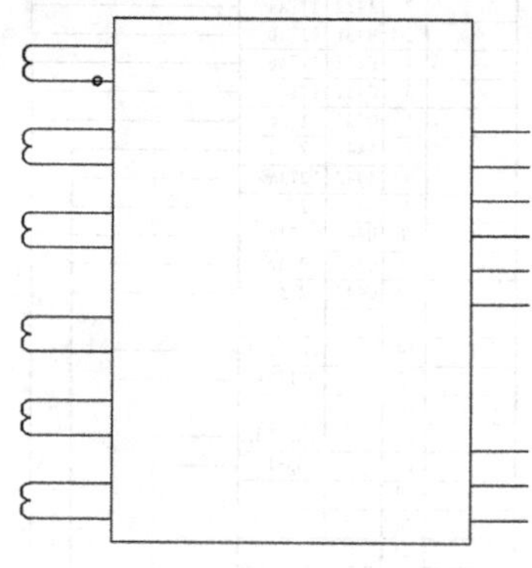

图19-147 绘制圆

（10）单击“默认”选项卡“绘图”面板中的“图案填充”按钮，打开“图案填充创建”选项卡，选择SOLID图案，填充圆，如图19-148所示。

（11）单击“默认”选项卡“修改”面板中的

"复制"按钮 ，复制圆，如图19-149所示。

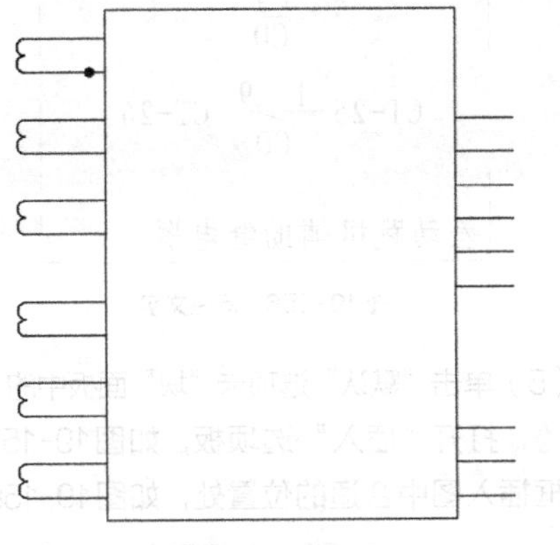

图 19-148 填充圆

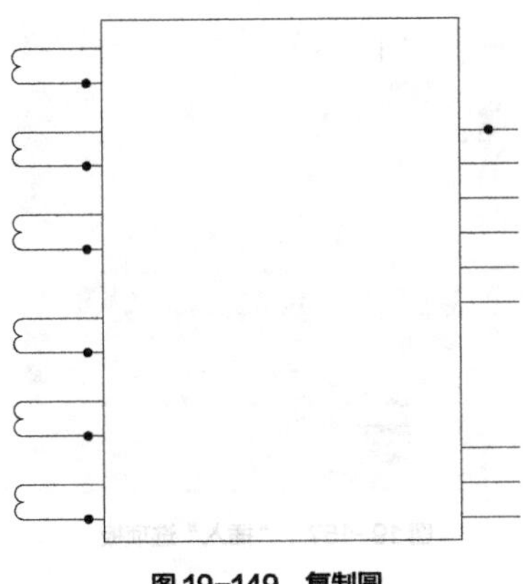

图 19-149 复制圆

（12）单击"默认"选项卡"绘图"面板中的"直线"按钮 ╱，绘制接地线路，如图19-150所示。

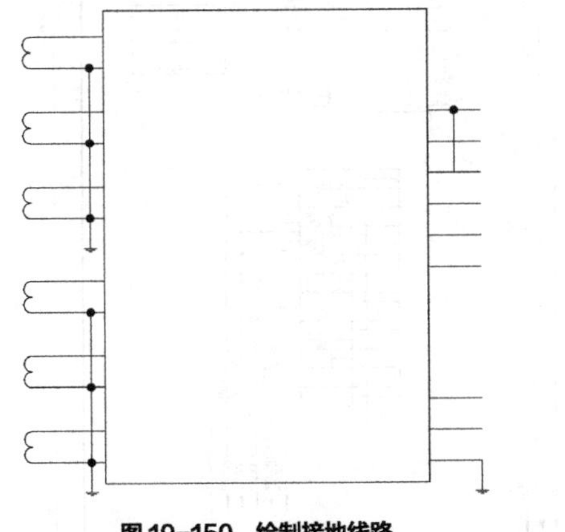

图 19-150 绘制接地线路

（13）单击"默认"选项卡"修改"面板中的"修剪"按钮 ，修剪掉多余的直线，如图19-151所示。

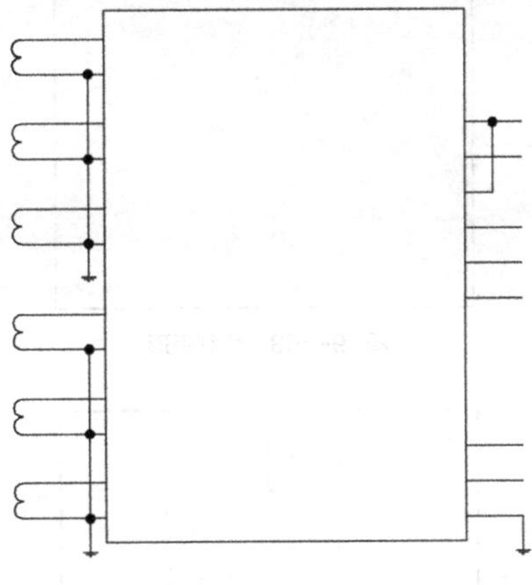

图 19-151 修剪直线

（14）单击"默认"选项卡"注释"面板中的"多行文字"按钮 **A**，标注文字，如图19-152所示。

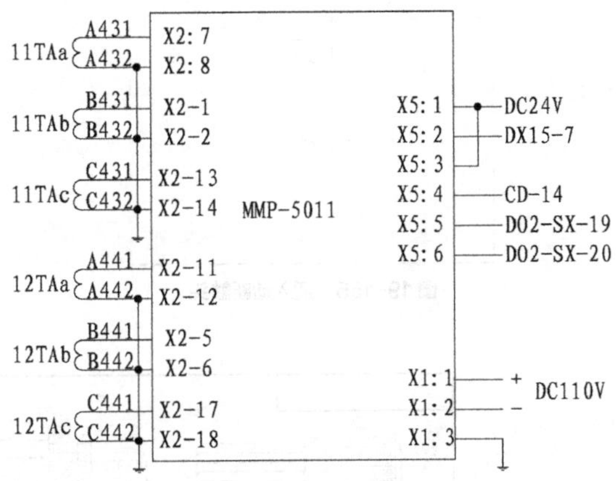

图 19-152 标注文字

6. 绘制继电器模块

（1）单击"默认"选项卡"绘图"面板中的"矩形"按钮 ，绘制一个50.5mm×36.3mm的矩形，并将线型设置为HIDDEN，调整线型比例，如图19-153所示。

（2）单击"默认"选项卡"绘图"面板中的"直线"按钮 ╱ 和"矩形"按钮 ，在上步绘制的矩形内绘制线圈，如图19-154所示。

（3）单击"默认"选项卡"块"面板中的"插入"按钮 ，插入动断触点，如图19-155所示。

（4）单击"默认"选项卡"注释"面板中的"多行文字"按钮 **A**，标注文字，如图19-156所示。

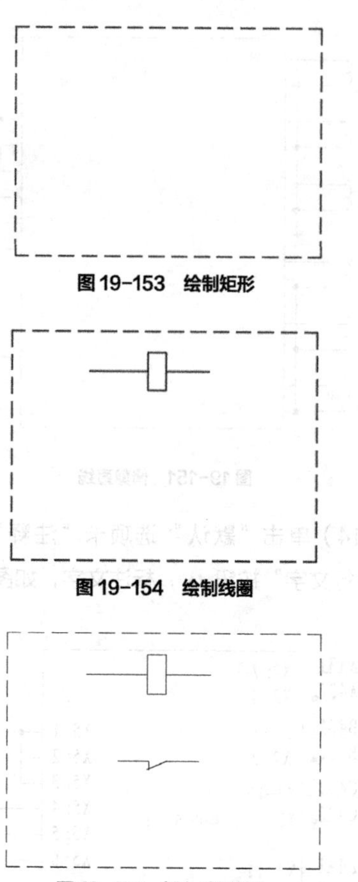

图 19-153　绘制矩形

图 19-154　绘制线圈

图 19-155　插入动断触头

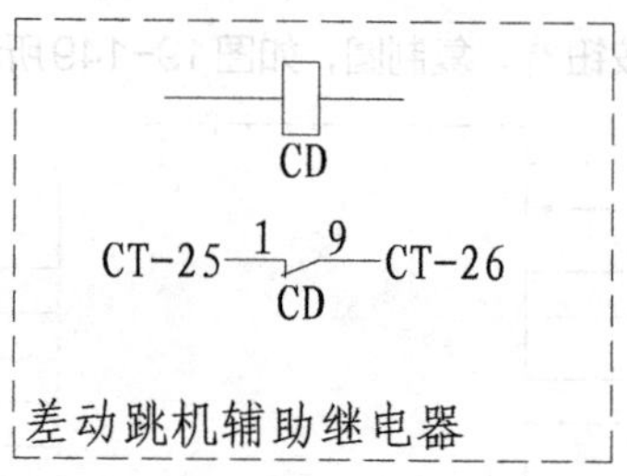

图 19-156　标注文字

（5）单击“默认”选项卡“块”面板中的“插入”按钮，打开“插入”选项板，如图19-157所示，将图框插入图中合适的位置处，如图19-158所示。

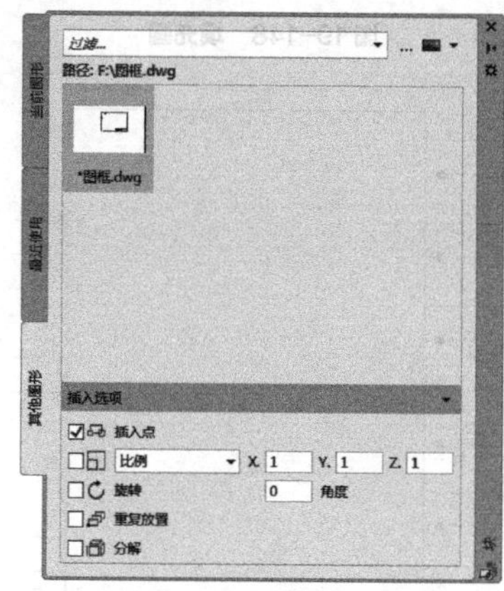

图 19-157　“插入”选项板

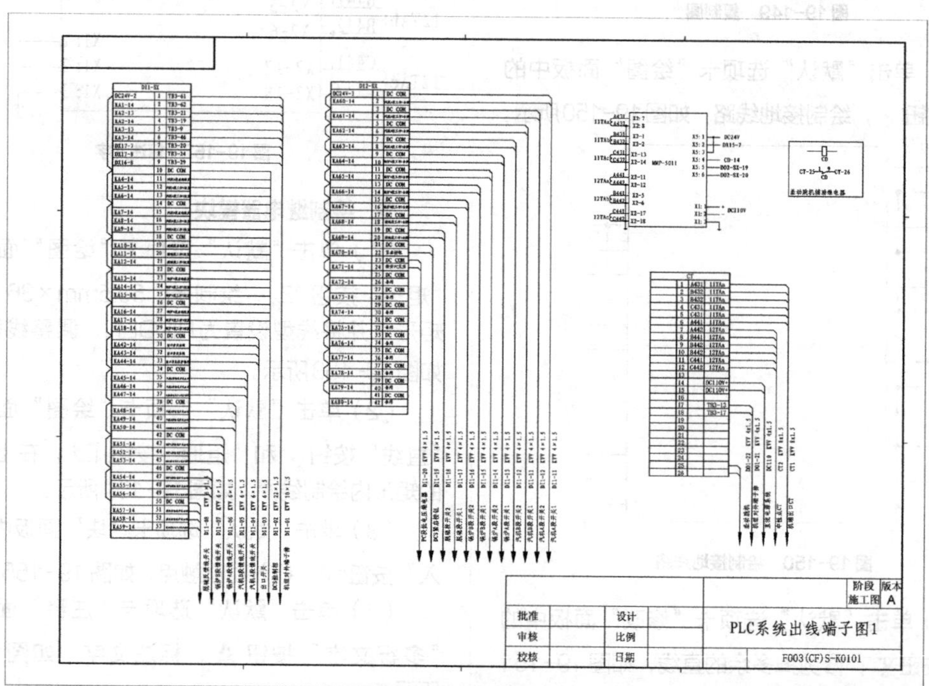

图 19-158　插入图框

（6）单击“默认”选项卡“注释”面板中的“多行文字”按钮 A，在图框内输入图纸名称，结果如图19-74所示。

19.3.2 绘制 PLC 系统出线端子图 2

本例结合二维绘图和编辑命令绘制端子图，最后插入图框，绘制结果如图19-159所示。

1. 设置绘图环境

（1）打开AutoCAD 2020应用程序，单击“快速访问”工具栏中的“新建”按钮，打开“选择样板”对话框，如图19-160所示，以“无样板打开-公制（M）”方式打开一个新的空白图形文件。

（2）单击“快速访问”工具栏中的“保存”按钮，打开“图形另存为”对话框，如图19-161所示，将文件保存为“PLC系统出线端子图2.dwg”图形文件。

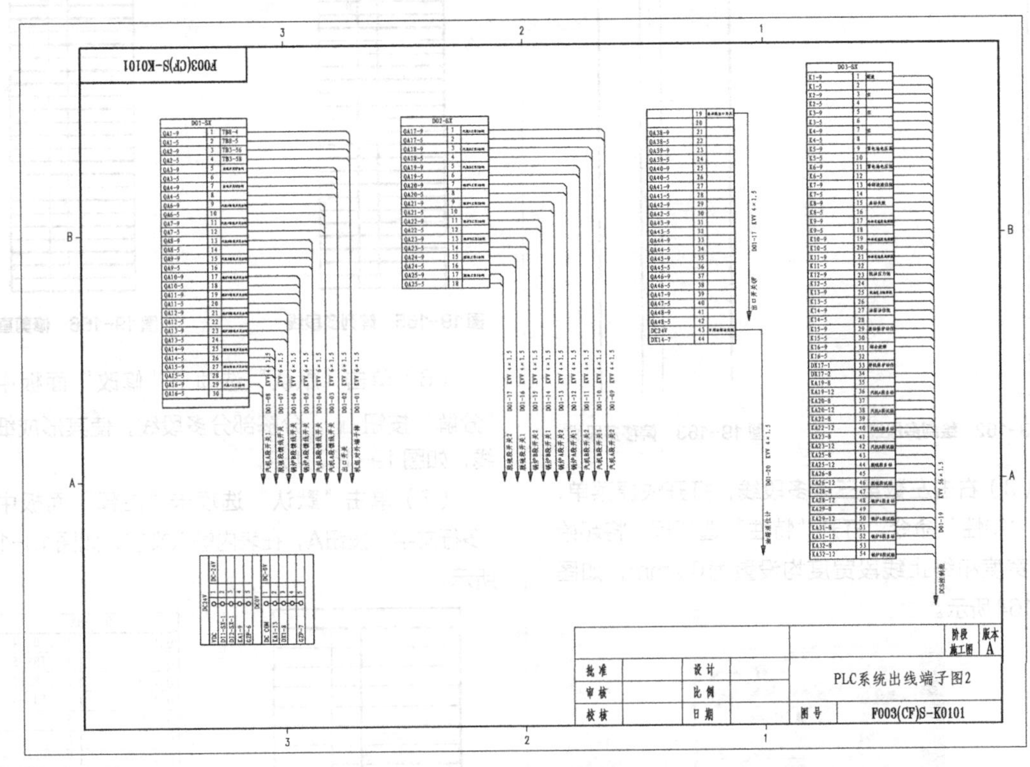

图 19-159　PLC 系统出线端子图 2

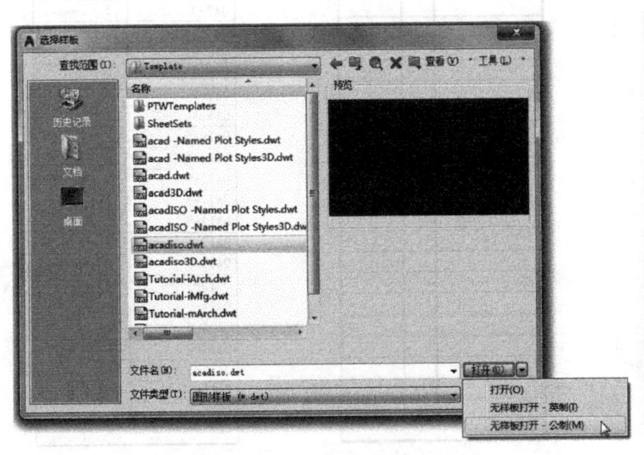

图 19-160　“选择样板”对话框

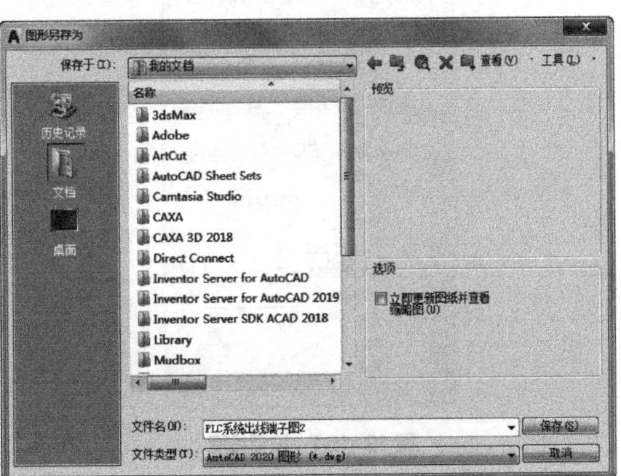

图 19-161　保存文件

2. 绘制端子图DO1-SX

（1）单击“默认”选项卡“绘图”面板中的“多段线”按钮，设置起始线段宽度和终止线段宽度均为0.3mm，绘制水平长为54.5mm、竖直长为176mm的多段线，如图19-162所示。

（2）单击“默认”选项卡“修改”面板中的“偏移”按钮，将竖直多段线向右偏移29mm、8.5mm和17mm，如图19-163所示。

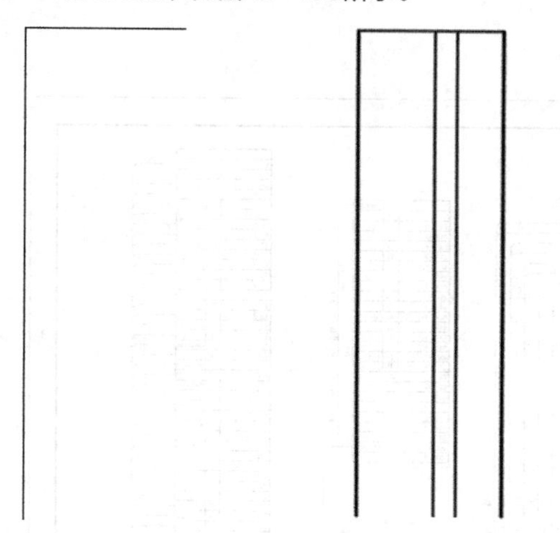

图19-162 绘制多段线　　图19-163 偏移多段线

（3）右击左数第三条多段线，打开快捷菜单，选择“特性”命令，打开“特性”选项板，将起始线段宽度和终止线段宽度均设置为0.2mm，如图19-164所示。

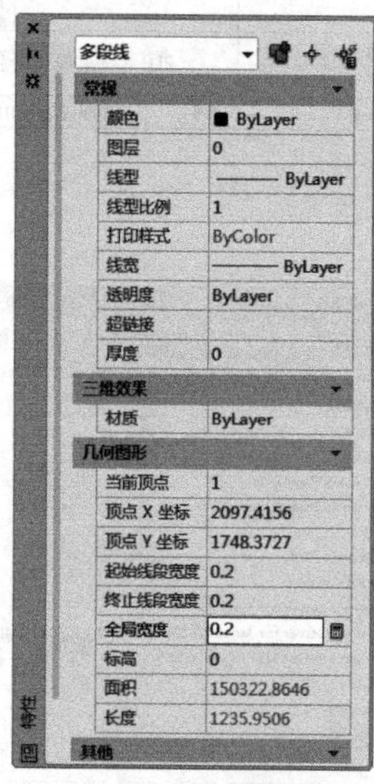

图19-164 设置线宽

（4）单击“默认”选项卡“修改”面板中的“矩形阵列”按钮，将水平多段线向下进行阵列，设置行数为“33”，列数为“1”，行偏移为-5.5mm，如图19-165所示。

（5）单击“默认”选项卡“修改”面板中的“修剪”按钮，修剪掉多余的直线，如图19-166所示。

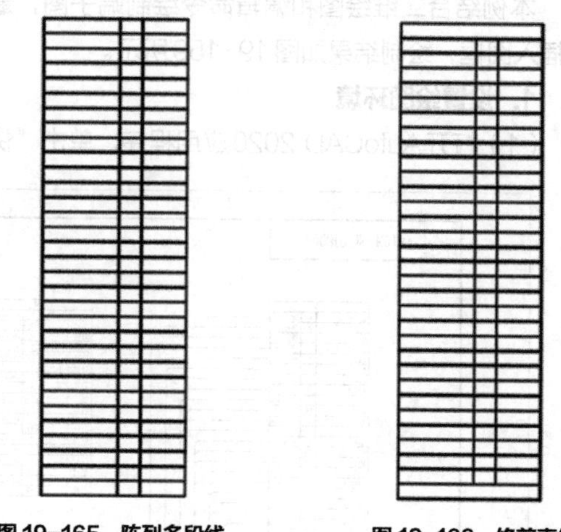

图19-165 阵列多段线　　图19-166 修剪直线

（6）单击“默认”选项卡“修改”面板中的“分解”按钮，分解部分多段线，使其形成细实线，如图19-167所示。

（7）单击“默认”选项卡“注释”面板中的“多行文字”按钮A，在表内输入文字，如图19-168所示。

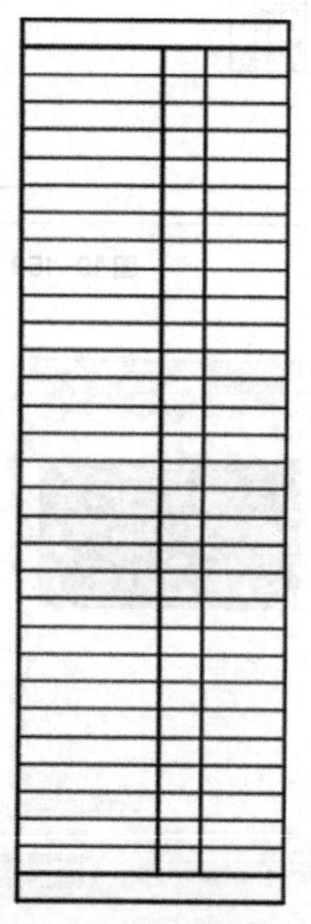

图19-167 分解部分多段线

D01-SX		
QA1-9	1	TB8-4
QA1-5	2	TB8-5
QA2-9	3	TB3-56
QA2-5	4	TB3-58
QA3-9	5	出线开关QF合闸
QA3-5	6	
QA4-9	7	出线开关QF分闸
QA4-5	8	
QA6-9	9	汽机A馈线开关合闸
QA6-5	10	
QA7-9	11	汽机A馈线开关分闸
QA7-5	12	
QA8-9	13	汽机B馈线开关合闸
QA8-5	14	
QA9-9	15	汽机B馈线开关分闸
QA9-5	16	
QA10-9	17	锅炉A馈线开关合闸
QA10-5	18	
QA11-9	19	锅炉A馈线开关分闸
QA11-5	20	
QA12-9	21	锅炉B馈线开关合闸
QA12-5	22	
QA13-9	23	锅炉B馈线开关分闸
QA13-5	24	
QA14-9	25	脱硫馈线开关合闸
QA14-5	26	
QA15-9	27	脱硫馈线开关分闸
QA15-5	28	
QA16-9	29	汽机A工作1合闸
QA16-5	30	

图19-168 输入文字

（8）单击“默认”选项卡“绘图”面板中的“直线”按钮╱，在表的右侧绘制水平长为64.5mm和竖直长为214.2mm的直线，如图19-169所示。

D01-SX		
QA1-9	1	TB8-4
QA1-5	2	TB8-5
QA2-9	3	TB3-56
QA2-5	4	TB3-58
QA3-9	5	[illegible]
QA3-5	6	
QA4-9	7	[illegible]
QA4-5	8	
QA6-9	9	[illegible]
QA6-5	10	
QA7-9	11	[illegible]
QA7-5	12	
QA8-9	13	[illegible]
QA8-5	14	
QA9-9	15	[illegible]
QA9-5	16	
QA10-9	17	[illegible]
QA10-5	18	
QA11-9	19	[illegible]
QA11-5	20	
QA12-9	21	[illegible]
QA12-5	22	
QA13-9	23	[illegible]
QA13-5	24	
QA14-9	25	[illegible]
QA14-5	26	
QA15-9	27	[illegible]
QA15-5	28	
QA16-9	29	[illegible]
QA16-5	30	

图19-169 绘制直线

（9）继续单击“默认”选项卡“绘图”面板中的“直线”按钮╱，在上步绘制的竖直线底端绘制箭头，如图19-170所示。

D01-SX		
QA1-9	1	TB8-4
QA1-5	2	TB8-5
QA2-9	3	TB3-56
QA2-5	4	TB3-58
QA3-9	5	[illegible]
QA3-5	6	
QA4-9	7	[illegible]
QA4-5	8	
QA6-9	9	[illegible]
QA6-5	10	
QA7-9	11	[illegible]
QA7-5	12	
QA8-9	13	[illegible]
QA8-5	14	
QA9-9	15	[illegible]
QA9-5	16	
QA10-9	17	[illegible]
QA10-5	18	
QA11-9	19	[illegible]
QA11-5	20	
QA12-9	21	[illegible]
QA12-5	22	
QA13-9	23	[illegible]
QA13-5	24	
QA14-9	25	[illegible]
QA14-5	26	
QA15-9	27	[illegible]
QA15-5	28	
QA16-9	29	[illegible]
QA16-5	30	

图19-170 绘制箭头

（10）单击“默认”选项卡“修改”面板中的“矩形阵列”按钮器，将水平线向下阵列，设置行数为“30”，列数为“1”，行偏移为-5.5mm；将竖直线和箭头向左进行阵列，设置行数为“1”，列数为“8”，列偏移为-8mm，如图19-171所示。

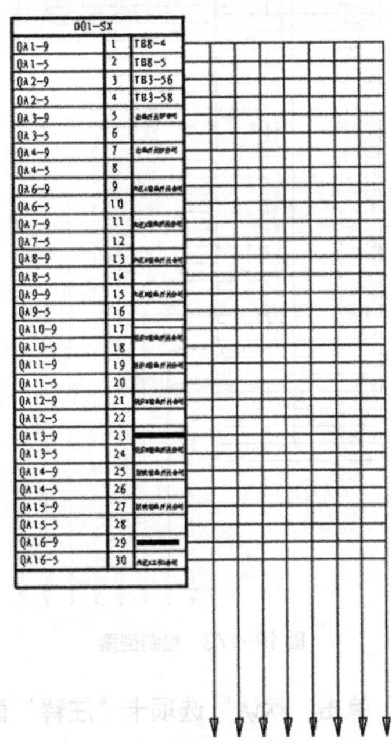

图19-171 阵列直线和箭头

（11）单击“默认”选项卡“修改”面板中的“修剪”按钮✂，修剪掉多余的直线，如图19-172所示。

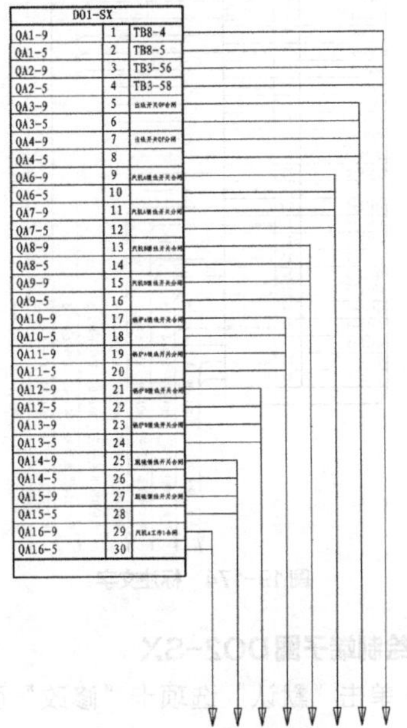

图19-172 修剪图形

（12）单击“默认”选项卡“修改”面板中的“倒角”按钮⌐，对图形进行倒角操作，设置倒角距离为2mm，如图19-173所示。

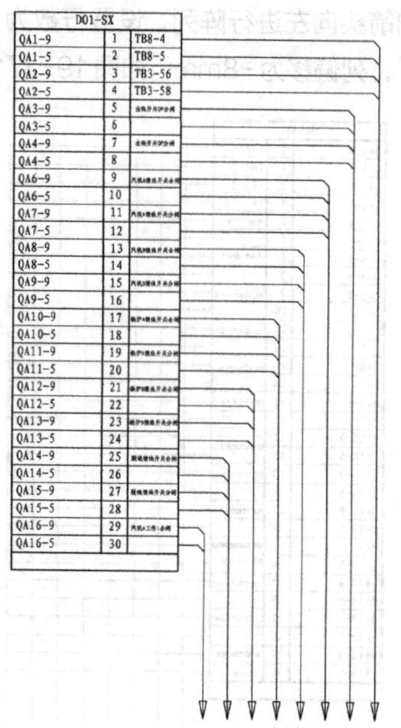

图19-173　绘制倒角

（13）单击“默认”选项卡“注释”面板中的“多行文字”按钮A，标注文字，如图19-174所示。

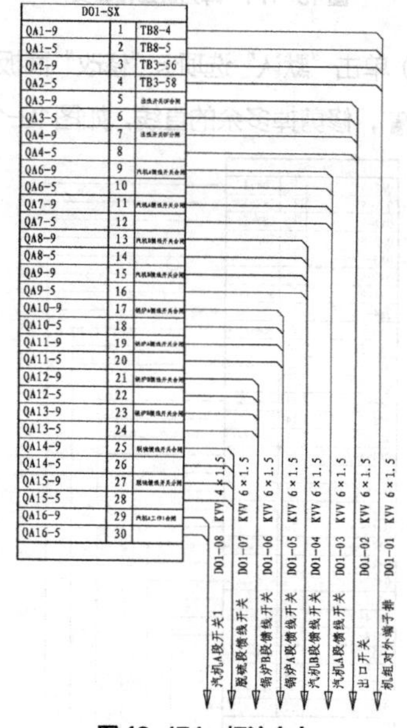

图19-174　标注文字

3. 绘制端子图DO2-SX

（1）单击“默认”选项卡“修改”面板中的“复制”按钮，将端子图DO1-SX中的表进行复制，然后单击“默认”选项卡“修改”面板中的“删除”按钮和“修剪”按钮，整理图形，如图19-175所示。

D01-SX		
QA1-9	1	TB8-4
QA1-5	2	TB8-5
QA2-9	3	TB3-56
QA2-5	4	TB3-58
QA3-9	5	出线开关QF合闸
QA3-5	6	
QA4-9	7	出线开关QF分闸
QA4-5	8	
QA6-9	9	汽机A馈线开关合闸
QA6-5	10	
QA7-9	11	汽机A馈线开关分闸
QA7-5	12	
QA8-9	13	汽机B馈线开关合闸
QA8-5	14	
QA9-9	15	汽机B馈线开关分闸
QA9-5	16	
QA10-9	17	锅炉A馈线开关合闸
QA10-5	18	

图19-175　整理图形

（2）双击表内文字，修改内容，结果如图19-176所示。

D02-SX		
QA17-9	1	汽机A工作2合闸
QA17-5	2	
QA18-9	3	汽机B工作1合闸
QA18-5	4	
QA19-9	5	汽机B工作2合闸
QA19-5	6	
QA20-9	7	锅炉A工作1合闸
QA20-5	8	
QA21-9	9	锅炉A工作2合闸
QA21-5	10	
QA22-9	11	锅炉B工作1合闸
QA22-5	12	
QA23-9	13	锅炉B工作2合闸
QA23-5	14	
QA24-9	15	脱硫工作1合闸
QA24-5	16	
QA25-9	17	脱硫工作2合闸
QA25-5	18	

图19-176　修改内容

（3）单击“默认”选项卡“绘图”面板中的“直线”按钮／，在表的右侧绘制水平长为72.5mm和竖直长为214.2mm的直线，如图19-177所示。

（4）单击“默认”选项卡“修改”面板中的“复制”按钮，将端子图DO1-SX中的箭头复制到上步绘制的竖直线的下方，如图19-178所示。

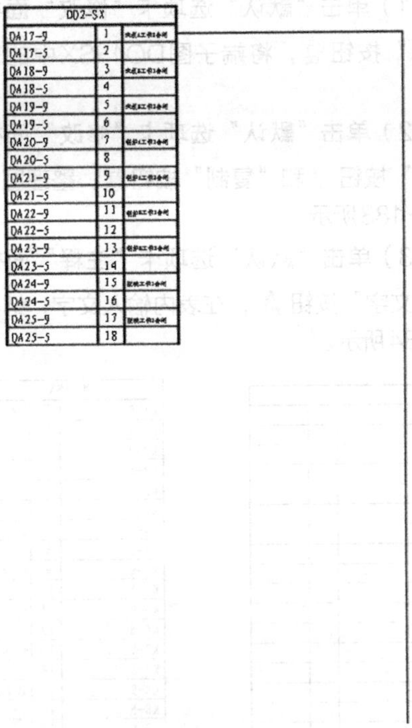

图19-177　绘制直线

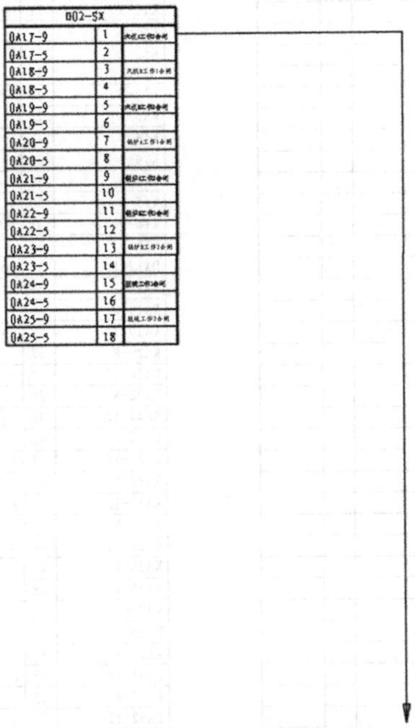

图19-178　复制箭头

（5）单击“默认”选项卡“修改”面板中的“矩形阵列”按钮▦，将水平线向下阵列，设置行数为“18”，列数为“1”，行偏移为-5.5mm；将竖直线和箭头向左进行阵列，设置行数为“1”，列数为“9”，列偏移为-8mm，如图19-179所示。

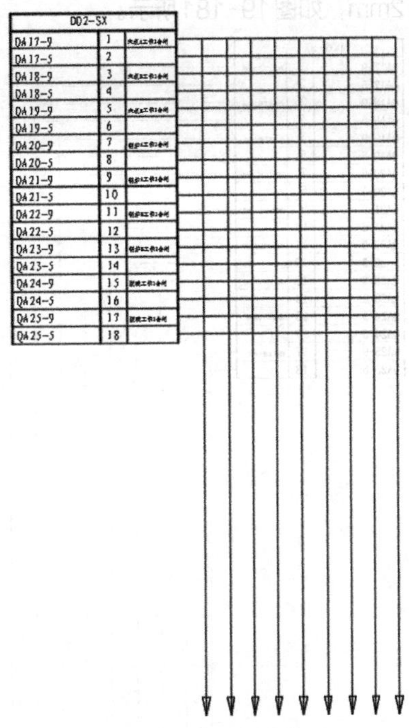

图19-179　阵列直线和箭头

（6）单击“默认”选项卡“修改”面板中的“修剪”按钮✂，修剪掉多余的直线，如图19-180所示。

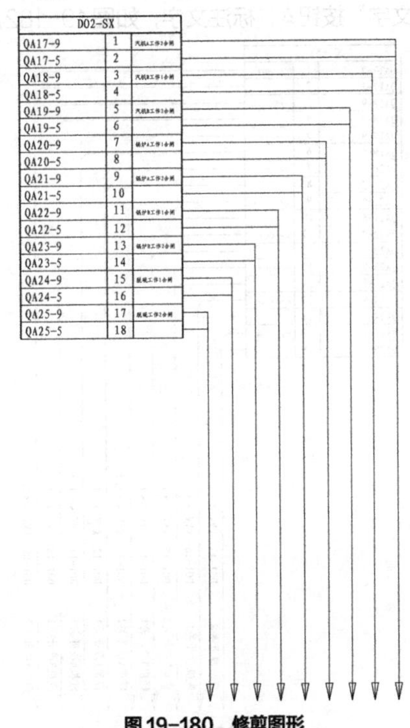

图19-180　修剪图形

（7）单击“默认”选项卡“修改”面板中的“倒角”按钮⌐，对图形进行倒角操作，设置倒角距离为2mm，如图19-181所示。

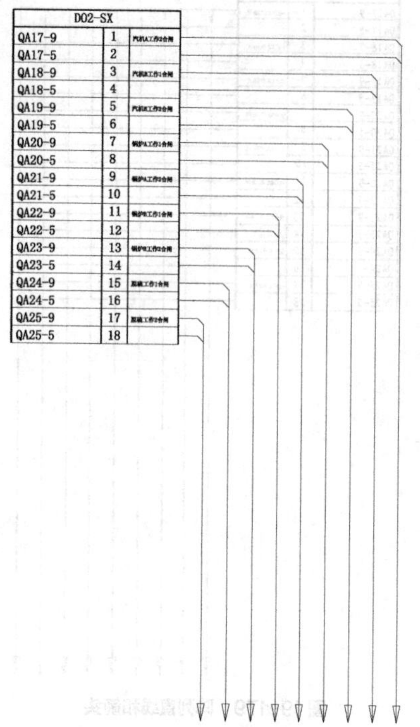

图19-181 绘制倒角

（8）单击“默认”选项卡“注释”面板中的“多行文字”按钮A，标注文字，如图19-182所示。

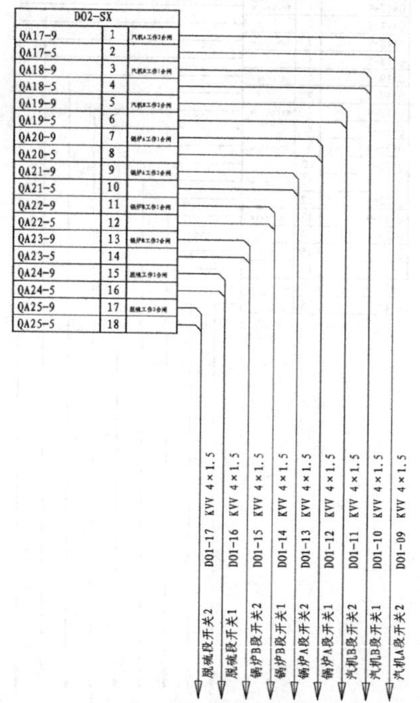

图19-182 标注文字

4. 绘制端子图DO3-SX

（1）单击“默认”选项卡“修改”面板中的“复制”按钮⚇，将端子图DO1-SX中的表进行复制。

（2）单击“默认”选项卡“修改”面板中的“删除”按钮和“复制”按钮⚇，整理图形，如图19-183所示。

（3）单击“默认”选项卡“注释”面板中的“多行文字”按钮A，在表内输入文字，结果如图19-184所示。

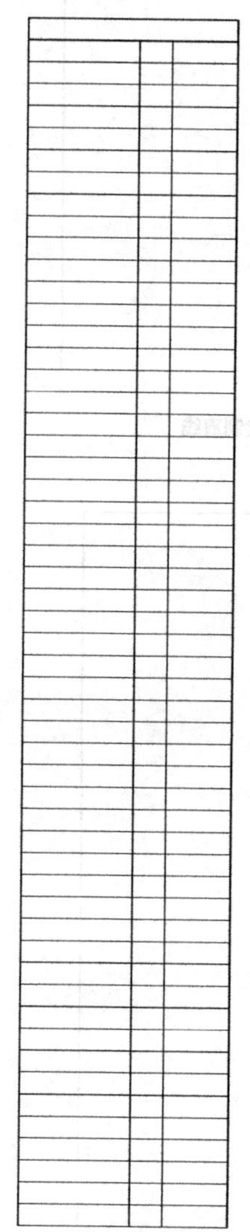

图19-183 整理图形

D03-SX		
K1-9	1	超速
K1-5	2	
K2-9	3	空
K2-5	4	
K3-9	5	空
K3-5	6	
K4-9	7	空
K4-5	8	
K5-9	9	蓄电池电压高
K5-5	10	
K6-9	11	蓄电池电压低
K6-5	12	
K7-9	13	冷却液液位低
K7-5	14	
K8-9	15	启动失败
K8-5	16	
K9-9	17	冷却液温度低停机
K9-5	18	
K10-9	19	冷却液温度低报警
K10-5	20	
K11-9	21	冷却液温度高停机
K11-5	22	
K12-9	23	机油压力低
K12-5	24	
K13-9	25	机油压力低停机
K13-5	26	
K14-9	27	油箱油位低
K14-5	28	
K15-9	29	差动保护动作
K15-5	30	
K16-9	31	综合故障
K16-5	32	
DX17-1	33	停机保护动作
DX17-2	34	
KA19-8	35	
KA19-12	36	汽机A段自动
KA20-8	37	
KA20-12	38	汽机A段试验
KA22-8	39	
KA22-12	40	汽机B段自动
KA23-8	41	
KA23-12	42	汽机B段试验
KA25-8	43	
KA25-12	44	脱硫段自动
KA26-8	45	
KA26-12	46	脱硫段试验
KA28-8	47	
KA28-12	48	锅炉A段自动
KA29-8	49	
KA29-12	50	锅炉A段试验
KA31-8	51	
KA31-12	52	锅炉B段自动
KA32-8	53	
KA32-12	54	锅炉B段试验

图19-184 输入文字

（4）单击“默认”选项卡“绘图”面板中的“直线”按钮╱，在表的右侧绘制水平长为24.5mm和竖直长为322.6mm的直线，如图19-185所示。

（5）单击“默认”选项卡“修改”面板中的“复制”按钮，将端子图DO1-SX中的箭头复制到上步绘制的竖直线的下方，如图19-186所示。

D03-SX		
K1-9	1	超速
K1-5	2	
K2-9	3	空
K2-5	4	
K3-9	5	空
K3-5	6	
K4-9	7	空
K4-5	8	
K5-9	9	蓄电池电压高
K5-5	10	
K6-9	11	蓄电池电压低
K6-5	12	
K7-9	13	冷却液液位低
K7-5	14	
K8-9	15	启动失败
K8-5	16	
K9-9	17	冷却液温度低停机
K9-5	18	
K10-9	19	冷却液温度低报警
K10-5	20	
K11-9	21	冷却液温度高停机
K11-5	22	
K12-9	23	机油压力低
K12-5	24	
K13-9	25	机油压力低停机
K13-5	26	
K14-9	27	油箱油位低
K14-5	28	
K15-9	29	差动保护动作
K15-5	30	
K16-9	31	综合故障
K16-5	32	
DX17-1	33	停机保护动作
DX17-2	34	
KA19-8	35	
KA19-12	36	汽机A段自动
KA20-8	37	
KA20-12	38	汽机A段试验
KA22-8	39	
KA22-12	40	汽机B段自动
KA23-8	41	
KA23-12	42	汽机B段试验
KA25-8	43	
KA25-12	44	脱硫段自动
KA26-8	45	
KA26-12	46	脱硫段试验
KA28-8	47	
KA28-12	48	锅炉A段自动
KA29-8	49	
KA29-12	50	锅炉A段试验
KA31-8	51	
KA31-12	52	锅炉B段自动
KA32-8	53	
KA32-12	54	锅炉B段试验

图19-185 绘制直线

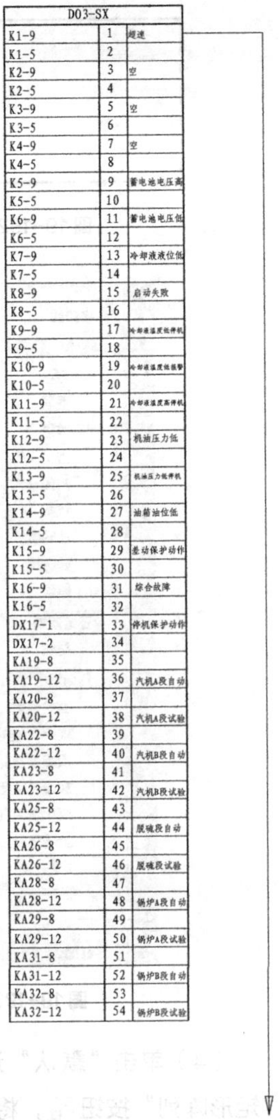

D03-SX		
K1-9	1	超速
K1-5	2	
K2-9	3	空
K2-5	4	
K3-9	5	空
K3-5	6	
K4-9	7	空
K4-5	8	
K5-9	9	蓄电池电压高
K5-5	10	
K6-9	11	蓄电池电压低
K6-5	12	
K7-9	13	冷却液液位低
K7-5	14	
K8-9	15	启动失败
K8-5	16	
K9-9	17	冷却液温度低停机
K9-5	18	
K10-9	19	冷却液温度低报警
K10-5	20	
K11-9	21	冷却液温度高停机
K11-5	22	
K12-9	23	机油压力低
K12-5	24	
K13-9	25	机油压力低停机
K13-5	26	
K14-9	27	油箱油位低
K14-5	28	
K15-9	29	差动保护动作
K15-5	30	
K16-9	31	综合故障
K16-5	32	
DX17-1	33	停机保护动作
DX17-2	34	
KA19-8	35	
KA19-12	36	汽机A段自动
KA20-8	37	
KA20-12	38	汽机A段试验
KA22-8	39	
KA22-12	40	汽机B段自动
KA23-8	41	
KA23-12	42	汽机B段试验
KA25-8	43	
KA25-12	44	脱硫段自动
KA26-8	45	
KA26-12	46	脱硫段试验
KA28-8	47	
KA28-12	48	锅炉A段自动
KA29-8	49	
KA29-12	50	锅炉A段试验
KA31-8	51	
KA31-12	52	锅炉B段自动
KA32-8	53	
KA32-12	54	锅炉B段试验

图19-186 复制箭头

（6）单击“默认”选项卡“修改”面板中的“倒角”按钮，在图中合适的位置处绘制倒角，设置倒角距离为2mm，如图19-187所示。

（7）单击“默认”选项卡“修改”面板中的“矩形阵列”按钮，将水平线和倒角线进行阵列，设置行数为54，列数为1，行偏移为-5.5mm，如图19-188所示。

（8）单击“默认”选项卡“修改”面板中的“删除”按钮，删除多余的直线，如图19-189所示。

（9）单击“默认”选项卡“注释”面板中的“多行文字”按钮A，标注文字，如图19-190所示。

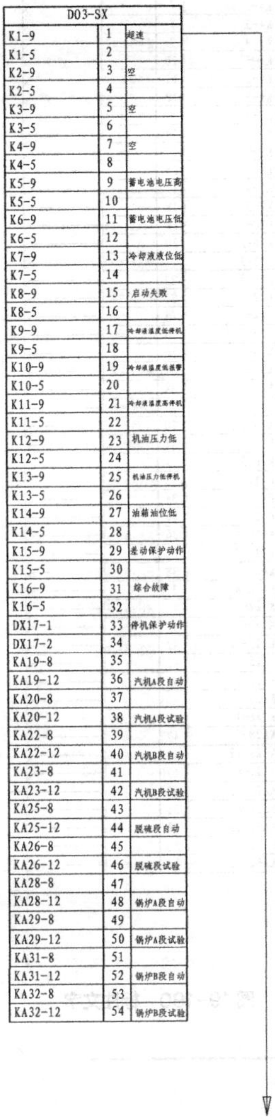

D03-SX		
K1-9	1	超速
K1-5	2	
K2-9	3	空
K2-5	4	
K3-9	5	空
K3-5	6	
K4-9	7	空
K4-5	8	
K5-9	9	蓄电池电压高
K5-5	10	
K6-9	11	蓄电池电压低
K6-5	12	
K7-9	13	冷却液液位低
K7-5	14	
K8-9	15	启动失败
K8-5	16	
K9-9	17	冷却液温度低停机
K9-5	18	
K10-9	19	冷却液温度低报警
K10-5	20	
K11-9	21	冷却液温度高停机
K11-5	22	
K12-9	23	机油压力低
K12-5	24	
K13-9	25	机油压力低停机
K13-5	26	
K14-9	27	油箱油位低
K14-5	28	
K15-9	29	差动保护动作
K15-5	30	
K16-9	31	综合故障
K16-5	32	
DX17-1	33	停机保护动作
DX17-2	34	
KA19-8	35	
KA19-12	36	汽机A段自动
KA20-8	37	
KA20-12	38	汽机A段试验
KA22-8	39	
KA22-12	40	汽机B段自动
KA23-8	41	
KA23-12	42	汽机B段试验
KA25-8	43	
KA25-12	44	脱硫段自动
KA26-8	45	
KA26-12	46	脱硫段试验
KA28-8	47	
KA28-12	48	锅炉A段自动
KA29-8	49	
KA29-12	50	锅炉A段试验
KA31-8	51	
KA31-12	52	锅炉B段自动
KA32-8	53	
KA32-12	54	锅炉B段试验

图19-187 绘制倒角

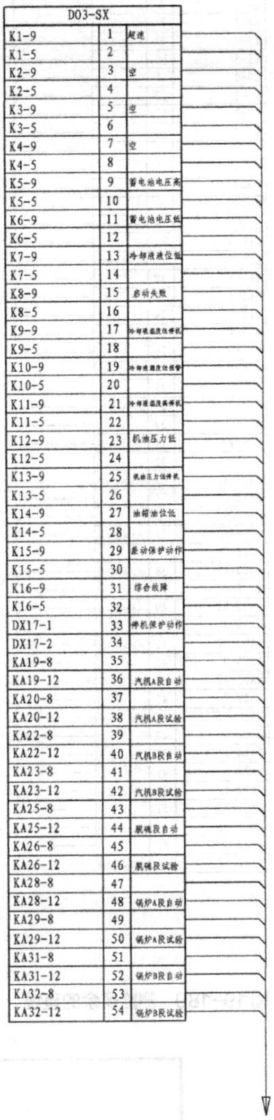

D03-SX		
K1-9	1	超速
K1-5	2	
K2-9	3	空
K2-5	4	
K3-9	5	空
K3-5	6	
K4-9	7	空
K4-5	8	
K5-9	9	蓄电池电压高
K5-5	10	
K6-9	11	蓄电池电压低
K6-5	12	
K7-9	13	冷却液液位低
K7-5	14	
K8-9	15	启动失败
K8-5	16	
K9-9	17	冷却液温度低停机
K9-5	18	
K10-9	19	冷却液温度低报警
K10-5	20	
K11-9	21	冷却液温度高停机
K11-5	22	
K12-9	23	机油压力低
K12-5	24	
K13-9	25	机油压力低停机
K13-5	26	
K14-9	27	油箱油位低
K14-5	28	
K15-9	29	差动保护动作
K15-5	30	
K16-9	31	综合故障
K16-5	32	
DX17-1	33	停机保护动作
DX17-2	34	
KA19-8	35	
KA19-12	36	汽机A段自动
KA20-8	37	
KA20-12	38	汽机A段试验
KA22-8	39	
KA22-12	40	汽机B段自动
KA23-8	41	
KA23-12	42	汽机B段试验
KA25-8	43	
KA25-12	44	脱硫段自动
KA26-8	45	
KA26-12	46	脱硫段试验
KA28-8	47	
KA28-12	48	锅炉A段自动
KA29-8	49	
KA29-12	50	锅炉A段试验
KA31-8	51	
KA31-12	52	锅炉B段自动
KA32-8	53	
KA32-12	54	锅炉B段试验

图19-188 阵列水平线和倒角线

5. 绘制端子图DC

（1）单击“默认”选项卡“绘图”面板中的“多段线”按钮，设置起始线段宽度和终止线段宽度均为0.3mm，绘制竖直长为54.5mm的多段线。

同理，绘制水平长为71.5的多段线，结果如图19-191所示。

（2）单击“默认”选项卡“修改”面板中的“偏移”按钮，将水平多段线向下偏移17mm、8.5mm和29mm，如图19-192所示。

D03-SX		
K1-9	1	超速
K1-5	2	
K2-9	3	空
K2-5	4	
K3-9	5	空
K3-5	6	
K4-9	7	空
K4-5	8	
K5-9	9	蓄电池电压高
K5-5	10	
K6-9	11	蓄电池电压低
K6-5	12	
K7-9	13	冷却液液位低
K7-5	14	
K8-9	15	启动失败
K8-5	16	
K9-9	17	冷却液温度低停机
K9-5	18	
K10-9	19	冷却液温度低报警
K10-5	20	
K11-9	21	冷却液温度高停机
K11-5	22	
K12-9	23	机油压力低
K12-5	24	
K13-9	25	机油压力低停机
K13-5	26	
K14-9	27	油箱油位低
K14-5	28	
K15-9	29	差动保护动作
K15-5	30	
K16-9	31	综合故障
K16-5	32	
DX17-1	33	停机保护动作
DX17-2	34	
KA19-8	35	
KA19-12	36	汽机A段自动
KA20-8	37	
KA20-12	38	汽机A段试验
KA22-8	39	
KA22-12	40	汽机B段自动
KA23-8	41	
KA23-12	42	汽机B段试验
KA25-8	43	
KA25-12	44	脱硫段自动
KA26-8	45	
KA26-12	46	脱硫段试验
KA28-8	47	
KA28-12	48	锅炉A段自动
KA29-8	49	
KA29-12	50	锅炉A段试验
KA31-8	51	
KA31-12	52	锅炉B段自动
KA32-8	53	
KA32-12	54	锅炉B段试验

图 19-189　删除多余的直线

D03-SX		
K1-9	1	超速
K1-5	2	
K2-9	3	空
K2-5	4	
K3-9	5	空
K3-5	6	
K4-9	7	空
K4-5	8	
K5-9	9	蓄电池电压高
K5-5	10	
K6-9	11	蓄电池电压低
K6-5	12	
K7-9	13	冷却液液位低
K7-5	14	
K8-9	15	启动失败
K8-5	16	
K9-9	17	冷却液温度低停机
K9-5	18	
K10-9	19	冷却液温度低报警
K10-5	20	
K11-9	21	冷却液温度高停机
K11-5	22	
K12-9	23	机油压力低
K12-5	24	
K13-9	25	机油压力低停机
K13-5	26	
K14-9	27	油箱油位低
K14-5	28	
K15-9	29	差动保护动作
K15-5	30	
K16-9	31	综合故障
K16-5	32	
DX17-1	33	停机保护动作
DX17-2	34	
KA19-8	35	
KA19-12	36	汽机A段自动
KA20-8	37	
KA20-12	38	汽机A段试验
KA22-8	39	
KA22-12	40	汽机B段自动
KA23-8	41	
KA23-12	42	汽机B段试验
KA25-8	43	
KA25-12	44	脱硫段自动
KA26-8	45	
KA26-12	46	脱硫段试验
KA28-8	47	
KA28-12	48	锅炉A段自动
KA29-8	49	
KA29-12	50	锅炉A段试验
KA31-8	51	
KA31-12	52	锅炉B段自动
KA32-8	53	
KA32-12	54	锅炉B段试验

D01-19　KVV 56x1.5

DCS控制柜

图 19-190　标注文字

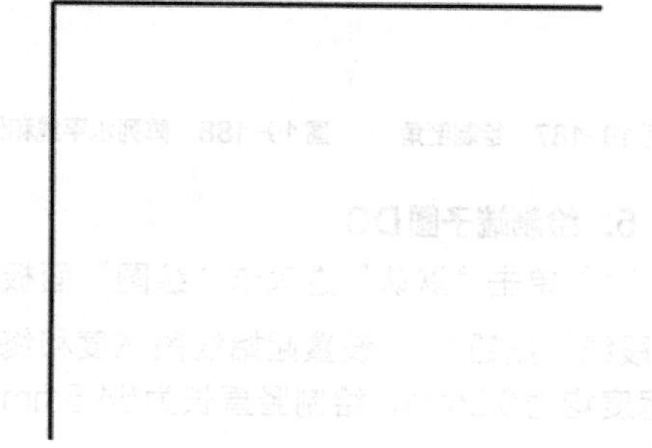

图 19-191　绘制多段线

（3）右击第二条水平多段线，选择快捷菜单中的“特性”命令，打开“特性”选项板，将起始线段宽度和终止线段宽度均设置为0.2mm，如图19-193所示。

图 19-192　偏移多段线

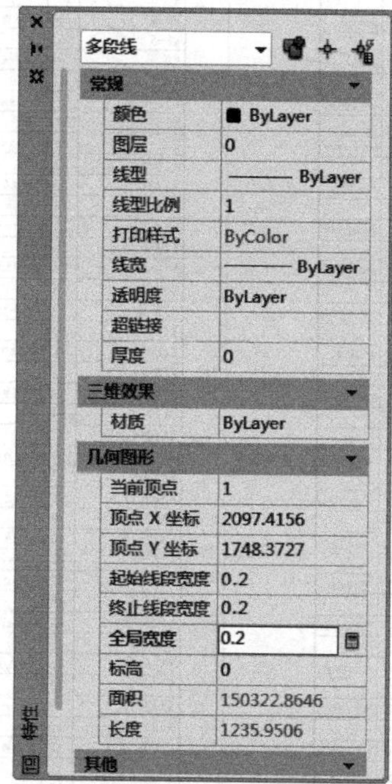

图 19-193　设置线宽

（4）单击“默认”选项卡“修改”面板中的“矩形阵列”按钮器，将竖直多段线进行阵列，设置行数为“1”，列数为“14”，列偏移为5.5mm，如图19-194所示。

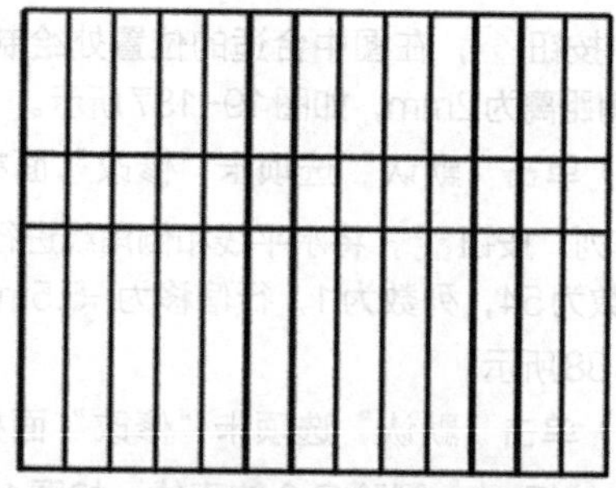

图 19-194　阵列多段线

（5）单击“默认”选项卡“修改”面板中的“修剪”按钮，修剪掉多余的直线，如图19-195所示。

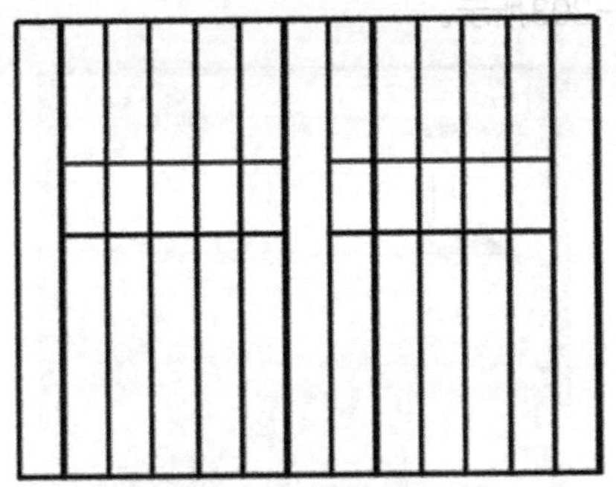

图19-195 修剪直线

（6）单击“默认”选项卡“修改”面板中的“分解”按钮，分解部分多段线，使其形成细实线，如图19-196所示。

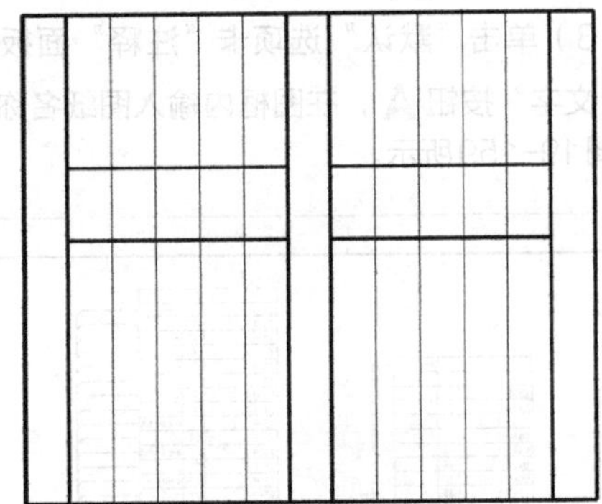

图19-196 分解部分多段线

（7）单击“默认”选项卡“绘图”面板中的“圆”按钮，在图中合适的位置处绘制一个半径为1.3mm的圆，如图19-197所示。

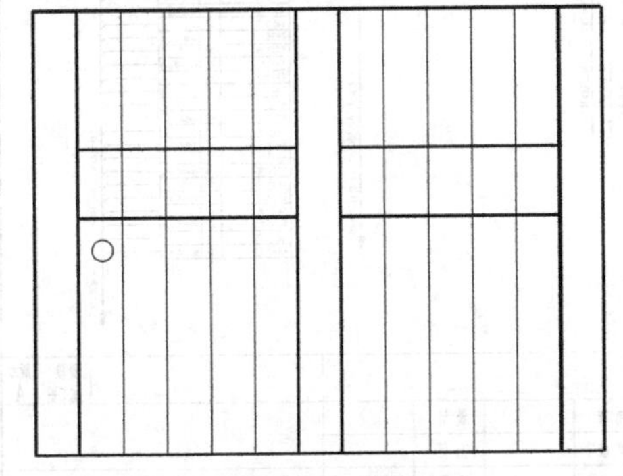

图19-197 绘制圆

（8）单击“默认”选项卡“修改”面板中的“复制”按钮，将圆进行复制，如图19-198所示。

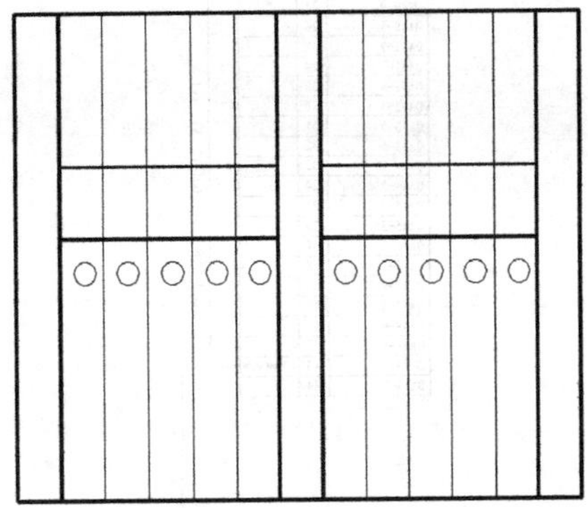

图19-198 复制圆

（9）单击“默认”选项卡“绘图”面板中的“直线”按钮，连接圆，如图19-199所示。

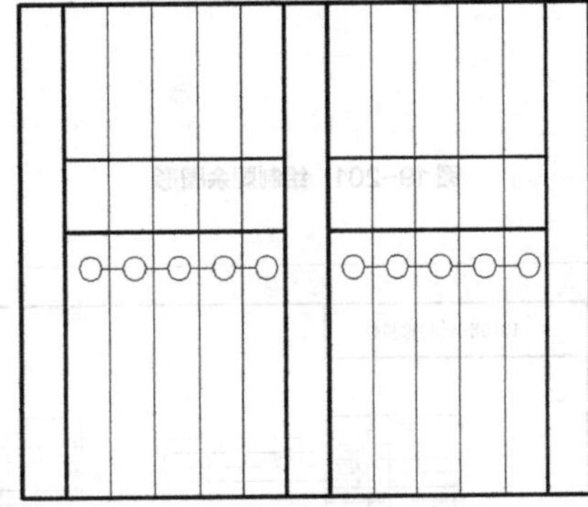

图19-199 连接圆

（10）单击“默认”选项卡“注释”面板中的“多行文字”按钮 A，标注文字，如图19-200所示。

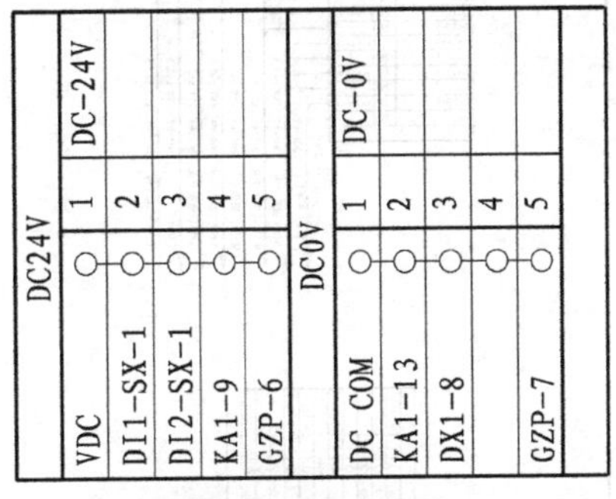

图19-200 标注文字

6. 绘制剩余图形并插入图框

（1）同理，绘制剩余图形，这里不再赘述，结果如图19-201所示。

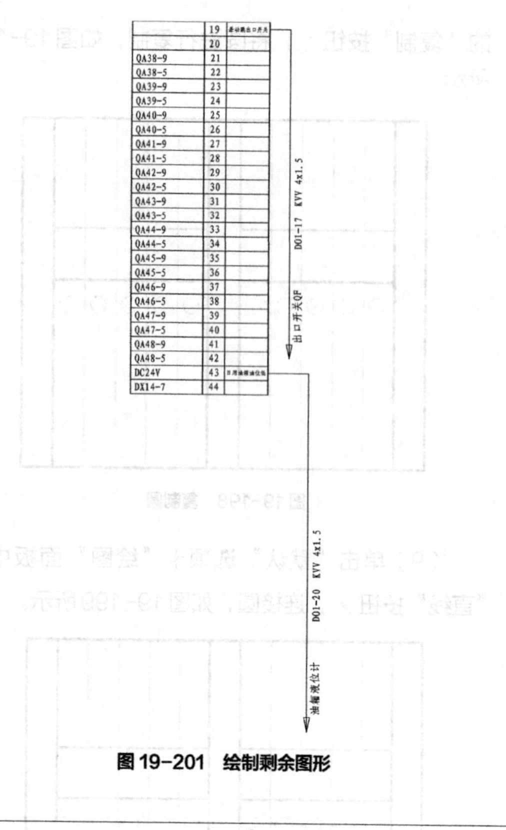

图 19-201 绘制剩余图形

（2）单击“默认”选项卡“块”面板中的“插入”按钮，打开“插入”选项板，如图19-202所示，将图框插入图中合适的位置处，如图19-203所示。

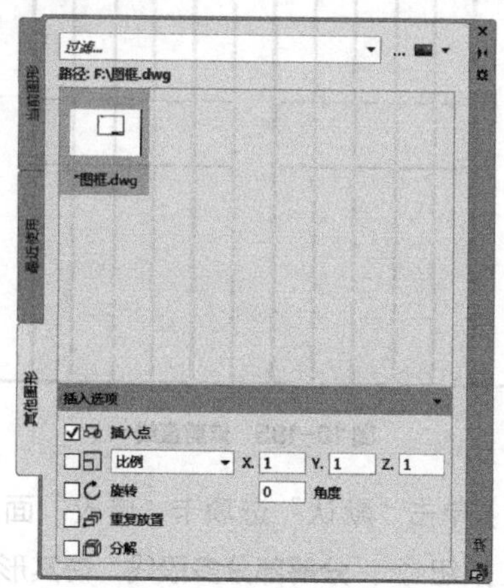

图 19-202 “插入”选项板

（3）单击“默认”选项卡“注释”面板中的“多行文字”按钮 **A**，在图框内输入图纸名称，结果如图19-159所示。

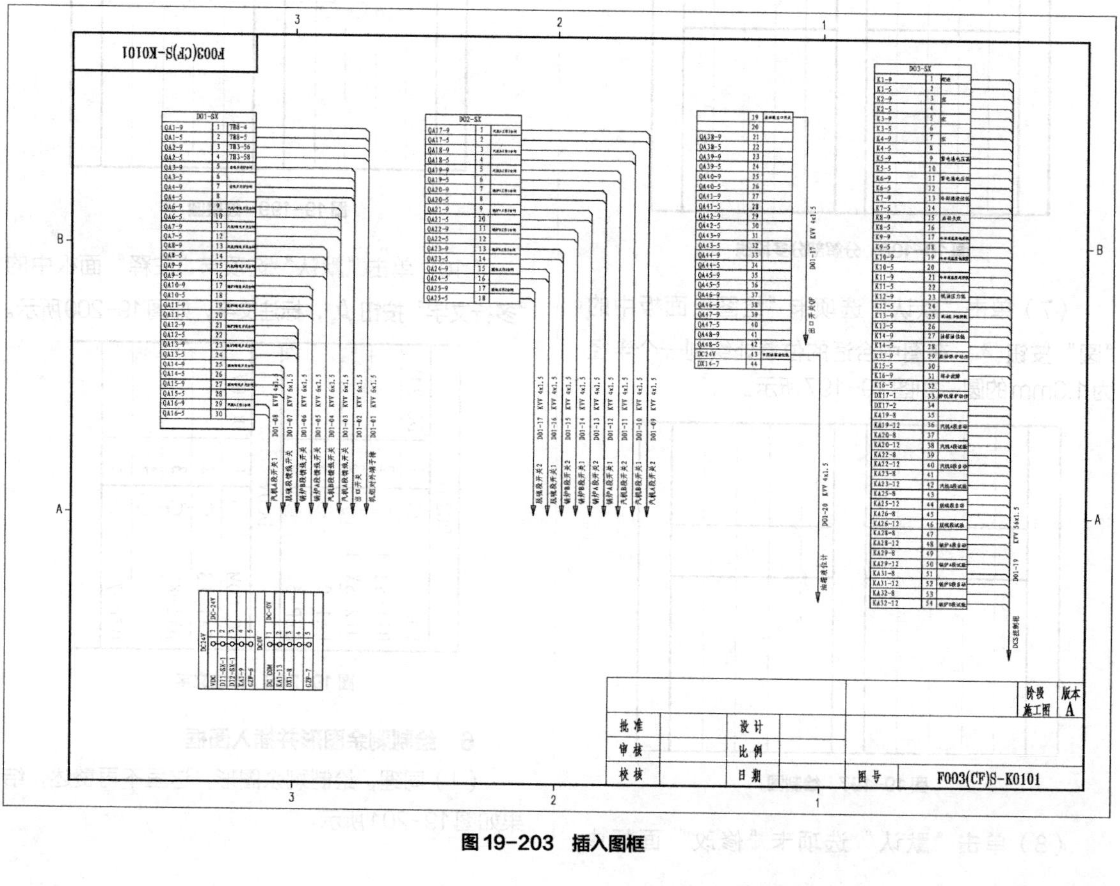

图 19-203 插入图框

附　　录

AutoCAD 官方认证考试模拟题

一、单项选择题（以下各小题给出的四个选项中，只有一个符合题目要求，请选择相应的选项，不选、错选均不得分，共30题，每题2分，共60分）

1. 在日常工作中贯彻办公和绘图标准时，下列哪种方式最为有效？（　　）

A. 应用典型的图形文件

B. 应用模板文件

C. 重复利用已有的二维绘图文件

D. 在“启动”对话框中选取公制

2. 如图1所示，捕捉矩形的中心利用的是（　　）。

A. 对象捕捉“中点”、对象捕捉追踪

B. 极轴追踪

C. 对象捕捉“中心点”

D. 都有

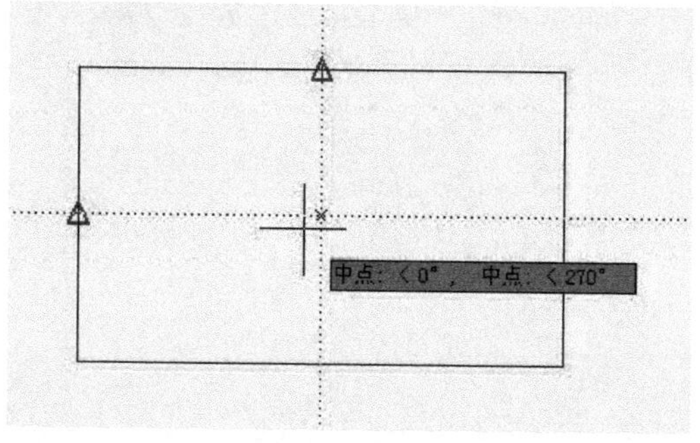

图1

3. 当捕捉设定的间距与栅格所设定的间距不同时，（　　）。

A. 捕捉仍然只按栅格进行

B. 捕捉时按照捕捉间距进行

C. 捕捉既按栅格，又按捕捉间距进行

D. 无法设置

4. 绘制一条长度为“50”的直线，在“标注样式”对话框中设置的比例因子为2，将被标注为（　　）。

A. 50　　B. 25　　C. 100　　D. 2

5. 所有尺寸标注共用一条尺寸界线的是（　　）。

A. 引线标注　　B. 连续标注

C. 基线标注　　D. 公差标注

6. 使用块的优点有下面哪些？（　　）

A. 一个块中可以定义多个属性

B. 多个块可以共用一个属性

C. 块必须定义属性

D. A和B

7. 边长为“10”的正五边形的外接圆的半径是（　　）。

A. 8.51　　B. 17.01

C. 6.88　　D. 13.76

8. AutoCAD为用户提供了屏幕菜单方式，该菜单位于屏幕的（　　）。

A. 上侧　B. 下侧　C. 左侧　D. 右侧

9. 重复复制多个图形时，可以选择什么字母命令实现？（　　）

A. M　　B. A　　C. U　　D. E

10. 使用修剪命令，首先需定义剪切边，当未选择对象时按空格键，则（　　）。

A. 无法进行操作

B. 退出该命令

C. 所有显示的对象作为潜在的剪切边

D. 提示要求选择剪切边

11. 在图纸空间创建长度为“1000”的竖直线，设置DIMLFAC为“5”，视口比例为1：2，在布局空间进行的关联标注直线长度为（　　）。

A. 500　　B. 1000

C. 2500　　D. 5000

12. 关于样条曲线拟合点说法错误的是（　　）。

A. 可以删除样条曲线的拟合点

B. 可以添加样条曲线的拟合点

C. 可以阵列样条曲线的拟合点

D. 可以移动样条曲线的拟合点

13. 根据图案填充创建边界时，边界类型可能是以下哪些选项？（　　）

A. 多段线　　B. 样条曲线

C. 三维多段线　　D. 螺旋线

14. 在“尺寸标注样式管理器”中将“测量单位比例”的比例因子设置为0.5，则30°的角度将被标注为（　　）。

A. 15

B. 60

C. 30

D. 与注释比例相关，不定

15. 使用偏移命令时，下列说法正确的是

（ ）。

A. 偏移值可以小于0，这是向反向偏移

B. 可以框选对象，一次偏移多个对象

C. 一次只能偏移一个对象

D. 偏移命令执行时不能删除原对象

16. 以下哪个方法不能打开多行文本命令？（ ）

A. 单击“绘图”工具栏中的“多行文字”按钮

B. 单击“文字”工具栏中的“多行文字”按钮

C. 单击“标准”工具栏中的“多行文字”按钮

D. 在命令行中输入“MTEXT”

17. 使用“COPY”命令复制一个圆，指定基点为（0,0），在提示指定第二个点时回车，以第一个点作为位移，则下面说法正确的是（ ）。

A. 没有复制图形

B. 复制的图形圆心与（0,0）重合

C. 复制的图形与原图形重合

D. 操作无效

18. 创建电子传递时，以下哪种类型文件将不会自动添加到传递包中？（ ）

A. *.dwg　　B. *.dwf

C. *.pc3　　D. *.pat

19. 要在打印图形中精确地缩放每个显示视图，可以使用以下哪种方法设置每个视图相对于图纸空间的比例？（ ）

A. “特性”选项板

B. “ZOOM”命令的 XP 选项

C. “视口”工具栏更改视口的视图比例

D. 以上都可以

20. 下列关于快捷菜单的使用不正确的是（ ）。

A. 在屏幕的不同区域上单击鼠标右键时，可以显示不同的快捷菜单

B. 在执行透明命令过程中不可以显示快捷菜单

C. AutoCAD允许自定义快捷菜单

D. 在绘图区域单击鼠标右键时，如果已选定了一个或多个对象，将显示编辑快捷菜单

21. 关于偏移，下面说明错误的是（ ）。

A. 偏移值为30

B. 偏移值为-30

C. 偏移圆弧时，既可以创建更大的圆弧，也可以创建更小的圆弧

D. 可以偏移的对象类型有样条曲线

22. 如果误删除了对象1，接着又绘制了对象2和对象3，现在想恢复对象1，但又不能影响到对象2和对象3，应如何操作？（ ）

A. 单击“放弃”按钮

B. 输入命令Undo

C. 单击“重做”按钮

D. 输入命令Oops

23. 新建图纸，采用“无样板打开-公制”方式，默认布局图纸尺寸是（ ）。

A. A4　　B. A3　　C. A2　　D. A1

24. 对“极轴”追踪进行设置，把增量角设为30°，把附加角设为10°，采用极轴追踪时，不会显示极轴对齐的是（ ）。

A. 10°　　B. 30°　　C. 40°　　D. 60°

25. 尺寸公差中的上下偏差可以在线性标注的哪个选项中堆叠起来？（ ）

A. 多行文字　　B. 文字

C. 角度　　D. 水平

26. 不能作为多重引线线型类型的是（ ）。

A. 直线　　B. 多段线

C. 样条曲线　　D. 以上均可以

27. 如果对图2中的正方形沿两个点打断，打断之后的长度为（ ）。

A. 150　　B. 100

C. 150或50　　D. 随机

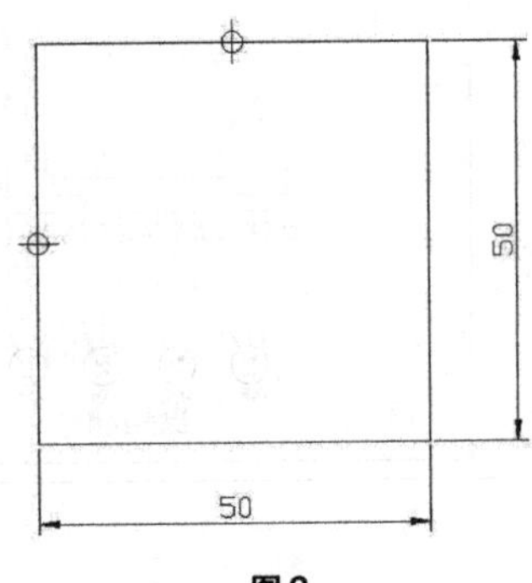

图2

28. 在绘制图形的过程中，当需要放弃上一步操作时，下列方法错误的是（ ）。

A. 单击“标准”工具栏上的“放弃”按钮。

B. 删除重新绘制

C. 采用快捷键Ctrl+Z

D. 采用简化命令U

29. 按照图3中的设置，创建的表格是几行几列？（　　）

A. 10行5列　　B. 10行1列

C. 11行5列　　D. 12行1列

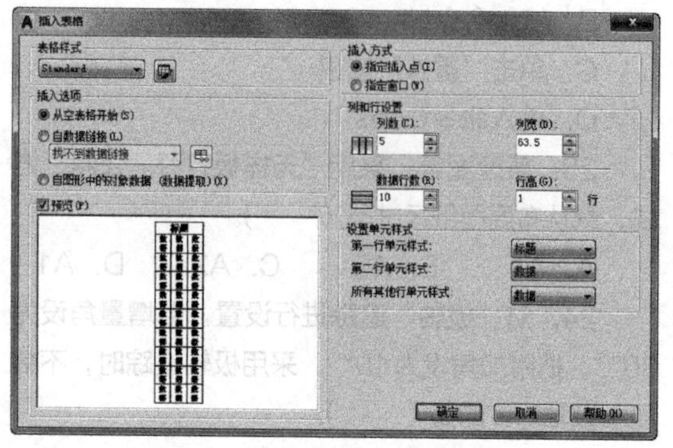

图3

30. 完成一直线绘制，然后直接回车两次，其结果是（　　）。

A. 直线命令中断

B. 以直线端点为起点绘制圆弧

C. 以直线端点为起点绘制直线

D. 以圆心为起点绘制直线

二、操作题（根据题中的要求逐步完成，每题20分，共2题，共40分）

1.题目：绘制如图4所示的变频器电气接线原理图。

（1）目的要求：本题以简单的电气原理图为例，要求读者熟练使用基本绘图命令及图形编辑方法。

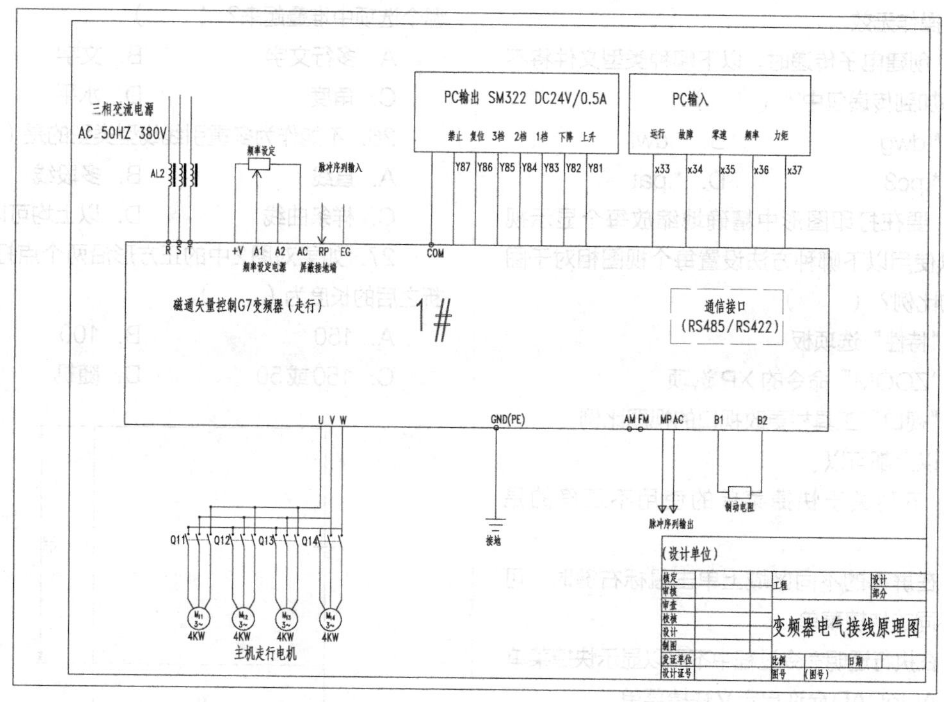

图4

（2）操作提示：

① 打开样板文件。

② 绘制元器件模块。

③ 连接元器件，绘制回路。

④ 标注电路图。

2. 题目：绘制如图5所示的乒乓球馆照明平面图。

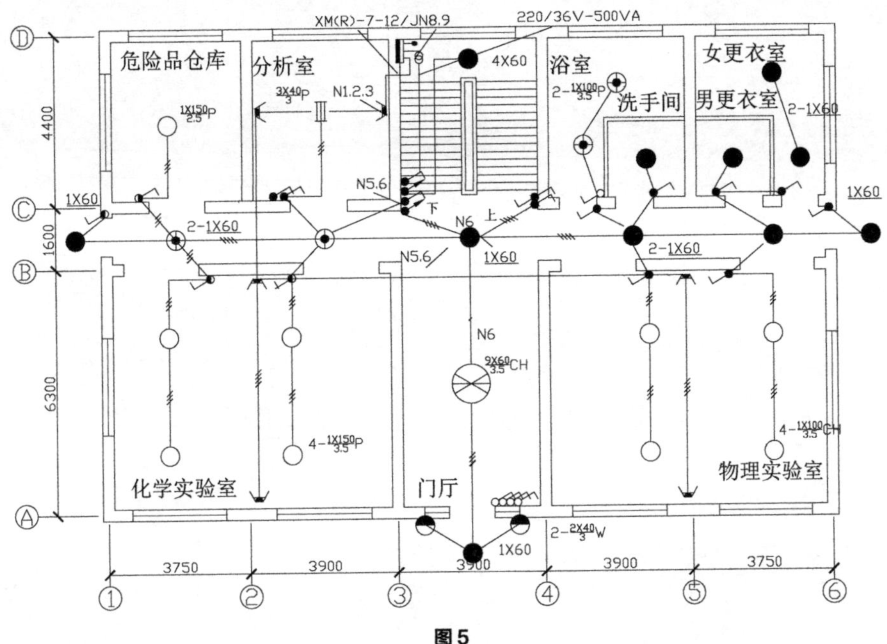

图5

（1）目的要求：本例绘制乒乓球馆照明平面图，在平面图的基础上添加灯具等照明元器件，最后绘制线路。主要考察元器件布置能力，不只需要细心与耐心，同时考察读者的绘图速度。

（2）操作提示：

① 利用“圆”“图案填充”命令绘制灯具。

② 利用“直线”命令绘制线路。

③ 标注电路图。

单项选择题答案：

1-5 BABCC　　6-10 DADAC　　11-15 DCACC　　16-20 CCDCD

21-25 BDACA　　26-30 BACCC